前　言

土力学是土木工程类专业的一门课程。就课程的设置而言，在本科教育阶段称为“土力学原理”，主要讲授土力学的基本原理；在研究生教育阶段称为“高等土力学”，讲授一些深层次的土力学问题。但据笔者所知，由于对“高等土力学”这门课程的理解和从事的研究方向的不同，以及学时的限制等，各高等院校所讲授的内容在深度和广度上差别是很大的。

土力学和其他学科一样，有一个形成发展的过程。大致可以20世纪50年代为界，将土力学分为两个发展阶段。20世纪50年代之前是土力学形成一个较完整的理论体系及一门独立学科的阶段。太沙基《理论土力学》的问世和“第一届国际土力学与基础工程会议”的召开是这一阶段的两个重要标志。20世纪50年代之后是土力学向现代工程力学发展的阶段，土力学在基础理论、试验技术、分析计算方法、求解问题的能力等方面取得了巨大的进展。因此，从学科的发展阶段与特点出发，大致以20世纪50年代为界，将土力学分为“经典土力学”和“非经典土力学”，比从课程设置上将土力学分为“土力学原理”和“高等土力学”更为恰当。

随着工程建设规模不断增大，对岩土工程性能评估的要求更全面，作为一名岩土工程专家，必须对20世纪50年代以后土力学学科所取得的新进展有所了解。本书名为《非经典土力学》，较全面地讲述了20世纪50年代以后土力学发展成为一个现代工程力学分支所取得的主要进展。

本书共12章，写作分工如下：第1~4、9、11章由张克绪教授承担；第5、8章由胡庆立博士副教授承担；第6章由张克绪、凌贤长教授承担；第7章由凌贤长教授承担；第10章由耿琳博士承担；第12章由唐亮教授承担。

本书得到2017年度国家科学技术学术著作出版基金的资助，在此表示衷心的感谢。此外，感谢哈尔滨工业大学土木工程学院凌贤长教授和唐亮教授的研究生为本书出版所做的大量工作。

由于水平有限，书中难免存在不足和疏漏之处，欢迎专家和读者予以指正。

国家科学技术学术著作出版基金资助出版

非经典土力学

张克绪　凌贤长 等　著

科 学 出 版 社

北　京

内 容 简 介

本书从土力学学科发展的视角，较全面系统地讲述自20世纪50年代以来，土力学发展成为近代工程力学一个重要分支所取得的主要研究成果。具体内容如下：土的非线性力学性能及力学计算模型；土体的非线性分析、土体-结构相互作用、岩土工程工作状态全过程分析；可压缩土体中孔隙水的运动及水土耦合作用；土状态变化引起的土体变形的分析；土流变学和土动力学基础。

本书可供土力学和岩土工程领域从事教学、科研、设计和勘测的人员学习和参考，可作为岩土工程等有关专业研究生课程的教材或参考资料。

图书在版编目(CIP)数据

非经典土力学／张克绪等著．—北京：科学出版社，2020. 11
ISBN 978-7-03-065845-6

Ⅰ. ①非…　Ⅱ. ①张…　Ⅲ. ①土力学　Ⅳ. ①TU43

中国版本图书馆 CIP 数据核字（2020）第 149017 号

责任编辑：焦　健　白　丹／责任校对：王　瑞
责任印制：吴兆东／封面设计：北京图阅盛世

科学出版社 出版
北京东黄城根北街 16 号
邮政编码：100717
http://www.sciencep.com

北京虎彩文化传播有限公司 印刷
科学出版社发行　各地新华书店经销

*

2020 年 11 月第　一　版　开本：787×1092　1/16
2021 年 1 月第二次印刷　印张：40 1/2
字数：960 000

定价：368.00 元

（如有印装质量问题，我社负责调换）

目　　录

第1章　绪　　论

1.1　经典土力学与非经典土力学

土力学，作为工程力学的一个分支，是研究各种荷载作用下土的物理力学性质及土体，例如建筑物地基中的土体、土工结构物中的土体的变形和稳定性的一门学科。土力学形成一门学科的时间较晚，其发展历史大致可以20世纪50年代为界分成两个发展阶段。50年代之前是土力学建立较完整的理论体系并形成一门独立的学科阶段；50年代之后是土力学向近代工程力学发展的阶段。对比一下会发现，50年代前后的土力学具有明显不同的特征，并可概括如下。

（1）20世纪50年代之前，土力学基本上是以线弹性理论和刚塑性理论为基础的。在土体应力和变形分析中，假定土体为线性变形体；在土体稳定性分析中，假定滑动土体是刚体，滑动面符合莫尔–库仑（Mohr-Coulomb）强度条件。50年代之后，非线性理论被引入土力学中，在分析中假定土体为非线性弹性体或弹–塑性体。

（2）20世纪50年代之前，土力学将土体的变形和稳定性作为两个独立的问题分别进行分析。变形分析给出土体在线性工作阶段的变形；稳定性分析给出土体破坏时的承载力。显然，这样的分析不能给出随荷载的增加，土体变形逐渐发展，最后达到破坏的过程。50年代之后，由于土的非线性力学模型的建立和土体非线性分析方法的发展，可以将土体的变形和稳定性作为一个统一问题进行分析，并给出随荷载的增加，土体变形逐渐发展，最后达到破坏的过程。

（3）20世纪50年代之前，在土体的应力分析中，通常假定土体为均质体。实际上，土体是成层的非均质体，其中的软弱土层对土体的应力分布，进而对土体的工作状态具有重要影响。50年代之后，特别是70年代之后，在有限元等分析方法被引进的情况下，则可以将土作为非均质体进行分析，考虑非均质性对土体工作状态的影响。

（4）20世纪50年代之前，虽然已建立了有效应力原理，但饱和土体的孔隙水压力是根据土体积变化连续性条件建立的太沙基固结理论求解的，并只对一维问题做较深入的研究。50年代之后，不仅将太沙基固结理论扩展到二维、三维问题，更重要的进展是考虑土骨架与孔隙水的耦合作用，将有效应力分析由太沙基固结理论发展到著名的比奥固结理论，可以同时求出饱和土体中的孔隙水压力和土骨架的变形。

（5）20世纪50年代之前，几乎总是将土体与结构作为两个部分分别进行分析。以建筑物为例，首先假定地基是不变形的，确定在荷载作用下结构作用在基础上的力，然后将作用于基础上的力传递给地基土体，再分析地基土体的性能。实际上，在荷载作用下土体和结构会发生相互作用。显然，50年代之前的分析方法不能考虑土体与结构相互作用。但是，50年代之后，可以将土体及与其相连或相邻的结构作为一个体系进行分析，可以考虑土体与结构之间的相互作用，特别是相互作用对土体工作状态的影响。

（6）20世纪50年代之前，由于土的力学模型和土体体系分析模型过于简化，对土的力学性能、土体体系、加荷过程及施工过程等方面不能或不能很好地模拟，土体的性能分析只能给出在线弹性阶段的工作性能，例如应力和变形，以及破坏阶段的工作性能，例如承载力。50年代之后，由于土的非线性力学模型、非线性分析方法的发展，以及有限元等数值分析方法的引进，能够对上述诸方面做到适当的模拟，因此可以给出土体在各工作阶段全过程的性能，为更全面、深入地评价土体的工作性能提供更为可靠的依据。

（7）20世纪50年代之前，土力学主要研究静荷载作用下土及土体的性能，只是在动力机械基础分析中涉及动荷载。但这类动荷载形式比较简单，其作用水平也较低。50年代之后，在各种动荷载，例如地震、爆炸、波浪及车辆行驶引起的动荷载作用下，土及土体性能的研究受到了重视，并取得了许多重大进展，形成土力学的一个重要分支——土动力学。

（8）20世纪50年代之前，土的力学性能试验大多是在单轴压缩仪上和直剪仪上完成的。单轴压缩试验测试在K_0状态下的土的体积变形性能，为土体压缩变形计算提供所需的参数；直剪试验测试在K_0状态下固结的土的抗剪切性能，为土体稳定性分析提供所需的参数。50年代之后，相继开发出三轴仪、平面应变剪切仪、真三轴仪、扭剪仪等试验设备，在土的力学试验中可以更好地模拟土所受的实际应力状态。这些试验资料为建立土的非线性力学模型及确定模型参数提供了试验依据。

由上述可见，和20世纪50年代以前相比，50年代之后土力学在理论基础、试验技术、计算分析方法及解决问题的途径和能力等方面都获得了显著的进展，取得了巨大进步。正是这些进步使土力学发展成为一门近代工程力学。因此，可以将具有50年代之前特征的那部分土力学内容称为“经典土力学”，而将具有50年代之后特征的这部分土力学内容称为“非经典土力学”。但应指出，并不是50年代之后所取得的土力学研究成果都属于“非经典土力学”，也不是50年代之前土力学的研究一点也没涉及“非经典土力学”问题。

在此应指出，“非经典土力学”绝不能代替“经典土力学”。“经典土力学”仍是一般岩土工程实践的重要理论基础。因此，目前高等学校为土木工程类本科生开设的“土力学”课程所讲的内容基本上是“经典土力学”的内容。但是，由于岩土工程建设规模的发展，要求进行更为全面深入的分析，作为一个岩土工程专家，只掌握为本科生所讲述的土力学内容是不够的。因此，高等学校又为岩土工程专业研究生开设了一门“高等土力学”课题。就作者所知，这门课程所讲述的内容，一部分是“经典土力学”中一些问题的深入和扩展，一部分是“非经典土力学”中的一些问题。由于对“高等土力学”的理解不同和所从事的研究方向不同，各高等学校所讲述的“高等土力学”内容差别很大。实际上，为本科生开设的“土力学”和为研究生开设的“高等土力学”是从课程设置上区分的，而“经典土力学”和“非经典土力学”则是根据学科发展阶段和相应阶段的特点区分的。显然，目前所开设的“高等土力学”并不等同于本书的“非经典土力学”。

本书拟讲述“非经典土力学”的内容，即从20世纪50年代开始“土力学”发展成一门现代工程力学的主要内容。根据作者对“非经典土力学”的理解，以及现在在岩土工程领域工作的专家应了解和掌握的知识，拟讲述的内容如下。

(1) 土的非线性性能及力学模型；

(2) 土体的塑性静定分析；

(3) 土体的极限分析；

(4) 土体非线性分析及数值解法；

(5) 可压缩饱和土体中孔隙水的流动及考虑水-土耦合土体的性能分析；

(6) 土体-结构相互作用；

(7) 岩土工程工作状态全过程的模拟分析；

(8) 土状态改变引起的土体变形及对土体性能的影响；

(9) 复合土体的性能分析；

(10) 土的流变力学基础；

(11) 土动力学基础。

1.2 土体中一点的位移、应变及应力状态

土体中一点的位移、应变及应力是下文经常要应用的基本力学概念。

1.2.1 三维问题

1. 一点的位移状态

一点的位移是一个向量，x、y、z 轴方向分别有一个分量，通常以 u、v、w 表示，如图1.1所示。如果以 $\{r\}$ 表示一点的位移向量，则

$$\{r\} = \{u \quad v \quad w\}^{\mathrm{T}} \tag{1.1}$$

式中，上标T表示转置。

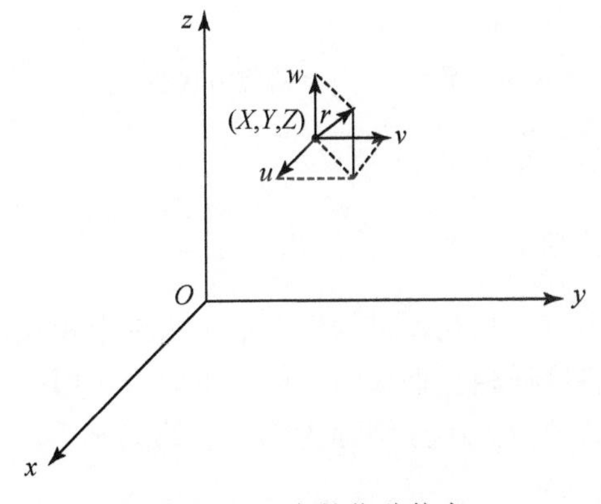

图1.1 一点的位移状态

2. 一点的应变状态

一点的应变是一个张量，以沿 x、y、z 轴方向的三个正应变 ε_x、ε_y、ε_z 和 xy 轴之间的角应变 γ_{xy}、yz 轴之间的角应变 γ_{yz}、zx 轴之间的角应变 γ_{zx} 表示，共六个应变分量。如果以 $\{\varepsilon\}$ 表示一点六个应变分量所排列成的向量，则

$$\{\varepsilon\}=\{\varepsilon_x\ \ \varepsilon_y\ \ \varepsilon_z\ \ \gamma_{xy}\ \ \gamma_{yz}\ \ \gamma_{zx}\}^{\mathrm{T}} \tag{1.2}$$

令

$$\varepsilon=\varepsilon_x+\varepsilon_y+\varepsilon_z \tag{1.3}$$

式中，ε 为体应变。

3. 一点的应力状态

与一点的应变状态相似，一点的应力也是一个张量，以沿 x、y、z 轴方向作用的正应力 σ_x、σ_y、σ_z 和在 xy、yz、zx 平面内作用的剪应力 τ_{xy}、τ_{yz}、τ_{zx} 表示，共六个分量，如图 1.2 所示。如果以 $\{\sigma\}$ 表示一点六个应力分量排成的向量，则

$$\{\sigma\}=\{\sigma_x\ \ \sigma_y\ \ \sigma_z\ \ \tau_{xy}\ \ \tau_{yz}\ \ \tau_{zx}\}^{\mathrm{T}} \tag{1.4}$$

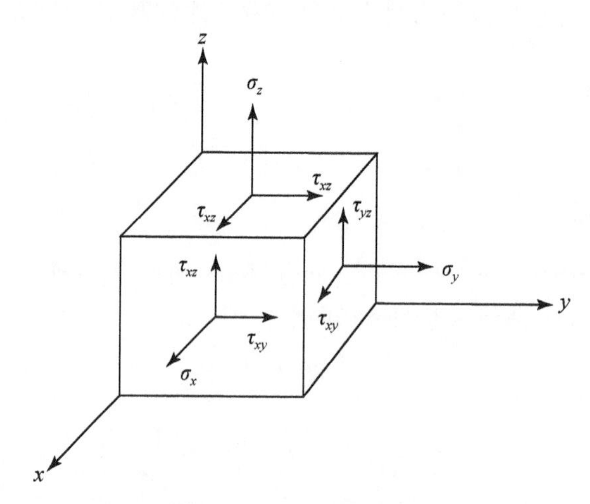

图 1.2　一点的应力状态

关于一点的应力状态应指出如下三点。

1）主应力、主应力作用面及应力不变量

过一点，总可以确定出三个相互垂直的面。如果这三个相互垂直的面上只有正应力作用，没有剪应力作用，则将这样相互垂直的面称为主应力作用面，而这三个相互垂直的正应力称为主应力，并且按其数值大小分别称为第一、第二和第三主应力，分别以 σ_1、σ_2、σ_3 表示。

设主应力为 σ，根据一点的应力分析可知，主应力 σ 可由下述方程式确定：

$$\sigma^3-I_1\sigma^2+I_2\sigma-I_3=0 \tag{1.5}$$

式中，I_1、I_2 和 I_3 分别为应力第一、第二和第三不变量，按下式确定：

$$\left.\begin{aligned}&I_1=\sigma_x+\sigma_y+\sigma_z\\&I_2=\sigma_x\sigma_y+\sigma_y\sigma_z+\sigma_z\sigma_x-\tau_{xy}^2-\tau_{yz}^2-\tau_{zx}^2\\&I_3=\sigma_x\sigma_y\sigma_z-\sigma_x\tau_{yz}^2-\sigma_y\tau_{zx}^2-\sigma_z\tau_{xy}^2+2\tau_{xy}\tau_{yz}\tau_{zx}\end{aligned}\right\}\tag{1.6}$$

可以证明 I_1、I_2 和 I_3 的值不随 x、y、z 坐标轴的选取而改变，因此，分别将其称为第一、第二和第三应力不变量变量，它们有重要的应用。求解式（1.5）得到三个根，即第一、第二和第三主应力。但是，只确定一点的三个主应力还不足以确定一点的应力状态，还必须确定三个主应力的作用面或三个主应力方向。

设 l、m、n 为某一主应力 σ 的方向余弦，则

$$\left.\begin{aligned}&l\sigma_x+m\tau_{xy}+n\tau_{xz}=l\sigma\\&m\sigma_y+n\tau_{yz}+l\tau_{xy}=m\sigma\\&n\sigma_z+l\tau_{zx}+m\tau_{yz}=n\sigma\end{aligned}\right\}\tag{1.7}$$

这样，将式（1.7）中的任意两个式与 $l^2+m^2+n^2=1$ 联立就可求出该主应力的作用面方向，即该主应力方向。

2）应力状态的分解

一点的应力状态可以分解成球应力分量和偏应力分量，如果以 $\{\sigma_0\}$ 和 $\{\sigma_\mathrm{d}\}$ 分别表示球应力分量向量和偏应力分量向量，则

$$\left.\begin{aligned}&\{\sigma_0\}=\{\sigma_0\quad\sigma_0\quad\sigma_0\quad0\quad0\quad0\}^\mathrm{T}\\&\{\sigma_\mathrm{d}\}=\{\sigma_x-\sigma_0\quad\sigma_y-\sigma_0\quad\sigma_z-\sigma_0\quad\tau_{xy}\quad\tau_{yz}\quad\tau_{zx}\}^\mathrm{T}\end{aligned}\right\}\tag{1.8}$$

其中，

$$\sigma_0=\frac{\sigma_x+\sigma_y+\sigma_z}{3}\tag{1.9}$$

根据矩阵加法运算原则：

$$\{\sigma\}=\{\sigma_0\}+\{\sigma_\mathrm{d}\}\tag{1.10}$$

在后文中将看到，将应力张量分为球分量和偏分量具有重要的意义和应用。

3）应力偏量的第二不变量

通常以与应力偏量的第二不变量有关的量作为偏应力作用大小的定量指标。按式（1.6）和式（1.8），如果以 J_2 表示应力偏量第二不变量，则

$$\left.\begin{aligned}&J_2=(\sigma_x-\sigma_0)(\sigma_y-\sigma_0)+(\sigma_y-\sigma_0)(\sigma_z-\sigma_0)+(\sigma_z-\sigma_0)(\sigma_x-\sigma_0)-\tau_{xy}^2-\tau_{yz}^2-\tau_{zx}^2\\\text{或}\quad&J_2=(\sigma_1-\sigma_0)(\sigma_2-\sigma_0)+(\sigma_2-\sigma_0)(\sigma_3-\sigma_0)+(\sigma_3-\sigma_0)(\sigma_1-\sigma_0)\end{aligned}\right\}\tag{1.11a}$$

可以证明，J_2 还可以写成如下形式

$$\left.\begin{aligned}&J_2=\frac{1}{6}[(\sigma_x-\sigma_y)^2+(\sigma_y-\sigma_z)^2+(\sigma_z-\sigma_x)^2+6(\tau_{xy}^2+\tau_{yz}^2+\tau_{zx}^2)]\\&J_2=\frac{1}{6}[(\sigma_1-\sigma_2)^2+(\sigma_2-\sigma_3)^2+(\sigma_3-\sigma_1)^2]\end{aligned}\right\}\tag{1.11b}$$

4）总应力、有效应力及孔隙水压力

根据有效应力原理，饱和土体中一点的应力由土骨架和孔隙水共同承担。土骨架承担的部分称为有效应力，孔隙水承担的部分称为孔隙水压力。但是孔隙水只能承受各向均等的压应力，不能承受偏应力。土骨架与孔隙水承受的应力之和称为总应力。如果以 p_w 表示孔隙水压力，以 $\{\sigma'\}$ 表示土骨架承受的应力向量，以 $\{\sigma\}$ 表示总应力向量，则

$$\left.\begin{array}{l}\{\sigma'\}=\{\sigma'_x \quad \sigma'_y \quad \sigma'_z \quad \tau_{xy} \quad \tau_{yz} \quad \tau_{zx}\}^{\mathrm{T}} \\ \{\sigma\}=\{\sigma_x \quad \sigma_y \quad \sigma_z \quad \tau_{xy} \quad \tau_{yz} \quad \tau_{zx}\}^{\mathrm{T}} \\ \sigma'_x=\sigma_x-p_w, \sigma'_y=\sigma_y-p_w, \sigma'_z=\sigma_z-p_w\end{array}\right\} \tag{1.12}$$

1.2.2 平面应变问题

平面应变问题应满足如下条件。

（1）一点的位移、应变、应力与某一坐标无关，只是另外两个坐标的函数，例如与 y 轴无关，只是 x、z 轴的函数；

（2）如果与 y 轴无关，则正应变 $\varepsilon_y=0$，剪应变 $\gamma_{xy}=\gamma_{yz}=0$；

（3）如果与 y 轴无关，则 $\tau_{xy}=\tau_{yz}=0$，但 $\sigma_y\neq 0$，并可根据 $\varepsilon_y=0$ 确定出来。

在工程中，许多问题可以简化成上述平面应变问题，例如在 y 方向延伸的条形基础及其下的地基土体体系就可按平面应变问题求解，如图 1.3 所示。

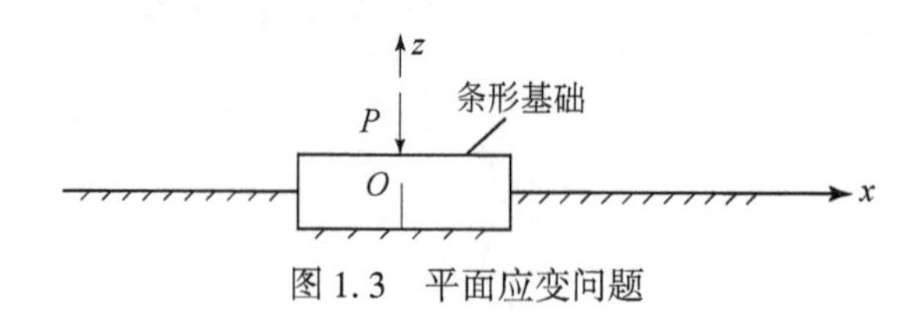

图 1.3 平面应变问题

1. 一点的位移向量

在平面应变问题中，一点的位移向量 $\{r\}$ 如下：

$$\{r\}=\{u \quad w\}^{\mathrm{T}} \tag{1.13}$$

2. 应变向量

一点的应变向量 $\{\varepsilon\}$ 如下：

$$\{\varepsilon\}=\{\varepsilon_x \quad \varepsilon_z \quad \gamma_{xz}\}^{\mathrm{T}} \tag{1.14}$$

3. 应力向量

一点的应力向量 $\{\sigma\}$ 如下：

$$\{\sigma\}=\{\sigma_x \quad \sigma_z \quad \tau_{xz}\}^{\mathrm{T}} \tag{1.15}$$

1.2.3　轴对称问题

轴对称问题是一个特殊的三维问题。轴对称问题应满足如下条件。

(1) 一点的位移、应变和应力只是径向坐标 r 和竖向坐标 z 的函数，而与切向坐标，即切向转角 θ 无关；

(2) 切向位移 $V_\theta=0$，切向正应变 $\varepsilon_\theta\neq 0$；

(3) 剪应变 $\gamma_{r\theta}=\gamma_{\theta z}=0$，相应地，剪应力 $\tau_{r\theta}=\tau_{\theta z}=0$。

在工程中，许多问题可以简化成轴对称问题，例如受竖向集中荷载作用的圆形基础及其下的地基土体体系就是一个轴对称问题，如图1.4所示，图中 A 和 A_1 两点在同一水平面上。

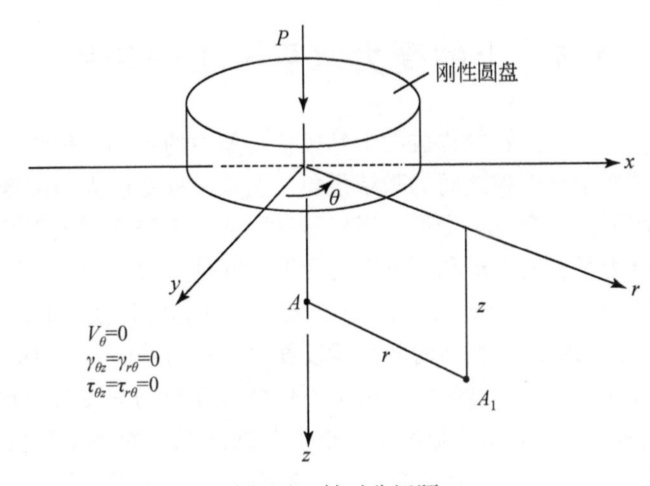

图1.4　轴对称问题

1. 一点的位移向量

在轴对称问题中，一点的位移向量 $\{r\}$ 如下：

$$\{r\}=\{u_r \quad w\}^{\mathrm{T}} \tag{1.16}$$

2. 一点的应变向量

一点的应变向量 $\{\varepsilon\}$ 如下：

$$\{\varepsilon\}=\{\varepsilon_r \quad \varepsilon_z \quad \varepsilon_\theta \quad \gamma_{rz}\}^{\mathrm{T}} \tag{1.17}$$

3. 一点的应力向量

一点的应力向量 $\{\sigma\}$ 如下：

$$\{\sigma\}=\{\sigma_r \quad \sigma_z \quad \sigma_\theta \quad \tau_{rz}\}^{\mathrm{T}} \tag{1.18}$$

土力学分析的任务是确定土体中各点的位移向量 $\{r\}$、应变向量 $\{\varepsilon\}$ 及总应力向量 $\{\sigma\}$ 或有效应力向量 $\{\sigma'\}$ 和孔隙水压力 p_{w}。如果土体力学分析确定的是总应力向

量 $\{\sigma\}$，则称为总应力分析，对于三维问题，式（1.16）、式（1.17）、式（1.18）的三个向量共含有15个未知数，则需要15个方程式求解；对于平面应变问题，这三个向量共含有8个未知数，则需要8个方程式求解；对于轴对称问题，这三个向量共含有10个未知数，则需要10个方程式求解。如果土体力学分析确定的是有效应力向量 $\{\sigma'\}$ 和孔隙水压力 p_w，则称为有效应力分析，对于三维问题，则有16个未知数，需要16个方程式求解；对于平面应变问题，则有9个未知数，需要9个方程式求解；对于轴对称问题，则有11个未知数，需要11个方程式求解。在此应指出，如果所进行的是有效应力分析，由于孔隙水压力 p_w 和有效应力向量 $\{\sigma'\}$ 是随时间变化的，则求解的是孔隙水压力 p_w 和有效应力向量 $\{\sigma'\}$ 随时间的变化过程。但是，如果所进行的是总应力分析，则所求解的总应力向量 $\{\sigma\}$ 是加载时刻或土体变形稳定时刻相应的应力。土体力学分析方程将在1.5节中表达。

1.3　土的受力水平及工作阶段

由土力学可知，土是由土颗粒构成的土骨架、孔隙中的水和气体组成的多相体。由于土的孔隙很大及土骨架中土颗粒之间的联结很弱，土是一种变形大强度低的力学介质或工程材料。在力的作用下，土会发生变形，当变形发展到一定程度时土则发生破坏。力作用所引起的土的变形分为可恢复变形和不可恢复变形两部分。力解除后残留的变形就是不可恢复变形，或称为塑性变形，即 $\varepsilon_{a,p}$，而可恢复的部分则称为弹性变形，即 $\varepsilon_{a,e}$，如图1.5所示。由图1.5可见，三轴试验在加荷和卸荷过程中，轴向差应力 $\sigma_1-\sigma_3$ 越大，其不可恢复的轴向变形与总轴向变形之比就越大。由于不可恢复变形与总变形之比随（$\sigma_1-\sigma_3$）的增大而增大，则$(\sigma_1-\sigma_3)$-ε_a 关系线呈现出一条上凸的曲线，而不是直线，即$(\sigma_1-\sigma_3)$-ε_a 是非线性的。这表明，土应力-应变关系的非线性是由其不可恢复变形之比随轴向差应力的增大而增大所引起的。

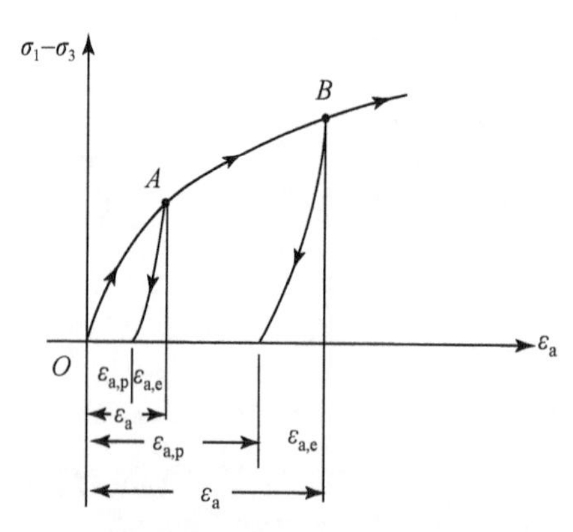

图1.5　土的可恢复变形及不可恢复变形

实际上，土的变形是土骨架的变形，变形过程中伴随发生土骨架结构的破坏。土骨架的变形使土抵抗力的作用能力增强，而土骨架结构的破坏使土抵抗力的作用能力减弱。这样，正像试验测得的那样，土的应力-应变关系线有分别如图1.6（a）、（b）、（c）所示的三种形式。由图1.6（a）中的曲线可以看出，应力随应变的增大一直在增大；图1.6（b）中的曲线则显示，当应变达到某一值时，应力随应变的增大保持常值，把这种现象称为流动，是土破坏的一种现象；图1.6（c）中的曲线则显示，当应变达到某一值时，应力开始减小，把这种表现称为软化，这也是土破坏的一种现象。但是无论哪种形式的曲线均可划分成如下三段。

（1）当应变小于某一值时，应力随应变的增大而增大，并且基本上是线性关系，土处于线弹性工作状态，下面把这个应变值定义为屈服应变，以 $\varepsilon_{a,y}$ 表示。

（2）当应变大于屈服应变而小于破坏应变时，应力随应变的增大而增大，但是呈非线性关系，土处于弹塑性工作状态。这里的破坏应变是指土达到破坏的应变，下面以 $\varepsilon_{a,f}$ 表示。对图1.6（a）所示的曲线，则根据经验指定一个应变作为破坏应变。对于图1.6（b）和图1.6（c）所示的两种形式的曲线，可分别将发生流动或软化时的应变作为破坏应变。

（3）当应变大于破坏应变时，土处于破坏工作状态。按前述，其应力-应变关系可能呈现硬化、流动或软化特点。

由于应变越大，土的受力水平越高，因此可以将土的应变作为土的受力水平的一个定量指标。由于土在荷载作用下所处的工作状态与土的受力水平有关，如果以应变作为土的受力水平指标，土的工作状态与土的受力水平关系可用表1.1所示。经验表明，土的屈服应变为 $10^{-4} \sim 10^{-3}$，土的破坏应变为 $10^{-2} \sim 10^{-1}$。

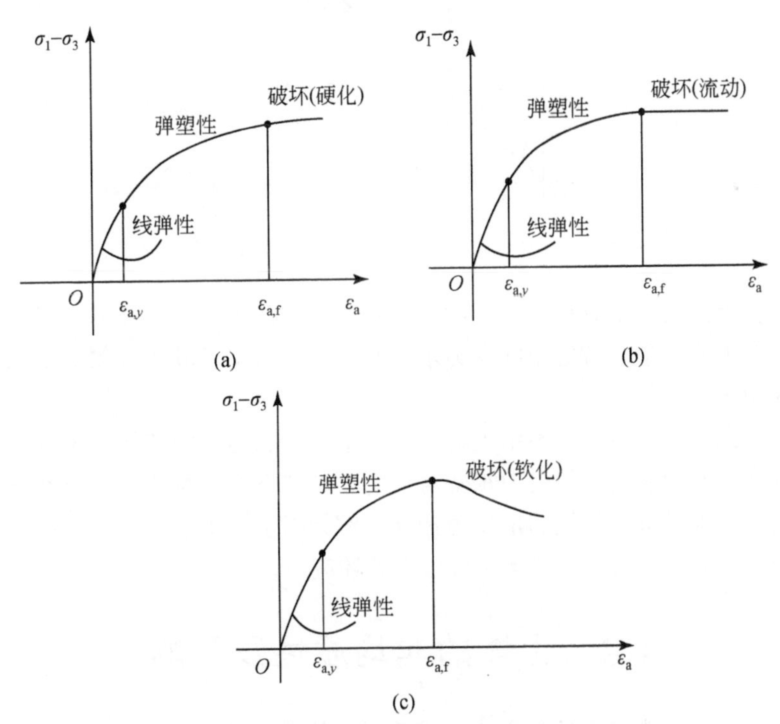

图1.6 土的应力-应变关系线及工作状态

表 1.1 土的受力水平、变形阶段及其工作状态

受力水平	$\varepsilon_a<\varepsilon_{a,y}$	$\varepsilon_{a,y}\leqslant\varepsilon_a<\varepsilon_{a,f}$	$\varepsilon_a\geqslant\varepsilon_{a,f}$
变形阶段	小到中等变形开始	中等变形到大变形开始	大变形
工作状态	线弹性	非线性或弹塑性	破坏

如果从原点到应力–应变关系线上的一点引一条直线，该直线的斜率则是割线模量，以 E 表示，如图 1.7 所示。下面将其作为土的力学参数的一个代表，来说明土的受力水平对土的力学参数的影响。由图 1.7 可见，当 $\varepsilon_a<\varepsilon_{a,y}$时，$E$ 不随土的受力水平而改变，为常数；当 $\varepsilon_a\geqslant\varepsilon_{a,y}$时，$E$ 随受力水平的提高而降低，应是土的受力水平的函数。这表明，当土处于线性工作状态时，土的力学参数为常数，当土处于非线性工作状态和破坏工作状态时，土的力学参数是受力水平的函数。因此，即使是同一种土，由于土体中各点的受力水平不一样，其力学参数也将随之变化。下面把这种由受力水平不同引起的土力学参数在几何上的变化称为受力水平不均质性。

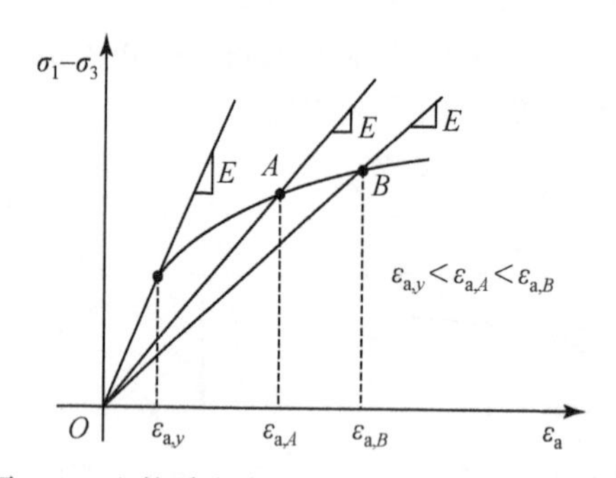

图 1.7 土的受力水平对土的力学参数的影响

按上述，在土体的力学分析中，土的受力水平对土的工作状态及其力学参数的影响是必须考虑的一个重要因素。考虑土的受力水平对其工作状态及其力学参数的影响，通常是由土的力学模型来实现的。

应指出，以土的变形为指标表示土的受力水平，是因为土的变形与土的结构变化有直接的关系。这样，便于说明土的受力水平对土的工作状态的影响机制。但在许多实际问题中，土的受力水平也可采用其他的量作为指标，例如以土所受的应力与其破坏应力之比表示，即$(\sigma_1-\sigma_3)/(\sigma_1-\sigma_3)_f$，其中$(\sigma_1-\sigma_3)_f$为破坏应力。

1.4 土体的非均质性及影响

如前所述，在“经典土力学”中，通常假定土体是均质体，在几何上土的力学参数是不变的。但是，一般情况下，土体是成层的，每层土的力学参数是不同的。下面把这种由材料不同引起的土的力学模型及参数在几何上的变化称为材料不均质性。在“经典土力学”中，通常将土的力学参数按几何分布确定的某种平均值作为它的计算参数。显然这是

一种近似的考虑方法。

工程上，土体的非均质性是以土层在几何上的分布表示的。地质勘查给出的土的钻孔柱状图描述了土层沿深度的分布，而土层剖面图则描述土层在平面上的分布。因此，土的柱状图和土层剖面图是土体分析中考虑土体非均匀性影响的不可缺少的基础资料。实际上，土层剖面图是根据土的钻孔柱状图绘制出来的。显然，对于描写土体的非均质性而言，钻孔柱状图及其孔位是基本的资料。

根据地质调查资料，绘制钻孔柱状图包括以下两项重要工作。

(1) 土的分层和定名；

(2) 土层的层位。

相对而言，土层的层位比较简单，不必多谈。关于土的分层和定名，主要是以勘查时地质员对土的宏观观察和描述，以及室内测定的土物理指标为根据的，其中地质员对土的宏观观察和描述具有重要作用。但是，地质员对土的宏观观察和描述则取决于其经验，因此土的分层和定名往往具有较大的不确定性。

土的分层和定名必须遵守如下原则。

(1) 不同地质年代生成的土必须分层和定名；

(2) 不同沉积环境或生成条件的土必须分层和定名；

(3) 不同物料或颗粒成分的土必须分层和定名；

(4) 不同状态的土必须分层和定名。

实际上，上述四点是造成土体不均匀性的原因。因此，考虑土体的非均质性则意味着在土体分析中考虑了上述四种因素对土的力学性能的影响。

按上述，对于土体力学分析而言，考虑土体的非均质性最终归结到按土层的分布确定出土的力学模型及参数。因此，在考虑土体非均质性中，除了土体分层和定名外，确定每层的力学模型及参数也是一项重要工作。

1.5　土体力学分析基本方程式

下面建立土体总应力力学分析的基本方程式。

1.5.1　微分形式的求解方程式

在下面的推导中，坐标系统按右手法则确定，如图 1.1 所示。

1. 三维问题

如前所述，对于三维问题，要求解的未知数共有 15 个，即三个位移 u、v、w，六个应变 ε_x、ε_y、ε_z、γ_{xy}、γ_{yz}、γ_{zx}，六个应力 σ_x、σ_y、σ_z、τ_{xy}、τ_{yz}、τ_{zx}。因此，必须建立 15 个方程式才能求解这 15 个未知数。根据固体力学知识，这 15 个方程式可分为如下三组。

1）力的平衡方程式

在 z 轴方向上作用于微元体 dxdydz 各微面上的应力如图 1.8 所示。相似地，可以绘出在 x、y 轴方向上作用于微元体 dxdydz 各微面上的应力。根据作用于微元体 dxdydz 各微面上的应力在 x、y、z 方向的平衡，则得到力的平衡方程式如下：

$$\left.\begin{aligned}&\frac{\partial\sigma_x}{\partial x}+\frac{\partial\tau_{xy}}{\partial y}+\frac{\partial\tau_{zx}}{\partial z}+X=0\\&\frac{\partial\sigma_y}{\partial y}+\frac{\partial\tau_{yz}}{\partial z}+\frac{\partial\tau_{xy}}{\partial x}+Y=0\\&\frac{\partial\sigma_z}{\partial z}+\frac{\partial\tau_{zx}}{\partial x}+\frac{\partial\tau_{yz}}{\partial y}+Z=0\end{aligned}\right\}\tag{1.19}$$

共三个方程式。式中，X、Y、Z 分别为在 x、y、z 轴方向上作用于微元体 dxdydz 上的单位体积力。

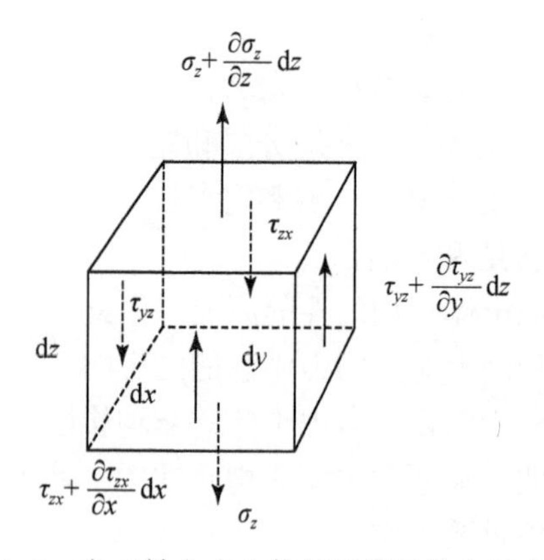

图 1.8　在 Z 轴方向上作用于微元体上的应力

2）几何方程式或变形相容方程

如果不考虑几何非线性，则应变与位移关系式如下：

$$\left.\begin{aligned}&\varepsilon_x=\frac{\partial u}{\partial x}\quad\gamma_{xy}=\frac{\partial v}{\partial y}+\frac{\partial u}{\partial x}\\&\varepsilon_y=\frac{\partial v}{\partial y}\quad\gamma_{yz}=\frac{\partial w}{\partial y}+\frac{\partial v}{\partial z}\\&\varepsilon_z=\frac{\partial w}{\partial z}\quad\gamma_{zx}=\frac{\partial u}{\partial z}+\frac{\partial w}{\partial x}\end{aligned}\right\}\tag{1.20}$$

共六个方程式。

3）应力-应变关系式或物理方程式

应力-应变关系式取决于土的力学模型。在此，以线弹性模型为例来说明。如果采用线弹性模型，应力与应变之间的关系服从广义胡克定律。大家熟悉的形式如下：

$$\left.\begin{aligned}\varepsilon_x&=\frac{1}{E}[\sigma_x-\mu(\sigma_y+\sigma_z)] \quad \gamma_{xy}=\frac{\tau_{xy}}{G}\\ \varepsilon_y&=\frac{1}{E}[\sigma_y-\mu(\sigma_z+\sigma_x)] \quad \gamma_{yz}=\frac{\tau_{yz}}{G}\\ \varepsilon_z&=\frac{1}{E}[\sigma_z-\mu(\sigma_x+\sigma_y)] \quad \gamma_{zx}=\frac{\tau_{zx}}{G}\end{aligned}\right\} \tag{1.21}$$

式中，E、G 和 μ 分别为土的杨氏模量、剪切模量和泊松比。这三个参量只有两个是独立的，它们的关系如下：

$$G=\frac{E}{2(1+\mu)} \tag{1.22}$$

式（1.21）是将应变表示成应力的函数。如果土体力学分析采用位移解法，则应将应力表示成应变的函数。这种形式的广义胡克定律如下：

$$\left.\begin{aligned}\sigma_x&=\lambda\varepsilon+2G\varepsilon_x \quad \tau_{xy}=G\gamma_{xy}\\ \sigma_y&=\lambda\varepsilon+2G\varepsilon_y \quad \tau_{yz}=G\gamma_{yz}\\ \sigma_z&=\lambda\varepsilon+2G\varepsilon_z \quad \tau_{zx}=G\gamma_{zx}\end{aligned}\right\} \tag{1.23}$$

式中，ε 为体积应变，按式（1.3）：

$$\varepsilon=\varepsilon_x+\varepsilon_y+\varepsilon_z$$

λ 为拉梅常量，按下式确定：

$$\lambda=\frac{\mu E}{(1+\mu)(1-2\mu)} \tag{1.24}$$

由式（1.21）和式（1.23）可见，应力-应变关系共包括六个方程式。上述三组方程式共含有 15 个方程式，正好可求解位移向量、应变向量和应力向量所包含的 15 个未知量。

4）位移法的求解方程

如果以位移向量作为求解的未知量，则这种求解方法称为位移法。由于一点的位移只有三个分量，则位移法最终归结为三个求解方程式。

位移法求解方程式的建立步骤如下。

（1）将几何方程式（1.20）代入应力-应变方程式（1.23）中，得到应力与位移的关系式。

（2）将得到的应力与位移关系式代入平衡方程式（1.19）中，得到以位移表示的力的平衡方程。

这样，简化后，就可得到位移法的求解方程式，如下：

$$\left.\begin{aligned}(\lambda+G)\frac{\partial\varepsilon}{\partial x}+G\nabla^2u+X=0\\ (\lambda+G)\frac{\partial\varepsilon}{\partial y}+G\nabla^2v+Y=0\\ (\lambda+G)\frac{\partial\varepsilon}{\partial z}+G\nabla^2w+Z=0\end{aligned}\right\} \tag{1.25}$$

其中，

$$\nabla^2=\frac{\partial^2}{\partial x^2}+\frac{\partial^2}{\partial y^2}+\frac{\partial^2}{\partial z^2} \tag{1.26}$$

当由式（1.25）求出位移向量之后，则可应用几何方程式和物理方程式进一步求出应变向量和应力向量。

2. 平面应变问题

如前所述，平面应变问题的位移向量、应变向量和应力向量共含有八个未知量，即 u、w、ε_x、ε_z、γ_{xz}、σ_x、σ_z、τ_{xz}。相应地，需要八个求解方程式，其组成如下。

1）力的平衡方程式

$$\left.\begin{aligned}&\frac{\partial\sigma_x}{\partial x}+\frac{\partial\tau_{xz}}{\partial z}+X=0\\&\frac{\partial\sigma_z}{\partial z}+\frac{\partial\tau_{xz}}{\partial x}+Z=0\end{aligned}\right\} \tag{1.27}$$

共两个方程方式。

2）几何方程式或变形相容方程式

$$\left.\begin{aligned}&\varepsilon_x=\frac{\partial u}{\partial x}\quad \gamma_{xz}=\frac{\partial u}{\partial z}+\frac{\partial w}{\partial x}\\&\varepsilon_z=\frac{\partial w}{\partial z}\end{aligned}\right\} \tag{1.28}$$

共三个方程方式。

3）应力-应变关系方程式或物理方程式

以胡克定律为例：

$$\left.\begin{aligned}&\varepsilon_x=\frac{1}{E_1}(\sigma_x-\mu_1\sigma_z)\quad \gamma_{xz}=\frac{\tau_{xz}}{G}\\&\varepsilon_z=\frac{1}{E_1}(\sigma_z-\mu_1\sigma_x)\end{aligned}\right\} \tag{1.29}$$

其中，

$$\left.\begin{aligned}&E_1=\frac{E}{1-\mu^2}\\&\mu_1=\frac{\mu}{1-\mu}\end{aligned}\right\} \tag{1.30}$$

或

$$\left.\begin{aligned}&\sigma_x=\lambda\varepsilon+2G\varepsilon_x\quad \tau_{xz}=G\gamma_{xz}\\&\sigma_z=\lambda\varepsilon+2G\varepsilon_z\end{aligned}\right\} \tag{1.31}$$

式中，

$$\varepsilon=\varepsilon_x+\varepsilon_z \tag{1.32}$$

4）位移法求解方程式

采用三维问题的相同步骤可建立平面问题的位移法所需的求解方程式，如下：

$$\left.\begin{aligned}&(\lambda+G)\frac{\partial\varepsilon}{\partial x}+G\nabla^2u+X=0\\&(\lambda+G)\frac{\partial\varepsilon}{\partial z}+G\nabla^2w+Z=0\end{aligned}\right\} \tag{1.33}$$

其中，

$$\nabla^2=\frac{\partial^2}{\partial x^2}+\frac{\partial^2}{\partial z^2} \tag{1.34}$$

3. 轴对称问题

如前所述，轴对称问题的位移向量、应变向量和应力向量共含有十个未知量，即 u、w、ε_r、ε_z、ε_θ、γ_{rz}、σ_r、σ_z、σ_θ、τ_{rz}。相应地，需要十个求解方程式。这十个求解方程式也分成三组，具体形式如下：

1）力的平衡方程式

$$\left.\begin{aligned}&\frac{\partial\sigma_r}{\partial r}+\frac{\partial\tau_{rz}}{\partial z}+\frac{\sigma_r-\sigma_\theta}{r}+R=0\\&\frac{\partial\sigma_z}{\partial z}+\frac{\partial\tau_{rz}}{\partial r}+\frac{\tau_{rz}}{r}+Z=0\end{aligned}\right\} \tag{1.35}$$

共两个方程式。式中，R、Z 分别为 r、z 方向的体积力。

2）几何方程式或变形相容方程式

$$\left.\begin{aligned}&\varepsilon_r=\frac{\partial u}{\partial r}\quad \gamma_{rz}=\frac{\partial u}{\partial z}+\frac{\partial w}{\partial r}\\&\varepsilon_z=\frac{\partial w}{\partial z}\\&\varepsilon_\theta=\frac{u}{r}\end{aligned}\right\} \tag{1.36}$$

共四个方程方式。

3）应力-应变关系方程式或物理方程式

以胡克定律为例：

$$
\left.\begin{aligned}
&\varepsilon_r=\frac{1}{E}[\sigma_r-\mu(\sigma_z+\sigma_\theta)] \quad \gamma_{rz}=\frac{\tau_{rz}}{G}\\
&\varepsilon_z=\frac{1}{E}[\sigma_z-\mu(\sigma_\theta+\sigma_r)]\\
&\varepsilon_\theta=\frac{1}{E}[\sigma_\theta-\mu(\sigma_r+\sigma_z)]
\end{aligned}\right\} \tag{1.37}
$$

或

$$
\left.\begin{aligned}
&\sigma_r=\lambda\varepsilon+2G\varepsilon_r \quad \tau_{rz}=G\gamma_{rz}\\
&\sigma_z=\lambda\varepsilon+2G\varepsilon_z\\
&\sigma_\theta=\lambda\varepsilon+2G\varepsilon_\theta
\end{aligned}\right\} \tag{1.38}
$$

其中，

$$
\varepsilon=\varepsilon_r+\varepsilon_z+\varepsilon_\theta
$$

共四个方程式。

4）位移法求解方程式

采用上述相同的方法可以得到轴对称问题位移法所需的求解方程式，如下：

$$
\left.\begin{aligned}
&(\lambda+G)\frac{\partial\varepsilon}{\partial r}+G\left[\nabla^2 u+\frac{1}{r}\left(\frac{\partial u}{\partial r}-\frac{u}{r}\right)\right]+R=0\\
&(\lambda+G)\frac{\partial\varepsilon}{\partial z}+G\left[\nabla^2 w+\frac{1}{r}\ \frac{\partial w}{\partial u}\right]+Z=0
\end{aligned}\right\} \tag{1.39}
$$

1.5.2 矩阵形式的求解方程式

在许多情况下，将微分形式的求解方程式改写成矩阵形式更方便。

1. 三维问题

1）力的平衡方程式

如令

$$
[\partial]=\begin{bmatrix}
\frac{\partial}{\partial x} & 0 & 0 & \frac{\partial}{\partial y} & 0 & \frac{\partial}{\partial z}\\
0 & \frac{\partial}{\partial y} & 0 & \frac{\partial}{\partial x} & \frac{\partial}{\partial z} & 0\\
0 & 0 & \frac{\partial}{\partial z} & 0 & \frac{\partial}{\partial y} & \frac{\partial}{\partial x}
\end{bmatrix} \tag{1.40}
$$

$$
\{f_\mathrm{b}\}=\{X \quad Y \quad Z\}^\mathrm{T} \tag{1.41}
$$

则力的平衡方程式可写成如下矩阵形式：

$$
[\partial]\{\sigma\}+[I]\{f_\mathrm{b}\}=0 \tag{1.42}
$$

式中，$[I]$ 为单位矩阵；$\{\sigma\}$ 为应力向量，如式（1.4）所示；$\{f_\mathrm{b}\}$ 为体积力向量。

2) *几何方程式或变形协调方程式*

如令

$$[\partial]_\varepsilon=\begin{bmatrix}\frac{\partial}{\partial x} & 0 & 0\\ 0 & \frac{\partial}{\partial y} & 0\\ 0 & 0 & \frac{\partial}{\partial z}\\ \frac{\partial}{\partial y} & \frac{\partial}{\partial x} & 0\\ 0 & \frac{\partial}{\partial z} & \frac{\partial}{\partial y}\\ \frac{\partial}{\partial z} & 0 & \frac{\partial}{\partial x}\end{bmatrix} \tag{1.43}$$

则几何方程式或变形协调方程式可写成如下矩阵形式：

$$\{\varepsilon\}=[\partial]_\varepsilon\{r\} \tag{1.44}$$

式中，$\{r\}$ 和 $\{\varepsilon\}$ 分别为位移向量和应变向量，分别如式（1.1）和式（1.2）所示。

比较式（1.40）和式（1.43）可见：

$$[\partial]_\varepsilon=[\partial]^{\mathrm{T}} \tag{1.45}$$

则得

$$\{\varepsilon\}=[\partial]^{\mathrm{T}}\{r\} \tag{1.46}$$

3) *应力-应变关系方程式或物理方程式*

以胡克定律为例，令

$$[D]=\begin{bmatrix}\lambda+2G & \lambda & \lambda & 0 & 0 & 0\\ \lambda & \lambda+2G & \lambda & 0 & 0 & 0\\ \lambda & \lambda & \lambda+2G & 0 & 0 & 0\\ 0 & 0 & 0 & G & 0 & 0\\ 0 & 0 & 0 & 0 & G & 0\\ 0 & 0 & 0 & 0 & 0 & G\end{bmatrix} \tag{1.47}$$

则应力-应变关系方程式可写成如下矩阵形式：

$$\{\sigma\}=[D]\{\varepsilon\} \tag{1.48}$$

式中，$[D]$ 为应力-应变关系矩阵，其形式取决于所采用的土的力学模型，当采用线弹性模型时，则如式（1.47）所示。

4) *位移法求解方程式*

将式（1.48）代入式（1.42）中得

$$[\partial][D]\{\varepsilon\}+[I]\{f_{\mathrm{b}}\}=0$$

再将式（1.46）代入上式得

$$[\partial][D][\partial]_{\varepsilon}\{r\}+[I]\{f_{b}\}=0$$

或

$$[\partial][D][\partial]^{T}\{r\}+[I]\{f_{b}\}=0 \tag{1.49}$$

式（1.49）即位移法求解方程式的矩阵形式。

2. 平面应变问题

1）力的平衡方程式

如令

$$[\partial]=\begin{bmatrix}\dfrac{\partial}{\partial x} & 0 & \dfrac{\partial}{\partial z}\\ 0 & \dfrac{\partial}{\partial z} & \dfrac{\partial}{\partial x}\end{bmatrix} \tag{1.50}$$

$$\{f_{b}\}=\{X\quad Z\}^{T} \tag{1.51}$$

则力的平衡方程式的矩阵形式如下：

$$[\partial]\{\sigma\}+[I]\{f_{b}\}=0$$

其形式与式（1.42）相同。式中，$\{\sigma\}$ 如式（1.15）所示。

$$\{f_{b}\}=\begin{Bmatrix}X\\ Z\end{Bmatrix} \tag{1.52}$$

2）几何方程式

如令

$$[\partial]_{\varepsilon}=\begin{bmatrix}\dfrac{\partial}{\partial x} & 0\\ 0 & \dfrac{\partial}{\partial z}\\ \dfrac{\partial}{\partial z} & \dfrac{\partial}{\partial x}\end{bmatrix} \tag{1.53}$$

则得几何方程式矩阵形式如下：

$$\{\varepsilon\}=[\partial]_{\varepsilon}\{r\}$$

$$[\partial]_{\varepsilon}=[\partial]^{T}$$

其形式与式（1.44）相同。式中，$\{\varepsilon\}$、$\{r\}$ 如式（1.14）和式（1.13）所示。

3）应力-应变关系方程式

仍以胡克定律为例，令

$$[D]=\begin{bmatrix}G+\lambda & \lambda & 0\\ \lambda & G+\lambda & 0\\ 0 & 0 & G\end{bmatrix} \tag{1.54}$$

则应力-应变关系方程式的矩阵形式如下：

$$\{\sigma\}=[D]\{\varepsilon\}$$

其形式与式（1.48）相同。

4）位移法求解方程式

采用上述相同步骤，则得

$$[\partial][D][\partial]_{\varepsilon}\{r\}+[I]\{f_{b}\}=0$$

或

$$[\partial][D][\partial]^{T}\{r\}+[I]\{f_{b}\}=0$$

其形式与式（1.49）相同。

3. 轴对称问题

1）力的平衡方程式

如令

$$[\partial]=\begin{bmatrix}\frac{\partial}{\partial r}+\frac{1}{r} & 0 & -\frac{1}{r} & \frac{\partial}{\partial z}\\ 0 & \frac{\partial}{\partial z} & 0 & \frac{\partial}{\partial r}+\frac{1}{r}\end{bmatrix} \tag{1.55}$$

则力的平衡方程式的矩阵形式如下：

$$[\partial]\{\sigma\}+[I]\{f_{b}\}=0$$

其形式与式（1.42）相同。式中，$\{\sigma\}$ 如式（1.18）所示：

$$\{f_{b}\}=\begin{Bmatrix}R\\ Z\end{Bmatrix} \tag{1.56}$$

2）几何方程式

如令

$$[\partial]_{\varepsilon}=\begin{bmatrix}\frac{\partial}{\partial r} & 0\\ 0 & \frac{\partial}{\partial z}\\ \frac{1}{r} & 0\\ \frac{\partial}{\partial z} & \frac{\partial}{\partial r}\end{bmatrix} \tag{1.57}$$

则几何方程式的矩阵形式如下：

$$\{\varepsilon\}=[\partial]_{\varepsilon}\{r\}$$

其形式与式（1.44）相同。式中，$\{\varepsilon\}$、$\{r\}$ 分别如式（1.17）和式（1.16）所示。但是，在轴对称情况下：

$$[\partial]_{\varepsilon}\neq[\partial]^{T} \tag{1.58}$$

3）应力-应变关系方程式

如令

$$[D]=\begin{bmatrix} G+\lambda & \lambda & \lambda & 0 \\ \lambda & G+\lambda & \lambda & 0 \\ \lambda & \lambda & G+\lambda & 0 \\ 0 & 0 & 0 & G \end{bmatrix} \tag{1.59}$$

则得应力-应变关系方程式的矩阵形式如下：

$$\{\sigma\}=[D]\{\varepsilon\}$$

其形式与式（1.48）相同。

4）位移法求解方程式

采用上述相同步骤，得矩阵形式的位移法所需的求解方程式如下：

$$[\partial][D][\partial]_{\varepsilon}\{r\}+[I]\{f_b\}=0$$

其形式与式（1.49）第一式相同。但是，对轴对称问题，式（1.49）第二式不成立。

关于本节建立的各方程式，应指出如下两点。

（1）这些方程式均是对全量 $\{r\}$、$\{\varepsilon\}$、$\{\sigma\}$ 建立的，但是这些方程式对增量 $\{\Delta r\}$、$\{\Delta\varepsilon\}$、$\{\Delta\sigma\}$ 也是成立的。

（2）上面推导中是以线弹性应力-应变关系为例来说明的。从上面的推导可见，如果采用不同的线弹性力学模型，只是应力-应变关系矩阵 $[D]$ 的形式不同。如果将矩阵 $[D]$ 采用相应的力学模型的 $[D]$ 矩阵，则这些方程式对其他力学模型也成立。因此，这些方程式并不失其一般性。

1.6 几何非线性

前文曾指出，土是一种变形大、强度低的力学介质和工程材料。当承受的荷载比较大时，土体会发生大的变形。这样土体中任意点的平衡状态应是其坐标改变后所达到的平衡状态。设土体中一点的初始坐标为 x_0、y_0、z_0，则变形后的坐标 x、y、z 如下：

$$\left.\begin{aligned} x&=x_0+u \\ y&=y_0+v \\ z&=z_0+w \end{aligned}\right\} \tag{1.60}$$

式（1.60）要求在力学分析过程中土体中的任意点坐标要不断地更新。

除此之外，在建立式（1.20）所示的几何方程式时忽略了一些变形的影响。下面以应变 ε_x 为例来说明。设 A 点的坐标为 x、y、z，B 点的坐标为 $x+\mathrm{d}x$、y、z，则 AB 与 x 轴平行，其长度为 $\mathrm{d}x$。假如 A 点不动，则 B 点在 x、y、z 方向的位移分别为 $\frac{\partial u}{\partial x}\mathrm{d}x$、$\frac{\partial v}{\partial x}\mathrm{d}x$、$\frac{\partial w}{\partial x}\mathrm{d}x$，则 B 点变到 B'，AB 变成 AB'，长度由 $\mathrm{d}x$ 变成 $\mathrm{d}x'$，如图 1.9 所示，$\mathrm{d}x'$ 可按下式确定：

$$\mathrm{d}x' = \left[\left(\mathrm{d}x+\frac{\partial u}{\partial x}\mathrm{d}x\right)^2+\left(\frac{\partial v}{\partial x}\mathrm{d}x\right)^2+\left(\frac{\partial w}{\partial x}\mathrm{d}x\right)^2\right]^{\frac{1}{2}}$$

简化后得

$$\mathrm{d}x' = \mathrm{d}x\left\{1+\left[2\frac{\partial u}{\partial x}+\left(\frac{\partial u}{\partial x}\right)^2+\left(\frac{\partial v}{\partial x}\right)^2+\left(\frac{\partial w}{\partial x}\right)^2\right]\right\}^{\frac{1}{2}}$$

进一步，可得

$$\mathrm{d}x' \approx \mathrm{d}x\left\{1+\frac{1}{2}\left[2\frac{\partial u}{\partial x}+\left(\frac{\partial u}{\partial x}\right)^2+\left(\frac{\partial v}{\partial x}\right)^2+\left(\frac{\partial w}{\partial x}\right)^2\right]\right\}$$

与 $\mathrm{d}x$ 相比 $\mathrm{d}x'$的伸长量，即

$$\mathrm{d}x'-\mathrm{d}x = \left\{\frac{\partial u}{\partial x}+\frac{1}{2}\left[\left(\frac{\partial u}{\partial x}\right)^2+\left(\frac{\partial v}{\partial x}\right)^2+\left(\frac{\partial w}{\partial x}\right)^2\right]\right\}\mathrm{d}x$$

按应变 ε_x 的定义

$$\varepsilon_x = \frac{\mathrm{d}x'-\mathrm{d}x}{\mathrm{d}x}$$

则得

同理

及

$$\left.\begin{aligned}
\varepsilon_x &= \frac{\partial u}{\partial x}+\frac{1}{2}\left[\left(\frac{\partial u}{\partial x}\right)^2+\left(\frac{\partial v}{\partial x}\right)^2+\left(\frac{\partial w}{\partial x}\right)^2\right]\\
\varepsilon_y &= \frac{\partial v}{\partial y}+\frac{1}{2}\left[\left(\frac{\partial u}{\partial y}\right)^2+\left(\frac{\partial v}{\partial y}\right)^2+\left(\frac{\partial w}{\partial y}\right)^2\right]\\
\varepsilon_z &= \frac{\partial w}{\partial z}+\frac{1}{2}\left[\left(\frac{\partial u}{\partial z}\right)^2+\left(\frac{\partial v}{\partial z}\right)^2+\left(\frac{\partial w}{\partial z}\right)^2\right]\\
\gamma_{xy} &= \frac{\partial u}{\partial y}+\frac{\partial v}{\partial x}+\left(\frac{\partial u}{\partial x}\frac{\partial u}{\partial y}+\frac{\partial v}{\partial x}\frac{\partial v}{\partial y}+\frac{\partial w}{\partial x}\frac{\partial w}{\partial y}\right)\\
\gamma_{yz} &= \frac{\partial v}{\partial z}+\frac{\partial w}{\partial y}+\left(\frac{\partial v}{\partial z}\frac{\partial v}{\partial y}+\frac{\partial w}{\partial z}\frac{\partial w}{\partial y}+\frac{\partial u}{\partial z}\frac{\partial u}{\partial y}\right)\\
\gamma_{zx} &= \frac{\partial w}{\partial x}+\frac{\partial u}{\partial z}+\left(\frac{\partial w}{\partial x}\frac{\partial w}{\partial z}+\frac{\partial u}{\partial x}\frac{\partial u}{\partial z}+\frac{\partial v}{\partial x}\frac{\partial v}{\partial z}\right)
\end{aligned}\right\} \tag{1.61}$$

式（1.61）即考虑几何非线性时应变分量与位移分量的关系式。

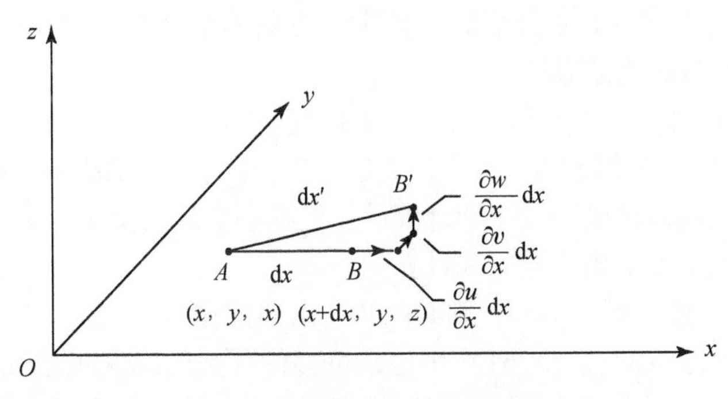

图 1.9　大变形下 $\mathrm{d}x$ 的拉伸量

式（1.61）表明，大变形下一点的应变由两部分组成，一部分为小变形下的应变，以

向量$\{\varepsilon\}_s$表示，另一部分为大变形下产生的附加应变，以向量$\{\varepsilon\}_1$表示。这样：

$$\{\varepsilon\}=\{\varepsilon\}_s+\{\varepsilon\}_1 \tag{1.62}$$

式中，$\{\varepsilon\}_s$按式（1.20）计算；$\{\varepsilon\}_1$按式（1.61）右端的方括号项计算。如果令

$$\left.\begin{aligned}\{\theta_x\}&=\left\{\frac{\partial u}{\partial x}\quad\frac{\partial v}{\partial x}\quad\frac{\partial w}{\partial x}\right\}^{\mathrm{T}}\\\{\theta_y\}&=\left\{\frac{\partial u}{\partial y}\quad\frac{\partial v}{\partial y}\quad\frac{\partial w}{\partial y}\right\}^{\mathrm{T}}\\\{\theta_z\}&=\left\{\frac{\partial u}{\partial z}\quad\frac{\partial v}{\partial z}\quad\frac{\partial w}{\partial z}\right\}^{\mathrm{T}}\end{aligned}\right\} \tag{1.63}$$

则$\{\varepsilon\}_1$可写成如下矩阵形式：

$$\{\varepsilon\}_1=\frac{1}{2}\begin{bmatrix}\theta_x^{\mathrm{T}}&0&0\\0&\theta_y^{\mathrm{T}}&0\\0&0&\theta_z^{\mathrm{T}}\\\theta_y^{\mathrm{T}}&\theta_x^{\mathrm{T}}&0\\0&\theta_z^{\mathrm{T}}&\theta_y^{\mathrm{T}}\\\theta_z^{\mathrm{T}}&0&\theta_x^{\mathrm{T}}\end{bmatrix}\begin{Bmatrix}\theta_x\\\theta_y\\\theta_z\end{Bmatrix} \tag{1.64}$$

根据上述，应指出如下三点。

（1）几何非线性包括如下两项内容：

（a）在分析过程中按式（1.60）更新土体中每一点的坐标。如果将荷载分成若干步施加，那么在第一步荷载作用下的土体分析中，可以采用

$$x=x_0\quad y=y_0\quad z=z_0$$

而在以后的各步荷载作用下的土体分析中，则应按式（1.60）修改坐标。第i+1 步荷载分析所采用的坐标为

$$\begin{aligned}x&=x_{i-1}+\Delta u_i\\y&=y_{i-1}+\Delta v_i\\z&=z_{i-1}+\Delta w_i\end{aligned} \tag{1.65}$$

式中，x_{i-1}、y_{i-1}、z_{i-1}为第i-1 步分析时土体中一点的坐标；Δu_i、Δv_i、Δw_i为第i步分析求得的在x、y、z方向的位移增量。

（b）要按式（1.61）计算土体中每一点的应变。

（2）因为在考虑几何非线性的分析中要更新土体中每一点的坐标，则力的平衡方程式及应力均是按土体变形后的坐标建立和计算的。但在小变形情况下，力平衡方程式、应变及应力均是按土体变形前的坐标建立和计算的。

（3）如按式（1.60）更新坐标，则必须知道土的位移u、v、w，而u、v、w是待求的未知量。此外，计算应变的式（1.61）中包括位移偏导数的二次项或交叉乘积项。这样，在考虑几何非线性的分析中必须采用迭代法进行，其具体步骤将在第 5 章表述。

1.7　非经典土力学的发展简述

由上述可见，非经典土力学是从20世纪50年代开始的土力学研究内容。当然，50年代之后的研究也涉及一些经典土力学问题的深入和扩展，但本书不将其纳入非经典土力学范畴。

从20世纪50年代起，非经典土力学的发展大致分为如下三个阶段。

（1）20世纪50～60年代，这个时期是非经典土力学基础理论建立时期，主要工作如下。

（a）根据非线性弹性理论和弹-塑性理论框架建立土的非线性性能的基础理论；

（b）土体静定塑性分析方法的建立；

（c）土体极限分析方法的建立；

（d）考虑土骨架与孔隙水相互作用饱和土体分析的理论基础的建立。

（2）20世纪70～80年代，这个时期的主要工作如下。

（a）将土的力学性能试验研究结果与土的非线性基础理论相结合，建立一些可供利用的土力学模型；

（b）将非线性力学分析方法与土力学模型相结合建立土体非线性分析方法；

（c）非线性数值分析方法的引进及其在土体非线性分析中的应用；

（d）土动力学的研究；

（e）土体-结构相互作用的研究。

（3）20世纪90年代之后，这个时期的主要工作如下。

（a）土体数值模拟分析的建立；

（b）土体工作性能全过程分析方法的建立；

（c）一些商业通用程序的开发；

（d）土体数值模拟分析在工程中的应用。

在此应说明，上述阶段划分及相应的工作是大致的，也只是作者个人的体会，并不排除对非经典土力学发展的其他方式的表述。关于一些学者对非经典土力学发展的贡献，由于作者的知识有限，恐挂一漏万，在此不做介绍，拟在各章中予以具体说明。

第2章　土的力学性能及力学模型

2.1　概　　述

2.1.1　土体中土的工作状态分布及影响

前文曾指出，土的工作状态取决于其所受到的力的作用水平。当力的作用水平低时，土处于线性工作状态；当力的作用水平较高时，土处于非线性工作状态；当力的作用很高时，土处于流动或破坏工作状态。由于土体中各点的受力水平不同，土体中也将存在不同工作状态的区域。以受竖向中心荷载作用的刚性条形基础下的地基土体为例，当荷载达到一定数值之后，与基础边角相邻的土体所受的力的作用水平很高，这个区域的土体则处于流动或破坏状态；而远离基础的土体所受的力的作用水平很低，则这个区域的土体处于线性工作状态；而处于这两个区域中间的土体，所受的力的作用水平较高，则这个区域的土体处于非线性工作状态，如图2.1所示。显然，随着竖向荷载的扩大，土体流动或破坏区和非线性工作区也随之增大。在变形允许的条件下，应尽量发挥土体的承载能力，因此土体中通常存在着一定的流动或破坏区和较大面积的非线性工作区，它们对地基基础的工作性能有重要影响。

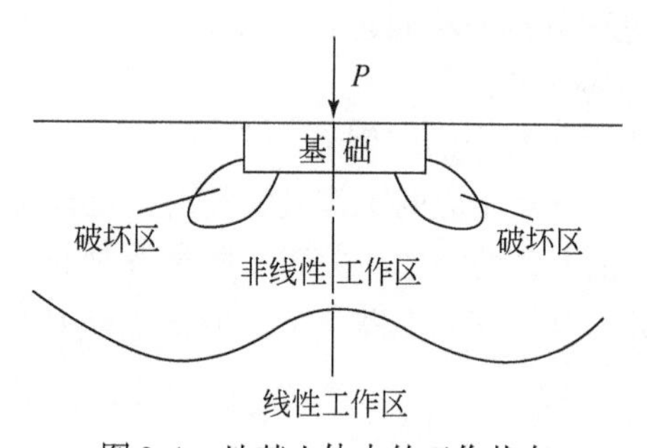

图2.1　地基土体中的工作状态

土体工作状态对地基基础体系性能的影响取决于如下三方面。

(1) 每种工作状态下土的力学性能；

(2) 处于不同工作状态的土体的分布，即位置和范围；

(3) 不同工作状态区域中土的受力水平。

为了解每种工作状态下土的力学性能，必须进行土力学性能试验。根据试验资料，确定影响土力学性能的因素及相应的规律。为了确定不同工作状态的土体的分布及其受力水平，则必须进行土体的力学分析。在土体的力学分析中，需要与其工作状态相应的应力-

应变关系及其参数，而土的应力-应变关系及参数则要根据土的力学模型及试验来确定。由此可见，土的力学性能及力学模型研究对评价土体的工作性能是多么重要。

2.1.2　土的力学性能

在表述土的力学性能研究之前，首先应明确土的力学性能包括哪些方面。在静力作用下，土的力学性能应包括如下三方面。

1. 变形性能

土的变形性能是指土对变形的抵抗能力，通常用应力-应变关系曲线来表示。与所有力学介质和工程材料一样，土的变形可分为如下两种形式。

（1）体积变形，描述土体积变化的变形，通常以体应变 ε_0 表示。

（2）偏斜变形，描述土体形状变化的变形，通常以六个偏应变分量 $\varepsilon_x-\frac{1}{3}\varepsilon_0$、$\varepsilon_y-\frac{1}{3}\varepsilon_0$、$\varepsilon_z-\frac{1}{3}\varepsilon_0$、$\gamma_{xy}$、$\gamma_{yz}$、$\gamma_{zx}$表示。

另外，每种形式的变形又可分为以下两种性能不同的变形。

（1）可恢复的体积变形和偏斜变形，通常称为弹性体积变形和偏斜变形。

（2）不可恢复的体积变形和偏斜变形，通常称为塑性体积变形和偏斜变形。

如图 1.5 所示，不可恢复的变形即塑性变形，是土非线性性能的原因。

2. 强度特性

土的强度特性是指土对流动或破坏的抵抗能力，通常以土发生流动或破坏时的应力表示。土破坏时的应力可由应力-应变关系曲线确定，当应力-应变关系曲线有峰值时就取峰值点的应力为破坏应力，当应力-应变关系曲线没有峰值时，则取与指定破坏应变值相应的那点的应力为破坏应力。应指出，土的破坏通常是剪切破坏，因此土抵抗破坏的能力通常以破坏时破坏面上的剪应力表示，并将其称为抗剪强度。如果由应力-应变关系线确定的破坏应力不是剪切破坏面上的剪应力，则应将其转换为剪切破坏面上的剪应力。

3. 孔隙水压力特性

下面只表述饱和土孔隙水压力特性。饱和土孔隙水压力特性是指在不排水条件下，即在土不发生体积变化条件下，荷载作用于饱和土体所引起的孔隙水压力的性能，通常以孔隙水压力与应力的关系线表示，或以孔隙水压力与应变的关系线表示，其中的应力或应变代表土的受力水平。这里应指出，在不排水条件下荷载作用引起的孔隙水压力与在排水条件下荷载作用引起的土体积变化有密切关系。在表述孔隙水压力产生的机制时将进一步表述这一点。

2.1.3　土的力学性能试验

土的力学性能必须由土的力学试验来揭示。根据土的力学试验资料可以获得如下两方面的结果。

（1）哪些因素影响土的力学性能；

（2）这些因素对土的力学性能的影响规律。

1. 试验仪器及功能

这里暂不表述土的力学试验结果，先对土的力学试验设备做一下必要的说明。前文已指出，20 世纪 50 年代之前，土的力学试验是在单轴压缩仪和直剪仪上完成的，单轴压缩仪只能测试 K_0加载条件下的土的体积压缩性能，直剪仪只能测试 K_0固结状态下土的剪切性能。因此，对于较全面测试土的力学性能，这两种试验仪器是不能满足要求的。为了在土的力学试验中恰当地模拟土实际所处的条件及正确测试土的各项力学性能，除一般力学试验仪器的功能外，土的力学试验仪器至少还应具有如下功能。

1）*模拟初始应力功能*

土的初始应力是指施加某种荷载之前，土已经承受的应力，初始应力是相对于某种荷载作用引起的附加应力而言的，例如建筑物修建之前相应地基土体已承受的应力相对于建筑物荷载作用所引起的附加应力就是一种初始应力。通常认为，在初始应力作用下土的变形已完成，即初始应力完全由土骨架承受。实际上，土的力学试验是研究土在附加荷载作用下的力学性能，土的初始应力是作为一个影响因素来考虑的。在土的力学试验中，以施加于土试样的固结压力来模拟土的初始应力。因此，土的力学试验仪器必须具有施加固结压力的系统。

按前述，初始应力也包括各向均等的球应力和偏应力两部分，在土的力学试验中，如果只模拟初始应力的各向均等球应力的作用，即施加的固结压力为各向均等的压力，则称为各向均等固结。如果同时模拟初始应力的球应力和偏应力的作用，即在不同方向上施加的固结压力不相等，则称为非均等固结。设所施加的最小固结压力为 $\sigma_{3,c}$，最大固结压力为 $\sigma_{1,c}$，令

$$K_c = \frac{\sigma_{1,c}}{\sigma_{3,c}} \tag{2.1}$$

则称 K_c为固结比，是表示初始应力中偏应力大小的一个定量指标。在均等固结情况下，$K_c = 1$。

2）*模拟附加应力功能*

前文已指出，土的力学试验主要测试附加荷载下土的力学性能。因此，土的力学性能试验仪器必须有一个施加附加应力的荷载系统。在此应指出，在实际问题中，附加荷载作用在土体中引起的应力状态是多样的，但是在土的力学性能试验中，土试样只能处于某一

种应力状态。关于各种土的力学试验仪器中土试样所处的应力状态及承受的应力分量将在下文进一步表述。

3）测量体积变形功能

土力学试验中，土体体积变形的测量是由体积变形测量系统实现的。关于体积变形测量系统在此不拟进一步表述。

4）测量孔隙水压力功能

土力学试验中，土的孔隙水压力测量是由孔隙水压力测量系统实现的。关于孔隙水压力测量系统在此也不拟进一步表述。

5）排水条件控制功能

土力学试验中，土试样排水条件的控制是由设置于土样与体积变形测量系统连接管道上的阀门实现的。当这个阀门打开时，土试样处于排水条件，并可测量土体积变形；当这个阀门关闭时，土试样处于不排水条件，则可测量孔隙水压力。

6）加载速率控制功能

土具有速率效应，在同样大小的力的作用下，加载速率越高，其变形越小。在土力学试验中，必须选择适当的荷载速度。某些土力学试验的荷载速度要求非常低，以至于一个土试样试验要花费十几至二十几个小时。加载速率的控制是由加载速率控制系统实现的。关于加载速率控制系统在此不拟进一步表述。

应指出，20世纪50年代以后研制开发的土力学试验仪器通常均具有上述功能。

2. 土力学试验中土试样所处的应力状态及承受的应力

前文指出，每种土力学试验仪器只能使土试样处于某一种应力状态和受某一应力分量作用。下面表述在如下三种典型的土力学试验中，土试样所处的应力状态及承受的应力分量。

1）三轴试验

三轴试验的土试样是一个圆柱体。试验中土试样的受力状态及承受的应力分量如下。

a. 初始应力

初始应力是沿轴向和径向施加的应力，分别以$\sigma_{1,c}$和$\sigma_{3,c}$表示，如图2.2（a）所示。显然，土试样处于轴对称应力状态。如前所述，当$\sigma_{1,c}=\sigma_{3,c}$时称为均等固结，当$\sigma_{1,c}>\sigma_{3,c}$时称为非均等固结。在静力试验中，通常取$\sigma_{1,c}=\sigma_{3,c}$，即均等固结。

b. 附加应力

附加应力通常是在初始应力基础上沿轴向施加的应力，但是有时也可以沿径向施加，或轴向和径向同时施加，如图2.2（b）所示。显然，在附加应力下土试样也处于轴对称应力状态。

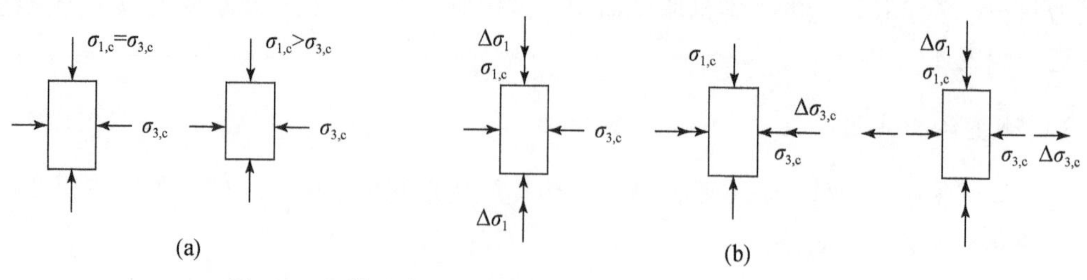

图 2.2　三轴试验土样所受的力的状态及承受的应力分量

2）平面应变三轴试验

平面应变三轴试验的土试样是一个断面为正方形的土柱。在试验中，土试样所处的应力状态及承受的应力分量如下。

a. 初始应力

初始应力是沿竖向和一个水平方向施加的应力，分别以 $\sigma_{1,c}$ 和 $\sigma_{3,c}$ 表示，在另一个水平方向上应变 $\varepsilon_z=0$，即平面应变状态，如图 2.3（a）所示。如认为土试样是弹性体，则 $\sigma_{z,c}=\mu(\sigma_{1,c}+\sigma_{3,c})$。在静力试验中，通常取 $\sigma_{1,c}=\sigma_{3,c}$。

b. 附加应力

附加应力通常沿竖向施加，但是也可以沿侧向施加，或竖向和侧向同时施加，如图 2.3（b）所示。显然，在附加应力作用下，土试样仍处于平面应变状态。

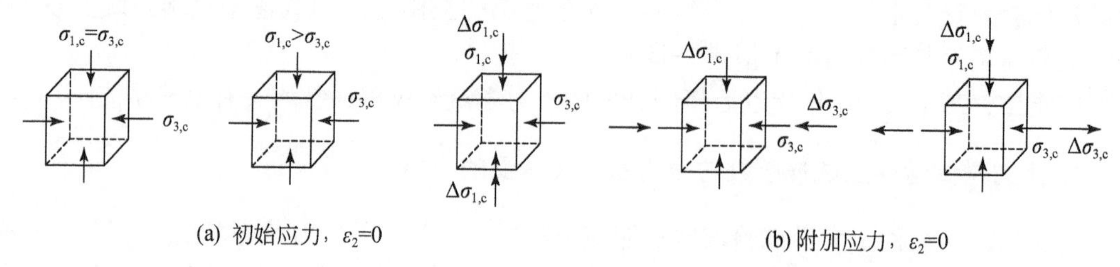

图 2.3　平面应变三轴试验土试样所处的应力状态及所受的应力分量

3）扭剪试验

扭剪试验的土试样，与三轴试验相同，是一个圆柱体。在试验中，土试样所处的应力状态和承受的应力分量如下。

a. 初始应力

扭剪试验所施加的初始应力及土试样所处的应力状态和承受的应力分量与三轴试验相同，如图 2.2（a）所示，在此无须赘述。

b. 附加应力

在扭剪试验中，施加一个绕土样竖向中心轴的扭转力矩，如图 2.4（a）所示。扭转力矩作用在土试样中产生剪应力 $\tau_{\theta z}$，如图 2.4（b）所示。因此，土试样受纯剪切作用，承受的应力为剪应力 $\tau_{\theta z}$。

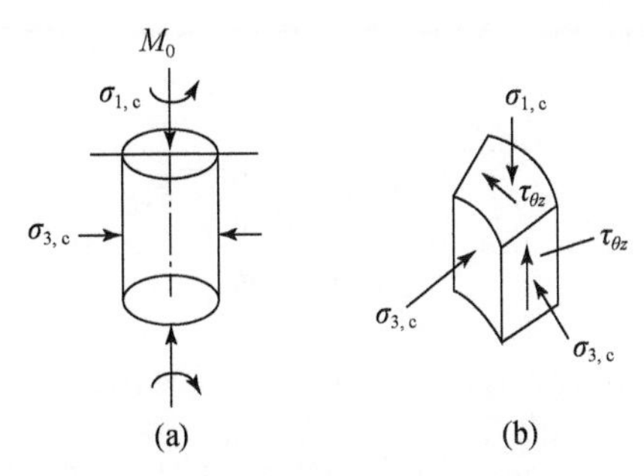

图2.4　扭剪试验土试样所处的应力状态及承受的应力

4）土试样承受的合成应力

将土试样的初始应力和附加应力叠加在一起的应力称为合成应力，仍以上述三种试验来说明土试样承受的合成应力。

a. 三轴试验

如图2.2（b）所示，三轴试验土试样承受的合成应力仍是轴对称应力状态。但应指出合成主应力方向可能有两种情况。

（a）合成主应力方向与初始主应力方向相同。

当只在轴向施加附加应力 $\Delta\sigma_1$ 时，合成的轴向应力为 $\sigma_{1,c}+\Delta\sigma_1$，合成的侧向应力仍为 $\sigma_{3,c}$；或当在轴向和侧向同时施加附加应力时，合成的轴向应力为 $\sigma_{1,c}+\Delta\sigma_1$，合成的侧向应力为 $\sigma_{3,c}-\Delta\sigma_3$。在这两种情况下，最大合成主应力仍为轴向，最小合成主应力仍为径向。

（b）合成主应力方向与初始主应力方向发生转换。

当只在侧向施加附加应力 $\Delta\sigma_3$ 时，合成的侧向应力为 $\sigma_{3,c}+\Delta\sigma_3$，合成的轴向应力仍为 $\sigma_{1,c}$，则 $\sigma_{1,c}<\sigma_{3,c}+\Delta\sigma_3$。在这种情况下，最大合成主应力为侧向，最小合成主应力为轴向，与初始主应力方向相比，主应力发生了转换。

b. 平面应变三轴试验

由图2.3可见，与三轴试验情况相同，不必赘述。

c. 扭剪试验

由图2.4可见，初始应力的最大主应力和最小主应力方向分别为轴向和切向。当附加剪应力 $\tau_{\theta z}$ 作用后，竖向和切向不再是主应力作用方向，即合成主应力方向相对于初始应力的主应力方向发生了转动，在图2.5中分别绘出了初始应力和合成应力的莫尔圆。由图2.5可得到，合成主应力方向相对于初始主应力方向的转角如下：

$$\tan 2\alpha=\frac{2\tau_{\theta z}}{\sigma_{1,c}-\sigma_{3,c}} \tag{2.2}$$

由式（2.2）可见，在均等固结状态下，$\alpha=45°$，即主应力方向转动了45°。

3. 试验类型及试验方法

土的力学性能试验可分为如下两大类型。

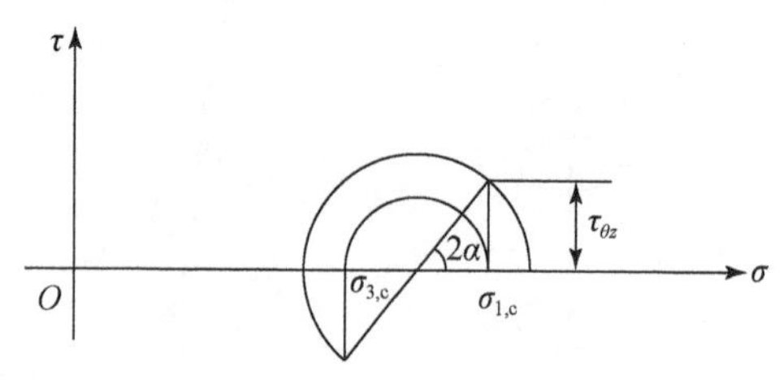

图 2.5 扭剪试验中主应力方向的转动

1） 土体积变形性能及孔隙水压力特性试验

土体积压缩实质是孔隙压缩。对于非饱和土，孔隙压缩在荷载施加后会较快完成，并发生瞬时体积压缩。对于饱和土，通常认为孔隙水是不可压缩的，孔隙压缩的完成则取决于孔隙水从孔隙排出的速率。由于土的渗透系数较小，孔隙水从孔隙中排出的速率较小，特别是黏性土。饱和土的体积压缩在荷载施加后需要相当长的一段时间才能逐渐完成。另外，由于孔隙水不可压缩，在荷载施加后饱和土不会发生瞬时体积变形，但是孔隙水压力在荷载施加的瞬时是最大的，然后随土体积压缩而逐渐降低。因此，对于饱和土，土体积压缩过程也是孔隙水压力消散过程。

另外，如果按弹性理论，土体积变形应只取决于土所受的球应力分量作用，偏应力分量作用不引起体积变形。但试验表明，土体积变形不仅取决于球应力分量作用，还取决于偏应力分量作用，即偏应力分量作用也会引起体积变形。

按上述，土体积变形性能及孔隙水压力特性试验应测试如下三个方面。

（1） 载荷施加后非饱和土的瞬时体积变形和饱和土的瞬时孔隙水压力；

（2） 载荷施加后土体积压缩过程及孔隙水消散过程；

（3） 最终土体积变形。

土体积变形性能及孔隙水压特性试验采用逐级加荷方法进行。首先，在不排水条件下施加每级荷载，并测试每级荷载作用引起的瞬时体积变形或瞬时孔隙水压力。然后，在排水条件下测试在每级荷载作用下土体积压密及孔隙水压力消散过程，并测试每级荷载作用下的最终土体积变形。

由于要测试每级荷载作用下土体积压密或孔隙水压力消散过程，土体积变形性能及孔隙水压力特性试验很费时。但是，如果只测试加荷瞬时饱和土的孔隙水压力特性，则试验可在不排水条件下进行，只测验每级荷载作用引起的孔隙水压力。由于不需要测试孔隙水压力消散过程，因此试验不需要花费很长时间。

2） 土的剪切变形性能及强度特性试验

土的剪切变形性能及强度特性试验包括如下两个阶段。

a. 固结阶段

模拟初始应力作用，通常在排水条件下施加固结压力，并且使土样在固结压力作用下发生压密，但有的试验则要求在不排水条件下施加固结压力，在这种情况下，非饱和土在固结压力作用下要发生压密，而饱和土则不能发生压密，而产生孔隙水压力。固结阶段持续的时间很长。

b. 剪切阶段

模拟附加应力作用，在固结阶段完成后，在不排水或排水条件下施加差应力或剪应力，使土样发生剪切变形直到破坏。当在不排水条件下施加差应力或剪应力时称为不排水剪切，而在排水条件下施加差应力或剪应力时则称为排水剪切。在剪切阶段要测量在差应力或剪应力作用下试样产生的差应变或剪应变，如果是排水剪切还要测量土体积变形；而对于不排水剪切，则要根据要求测量孔隙水压力，或不测量孔隙水压力。这样，根据固结和剪切阶段的排水条件，将剪切试验分为如表2.1所示的几种试验类型。表2.1还给出了每种试验所能提供的结果。

表2.1　剪切试验的类型及结果

试验类型	固结		剪切		剪切阶段的测试项目	提出结果
	不排水	排水	不排水	排水		
不排水剪切试验	√		√		差应变或剪应变	应力-应变关系；抗剪强度
固结不排水剪切试验		√	√		差应变或剪应变；孔隙水压力（或不测）	应力-应变关系；抗剪强度；孔隙水压力变化（测孔隙水压力）
排水剪切试验		√		√	差应变或剪应变；土体积变形	应力-应变关系；抗剪强度；土体积变化

关于表2.1所列的三种试验有必要做如下说明。

（1）不排水剪切试验，这种试验多用于黏性土，特别是饱和黏性土。由于固结时不排水，饱和黏性土在固结压力下不能发生压密，土的抗剪性能主要取决于土的初始密度，而与固结压力无关。

（2）固结不排水试验，各种土均可做固结不排水剪切试验。固结时，在固结压力下，土将发生压密。在剪切阶段，由于不排水，剪切作用将不引起体积变形，只引起孔隙水压力，使土的有效应力发生变化。这样，土的抗剪性能不仅取决于初始密度、固结压力，还取决于剪切引起的孔隙水压力。

（3）排水试验，由于在剪切阶段排水，剪切作用将引起土体积变化，并使土的密度发生相应的变化。这样，土的抗剪性能不仅取决于初始固结压力，还取决于剪切引起的体积变形。

2.1.4　土的应力-应变关系及土的力学模型

土的力学性能研究的主要目的之一是建立土的应力-应变关系。前文曾指出，土的应力-应变关系是土体力学分析不可缺少的一组方程式。土的力学性能试验在宏观上揭示土的力学性能，为建立土的应力-应变关系提供了试验基础。

为建立土的应力-应变关系，首先应根据土试验显示出来的性能和分析问题的需要，将土视为某种理想的力学介质，例如线弹性介质，这一步就是模型化。然后，在理想化的力学介质的基本理论框架下，考虑土的特点建立土的应力-应变关系。无论将土理想化成哪种力学介质，建立相应的应力-应变关系都需要一组物理力学关系式。这组物理力学关系式则称为该种力学模型的本构关系。理想化的力学模型不同，相应的本构关系也不同。有的力学模型，例如线弹性模型，其本构关系就比较简单；而有的力学模型，例如弹塑性模型，其本构关系就比较复杂。一般来说，功能比较单一的力学模型，其相应的本构关系比较简单，功能越强的力学模型，其相应的本构关系越复杂。本构关系越复杂，所包括的参数就越多，则参数的测试就越困难。关于上述问题，将在后文具体表述。

在此应指出，在建立土的力学模型时土力学性能试验的重要性如下。

（1）为土力学成为哪种力学介质提供资料基础；

（2）为确定建立的力学模型适用范围提供资料基础；

（3）根据试验资料确定所建立的力学模型参数，从力学模型的实用性而言，力学模型的参数最好能从常规试验中测定。

2.2 土力学试验的典型结果

2.2.1 体积变形试验结果

1. 单轴压缩试验

在土力学课程中，已经讲过单轴压缩试验及结果。通常，单轴压缩试验结果以孔隙比 e 与竖向压力 p_v 的关系表示，如图 2.6 所示，其中 e 为在竖向压力 p_v 作用下变形稳定时的孔隙比；也可以孔隙比 e 与 $\ln p_v$ 的关系表示，如图 2.7 所示。如图 2.6 和图 2.7 所示，e-p_v 关系线或 e-$\ln p_v$ 关系分为主压缩支、回弹支和再压缩支。当以 e-p_v 关系线表示时，土的压缩性以主压缩支上两点连线的斜率的负数表示，如式（2.3），称 a_c 为压缩系数，该系数随 p_v 的增大而减小；土的回弹及再压缩性能则以回弹和再压缩支上两点连线斜率的负数表示，如式（2.3），称 a_r 为回弹及再压缩系数，几乎为常数。当以 e-$\ln p_v$ 关系线表示时，主压缩支上两点连线的斜率的负数称为压缩因数，如式（2.4），以 c_c 表示，回弹支及再压缩支上两点连线的斜率的负数称为回弹或再压缩因数，如式（2.4），以 c_r 表示，并且 c_c 和 c_r 为常数。

$$\left.\begin{aligned} a_c &= \frac{e_1 - e_2}{p_{v,2} - p_{v,1}}\text{（主压缩支）} \\ a_r &= \frac{e_1 - e_2}{p_{v,2} - p_{v,1}}\text{（回弹支）} \end{aligned}\right\} \tag{2.3}$$

$$\left.\begin{aligned} c_c &= \frac{e_1 - e_2}{\ln p_{v,2} - \ln p_{v,1}}\text{（主压缩支）} \\ c_r &= \frac{e_1 - e_2}{\ln p_{v,2} - \ln p_{v,1}}\text{（回弹支）} \end{aligned}\right\} \tag{2.4}$$

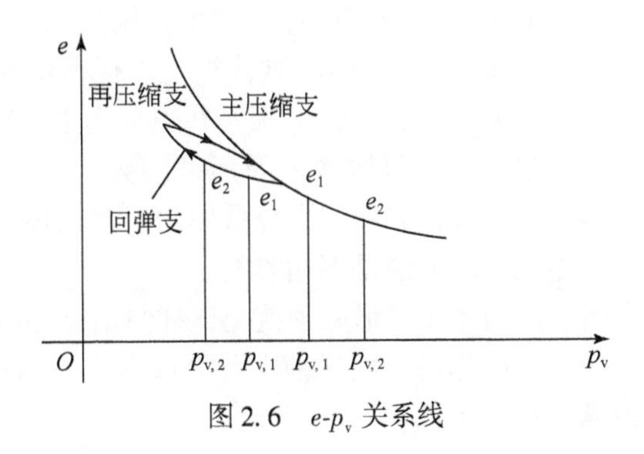

图 2.6　e-p_v 关系线

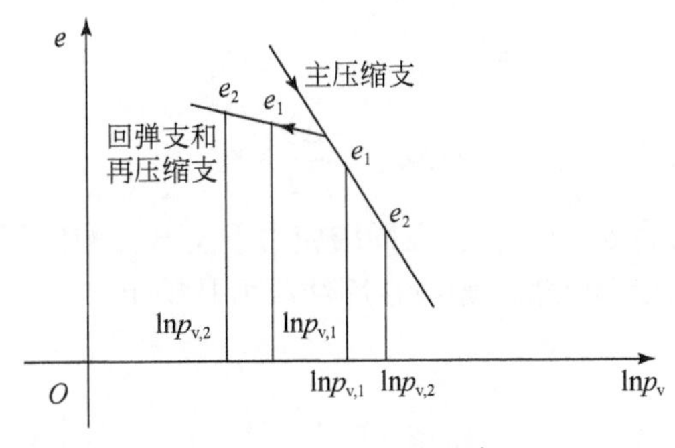

图 2.7　e-$\ln p_v$ 关系线

在此应指出，单轴压缩试验土试样的受力状态如图 2.8 所示，可分解成球应力分量和偏应力分量。因此，试验测得的体积变化是在球应力分量和偏应力分量共同作用下产生的，但无法确定球应力和偏应力作用各自产生的大体积变形。

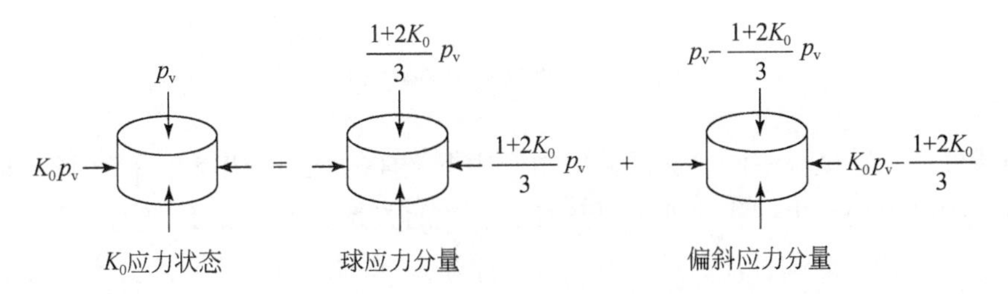

图 2.8　单轴压缩试验土试样的受力状态

2. 三轴试验

在此应指出，三轴试验是一种可以对土的体积变形、剪切变形、抗剪强度及孔隙水压力特性进行全面研究的常规试验。文献［1］全面地表述了三轴试验的设备、试验方法及试验结果。

在此应指出，三轴试验是可以对土的体积变形、剪切变形和孔隙水压力特性进行全面研究的一种常规试验。文献［1］全面表述了三轴试验的设备、实验方法和测试结果。如采用三轴试验来研究土的体积变形，则可将球应力分量和偏应力分量作用各自引起的体积变形测试出来。为测试球应力分量作用引起的体积变形，则使土试样只承受球应力作用，即在轴向和侧向施加相同压应力 p。与单轴压缩试验相似，根据试验结果可绘出 e-p_{v} 关系线或 e-ln p_{v} 关系线。同样，e-p_{v} 关系线和 e-ln p_{v} 关系线也分为主压缩支、回弹支和再压缩支，并可确定出相应的压缩系数 a_{c}、回弹因数 a_{r}及压缩因数 c_{c}、回弹系数 c_{r}。但应指出，因为单轴压缩试验测得的体积变形包括偏斜应力分量作用引起的体积变形，由三轴压缩试验求得的这些系数与前述压缩试验求得的是不相等的。

为测试偏应力分量作用引起的体积变形必须使土试样只承受偏应力（即向土试样施加的球应力分量为零的应力分量）的作用。在三轴应力状态下，$\sigma_2=\sigma_3$，如使其球应力分量为零，则 σ_1 和 σ_3 之间应满足如下条件：

$$\frac{\sigma_1+2\sigma_3}{3}=0$$

由此得

$$\Delta\sigma_3=-\frac{\Delta\sigma_1}{2} \tag{2.5}$$

设土试样的固结压力为 $\sigma_{1,\mathrm{c}}=\sigma_{3,\mathrm{c}}$，在固结应力下土试样的体积变形已完成，为测试偏应力作用引起的土的体积变形性能，则应在固结压力基础上，向土试样施加如图 2.9 所示的应力。

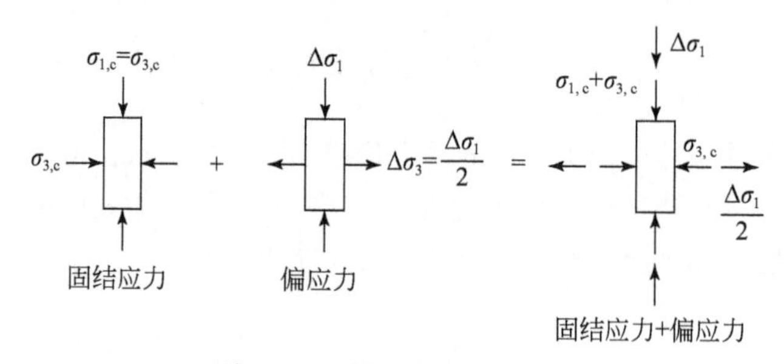

图 2.9　三轴试验中的偏应力

这样就可在三轴试验中同时测试偏应力作用下土样的轴向变形和体积变形。根据所测得的资料，则可绘制出土体积应变 ε_{v} 与轴应变 ε_{a} 的关系，如图 2.10 所示。图 2.10 中的 ε_{a} 是由偏应力作用引起的，用其表示偏应力的作用。由图 2.10 可见，土体积应变与偏应力作用关系可能有以下三种情况。

（1）在偏应力作用下土体积应变为压缩，并随偏应力作用的增大，土体积压缩应变也不断增大，如图 2.10（a）所示。

（2）在偏应力作用水平达到某一数值之前，土体积应变为压缩并达到最大值，其后土体积应变开始减小，即 ε_{v} 与 ε_{a} 关系线有一个峰值点。这表明当偏应力作用水平达到某一数值后土体积发生膨胀。但是土体积开始膨胀时相应的偏应力作用水平已相当高，土体积膨胀变形较小，总的土体积应变仍是压缩的，如图 2.10（b）所示。

（3）ε_{v} 与 ε_{a} 的关系线也有一个峰值，但土体积开始膨胀时相应的偏应力作用水平较低，土体积总的膨胀量相当大，甚至使总土体积变形称为膨胀变形，如图 2.10（c）所示。

关于土体积变形与偏应力作用水平之间的这三种情况，后面还将进一步讨论。

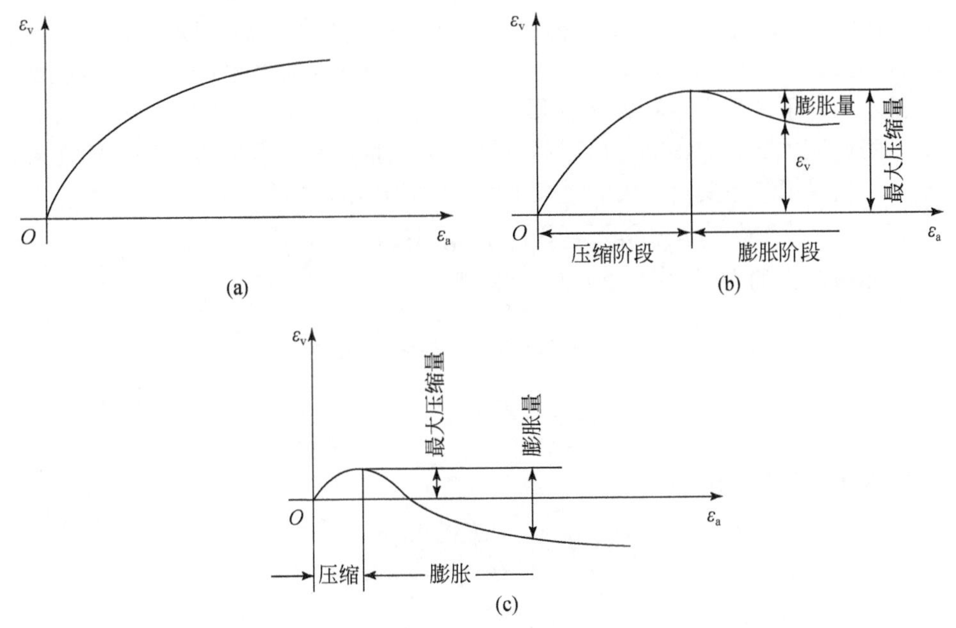

图 2.10　偏应力作用引起体积变形

2.2.2　孔隙水压力特性试验结果

孔隙水压力特性是指在不排水条件下，荷载作用于饱和土所引起的孔隙水压力的大小。孔隙水压力特性试验始于三轴仪的开发，其试验方法也分为测试球应力分量和偏应力分量作用所引起的孔隙水压力。

为了在三轴试验中测试不排水条件下球应力分量作用引起的孔隙水压力 u_0，则应在不排水条件下向土试样施加各向均等的压应力 σ_3。试验结果表明：

$$u_0 = B\sigma_3 \tag{2.6}$$

式中，B 为与各向均等的压应力 σ_3 有关的孔隙水压力系数，其值取决于饱和度，完全饱和土 $B=1$。

为了在三轴试验中测试不排水条件下偏应力作用引起的孔隙水压力，则应向土试样施加偏应力。但是，在三轴试验中，通常施加差应力 $\sigma_1-\sigma_3$。令差应力 $\sigma_1-\sigma_3$ 作用引起的孔隙水压力为 u_d，试验研究表明：

$$u_d = A_1(\sigma_1-\sigma_3)$$

式中，A_1 为与差应力（$\sigma_1-\sigma_3$）作用有关的孔隙水压力系数。但是孔隙水压力系数 A_1 是一个随差应力而变化的函数。这个函数形式可由拟合试验资料来确定，在此不做进一步表述。由此，σ_3 和 $\sigma_1-\sigma_3$ 共同作用引起的孔隙水压力 u 可写成如下形式：

$$u=B[\sigma_3+A(\sigma_1-\sigma_3)] \tag{2.7}$$

其中

$$A=\frac{A_1}{B}$$

式（2.7）中的 A 也是随差应力（$\sigma_1-\sigma_3$）作用水平而变化的。通常以土破坏时的差应力 $(\sigma_1-\sigma_3)_f$ 相应的 A 值作为代表值，以 A_f 表示。对于处于某种状态的土，A_f 可能是负值，这与土在排水条件下产生的体积膨胀变形一致。式（2.6）和式（2.7）是由三轴试验资料获得的。考虑应力状态的影响，可以将这两个关系推广到一般应力状态。前文曾指出，通常以与应力偏量第二不变量有关的量表示偏应力的作用。如令

$$T=\sqrt{(\sigma_1-\sigma_2)^2+(\sigma_2-\sigma_3)^2+(\sigma_1-\sigma_3)^2} \tag{2.8}$$

以 T 表示偏应力的作用。在三轴应力状态下：

$$\sigma_3=\sigma_3+\sigma_0-\sigma_0=\sigma_0-\frac{\sigma_1-\sigma_3}{3}$$

$$\sigma_1-\sigma_3=\frac{1}{\sqrt{2}}T$$

将其代入式（2.7）中，得

$$u=B\left[\sigma_0+\frac{1}{\sqrt{2}}\left(A-\frac{1}{3}\right)T\right]$$

令

$$\left.\begin{aligned}&\beta=B\\&\alpha=\frac{1}{\sqrt{2}}\left(A-\frac{1}{3}\right)\end{aligned}\right\} \tag{2.9}$$

则

$$u=\beta[\sigma_0+\alpha T] \tag{2.10}$$

式中，α 为 T 的函数。

式（2.7）和式（2.9）分别是由斯肯姆顿和亨克尔提出的，通常称 A、B 为斯肯姆顿孔隙水压力系数，称 α、β 为亨克尔孔隙水压力系数。严格说，式（2.7）只适用于轴对称应力状态，而式（2.10）适用于一般应力状态，当然也包括轴对称应力状态。

下面表述在不排水条件下荷载作用引起的孔隙水压力对土的初始有效应力的影响。荷载作用之前，土的初始正应力为 $\sigma_{x,0}$、$\sigma_{y,0}$、$\sigma_{z,0}$，并完全由土骨架承受，即有效应力。荷载作用引起的附加应力的球应力分量为 σ_0，偏应力的三个正应力为 $\sigma_x-\sigma_0$、$\sigma_y-\sigma_0$、$\sigma_z-\sigma_0$，球应力分量引起的孔隙水压力为 u_0，偏应力分量引起的孔隙水压力为 u_d，设在不排水条件下荷载作用后的有效应力 σ'_x、σ'_y、σ'_z 分别如下。

$$\sigma'_x=\sigma_{x,0}+\sigma_0+(\sigma_x-\sigma_0)-u_0-u_d$$

按前述，对饱和土：

$$u_0=\sigma_0$$

$$\left.\begin{aligned}&\text{则}\quad \sigma'_x=\sigma_{x,0}-u_d+(\sigma_x-\sigma_0)\\&\text{同理}\quad \sigma'_y=(\sigma_{y,0}-u_d)+(\sigma_y-\sigma_0)\\&\qquad\quad \sigma'_z=(\sigma_{z,0}-u_d)+(\sigma_z-\sigma_0)\end{aligned}\right\} \tag{2.11}$$

由此，对饱和土可得如下两点结论。

（1）式 $u_0=\sigma_0$ 表明，σ_0 作用引起的孔隙水压力 u_0 由 σ_0 抵消或平衡，不影响初始有效应力。

（2）式（2.11）表明，偏应力分量作用引起的孔隙水压力 u_d 由初始有效应力相应地降低来平衡。这样附加应力对土的作用可视作使土的初始应力降低，并使土承受附加偏应力作用。因此，只有偏应力作用引起的孔隙水压力 u_d 才会影响土抵抗附加应力作用的能力。

在不排水条件下，孔隙水压系数在实际问题中有重要的应用。在此，可指出如下三点应用。

（1）将孔隙水压力系数 B 作为土饱和程度的实用控制指标。

假定在不排水条件下向土施加的各向均等压力为 σ_3，引起的孔隙水压力为 u_0，则有效应力为 σ_3-u_0。设 m_c 为土的体积压缩系数，则土骨架的体积压缩量为

$$\Delta V_s=3m_c(\sigma_3-u_0)$$

另外，由孔隙水压力增加 u_0，可知孔隙的压缩量为

$$\Delta V_n=nm_nu_0$$

式中，n 为土的孔隙度；m_n 为孔隙空间填充物的压缩系数。由于

$$\Delta V_n=\Delta V_s$$

则得

$$u_0=\frac{1}{1+\dfrac{nm_n}{3m_c}}\sigma_3 \tag{2.12}$$

由此得

$$B=\frac{1}{1+\dfrac{nm_n}{3m_c}} \tag{2.13}$$

当土的饱和度为1.0时：

$$m_n=m_w$$

式中，m_w 为水压缩系数，由于 $m_w\ll m_c$，则

$$B=1$$

如果饱和度小于1.0时，$m_n>m_w$，则 $B<1$，并随土饱和度的增大而变小。因此，可以将 B 作为土饱和度的控制指标。在实际问题中，通常认为 $B=0.95$ 时就认为土是饱和土。

（2）按式（2.7）或式（2.10）确定在不排水条件下荷载作用在土体中引起的孔隙水压力，其结果可用于不排水条件下土体的有效应力稳定性分析。

（3）按式（2.7）或式（2.10）确定在不排水条件下荷载作用在土体中引起的孔隙水压力，可将其作为按太沙基固结理论分析时，土体的初始孔隙水压力值，特别是二维和三维问题。按这样的方法确定初始孔隙水压力，可以考虑由偏应力作用引起的孔隙水压力。

在此应指出，如果按式（2.7）或式（2.10）确定在不排水条件下荷载作用在土体中引起的孔隙水压力，必须确定在不排水条件下荷载作用在土体中引起的应力。这可由不排水条件下土体的应力分析来确定，或按某种简化方法确定。

2.2.3　土的剪切性能试验结果

土的剪切性能可以三轴剪切试验结果为例，从下述几方面来表述。

（1）差应力 $\sigma_1-\sigma_3$ 与轴应变 ε_a 关系线。注意，三轴试验在剪切过程中，通常 σ_3 保持不变。

（2）在剪切过程中，差应力 $q=\sigma_1-\sigma_3$ 与平均总正应力 p 或平均有效正应力 p' 关系线。剪切过程中的 q-p 和 q-p' 关系线分别称为总应力和有效应力轨迹线。当绘制有效应力轨迹线时，必须由固结不排水剪切试验测量孔隙水压力。平均有效正应力 p' 如下：

$$p'=p-u \tag{2.14}$$

$$p=\frac{1}{3}(2\sigma_3+\sigma_1)=\sigma_3+\frac{\Delta\sigma_1}{3}$$

u 为在不排水条件下由差应力 q 作用引起的孔隙水压力，按前述：

$$u=u_0+u_d$$

式中，u_0、u_d 分别为差应力 q 的平均应力 $\frac{\sigma_1}{3}$ 引起的孔隙水压力和差应力 q 的偏量 $\left(\frac{2}{3}\Delta\sigma_1,\ -\frac{1}{3}\Delta\sigma_1,\ -\frac{1}{3}\Delta\sigma_1\right)$ 作用引起的孔隙水压力。对于饱和土：

$$u_0=\frac{1}{3}\Delta\sigma_1$$

将这些式子代入式（2.14）中得

$$p'=\sigma_3-u_d \tag{2.15}$$

（3）抗剪强度及抗剪强度指标。

按抗剪强度定义，可以由三轴剪切试验资料确定抗剪强度及抗剪强度指标。土的抗剪强度指标也分总应力抗剪强度指标和有效应力抗剪强度指标。如果要确定有效应力抗剪强度指标，则必须做固结不排水剪切试验，并测试孔隙水压力。

土的剪切性能与土的类型、状态和排水条件有关。下面按土类、状态和排水条件来表述土的剪切性能。

1. 差应力（$\sigma_1-\sigma_3$）与轴应变 ε_a 关系线

1）饱和砂土

A. 松-中密饱和砂土

a. 不排水剪切

由固结不排水剪试验测得的松-中密饱和砂土的差应力 $\sigma_1-\sigma_3$ 与轴应变 ε_a 的关系线如图 2.11（a）所示。这是一条具有峰值的曲线，峰值过后差应力 $\sigma_1-\sigma_3$ 降低，并可能趋于水平线，即达到稳定状态。峰值后差应力降低与松-中密饱和砂土在不排水剪切作用下的孔隙水压力升高有关。

b. 排水剪切

由排水剪切试验测得的松-中密饱和砂土的差应力 $\sigma_1-\sigma_3$ 与轴应变 ε_a 的关系线如图2.11（b）所示。这是一条不断上升的曲线，但上升速率逐渐减小，并可能趋于水平线，即达到稳定状态。在剪切过程中，差应力不断上升与松-中密饱和砂土在排水剪切作用下土体积减小、土密度增大有关。

B. 密实饱和砂土

a. 不排水剪切

由固结不排水剪切试验测得的密实饱和砂土的差应力 $\sigma_1-\sigma_3$ 与轴应变 ε_a 的关系线如图2.12（a）所示。这是一条不断上升的曲线，其上升速率逐渐减小，并可能趋于水平线，即达到稳定状态。在剪切过程中，差应力不断上升与密实饱和砂土在不排水剪切作用下孔隙水压力上升到一定数值后开始减小并可能达到负值有关。

b. 排水剪切试验

由排水剪切试验测得的密实饱和砂土的差应力 $\sigma_1-\sigma_3$ 与轴应变 ε_a 的关系线如图2.12（b）所示。这是一条带有峰值的曲线，峰值过后差应力减小，并可能趋于水平线，即达到稳定状态。峰值过后差应力减小与密实饱和砂土在排水剪切作用下土体积剪缩而后又发生剪胀有关。

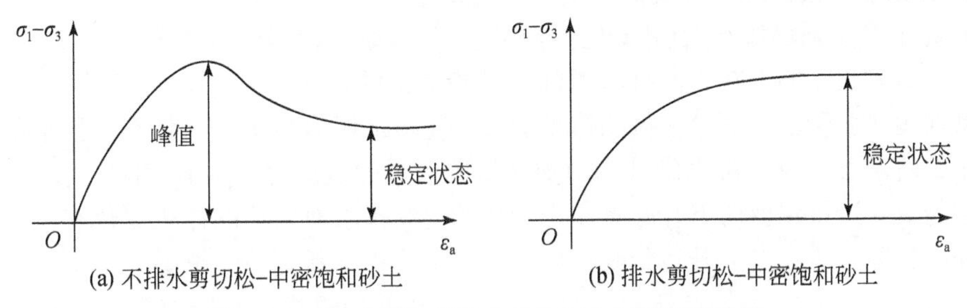

(a) 不排水剪切松-中密饱和砂土　(b) 排水剪切松-中密饱和砂土

图2.11　松-中密饱和砂土的差应力与轴应变关系

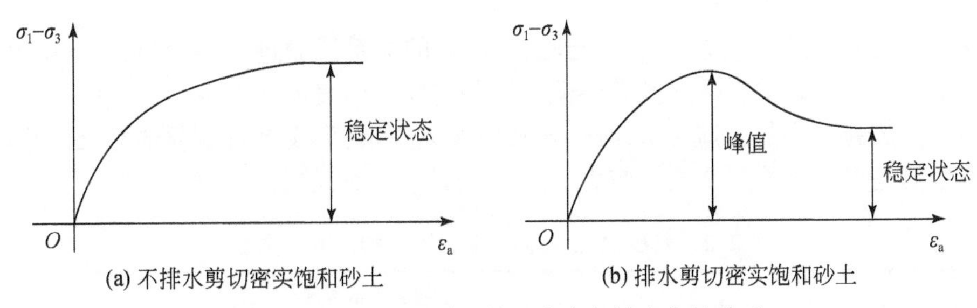

(a) 不排水剪切密实饱和砂土　(b) 排水剪切密实饱和砂土

图2.12　密实饱和砂土的差应力与轴应变的关系

2）饱和黏性土

A. 正常固结的饱和黏性土

a. 不排水剪切

由固结不排水剪切试验测得的正常固结的饱和黏性土的差应力 $\sigma_1-\sigma_3$ 和轴应变 ε_a 的

关系与松-中密饱和砂土相似，如图 2. 11（a）所示。

b. 排水剪切

由排水试验测得的正常固结的饱和黏性土的差应力 $\sigma_1-\sigma_3$ 和轴应变 ε_a 的关系与松-中密饱和砂土相似，如图 2. 11（b）所示。

B. 超固结的饱和黏性土

a. 不排水剪切

由固结不排水剪切试验测得的超固结的饱和黏性土的差应力 $\sigma_1-\sigma_3$ 和轴应变 ε_a 的关系与松-中密饱和砂土相似，如图 2. 12（a）所示。

b. 排水剪切

由排水试验测得的超固结的饱和黏性土的差应力 $\sigma_1-\sigma_3$ 和轴应变 ε_a 的关系与松-中密饱和砂土相似，如图 2. 12（b）所示。

由上述试验结果可以发现，虽然测试得到的差应力 $\sigma_1-\sigma_3$ 和轴应变 ε_a 的关系曲线与土的类型、状态和剪切时的排水条件有关，但总体上可分为两种类型。

（1）向上凸的上升曲线。

这种曲线可以进一步分为以下两种情况。

（a）当轴应变很大时，曲线逐渐趋于水平线，达到稳定状态；

（b）当轴应变很大时，曲线仍在缓慢地升高。

（2）先上升达到峰值，然后降低，当轴应变很大时，达到稳定状态。

不同类型和状态的土在不同排水条件下试验测得的差应力 $\sigma_1-\sigma_3$ 与轴应变 ε_a 的关系线的类型如表 2. 2 所示。试验测得的体积变形、孔隙水压力与土类、状态、排水条件的关系如表 2. 3 所示。比较后可以发现，由剪切试验测得的差应力 $\sigma_1-\sigma_3$ 和轴应变 ε_a 的关系线的类型与土在不排水剪切下孔隙水压力变化和土在排水剪切下的体积变化有关。凡是在剪切过程中孔隙水压力先上升达到峰值后下降或土体积不断压缩的情况下，测得的差应力 $\sigma_1-\sigma_3$ 与轴应变 ε_a 的关系线属于第一种类型；而在剪切过程中孔隙水压力一直在升高或土体积先压缩然后又膨胀的情况下，测得的差应力 $\sigma_1-\sigma_3$ 与轴应变 ε_a 的关系线属于第二种类型。

需要对试验测得的差应力 $\sigma_1-\sigma_3$ 与轴应变 ε_a 的关系线做进一步分析，采用曲线拟合方法可确定关系线的数学表达式及其参数，这些将在后面表述。

应指出，试验测得的差应力 $\sigma_1-\sigma_3$ 与轴应变 ε_a 的关系线具有重要的意义。土的非线性弹性模型就是根据试验测得的差应力 $\sigma_1-\sigma_3$ 与轴应变 ε_a 的关系线建立的。

表 2. 2　差应力 $\sigma_1-\sigma_3$ 与轴应变 ε_a 的关系线类型

土类	状态	剪切排水条件	
		不排水	排水
砂土	松-中密	第二类，带峰值曲线	第一类，逐渐向上曲线
	密实	第一类，逐渐向上曲线	第二类，带峰值曲线
黏性土	正常固结	第二类，带峰值曲线	第一类，逐渐向上曲线
	超固结	第一类，逐渐向上曲线	第二类，带峰值曲线

表 2.3　剪切时的孔隙水压力或土体积变化

土类	状态	剪切排水条件	
		不排水	排水
砂土	松-中密	孔隙水压力不断升高	土体积不断压缩
	密实	孔隙水压力升到峰值后下降	土体积先压缩后膨胀
黏性土	正常固结	孔隙水压力不断升高	土体积不断压缩
	超固结	孔隙水压力升到峰值后下降	土体积先压缩后膨胀

2. 剪切过程中的应力途径

剪切过程中，q-p 关系线和 q-p'关系线又分别称为总应力途径和有效应力途径。

1）总应力途径

在三轴试验剪切过程中，差应力 $q=\sigma_1-\sigma_3=\Delta\sigma_1$，平均正应力为 $p=\sigma_3+\dfrac{\Delta\sigma_1}{3}$。因此，总应力途径是过点（$q=0$，$p=\sigma_3$）、斜率为 3 的直线，如图 2.13 所示。

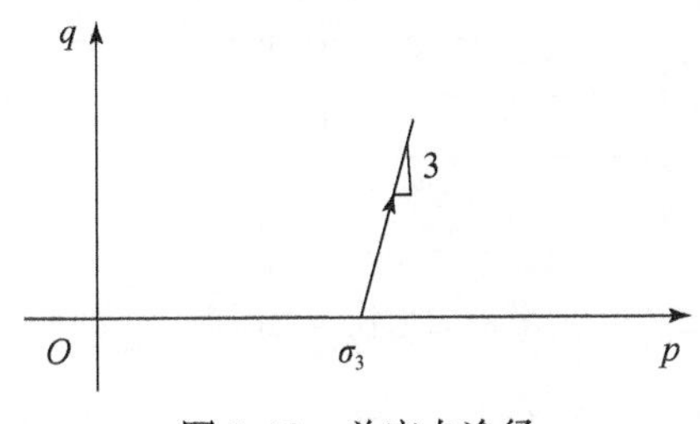

图 2.13　总应力途径

但是，第一种类型的差应力 $\sigma_1-\sigma_3$ 与轴应变 ε_a 的关系线的总应力途径如图 2.14（a）所示，第二种类型的差应力 $\sigma_1-\sigma_3$ 与轴应变 ε_a 的关系线如图 2.14（b）所示。对于第一种类型的（$\sigma_1-\sigma_3$）-ε_a 关系线，其总应力途径一直上升，达到破坏差应力 q_f 或稳定差应力 q_{cr}；对于第二种类型的（$\sigma_1-\sigma_3$）-ε_a，其总应力途径上升到峰值差应力 q_{max}后，则要沿原路下降至稳定差应力 q_{cr}。

在此应指出，由于排水试验的有效应力与总应力相等，排水剪切试验的有效应力途径与总应力途径相同。

2）有效应力途径

三轴固结不排水剪切试验土试样所受的有效各向均等压力 $p'=p-u$。因此，将总应力途径上一点的 p 值减去测得的孔隙水压力 u，就得到有效应力途径上的相应点，如图 2.15 所示。由图 2.15 可见，总应力途径上的 2 点与有效应力途径上相应的 2′点的横坐标差值等于差应力 q 作用引起的孔隙水压力 u，而 2 点与 1 点的横坐标差值等于差应力的球应力分量作用引起的孔隙水压力 $u_0=\dfrac{\Delta\sigma_1}{3}$，2′点与 1 点的水平距离等于差应力的偏应力分量作

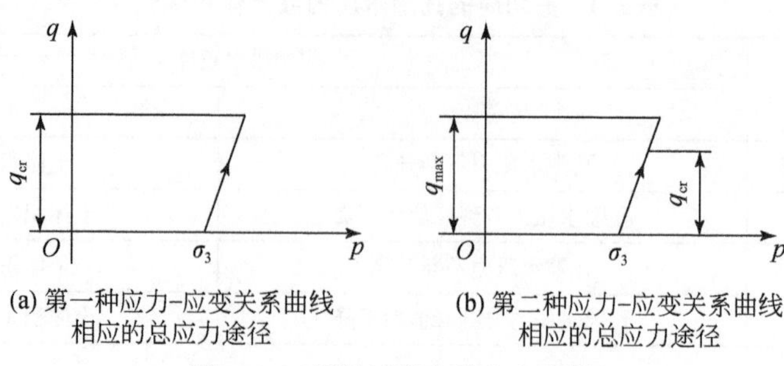

(a) 第一种应力-应变关系曲线相应的总应力途径　(b) 第二种应力-应变关系曲线相应的总应力途径

图 2.14　剪切过程中总应力途径

用引起的孔隙水压力 u_d。显然，沿有效应力途径 p' 的变化量就等于偏应力作用引起的孔隙水压力 u_d。

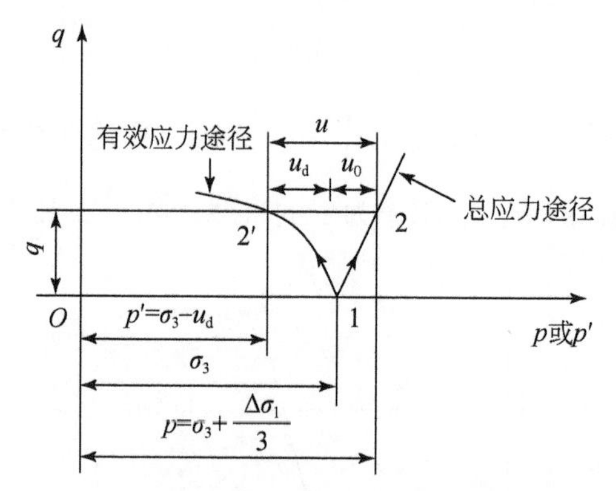

图 2.15　有效应力途径与总应力途径的关系

与总应力途径相似，有效应力途径也与土的$(\sigma_1-\sigma_3)$-ε_a 关系线的类型有关。图 2.16（a）和图 2.16（b）分别给出了与第一类和第二类$(\sigma_1-\sigma_3)$-ε_a 关系线相对应的有效应力途径。由图 2.16（a）可见，与第一类关系线相对应的有效应力途径首先从 1 点向左上方延伸，当达到 T 点后转向右上方延伸，最后达到剪应力最大点，即破坏点 F。在剪切过程中，T 点对应的有效应力 p' 最小。这表明，从 T 点开始，剪切引起的孔隙水压力由上升转变成下降，因此把 T 点称为相转换点。将每条有效应力途径上的相转换点相连，称为相转换线。由图 2.16（b）可见，与第二类关系线相对应的有效应力途径首先也是向左上方延伸，但

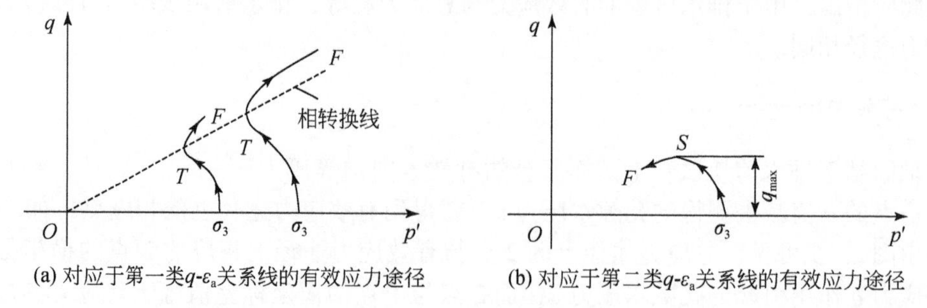

(a) 对应于第一类 q-ε_a 关系线的有效应力途径　(b) 对应于第二类 q-ε_a 关系线的有效应力途径

图 2.16　有效应力途径

当达到 S 点后变成向左下方延伸，最后达到剪应力最小点。在剪切过程中，S 点的差应力最大，对应于第二类关系线中的最大差应力 q_{max}。

在此应指出，有效应力途径是根据固结不排水剪切试验测试资料得到的。在剪切过程中土体积不变，因此还称其为等体积剪切的应力轨迹线。等体积剪切的应力轨迹线有很多应用，尤其是它是建立弹塑性帽盖模型的试验根据。

关于有效应力途径的进一步分析，例如数学表达式及参数等，将在后文表述。

3. 土的破坏与抗剪强度

1）土的破坏及破坏差应力

土的破坏应根据测试得到的差应力与轴向应变关系线的类型来分别定义。对于第一类不断上升的关系线，通常认为当轴向应变达到指定数值 $\varepsilon_{a,f}$ 时土就破坏了，与指定的轴向应变 $\varepsilon_{a,f}$ 相应的差应力则为破坏差应力 $(\sigma_1-\sigma_3)_f$；对于第二类带有峰值的关系线，则认为当达到峰点时土就破坏了，相应的峰值差应力就是破坏差应力 $(\sigma_1-\sigma_3)_f$。

土一般以剪切形式发生破坏。前文曾给出土的抗剪强度定义，即土破坏时破坏面上所承受的剪应力 τ_f。按库仑定律，土的抗剪强度可用下式表示：

$$\tau=c+\sigma\tan\varphi \tag{2.16}$$

式中，c 和 φ 为抗剪强度指标，分别为黏结力和摩擦角。在此应注意，式中的 σ 为破坏面上的正应力 σ_f，为简便而将其下标 f 去掉了。

上文从试验的宏观现象上定义了土的破坏。如果从受力上定义土的破坏，则应是过一点的诸平面中，只要有一个平面所承受的剪应力达到了土的抗剪强度，则土就破坏了，而这个面就是土的破坏面。

2）土的破坏面及其上应力分量

土的抗剪强度公式（2.16）在 $\tau\sigma$ 平面中是条直线，如果在 σ_3 作用下固结的土试样发生破坏，其破坏时的应力莫尔圆必须与该直线相切，如图 2.17 所示。显然，切点所对应的面就是破坏面，由此可确定破坏面的正应力 σ_f 和剪应力 τ_f 如下：

$$\left.\begin{aligned}\sigma_f&=\frac{(\sigma_1+\sigma_3)_f}{2}-\frac{(\sigma_1-\sigma_3)_f}{2}\sin\varphi\\ \tau_f&=\frac{(\sigma_1-\sigma_3)_f}{2}\cos\varphi\end{aligned}\right\} \tag{2.17}$$

前文曾指出，在 $\tau\sigma$ 平面中库仑抗剪强度公式是一条直线。显然，该直线应是诸多破坏莫尔圆的公切线，如图 2.18 所示。这样，根据试验结果绘出破坏莫尔圆，画出破坏莫尔圆的公切线，就可以确定 c 和 φ，即抗剪强度指标。

3）固结不排水剪切试验的抗剪强度

a. 总应力抗剪强度

根据固结不排水剪切试验资料绘制总应力破坏莫尔圆，并做这些莫尔圆的公切线，则

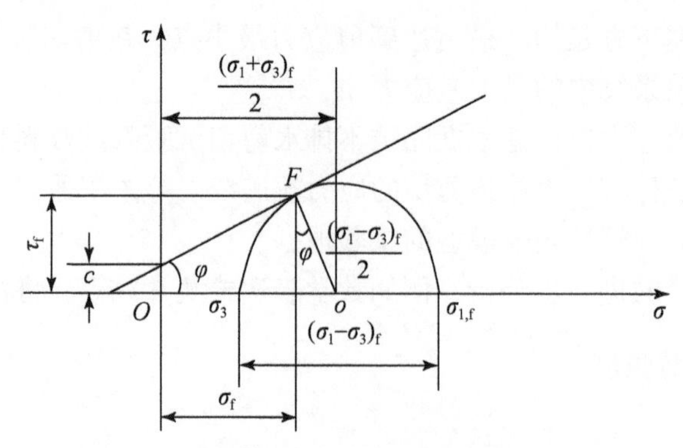

图 2.17　破坏面及其上的应力分量 τ_f 和 σ_f

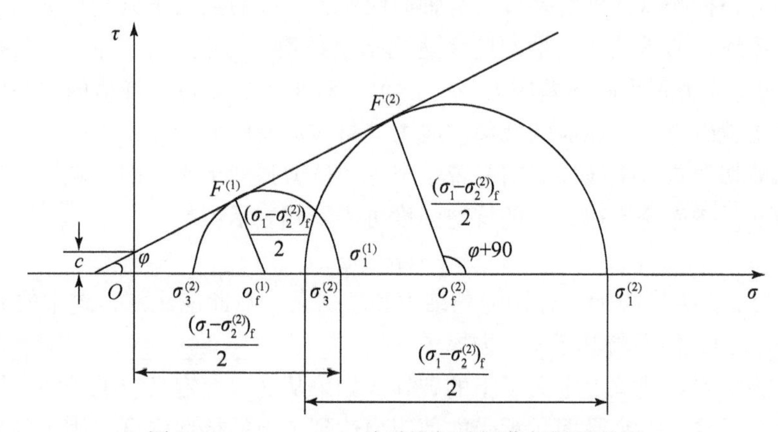

图 2.18　$\tau=c+\sigma\tan\varphi$ 关系线与破坏莫尔圆的关系

这条切线即总应力抗剪强度线。进而，可确定总应力抗剪强度指标 c 和 φ。

b. 有效应力抗剪强度

同样，根据固结不排水剪切试验资料可绘制有效应力破坏莫尔圆，并可做这些莫尔圆的公切线，则这条公切线即有效应力抗剪强度线，如图 2.19 所示。进而可确定有效应力抗剪强度指标 c'和 φ'，则抗剪强度可表示为

$$\tau=c'+(\sigma-u_f)\tan\varphi'$$

式中，σ 和 u_f 分别为破坏面的正应力和破坏时的孔隙水压力。

c. 总应力抗剪强度与有效应力抗剪强度的关系

由式（2.17）第二式得总应力破坏面与最大主应力面的夹角为 $45°+\frac{\varphi}{2}$，其上剪应力为

$$\tau_f=\frac{(\sigma_1-\sigma_3)_f}{2}\cos\varphi$$

同理，可得有效应力破坏面与最大主应力面的夹角为 $45°+\frac{\varphi'}{2}$，其上剪应力为 $\tau'_f=\frac{(\sigma_1-\sigma_3)_f}{2}\cos\varphi'$。

由于式中的$(\sigma_1-\sigma_3)_f$是固结压力为σ_3时由试验测得的土破坏时的差应力$(\sigma_1-\sigma_3)_f$，以上两式中的$(\sigma_1-\sigma_3)_f$应是相同的，则得

$$\tau_f'=\frac{\cos\varphi'}{\cos\varphi}\tau_f \tag{2.18}$$

式（2.18）表明，总应力破坏面及其上剪应力与有效应力破坏面及其上剪应力是不相同的，且$\tau_f'>\tau_f$。

另外，由图 2.18 可得

$$(\sigma_1-\sigma_3)_f=\left(\frac{\sigma_1+\sigma_3}{2}+c\cot\varphi\right)\sin\varphi$$

相似地，可得

$$(\sigma_1-\sigma_3)_f=\left(\frac{\sigma_1+\sigma_3-2u_f}{2}+c'\cot\varphi'\right)\sin\varphi'$$

式中，u_f为土破坏时的孔隙水压力，由于上两式中的$(\sigma_1-\sigma_3)_f$相等，则得

$$u_f=\left[-\frac{\sigma_1+\sigma_3}{2}(\sin\varphi'-\sin\varphi)+c'\cos\varphi'-c\cos\varphi\right]\frac{1}{\sin\varphi'} \tag{2.19}$$

这样，如果有效应力和总应力抗剪强度指标已知，则可由上式确定当固结压力为σ_3时，不排水剪切土破坏时的孔隙水压力u_f。

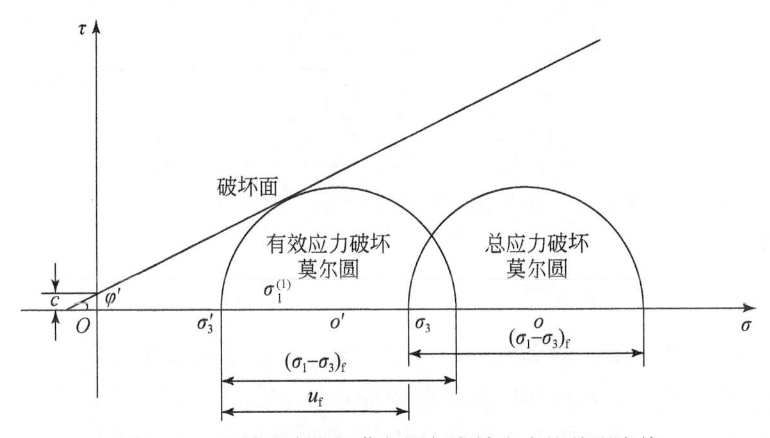

图 2.19　有效应力破坏莫尔圆与有效应力抗剪强度线

d. 按总应力理论与有效应力理论计算的安全系数

这里顺便讨论一下按总应力理论与有效应力理论计算的安全系数。假如一点的应力状态没有达到破坏，其固结压力为σ_3，差应力为（$\sigma_1-\sigma_3$）。已知总应力强度指标为c和φ，有效应力强度指标为c'和φ'。下面按两种理论确定其安全系数。按前述，安全系数应定义为抗剪强度τ_f与实际应力在破坏面上的剪应力τ之比。首先计算总应力理论的安全系数。如图 2.20 所示，由式（2.17）第二式得

$$\tau_f=\frac{(\sigma_1-\sigma_3)_f}{2}\cos\varphi$$

而实际应力在破坏面上的剪应力：

$$\tau_{\mathrm{f}}=\frac{(\sigma_1-\sigma_3)}{2}\cos\varphi$$

由此，得总应力理论的安全系数：

$$S=\frac{(\sigma_1-\sigma_3)_{\mathrm{f}}}{(\sigma_1-\sigma_3)} \tag{2.20}$$

同理，可求得有效应力理论的安全系数：

$$S'=\frac{(\sigma_1-\sigma_3)_{\mathrm{f}}}{(\sigma_1-\sigma_3)} \tag{2.21}$$

由于式（2.20）和式（2.21）中的$(\sigma_1-\sigma_3)_{\mathrm{f}}$相等，它是由固结不排水剪切试验测得的在固结压力$\sigma_3$下土破坏时的差应力。因此：

$$S=S'$$

上式证明采用总应力抗剪强度指标、按总应力理论计算的安全系数与采用有效应力抗剪强度指标、按有效应力理论计算的安全系数是相同的。

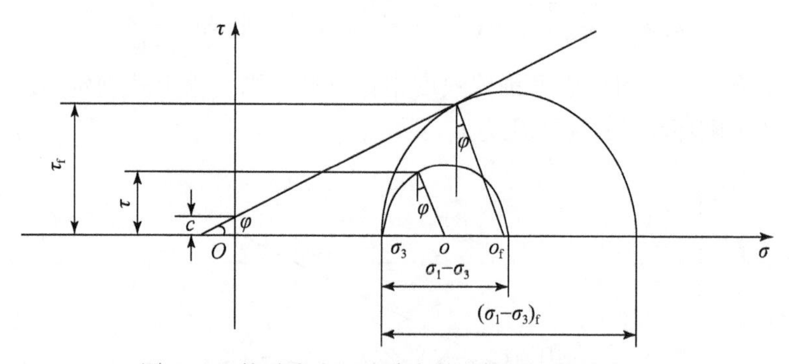

图 2.20　按总应力理论确定的破坏面上的剪应力

4）排水剪切试验的抗剪强度

根据排水剪切试验的测试结果可绘制不同固结压力下土样破坏时的莫尔圆，做这些莫尔圆的公切线，则可确定排水剪切试验抗剪强度指标$\bar{c}$、$\bar{\varphi}$，如图 2.21 所示。在剪切时排水，差应力的偏应力分量不会引起孔隙水压力u_{d}而使初始有效应力降低，但在差应力的球分量作用下土样会发生压密。这样，由排水剪切试验测得的破坏差应力$(\overline{\sigma_1-\sigma_3})_{\mathrm{f}}$要大于由固结不排水剪切试验测得的破坏差应力$(\sigma_1-\sigma_3)_{\mathrm{f}}$。

同理，采用排水剪切的抗剪强度指标计算当固结应力为σ_3、差应力为（$\sigma_1-\sigma_3$）时一点的安全系数$\bar{S}$为

$$\bar{S}=\frac{(\overline{\sigma_1-\sigma_3})_{\mathrm{f}}}{(\sigma_1-\sigma_3)} \tag{2.22}$$

由于$(\overline{\sigma_1-\sigma_3})_{\mathrm{f}}>(\sigma_1-\sigma_3)_{\mathrm{f}}$，则采用排水剪切的抗剪强度指标计算的安全系数$\bar{S}$要大于采用固结不排水剪切的抗剪强度指标计算的安全系数S。

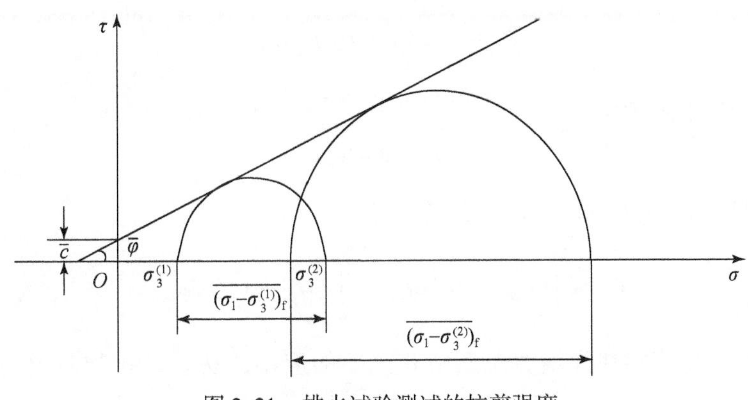

图 2.21　排水试验测试的抗剪强度

5）土的稳态强度及残余强度

前文曾表述了两种类型的差应力（$\sigma_1-\sigma_3$）与轴应变 ε_a 的关系曲线。关于这两类关系线，当轴应变 ε_a 非常大时，其差应力（$\sigma_1-\sigma_3$）可能成为常值，即达到稳定状态。如果将稳定状态的差应力作为破坏差应力，并以$(\sigma_1-\sigma_3)_{f,s}$表示，绘制破坏时的应力莫尔圆，做这些莫尔圆的公切线，则可确定稳态强度及相应的抗剪指标黏结力 c_s 和摩擦角 φ_s。

在此应指出，当差应力（$\sigma_1-\sigma_3$）与轴应变 ε_a 关系曲线为第一类不断上升的曲线时，稳态时的差应力$(\sigma_1-\sigma_3)_{f,s}$要大于按前面所述破坏准则确定的破坏差应力$(\sigma_1-\sigma_3)_f$，因此稳态强度要高一些。当差应力（$\sigma_1-\sigma_3$）与轴应变 ε_a 关系曲线为第二类带有峰值的曲线时，由于稳态时的差应力$(\sigma_1-\sigma_3)_{f,s}$低于峰值差应力，甚至显著低于峰值差应力，则稳态强度要低，甚至要显著低。

对于第二类差应力（$\sigma_1-\sigma_3$）与轴应变 ε_a 关系曲线，差应力达到峰值后不断降低。这表明，其抗剪切能力随轴向变形增大而不断减弱，稳态时的差应力$(\sigma_1-\sigma_3)_{f,s}$为残留的部分，因此又把稳态时的强度称为残余强度。残余强度也是土的一个具有重要意义的力学指标，例如分析破坏土体的稳定性时就应该采用残余强度指标。

4. 剪切过程中的应变能

剪切过程中的应变能可根据差应力（$\sigma_1-\sigma_3$）与轴应变 ε_a 关系曲线计算。根据应变能的定义，总的应变能 W 应为差应力（$\sigma_1-\sigma_3$）与轴应变 ε_a 关系曲线下面的面积：

$$W=\int_0^{\varepsilon_a}(\sigma_1-\sigma_3)\,\mathrm{d}\varepsilon_a \tag{2.23}$$

由于轴应变 ε_a 是弹性应变和塑性应变之和，则总的应变能 W 也应是弹性应变能 W_e 和塑性应变能 W_p 之和，如图 2.22 所示，即

$$W=W_e+W_p \tag{2.24}$$

式中，弹性应变能按下式确定：

$$W_e = \int_0^{\varepsilon_{a,e}} (\sigma_1 - \sigma_3) \mathrm{d}\varepsilon_{a,e} \tag{2.25}$$

塑性应变能按下式确定：

$$W_p = W - W_e$$

将式（2.23）和式（2.25）代入上式则得

$$W_p = \int_0^{\varepsilon_a} (\sigma_1 - \sigma_3) \mathrm{d}\varepsilon_a - \int_0^{\varepsilon_{a,e}} (\sigma_1 - \sigma_3) \mathrm{d}\varepsilon_{a,e} \tag{2.26}$$

在此应指出，应变能在弹塑性模型中有重要的应用，功硬化定律就要应用应变能的概念。

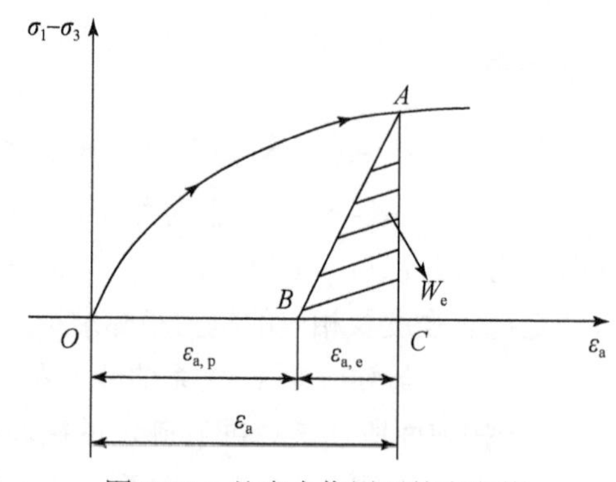

图 2.22　差应力作用下的应变能

2.3　土的加荷工作状态与卸荷工作状态

通常把施加荷载称为加载，把解除荷载称为卸载。但是这里讲的是土的加荷工作状态和土的卸荷工作状态。土的加荷工作状态和土的卸荷工作状态概念如下：设施加第 i 级荷载增量之前，土体中一点的应力向量为$\{\sigma\}_{i-1}$，不管施加的荷载增量是加载还是卸载，一定会产生一个应力分量$\{\Delta\sigma\}_i$，则该点的应力向量变成$\{\sigma\}_i$：

$$\{\sigma\}_i = \{\sigma\}_{i-1} + \{\Delta\sigma\}_i$$

如果应力从$\{\sigma\}_{i-1}$变到$\{\sigma\}_i$，该点进一步发生屈服而产生塑性变形，即进一步向破坏发展，则称该点处于加荷工作状态；否则，则称该点处于卸荷工作状态。由上述可见，土的加荷工作状态或卸荷工作状态虽与荷载的增加与解除有关，却是不同的概念。

在许多情况下，荷载增大，土体中各点处于加荷工作状态；而荷载减小，土体中各点处于卸荷工作状态，例如放置于水平地面基础下的地基土体，在竖向荷载作用于基础之前，地基土体中一点处于 K_0状态，$\sigma_v = \gamma h$，$\sigma_h = k_0 \gamma h$，其他应力分量为零，其应力向量以$\{\sigma\}_0$ 表示。当施加竖向荷载 P 后，产生一个应力增量$\{\Delta\sigma\}_P$，其应力向量$\{\sigma\} = \{\sigma\}_0 + \{\Delta\sigma\}_P$，如图 2.23 所示。随施加的荷载 P 越大，地基中的土体就越接近破坏。因此，当施加竖向荷载 P 时，土体各点均处于加荷状态。这样，在这种情况下土的加荷工作状态与荷载增加的一致性导致了误会，认为如果加荷则土体处于加荷工作状态，卸荷则土体处于卸荷工作状态。

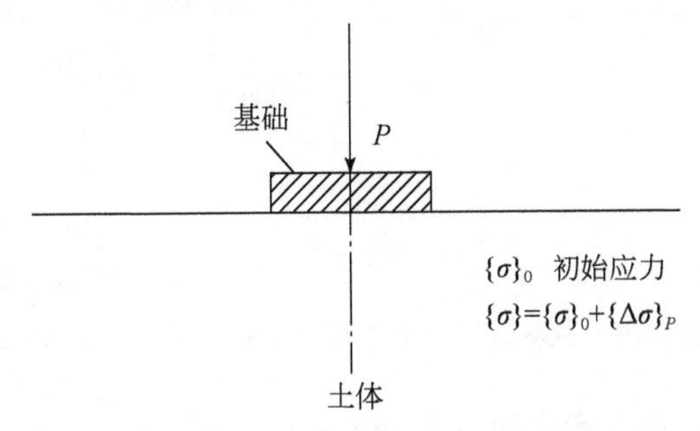

图 2. 23　处于加荷工作状态的基础之下地基中的土体

但是在有些情况下两者是不一致的。在这些情况下，从荷载变化而言是卸荷的，而从土的工作状态而言是加荷工作状态。图 2. 24 所示的基坑周围的土体在开挖时所处的工作状态就是一例。如前所述，在开挖前，基坑周围土体中一点处于 K_0状态，其应力向量为$\{\sigma\}_0$，如图 2. 24（a）所示。开挖相当于从基坑底面解除竖向应力 σ_v，从两侧面解除水平应力 σ_h，并在土体中产生应力增量$\{\Delta\sigma\}_e$，其应力向量为$\{\sigma\}=\{\sigma\}_0+\{\Delta\sigma\}_e$，如图 2. 24（b）所示。对于荷载而言是卸荷的，但开挖越深，基坑周围土体越不稳定，则土体处于加荷工作状态，两者是不一致的。此外，还有些情况，对于荷载而言是加荷，而对于土的工作状态而言，有些区域的土处于卸荷工作状态，有些区域的土处于加荷工作状态，例如，在基础之外施加边荷载就属于这种情况。如图 2. 25（a）所示，施加边荷载 P'之前在竖向荷载 P 作用下，地基土体中一点的应力向量为$\{\sigma\}_P$，边荷载 P'作用在土体中一点引起的应力向量增量为$\{\Delta\sigma\}_{P'}$，在 P 和 P'共同作用下土体中一点的应力向量为$\{\sigma\}_{P+P'}=\{\sigma\}_P+\{\Delta\sigma\}_{P'}$。由于 P'的作用增强了基础之下土体的稳定性，在边荷载作用下，该区域土体处于卸荷工作状态。但是，位于边荷载外边缘的土体，随边荷载 P'增大，其稳定性降低了，则在边荷载 P'作用下，该区域处于加荷工作状态。

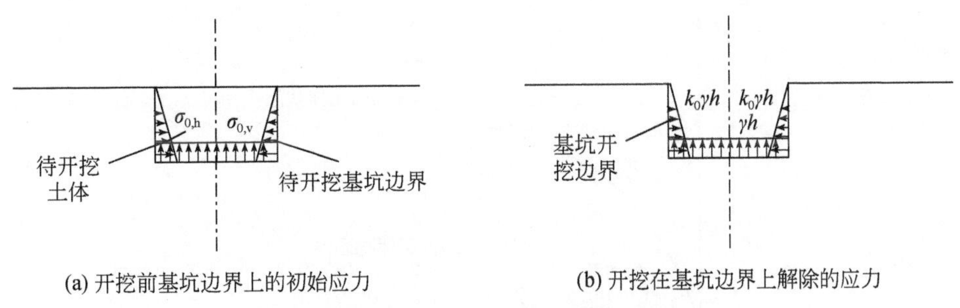

(a) 开挖前基坑边界上的初始应力　　(b) 开挖在基坑边界上解除的应力

图 2. 24　处于卸荷工作状态的基坑周围土体

按上述，在第 i 级荷载增量作用下，土体中一点是处于加荷工作状态还是卸荷工作状态至少取决于如下四个主要因素。

（1）第 i 级荷载增量作用之前，该点的应力$\{\sigma\}_{i-1}$；

（2）第 i 级荷载增量作用在该点产生的应力增量$\{\Delta\sigma\}_i$；

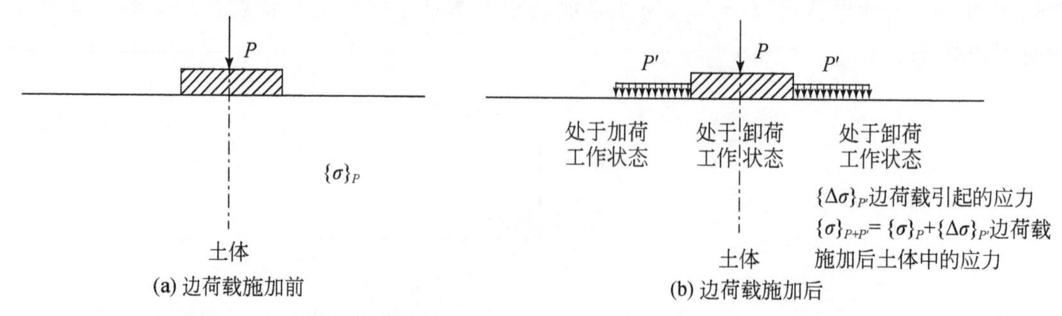

(a) 边荷载施加前　　(b) 边荷载施加后

图 2. 25　施加边荷载基础之下土体及边荷载外缘之下土体的工作状态

（3）总的荷载作用在该点产生的应力$\{\sigma\}_i$；

（4）该点在土体中的位置。

下面表述确定土处于加荷工作状态还是卸荷工作状态的意义。在此，以三轴剪切试验差应力的变化及土样相应的工作状态变化为例来说明。首先指出，在三轴剪切试验中，如果差应力增加直到 A 点，则土试样在 A 点之前处于加荷工作状态，如果差应力从 A 点减小到 B 点，则从 A 点到 B 点，土试样处于卸荷工作状态，如图 2. 26 所示。由图 2. 26 可见，从原点 O 到 A 点差应力与轴应变关系为 OA 线所示的关系，从 A 点到 B 点差应力与轴应变关系为 AB 线所示的关系。因此，处于加荷工作状态的土所遵循的应力–应变关系不同于处于卸荷工作状态的土所遵循的应力–应变关系。这表明，土体中一点的应力–应变关系取决于该点是处于加荷工作状态还是卸荷工作状态。如果差应力从 B 点又增大，则土试样处于再加荷工作状态，直到 A 点。由图 2. 26 可见，虽然从 B 点到 A 点土试样所受的差应力增大了，但从 B 点到 A 点的应力–应变关系几乎与从 A 点到 B 点的应力–应变关系相同。当差应力增大超过 A 点时，土试样又处于加荷工作状态，其应力–应变关系继续遵循 OA 曲线所示的关系。因此，当确定在某级荷载作用下土体中一点所遵循的应力–应变关系时，必须先判别该点是处于加荷工作状态还是卸荷工作状态，特别是像图 2. 25 所示的情况，在同一级荷载作用下，土体中同时存在加荷工作区和卸荷工作区。

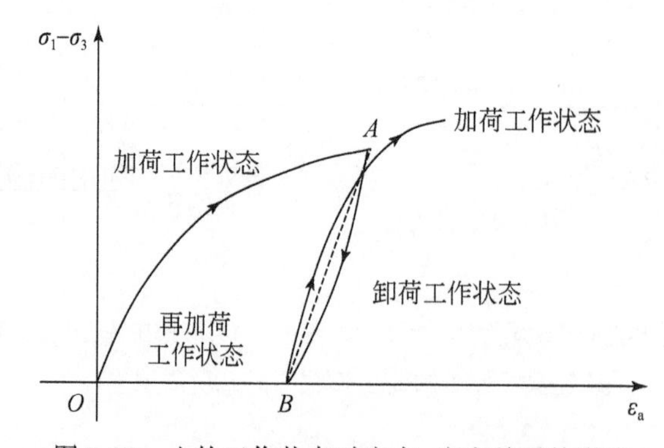

图 2. 26　土的工作状态对应力–应变关系的影响

按上述，土体中一点是处于加荷工作状态还是卸荷工作状态，不能简单地根据荷载是增大还是减小来判别，需要一个判别准则。在这个判别准则中必须考虑上文指出的影响工作状态的四个因素。判别工作状态的准则通常称为加荷函数。显然，加荷函数应是与前述的应力作用水平有关的量的函数。

概括而言，加荷函数有如下三种形式。

（1）差应力与破坏差应力之比$\frac{(\sigma_1-\sigma_3)}{(\sigma_1-\sigma_3)_f}$。如果从第$i$-1级荷载变化到第$i$级荷载，该比值增大了，则在第$i$级荷载作用下土处于加荷工作状态，否则土处于卸荷工作状态。

（2）差应力与最小主应力之比$\frac{(\sigma_1-\sigma_3)}{\sigma_3}$或差应力与平均应力之比$\frac{(\sigma_1-\sigma_3)}{(\sigma_1+\sigma_3)}$。同样，如果从第$i$-1级荷载变化到第$i$级荷载，该比值增大了，则在第$i$级荷载作用下土处于加荷工作状态，否则处于卸荷工作状态。

（3）屈服函数F。如果从第i-1级荷载变化到第i级荷载，应力空间中一点的应力从第i-1级荷载相应的屈服面F_{i-1}向外变化，则在第i级荷载作用下土处于加荷工作状态，否则处于卸荷工作状态。

应指出，非线性弹性模型通常采用前两种形式的加载函数，而弹塑性模型则采用屈服函数。显然，表示土在小变形阶段工作性能的线弹性模型则不需要判别加载函数，因为加荷工作状态和卸荷工作状态的应力-应变关系都遵循同一条直线关系。

2.4　稳定材料及非稳定材料

2.4.1　德鲁克假定

德鲁克假定给出了稳定材料和非稳定材料的定义和判别准则[2]。假如体积为V、面积为A的由某种材料组成的物体，在表面上作用的外力T和体积力F作用下，产生位移$\{u\}$、应力$\{\sigma\}$和应变$\{\varepsilon\}$，如图2.27（a）所示，显然，这些量应该满足力的平衡条件和位移相容条件。在T和F的基础上，如将附加的外力$\mathrm{d}T$和附加的体积力$\mathrm{d}F$作用于物体，则将产生附加位移$\{\mathrm{d}u\}$、附加应力$\{\mathrm{d}\sigma\}$和附加应变$\{\mathrm{d}\varepsilon\}$，如图2.27（b）所示。德鲁克假定：

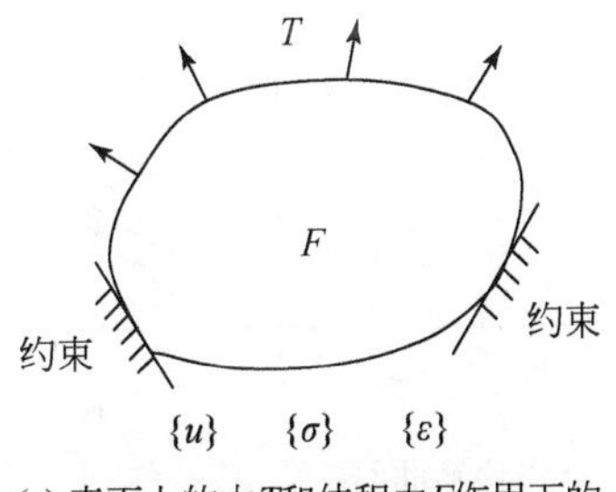

(a) 表面上的力T和体积力F作用下的物体的位移、应力及应变

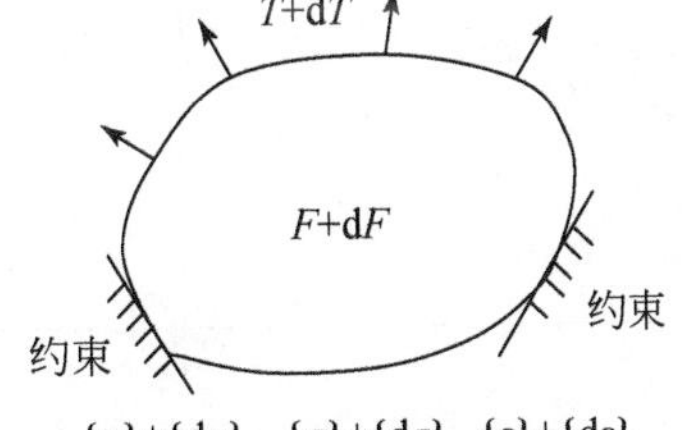

(b) 表面力T+dT和体积力F+dF作用下的物体的位移、应力及应变

图2.27　德鲁克关于材料稳定性的假定

（1）如果附加力所做的功是正的，即

$$\int_A \mathrm{d}T\mathrm{d}u\mathrm{d}A + \int_V \mathrm{d}F\mathrm{d}u\mathrm{d}V > 0 \tag{2.27}$$

则称为简单稳定性。

（2）如果在一次附加外力 $\mathrm{d}T$ 和体积力 $\mathrm{d}F$ 循环作用下，即施加后再卸掉，附加力 $\mathrm{d}T$ 和体积力 $\mathrm{d}F$ 所做的净功不是负的，即

$$\oint_A \mathrm{d}T\mathrm{d}u\mathrm{d}A + \oint_V \mathrm{d}F\mathrm{d}u\mathrm{d}V \geqslant 0 \tag{2.28}$$

则称为循环稳定性。

对一组平衡的 $\mathrm{d}T$、$\mathrm{d}F$、$\{\mathrm{d}\sigma\}$ 和相容的 $\{\mathrm{d}u\}$、$\{\mathrm{d}\varepsilon\}$，采用虚位移原理，则材料简单稳定性条件可用下式表示：

$$\{\mathrm{d}\sigma\}^{\mathrm{T}}\{\mathrm{d}\varepsilon\}>0 \tag{2.29}$$

而材料循环稳定性条件可用下式表示：

$$\oint \{\mathrm{d}\sigma\}^{\mathrm{T}}\{\mathrm{d}\xi\} \geqslant 0 \tag{2.30}$$

2.4.2 稳定材料的应力-应变关系曲线及特点

稳定性材料的应力-应变关系曲线有如图 2.28 所示的三种类型。显然，这三种类型的应力-应变关系曲线均能满足式（2.29）的要求。如果满足式（2.29）的要求，则 $\mathrm{d}\sigma$ 和 $\mathrm{d}\varepsilon$ 必须都是正的或负的。由此得

$$\frac{\mathrm{d}\sigma}{\mathrm{d}\varepsilon}>0 \tag{2.31}$$

即应力-应变关系曲线上每一点切线的斜率应大于零，为正值。

此外，应指出稳定材料的应力与应变是一对一的，即一个应力对应一个应变，而一个应变也只对应一个应力，即具有唯一性。还应指出，稳定材料应力-应变关系曲线切线斜率随应变的变化可能有如下三种情况。

（1）当应力-应变关系曲线为上凸的曲线时，切线和割线的斜率都逐渐减小，如图 2.28（a）所示，但切线斜率小于割线斜率。

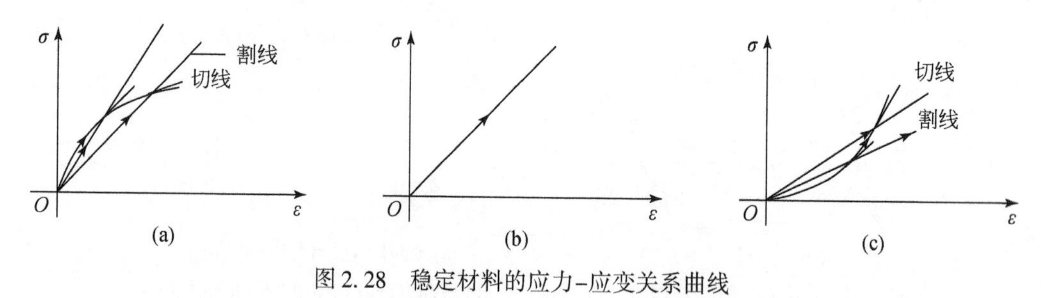

图 2.28 稳定材料的应力-应变关系曲线

（2）当应力-应变关系曲线为直线时，割线的斜率为常数，如图 2.28（b）所示，且与切线斜率相等。

(3) 当应力-应变关系曲线为上凹的曲线时，切线和割线的斜率逐渐增大，如图2.28 (c) 所示，但切线斜率大于割线斜率。

2.4.3　非稳定材料应力-应变关系曲线及特点

非稳定材料应力-应变关系曲线有如图2.29所示的两种类型。显然，这两种类型的应力-应变关系曲线均满足式 (2.29) 关于非稳定材料的要求。如果满足式 (2.29) 关于非稳定性材料的要求，则当 $d\varepsilon$ 为正值时，$d\sigma$ 为负值，如图2.29 (a) 所示；或当 $d\varepsilon$ 为负值时，$d\sigma$ 为正值，如图2.29 (b) 所示。由此得

$$\frac{d\sigma}{d\varepsilon}\leqslant 0 \tag{2.32}$$

即在应力-应变关系曲线的后段，每一点的切线斜率为负值。非稳定材料应力-应变关系曲线的割线斜率和切线斜率变化有如下两种情况。

(1) 当应力-应变关系曲线为上凸曲线时，割线斜率逐渐变小，切线斜率在上升段也逐渐变小并减小到零，在下降段为负值，如图2.29 (a) 所示。

(2) 当应力-应变关系曲线为上凹曲线时，割线斜率逐渐变大，切线斜率在下半段也逐渐增大，并达到正无穷大，在上半段为负值。

2.4.4　唯一性

唯一性是指材料的应力与应变具有唯一的对应关系。图2.28所示的稳定材料具有唯一性。非稳定材料则不具有唯一性，例如图2.29 (a) 所示的不稳定材料，一个应力对应两个应变，而图2.29 (b) 所示的不稳定材料，一个应变对应两个应力，即不具有唯一性。

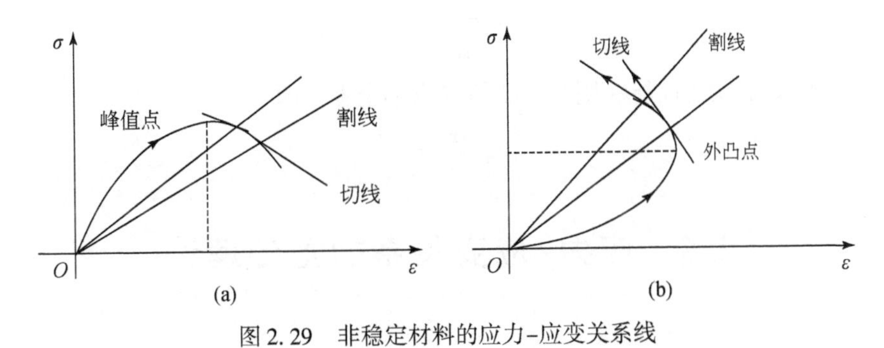

图2.29　非稳定材料的应力-应变关系线

2.4.5　作为稳定材料和非稳定材料土的应力-应变关系线

土是一种复杂的力学介质和工程材料，在一些情况下会呈现出稳定材料的性能，而在另一些情况下则呈现出非稳定材料的性能。现将呈现出稳定材料性能的情况列举如下。

（1）处于各种状态下的土，其各向均等压力 σ_0 与体应变 $\varepsilon_{v,0}$ 的关系线与图 2. 28（c）相似，呈稳定材料性能。

（2）松-中密饱和砂土及正常固结的饱和黏性土在排水剪切条件下，差应力（$\sigma_1-\sigma_3$）与轴应变 ε_a 的关系与图 2. 28（a）相似，呈稳定材料性能。

（3）密实饱和砂土及超固结的饱和黏性土在不排水剪切条件下，剪切差应力（$\sigma_1-\sigma_3$）与轴应变 ε_a 的关系与图 2. 28（a）相似，呈稳定材料性能。

2. 4. 6　土呈现非稳定材料性能的情况

（1）松-中密饱和砂土及正常固结的饱和黏性土在不排水剪切条件下，剪切差应力（$\sigma_1-\sigma_3$）与轴应变 ε_a 的关系与图 2. 29（a）相似，呈非稳定材料性能。

（2）密实饱和砂土及超固结的饱和黏性土在排水剪切条件下，剪切差应力（$\sigma_1-\sigma_3$）与轴应变 ε_a 的关系与图 2. 29（a）相似，呈非稳定材料性能。

2. 4. 7　应变引起的硬化和软化

如果测得的差应力（$\sigma_1-\sigma_3$）与轴应变 ε_a 关系线呈现出稳定材料性能，如图 2. 28（a）所示，随轴向变形的增大，差应力也会一直增大，即表现出对变形更高的抵抗能力，则称这种现象为应变硬化。如果测得的差应力（$\sigma_1-\sigma_3$）与轴应变 ε_a 关系线呈不稳定材料性能，如图 2. 29（a）所示，在峰值之前一段，随轴向变形的增大，差应力也增大，则在这段表现为应变硬化性能，但在峰值之后一段，随轴向变形的增大，差应力反而减小，即对变形的抵抗能力减弱了，则称这种现象为软化。因此，不稳定材料在峰值之前表现出应变硬化性能，而在峰值之后表现出应变软化性能。

在此应指出，如果表现出应变硬化性能，则其切线斜率应大于零，即

$$\frac{\mathrm{d}\sigma}{\mathrm{d}\varepsilon}>0$$

如果表现出应变软化性能，则其切线斜率应小于零，即

$$\frac{\mathrm{d}\sigma}{\mathrm{d}\varepsilon}<0$$

2. 5　应力-应变关系的基础理论

2. 5. 1　应力与变形能的关系

下面研究图 2. 30 所示的微元体 $\mathrm{d}x\mathrm{d}y\mathrm{d}z$ 两个无限接近的变形状态。设前一个变形状态重心位移为 u、v、w，应力为 σ_x、σ_y、σ_z、τ_{xy}、τ_{yz}、τ_{zx}，体积力为 X、Y、Z，则在 x 方向重心前后两个面的位移分别为 $u\pm\frac{\partial u}{\partial x}\frac{\mathrm{d}x}{2}$、$v\pm\frac{\partial v}{\partial x}\frac{\mathrm{d}x}{2}$、$w\pm\frac{\partial w}{\partial x}\frac{\mathrm{d}x}{2}$，应力分别为 $\sigma_x\pm\frac{\partial\sigma_x}{\partial x}\frac{\mathrm{d}x}{2}$、$\tau_{xy}\pm\frac{\partial\tau_{xy}}{\partial x}\frac{\mathrm{d}x}{2}$、

$\tau_{zx} \pm \frac{\partial \tau_{zx}}{\partial x} \frac{dx}{2}$。设后一个变形状态的位移为 $u+\delta u$、$v+\delta v$、$w+\delta w$，应变为 $\varepsilon_x+\delta\varepsilon_x$、…、$\gamma_{xy}+\delta\gamma_{xy}$、…。由此，由第一个变形状态到第二个变形状态重心前后两个面上的力及 x 方向体积力 X 所做的功为

$$\delta_{W_x}=\left\{\left(\frac{\partial \sigma}{\partial x}du+\frac{\partial \tau_{xy}}{\partial x}dv+\frac{\partial \tau_{zx}}{\partial x}dw\right)+\left[\sigma_x\delta\left(\frac{\partial u}{\partial x}\right)+\tau_{xy}\delta\left(\frac{\partial v}{\partial x}\right)+\tau_{zx}\delta\left(\frac{\partial w}{\partial x}\right)\right]+Xdu\right\}dxdydz \tag{2.33}$$

同样可计算出在变形重心左右两个面上的力及 y 方向体积力所做的功 δ_{W_x}，以及重心上下两面上的力及 z 方向体积力 Z 所做的功 δ_{W_z}。这样可得变形微元体上的力所做的总功如下：

$$\delta_W=\delta_{W_x}+\delta_{W_y}+\delta_{W_z}$$

注意微元体的力的平衡方程及几何方程，则 δ_W 可简化成下式：

$$\delta_W=[\sigma_x\delta(d\varepsilon_x)+\sigma_y\delta(d\varepsilon_y)+\sigma_z\delta(d\varepsilon_z)+\tau_{xy}\delta(d\gamma_{xy})+\tau_{yz}\delta(d\gamma_{yz})+\tau_{zx}\delta(d\gamma_{zx})]dxdydz \tag{2.34}$$

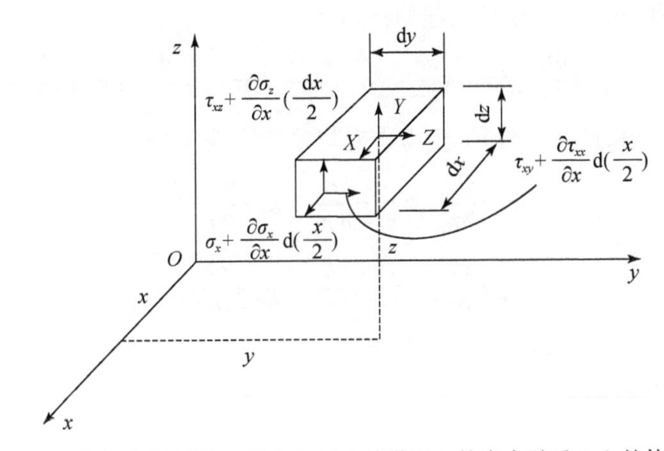

图 2.30　作用在微元体 X 轴方向重心前微面上的应力及重心上的体积力

令 E 为单位体积变形能，其增量为 δE，由于变形能增量应等于从前一个变形状态到后一个变形状态力所做的功，即

$$\delta E dxdydz=\delta_W \tag{2.35}$$

由此得

$$\delta E=\sigma_x d\varepsilon_x+\sigma_y d\varepsilon_y+\sigma_z d\varepsilon_z+\tau_{xy}d\gamma_{xy}+\tau_{yz}d\gamma_{yz}+\tau_{zx}d\gamma_{zx} \tag{2.36}$$

另外，单位体积变形能取决于变形状态，即应变分量 ε_x、ε_y、…、γ_{zx}，则其增量又可写成：

$$\delta E=\frac{\partial E}{\partial \varepsilon_x}\delta\varepsilon_x+\frac{\partial E}{\partial \varepsilon_y}\delta\varepsilon_y+\frac{\partial E}{\partial \varepsilon_z}\delta\varepsilon_z+\frac{\partial E}{\partial \gamma_{xy}}\delta\gamma_{xy}+\frac{\partial E}{\partial \gamma_{yz}}\delta\gamma_{yz}+\frac{\partial E}{\partial \gamma_{zx}}\delta\gamma_{zx} \tag{2.37}$$

比较式（2.36）和式（2.37）则得应力与单位体积变形能，即单位体积势能的关系如下：

$$\left.\begin{array}{lll}\sigma_x=\dfrac{\partial E}{\partial \varepsilon_x} & \sigma_y=\dfrac{\partial E}{\partial \varepsilon_y} & \sigma_z=\dfrac{\partial E}{\partial \varepsilon_z}\\ \tau_{xy}=\dfrac{\partial E}{\partial \gamma_{xy}} & \tau_{yz}=\dfrac{\partial E}{\partial \gamma_{yz}} & \tau_{zx}=\dfrac{\partial E}{\partial \gamma_{zx}}\end{array}\right\} \tag{2.38}$$

式（2.38）为格林公式。

2.5.2　应变与余能的关系

设应力和应变均发生微小的增量，则能量的增量如下：

$$\delta E_{\mathrm{T}}=\sigma_x\delta(\varepsilon_x)+\sigma_y(\delta\varepsilon_y)+\sigma_z(\delta\varepsilon_z)+\tau_{xy}(\delta\gamma_{xy})+\tau_{yz}(\delta\gamma_{yz})+\tau_{zx}(\delta\gamma_{zx})+\varepsilon_x(\delta\sigma_x)+\varepsilon_y(\delta\sigma_y)$$
$$+\varepsilon_z(\delta\sigma_z)+\gamma_{xy}(\delta\tau_{xy})+\gamma_{yz}(\delta\tau_{yz})+\gamma_{zx}(\delta\tau_{zx})$$

令

$$\delta E_{\mathrm{c}}=\delta E_{\mathrm{T}}-\delta E \tag{2.39}$$

式中，δE_{c} 为单位体积余能增量，将式（2.37）代入式（2.39）中，则得

$$\delta E_{\mathrm{c}}=\varepsilon_x(\delta\sigma_x)+\varepsilon_y(\delta\sigma_y)+\varepsilon_z(\delta\sigma_z)+\gamma_{xy}(\delta\tau_{xy})+\gamma_{yz}(\delta\tau_{yz})+\gamma_{zx}(\delta\tau_{zx}) \tag{2.40}$$

由于 δE_{c} 是由微小的应力增量引起的，则

$$\delta E_{\mathrm{c}}=\frac{\partial E_{\mathrm{c}}}{\partial \sigma_x}(\delta\sigma_x)+\frac{\partial E_{\mathrm{c}}}{\partial \sigma_y}(\delta\sigma_y)+\frac{\partial E_{\mathrm{c}}}{\partial \sigma_z}(\delta\sigma_z)+\frac{\partial E_{\mathrm{c}}}{\partial \tau_{xy}}(\delta\tau_{xy})+\frac{\partial E_{\mathrm{c}}}{\partial \tau_{yz}}(\delta\tau_{yz})+\frac{\partial E_{\mathrm{c}}}{\partial \tau_{zx}}(\delta\tau_{zx}) \tag{2.41}$$

比较式（2.40）和式（2.41），则得应变与单位体积余能的关系：

$$\left.\begin{array}{lll}\varepsilon_x=\dfrac{\partial E_{\mathrm{c}}}{\partial \sigma_x} & \varepsilon_y=\dfrac{\partial E_{\mathrm{c}}}{\partial \sigma_y} & \varepsilon_z=\dfrac{\partial E_{\mathrm{c}}}{\partial \sigma_z}\\ \gamma_{xy}=\dfrac{\partial E_{\mathrm{c}}}{\partial \tau_{xy}} & \gamma_{yz}=\dfrac{\partial E_{\mathrm{c}}}{\partial \tau_{yz}} & \gamma_{zx}=\dfrac{\partial E_{\mathrm{c}}}{\partial \tau_{zx}}\end{array}\right\} \tag{2.42}$$

应指出，应力与单位体积势能的关系式（2.38）及应变与单位体积余能的关系式（2.42）对任何材料均是成立的。

2.5.3　正交性

1）应变与等余能面的正交性

a. 等余能面

由式（2.41）可见，余能取决于一点的应力 σ_x、σ_y、σ_z、τ_{xy}、τ_{yz}、τ_{zx}，它可用由 σ_x、σ_y、σ_z、τ_{xy}、τ_{yz}、τ_{zx} 构成的多维空间中的一点表示。因此，余能相等的各点在这个多维空间中则形成了一个曲面，则这个曲面称为等余能面。下面以双向拉伸为例说明等余能面的概念。在双向拉伸时，一点的应力为主应力 σ_1 和 σ_2，则余能取决于 σ_1 和 σ_2。一点的 σ_1 和 σ_2 可以 σ_1-σ_2 平面内一点表示。如果将 σ_1-σ_2 平面内余能相等的各点连接起来，则形成一条曲线，即等余能曲线。在这种情况下，等余能面变成了等余能线，如图 2.31 所示。显然，σ_1-σ_2 平面内有许多等余能曲线。

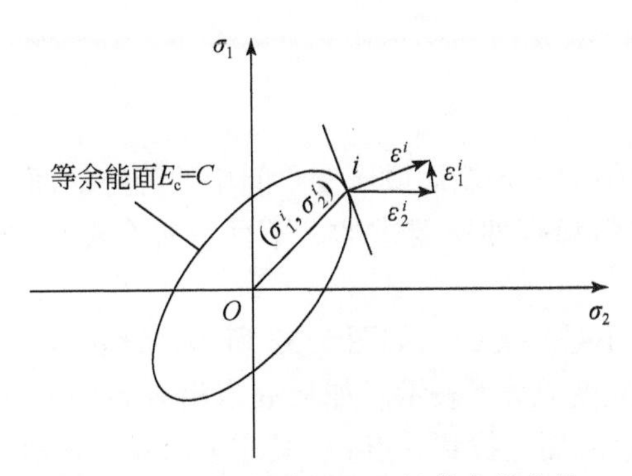

图 2.31　双向拉伸情况下的等余能曲线

b. 应变与等余能面的正交性

按上述等余能面的定义，等余能面上各点的余能为常数，则

$$E_c(\sigma_x \ \sigma_y \ \sigma_z \ \tau_{xy} \ \tau_{yz} \ \tau_{xz}) = C \tag{2.43}$$

求 E_c 的全微分，则等余能面上的全微分 dE_c 应满足如下条件：

$$dE_c = 0$$

即
$$\frac{\partial E_c}{\partial \sigma_x}d\sigma_x + \frac{\partial E_c}{\partial \sigma_y}d\sigma_y + \frac{\partial E_c}{\partial \sigma_z}d\sigma_z + \frac{\partial E_c}{\partial \tau_{xy}}d\tau_{xy} + \frac{\partial E_c}{\partial \tau_{yz}}d\tau_{yz} + \frac{\partial E_c}{\partial \tau_{xz}}d\tau_{xz} = 0 \tag{2.44}$$

在数字上，式（2.44）的含义为由$\frac{\partial E_c}{\partial \sigma_x}$，$\frac{\partial E_c}{\partial \sigma_y}$，…，$\frac{\partial E_c}{\partial \tau_{xz}}$构成的向量，其应与等势面上变化的应力增量 $d\sigma_x$，$d\sigma_y$，…，$d\tau_{xz}$垂直，即与等余能面垂直。注意到式（2.42），则得到如下结论，由应变 ε_x、ε_y、ε_z、γ_{xy}、γ_{yz}、γ_{xz}构成的应变向量 $\{\varepsilon\}$ 应与等余能面垂直，即应变与等余能面的正交性。

图 2.31 给出了双向拉伸情况下，应变与等余能面正交性的说明。设 i 为等余能面上一点，其应力为 $\sigma_1^{(i)}$、$\sigma_2^{(i)}$，σ_1和σ_2轴方向的应变为 $\varepsilon_1^{(i)}$ 和 $\varepsilon_2^{(i)}$，由 $\varepsilon_1^{(i)}$ 和 $\varepsilon_2^{(i)}$ 构成的应变向量为 $\boldsymbol{\varepsilon}^{(i)}$，则 $\boldsymbol{\varepsilon}^{(i)}$应与过 σ_1、σ_2点的等余能面的切线垂直，即满足正交性。

2）应力与等应变能面的正交性

a. 等应变能面

与等余能面相似，在由 ε_x、ε_y、ε_z、γ_{xy}、γ_{yz}、γ_{xz}构成的多维空间存在一系列等应变能面，即这些面上每一点的应变能相等：

$$E_c(\varepsilon_x \ \varepsilon_y \ \varepsilon_z \ \gamma_{xy} \ \gamma_{yz} \ \gamma_{xz}) = C \tag{2.45}$$

b. 应力与等应变能面的正交性

相似地，应力与等应变能面正交性的数字表达式如下：

$$\frac{\partial E_c}{\partial \varepsilon_x}d\varepsilon_x + \frac{\partial E_c}{\partial \varepsilon_y}d\varepsilon_y + \frac{\partial E_c}{\partial \varepsilon_z}d\varepsilon_z + \frac{\partial E_c}{\partial \gamma_{xy}}d\gamma_{xy} + \frac{\partial E_c}{\partial \gamma_{yz}}d\gamma_{yz} + \frac{\partial E_c}{\partial \gamma_{xz}}d\gamma_{xz} = 0 \tag{2.46}$$

注意到式（2.38），则得由应力 σ_x、σ_y、σ_z、τ_{xy}、τ_{yz}、τ_{xz}构成的应力向量 σ 应与等应变能面垂直，即应力与等应变能面的正交性。

2.5.4 外突性

外突性是指应力空间中的等余能面或应变空间中的等势能面应具有外突性。等余能面和等势能面的外突性是材料稳定性所要求的。下面以等余能面的外突性为例来表述这个问题。

假如等余能面某部分不是外突的，如图2.32所示，设a位于这部分等余能面上一点，a点的应力以$\sigma^{(a)}$表示，应变以$\varepsilon^{(a)}$表示。如从a点沿等余能面之外的直线附加一个应力增量向量$\Delta\sigma$，可在该等余能面上找到一点b，其应力以$\sigma^{(b)}$表示。材料稳定性要求从a点到b点附加应力所做的功应为正，即

$$\int_{\sigma^{(a)}}^{\sigma^{(b)}} (\varepsilon - \varepsilon^{(a)})\mathrm{d}\sigma > 0 \tag{2.47}$$

上式又可写成

$$\int_{0}^{\sigma^{(b)}} \varepsilon\mathrm{d}\sigma - \int_{0}^{\sigma^{(a)}} \varepsilon\mathrm{d}\sigma - \varepsilon^{(a)}\Delta\sigma > 0 \tag{2.48}$$

由于

$$\int_{0}^{\sigma^{(b)}} \varepsilon\mathrm{d}\sigma = E_{\mathrm{c}}^{(b)}$$

$$\int_{0}^{\sigma^{(a)}} \varepsilon\mathrm{d}\sigma = E_{\mathrm{c}}^{(a)}$$

以及a、b位于同一等势面上，$E_{\mathrm{c}}^{(b)}=E_{\mathrm{c}}^{(a)}$，则式（2.48）可简化为

$$\varepsilon^{(a)}\Delta\sigma<0 \tag{2.49}$$

式（2.49）即稳定性要求。注意，$\varepsilon^{(a)}\Delta\sigma$是两个向量的点乘，则

$$\varepsilon^{(a)}\Delta\sigma=\bar{\varepsilon}^{(a)}\Delta\bar{\sigma}\cos\theta$$

式中，$\bar{\varepsilon}^{(a)}$、$\Delta\bar{\sigma}$分别为向量$\bar{\varepsilon}^{(a)}$和$\Delta\bar{\sigma}$的长度；θ为两向量的夹角。由图2.32可见，在等余能面不是外突的情况下θ为锐角，则

$$\cos\theta>0$$

由此得

$$\varepsilon^{(a)}\Delta\sigma>0$$

与式（2.49）稳定性要求相违背。

但是如果a点位于等余能面的外突部分，沿位于等余能面之内的直线附加一个应力增量$\Delta\sigma$，到达该等余能面上的b点。稳定性要求仍然为式（2.49）。在这种情况下，向量$\varepsilon^{(a)}$与$\Delta\sigma$之间的夹角θ为钝角：

$$\cos\theta<0$$

则稳定性要求式（2.49）得以满足。

相似地，可以证明在应变空间等应变能面的外突性要求。

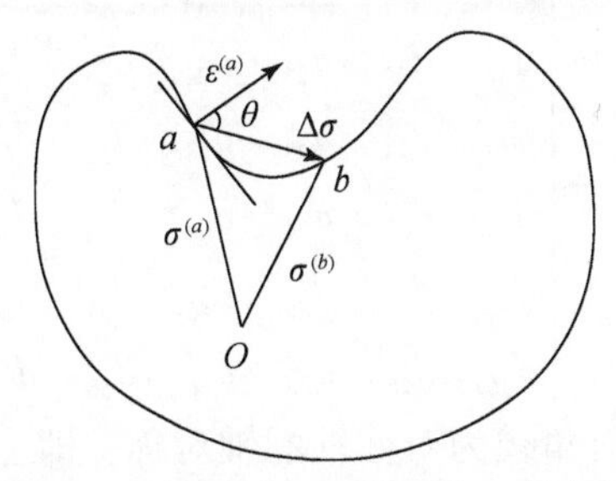

图 2.32　应力分量构成的多维空间中不外突的等余能面

2.6　土的线弹性模型

2.6.1　线性弹性体应力–应变一般关系式

如果荷载作用物体上，物体发生形状改变，当荷载解除后物体能恢复到原来的形状，这种物体称为弹性体。

如果弹性体的应变或应力是其应力或应变的线性齐次函数，则称这种物体为线性弹性体。线性弹性体的应力–应变关系如图 2.33 所示。

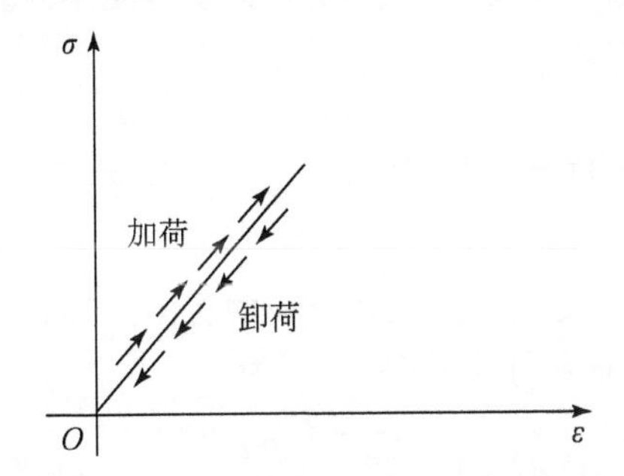

图 2.33　线性弹性体的应力–应变关系线

根据上述线性弹性体的定义，以应力分量 σ_x 为例，则可写成如下形式：

$$\sigma_x = d_{11}\varepsilon_x + d_{12}\varepsilon_y + d_{13}\varepsilon_z + d_{14}\gamma_x + d_{15}\gamma_y + d_{16}\gamma_z \tag{2.50}$$

同理，可写出其他应力分量相似表达式。如果将这些表达式的系数排列成一个矩阵，以 $[D]$ 表示，则应变分量 $\{\sigma\}$ 和应力分量 $\{\varepsilon\}$ 的关系式可以写成如下矩阵形式：

$$\{\sigma\} = [D]\{\varepsilon\} \tag{2.51}$$

根据式（2.50），矩阵 $[D]$ 形式如下：

$$[D]=\begin{bmatrix} d_{11} & d_{12} & d_{13} & d_{14} & d_{15} & d_{16} \\ d_{12} & d_{22} & d_{23} & d_{24} & d_{25} & d_{26} \\ d_{13} & d_{23} & d_{33} & d_{34} & d_{35} & d_{36} \\ d_{14} & d_{24} & d_{34} & d_{44} & d_{45} & d_{46} \\ d_{15} & d_{25} & d_{35} & d_{45} & d_{55} & d_{56} \\ d_{16} & d_{26} & d_{36} & d_{46} & d_{56} & d_{66} \end{bmatrix} \tag{2.52}$$

在此指出，矩阵［D］以对角线为对称轴的轴对称，即

$$d_{ij}=d_{ji} \tag{2.53}$$

下面给出矩阵［D］对称性的证明，以 $d_{13}=d_{31}$ 为例来证明。由式（2.50），得

$$d_{13}=\frac{\partial \sigma_x}{\partial \varepsilon_z}$$

将式（2.37）第一式代入上式左端，则得

$$d_{13}=\frac{\partial^2 E}{\partial \varepsilon_z \partial \varepsilon_x} \tag{2.54}$$

相似地，可以得到

$$d_{31}=\frac{\partial^2 E}{\partial \varepsilon_x \partial \varepsilon_z} \tag{2.55}$$

由于$\frac{\partial^2 E}{\partial \varepsilon_z \partial \varepsilon_x}=\frac{\partial^2 E}{\partial \varepsilon_x \partial \varepsilon_z}$，则 $d_{13}=d_{31}$。这样，矩阵［D］只包含 21 个独立的元素，即线弹性材料只具有 21 个独立的力学参数。对于均质线性弹性体，d_{ij}是常数；而对于非均质线性弹性体，c_{ij}则是坐标的函数。

2.6.2 各向同性线性弹性体的应力-应变关系

如果力学参数随方向而改变，则称这种材料为各向异性材料，例如当只有 x 方向发生正应变时，由式（2.51）得 x 方向的正应力 σ_x 为

$$\sigma_x=d_{11}\varepsilon_x$$

而当只有 y 方向发生正应变时，由式（2.51）得 y 方向的正应力 σ_y 为

$$\sigma_y=d_{11}\varepsilon_y$$

如果 $\varepsilon_x=\varepsilon_y$，$\sigma_x\neq\sigma_y$，则表明 $d_{11}\neq d_{22}$，即在 x、y 方向材料的拉伸性能是不同的。

如果力学参数不随方向而改变，则称这种材料为各向同性材料。仍以上面的例子来说明，对于各向同性材料，如果 $\varepsilon_x=\varepsilon_y$，$\sigma_x=\sigma_y$，则 $d_{11}=d_{22}$。这表明，各向同性材料的矩阵［D］中某些元素之间存在一定的关系。下面来说明各向同性材料只有两个独立的元素，即两个独立的力学参数。

式（2.38）给出了应力与应变能之间的关系，式中应变能应是应变状态的函数。对于各向同性体，单位体积的应变能不应当随坐标而改变，因此单位体积的应变能 E 应是应变不变量的函数。另外，由式（2.50）及式（2.38）可见，应变能应是应变分量的二次式，即应变能函数 E 可用第一应变不变量 I_1' 及第二应变不变量 I_2' 表示如下：

$$E=AI_1'^2+BI_2' \tag{2.56}$$

式中，A 和 B 是两个常数。将 I_1' 和 I_2' 代入上式得

$$E=A(\varepsilon_x+\varepsilon_y+\varepsilon_z)^2+B(\varepsilon_x\varepsilon_y+\varepsilon_y\varepsilon_z+\varepsilon_x\varepsilon_z+\gamma_{xy}^2+\gamma_{yz}^2+\gamma_{xz}^2) \tag{2.57}$$

将式（2.57）代入式（2.38）得

$$\left.\begin{aligned}
\sigma_x&=2A\varepsilon_x+(2A+B)(\varepsilon_y+\varepsilon_z)\\
\sigma_y&=2A\varepsilon_y+(2A+B)(\varepsilon_x+\varepsilon_z)\\
\sigma_z&=2A\varepsilon_z+(2A+B)(\varepsilon_x+\varepsilon_y)\\
\tau_{xy}&=-2B\gamma_{xy}\\
\tau_{yz}&=-2B\gamma_{yz}\\
\tau_{xz}&=-2B\gamma_{xz}
\end{aligned}\right\} \tag{2.58}$$

与式（2.52）相比，则得

$$\left.\begin{aligned}
&d_{11}=d_{22}=d_{33}=2A\\
&d_{44}=d_{55}=d_{66}=2B\\
&d_{12}=d_{13}=d_{23}=2A+B\\
&d_{14}=d_{15}=d_{16}=d_{24}=d_{25}=d_{26}=d_{34}=d_{35}=d_{36}=0\\
&d_{45}=d_{46}=d_{56}=0
\end{aligned}\right\} \tag{2.59}$$

另外，以应变表示应力的广义胡克定律公式如下

$$\{\sigma\}=\frac{E}{(1+\mu)(1-2\mu)}\begin{bmatrix}
1-\mu & \mu & \mu & 0 & 0 & 0\\
\mu & 1-\mu & \mu & 0 & 0 & 0\\
\mu & \mu & 1-\mu & 0 & 0 & 0\\
0 & 0 & 0 & \frac{1-2\mu}{2} & 0 & 0\\
0 & 0 & 0 & 0 & \frac{1-2\mu}{2} & 0\\
0 & 0 & 0 & 0 & 0 & \frac{1-2\mu}{2}
\end{bmatrix}\{\varepsilon\} \tag{2.60}$$

与式（2.58）相比，可见

$$2A=\frac{E(1-\mu)}{(1+\mu)(1-2\mu)},\quad 2A+B=\frac{E\mu}{(1+\mu)(1-2\mu)},\quad -2B=\frac{E}{2(1+\mu)}$$

由上式可得

$$G=\frac{E}{2(1+\mu)} \tag{2.61}$$

即各向同性线性弹性材料力学参数 G、E、μ 中只有两个独立的参数。这些参数应由试验测定。

2.6.3　广义胡克定律的另外一种形式

式（2.60）给出了由应变确定应力的关系式。前文曾指出，用位移法分析土体时，采

用这种形式的关系式更方便。但是有时还应用由应力确定应变的关系式。这种形式的关系式如下：

$$\{\varepsilon\}=[C]\{\sigma\} \tag{2.62}$$

由式（2.51）得

$$\{\varepsilon\}=[D]^{-1}\{\sigma\}$$

则有

$$[C]=[D]^{-1} \tag{2.63}$$

完成矩阵［D］的求逆运算，则得矩阵［C］的形式如下：

$$[C]=\begin{bmatrix} 1/E & -\mu/E & -\mu/E & 0 & 0 & 0 \\ -\mu/E & 1/E & -\mu/E & 0 & 0 & 0 \\ -\mu/E & -\mu/E & 1/E & 0 & 0 & 0 \\ 0 & 0 & 0 & 1/G & 0 & 0 \\ 0 & 0 & 0 & 0 & 1/G & 0 \\ 0 & 0 & 0 & 0 & 0 & 1/G \end{bmatrix} \tag{2.64}$$

2.6.4 以剪切模量和体变模量为参数的广义胡克定律形式

由式（2.64）可得体积应变 ε_{v} 与平均正应力 σ_0 的关系如下：

$$\left.\begin{aligned} \varepsilon_{\mathrm{v}}&=\frac{1}{K}\sigma_0 \\ K&=\frac{E}{3(1-2\mu)} \end{aligned}\right\} \tag{2.65}$$

式中，K 为体变模量。如果将应力分解为球应力和偏应力，则由式（2.64）得应力 σ_0 引起的正应变为

$$\varepsilon_0=\frac{\sigma_0}{3K} \tag{2.66}$$

如偏应力的正应变分量分别以 $\sigma_{x,\mathrm{d}}$、$\sigma_{y,\mathrm{d}}$、$\sigma_{z,\mathrm{d}}$表示，则

$$\sigma_{x,\mathrm{d}}=\sigma_x-\sigma_{\mathrm{d}} \quad \sigma_{y,\mathrm{d}}=\sigma_y-\sigma_{\mathrm{d}} \quad \sigma_{z,\mathrm{d}}=\sigma_z-\sigma_{\mathrm{d}} \tag{2.67}$$

由式（2.64）得，由偏应力的正应力作用引起的正应变分量 $\varepsilon_{x,\mathrm{d}}$、$\varepsilon_{y,\mathrm{d}}$、$\varepsilon_{z,\mathrm{d}}$如下：

$$\varepsilon_{x,\mathrm{d}}=\frac{\sigma_{x,\mathrm{d}}}{2G} \quad \varepsilon_{y,\mathrm{d}}=\frac{\sigma_{y,\mathrm{d}}}{2G} \quad \varepsilon_{z,\mathrm{d}}=\frac{\sigma_{z,\mathrm{d}}}{2G} \tag{2.68}$$

由于正应力 σ_x、σ_y、σ_z 作用引起的正应变 ε_x、ε_y、ε_z 等于球应力作用和偏应力的正应力作用引起的正应变之和，则

$$\left.\begin{aligned} \varepsilon_x&=\frac{\sigma_{x,\mathrm{d}}}{2G}+\frac{\sigma_0}{3K} \\ \varepsilon_y&=\frac{\sigma_{y,\mathrm{d}}}{2G}+\frac{\sigma_0}{3K} \\ \varepsilon_z&=\frac{\sigma_{z,\mathrm{d}}}{2G}+\frac{\sigma_0}{3K} \end{aligned}\right\} \tag{2.69}$$

将式（2.67）及 σ_0 的表达式代入式（2.69）中，得

$$\varepsilon_x=\left(\frac{1}{9K}+\frac{1}{3G}\right)\sigma_x+\left(\frac{1}{9K}-\frac{1}{6G}\right)\sigma_y+\left(\frac{1}{9K}-\frac{1}{6G}\right)\sigma_z \tag{2.70}$$

相似地，可得 ε_y 和 ε_z 的表达式。这样，式 $\{\varepsilon\}=[C]\{\sigma\}$ 中的矩阵 $[C]$ 的形式如下：

$$[C]=\begin{bmatrix}\frac{1}{9K}+\frac{1}{3G} & \frac{1}{9K}-\frac{1}{6G} & \frac{1}{9K}-\frac{1}{6G} & 0 & 0 & 0\\ \frac{1}{9K}-\frac{1}{6G} & \frac{1}{9K}+\frac{1}{3G} & \frac{1}{9K}-\frac{1}{6G} & 0 & 0 & 0\\ \frac{1}{9K}-\frac{1}{6G} & \frac{1}{9K}-\frac{1}{6G} & \frac{1}{9K}+\frac{1}{3G} & 0 & 0 & 0\\ 0 & 0 & 0 & 1/G & 0 & 0\\ 0 & 0 & 0 & 0 & 1/G & 0\\ 0 & 0 & 0 & 0 & 0 & 1/G\end{bmatrix} \tag{2.71}$$

相似地，可求得式 $\{\sigma\}=[D]\{\varepsilon\}$ 中矩阵 $[D]$ 的表达式如下：

$$[D]=\begin{bmatrix}K+\frac{4}{3}G & K-\frac{2}{3}G & K-\frac{2}{3}G & 0 & 0 & 0\\ K-\frac{2}{3}G & K+\frac{4}{3}G & K-\frac{2}{3}G & 0 & 0 & 0\\ K-\frac{2}{3}G & K-\frac{2}{3}G & K+\frac{4}{3}G & 0 & 0 & 0\\ 0 & 0 & 0 & G & 0 & 0\\ 0 & 0 & 0 & 0 & G & 0\\ 0 & 0 & 0 & 0 & 0 & G\end{bmatrix} \tag{2.72}$$

由上述可知，各向同性线性弹性材料的应力-应变关系可用广义胡克定律表示。由胡克定律可得如下结论：正应力作用只引起正应变，不引起剪应变；剪应力只引起剪应变，不引起正应变。由此，体积应变只与平均正应力或球应力有关，与偏应力无关；偏应变只与偏应力有关，与平均正应力或球应力无关。因此，各向同性线性弹性材料的应力-应变关系不能描述土的剪切膨胀性能。

2.6.5　横向各向同性的线性弹性体的应力-应变关系

横向各向同性是指材料的力学性能或力学参数与横向平面内的各方向无关，例如与 xy 平面内的各方向无关。在（x，y，z）坐标中，过一点的方向，例如过 R 的方向可由在 xy 平面内的 θ 角和坐标 z 确定，其中 θ 为 xy 平面内 r 方向与 x 轴的夹角，如图 2.34 所示。如在 xy 平面内材料是横向同性的，则意味着在 xy 平面内材料的力学参数与 θ 角无关。因此，$E_x=E_y=E_{xy}$，其中 E_x、E_y 分别为 x 方向和 y 方向的杨氏模量，E_{xy} 为 xy 平面内的各方向的杨氏模量，如以 G_{xy} 和 μ_{xy} 表示 xy 平面内的剪切模量和侧向变形系数，则 xy 平面内的力学参数有三个，即 E_{xy}、G_{xy} 和 μ_{xy}。

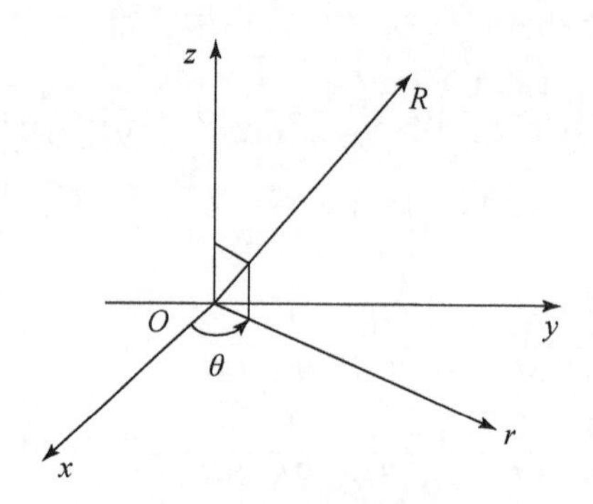

图 2.34　横向各向同性

另外，由于横向各向同性，则 zx 平面与 zy 平面的力学参数相同。下面以 $E_{z,zx}$、G_{zx}、μ_{xz}、μ_{zx}分别表示 zx 平面内 z 方向的杨氏模量、zx 平面内的剪切模量、z 方向变形在 x 方向引起的变形系数；x 方向变形在 z 方向引起的变形系数。以 $E_{z,zy}$、G_{zy}、μ_{yz}和 μ_{zy}分别表示 zy 平面内 z 方向的杨氏模量、zy 平面内的剪切模量、z 方向变形在 y 方向引起的变形系数、y 方向变形在 z 方向引起的变形参数，则由横向各向同性得 $E_{z,zx}=E_{z,zy}$，令以 E_z 表示；$G_{zx}=G_{zy}$，令以 $G_{z,xy}$表示；$\mu_{zx}=\mu_{z,xy}$，令以 $\mu_{z,xy}$表示；$\mu_{xz}=\mu_{yz}$，令以 $\mu_{xy,z}$表示。但由于 z 方向的异性，则 $E_z\neq E_{xy}$，$G_{z,xy}\neq G_{xy}$，$\mu_{z,xy}$和 $\mu_{xy,z}\neq\mu_{xy}$，这样修改各向同性材料的胡克定律，横向各向同性材料的胡克定律形式如下：

$$\begin{Bmatrix}\varepsilon_x\\ \varepsilon_y\\ \varepsilon_z\\ \mu_{xy}\\ \mu_{yz}\\ \mu_{zx}\end{Bmatrix}=\begin{bmatrix}\dfrac{1}{E_{xy}} & \dfrac{-\mu_{xy}}{E_{xy}} & \dfrac{-\mu_{xy,z}}{E_z} & 0 & 0 & 0\\ \dfrac{-\mu_{xy}}{E_{xy}} & \dfrac{1}{E_{xy}} & \dfrac{-\mu_{xy,z}}{E_z} & 0 & 0 & 0\\ \dfrac{-\mu_{z,xy}}{E_{xy}} & \dfrac{-\mu_{z,xy}}{E_{xy}} & \dfrac{1}{E_z} & 0 & 0 & 0\\ 0 & 0 & 0 & \dfrac{1}{G_{xy}} & 0 & 0\\ 0 & 0 & 0 & 0 & \dfrac{1}{G_{z,xy}} & 0\\ 0 & 0 & 0 & 0 & 0 & \dfrac{1}{G_{z,xy}}\end{bmatrix}\begin{Bmatrix}\sigma_x\\ \sigma_y\\ \sigma_z\\ \tau_{rt}\\ \tau_{tz}\\ \tau_{zr}\end{Bmatrix} \tag{2.73}$$

式中，$\mu_{z,xy}$为在 xy 平面中任意方向的变形在 z 方向引起的变形系数。由式（2.73）可见，式中共含有七个参数，即 E_{xy}、G_{xy}、μ_{xy}、E_z、$G_{z,xy}$、$\mu_{xy,z}$、$\mu_{z,xy}$。根据 xy 平面杨氏模量、剪切模量与泊松比的关系，参数 G_{xy}、E_{xy}、μ_{xy}还应该满足如下关系：

$$G_{xy}=\frac{E_{xy}}{2(1+\mu_{xy})} \tag{2.74}$$

另外，由于式（2.73）右端矩阵的对称性，则得

$$\frac{\mu_{xy,z}}{E_z}=\frac{\mu_{z,xy}}{E_{xy}} \tag{2.75}$$

这样，横向各向同性材料的七个力学中只有五个是独立的。

2.6.6 关于土线性弹性力学模型的评述

线性弹性力学模型是最简单的一种力学模型。因此，也是土力学较为普遍应用的一种力学模型，特别是在土力学发展的早期。在此，对关于线性弹性力学模型在土力学中的应用等问题做一些说明。

(1) 试验测得的土的应力-应变关系是一条曲线。因此，线性弹性力学模型只适用于应力-应变关系线与直线段相应的应力水平。当应力水平比较高时，还应用线性弹性力学模型，将会出现实际的应力-应变关系与线性弹性的直线应力-应变关系相脱离现象。这时，采用线性弹性力学模型得到的分析结果将高估应力值而低估变形值，如图 2. 35 所示。

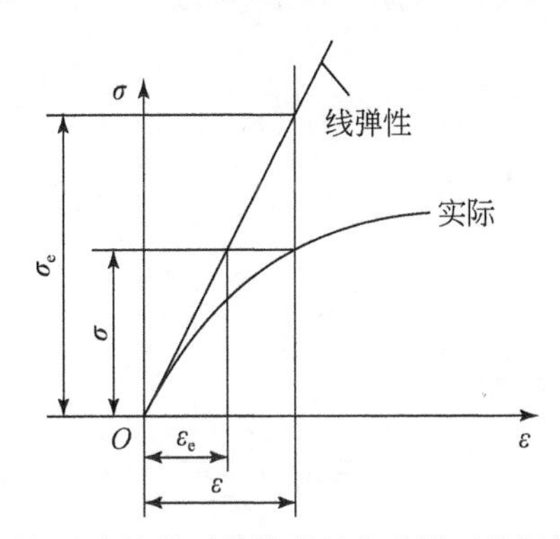

图 2. 35　当应力水平超过直线段时线性弹性力学模型分析结果与实际结果比较

(2) 由于天然土体是成层的，各层土的类型不同，则各层土的力学参数可能有显著不同。另外，试验结果表明，土的力学参数，例如弹性模量 E，与土所受的正应力有关，通常可用下式表达：

$$E=kp_{\mathrm{a}}\left(\frac{\sigma_3}{p_{\mathrm{a}}}\right)^{\frac{1}{2}} \tag{2.76}$$

式中，σ_3 为土所受的最小正应力。因此，即使在同一土层，由于每点所受的 σ_3 不同，弹性模量 E 也不会是常数。因此，将土体视为均质的弹性体是不合适的。当采用线性弹性力学模型分析时，应将土体视为非均质体。在数值分析方法被引进土力学之前，在分析中考虑土体的非均质性是困难的，但现在并不是一件困难的事情。

(3) 在大多数情况下，当采用线性弹性力学模型进行分析时，都假定土是各向同性材料。如前所述，天然土大多是水平成层沉积或分层碾压而成的，其力学性能在垂直与水平方向有着较明显的不同。因此，将土体视为横向同性材料更合理。这就是在这一节专门表述横向同性材料的线性弹性力学模型的原因。但是这个问题并没有受到应有的关注，几乎没有人做这方面的工作。

2.7　土非线性弹性力学模型

按非线性弹性力学模型建立所根据理论，可将其分为非线性弹性广义胡克模型、柯西模型、超弹性模型和次弹性模型。按形式而言，非线性弹性力学模型可分为全量形式和增量形式两种。无论哪种形式都是将非线性进行线性化。全量形式是按全量线性化，而增量形式是按增量线性化。全量线性化和增量线性化概念可用图2.36说明。在图2.36中，实测应力-应变关系曲线从 O 到 A 是沿曲线 OA 达到的，全量线性化则认为是沿直线 OA 达到的，如图2.36（a）所示；而增量线性化则认为是沿 O 到 A 的折线到达的，如图2.31（b）所示。显然，全量线性化中直线 OA 的斜率和增量线性化中 A 点的切线斜率很重要，并且都随 A 点的应力或应变而变化。设实测的应力-应变关系线的函数为

$$\sigma=f(\varepsilon) \tag{2.77}$$

则直线 OA 的斜率 $a_s=f(\varepsilon)/\varepsilon$。下面令

$$H(\varepsilon)=f(\varepsilon)/\varepsilon \tag{2.78}$$

式中，$H(\varepsilon)$ 为硬化函数，则

$$\sigma=H(\varepsilon)\varepsilon \tag{2.79}$$

由于 A 点的切线斜率 $a_t=\dfrac{d\sigma}{d\varepsilon}$，将式（2.79）代入，则得

$$a_t=H(\varepsilon)+\frac{dH(\varepsilon)}{d\varepsilon}\varepsilon$$

由此得 A 点的 a_s 与 a_t 关系如下：

$$a_t=a_s+\frac{da_s}{d\varepsilon}\varepsilon \tag{2.80}$$

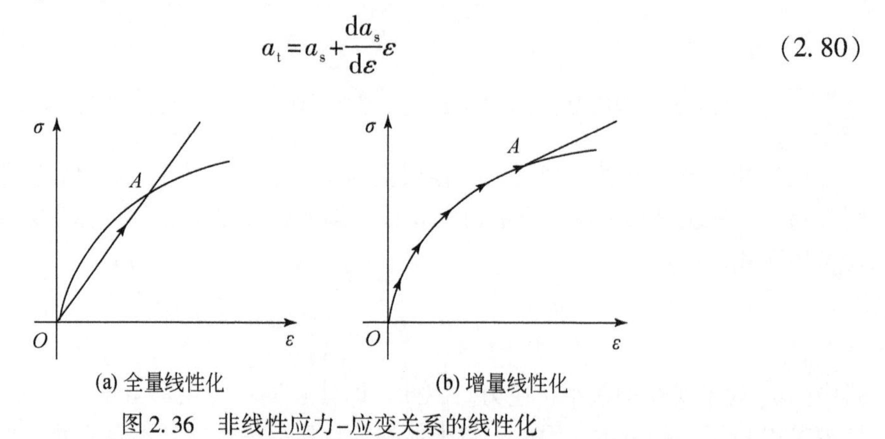

(a) 全量线性化　　(b) 增量线性化

图2.36　非线性应力-应变关系的线性化

下面按参考文献［3］的第3章分别来表述上述四种非线性弹性力学模型。

2.7.1　非线性弹性广义胡克模型

1. 全量线性化的应力-应变关系

前文表述了线性弹性力学模型的应力-应变关系，其中的力学参数 K、G 为常数。假

定式（2.69）中的力学参数 K、G 不是常数，而是随受力水平变化的变量，则得到全量的非线性弹性广义胡克模型的应力–应变关系如下：

$$\left.\begin{aligned}\varepsilon_x=\frac{\sigma_{x,\mathrm{d}}}{2G(\varepsilon)}+\frac{\sigma_0}{3K(\varepsilon)} \qquad \gamma_{xy}=\frac{\tau_{xy}}{G(\varepsilon)}\\ \varepsilon_y=\frac{\sigma_{y,\mathrm{d}}}{2G(\varepsilon)}+\frac{\sigma_0}{3K(\varepsilon)} \qquad \gamma_{y}=\frac{\tau_{yz}}{G(\varepsilon)}\\ \varepsilon_z=\frac{\sigma_{z,\mathrm{d}}}{2G(\varepsilon)}+\frac{\sigma_0}{3K(\varepsilon)} \qquad \gamma_{zx}=\frac{\tau_{xx}}{G(\varepsilon)}\end{aligned}\right\} \tag{2.81}$$

式（2.81）中以应变 ε 作为代表土的受力水平的一个量。式（2.81）可写成矩阵形式$\{\varepsilon\}=[C]\{\sigma\}$，其中，矩阵［$C$］的形式如下：

$$[C]=\begin{bmatrix}\frac{1}{9K(\varepsilon)}+\frac{1}{3G(\varepsilon)} & \frac{1}{9K(\varepsilon)}-\frac{1}{6G(\varepsilon)} & \frac{1}{9K(\varepsilon)}-\frac{1}{6G(\varepsilon)} & 0 & 0 & 0\\ \frac{1}{9K(\varepsilon)}-\frac{1}{6G(\varepsilon)} & \frac{1}{9K(\varepsilon)}+\frac{1}{3G(\varepsilon)} & \frac{1}{9K(\varepsilon)}-\frac{1}{6G(\varepsilon)} & 0 & 0 & 0\\ \frac{1}{9K(\varepsilon)}-\frac{1}{6G(\varepsilon)} & \frac{1}{9K(\varepsilon)}-\frac{1}{6G(\varepsilon)} & \frac{1}{9K(\varepsilon)}+\frac{1}{3G(\varepsilon)} & 0 & 0 & 0\\ 0 & 0 & 0 & 1/G(\varepsilon) & 0 & 0\\ 0 & 0 & 0 & 0 & 1/G(\varepsilon) & 0\\ 0 & 0 & 0 & 0 & 0 & 1/G(\varepsilon)\end{bmatrix} \tag{2.82}$$

非线性弹性力学模型全量形式的应力–应变关系还可写成如下形式：

$$\left.\begin{aligned}\sigma_x=2G(\varepsilon)\varepsilon_{x,\mathrm{d}}+3k(\varepsilon)\varepsilon_0 \quad \tau_{xy}=G(\varepsilon)\gamma_{xy}\\ \sigma_y=2G(\varepsilon)\varepsilon_{y,\mathrm{d}}+3k(\varepsilon)\varepsilon_0 \quad \tau_{yz}=G(\varepsilon)\gamma_{yz}\\ \sigma_z=2G(\varepsilon)\varepsilon_{z,\mathrm{d}}+3k(\varepsilon)\varepsilon_0 \quad \tau_{zx}=G(\varepsilon)\gamma_{zx}\end{aligned}\right\} \tag{2.83}$$

相似地，式（2.83）可写成矩阵形式 $\{\sigma\}=[D]\{\varepsilon\}$，其中，矩阵［$D$］如下：

$$[D]=\left\{\begin{matrix}K(\varepsilon)+\frac{4}{3}G(\varepsilon) & K(\varepsilon)-\frac{2}{3}G(\varepsilon) & K(\varepsilon)-\frac{2}{3}G(\varepsilon) & 0 & 0 & 0\\ & K(\varepsilon)+\frac{4}{3}G(\varepsilon) & K(\varepsilon)-\frac{2}{3}G(\varepsilon) & 0 & 0 & 0\\ & & K(\varepsilon)+\frac{4}{3}G(\varepsilon) & 0 & 0 & 0\\ & \text{对称} & & G(\varepsilon) & 0 & 0\\ & & & & G(\varepsilon) & 0\\ & & & & & G(\varepsilon)\end{matrix}\right\} \tag{2.84}$$

对于各向同性材料，式（2.81）~式（2.84）中代表受力水平的量 ε 应与应变第一不变量 I_1' 和应变偏量第二不变量 J_2'、应变偏量第三不变量 J_3' 有关。当然，这些式子中代表受力水平的量 ε 也可用应力 σ 代替，则 σ 应与应力第一不变量 I_1 和应力偏量第二不变量 J_2、应力偏量第三不变量 J_3 有关。

式（2.82）和式（2.84）中的 $G(\varepsilon)$ 和 $K(\varepsilon)$ 称为割线剪切模量和割线体积变形模量。

2. 增量线性化应力-应变关系

按图 2.36（b），应力增量和应变增量的关系可写成如下形式：

$$\left.\begin{array}{ll} \mathrm{d}\sigma_x = 2G_t(\varepsilon)\mathrm{d}\varepsilon_{x,d} + 3K_t(\varepsilon)\mathrm{d}\sigma_0 & \mathrm{d}\tau_{xy} = G_t(\varepsilon)\mathrm{d}\gamma_{xy} \\ \mathrm{d}\sigma_y = 2G_t(\varepsilon)\mathrm{d}\varepsilon_{y,d} + 3K_t(\varepsilon)\mathrm{d}\sigma_0 & \mathrm{d}\tau_{yz} = G_t(\varepsilon)\mathrm{d}\gamma_{yz} \\ \mathrm{d}\sigma_z = 2G_t(\varepsilon)\mathrm{d}\varepsilon_{z,d} + 3K_t(\varepsilon)\mathrm{d}\sigma_0 & \mathrm{d}\tau_{zx} = G_t(\varepsilon)\mathrm{d}\gamma_{zx} \end{array}\right\} \tag{2.85}$$

式中，$G_t(\varepsilon)$ 和 $K_t(\varepsilon)$ 分别为切线剪切模量和切线体积变形模量。式（2.85）可写成如下矩阵形式：

$$\{\mathrm{d}\sigma\} = [D]_t\{\mathrm{d}\varepsilon\} \tag{2.86}$$

式中，矩阵 $[D]_t$ 的形式如下：

$$[D] = \begin{Bmatrix} K_t(\varepsilon)+\frac{4}{3}G(\varepsilon) & K_t(\varepsilon)-\frac{2}{3}G(\varepsilon) & K_t(\varepsilon)-\frac{2}{3}G(\varepsilon) & 0 & 0 & 0 \\ & K_t(\varepsilon)+\frac{4}{3}G(\varepsilon) & K_t(\varepsilon)-\frac{2}{3}G(\varepsilon) & 0 & 0 & 0 \\ & & K_t(\varepsilon)+\frac{4}{3}G(\varepsilon) & 0 & 0 & 0 \\ & \text{对称} & & G_t(\varepsilon) & 0 & 0 \\ & & & & G_t(\varepsilon) & 0 \\ & & & & & G_t(\varepsilon) \end{Bmatrix} \tag{2.87}$$

根据式（2.80）得

$$G_t = G_s + \frac{\mathrm{d}G_s}{\mathrm{d}\varepsilon}\varepsilon \quad K_t = K_s + \frac{\mathrm{d}K_s}{\mathrm{d}\varepsilon}\varepsilon \tag{2.88}$$

相似地，非线性弹性模型增量形式的应力-应变关系也可以写成如下矩阵形式：

$$\{\mathrm{d}\varepsilon\} = [C]_t\{\mathrm{d}\sigma\} \tag{2.89}$$

式中，矩阵 $[C]_t$ 的形式在此略去，读者可自己建立。

3. 体积变形和偏斜变形

以全量形式的线性化应力-应变关系为例，假定割线模量是应力水平 σ 的函数，则应力水平 σ 应与应力第一不变量 I_1，以及应力偏量第二不变量 J_2 和应力偏量第三不变量 J_3 有关。因此，

$$\left.\begin{array}{l} G_s = G_s(I_1, J_2, J_3) \\ K_s = K_s(I_1, J_2, J_3) \end{array}\right\} \tag{2.90}$$

由式（2.90）可得式（2.91）如下：

$$
\left.\begin{aligned}
\varepsilon_0 &= \frac{1}{3K_s(I_1, J_2, J_3)}\sigma_0 \\
\varepsilon_{x,d} &= \frac{1}{2G_s(I_1, J_2, J_3)}\sigma_{x,d} \\
\varepsilon_{y,d} &= \frac{1}{2G_s(I_1, J_2, J_3)}\sigma_{y,d} \\
\varepsilon_{z,d} &= \frac{1}{2G_s(I_1, J_2, J_3)}\sigma_{z,d}
\end{aligned}\right\} \tag{2.91}
$$

式（2.91）表明，如果球应力为零，则体应变为零；差应力为零，则差应变分量为零。因此，球应力作用不会引起偏应变，而偏应力作用不会引起体应变。但应指出，由于 K_s 和 G_s 是 I_1、J_2、J_3 的函数，则偏应力作用会影响 K_s 的值，而球应力作用会影响 G_s 的值。这样球应力的作用则会影响偏应力作用下偏应变的值，偏应力的作用则会影响球应力作用下体应变的值。

2.7.2　柯西（Cauchy）模型概述

1. 全量形式

柯西模型假定一点现存的应力状态只取决于该点现存的应变状态，或一点现存的应变状态只取决于该点现存的应力状态。表示它们之间关系的函数称为材料的弹性反应函数。以前者为例，应力分量可以表示成应变分量的多项式，如果取二次多项式，则应力分量可写成如下形式：

$$
\left.\begin{aligned}
\sigma_x &= A_0 + A_1\varepsilon_x + A_2(\varepsilon_x^2 + \gamma_{xy}^2 + \gamma_{zx}^2) \\
\sigma_y &= A_0 + A_1\varepsilon_y + A_2(\gamma_{xy}^2 + \varepsilon_y^2 + \gamma_{yz}^2) \\
\sigma_z &= A_0 + A_1\varepsilon_z + A_2(\gamma_{xz}^2 + \gamma_{yz}^2 + \varepsilon_z^2) \\
\tau_{xy} &= A_0 + A_1\gamma_{xy} + A_2(\varepsilon_x\gamma_{xy} + \varepsilon_y\gamma_{xy} + \gamma_{yz}\gamma_{zx}) \\
\tau_{yz} &= A_0 + A_1\gamma_{yz} + A_2(\gamma_{xy}\gamma_{zx} + \varepsilon_y\gamma_{yz} + \varepsilon_z\gamma_{yz}) \\
\tau_{zx} &= A_0 + A_1\gamma_{zx} + A_2(\varepsilon_x\gamma_{zx} + \gamma_{xy}\gamma_{yz} + \varepsilon_z\gamma_{zx})
\end{aligned}\right\} \tag{2.92}
$$

式中，A_0、A_1 和 A_2 为弹性反应系数，与应变水平有关。对于各向同性材料，可认为是应变不变量 I_1'、I_2' 和 I_3' 的函数。如果以应变不变量的多项式表示，并取如下简单形式：

$$
\left.\begin{aligned}
A_0 &= a_1 I_1' + a_2 I_1'^2 + a_3 I_2' \\
A_1 &= a_4 + a_5 I_1' \\
A_2 &= a_6
\end{aligned}\right\} \tag{2.93}
$$

式中，a_1、a_2、a_3、a_4、a_5、a_6 为材料常数，共六个，由试验确定。将式（2.93）代入式（2.92）中得

$$
\left.\begin{aligned}
\sigma_x &= (a_1 I_1' + a_2 I_1'^2 + I_2') + (a_4 + a_5 I_1')\varepsilon_x + a_6(\varepsilon_x^2 + \gamma_{xy}^2 + \gamma_{zx}^2) \\
\sigma_y &= (a_1 I_1' + a_2 I_1'^2 + I_2') + (a_4 + a_5 I_1')\varepsilon_y + a_6(\gamma_{xy}^2 + \varepsilon_y^2 + \gamma_{yz}^2) \\
\sigma_z &= (a_1 I_1' + a_2 I_1'^2 + I_2') + (a_4 + a_5 I_1')\varepsilon_z + a_6(\gamma_{zx}^2 + \gamma_{yz}^2 + \varepsilon_z^2) \\
\tau_{xy} &= (a_4 + a_5 I_1')\gamma_{xy} + a_6(\varepsilon_x \gamma_{xy} + \varepsilon_y \gamma_{xy} + \gamma_{yz}\gamma_{zx}) \\
\tau_{yz} &= (a_4 + a_5 I_1')\gamma_{yz} + a_6(\gamma_{xy}\gamma_{zx} + \varepsilon_y \gamma_{yz} + \varepsilon_z \gamma_{yz}) \\
\tau_{zx} &= (a_4 + a_5 I_1')\gamma_{zx} + a_6(\varepsilon_x \gamma_{zx} + \gamma_{xy}\gamma_{yz} + \varepsilon_z \gamma_{zx})
\end{aligned}\right\} \tag{2.94}
$$

将应变第一不变量及第二不变量代入式（2.94）中，整理后可得全量形式的表达式 $\{\sigma\}=[D]\{\varepsilon\}$ 及矩阵 $[D]$。

在此应指出，如果已知 $\{\varepsilon\}$，由式 $\{\sigma\}=[D]\{\varepsilon\}$ 可以唯一确定出 $\{\sigma\}$。但是如果已知 $\{\sigma\}$，则不一定能由式 $\{\sigma\}=[D]\{\varepsilon\}$ 唯一地确定出 $\{\varepsilon\}$，即不具有唯一性。

2. 增量形式

柯西模型增量形式的应力-应变关系可由其全量矩阵形式的应力-应变关系 $\{\sigma\}=[D]\{\varepsilon\}$ 来确定。以 $\mathrm{d}\sigma_x$ 的表达式为例来进行以下说明。

根据全量矩阵形式的应力-应变关系，σ_x 可写成如下形式：

$$
\sigma_x = d_{11}\varepsilon_x + d_{12}\varepsilon_y + d_{13}\varepsilon_z + d_{14}\gamma_{xy} + d_{15}\gamma_{xz} + d_{16}\gamma_{zx} \tag{2.95}
$$

式中，d_{1j} 为矩阵 $[D]$ 第一行第 j 列元素。对上式进行微分运算，就可求得 $\mathrm{d}\sigma_x$ 的表达式如下。

下面以式（2.95）中第一项为例，来说明其右端每一项微分的计算方法：

$$
\mathrm{d}(\mathrm{d}_{11}\varepsilon_x) = \mathrm{d}_{11}\mathrm{d}\varepsilon_x + \varepsilon_x \mathrm{d}(\mathrm{d}_{11})
$$

进而：

$$
\mathrm{d}(d_{11}\varepsilon_x) = d_{11}\mathrm{d}\varepsilon_x + \varepsilon_x \left[\frac{\partial d_{11}}{\partial \varepsilon_x}\mathrm{d}\varepsilon_x + \frac{\partial d_{11}}{\partial \varepsilon_y}\mathrm{d}\varepsilon_y + \frac{\partial d_{11}}{\partial \varepsilon_z}\mathrm{d}\varepsilon_z + \frac{\partial d_{11}}{\partial \gamma_{xy}}\mathrm{d}\gamma_{xy} + \frac{\partial d_{11}}{\partial \gamma_{yz}}\mathrm{d}\gamma_{yz} + \frac{\partial d_{11}}{\partial \gamma_{zx}}\mathrm{d}\gamma_{zx}\right] \tag{2.96}
$$

相似地，可求得式（2.95）右边其他项的微分。然后，按 $\mathrm{d}\varepsilon_x$，$\mathrm{d}\varepsilon_y$，$\mathrm{d}\varepsilon_z$，$\mathrm{d}\gamma_{xy}$，$\mathrm{d}\gamma_{yz}$，$\mathrm{d}\gamma_{zx}$ 合并同类项，可得

$$
\mathrm{d}\sigma_x = \{d_{11,\mathrm{t}}\ \ d_{12,\mathrm{t}}\ \ d_{13,\mathrm{t}}\ \ d_{14,\mathrm{t}}\ \ d_{15,\mathrm{t}}\ \ \mathrm{d}_{16,\mathrm{t}}\}\{\mathrm{d}\varepsilon\}
$$

最后，得

$$
\{\mathrm{d}\sigma\} = [D]_{\mathrm{t}}\{\mathrm{d}\varepsilon\} \tag{2.97}
$$

式中，矩阵 $[D]_{\mathrm{t}}$ 的元素 $d_{ij,\mathrm{t}}$ 可按上述方法逐一确定。

由式（2.95）和式（2.96）可见，正应力不仅取决于正应变，还取决于剪应变，剪应力不仅取决于剪应变，还取决于正应变，反过来也是如此。因此，柯西非线性弹性模型可以考虑剪膨性。

2.7.3　超弹性模型概述

1. 全量形式

超弹性模型是基于格林公式，即式（2.38）建立的。如果应力以应变的二次式表示，

则应变能应是应变的三次式。对于各向同性材料，应变能函数可表示成应变不变量 I_1'，I_2'，I_3'，及 $\bar{I}_2'$，$\bar{I}_3'$ 的函数。假定初始应力为零时：

$$W=d_2I'^2_1+d_3\bar{I}'_2+d_4I'^3_1+d_5I'_1\bar{I}'_2+d_6\bar{I}'_3 \tag{2.98}$$

式中，

$$\bar{I}'_2=\frac{1}{2}I'^2_1-I'_2=\frac{1}{2}\left[(\varepsilon_x^2+\varepsilon_y^2+\varepsilon_z^2)+\frac{1}{2}(\gamma_x^2+\gamma_y^2+\gamma_z^2)\right] \tag{2.99}$$

$$\bar{I}'_3=I'_3-\frac{1}{6}I'^3_1+\frac{1}{2}I'_1\left[(\varepsilon_x^2+\varepsilon_y^2+\varepsilon_z^2)+\frac{1}{2}(\gamma_x^2+\gamma_y^2+\gamma_z^2)\right] \tag{2.100}$$

将式（2.98）代入式（2.38）中，就可求出 σ_x、σ_y、σ_z、τ_{xy}、τ_{yz}和 τ_{zx}的表达式，整理后就可得到超弹性模型全量形式的表达式，$\{\sigma\}=[D]\{\varepsilon\}$，以及式中的矩阵 $[D]$。

在此应指出，应变能函数 W 根据所要模拟土的力学性能，也可取应变不变量其他形式的函数。因此，超弹性模型具有很强的功能。

2. 增量形式

对全量形式的表达式微分，就可确定增量形式的表达式$\{d\sigma\}=[D]_t\{d\varepsilon\}$及式中的矩阵$[D]_t$。具体方法如前述，不需要重述。

2.7.4　次弹性模型概述

次弹性模型只有一种增量形式。在次弹性模型中，假定应力速率 $\dot{\sigma}$ 是现存的应力状态与应变速率 $\dot{\varepsilon}$ 的函数，或是现存的应变状态与应变速率的函数，这个函数称为材料反应函数。以材料反应函数是应力状态与应变速率的函数为例，则

$$\dot{\sigma}=F(\sigma,\dot{\varepsilon}) \tag{2.101}$$

假定材料的性能与时间无关，则要求式（2.101）中只含有 $\dot{\varepsilon}$ 的一次项，并且应是应变速率的线性组合。如令：

$$\{\dot{\varepsilon}\}=\{\dot{\varepsilon}_x\ \dot{\varepsilon}_y\ \dot{\varepsilon}_z\ \dot{\gamma}_{xy}\ \dot{\gamma}_{yz}\ \dot{\gamma}_{zx}\}^{\mathrm{T}} \tag{2.102}$$

则式（2.101）可变成如下形式：

$$\dot{\sigma}=[D]_t\{\dot{\varepsilon}\} \tag{2.103}$$

因假定材料的性能与时间无关，则要求矩阵$[D]_t$ 中的元素 $d_{ij,t}$与时间无关，是应力不变量的函数。将两边同乘以 dt，由于 $d\sigma=\dot{\sigma}dt$，$d\varepsilon=\dot{\varepsilon}dt$。
则式（2.103）可改写成如下形式：

$$\{d\sigma\}=[D]_t\{d\varepsilon\} \tag{2.104}$$

这就是次弹性模型增量形式的应力-应变关系。在形式上，其虽然与前面所述的其他非线性弹性模型增量形式的应力-应变关系相同，但建立模型的基础不同，因而$[D]_t$ 并不同。

如果像柯西模型那样，将材料反应函数取成应力分量的多项式，以 $\dot{\sigma}_x$ 为例，$\dot{\sigma}_x$ 可写

成如下形式：

$$
\begin{aligned}
\dot{\sigma}_x = & a_0+a_1\dot{\varepsilon}_x+a_2\sigma_x+a_3(\sigma_x^2+\tau_{xy}^2+\tau_{zx}^2)+a_4(\dot{\varepsilon}_x\sigma_x+\dot{\gamma}_{xy}\tau_{yx}+\dot{\gamma}_{xz}\tau_{zx}) \\
& +a_5[b_x\sigma_x+b_{xy}\tau_{yx}+b_{xz}\tau_{zx}+c_x\dot{\varepsilon}_x+c_{xy}\dot{y}_{yx}+c_{zx}\dot{\gamma}_{zx}]
\end{aligned}
\tag{2.105}
$$

其中，

$$
\left.
\begin{aligned}
& b_x=\dot{\varepsilon}_x\sigma_x+\dot{\gamma}_{xy}\tau_{xy}+\dot{\gamma}_{xz}\tau_{xz} \quad c_x=\sigma_x^2+\tau_{xy}^2+\tau_{xz}^2 \\
& b_{xy}=\dot{\varepsilon}_x\tau_{xy}+\dot{\gamma}_{xy}\sigma_y+\dot{\gamma}_{xz}\tau_{zy} \quad c_{xy}=\sigma_x\tau_{xy}+\tau_{xy}\sigma_y+\gamma_{xz}\tau_{zy} \\
& b_{xz}=\dot{\varepsilon}_x\tau_{xz}+\dot{\gamma}_{xy}\tau_{yz}+\dot{\gamma}_{xz}\sigma_z \quad c_{xz}=\sigma_x\tau_{xz}+\tau_{xy}\tau_{yz}+\tau_{xz}\sigma_z
\end{aligned}
\right\}
\tag{2.106}
$$

为了满足 $\dot{\sigma}_x$ 是应变速率分量的线性组合要求，式（2.105）中的系数 a_0、a_2、a_3 应是应变速率第一不变量（$\dot{\varepsilon}_x+\dot{\varepsilon}_y+\dot{\varepsilon}_z$）的一次函数，而系数 a_4、a_5 则只是应力不变量的函数。

2.7.5　非线性弹性力学模型的述评

1. 几种非线性弹性力学模型小结

下面在理论和实际应用方面对这几种模型做一小结。理论方面主要如下：理论基础、应力途径无关性、唯一性或稳定性、剪膨性；实际应用方面主要是参数的多少及确定的难易。

表 2.4 给出了这几种模型的小结。据此就可根据土的实际力学性能及应用要求来判别哪个力学模型在哪些方面与土的实际力学性能相符，以及在哪些方面更适合实际应用要求。

根据前面所述，土的实际力学性能如下。

（1）变形只能部分恢复；

（2）土的力学性能与应力途径相关；

（3）可能不具备唯一性，即成为不稳定材料；

（4）具有剪膨性。

实际应用对土非线性弹性力学模型的要求如下。

力学参数较少，容易确定，特别是能由土的常规力学试验确定出来。

表 2.4　前述非线性弹性力学模型的功能及特点

功能及特点	模型类型			
	非线性弹性广义胡克模型	柯西模型	超弹性模型	次弹性模型
理论基础	假定割线模量或切线模量是受力水平的函数	现存的应力状态只取决于现存应变状态，可将其表示成应变的多项式；不能保证符合热力学定律	按格林公式建立；保证符合热力学定律	假定应力增量是现存应力状态及应变速率的多项式，其系数与应力不变量有关；不能保证符合热力学定律

续表

功能及特点	模型类型			
	非线性弹性广义胡克模型	柯西模型	超弹性模型	次弹性模型
唯一性或稳定性	保证	不能保证	可以保证	不能保证
剪膨性	不具有	可具有	可具有	可具有
参数及确定	参数较少，由试验资料拟合确定	参数较多，不易由拟合试验资料确定	确定参数要求复杂的试验	确定参数要求复杂的试验，拟合试验资料比较困难

2. 卸荷工作状态时土的变形

卸荷时土的变形只能部分恢复，不能恢复到原来的形状。然而对于上述几种非线性弹性模型，卸荷时土的变形完全恢复，这与土的实际性能不符。为了在上述几种非线性弹性力学模型中考虑这一点，应对卸荷时的应力-应变关系另做规定。这项工作包括如下两项内容。

1）卸荷准则

如前所述，卸荷准则是判别土处于加荷工作状态还是卸荷工作状态所必需的，如果土处于卸荷工作状态，则应采用卸荷时的应力-应变关系。因此，确定卸荷准则是首要工作。

可将土的受力水平作为荷载状态的判别指标。土的受力水平应是现存应力状态或应变状态的函数，而不是某一个应力分量的函数。对于各向同性材料，受力水平可以应力不变量或应变不变量表示。通常土的受力水平有如下两种表示方法。

（1）应力偏量第二不变量 J_2 与应力第一不变量 I_1 之比；

（2）J_2 与土破坏时应力偏量第二不变量 $J_{2,f}$ 之比。在此应指出，$J_{2,f}$ 是 I_1 的函数。实际上，$J_{2,f}$ 与 I_1 的关系就是土的破坏准则。

2）卸荷时的应力-应变关系

卸荷时的应力-应变关系通常取线性弹性模型关系，其中模量取常数，或认为与卸荷时达到的受力水平有关。这样卸荷土的变形只能部分恢复。

3）土体积剪胀性能

如果所研究的问题与体积变形有关，例如饱和土的孔隙水压力问题，则必须采用具有剪胀性能的力学模型。否则只能确定平均应力作用引起的孔隙水压力，而不能确定由偏斜应力分量作用引起的孔隙水压力。然而试验表明，偏斜应力分量作用引起的孔隙水压力是不可忽视的。

4）破坏准则

这几种非线性模型均无明确的破坏准则。土的破坏准则是判别在指定荷载作用下土体中破坏区域的范围和部位所需要的。土的破坏准则将在后面进一步表述。

5）模型参数的确定

确定土的非线性力学模型的力学参数要求做许多试验和拟合工作。就此而言，模型参数越少，越适合实际应用。模型参数能由常规试验确定则是最期望的。在上述几种非线性弹性模型中，非线性弹性广义胡克模型的参数少。因此，在实际问题中得到了较广泛应用。遗憾的是，该模型不能考虑剪胀性。

2.8 工程实用土非线性弹性力学模型

2.8.1 工程实用土非线性弹性力学模型建立的途径

2.7 节讲述了几种非线性弹性力学模型。按这几种模型可以建立相应的土非线性弹性力学模型。由上述可见，如果严格地按上述方法建立土的非线性弹性力学模型，则确定其模量参数都很不容易。这样，建立土非线性弹性力学模型的最现实的方法，是以土的力学试验，例如三轴试验测得的差应力 $\Delta\sigma_1$ 与轴应变 ε_a 的关系线为基础，建立相应的非线性弹性广义胡克模型。现存的工程实用的土非线性弹性力学模型大多是按这个途径建立的。按这个途径建立的非线性弹性力学模型包括如下三个步骤。

1. 拟合三轴试验测得的差应力 $\Delta\sigma_1$ 与轴应变 ε_a 的关系

拟合三轴试验测得的差应力 $\Delta\sigma_1$ 与轴应变 ε_a 的关系的目的，是先验地确定 $\Delta\sigma_1$ 与 ε_a 关系的数学表达式。最常采用的数学表达式有如下两种。

1）双曲线关系

$$\Delta\sigma_1=\frac{\varepsilon_a}{a+b\varepsilon_a} \tag{2.107}$$

式中，a、b 为两个参数；$\Delta\sigma_1$ 为附加轴向应力；ε_a 为 $\Delta\sigma_1$ 作用下产生的轴向变形。

2）兰贝格-奥斯古德（Ramberg-Osgood）曲线

如果假定土的变形是由弹性变形 ε_e 及塑性变形 ε_p 组成的，则

$$\varepsilon_a=\varepsilon_{a,e}+\varepsilon_{a,p} \tag{2.108}$$

式（2.108）可写成如下形式：

$$\varepsilon_a=\varepsilon_{a,e}\left(1+\frac{\varepsilon_{a,p}}{\varepsilon_{a,e}}\right) \tag{2.109}$$

式中，$\frac{\varepsilon_{a,p}}{\varepsilon_{a,e}}$为塑性应变比，以 R_p 表示。显然，随受力水平的提高，塑性应变比 R_p 增大。因此，如果以$\frac{\Delta\sigma_1}{\Delta\sigma_{1,f}}$表示受力水平，则

$$R_p=\beta\left(\frac{\Delta\sigma_1}{\Delta\sigma_{1,f}}\right)^{\alpha} \tag{2.110}$$

式中，$\Delta\sigma_{1,f}$为土破坏时轴向差应力；α、β 为参数。将式（2.110）代入式（2.109）中，则得 Ramberg-Osgood 曲线数学表达式：

$$\varepsilon_a=\varepsilon_{a,e}\left[1+\beta\left(\frac{\Delta\sigma_1}{\Delta\sigma_{1,f}}\right)^{\alpha}\right] \tag{2.111}$$

2. 确定 $\Delta\sigma_1$-ε_a 关系式中的参数

3. 确定割线模量及切线模量与受力水平的关系

下文将分别表述以双曲线及 Ramberg-Osgood 曲线为基础建立土非线性弹性广义胡克模型。

2.8.2 邓肯-张（Duncan-Chang）模型

邓肯-张模型是一个普遍被采用的工程实用模型。该模型是以式（2.107）所示的双曲线应力-应变关系为基础建立的[4,5]。改写式（2.107）成如下形式：

$$\frac{\varepsilon_a}{\Delta\sigma_1}=a+b\varepsilon_a \tag{2.112}$$

因此，如果 $\Delta\sigma_1$ 与 ε_a 之间符合双曲线关系，则$\frac{\varepsilon_a}{\Delta\sigma_1}$与 ε_a 之间应为直线关系。土三轴试验资料证明，式（2.112）是近似成立的。这样，根据三轴试验资料绘出$\frac{\varepsilon_a}{\Delta\sigma_1}$-$\varepsilon_a$ 关系线，可得到一直线，如图2.37所示。由式（2.112）可见，这条直线的截距为 a、斜率为 b。

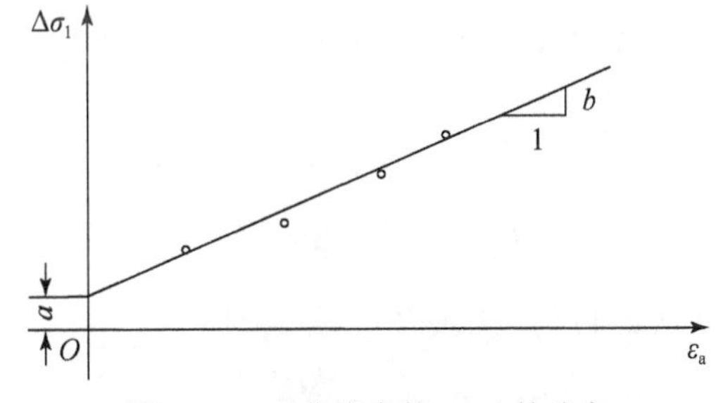

图2.37　双曲线参数 a、b 的确定

如令 ε_a 趋于零，由式（2.112）得

$$a=\left(\frac{\varepsilon_{a}}{\Delta\sigma_{1}}\right)_{\varepsilon_{a}\to 0}=\frac{1}{E_{max}} \tag{2.113}$$

而令 ε_a 趋于无穷大，由式（2.107）得

$$b=\left(\frac{1}{\Delta\sigma_{1}}\right)_{\varepsilon_{a}\to \infty} \tag{2.114}$$

式（2.113）表明，a 为 $\Delta\sigma_1$-ε_a 关系线在原点斜率的倒数，而式（2.114）表明，b 为当 ε_a 趋于无穷大时 $\Delta\sigma_1$ 渐近值的倒数。以 $\Delta\sigma_{1,ult}$ 表示 $\Delta\sigma_1$ 的渐近值，则

$$b=\frac{1}{\Delta\sigma_{1,ult}} \tag{2.115}$$

由此得到参数 a、b 的几何和力学意义，如图 2.38 所示。

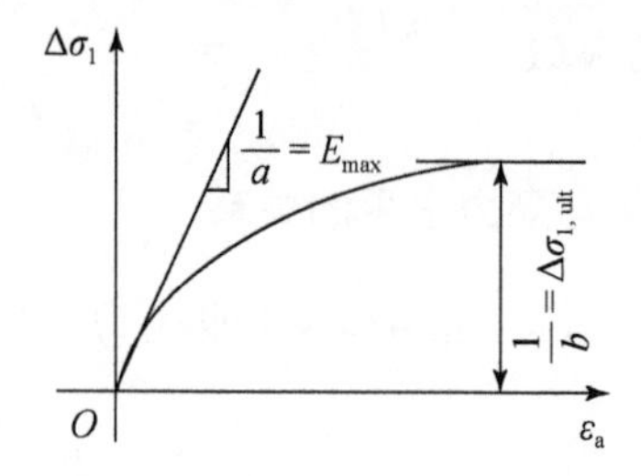

图 2.38　参数 a、b 的几何和力学意义

按定义，割线模量 E_s 等于 $\Delta\sigma_1/\varepsilon_a$，由式（2.107）则得

$$E_{s}=\frac{1}{a\left(1+\frac{b}{a}\varepsilon_{a}\right)} \tag{2.116}$$

按定义，切线模量 E_t 等于 $d(\Delta\sigma_1)/d\varepsilon_a$，由式（2.107）则得

$$E_{t}=\frac{1}{a\left(1+\frac{b}{a}\varepsilon_{a}\right)^{2}} \tag{2.117}$$

另外，由式（2.107）还可得

$$\varepsilon_{a}=\frac{a\Delta\sigma_{1}}{1-b\Delta\sigma_{1}}$$

将上式代入式（2.116）和式（2.117）中得 E_s 和 E_t 的表达式：

$$E_{s}=\frac{1}{a}(1-b\Delta\sigma_{1})$$

$$E_{t}=\frac{1}{a}(1-b\Delta\sigma_{1})^{2}$$

再将式（2.113）和式（2.115）代入以上两式，得

$$E_{s}=E_{max}\left(1-\frac{\Delta\sigma_{1}}{\Delta\sigma_{1,ult}}\right)$$

$$E_{t}=E_{max}\left(1-\frac{\Delta\sigma_{1}}{\Delta\sigma_{1,ult}}\right)^{2}$$

如果以 $\Delta\sigma_{1,f}$表示破坏时的差应力，令

$$\Delta\sigma_{1,f}=R_f\Delta\sigma_{1,ult}$$

式中，R_f 为破坏比。将上式代入 E_s、E_t 的表达式中，则得

$$E_s=E_{max}\left(1-\frac{R_f\Delta\sigma_1}{\Delta\sigma_{1,f}}\right)$$

$$E_t=E_{max}\left(1-\frac{R_f\Delta\sigma_1}{\Delta\sigma_{1,f}}\right)^2$$

显然，上两式中的 $\Delta\sigma_1/\Delta\sigma_{1,f}$表示土的受力水平。

在三轴试验中，在施加 $\Delta\sigma_1$ 过程中侧向应力 σ_3 保持不变，始终等于固结时的侧向压力 $\sigma_{3,c}$，则在 $\Delta\sigma_1$ 施加过程中：

$$\sigma_1=\sigma_3+\Delta\sigma_1$$

由此，得

$$\Delta\sigma_1=\sigma_1-\sigma_3 \tag{2.118}$$

相应地，

$$\Delta\sigma_{1,f}=(\sigma_1-\sigma_3)_f$$

而$(\sigma_1-\sigma_3)_f$可由库仑破坏条件确定，如图 2.39 所示。由图 2.39 可得

$$(\sigma_1-\sigma_3)_f=\frac{2(c\cos\varphi+\sigma_3\sin\varphi)}{1-\sin\varphi} \tag{2.119}$$

式中，c、φ 分别为土的抗剪强度指标黏结力和摩擦角。将式（2.118）和式（2.119）代入 E_s 和 E_t 的表达式中，则得

$$E_s=E_{max}\left[1-\frac{R_f(1-\sin\varphi)(\sigma_1-\sigma_3)}{2(c\cos\varphi+\sigma_3\sin\varphi)}\right] \tag{2.120}$$

$$E_t=E_{max}\left[1-\frac{R_f(1-\sin\varphi)(\sigma_1-\sigma_3)}{2(c\cos\varphi+\sigma_3\sin\varphi)}\right]^2 \tag{2.121}$$

式（2.120）和式（2.121）分别给出了邓肯-张非线性弹性力学模型（简称邓肯-张模型）的割线模量和切线模量与受力水平之间的关系式。这两式括号中的第二项即受力水平，它是土实际所受的差应力（$\sigma_1-\sigma_3$）与土破坏差应力$(\sigma_1-\sigma_3)_f$之比。

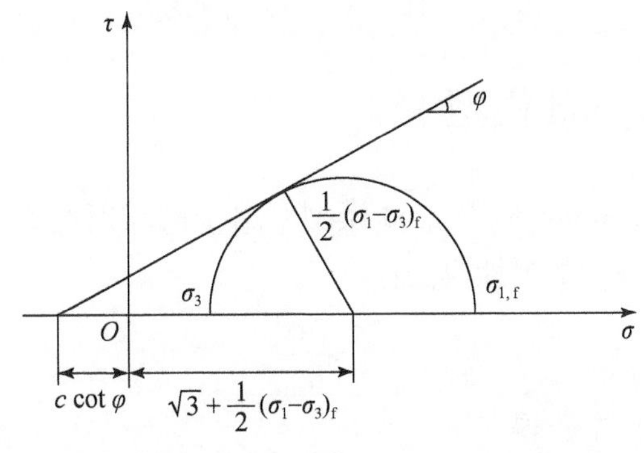

图 2.39　破坏差应力$(\sigma_1-\sigma_3)_f$的确定

另外，三轴试验资料表明，最大杨氏模量 $E_{\max}$ 与侧向固结压力 σ_3 有关，并可用下式表示：

$$E_{\max}=kp_{\mathrm{a}}\left(\frac{\sigma_3}{p_{\mathrm{a}}}\right)^n \tag{2.122}$$

式中，p_{a} 为大气压力。

与线性弹性模型相似，非线性弹性广义胡克模型还需要一个力学参数——泊松比 μ。与割线模量和切线模量相匹配，泊松比也应分全量泊松比 μ_{s} 和增量泊松比 μ_{t}，定义分别如下：

$$\left.\begin{aligned}\mu_{\mathrm{s}}&=\frac{\varepsilon_{\mathrm{r}}}{\varepsilon_{\mathrm{a}}}\\ \mu_{\mathrm{t}}&=\frac{\mathrm{d}\varepsilon_{\mathrm{r}}}{\mathrm{d}\varepsilon_{\mathrm{a}}}\end{aligned}\right\} \tag{2.123}$$

式中，ε_{r}、ε_{a} 分别为三轴试验的径向应变和轴向应变。泊松比是一个比较难测定的量。对于饱和土，泊松比与土所处的排水状态有关。当土处于不排水状态时，由于其不能发生体积变形，相应的泊松比应取0.5；对于非饱和土和处于排水状态的饱和土，其泊松比与土的类型、状态有关，在许多情况下按土类和状态根据经验取值。应指出，在邓肯-张模型中，也认为 μ_{t} 是受力水平的函数，并给出了相应的表达式。由于 μ 较难测定，则表达式中的参数自然也难以正确地确定，不便于实际应用。

这样，邓肯-张模型共包括 k、n、R_{f}、c、φ、μ 六个参数。除了泊松比 μ 以外，其他五个参数都可由常规三轴试验测定。三轴试验分为不排水试验、固结不排水试验和排水试验。因此，确定这些参数所做的三轴试验类型应根据加荷过程中土所处的排水状态选取。对于饱和土，由其不排水三轴试验测得的抗剪强度通常以 S_{u} 表示。这样，受力水平可以 $\frac{R_{\mathrm{f}}(\sigma_1-\sigma_3)}{S_{\mathrm{u}}}$ 表示，则式（2.120）和式（2.121）可改写成如下形式：

$$\left.\begin{aligned}E_{\mathrm{s}}&=E_{\max}\left[1-\frac{R_{\mathrm{f}}(\sigma_1-\sigma_3)}{S_{\mathrm{u}}}\right]\\ E_{\mathrm{t}}&=E_{\max}\left[1-\frac{R_{\mathrm{f}}(\sigma_1-\sigma_3)}{S_{\mathrm{u}}}\right]^2\end{aligned}\right\}$$

2.8.3 Ramberg-Osgood 模型

与邓肯-张模型相似，Ramberg-Osgood 模型给出了割线模量 E_{s} 和切线模量 E_{t} 与受力水平的关系。式（2.111）中的弹性应变：

$$\varepsilon_{\mathrm{a,e}}=\frac{\Delta\sigma_1}{E_{\max}}$$

将其代入式（2.121）中，得

$$\varepsilon_{\mathrm{a}}=\frac{\Delta\sigma_1}{E_{\max}}\left[1+\beta\left(\frac{\Delta\sigma_1}{\Delta\sigma_{1,\mathrm{f}}}\right)^{\alpha}\right]$$

根据割线模量定义，由上式得

$$E_s = E_{max}\frac{1}{1+\beta\left(\frac{\Delta\sigma_1}{\Delta\sigma_{1,f}}\right)^\alpha}$$

将式（2.118）和式（2.119）代入，则得

$$E_s = E_{max}\frac{1}{1+\beta\left[\frac{(1-\sin\varphi)(\sigma_1-\sigma_3)}{2(c\cos\varphi+\sigma_3\sin\varphi)}\right]^\alpha} \tag{2.124}$$

根据切线模量的定义，则得

$$E_t = E_{max}\frac{1}{1+(1+\alpha)\beta\left[\frac{(1-\sin\varphi)(\sigma_1-\sigma_3)}{2(c\cos\varphi+\sigma_3\sin\varphi)}\right]^\alpha} \tag{2.125}$$

式中，E_{max}按式（2.122）确定。

这样，Ramberg-Osgood 模型共包括 k、n、c、φ、α、β、μ 七个参数，其中只有 α、β 与邓肯-张模型不同。下面表述如何根据试验资料确定参数 α、β。

根据三轴试验资料可绘制 $\Delta\sigma_1$-ε_a 关系线，如图 2.40 所示。与双曲线不同，Ramberg-Osgood 曲线是一条没有水平渐近线不断上升的曲线。由图 2.40 可以确定 E_{max}，以及根据破坏准则可确定 $\Delta\sigma_{1,f}$。改写式（2.123）得

$$\frac{E_{max}}{\left(\frac{\Delta\sigma_1}{\varepsilon_a}\right)}-1=\beta\left(\frac{\Delta\sigma_1}{\Delta\sigma_{1,f}}\right)^\alpha$$

然后由图 2.40 确定其上指定点的 $\Delta\sigma_1/\varepsilon_a$ 值和 $\Delta\sigma_1/\Delta\sigma_{1,f}$值。再以$\left(E_{max}\Big/\frac{\Delta\sigma_1}{\varepsilon_a}-1\right)$为纵坐标，以 $\Delta\sigma_1/\Delta\sigma_{1,f}$为横坐标，在双对数坐标中绘出两者的关系，可得一条直线，则参数 α、β 就可由这条直线确定，如图 2.41 所示。

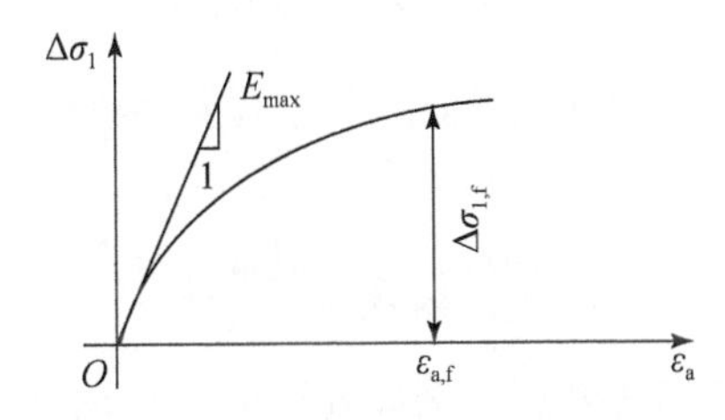

图 2.40　Ramberg-Osgood 曲线

2.8.4　关于模型的一些讨论

（1）体应变：上面所讨论的两个非线性弹性力学模型的应力-应变关系均采用了广义胡克定律形式，则由其应力-应变关系可得体积应变如下：

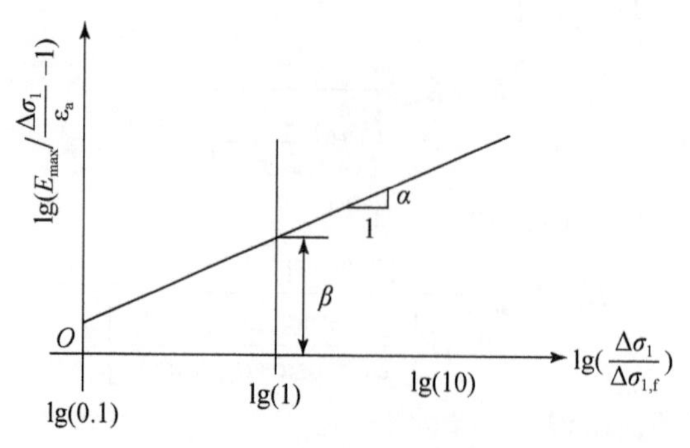

图 2. 41　参数 α、β 的确定

$$\varepsilon_v = \frac{3(1-2\mu)}{E}\sigma_0$$

$$\Delta\varepsilon_v = \frac{3(1-2\mu)}{E_t}\Delta\sigma_0$$

因此，上述两个非线性弹性力学模型不能考虑土的体积剪膨特性。

（2）邓肯-张模型和 Ramberg-Osgood 模型参数中包括抗剪强度指标 c、φ。前文曾指出，三轴试验分为不排水试验、固结不排水试验和排水试验，不同试验，由于排水条件不同，测得的抗剪强度指标 c、φ 值也不同。因此，在应用这两个模型时，应根据实际问题土所处的排水条件选择适当的试验测定抗剪强度指标 c、φ。

（3）邓肯-张模型和 Ramberg-Osgood 模型都是基于三轴试验测得的差应力 $\Delta\sigma_1$ 与轴应变 ε_a 关系线建立的。在三轴试验加载过程中，侧向压力 σ_3 保持不变，始终等于固结时侧向压力 $\sigma_{3,c}$ 值。根据胡克定律，在三轴试验应力条件下：

$$\varepsilon_a = \frac{1}{E}(\Delta\sigma_1 - 2\mu\Delta\sigma_3)$$

$$\Delta\varepsilon_a = \frac{1}{E_t}[\mathrm{d}(\Delta\sigma_1) - 2\mu\mathrm{d}(\Delta\sigma_3)]$$

如前所述，在常规三轴试验加载过程中，σ_3 保持不变，即 $\Delta\sigma_3 = 0$，$\mathrm{d}(\Delta\sigma_3) = 0$，这样才能得到

$$E = \frac{\Delta\sigma_1}{\varepsilon_a} \text{及} E_t = \frac{\mathrm{d}(\Delta\sigma_1)}{\mathrm{d}\varepsilon_a}$$

如果三轴试验采用另一种加荷方式，例如 σ_1 和 σ_3 同时变化，则上式不能成立。

（4）在常规三轴试验中，由于施加差应力时侧向应力 σ_3 保持不变，则所测得的 $\Delta\sigma_1-\varepsilon_a$ 关系线与一个不变的 σ_3 值相对应。由于 σ_3 不变，这样在加载过程中应力-应变始终在一条关系线上变化，如图 2. 42（a）所示。但是，在实际问题中，外荷载作用不仅会引起差应力（$\sigma_1-\sigma_3$）的变化，也会引起 σ_3 的变化。按式（2. 119），σ_3 的变化将使破坏差应力$(\sigma_1-\sigma_3)_f$ 发生变化，这样差应力 $\sigma_1-\sigma_3$ 也不会沿同一条应力-应变关系而变化，而应随 σ_3 的变化从一条应力-应变关系线跳到另一条应力-应变关系线上，如图 2. 42（b）所示。

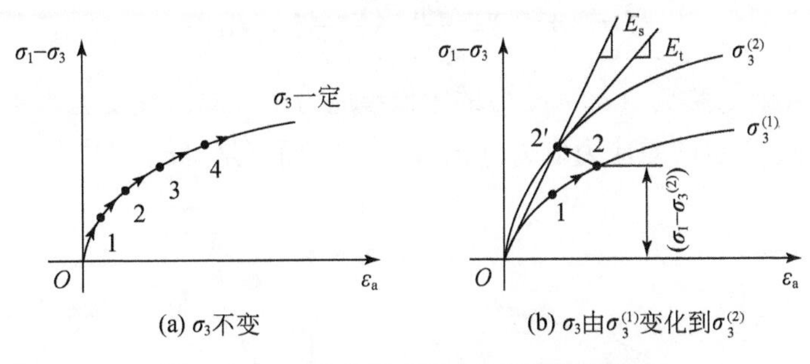

(a) σ_3不变　　(b) σ_3由$\sigma_3^{(1)}$变化到$\sigma_3^{(2)}$

图 2.42　σ_3 变化对应力-应变关系的影响

设 1 点为与 $\sigma_3^{(1)}$ 相对应的应力-应变关系曲线上的一点，差应力为$(\sigma_1-\sigma_3^{(1)})$。当施加一个荷载增量时，应力-应变沿与 $\sigma_3^{(1)}$ 相对应的应力-应变曲线由 1 点变化到其上的 2 点，2 点的 σ_3 为 $\sigma_3^{(2)}$，差应力为$(\sigma_1-\sigma_3^{(2)})$。当再施加一个荷载增量时，由于 σ_3 已由 $\sigma_3^{(1)}$ 变成 $\sigma_3^{(2)}$，则应力-应变不应再沿与 $\sigma_3^{(1)}$ 相对应的应力-应变关系线变化，而应沿与 $\sigma_3^{(2)}$ 相对应的应力-应变关系线变化。这样，就要求在与 $\sigma_3^{(2)}$ 相对应的应力-应变关系线上确定一个点 2′，并且该点应与 $\sigma_3^{(1)}$ 应力-应变关系线上的 2 点等价。下面表述如何在与 $\sigma_3^{(2)}$ 相对应的应力-应变关系线上确定与 2 点相对应的等价点 2′。

1. 按差应力（$\sigma_1-\sigma_3$）相等来确定

如图 2.43（a）所示，令 $\sigma_3^{(2)}$ 应力-应变关系线上 2′点的差应力$(\sigma_1-\sigma_3^{(2')})$ 与 $\sigma_3^{(1)}$ 应力-应变关系线上 2 点的差应力$(\sigma_1-\sigma_3^{(2)})$ 相等。这样，在下一步分析中采用与 $\sigma_3^{(2)}$ 应力-应变关系线上 2′点相对应的割线模量 E_s 或切线模量 E_t。但这个方法有两个问题：

（1）如果 2′点的 $\sigma_3^{(2)}$ 比 1 点的 $\sigma_3^{(1)}$ 小，则与 $\sigma_3^{(2)}$ 相对应的应力-应变关系线将位于与 $\sigma_3^{(1)}$ 相对应的应力-应变关系线之下。在这种情况下，可能会出现在与 $\sigma_3^{(2)}$ 相对应的应力-应变关系线上找不到 2′点的情况。

（2）令 2′点的受力水平以 $\mathrm{FL}^{(2')}$ 表示，则

$$\mathrm{FL}^{(2')}=\frac{(\sigma_1-\sigma_3^{(2')})}{(\sigma_1-\sigma_3^{(2)})_f}$$

如令 2 点的受力水平以 $\mathrm{FL}^{(2)}$ 表示，则

$$\mathrm{FL}^{(2)}=\frac{(\sigma_1-\sigma_3^{(2)})}{(\sigma_1-\sigma_3^{(1)})_f}$$

式中，$(\sigma_1-\sigma_3^{(2)})_f$ 与$(\sigma_1-\sigma_3^{(1)})_f$ 按式（2.119）计算，其中 σ_3 分别取 $\sigma_3^{(2)}$ 和 $\sigma_3^{(1)}$。这样，如取$(\sigma_1-\sigma_3^{(2')})=(\sigma_1-\sigma_3^{(2)})$，则 2′点与 2 点的受力水平不相等。从受力水平而言，这样确定的 2′点与 2 点不是等价的。

2. 按 2′点与 2 点的受力水平等价来确定

如图 2.43（b）所示，如果按 2′点与 2 点的受力水平相等来确定，由 $\mathrm{FL}^{(2')}=\mathrm{FL}^{(2)}$ 可得

$$(\sigma_1-\sigma_3^{(2')})=\frac{(\sigma_1-\sigma_3^{(2)})_f}{(\sigma_1-\sigma_3^{(1)})_f}(\sigma_1-\sigma_3) \tag{2.126}$$

下面将（$\sigma_1-\sigma_3^{(2')}$）称为（$\sigma_1-\sigma_3^{(2)}$）的等价差应力。这样，按受力水平相等原则，$\sigma_3^{(2)}$应力-应变关系线上2点的差应力应为（$\sigma_1-\sigma_3^{(2')}$），而不是（$\sigma_1-\sigma_3^{(2)}$）。

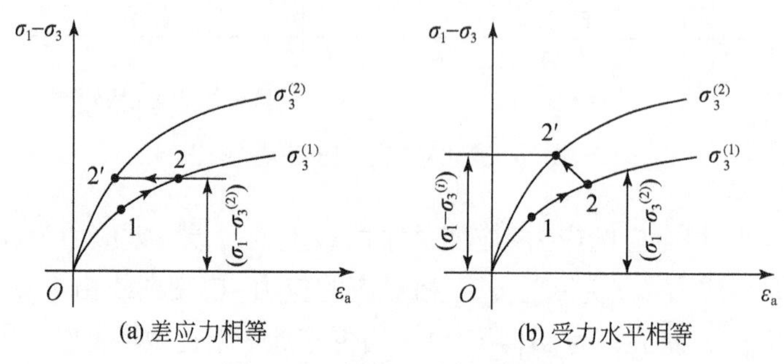

图 2.43　考虑 σ_3 变化的方法

由图 2.43 可见，当 $\sigma_3^{(2)}>\sigma_3^{(1)}$ 时，差应力相等原则的割线模量和切线模量均比受力水平相等原则的大；当 $\sigma_3^{(2)}<\sigma_3^{(1)}$ 时，其割线模量和切线模量均比受力水平相等原则的小。

关于对 σ_3 变化的考虑还应指出一点，对于饱和土体，如果加荷过程很短，并且土体处于不排水状态，σ_3 的变化并不能引起土体的压密。在这种情况下，σ_3 的变化将由相应的孔隙水压力变化平衡，这并不能引起破坏差应力的变化。因此，可认为应力和应变仍然沿同一条应力-应变关系线变化，在计算割线模量和切线模量时采用初始应力的 σ_3 值。这样，如以 $\sigma_{3,i}$ 表示施加附加荷载之前土体中的最小主应力，则应取 $\sigma_3=\sigma_{3,i}$。

按上述，只有当 σ_3 变化使土发生压密，完全转变成有效应力时，才考虑工作点由一条应力-应变关系线跳到另一条应力-应变关系线上。

2.9　主应力空间

2.9.1　主应力空间

以一点三个主应力 σ_1、σ_2、σ_3 为直角坐标所构成的三维空间称为主应力空间，如图 2.44所示。因此，主应力空间中的一点可表示土体中一点的应力状态。

由图 2.44 可知，主应力空间一点 A 到原点 O 的矢量 OA 的长度如下：

$$OA=(\sigma_1^2+\sigma_2^2+\sigma_3^2)^{\frac{1}{2}}$$

设矢量 OA 与 σ_1、σ_2、σ_3 轴的夹角分别为 α_1、α_2、α_3，则

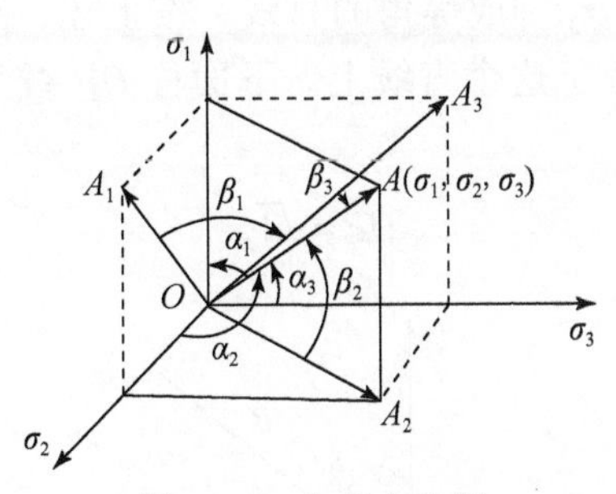

图2.44　主应力空间

$$\left.\begin{aligned}\cos\alpha_1&=\frac{\sigma_1}{(\sigma_1^2+\sigma_2^2+\sigma_3^2)^{\frac{1}{2}}}\\\cos\alpha_2&=\frac{\sigma_1}{(\sigma_1^2+\sigma_2^2+\sigma_3^2)^{\frac{1}{2}}}\\\cos\alpha_3&=\frac{\sigma_1}{(\sigma_1^2+\sigma_2^2+\sigma_3^2)^{\frac{1}{2}}}\end{aligned}\right\}\tag{2.127}$$

矢量 OA 在 $\sigma_1\sigma_2$、$\sigma_2\sigma_3$、$\sigma_3\sigma_1$ 平面上的投影分别为矢量 OA_1、OA_2、OA_3，则它们的长度：

$$OA_1=(\sigma_1^2+\sigma_2^2)^{\frac{1}{2}}$$
$$OA_2=(\sigma_2^2+\sigma_3^2)^{\frac{1}{2}}$$
$$OA_3=(\sigma_3^2+\sigma_1^2)^{\frac{1}{2}}$$

设矢量 OA 与这三个面上的投影矢量 OA_1、OA_2、OA_3 的夹角分别为 β_1、β_2、β_3，则

$$\left.\begin{aligned}\cos\beta_1&=\left[\frac{(\sigma_1^2+\sigma_2^2)}{(\sigma_1^2+\sigma_2^2+\sigma_3^2)}\right]^{\frac{1}{2}}\\\cos\beta_2&=\left[\frac{(\sigma_1^2+\sigma_3^2)}{(\sigma_1^2+\sigma_2^2+\sigma_3^2)}\right]^{\frac{1}{2}}\\\cos\beta_3&=\left[\frac{(\sigma_3^2+\sigma_1^2)}{(\sigma_1^2+\sigma_2^2+\sigma_3^2)}\right]^{\frac{1}{2}}\end{aligned}\right\}\tag{2.128}$$

2.9.2　静水压力线或球应力线

设 P 点的三个主应力相等，则 P 点所受的应力如静水压力，$\sigma_1=\sigma_2=\sigma_3=p$，如图2.45所示。在这种情况下，矢量 OP 与 σ_1、σ_2、σ_3 坐标轴的夹角相等，即 $\alpha_1=\alpha_2=\alpha_3$。由余弦定理得

$$\cos\alpha_1=\cos\alpha_2=\cos\alpha_3=\frac{1}{\sqrt{3}}\tag{2.129}$$

因此，OP 为与 σ_1、σ_2、σ_3 轴成等角的直线。按上述，只要一点处于静水压力状态，则该点在主应力空间中一定处于这个直线上。下面称 OP 线为静水压力线。由图 2.45 可见，矢量 OP 的长度如下：

$$OP=\sqrt{3}p \tag{2.130}$$

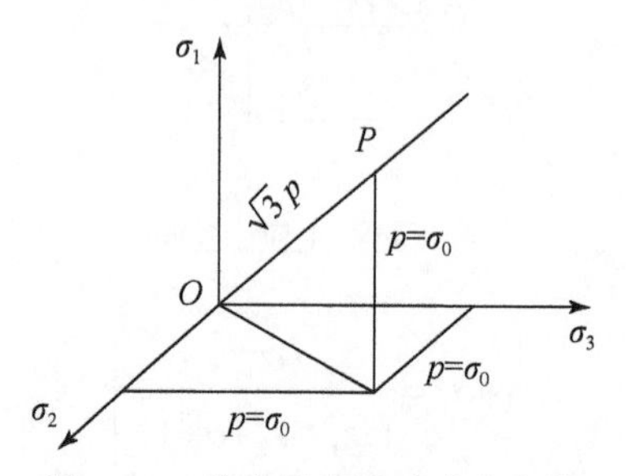

图 2.45　静水压力线或球应力线

前文曾将一点的应力状态分解为球应力分量和偏应力分量，球应力分量的三个主应力均相等，如以 σ_0 表示，则

$$\sigma_0=\frac{\sigma_1+\sigma_2+\sigma_3}{3}$$

显然，球应力是一种静水压力，并且

$$p=\sigma_0$$

按上述，一点的球应力分量对应的应力状态应位于静水压力线上，因此，静水压力线又称球应力线。按式（2.130），球应力分量对应的应力状态在静水压力线上一点，其与原点 O 的距离应等于$\sqrt{3}\sigma_0$。

2.9.3　偏应力平面

过主应力空间一点 A 做一个与静水压力线垂直的平面，这个平面称为偏应力平面，如图 2.46 所示。设该平面与静水压力线的交点为 P，则称 AP 在三个坐标轴上的分量分别为 σ_1-p、σ_2-p、σ_3-p。由于

$$OA^2=OP^2+AP^2$$

即

$$\sigma_1^2+\sigma_2^2+\sigma_3^2=3p^2+(\sigma_1-p)^2+(\sigma_2-p)^2+(\sigma_3-p^2)$$

其中

$$p=\frac{\sigma_1+\sigma_2+\sigma_3}{3}$$

这表明，该平面与静水压力线的交点为 P，即 A 点的球应力分量在静水压力线上的位置，而（σ_1-p）、（σ_2-p）、（σ_3-p）则为 A 点的偏应力的三个分量。矢量 AP 的长度可作为偏应力大小的度量：

$$\left.\begin{aligned}AP&=[(\sigma_1-\sigma_0)^2+(\sigma_2-\sigma_0)^2+(\sigma_2-\sigma_0)^2]^{\frac{1}{2}}\\ \text{或}\quad AP&=\frac{1}{\sqrt{3}}[(\sigma_1-\sigma_2)^2+(\sigma_2-\sigma_3)^2+(\sigma_3-\sigma_1)^2]^{\frac{1}{2}}\end{aligned}\right\}\tag{2.131}$$

这样，与 A 点相对应的应力可分解成以 OP 表示的球应力和以 AP 表示的偏应力。

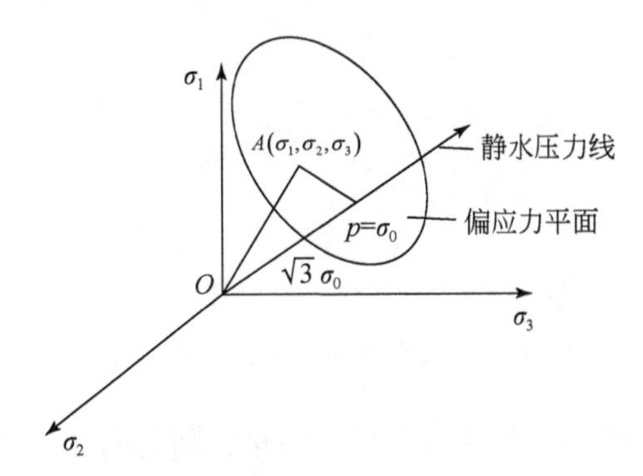

图 2.46　静水压力线及偏应力平面

由图 2.46 可见：

(1) 位于同一偏平面上的点，其球应力分量 σ_0 相等。

(2) 由式 (1.11b) 可知，应力偏量第二不变量 J_2 方根如下：

$$J_2^{\frac{1}{2}}=\frac{1}{\sqrt{6}}[(\sigma_1-\sigma_2)^2+(\sigma_2-\sigma_3)^2+(\sigma_3-\sigma_1)^2]^{\frac{1}{2}}$$

与式 (2.131) 相比，矢量 AP 的长度与应力偏量第二不变量绝对值平方根的关系如下：

$$AP=\sqrt{2}J_2^{\frac{1}{2}}\tag{2.132}$$

2.9.4　八面体平面及其上的应力分量

将八面体平面定义为与主应力 σ_1、σ_2、σ_3 轴成等倾角的平面。按前述，偏应力面就是八面体平面。前文给出了矢量 OP、AP 的长度，虽然矢量 OP 与八面体平面垂直，AP 在八面体平面内，但矢量 OP 和 AP 的长度并不等于八面体平面上的法向应力 σ_{oct} 和剪应力 τ_{oct}。下面确定八面体上的法向应力 σ_{oct} 和剪应力 τ_{oct}，并给出它们分别与矢量 OP 和 AP 的长度关系。

设八面体平面与 σ_1、σ_2、σ_3 轴的交点为 A、B、C，则得 ΔOAB、ΔOBC、ΔOAC 和 ΔABC，并且 $OA=OB=OC$。如令它们等于单位长度，则前三个三角形的面积为 $\frac{1}{2}$，而 ΔABC 的面积为 $\frac{\sqrt{3}}{2}$，如图 2.47 所示。

首先，确定 ΔOBC、ΔOAC 和 ΔOAB 面上的作用力，令分别以 F_1、F_2 和 F_3 表示，则

$$F_1=\frac{1}{2}\sigma_1,F_2=\frac{1}{2}\sigma_2,F_3=\frac{1}{2}\sigma_3$$

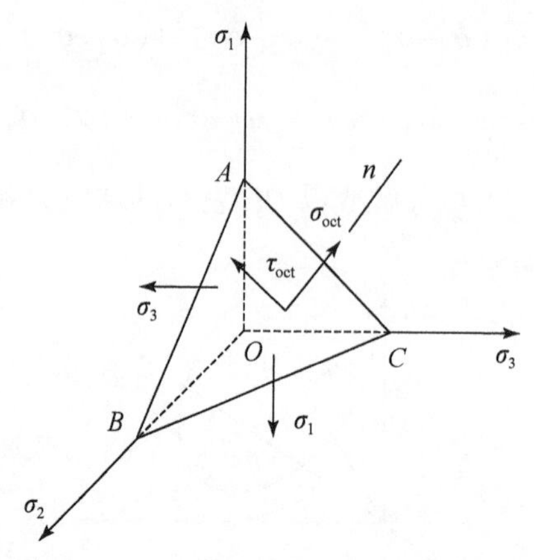

图 2.47　八面体平面及其上的应力分量

它们分别与八面体平面 ABC 的法线 n 成等倾角，则它们在法线 n 上投影的合力 F_n 等于$\frac{1}{2\sqrt{3}}(\sigma_1+\sigma_2+\sigma_3)$。由于 $\sigma_{oct}=\frac{F_n}{\Delta ABC}$，则

$$\left.\begin{aligned}\sigma_{oct}&=\frac{1}{3}(\sigma_1+\sigma_2+\sigma_3)=\sigma_0\\ \sigma_{oct}&=\frac{1}{\sqrt{3}}OP\end{aligned}\right\}\tag{2.133}$$

另外，如令 F_1、F_2、F_3 的合力为 F，则

$$F^2=\frac{1}{4}(\sigma_1^2+\sigma_2^2+\sigma_3^2)$$

由此，八面体平面上的剪力如下：

$$F_T=(F^2-F_n^2)^{\frac{1}{2}}$$

则八面体平面的剪应力 τ_{oct}：

$$\tau_{oct}=\frac{F_T}{\Delta ABC}$$

则

$$\tau_{oct}=\left[\frac{1}{3}(\sigma_1^2+\sigma_2^2+\sigma_3^2)-\frac{1}{9}(\sigma_1+\sigma_2+\sigma_3)^2\right]^{\frac{1}{2}}$$

进一步可得

$$\left.\begin{aligned}\tau_{oct}&=\frac{1}{3}[(\sigma_1-\sigma_2)^2+(\sigma_2-\sigma_3)^2+(\sigma_3-\sigma_1)^2]^{\frac{1}{2}}\\ \tau_{oct}&=\sqrt{\frac{2}{3}}J_2^{\frac{1}{2}}=\frac{1}{\sqrt{3}}AP\end{aligned}\right\}\tag{2.134}$$

2.9.5　π 平面

π 平面是过 $\sigma_1\sigma_2\sigma_3$ 坐标原点的与静水压力线垂直的平面，即过 $\sigma_1\sigma_2\sigma_3$ 坐标原点的偏

应力面。坐标轴 σ_1、σ_2、σ_3 在 π 平面上的投影分别为 σ_1'、σ_2'、σ_3'，它们之间相互成120°夹角，如图2.48所示。设 γ_1、γ_2、γ_3 分别为坐标轴 σ_1 与 σ_1'、σ_2 与 σ_2'、σ_3 与 σ_3' 的夹角，则

$$\cos\gamma_1=\cos\gamma_2=\cos\gamma_3=\cos\gamma=\sqrt{\frac{2}{3}} \tag{2.135}$$

由此，得

$$\sigma_1'=\sqrt{\frac{2}{3}}\sigma_1,\sigma_2'=\sqrt{\frac{2}{3}}\sigma_2,\sigma_3'=\sqrt{\frac{2}{3}}\sigma_3 \tag{2.136}$$

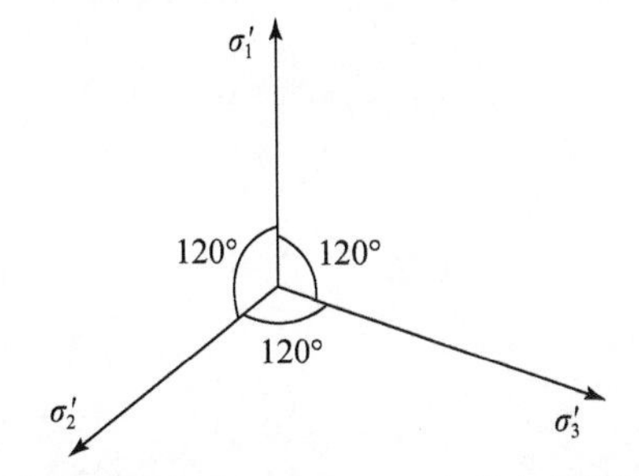

图2.48　π 平面及坐标轴 σ_1、σ_2、σ_3 在其上的投影 σ_1'、σ_2'、σ_3'

2.9.6　洛德（Lode）角

前文给出了偏应力平面上的向量 AP 的长度或八面体平面上剪应力 τ_{oct} 的数值，但向量 AP 或 τ_{oct} 在偏应力平面或八面体平面上的方向还没有确定。设向量 AP 或 τ_{oct} 与 σ_1' 轴的夹角为 θ，如图2.49所示，则该角称为洛德角。如果洛德角 θ 确定了，则向量 AP 或 τ_{oct} 在偏应力平面或八面体平面上的方向就确定了。下面来确定洛德角 θ。

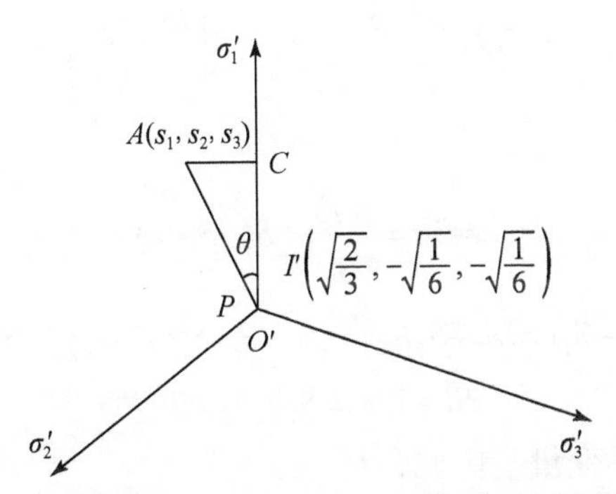

图2.49　洛德角的定义及 τ_{oct} 在八面体平面上的作用方向

在应力空间中，向量 AP 的三个分量 S_1、S_2、S_3 分别如下：

$$S_1=\sigma_1-\sigma_0\quad S_2=\sigma_2-\sigma_0\quad S_3=\sigma_3-\sigma_0$$

在应力空间中，σ_1' 轴方向的余弦如下：

$$\cos(\sigma_1'\sigma_1)=\sqrt{\frac{2}{3}}$$

$$\cos(\sigma_1'\sigma_2)=\cos(\sigma_1'\sigma_3)=-\sqrt{\frac{1}{6}}$$

根据解析几何，向量 AP 在向量 σ_1' 方向的投影 $O'C$ 应按下式计算：

$$O'C=AP\cdot I'=(S_1S_2S_3)\cdot\sqrt{\frac{2}{3}}-\sqrt{\frac{1}{3}}-\sqrt{\frac{1}{3}}$$

则

$$O'C=\sqrt{\frac{1}{6}}(2S_1-S_2-S_3)$$

由于

$$S_1+S_2+S_3=0$$

$$S_1=-S_2-S_3$$

则

$$O'C=\sqrt{\frac{3}{2}}S_1 \tag{2.137}$$

另外，由图2.49可见

$$O'C=AP\cos\theta$$

将式（2.132）代入上式，得

$$O'C=\sqrt{2}J_2^{\frac{1}{2}}\cos\theta \tag{2.138}$$

由式（2.137）和式（2.138）得

$$\cos\theta=\frac{\sqrt{3}}{2}\frac{S_1}{J^{\frac{1}{2}}} \tag{2.139}$$

根据三角公式：

$$\cos3\theta=4\cos^3\theta-3\cos\theta$$

得

$$\cos3\theta=\left(\frac{3\sqrt{3}}{2}\frac{S_1}{J_2^{\frac{1}{2}}}\right)^3-3\left(\frac{\sqrt{3}}{2}\frac{S_1}{J_2^{\frac{1}{2}}}\right)$$

上式可改写成如下形式：

$$\cos3\theta=\frac{3\sqrt{3}}{2J_2^{\frac{1}{2}}}(S_1^3-S_1J_2)$$

由于

$$S_1J_2=-S_1(S_1S_2+S_2S_3+S_3S_1)=-S_1^2(S_1+S_2)-S_1S_2S_3$$

则

$$S_1^3-S_1J_2=S_1S_2S_3=J_3$$

式中，J_3 为应力偏量第三不变量。由此，得

$$\left.\begin{aligned}&\cos3\theta=\frac{3\sqrt{3}}{2}\frac{J_3}{J_2^{\frac{3}{2}}}\\&\text{或 }\theta=\frac{1}{3}\cos^{-1}\left[\frac{3\sqrt{3}}{2}\frac{J_3}{J_2^{\frac{3}{2}}}\right]\end{aligned}\right\} \tag{2.140}$$

并且
$$0 \leqslant \theta \leqslant \frac{\pi}{3} \tag{2.141}$$

式（2.140）表明，洛德角 θ 只取决于应力偏量的第二不变量和第三不变量。进而可指出，按上述，任一应力状态在主应力空间中可用 OP、AP 及 θ 角表示，而 OP、AP 及 θ 角只与 I_1、J_2 和 J_3 有关。

2.10　土的状态空间

2.10.1　土的状态空间及状态边界面

1. 土的状态空间

如前所述，土所受的应力状态可用球应力分量和偏应力分量表示，土所具有的物理状态可用其密度，例如孔隙比表示。三轴试验土样所受的应力状态可用平均正应力 $p=\frac{1}{3}(\sigma_1+\sigma_2+\sigma_3)$ 和差应力 $q=\sigma_1-\sigma_3$ 来表示。如果土的密度状态以孔隙比 e 表示，则可构成以平均正应力 p、差应力 q 和孔隙比 e 为坐标的三维空间，该空间中的一点则表示土所受的应力状态和密度状态，如图 2.50 所示。因此，把 e-p-q 所构成的空间称为状态空间[6,7]。

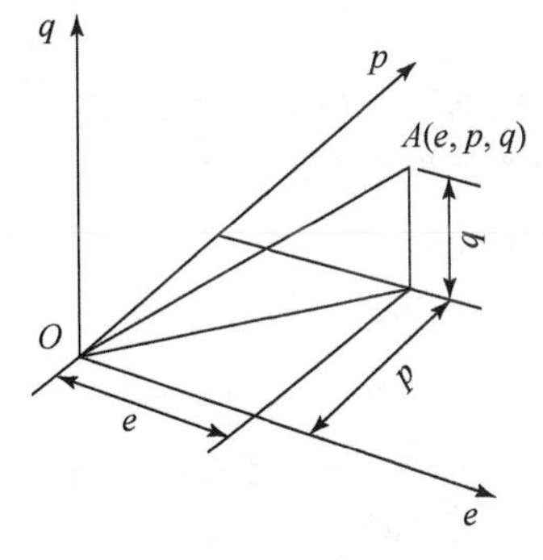

图 2.50　状态空间

2. 土的状态边界面

土可能存在的状态在 epq 状态空间中只占一部分，其余部分是土不可能存在的状态。因此，在 epq 空间中，土可能存在的状态和不可能存在的状态之间存在一个分界面，下面将这个分界面称为状态边界面，如图 2.51 所示。显然，状态边界面之内的各点是土可能存在的状态，而其外的各点是土不可能存在的状态。

下面以一个大家所熟悉的例子来说明土可能存在的状态和不可能存在的状态。当 $q=0$ 时，即与（e，p，0）状态相对应的点落在 ep 平面。如前述，由三轴均等压缩试验可得土

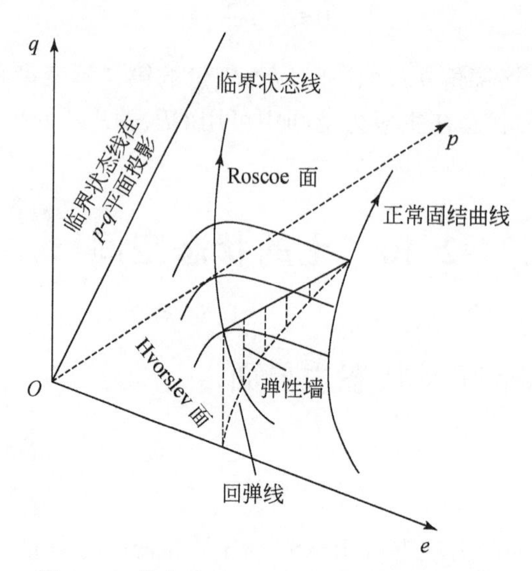

图 2.51　状态边界面、临界状态线及弹性面

的固结 e-p 关系线，则该线上各点对应于土可能存在的状态；另外，还可得卸荷和再加荷时的 p-e 关系线，其上的各点也对应于土可能存在的状态。它们处于主固结 e-p 关系线之上或内侧。但是 ep 平面上主固结 e-p 关系线之外的各点是土不可能存在的状态。这样，土的固结 e-p 关系线就将 ep 平面分成两部分，其上和内侧部分为土可能存在的状态区域，其外侧部分为土不可能存在的状态区域，如图 2.52 所示。显然，土主固结 e-p 关系线应是状态边界面与 ep 平面的交线。

根据上述可以得到一个重要的结论：虽然处于状态边界面上的点和其下的点都对应于土可能存在的状态，但是处于状态边界面上的点对应于土处于加荷状态，而处于状态边界面下的点对应于土处于卸荷或再加荷状态。

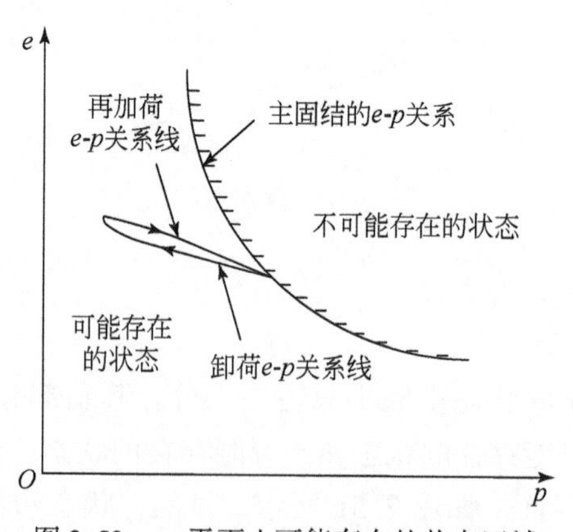

图 2.52　ep 平面土可能存在的状态区域

2.10.2　罗斯科（Roscoe）面和伏斯列夫（Hvorslev）面

1. Roscoe 面

由图 2.51 可见，状态边界面存在一条脊线，下面将其称为临界状态线。临界状态线将状态边界面分成左右两部分，其右侧部分称为 Roscoe 面。正常固结线或轻微超固结状态的土在加荷时，无论是三轴排水剪切试验还是不排水剪切试验，从加荷至破坏，其应力途径将在 Roscoe 面上移动。图 2.53 给出了三轴排水剪切试验在 Roscoe 面上的应力途径 ab。在排水剪切过程中，沿 Roscoe 面上的应力途径 ab，p、q 均在增大而 e 在减小，最后达到破坏。Roscoe 面上的应力途径 ab 在 $p\ q$ 平面上的投影为 a_1b_1，按前述应是条直线，如图 2.54 所示；而应力途径 ab 在 ep 平面上的投影为 a_2b_2，如图 2.55 所示。此外，图 2.53 还给出了三轴不排水剪切试验在 Roscoe 面上的应力途径 ac，p 减小 q 增加，而 e 保持不变，最后达到破坏。Roscoe 面上的应力途径 ac 在 pq 平面上的投影为 a_1c_1，如图 2.54 所示，在 ep 平面上的投影为 a_2c_2，如图 2.55 所示。

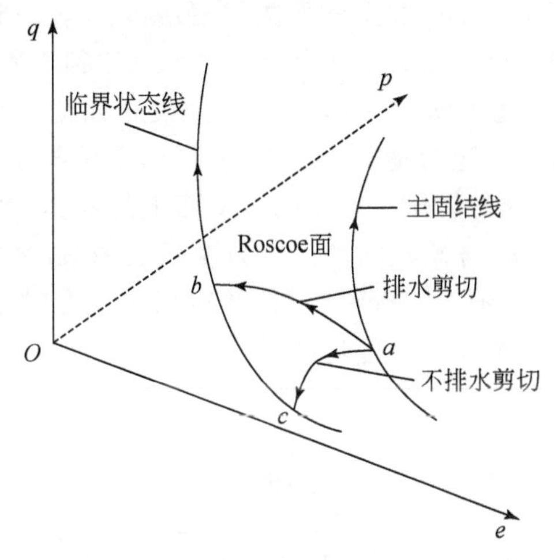

图 2.53　三轴排水剪切和不排水剪切在 Roscoe 面上的应力途径 ab 和 ac

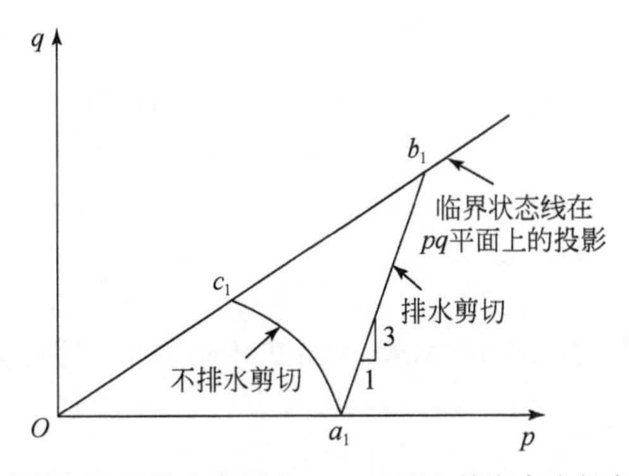

图 2.54　三轴排水剪切和不排水剪切在 Roscoe 面上的应力途径在 pq 平面上的投影

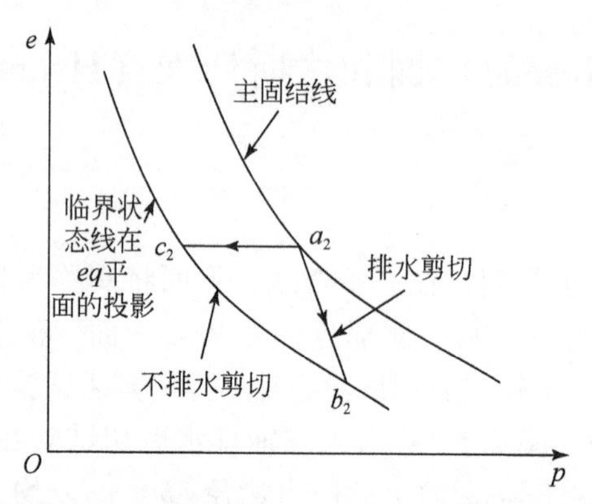

图 2.55 三轴排水剪切和不排水剪切试验在 Roscoe 面上的应力途径在 *pe* 平面上的投影

2. Hvorslev 面

下面将位于临界状态线左侧的临界状态面称为 Hvorslev，严重超固结状态的土，无论是三轴排水剪切试验还是不排水剪切试验，从加载至破坏其应力途径将在 Hvorslev 面上移动。排水剪切试验在 Hvorslev 面上的应力途径 *adb* 如图 2.56 所示。在排水剪切过程中，首先从 *a* 点上升到 *d* 点，然后从 *d* 点降低至 *b* 点达到临界状态线，并且 *d* 点上的 *q* 值 q_d最大。排水剪切应力途径 *adb* 在 *pq* 平面上的投影如图 2.57 所示。在排水剪切过程中，孔隙 *e* 先减小后增大，应力途径 *adb* 在 *ep* 平面上的投影如图 2.58 所示。此外，图 2.56 还给出了三轴不排水剪切试验在 Hvorslev 面上的应力途径 *ac*。在不排水剪切过程中，孔隙比 *e* 保持不变，*p*、*q* 均在增加。应力途径 *ac* 在 *pq* 平面上的投影如图 2.57 所示，而在 *ep* 平面上的投影如图 2.58 所示。在此应指出，在排水剪切过程中，*q* 值在 *d* 点达到最大，然后降低，这个变化过程与排水剪切过程中孔隙 *e* 先减小后又显著增大有密切的关系，如图 2.58 所示。

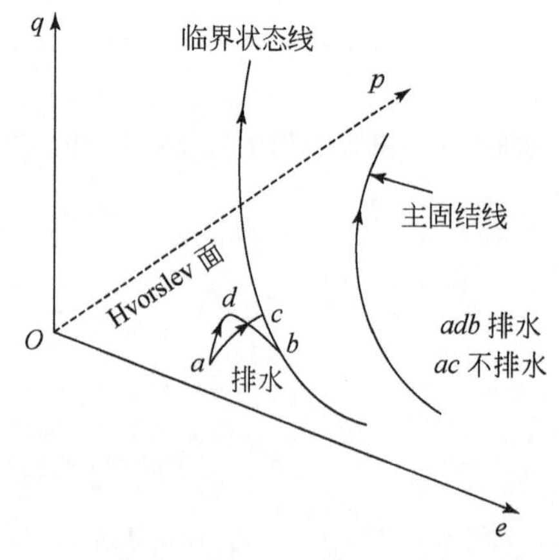

图 2.56 三轴排水剪切和不排水剪切试验在 Hvorslev 面上的应力途径 *adb* 和 *ac*

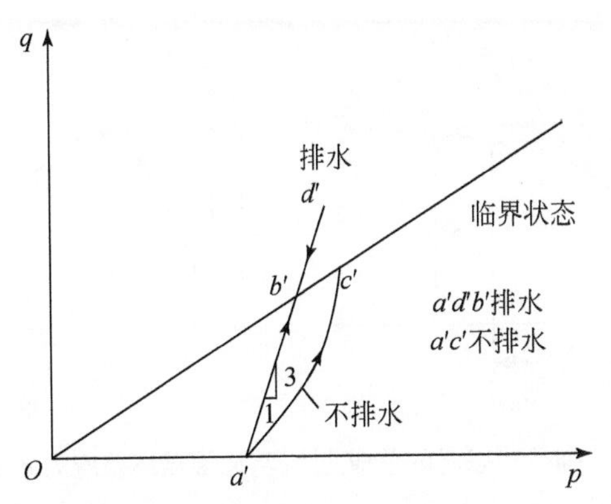

图 2.57　三轴排水剪切和不排水剪切试验在 Hvorslev 面上的应力途径 adb 和 ac 在 pq 平面上的投影

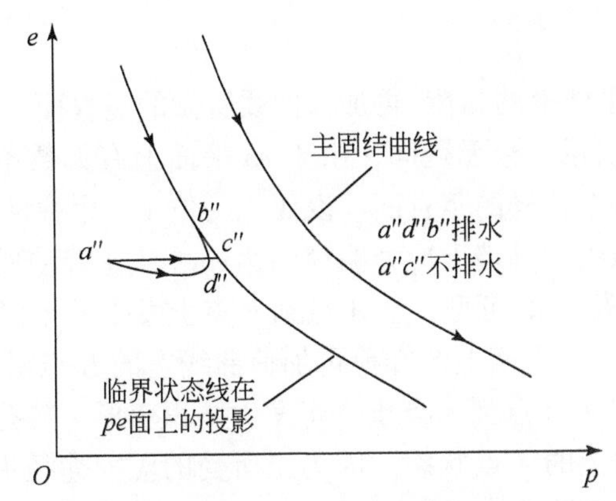

图 2.58　三轴排水剪切和不排水剪切试验在 Hvorslev 面上的应力途径 adb 和 ac 在 pe 平面上的投影

2.10.3　临界状态线

首先表述土的临界状态概念。如果在剪切过程中，土达到了在等体积常剪应力下以常速率发生大的剪切变形状态，则称土处于临界状态。在应力空间中处于临界状态点的轨迹线称为临界状态线。按前述，正常固结和轻微超固结的土应力途径沿 Roscoe 面达到临界状态线，而严重固结的土应力途径沿 Hvorslev 面达到临界状态线，分别如图 2.53 和图 2.56 所示。因此，状态空间中临界状态线是 Roscoe 面与 Hvorslev 面的交界线。按前述，当土处于临界状态时，土将具有一个严格的性质，即在没有任何体积和应力变化下，在常剪应力下，以常速率发生大的剪切变形。

应指出，如果将达到临界状态作为土的破坏标准，则破坏时的差应力 q_{cr} 与通常所说的破坏差应力 q_f 将有以下不同。

（1）当土的应力-应变关系是一条逐渐上升的曲线时，$q_{cr}>q_f$，如图 2.59（a）所示。

（2）当土的应力-应变关系是一条具有峰值的曲线时，$q_{cr}<q_f$，如图 2.59（b）所示。

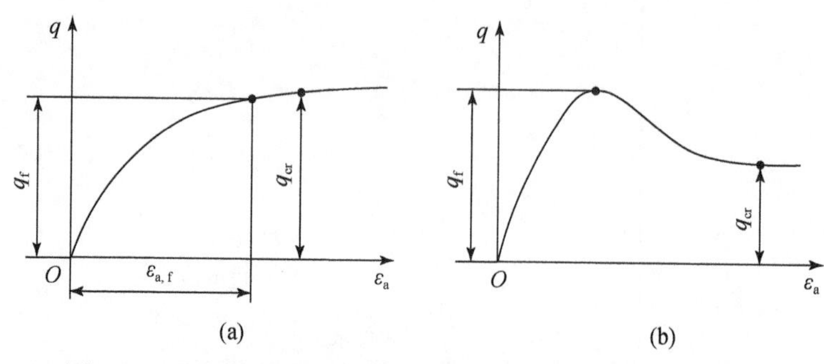

图 2.59　临界状态时的差应力 q_{cr} 与通常破坏差应力 q_f 的比较

2.10.4　弹性墙

弹性墙定义为过 *ep* 平面上的卸荷-再加荷曲线所做的竖直面。该竖直面与状态边界面有一条交线，如图 2.60 所示。毫无疑问，由于 *ep* 平面上有无数条卸荷-再加荷曲线，则状态边界面之下也有无数个这样的竖直面。设 *A* 点为位于一个弹性墙与状态边界面交线上的一点。卸荷时，从 *A* 点沿弹性墙上应力路径到达 *ep* 平面上相应的卸荷再加荷曲线上的 *B* 点，如图 2.60 所示。由图 2.60 可见，从 *A* 点到 *B* 点土发生了体积变形，其孔隙比变化为 Δe。相似地，如果从位于 *ep* 平面上的卸荷再加荷曲线上的 *B* 点沿弹性墙上应力路径到达状态边界面上的 *A* 点，则从 *B* 点到 *A* 点土也将发生体积变形，其孔隙比变化为 $-\Delta e$，土的状态又恢复到状态边界面上的 *A* 点状态。因为土所受的应力途径沿这样的竖直面变化时，其体积变形是可恢复的，则称其为弹性墙。

在此应指出，对严重超固结的土，当加荷时，应首先沿过该点的弹性墙上的应力途径到达 Hvorslev 面，然后再沿 Hvorslev 面上的应力途径到达临界状态线上。

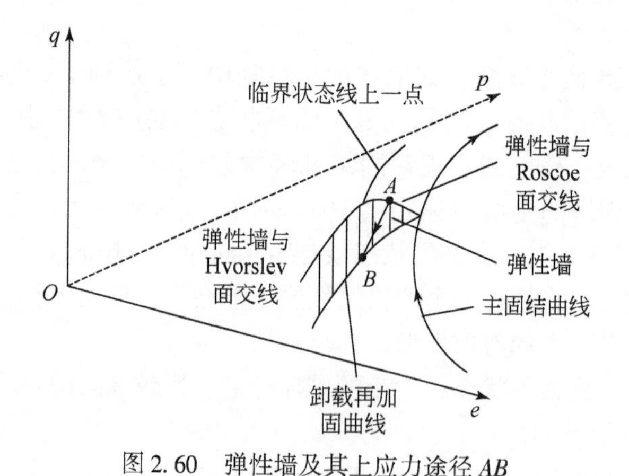

图 2.60　弹性墙及其上应力途径 *AB*

2.10.5　轻微超固结和严重超固结

按上述，处于状态边界面之下的点都可视为弹性墙上的一点，它是卸荷时从状态边界面上的一点沿弹性墙上的应力途径达到的。因此，状态边界面之下的点均处于超固结状态。前文曾不止一次用轻微超固结和严重超固结的术语，但并没给出如何界定轻微超固结和严重超固结。下面来定义什么是轻微超固结和严重超固结。

将临界状态线投影到 *ep* 平面，则临界状态线的投影线和主固结线将 *ep* 平面分成三个部分，如图 2.61 所示。按前述，主固结线右边的部分对应于土不可能存在的状态。位于正常固结线上的点对应于土处于正常固结状态，剪切时将沿 Roscoe 面上的应力途径到达临界状态线，并且剪切作用使土体积减小，即发生剪缩现象。到达临界状态线后，土体积不再发生变化，在常体积、常速率下继续发生剪切变形。位于状态边界面之下的点如果在 *ep* 面上的投影处于正常固结线和临界状态线在 *ep* 平面上的投影之间，在加载时首先沿弹性墙上的应力途径到达 Roscoe 面，然后再沿 Roscoe 面上的应力途径到达临界状态线。在沿 Roscoe 面上的应力途径到达临界状态线过程中，土的体积减小，即出现剪缩现象。下面将处于 Roscoe 面下的点对应的土固结状态称为轻微超固结状态，其特点是沿 Roscoe 面上的应力途径到达临界状态线过程中，土体积仍发生剪缩。位于状态边界面之下的点如果在 *ep* 面上的投影处于临界状态线在 *ep* 平面上的投影的左边，在加载时首先沿弹性墙上的应力途径到达 Hvorslev 面，然后再沿 Hvorslev 面上的应力途径到达临界状态线。在沿 Hvorslev 面上的应力途径到达临界状态线过程中，土的体积增大，即发生剪胀现象。在此，将处于 Hvorslev 面下的点相应的固结状态称为处于严重超固结状态，其特点是沿 Hvorslev 面上的应力途径到达临界状态线过程中，土的体积发生剪胀。

由上述可见，处于轻微超固结的土和处于严重超固结的土在剪切作用下的体积变化特性完全不同，前者的体积发生剪缩，后者的体积发生剪胀。

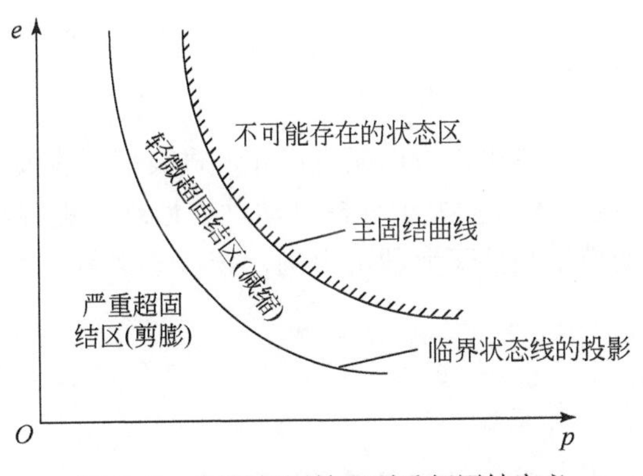

图 2.61　轻微超固结和严重超固结定义

上文表述了与土的状态空间有关的概念和与临界状态土力学有关的基本知识。这些概念和知识在土的弹塑性理论中有重要的应用，例如下面将表述的土的弹塑性剑桥模型就是以此为基础建立的。

2.11　土的弹塑性基础理论

2.11.1　土的弹塑性理论及分类

如前所述，土具有明显的非线性。土的非线性主要由于土在应力作用下发生了不可恢复的塑性变形。因此，在研究土的非线性性能时，应将土的变形或变形增量表示成弹性变形与塑性变形之和或弹性变形增量与塑性变形增量之和，即

$$\left.\begin{aligned}\varepsilon&=\varepsilon_{e}+\varepsilon_{p}\\ \text{或}\quad d\varepsilon&=d\varepsilon_{e}+d\varepsilon_{p}\end{aligned}\right\}\tag{2.142}$$

按式（2.142），为确定给定应力状态下的变形或变形增量，则应分别确定相应应力状态下的弹性变形和塑性变形或弹性变形增量或塑性变形增量。这就是土的弹塑性理论所要研究的内容。土的弹性变形或弹性变形增量通常可按胡克定律确定，因此土的弹塑性理论主要研究在给定的应力状态下土的塑性变形或塑性变形增量的确定方法，在此基础上建立土的弹塑性应力-应变关系，并将其公式化。

土的弹塑性理论与其他工程材料相同，可分为塑性变形理论和塑性流动理论。塑性变形理论可分为割线模量塑性变形理论和变模量塑性变形理论。割线模量塑性变形理论将塑性变形表示成应力的函数，并认为塑性变形的主轴与应力的主轴一致，割线模量取决于应力状态。变模量塑性变形理论将塑性变形增量表示成应力增量的函数，塑性变形增量的主轴与应力增量的主轴一致，而变模量取决于应力状态。显然，割线模量塑性变形理论是全量形式的，而变模量塑性变形理论是增量形式的。塑性流动理论是将塑性变形增量表示成应力的函数，塑性变形增量的主轴与应力的主轴一致。显然，塑性流动理论是增量形式的。本节将对塑性变形理论和塑性流动理论做一概述，并且重点表述塑性流动理论。

2.11.2　塑性变形理论

由上述塑性变形理论可以看出，可以胡克定律形式表示割线模量塑性变形理论和变模量塑性变形理论的应力-应变关系。由于变模量塑性变形理论更容易拟合试验资料和更适用于数值分析，下面以变模量塑性变形理论为例，按参考文献［3］第四章来表述塑性变形理论。

1. 应力-应变关系

1）平均应力增量与体应变增量的关系

根据变模量塑性变形理论，塑性体积变形增量 $d\varepsilon_{v,p}$ 与平均应力增量 $d\sigma_{0}$ 的关系如下：

$$d\sigma_{0}=k_{p}d\varepsilon_{v,p}$$

式中，k_{p} 为变塑性体积变形模量，为应力状态的函数。

弹性体积变形增量 $d\varepsilon_{v,e}$ 与平均应力增量 $d\sigma_0$ 关系如下：

$$d\sigma_0 = k_e d\varepsilon_{v,e}$$

式中，k_e 为变弹性体积变形模量，为应力状态函数。由于

$$d\varepsilon_v = d\varepsilon_{v,e} + d\varepsilon_{v,p}$$

则得

$$d\varepsilon_v = \left(\frac{1}{k_e} + \frac{1}{k_p}\right) d\sigma_0$$

改写上式，得

$$d\sigma_0 = \frac{k_e k_p}{k_e + k_p} d\varepsilon_v$$

令

$$k_{ep} = \frac{k_e k_p}{k_e + k_p} d\varepsilon_v \tag{2.143}$$

得

$$d\sigma_0 = k_{ep} d\varepsilon_v \tag{2.144}$$

式中，k_{ep} 则为变弹塑性体积变形模量。

2）偏应力增量与偏应变增量的关系

设 G_e 和 G_p 分别为变弹性剪切模量和变塑性剪切模量，按上述相同方法可确定变弹塑性剪切模量 G_{ep} 如下：

$$G_{ep} = \frac{G_e G_p}{G_e + G_p} \tag{2.145}$$

由此，得

$$\left.\begin{aligned} d(\sigma_x - \sigma_0) &= 2G_{ep} d\left(\varepsilon_x - \frac{\varepsilon_v}{3}\right) & d\tau_{xy} &= G_{ep} d\gamma_{xy} \\ d(\sigma_y - \sigma_0) &= 2G_{ep} d\left(\varepsilon_y - \frac{\varepsilon_v}{3}\right) & d\tau_{yz} &= G_{ep} d\gamma_{yz} \\ d(\sigma_z - \sigma_0) &= 2G_{ep} d\left(\varepsilon_z - \frac{\varepsilon_v}{3}\right) & d\tau_{zx} &= G_{ep} d\gamma_{zx} \end{aligned}\right\} \tag{2.146}$$

3）变模量塑性变形理论的弹塑性应力–应变关系矩阵

由于

$$d\sigma_x = d(\sigma_x - \sigma_0) + d\sigma_0$$

将式（2.144）和式（2.146）代入上式，得

$$d\sigma_x = 2G_{ep} d\left(\varepsilon_x - \frac{\varepsilon_v}{3}\right) + k_{ep} d\varepsilon_v$$

由上式得

$$d\sigma_x = \left(k_{ep} + \frac{4}{3}G_{ep}\right) d\varepsilon_x + \left(k_{ep} - \frac{2}{3}G_{ep}\right)(d\varepsilon_y + d\varepsilon_z) \tag{2.147}$$

同理，可得 $d\sigma_y$、$d\sigma_z$ 的表达式。如令

$$\left.\begin{aligned} \{d\sigma\} &= \{d\sigma_x \ d\sigma_y \ d\sigma_z \ d\tau_{xy} \ d\tau_{yz} \ d\tau_{zx}\}^T \\ \{d\varepsilon\} &= \{d\varepsilon_x \ d\varepsilon_y \ d\varepsilon_z \ d\gamma_{xy} \ d\gamma_{yz} \ d\gamma_{zx}\}^T \end{aligned}\right\} \tag{2.148}$$

则可得

$$\{d\sigma\} = [D]_{ep}\{d\varepsilon\} \tag{2.149}$$

式中，$[D]_{ep}$称为弹塑性应力-应变关系矩阵，由式（2.147）和式（2.146）则可确定其形式如下：

$$[D]_{ep} = \begin{bmatrix} k_{ep}+\frac{4}{3}G_{ep} & k_{ep}-\frac{2}{3}G_{ep} & k_{ep}-\frac{2}{3}G_{ep} & 0 & 0 & 0 \\ k_{ep}-\frac{2}{3}G_{ep} & k_{ep}+\frac{4}{3}G_{ep} & k_{ep}-\frac{2}{3}G_{ep} & 0 & 0 & 0 \\ k_{ep}-\frac{2}{3}G_{ep} & k_{ep}-\frac{2}{3}G_{ep} & k_{ep}+\frac{4}{3}G_{ep} & 0 & 0 & 0 \\ 0 & 0 & 0 & G_{ep} & 0 & 0 \\ 0 & 0 & 0 & 0 & G_{ep} & 0 \\ 0 & 0 & 0 & 0 & 0 & G_{ep} \end{bmatrix} \tag{2.150}$$

2. 加荷准则

由式（2.142）可见，应变增量包括弹性应变增量和塑性应变增量两部分，卸荷时弹性应变将恢复而塑性应变将保留下来。这样卸荷时所遵循的应力-应变曲线将与加荷时所遵循的应力-应变关系曲线不同。因此，式（2.150）中的参数k_{ep}和G_{ep}应分别由试验测得的加荷状态下的应力-应变曲线和卸荷状态下的应力-应变曲线分别确定。如前所述，常规的土力学试验都是在某一种简单的应力状态下进行的，确定土试样是处于加荷状态还是卸荷状态是很简单、明确的事情，例如常规三轴试验，当轴向应力增大时，土试样就处于加荷状态；当轴向应力减小时，则土试样就处于卸荷状态。但是，在复杂的应力状态下，外荷载的变化可能使一点的某些应力分量增大，而其他应力分量减小，因此不能以某一点的一个应力分量的增大或减小来判断该点是处于加荷状态还是处于卸荷状态。通常土体中的一点处于某种复杂的应力状态下，例如平面应变状态、轴对称应力状态、一般三维应力状态。这样，则需要一个确定在复杂应力状态下土体中的一点是处于加荷状态还是卸荷状态的准则。

与前文土的非线性弹性模型相似，可以如下两个量作为加-卸荷准则指标。

（1）以最大剪切作用面上的剪应力与正应力之比为判断加-卸准则的指标I_{lu}；

（2）以差应力（$\sigma_1-\sigma_3$）与破坏所要求的差应力$(\sigma_1-\sigma_3)_f$之比作为判断加-卸荷准则的指标I_{lu}。

这两个加-卸荷指标适用于平面应变问题和轴对称问题，对一般三维问题是不适用的。前文曾指出，判断加-卸荷的指标可有多种选择，一个普遍适用的加-卸荷指标是余能密度函数Ω，即

$$I_{lu}=\Omega, dI_{lu}=d\Omega$$

$$\Omega=\varepsilon_x d\sigma_x+\varepsilon_y d\sigma_y+\varepsilon_z d\sigma_z+\gamma_{xy}d\tau_{xy}+\gamma_{yz}d\tau_{yz}+\gamma_{zx}d\tau_{zx}$$

相应地，加-卸荷准则如下：

$$\left.\begin{array}{r}\text{加荷}: I_{lu}=I_{lu,max}, \text{并且 } dI_{lu}>0 \\ \text{卸荷}: I_{lu}\leqslant I_{lu,max}, \text{并且 } dI_{lu}<0 \\ \text{再加荷}: I_{lu}<I_{lu,max}, \text{并且 } dI_{lu}>0\end{array}\right\} \tag{2.151}$$

式（2.151）的加-卸荷准则存在一个问题，当 $I_{lu}=I_{lu,max}$ 或 $dI_{lu}=0$ 时，即在所谓的中性荷载条件下如何处理。通常任意指定其为加荷状态或卸荷状态。这样，在接近中性荷载条件时，弹塑性模量会突然发生变化，而破坏了土变形的连续性。

3. 变弹塑性模量的确定及排水条件的影响

变弹塑性模量可以由常规三轴试验资料来确定。但应指出，当在附加荷载作用下土体处于不排水状态时，试验应在不排水条件下进行；而当土体处于排水状态时，则试验应在排水条件下进行。

如果试验是在不排水条件下进行的，由于体积变形 $\varepsilon_v=0$，则由试验只能测得轴向变形 ε_a 与轴向差应力 $\Delta\sigma_1$ 的关系线；如果试验是在排水条件下进行的，除测得轴向变形 ε_a-$\Delta\sigma_1$ 关系线以外，还可测得体积变形 ε_v-$\Delta\sigma_1$ 关系线。另外，为了根据试验资料分别确定加荷、卸荷和再加荷状态下的变弹塑性模量，试验应包括加荷、卸荷和再加荷过程。

1）不排水条件下变弹塑性模量的确定

在不排水条件下，$K_{ep}\to\infty$，在实际运算中 K_{ep} 的取值应大大地大于下面所要确定的 G_{ep}。因此，在不排水条件下只需要根据测得的 ε_u-$\Delta\sigma_1$ 关系线确定 G_{ep} 值。

在不排水条件下：

$$\varepsilon_v=0, \Delta\sigma_0=\frac{\Delta\sigma_1}{3}$$

$$\varepsilon_a-\frac{\varepsilon_v}{3}=\varepsilon_a, \Delta(\sigma_1-\sigma_0)=\left(\Delta\sigma_1-\frac{1}{3}\Delta\sigma_1\right)=\frac{2}{3}\Delta\sigma_1$$

根据式（2.146）左侧的关系式，得

$$2G_{ep}=\frac{d\Delta(\sigma_1-\sigma)}{d\left(\varepsilon_a-\dfrac{\varepsilon_v}{3}\right)}=\frac{2}{3}\frac{d\Delta\sigma_1}{d\varepsilon_a}$$

则得

$$G_{ep}=\frac{1}{3}\frac{d\Delta\sigma_1}{d\varepsilon_a} \tag{2.152}$$

这样，根据不排水三轴试验资料确定弹塑性模量的步骤如下。

（1）根据试验资料分别绘制加荷状态下的 $\Delta\sigma_1$-ε_a 关系线及卸荷状态下的 $\Delta(\sigma_1-\sigma_{1,u})$-$(\varepsilon_a-\varepsilon_{a,u})$关系线，其中 $\sigma_{1,u}$、$\varepsilon_{a,u}$ 分别为卸荷点的轴向差应力及轴向应变；以及再加荷状态下的 $\Delta(\sigma_1-\sigma_{1,r})$-$(\varepsilon_a-\varepsilon_{a,r})$ 关系线，其中，$\sigma_{1,r}$、$\varepsilon_{a,r}$ 分别为再加荷点的轴向差应力和轴向应变。

（2）选择适当的数学关系式，例如双曲线或 Ramberg-Osgood 曲线，拟合加荷、卸荷和再加荷状态下的关系曲线，并确定数学关系式的参数。

（3）对拟合的数学关系式求导，根据式（2.152）可知，其导数值的$\frac{1}{3}$即 G_{ep}。由此可得加荷、卸荷和再加荷状态下的 G_{ep}与 $\Delta\sigma_1$、$\Delta(\sigma_1-\sigma_{1,u})$、$\Delta(\sigma_1-\sigma_{1,r})$ 的关系。

（4）为将由三轴试验求得的 G_{ep}与 $\Delta\sigma_1$ 等量的关系应用于其他应力状态，必须将 $\Delta\sigma_1$ 等量引申。引申的基本方法是将 $\Delta\sigma_1$ 等量以应力不变量表示。在三轴试验中，轴向应力 $\sigma_1=\Delta\sigma_1+\sigma_3$，切向应力和径向应力均等于 σ_3，由于应力偏量第二不变量的平方根如下：

$$J_2^{\frac{1}{2}}=\frac{1}{\sqrt{6}}[(\sigma_1-\sigma_2)^2+(\sigma_2-\sigma_3)^2+(\sigma_1-\sigma_1)^2]^{\frac{1}{2}}$$

则得

$$J_2^{\frac{1}{2}}=\frac{1}{\sqrt{3}}\Delta\sigma_1$$

即

$$\Delta\sigma_1=\sqrt{3}J_2^{\frac{1}{2}} \tag{2.153}$$

这样，将 G_{ep}与 $\Delta\sigma_1$ 等量关系式中的 $\Delta\sigma_1$ 以$J_2^{\frac{1}{2}}$代替就得到 G_{ep}与应力偏量第二不变量的平方根关系。显然，这个关系就可用于其他应力状态。

（5）确定 $G_{ep,max}$与固结压力 $\sigma_{3,c}$的关系。

由第（3）步确定的 G_{ep}与 $\Delta\sigma_1$ 等的关系可以发现，当 $\Delta\sigma_1$ 等为零时，G_{ep}最大，下面以 $G_{ep,max}$表示。试验发现，$G_{ep,max}$与附加轴向差应力 $\Delta\sigma_1$ 作用之前土样所受的固结压力 $\sigma_{3,c}$有关。根据不同固结压力的试验结果，可绘出 $G_{ep,max}$-$\sigma_{3,c}$的关系曲线。通常，$G_{ep,max}$-$\sigma_{3,c}$关系曲线可用如下关系线拟合：

$$G_{ep,max}=K_G\,p_a\left(\frac{\sigma_{3,c}}{p_a}\right)^{n_G} \tag{2.154}$$

式中，K_G、n_G 为拟合参数。

在实际问题中，通常以土体中一点初始应力的最小主应力 $\sigma_{3,i}$代替式（2.143）中的固结压力 $\sigma_{3,c}$。

2）排水条件下变弹塑性模量的确定

在排水条件下，不仅要确定变弹塑性剪切模量 G_{ep}，还要确定变弹塑性体积模量 K_{ep}。

a. 变弹塑性体积模量

在排水条件下，$\Delta\sigma_0=\frac{\Delta\sigma_1}{3}$，按式（2.144）：

$$K_{ep}=\frac{d\Delta\sigma_0}{d\varepsilon_v}=\frac{1}{3}\frac{d(\Delta\sigma_1)}{d\varepsilon_v} \tag{2.155}$$

因此，根据排水试验资料绘制出 ε_v-$d\Delta\sigma_1$ 关系线，则关系线斜率的$\frac{1}{3}$即 K_{ep}。

由此，可求得 K_{ep}与 $\Delta\sigma_1$ 的关系。在实际问题中，可以用 $3\Delta\sigma_0$ 代入 K_{ep}-$\Delta\sigma_1$ 关系中的 $\Delta\sigma_1$，以确定变弹塑性体积模量，其中 $\Delta\sigma_0$ 为附加荷载作用产生的平均正应力增量。

b. 变弹塑性剪切模量

在排水条件下：

$$\varepsilon_0=\frac{\varepsilon_v}{3},\varepsilon_a-\varepsilon_0=\varepsilon_a-\frac{\varepsilon_v}{3}$$

$$\Delta(\sigma_1-\sigma_0)=\left(\Delta\sigma_1-\frac{1}{3}\Delta\sigma_1\right)=\frac{2}{3}\Delta\sigma_1$$

由式（2. 146）得

$$2G_{ep}=\frac{d\Delta(\sigma_1-\sigma_0)}{d\left(\varepsilon_a-\frac{\varepsilon_v}{3}\right)}=\frac{2}{3}\frac{d\Delta\sigma_1}{d\left(\varepsilon_a-\frac{\varepsilon_v}{3}\right)}$$

$$G_{ep}=\frac{1}{3}\frac{d\Delta\sigma_1}{d\left(\varepsilon_a-\frac{\varepsilon_v}{3}\right)} \tag{2.156}$$

根据排水试验资料绘制 $\Delta\sigma_1$-$\left(\varepsilon_a-\frac{\varepsilon_v}{3}\right)$关系线，并采用适当的数学表达式拟合及确定相应的参数。按所拟合的数字表达式及式（2. 156）可确定 G_{ep} 的表达式，即 G_{ep}-$\Delta\sigma_1$ 关系式。然后采用与上述相似的方法，以 J_2 代替 G_{ep}-$\Delta\sigma_1$ 关系式的 $\Delta\sigma_1$，将 G_{ep}-$\Delta\sigma_1$ 关系式转变成 $G_{ep}-J_2$ 关系式，就可以应用其他应力状态。

4. 变模量弹塑性变形理论的若干说明

（1）变模量弹塑性变形理论的优点和缺点如下。

（a）简单；

（b）容易拟合试验资料；

（c）模型参数可由常规三轴试验确定；

（d）可描述滞回性能；

（e）当 $dI_{1u}=0$ 时为中性加载状态，在接近中性加载状态时，弹塑性模量突然发生变化，破坏可变形的连续性；

（f）由式（2. 149）及式（2. 150）可见，该理论不能考虑土的剪膨性能；

（g）只在比例荷载状态下变模量塑性变形理论才是正确的。

（2）变模量塑性变形理论在实际应用中应注意的问题如下。

（a）在实际问题中，应根据土体实际所处的排水状态决定是进行三轴排水试验还是进行不排水试验来确定变弹塑性模量，否则可能导致错误的结果。

（b）由三轴试验资料得到的变弹塑性模量与 $\Delta\sigma_1$ 的关系，一般不宜直接用于其他应力状态，必须将关系式中的 $\Delta\sigma_1$ 转换成应力偏量第二不变量 J_2 后才能将其用于其他应力状态。

2. 11. 3　土的塑性流动理论

下面，同样按参考文献［3］第四章来表述土的塑性流动理论。

1. 本构方程

土的塑性流动理论的目标是确定塑性变形增量与应力状态，以及加载途径的关系，最终建立弹塑性应力-应变关系。按塑性流动理论，弹塑性应力-应变关系是基于一系列物理力学关系建立的，下面将这些关系称为本构关系。表示本构关系的方程式称为本构方程。

塑性流动理论本构关系如下。

1）屈服准则及绝对塑性材料和硬化塑性材料

a. 屈服准则

屈服准则是定义土开始进入塑性状态的准则。在单向应力状态下，屈服准则可以一个点表示。当土所受的应力达到该点的数值时，则土进入塑性变形状态，该点称为屈服点；在二维应力状态下，屈服准则可以一条线表示，当土所受的应力达到这条线时，则土进入塑性变形状态，该线称为屈服线；在三维应力状态下，屈服准则可以一个面表示，当土所受的应力达到这个面时，则土进入塑性变形状态，该面称为屈服面。因此，屈服准则给出了土发生塑性变形的应力条件。以三维应力状态为例，在应力空间中，当应力途径在屈服面之内变化时，土只发生弹性变形，而当应力途径与屈服面相交时，土既发生弹性变形又发生塑性变形。

描写屈服准则的函数称为屈服函数。屈服函数取决于应力、应变和加载历史等因素。但是，在经典的塑性理论中，应变与应力的关系是唯一的，因此可将应变排除，认为屈服函数取决于应力和加载历史。对于各向同性材料，可以应力不变量表示应力，设 f 表示屈服函数，则

$$f(I_1, J_2, J_3, H) = 0 \tag{2.157}$$

式中，I_1 为应力第一不变量；J_2，J_3 分别为应力偏量的第二不变量和第三不变量；H 代表加载历史的变量。

b. 绝对塑性材料和硬化塑性材料

（a）绝对塑性材料及加载准则。

如果屈服函数不随加载历史而改变，被固定在应力空间中，则这种材料称为绝对塑性材料，也称为理想塑性材料。因此，绝对塑性材料的屈服函数应与加载历史无关，可写成如下形式：

$$f(I_1, J_2, J_3) = f_c \tag{2.158}$$

式中，f_c 为常数。根据屈服面的定义，绝对塑性材料的应力途径只能在屈服面之内或其上变化，不能超出屈服面。绝对塑性材料加载准则如下：

$$\text{弹-塑性性能}\ f=f_c,\ df=0 \tag{2.159}$$

$$\left.\begin{array}{l}\text{弹性性能}\quad f=f_c,\ df<0\\ \qquad\quad\text{及}\quad f<f_c\end{array}\right\} \tag{2.160}$$

式（2.159）表明，应力途径在屈服面上变化；式（2.160）第一式表示应力途径从屈服面向下变化，新的应力状态在屈服面之下，而式（2.160）第二式表示应力途径在屈服面之下变化。以二维应力状态为例，加载准则如图 2.62（a）所示。

(b) 硬化塑性材料及加载准则。

如果应力空间中屈服面不是固定的，并且允许应力途径向屈服面之外变化，则称这种材料为硬化塑性材料。硬化塑性材料有一个初始屈服面，在应力空间中它随塑性变形的发展而不断变化更新。下面将应力空间中这些后继的屈服面称为载荷面，它与加载历史有关，并将载荷面在应力空间中变化更新的规律称为硬化规律。

假如应力空间中的后继屈服面或载荷面以函数 f 表示，硬化塑性材料的加载准则如下：

$$\text{弹-塑性性能}\quad f=0, \mathrm{d}f>0 \tag{2.161}$$

$$\text{弹性性能}\begin{cases} f=0, \mathrm{d}f=0 \\ f=0, \mathrm{d}f<0 \\ f<0 \end{cases} \tag{2.162}$$

在应力空间中，式（2.161）表示应力途径从载荷面向外变化；式（2.162）第一式表示应力途径在加载面上变化，第二式表示应力途径从载荷面向内变化，第三式表示应力途径在载荷面之内变化。以二维应力状态为例，硬化塑性材料的加载准则如图2.62（b）所示。

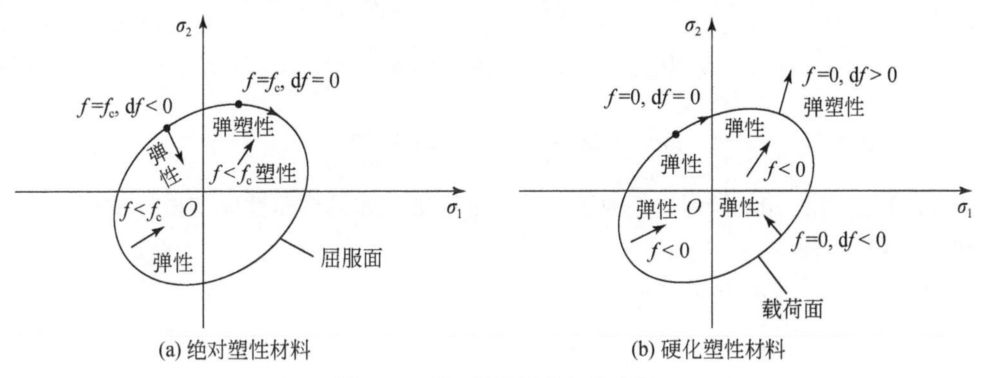

图2.62　弹-塑性材料加载准则

2）硬化规律

按上述，硬化塑性材料的后继屈服面，即载荷面应根据一定的规律，即硬化规律确定。硬化规律可分为如下三种基本类型。

a. 各向均等硬化

如果在应力空间中，随塑性变形的发展，载荷面在各方向发生均等的扩张，则称为各向均等硬化。均等硬化是常用的一种硬化规律，主要适用于单调荷载情况。

b. 运动硬化

如果在应力空间中，载荷面像刚体那样移动，则称为运动硬化。运动硬化适用于循环荷载情况。

c. 混合硬化

如果在应力空间中，载荷面可以均匀扩张或收缩，并且还可以平移，则称为混合硬化。混合硬化更适用于循环荷载。

关于硬化规律，将在具体弹塑性模型中进一步表述。

3）流动规律

流动规律是确定处于弹塑性状态的土受到进一步的荷载作用时，土的塑性应变增量与现有的应力状态之间的关系。流动规律包括如下两方面内容。

a. 塑性应变增量方向的确定

塑性应变增量的方向是基于塑性势概念确定的。在塑性力学中，认为存在一个塑性势函数 g，在应力空间中塑性势函数为一曲面。当进一步加载时，与塑性势曲面上一点相对应的微元体将发生塑性变形，其塑性应变增量的方向应与塑性势曲面垂直，如图 2.63 所示。这个条件称为正交性，在数学上可以表示如下：

$$\mathrm{d}\varepsilon_{1,\mathrm{p}}=\mathrm{d}\lambda\frac{\partial g}{\partial\sigma_1}\quad\mathrm{d}\varepsilon_{2,\mathrm{p}}=\mathrm{d}\lambda\frac{\partial g}{\partial\sigma_2}\quad\mathrm{d}\varepsilon_{3,\mathrm{p}}=\mathrm{d}\lambda\frac{\partial g}{\partial\sigma_3}\tag{2.163a}$$

或

$$\left.\begin{aligned}\mathrm{d}\varepsilon_{x,\mathrm{p}}&=\mathrm{d}\lambda\frac{\partial g}{\partial\sigma_x}\quad\mathrm{d}\gamma_{xy,\mathrm{p}}=\mathrm{d}\lambda\frac{\partial g}{\partial\tau_{xy}}\\\mathrm{d}\varepsilon_{y,\mathrm{p}}&=\mathrm{d}\lambda\frac{\partial g}{\partial\sigma_y}\quad\mathrm{d}\gamma_{yz,\mathrm{p}}=\mathrm{d}\lambda\frac{\partial g}{\partial\tau_{yz}}\\\mathrm{d}\varepsilon_{z,\mathrm{p}}&=\mathrm{d}\lambda\frac{\partial g}{\partial\sigma_z}\quad\mathrm{d}\gamma_{zx,\mathrm{p}}=\mathrm{d}\lambda\frac{\partial g}{\partial\tau_{zx}}\end{aligned}\right\}\tag{2.163b}$$

式（2.163）中，$\mathrm{d}\lambda$ 称为比例因子，是一个标量。如果将塑性应变增量排列成一个向量，则

$$\{\mathrm{d}\varepsilon_\mathrm{p}\}=\{\mathrm{d}\varepsilon_{1,\mathrm{p}}\quad\mathrm{d}\varepsilon_{2,\mathrm{p}}\quad\mathrm{d}\varepsilon_{3,\mathrm{p}}\}^\mathrm{T}$$

$$\text{或}\quad\{\mathrm{d}\varepsilon_\mathrm{p}\}=\{\mathrm{d}\varepsilon_{x,\mathrm{p}}\quad\mathrm{d}\varepsilon_{y,\mathrm{p}}\quad\mathrm{d}\varepsilon_{z,\mathrm{p}}\quad\mathrm{d}\gamma_{xy,\mathrm{p}}\quad\mathrm{d}\gamma_{yz,\mathrm{p}}\quad\mathrm{d}\gamma_{zx,\mathrm{p}}\}^\mathrm{T}\tag{2.164}$$

将塑性势函数的偏导数排列成一个向量，即

$$\left\{\frac{\partial g}{\partial\sigma}\right\}=\left\{\frac{\partial g}{\partial\sigma_1}\quad\frac{\partial g}{\partial\sigma_2}\quad\frac{\partial g}{\partial\sigma_3}\right\}^\mathrm{T}$$

$$\text{或}\quad\left\{\frac{\partial g}{\partial\sigma}\right\}=\left\{\frac{\partial g}{\partial\sigma_x}\quad\frac{\partial g}{\partial\sigma_y}\quad\frac{\partial g}{\partial\sigma_z}\quad\frac{\partial g}{\partial\tau_{xy}}\quad\frac{\partial g}{\partial\tau_{yz}}\quad\frac{\partial g}{\partial\tau_{zx}}\right\}^\mathrm{T}\tag{2.165}$$

则

$$\{\mathrm{d}\varepsilon_\mathrm{p}\}=\mathrm{d}\lambda\left\{\frac{\partial g}{\partial\sigma}\right\}\tag{2.166}$$

由式（2.166）可见，该式只给出了塑性应变增量的方向或各分量的比例关系，并没有给出其数值的大小。

由式（2.166）还可见，确定塑性势函数是非常重要的。塑性势函数有如下两种选取方法。

（a）取塑性势函数等于屈服函数，即

$$g=f\tag{2.167}$$

如果取塑性势函数等于屈服函数，则称这种流动规律为相关联流动规律。

当取 $g=f$ 时，按正交性，塑性应变增量方向应与屈服面垂直，但是试验资料显示，塑性应变增量方向可能并不与屈服面垂直。

(b) 为了更好地拟合试验资料，则取 $g\neq f$。如果取 $g\neq f$，则称这种流动规律为不相关联流动规律。对于不相关联流动规律，通常将塑性势函数的形式取成与屈服函数的形式相同，但参数不相同。由于参数不相同，在应力空间中塑性势面与屈服面也不相同。这样，适当地选择塑性势函数的参数就可达到塑性应变增量的方向与塑性势面正交的要求。

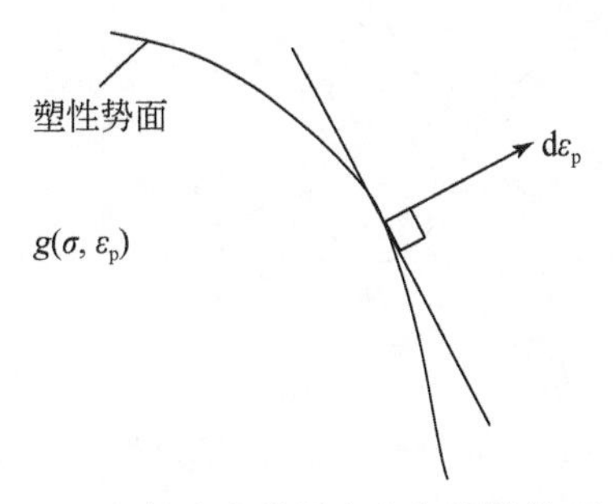

图 2.63　塑性应变增量方向与塑性势面正交

b. 比例因子 $\Delta\lambda$ 的确定

式 (2.163) 只给出了塑性应变增量的方向或塑性应变增量各分量的比例关系，但是只有确定式 (2.163) 中的比例因子 $\Delta\lambda$ 后，才能最后确定塑性应变增量各分量的数值。

确定比例因子 $\Delta\lambda$ 的基本条件是当应力状态从屈服面上的一点变化到另一点时，屈服函数的增量 $\mathrm{d}f=0$，即

$$\mathrm{d}f=f(\{\sigma\}+\{\mathrm{d}\sigma\})-f(\{\sigma\})=0 \tag{2.168}$$

式 (2.168) 的条件称为一致性条件。

在此应注意，对于绝对塑性材料，当应力在屈服面上变化时，一致性条件表示加载状态，土将表现出塑性流动性能。而对于硬化塑性材料，当应力在屈服面上变化时，一致性条件表示中性加载状态，材料表现弹性性能。因此，在利用一致性条件 $\mathrm{d}f=0$ 确定比例因子 $\Delta\lambda$ 时，应注意绝对塑性材料与硬化塑性材料在变形性能方面的区别。后文将分别详细地表述确定这两种塑性材料的比例因子 $\Delta\lambda$ 的一般方法，在此不做进一步讨论。

4) 屈服函数形式的要求

屈服函数形式应满足一定的要求，即当发生塑性应变时，应力所做的功是正值。这一要求在几何上表现为屈服面在应力空间中的形状应是凸的。下面来表述这一要求。

现在考虑一个单位体积的塑性材料，如图 2.64 所示，令它所受到的应力为 σ^*，并且 σ^* 处于屈服面之内。假如一个附加的应力叠加于 σ^* 之上，沿途径 ABC 到达屈服面上的一点，叠加后的应力为 σ。沿途径 ABC 只发生弹性功。如果使应力 σ 在屈服面上保持一段时间，则发生塑性流动，并产生塑性功。如果沿途径 DE 使应力从 σ 返回到 σ^*，由于弹性变形完全可恢复并与途径无关，则弹性能释放。另外，从 σ^* 到 σ 再返回到 σ^* 一个应力循环期间所做的塑性功应为向量 $(\sigma-\sigma^*)$ 与塑性应变增量向量 $\mathrm{d}\varepsilon_\mathrm{p}$ 之积，并应是正值，即

$$(\sigma-\sigma^*)\cdot\mathrm{d}\varepsilon_\mathrm{p}\geqslant 0 \tag{2.169}$$

根据正交性条件，向量 $d\varepsilon_p$ 应垂直于屈服面，则式（2.169）要求这两个向量之间的夹角应为锐角。这个条件对所有的应力向量（$\sigma-\sigma^*$）都必须满足，因此屈服面应是凸的。

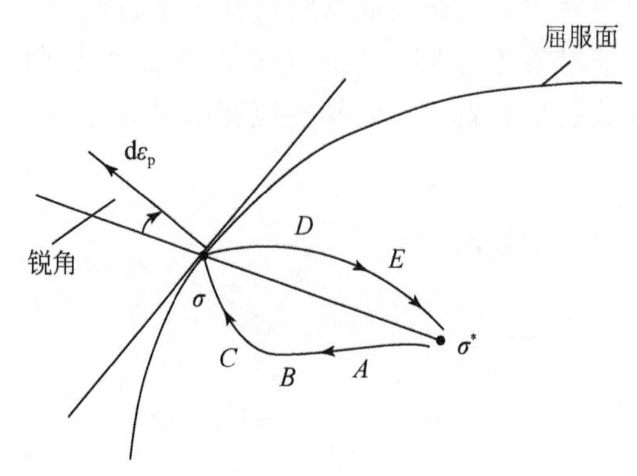

图 2.64　屈服面的凸性

2. 弹塑性应力–应变关系及弹塑性应力–应变矩阵

弹塑性理论的最终目标是确定弹塑性应力–应变关系，并将其用于弹塑性分析。

1）弹塑性应力–应变关系

塑性流动理论的弹塑性应力–应变关系可根据上述本构关系建立，其途径如下。

a. 应变增量的表达式

设 $d\varepsilon$ 为应变增量，则

$$d\varepsilon=d\varepsilon_e+d\varepsilon_p$$

式中，$d\varepsilon_e$ 为 $d\varepsilon$ 的弹性部分，按弹性应力–应变关系确定；$d\varepsilon_p$ 为 $d\varepsilon$ 的塑性部分，按式（2.163）确定。假如取 $g=f$，以 $d\varepsilon_x$ 为例：

$$d\varepsilon_x=\frac{dI_1}{9k}+\frac{d(\sigma_x-\sigma_0)}{2G}+d\lambda\frac{\partial f}{\partial\sigma_x}\tag{2.170}$$

b. 应力增量的表达式

如前述，确定弹塑性应力–应变关系的目的是将其用于弹塑性分析。通常弹塑性分析采用位移法，要求将弹塑性应力–应变关系写成如下适用于位移法的形式。改写式（2.170）：

$$d\sigma_x=2G\varepsilon_x-2Gd\lambda\frac{\partial f}{\partial\sigma_x}+\left(\frac{1}{3}-\frac{2G}{9k}\right)dI_1$$

由于

$$dI_1=3kd\varepsilon_{v,e}$$

$$d\varepsilon_{v,e}=d(\varepsilon_v-\varepsilon_{v,p})$$

$$d\varepsilon_v=d\varepsilon_x+d\varepsilon_y+d\varepsilon_z$$

得

$$dI_1=3k[(d\varepsilon_x+d\varepsilon_y+d\varepsilon_z)-(d\varepsilon_{x,p}+d\varepsilon_{y,p}+d\varepsilon_{z,p})]$$

注意

$$d\varepsilon_{x,p}=d\lambda\frac{\partial f}{\partial\sigma_x}\quad d\varepsilon_{y,p}=d\lambda\frac{\partial f}{\partial\sigma_y}\quad d\varepsilon_{z,p}=d\lambda\frac{\partial f}{\partial\sigma_z}$$

将其代入 dI_1 表达式，再将 dI_1 表达式代入 $d\sigma_x$ 表达式，则得

$$d\sigma_x=\left(k+\frac{4}{3}G\right)\left(d\varepsilon_x-d\lambda\frac{\partial f}{\partial\sigma_x}\right)+\left(k-\frac{2}{3}G\right)\left(d\varepsilon_y-d\lambda\frac{\partial f}{\partial\sigma_y}\right)+\left(k-\frac{2}{3}G\right)\left(d\varepsilon_z-d\lambda\frac{\partial f}{\partial\sigma_z}\right)\tag{2.171}$$

同样，可得到 $d\sigma_y$、$d\sigma_z$ 的相似表达式。

对于剪应力和剪应变，以 τ_{xy} 和 γ_{xy} 为例，则有

$$d\tau_{xy}=Gd\gamma_{xy}-Gd\lambda\frac{\partial f}{\partial\tau_{xy}}\tag{2.172}$$

同样可以求出 $d\tau_{yz}$、$d\tau_{zx}$ 的相似表达式。

c. 弹塑性应力-应变关系

如果根据一致性条件确定出 $d\lambda$，并将其代入式（2.171）和式（2.172）中，则可得到最终的弹塑性应力-应变关系。后面将对这个问题做进一步表述。

2）弹塑性应力-应变矩阵

最终的弹塑性应力-应变关系将用于弹塑性分析。在弹塑性分析中，弹塑性应力-应变关系通常以矩阵形式表示。如果将应力增量排成一个向量，以 $d\{\sigma\}$ 表示，则

$$\{d\sigma\}=\{d\sigma_x\quad d\sigma_y\quad d\sigma_z\quad d\tau_{xy}\quad d\tau_{yz}\quad d\tau_{zx}\}^{T}\tag{2.173}$$

相似地，将应变增量排成一个向量，以 $d\{\varepsilon\}$ 表示，则

$$\{d\varepsilon\}=\{d\varepsilon_x\quad d\varepsilon_y\quad d\varepsilon_z\quad d\gamma_{xy}\quad d\gamma_{yz}\quad d\gamma_{zx}\}^{T}\tag{2.174}$$

经过运算，最终的弹塑性应力-应变关系可以如下矩阵形式表示：

$$\{d\sigma\}=[D]_{ep}\{d\varepsilon\}\tag{2.175}$$

式中，$[D]_{ep}$ 为弹塑性矩阵。根据式（2.171）和式（2.172），只有当 $d\lambda$ 确定后才能得到其具体形式。后面将以具体的弹塑性模型为例对弹塑性矩阵 $[D]_{ep}$ 做进一步表述。

2.12 土的弹性绝对塑性模型

下面同样按参考文献［3］第四章来表述土的弹性绝对塑性模型。弹性绝对塑性模型假定在应力空间中存在一个固定的屈服面，当应力途径在屈服面之下的应力空间中变化时，土表现出弹性性能，当应力途径沿屈服面变化时，土发生塑性流动，表现出塑性性能。按上述弹塑性理论，弹性绝对塑性模型包括如下三个方面内容。

（1）屈服函数 $f=f_c$ 的确定；

（2）流动定律及比例因子 $\Delta\lambda$ 的确定；

（3）建立弹性绝对塑性模型应力-应变关系及弹塑性矩阵。

下面分别详述这三个问题。

2.12.1 屈服函数 $f=f_c$ 的确定

如前所述，绝对塑性材料的屈服函数应是应力状态的函数，假定材料是各向同性的，

屈服函数则应是应力不变量的函数。另外，基于同样的原因，在偏应力平面上，屈服面是关于 σ_1'、σ_2'、σ_3' 的偶函数。

在此还应指出，对于弹性绝对塑性材料，屈服就是破坏。也就是说，如果材料中的一个单元达到了屈服条件，则这个单元处于破坏状态。

对于土，弹性绝对塑性材料的屈服条件通常取库仑屈服条件或改进的米赛斯（Mises）屈服条件。这两个条件均考虑了平均正应力的影响。另外，在下面的表述中，假定压应力为正。

1. 库仑屈服函数

库仑最早提出了土的破坏条件，其表达式如下：

$$\tau=c+\sigma\tan\varphi$$

式中，τ、σ 分别为土破坏面上的剪应力和正应力；c、φ 分别为土的抗剪强度指标，即黏结力和摩擦角。如图 2.65 所示，上式可改写成如下形式：

$$\sigma_1-\sigma_3=(\sigma_1+\sigma_3)\sin\varphi+2\cos\varphi \tag{2.176}$$

下面将式（2.176）转变成以应力不变量表示的表达式。由式（2.139），主应力 σ_1、σ_2、σ_3 可用应力第一不变量 I_1、应力偏量第二不变量 J_2 及洛德角 θ 表示如下：

$$\left.\begin{aligned}\sigma_1&=\frac{2}{\sqrt{3}}\sqrt{J_2}\cos\theta+\frac{1}{3}I_1\\\sigma_2&=\frac{2}{\sqrt{3}}\sqrt{J_2}\cos\left(\theta-\frac{2}{3}\pi\right)+\frac{1}{3}I_1\\\sigma_3&=\frac{2}{\sqrt{3}}\sqrt{J_2}\cos\left(\theta+\frac{2}{3}\pi\right)+\frac{1}{3}I_1\end{aligned}\right\} \tag{2.177}$$

将式（2.177）的第一式及第三式代入式（2.176）中得

$$\frac{1}{\sqrt{3}}\sqrt{J_2}\left[\cos\theta-\cos\left(\theta-\frac{2}{3}\pi\right)\right]=\frac{1}{\sqrt{3}}\sqrt{J_2}\left[\cos\theta+\cos\left(\theta+\frac{2}{3}\pi\right)\right]\sin\varphi+\frac{1}{3}I_1\sin\varphi+c\cos\varphi=0$$

上式可进一步简化成如下形式：

$$\frac{1}{2}\left[3(1+\sin\varphi)\sin\theta+\sqrt{3}(3-\sin\varphi)\cos\theta\right]\sqrt{J_2}-I_1\sin\varphi-3c\cos\varphi=0 \tag{2.178}$$

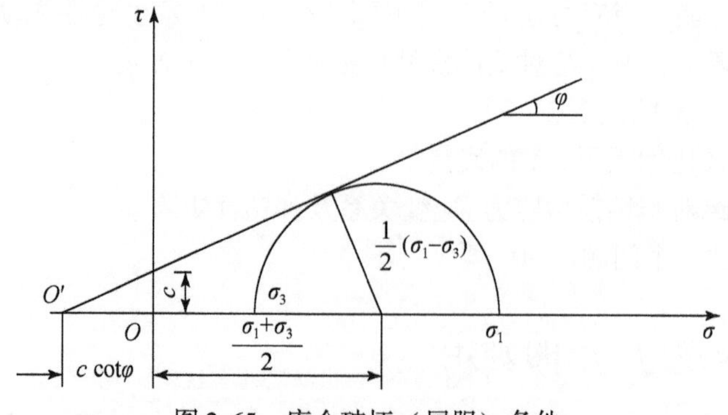

图 2.65 库仑破坏（屈服）条件

下面来确定库仑屈服面在 π 平面上的截线方程式。首先，在 π 平面内引进一个新的坐标 xy，使 y 与 σ_1' 的方向相同，x 垂直于 y，从 x 到 y 符合右手法则，如图 2.66（a）所示。由图 2.66（a）得

$$\left.\begin{aligned}\sigma_1' &= y\\ \sigma_2' &= -\frac{\sqrt{3}}{2}x-\frac{1}{2}y\\ \sigma_3' &= \frac{\sqrt{3}}{2}x-\frac{1}{2}y\end{aligned}\right\}\tag{2.179}$$

另外，在应力空间中 $\sigma_1'\sigma_1 z$ 平面内，如图 2.66（b）所示，$z=\sqrt{3}p$，则得

$$\sigma_1=\frac{1}{\sqrt{3}}z+\sqrt{\frac{2}{3}}\sigma_1'$$

同理

$$\sigma_2=\frac{1}{\sqrt{3}}z+\sqrt{\frac{2}{3}}\sigma_2'$$

$$\sigma_3=\frac{1}{\sqrt{3}}z+\sqrt{\frac{2}{3}}\sigma_3'$$

将式（2.179）代入上式，得

$$\left.\begin{aligned}\sigma_1 &= \sqrt{\frac{2}{3}}y+\frac{1}{\sqrt{3}}z\\ \sigma_2 &= -\frac{1}{\sqrt{2}}x-\frac{1}{\sqrt{6}}y+\frac{1}{\sqrt{3}}z\\ \sigma_3 &= \frac{1}{\sqrt{2}}x-\frac{1}{\sqrt{6}}y+\frac{1}{\sqrt{3}}z\end{aligned}\right\}\tag{2.180}$$

对于 π 平面，$z=0$，将其代入式（2.180）中，再将式（2.180）的第一式及第三式代入式（2.176）中得

$$y=\frac{\sqrt{3}(1+\sin\varphi)}{3-\sin\varphi}x+\frac{2\sqrt{6}\,c\cos\varphi}{3-\sin\varphi}\tag{2.181}$$

式（2.181）表明，在 π 平面 xy 坐标中，屈服线是条直线。

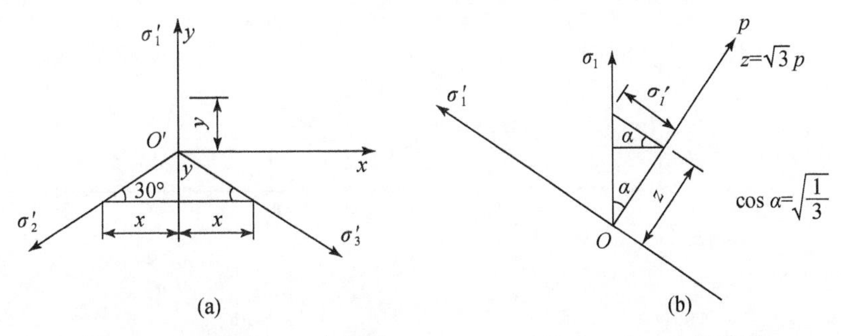

图 2.66　π 平面内 xy 坐标及 σ_1、σ_2、σ_3 与 σ_1'、σ_2'、σ_3' 的关系

前文曾指出，坐标轴 σ_1'、σ_2'、σ_3' 将 π 平面等分成六份，如图 2.67（a）所示。在图 2.67（a）中，给出了每一份中 σ_1、σ_2、σ_3 的数值大小的排序。由图 2.67（a）可看出，在①、⑥两区，σ_1 为最大主应力；在②、③两区，σ_2 为最大主应力；在④、⑤两区，σ_3 为最大主应力。式（2.181）是在 $\sigma_1>\sigma_2$ 的条件下推导出来的，表示①区域内屈服线的关系，如图 2.67（b）所示。按上述相同的方法对每个区域相应的主应力大小的排序都可推导式（2.181），将其绘于 π 平面上，如图 2.68 所示。

如令 $x=0$，设 A 为屈服线与坐标轴 σ_1' 的交点，由式（2.181）得

$$O'A=\frac{2\sqrt{6}\,c\cos\varphi}{3-\sin\varphi} \tag{2.182}$$

如设 B 点为屈服线与坐标轴 σ_3' 的交点，则 $O'B$ 与 x 轴夹角为 30°，B 点的 x、y 值分别如下：

$$x=-\cos 30°\,O'B=-\frac{\sqrt{3}}{2}O'B$$

$$y=\sin 30°\,O'B=\frac{1}{2}O'B$$

将其代入式（2.181）中，简化后可得

$$O'B=\frac{2\sqrt{6}\,c\cos\varphi}{3+\sin\varphi} \tag{2.183}$$

上面推导出了在 π 平面内，即当 $z=\sqrt{3}p=0$ 时屈服线的形状，当 $z=\sqrt{3}p>0$ 时，屈服面与相应的偏平面也应有一条截线，即相应的屈服线。由式（2.180）可见，σ_1 及 σ_1' 均与 z，即 p 成正比，则偏平面内的屈服曲线应是，π 平面内的屈服曲线 z 按与 p 成正比例放大。这样，在应力空间中，库仑屈服面应是一个六棱形锥面，如图 2.69 所示。该锥面的顶点在静水压力线上，其 $J_2=0$，由式（2.178）可知，当 $J_2=0$ 时：

$$I_1\sin\varphi=3p\sin\varphi=-c\cos\varphi$$

即

$$p=-c\cot\varphi \tag{2.184}$$

则锥面顶点 O_1 与应力空间原点 O 的距离应为 $\sqrt{3}p$，即 $\sqrt{3}\,c\cot\varphi$。

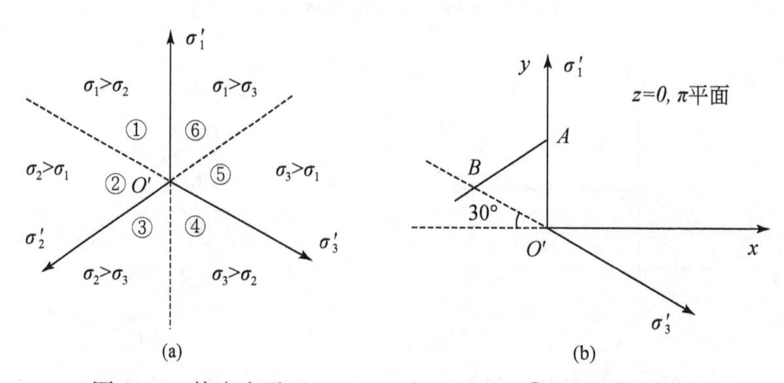

图 2.67　偏应力平面 $\sigma_1'\sigma_2'\sigma_3'$ 及 π 平面上①区的屈服线 AB

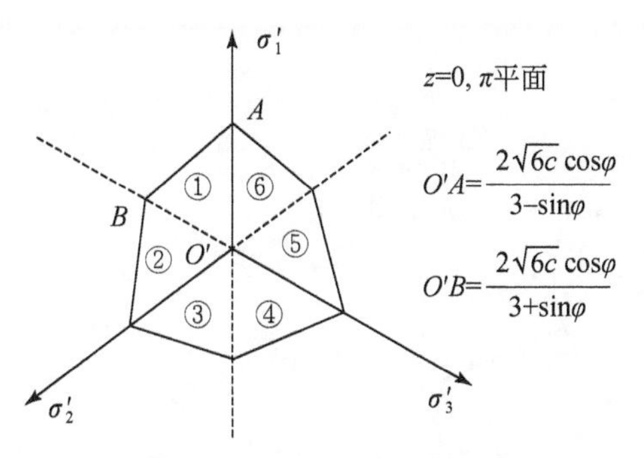

图 2.68　π 平面上的屈服线

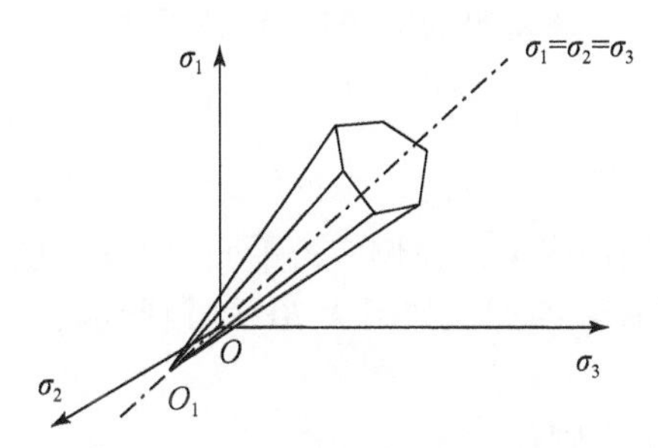

图 2.69　应力空间中库仑屈服面

2. 引申的米赛斯屈服函数

土是在剪切作用下发生屈服的，因此，可假定当土的偏应变能达到一定数值时，土将发生屈服。另外，偏应变能与应力偏量第二不变量成正比。米赛斯基于这样的认识建立了一个屈服条件，即米赛斯屈服准则。米赛斯屈服准则相应的屈服函数如下：

$$J_2-k^2=0 \tag{2.185}$$

式中，k 为常数。

如果将米赛斯屈服准则引申到土，应考虑平均正应力，即静水压力对土的屈服影响，将屈服函数修改为

$$f=\sqrt{J_2}-\alpha I_1=k \tag{2.186}$$

式（2.186）称为引申的米赛斯屈服准则。

从式（2.186）可见，当 I_1 等于指定数值时，$\sqrt{J_2}$ 为常数。因此，屈服面与偏应力面的交线应为一个圆，如图 2.70（a）所示。另外还可以看到，这个圆的半径随平均应力的变化而发生线性变化，显然，在应力空间中应为一个圆锥面，如图 2.70（b）所示。

由式（2.186）可见，引申的米赛斯屈服函数包括两个待定参数 α、k。这两个参数与土的类型、状态等因素有关。实际上，可以将引申的米赛斯屈服准则视为上述库仑准则的近似表示，即偏应力面上的屈服曲线以圆代替不等边六边形。因此，引申的米赛斯屈服函数中的参数 α、k 可以由匹配库仑屈服函数来确定。下面分别在不同情况下给出参数 α、k 的匹配结果。

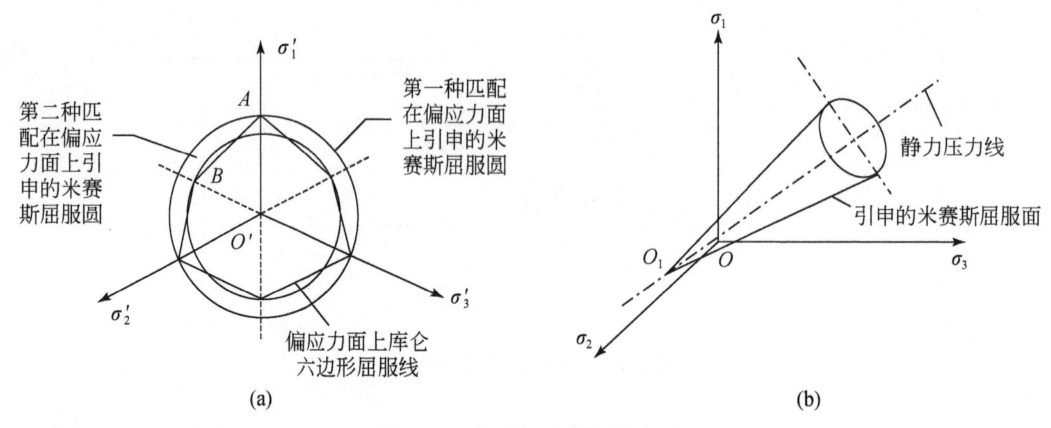

图 2.70　引申的米赛斯屈服面

1）一般情况

在一般情况下，即在三维情况下，在偏应力平面上引申的米赛斯屈服圆的半径可以与库仑不等边六边形的 $O'A$ 或 $O'B$ 匹配，如图 2.70（a）所示。

a. 与 $O'A$ 匹配

令式（2.178）中的 $\theta=0$，则得

$$\sqrt{J_2}=\frac{2\sin\varphi}{\sqrt{3}(3-\sin\varphi)}I_1+\frac{6c\cos\varphi}{\sqrt{3}(3-\sin\varphi)}$$

与式（2.186）比较，得

$$\left.\begin{aligned}\alpha&=\frac{2\sin\varphi}{\sqrt{3}(3-\sin\varphi)}\\k&=\frac{6c\cos\varphi}{\sqrt{3}(3-\sin\varphi)}\end{aligned}\right\}\tag{2.187}$$

式（2.187）相当于引申的米赛斯圆锥屈服面的一条子午线与库仑六棱锥屈服面受压的棱线匹配。

b. 与 $O'B$ 匹配

令式（2.178）中的 $\theta=60°$，则得

$$\sqrt{J_2}=\frac{2\sin\varphi}{\sqrt{3}(3+\sin\varphi)}I_1+\frac{6c\cos\varphi}{\sqrt{3}(3+\sin\varphi)}$$

与式（2.186）相比，得

$$\left.\begin{aligned}\alpha&=\frac{2\sin\varphi}{\sqrt{3}(3+\sin\varphi)}\\k&=\frac{6c\cos\varphi}{\sqrt{3}(3+\sin\varphi)}\end{aligned}\right\}\tag{2.188}$$

相似地，式（2.188）相当于引申的米赛斯圆锥屈服面的一条子午线与库仑六棱锥屈服面受拉的棱线匹配。

比较这两种匹配，由图 2.70（a）可见，由第一种匹配得到的 α、k 参数值要大于由

第二种匹配得到的参数值。这表明，如果采用由第一种匹配得到的 α、k 参数值，发生屈服时的 $\sqrt{J_2}$ 值要大于一些。

2）平面应力情况

其中一个主应力为零，设 $\sigma_2=0$，则 σ_1-σ_3 平面上的屈服线可分为如下六部分，如图 2.71所示。

（a）AB，$\sigma_1>\sigma_3>0$；

（b）BC，$\sigma_3>\sigma_1>0$；

（c）CD，$\sigma_3>0>\sigma_1$；

（d）DE，$\sigma_3<\sigma_1<0$；

（e）EF，$\sigma_1<\sigma_3<0$；

（f）FA，$\sigma_1>0>\sigma_3$。

（a）、（b）两种情况分别属于在 σ_1 和 σ_3 方向压缩；（d）、（e）两种情况分别属于在 σ_1 和 σ_3 方向拉伸；（c）、（f）两种情况分别属于在 σ_3 方向压缩 σ_1 方向拉伸和在 σ_1 方向压缩 σ_3 方向拉伸。在（a）情况下，最大差应力为 $\sigma_1-\sigma_2=\sigma_1$，$\sigma_3$ 为中间主应力，则在这种情况下，其屈服线与 σ_3 无关，而是一条平行于 σ_3 轴的水平线；在（b）情况下，最大差应力为 $\sigma_3-\sigma_2=\sigma_3$，其屈服线与 σ_1 无关，而是一条平行于 σ_1 轴的竖直线；在（c）情况下，最大差应力为 $\sigma_3-\sigma_1$，σ_2 为中间主应力，其屈服线为一条斜的直线。相似地，情况（d）和（e）下的屈服线分别为平行于 σ_3 轴的水平线和平行于 σ_1 轴的竖直线，情况（f）下的屈服线为一条斜直线。这六条曲线构成一个不等边六边形，其六个角点分别为 A、B、C、D、E、F。

A 点的应力条件：$\sigma_1>0$，$\sigma_2=0$，$\sigma_3=0$，为单轴压缩，$\sigma_{1,A}=f_c^*$；

B 点的应力条件：$\sigma_1=\sigma_3>0$，$\sigma_2=0$，为双轴压缩，$\sigma_{1,B}=\sigma_{3,B}=f_c^*$；

C 点的应力条件：$\sigma_3>0$，$\sigma_2=0$，$\sigma_1=0$，为单轴压缩，$\sigma_{3,C}=f_c^*$；

D 点的应力条件：$\sigma_1<0$，$\sigma_2=0$，$\sigma_3=0$，为单轴拉伸，$\sigma_{1,D}=f_t^*$；

E 点的应力条件：$\sigma_1=\sigma_3<0$，$\sigma_2=0$，为双轴拉伸，$\sigma_{1,E}=\sigma_{3,E}=f_t^*$；

F 点的应力条件：$\sigma_3<0$，$\sigma_2=0$，$\sigma_1=0$，为单轴拉伸，$\sigma_{3,F}=f_t^*$。

上述的 f_c^* 和 f_t^* 分别为单轴压缩强度和单轴拉伸强度。根据单轴压缩和单轴拉伸应力条件和库仑屈服函数可得

$$\left.\begin{aligned} f_c^* &= \frac{2c\cos\varphi}{1-\sin\varphi} \\ f_t^* &= \frac{2c\cos\varphi}{1+\sin\varphi} \end{aligned}\right\} \tag{2.189}$$

由于引申的米赛斯屈服函数包括两个待定参数 α、k，则需要两个条件来确定。按上述，可有几种组合来确定参数 α、k。

（a）与 A、D 两点或 C、F 两点匹配，即单轴压缩和单轴拉伸组合；

（b）与 B、D 两点或 B、F 两点匹配，即双轴压缩和单轴拉伸组合；

（c）与 E、A 两点或 E、C 两点匹配，即双轴拉伸和单轴压缩组合；

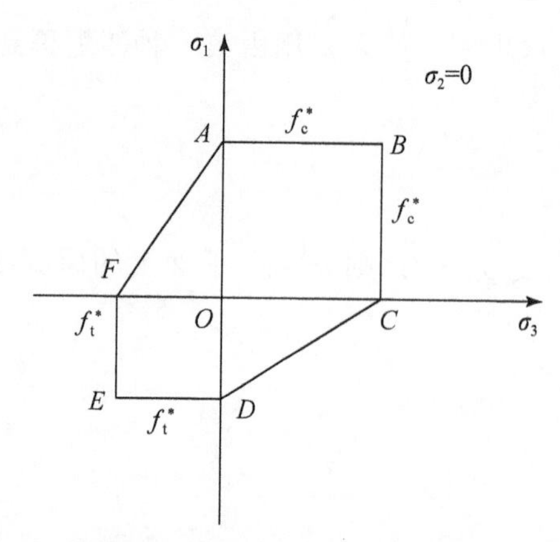

图 2.71　在平面应力情况下，$\sigma_1\sigma_3$ 平面上的屈服线

（d）与 B、E 两点匹配，即双轴压缩与双轴拉伸组合。

下面表述按指定的匹配组合确定引申的米赛斯屈服函数的参数 α、k 的方法。

（a）将每种组合的两点的应力条件代入引申的米赛斯屈服函数中；

（b）简化后得到两个以 α、k 为未知数的线性方程；

（c）将两个方程式联立，就可得到相应的 α、k 值。

在此指出，上述（a）、（b）、（c）、（d）每种匹配组合中，都包含两种组合。可以证明，由这两种组合条件求得的参数 α、k 是相同的。这样，由上述几种匹配组合可求得如下相应的几组 α、k 参数。

$$
\left.\begin{aligned}
&\text{匹配组合(a)}:\alpha=\frac{1}{\sqrt{3}}\sin\varphi,k=\frac{2}{\sqrt{3}}c\cos\varphi\\
&\text{匹配组合(b)}:\alpha=\frac{2\sin\varphi}{\sqrt{3}(3-\sin\varphi)},k=\frac{6c\cos\varphi}{\sqrt{3}(3-\sin\varphi)}\\
&\text{匹配组合(c)}:\alpha=\frac{2\sin\varphi}{\sqrt{3}(3+\sin\varphi)},k=\frac{6c\cos\varphi}{\sqrt{3}(3+\sin\varphi)}\\
&\text{匹配组合(d)}:\alpha=\frac{1}{2\sqrt{3}}\sin\varphi,k=\frac{2}{\sqrt{3}}c\cos\varphi
\end{aligned}\right\}\tag{2.190}
$$

如果以 f_t 表示由试验测得的单向拉伸强度，令

$$\beta=f_c^*/f_t\tag{2.191}$$

则可将参数 α、k 表示成 β 和 f_t 的函数，其形式如下：

$$
\left.\begin{aligned}
&\text{匹配组合(a)}:\alpha=\frac{\beta-1}{\sqrt{3}(\beta+1)},k=\frac{2\beta}{\sqrt{3}(\beta+1)}f_t\\
&\text{匹配组合(b)}:\alpha=\frac{\beta-1}{\sqrt{3}(2\beta+1)},k=\frac{\sqrt{3}\beta}{2\beta+1}f_t\\
&\text{匹配组合(c)}:\alpha=\frac{\beta-1}{\sqrt{3}(\beta+2)},k=\frac{\sqrt{3}\beta}{\beta+2}f_t\\
&\text{匹配组合(d)}:\alpha=\frac{\beta-1}{2\sqrt{3}(\beta+2)},k=\frac{2\beta}{\sqrt{3}(\beta+1)}f_t
\end{aligned}\right\}\tag{2.192}
$$

应指出，在一般情况下，由试验测得的f_t通常小于由式（2.189）按库仑准则确定的f_t^*。也就是说，按式（2.191）确定参数α、β应以f_t代替f_t^*。

3）平面应变情况

设一点的主应力为σ_1、σ_2和σ_3，主应变为ε_1、ε_2和ε_3，并且$\varepsilon_2=0$，则该点的应力状态处于平面应变状态，由$\varepsilon_2=0$，得

$$d\varepsilon_{2,p}=0 \tag{2.193}$$

假如采用适应的流动规律，由引申的米赛斯屈服条件得

$$d\varepsilon_{2,p}=d\lambda\left(\alpha+\frac{1}{2\sqrt{J_2}}S_2\right)$$

由上式得

$$S_2=-2\alpha\sqrt{J_2} \tag{2.194}$$

另外

$$I_1=\sigma_1+\sigma_2+\sigma_3=\sigma_1+\sigma_3+S_2+\frac{1}{3}I_1$$

将式（2.194）代入上式得

$$I_1=\frac{3}{2}(\sigma_1+\sigma_3)-3\alpha\sqrt{J_2}$$

再将上式代入引申的米赛斯屈服函数得

$$3\alpha\frac{\sigma_1+\sigma_3}{2}+(1-\alpha^2)\sqrt{J_2}=k \tag{2.195}$$

又由于

$$J_2=\frac{1}{2}(S_1^2+S_2^2+S_3^2)$$

将式（2.194）代入上式，则得

$$J_2=\left(\frac{\sigma_1-\sigma_3}{2}\right)^2\Big/(1-3\alpha^2) \tag{2.196}$$

再将式（2.196）代入式（2.195）中，得

$$\sigma_1-\sigma_3=\frac{3\alpha}{\sqrt{1-3\alpha^2}}(\sigma_1+\sigma_2)+\frac{2k}{\sqrt{1-3\alpha^2}} \tag{2.197}$$

将式（2.197）与库仑屈服函数相比，则得

$$\frac{k}{\sqrt{1-3\alpha^2}}=c\cos\varphi$$

$$\frac{3\alpha}{\sqrt{1-3\alpha^2}}=\sin\varphi$$

改写上式，得

$$\left.\begin{aligned}\alpha&=\frac{\tan\varphi}{\sqrt{9+12\tan^2\varphi}}\\k&=\frac{3c}{\sqrt{9+12\tan^2\varphi}}\end{aligned}\right\}\tag{2.198}$$

由上述可见，在确定引申的米赛斯屈服函数的参数 α、k 时应注意如下两点。

（a）应根据所研究问题的应力状态分别按与其相应的方法确定。

（b）即使是同一应力状态，例如平面应力状态，由于所采用的匹配条件不同，确定出来的相应参数 α 和 k 的值也不同。因此，还应考虑采用哪种匹配对所研究的问题更适当，原则是确定所研究问题的应力在 $\sigma_1\sigma_3$ 平面中主要分布在哪个区域，并选择与这个区域匹配的条件来确定参数 α 和 k 的适当取值。

2.12.2　流动规律及比例因子 $\Delta\lambda$ 的确定

按上述，流动规律可写成如下形式：

$$\{d\varepsilon_p\}=d\lambda\left\{\frac{\partial g}{\partial\sigma}\right\}$$

式中，g 为塑性势函数；$\{d\varepsilon_p\}$ 和$\left\{\frac{\partial g}{\partial\sigma}\right\}$分别为塑性应变增量向量及塑性势函数对应力分量导数向量；$d\lambda$ 为比例因子。如前所述，如果取塑性势函数等于屈服函数，即 $g=f$，则称为相关联流动规律，如果 $g\neq f$，则称为非相关联流动规律。下面来表述比例因子 $d\lambda$ 的确定方法。

上文曾指出，$d\lambda$ 可根据一致性条件，即 $df=0$ 来确定。由 $df=0$ 可得

$$\left\{\frac{\partial f}{\partial\sigma}\right\}^{T}d\{\sigma\}=0\tag{2.199}$$

另外，令 $\{d\varepsilon_e\}$ 为弹性应变增量向量，则 $d\{\varepsilon_e\}=\{d\varepsilon-d\varepsilon_p\}$，由线弹性应力-应变关系得

$$d\{\sigma\}=[D]_e\{d\varepsilon-d\varepsilon_p\}$$

将 $d\varepsilon_p$ 表达式代入则得

$$d\{\sigma\}=[D]_e\{d\varepsilon\}-[D]_e\left\{\frac{\partial g}{\partial\sigma}\right\}d\lambda\tag{2.200}$$

式中，$[D]_e$ 弹性应力-应变规律的形式如下：

$$[D]_e=\begin{bmatrix}K+\frac{4}{3}G & K-\frac{2}{3}G & K-\frac{2}{3}G & 0 & 0 & 0\\K-\frac{2}{3}G & K+\frac{4}{3}G & K-\frac{2}{3}G & 0 & 0 & 0\\K-\frac{2}{3}G & K-\frac{2}{3}G & K+\frac{4}{3}G & 0 & 0 & 0\\0 & 0 & 0 & G & 0 & 0\\0 & 0 & 0 & 0 & G & 0\\0 & 0 & 0 & 0 & 0 & G\end{bmatrix}\tag{2.201}$$

将式（2.200）代入式（2.199）中得

$$\left\{\frac{\partial f}{\partial \sigma}\right\}^{\mathrm{T}}[D]_{\mathrm{e}}\left(\{\mathrm{d}\varepsilon\}-\mathrm{d}\lambda\left\{\frac{\partial g}{\partial \sigma}\right\}\right)=0$$

由上式得

$$\mathrm{d}\lambda=\frac{\left\{\frac{\partial f}{\partial \sigma}\right\}^{\mathrm{T}}[D]_{\mathrm{e}}\{\mathrm{d}\varepsilon\}}{\left\{\frac{\partial f}{\partial \sigma}\right\}^{\mathrm{T}}[D]_{\mathrm{e}}\left\{\frac{\partial g}{\partial \sigma}\right\}} \tag{2.202}$$

由式（2.202）可见，比例因子取决于屈服函数和塑性势函数，并随应力大小的改变而改变，不是一个常数。

2.12.3　弹塑性应力-应变关系及弹塑性矩阵

由 $\{\mathrm{d}\varepsilon\}$ 表达式得

$$\{\mathrm{d}\varepsilon\}-\{\mathrm{d}\varepsilon_{\mathrm{e}}\}=\mathrm{d}\lambda\left\{\frac{\partial g}{\partial \sigma}\right\}$$

再将 $\{\mathrm{d}\varepsilon_{\mathrm{e}}\}$ 及 $\mathrm{d}\lambda$ 的表达式代入上式，得

$$\{\mathrm{d}\varepsilon\}-[C]_{\mathrm{e}}\mathrm{d}\{\sigma\}=\left\{\frac{\partial g}{\partial \sigma}\right\}\frac{\left\{\frac{\partial f}{\partial \sigma}\right\}^{\mathrm{T}}[D]_{\mathrm{e}}}{\left\{\frac{\partial f}{\partial \sigma}\right\}^{\mathrm{T}}[D]_{\mathrm{e}}\left\{\frac{\partial g}{\partial \sigma}\right\}}\{\mathrm{d}\varepsilon\}$$

式中，$[C]_{\mathrm{e}}$ 为矩阵 $[D]_{\mathrm{e}}$ 的逆矩阵。上式可改变成如下形式：

$$[C]_{\mathrm{e}}\{\mathrm{d}\sigma\}=\left[I-\left\{\frac{\partial g}{\partial \sigma}\right\}\frac{\left\{\frac{\partial f}{\partial \sigma}\right\}^{\mathrm{T}}[D]_{\mathrm{e}}}{\left\{\frac{\partial f}{\partial \sigma}\right\}^{\mathrm{T}}[D]_{\mathrm{e}}\left\{\frac{\partial g}{\partial \sigma}\right\}}\right]\{\mathrm{d}\varepsilon\}$$

由上式得

$$[C]_{\mathrm{e}}\mathrm{d}\{\sigma\}=\left[I-\left\{\frac{\partial g}{\partial \sigma}\right\}\frac{\left\{\frac{\partial f}{\partial \sigma}\right\}^{\mathrm{T}}[D]_{\mathrm{e}}}{\left\{\frac{\partial f}{\partial \sigma}\right\}^{\mathrm{T}}[D]_{\mathrm{e}}\left\{\frac{\partial g}{\partial \sigma}\right\}}\right]\{\mathrm{d}\varepsilon\}$$

由于 $[C]_{\mathrm{e}}^{-1}=[D]_{\mathrm{e}}$，代入上式得

$$\{\mathrm{d}\sigma\}=[D]_{\mathrm{e}}\left[I-\left\{\frac{\partial g}{\partial \sigma}\right\}\frac{\left\{\frac{\partial f}{\partial \sigma}\right\}^{\mathrm{T}}[D]_{\mathrm{e}}}{\left\{\frac{\partial f}{\partial \sigma}\right\}^{\mathrm{T}}[D]_{\mathrm{e}}\left\{\frac{\partial g}{\partial \sigma}\right\}}\right]\{\mathrm{d}\varepsilon\}$$

由此得

$$\mathrm{d}\{\sigma\}=[D]_{\mathrm{ep}}\{\mathrm{d}\varepsilon\} \tag{2.203}$$

$$[D]_{\mathrm{ep}}=[D]_{\mathrm{e}}\left[I-\left\{\frac{\partial g}{\partial \sigma}\right\}\frac{\left\{\frac{\partial f}{\partial \sigma}\right\}^{\mathrm{T}}[D]_{\mathrm{e}}}{\left\{\frac{\partial f}{\partial \sigma}\right\}^{\mathrm{T}}[D]_{\mathrm{e}}\left\{\frac{\partial g}{\partial \sigma}\right\}}\right]\{\mathrm{d}\varepsilon\} \tag{2.204}$$

2.12.4　德鲁克-普拉格（Drucker-Prager）模型[8]

下面以德鲁克-普拉格模型为例，表述一个具体的弹性绝对塑性模型。

德鲁克-普拉格模型是一个众所周知和普遍采用的弹性绝对塑性模型。该模型的两个要点如下。

（1）采用引申的米赛斯屈服准则，其屈服函数为式（2.186）。如前所述，引申的米赛斯屈服准则是库仑屈服准则的近似，其形式简单，以圆锥形屈服面代替库仑准则的六棱锥面，是一个光滑的屈服面，不像库仑屈服面那样存在角点。

（2）采用相关联流动规律，取塑性势函数等于屈服函数，即 $g=f$。

这样，只要将向量$\left\{\frac{\partial f}{\partial \sigma}\right\}$中的各元素按引申的米赛斯屈服函数确定出来，则可由式（2.204）进一步确定$[D]_{\mathrm{ep}}$。

由定义得

$$\left\{\frac{\partial f}{\partial \sigma}\right\}=\left\{\frac{\partial f}{\partial \sigma_x}\frac{\partial f}{\partial \sigma_y}\frac{\partial f}{\partial \sigma_z}\frac{\partial f}{\partial \tau_{xy}}\frac{\partial f}{\partial \tau_{yz}}\frac{\partial f}{\partial \tau_{zx}}\right\}^{\mathrm{T}}$$

下面以$\frac{\partial f}{\partial \sigma_x}$为例来说明如何确定向量$\left\{\frac{\partial f}{\partial \sigma}\right\}$中的各分量。将引申的米赛斯屈服函数$f=\sqrt{J_2}-\alpha I_1=k$代入$\frac{\partial f}{\partial \sigma_x}$中，得

$$\frac{\partial f}{\partial \sigma_x}=\frac{1}{2}\frac{1}{\sqrt{J_2}}\frac{\partial J_2}{\partial \sigma_x}-\alpha\frac{\partial I_1}{\partial \sigma_x}$$

而

$$\frac{\partial J_2}{\partial \sigma_x}=\sigma_x-\sigma_0$$

将其代入上式，得

相似地，得

$$\left.\begin{aligned}
\frac{\partial f}{\partial \sigma_x}&=\frac{1}{2}\frac{1}{\sqrt{J_2}}(\sigma_x-\sigma_0)-\alpha\\
\frac{\partial f}{\partial \sigma_y}&=\frac{1}{2}\frac{1}{\sqrt{J_2}}(\sigma_y-\sigma_0)-\alpha\\
\frac{\partial f}{\partial \sigma_z}&=\frac{1}{2}\frac{1}{\sqrt{J_2}}(\sigma_z-\sigma_0)-\alpha\\
\frac{\partial f}{\partial \tau_{xy}}&=\frac{1}{2}\frac{1}{\sqrt{J_2}}\tau_{xy}\\
\frac{\partial f}{\partial \tau_{yz}}&=\frac{1}{2}\frac{1}{\sqrt{J_2}}\tau_{yz}\\
\frac{\partial f}{\partial \tau_{zx}}&=\frac{1}{2}\frac{1}{\sqrt{J_2}}\tau_{zx}
\end{aligned}\right\}\tag{2.205}$$

相似地，将式（2.205）代入向量$\left\{\frac{\partial f}{\partial \sigma}\right\}$中，则可按上述方法确定德鲁克–普拉格模型的弹塑性应力–应变关系矩阵$[D]_{ep}$。

2.13　土的塑性硬化模型及硬化规律

前文曾指出，基于土的弹性绝对塑性模型，认为当受力水平小于屈服极限时，土的受力水平可以继续提高并只发生弹性变形，而当受力水平达到屈服极限后，土的受力水平保持不变，并将发生塑性变形，即

（1）受力水平没达到屈服条件：受力水平可继续提高，$d\varepsilon=d\varepsilon_e$，$d\varepsilon_p=0$。

（2）受力水平达到屈服条件：受力水平保持不变，$d\varepsilon=d\varepsilon_e+d\varepsilon_p$，$d\varepsilon_p>0$。

因此，对于弹性绝对塑性模型，在应力空间中与屈服条件相应的屈服面不随受力水平变化而变化，是固定不动的，但是土的弹性塑性硬化模型则认为，从受力开始土的变形就包括弹性变形和塑性变形两部分，即

$$d\varepsilon=d\varepsilon_e+d\varepsilon_p$$

上式表明，从受力开始土就发生屈服，但其屈服限随受力水平的提高而提高。因此，虽然发生了塑性变形，但还没达到破坏，土的受力水平则可以继续提高。土的塑性硬化是指其屈服限随受力水平提高而提高的现象。因此，对于弹性塑性硬化模型，在应力空间中其屈服面则是随受力水平的提高发生扩展或移动，而不是固定的。

按前述，在应力空间中，屈服面是弹性工作状态与塑性工作状态的分界面。由于弹性绝对塑性模型的屈服面在应力空间中是固定的，则其弹性工作状态与塑性工作状态在应力空间中的分界面是固定的，相应的弹性状态工作区和塑性状态工作区也是固定的。但是由于弹性塑性硬化模型的屈服面随受力水平在应力空间中是变化的，则其弹性状态工作区将随受力水平提高而扩展或移动。

这样，与弹性绝对塑性模型相比，弹性塑性硬化模型的本构关系要多一个硬化规律。按前述，硬化规律是描述屈服面在应力空间中随受力水平而变化的规律。

前文关于弹性绝对塑性模型的内容曾指出，弹性绝对塑性模型的屈服条件就是破坏条件，在应力空间中屈服函数相应的屈服面与破坏条件相应的破坏面是相同的。因此，如果土的受力水平达到了屈服条件，土就破坏了，但是对于弹性塑性硬化模型来说屈服和破坏则是两回事。

关于弹性塑性硬化模型的屈服函数和破坏条件应指出以下几点。

（1）达到屈服条件只意味着将进一步发生塑性变形，并不意味着土将发生破坏。土的破坏只有当变形发展到一定程度时才会发生。

（2）有些弹性塑性硬化模型将屈服函数取成与破坏条件相应的函数相似的形式，只是函数的参数随受力水平变化而变化，当受力水平达到破坏条件时，屈服函数就成为破坏函数。这时，在应力空间中，屈服面就成为破坏面。此外，有些弹性塑性硬化模型的屈服条件函数形式不同于破坏条件相应的函数形式。当受力水平达到破坏状态条件时，这种形式的屈服函数不会与破坏条件相应的函数相同，在应力空间中屈服面也不会与破

坏面一致。

（3）由前述可知，土的破坏条件通常以库仑破坏条件或引申的米赛斯条件表示，在应力空间中，这两个破坏条件相应的破坏面均为以静水压力轴为中心轴的锥面。因此，如果弹性塑性硬化模型的屈服函数取成与破坏条件相应的函数相似的形式，则在应力空间中屈服面也是一个以静水压力轴为中心轴的锥面。根据正交性条件，屈服面上任意点的塑性应变增量与屈服面的法线方向一致，如图 2.72 所示。图 2.72 中 A 为屈服面一条子午线上的一点，$\Delta\boldsymbol{\varepsilon}_{\mathrm{p}}$ 为相应的塑性应变增量。由图 2.72 可见，塑性应变在静水压力轴方向的分量为塑性体积应变增量 $\Delta\boldsymbol{\varepsilon}_{\mathrm{v,p}}$，为负值。按上面关于体积变形符号的约定，负的体积相应于土的体积发生膨胀。因此，这种形式的屈服函数只能描写土的体积剪胀的特性。如果欲模拟土的剪缩性能，则这种形式的屈服函数是不能采取的。

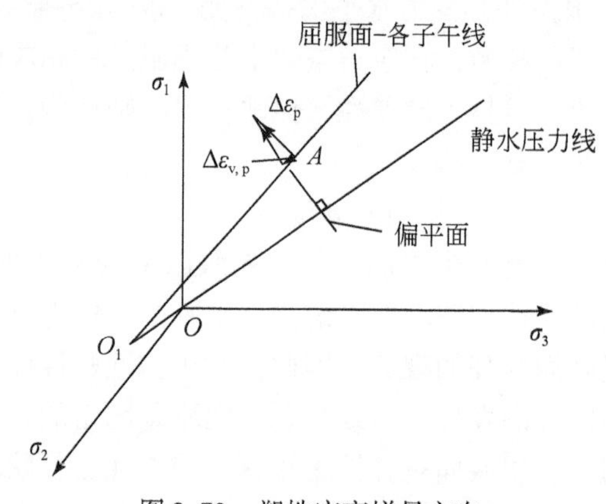

图 2.72　塑性应变增量方向

（4）如前述，土究竟是发生剪缩变形还是剪胀变形取决于土的类型、状态和受力水平。在许多情况下，特别是当受力水平较低时，土的体积变形往往是剪缩的。这就要求塑性硬化模型的屈服面法线在静水压力轴线方向的投影与静水压力轴线方向一致。下面将要表述的帽盖模型就能达到这个要求。

（5）综上所述，弹性绝对塑性模型的类型只取决于屈服函数和塑性势函数的形式，如采取相关联流动规律，则只取决于屈服函数形式，但是弹性塑性硬化模型的类型不仅取决于屈服函数和塑性势函数的形式，还取决于硬化规律。根据屈服面的变化形式，硬化规律分为各向均等硬化和运动硬化两种基本类型。各向均等硬化是屈服面在应力空间各方向均等的扩展或收缩；运动硬化是屈服面在主应力空间中平移或转动，但没有形状变化。除了这两种基本形式外，还有混合硬化，混合硬化是屈服面在应力空间中既发生各方向的均匀扩展或收缩，又发生平移或转动[9]。

（6）无论采用哪种硬化规律，都必须选取一个能够定量表示硬化的量，通常将其称为硬化变量。硬化是由塑性变形（包括塑性剪切变形和塑性体积变形）引起的，考虑这种硬化机制，通常将塑性体应变 $\varepsilon_{\mathrm{v,p}}$ 或塑性变形能 W_{p} 作为硬化变量，因此，硬化规律就是屈服函数的参数随硬化变量的变化规律，它可由试验资料确定。

(7) 无论采用什么硬化规律，其塑性应变分量都应按下式确定：

$$\mathrm{d}\varepsilon_{\mathrm{p},i,j}=\mathrm{d}\lambda\,\frac{\partial g}{\partial \sigma_{i,j}}$$

上式表明，正交性及塑性势函数决定了塑性应变增量的方向，而塑性应变增量的数值则取决于比例因子 $\mathrm{d}\lambda$。前文曾指出，比例因子 $\mathrm{d}\lambda$ 可由一致性条件和屈服函数确定。下面以各向均等硬化规律为例，来说明确定 $\mathrm{d}\lambda$ 的途径。设各项均等硬化的屈服函数形式如下：

$$f=f[\boldsymbol{\sigma}_{i,j},x(\boldsymbol{\varepsilon}_{\mathrm{p},i,j}),k(\boldsymbol{\varepsilon}^{\mathrm{p}})] \tag{2.206}$$

式中，$\boldsymbol{\sigma}_{i,j}$为应力向量；$x$ 为硬化参数，是塑性应变向量的函数；k 为材料参数，是有效塑性应变 $\boldsymbol{\varepsilon}^{\mathrm{p}}$ 的函数；$\boldsymbol{\varepsilon}^{\mathrm{p}}=c\int(\mathrm{d}\varepsilon_{\mathrm{p},\,i,j}\mathrm{d}\varepsilon_{\mathrm{p},\,i,j})^{\frac{1}{2}}$，$c$ 为常数。根据一致性条件 $\mathrm{d}f=0$，得

$$\left\{\frac{\partial f}{\partial \sigma}\right\}^{\mathrm{T}}\{\mathrm{d}\sigma\}+\frac{\partial f}{\partial x}\left\{\frac{\partial f}{\partial \varepsilon_{\mathrm{p}}}\right\}^{\mathrm{T}}\{\mathrm{d}\varepsilon_{\mathrm{p}}\}+\frac{\partial f}{\partial k}\frac{\mathrm{d}k}{\mathrm{d}\varepsilon^{\mathrm{p}}}\mathrm{d}\varepsilon^{\mathrm{p}}=0$$

由于

$$\mathrm{d}\varepsilon^{\mathrm{p}}=c\,[\{\mathrm{d}\varepsilon_{\mathrm{p}}\}^{\mathrm{T}}\{\mathrm{d}\varepsilon_{\mathrm{p}}\}]^{\frac{1}{2}}$$

将其代入上式，整理后得

$$\frac{\partial f}{\partial x}\left\{\frac{\partial x}{\partial \varepsilon_{\mathrm{p}}}\right\}^{\mathrm{T}}\{\mathrm{d}\varepsilon_{\mathrm{p}}\}+\frac{\partial f}{\partial k}\frac{\mathrm{d}k}{\mathrm{d}\varepsilon^{\mathrm{p}}}c\,[\{\mathrm{d}\varepsilon_{\mathrm{p}}\}^{\mathrm{T}}\{\mathrm{d}\varepsilon_{\mathrm{p}}\}]^{\frac{1}{2}}=-\left\{\frac{\partial f}{\partial \sigma}\right\}^{\mathrm{T}}\{\mathrm{d}\sigma\}$$

再将 $\mathrm{d}\varepsilon_{\mathrm{p},i,j}$的表达式代入上式，得

$$\left(\frac{\partial f}{\partial x}\left\{\frac{\partial x}{\partial \varepsilon_{\mathrm{p}}}\right\}^{\mathrm{T}}\left\{\frac{\partial g}{\partial \sigma}\right\}+\frac{\partial f}{\partial k}\frac{\mathrm{d}k}{\mathrm{d}\varepsilon^{\mathrm{p}}}c\left[\left\{\frac{\partial g}{\partial \sigma}\right\}^{\mathrm{T}}\left\{\frac{\partial g}{\partial \sigma}\right\}\right]^{\frac{1}{2}}\right)\mathrm{d}\lambda=-\left\{\frac{\partial f}{\partial \sigma}\right\}^{\mathrm{T}}\{\mathrm{d}\sigma\}$$

由上式则得

$$\mathrm{d}\lambda=-\frac{\left\{\frac{\partial f}{\partial \sigma}\right\}^{\mathrm{T}}\{\mathrm{d}\sigma\}}{\frac{\partial f}{\partial x}\left\{\frac{\partial x}{\partial \varepsilon_{\mathrm{p}}}\right\}^{\mathrm{T}}\left\{\frac{\partial g}{\partial \sigma}\right\}+\frac{\partial f}{\partial k}\frac{\mathrm{d}k}{\mathrm{d}\varepsilon^{\mathrm{p}}}c\left[\left\{\frac{\partial g}{\partial \sigma}\right\}^{\mathrm{T}}\left\{\frac{\partial g}{\partial \sigma}\right\}\right]^{\frac{1}{2}}} \tag{2.207}$$

令

$$H'=-\left(\frac{\partial f}{\partial x}\left\{\frac{\partial x}{\partial \varepsilon^{\mathrm{p}}}\right\}^{\mathrm{T}}\left\{\frac{\partial g}{\partial \sigma}\right\}+\frac{\partial f}{\partial k}\frac{\mathrm{d}k}{\mathrm{d}\varepsilon^{\mathrm{p}}}c\,[\{\mathrm{d}\varepsilon_{\mathrm{p}}\}^{\mathrm{T}}\{\mathrm{d}\varepsilon_{\mathrm{p}}\}]^{\frac{1}{2}}\right) \tag{2.208}$$

则得

$$\mathrm{d}\lambda=\frac{\left\{\frac{\partial f}{\partial \sigma}\right\}^{\mathrm{T}}\{\mathrm{d}\sigma\}}{H'} \tag{2.209}$$

下面将 H'称为硬化模量。由式（2.208）可见，硬化模量与硬化规律有关，必须根据指定的硬化规律来确定。对于其他的硬化规律，可按上述相似的途径推导出式（2.208），以及相应的硬化模量 H'的表达式，然后按式（2.209）确定 $\mathrm{d}\lambda$。

(8) 对于弹塑性数值分析而言，弹塑性模型的最终目标是建立矩阵形式的应力-应变关系。通常采用位移法进行数值求解，相应的应力-应变关系仍表示如下：

$$\{\mathrm{d}\sigma\}=[D]_{\mathrm{ep}}\{\mathrm{d}\varepsilon\} \tag{2.210}$$

式中，$[D]_{\mathrm{ep}}$为弹塑性应力-应变关系矩阵。下面来表述$[D]_{\mathrm{ep}}$的确定途径。将式（2.209）

代入 $\{d\varepsilon_p\}$ 的表达式中，得

$$\{\mathrm{d}\varepsilon_p\}=\left\{\frac{\partial g}{\partial\sigma}\right\}\frac{1}{H'}\left\{\frac{\partial f}{\partial\sigma}\right\}^{\mathrm{T}}\{\mathrm{d}\sigma\} \tag{2.211}$$

由于

$$\{\mathrm{d}\varepsilon_p\}=\{\mathrm{d}\varepsilon\}-\{\mathrm{d}\varepsilon_e\}$$
$$\{\mathrm{d}\varepsilon_e\}=[C]_e\{\mathrm{d}\sigma\}$$

将其代入式（2.211）中，得

$$\{\mathrm{d}\varepsilon\}-[C]_e\{\mathrm{d}\sigma\}=\frac{1}{H'}\left\{\frac{\partial g}{\partial\sigma}\right\}\left\{\frac{\partial f}{\partial\sigma}\right\}^{\mathrm{T}}\{\mathrm{d}\sigma\}$$

改写上式得

$$\{\mathrm{d}\varepsilon\}=\left[[C]_e+\frac{1}{H'}\left\{\frac{\partial g}{\partial\sigma}\right\}\left\{\frac{\partial f}{\partial\sigma}\right\}^{\mathrm{T}}\right]\{\mathrm{d}\sigma\}$$

令

$$[C]_p=\frac{1}{H'}\left\{\frac{\partial g}{\partial\sigma}\right\}\left\{\frac{\partial f}{\partial\sigma}\right\}^{\mathrm{T}} \tag{2.212}$$

则得

$$\{\mathrm{d}\varepsilon\}=[C_e+C_p]\{\mathrm{d}\sigma\}$$

令

$$[C_{ep}]=[C_e+C_p]$$
$$[D]_{ep}=[C]_{ep}^{-1}$$

则得

$$\{\mathrm{d}\sigma\}=[D]_{ep}\{\mathrm{d}\varepsilon\} \tag{2.213}$$

2.14　修正的剑桥模型

帽盖模型及剑桥模型基本概念如下。

修改的剑桥模型属于帽盖模型的一种模型，是一个典型的非线性弹性各项均等硬化的弹塑性模型，该模型采用相关联流动规律[10]，修改的剑桥模型是在剑桥模型的基础上建立的，因此有必要先简要表述一下剑桥模型。

1. 帽盖模型基本概念

帽盖模型是由德鲁克等首先提出来的[11]，该模型的荷载面由如下两部分组成。

（1）绝对塑性材料的破坏面：

$$f(I_1,J_2)=0 \tag{2.214}$$

（2）应变硬化帽盖：

$$f_c(I_1,J_2,x)=0 \tag{2.215}$$

式中，x 为与塑性应变有关的硬化参数，即

$$x=x(\varepsilon_{v,p}) \tag{2.216}$$

式中，$\varepsilon_{v,p}$为塑性体积应变。在$\sqrt{J_2}$-I_1平面内，破坏包线和帽盖如图2.73所示。在图2.73中，帽盖取为椭圆。A点和B点分别为帽盖与I_1轴和破坏包线的交点。在B点，帽盖的切线为水平线。硬化参数x为A点的I_1值，而I_1与$\varepsilon_{v,p}$有关。由图2.73可见，此时的屈服面为ABT。由式（2.215）和式（2.216）可见，借助硬化参数x与$\varepsilon_{v,p}$的关系，$\varepsilon_{v,p}$的增大或减小可以控制屈服面ABT的扩展和收缩。如图2.73所示，如果现在的应力处于帽盖上，例如C点，当应力进一步增大时，根据相关联流动规律，其塑性体积应变增量$d\varepsilon_{v,p}$为正，$\varepsilon_{v,p}$增大，相应的硬化参数x增大，帽盖将扩展到新的位置。这样就可以描写土的体积压缩性能。如果达到B点，则帽盖与破坏面相交。这种情况下，按帽盖计$d\varepsilon_{v,p}=0$，而按破坏面计$d\varepsilon_{v,p}<0$，土体发生膨胀。下面分别以硬化参数x可恢复和不可恢复两种情况来进一步表述。

1）硬化参数x可恢复的情况

假如硬化参数x可恢复，则根据减小的$\varepsilon_{v,p}$确定新的硬化参数x，其数值减小，相应的帽盖将收缩，新的帽盖为ED。然后，将新的帽盖取为塑性势面，确定塑性应变增量$d\varepsilon_p$作为土的实际的塑性应变增量。

2）硬化参数x不可恢复情况

假如硬化参数x不可恢复，则帽盖只允许扩展而不能收缩，帽盖的运动仅取决于以前所达到的最大的$\varepsilon_{v,p}$的值。因此，在硬化参数不可恢复情况下，相当于假定，帽盖只取决于曾达到的最大塑性体积应变，则帽盖并不随之收缩。

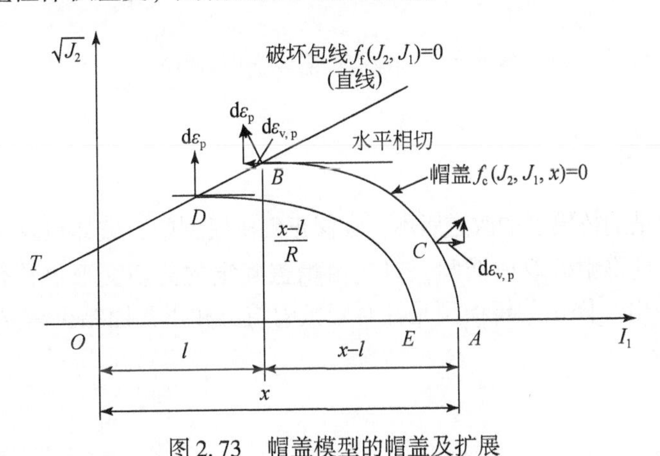

图2.73　帽盖模型的帽盖及扩展

2. 剑桥模型的基本概念

剑桥模型是根据伦敦黏土的三轴试验结果和如下极限状态概念建立的。

（1）状态边界面是Roscoe面和Hvorslev面组成的。

（2）在破坏之前，正常固结及轻微超固结的黏性土，其应力途径在Roscoe面上运动，最后达到破坏。

（3）在破坏之前，严重超固结黏性土的应力途径在 Hvorslev 面上运动，最后达到破坏。

（4）存在一条临界状态线，它是所有剪切试验破坏点的轨迹。Roscoe 面和 Hvorslev 面在临界状态线上交于一起。临界状态线具有如下严格的性质：如果在状态空间中，一点处于临界状态线上，则土将在常应力下发生大的偏歪斜变形。

（5）存在一个弹性墙，在弹性墙内只发生弹性变形。

基于上述，剑桥模型将临界状态线在 pq 平面上的投影取为破坏包线，并假定临界状态线在 pq 平面的投影是一条直线。因此，如果一个土样的初始状态（p、q、e）是已知的，其应力途径是指定的，则破坏条件可以唯一确定。此外，认为在破坏以前，应力途径在 Roscoe 面内运动，因此该模型只适用于正常固结和轻微超固结黏土。

最初，剑桥模型将 pq 平面内的帽盖取为如图 2.74 所示的子弹头形状。然而研究发现，在低剪应力水平下，由子弹头形状的帽盖确定出来的剪切变形比试验测到的大。另外，由图 2.74 可见，在剑桥模型中破坏包线和帽盖都是在三轴平面 pq 定义的，其中 $q=\sigma_1-\sigma_3$，$p=\frac{1}{3}(\sigma_1+2\sigma_3)$。

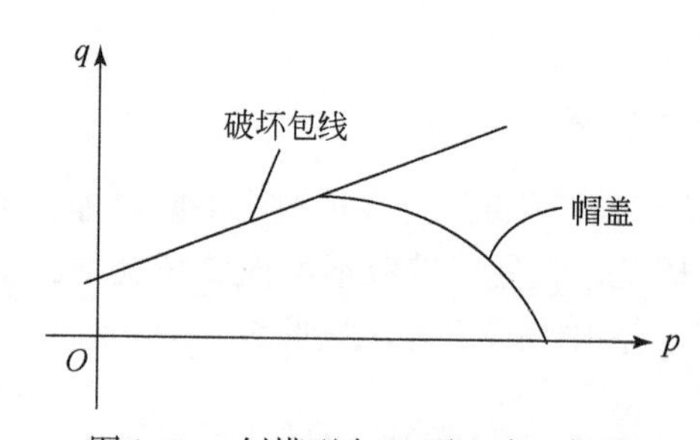

图 2.74　剑模型在 pq 平面内的帽盖

3. 修正剑桥模型

修正剑桥模型是剑桥模型的改进版本。在修正剑桥模型中，破坏包线和帽盖是在 $\sqrt{J_2}$-I_1 平面中定义的，并且将帽盖取成椭圆，以使由帽盖确定的剪切变形更符合试验的测试值。请注意，前文曾指出，修正剑桥模型是针对轻微固结土和正常固结土建立的，其应力途径在 Roscoe 面上变化。

1）基本假定

修正剑桥模型假定只有部分体积应变是可恢复的，而偏应变全部是不可以恢复的，弹性偏应变为 0，即

$$\left.\begin{aligned}\varepsilon_{\mathrm{v}}=\varepsilon_{\mathrm{v,e}}+\varepsilon_{\mathrm{v,p}}\\\{\varepsilon_{\mathrm{d}}\}=\{\varepsilon_{\mathrm{d,p}}\},\{\varepsilon_{\mathrm{d,e}}\}=0\end{aligned}\right\}\tag{2.217}$$

式中，$\{\varepsilon_{\mathrm{d}}\}$、$\{\varepsilon_{\mathrm{d,p}}\}$、$\{\varepsilon_{\mathrm{d,e}}\}$ 分别为偏应变向量、塑性偏应变向量和弹性偏应变向量。另外，还假定弹性体积应变非线性地取决于静水压力，而与偏应变无关。因此，修正剑桥模型是非线性弹性的，必须确定弹性体积模量 K 与静水压力之间的关系。

2）K 与静水压力的关系

这个关系由均等固结试验资料确定。假定在 e-ln p 坐标中主固结线是条直线，其斜率为 λ，回弹和再压缩线也是直线，并且相重合，其斜率为 η，如图 2.75 所示。这样，主固结线的方程为

$$e=e_1-\lambda\ln p \tag{2.218}$$

式中，e_1 为 p 等于单位压力时主固结线上相应的孔隙比。与上式相似，回弹和再压缩线的方程式为

$$e=e_2-\eta\ln p \tag{2.219}$$

式中，e_2 为 p 等于单位压力时回弹再压缩线上相应的孔隙比。由式（2.218）得主固结线上孔隙比增量如下：

$$\mathrm{d}e=-\lambda\frac{\mathrm{d}p}{p} \tag{2.220}$$

而由式（2.219）得回弹再压缩线上相应的孔隙比增量如下：

$$\mathrm{d}e=-\eta\frac{\mathrm{d}p}{p} \tag{2.221}$$

由于

$$\mathrm{d}\varepsilon_{\mathrm{v}}=\frac{\mathrm{d}e}{1+e}$$

将式（2.220）代入上式，得主固结线上的体积应变增量如下：

$$\mathrm{d}\varepsilon_{\mathrm{v}}=-\frac{\lambda}{(1+e)p}\mathrm{d}p \tag{2.222}$$

而将式（2.221）代入，则得回弹再压缩线上的体积应变增量如下：

$$\mathrm{d}\varepsilon_{\mathrm{v,e}}=-\frac{\eta}{(1+e)p}\mathrm{d}p \tag{2.223}$$

由此，可得不可恢复的塑性体积应变增量 $\mathrm{d}\varepsilon_{\mathrm{v,p}}$ 为

$$\mathrm{d}\varepsilon_{\mathrm{v,p}}=-\frac{\lambda-\eta}{(1+e)p}\mathrm{d}p \tag{2.224}$$

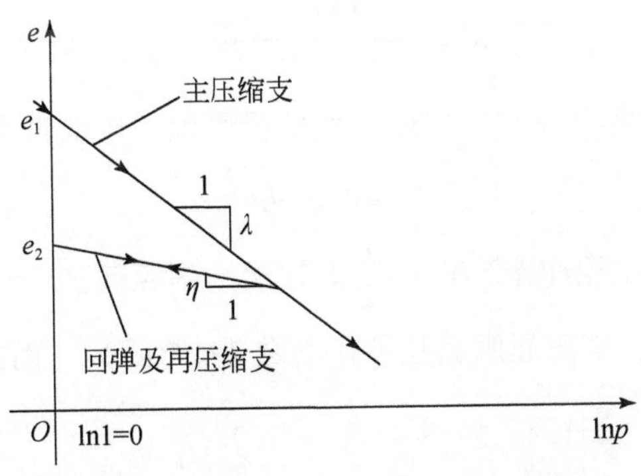

图 2.75　静水压力 p 变化引起的体积变化

这样，由式（2.223）得增量弹性体积模量 K 如下：

$$K=-\frac{1+e}{\eta}p \tag{2.225}$$

由式（2.225）可见，增量弹性体积模量不为常数，随静水压力 p 的增大而增大，因此是非线性弹性的。

另外，前文曾假定弹性偏应变为零。为满足这个条件，应将增量弹性剪切模量取成非常大的数值，例如等于增量弹性体积模量 K 的 100 倍。

3）屈服面及硬化参数

作为一个帽盖模型，其屈服面是由破坏面和帽盖面组成的，在 $\sqrt{J_2}$-p 平面内，临界状态线的投影和帽盖如图 2.76 所示。由图 2.76 可见，临界状态线的投影为一条直线，帽盖为椭圆，其数学表达式分别如下：

$$\sqrt{J_2}=Mp \tag{2.226}$$

$$f=p^2-p_0p+\frac{J_2}{M^2}=0 \tag{2.227}$$

式中，M 为材料参数。由式（2.227）可见

$$\left.\begin{aligned}p=0,J_2=0\\p=p_0,J_2=0\end{aligned}\right\} \tag{2.228}$$

式（2.228）表明，椭圆帽盖通过 $\sqrt{J_2}$-p 坐标原点，p_0 为椭圆帽盖与静水压力轴交点。因此，椭圆帽盖随 p_0 增大而扩展，则 p_0 为应变硬化参数。将 p 与应力不变量 I_1 关系代入，则得以应力不变量表示的椭圆帽盖方程式：

$$f=I_1^2-I_{1,0}I_1+9\frac{J_2}{M^2}=0 \tag{2.229}$$

式中，$I_{1,0}$ 为帽盖与 I_1 轴交点的 I_1 值，即 $I_{1,0}=3p_0$。根据式（2.224），硬化参数的增量和塑性体积应变增量的关系如下：

$$\left.\begin{aligned}\mathrm{d}\varepsilon_{\mathrm{v,p}}=-\frac{\lambda-\eta}{(1+e)I_{1,0}}\mathrm{d}I_{1,0}\\\mathrm{d}I_{1,0}=-\frac{(1+e)I_{1,0}}{\lambda-\eta}\mathrm{d}\varepsilon_{\mathrm{v,p}}\end{aligned}\right\} \tag{2.230}$$

此外，控制破坏的临界状态线在 $\sqrt{J_2}$-p 面的投影以引申的米赛斯破坏准则表示，则得

$$\sqrt{J_2}=Mp$$

由图 2.76 可见，它与椭圆帽盖在 $p=\frac{p_0}{2}$ 处相交，相应的 $\sqrt{J_2}=\frac{1}{2}Mp_0$

由式（2.229）可见，帽盖屈服面是硬化参数 $I_{1,0}$ 的函数，而式（2.230）表明硬化参数 $I_{1,0}$ 又是 $\varepsilon_{\mathrm{v,p}}$ 的函数。这样：

$$\frac{\partial f}{\partial \varepsilon_{\mathrm{v,p}}}=\frac{\partial f}{\partial I_{1,0}}\frac{\partial I_{1,0}}{\partial \varepsilon_{\mathrm{v,p}}}\mathrm{d}\varepsilon_{\mathrm{v,p}} \tag{2.231}$$

式中，$\frac{\partial I_{1,0}}{\partial \varepsilon_{\mathrm{v,p}}}$可由式（2.230）确定。由前述可知，当由一致性条件确定硬化模量H'时，需要先确定$\frac{\partial f}{\partial \varepsilon_{\mathrm{v,p}}}$。这样，按式（2.231），$\frac{\partial f}{\partial \varepsilon_{\mathrm{v,p}}}$就可确定。

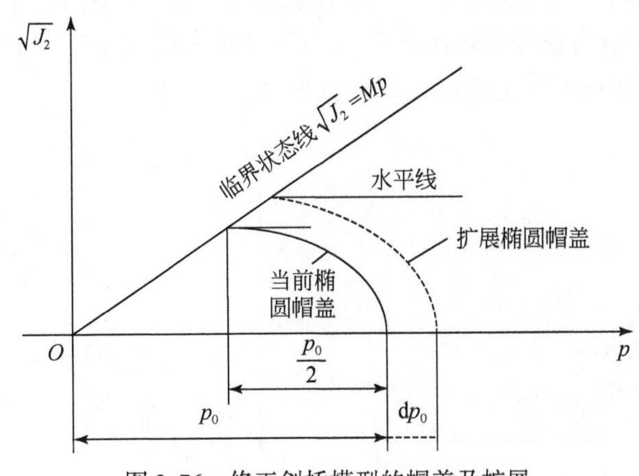

图2.76　修正剑桥模型的帽盖及扩展

4）流动规律及比例因子 dλ 的确定

修正剑桥模型采用相关联流动规律，取屈服函数为塑性势函数，即$g=f$。比例因子$\mathrm{d}\lambda$可由式（2.209）来确定，其中硬化模量H'可根据一致性条件来确定，其具体的方法在前文已经表述了，此处不再赘述。

进而可确定修正剑桥模型的弹塑性应力-应变关系矩阵，其具体方法上文已表述过，此处不再赘述。

5）按修正剑桥模型解释土的弹塑性性能

下文以一个实例说明修正剑桥模型的功能。设一个轻微超固结试样，在ep平面内，以A点表示其所处的状态。因为土样处轻微超固结状态，则ep平面上A点处于均等主固结线与临界状态线之间，如图2.77（a）所示。在qp平面内，A点位于p轴上，即使土样在各向均等压力p_A作用下完成固结，$q_A=0$，如图2.77（b）所示。均等固结完成后，进行排水三轴压缩试验，土样受到轴向压应力$\Delta\sigma_1$的作用。由于$\Delta\sigma_1$的作用，在试验过程中：

$$p=p_A+\frac{\Delta\sigma_1}{3}$$

$$q=\Delta\sigma_1$$

其应力途径是过 A 点斜率等于3的直线，如图2.77（b）所示。这条直线应力途径与 qp 平面内的一系列椭圆帽盖相交，其交点依次分别为 B、C、D、E。设从 A 点到 B 点，相应的 $\Delta\sigma_1$ 很小，途经 AB 在过 B 点的帽盖之内，则土样表现出了弹性性能，并且只有弹性体应变，弹性偏应变为0（假定偏应变量不可恢复）。从 B 点进一步加载，土样开始屈服。除产生弹性体应变外，还产生塑性体应变和塑性偏应变。随进一步加载，土样的受力沿途径 $ABCD$ 变化，发生进一步屈服，并且帽盖屈服面也随之扩展，如图2.77所示。由于土样处于轻微超固结状态，在屈服过程中发生体积剪缩。在 ep 平面，土样的状态从 A 点变化到 BCD 点。最后，应力途经 $ABCD$ 在 E 点与临界状态线相交。在 E 点塑性体积应变增量等于零。土样在常体积下发生变形，或称发生流动。

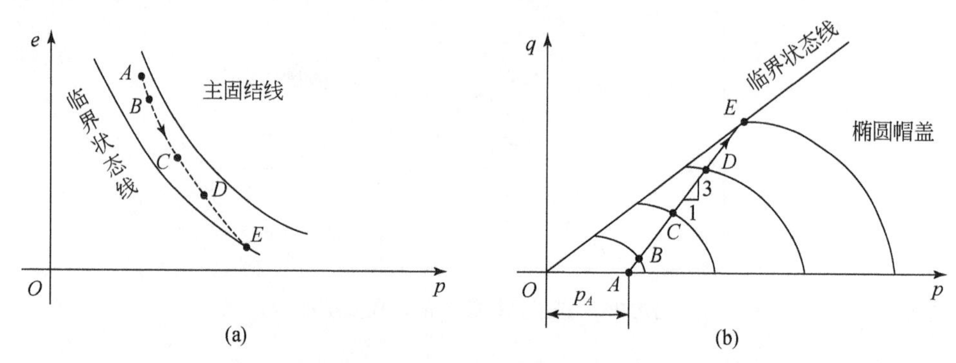

图2.77 轻微超固结土试样在三轴排水试验中的应力途径

2.15 拉特-邓肯（Lade-Duncan）模型

该模型的试验基础是蒙特雷0号（Monterey No.0）砂的真三轴实验结果。这是一个采用非相关联流动规律的各向均等硬化模型，并以塑性应变能 W_p 作为塑性硬化变量。下面分几个方面来表述该模型[12]。

2.15.1 破坏准则及破坏面

Lade 和 Duncan 根据 Monterey No.0 的真三轴实验结果研究了非黏性土的特性。为了考察中间主应力对破坏应力状态的影响，定义了一个参数 b 如下：

$$b=\frac{\sigma_2-\sigma_3}{\sigma_1-\sigma_3} \tag{2.232}$$

式中，$\sigma_1 \geqslant \sigma_2 \geqslant \sigma_3 \geqslant 0$。在真三轴压缩试验中，$\sigma_2=\sigma_3$，则 $b=0$；在真三轴拉伸试验中，$\sigma_2=\sigma_1$，则 $b=1$，如图2.78所示。这样，真三轴试验的参数 b 在0～1变化。

由 Monterey No.0 松砂和密砂真三轴试验获得的破坏应力可以绘在差平面中，如图2.79所示。为了比较，在该图中还绘出库仑破坏面在差平面上的横断面。可以看出，由真三轴试验结果得到的差平面上的破坏包线是一条光滑的封闭曲线，而库仑破坏包线是一个带有

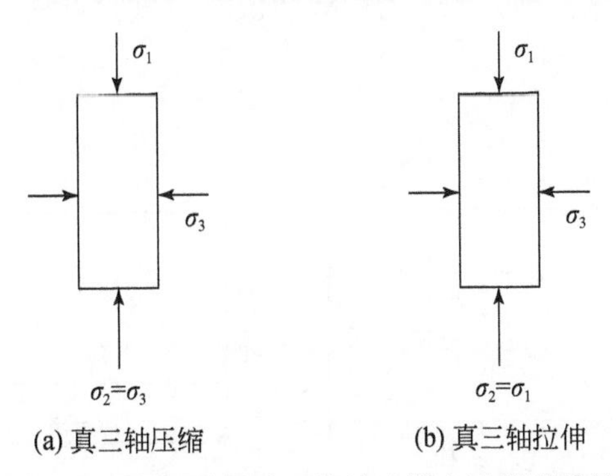

图 2. 78　真三轴压缩试验和拉伸试样土试样所受的应力

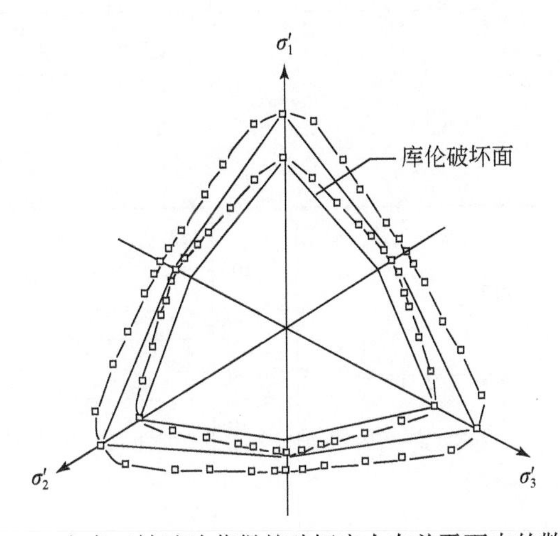

图 2. 79　由真三轴试验获得的破坏应力在差平面中的散点图

角点的不规则六边形。进而，Lade 和 Duncan 假定静水压力不影响差平面上的破坏包线的形状。这样，在主应力空间中破坏面是一个锥面，因此在不同静水压力下差平面上的破坏包线是相似的。

基于上述实验结果，Lade 和 Duncan 提出了一个以应力不变量表示的破坏准则，其形式如下：

$$k_1=\frac{I_1^3}{I_3} \tag{2.233}$$

文献［12］根据各种砂真三轴试验测得的破坏应力绘制了$\frac{I_1^3}{I_3}$与 b 的散点图，如图 2. 80 所示。由图 2. 80 可见，$\frac{I_1^3}{I_3}$的值，即 k_1 的值基本不随 b 的改变而改变，是一个常数值，这个值只随砂的类型及密度而改变，这样式（2. 233）的正确性得到了验证，但是也可以看出，无论是松砂还是密砂，当 b 为中等数值时，试验点稍在$\dfrac{I_1^3}{I_3}$-b 的水平线之下，即稍高估了砂的破坏强度。

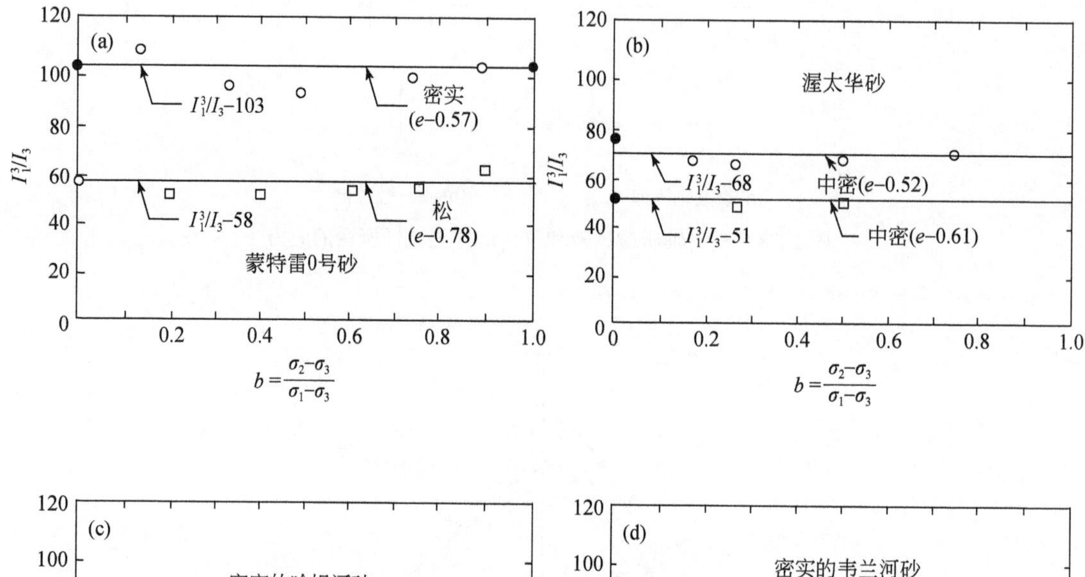

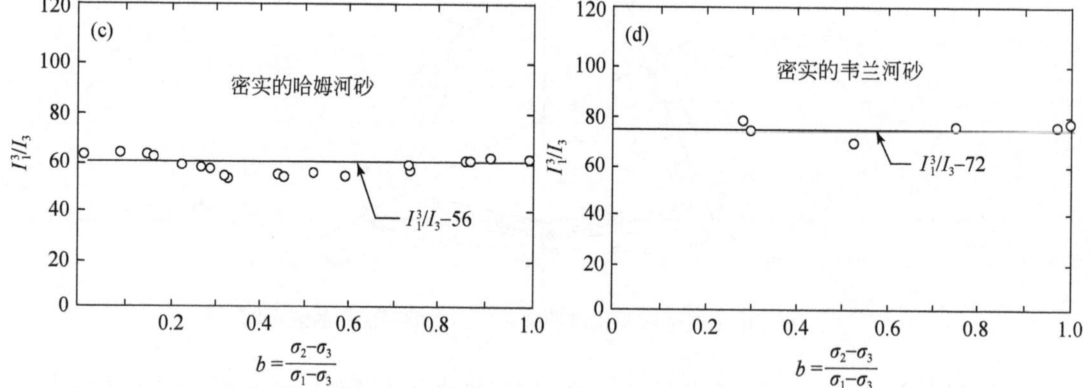

图 2.80　I_1^3/I_3 与 b 值的散点图

根据式（2.233），破坏面函数 f_f 可以 I_1 和 I_3 表示为如下形式：

$$f_\mathrm{f}=I_1^3-k_1I_3=0 \tag{2.234}$$

可以证明，式（2.234）还可以 I_1、J_2、J_3 表示成如下形式：

$$f_\mathrm{f}=J_3-\frac{1}{3}I_1J_2+\left(\frac{1}{27}-\frac{1}{k_1}\right)I_1^3=0 \tag{2.235}$$

在应力空间中，式（2.234）和式（2.235）表示的是一个以静水压力线为轴的锥面，如图 2.81（a）所示。当砂的摩擦角分别为 30°、30°、50°时，偏应力面上的截面如图 2.81（b）所示。

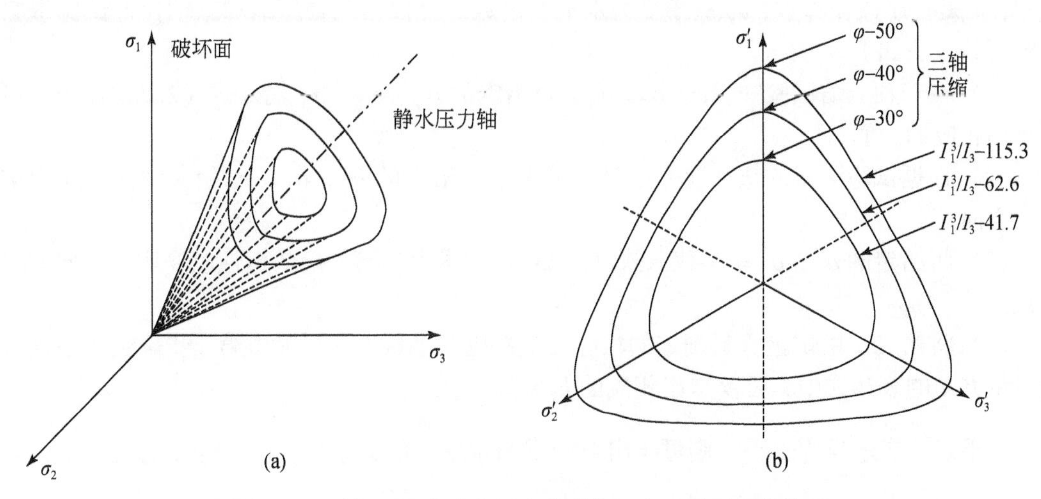

图 2. 81　破坏面在应力空间中的形状和在 π 平面上的截面

2. 15. 2　屈服准则及屈服面

该模型认为随受力水平的提高，屈服面将从静水压力轴各向均等扩展，最终趋近于破坏面。因此，将屈服函数取成与破坏准则相同的函数形式：

$$
\left.\begin{aligned}
&f=I_3^3-kI_3=0\\
&f=J_3-\frac{1}{3}I_1J_2+\left(\frac{1}{27}-\frac{1}{k}\right)I_1^3=0
\end{aligned}\right\}\tag{2.236}
$$

式中，k 为一个取决于现实应力水平的硬化参数。在静水压力条件下，$J_3=J_2=0$，由式（2. 236）得

$$k=27$$

在破坏条件下，将式（2. 236）与式（2. 237）进行比较，得

$$k=k_1$$

因此，k 值从静水压力条件下的 27 变化到破坏条件下的 k_1 值。

2. 15. 3　势函数与流动规律

Lade 和 Duncan 根据试验资料考察了破坏面上塑性应变增量的方向是否满足经典塑性理论的正交性条件。结果表明，在三轴平面内，正交性条件是不满足的，但在偏平面内正交性条件几乎是满足的。这样，该模型选用了不相关联流动规律，并将塑性势函数 g 取成与屈服函数相似的形式：

$$
\left.\begin{aligned}
&g=I_3^3-k_2I_3=0\\
\text{或}\quad &g=J_3-\frac{1}{3}I_1J_2+\left(\frac{1}{27}-\frac{1}{k_2}\right)I_3^3=0
\end{aligned}\right\}\tag{2.237}
$$

式中，k_2是一个硬化参数，取决于受力水平的参数。可根据三轴压缩和三轴拉伸试验资料确定，其方法如下。

(1) 在三轴压缩试验中，$\sigma_1>\sigma_2=\sigma_3$，将给定的$\sigma_1$、$\sigma_2$、$\sigma_3$代入式(2.236)中，可反求出相应的$k$值。

(2) 根据试验测得的塑性应变增量，可确定与给定的σ_1，$\sigma_2=\sigma_3$相应的塑性应变增量的方向。

(3) 将给定的σ_1，$\sigma_2=\sigma_3$代入式(2.237)中求出与其相应的塑性应变增量方向的表达式。

(4) 将第二步由试验资料确定的相应的塑性应变增量方向代入由第三步确定的塑性应变增量方向的表达式中，可反求出相应的k_2值。

如果以$\frac{I_1^3}{I_3}$表示受力水平，则可绘出k_2与受力水平$\frac{I_1^3}{I_3}$的关系线，即k_2与k的关系线，如图2.82所示。

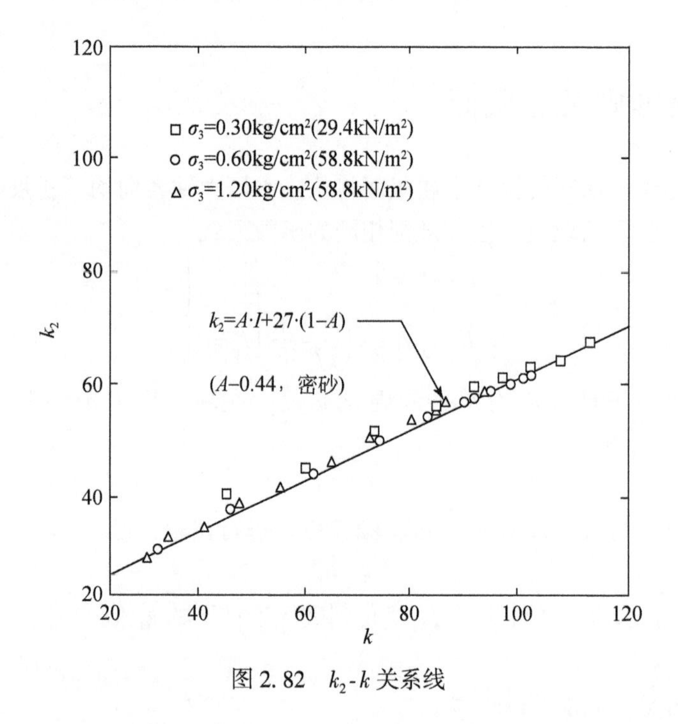

图2.82　k_2-k关系线

由式(2.237)可见，在静水压力下，$J_3=J_2=0$，则$k_2=27$。因此，在静水压力下$k_2=k=27$；另外，在破坏条件下，$k=k_1$，则$k_2=A(k-27)+27$，其中，A为k_2-$\frac{I_1^3}{I_3}$关系线的斜率。由此，得k_2-k的关系线为

$$k_2=Ak+27(1-A) \tag{2.238}$$

这样，只要k值确定，就可由式(2.238)确定k_2。

前文曾指出，该模型采用非相关联流动规律，则塑性应变增量可按下式计算：

$$d\varepsilon_{ij}^{p}=d\lambda\frac{\partial g}{\partial\sigma_{ij}} \tag{2.239}$$

式中，$d\lambda$ 为一个正的比例因子。

2.15.4　硬化规律和 dλ 的确定

该模型采用各向均等的硬化规律，塑性功按下式确定：

$$W_p=\int\sigma_{ij}d\varepsilon_{ij,p} \tag{2.240}$$

根据指定的 σ_1、σ_3 及试验测得的塑性变形，可以根据式（2.240）计算塑性应变功 W_p 及根据式（2.236）确定相应的 k 值。这样就可绘出 W_p 与受力水平 $\frac{I_1^3}{I_3}$，即与 k 的关系线，如图2.83所示。在图2.83中，k_t 为一个界限值，当 $27<k<k_t$ 时，认为不发生塑性应变，W_p 等于零。根据图2.83所示的资料，k 与 W_p 的关系可用双曲线表示如下：

$$k-k_t=\frac{W_p}{a+bW_p} \tag{2.241}$$

式中，a、b 为两个参数。由式（2.241）可见，$\frac{W_p}{k-k_t}$-W_p 为直线关系，其中 a 为该直线的截距，b 为该直线的斜率，试验研究表明，a 与 σ_3 的关系如下：

$$a=Mp_a\left(\frac{\sigma_3}{p_a}\right)^l \tag{2.242}$$

式中，M、l 为两个参数，可由实验确定。由式（2.241）可得

$$dW_p=\frac{a\,dk}{[1-b(k-k_t)]^2} \tag{2.243}$$

式（2.243）给出了受力水平增量 dk 与塑性功增量的关系，即硬化规律。一旦知道现应力水平 k 和现应力水平增量 dk，就可由式（2.243）确定相应的塑性功增量 dW_p。

由式（2.239）可见，如按该式确定塑性应变增量，则必须确定比例因子 $d\lambda$。比例因子 $d\lambda$ 可由 dW_p 确定。由式（2.240）可得

$$dW_p=\sigma_1 d\varepsilon_{1,p}+\sigma_2 d\varepsilon_{2,p}+\sigma_3 d\varepsilon_{3,p}$$

将式（2.239）代入上式得

$$dW_p=d\lambda\left(\sigma_1\frac{\partial g}{\partial\sigma_1}+\sigma_2\frac{\partial g}{\partial\sigma_2}+\sigma_3\frac{\partial g}{\partial\sigma_3}\right)$$

由于

$$\frac{\partial g}{\partial\sigma_1}=3I^2\frac{\partial I_1}{\partial\sigma_1}-k_2\frac{\partial I_3}{\partial\sigma_1}$$

将 I_1、I_3 代入，并完成积分，则得

$$\sigma_1\frac{\partial g}{\partial\sigma_1}=3I^2\sigma_1-k_2\sigma_1\sigma_2\sigma_3$$

与之相似，可求得 $\sigma_2\frac{\partial g}{\partial\sigma_2}$、$\sigma_3\frac{\partial g}{\partial\sigma_3}$表达式，将其代入 dW_p 表达式中，则得

$$dW_p = d\lambda(3g)$$

改写上式，得

$$d\lambda = \frac{dW_p}{3g} \tag{2.244}$$

上文给出了塑性应变增量及比例因子 $d\lambda$ 的确定方法。弹性应变增量可由胡克定律确定，但是应采用卸荷-再加荷模量。

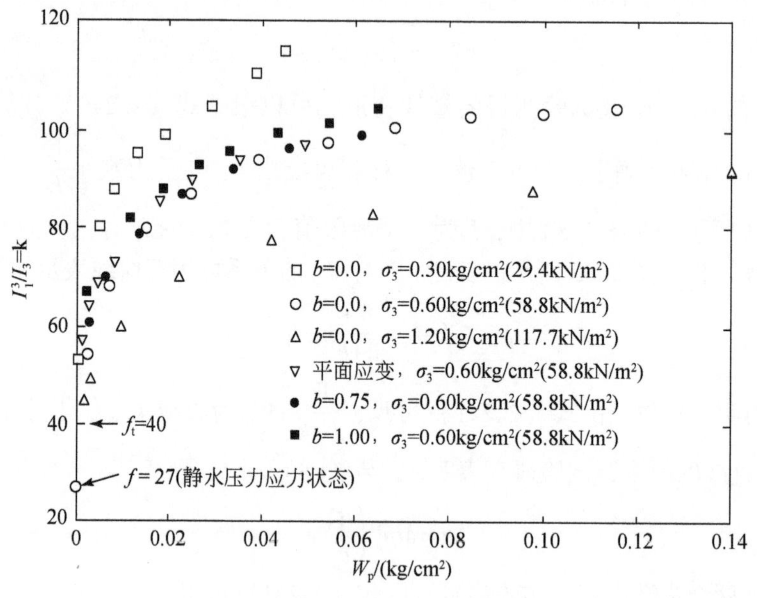

图 2.83　受力水平 k 与塑性功关系

2.15.5　弹塑性矩阵

增量形式的弹性矩阵和塑性矩阵确定之后，就可确定增量形式的弹塑性矩阵，其方法如前述，在此不再赘述。

上述表述的 Lade 和 Duncan 模型可以表示非黏性土的应力-应变关系的一些特性，例如中间主应力的影响、剪胀效应及应力途径的影响。显然，这个模型比较简单，其屈服面是光滑的，但是该模型屈服面的子午线是直线，这与在高压下子午线是有些外凸的曲线不相符合，另外，该模型的试验依据是非黏性土的试验资料，对非黏性土是适用的。

2.16　多屈服面模型

2.16.1　多屈服面模型的要点

（1）在主应力空间中设置一套初始屈服面，例如 f_0，f_1，…，f_m，…，f_p，其函数的一般形式如下：

$$\left.\begin{array}{l}f_m=f_m[(\sigma_{ij}-\alpha_{ij,m}),k_m]=0\\ m=0\sim p\end{array}\right\}\tag{2.245}$$

式中，σ_{ij}为主应力空间中屈服面上一点的应力分量；$\alpha_{ij,m}$为主应力空间中第 m 个屈服面中心点的应力分量，随塑性变形而变化；k_m 为第 m 个屈服面的尺度，$k_0<k_1<\cdots<k_m<\cdots$。初始屈服面的几何形状是相似的。由于 k_m 值随下标 m 增大而增大，则在设置初始屈服面时已考虑了各项均等硬化。在一定条件下，假定 $\alpha_{ij,m}$和 k_m 是塑性应变分量 $\varepsilon_{ij,p}$的函数。在主应力空间中，函数f_m 通常取为 $\sigma_{ij}-\alpha_{ij,m}$和 k_m 的齐次函数。如果取二次齐次式，则各屈服面上法线方向相同的点应满足以下条件：

$$\frac{\sigma_{ij}-\alpha_{ij,0}}{k_0}=\frac{\sigma_{ij}-\alpha_{ij,1}}{k_1}=\cdots=\frac{\sigma_{ij}-\alpha_{ij,m}}{k_m}=\cdots\tag{2.246}$$

（2）硬化规律：这样，在应力空间中设置一套初始屈服面，将应力空间分成若干个子空间。如果应力空间中土的受力状态达到第 m 个面上的 q 点，则第 m 个面开始屈服，并且第 0 个面至第 m 个面在 q 点相互相切，如图 2.84 所示。当受力水平提高时，这几个面一起在初始屈服面f_m 和面f_{m+1}之间的子空间中运动，在 R 点与面f_{m+1}相切，则f_{m+1}开始屈服。下面将屈服面在相应的子空间中的运动和变化的规律称为多屈服面模型的硬化规律。

通常认为屈服面在相应的子应力空间中的运动和变化规律有如下两种形式。

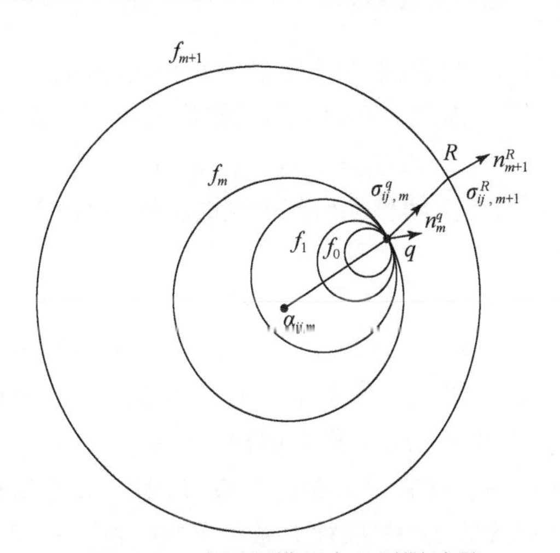

图 2.84　多屈服模型中土屈服过程

（a）初始屈服面在相应的子应力空间中只有平移。按前述，这种硬化规律称为运动硬化规律。屈服面在子应力空间中的刚体平移可以其中心在子空间中的平移表示，即按式（2.245）可以 $d\alpha_{ij,m}$表示。

（b）初始屈服面在相应的子应力空间中不仅有平移，同时还伴随发生各向均等扩展。按前述，在子空间中，这种硬化称为混合硬化规律。因此，混合硬化规律包括应力子空间中初始屈服面的平移规律，以及初始屈服面均等扩展规律。这样多屈服面模型按其应力子空间中的硬化规律，可分为运动硬化多屈服面模型和混合硬化多屈服面模型。

2.16.2　应力子空间中运动硬化的多屈服面模型

1. 运动硬化规律

如前所述，运动硬化规律是指初始屈服面在子应力空间中的平移规律。可以其中心的平移 $\mathrm{d}\alpha_{ij,m}$ 表示。中心的平移包括平移的方向和平移的量。因此，运动硬化规律包括确定 $\mathrm{d}\alpha_{ij,m}$ 的方向及 $\mathrm{d}\alpha_{ij,m}$ 的量。概括地说，存在如下三种运动硬化规律。

1）普拉格（Prager）运动硬化规律

Prager 运动硬化规律假定屈服面中心的平移方向与塑性应变增量方向相同，平移的量与塑性应变增量成正比[13]。因此，Prager 运动硬化规律可写成如下形式：

$$\mathrm{d}\alpha_{ij,m}=c\mathrm{d}\varepsilon_{ij,\mathrm{p}} \tag{2.247}$$

式中，c 为给定材料的功硬化常数，由试验资料确定。但应指出，由于屈服面 m 在子空间移动过程中，$\mathrm{d}\varepsilon_{ij,\mathrm{p}}$ 是变化的，则其中心点移动方向也是变化的。由于式（2.247）是塑性应变的线性函数，则称这种硬化规律为线性功硬化。

2）齐格勒（Ziegler）运动硬化规律

Ziegler 运动硬化规律假定屈服面的中心沿其中心与屈服面上的 q 点连线方向平移，即沿（$\sigma^{q}_{ij,m}-\alpha_{ij,\mathrm{p}}$）方向平移[14]。因此，Ziegler 运动硬化规律可写成如下形式：

$$\mathrm{d}\alpha_{ij,m}=\mathrm{d}\mu(\sigma^{q}_{ij,m}-\alpha_{ij,\mathrm{p}}) \tag{2.248}$$

式中，$\alpha_{ij,\mathrm{p}}$ 为第 m 个屈服面在子空间移动后其中点的坐标；$\mathrm{d}\mu$ 是一个正的比例系数，取决于变形的历史，通常假定：

$$\mathrm{d}\mu=a\mathrm{d}\varepsilon^{\mathrm{p}} \tag{2.249}$$

按前述，式中，$\mathrm{d}\varepsilon^{\mathrm{p}}=c\ [\{\mathrm{d}\varepsilon_{\mathrm{p}}\}^{\mathrm{T}}\ \{\mathrm{d}\varepsilon_{\mathrm{p}}\}]$，$c$ 为常数，a 为材料常数，由试验确定。由式（2.248）可见，$\sigma^{q}_{ij,m}-\alpha_{ij,\mathrm{p}}$ 只确定了屈服中心的平移方向，而平移的量取决于比例系数 $\mathrm{d}\mu$。但应指出，第 m 个屈服面在子空间移动过程中，由于（$\sigma_{ij,m}-\alpha_{ij,\mathrm{p}}$）是变化的，则其中心点移动的方向也是变化的。按式（2.249），$\mathrm{d}\mu$ 与塑性应变增量 $\mathrm{d}\varepsilon^{\mathrm{p}}$ 呈线性关系，则中心的平移量也与塑性应变增量 $\mathrm{d}\varepsilon^{\mathrm{p}}$ 呈线性关系。因此，Ziegler 运动硬化规律也属于线性功硬化。

3）Mrŏz 运动硬化规律

设沿某一应力途径应力状态到达第 m 个面上的 q 点，则第 m 面开始屈服。进一步加载时，第 0 个面至第 m 个面将随 q 点一起平移到达第 $m+1$ 个面上的 R 点，并在 R 点与第 $m+1$ 个面相切。因此，f_{m+1} 面在 R 点的外法线方向与 f_m 面在 q 点的外法线方向相同，如图 2.84 所示。如果以 $\sigma^{q}_{ij,m}$ 和 $\sigma^{R}_{ij,m+1}$ 分别表示 q 点和 R 点的应力状态，则由式（2.246）得

$$k_m(\sigma^{R}_{ij,m+1}-\alpha_{ij,m+1})=k_{m+1}(\sigma^{q}_{ij,m}-\alpha_{ij,m})$$

由该式得 $\sigma_{ij,m+1}^{R}$ 表达式如下：

$$\sigma_{ij,m+1}^{R}=\alpha_{ij,m+1}+\frac{k_{m+1}}{k_m}(\sigma_{ij,m}^{q}-\alpha_{ij,m})$$

将上式两边同时减去 $\sigma_{ij,m}^{q}$，整理后得

$$\sigma_{ij,m+1}^{R}-\sigma_{ij,m}^{q}=\alpha_{ij,m+1}+\left(\frac{k_{m+1}}{k_m}-1\right)\sigma_{ij,m}^{q}-\frac{k_{m+1}}{k_m}\alpha_{ij,m} \tag{2.250}$$

令

$$\mu_{ij}=\sigma_{ij,m+1}^{R}-\sigma_{ij,m}^{q}$$

则

$$\mu_{ij}=\alpha_{ij,m+1}+\left(\frac{k_{m+1}}{k_m}-1\right)\sigma_{ij,m}^{q}-\frac{k_{m+1}}{k_m}\alpha_{ij,m} \tag{2.251}$$

Mrŏz 运动硬化规律假定屈服面发生移动，其中心点沿 $\sigma_{ij,m+1}^{R}-\sigma_{ij,m}^{q}$ 连线方向移动[15]，则

$$\mathrm{d}\alpha_{ij,m}=\mathrm{d}\mu_1(\sigma_{ij,m+1}^{R}-\sigma_{ij,m}^{q})=\mathrm{d}\mu_1\mu_{ij} \tag{2.252}$$

式中，$\mathrm{d}\mu_1$ 为确定屈服面中心移动量的比例系数。式（2.252）表示第 m 个屈服面在子空间移动过程中，其中心点的移动方向是不变的。$\mathrm{d}\mu_1$ 可按下式确定：

$$\mathrm{d}\mu_1=b\mathrm{d}\varepsilon^{\mathrm{p}} \tag{2.253}$$

式中，b 为材料参数。

将式（2.252）代入式（2.251）中得

$$\frac{\mathrm{d}\alpha_{ij,m}}{\mathrm{d}\mu_1}=\alpha_{ij,m+1}+\left(\frac{k_{m+1}}{k_m}-1\right)\sigma_{ij,m}^{q}-\frac{k_{m+1}}{k_m}\alpha_{ij,m}$$

整理后得

$$\mathrm{d}\alpha_{ij,m}=\frac{\mathrm{d}\mu_1}{k_m}[(k_{m+1}-k_m)\sigma_{ij,m}^{q}+(k_m\alpha_{ij,m+1}-k_{m+1}\alpha_{ij,m})] \tag{2.254}$$

对于第 m 个面的中心与第 $m+1$ 个面的中心相同的特殊情况，则 $\alpha_{ij,m}=\alpha_{ij,m+1}$，将此条件代入式（2.254）中，则得

$$\mathrm{d}\alpha_{ij,m}=\mathrm{d}\mu_1\frac{k_{m+1}-k_m}{k_m}(\sigma_{ij,m}^{q}-\alpha_{ij,m}) \tag{2.255}$$

式（2.255）表明，在这种特殊情况下，屈服中心将沿着它与现应力在该面上的 q 点连线方向平移，即与 Ziegler 运动硬化规律相同。

如果将 Ziegler 运动硬化规律作为 Mrŏz 运动硬化规律的一个特殊情况，则只有当屈服面 f_{m+1} 与 f_m 面的中心相同时，Ziegler 运动硬化规律才成立。下面来确定式（2.249）中的参数 a 与式（2.253）中的参数 b 的关系。为此，将式（2.254）与式（2.250）进行比较，得

$$\mathrm{d}\mu_1\frac{k_{m+1}-k_m}{k_m}=\mathrm{d}\mu$$

再将式（2.249）和式（2.253）分别代入上式，整理后得

$$b=\frac{k_m}{k_{m+1}-k_m}a \text{ 或 } a=\frac{k_{m+1}-k_m}{k_m}b \tag{2.256}$$

由上述可知，对于 Mrŏz 运动硬化规律，需要确定比例系数 $d\mu_1$ 的值，而对于 Ziegler 运动硬化规律，则需要确定比例系数 $d\mu$ 的值。Mrŏz 运动硬化规律中的比例系数 $d\mu_1$ 和 Ziegler 运动硬化规律中的比例系数 $d\mu$ 可按一致性条件确定。下面以 Mrŏz 运动硬化规律为例，说明其比例系数 $d\mu_1$ 的确定方法。对于第 m 个屈服面，一致性条件如下：

$$df_m = \frac{\partial f_m}{\partial \sigma_{ij}} d\sigma_{ij} + \frac{\partial f_m}{\partial \alpha_{ij,m}} d\alpha_{ij,m} = 0$$

设 $\mu_{ij,m} = \sigma_{ij} - \alpha_{ij,m}$ 则由式（2. 245）得

$$\frac{\partial f_m}{\partial \sigma_{ij}} = \frac{\partial f_m}{\partial \mu_{ij,m}} \frac{\partial \mu_{ij,m}}{\partial \sigma_{ij}} = \frac{\partial f_m}{\partial \mu_{ij,m}}$$

及

$$\frac{\partial f_m}{\partial \alpha_{ij,m}} = \frac{\partial f_m}{\partial \mu_{ij,m}} \frac{\partial \mu_{ij,m}}{\partial \alpha_{ij,m}} = -\frac{\partial f_m}{\partial \mu_{ij}}$$

由此，得

$$\frac{\partial f_m}{\partial \alpha_{ij,m}} = -\frac{\partial f_m}{\partial \sigma_{ij}}$$

将其代入一致性条件，得

$$\frac{\partial f_m}{\partial \sigma_{ij}}(d\sigma_{ij} - d\alpha_{ij,m}) = 0 \tag{2. 257}$$

再将式（2. 252）代入上式得

$$\frac{\partial f_m}{\partial \sigma_{ij}}[d\sigma_{ij} - d\mu_1 \mu_{ij}] = 0$$

请注意，式（2. 258）中的$\frac{\partial f_m}{\partial \sigma_{ij}}$、$d\sigma_{ij}$、$\mu_{ij}$均是一个向量，如分别以向量$\left\{\frac{\partial f_m}{\partial \sigma}\right\}$、$\{d\sigma\}$、$\{\mu\}$ 表示，则式（2. 258）写成如下矩阵形式：

$$d\mu_1 = \frac{\left\{\frac{\partial f_m}{\partial \sigma}\right\}^{\mathrm{T}} \{d\sigma\}}{\left\{\frac{\partial f_m}{\partial \sigma}\right\}^{\mathrm{T}} \{\sigma_{m+1}^R - \sigma_m^q\}} = \frac{\left\{\frac{\partial f_m}{\partial \sigma}\right\}^{\mathrm{T}} \{d\sigma\}}{\left\{\frac{\partial f_m}{\partial \sigma}\right\}^{\mathrm{T}} \{\mu\}} \tag{2. 258}$$

2. 运动硬化多屈服面模型的流动规律及屈服面硬化模量

多屈服面模型一般采用相关联流动规律，取势函数等于屈服函数，即

$$g_m = f_m$$

按相关联流动规律，塑性应变增量按下式确定：

$$d\varepsilon_{ij,m} = d\lambda_m \frac{\partial f_m}{\partial \sigma_{ij}}$$

式中，$d\lambda_m$ 为与屈服面 f_m 相应的比例因子，即比例因子随相应的屈服面的变化而变化。如前述，比例因子 $d\lambda_m$ 按下式确定：

$$d\lambda_m = \frac{1}{H_m} \frac{\partial f_m}{\partial \sigma_{ij}} d\sigma_{ij}$$

式中，H_m 为屈服面 f_m 的硬化模量，可按屈服面 f_m 的一致性条件确定。屈服面 f_m 的一致性条件如式（2.257）所示。改写式（2.257），得

$$\frac{\partial f_m}{\partial \sigma_{ij}}\mathrm{d}\alpha_{ij,m}=\frac{\partial f_m}{\partial \sigma_{ij}}\mathrm{d}\sigma_{ij} \tag{2.259}$$

式（2.259）中的 $\mathrm{d}\alpha_{ij,m}$ 根据所采用的运动硬化规律确定，对于 Mrŏz 运动硬化规律，$\mathrm{d}\alpha_{ij,m}$ 按式（2.255）确定，其中，$\mathrm{d}\mu_1$ 按式（2.258）确定，则得 $\mathrm{d}\alpha_{ij,m}$ 的表达式如下：

$$\mathrm{d}\alpha_{ij,m}=\frac{b\mathrm{d}\varepsilon^{\mathrm{p}}}{k_m}[(k_{m+1}-k_m)\sigma_{ij,m}^q+(k_m\alpha_{ij,m+1}-k_{m+1}\alpha_{ij,m})]$$

式中，

$$\mathrm{d}\varepsilon^{\mathrm{p}}=c(\mathrm{d}\varepsilon_{ij,\mathrm{p}}\mathrm{d}\varepsilon_{ij,\mathrm{p}})^{\frac{1}{2}}$$

由于

$$\mathrm{d}\varepsilon_{ij,\mathrm{p}}=\mathrm{d}\lambda\left(\frac{\partial f_m}{\partial \sigma_{ij}}\right)$$

则得

$$\mathrm{d}\varepsilon^{\mathrm{p}}=\mathrm{d}\lambda c\left(\frac{\partial f_m}{\partial \sigma_{ij}}\frac{\partial f_m}{\partial \sigma_{ij}}\right)^{\frac{1}{2}}$$

$$\mathrm{d}\alpha_{ij,m}=\frac{cb}{k_m}[(k_{m+1}-k_m)\sigma_{ij,m}^q+(k_m\alpha_{ij,m+1}-k_{m+1}\alpha_{ij,m})]\left(\frac{\partial f_m}{\partial \sigma_{ij}}\frac{\partial f_m}{\partial \sigma_{ij}}\right)^{\frac{1}{2}}\mathrm{d}\lambda$$

将该式代入式（2.259）中得

$$H_m=\frac{cb}{k_m}\frac{\partial f_m}{\partial_{ij}}[(k_{m+1}-k_m)\sigma_{ij,m}^q+(k_m\alpha_{ij,m+1}-k_{m+1}\alpha_{ij,m})]\left(\frac{\partial f_m}{\partial \sigma_{ij}}\frac{\partial f_m}{\partial \sigma_{ij}}\right)^{\frac{1}{2}} \tag{2.260}$$

3. 多屈服面模型运动硬化特点

多屈服面模型运动硬化有如下特点。

（1）由于屈服面在相应的应力子空间中平移而发生硬化。根据前述的运动硬化规律可知，屈服面在应力子空间中的运动，通常假定其与塑性应变呈线性关系，即这种硬化是线性功硬化。对于屈服面 f_m，它在 f_m 面至 f_{m+1} 面之间的子空间中的硬化模量为 H_m。当屈服面为 f_{m+1} 时，它在 f_{m+1} 面至 f_{m+2} 面之间的子空间中的硬化模量为 H_{m+1}。这样，虽然在每个应子空间中表现为线性功硬化性能，但整个应力空间则表现出非线性功硬化性能。

（2）当屈服面 f_m 平移，与下一个面 f_{m+1} 接触时，f_{m+1} 发生屈服。这时屈服面突然发生转换，即其中心由 $\alpha_{ij,m}$ 变成 $\alpha_{ij,m+1}$，其尺寸由 k_m 变成 k_{m+1}。相应地，屈服面由在 f_m 面至 f_{m+1} 面之间的子空间中平移转变成在 f_{m+1} 面至 f_{m+2} 面之间的子空间中平移，硬化模量也由 H_m 转变成 H_{m+1}。显然，这种屈服面的突然转换与初始设置的 $\alpha_{ij,m}$、k_m 有关。初始 $\alpha_{ij,m}$、k_m 的设定，应与试验资料相拟合，这将在后面表述一维运动硬化多面模型时进行具体说明。

（3）如前述，运动硬化可用屈服面中心在子应力空间中的平移 $\mathrm{d}\alpha_{ij,m}$ 来定量表示。由于 $\mathrm{d}\alpha_{ij,m}$ 是一个向量，则 $\mathrm{d}\alpha_{ij,m}$ 的方向表示运动硬化的主导方向。因此，与屈服面各向均等硬化不同，运动硬化有一个主导方向，表现出各向非均等硬化特性。这种各向非均等硬化

特别适用于描写卸荷再加荷时或受循环荷载作用的土的塑性变形性能。后文在表述一维运动硬化多屈服面模型时，将对此做进一步说明。

4. 一维运动硬化多屈服面模型

下面，以只受剪切作用为例，具体表述一维运动硬化多屈服面模型。

1）屈服面方程

只受剪切作用，屈服面方程可写成如下形式：

$$f_m=(\tau-\alpha_m)^2-k_m{}^2=0 \tag{2.261}$$

如图2.85（a）所示，式中，α_m 为中心点坐标，取 $\alpha_m=0$；k_m 为第 m 初始屈服面的屈服剪应力，由试验资料确定。由式（2.261）得

$$\left.\begin{aligned}\frac{\partial f_m}{\partial \tau}&=2(\tau-\alpha_m)=2\tau\\ \frac{\partial f_m}{\partial \alpha_m}&=-2(\tau-\alpha_m)=-2\tau\end{aligned}\right\} \tag{2.262}$$

2）流动方程

根据相关联流动规律，则

$$g_m=f_m$$

则塑性剪应变增量 $\mathrm{d}\gamma_{\mathrm{p}}$ 可按下式确定：

$$\mathrm{d}\gamma_{\mathrm{p}}=\mathrm{d}\lambda\frac{\partial f_m}{\partial \tau} \tag{2.263}$$

将式（2.262）第一式代入，得

$$\mathrm{d}\gamma_{\mathrm{p}}=2\tau\mathrm{d}\lambda \tag{2.264}$$

3）一致性条件

由式（2.247）得一致性条件如下：

$$\mathrm{d}f_m=\frac{\partial f_m}{\partial \tau}\mathrm{d}\tau-\frac{\partial f_m}{\partial \alpha_m}\mathrm{d}\alpha_m=0$$

将式（2.262）代入，得

$$\mathrm{d}\tau=\mathrm{d}\alpha_m \tag{2.265}$$

4）运动硬化规律

设采用 Zeigler 运动硬化规律，则

$$\mathrm{d}\alpha_m=\mathrm{d}\mu(\tau_m^q-\alpha_m)=\mathrm{d}\mu\tau_m^q$$

$$\mathrm{d}\mu=a\mathrm{d}\gamma_{\mathrm{p}}$$

由以上两式，得

$$\mathrm{d}\alpha_m=a\tau_m^q\mathrm{d}\gamma_{\mathrm{p}}$$

5）比例因子 $\mathrm{d}\lambda$ 的确定

将 $\mathrm{d}\gamma_{\mathrm{p}}=\mathrm{d}\lambda\frac{\partial f_m}{\partial\tau}$代入 $\mathrm{d}\alpha_m$ 的表达式中，得

$$\mathrm{d}\alpha_m=2a\tau_m^q\tau\mathrm{d}\lambda$$

将该式代入式（2.265）中，得

$$\mathrm{d}\lambda=\frac{\mathrm{d}\tau}{2a\tau_m^q\tau}\tag{2.266}$$

将式（2.266）代入式（2.263）中，得

$$\mathrm{d}\gamma_{\mathrm{p}}=\frac{\mathrm{d}\tau}{a\tau_m^q}\tag{2.267}$$

6）弹塑性应力-应变关系

设 $\mathrm{d}\gamma$ 为在 $\mathrm{d}\tau$ 作用下产生的总剪应变增量，则

$$\mathrm{d}\gamma=\mathrm{d}\gamma_{\mathrm{e}}+\mathrm{d}\gamma_{\mathrm{p}}$$

式中，$\mathrm{d}\gamma_{\mathrm{e}}$ 为弹性剪应变增量。

$$\mathrm{d}\gamma_{\mathrm{e}}=\frac{1}{G}\mathrm{d}\tau$$

将该式及式（2.267）代入 $\mathrm{d}\gamma$ 表达式中，得

$$\mathrm{d}\gamma=\left(\frac{1}{G}+\frac{1}{a\tau_m{}^q}\right)\mathrm{d}\tau$$

令

$$G_{\mathrm{p}}=a\tau_m^q\tag{2.268}$$

$$G_{\mathrm{ep}}=\frac{\mathrm{d}\tau}{\mathrm{d}\gamma}a\tau_m^q\tag{2.269}$$

则得

$$\left.\begin{aligned}&G_{\mathrm{ep},m}=G\frac{a\tau_m^q}{G+a\tau_m^q}\\&\mathrm{d}\tau=G_{\mathrm{ep},m}\mathrm{d}\gamma\end{aligned}\right\}\tag{2.270}$$

式（2.270）中，$\tau_m^q=k_m$，则得

$$G_{\mathrm{ep}}=G\frac{ak_m}{G+ak_m}\tag{2.271}$$

7）试验资料的拟合参数的确定

式（2.271）中共包括三个参数 G、k_m、a 需要确定。这三个参数可根据试验资料确定，其方法如下。

（a）由试验可测得 τ-r 非线性关系的曲线。

（b）将横坐标 r 分成 p 段，则得到 r_0，r_1，…，r_p 个剪应变值。

（c）由实测的 τ-r 关系曲线确定出与 r_0，r_1，…，r_p 相应的 τ_0，τ_1，…，τ_p 值，并令 $k_m=\tau_m$，$m=0$–p。

（d）根据这两组数值可按下式确定各段的增量弹塑性剪切模量：

$$\left.\begin{aligned} G&=\frac{\tau_0}{r_0} \\ G_{\mathrm{ep},m}&=\frac{\tau_m-\tau_{m-1}}{r_m-r_{m-1}} \end{aligned}\right\} \tag{2.272}$$

（e）将 G 及各段的 $G_{\mathrm{ep},m}$ 代入式（2.271）中：

$$G_{\mathrm{ep},m}=G\frac{ak_m}{G+ak_m}$$

令

$$\alpha_{Gm}=\frac{G_{\mathrm{ep},m}}{G}$$

则得

$$\alpha_{Gm}G+a\alpha_{Gm}k_m=ak_m$$

因此，得

$$a=\frac{\alpha_{Gm}G}{(1-\alpha_{Gm})k_m} \tag{2.273}$$

这样就可根据试验资料由式（2.273）确定出各段的 a 值。从上述可见，运动硬化多屈服面模型以弹塑性理论为基础，将实际的非线性应力-应变关系逐段线性化了。

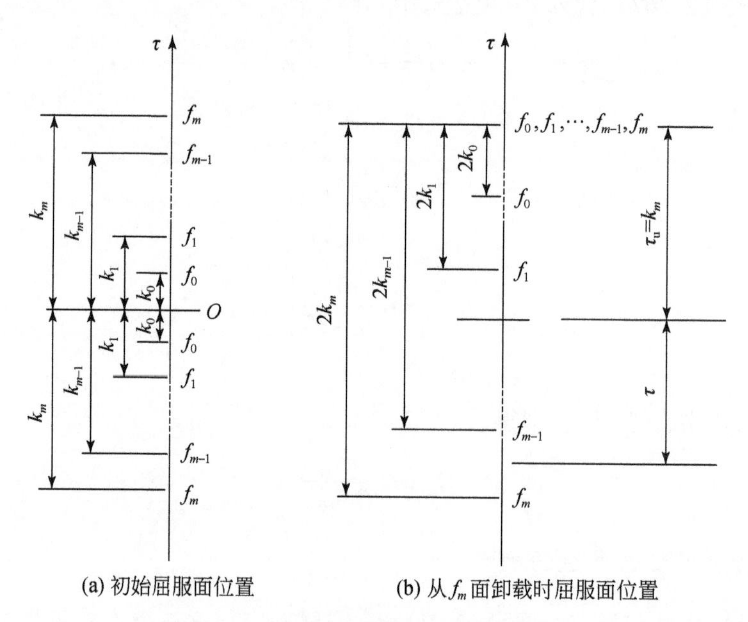

(a) 初始屈服面位置　　(b) 从 f_m 面卸载时屈服面位置

图 2.85　一维运动硬化多屈服面模型

8）一维运动硬化多屈服面模型在卸荷再加荷情况下的应用

当将上述一维运动硬化模型用于卸荷再加荷情况时，应做如下考虑。

a. 加载时屈服面的平移

图2.85（a）给出了所设置的一组初始屈服面，式（2.261）给出了初始屈服面的方程式，即其屈服条件。在加载情况下，当剪应力 $\tau=k_0$ 时，屈服面 f_0 开始屈服，当剪应力继续增大时，由于运动硬化，f_0 开始向 f_1 运动，当 $\tau=k_1$ 时，f_0 与 f_1 相切，并且 f_1 开始屈服，以此类推。当 τ 从 k_{m-1} 增加到 k_m 时，屈服面 f_{m-1} 与屈服面 f_m 相切，并且 f_m 开始屈服。图2.85（b）给出了当 $\tau=k_m$ 时由于运动硬化屈服平移的屈服面位置。由图2.85（b）可见，f_0，f_1，…，f_m 在 $\tau=k_m$ 处相切，而 f_{m+1} 等屈服面则仍处于初始屈服位置。

b. 卸荷时下一个屈服面的屈服条件

假设加载至 $\tau=k_m$ 时开始卸载，此时屈服面的位置如图2.85（b）所示。如果 τ_u 表示卸荷时剪应力，则 $\tau_u=k_m$。由图2.85（b）可见，当剪应力 τ 从 τ_u 开始卸荷后，只有当 $|\tau-\tau_u|=2k_0$ 时，f_0 屈服，当剪应力继续减小时，由于运动硬化，f_0 面开始向 f_1 面运动，当 $|\tau-\tau_u|=2k_1$ 时，f_0 面与 f_1 面相切，并且 f_1 面开始屈服，依次，在 $|\tau-\tau_u|\leqslant 2k_m$ 范围内，卸荷反向加载屈服面 f_m 方程式为

$$(\tau-\tau_u)^2-(2k_m)^2=0 \tag{2.274}$$

由此式可见，式（2.261）中的 k_m 在式（2.274）中以 $2k_m$ 代替了，即二倍法准则，或曼辛准则。

如果继续反向加载，剪应力超过 $|\tau-\tau_u|=2k_m$ 范围时，由于运动硬化 f_m 向 f_{m+1} 运动，当 $|\tau-\tau_u|>2k_m$ 时，反向加载屈服面方程式仍为式（2.261）。按上述，在卸荷反向加载情况下应分别按上述两种情况来处理。

Iwan 曾建立一个适用于循环荷载的一维运动硬化模型，并将其称为逐渐破损模型[16]。在此不对其进一步表述。

2.16.3　混合硬化多面模型概要

1. 混合硬化及塑性应变增量的条件

下面将塑性应变增量 $\mathrm{d}\varepsilon_{ij,\mathrm{p}}$ 分解成与屈服面扩展有关的和与屈服面平移有关的两部分塑性应变增量，即

$$\mathrm{d}\varepsilon_{ij,\mathrm{p}}=\mathrm{d}\varepsilon_{ij,\mathrm{p}}^{i}+\mathrm{d}\varepsilon_{ij,\mathrm{p}}^{k} \tag{2.275}$$

式中，$\mathrm{d}\varepsilon_{ij,\mathrm{p}}^{i}$ 是与屈服面扩展有关的塑性应变增量；$\mathrm{d}\varepsilon_{ij,\mathrm{p}}^{k}$ 是与屈服面平移有关的塑性应变增量。如令：

$$\mathrm{d}\varepsilon_{ij,\mathrm{p}}^{i}=M\mathrm{d}\varepsilon_{ij,\mathrm{p}} \tag{2.276}$$

$$\mathrm{d}\varepsilon_{ij,\mathrm{p}}^{k}=(1-M)\mathrm{d}\varepsilon_{ij,\mathrm{p}} \tag{2.277}$$

式中，参数 M 定义了在总的硬化数量中各向均等硬化的份额，因此称之为混合硬化参数。M 的取值范围如下：

$$-1\leqslant M\leqslant 1 \tag{2.278}$$

当 M 取负值时，屈服面收缩；当 M 取正值时，屈服面扩展，因此，在屈服面平移过程中，屈服面可以收缩或扩展。下面，令：

$$d\bar{\varepsilon}_{ij,p}=d\varepsilon^{i}_{ij,p}=Md\varepsilon_{ij,p} \tag{2.279}$$

式中，$d\bar{\varepsilon}_{ij,p}$为折减塑性应变增量，其含义为各向均等硬化只与塑性应变增量的一部分，即 $Md\varepsilon_{ij,p}$有关，而运动硬化则只与塑性应变增量的另一部分，即（$1-M$）$d\varepsilon_{ij,p}$有关。

2. 混合硬化屈服面函数及混合硬化规律

混合硬化屈服面函数可写成如下形式：

$$f_m=f_m[\sigma_{ij}-\alpha_{ij,m}(\varepsilon^{k}_{ij,p}),k_m(\bar{\varepsilon}_p)]=0 \tag{2.280}$$

$$\bar{\varepsilon}^{p}=c\int d\bar{\varepsilon}^{p}=c\int(d\bar{\varepsilon}_{ij,p}d\bar{\varepsilon}_{ij,p})^{\frac{1}{2}}=M\varepsilon^{p} \tag{2.281}$$

式中，$\alpha_{ij,m}(\varepsilon^{k}_{ij,p})$为运动硬化规律，其中 $\varepsilon^{k}_{ij,p}$为运动硬化相应塑性应变；$k_m(\bar{\varepsilon}_p)$或$k_m(M\varepsilon_p)$则为各向均等硬化规律。

3. 屈服面硬化模量 H_m 及比例因子 dλ

由式（2.280），屈服面f_m 的一致性条件如下：

$$df_m=\frac{\partial f_m}{\partial\sigma_{ij}}d\sigma_{ij}-\frac{\partial f_m}{\partial\alpha_{ij,m}}\frac{\partial\alpha_{ij,m}}{\partial\varepsilon^{k}_{kl,p}}\frac{\partial\varepsilon^{k}_{kl,p}}{\partial\varepsilon_{kl,p}}d\varepsilon^{k}_{kl,p}+\frac{\partial f_m}{\partial k_m}\frac{\partial k_m}{\partial\bar{\varepsilon}^{p}}\frac{\partial\bar{\varepsilon}^{p}}{\partial\varepsilon_p}=0$$

注意式（2.79）及式（2.281），上式可写成如下形式：

$$\frac{\partial f_m}{\partial\sigma_{ij}}d\sigma_{ij}-\frac{\partial f_m}{\partial\alpha_{ij,m}}\frac{\partial\alpha_{ij,m}}{\partial\varepsilon^{k}_{kl,p}}(1-M)d\varepsilon^{k}_{kl,p}+\frac{\partial f_m}{\partial k_m}\frac{\partial k_m}{\partial\bar{\varepsilon}^{p}}cM(d\varepsilon_{ij,p}d\varepsilon_{ij,p})^{\frac{1}{2}}=0$$

由于

$$d\varepsilon_{kl,p}=d\lambda\frac{\partial f_m}{\partial\sigma_{kl}}$$

$$d\varepsilon_{ij,p}=d\lambda\frac{\partial f_m}{\partial\sigma_{ij}}$$

则得

$$\left.\begin{aligned}&d\lambda=\frac{1}{H'}\frac{\partial f_m}{\partial\sigma_{ij}}\partial\sigma_{ij}\\&H_m=(1-M)\frac{\partial f_m}{\partial\alpha_{ij,m}}\frac{\partial\alpha_{ij,m}}{\partial\varepsilon^{k}_{kl,p}}\frac{\partial f_m}{\partial k_{kl}}-cM\frac{\partial f_m}{\partial k_m}\frac{\partial k_m}{\partial\bar{\varepsilon}^{p}}\left(\frac{\partial f_m}{\partial\sigma_{ij}}\frac{\partial f_m}{\partial\sigma_{ij}}\right)^{\frac{1}{2}}\end{aligned}\right\} \tag{2.282}$$

如将式中$\frac{\partial f_m}{\partial\sigma_{ij}}$排列成一个向量，以$\left\{\frac{\partial f_m}{\partial\sigma}\right\}$表示，将$\frac{\partial\alpha_{ij,m}}{\partial\varepsilon^{k}_{kl,p}}$排列成一个矩阵，以［$T_\alpha$］表示，则得屈服面的$f_m$ 硬化刚度 H_m 的矩阵运算表达式如下：

$$H_m=(1-M)\left\{\frac{\partial f_m}{\partial\sigma}\right\}^{T}[T_\alpha]\left\{\frac{\partial f_m}{\partial\sigma}\right\}-cM\frac{\partial f_m}{\partial k_m}\frac{\partial k_m}{\partial\bar{\varepsilon}^{p}}\left\{\frac{\partial f_m}{\partial\sigma}\right\}\left\{\frac{\partial f_m}{\partial\sigma}\right\}^{\frac{1}{2}} \tag{2.283}$$

由式（2.282）和式（2.283）可见，$\frac{\partial\alpha_{ij,m}}{\partial\varepsilon^{k}_{kl,p}}$和［$T_\alpha$］取决于运动硬化规律，$\frac{\partial k_m}{\partial\bar{\varepsilon}^{p}}$则取

决于各向均等硬化规律。

2.16.4 Pre'vost 模型[17,18]

这是一个很有代表性的多面模型，其特点如下。

（1）按不考虑和考虑排水的影响，分别建立了不排水模型或称对静水压力不敏感模型，以及排水模型或称对静水压力敏感模型。

（2）采用的硬化规律可以是运动硬化规律，也可以是混合硬化规律。

1. 不排水模型

1）初始屈服面函数

根据米赛斯类型的屈服函数，不排水模型采用的初始屈服面函数的表达式如下：

$$f_m=\frac{3}{2}(S_{ij}-\beta_{ij,m})(S_{ij}-\beta_{ij,m})-k_m^2=0 \tag{2.284}$$

式中，S_{ij}为偏应力分量；$\beta_{ij,m}$按下式确定：

$$\beta_{ij,m}=\alpha_{ij,m}-\delta_{ij}\sigma_{kk,m} \tag{2.285}$$

式中，$\alpha_{ij,m}$为屈服面f_m 的中心在应力空间中的坐标，$\sigma_{kk,m}=\frac{1}{3}I_{1,m}$；$k_m$ 为偏平面上屈服面f_m 的尺度。由式（2.284）可见，式（2.285）所示的屈服面在偏应力平面上是一个圆，其中心坐标为应力$\beta_{ij,m}$。

如果所有的初始屈服面中心都位于应力空间的原点，则称为初始各向均等。然而在一般情况下，由于土是水平成层沉积的，并且在 k_0 条件下不固结，则其初始屈服面中心不在原点，即土不是初始各向均等的。当根据实验资料确定其中心坐标时，将考虑土的初始各向非均等情况。

2）初始屈服面参数的确定

由式（2.285）可见，每个初始屈服函数中包括两个参数，即$\beta_{ij,m}$和 k_m。这两个参数可由三轴不排水压缩和拉伸试验资料确定。为了由三轴试验资料确定参数$\beta_{ij,m}$和 k_m，则应将初始屈服函数式（2.284）转变成三轴试验应力状态下的形式。在三轴压缩试验中，$\sigma_1>\sigma_2$，$\sigma_2=\sigma_3$；在三轴拉伸试验中，$\sigma_1<\sigma_2$，$\sigma_2=\sigma_3$。对于三轴试验应力状态：

$$s_{ij}=0, i\neq j$$

$$s_{ij}\neq 0, i=j$$

且

$$s_{22}=s_{33}$$

$$\left.\begin{aligned}s_{11}&=\frac{2}{3}q\\ s_{22}&=s_{33}=-\frac{1}{3}q\end{aligned}\right\} \tag{2.286}$$

式中，

$$q=\sigma_{11}-\sigma_{33} \tag{2.287}$$

$$\left.\begin{aligned} s_{22}=s_{33}=-\frac{1}{2}s_{11} \\ 及\quad \beta_{22,m}=\beta_{33,m}=\frac{1}{2}\beta_{11,m} \end{aligned}\right\} \tag{2.888}$$

将式（2.287）和式（2.288）代入式（2.284）中，整理后得三轴试验应力状态下的初始屈服函数形式如下：

$$q-\frac{3}{2}\beta_{11,m}=\pm k_m \tag{2.289}$$

由上式得三轴压缩和三轴拉伸时的初始屈服函数的表达式分别如下：

$$\left.\begin{aligned} q=\frac{3}{2}\beta_{11,m}+k_m，三轴压缩 \\ q=\frac{3}{2}\beta_{11,m}-k_m，三轴拉伸 \end{aligned}\right\} \tag{2.290}$$

式（2.291）中包括两个参数，$\beta_{11,m}$和 k_m，只要给定与f_m 面相应的三轴压缩和三轴拉伸时的 q 值，则可确定f_m 面相应的$\beta_{11,m}$和 k_m 值。与f_m 面相应的三轴压缩和三轴拉伸时的 q 值，可由图 2.86 所示的三轴压缩和三轴拉伸试验测得的应力–应变关系曲线确定，具体方法如下。

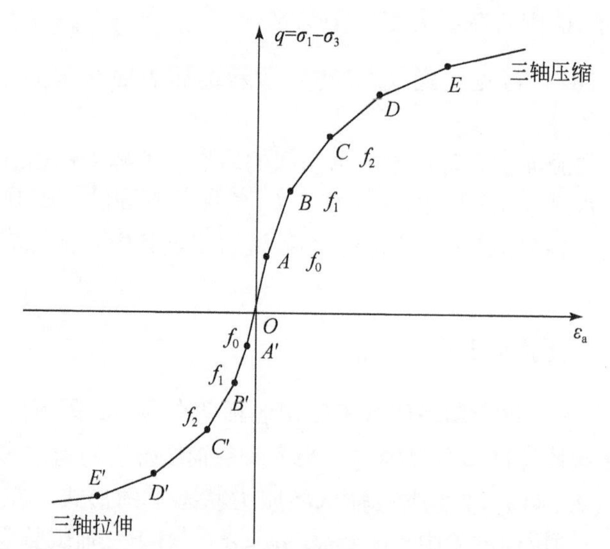

图 2.86　三轴压缩和三轴拉伸试验测得的应力–应变关系曲线

（a）将压缩曲线分割成若干直线段，每段的斜率为常数。

（b）再将拉伸曲线也分割成若干直线段，但应使每段的斜率与相应的压缩段斜率相等，例如 $B'C'$段的斜率与 BC 段的斜率相等。

（c）压缩段的 A 与拉伸段的 A'对应于f_0 面上的两点。压缩段的 B 与拉伸段的 B'对应于f_1 面上的两点，以此类推。

（d）下面，以f_2 面的两点 C 和 C'为例，来确定 $\beta_{ij,2}$和 k_2。将 C 点及 C'点的 q 值分别

代入式（2.290）中，得

$$\frac{3}{2}\beta_{11,2}+k_2=q_C$$

$$\frac{3}{2}\beta_{11,2}-k_2=q_{C'}$$

由此得

$$\left.\begin{aligned}\beta_{11,2}&=\frac{3}{2}(q_C+q_{C'})\\k_2&=\frac{1}{2}(q_C-q_{C'})\end{aligned}\right\}\tag{2.291}$$

由式（2.288）得

$$\beta_{22,2}=\beta_{33,2}=\frac{1}{2}\beta_{11,2}=\frac{3}{4}(q_C+q_{C'})\tag{2.292}$$

（e）其他屈服面可按与上述相似的方法确定，无须重复。

3）硬化规律

按上述，$\beta_{ij,m}$的变化使屈服面f_m在屈服面f_m与f_{m+1}之间平移，即发生运动硬化。但如前所述，f_m在这两面之间平移时，与f_m面对应的硬化模量H'_m为常数，只有屈服面f_m与f_{m+1}面接触时，f_{m+1}发生屈服，硬化模量变成H'_{m+1}。假定屈服面中心的平移取决于塑性应变，则只有当塑性应变达到一个更大值时，硬化模量H'_m才发生变化。此外，由式（2.284）还可见，K_m的变化使屈服面发生各向均匀扩展。假定屈服面的扩展也取决于塑性应变，则K_m从开始将随单调增加的塑性应变的变化而变化，直到第一次发生卸荷。

在Pre'vost模型中，以ξ取代ε^{p}表示塑性应变，其定义如下：

$$\xi=\int\left(\frac{2}{3}\mathrm{d}e_{ij,\mathrm{p}}\mathrm{d}e_{ij,\mathrm{p}}\right)\tag{2.293}$$

式中，e_{ij}为塑性偏应变。因此，屈服面中心点的平移和屈服面的扩展均是塑性应变ξ的函数。如果在模型中只考虑屈服面中心随塑性变形的平移，则该模型为运动硬化模型；如果不仅考虑屈服面中心随塑性变形的平移，还考虑屈服面尺度随塑性变形的增大，则该模型为混合硬化模型。

前文表述了Prager、Ziegler、Mrǒz运动硬化规律。在Pre'vost模型中采用Mrǒz运动硬化规律，在此仅需指出，当将Mrǒz运动硬化规律用于Pre'vost模型中时，应将所包括公式中的σ_{ij}、α_{ij}、ε^{p}分别用S_{ij}、$\beta_{ij,m}$、ξ代替。

4）屈服面硬化模量H'_m和比例因子$\mathrm{d}\lambda$

屈服面硬化模量H'_m和比例因子$\mathrm{d}\lambda$可由屈服面函数的一致性条件确定。当采用混合硬化规律时，由式（2.284）得一致性条件如下：

$$\frac{\partial f_m}{\partial S_{ij}}\mathrm{d}S_{ij}+\frac{\partial f_m}{\partial\beta_{ij,m}}\mathrm{d}\beta_{ij,m}+\frac{\partial f_m}{\partial k_m}\mathrm{d}k_m=0\tag{2.294}$$

式中，$\mathrm{d}\beta_{ij,m}$取决于运动硬化规律，如上述，按Mrǒz运动硬化规律确定；$\mathrm{d}k_m$取决于各向均等硬化规律。这样由所采用的运动硬化规律和各向均等硬化规律，可分别得到 $\mathrm{d}\beta_{ij,m}$ 和 $\mathrm{d}k_m$ 与塑性应变增量向量 $\mathrm{d}\varepsilon_{ij,\mathrm{p}}$ 的关系。将这两个关系代入式（2.294）中，则式（2.295）左端的第二项和第三项中均已含有 $\mathrm{d}\varepsilon_{ij,\mathrm{p}}$。再将式 $\mathrm{d}\varepsilon_{ij,\mathrm{p}}=\mathrm{d}\lambda\dfrac{\partial f_m}{\partial\sigma_{ij}}$ 代入，则这两项中又都含有 $\mathrm{d}\lambda$。由此，可得 $\mathrm{d}\lambda=\dfrac{1}{H_m'}\dfrac{\partial f_m}{\partial S_{ij}}\mathrm{d}S_{ij}$ 及相应的 H_m' 表达式。

5）不排水模型的使用条件及初始应力的影响

土体中一点所受的力可分为初始应力和附加应力两部分。初始应力是指在某一附加荷载施加之前已经受到的应力，如土的自重应力等，附加应力则是由某一荷载作用产生的附加于初始应力之上的应力。如果施加附加荷载时土体处于不排水状态，对于饱和土体，其附加应力的静水压力分量由孔隙水承受。土体不会发生附加压密，则可不考虑附加应力静水压力的影响。上述不排水模型就适用于这种情况。

按上述，Pre'vost 不排水模型不考虑静水压力的影响，只是不考虑附加应力引起的静水压力的影响，但是土体中各点的初始应力不同，通常认为土体初始应力作用下固结已完成，由于土的密实状态取决于初始应力的静水压力，因此土体中各点的密实状态是不同的。这样则必须考虑初始应力的静水压力的影响。初始应力的静水压力对 Pre'vost 不排水模型的影响主要表现在它对模型参数 $\beta_{ij,m}$、K_m 初值的影响上。

Pre'vost 不排水模型参数 $\beta_{ij,m}$、K_m 与初始应力的静水压力的关系可由固结不排水三轴压缩和拉伸试验资料确定。为此，应指定不同的均等固结压力使土样固结，待固结完成后，在不排水条件下进行三轴压缩和拉伸试验。这样对每一个指定的均等固结压力，均能测得如图 2.86 所示的应力–应变关系，即 q-ε_a 关系线，并且按前述方法确定相应的 $\beta_{ij,m}$、和 K_m，就可建立 $\beta_{ij,m}$、K_m 与初始固结压力的关系。

2. 排水模型

1）屈服面函数

如果附加荷载是在排水条件下施加的，土将在附加静水压力下发生压密，则将表现出对塑性变形更高的抵抗作用。这样必须修改不排水模型的屈服面函数，考虑附加静水压力的影响。Pre'vost 将前述帽盖引入多屈服面模型中。在前述的帽盖模型中，帽盖随塑性变形增大而进行扩展或收缩。在将其引入多屈服面模型时，Pre'vost 则设置一套初始帽盖。两个帽盖之间随塑性变形而发生运动硬化或混合硬化。这样排水模型的屈服面是由设置的一套初始帽盖和破坏包线组成的，破坏包线通常假定为直线，而每个初始帽盖的函数可用下式表达：

$$f_m=\frac{2}{3}(S_{ij}-\beta_{ij,m})(S_{ij}-\beta_{ij,m})+c\left(\frac{1}{3}I_1-r_m\right)^2-k_m^2 \tag{2.295}$$

式中，$\dfrac{1}{3}I_1$ 为附加静水压力；r_m 为 f_m 面中心在静水压力轴上相应的数值，$c=\dfrac{3}{2}$；其他符号如前。由前述可知，在 J_2p 平面内，式（2.295）表示一个椭圆。

如果式（2.295）中只有$\beta_{ij,m}$和r_m随塑性应变的变化而变化，而k_m为常数，则该模型只含运动硬化，即屈服面在应力空间中平移；如果除$\beta_{ij,m}$和r_m之外，k_m也随塑性应变的变化而变化，即还有屈服面的各项均等扩展或收缩，则该模型为混合硬化。这样如果只考虑运动硬化，则应给出$\beta_{ij,m}$、r_m与塑性变形的关系，即运动硬化规律。如果考虑混合硬化，还应给出k_m与塑性变形的关系，即各向均等硬化规律。其中，塑性应变可用塑性体积变形$\varepsilon_{v,p}$或式（2.293）定义的塑性偏斜ξ来表示。作为一个特殊情况，在三轴试验的应力状态下，式（2.295）简化成如下形式：

$$\left(q-\frac{3}{2}\beta_{ij,m}\right)^2+c^2\ (p-r_m)^2-k_m^2=0 \tag{2.296}$$

式中，$p=\frac{1}{3}I_1$。显然，在qp平面内，式（2.296）表示一个椭圆，其中，$\frac{3}{2}\beta_{ij,m}$和r_m分别为椭圆中心的坐标，如图2.87所示。在此应指出，图2.87中所设置的屈服面考虑土在轴压拉况下的性能不同。如果认为土在拉压下的性能是相同的，则初始屈服面关于p轴是对称的。

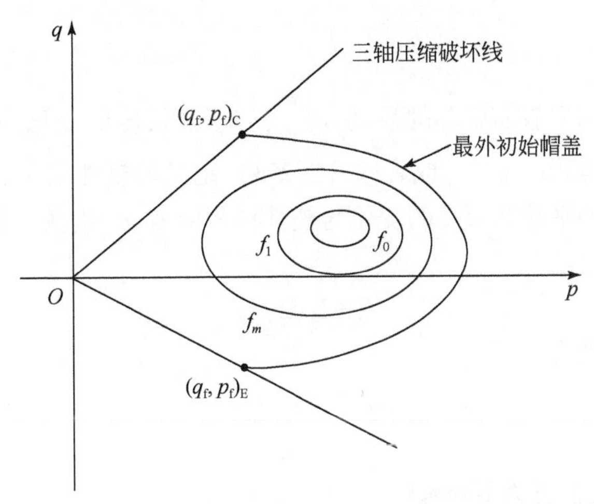

图2.87　排水模型三轴应力状态下的初始屈服面

2）流动规律及势函数

Pre'vost排水模型对最外帽盖之内的屈服面采用非相关联流动规律，而对最外帽盖采用相关联流动规律。按前述，非相关联流动规律的塑性势函数不同于屈服函数，但与屈服函数的形式相同。采用非相关联流动规律是为了更好地满足正交性要求。当屈服面不能满足正交性要求时，则应调整其斜率。由于屈服面是多面的，则相应的塑性势面也是多维的。对于第m面，令

$$\left.\begin{aligned}\frac{\partial f_m}{\partial\sigma_{ij}}&=Q'_{ij,m}+Q''_{ij,m}\delta_{ij}\\\frac{\partial g_m}{\partial\sigma_{ij}}&=P'_{ij,m}+P''_{ij,m}\delta_{ij}\end{aligned}\right\} \tag{2.297}$$

式中，$Q'_{ij,m}$和$Q''_{ij,m}\delta_{ij}$分别为$\frac{\partial f_m}{\partial \sigma_{ij}}$的偏量和静水压力分量；$P'_{ij,m}$和$P''_{ij,m}\delta_{ij}$分别为$\frac{\partial g_m}{\partial \sigma_{ij}}$的偏量和静水压力分量。Pre'vost 取

$$P'_{ij,m}=Q'_{ij,m} \tag{2.298}$$

而

$$P''_{ij,m}=Q''_{ij,m}+A_m\,|\,Q'_{ij,m}\,| \tag{2.299}$$

式中

$$\left.\begin{aligned} |\,Q'_{ij,m}\,| &= (Q'_{ij,m},Q''_{ij,m})^{\frac{1}{2}} \\ A_m &= (r_m-r_p)a_m \end{aligned}\right\} \tag{2.300}$$

式中，r_p为其最外屈服面中心在静水压力轴上相应的数值；a_m为材料常数，可由试验确定。由式（2.298）和式（2.299）可见，塑性势面的斜率可借助参数a_m来调整。改变参数a_m，拟合试验资料，就可使塑性势函数满足正变性条件。

由式（2.230）第二式可见，当$r_m=r_p$时，即最外的初始屈服面屈服时，$A_m=A_p=0$，则塑性势面f_p与初始屈服面f_p相等，就由非相关联流动规律变成了相关联流动规律。

3）硬化规律

前文已指出，内部屈服面中心的移动$d\beta_{ij,m}$、dr_m及尺度的变化dk_m与塑性应变有关，塑性应变可以取塑性体积应变$\varepsilon_{v,p}$或者式（2.293）定义的塑性偏应变来表示。Pre'vost 则认为最外屈服面中心的平移和尺度的变化与塑性体积应变$\varepsilon_{v,p}$有关。因此，最外屈服面的尺度可表示如下：

$$k_p=k_p(\varepsilon_{v,p}) \tag{2.301}$$

而其中心的移动则为

$$\left.\begin{aligned} d\beta_{ij,p} &= a_{ij}dk_p \\ dr_p &= b\,dk_p \end{aligned}\right\} \tag{2.302}$$

式中，a_{ij}、b为由试验资料确定的参数。

由最外屈服面f_p的一致性条件可确定相应的硬化模量H'。另外，最外屈服面的H'值，可以大于零、小于零和等于零，它们分别对应于土发生压密、膨胀或处于极限状态。

2.16.5　多屈服面模型的简要评述

从上面的表述中可见多屈服面模型具有如下特殊功能。

（1）多屈服面硬化模型采用运动硬化规律，具有主导的硬化方向，因而可以描述土因硬化而产生的各向异性性能。

（2）多屈服面硬化模型适用于卸荷、再加载的情况，特别适用于循环荷载及动荷载情况。

但是多屈服面模型也具有一定的缺点，主要是其用于计算时必须要定义、更新并记忆每一个屈服面，这就使计算机的计算较为复杂。

2.17　边界面模型

鉴于上述多屈服面模型的缺点，Dafalias 和 Popov 最早对金属材料建立一个边界面模型[19]，并将其引申应用于土中[20]。

2.17.1　边界面模型的概要

1. 边界面模型的组成

边界面模型是由边界面及载荷面或屈服面组成的，因此又称其为两面模量。边界面总是包围着载荷面。载荷面将边界面包围的整个区域分成两部分，并假设当应力状态从载荷面向内变化时，呈现弹性性能，当应力状态从载荷面向外变化时呈弹塑性性能。

载荷面可以在假定的硬化规律下发生移动或变形，它可以与边界面相切，但不能与之相交。载荷面可以用如下齐次方程式表示：

$$f(\sigma_{ij}-\alpha_{ij},q_{\mathrm{n}})=0 \tag{2.303}$$

式中，如图 2.88（a）所示，α_{ij}为载荷面中心 k 的坐标；q_{n} 为塑性内变量，例如塑性应变。

边界面可用如下齐次函数定义：

$$F(\sigma_{ij}-\alpha_{ij}^{*},q_{\mathrm{n}})=0 \tag{2.304}$$

式中，α_{ij}^{*}为边界面中心点 r 的坐标，如图 2.88（a）所示。在图 2.88（a）中，现应力状态以载荷面上的 a 点表示，其坐标为 $\sigma_{ij,a}$，ka 为载荷面中心与现应力状态点的连线，ρ 表示 ka 两点的长度。b 点为 ka 延长线与边界面的交点，其坐标为 $\sigma_{ij,b}$，δ 表示 ab 线的长度。图 2.88（a）中，c 点为边界面上的一点，边界面在该点的法线方向与载荷面上 a 点的法线方向相同。a、c 两点连线的长度以 μ 表示，ac 连线的方向的单位向量以 $\boldsymbol{\mu}_{ij}$表示。显然在一般情况下，该法线方向与 ab 线和 ac 线的方向是不同的。

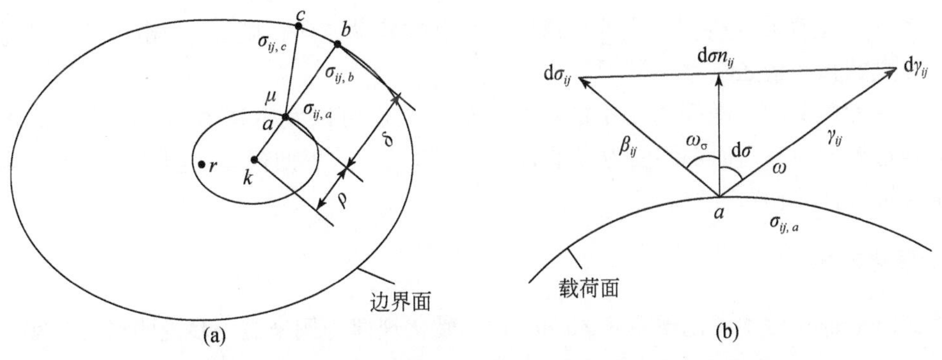

图 2.88　载荷面、边界面及 a 点在单位向量 γ_{ij}方向的移动

2. 载荷面和边界面的移动

当受力水平提高时，载荷面将发生移动，如以 $d\alpha_{ij}$表示其中心点 k 的移动，则其方向和大小均可由运动硬化规律确定。下面来确定当载荷面上 a 点在 β_{ij}方向上发生应力增量 $d\sigma_{ij}$时，由于运动硬化，a 点在指定方向 γ_{ij}的移动 $d\gamma_{ij}$。设 n_{ij}为载荷面在 a 点的法线方向单位向量，ω 和 ω_σ 分别为β_{ij}方向与 γ_{ij}方向和 a 点法线方向的夹角，如图2.88（b）所示。由解析几何可知：

$$\cos\omega_\sigma = \beta_{ij} n_{ij}$$

$$\cos\omega = \gamma_{ij} n_{ij}$$

令 $d\sigma$ 为 $d\sigma_{ij}$在法线方向的投影，则

$$d\sigma = d\alpha_{ij,a} n_{ij}$$

及

$$d\gamma = d\gamma_{ij,a} n_{ij}$$

由此，得

$$d\gamma_{ij} n_{ij} = d\sigma_{ij,a} n_{ij}$$

令 $d\bar{\sigma}$和 $d\bar{\gamma}$分别为 $d\sigma_{ij}$和 $d\gamma_{ij}$的长度，则

$$d\sigma_{ij,a} = d\bar{\sigma}\beta_{ij}$$

$$d\gamma_{ij,a} = d\bar{\gamma}\gamma_{ij}$$

将这两个式子代入上式，得

$$d\bar{\sigma}\beta_{ij} n_{ij} = d\bar{\gamma}\gamma_{ij} n_{ij}$$

由此式得

$$d\bar{\gamma} = \frac{d\bar{\sigma}\cos\omega_\sigma}{\cos\omega} = \frac{d\sigma}{\cos\omega}$$

将 $d\bar{\gamma}$代入 $d\gamma_{ij,a}$表述式中，得

$$d\gamma_{ij,a} = \frac{d\sigma}{\cos\omega}\gamma_{ij} \tag{2.305}$$

如果 γ_{ij}取运动硬化规律规定的载荷面中心点的移动方向，则 $d\gamma_{ij}$为由于运动硬化载荷面中心 k 点的移动量 $d\alpha_{ij}$。

在边界面模型中，随受力水平的提高，边界面也可以发生移动、各向均等扩张或收缩。这样边界面与载荷面都因受力水平而变化。因此，边界面模型的塑性硬化模量取决于载荷面与边界面的相对方位。

3. 硬化规律

下文以 Prager 运动硬化规律和 Ziegler 运动硬化规律为例来进一步说明式（2.305）。

1）Prager 运动规律

如前所述，按 Prager 运动规律，载荷面中心的移动 $d\alpha_{ij}$可表示如下：

$$d\alpha_{ij}=c\,d\varepsilon_{ij,p} \tag{2.306}$$

该式表明，载荷面中心的移动方向为塑性应变增量方向。如果采用相关联流动规律，根据正交原则，塑性应变增量方向与屈服面的法线方向相同。因此，载荷面中心的移动方向应与现应力点载荷面的法线方向一致。

根据一致性条件，得

$$df=\frac{\partial f}{\partial\sigma_{ij}}d\sigma_{ij}+\frac{\partial f}{\partial\alpha_{ij}}d\alpha_{ij}=0$$

由此

$$\frac{\partial f}{\partial\alpha_{ij}}=-\frac{\partial f}{\partial\sigma_{ij}}$$

及

$$d\varepsilon_{ij,p}=d\lambda\,\frac{\partial f}{\partial\sigma_{ij}}$$

$$d\lambda=\frac{1}{H'}\,\frac{\partial f}{\partial\sigma_{mn}}d\sigma_{mn}$$

将这些式子代入一致性条件中，得

$$\frac{\partial f}{\partial\sigma_{ij}}d\sigma_{ij}-\frac{\partial f}{\partial\sigma_{ij}}c\,\frac{1}{H'}\left(\frac{\partial f}{\partial\sigma_{mn}}d\sigma_{mn}\right)\frac{\partial f}{\partial\sigma_{ij}}=0$$

注意

$$\frac{\partial f}{\partial\sigma_{ij}}d\sigma_{ij}=\frac{\partial f}{\partial\sigma_{mn}}d\sigma_{mn}$$

则由一致性条件得

$$\frac{c}{H'}\frac{\partial f}{\partial\sigma_{ij}}\frac{\partial f}{\partial\sigma_{ij}}=1\text{ 或 }c=\frac{H'}{\dfrac{\partial f}{\partial\sigma_{ij}}\dfrac{\partial f}{\partial\sigma_{ij}}} \tag{2.307}$$

另外，由式（2.306）可得

$$d\alpha_{ij}=c\,\frac{1}{H'}\left(\frac{\partial f}{\partial\sigma_{mn}}d\sigma_{mn}\right)\frac{\partial f}{\partial\sigma_{ij}}$$

将式（2.307）第一式代入，得

$$d\alpha_{ij}=\frac{\dfrac{\partial f}{\partial\sigma_{mn}}d\sigma_{mn}\qquad\dfrac{\partial f}{\partial\sigma_{ij}}}{\left(\dfrac{\partial f}{\partial\sigma_{kl}}\dfrac{\partial f}{\partial\sigma_{kl}}\right)^{\frac{1}{2}}\left(\dfrac{\partial f}{\partial\sigma_{rs}}\dfrac{\partial f}{\partial\sigma_{rs}}\right)^{\frac{1}{2}}}$$

注意

$$\frac{\dfrac{\partial f}{\partial\sigma_{mn}}}{\left(\dfrac{\partial f}{\partial\sigma_{kl}}\dfrac{\partial f}{\partial\sigma_{kl}}\right)^{\frac{1}{2}}}=n_{mn},\quad\frac{\dfrac{\partial f}{\partial\sigma_{ij}}}{\left(\dfrac{\partial f}{\partial\sigma_{rs}}\dfrac{\partial f}{\partial\sigma_{rs}}\right)^{\frac{1}{2}}}=n_{ij}$$

可得 $d\alpha_{ij}$表达式如下

$$d\alpha_{ij}=n_{mn}d\sigma_{mn}n_{ij} \tag{2.308}$$

由于

$$n_{mn}\mathrm{d}\sigma_{mn}=\mathrm{d}\sigma$$

则

$$\mathrm{d}\alpha_{ij}=\mathrm{d}\sigma n_{ij} \tag{2.309}$$

另外，按前述 Prager 运动硬化规律，a 点的运动方向与载荷面现应力点的法线方向一致，则

$$\gamma_{ij}=n_{ij},\omega_{a}=0 \tag{2.310}$$

这样由式（2.305）即得

$$\mathrm{d}\alpha_{ij}=\mathrm{d}\sigma n_{ij}$$

与式（2.309）一致。

2）Ziegler 运动规律

如前所述，按 Ziegler 运动规律，载荷面中心的位移 $\mathrm{d}\alpha_{ij}$ 如下：

$$\mathrm{d}\alpha_{ij}=\mathrm{d}\mu(\sigma_{ij}-\alpha_{ij})$$

由图 2.88（a）得

$$(\sigma_{ij}-\alpha_{ij})=\rho\mu_{ij} \tag{2.311}$$

式中，μ_{ij} 为沿 ka 方向的单位向量。将式（2.311）代入 $\mathrm{d}\alpha_{ij}$ 表达式中，得

$$\mathrm{d}\alpha_{ij}=\mathrm{d}\mu\rho\mu_{ij} \tag{2.312}$$

再将式（2.312）代入一致性条件，得

$$\frac{\partial f}{\partial\sigma_{ij}}\mathrm{d}\sigma_{ij}-\frac{\partial f}{\partial\sigma_{ij}}\mathrm{d}\mu\rho\mu_{ij}=0$$

由此式得

$$\mathrm{d}\mu=\frac{\dfrac{\partial f}{\partial\sigma_{ij}}\mathrm{d}\sigma_{ij}}{\rho\dfrac{\partial f}{\partial\sigma_{kl}}\mu_{kl}} \tag{2.313}$$

将式（2.313）分子和分母同除以$\left(\dfrac{\partial f}{\partial\sigma_{kl}}\dfrac{\partial f}{\partial\sigma_{kl}}\right)^{\frac{1}{2}}$，则得

$$\mathrm{d}\mu=\frac{n_{ij}\mathrm{d}\sigma_{ij}}{\rho n_{kl}\mu_{kl}}$$

注意

$$n_{ij}\mathrm{d}\sigma_{ij}=\mathrm{d}\sigma$$

$$n_{kl}\mu_{kl}=\cos\theta$$

式中，θ 为 ak 方向与载荷面在 a 点外法线方向之间的夹角。将这些公式代入式（2.312）中，得

$$\mathrm{d}\alpha_{ij}=\frac{\mathrm{d}\sigma}{\cos\theta}\mu_{ij} \tag{2.314}$$

另外，按前述，Ziegler 运动硬化规律规定载荷面中心的运动方向为 ak 方向，则得

$$\omega_a = \theta$$

$$\gamma_{ij} = \mu_{ij}$$

将其代入式（2.305）中，则得

$$\mathrm{d}\sigma_{ij} = \frac{\mathrm{d}\sigma}{\cos\theta_a}\mu_{ij}$$

与式（2.314）一致。

4. 载荷面的硬化模量

前文已指出，载荷面的硬化模量 H' 可由一致性条件确定，但取决于载荷面与边界面的相对方位。另外，硬化模量还与硬化规律有关。前文不止一次表述了由一致性条件确定硬化模量的方法，此处不再重复。

2.17.2　土的边界面模型

根据上述的边界面模型的一般概念，建立了一些适用于土的边界面模型，其中 Mrŏz 等提出的适用于黏性土的两面模型可作为一个代表。在这个模型中，边界面不允许移动，但其可以随受力水平扩张或收缩。边界面表示土的固结历史。模型中的屈服面可以移动、扩张或收缩。屈服面定义了边界面内的弹性区域。屈服面的移动是由前述的 Mrŏz 运动硬化规律控制的，当受力水平提高时，屈服面的中心点将沿图 2.89 所示的 $\overline{PR}$ 的方向移动。如前述，P 点是屈服面上的现应力点。R 是 P 点在边界面上的共轭点，即在该点边界面的法线方向与 P 点在屈服面上的法线方向相同。在该模型中，根据 Dafalias 和 Popov 的研究，在载荷面和边界面之间硬化模量 H' 取为 δ 的函数，δ 为 P、R 两点的距离，如图 2.89 所示。

该模型可以用来描述单调和循环荷载下黏性的性能。该模型的细节详见参考文献［21］。

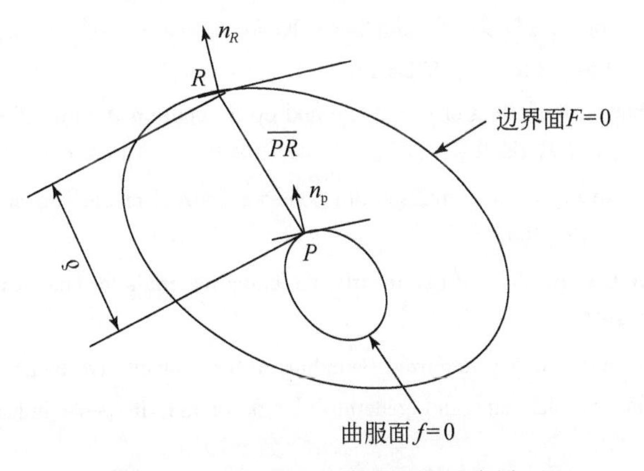

图 2.89　应力空间中的屈服面和边界面

参考文献

[1] 毕肖普 A W，亨开尔 D J 等．土壤性质的三轴试验测定法．陈愈炯，俞培基，译．北京：中国工业出版社，1965.

[2] Drucker D C. A more fundamental approach to plastic stress-strain relations. International Journal of Solids & Structures，Proc.，Ist. U. S.，National Congress on Applied Mechanics，ASME，1951：487-491.

[3] Chen W F，Mizuno E. Nonlinear analysis in soil mechanics：theory and implementation. Amsterdam：Elsevier Science Publisher B V，1990.

[4] Kondner R L. Hyperbolic stress-strain response：Cohesive soils. Journal of the Soil Mechanics & Foundations Division，1963，89（1）：115-143.

[5] Duncan J M，Chang C Y. Nonlinear analysis of stress and strain in soils. ASCE Soil Mechanics & Foundation Division Journal，1970，96（5）：1629-1653.

[6] Roscoe K H，Schofield A N，Wroth C P. On the yielding of soils. Géotechnique，1958，8（1）：22-53.

[7] Schofield A N，Wroth C P. Critical state soil mechanics. New York：McGraw-Hill，1968.

[8] Drucker D C，Prager W. Soil mechanics and plastic analysis or limit design. Quarterly of Applied Mathematics，1952，10（2）：157-65.

[9] Chen W F. Plasticity in reinforced concrete. New York：McGraw-hill，1982.

[10] Roscoe K H，Burland J B. On the generalised stress-strain behaviour of ‘wet’ clay. In：Heyman J，Leckie F A. Engineering platicity. Cambrige：Cambrige University Press，1968.

[11] Drucker D C，Gibson R E，Henkel D J. Soil mechanics and work hardening theories of plasticity. Trans，American Society of Civil Engineers，1957，122：338-346.

[12] Lade P V，Duncan J M. Elastoplastic stress-strain theory for cohesionless soil. Journal of the Geotechnical Engineering Division，ASCE，1975，101（GT10）：1037-1053.

[13] Prager W. A new method of analyzing stresses and strains in workhardening plastic solids. J. appl. mech，ASCE，1956，23：493-496.

[14] Ziegler H. A Modification of Prager's Hardening Rule. Appl. Math.，1959，17：55-65.

[15] Mróz Z. On the description of anisotropic workhardening. Journal of the Mechanics & Physics of Solids，1967，15（3）：163-175.

[16] Iwan W D. On a class of models for the yielding behavior of continuous and composite systems. Journal of Applied Mechanics，1967，34（3）：612-617.

[17] Prévost J H. Mathematical modelling of monotonic and cyclic undrained clay behaviour. International Journal for Numerical & Analytical Methods in Geomechanics，1977，I：195-216.

[18] Prévost J H. Plasticity theory for soil stress-strain behavior. Journal of the Engineering Mechanics Division，1978，104（EM5）：1177-1194.

[19] Dafalias Y F，Popov E P. A model of nonlinearly hardening materials for complex loading. Acta Mechanica，1975，21（3）：173-192.

[20] Dafalias Y F，Herrmann L R. A generalized bounding surface constitutive model for clays. In：Yong R N，Selig E T. Application of plasticity and generalized stress-strain in geotechnical engineering. New-York：ASCE，1982.

[21] Mrǒz Z，Norris V A，Zienkiewicz O C. An anisotropic hardening model for soils and its application to cyclic loading. International Journal for Numerical and Analytical Methods in Geomechanics，1978，2（3）：203-221.

第3章 土体塑性静定分析

3.1 概　　述

3.1.1 土体稳定性分析刚性条块法

众所周知，刚性条块极限平衡分析方法是土体稳定性分析实用的基本方法。这种分析方法的基本假定如下。

（1）土体为刚体；

（2）滑动的土体沿某一个指定的滑动面发生滑动；

（3）滑动土体发生滑动时，滑动面达到库仑破坏条件，或称极限平衡条件，即

$$\tau=c+\sigma_n\tan\varphi \tag{3.1}$$

式中，τ 为破坏时作用于滑动面上的剪应力；σ_n 为作用于滑动面上的正应力；c、φ 为抗剪强度指标。按上述，土体发生滑动时只是在滑动面上达到极限平衡条件。

工程实用的刚性条块法是把滑动面以上的滑动土体划分成许多竖向条块，假定每一个条块为一个刚块，相邻刚块之间通过竖向界面发生力的传递。由图3.1可见，作用于第 i 个条块上的力包括如下几项。

（1）作用于各条块上的外荷载。其主要包括条块的自重 W_i，以及作用于各条块顶面的水平分布力 $f_{x,i}$、竖向分布力 $f_{z,i}$，或水平集中力 $F_{x,i}$、竖向集中力 $F_{z,i}$。这些力的大小、作用力点及作用方向是已知的。

（2）作用于各条块竖向侧面的水平力 $P_{x,i}$ 及竖向力 $P_{z,i}$。其中水平力 $P_{x,i}$ 不仅数值是未知的，其作用点也是未知的，而竖向力 $P_{z,i}$ 只是数值是未知的。

（3）作用于各条块底面上的法向力 R_i 及剪应力 T_i。这两个力的数值是未知的，作用方向是已知的。严格讲，其作用点也是未知的，但通常假定作用点位于各条块底面的中心点。如果土条划分得比较多，假定作用点位于条块底面的中心点是可以接受的。

按上述，由于相邻条块之间在竖向侧面上发生相互作用，因此条块之间发生力的传递。

由上述可见，如果刚性条块包括 n 个条块，则体系共有5（n−1）+2，即 $5n-3$ 个未知量，包括：

（1）$P_{x,1}-P_{x,n-1}$，共 $n-1$ 个；

（2）$P_{x,1}-P_{x,n-1}$ 的作用点，共 $n-1$ 个；

（3）$P_{z,1}-P_{z,n-1}$，共 $n-1$ 个；

（4）R_1-R_n，共 n 个；

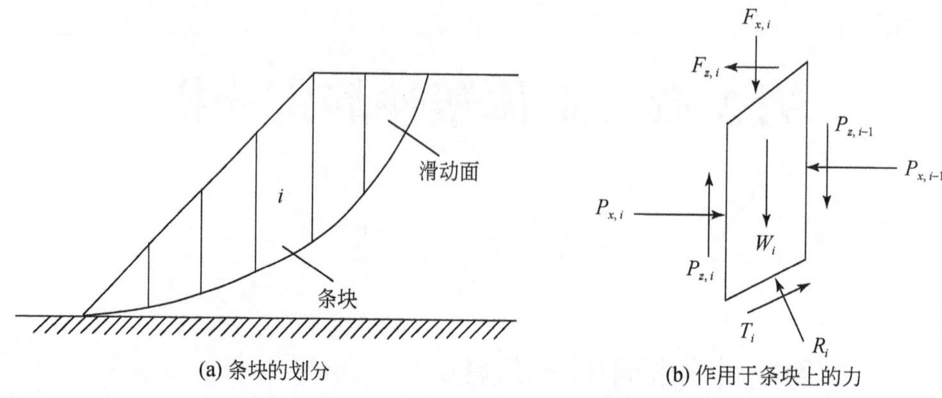

(a) 条块的划分　　(b) 作用于条块上的力

图 3.1　条分法条块的划分及作用于条块上的力

（5）T_1-T_n，共 n 个。

另外，对每一个刚性条块都可列出水平力平衡方程式、垂向力平衡方程式及力矩平衡方程式，共 3 个。对 n 个刚性块条则只能列出 $3n$ 个方程式。显然，刚性条块体系的未知量的数目大于力的平衡方程式数目，是一个超静定体系。为了求解这个刚性条块体系，必须引进一些假定，建立简化的分析方法。通常采用的假定如下。

（1）假定相邻条块之间不存在相互作用。如果采用该假定，则体系减少 3（n-1），即 $3n$-3 个未知量。

（2）假定作用于条块侧面上水平力的作用点。如果采用该假定，则体系减少 n-1 个未知量。

（3）假定作用于条块侧面上水平力与竖向力的合力的作用方向。如果采用该假定，则体系减少 n-1 个未知量。

采用上述假定建立各种刚性条块分析方法，此处不逐一做表述。下面在上述分析的基础上，只对工程上广泛采用的两种简化分析方法做一简要对比性表述。

1）一般条分法

一般条分法是最简单的分析方法。该法假定相邻条块之间没有相互作用。因此，每个刚性条块上只有在底面上作用的法向作用力 R_c 和切向作用力 T_c 两个未知量。这两个力可分别由每个刚性条块在底面法线方向的力平衡方程式和切向方向的力平衡方程式确定。

2）简化毕肖普（Bishop）法[1]

简化毕肖普法与一般条分法一样，也假定相邻条块之间没有相互作用，每个刚性条块上只有在底面上作用的法向力 R_i 和切向力 T_i，但根据安全系数定义，令底面上切向力 T_i 和法向力 R_i 之间存在如下关系：

$$T_i=\frac{c_i l_i+R_i \tan\varphi_i}{K} \tag{3.2}$$

式中，l_i 为第 i 个刚性条块的底面长度；c_i、φ_i 分别为第 i 个刚性条块上的黏结力和摩擦角；K为抗滑安全系数。另外，每个刚性条块底面上的法向力R_i由每个刚性条块竖向力平衡方程式确定。

关于简化毕肖普法，应指出一点，由于引进式（3.2），则由每个刚性条块竖向力平衡方程式确定的底面法向力R_i的表达式中含有抗滑安全系数K。这样，每个刚性条块的抗滑力或力矩表达式中含有抗滑安全系数K。因而，刚性条块体系的抗滑安全系数K的表达式中也含有抗滑安全系数K，即表达式两端均含有抗滑安全系数K。这样，在按表达式确定抗滑安全系数K时，必须采用迭代方法，则增加了计算量。

刚性条块分析方法的另一个问题是最危险的滑动面必须采用某种搜索的方式才能确定。

虽然刚性条块分析方法存在上述问题，但其概念简单，在工程实际中得到了广泛的应用，并且大家积累了丰富的使用经验。

在此应明确一点，对于整个刚性条块体系而言，相邻条块竖向界面之间的作用力$P_{z,i}$和$P_{x,i}$是内力相互抵消。因此其合力和合力矩为零。但对于一个条块而言，条块左右两竖向界面上的力并不能抵消，则将影响条块底面上的剪力T_i及法向力R_i。这样，将影响整个滑动面上的滑动力及抗滑动力，进而会影响刚性条块体系的抗滑安全系数K。

3.1.2　塑性静定分析方法

塑性静定分析方法也是有关土体稳定性分析的一种方法，塑性静定分析方法与上述刚性条块分析方法相比，类似于土压力理论中朗肯（Rankine）土压力理论与库仑土压力理论的比较。

1. 塑性静定分析的基本假定

塑性静定分析的基本假定如下。

（1）如果土中一点的应力状态达到库仑破坏条件，则称该点处于塑性极限平衡状态。下节将对这个问题进行详细的表述。

（2）假定土体要么是刚性状态的土体，要么是处于塑性极限平衡状态的土体。

按上述假定，在外荷载作用下土体的状态可能存在下述三种情况，以地基土体为例，这三种状态如图3.2所示。

（1）当荷载很小时，整个地基土体都处于刚体状态，如图3.2（a）所示。

（2）当荷载增大到一定值以后，地基中一部分土体处于塑性极限平衡状态，其他部分土体处于刚性状态，这两种状态土体之间存在一条分界线，处于塑性极限平衡状态的土体位于分界线之内，处于刚性状态的土体位于分界线之外，如图3.2（b）所示。

（3）随荷载的增大，分界线随之扩展，处于塑性极限平衡状态的土体范围也随之扩展，当荷载增加到极限荷载时，处于塑性极限平衡状态的土体范围达到最大并连成一片，如图3.2（c）所示。此时，塑性极限平衡状态区与刚性区的分界面即破坏面。

图3.2（a）~图3.2（c）描述了在上述假定下荷载从零增大到极限荷载时地基下土体的破坏过程。对地基土体的稳定性而言，图3.2（c）应是最受关注的情况。

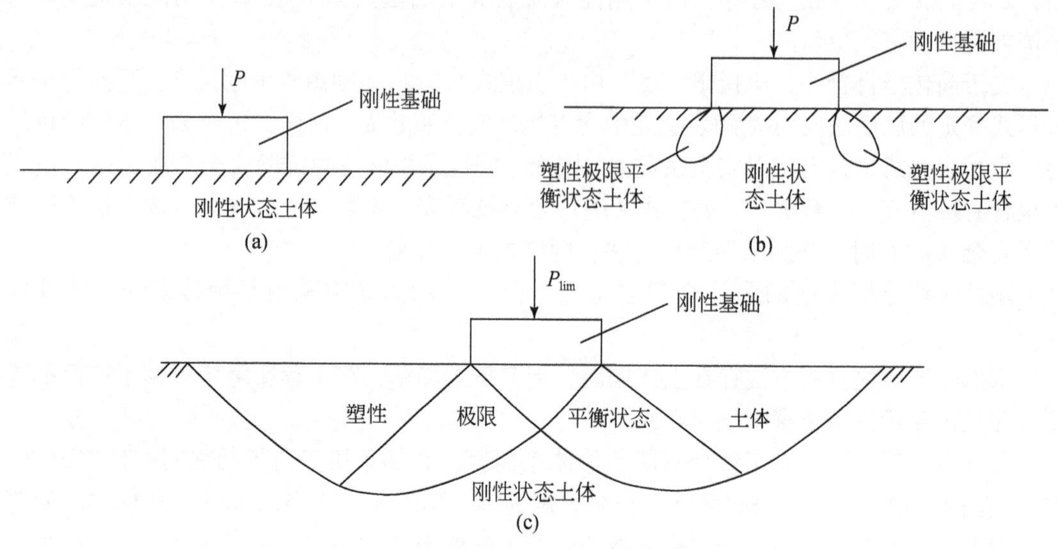

图 3.2　刚塑性假定下地基土体所处的状态

2. 塑性静定分析的目标

塑性静定分析是研究处于图 3.2（c）所示状态的土体，并解决如下三个相关联的问题。

（1）土体能承受的极限荷载 P_{lim}；

（2）土体中塑性极限平衡状态区与刚性区的分界面，即破坏面；

（3）处于塑性极限平衡状态区中土体的应力分布。

在此应指出，虽然图 3.2 所示的土体破坏过程很重要，但是塑性静定分析不能给出这个破坏过程。然而，对于土体稳定性的评估，图 3.2（c）所示的极限状态是一个控制性情况。塑性静定分析为土体稳定性分析评估提供了一个与刚性条块分析方法不同的途径。

3. 塑性静定分析的基础

在一般情况下，求解一个土力学问题需要如下三组方程式。

（1）力的平衡方程式；

（2）变形协调方程式；

（3）土的应力-应变关系方程式。

对于平面应变问题，土体中一点只包括三个应力分量，即 σ_x、σ_y 及 τ_{xy}。如果该点处于塑性极限平衡状态，这三个应力分量应该满足库仑破坏条件。这样，这三个应力分量可由下面三个条件确定。

（1）微元体水平向作用力的平衡；

（2）微元体竖向作用力的平衡；

（3）塑性极限条件，即库仑破坏条件。

这样，处于塑性极限平衡状态的土体中的三个应力分量 σ_x、σ_y、τ_{xy}，只根据上述三个条件就能确定，不需要变形协调条件和土的应力–应变关系。因此，把这种分析方法称为塑性静定分析。在此，应强调一点，不要将土体塑性静定分析中所利用的极限状态条件误解为处于塑性极限平衡状态的土体的应力–应变关系。

由于塑性静定分析没有利用变形协调条件和土体的应力–应变关系，因此这种分析不能提供有关土体变形的任何信息，也不能给出土体破坏的发展过程。实际上，塑性静定分析认为，在极限荷载作用下，土体会突然发生非常大的变形而破坏。

4. 土体稳定性塑性静定分析与刚性条块分析的比较

（1）塑性静定分析认为，破坏土体的每一点均处于塑性极限平衡状态；刚性条块分析认为破坏的土体为刚体，只在滑动面上达到塑性极限平衡状态。

（2）塑性静定分析可按上述三个严格力学条件静定求解。在刚性条块分析中，其刚性条块体系是一个超静定体系，在上述求解时必须引进一系列假定将这个超静定体系简化成静定体系，这些假定将影响求解的结果或精度。

（3）在塑性静定分析中，处于塑性极限平衡状态的土体与处于刚性状态的土体的分界面即破坏面，不需要试算确定；刚性条块分析方法最危险破坏面则需要用搜索方法才能确定。

最后应指出，由上述的塑性静定分析的基础可见，塑性静定分析只适用于分析处于平面应变状态土体和轴对称应力状态土体的稳定性。

下面几节将表述塑性静定分析方法，其主要参考文献为文献［2］第八章、文献［3］第六章和文献［4］第三章。

3.2　土体中一点的塑性极限平衡状态

3.2.1　塑性极限平衡状态条件及滑移面

上文曾给出了塑性极限平衡状态的定义，那么什么样的应力状态才能使一点达到塑性极限平衡状态呢？如果一点处于塑性极限平衡状态，那么过该点无穷多个面中，又是哪个面达到库仑破坏条件呢？

改写式（3.1）得

$$\tan\varphi=\frac{\tau_n}{c\cot\varphi+\sigma_n} \tag{3.3}$$

图3.3（a）中绘出了库仑破坏准则关系线。在平面应变情况下，A点应力状态可用应力分量σ_x、σ_y、τ_{xy}表示。由应力分量σ_x、σ_y、τ_{xy}可绘出相应的莫尔圆，则莫尔圆上的一点与过A点的某一面N相对应。在N平面上作用的正应力和剪应力分别为σ_n和τ_n，设该面上的剪应力τ_n与$c\cot\varphi+\sigma_n$之比等于$\tan\delta_n$，则可发现，由O'点引出的莫尔圆切线的切点T所对应的面的$\tan\delta$值最大，下面以$\tan\delta_t$表示。如果A点的莫尔圆处于库仑破坏准则的关系式之下，则$\tan\delta_t<\tan\varphi$，如图3.3（a）所示，A点没有达到塑性极限平衡状态。

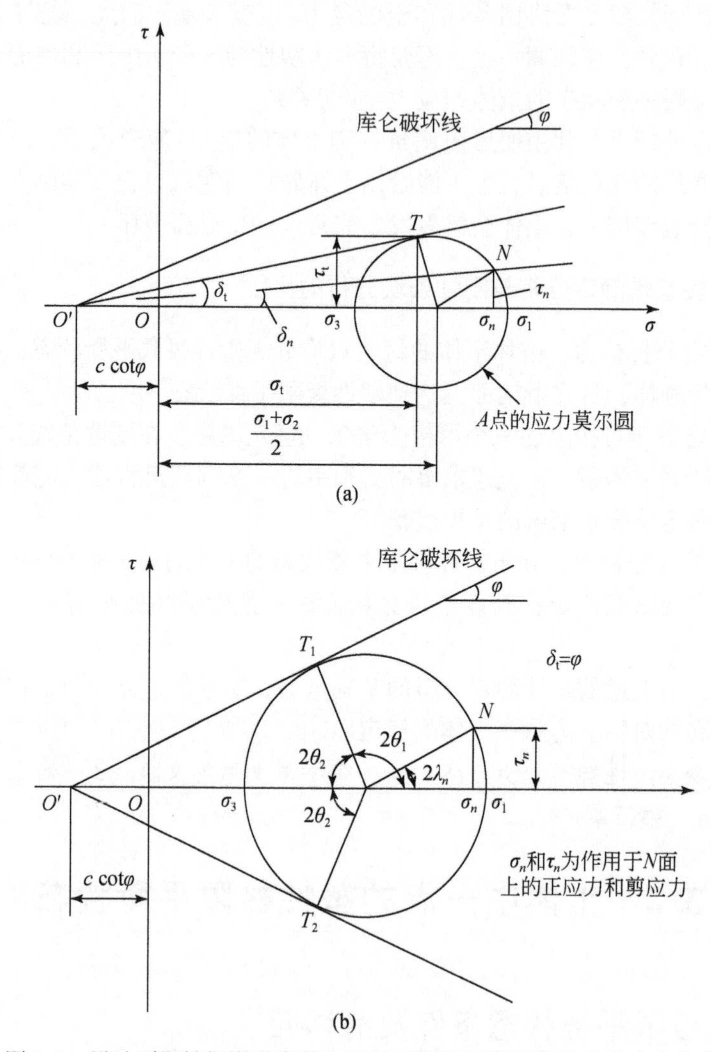

图 3.3　没达到塑性极限平衡状态和处于塑性极限平衡状态的应力条件

由图 3.3（a）可得

$$(\sigma_1-\sigma_3)=2c\cos\delta_t+(\sigma_1+\sigma_3)\sin\delta_t \tag{3.4}$$

如果 A 点达到库仑破坏准则，则 A 点的莫尔圆应与库仑破坏准则关系线相切，如图 3.3（b)所示。这时，$\delta_t=\varphi$，切点相应的面 T 首先达到库仑破坏准则。根据式（3.5）得

$$(\sigma_1-\sigma_3)=2c\cos\varphi+(\sigma_1+\sigma_3)\sin\varphi \tag{3.5}$$

由于

$$(\sigma_1-\sigma_3)=\sqrt{(\sigma_x-\sigma_y)^2+4\tau_{xy}^2}$$

$$\sigma_1+\sigma_3=\sigma_x+\sigma_y$$

将这两式代入式（3.6）中得

$$\sqrt{(\sigma_x-\sigma_y)^2+4\tau_{xy}^2}=2c\cos\varphi+(\sigma_x+\sigma_y)\sin\varphi \tag{3.6}$$

由图 3.3（b）可见，由 O' 点可引出两条莫尔圆的切线，则在莫尔圆上有两个切点，这两个切点对应的面 T_1、T_2 均达到库仑破坏准则。下面将这两个切点对应的面称为滑移

面。设 θ_1、θ_2 分别为滑移面与最大主应力面及最小主应力面的夹角，则

$$\theta_1=\left(45°+\frac{\varphi}{2}\right) \tag{3.7}$$

$$\theta_2=\left(45°-\frac{\varphi}{2}\right) \tag{3.8}$$

按上述，处于塑性极限平衡状态土体中的一点有两个滑移面。由图3.3（b）可知，这两个滑移面之间的夹角为

$$\frac{1}{2}(180°-2\varphi)=90°-\varphi \tag{3.9}$$

在此应指出，N 面上正应力 σ_n 和剪应力 τ_n 中的下标 n 表示正应力和剪应力所作用的面 N。应力分量 σ_x、σ_y 中的下标 x、y 则表示正应力 σ_x 和 σ_y 的作用方向分别为 x、y 轴方向。

3.2.2　两种塑性极限平衡状态

平面应变问题中，如果一点处于塑性极限平衡状态，只要给出过该点的一个平面上的应力分量，其应力状态就确定了。与其相垂直的过该点另一平面上的应力分量可由塑性极限平衡状态条件确定出来。假定一点 N 平面上的正应力为 σ_n，剪应力为 τ_n，并已知。如与 N 平面相垂直的 M 平面的正应力和剪应力分别以 σ_m、τ_m 表示，由剪应力相等条件得 $\tau_m=\tau_n$，而 σ_m 则可由塑性极限条件确定出来。

由几何学可知，过 $\tau\sigma$ 坐标平面中的一点（σ_n，τ_n）可做两个圆与库仑破坏关系线相切，如图3.4所示。从图3.4左侧的莫尔圆可以找出一个点 M_1，与 N 成 $\frac{\pi}{2}$ 角，则作用于 M_1 点相应面上的正应力为 σ_{m_1}，剪应力 $\tau_{m_1}=\tau_n$。同样，可以从图3.4右侧的莫尔圆找出一个点 M_2，与 N 点也成 $\frac{\pi}{2}$ 角，则作用于 M_2 点相应面上的正应力为 σ_{m_2}，剪应力为 $\tau_{m_2}=\tau_n$。因此，由 N 点相应面上的应力分量可确定如下两组应力状态，它们均使 A 点处于塑性极限平衡状态：

（1）应力状态 σ_n、σ_{m_1} 和 τ_n，并且 $\sigma_n>\sigma_{m_1}$。下面把这种塑性极限平衡状态称为最小塑性极限平衡状态或主动塑性极限平衡状态。

（2）应力状态 σ_n、σ_{m_2} 和 τ_n，并且 $\sigma_n<\sigma_{m_2}$。下面把这种塑性极限平衡状态称为最大塑性极限平衡状态或被动塑性极限平衡状态。

3.2.3　正应力 σ_{m_1} 和 σ_{m_2} 的确定

将 σ_n、σ_m 和 τ_n 代入塑性极限平衡条件式（3.6）中得

$$(\sigma_n-\sigma_m)^2+4\tau_n^2=[2c\cos\varphi+(\sigma_n+\sigma_m)\sin\varphi]^2 \tag{3.10}$$

改写和简化式（3.10）得

$$a\sigma_m^2+b\sigma_m+c=0 \tag{3.11}$$

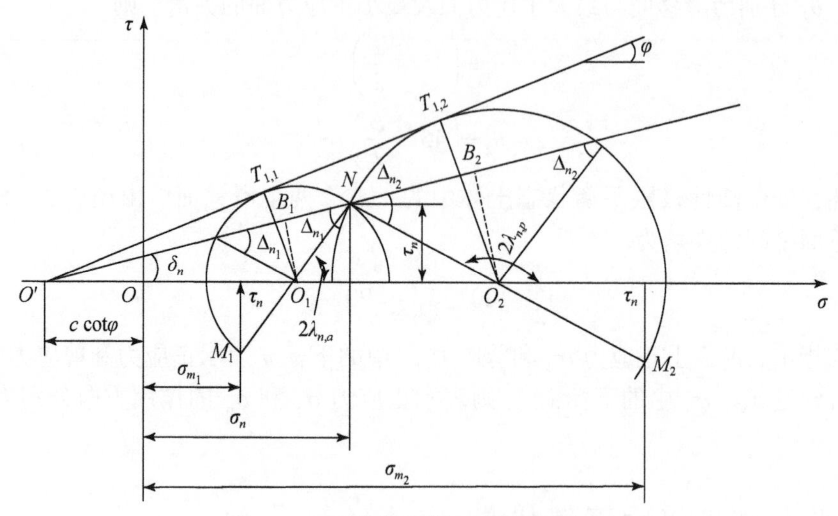

图 3.4　两种塑性极限平衡状态莫尔圆

式中，

$$
\begin{aligned}
&a=\cos^2\varphi \\
&b=-[2(1+\sin^2\varphi)\sigma_n+4c\cos\varphi\sin\varphi] \\
&c=(\sigma_n^2+4\tau_n^2)-(2c\cos\varphi+\sin\varphi\sigma_n)^2
\end{aligned}
\tag{3.12}
$$

求解式（3.11），得

$$
\sigma_{m_1}=\frac{-b-\sqrt{b^2-4ac}}{2a}\quad \sigma_{m_2}=\frac{-b+\sqrt{b^2-4ac}}{2a} \tag{3.13}
$$

3.2.4　σ_n、τ_n 作用面 N 与最大主应力作用面夹角

首先指出，在下面的推导中令从 N 面到最大主应力作用面如果按顺时针转动，则转角为正，否则为负。

由图 3.4 可见，设从 N 平面按顺时针方向转动到最大主应力作用面的角度为 $2\lambda_n$，如图 3.4 所示。由图 3.4 得

$$
\tau_n=(c\cot\varphi+\sigma_0)\sin\varphi\sin2\lambda_n
$$
$$
c\cot\varphi+\sigma_n=(c\cot\varphi+\sigma_0)(1+\sin\varphi\cos2\lambda_n)
$$

由于

$$
\tan\delta_n=\frac{\tau_n}{c\cot\varphi+\sigma_n}
$$

式中，δ_n 如图 3.4 所示：

则

$$
\tan\delta_n=\frac{\sin\varphi\sin2\lambda_n}{1+\sin\varphi\cos2\lambda_n}
$$

将

$$
\tan\delta_n=\frac{\sin\delta_n}{\cos\delta_n}
$$

代入上式，简化后得

$$\sin(2\lambda_n-\delta_n)=\frac{\sin\delta_n}{\sin\varphi} \tag{3.14}$$

令

$$\left.\begin{aligned}a_n&=\frac{\sin\delta_n}{\sin\varphi}\\ \Delta_n&=2\lambda_n-\delta_n\end{aligned}\right\} \tag{3.15}$$

则

$$\Delta_n=\sin^{-1}(a_n) \tag{3.16}$$

按上述推导，Δ_n 即图3.4中的 $\Delta_{n,1}$ 和 $\Delta_{n,2}$。

式（3.16）中 Δ_n 为 $\sin^{-1}$（a_n）的主值。下面来说明 Δ_n 的几何意义。由图3.4可得

$$O'B=(c\cot\varphi+\sigma_0)\sin\delta_n$$

另一方面

$$O'B=ON\sin\Delta_n$$

$$ON=(c\cot\varphi+\sigma_0)\sin\varphi$$

则得

$$O'B=(c\cot\varphi+\sigma_0)\sin\varphi\sin\Delta_n$$

由上两式中 $O'B$ 相等，得

$$\sin\Delta_n=\frac{\sin\delta_n}{\sin\varphi} \tag{3.17}$$

式（3.17）与式（3.15）是等价的。由此得 Δ_n 的几何意义，并在图3.4中已注明。

下面分别在两种塑性极限平衡状态下确定 $\lambda_{n,\mathrm{a}}$ 和 $\lambda_{n,\mathrm{p}}$ 角。

1）主动塑性极限平衡状态

按前述，主动状态情况下的 $\lambda_{n,\mathrm{a}}$ 角，由图3.4左侧的主动塑性极限平衡状态莫尔圆可得

$$2\lambda_{n,\mathrm{a}}=\delta_n+\Delta_n \tag{3.18}$$

2）被动塑性极限平衡状态

被动状态情况下的 $\lambda_{n,\mathrm{p}}$ 角，由图3.4右侧的被动塑性极限平衡状态莫尔圆可得

$$2\lambda_{n,\mathrm{p}}=[\delta_n+(\pi-\Delta_n)] \tag{3.19}$$

3）确定 λ_n 的统一公式

式（3.18）和式（3.19）分别给出了主动塑性极限平衡状态和被动塑性极限平衡状态下 N 平面与最大主应力面的夹角 $\lambda_{n,\mathrm{a}}$ 和 $\lambda_{n,\mathrm{p}}$。在这两种塑性极限平衡状态下确定 λ_n 的公式可以写成如下统一的公式：

$$2\lambda_{n,\mathrm{a}}\text{或}\,2\lambda_{n,\mathrm{p}}=(1-k_1)\frac{\pi}{2}+\delta_m+k_1\Delta_n \tag{3.20}$$

对主动塑性极限平衡状态，取 $k_1=1$；对被动塑性极限平衡状态，取 $k_1=-1$。

3.2.5　一个特殊的例子

设 N 面为主应力面，则 $\tau_n=0$，M 面也应是一个主应力面。在这种情况下，由式（3.6）得到的塑性极限平衡方程式为

$$\pm(\sigma_n-\sigma_m)=2c\cos\varphi+(\sigma_n+\sigma_m)\sin\varphi$$

由上式可得 σ_m 的两个解：

（1）当上式左端取“+”号时，由图 3.5 可知此状态相当于主动塑性极限平衡状态：

$$\sigma_{m,1}=-\frac{2\cos\varphi}{1+\sin\varphi}c+\frac{1-\sin\varphi}{1+\sin\varphi}\sigma_n \tag{3.21}$$

则 $\sigma_n>\sigma_{m_1}$。

（2）当上式两端取“-”号时，由图 3.5 可知此状态相当于被动塑性极限平衡状态：

$$\sigma_{m,2}=\frac{2\cos\varphi}{1-\sin\varphi}+\frac{1+\sin\varphi}{1-\sin\varphi}\sigma_n \tag{3.22}$$

则 $\sigma_n<\sigma_{m_2}$。

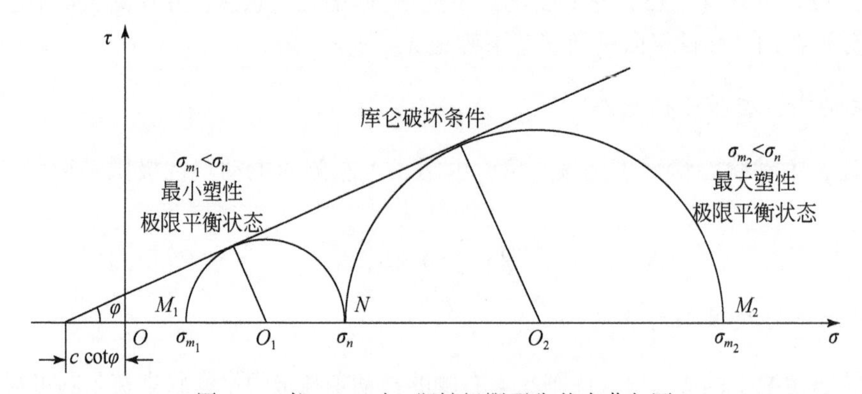

图 3.5　当 $\tau_n=0$ 时，塑性极限平衡状态莫尔圆

如果取 N 面为水平面，$\sigma_n=rh$，其中 r 为重力密度，h 为从水平表面到 A 点的距离。这种情况下，M 面为竖直面。由式（3.21）和式（3.22）得

$$\sigma_{m,1}=P_{\mathrm{a}}=-\frac{2\cos\varphi}{1+\sin\varphi}+\frac{1-\sin\varphi}{1+\sin\varphi}rh \tag{3.23}$$

$$\sigma_{m,2}=P_{\mathrm{p}}=\frac{2\cos\varphi}{1-\sin\varphi}+\frac{1+\sin\varphi}{1-\sin\varphi}rh \tag{3.24}$$

即式（3.23）和式（3.24）分别为众所周知的朗肯主动土压力公式和朗肯被动土压力公式。

3.3　塑性静定分析基本方程式及演化

3.3.1　基本方程式

在此，按图3.6所示的坐标系及各应力分量正方向的规定来建立塑性静定分析基本方程式。图3.6中σ_x、σ_y分别为x方向和y方向的正应力，分别作用于与y轴和x轴相平行的面上。

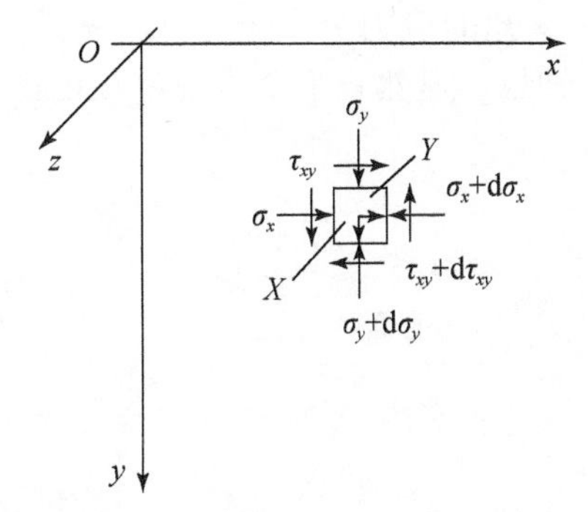

图3.6　坐标系及各应力分量正号的规定

由微元体x、y方向力的平衡分别得如下两式：

$$\left.\begin{aligned}\frac{\partial\sigma_x}{\partial x}+\frac{\partial\tau_{xy}}{\partial y}-X=0\\\frac{\partial\tau_{xy}}{\partial x}+\frac{\partial\sigma_y}{\partial y}-Y=0\end{aligned}\right\}\tag{3.25a}$$

式中，X和Y分别为x和y方向的体积力。此外，由微元体处于塑性极限平衡状态得

$$(\sigma_x-\sigma_y)^2+4\tau_{xy}^2=(\sigma_x+\sigma_y+2\sigma_c)^2\sin^2\varphi\tag{3.25b}$$

式中，σ_c为黏结压力，按下式确定：

$$\sigma_c=c\cot\varphi\tag{3.26}$$

式（3.25）的三个方程式即塑性静定分析基本方程式。三个方程式中的未知量σ_x、σ_y、τ_{xy}可求，不需要变形协调方程式及土的应力-应变关系，因此是个静定问题，所以称为塑性静定分析。

应指出式（3.25）第三式是非线性方程。因此，求解式（3.25）是一个非线性问题，其求解有一定的困难。

3.3.2　基本方程式演化

1. 未知量数目的缩减

设处于塑性极限平衡状态的A点的应力状态以图3.7中的莫尔库仑圆表示。A点的应

力分量分别为 σ_x、σ_y、τ_{xy}。如果以 λ 表示 σ_x 作用面与最大主应力作用面的夹角，则

$$\left.\begin{aligned}\sigma_x&=\sigma(1+\sin\varphi\cos2\lambda)-\sigma_c\\ \sigma_y&=\sigma(1-\sin\varphi\cos2\lambda)-\sigma_c\\ \tau_{xy}&=\sigma\sin\varphi\sin2\lambda\end{aligned}\right\}\tag{3.27}$$

式中，

$$\left.\begin{aligned}\sigma&=\sigma_0+\sigma_c\\ \sigma_0&=\frac{1}{2}(\sigma_x+\sigma_y)\end{aligned}\right\}\tag{3.28}$$

由于式（3.27）是由塑性极限应力状态求出的，自然会满足塑性极限条件式（3.25）。这样，借助式（3.27）将三个未知的应力分量 σ_x、σ_y、τ_{xy}，以两个未知量 σ 和 λ 表示，即将三个未知量缩减成两个未知量。显然 σ 和 λ 是 x 和 y 的函数。

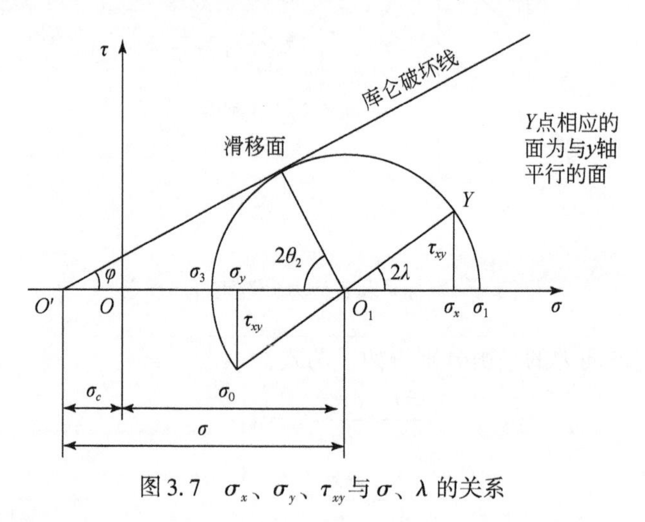

图 3.7　σ_x、σ_y、τ_{xy} 与 σ、λ 的关系

2. σ、λ 的求解方程式

为求解 σ 和 λ，将式（3.27）代入式（3.25a）中，分别得

$$(1+\sin\varphi\cos2\lambda)\frac{\partial\sigma}{\partial x}+\sin\varphi\sin2\lambda\frac{\partial\sigma}{\partial y}-2\sigma\sin\varphi\left(\sin2\lambda\frac{\partial\lambda}{\partial x}-\cos2\lambda\frac{\partial\lambda}{\partial y}\right)=X\tag{3.29a}$$

$$\sin\varphi\cos2\lambda\frac{\partial\sigma}{\partial x}+(1-\sin\varphi\sin2\lambda)\frac{\partial\sigma}{\partial y}+2\sigma\sin\varphi\left(\cos2\lambda\frac{\partial\lambda}{\partial x}+\sin2\lambda\frac{\partial\lambda}{\partial y}\right)=Y\tag{3.29b}$$

根据式（3.8），滑移面与最小主应力面之间的夹角：

$$\theta_2=\frac{\pi}{4}-\frac{\varphi}{2}$$

改写上式，得

$$\varphi=\frac{\pi}{2}-2\theta_2\tag{3.30}$$

由于 φ 是已知的，则 θ_2 是已知的。将式（3.30）代入式（3.29）中，得

$$(1+\cos 2\theta_2\cos 2\lambda)\frac{\partial\sigma}{\partial x}-2\sigma\cos 2\theta_2\cos 2\lambda\frac{\partial\lambda}{\partial x}+\cos 2\theta_2\sin 2\lambda\frac{\partial\sigma}{\partial y}+2\sigma\cos 2\theta_2\cos 2\lambda\frac{\partial\lambda}{\partial y}=X \tag{3.31a}$$

$$\cos 2\theta_2\sin 2\lambda\frac{\partial\sigma}{\partial x}+2\sigma\cos 2\theta_2\cos 2\lambda\frac{\partial\lambda}{\partial x}+(1-\cos 2\theta_2\cos 2\lambda)\frac{\partial\sigma}{\partial y}+2\sigma\cos 2\theta_2\sin 2\lambda\frac{\partial\lambda}{\partial y}=Y \tag{3.31b}$$

式（3.31）可以进一步简化，将式（3.31a）乘以 sin（$\lambda-\theta_2$），而将式（3.31b）乘以-cos（$\lambda-\theta_2$），然后将两式相加，简化后得

$$[\sin(\lambda-\theta_2)-\cos 2\theta_2\sin(\lambda+\theta_2)]\frac{\partial\sigma}{\partial x}-2\sigma\cos 2\theta_2\cos(\lambda+\theta_2)\frac{\partial\lambda}{\partial x}-[\cos(\lambda-\theta_2)-\cos 2\theta_2\sin(\lambda+\theta_2)]$$

$$\frac{\partial\sigma}{\partial y}-2\sigma\cos 2\theta_2\sin(\lambda+\theta_2)\frac{\partial\lambda}{\partial y}=X\sin(\lambda-\theta_2)-Y\cos(\lambda-\theta_2)$$

由于

$$\cos(\lambda-\theta_2)=\cos(\lambda+\theta_2-2\theta_2)=\cos(\lambda+\theta_2)\cos 2\theta_2+\sin(\lambda+\theta_2)\sin 2\theta_2$$

$$\sin(\lambda-\theta_2)=\sin(\lambda+\theta_2-2\theta_2)=\sin(\lambda+\theta_2)\cos 2\theta_2-\cos(\lambda+\theta_2)\sin 2\theta_2$$

则

$$\cos(\lambda-\theta_2)-\cos 2\theta_2\cos(\lambda+\theta_2)=\sin(\lambda+\theta_2)\sin 2\theta_2$$

$$\sin(\lambda-\theta_2)-\cos 2\theta_2\sin(\lambda+\theta_2)=-\cos(\lambda+\theta_2)\sin 2\theta_2$$

将上述相加的两式代入上式，得

$$\cos(\lambda+\theta_2)\left[\sin 2\theta_2\frac{\partial\sigma}{\partial x}+2\sigma\cos 2\theta_2\frac{\partial\lambda}{\partial x}\right]+X\sin(\lambda-\theta_2)+$$
$$\sin(\lambda+\theta_2)\left[\sin 2\theta_2\frac{\partial\sigma}{\partial y}+2\sigma\cos 2\theta_2\frac{\partial\lambda}{\partial y}\right]-Y\cos(\lambda-\theta_2)=0$$

改写上式，得

$$\left[\frac{\partial\sigma}{\partial x}+2\sigma\cot 2\theta_2\frac{\partial\lambda}{\partial x}+X\frac{\sin(\lambda-\theta_2)}{\cos(\lambda+\theta_2)\sin 2\theta_2}\right]\cos(\lambda+\theta_2)+$$
$$\left[\frac{\partial\sigma}{\partial y}+2\sigma\cot 2\theta_2\frac{\partial\lambda}{\partial y}-Y\frac{\cos(\lambda-\theta_2)}{\sin(\lambda+\theta_2)\sin 2\theta_2}\right]\sin(\lambda+\theta_2)=0$$

注意 θ_2 与 φ 的关系，上式可写成

$$\begin{aligned}&\left[\frac{\partial\sigma}{\partial x}+2\sigma\tan\varphi\frac{\partial\lambda}{\partial x}+X\frac{\sin(\lambda-\theta_2)}{\cos(\lambda+\theta_2)\cos\varphi}\right]\cos(\lambda+\theta_2)+\\&\left[\frac{\partial\sigma}{\partial y}+2\sigma\tan\varphi\frac{\partial\lambda}{\partial y}-Y\frac{\cos(\lambda-\theta_2)}{\sin(\lambda+\theta_2)\cos\varphi}\right]\sin(\lambda+\theta_2)=0\end{aligned} \tag{3.32a}$$

相似地，将式（3.31a）乘以 sin（$\lambda+\theta_2$），式（3.31b）乘以-cos（$\lambda-\theta_2$），再将两式相加，简化后得

$$\begin{aligned}&\left[\frac{\partial\sigma}{\partial x}-2\sigma\tan\varphi\frac{\partial\lambda}{\partial x}+X\frac{\sin(\lambda+\theta_2)}{\cos(\lambda-\theta_2)\cos\varphi}\right]\cos(\lambda-\theta_2)\\&+\left[\frac{\partial\sigma}{\partial y}-2\sigma\tan\varphi\frac{\partial\lambda}{\partial y}-Y\frac{\cos(\lambda+\theta_2)}{\sin(\lambda-\theta_2)\cos\varphi}\right]\sin(\lambda-\theta_2)=0\end{aligned} \tag{3.32b}$$

式（3.29）或式（3.32）为 xy 坐标系中 σ、λ 的求解方程式，如果已知土体中一点处于塑性极限平衡状态，则可由这两组方程之一求解出 σ、λ，进而确定 σ_x、σ_y 及 τ_{xy}。

然而由于还没有确定出处于塑性极限平衡状态的土体与处于刚性状态的土体的分界线，因此还不能判断土体中的一点处于哪种状态。如果将方程式转化到每一点的滑移面上，则不仅可以求解出处于塑性极限平衡状态土体中的 σ、λ，还可确定出处于塑性极限平衡状态土体与处于刚性状态土体的分界线。

3. 求解 σ、λ 的拟线性微分方程式

由式（3.29）或式（3.32）可见，σ、λ 的求解方程式是非线性方程式。如果将 σ、λ 求解方程式转换到滑移面上，则得其相应的拟线性一阶微分方程式：

令

$$æ=\frac{1}{2}\cot\varphi\ln\frac{\sigma}{\sigma_r} \tag{3.33}$$

式中，σ_r 为参考应力，可任意取。引进 σ_r 的目的是将 σ 无量纲化。由式（3.33）得

$$\left.\begin{aligned}\frac{\partial\sigma}{\partial x}=2\sigma\tan\varphi\frac{\partial æ}{\partial x}\\ \frac{\partial\sigma}{\partial y}=2\sigma\tan\varphi\frac{\partial æ}{\partial y}\end{aligned}\right\} \tag{3.34}$$

将式（3.34）代入式（3.32a）中

$$\begin{aligned}&\left[\left(\frac{\partial æ}{\partial x}+\frac{\partial\lambda}{\partial x}\right)\cos(\lambda+\theta_2)+X\frac{\sin(\lambda-\theta_2)}{2\sigma\sin\varphi}\right]\\&+\left[\left(\frac{\partial æ}{\partial y}+\frac{\partial\lambda}{\partial y}\right)\sin(\lambda+\theta_2)-Y\frac{\cos(\lambda-\theta_2)}{2\sigma\sin\varphi}\right]=0\end{aligned} \tag{3.35}$$

令

$$\left.\begin{aligned}\xi=æ+\lambda\\ \eta=æ-\lambda\end{aligned}\right\} \tag{3.36}$$

将式（3.36）代入上式，得

$$\frac{\partial\xi}{\partial x}+\tan(\lambda+\theta_2)\frac{\partial\xi}{\partial y}=-\frac{X\sin(\lambda-\theta_2)-Y\cos(\lambda-\theta_2)}{2\sigma\sin\varphi\cos(\lambda+\theta_2)}$$

相似地，将式（3.34）代入式（3.32）中，可得

$$\frac{\partial\eta}{\partial x}+\tan(\lambda-\theta_2)\frac{\partial\eta}{\partial y}=\frac{X\sin(\lambda+\theta_2)-Y\cos(\lambda+\theta_2)}{2\sigma\sin\varphi\cos(\lambda-\theta_2)}$$

上两式可简化成如下形式：

$$\left.\begin{aligned}\frac{\partial\eta}{\partial x}+\tan(\lambda-\theta_2)\frac{\partial\eta}{\partial y}=a\\ \frac{\partial\xi}{\partial x}+\tan(\lambda+\theta_2)\frac{\partial\xi}{\partial y}=b\end{aligned}\right\} \tag{3.37}$$

式中，

$$\left.\begin{aligned}a=\frac{X\sin(\lambda+\theta_2)-Y\cos(\lambda+\theta_2)}{2\sigma\sin\varphi\cos(\lambda-\theta_2)}\\ b=-\frac{X\sin(\lambda-\theta_2)-Y\cos(\lambda-\theta_2)}{2\sigma\sin\varphi\cos(\lambda+\theta_2)}\end{aligned}\right\} \tag{3.38}$$

式（3.37）即所要建立的拟线性一阶段微分方程式。由式（3.37）可见，在形式上，

ξ、η 是解耦的，但式（3.37）包含（$\lambda-\theta_2$）和（$\lambda+\theta_2$）项，其中 λ 是未知的，ξ 和 η 实际上还是交联的。

由式（3.38）可见，当体积力 $X=0$，$Y=0$ 时，$a=b=0$，在这种情况下，式（3.37）简化成如下形式：

$$\left.\begin{aligned}\frac{\partial\eta}{\partial x}+\tan(\lambda-\theta_2)\frac{\partial\eta}{\partial y}=0\\ \frac{\partial\xi}{\partial x}+\tan(\lambda+\theta_2)\frac{\partial\xi}{\partial y}=0\end{aligned}\right\}\tag{3.39}$$

3.4　滑移线及以其为坐标的塑性静定分析方程式

3.4.1　滑移线及其几何方程式

前文曾指出，处于塑性极限平衡状态的一点，有两个面达到库仑破坏条件，并将这两个面称为滑移面。如果把相邻点相同的滑移面连接起来，则形成一条滑移线。由于一点有两个滑移面，则过一点有两条滑移线。由图3.3可见，这两条滑移线的交角为 $90°-\varphi$。由于过每一点都有两条滑移线，则在塑性极限平衡状态土体中存在相应的两簇滑移线，并形成滑移线网。

下面来建立这两簇滑移线的方程式。

设（x，y）为处于塑性极限平衡状态土体中的一点。已知该点的 σ_x、σ_y、τ_{xy}。按前述，σ_x 的作用面与最大主应力作用面之间的夹角为 λ，如图3.8（a）所示。由于 σ_x 作用方向平行于 x 轴方向，最大主应力作用方向平行于最小主应力作用面方向，则与 x 轴平行的平面与最小主应力作用平面之间的夹角也应为 λ。另外，两个滑移面与最小主应力面的夹角为 $\pm\theta_2$。这样就可在 xy 坐标中绘出最小主应力作用面及两个簇滑移面，如图3.8（b）所示，由图3.8（b）可见，两个滑移面与 x 轴相平行的面的夹角分别为 $\lambda-\theta_2$ 及 $\lambda+\theta_2$。下面将与夹角 $\lambda-\theta_2$ 相对应的滑移面称为 η 簇滑移面，与 $\lambda+\theta_2$ 相对应的滑移面称为 ξ 簇滑移面，则 η 簇和 ξ 簇滑移线的几何方程式分别为

$$\begin{aligned}\frac{\mathrm{d}y}{\mathrm{d}x}=\tan(\lambda-\theta_2)\\ \frac{\mathrm{d}y}{\mathrm{d}x}=\tan(\lambda+\theta_2)\end{aligned}\tag{3.40}$$

3.4.2　平行的直线滑移线

如处于塑性极限平衡状态土体中的各点，其主应力方向相同，则由式（3.40）可知，其簇滑移线应为两簇平行的直线。

平行的直线滑移线的典型例子是朗肯主动土压力和朗肯被动土压力情况。在朗肯主动

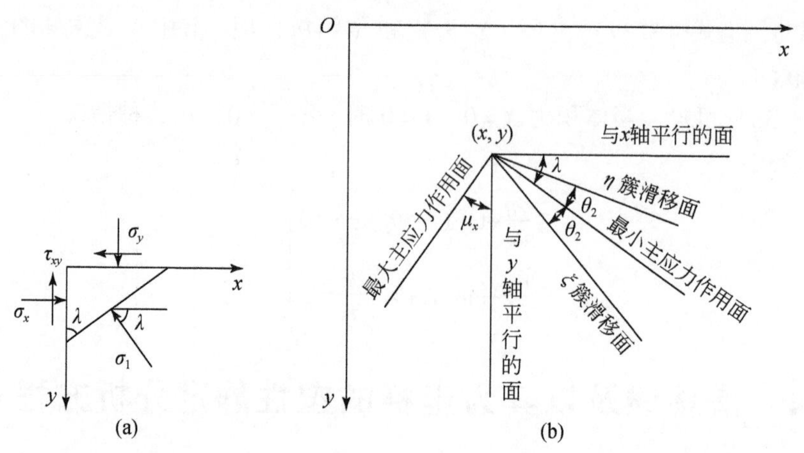

图 3.8　与 x 轴平行的面、与 y 轴平行的面、最大主应力作用面、最小主应力作用面及滑移面

土压力情况下，最大主应力作用方向，即最小主应力面方向与 y 轴方向一致，则 $\lambda=\frac{\pi}{2}$。因此，η 簇滑移线为从 x 轴顺时针旋转 $45°+\frac{\varphi}{2}$ 的平行直线，ξ 簇滑移线为从 x 轴逆时针旋转 $45°+\frac{\varphi}{2}$ 的平行直线，如图 3.9（a）所示。在朗肯被动土压力情况下，最大主应力作用方向，即最小主应力作用面方向与 x 轴方向一致，则 $\lambda=0$。因此，η 簇滑移线为从 x 轴逆时针旋转 $45°-\frac{\varphi}{2}$ 的平行直线，ξ 簇滑移线为从 x 轴顺时针旋转 $45°-\frac{\varphi}{2}$ 的平行直线，如图 3.9（b）所示。

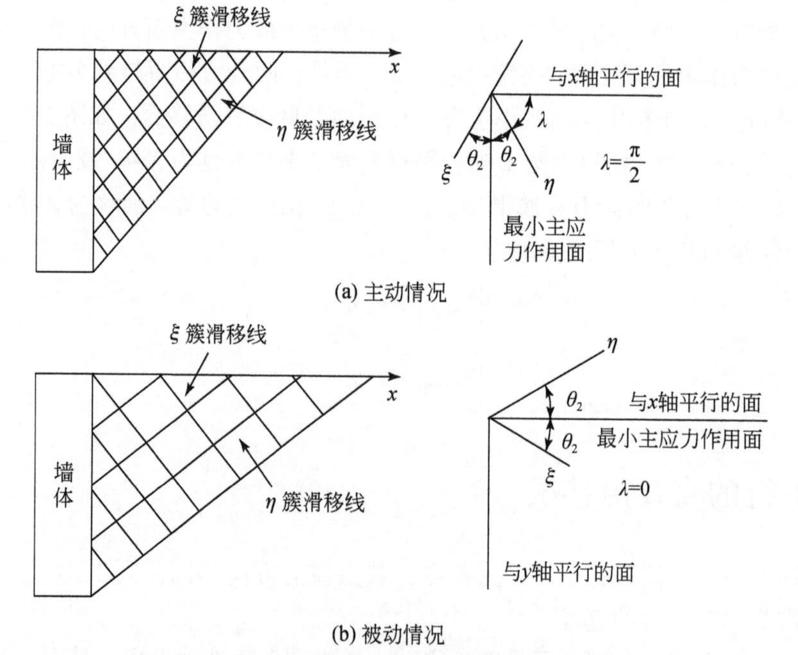

图 3.9　直线滑移线和滑移线网及例子

3.4.3　作用于滑移线微线段上的力

由于滑移线是相邻各点滑移面的连线，则作用于滑移线上的力应满足滑移面上的受力条件，即

$$\tau_n=(\sigma_c+\sigma_n)\tan\varphi$$

式中，τ_n、σ_n 分别为作用于单位长度滑移线上的剪应力和正应力。设 $\mathrm{d}T_n$ 和 $\mathrm{d}R_n$ 分别为作用于长度为 ds 的滑移线微元线段上的剪切力和法向力，如图 3.10 所示，则

$$\begin{aligned}\mathrm{d}T_n&=\tau_n\mathrm{d}s\\ \mathrm{d}R_n&=(\sigma_c+\sigma_n)\mathrm{d}s\end{aligned}\tag{3.41}$$

因此

$$\frac{\mathrm{d}T_n}{\mathrm{d}R_n}=\tan\varphi\tag{3.42}$$

式中，$\mathrm{d}T_n$ 的作用方向与滑移线延伸方向相反。

由式（3.42）及（3.41）第二式得

$$\mathrm{d}T_n=\sigma_c\tan\varphi\mathrm{d}s+\sigma_n\tan\varphi\mathrm{d}s$$

令

$$\left.\begin{aligned}\mathrm{d}T_{n,1}&=\sigma_c\tan\varphi\mathrm{d}s=c\mathrm{d}s\\ \mathrm{d}T_{n,2}&=\sigma_n\tan\varphi\mathrm{d}s\end{aligned}\right\}\tag{3.43a}$$

则

$$\mathrm{d}T_n=\mathrm{d}T_{n,1}+\mathrm{d}T_{n,2}\tag{3.43b}$$

显然，$\mathrm{d}T_{n,1}$和 $\mathrm{d}T_{n,2}$分别为黏结力和摩擦力产生的抗剪力。

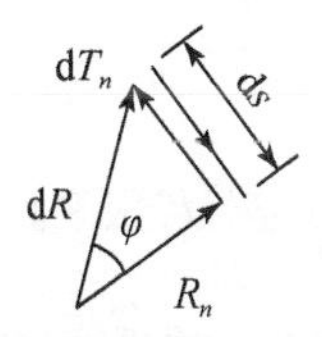

图 3.10　作用于滑移线上的力的条件

确定作用于滑移线上的力的条件具有重要的意义。在许多情况下，可以绘制出滑移线网。滑移线网绘制出来之后，则可根据处于塑性极限平衡状态土体的力的平衡条件确定极限承载力或极限土压力。以下以朗肯主动土压力和朗肯被动土压力为例来说明这个问题。

在朗肯主动土压力情况下，如图 3.11（a）所示。设墙高为 H，相应的滑移线网如图 3.9（a）所示。图 3.11（a）中 BC 为滑裂面，△ABC 内的主体处于塑性极限平衡状态，其外的土体处于刚性状态。BC 面与水平线的交角等于 $45°+\frac{\varphi}{2}$，则

$$AC=H\cot\left(45°+\frac{\varphi}{2}\right)$$

$$BC=H/\sin\left(45°+\frac{\varphi}{2}\right)$$

作用于△*ABC* 土体上的力如图 3.11（a）所示。

（a）△*ABC* 土体的自重 *W* 按下式确定

$$W=\frac{1}{2}rH^2\cot\left(45°+\frac{\varphi}{2}\right)$$

W 的作用方向为竖向，即 *y* 轴方向。

（b）墙作用于△*ABC* 土体上的力 P_a，即主动土压力，是待求的量，由于墙是垂直和光滑的，则 P_a 的作用方向为水平方向，即 *x* 轴方向。

（c）作用于 *BC* 面上的剪切力 $T_n=c\cdot BC+\sigma_n\tan\varphi\cdot BC$，以及反力 R_n，其方向与 *BC* 面法线成 φ 角。由于△*ABC* 的土体要沿 *BC* 面向下滑动，则剪力 T_n 沿 *BC* 面向上作用。

这样，作用于△*ABC* 土体上的未知力为 P_a 和 *R*，它们可根据作用于△*ABC* 上的水平方向力和竖直方向力的平衡方程式确定。

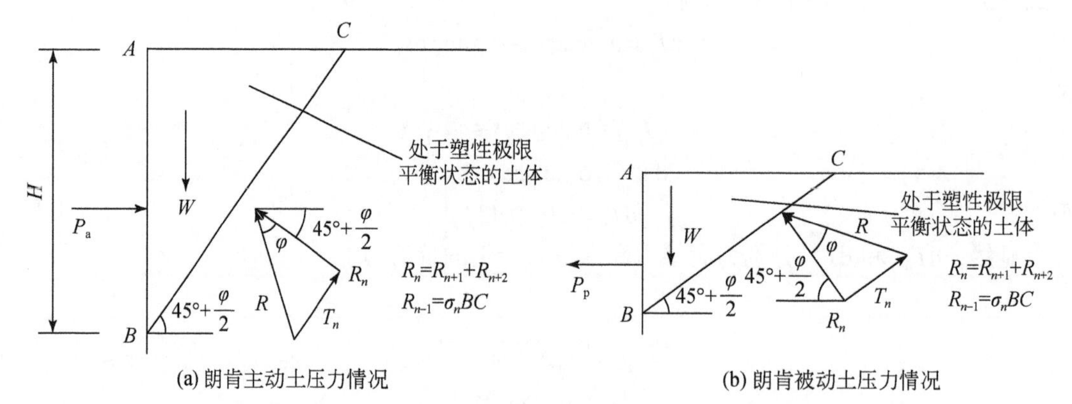

图 3.11　基于朗肯土压力理论的处于塑性极限平衡状态的土体△*ABC* 及其上的作用力

由图 3.11（a）可得△*ABC* 竖直方向力的平衡方程式如下：

$$W=R_n\sin\left(45°+\frac{\varphi}{2}\right)+c\cdot BC\cos\left(45°-\frac{\varphi}{2}\right)$$

△*ABC* 水平方向力的平衡方程式为

$$P_a=R_n\cos\left(45°+\frac{\varphi}{2}\right)-T_n\sin\left(45°-\frac{\varphi}{2}\right)$$

另外，由滑移面上的受力条件得 $T_n=R_n\tan\varphi$

由以上三个式子得

$$P_a=\frac{1}{2}rH^2\tan\left(45°+\frac{\varphi}{2}\right)-2c\cdot H\cot\left(45°-\frac{\varphi}{2}\right)$$

上式即众所周知的朗肯主动土压力公式。

朗肯被动土压力情况如图 3.11（b）所示，在这种情况下，*BC* 与水平面的夹角等于

$45°-\frac{\varphi}{2}$，则

$$AC=H\cot\left(45°-\frac{\varphi}{2}\right)$$

$$BC=H/\sin\left(45°-\frac{\varphi}{2}\right)$$

$\triangle ABC$ 的土体重量 W 为

$$W=\frac{1}{2}rH^2\cot\left(45°-\frac{\varphi}{2}\right)$$

另外，作用于 BC 面的剪切力 $c\cdot BC$ 的方向沿 BC 面向下，而 R 与 BC 面组成的夹角为 φ。

考虑这些不同，按与确定朗肯主动土压力相同的方法，可确定众所周知的朗肯被动土压力公式：

$$P_p=\frac{1}{2}rH^2\tan^2\left(45°+\frac{\varphi}{2}\right)+2c\cdot H\tan\left(45°+\frac{\varphi}{2}\right)$$

3.4.4　滑移线上的塑性静定分析方程式

下面将拟线性一阶段微分方程式（3.37）转换到滑移线上，为此，将滑移线方程式（3.40）代入式（3.37）中，则得

$$\begin{aligned}&\frac{\partial\eta}{\partial x}+\frac{\partial\eta}{\partial y}\frac{\partial y}{\partial x}=a\\&\frac{\partial\xi}{\partial x}+\frac{\partial\xi}{\partial y}\frac{\partial y}{\partial x}=b\end{aligned}\tag{3.44}$$

由于

$$\frac{d\eta}{dx}=\frac{\partial\eta}{\partial x}+\frac{\partial\eta}{\partial y}\frac{\partial y}{\partial x}$$

$$\frac{d\xi}{dx}=\frac{\partial\xi}{\partial x}+\frac{\partial\xi}{\partial y}\frac{\partial y}{\partial x}$$

则得滑移线上求解方程式如下：

$$\left.\begin{aligned}&\frac{d\eta}{dx}=a\\&\frac{d\xi}{dx}=b\end{aligned}\right\}\tag{3.45}$$

如设 ds_1、ds_2 分别为过（x，y）点 η 簇滑移线和 ξ 簇滑移线的微元长度，则

$$dx=ds_1\cos(\lambda-\theta_2)$$

$$dx=ds_2\cos(\lambda+\theta_2)$$

将其代入式（3.45）中可得另一种形式的求解方程式：

$$
\left.\begin{aligned}\frac{\mathrm{d}\eta}{\mathrm{d}s_2}=\cos(\lambda+\theta_2)b\\ \frac{\mathrm{d}\zeta}{\mathrm{d}s_1}=\cos(\lambda-\theta_2)a\end{aligned}\right\} \tag{3.46}
$$

如果体积力为零，按前述，$a=0$，$b=0$，则式（3.46）简化成如下形式：

$$
\frac{\mathrm{d}\eta}{\mathrm{d}s_1}=0
$$

$$
\frac{\mathrm{d}\xi}{\mathrm{d}s_2}=0
$$

由此得

$$
\begin{aligned}\eta=C_1\\ \xi=C_2\end{aligned} \tag{3.47}
$$

式（3.47）表明，当体积力为零时，过一点的两条滑移线，其η值和ξ值为常数，分别为C_1、C_2。

3.5　应力间断线及奇点

3.5.1　应力间断线

1. 间断线的概念

前文表述了朗肯土压力理论，在朗肯主动土压力情况下，土体处于主动极限状态，在朗肯被动土压力情况下，土体处于被动极限状态。但无论哪种情况，墙后处于极限状态的土体只存在一种极限状态。但是，如果处于极限状态的土体中存在主动和被动两种极限平衡状态，则必然存在一条线将处于主动极限平衡状态的土体与处于被动极限平衡状态的土体区分开来。下面把这样的一条线称为间断线。这样，间断线上的一点就将处于两种极限状态。按上述，如果土体中存在两种极限状态，则会存在两组相应的应力分量。如果以σ_n表示沿间断线法向方向的正应力，以τ_n表示沿间断线切向方向的剪应力，以$\sigma_{m,\mathrm{a}}$表示在主动极限平衡状态一侧沿间断线切向方向作用的正应力，以$\sigma_{m,\mathrm{p}}$表示在被动极限平衡状态一侧沿间断线切向方向作用的正应力，则$\sigma_{m,\mathrm{p}}>\sigma_{m,\mathrm{a}}$，即在间断线两侧，沿其切线方向的正应力发生了间断，如图3.12所示。图3.12中l—l为间断线，其上方的土体处于被动极限平衡状态，沿其切向方向作用的正应力为$\sigma_{m,\mathrm{p}}$；其下方的土体处于主动极限平衡状态，沿其切向方向作用的正应力为$\sigma_{m,\mathrm{a}}$。

按上述，间断线上的一点的应力分量只有沿其切向方向的正应力发生间断，而其他两个应力分量σ_n、τ_n仍是连续的。

2. 间断线上一点的滑移线

设A为应力间断线上的一点，间断线右侧土体处于主动塑性极限平衡状态，间断线左

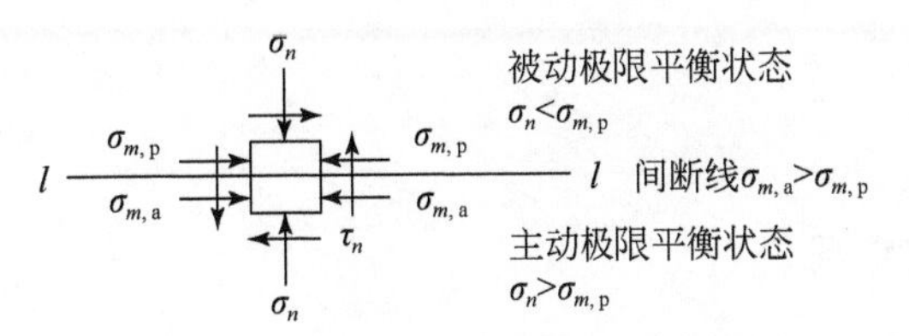

图 3.12　间断线及两侧的应力分量

侧土体处于被动塑性极限平衡状态。由于 A 点位于应力间断线上，如果按间断线右侧土体考虑，则 A 点处于主动塑性极限平衡状态；如果按间断线左侧土体考虑，则 A 点处于被动塑性极限平衡状态，这样 A 点的应力状态应有两组解。一组解对应于主动塑性极限平衡状态的解，其解为 σ_a、λ_a，另一组解对应于被动塑性极限平衡状态的解，其解为 σ_p、λ_p，如图 3.13（a）所示。根据主动状态的解 λ_a 可以确定主动塑性极限平衡状态下 A 点的最大主应力作用面和最小主应力作用面。由于滑动面与最小主应力作用面的角为 $\pm\theta_2$，则可由 A 点引出主动塑性极限平衡状态情况下的两条滑移线 η、ξ，如图 3.13（b）所示。相似地，根据被动状态的解 λ_p 可以确定被动塑性极限平衡状态下 A 点的最大主应力作用面和最小主应力作用面。进而由 A 点引出被动塑性极限平衡状态情况下的两条滑移线 η、ξ。

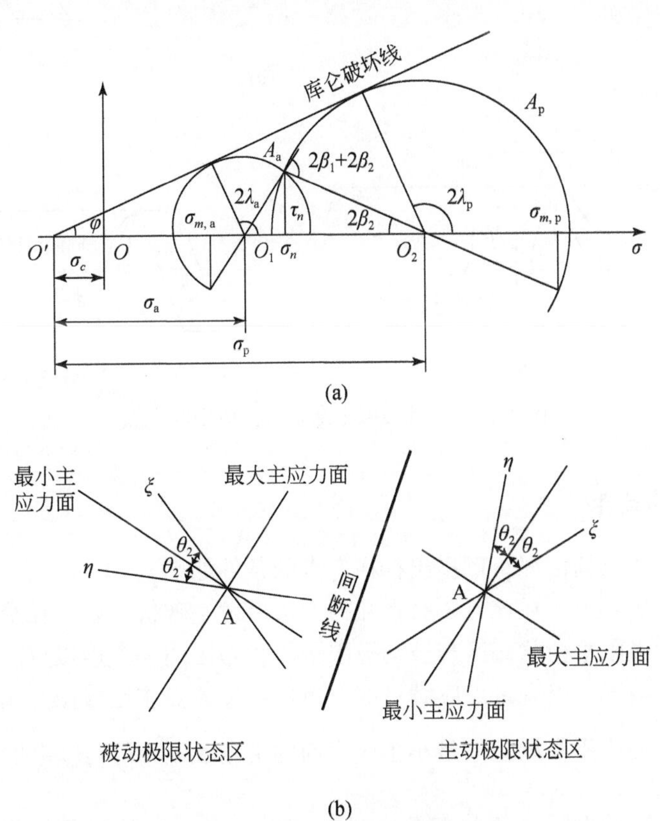

图 3.13　间断线方向

3.5.2　奇点

1. 存在奇点的一些情况

一般情况下，过处于塑性极限平衡状态土体的一点有两条线——η 簇滑移线和 ξ 簇滑移线。但是，在某些特殊情况下，过一点可以有无数条 η 簇滑移线或 ξ 簇滑移线，这样的特殊点称为奇点。按上述，奇点是同一簇，例如 η 簇或 ξ 簇滑移线的汇交点。

奇点会在如下情况下出现：加载表面上荷载发生突跃的点，如图 3. 14（a）所示；土坡面的转折点，如图 3. 14（b）所示；挡土墙背面的转折点，如图 3. 14（c）所示；基础的端点，如图 3. 14（d）所示；挡土墙与土体接触面的端点，如图 3. 14（e）所示。

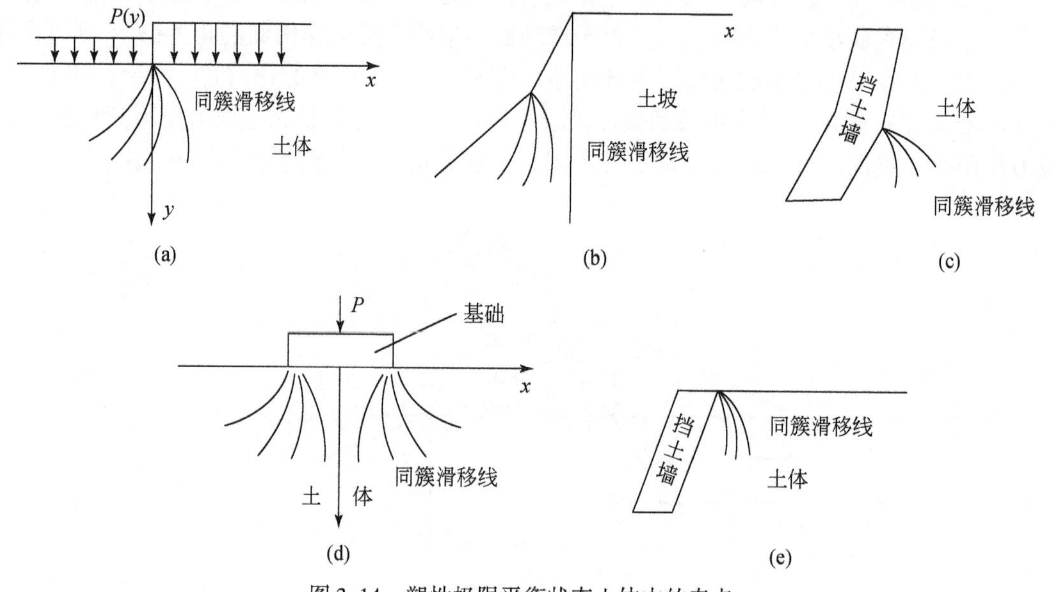

图 3. 14　塑性极限平衡状态土体中的奇点

2. 出现奇点的条件

根据上述存在奇点的情况，可指出存在奇点的条件如下。

奇点通常处于边界上，在该点要么在几何上边界发生转折，要么在受力上发生突变。

奇点应是主动极限平衡状态区与被动极限平衡状态区的一个连接点。

无论上述哪种情况，出现奇点应满足如下条件：过 A 点主动极限平衡状态的最大主应力面与过 A 点被动极限平衡状态的最小主应力面的夹角 $\beta>\frac{\pi}{2}$。当 $\beta=\frac{\pi}{2}$时，过 A 点的主动极限平衡状态区与被动极限平衡状态区由过 A 点的一条重叠的滑移线连接，当 $\beta<\frac{\pi}{2}$时，过 A 点的主动极限平衡状态区与被动极限平衡状态区由过 A 点的一条间断线连接。那么，

当$\beta>\frac{\pi}{2}$时，则过A点的主动极限平衡状态区与被动极限平衡状态区应由两者之间的过渡区连接，如图3.15所示。该过渡区也应处于极限平衡状态，其同簇滑移线在A点汇交。

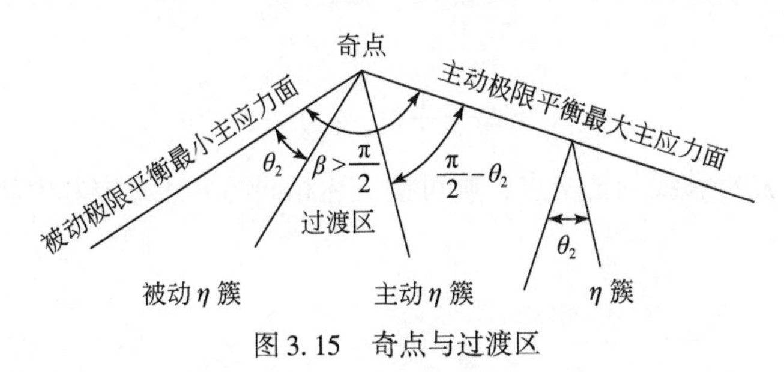

图3.15　奇点与过渡区

3. 过奇点的簇滑移线η或ξ的值的确定

由于奇点是同簇滑移线的汇交点，则奇点的η值或ξ值都有多个。注意η、ξ的值与λ、σ的关系，以及λ、σ与各应力分量的关系，则在奇点各应力分量的值也将有多个。

那么，在奇点汇交的η簇或ξ簇滑移线的η值或ξ值如何确定？下面以在奇点汇交的是ξ簇滑移线为例来说明这个问题。令奇点在主动区相应的滑移线值分别为η_a、ξ_a，在被动区相应的滑移线值分别为η_p、ξ_p。

在奇点ξ_a滑移线切线与x轴的交角为$\lambda_a+\theta_2$，ξ_p滑移线切线与x轴的交角为$\lambda_p+\theta_2$，则两滑移线切线在奇点的交角为$\lambda_a-\lambda_p$。滑移线ξ_a和ξ_p之间存在无数条ξ簇滑移线。设ξ_1、ξ_2、ξ_3是其中的三条ξ簇滑移线，它们将夹角$\lambda_a-\lambda_p$等分成四份，如图3.16所示，这三条交联滑移线相应的λ值分别为

$$\lambda_1=\lambda_a-\Delta\lambda$$

$$\lambda_2=\lambda_a-2\Delta\lambda$$

$$\lambda_3=\lambda_a-3\Delta\lambda$$

其中，

$$\Delta\lambda=\frac{1}{4}(\lambda_a-\lambda_p)$$

设$æ_a$、$æ_p$分别为在奇点滑移线ξ_a和ξ_p相应的$æ$值，它们是已知的，从滑移线ξ_a到ξ_p，$æ$按λ_x角线性变化，则

$$æ_1=æ_a-\Delta æ$$

$$æ_2=æ_a-2\Delta æ$$

$$æ_3=æ_a-3\Delta æ$$

式中，

$$\Delta æ=\frac{1}{4}(æ_a-æ_p)$$

由此，得

$$\xi_1=\xi_a-\Delta\xi$$
$$\xi_2=\xi_a-2\Delta\xi$$
$$\xi_3=\xi_a-3\Delta\xi$$

式中，

$$\Delta\xi=\frac{1}{4}(\xi_a-\xi_p)$$

如果奇点是 η 簇滑移线的汇交点，则可按上述相同的方法确定其中间任何一条 η 簇滑移线相应的 η 值。

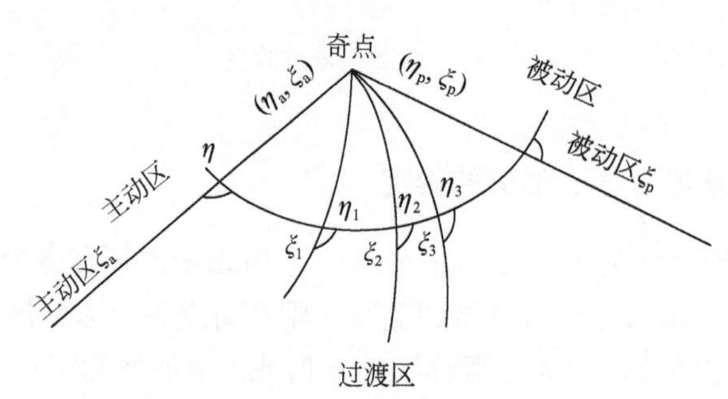

图 3.16　奇点及在奇点汇交的滑移线

3.6　边 界 条 件

按上述，塑性静定分析是一个边值问题，要在一定边界条件下求解。因此，在塑性静定分析中，边界上的受力条件，即正应力和剪应力必须指定。

当边界上的受力条件指定后，为进行塑性静定分析，应对边界上各点确定如下各量。

（1）x 面与最大主应力作用面，即与最小主应力作用方向的夹角 λ_x；

（2）平均正应力 σ_o、黏结压力 σ_c 与其之和 σ，以及相应的 $æ$ 值；

（3）η 和 ξ 值。

在上述这些量中，只要确定出 λ_x 和 σ，就可由前面给出的关系式确定相应的 $æ$ 及 ξ、η 值。下面主要表述在指定的边界条件下，λ 和 σ 值的确定方法。

1. 简单边界条件

如果边界条件满足如下两个要求，则该边界条件称为简单边界条件，如图 3.17 所示。

（1）边界面是水平的，即与 x 轴方向一致；

（2）在边界上只有法向应力 σ_y 作用，$\sigma_y=\sigma_y(x)$，$\tau_{xy}=0$。

由简单边界第二个条件得

$$\sigma_n=\sigma_y,\tau_n=0$$

则

$$\left.\begin{array}{l}\delta_n=0\\ \Delta_n=0\end{array}\right\}\tag{3.48}$$

由简单边界第一个条件得

$$\lambda = \lambda_n \tag{3.49}$$

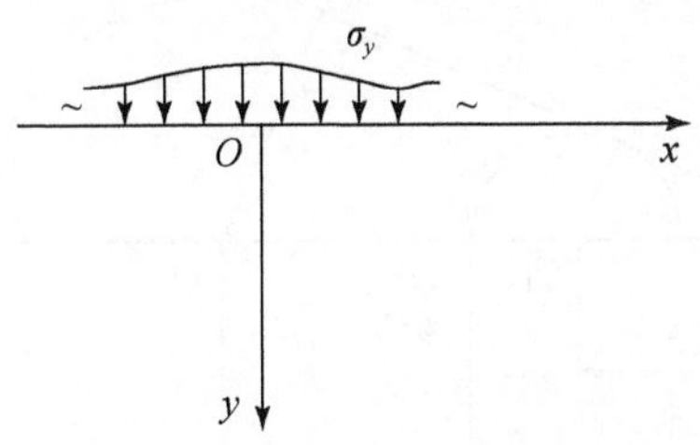

图3.17　简单边界条件

下面按主动极限平衡状态和被动极限平衡状态两种情况分别确定简单边界条件下的 λ_x 及 σ 值。

由于在简单边界条件下 $\lambda=\lambda_n$，则将式（3.48）代入式（3.20）中就可确定 λ 值。

1）主动极限平衡状态

在主动极限平衡状态下，取式（3.20）中的 $k_1=1$，则得

$$2\lambda_n = 2\lambda_a = 0 \tag{3.50}$$

另外，由图3.18得

$$\sigma_y = (\sigma_a - \sigma_c) + \sigma_a \sin\varphi$$

改写上式则得 σ 如下：

$$\sigma = \sigma_a = \frac{\sigma_y + \sigma_c}{1+\sin\varphi} \tag{3.51}$$

式中，σ_a 为主动极限平衡状态下的 σ 值。

2）被动极限平衡状态

在被动极限平衡状态下，取式（3.20）中的 $k_1=-1$

则得

$$2\lambda_n = 2\lambda_p = -\frac{\pi}{2} \tag{3.52}$$

由图3.18得

$$\sigma_x = (\sigma_p - \sigma_c) - \sigma_p \sin\varphi$$

改写上式，则得 σ 值如下：

$$\sigma = \sigma_p = \frac{\sigma_y + \sigma_c}{1-\sin\varphi} \tag{3.53}$$

2. 一般边界条件

一般边界条件是指边界面不一定是水平面，且边界面上同时作用有正应力 σ_n 和剪应力 τ_n 的情况，如图3.19所示。在图3.19中，α 角表示从边界面按顺时针旋转到水平面的转角。

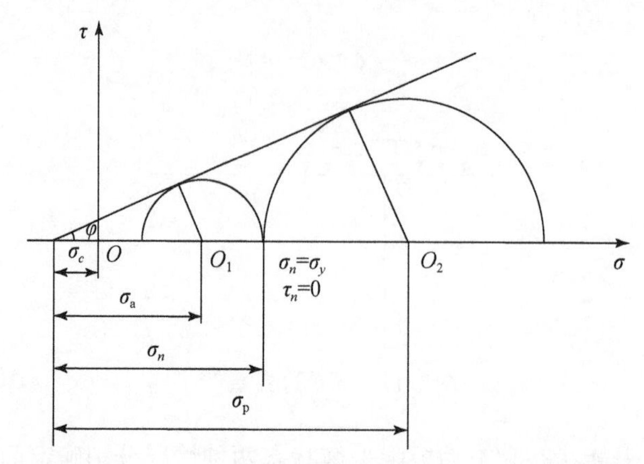

图 3.18　$\sigma_n=\sigma_y$、$\tau_n=\tau_{xy}=0$ 时主动极限平衡状态和被动极限平衡状态的莫尔圆

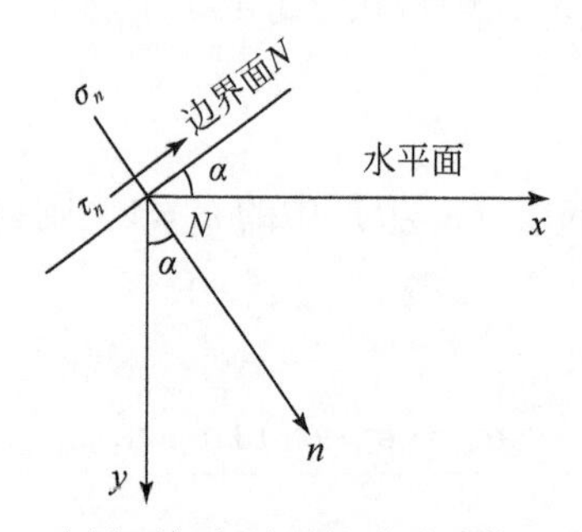

图 3.19　边界面与水平面的关系及其上的作用力

在边界之下的土体中，处于主动极限平衡状态和被动极限平衡状态一点的莫尔应力圆如图 3.20 所示。图中标出了 σ_n 和 τ_n 作用面相应的点及水平面相应的点。因为从边界面到水平面是按顺时针旋转 α 角，则图 3.20 中从边界面到水平面按顺时针旋转 2α 角。由图 3.19 可得 $2\lambda=2\lambda_n-2\alpha$。

将式（3.20）代入得

$$2\lambda=(1-k_1)\frac{\pi}{2}+\delta_n+k_1\Delta_n-2\alpha \tag{3.54}$$

下面按主动极限平衡状态和被动极限平衡状态分别确定 λ 和 σ 的值。

1）主动极限平衡状态

令式（3.54）中 $k_1=1$，则得

$$2\lambda_n=\delta_n+\Delta_n-2\alpha \tag{3.55}$$

另外，由图 3.20 可得

$$\sigma_n=(\sigma_a-\sigma_c)+\sigma_a\sin\varphi\cos2\lambda_n$$

改写上式，得

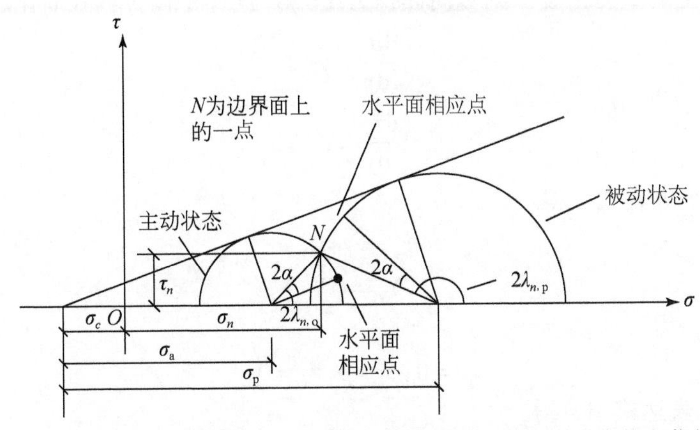

图3.20　边界面、水平面及主动极限平衡状态和被动极限平衡状态莫尔圆

$$\sigma_{\mathrm{a}}=\frac{\sigma_n+\sigma_c}{1+\sin\varphi\cos2\lambda_n} \tag{3.56}$$

式中，$2\lambda_n$ 按式（3.55）确定。

2）被动极限平衡状态

令式（3.54）中的 $k_1=-1$，则得

$$2\lambda_n=\pi+\delta_n-\Delta_n-2\alpha \tag{3.57}$$

另外，由图3.20可得

$$\sigma_n=(\sigma_{\mathrm{p}}-\sigma_c)-\sigma_{\mathrm{p}}\sin\varphi\cos2\lambda_n$$

改写上式，得

$$\sigma_{\mathrm{p}}=\frac{\sigma_n+\sigma_c}{1-\sin\varphi\cos2\lambda_n} \tag{3.58}$$

3.7　简单问题的求解

塑性静定问题的求解分如下两种途径。

（1）由塑性静定分析方程式和边界条件直接求解；

（2）由塑性静定分析方程式和边界条件数值求解。

一般的塑性静定分析问题应采用第二种途径求解，只有简单问题才能采用第一种途径求解。本节将表述这些简单问题的求解，塑性静定分析的数值求解将在后文表述。

3.7.1　半平面表面上作用均布竖向荷载 p 及自重情况

1. 应力的确定

在这种情况下，如图3.21所示，半平面土体中各点的应力与 x 坐标无关，只是 y 坐

标函数。令 γ 为土的重力密度，则竖向体积力 $Y=\gamma$。这样平衡方程式简化成如下形式：

$$\frac{\mathrm{d}\sigma_y}{\mathrm{d}y}=\gamma$$

$$\frac{\mathrm{d}\tau_{xy}}{\mathrm{d}y}=0$$

积分以上两个方程式，得

$$\sigma_y=\gamma y+C_1$$

$$\tau_{xy}=C_2$$

由边界条件，得

$$y=0,\sigma_y=p,\tau_{xy}=0$$

代入 σ_y、τ_{xy}表达式中，得

$$C_1=p,C_2=0$$

则

$$\left.\begin{aligned}\sigma_y&=\gamma y+p\\ \tau_{xy}&=0\end{aligned}\right\}\tag{3.59}$$

应力分量 σ_x（y）可根据塑性极限平衡条件确定。由于 $\tau_{xy}=0$，在这种情况下，塑性极限平衡条件可写为如下形式：

$$\pm(\sigma_y-\sigma_x)=[2\sigma_c+(\sigma_x+\sigma_y)]\sin\varphi\tag{3.60}$$

下面分别在主动极限平衡状态和被动极限平衡状态下来确定相应的 σ_x。

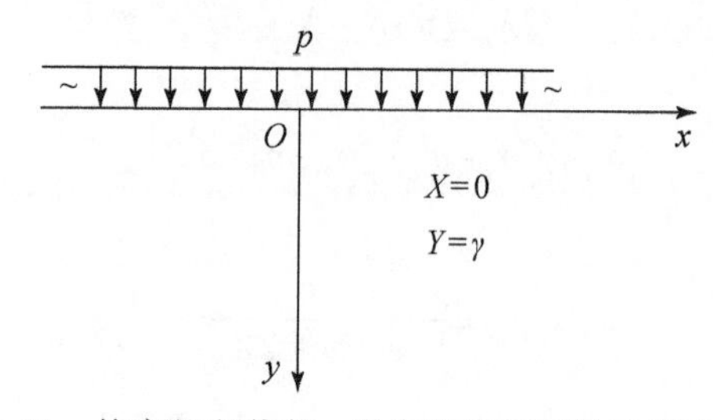

图 3.21　均布竖向荷载 p 及自重作用下的半平面土体

1）主动极限平衡状态

在主动极限平衡状态下，$\sigma_y>\sigma_x$，取式（3.60）左端项的符号为“+”，由式（3.60）得

$$\sigma_x=\frac{1-\sin\varphi}{1+\sin\varphi}\sigma_y-\frac{2\sin\varphi}{1+\sin\varphi}\sigma_c$$

将式（3.59）第一式代入，得

$$\sigma_x=\gamma h\,\frac{1-\sin\varphi}{1+\sin\varphi}-\frac{2\sin\varphi}{1-\sin\varphi}\sigma_c\tag{3.61}$$

2）被动极限平衡状态

在被动极限平衡状态下，$\sigma_y<\sigma_x$，取式（3.60）左端项的符号为“-”，由式（3.60）得

$$\sigma_y=\gamma h\frac{1+\sin\varphi}{1-\sin\varphi}+\frac{2\sin\varphi}{1-\sin\varphi}\sigma_c \tag{3.62}$$

2. 滑移线及滑移线网

在这种情况下，半平面之下各点的主应力方向不变。因此滑移线为两簇直线。此外：

$$\delta_n=0,\Delta_n=0 \tag{3.63}$$

下面分别在主动极限平衡状态和被动极限平衡状态下来确定两簇直线滑移线与 x 轴的夹角。

1）主动极限平衡状态

在主动极限平衡状态下，取 $k_1=1$，由式（3.20）得

$$\lambda_n=0$$

由此，如图3.22（a）所示，η 簇滑移线与 x 轴的夹角为 $45°+\frac{\varphi}{2}$，相应的滑移线方程式为

$$\frac{\mathrm{d}y}{\mathrm{d}x}=\tan\left(45°+\frac{\varphi}{2}\right) \tag{3.64}$$

同样，由图3.21可见，ξ 簇滑移线与 x 轴的夹角为 $180°-\left(45°+\frac{\varphi}{2}\right)$，相应的滑移线方程式为

$$\frac{\mathrm{d}y}{\mathrm{d}x}=-\tan\left(45°+\frac{\varphi}{2}\right) \tag{3.65}$$

则 η 簇滑移线与 ξ 簇滑移线的夹角为 $90°-\varphi$。由此则可绘出主动极限平衡状态的滑移线网，如图3.22（b）所示。

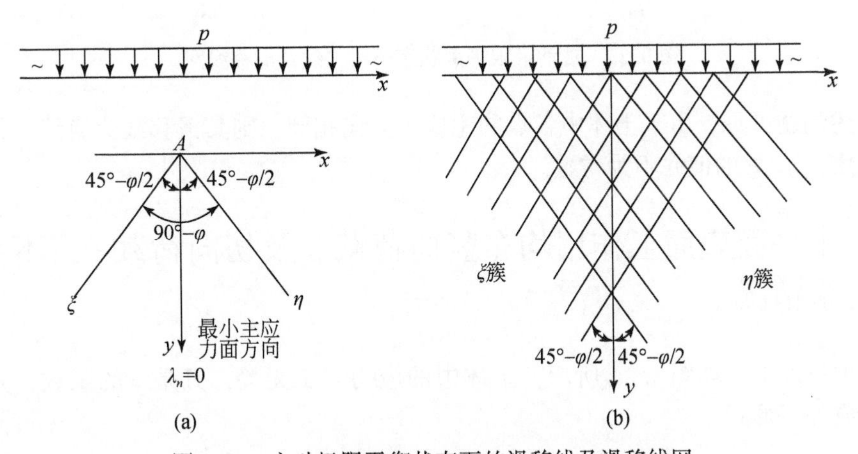

图3.22　主动极限平衡状态下的滑移线及滑移线网

2）被动极限平衡状态

在被动极限平衡状态下，取 $k_1=-1$，由式（3.20）得

$$\lambda_n=\frac{\pi}{2}$$

由图 3.23（a）可知，η 簇滑移线与 x 轴夹角为 $180°-\left(45°+\frac{\varphi}{2}\right)$，则相应的滑移线方程式为

$$\frac{dy}{dx}=-\tan\left(45°-\frac{\varphi}{2}\right) \tag{3.66}$$

同样，由图 3.23（a）可见，ξ 簇滑移线与 x 轴夹角为 $180°+\left(45°+\frac{\varphi}{2}\right)$，则相应的滑移线方程式为

$$\frac{dy}{dx}=\tan\left(45°-\frac{\varphi}{2}\right) \tag{3.67}$$

由此可进一步绘制被动极限平衡状态的滑移线网，如图 3.23（b）所示。

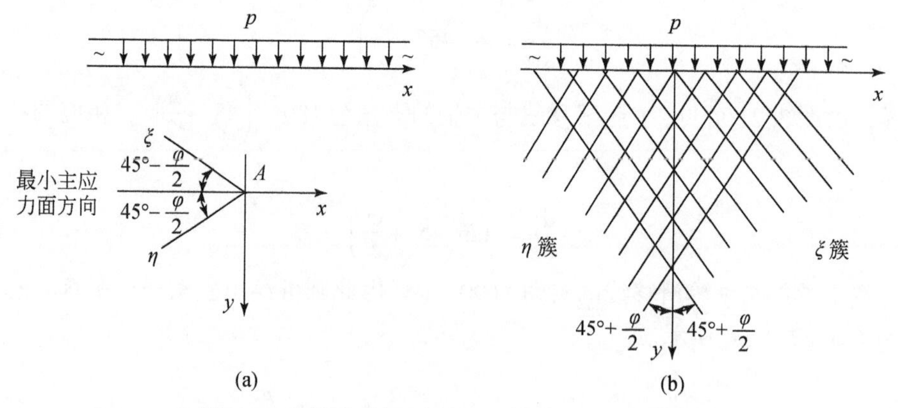

图 3.23　被动极限平衡状态下滑移线及滑移线网

由上述问题可见，由于土体中各点的主应力方向相同，则其滑移线为直线，但由于有体积力作用，η、ξ 的值并不为常数。

3.7.2　半平面表面上作用均布竖向荷载 p 及切向荷载 τ，不考虑自重情况

在这种情况下，如图 3.24 所示，土体中的应力与 x 无关，只是 y 的函数，其平衡方程式简化成如下形式：

$$\frac{d\sigma_x}{dy}=0$$

$$\frac{\mathrm{d}\tau_{xy}}{\mathrm{d}y}=0$$

积分这两个方程式，得

$$\sigma_y=C_1$$
$$\tau_{xy}=C_2$$

由边界条件

$$y=0,\sigma_x=p,\tau_{xy}=\tau$$

得

$$\left.\begin{array}{l}\sigma_y=p\\\tau_{xy}=\tau\end{array}\right\}\tag{3.68}$$

另一个应力分量 σ_x 可分别主动极限平衡状态和被动极限平衡状态由塑性极限平衡条件确定出来。由于土体中各点的应力分量 σ_y、τ_{xy} 为常数，如式（3.68）所示，则土体中各点的应力分量 σ_x 也为常数。

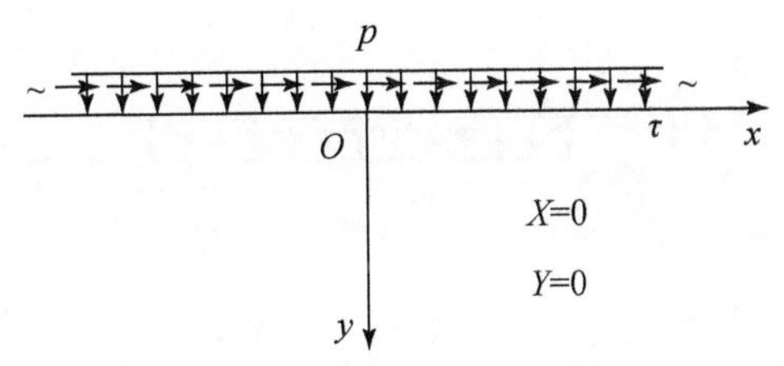

图3.24　在均布竖向荷载及水平荷载作用下不考虑自重的半平面土体

当按式（3.68）确定出土体中各点 $\sigma_y=p$ 后，后来的求解步骤如下：

（a）确定 λ；

（b）确定 σ_x 及 σ；

（c）确定 æ；

（d）确定 ξ、η；

（e）确定 $\lambda-\theta$、$\lambda+\theta$ 及滑移线 ξ、η 的方程式；

（f）绘制滑移线网。

这些计算步骤无须再详述，但应再次指出如下特点。

（a）土体中各点应力相等，则各点的主应力方向是一致的，两簇滑移线应为直线；

（b）体积力为零，ξ 簇每条滑移线的 ξ 值与 η 簇每条滑移线的 η 值为常数；

（c）ξ 簇各条滑移线的 ξ 值相等，以及 η 簇各条滑移线的 η 值相等，即在整个土体中各点的 ξ 值与 η 值相等。

3.7.3　半平面表面作用均布竖向荷载及水平荷载，考虑自重情况

在这种情况下，如图3.25所示，土体中的应力仍与 x 无关，只是 y 坐标函数。

由平衡方程式及边界条件得

$$y=0,\sigma_y=p,\tau_{xy}=\tau$$

得

$$\sigma_y=p+\gamma y$$
$$\tau_{xy}=\tau$$

由上式可确定土体中各点的δ如下：

$$\tan\delta=\frac{\tau}{p+\gamma y}$$

上式表明，土体中各点的δ角也是坐标y的函数，并随深度的增加逐渐减小。因此，在这种情况下，滑移线不再是直线。另外，由于有体积力Y存在，其滑移线相应的ξ、η值也随y坐标变化，但与x无关。尽管如此，在这种情况下仍可由塑性静定方程式直接求解问题。σ_y、$\tau_{x,y}$确定后，就可由塑性极限平衡状态确定主动和被动极限平衡状态下的σ_x。对于这种情况应指出一点，由于其解与x轴无关，因此其与ξ簇滑移线和η簇滑移线各自为一簇平行的曲线。

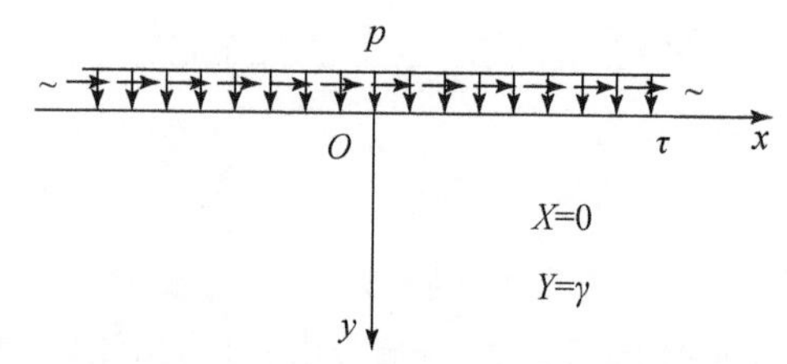

图 3.25　在均匀竖向荷载和水平荷载作用下，考虑自重情况的半平面土体

3.7.4　关于简单问题的小结

根据上面对简单塑性静定问题的表述，可做出如下小结。

（1）简单塑性静定问题实际上是个一维问题，即土体中应力只随坐标y变化。对于这类问题，可直接由平衡方程式确定应力分量σ_y和τ_{xy}，另一个应力分量分别主动极限状态或被动极限状态根据极限平衡条件确定出来。

（2）如果土体中的主应力方向不变，即$\tan\delta=\frac{\tau_{xy}}{\sigma_y}$值不变，则土体中的滑移线为平行直线。

（3）如果不考虑体积力的作用，则土体滑移线的ξ、η值为常数。

（4）按上述，对于简单塑性极限平衡问题，可能滑移线为平行直线，且各条滑移线的ξ、η值为常数，如前述第二个简单问题；也可能滑移线为平行直线，但各点滑移线的ξ、η值不为常数，如前述第一个简单问题；也可能滑移线为曲线，且各条滑移线的ξ、η值也不为常数，如前述第三个简单问题。第三个简单问题表明，即使是简单塑性极限平衡问题，其滑移线也可能不为直线，各条滑移线的ξ、η值也不为常数。

3.8　在 η 簇滑移线 η 值或 ξ 簇滑移线 ξ 值为常数时，两种特殊情况下的应力场及滑移线网

前文曾指出，当体积力为零时，η 簇和 ξ 簇的任意一条滑移线的 η 值和 ξ 值为常值。下文表述在这种情况下两种特殊情况下的应力场与滑移网。

3.8.1　η 簇各滑移线的 η 值为常数且相等而 ξ 簇各滑移线的 ξ 值也为常数但不相等的情况

设 η 簇各滑移线的 η 值为 η_0，A 为 η 簇中某一条滑移线上一点。过 A 点的一条 ξ 簇滑移线的 ξ 值为常数 C_2，如图 3.26 所示。按 λ 和 æ 的定义，该条 ξ 簇滑移线上各点，其 λ 值和 $\cot\varphi\ln\dfrac{\sigma}{\sigma_r}$ 值分别如下：

$$\left.\begin{aligned}\lambda&=\frac{1}{2}(C_2-\eta_0)\\ \cot\varphi\ln\frac{\sigma}{\sigma_r}&=\eta_0+C_2\end{aligned}\right\}\tag{3.69}$$

由式（3.69）知，过 A 点的该条 ξ 簇滑移线上各点的 λ 和 σ 值为常数。改写式（3.69）第二式得

$$\sigma=\sigma_r\exp[\tan\varphi(\xi_0+C_2)]$$

该条 ξ 簇滑移线上各点的 λ 为常数表明该条 ξ 簇滑移线为直线。

1. 应力场

λ 和 σ 确定后，就可按前述方法确定该条 ξ 簇滑移线上各点的应力分量，由于该条 ξ 簇滑移线上各点的 λ 和 σ 为常数，则其上各点的应力分量应是相等的。

2. 滑移线网

1）ξ 簇滑移线方程

由式（3.40）第二式得 ξ 簇滑移线方程式如下：

$$y=\tan(\lambda+\theta_2)x+y_0\tag{3.70}$$

式中，y_0 由边界条件确定。

2）η 簇滑移线方程式

下面来建立过 A 点的 η 簇滑移线的方程式。过 A 点的 η 簇滑移线与过该点的 ξ 簇滑移线的夹角为 $90°-\varphi$，如图 3.26 所示。按上述，该条 ξ 簇滑移线与 x 轴的夹角为 $\lambda+\theta_2$，以 β 表示。如以 γ 表示 OA 的长度，则 γ 应为 β 的函数。设 A_1 为过 A 点的 η 簇滑移线上与 A 点

相邻的一点，则 OA_1 的长度为 $r+\mathrm{d}r$。

由图 3.25 可得

$$AA_2 = r\mathrm{d}\beta$$

$$Ar = -A_1A_2 = -AA_2\tan\varphi$$

将 AA_2 表达式代入 $\mathrm{d}r$ 的表达式中，得

$$\mathrm{d}r = -r\tan\varphi \mathrm{d}\beta$$

改写上式得

$$\frac{\mathrm{d}r}{r} = -\tan\varphi \mathrm{d}\beta$$

对上式两端积分，得

$$\left.\begin{aligned} r &= C\mathrm{e}^{-\beta\tan\varphi} \\ r &= D\mathrm{e}^{-\lambda\tan\varphi} \end{aligned}\right\} \tag{3.71}$$

由上式推导可知，在这种情况下，η 簇滑移线是一簇对数螺旋曲线，而 ξ 簇滑移线是汇交于 O 点的直线束，相应的滑移线网如图 3.27 所示。

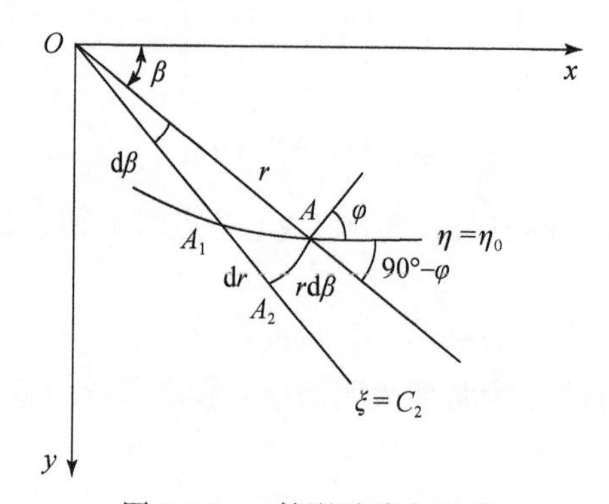

图 3.26 η 簇滑移线方程式

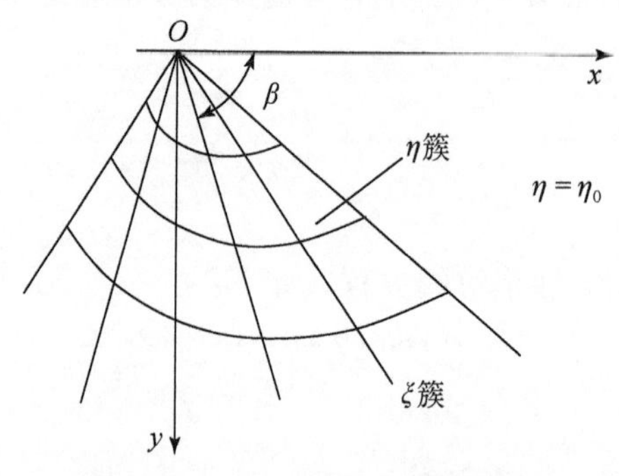

图 3.27 $\eta=\eta_0$ 情况下的滑移线网

3.8.2　ξ 簇各滑移线的 ξ 值为常数且相等而 η 簇各滑移线的 η 值也为常数但互不相等的情况

与前述类似，设 ξ 簇各滑移线的 ξ 值相等且为 ξ_0，过 A 点的一条 η 簇滑移线 η 值为 C_1，如图3.28所示。按前述，该条 ξ 簇滑移线上各点，其 λ_x 与 σ 值分别如下：

$$\left.\begin{aligned}\lambda&=\frac{1}{2}(\xi_0-C_1)\\ \sigma&=\sigma_0\exp[\tan\varphi(C_1+\xi_0)]\end{aligned}\right\}\tag{3.72}$$

由式（3.72）可知，该条 η 簇滑移线上各点的 λ 与 σ 值为常数，因此，该条 η 簇滑移线为直线，其上各点的应力分量相同。

1. 应力场

λ 与 σ 确定后就可确定该条 η 簇滑移线上各点的应力分量，并且是相同的。

2. 滑移线网

1）η 簇滑移线方程式

由式（3.40）得 η 簇滑移线方程如下：

$$y=\tan(\lambda-\theta_2)x+y_0$$

式中，y_0 由边界条件确定。

2）ξ 簇滑移线方程式

下面来定义过 A 点的 ξ 簇滑移线的方程式。在这种情况下，过 A 点的 ξ 簇滑移线与过该点的 η 簇滑移线的夹角为 $\left[\pi-\left(\frac{\pi}{2}-\varphi\right)\right]$，如图3.28所示。采用与前述相似的方法，由图3.28可得过 A 点的 ξ 簇滑移线的方程式如下：

$$r=Ce^{\beta\tan\varphi}\tag{3.73}$$

式中，r 为 OA 的距离。

$$\beta=\lambda+\theta_2\tag{3.74}$$

将式（3.74）代入式（3.73）中，则得

$$r=De^{\lambda\tan\varphi}\tag{3.75}$$

因此，在这种情况下，η 簇滑移线是汇交于 O 点的直线束，ξ 簇滑移线是一簇对数螺线曲线，滑移线网如图3.29所示。

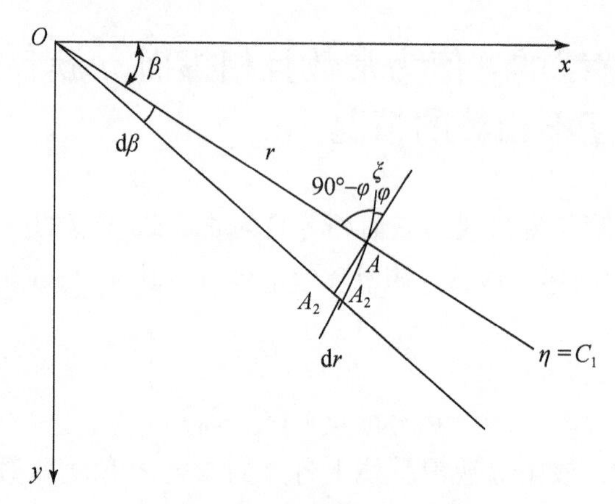

图 3.28　ξ 簇滑移线方程式

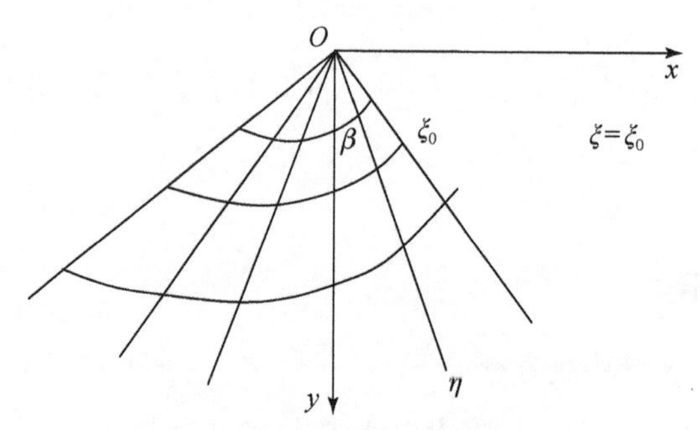

图 3.29　$\xi=\xi_0$ 簇情况下的滑移线网

3.9　塑性静定分析的数值方法

上文表述了简单塑性静定分析问题的求解方法。但是对于一般的塑性静定问题，很难用求解方程式直接求解，而通常采用数值方法求解。

塑性静定分析问题的数值求解的基础如下。

（1）滑移线方程式（3.40）；

（2）按滑移线建立的求解方程式（3.45）。

以下为具体的表述数值求解方法。

3.9.1　滑移线方程式的差分形式及滑移线点坐标值的确定

以差分代替微分，以差商代替导数，滑移线方程式（3.40）可写成如下差分形式：

$$\left.\begin{aligned} y_3-y_1&=\tan(\lambda^{(1)}-\theta_2)(x_3-x_1) \\ y_3-y_2&=\tan(\lambda^{(2)}+\theta_2)(x_3-x_2) \end{aligned}\right\} \tag{3.76}$$

如图3.30所示，式中，(x_1, y_1) 和 (x_2, y_2) 分别为点1和点2的 (x, y) 坐标值，

为已知量；(x_3, y_3) 为由点1引出的η簇滑移线与由点2引出的ξ簇滑移线的交点，即点3的 (x, y) 坐标值，待求；$\lambda^{(1)}$、$\lambda^{(2)}$分别为点1和点2的最小主应力面与x轴的夹角，已知量。这样由式 (3.76) 可求出交点 (x_3, y_3) 的值如下：

$$\left.\begin{aligned} x_3 &= \frac{x_1\tan(\lambda^{(1)}-\theta_2)-x_2\tan(\lambda^{(2)}+\theta_2)+y_2-y_1}{\tan(\lambda^{(1)}-\theta_2)-\tan(\lambda^{(2)}+\theta_2)} \\ y_3 &= y_1+\tan(\lambda^{(1)}-\theta_2)(x_3-x_1) \end{aligned}\right\} \tag{3.77}$$

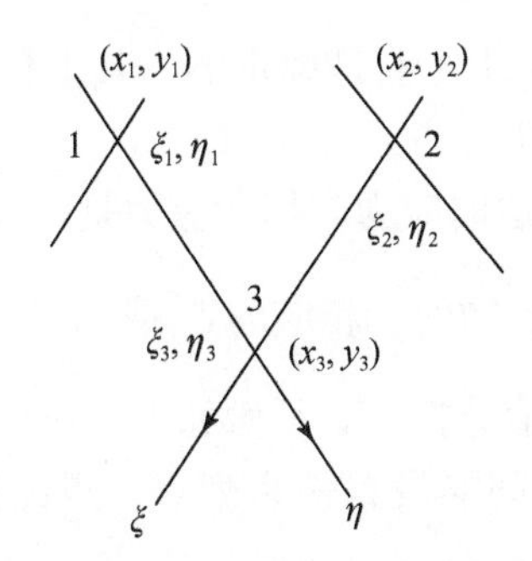

图3.30　滑移线交点坐标值 (x_3, y_3) 及其ξ、η值

3.9.2　求解方程式的差分形式及滑移线交点ξ、η值的确定

相似地，以差分代替微分，以差商代替导数，求解方程式 (3.45) 可写成如下差分形式：

$$\left.\begin{aligned} \eta_3-\eta_1 &= a^{(1)}(x_3-x_1) \\ \xi_3-\xi_2 &= b^{(2)}(x_3-x_2) \end{aligned}\right\} \tag{3.78}$$

式中，η_1、ξ_2分别为点1的η值和点2的ξ值，已知量；η_3、ξ_3分别为点3的η值和ξ值，待求；$a^{(1)}$、$b^{(2)}$分别为点1的a值和点2的b值，为已知。由式 (3.81) 可求出交点的η_3、ξ_3值如下：

$$\left.\begin{aligned} \eta_3 &= \eta_1+a^{(1)}(x_3-x_1) \\ \xi_3 &= \xi_2+b^{(2)}(x_3-x_2) \end{aligned}\right\} \tag{3.79}$$

3.9.3　滑移线交点3的λ_x及应力分量的确定

滑移线交点3的ξ、η值确定后，该点的λ、æ值，即$\lambda^{(3)}$、æ$^{(3)}$值就确定了，进而，根据$\lambda^{(3)}$、æ$^{(3)}$可确定该点的σ值，即$\sigma^{(3)}$值，以及该点的应力分量$\sigma_x^{(3)}$、$\sigma_y^{(3)}$和$\tau_{xy}^{(3)}$。

3.9.4　边界条件

按上述数值求解方法，求解应从某一部分边界开始，逐点在土体中进行，最后到达另一部分边界结束。开始和结束的边界条件是不同的。开始的边界条件，无论是在几何上还是受力上都是已知的；结束的边界条件，其几何条件是已知的，而受力条件不完全是已知的。

1. 几何和受力条件完全已知的边界条件

前述指出，数值求解是从几何和受力条件完全已知的边界上的点开始的，这类边界的已知条件如下。

（1）在坐标 x、y 中，边界在几何上是确定的，其上任何一点的坐标值是已知的，位于边界上的任意微元与 x 轴的夹角 α 也是已知的。

（2）作用在边界上的该点的法向应力与切向应力是已知的。因此，过任意点微元作用的法向应力 σ_n 与切向应力 τ_n 是已知的。相应的 δ_n 或 $\tan^{-1}\delta_n=\dfrac{\tau_n}{\sigma_c+\sigma_n}$ 是已知的。

为了从这类边界开始进行数值分析，必须做如下工作。

（1）在这类边界上按一定的间隔设置一系列点。点的间隔可根据精度要求和经验确定，间隔越小，数值分析的精度越高。

（2）确定每一点的 x、y 坐标。

（3）确定每一点上的切线与 x 轴的夹角 α。

（4）确定作用于每一点上的法向应力 σ_n 与切向应力 τ_n。

（5）确定每一点上的 δ_n 值。

（6）根据所分析问题的力学机制，确定边界上各点是处于主动极限平衡状态还是被动极限平衡状态，并确定相应的 λ 和 σ。

（7）确定每一点上的 ξ、η 值。

这样，这类边界上的每一点 x、y、λ、ξ、η 值均为已知，按上述方法，则可从这些点开始进行数值分析。

2. 边界上受力条件不完全已知的边界条件

在这种情况下，已知条件如下。

（1）边界线的几何方程已知，通常为直线，其方程式如下：

$$y=mx+y_0 \tag{3.80}$$

式中，m 为直线斜率；y_0 为 $x=0$ 时的 y 值。

（2）作用于边界上任一点的切向应力与法向应力之比为$\dfrac{\tau_n}{\sigma_n}$，应力作用方向已知。在这种情况下，待求的量如下。①滑移线与边界的交点及相应的坐标。②交点的 ξ、η 值。③交点的应力分量 σ_n、τ_n。

下面来确定边界线上各点的未知量。

1）滑移线与边界的交点及相应的坐标

如图 3.31 所示，设点 1 为滑移线 ξ 与边界线的交点，点 2 为由点 1 引出的 ξ 簇滑

移线与 η 簇滑移线的交点，均为已知。现在来确定过点 2 的 η 簇滑移线与边界线的点 3 及其坐标（x_3，y_3）。由于点 3 位于边界线上，得

$$y_3 = mx_3 + y_0 \tag{3.81a}$$

另外，由过点 2 的 η 簇滑移方程式得

$$y_3 - y_2 = \tan(\lambda^{(2)} - \theta_2)(x_3 - x_2) \tag{3.81b}$$

式中，（x_2，y_2）为点 2 的（x，y）坐标值，已知；$\lambda^{(2)}$ 为点 2 的最小主应力面与 x 轴的夹角，也已知。联立式（3.81）的两式，就可确定点 3 的坐标（x_3，y_3）。

2）点 3 的 δ_n 及 λ 值

按照 δ_n 的定义，得

$$\tan\delta_n = \frac{\dfrac{\tau_n}{\sigma_n}}{\dfrac{\sigma_c}{\sigma_n}+1} \tag{3.82}$$

由式（3.82）确定 $\tan\delta_n$ 后，则可确定相应的 δ_n 及 λ 值，即点 3 的 δ_n 及 λ 值。

3）点 3 的 ξ、η 值

点 3 的 ξ、η 值可由如下两个方程确定：

$$\left.\begin{aligned} \xi_3 - \eta_3 &= 2\lambda \\ \xi_3 - \xi_2 &= b_2(x_3 - x_2) \end{aligned}\right\} \tag{3.83}$$

式中，ξ_3、η_3 为点 3 的 ξ、η 值；ξ_2 为点 2 的 ξ 值。ξ_3、η_3 确定之后，就可以进一步确定点 3 的应力分量。

这样，从几何和力学上已知的边界开始进行分析，并确定作用在边界上的极限荷载。

以下按图 3.31 确定滑移线与边界线的交点及其与临近边界的滑移线交点的次序，表示如下。

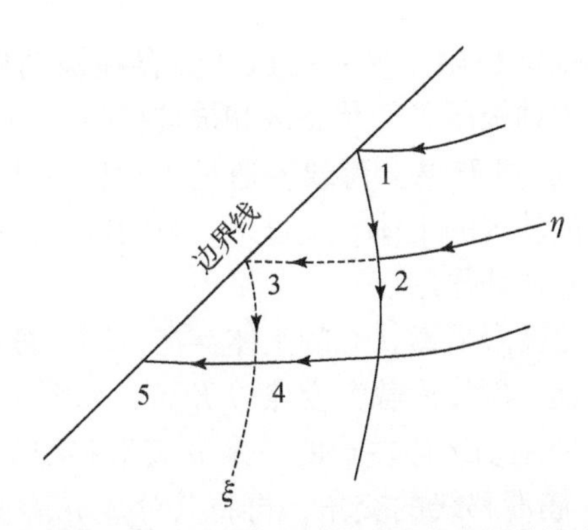

图 3.31　滑移线与边界线的交点及边界附近滑移线交点的确定

（a）由临近边界线的点 2 确定 ξ 簇滑移线与边界线的交点 3 及其 ξ、η 值。

（b）由边界线与 ξ 簇滑移线的交点 3 确定靠近边界线的 ξ 簇滑移线与 η 簇滑移线的交

点 4。

(c) 由临近边界线的点 4 确定 η 簇滑移线与边界线的交点 5。

以下依次类推。

3.9.5　处于塑性极限平衡状态土体的分区

前文曾指出，处于塑性极限平衡状态的土体存在主动和被动两种极限平衡状态，因此处于塑性极限平衡状态的土体可能有如下两种情况。

(1) 土体中只存在主动极限平衡状态区或者被动极限平衡状态区，例如在前述的朗金主动土压力问题中只存在主动极限平衡状态土体，而在朗金被动土压力问题中则只存在被动极限平衡状态土体。

(2) 土体中同时存在主动极限平衡状态区和被动极限平衡状态区，例如受竖向条形均布荷载作用的地基土体中就同时存在主动极限平衡状态区和被动极限平衡状态区。但是，不仅如此，由于加载面积的两端存在荷载的突变，按前述，这两端点是奇点，则同簇滑移线将在此点汇交。下面将过这两个奇点最右边的一条滑移线与最左边的一条滑移线之间的区域称为过渡区，如图 3.32 所示。因此，过渡区将土体中处于主动极限平衡状态的区域与处于被动极限平衡状态的区域连接起来。

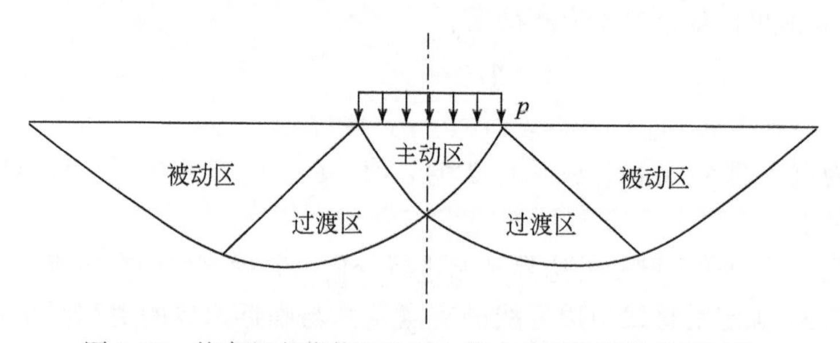

图 3.32　均布竖向荷载下地基土体中的极限平衡状态区域

应指出，土体中只存在主动极限平衡状态区或只存在被动极限平衡状态区的情况很少，通常土体中会同时存在主动极限平衡状态区和被动极限平衡状态区，并由上述的过渡区将它们连接起来。由图 3.32 可看出，荷载 p 通过主动区的土体作用于过渡区的土体，再通过过渡区的土体传递给被动区的土体。反过来，被动区土体的反作用通过过渡区土体传递给主动区土体，来抵抗外荷载作用。

在一般情况下，处于塑性极限平衡状态的土体存在主动、被动和过渡三个区域，所以在进行数值分析时通常从奇点，例如荷载突变点 O 开始，如图 3.33 所示。

分析时应从奇点 O 引出的主动区最左边的一条 η 簇滑移线 η_a 和最右边的一条 η 簇滑移线 η_p 开始，确定这两条 ξ 簇滑移线的交角，再将其分成 n 等份。假定奇点 O 附近过渡区的土无质量，则可按前述方法从奇点 O 引出 n–2 条 η 簇滑移线。设 1′点是被动去边界上最靠近奇点 O 的一点，按前述方法可从 1′点引出一条 ξ 簇滑移线，并可确定其与过渡区 n+1 条 η 簇滑移线的交点 d、c、b、a，以及它与主动区边界的交点 1。但应指出，当确定由主动边界上点2引出的ξ簇滑移线与过渡区$n+1$条η簇滑移线交点时，则应考虑土自重影响。

最后，由作用于主动边界上各点的应力分量就可确定使地基土体处于塑性极限平衡状态所需要施加的荷载，即极限荷载。显然，主动区的边界是已知部分受力条件的边界，求解时该边界上的剪应力与法向应力之比应是给定的。

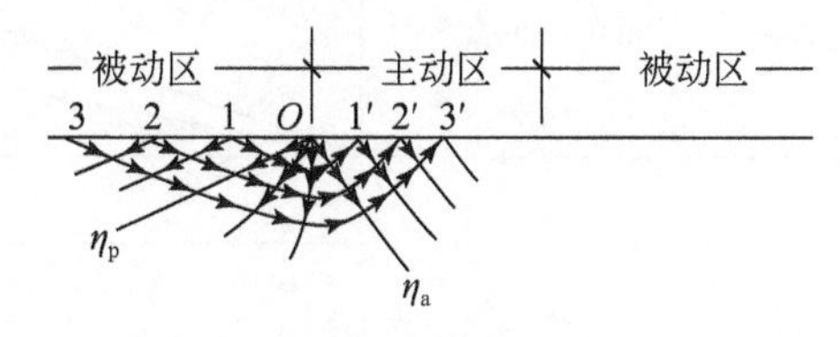

图3.33　一般情况下数值分析的次序（以地基土体为例）

3.10　黏结力c或摩擦角φ为零的情况

上文假定土服从库仑屈服条件，其中包括两个力学指标，即黏结力c和摩擦角φ，这是一般情况，然而砂土的黏结力c等于0，其屈服条件为$\tau=\tau\tan\varphi$；饱和黏土在不固结不排水剪切条件下，其摩擦角φ等于0，其屈服条件为$\tau=c$。在许多情况下，饱和黏土地基承载力就是根据不排水剪切强度S_u确定的，其中$S_u=2c$。

下文分别以$c=0$和$\varphi=0$两种情况表述其塑性静定分析所应考虑的特殊问题。

3.10.1　$c=0$情况

这是一种无黏结力的情况。图3.34给出了$c=0$情况与一般情况的区别，在一般情况下，$c\neq0$，$\sigma_c\neq0$，如图3.34（a）所示：

$$\tan\delta_n=\frac{\tau_n}{\sigma_c+\sigma_n}$$

设

$$\tan\delta_{n,0}=\frac{\tau_n}{\sigma_n}$$

则

$$\tan\delta_n\neq\tan\delta_{n,0}$$

且

$$\tan\delta_n<\tan\delta_{n,0}$$

在$c=0$情况下，$\sigma_c=0$，如图3.34（b）所示：

$$\tan\delta_n=\tan\delta_{n,0}=\frac{\tau_n}{\sigma_n}$$

这一差别只影响λ的确定。除此之外，与一般情况无任何差别。因此，在$c=0$的情况下，塑性静定分析完全可按上述一般情况的方法进行，无须赘述。应指出，当φ值相等时，$c=0$ 情况下的极限状态莫尔圆要小于一般情况下的极限状态莫尔圆。这表明，当 φ 相同时，$c=0$ 情况下土的抗破坏能力小于一般情况。

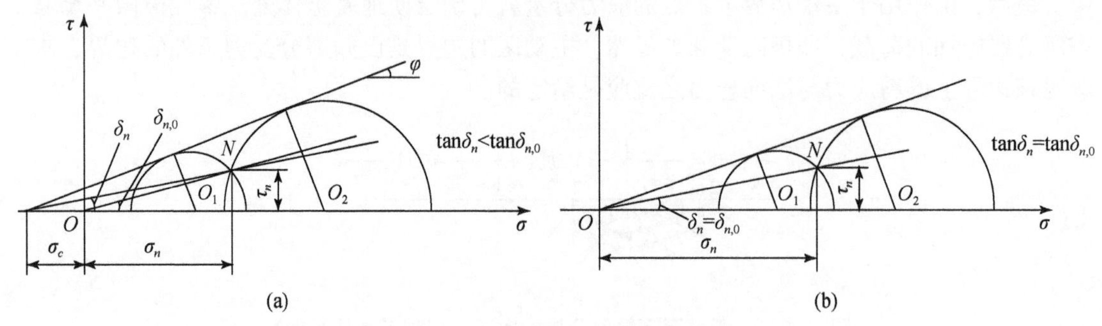

图 3.34 $c=0$ 的情况与一般情况的区别

3.10.2 $\varphi=0$ 情况

这是一种无摩擦力的情况。下文中，在 $\varphi=0$ 的情况下，塑性静定问题的求解更简单。

1. 两种塑性极限平衡状态的 $\boldsymbol{\lambda_n}$

如已知作用于过一点的 N 平面上的法向应力和剪应力 σ_n、τ_n，则过 N 平面可做出一个极限状态莫尔圆，由图 3.35 所示。由图 3.35 可见，在主动极限平衡状态下：

$$\tau_n=\sigma_n\tan\delta_n$$

及

$$\tau_n=c\sin2\lambda_{n,\mathrm{a}}$$

由此，得

$$\sin2\lambda_{n,\mathrm{a}}=\frac{\sigma_n}{c}\tan\delta_n$$

$$\sin2\lambda_{n,\mathrm{a}}=\frac{\tau_n}{c}$$

则

$$\lambda_{n,\mathrm{a}}=\frac{1}{2}\sin^{-1}\left(\frac{\tau_n}{c}\right) \tag{3.84a}$$

在被动极限平衡状态下

$$\tau_n=\sigma_n\tan\delta_n$$

及

$$\tau_n=c\sin(\pi-2\lambda_{n,\mathrm{p}})$$

由此，得

$$\sin(\pi-2\lambda_{n,\mathrm{p}})=\frac{\tau_n}{c}$$

$$\lambda_{n,\mathrm{p}}=\frac{1}{2}\left[\pi-\sin^{-1}\left(\frac{\tau_n}{c}\right)\right] \tag{3.84b}$$

N 平面的法线方向 n 及 N 平面方向 t 与（x，y）坐标的关系，以及 λ_n 与 n 轴方向的关系，如图 3.36 所示。图中 α 为轴 x 与 N 平面方向 t 的夹角。如前所述，λ_n 为最小主应

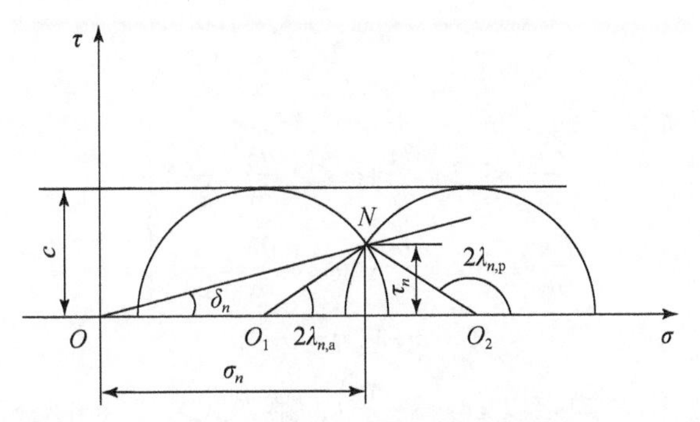

图 3.35　$c=0$ 情况下与一般情况下两种极限平衡状态的 λ_n 的确定

力作用面与 n 方向的夹角，λ_n 确定后，则可进一步确定最小主应力作用面与 x 轴的夹角 λ，细节不需要赘述，如果取 N 平面方向 t 与 x 轴方向一致，则 $\sigma_n=\sigma_y$、$\tau_n=\tau_{xy}$。

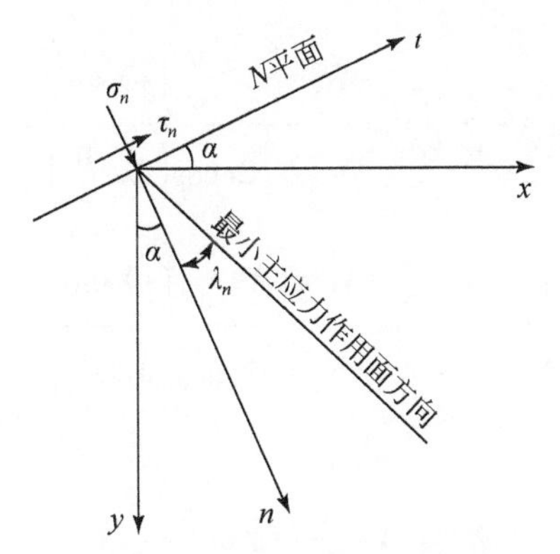

图 3.36　tn 坐标、xy 坐标及 λ

2. 求解方程式

在 $\varphi=0$ 的情况下，求解方程式中的极限状态条件简化成如下形式：

$$(\sigma_x-\sigma_y)^2+4\tau_{xy}^2=4c^2 \tag{3.85}$$

令

$$\left.\begin{aligned}\sigma_x&=\frac{1}{2}(\sigma_x+\sigma_y)+c\cos2\lambda=\sigma+c\cos2\lambda\\ \sigma_y&=\frac{1}{2}(\sigma_x+\sigma_y)-c\cos2\lambda=\sigma-c\cos2\lambda\\ \tau_{xy}&=c\sin2\lambda\end{aligned}\right\} \tag{3.86}$$

则可验证，式（3.85）自然得到满足。将式（3.86）代入平衡方程式中，得

$$\left.\begin{aligned}\frac{\partial\sigma}{\partial x}-2c\sin2\lambda\frac{\partial\lambda}{\partial x}+2c\cos2\lambda\frac{\partial\lambda}{\partial y}=X\\ \frac{\partial\sigma}{\partial y}+2c\sin2\lambda\frac{\partial\lambda}{\partial y}+2c\cos2\lambda\frac{\partial\lambda}{\partial x}=Y\end{aligned}\right\} \tag{3.87}$$

将式（3.87）两边除以 $2c$，并令

$$æ=\frac{\sigma}{2c} \tag{3.88}$$

则得

$$\left.\begin{aligned}\frac{\partial æ}{\partial x}-\sin 2\lambda\frac{\partial\lambda}{\partial x}+\cos 2\lambda\frac{\partial\lambda}{\partial y}=\frac{1}{2c}X\\ \frac{\partial æ}{\partial y}+\sin 2\lambda\frac{\partial\lambda}{\partial y}+\cos 2\lambda\frac{\partial\lambda}{\partial x}=\frac{1}{2c}Y\end{aligned}\right\} \tag{3.89}$$

设

$$\xi=æ+\lambda,\eta=æ-\lambda \tag{3.90}$$

然后将式（3.89）第一式乘以 $\cos\left(\lambda-\frac{\pi}{4}\right)$，第二式乘以 $\sin\left(\lambda-\frac{\pi}{4}\right)$，再使两式相加，简化后就可得式（3.91）的第一式。相似地，将式（3.89）第一式乘以 $\cos\left(\lambda+\frac{\pi}{4}\right)$，第二式乘以 $\sin\left(\lambda+\frac{\pi}{4}\right)$，再相加，可得式（3.91）第二式。

$$\left.\begin{aligned}\frac{\partial\eta}{\partial x}+\tan\left(\lambda-\frac{\pi}{4}\right)\frac{\partial\eta}{\partial y}=\frac{X\cos\left(\lambda-\frac{\pi}{4}\right)+Y\sin\left(\lambda-\frac{\pi}{4}\right)}{2c\cos\left(\lambda-\frac{\pi}{4}\right)}\\ \frac{\partial\xi}{\partial x}+\tan\left(\lambda+\frac{\pi}{4}\right)\frac{\partial\xi}{\partial y}=\frac{X\cos\left(\lambda+\frac{\pi}{4}\right)+Y\sin\left(\lambda+\frac{\pi}{4}\right)}{2c\cos\left(\lambda+\frac{\pi}{4}\right)}\end{aligned}\right\} \tag{3.91}$$

如令

$$\left.\begin{aligned}a=\frac{X\cos\left(\lambda-\frac{\pi}{4}\right)+Y\sin\left(\lambda-\frac{\pi}{4}\right)}{2c\cos\left(\lambda-\frac{\pi}{4}\right)}\\ b=\frac{X\cos\left(\lambda+\frac{\pi}{4}\right)+Y\sin\left(\lambda+\frac{\pi}{4}\right)}{2c\cos\left(\lambda+\frac{\pi}{4}\right)}\end{aligned}\right\} \tag{3.92}$$

则式（3.91）简化成如下形式：

$$\left.\begin{aligned}\frac{\partial\eta}{\partial x}+\tan\left(\lambda-\frac{\pi}{4}\right)\frac{\partial\eta}{\partial y}=a\\ \frac{\partial\xi}{\partial x}+\tan\left(\lambda+\frac{\pi}{4}\right)\frac{\partial\xi}{\partial y}=b\end{aligned}\right\} \tag{3.93}$$

3. 滑移线方程式

由于最小主应力作用面与 x 轴的夹角为 λ，两个滑移面与最小主应力作用面的夹角为 $\pm\frac{\pi}{4}$，则滑移面与 x 轴的夹角为

$$\lambda-\frac{\pi}{4}(\eta\text{ 簇滑移线})$$

$$\lambda+\frac{\pi}{4}(\xi\text{ 簇滑移线})$$

因此，η 簇滑移线与 ξ 簇滑移线的斜率分别为

$$\tan\left(\lambda-\frac{\pi}{4}\right)(\eta\text{ 簇滑移线})$$

$$\tan\left(\lambda+\frac{\pi}{4}\right)(\xi\text{ 簇滑移线})$$

由此得滑移线方程式为

$$\left.\begin{aligned}\frac{\mathrm{d}y}{\mathrm{d}x}&=\tan\left(\lambda-\frac{\pi}{4}\right)(\eta\text{ 簇滑移线})\\\frac{\mathrm{d}y}{\mathrm{d}x}&=\tan\left(\lambda+\frac{\pi}{4}\right)(\xi\text{ 簇滑移线})\end{aligned}\right\}\tag{3.94}$$

4. 按滑移线建立的求解方程

将式（3.94）代入式（3.93）中得

$$\frac{\partial\eta}{\partial x}+\frac{\partial\eta}{\partial y}\frac{\mathrm{d}y}{\mathrm{d}x}=a$$

$$\frac{\partial\xi}{\partial x}+\frac{\partial\xi}{\partial y}\frac{\mathrm{d}y}{\mathrm{d}x}=b$$

进而，可得

$$\left.\begin{aligned}\frac{\mathrm{d}\eta}{\mathrm{d}x}&=a\\\frac{\mathrm{d}\xi}{\mathrm{d}x}&=b\end{aligned}\right\}\tag{3.95}$$

利用式（3.95）可以进行数值分析。当体积力 $X=0$，$Y=0$ 时，$a=0$，$b=0$。

5. 体积力 $Y=\gamma$（常数），$X=0$ 时的求解方程式及简例

1）求解方程式

在这种情况下，求解方程式变得更简洁。以下令

$$æ=\frac{1}{2c}(\sigma-\gamma y)\tag{3.96}$$

则

$$\sigma=2c\,æ+\gamma y\tag{3.97}$$

将式（3.97）代入应力分量表达式中，得

$$\left.\begin{aligned}\sigma_x&=c(2\,æ+\cos2\lambda)+\gamma y\\\sigma_y&=c(2\,æ+\cos2\lambda)+\gamma y\\\tau_{xy}&=c\sin2\lambda\end{aligned}\right\}\tag{3.98}$$

将式（3.98）代入平衡方程式中，得

$$\left.\begin{aligned}\frac{\partial æ}{\partial x}-\sin2\lambda\,\frac{\partial\lambda}{\partial x}+\cos2\lambda\,\frac{\partial\lambda}{\partial y}=0\\ \frac{\partial æ}{\partial y}+\sin2\lambda\,\frac{\partial\lambda}{\partial y}+\cos2\lambda\,\frac{\partial\lambda}{\partial x}=0\end{aligned}\right\}\tag{3.99}$$

令

$$\eta=æ-\lambda,\xi=æ+\lambda\tag{3.100}$$

则得

$$\left.\begin{aligned}\frac{\mathrm{d}\eta}{\mathrm{d}x}=0\\ \frac{\mathrm{d}\xi}{\mathrm{d}y}=0\end{aligned}\right\}\tag{3.101}$$

即在此种情况下，如令 $æ$ 等于式（3.96）的右端项，则

$$a=0,b=0$$

其求解更方便。

2）简例

以下表述可以直接求解的两个简例。

a. 在半平面表面作用均布法向荷载和切向荷载并考虑重力作用情况

这种情况如图 3.37 所示。设表面的法向应力为 p，切向应力为 τ。由于土体中的应力与 x 轴无关，则按边界条件由平衡方程式直接求得

$$\left.\begin{aligned}\sigma_y=\gamma y+p\\ \tau_{xy}=\tau\end{aligned}\right\}\tag{3.102}$$

将式（3.102）第一式代入式（3.98）第一式得

$$æ=\frac{p}{2c}-\frac{1}{2}\cos2\lambda$$

再将 $æ$ 代入式（3.98）第二式得

$$\sigma_x=\sigma_y-2c\cos2\lambda$$

以上各式中，λ 值按主动极限平衡状态确定。

从以上解答可以看出，τ_{xy} 与 σ_y 的比值随深度的不同而变化，即在土体中主应力方向随深度的变化而变化。因此，其滑移线不是直线，而是曲线。但是，由于 $a=0$，$b=0$，则 η 簇滑移线的 η 值和 ξ 簇滑移线的 ξ 值均为常数。

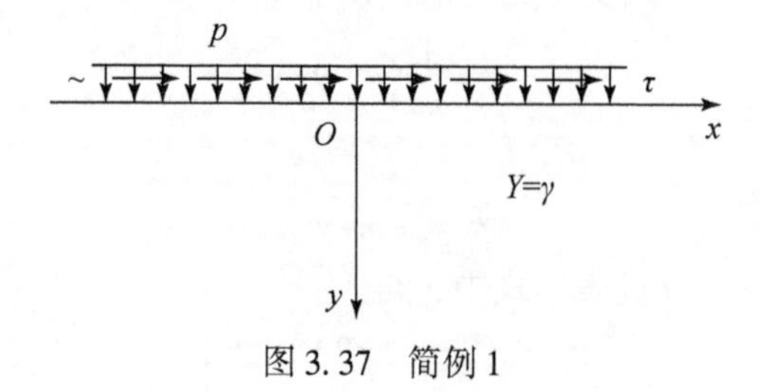

图 3.37　简例 1

b. 在无限斜面作用均布法向荷载和切向荷载并考虑重力作用情况

该情况如图 3.38 所示，引进 uv 坐标系，其中 α 角为斜面与 x 轴夹角。由图 3.38 可见，uv 坐标系相对 xy 坐标系的转角为 α。设 σ_u、σ_v 分别为与 u 轴、v 轴方向一致的平面上的正应力，τ_{uv} 为相应的剪应力，则 σ_u、σ_v 和 τ_{uv} 与 u 的方向无关。另外，体积力 γ 在 u、v 方向的分量分别为 $-\gamma\sin\alpha$ 和 $\gamma\cos\alpha$。

在 u-v 坐标体系中建立的平衡方程式如下：

$$\left.\begin{aligned}\frac{\partial\sigma_u}{\partial u}+\frac{\partial\tau_{uv}}{\partial v}=-\gamma\sin\alpha\\ \frac{\partial\tau_{uv}}{\partial u}+\frac{\partial\sigma_v}{\partial v}=\gamma\cos\alpha\end{aligned}\right\}\tag{3.103}$$

由于 σ_u、σ_v 和 τ_{uv} 与 u 坐标无关，则由式（3.101）第一式和第二式及边界条件分别得

$$\left.\begin{aligned}\sigma_v=p+\gamma v\cos\alpha\\ \tau_{uv}=\tau-\gamma v\sin\alpha\end{aligned}\right\}\tag{3.104}$$

令

$$æ=\frac{\sigma-\gamma v\cos\alpha}{2c}\tag{3.105}$$

则

$$\sigma_v=c[2æ-\cos2\lambda_u]+\lambda_u\cos\alpha$$

而由图 3.38 可得

$$\lambda_u=(\lambda-\alpha)$$

进一步得

$$\sigma_v=c[2æ-\cos2(\lambda-\alpha)]+\lambda\cos\alpha$$

将其与式（3.104）第一式相比，得

$$æ=\frac{p}{2c}-\frac{1}{2}\cos2(\lambda-\alpha)\tag{3.106}$$

而 σ_u 的表达式如下：

$$\sigma_u=c[2æ-\cos2\lambda]+\lambda\cos\alpha\tag{3.107}$$

将上述 λ 及 $æ$ 的表达式代入，即可求得 σ_u。

6. 不考虑体积力压模分析–普朗特解

压模问题如图 3.39 所示，半平面是由 $\varphi=0$ 的介质组成的，在其表面上放置一个宽度为 B 的刚性条形模板，其上作用竖向荷载，不考虑介质的重力作用，确定在压模作用下，使其下土体处于塑性极限平衡状态时在出平面方向单位长度模板上所应施加的竖向荷载 p 的数值。

1）滑移线网

在压模问题中，在荷载 p 作用下处于塑性极限平衡状态的土体存在主动区、过渡区和

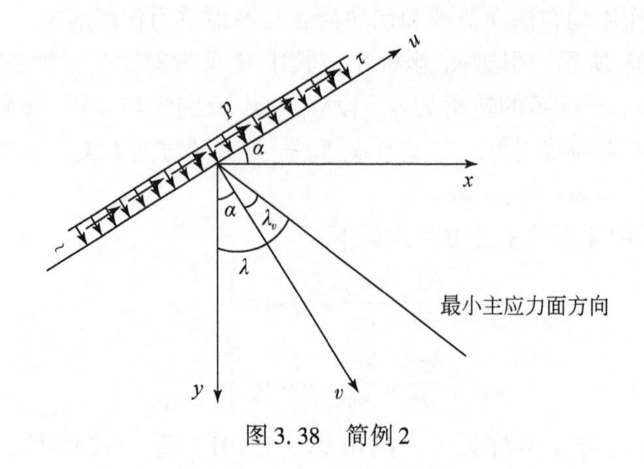

图 3.38　简例 2

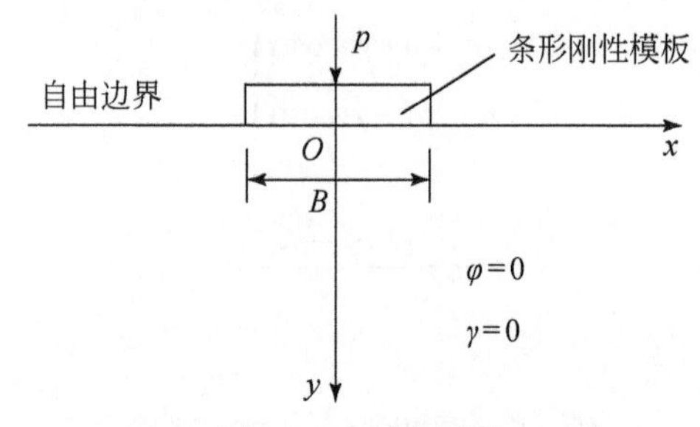

图 3.39　压模问题

被动区三个区域。主动区位于压模之下，被动区位于自由边界之下，两者之间的区域为过渡区。由于 $\varphi=0$，ξ 簇滑移线与 η 簇滑移线的交角为$\frac{\pi}{2}$。在主动区和被动区，由于主应力的方向不变，滑移线为直线。主动区的 ξ 簇滑移线与 η 簇滑移线如图 3.40（a）所示，被动区的 ξ 簇滑移线与 η 簇滑移线如图 3.40（b）所示。

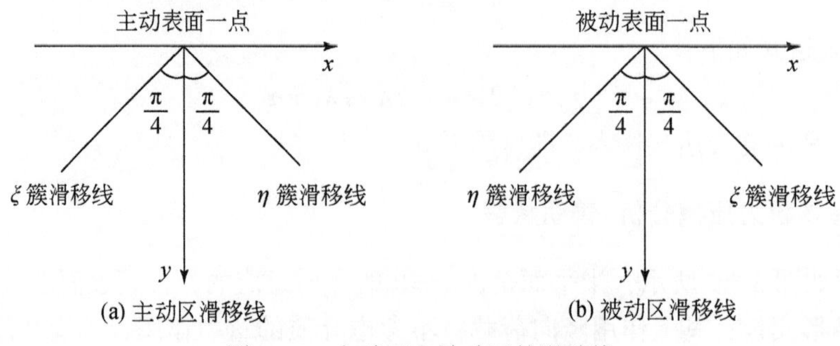

图 3.40　主动区和被动区的滑移线

这样，压模下半平面处于主动极限平衡状态区、被动极限平衡状态区和过渡状态区，如图 3.41 所示。由图 3.41 可见，过渡状态区处于从压模边角点 a 引出的主动区的 η 簇滑移线和被动区的 η 簇滑移线之间的区域。显然，压模边角点 a 是 η 簇滑移线的交汇点，并

且 η 簇滑移线应为直线。下边确定过渡区的 ξ 簇滑移线的形状。由于 ξ 簇滑移线与 η 簇滑移线的夹角为$\frac{\pi}{2}$，且 η 簇滑移线是由边角点 a 引出的直线，则 ξ 簇滑移线应为以压模边角点 a 为圆心的圆。这样，压模下半平面中的滑移线网如图 3.42 所示。

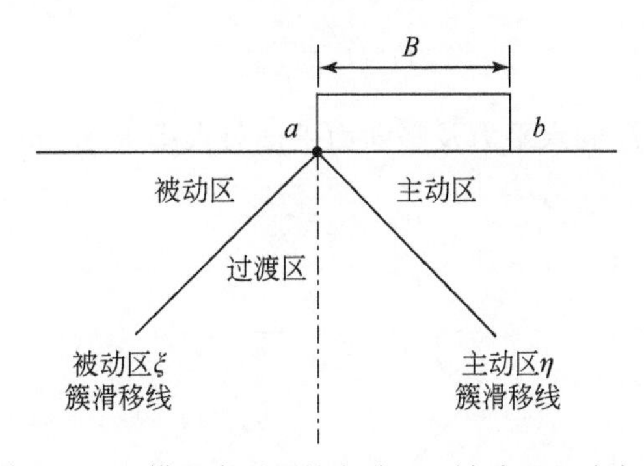

图 3.41　压模下半平面的主动区、被动区和过渡区

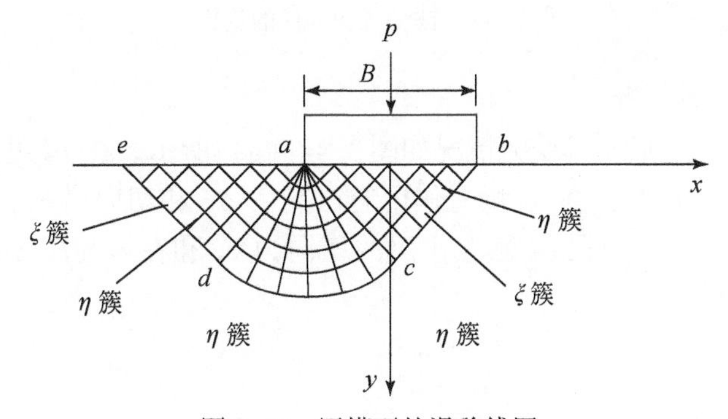

图 3.42　压模下的滑移线网

图 3.41 和图 3.42 分别画出了左半部分的极限状态的分区及滑移线网，相似地，可以画出右半部分的极限状态的分区及滑移线网。

由图 3.42 可确定 ac、ad、de 及 ae 的边长，其结果如下：

$$\left.\begin{aligned}&ac=ad=de=\frac{1}{\sqrt{2}}B\\&ae=B\end{aligned}\right\}\tag{3.108}$$

式中，B 为压模宽度。

2）极限荷载 $p_{\lim}$ 的确定

下面将使压模下的土体发生如图 3.42 所示的滑移线网所需施加于压模上的竖向荷载称为极限荷载，以 $p_{\lim}$ 表示。极限荷载可以由被动区块、过渡区块和主动区块的受力分析确定出来。

a. 被动区块的受力分析

被动区块为三角形 ade，其受力情况如图 3.43 所示。de 边上作用有切向荷载 T_1 和法向荷载 R_1，ad 边上作用有切向荷载 T_2 和法向荷载 R_2。de 和 ad 均为滑移线，在其上作用的剪应力应该等于 c，则其上的切向力 T_1 和 T_2 如下：

$$T_1 = T_2 = \frac{B}{\sqrt{2}}c \tag{3.109}$$

这样，由被动区块 ade 的水平力及竖向力平衡可求得 R_1 与 R_2 的数值如下：

$$R_1 = R_2 = \frac{B}{\sqrt{2}}c \tag{3.110}$$

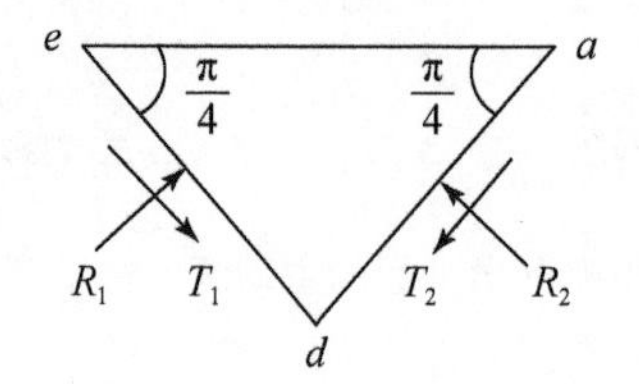

图 3.43　被动区块 ade 的受力

b. 过渡区块的受力分析

过渡区块 acd 为一扇形，其受力情况如图 3.44（a）所示。在 ad 边上作用有 R_2 和 T_2，其数值前文已确定，为已知；在 cd 弧上作用有法向力 σ_3 和切向力 τ_3；在 ac 边上作用有法向力 R_4 和切向力 T_4。其中在 cd 弧上作用的切向力 τ_3 和在 ac 边上作用的切向力 T_4 已知，分别如下：

$$\left.\begin{aligned} &\tau_3 = c \\ &T_4 = \frac{1}{\sqrt{2}}B \cdot c \end{aligned}\right\} \tag{3.111}$$

而 σ_3 和 R_4 未知。

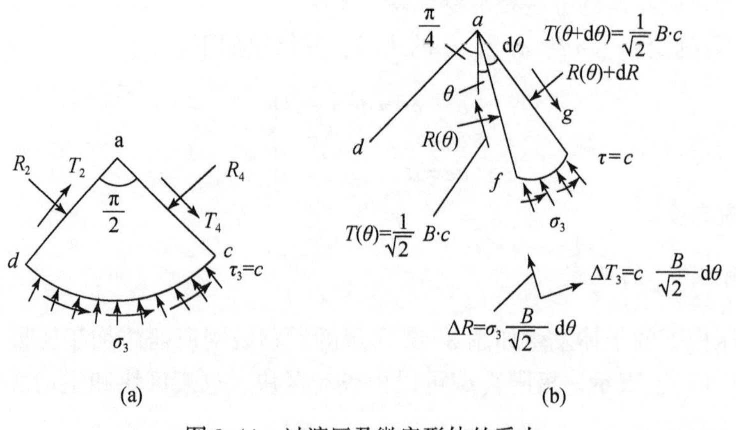

图 3.44　过渡区及微扇形体的受力

为确定作用于 cd 弧上的法向力 σ_3 及 ac 边上的法向力 R_4，从过渡区中取一个微扇形体 afg，其受力情况如图3.44（b）所示。取在 af 方向作用的力的平衡，得

$$T(\theta)+\Delta R_3-T(\theta+\mathrm{d}\theta)\cos\mathrm{d}\theta-[R(\theta)+\mathrm{d}R]\sin\mathrm{d}\theta=0$$

简化后得

$$\Delta R_3-R(\theta)\mathrm{d}\theta=0 \tag{3.112}$$

取 af 法线方向力的平衡，得

$$R(\theta)+\Delta T_3+T(\theta+\mathrm{d}\theta)\sin\mathrm{d}\theta-[R(\theta)+\mathrm{d}R]\cos\mathrm{d}\theta=0$$

简化后得

$$\Delta T_3+T(\theta+\mathrm{d}\theta)\mathrm{d}\theta-\mathrm{d}R=0 \tag{3.113}$$

将 ΔT_3、T（θ+dθ）表达式代入，得

$$\mathrm{d}R=\sqrt{2}c\cdot B\mathrm{d}\theta$$

则

$$R(\theta)=\sqrt{2}c\cdot B\theta+c_0 \tag{3.114}$$

当 $\theta=-\dfrac{\pi}{4}$时，R（θ）$=R_2=\dfrac{B}{\sqrt{2}}c$

由此条件得

$$c_0=\frac{1}{\sqrt{2}}\left(1+\frac{\pi}{2}\right)c\cdot B \tag{3.115}$$

将 c_0 代入 R（θ）的表达式中，得

$$R(\theta)=\frac{1}{\sqrt{2}}\left(1+\frac{\pi}{2}\right)c\cdot B+\sqrt{2}c\cdot B\theta \tag{3.116}$$

将 $\Delta R_3=\sigma_3(\theta)\dfrac{B}{\sqrt{2}}\mathrm{d}\theta$ 及式（3.116）代入式（3.112）中，则可求得 σ_3（θ）。

令式（3.116）中的 $\theta=\dfrac{\pi}{4}$，则 ac 边上的法向力 R_4 如式（3.117）所示：

$$R_4=\frac{1}{\sqrt{2}}(1+\pi)c\cdot B \tag{3.117}$$

c. 主动区块的受力分析

主动区 abc 的受力情况如图3.45所示，由于对称性，bc 边上的受力与 ac 边上的受力对称。由竖向力的平衡得

$$\frac{p_{\mathrm{lim}}}{2}=\frac{1}{\sqrt{2}}(T_4+R_4) \tag{3.118}$$

将 T_4 和 R_4 代入上式，得

$$p_{\mathrm{lim}}=(2+\pi)c\cdot B \tag{3.119}$$

式（3.119）即普朗特解。由式（3.119）可见，极限荷载 p_{lim} 与黏结力 c 和基础宽度成正比。

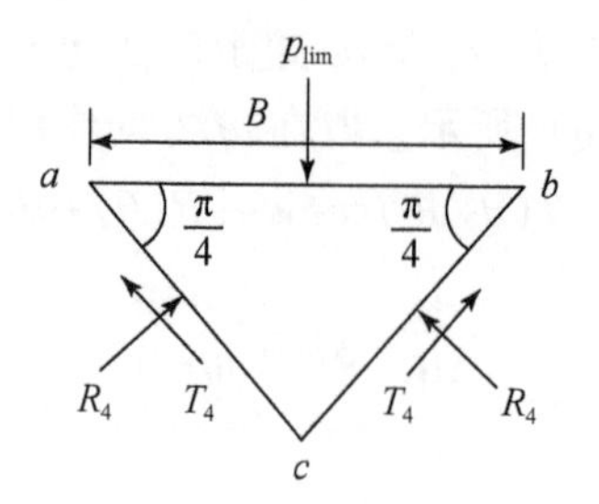

图 3.45　主动区块的受力

3.11　小　　结

根据本章所表述的内容，可得出如下结论。

（1）塑性静定分析是依据力的平衡方程和塑性极限平衡条件求解处于塑性极限平衡状态的土体中的应力，不需要变形协调条件和土的应力-应变关系。因此，其是一个静定分析问题。

（2）由于土的塑性极限平衡条件是一个与应力分量有关的二次关系式，则塑性静定分析是一个非线性问题，并使土体产生主动和被动两种极限平衡状态。

（3）荷载作用的突变点、土体表面或土体与刚体接触面的突变点为奇点，在奇点同簇滑移线相交。奇点之下存在一个过渡区，将主动极限平衡状态区和被动极限平衡状态区联系起来。

（4）基于滑移线建立的求解方程式很简洁，便于数值求解，为数值求解土体稳定性问题提供了一个手段。另外，根据塑性静定分析所建立的一些基本概念和提供的一些结果具有重要的指导意义。

（5）在塑性静定分析中，土体每一点都满足塑性极限平衡条件，而在刚性条块极限平衡分析中，只刚性条块的滑动面满足极限平衡条件。在塑性静定分析中，处于塑性极限平衡状态的土体与刚性土体的分界面可根据滑移线网直接确定，而刚性条块极限平衡分析的滑动面要由试算决定。

（6）由于没有考虑变形协调条件和土的应力-应变关系，因此塑性静定分析不能提供土体变形的任何信息。按一般力学原理，一个应力场通常应与一个变形场对应。但是，在塑性静定分析中，与应力场对应的变形场却不能确定。因此，塑性静定分析只适用于确定极限承载力等土体的稳定性问题。

参考文献

[1] Bishop A W. The use of the slip circle in the stability analysis of earth slopes. Geotechnique，1995，5：7-17.

[2] Tien Hsing W. Soil Mechanics，Library of Congress Catalog Card Number：65-17868. Boston：Allyn and Bacon，Inc，1966.

[3] Флорип В А. Основы Механики Грунтов，Том Ⅱ. Ленинград Москва. Государственное Издательстово Литературы по Строительству Архитектуре и Строительным Материалам，1961.

[4] Terzaghi K. Theoretical Soil Mechanics. New York：John Wiley & Sons，1943.

第 4 章　土体的极限分析

4.1　概　　述

众所周知，变形固体力学的有效解答应同时满足如下三个条件：①变形体中的应力状态应满足应力平衡条件及应力边界条件；②变形体中的应变及位移应满足变形相容条件及位移边界条件；③变形体中的应力和应变应满足指定的应力-应变关系。由上述三个条件可以确定一个应力场和一个位移场。应该指出，这样确定的应力场和位移场是相互关联的。也就是说，有效解答的应力场可以通过平衡条件和应力-应变关系转化成有效解答的位移场；或有效解答的位移场可以通过相容条件和应力-应变关系转化成有效解答的应力场。

第 2 章表述了土体的塑性静定分析方法。根据应力平衡条件和屈服条件，塑性静定分析也可以给出一个应力场。关于塑性静定分析给出的应力场应明确如下三点。

（1）所给出的应力场是部分应力场。以地基基础为例，只给出邻近基础土体中的应力场，这个区域之外的应力分布是不清楚的。如果要获得一个完整的应力场，则应将这个部分的应力场扩展到这个区域之外，并且每一点的应力必须满足应力平衡条件和不违反塑性屈服条件。这里所谓的不违反塑性屈服条件是指一点的应力状态只能低于或达到塑性屈服条件。

（2）由于是由塑性静定分析得到的应力场，在确定这个应力场时没有利用变形相容条件和应力-应变关系。

（3）由于没有利用变形相容条件和应力-应变关系，与这个应力场相关联的位移场是不清楚的。

因此，土体塑性静定分析所给出的解在理论上并不完全满足上述有效解的三个求解条件。但是，并不能否认土体静定分析的理论和实际价值，它仍是一个求解土体稳定性问题的有根据方法。

本章表述的是求解土体稳定性问题的另一种分析方法，即极限分析方法。土体极限分析方法将土体假定为理想的塑性体，其理论基础为按相应的应力-应变关系建立的塑性极限分析定理[1,2]。塑性极限分析定理包括下限边界定理和上限边界定理。根据下限边界定理和上限边界定理可分别确定土体发生无约束塑性流动时荷载的下限边界和上限边界，即上限解和下限解。以下表述什么是下限解和上限解，以及确定下限解和上限解所需的条件。

4.1.1　下限解及上限解

1. 下限解

如果一个应力场能满足如下三个条件：①应力平衡方程式；②每一点的应力都不违反塑性屈服条件；③应力边界条件。则称这样的应力场为所考虑问题的静力允许应力场。以下将由一个静力允许应力场的应力分布确定的荷载称为下限解。下一节将证明，在下限解给出的荷载作用下，土体不会发生无约束的塑性流动。由上述确定下限解的条件可见，下限解方法只考虑了应力平衡条件和塑性屈服条件，而没有对土体的运动学给予考虑。在此应指出，下限解中的静力允许应力场包括没达到塑性极限条件区域中的应力分布。这一点与前述静定分析的应力场是不同的。

2. 上限解

如果一个速度场满足如下两个条件：①应变和位移速度相容条件；②速度边界条件，则称这样的速度场为运动相容的速度场。假设一个运动相容的速度场已经确定，则根据理想化的应力-应变速率关系可计算与这个速度场相关的塑性流动所消耗的能量速率。另外，力所做的功的速率等于内部塑性流动所消耗的能量速率，则由此条件可求出相应力的外荷载。以下将由一个指定的运动相容的速度场按这个条件确定出来的荷载称为上限解。4. 1. 2 节将证明，上限解给出的荷载不小于发生无约束塑性流动时的实际荷载。因此，如果在大于上限解给出的荷载作用下，土体将会发生无约束的塑性流动。由上述确定上限解的条件可见，上限解只考虑了满足位移相容条件的速度模式或破坏模式及能量的耗损。上限解只给出变形区域内的应力分布，但其应力分布不需要处于应力平衡状态。

上文曾评述塑性静定分析方法，由塑性静定分析可以得到一个静力相容的应力场及其相应的屈服荷载。那么，由塑性静定分析得到的荷载是否是下限解呢？答案是否定的。塑性静力分析给出的是一个部分静力相容应力场，而不是一个完整的静力相容应力场。如果能把这个部分静力相容应力场扩展到整个区域，得到一个完整的静力相容应力场，则塑性静定分析给出的屈服荷载就是下限解。但是，将部分静力相容应力场扩展成一个完整的静力相容应力场是件很困难的事情。

此外，第 2 章还评述了刚性滑块分析方法。刚性滑块分析方法不仅没有考虑土体运动学，而塑性平衡也是在有限意义上的满足。因此，通过刚性滑块分析给出的解答不一定是上限解或下限解。但是，任何一个上限解显然是一个刚性滑块分析解答。

在此还应指出，只满足应力平衡条件、屈服条件和应力边界条件的应力场有无限个，而只满足变形相容条件和位移边界的位移模式或位移场也有无限个。也就是说，对于一个具体问题，静力相容的应力场和运动相容的速度场都有无限多个。对每一个静力相容的应力场和运动相容的速度场都可由极限分析确定出与其对应的一个下限解和上限解。因此，一个问题的下限解和上限解都不是唯一的。极限分析所要确定的应是两个尽量接近的下限解和上限解，将发生无约束塑性变形时的实际荷载包含在其间。至此，应该明确，极限分析给出的解不是发生无约束塑性变形时荷载的具体数值，而是这个荷载所处的一个范围。

此外，关于极限分析结果还应明确一点，如果由下限分析得到一个下限解，按下限解的定义，当一个荷载小于这个下限解时，则在这个荷载作用下不会发生无约束的塑性变形，但并不意味着当一个荷载大于这个下限解时，一定会发生无约束的塑性变形。如果这个荷载小于发生无约束塑性变形时的实际荷载，仍不会发生无约束的塑性变形。显然，只有当这个荷载大于发生无约束的塑性变形的实际荷载时，才会发生无约束的塑性变形。但是，发生无约束的塑性变形时的实际荷载是未知的，因此这个大于下限解的荷载是否大于它是不确定的，则在这个大于下限解的荷载作用下是否发生无约束的塑性变形也是不确定的。同样，如果由上限分析得到一个上限解，按上限解的定义，当一个荷载大于这个上限解时，则在这个荷载作用下一定会发生无约束的塑性变形，但并不意味着当一个荷载小于这个上限解时，在这个荷载作用下不会发生无约束的塑性变形，是否发生无约束的塑性变形同样是不确定的。

由上述可见，下限解取决于所选择的静力相容的应力场，上限解取决于所选择的运动相容的速度场。恰当地选择静力相容的应力场和运动相容的速度场可以减小下限解和上限解所包含的范围。以下以一个例子说明静力相容的应力场和运动相容的速度场的选取对于下限解和上限解的影响及重要性。

4.1.2　极限分析的一个简例[3]

如图 4.1 所示，一个刚性直角折板放置在顶面为水平面、侧面为直立面的土体上。折板的高度为 H，长度为 L。土的黏结力为 c，摩擦角为 φ。设一个与水平面成 α 角的荷载 Q 作用于折板的角点上。不考虑土的自重，求荷载 Q 的下限解和上限解。

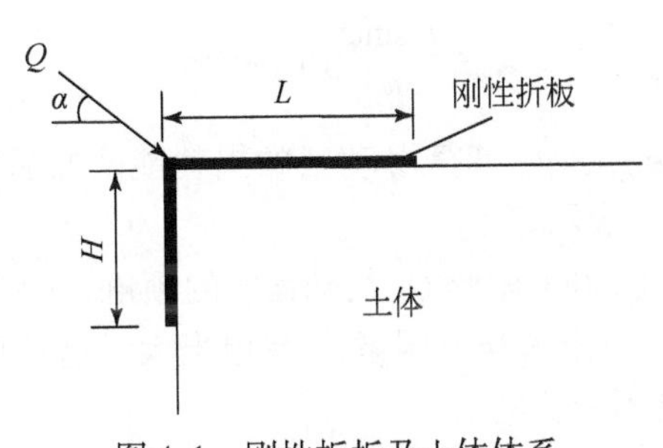

图 4.1　刚性折板及土体体系

1. 第一组下限解和上限解

1）下限解

静力相容的应力场取如图 4.2（a）所示的无限延伸的土柱 $abcde$，即荷载 Q 由土柱

abcde 承受。该土柱的侧边界 *ab*、*de* 与荷载 Q 作用方向相同。土柱沿其轴向均匀受压，轴向压应力为 p，土柱侧向所受的压应力为零。显然，土柱轴向压应力和侧向压应力均为主应力，并满足应力平衡方程式。土柱在轴向压应力 p 及零侧向压应力作用下，每一点均应满足屈服条件，由此可确定轴向压应力 p 值。由作用于土柱断面上的压力与外荷载 Q 平衡，则可确定荷载 Q 值，即下限解 Q_l。

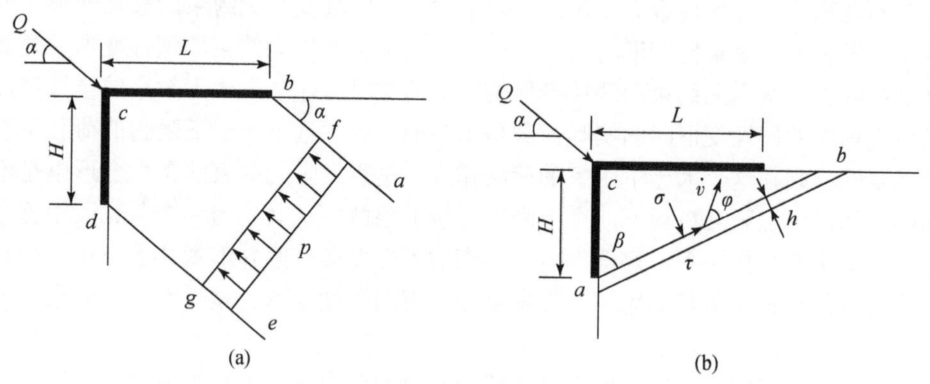

图 4.2　第一组解的静力相容的应力场和运动相容的速度场

2）上限解

运动相容的速度场取如图 4.2（b）所示的厚度为 h 的区域 *ab*，即滑动发生在厚度为 h 的土层内。设滑动区顶面的位移速度为 $\dot{v}$，滑动区底面的位移速度为 0，则相对位移速度也为 $\dot{v}$。后文将要证明，位移速度 $\dot{v}$ 的方向与滑动面方向成 φ 角。另外，作用于滑动面上的应力为正应力 σ 和剪应力 τ，并且满足 $\tau=c+\sigma\tan\varphi$。如果将 x 方向取成滑动面方向，y 方向取成 *ab* 法线方向，则应变速率 $\dot{\varepsilon}_{y,\mathrm{p}}$ 和 $\dot{\gamma}_{\mathrm{p}}$ 分别如下：

$$\dot{\varepsilon}_{y,\mathrm{p}}=\frac{\dot{v}\sin\varphi}{h},\dot{\gamma}_{\mathrm{p}}=\frac{\dot{v}\cos\varphi}{h} \tag{4.1}$$

这样，就可由 σ、τ、$\dot{\varepsilon}_{y,\mathrm{p}}$、$\dot{\gamma}_{\mathrm{p}}$ 计算滑动区的损耗能。然后，根据上限求解方法就可以求出相应的上限解，以 Q_{u} 表示。

显然，所求得的下限解 Q_l 和上限解 Q_{u} 均随荷载的倾角 α 的变化而变化，如图 4.3（a）所示。由图 4.3（a）可见，下限解与上限解之差相当大，这说明所选取的静力相容的应力场和运动相容的速度场是不合适的。

2. 第二组下限解和上限解

1）下限解

静力相容的应力场如图 4.4（a）所示，荷载 Q 由两个土柱 *gcdh* 和 *aefd* 共同承受。*ac* 与荷载 Q 的作用方向垂直。土柱 *gcdh* 方向为水平，*dh* 与荷载 Q 的作用方向成 α 角。d 点位于荷载 Q 的作用方向线之上。土柱 *aefd* 的方向与荷载 Q 的作用方向成 β 角。两个土柱

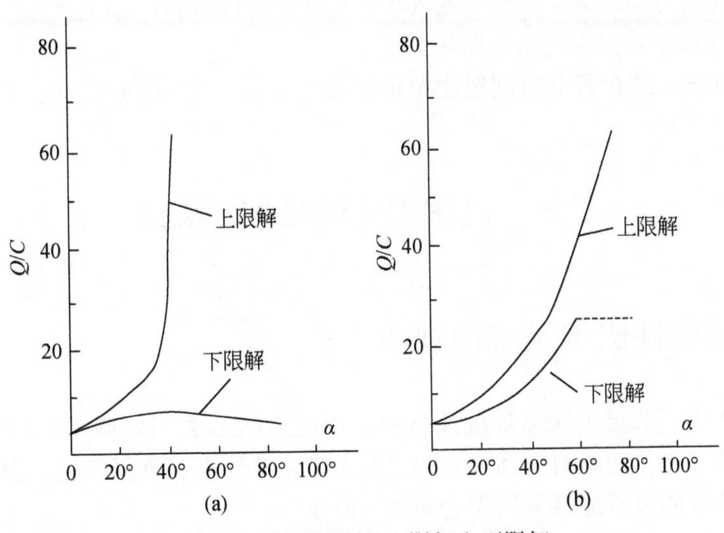

图4.3　折板问题的上限解和下限解

在轴向压应力 p 和零侧向压应力下均处于屈服状态。由荷载 Q 与作用于 gh 面上的压力和作用于 ef 面上的压力平衡则可确定荷载 Q，即下限解 Q_1。

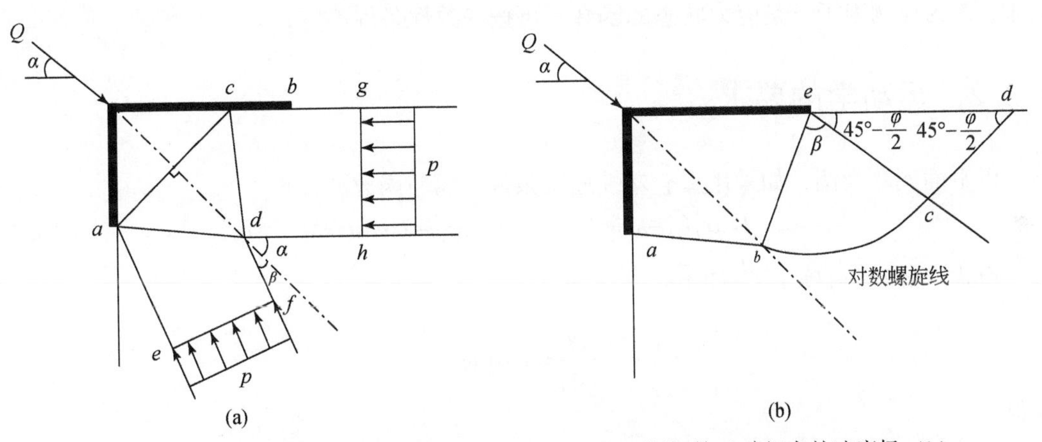

图4.4　第二组下限解的静力相容的应力场（a）和上限解的运动相容的速度场（b）

2）上限解

运动相容的速度场如图4.4（b）所示。假定滑动面是由直线 ab、对数螺旋曲线 bc 和直线 cd 组成的。b 点在荷载 Q 的作用方向线之上，eb 与 ec 的夹角为 β，ec、cd 与水平线的夹角为 $45°-\dfrac{\varphi}{2}$。采用这样假定的滑动面，按上限解的求解方法可确定荷载 Q，即上限解 Q_u。

与第一组下限解和上限解一样，其下限解和上限解均随荷载 Q 的倾角的变化而变化，如图4.3（b）所示。但由图4.3（b）可见，下限解和上限解之差大大减小了。由此可见，静力相容的应力场和运动相容的速度场的选取对极限分析的影响极大，适当地选取静力相容的应力场和运动相容的速度场非常重要。

本章所表述的土体极限分析问题主要根据参考文献［4］的第二章、第三章和第四章做出。

4.2　极限分析的理论基础

4.2.1　绝对塑性假定及流动规律

在极限分析中，假定土为绝对塑性材料，当应力状态达到屈服条件时土发生塑性流动。第2章表述了土作为绝对塑性材料的屈服条件，此处不再重复论述。但应指出，对于平面问题，土体极限分析通常采用库仑塑性屈服条件。

因为绝对塑性材料屈服所发生的塑性流动的数值是无限的，因此在塑性流动规律中以塑性应变速率来表示塑性流动。根据正交性条件，塑性应变速率与屈服函数的关系如下：

$$\dot{\varepsilon}_{ij,\mathrm{p}}=\lambda\frac{\partial f}{\partial\sigma_{ij}} \tag{4.2}$$

式中，λ 为比例因子，是应力状态的函数，可按一致性条件确定。

4.2.2　运动学的要求

以平面问题为例，如采用库仑塑性屈服条件，屈服函数 f 如下：

$$f=\sigma_1(1-\sin\varphi)-\sigma_3(1+\sin\varphi)-2c\cos\varphi=0 \tag{4.3}$$

由式（4.3）可确定 $\frac{\partial f}{\partial\sigma_1}$ 如下：

$$\frac{\partial f}{\partial\sigma_1}=1-\sin\varphi$$

则得

$$\dot{\varepsilon}_{1,\mathrm{p}}=\frac{\partial f}{\partial\sigma_1}=\lambda(1-\sin\varphi)$$

相似，得

$$\dot{\varepsilon}_{3,\mathrm{p}}=\frac{\partial f}{\partial\sigma_3}=-\lambda(1+\sin\varphi)$$

由此，得

$$\frac{\dot{\varepsilon}_{1,\mathrm{p}}}{\dot{\varepsilon}_{3,\mathrm{p}}}=-\frac{1-\sin\varphi}{1+\sin\varphi}$$

改写上式，得

$$\dot{\varepsilon}_{1,\mathrm{p}}=-\frac{1-\sin\varphi}{1+\sin\varphi}\dot{\varepsilon}_{3,\mathrm{p}} \tag{4.4}$$

另外，由 $\dot{\varepsilon}_{1,p}$ 和 $\dot{\varepsilon}_{3,p}$ 表达式可得塑性体应变速率 $\dot{\varepsilon}_{v,p}$ 如下：

$$\dot{\varepsilon}_{v,p}=\dot{\varepsilon}_{1,p}+\dot{\varepsilon}_{3,p}=-2(\lambda\sin\varphi) \tag{4.5}$$

式（4.5）表明，如果采用库仑塑性屈服条件，则在塑性流动时应伴随发生体积膨胀，其塑性体应变的膨胀速率为-2（$\lambda\sin\varphi$）。如果以 $\dot{\varepsilon}_{m,p}$ 表示塑性平均正应变速率，则

$$\dot{\varepsilon}_{m,p}=-\lambda\sin\varphi \tag{4.6}$$

图4.5给出 τ-σ 坐标系中的库仑塑性屈服面。OB 表示从 O 点到达屈服面 B 点的应力途径。根据正交性条件，在 B 点塑性应变速率 $\dot{\varepsilon}_p$ 应与屈服面垂直，而按式（4.6）塑性平均正应变速率 $\dot{\varepsilon}_{m,p}$，即 $\dot{\varepsilon}_p$ 在 σ 坐标方向的投影，应与 $\dot{\varepsilon}_p$ 成 φ 角，则

$$\dot{\varepsilon}_{m,p}=-\dot{\varepsilon}_p\sin\varphi$$

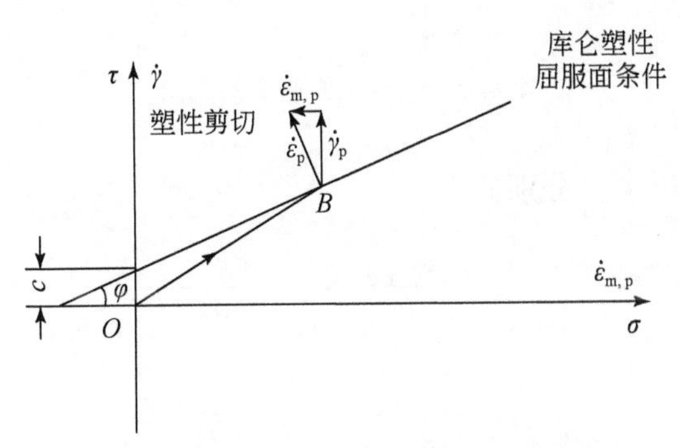

图4.5　库仑塑性屈服面及塑性应变速率

而塑性剪应变速率 $\dot{\gamma}_p$ 为

$$\dot{\gamma}_p=\dot{\varepsilon}_p\cos\varphi$$

以下表述塑性位移速度方向。设 ab 为滑动面，将 x 坐标取成 ab 面方向，y 坐标取成 ab 面法线方向，则作用在 ab 面上的正应力为 σ_y，作用在 ab 面上的剪应力为 τ_{xy}。则由库仑塑性屈服条件可得

$$\tau=c+\sigma\tan\varphi$$

则可写成

$$\tau_{xy}=c+\sigma_y\tan\varphi$$

改写上式，得

$$f=\tau_{xy}\cos\varphi-\sigma_y\sin\varphi-c\cos\varphi=0 \tag{4.7}$$

根据流动规律可得

$$\dot{\gamma}_{xy,p}=\lambda\cos\varphi$$

$$\dot{\varepsilon}_{y,p}=-\lambda\sin\varphi$$

则

$$\frac{\dot{\varepsilon}_{y,p}}{\dot{\gamma}_{xy,p}}=-\tan\varphi \tag{4.8}$$

设塑性位移速度 $\dot{v}_{p}$ 与滑动面 ab 的夹角为 ψ，则塑性位移速度在滑动面 ab 方向的投影 $\dot{v}_{x,p}$和在滑动面 ab 法线方向的投影 $\dot{v}_{y,p}$（图 4.6）分别如下：

$$\dot{v}_{x,p} = \dot{v}_{p}\cos\psi, \dot{v}_{y,p} = -\dot{v}_{p}\sin\psi \tag{4.9}$$

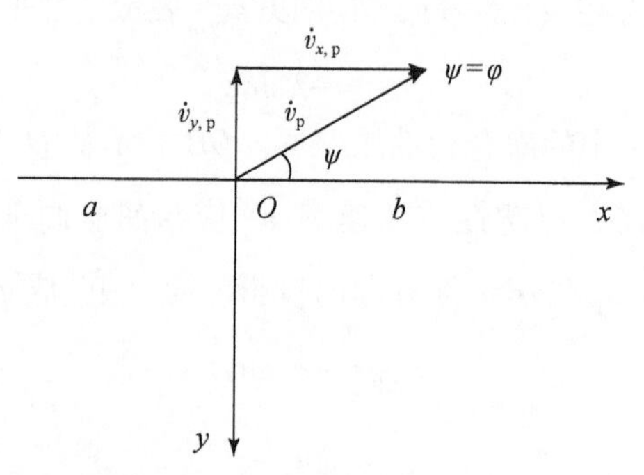

图 4.6　塑性位移速度的方向

由于塑性应变速率 $\dot{\varepsilon}_{y,p}$和 $\dot{\gamma}_{xy,p}$分别如下：

$$\dot{\varepsilon}_{y,p} = \frac{\partial \dot{v}_{y,p}}{\partial y}, \dot{\gamma}_{xy,p} = \frac{\partial \dot{v}_{x,p}}{\partial y}$$

将式（4.9）代入上式，得

$$\dot{\varepsilon}_{y,p} = -\frac{\partial \dot{v}_{p}}{\partial y}\sin\psi, \dot{\gamma}_{xy,p} = \frac{\partial \dot{v}_{p}}{\partial y}\cos\psi$$

由此，得

$$\frac{\dot{\varepsilon}_{y,p}}{\dot{\gamma}_{xy,p}} = -\tan\psi$$

将其与式（4.8）进行比较，则得

$$\psi = \varphi \tag{4.10}$$

式（4.10）表明，塑性位移速度的方向与滑移面方向成 φ 角。

另外，沿滑移面方向 x 的塑性正应变速率 $\dot{\varepsilon}_{x,p}$如下：

$$\dot{\varepsilon}_{x,p} = \lambda \frac{\partial f}{\partial \sigma_x}$$

由屈服函数式（4.7）可见：

$$\frac{\partial f}{\partial \sigma_x} = 0$$

将其代入 $\dot{\varepsilon}_{x,p}$表达式中，则

$$\dot{\varepsilon}_{x,p} = 0 \tag{4.11}$$

式（4.11）表明，沿滑移面方向的塑性正应变速率为零。

4.2.3　塑性位移速度场

研究塑性位移速度场的目的在于确定塑性应变速率。在下面的推导中，(x，y) 坐标采用左手螺旋法则，转角以顺时针转动为正。下文根据变形相容条件，以平面问题来说明塑性位移速度[5]。

$$\left.\begin{aligned}\dot{\varepsilon}_{x,\mathrm{p}}&=\frac{\partial\dot{u}_{\mathrm{p}}}{\partial x}\\ \dot{\varepsilon}_{y,\mathrm{p}}&=\frac{\partial\dot{v}_{\mathrm{p}}}{\partial y}\\ \dot{\gamma}_{xy,\mathrm{p}}&=\frac{\partial\dot{u}_{\mathrm{p}}}{\partial y}+\frac{\partial\dot{v}_{\mathrm{p}}}{\partial x}\end{aligned}\right\}\tag{4.12}$$

式中，$\dot{\varepsilon}_{x,\mathrm{p}}$、$\dot{\varepsilon}_{y,\mathrm{p}}$和$\dot{\gamma}_{xy,\mathrm{p}}$分别为$x$轴方向、$y$轴方向的塑性正应变速率和塑性剪应变速率；$\dot{u}_{\mathrm{p}}$和$\dot{v}_{\mathrm{p}}$分别为$x$轴方向和$y$轴方向的塑性位移速度。根据塑性势概念，塑性应变速率与势函数g的关系如下：

$$\left.\begin{aligned}\dot{\varepsilon}_{x,\mathrm{p}}&=\lambda\frac{\partial g}{\partial\sigma_x}\\ \dot{\varepsilon}_{y,\mathrm{p}}&=\lambda\frac{\partial g}{\partial\sigma_y}\\ \dot{\gamma}_{xy,\mathrm{p}}&=\lambda\frac{\partial g}{\partial\tau_{xy}}\end{aligned}\right\}\tag{4.13}$$

下文采用相关联流动规律，将势函数g取为屈服函数f。如果采用库仑屈服条件，则

$$g=f=\left[\frac{1}{4}(\sigma_y-\sigma_x)^2+\tau_{xy}^2\right]^{\frac{1}{2}}-\frac{\sigma_x+\sigma_y}{2}\sin\varphi-c\cos\varphi=0\tag{4.14}$$

将其代入式（4.13）中得

$$\left.\begin{aligned}\dot{\varepsilon}_{x,\mathrm{p}}&=-\frac{\lambda}{2}\left[\sin\varphi+\frac{\frac{1}{2}(\sigma_y-\sigma_x)}{\left[\frac{1}{4}(\sigma_y-\sigma_x)^2+\tau_{xy}{}^2\right]^{\frac{1}{2}}}\right]\\ \dot{\varepsilon}_{y,\mathrm{p}}&=-\frac{\lambda}{2}\left[\sin\varphi-\frac{\frac{1}{2}(\sigma_y-\sigma_x)}{\left[\frac{1}{4}(\sigma_y-\sigma_x)^2+\tau_{xy}{}^2\right]^{\frac{1}{2}}}\right]\\ \dot{\gamma}_{xy,\mathrm{p}}&=\lambda\frac{\tau_{xy}}{\left[\frac{1}{4}(\sigma_y-\sigma_x)^2+\tau_{xy}{}^2\right]^{\frac{1}{2}}}\end{aligned}\right\}\tag{4.15}$$

按图4.7（a），x面上作用σ_y、τ_{xy}，y面上作用σ_x、τ_{xy}。图4.7（b）中，点X代表x面在屈服应力圆上的位置，其应力分量为σ_y、τ_{xy}；点Y代表y面在屈服应力圆上的位置，

其应力分量为σ_x、τ_{xy}。下文令λ_x代表x面与最大主应力作用面的夹角，以顺时针转动为正。如图4.7（b）所示，则

$$\cos 2\lambda_x=\frac{\frac{1}{2}(\sigma_y-\sigma_x)}{\left[\frac{1}{4}(\sigma_x-\sigma_y)^2+\tau_{xy}^2\right]^{\frac{1}{2}}}$$

$$\sin 2\lambda_x=\frac{\tau_{xy}}{\left[\frac{1}{4}(\sigma_x-\sigma_y)^2+\tau_{xy}^2\right]^{\frac{1}{2}}}$$

另外，由图4.7（b）可见：

$$2\lambda_x=90°+\varphi-2\theta$$

式中，θ为x面与滑移面T_1的夹角。

将$\cos 2\lambda_x$和$\sin 2\lambda_x$表达式代入式（4.15）中得

$$\left.\begin{aligned}\dot{\varepsilon}_{x,\mathrm{p}}&=-\frac{\lambda_x}{2}[\sin\varphi+\sin(2\theta-\varphi)]\\\dot{\varepsilon}_{y,\mathrm{p}}&=-\frac{\lambda_x}{2}[\sin\varphi-\sin(2\theta-\varphi)]\\\dot{\gamma}_{xy,\mathrm{p}}&=\lambda_x\cos(2\theta-\varphi)\end{aligned}\right\}\tag{4.16}$$

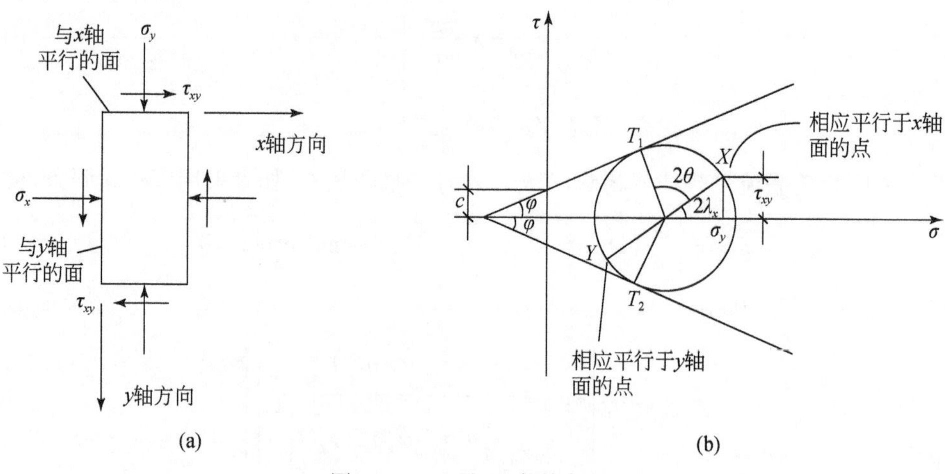

图4.7　$2\lambda_x$及2θ角的定义

由图4.7可见，当x面与滑移面T_1一致时，$\theta=0$。将$\theta=0$代入式（4.16）中，得

$$\dot{\varepsilon}_{x,\mathrm{p}}=0$$

如x面与滑移面T_2一致，则$\theta=-\left(\frac{\pi}{2}-\varphi\right)$。将$\theta=-\left(\frac{\pi}{2}-\varphi\right)$代入式（4.16）中，也得

$$\dot{\varepsilon}_{y,\mathrm{p}}=0$$

由此，得到与式（4.11）相同的结论，沿滑移线方向的塑性正应变速率为零。

下面确定沿滑移线方向的塑性位移速度。设 $\dot{v}_a$ 和 $\dot{v}_b$ 分别表示沿滑移面 T_1 和滑移面 T_2 的塑性位移速度，$\dot{v}_a$ 和 $\dot{v}_b$ 与 x 方向和 y 方向的塑性位移速度 $\dot{u}$、$\dot{v}$ 之间的关系如图4.8所示。在此，为简便将表示塑性位移的下标p略去了。由图4.8可得

$$\left.\begin{aligned}\dot{v}_a &= \dot{u}\cos\theta + \dot{v}\sin\theta \\ \dot{v}_b &= -\dot{u}\sin(\theta-\varphi) + \dot{v}\cos(\theta-\varphi)\end{aligned}\right\} \tag{4.17}$$

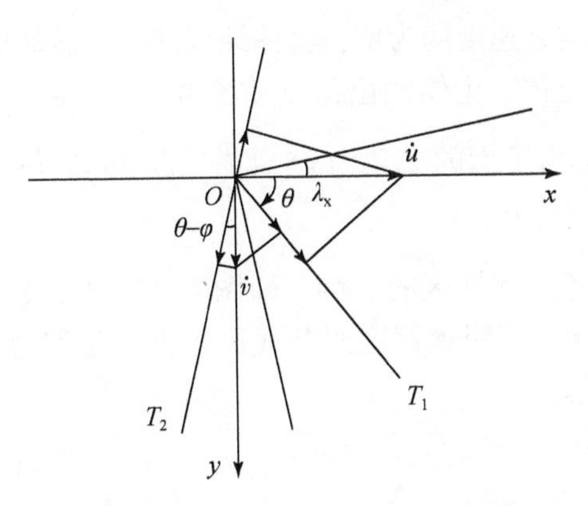

图4.8　$\dot{v}_a$、$\dot{v}_b$ 与 $\dot{u}$、$\dot{v}$ 的关系

这样，按式（4.17）可由 $\dot{v}_a$、$\dot{v}_b$ 计算出 $\dot{u}$、$\dot{v}$，得如下表达式：

$$\dot{u} = \frac{\dot{v}_a\cos(\theta-\varphi) - \dot{v}_b\sin\theta}{\cos\varphi}$$

$$\dot{v} = \frac{\dot{v}_a\sin(\theta-\varphi) + \dot{v}_b\cos\theta}{\cos\varphi}$$

对 x 微分 $\dot{u}$ 的表达式，得

$$\frac{\partial\dot{u}}{\partial x} = \frac{1}{\cos\varphi}\left[\frac{\partial\dot{v}_a}{\partial x}\cos(\theta-\varphi) + \dot{v}_a\frac{\partial\theta}{\partial x}\sin(\theta-\varphi) - \frac{\partial\dot{v}_b}{\partial x}\sin\theta - \dot{v}_b\cos\theta\frac{\partial\theta}{\partial x}\right]$$

设 x 面与 T_1 面一致，则

$$\theta=0, \frac{\partial\dot{u}}{\partial x}=0$$

将其代入 $\frac{\partial\dot{u}}{\partial x}$ 表达式中得

$$\left(\frac{\partial\dot{v}_a}{\partial x}\right) - \dot{v}_a\tan\varphi\left(\frac{\partial\theta}{\partial x}\right) - \dot{v}_b\sec\varphi\left(\frac{\partial\theta}{\partial x}\right) = 0$$

改写上式，得沿 T_1 滑移面：

$$\mathrm{d}\dot{v}_a - (\dot{v}_a\tan\varphi + \dot{v}_b\sec\varphi)\,\mathrm{d}\theta = 0 \tag{4.18a}$$

相似地，设 x 面与 T_2 面一致，则 $\theta=-\frac{\pi}{2}+\varphi$，$\frac{\partial\dot{u}}{\partial x}=0$。将 $\theta=-\frac{\pi}{2}+\varphi$ 及 $\frac{\partial\dot{u}}{\partial x}=0$ 代入上面的 $\frac{\partial\dot{u}}{\partial x}$

表达式中，则得沿 T_2 滑移面：

$$d\dot{v}_b+(\dot{v}_a\sec\varphi+\dot{v}_b\tan\varphi)d\theta=0 \tag{4.18b}$$

对一定的速度边界条件，求解式（4.18）则可获得破坏时的速度场。

如果滑移线是直线，则滑移线上各点的 θ 值为常数，$d\theta=0$。这样，由式（4.18）得 $d\dot{v}_a=0$，$d\dot{v}_b=0$。这两式表明，当与 T_1 和 T_2 面相应的滑移线为直线时，则沿相应滑移线上各点的塑性位移速度 $\dot{v}_a$、$\dot{v}_b$ 为常数。

下面以条形基础下的位移速度场为例，具体地表述一个破坏时的速度场。假如破坏时基础以单位竖向速度贯入土体，土体的位移速度场由 $a'ba$、abc 和 acd 三部分组成，其中 abc 为过渡区；$a'b$ 和 ab 与水平面的夹角为 $45°+\dfrac{\varphi}{2}$；ac 和 dc 与水平面的夹角为 $45°-\dfrac{\varphi}{2}$；ab 与 ac 的夹角为 90°。

由于对称性，只需要考虑塑性区的一半，即图 4.9 中的 $a'bcd$ 区域。首先，应承认破坏面 bcd 是一条速度间断线，即跨越速度间断线后各点的位移速度为零；否则，bcd 之下的土体也将发生塑性流动。

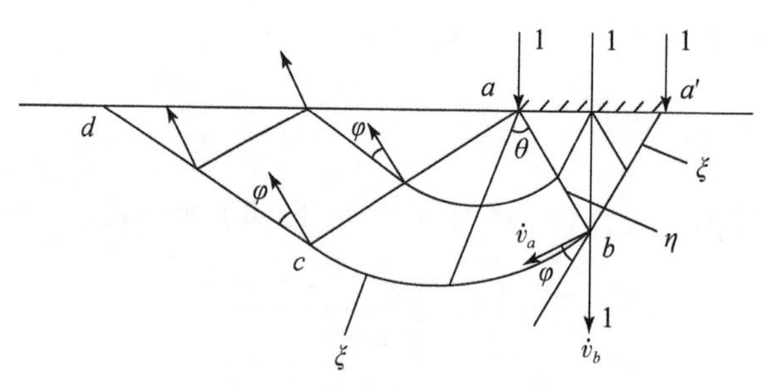

图 4.9　条形基础下土体中的位移速度场

在区域 $a'ba$ 中滑移线 η 和滑移线 ξ 均为直线，因此沿滑移线 $d\theta=0$。由式（4.18）可知，在 $a'ba$ 区域内，$\dot{v}_a$ 和 $\dot{v}_b$ 为常数。这表明，$a'ba$ 区是一个刚体运动区，因此其中每一点的竖向位移速度均等于 1。下面来确定 $a'ba$ 区中的一点，例如 b 点向左侧和向右侧的位移速度。向左侧的位移速度应与 $a'b$ 滑移线成 φ 角，设其位移速度为 $\dot{v}_l$，向右侧的位移速度应与 ab 滑移线成 φ 角，设其位移速度为 $\dot{v}_r$。由于对称性 $\dot{v}_l$ 与 $\dot{v}_r$ 在数值上相等。按前述，$\dot{v}_l$ 与 $\dot{v}_r$ 的合成速度应为单位竖向位移速度，如图 4.10（a）所示。由此，得

$$\dot{v}_l=\dot{v}_r=\frac{1}{2}\sec\left(45°+\frac{\varphi}{2}\right) \tag{4.19}$$

在过渡区 abc 中，η 滑移线为直线，则 η 滑移线上各点的塑性位移速度 $\dot{v}_a$、$\dot{v}_b$ 为常数。因此，η 滑移线上的各点沿滑移线 η 方向的位移速度 $\dot{v}_a$ 只是 θ 角的函数，如图 4.9（b）所示，即

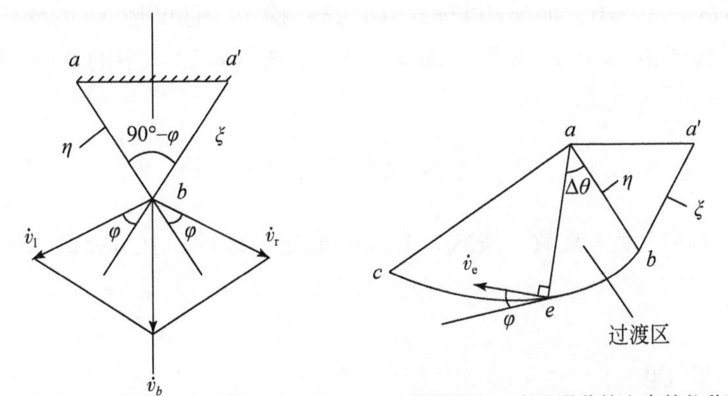

(a) b点向左右两侧的滑动位移速度$\dot{v}_l$和$\dot{v}_r$　(b) η滑移线上一点沿滑移线方向的位移速度

图4.10　条形基础下土体中位移速度的确定

$$\dot{v}_a=F(\theta) \tag{4.20}$$

而其上各点沿滑移线ξ方向的位移速度$\dot{v}_b$也只是θ角的函数。下面求$\dot{v}_b$与θ角的关系。将式（4.20）代入式（4.18b）中，得

$$\mathrm{d}\dot{v}_b+[F(\theta)\sec\varphi+\dot{v}_b\tan\varphi]\mathrm{d}\theta=0$$

改写上式，得

$$\frac{\mathrm{d}\dot{v}_b}{\mathrm{d}\theta}+\dot{v}_b\tan\varphi=-F(\theta)\sec\varphi \tag{4.21}$$

设e为η簇滑移线ae与ε簇滑移线bc的交点，则ae与ab的夹角为$\Delta\theta$。由于e点的位移速度$\dot{v}_e$与过e点的be曲线的切线夹角为φ，则$\dot{v}_e$与ae的夹角为90°，如图4.10（b）所示。由此，沿滑移线η方向的位移速度$\dot{v}_a=0$。按式（4.20），则

$$F(\theta)=0$$

代入式（4.21）中，得

$$\dot{v}_b=c\mathrm{e}^{(\tan\varphi)\Delta\theta} \tag{4.22}$$

按式（4.19），当$\Delta\theta=0$时：

$$\dot{v}=\frac{1}{2}\sec\left(45°+\frac{\varphi}{2}\right)$$

$$\dot{v}_b=\dot{v}\cos\varphi$$

将上两式代入式（4.22）中，得

$$c=\frac{1}{2}\cos\varphi\sec\left(45°+\frac{\varphi}{2}\right)$$

由此，得

$$\dot{v}_b=\frac{1}{2}\cos\varphi\sec\left(45°+\frac{\varphi}{2}\right)\mathrm{e}^{\tan(\varphi)\Delta\theta} \tag{4.23}$$

按上述，在过渡区有 $\dot{v}_a=0$，而 $\dot{v}_b$ 可按式（4.23）确定，且仅是 $\Delta\theta$ 的函数。

当从 η 簇滑移线由 ab 转到 ac 时，$\Delta\theta=-90$。令式（4.23）中的 $\Delta\theta=-90°$，则 c 点的位移速度 $\dot{v}_c$ 如下：

$$\dot{v}_c=\frac{1}{2}\sec\left(45°+\frac{\varphi}{2}\right)e^{(\tan\varphi)\frac{\pi}{2}} \tag{4.24}$$

在 acd 区，位移速度为常数，按式（4.24）确定。因此，在 acd 区做刚体运动，$\dot{v}_a=0$，$\dot{v}_b=\cos\varphi\dot{v}_c$。

4.2.4 虚功原理

虚功原理是众所周知的，其数学表达式如下：

$$\int_A T_i\dot{u}_i^*\,dA+\int_V F_i\dot{u}_i^*\,dV=\int_V\sigma_{ij}\dot{\varepsilon}_{ij}^*\,dV \tag{4.25}$$

式中，T_i、F_i 分别为作用边界上的外力及土体中一点的体积力，其中 $T_i=T_{ij}n_{ij}$；σ_{ij}为作用于土体中一点的一组应力，这组应力可以是真实的，也可以不是真实的，但是必须满足平衡方程，并与 F_i 和 T_i 平衡；$\dot{u}_i^*$、$\dot{\varepsilon}_{ij}^*$ 分别为一点的虚位移速度和虚应变速率，这组位移-应变速率必须与外力作用点和体积力作用点的真实或假想的位移速度相容，即满足虚应变速率与虚位移速度之间的变形协调方程。

在此，有一点必须记住，无论是处于平衡状态的一组 T_i、F_i 和 σ_{ij}，还是相容的一组 $\dot{u}_i^*$ 和 $\dot{\varepsilon}_{ij}^*$ 都不要求是真实的。式（4.25）中，$\dot{u}_i^*$ 和 $\dot{\varepsilon}_{ij}^*$ 的上标“*”就是为了强调这一点。显然，在实际状态下，即将满足平衡条件和相容条件的状态位移速度和应变速率代入式（4.25）中时，上标“*”就去掉了。

式（4.25）中的 T_i、F_i 和 σ_{ij}可由满足平衡条件的变化速率 $\dot{T}_i$、$\dot{F}_i$ 和 $\dot{\sigma}_{ij}$代替，则式（4.25）改写成如下形式：

$$\int_S \dot{T}_i\dot{u}_i^*\,dS+\int_V \dot{F}_i\dot{u}_i^*\,dV=\int_V\dot{\sigma}_{ij}\dot{\varepsilon}_{ij}^*\,dV \tag{4.26}$$

式（4.26）为速率形式的虚功原理。下面将利用这种形式的虚功原理来证明极限分析定理。

此外，上述方程式是根据原来没有变形的土体建立的，因此虚功原理暗含所有的变形都是充分小的。

4.3 极限分析定理及证明

Drucker 等首先建立了极限分析定理[1,2]。下面表述极限分析定理。首先证明在极限分析中采用速率形式的弹性-理想塑性应力-应变关系与采用速率形式的理想塑性应力-应变关系在形式上是相同的。但是，前者没有忽略弹性应变增量。根据速率形式的虚功原理可以证明，当土体达到极限荷载和在常荷载下发生变形时，只产生塑性应变增量而不产生弹性应变增量。

设在极限荷载下土体中相应的应力速率和应变速率分别以 $\dot{\sigma}_{ij}^{c}$ 和 $\dot{\varepsilon}_{ij}^{c}$ 表示，相应的位移分量以 $\dot{u}_{i}^{c}$ 表示，则速率形式的虚功原理可写成如下形式：

$$\int_{A_T} \dot{T}_i^c \dot{u}_i^c \mathrm{d}A + \int_{A_u} \dot{T}_i^c \dot{u}_i^c \mathrm{d}A + \int_V \dot{F}_i^c \dot{u}_i^c \mathrm{d}V = \int_V \dot{\sigma}_{ij}^c \dot{\varepsilon}_{ij}^c \mathrm{d}V \tag{4.27}$$

式中，A_T 为指定的外荷载 T_i 的作用面积；A_u 为规定位移为零的表面面积。由于在极限荷载下，A_T 上的 $\dot{T}_i^c=0$，A_u 上的 $\dot{u}_i^c=0$，以及土体中每处 $\dot{F}_i^c=0$，则式（4.27）中的左端为零，式（4.27）成为如下形式：

$$\int_V \dot{\sigma}_{ij}^c \dot{\varepsilon}_{ij}^c \mathrm{d}V = 0 \tag{4.28}$$

由于

$$\dot{\varepsilon}_{ij}^c = \dot{\varepsilon}_{ij,\mathrm{e}}^c + \dot{\varepsilon}_{ij,\mathrm{p}}^c$$

式中，$\dot{\varepsilon}_{ij,\mathrm{e}}^c$ 和 $\dot{\varepsilon}_{ij,\mathrm{p}}^c$ 分别为极限荷载下的弹性应变速率和塑性应变速率，则式（4.28）可写成如下形式：

$$\int_V \dot{\sigma}_{ij}^c \dot{\varepsilon}_{ij,\mathrm{e}}^c \mathrm{d}V + \int_V \dot{\sigma}_{ij}^c \dot{\varepsilon}_{ij,\mathrm{p}}^c \mathrm{d}V = 0 \tag{4.29}$$

根据外凸性和正交性条件得

$$\int_V \dot{\sigma}_{ij}^c \dot{\varepsilon}_{ij,\mathrm{p}}^c \mathrm{d}V = 0$$

则式（4.29）成为如下形式：

$$\int_V \dot{\sigma}_{ij}^c \dot{\varepsilon}_{ij,\mathrm{e}}^c \mathrm{d}V = 0$$

对于弹性材料，当 $\dot{\sigma}_{ij}^c \neq 0$ 时，$\dot{\sigma}_{ij}^c \dot{\varepsilon}_{ij,\mathrm{e}}^c$ 为正值，例如欲使上式为零，则要求 $\dot{\sigma}_{ij}^c=0$。因而，在极限荷载下不产生应力变化，相应地，弹性应变也不应产生变化，即在极限荷载下全部土体变形是塑性的。这就表明，在极限荷载下，弹性特性不起作用。

下面证明下限定理和上限定理。

1. 下限定理

前文曾表述了下限定理，在此再将下限定理复述如下：假如在整个区域内能找到一个平衡的应力分布 $\dot{\sigma}_{ij}^E$，它与在应力边界上作用的荷载 T_i 平衡，并且在每一处均处于屈服面之下，即 f（$\dot{\sigma}_{ij}^E$）<0，则土体在 T_i、F_i 作用下不会发生破坏（崩塌）。

在此，采用反证法来证明这个下限定理。假如土体在 T_i、F_i 作用下会发生破坏（崩塌），则将存在一组与破坏（崩塌）相对应的应力速率、应变速率和位移速度，令分别以 $\dot{\sigma}_{ij}^c$、$\dot{\varepsilon}_{ij}^c$ 和 $\dot{u}_i^c$ 表示。这样，区域内存在两个平衡系统，即 $\dot{T}_i$、$\dot{F}_i$、$\dot{\sigma}_{ij}^c$，以及 $\dot{T}_i$、$\dot{F}_i$、$\dot{\sigma}_{ij}^E$，并都应满足虚功原理，则得

$$\left.\begin{aligned}\int_{A_T}\dot{T}_i^c\dot{u}_i^c\mathrm{d}A+\int_V\dot{F}_i^c\dot{u}_i^c\mathrm{d}V=\int_V\dot{\sigma}_{ij}^c\dot{\varepsilon}_{ij}^c\mathrm{d}V\\ \int_{A_T}\dot{T}_i^c\dot{u}_i^c\mathrm{d}A+\int_V\dot{F}_i^c\dot{u}_i^c\mathrm{d}V=\int_V\dot{\sigma}_{ij}^E\dot{\varepsilon}_{ij}^c\mathrm{d}V\end{aligned}\right\}\tag{4.30}$$

两式相减，得

$$\int_V(\dot{\sigma}_{ij}^c-\dot{\sigma}_{ij}^E)\dot{\varepsilon}_{ij}^c\mathrm{d}V=0$$

因为土体处于破坏（崩塌）状态，变形是塑性的，即 $\dot{\varepsilon}_{ij}^c=\dot{\varepsilon}_{ij,\mathrm{p}}^c$，则由上式得

$$\int_V(\dot{\sigma}_{ij}^c-\dot{\sigma}_{ij}^E)\dot{\varepsilon}_{ij,\mathrm{p}}^c\mathrm{d}V=0\tag{4.31}$$

但是，根据外凸性和正交性要求，当 $\dot{\sigma}_{ij}^E$低于屈服面时，（$\dot{\sigma}_{ij}^c-\dot{\sigma}_{ij}^E$） $\dot{\varepsilon}_{ij,\mathrm{p}}^c>0$，则式（4.31）不能成立，下限定理得到证明。

假如 f（$\dot{\sigma}_{ij}^E$）$=0$，则 $\dot{\sigma}_{ij}^E$位于屈服面上，土体可能处在破坏（崩塌）点上。

2. 上限定理

前文表述了上限定理，在此再将上限定理复述如下：如果一个相容的塑性变形场 $\dot{\varepsilon}_{ij,\mathrm{p}}^*$ 和 $\dot{u}_{i,\mathrm{p}}^*$被假定，并在位移边界 A_u 上满足 $\dot{u}_{i,\mathrm{p}}^*=0$，则有虚位移原理，即

$$\int_{A_T}T_i\dot{u}_{i,\mathrm{p}}^*\mathrm{d}A+\int_V F_i\dot{u}_{i,\mathrm{p}}^*\mathrm{d}V=\int_V\dot{\sigma}_{ij,\mathrm{p}}^*\dot{\varepsilon}_{ij,\mathrm{p}}^*\mathrm{d}V\tag{4.32}$$

由该式可确定荷载 T_i 和 F_i 高于或等于实际的极限荷载。

在此，仍采用反证法来证明这个上限定理。假如由式（4.32）确定的荷载小于实际的极限荷载，则在这个荷载作用区域不发生破坏（崩塌），则区域内存在一个平衡的应力分布 $\dot{\sigma}_{ij}^E$，并且低于屈服条件，即 f（$\dot{\sigma}_{ij}^E$）<0。由虚功原理得

$$\int_{A_T}T_{ij}\dot{u}_{i,\mathrm{p}}^*\mathrm{d}A+\int_V F_i\dot{u}_{i,\mathrm{p}}^*\mathrm{d}V=\int_V\sigma_{ij}^E\dot{\varepsilon}_{ij,\mathrm{p}}^*\mathrm{d}V\tag{4.33}$$

将上式与式（4.32）进行比较，得

$$\int_V(\dot{\sigma}_{ij,\mathrm{p}}^*-\dot{\sigma}_{ij}^E)\dot{\varepsilon}_{ij,\mathrm{p}}^*\mathrm{d}V=0\tag{4.34}$$

同样，由正交性得

$$(\dot{\sigma}_{ij}^*-\dot{\sigma}_{ij}^E)\dot{\varepsilon}_{ij,\mathrm{p}}>0$$

则式（4.33）不可能成立，上限定理得到证明。

4.4 上限解的求解方法

4.4.1 上限解的基本求解步骤

上限解的基本求解步骤如下。

（1）假定一个满足力学边界条件的“有效”破坏（崩塌）机制。

这里所说的“有效”机制的含义如下：如果在某种机制下所发生的小的位移变化是相容的或运动允许的，则称这种机制是“有效”的。为计算耗散所要求的屈服应力可由这个机制定义的应变方向确定。

（2）计算在假定机制下发生小的变形时，外荷载（包括土的自重）所耗费的能量。

（3）计算在假定机制下塑性变形区所耗散的能量。

（4）由功方程式（4.32）确定最小的或临界的上限解。应指出，这一步是极限分析上限解求解方法的最终目标。显然，这个最小的或临界的上限解应由某一个特别设计的假定破坏机制获得。

在上限解的求解方法中，间断的位移速度场很有用。间断的位移速度场是被位移速度间断线所分割的位移速度场，例如一部分相对于另一部分滑动的刚体，他们之间的分界线就是位移速度间断线。这个间断线可视为连续速度场的一个极限情况，即认为它是两部分之间的一个很窄的过渡层，当跨越这个过渡层时，一个或更多的位移速度分量会迅速发生变化。应指出，采用间断的位移速度场很方便，在实际的破坏（崩塌）模式或机制中会出现。

上文曾指出，极限分析上限解的求解方法的最终目标是寻求一个最小的或临界的荷载。在数学上，这是一个寻优的过程，可采用适当的优化方法来完成。

4.4.2　被狭窄过渡层分隔的刚块滑动

1. 位移速度变化的要求

首先指出，下面的表述都限于平面应变问题，所有的运动都发生在平面内。设狭窄过渡层上下的土体做刚体运动，则变形发生在过渡层内，如图4.11所示。这种流动形态在土力学中具有非常重要的作用。在这种情况下，狭窄的过渡层被限制在两个相互平行的平面之间。如果狭窄过渡区中的材料是库仑剪切材料，按前述，当发生剪切时，刚性顶板相对于刚性底板的切向速度变化为 $\delta\dot{u}$，但总要伴随一个法向速度变化 $\delta\dot{v}$，并且 $\delta\dot{v}=\delta\dot{u}\tan\varphi$。这个滑动的运动学条件，可换句话表述如下，即狭窄过渡区内的相对速度变化 $\delta\dot{w}$ 必须与滑动面成 φ 角，如图4.11所示。当令这个过渡层的厚度趋于零时，就可用间断线代替这个狭窄的过渡层，在实际应用上是方便的。

2. 单位长度的狭窄过渡层的能量耗散速率

设过渡层的厚度为 t，单位长度的狭窄过渡层的能量耗散速率为 D，剪应变速率为 $\dot{\gamma}$，正应变速率为 $\dot{\varepsilon}$。由于过渡层的厚度很小，假定在过渡层中 $\dot{\gamma}$ 和 $\dot{\varepsilon}$ 是均匀的，则

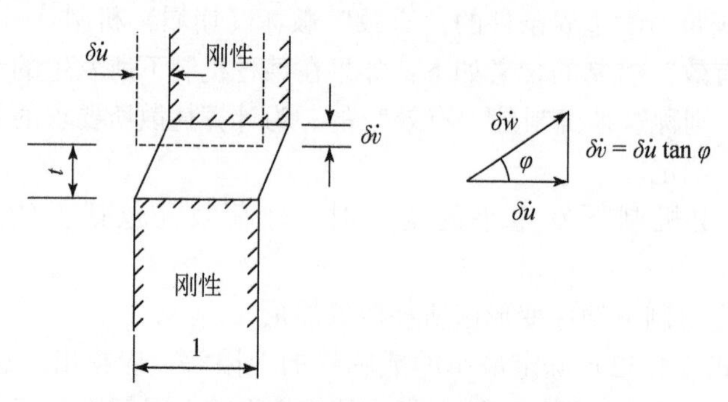

图 4.11　狭窄过渡层及剪切时的位移速度变化

$$\left.\begin{aligned}\dot{\gamma}&=\frac{\delta\dot{u}}{t}\\\dot{\varepsilon}&=\frac{\delta\dot{v}}{t}\end{aligned}\right\}\tag{4.35}$$

由于单位体积的能量耗散速率等于$\tau\dot{\gamma}-\sigma\dot{\varepsilon}$（注意$\sigma$以压为正），将式（4.35）代入其中，则得单位长度狭窄过渡层的能量耗散速率如下：

$$D=(\tau\dot{\gamma}-\sigma\dot{\varepsilon})t=\tau\delta\dot{u}-\sigma\delta\dot{v}$$

注意$\delta\dot{u}$与$\delta\dot{v}$的关系，得

$$D=\delta\dot{u}(\tau-\sigma\tan\varphi)$$

对于库仑剪切材料$\tau-\sigma\tan\varphi=c$，将其代入上式得

$$D=c\delta\dot{u}\tag{4.36}$$

式（4.36）表明，单位长度的过渡层能量耗散速率等于黏结力c与跨越过渡层的切向速度变化$\delta\dot{u}$之积。在此应注意，$\delta\dot{u}$与$\delta\dot{w}$的关系与摩擦角φ有关，如图 4.11 所示。因此，式（4.36）中的D则应与摩擦角有关。但可见，D与层厚t是无关的，为方便可以将其取为 0。

4.4.3　刚体平移和刚体转动的位移速度间断线

1. 刚体平移的位移速度间断线

由刚体平移所形成的位移速度间断线是一条直线。

下面以一个例子说明直线位移速度间断线的应用。设一个直立的土坡，土的重力密度为γ，黏结力和摩擦角分别为c和φ，确定其在自重作用下的最大高度，即临界高度H_{cr}。

假定这个直立土坡的破坏（崩塌）机制为刚体平移，如图 4.12 所示。按这种破坏机制，破坏面以上的土体发生刚体平移，破坏面为平面，设其与竖直面的夹角为β。因此，间断线为与竖直面成β角的直线。

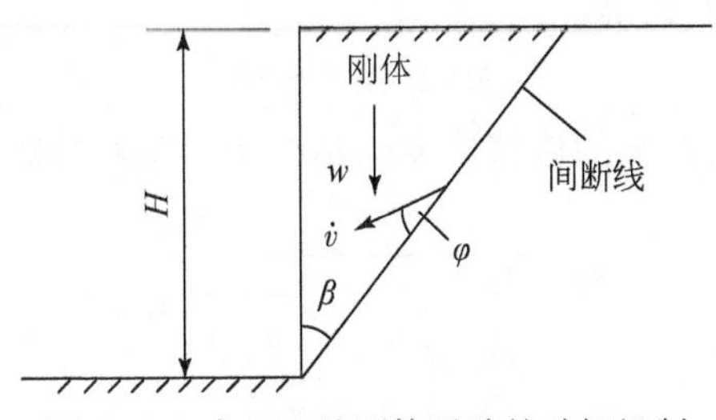

图4.12　直立土坡刚体平移的破坏机制

设破坏面之上刚体平移的速度为 $\dot{v}$，根据前述，其方向应与间断线成 φ 角。由图4.12可确定平移速度 $\dot{v}$ 的竖向分量为 $\dot{v}\cos(\beta+\varphi)$。此外，由图4.12还可以确定间断线的长度为 $\dfrac{H}{\cos\beta}$，平移速度 $\dot{v}$ 在其切向的分量为 $\dot{v}\cos\varphi$，则间断线的能量耗散速率为 $c\dot{v}\dfrac{H}{\cos\beta}\cos\varphi$。这样，由上限解求解方程得该直立土坡的高度 H 如下：

$$H=\frac{2c}{\gamma}\frac{\cos\varphi}{\sin\beta\cos(\beta+\varphi)} \tag{4.37}$$

从上式可见，直立高度 H 随 β 角的改变而改变。令

$$\frac{\mathrm{d}H}{\mathrm{d}\beta}=0$$

可确定 H 最小的 β 值，即

$$\beta_{\mathrm{cr}}=45°-\frac{\varphi}{2}$$

将其代入式（4.37）中，简化得

$$H_{\mathrm{cr}}=\frac{4c}{\gamma}\tan\left(45°+\frac{\varphi}{2}\right) \tag{4.38}$$

对于黏土，$\varphi=0$，则

$$H_{\mathrm{cr}}=\frac{4c}{\gamma}$$

2. 刚体转动的位移速度间断线

由刚体转动所形成的位移速度间断线是一条曲线。令转动中心为 O 点，顺时针转动为正，从转动中心 O 到破坏（崩塌）面上一点 M 的连线的延长线称为过 M 点的射线。下面以 θ 表示 OM 与水平线的夹角。设 M 点的位移速度为 $\dot{v}$，按前述，$\dot{v}$ 的方向应与间断线上 M 点切线方向成 φ 角，如图4.13所示。由于该转动是刚体转动，则 OM 上各点的位移速度相等。下面求绕 O 点转动形成的间断线的方程式。令由转动中心 O 引出的线段长度为 r，则 r 仅为角 θ 的函数，即 $r=r(\theta)$。由图4.13可得

$$\mathrm{d}r=r(\theta)\,\mathrm{d}\theta\tan\varphi \tag{4.39}$$

积分上式，得

$$r(\theta)=c\mathrm{e}^{\theta\tan\varphi}$$

令当 $\theta=\theta_0$ 时，$r=r_0$，则由上式得

$$r(\theta)=r_0\mathrm{e}^{(\theta-\theta_0)\tan\varphi} \tag{4.40}$$

式（4.40）表明由刚体转动产生的位移速度间断线是一条对数螺旋曲线。

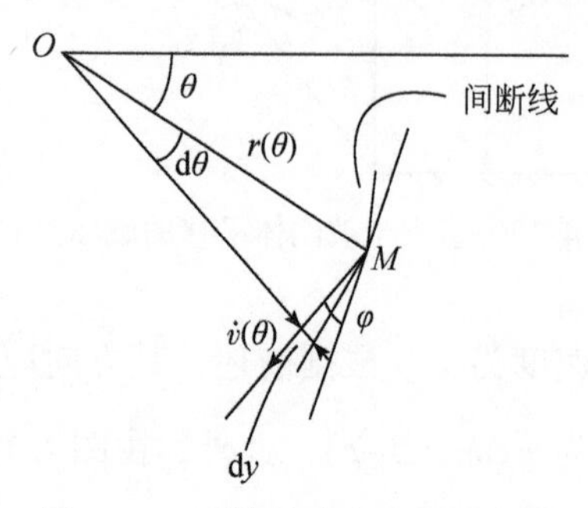

图 4.13　刚体转动产生的间断线

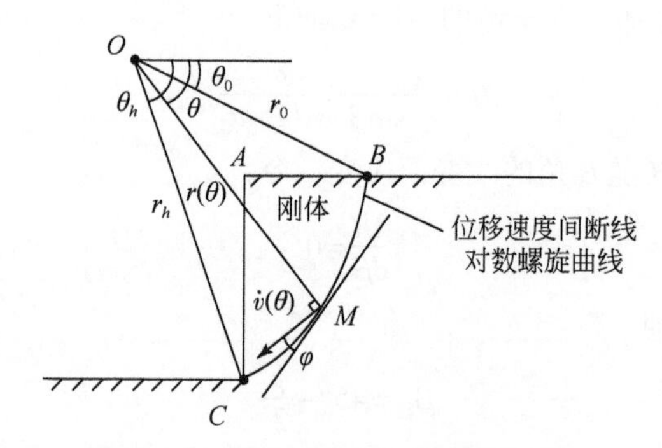

图 4.14　直立土坡刚体转动破坏机制

下面仍以确定直立土坡临界高度为例说明刚体转动产生的间断线的应用。如图 4.14 所示，设直立土坡的破坏机制为刚体 ABC 绕中心点 O 发生刚体转动。按上述，BC 应为一条对数螺旋曲线，其方程式如式（4.40）所示。设从中心 O 到滑出点 C 的线段长度为 r_h，则

$$r_h=r(\theta_h)=r_0\mathrm{e}^{(\theta_h-\theta_0)\tan\varphi} \tag{4.41}$$

式中，θ_h 为 OC 与水平线的夹角。令滑动刚块的高度 AC 和顶部宽度 AB 分别以 H 和 L 表示，则

$$H=r_h\sin\theta_h-r_0\sin\theta_0$$

将式（4.41）代入上式，得

$$\frac{H}{r_0}=\sin\theta_h\mathrm{e}^{(\theta_h-\theta_0)\tan\varphi}-\sin\theta_0 \tag{4.42}$$

同样，得

$$L=r_0\cos\theta_0-r_h\cos\theta_h$$

$$\frac{L}{r_0}=\cos\theta_0-\cos\theta_h\mathrm{e}^{(\theta_h-\theta_0)\tan\varphi} \tag{4.43}$$

下面采用叠加的方法计算刚性滑动体 ABC 重量所做的外功速率。设绕 O 点刚体转动的角度为 Ω，$\dot{w}_1$、$\dot{w}_2$ 和 $\dot{w}_3$ 分别为与 Ω 对应的 OBC、OAB 和 OAC 土体重量所做的功速率，$\dot{w}$ 为 ABC 土体重量所做的功速率，则

$$\dot{w}=\dot{w}_1-\dot{w}_2-\dot{w}_3 \tag{4.44}$$

如图4.15（a）所示，在 OBC 区，$\mathrm{d}\theta$ 对应的微元体土重所做的功速率 $\mathrm{d}\dot{w}_1$ 如下：

$$\mathrm{d}\dot{w}_1=\left(\Omega\frac{2}{3}r\cos\theta\right)\left(\gamma\frac{1}{2}r^2\mathrm{d}\theta\right)$$

从 θ_0 至 θ_h 积分上式，得

$$\dot{w}_1=\gamma r_0^3\Omega f_1(\theta_h,\theta_0) \tag{4.45}$$

式中，

$$f_1(\theta_h,\theta_0)=\frac{(3\tan\varphi\cos\theta_h+\sin\theta_h)\mathrm{e}^{3(\theta_h-\theta_0)\tan\varphi}-3\tan\varphi\cos\theta_0-\sin\theta_0}{3(1+9\tan^2\varphi)} \tag{4.46}$$

相似地，由图4.15（b）可得

$$\dot{w}_2=\gamma r_0^3\Omega f_2(\theta_h,\theta_0) \tag{4.47}$$

式中，

$$f_2(\theta_h,\theta_0)=\frac{1}{b}\frac{L}{r_0}\left(2\cos\theta_0-\frac{L}{r_0}\right)\sin\theta_0 \tag{4.48}$$

而按式（4.43），$\frac{L}{r_0}$是 θ_h、θ_0 的函数。

由图4.15（c）可得

$$\dot{w}_3=\gamma r_0^3\Omega f_3(\theta_h,\theta_0) \tag{4.49}$$

式中，

$$f_3(\theta_h,\theta_0)=\frac{1}{3}\frac{H}{r_0}\cos^2\theta_h\mathrm{e}^{2(\theta_h-\theta_0)\tan\varphi} \tag{4.50}$$

而按式（4.42），$\frac{H}{r_0}$为 θ_h、θ_0 的函数。

将式（4.45）、式（4.47）和式（4.49）代入式（4.44）中，得

$$\dot{w}=\gamma r_0^3\Omega(f_1-f_2-f_3) \tag{4.51}$$

另外，BC 是一条位移速度间断线，从其上取一微段，设其长度为 $\mathrm{d}s$，如图4.16所示

$$\mathrm{d}s=r(\theta)\mathrm{d}\theta/\cos\varphi \tag{4.52}$$

位移速度 $v(\theta)$ 在 $\mathrm{d}s$ 上的投影 $v_s(\theta)$ 如下：

$$\left.\begin{aligned}v_s(\theta)&=v(\theta)\cos\varphi\\ v(\theta)&=\Omega\, r(\theta)\end{aligned}\right\} \tag{4.53}$$

将式（4.52）和式（4.53）代入式（4.36）中得

$$D=c\Omega\, r(\theta)\cos\varphi r(\theta)\mathrm{d}\theta/\cos\varphi=c\Omega\, r^2(\theta)\mathrm{d}\theta$$

由此，得 BC 总的耗散能量为

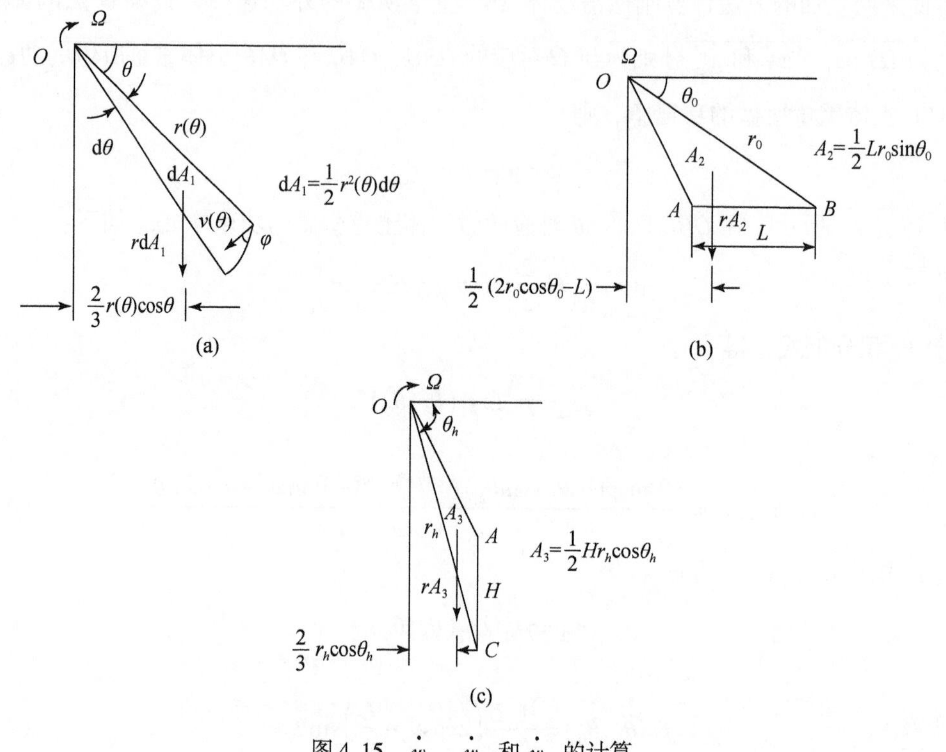

图 4.15 $\dot{w}_1$、$\dot{w}_2$ 和 $\dot{w}_3$ 的计算

$$\int_{\theta_0}^{\theta_h} c\Omega r^2(\theta)\,\mathrm{d}\theta$$

将式（4.40）代入上式，完成上式积分，得

$$\int_{\theta_0}^{\theta_h} c\Omega\, r^2(\theta)\,\mathrm{d}\theta = \frac{cr_0^2\Omega}{2\tan\varphi}\left[\mathrm{e}^{2(\theta_h-\theta_0)\tan\varphi}-1\right] \tag{4.54}$$

按上述上限解的求解方法，令式（4.51）与式（4.54）两式的右端项相等，则可求得

$$H=\frac{c}{\gamma}f(\theta_h,\theta_0) \tag{4.55}$$

式中，

$$f(\theta_h,\theta_0)=\frac{\left[\mathrm{e}^{2(\theta_h-\theta_0)\tan\varphi}-1\right]\left[\sin\theta_h\mathrm{e}^{(\theta_h-\theta_0)\tan\varphi}-\sin\theta_0\right]}{2\tan\varphi(f_1-f_2-f_3)} \tag{4.56}$$

式（4.55）和式（4.56）表明，由上限解求得的直立土坡的高度 H 是 θ_h 和 θ_0 角的函数。由条件

$$\frac{\partial f}{\partial\theta_0}=0,\frac{\partial f}{\partial\theta_h}=0 \tag{4.57}$$

可求出 H 的最小值，即 H_{cr}。计算发现，当 $\varphi=20°$时，$\theta_0\approx40°$，$\theta_h\approx65°$，H 值最小，并进一步发现，对所有的 φ 值，H 的最小值为$\frac{3.83}{\gamma}c\tan\left(45°+\frac{1}{2}\varphi\right)$。这样，得

$$H_{cr}=\frac{3.83}{\gamma}c\tan\left(45^{\circ}+\frac{1}{2}\varphi\right) \tag{4.58}$$

与式（4.38）进行比较后表明，按刚体转动机制求得的上限解比按刚体平移机制求得的上限解有所改进。

由上述简单的例子可以得出如下更一般的结论。

（1）临界的上限解取决于所假定的运动相容的速度场，而运动相容的速度场又取决于假定的破坏机制。上述例子则取决于是刚体平移破坏还是刚体转动破坏。

（2）当指定运动相容的速度场时，临界的上限解可由调整描写运动相容的速度场参数获得。上述例子中，则是调整参数β、θ_0、θ_h角。

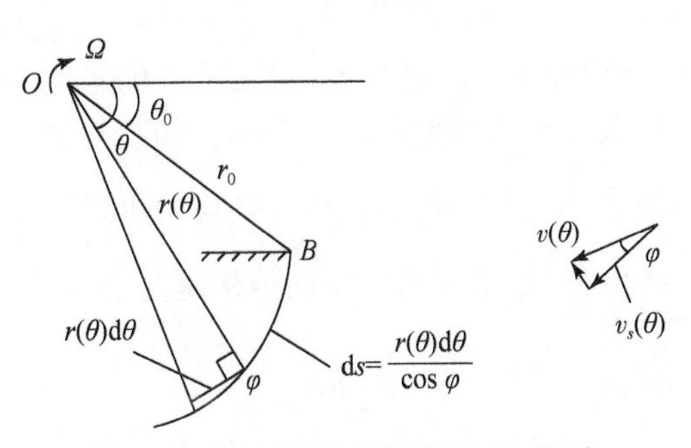

图4.16　破坏面能量耗散速率的计算

4.4.4　均匀变形区和刚块滑动组合

前文表述了按刚块滑动机制求解上限解问题。但是，刚块滑动机制并不总是令人满意的，或者说并不总是最好的或最方便的选择。简单的变形场和刚块组合可提供另一种有效的选择机制。这里只讲均匀变形场，非均匀变形场将在后文表述。

均匀变形场的单位体积的能量耗散速率为常数。最简单的均匀变形场是简单压缩和简单剪切，现分别表述如下。

1）简单压缩变形场及能量耗散速率

简单压缩变形场是指在最大主应力作用方向发生均匀压缩的区域。在许多情况下，最大主应力作用方向为竖向，则最小主应力作用方向为侧向，如图4.17（a）所示。对于库仑剪切材料，其在发生均匀压缩时，必然伴随发生体积膨胀。库仑剪切材料的屈服条件如下：

$$\sigma_{max}(1-\sin\varphi)-\sigma_{min}(1+\sin\varphi)-2c\cos\varphi=0 \tag{4.59}$$

按相关联流动规律，由式（4.59）可求出竖向压缩应变速率$\dot{\varepsilon}_{max}$与侧向膨胀应变速率$\dot{\varepsilon}_{min}$之比如下：

$$\frac{\dot{\varepsilon}_{\max}}{\dot{\varepsilon}_{\min}}=-\frac{1-\sin\varphi}{1+\sin\varphi}\quad 或 \quad \frac{\dot{\varepsilon}_{\max}}{\dot{\varepsilon}_{\min}}=-\tan^2\left(45°-\frac{\varphi}{2}\right) \tag{4.60}$$

令图4.17（a）所示的均匀压缩土体的高度为h、宽度为b，竖向均匀压缩应变速率为$\dot{\varepsilon}$，则其顶面的竖向位移速度$\dot{\Delta}$如下：

$$\dot{\Delta}=h\dot{\varepsilon} \tag{4.61}$$

根据式（4.60），侧向应变速率为$-\tan^2\left(45°-\frac{\varphi}{2}\right)\dot{\varepsilon}$，则侧向位移速度为$\frac{\dot{\delta}}{2}$，则有

$$\dot{\delta}=-b\tan^2\left(45°-\frac{\varphi}{2}\right)\dot{\varepsilon} \tag{4.62}$$

式（4.61）和式（4.62）分别表明，高度为h、宽度为b的土体，其竖向位移速度沿高度呈倒三角形分布，而侧向位移速度沿高度呈均匀分布，如图4.17（a）所示。图4.17（b）所示的处于两条直线滑移线之间的均匀压缩土体，其均匀压缩应变速率为$\dot{\varepsilon}$。令其高度为h，则顶面宽度$b=2h\tan\left(45°-\frac{\varphi}{2}\right)$，则顶面的竖向位移速度$\dot{\Delta}$如下

$$\dot{\Delta}=h\dot{\varepsilon} \tag{4.63}$$

相似地，侧向应变速率为$-b\tan^2\left(45°-\frac{\varphi}{2}\right)\dot{\varepsilon}$，顶面的侧向位移速度为$\frac{\dot{\delta}}{2}$，则有

$$\dot{\delta}=-2\dot{\Delta}\tan\left(45°-\frac{\varphi}{2}\right) \tag{4.64}$$

由式（4.63）和式（4.64）可见，高度为h处于两条直线滑移线的土体，其竖向位移速度和侧向位移速度沿高度均呈倒三角形分布，如图4.17（b）所示。

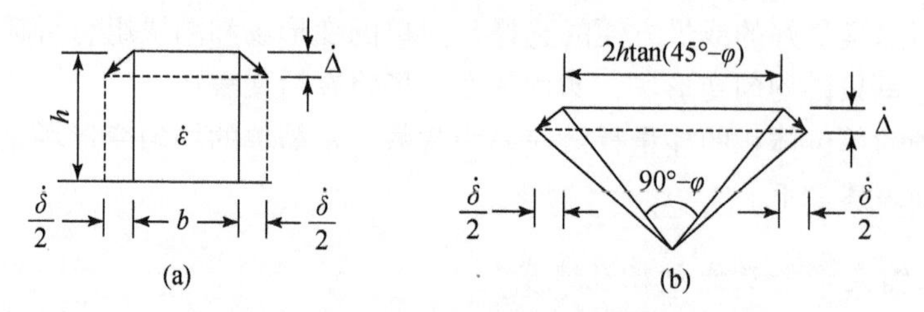

图4.17　均匀压缩应变速率及位移速度

令D为单位体积土体的能量耗散速率，按其定义，在均匀压缩的情况下：

$$D=\sigma_{\max}\dot{\varepsilon}_{\max}+\sigma_{\min}\dot{\varepsilon}_{\min}$$

将式（4.60）代入上式，得

$$D=\left[\sigma_{\max}-\sigma_{\min}\tan^2\left(45°+\frac{\varphi}{2}\right)\right]\dot{\varepsilon}$$

由屈服条件得

$$\sigma_{\max}-\sigma_{\min}\tan^2\left(45°+\frac{\varphi}{2}\right)=\frac{2\cos\varphi}{1-\sin\varphi}c$$

将上式代入 D 的表达式中，得

$$D=\frac{2\cos\varphi}{1-\sin\varphi}c\dot{\varepsilon}\quad 或\quad D=2c\dot{\varepsilon}\tan\left(45°+\frac{\varphi}{2}\right)\tag{4.65}$$

2）简单剪切变形场及能量耗散速率

图 4.18（a）给出一个高为 h 宽为 b 的承受均匀剪切作用的土体，令 $\dot{\gamma}$ 表示剪应变速率，在剪切状态下，库仑屈服条件为

$$\tau=c+\sigma\tan\varphi$$

根据相关联流动规律，得

$$\dot{\gamma}=\dot{\lambda}$$

$$\dot{\varepsilon}=-\dot{\lambda}\tan\varphi$$

由此，得

$$\frac{\dot{\varepsilon}}{\dot{\gamma}}=-\tan\varphi\tag{4.66}$$

式（4.66）表明，发生剪切变形时伴随发生上抬变形，其上抬变形应变速率 $\dot{\varepsilon}$ 与剪应变速率满足式（4.66）所示的关系。高度为 h 的土体表面的切向位移速度为 $h\dot{\gamma}$，法向位移速度为 $-h\dot{\gamma}\tan\varphi$，其总的位移速度与切向成 φ 角，如图 4.18（b）所示。图 4.18（b）给出破坏时应变速率莫尔图。由图 4.18 可见，剪切面上的剪应变速率 $\dot{\gamma}$ 与相应的最大剪应变速率 $\dot{\gamma}_{\max}$ 关系如下：

$$\dot{\gamma}=\cos\varphi\dot{\gamma}_{\max}\tag{4.67}$$

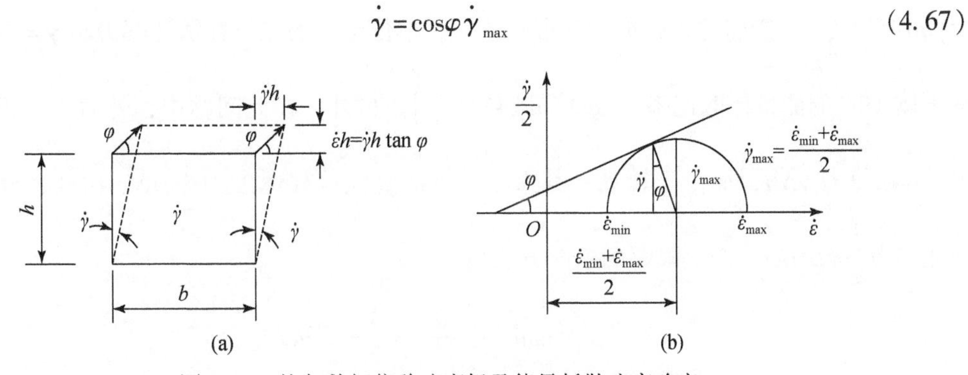

图 4.18　均匀剪切位移速度场及能量耗散速率确定

根据单位体积能量耗散速率 D 的定义得

$$D=\dot{\gamma}\tau+\dot{\varepsilon}\sigma$$

将式（4.66）代入上式，得

$$D=(\tau-\sigma\tan\varphi)\dot{\gamma}$$

由库仑屈服条件得

$$c=\tau-\sigma\tan\varphi$$

将其代入 D 的表达式中，得

$$D=c\dot{\gamma} \tag{4.68}$$

前文表述了简单压缩变形场和简单剪切变形场，应指出这两个均匀变形场相互之间有一定的关系。实际上，简单压缩变形场的能量耗散速率可以由简单剪切变形场的能量耗散速率推导出来，即利用式（4.67）所示的关系就可以推导出来，在此省略。

3）均匀变形区与刚块滑动组合在上限解法中的应用

以下以一个简例说明均匀变形区与刚块滑动组合在上限解法中的应用。

黏性土具有一定的抗拉能力，但是由于水或裂缝的存在，抗拉能力可能消失。因此，土的抗拉能力是不可靠的，保守地假定它不具有抗拉能力。令直立土坡后面存在一个竖向裂缝，裂缝平面上的正应力及剪应力均为零。裂缝与直立坡面之间形成一个土板。设裂缝的深度为 H，当裂缝的深度增加时，这个土板的重量和其底部所受的剪切作用也随之增大，最终导致破坏（崩塌）。以下求直立土坡所能承受的最大高度 H_{cr}。

设土板的宽度为 Δ，土板的破坏机制为绕其端点 A 的刚体转动，其转动角速度为 ω，如图 4.19 所示，由于土板绕 A 转动，其下部 ABC 土体处于剪切变形状态。BC 是最小主应力面，AC 和 AB 为两条滑移线，他们与 BC 面的夹角均为 $45°-\frac{\varphi}{2}$。设 ABC 土体的剪切速率为 $\dot{\gamma}$，则 $\dot{\gamma}=\omega$。

以下计算发生剪切变形土体 ABC 的能量耗散速率。由图 4.19 可确定 $\triangle ABC$ 的面积为 $\Delta^2\tan\left(45°+\frac{\varphi}{2}\right)$。按前述，在剪切变形状态下，单位土体的能量耗散速率 $D=c\dot{\gamma}=c\omega$。由此得土体 ABC 的能量耗散速率为 $c\omega\Delta^2\tan\left(45°+\frac{\varphi}{2}\right)$。另外，在此问题中，外力为土板的重量 W，其数值为 $\gamma\Delta H$，而由于转动，其重心向下的竖向位移速度为 $\frac{1}{2}\omega\Delta$。由此，外力的做功速率为 $\frac{1}{2}\gamma\Delta^2 H\omega$。按上限解的求解方法得

$$c\omega\Delta^2\tan\left(45°+\frac{\varphi}{2}\right)=\frac{1}{2}\gamma\Delta^2 H\omega$$

由此可得

$$H_{cr}=\frac{2c}{\gamma}\tan\left(45°+\frac{\varphi}{2}\right) \tag{4.69}$$

将式（4.69）与式（4.38）和式（4.58）进行比较可发现，带裂缝的直立土坡的临界高度比不带裂缝的直立土坡的临界高度低很多。

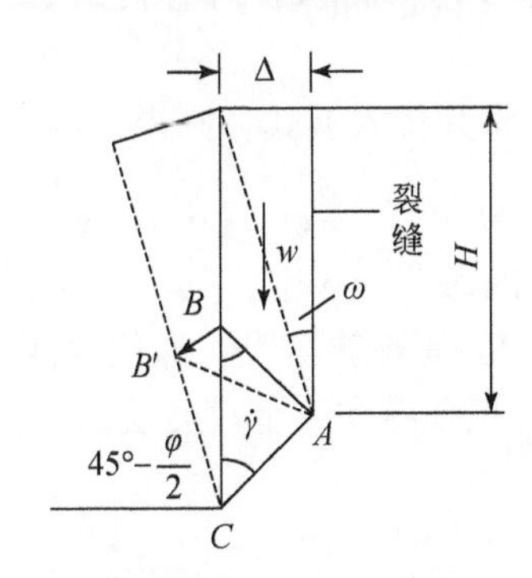

图 4.19　裂缝的直立土坡的临界高度计算

4.4.5　非均匀变形区

由前面的均匀变形区的能量耗散速率分析可知，在均匀变形区内，单位体积的能量耗散速率为常数。下面表述工程应用中经常遇到的一种非均匀变形区，它是由一簇直的射线和对数螺旋线组成的，如图 4.20 所示。显然，这个场与保持静止的区域边界应是破坏线。因此，其破坏线也是一条对数螺旋曲线。

1）对数螺旋区的速度场

4.2 节表述了在刚性基础下过渡区刚体转动时沿破坏面位移速度随 θ 的变化。下面表述将其视作非均匀变形区时位移速度随 θ 的变化。

设 θ 角为过对数螺旋曲线上一点的射线与过对数螺旋曲线起点的射线 OD 的夹角，则射线上每一点的位移速度都为常数。因此，对数螺旋区的位移速度仅是 θ 角的函数。设 $\theta=0$时，位移速度为 v_0，即射线 OD 上各点的位移速度为 v_0，并且 v_0 应与 OD 垂直。现将中心角为 $\bar{\theta}$ 的对数螺旋曲线分为 i 个子区，每个子区的中心角为$\Delta\theta$。设其中第 j 个子区的位移速度为 v_j，中心角为 θ_j，相应的射线为 OM，其长度为 r_j，则 v_j 与 OM 垂直，如图 4.20所示。如以 v_{j-1}表示第 $j-1$ 个子区的位移速度，则 v_j 与 v_{j-1}的关系如图 4.21 所示。由该图可得

$$v_j=v_{j-1}+v_{j-1}\Delta\theta\tan\alpha$$

而

$$\tan\alpha=\frac{\delta_{v_{j-1}}}{\delta_{u_{j-1}}}=\tan\varphi$$

由此得

$$v_j=v_{j-1}(1+\Delta\theta\tan\varphi) \tag{4.70}$$

式中，$\delta_{v_{j-1}}$ 和 $\delta_{u_{j-1}}$ 分别为 $\Delta v_{j-1,j}=v_j-v_{j-1}$ 在对数螺旋曲线切线方向和法线方向的分量。式（4.70）是一个递推公式，如果从 v_0 开始，计算到 v_i 则得

$$v_i = v_0 \ (1+\Delta\theta\tan\varphi)^i = v_0 \left(1+\frac{\theta\tan\varphi}{i}\right)^i$$

当 $i\to\infty$ 时，$\left(1+\frac{\theta\tan\varphi}{i}\right)^i \to e^{\theta\tan\varphi}$，将其代入上式，则得

$$v_i = v_0 e^{\theta\tan\varphi} \quad 或 \quad v(\theta) = v_0 e^{\theta\tan\varphi} \tag{4.71}$$

式（4.71）表明，在对数螺旋区的每个子区中，其位移速度为常数，并随中心角按指数规律增大。此外，对数螺旋曲线 *DMG* 是条破坏线，即位移速度间断线。因此，在对数螺旋曲线 *DMG* 与其下静止土体之间应想象存在一个过渡层。

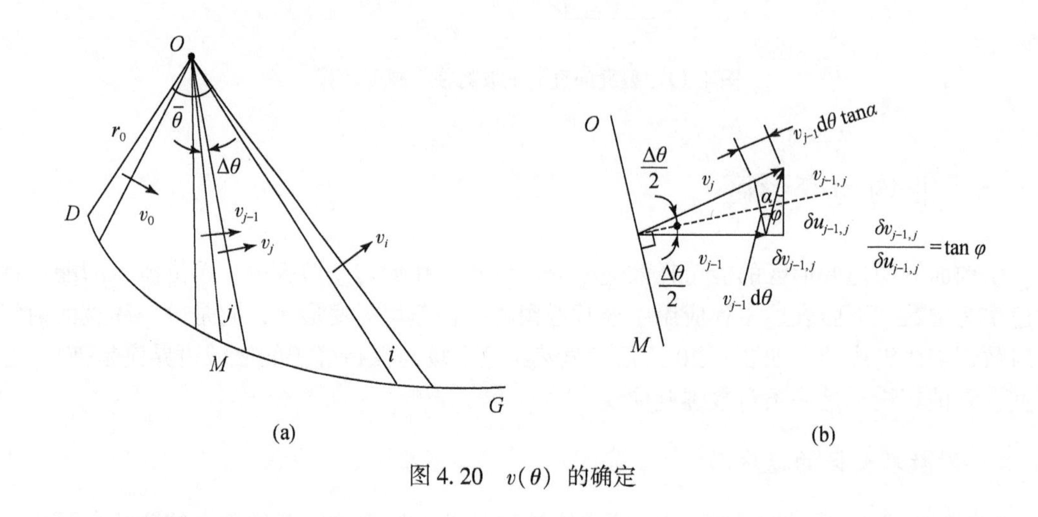

图 4.20　$v(\theta)$ 的确定

2）对数螺旋区的能量耗散速率

设过渡区的中心角为 $\bar{\theta}$，将 $\bar{\theta}$ 分成几等份，其中 $j-1$ 和 j 为相邻的两等份，如图 4.21 所示。由于对数螺旋区的位移速度只取决于中心角 θ 值，当 $\Delta\theta$ 很小时，可以认为每等份中的位移速度相等。这样每等份做刚体运动，每等份中没有能量耗散。但由于第 $j-1$ 等份的位移速度与第 j 等份的位移速度不相等，则分离这两个等份的射线 *OB* 是条速度间断线，速度间断线上会产生能量耗散。由图 4.20（b）可确定第 $j-1$ 等份、第 j 等份相对位移速度在间断线 *OB* 方向的投影 $\delta u = v_{i-1}\Delta\theta$。由式（4.36）得间断线 *OB* 上的能量耗散速率为 $cr_j v_{i-1}\Delta\theta$。这样，整个过渡区的能量耗散速率 *D* 如下：

$$D = c\int_0^{\bar{\theta}} rv\mathrm{d}\theta$$

按上述，

$$v = v_0 e^{\theta\tan\varphi}$$

$$r = r_0 e^{\theta\tan\varphi}$$

完成对 θ 的积分，得

$$D=cv_0\frac{1}{2}r_0\cot\varphi\left(e^{2\bar{\theta}\tan\varphi}-1\right)\tag{4.72}$$

式（4.72）即对数螺旋非均匀变形区能量耗散速率计算公式。

在此应记住，上述非均匀变形区的速度场只与中心角 θ 有关，而与径向距离 r 无关，因此，式（4.72）也只适用于如图4.21所示的非均匀变形速度场，即一簇滑移线为直射线的变形速度场的能量耗散速率的计算。

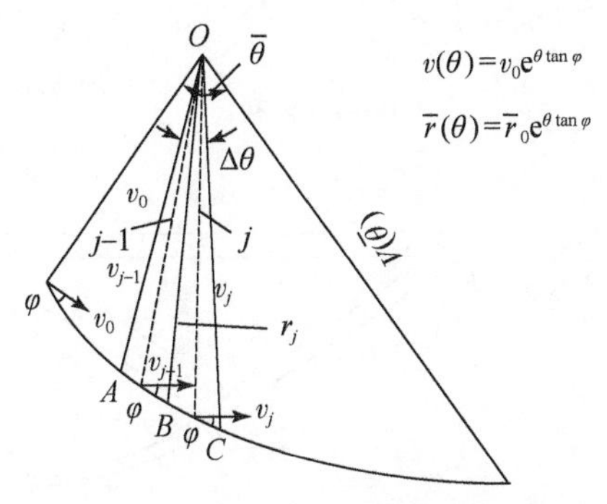

图4.21　非均匀变形区能量耗散速率

4.5　上限解应用的例举

下面以条形基础地基承载力问题为例，说明上限解法在工程中的应用。

4.5.1　不考虑土自重情况下条形基础地基承载力的确定

1. Hill 解

1）变形及破坏机制

Hill 研究了在竖向中心荷载作用下底面无摩擦刚性基础的地基承载力问题。Hill 解的破坏机制如图4.22（a）所示。由于破坏是关于基础中心线对称的，只讨论其中一半，例如左半部就可以了。由图4.22（a）可见，其相应的变形速度场是由向下做刚体运动的 OAC 和向上做刚体运动的 ADE，以及运动速度只与中心角 θ 有关的非均匀变形速度场 ACD 组成的。由于 $OCDE$ 线之下的土体保持静止，则 $OCDE$ 是一条速度间断线。如图4.22（a）所示，$\triangle OAC$ 为等腰三角形，其底角为$45°+\frac{\varphi}{2}$，$\triangle ADE$ 也为等腰三角形，其底角为$45°-\frac{\varphi}{2}$，过渡区中心角为$\frac{\pi}{2}$。由此，得

$$OC=AC=\frac{b}{4\cos\left(45°+\frac{\varphi}{2}\right)},AD=ACe^{\frac{\pi}{2}\tan\varphi}\tag{4.73}$$

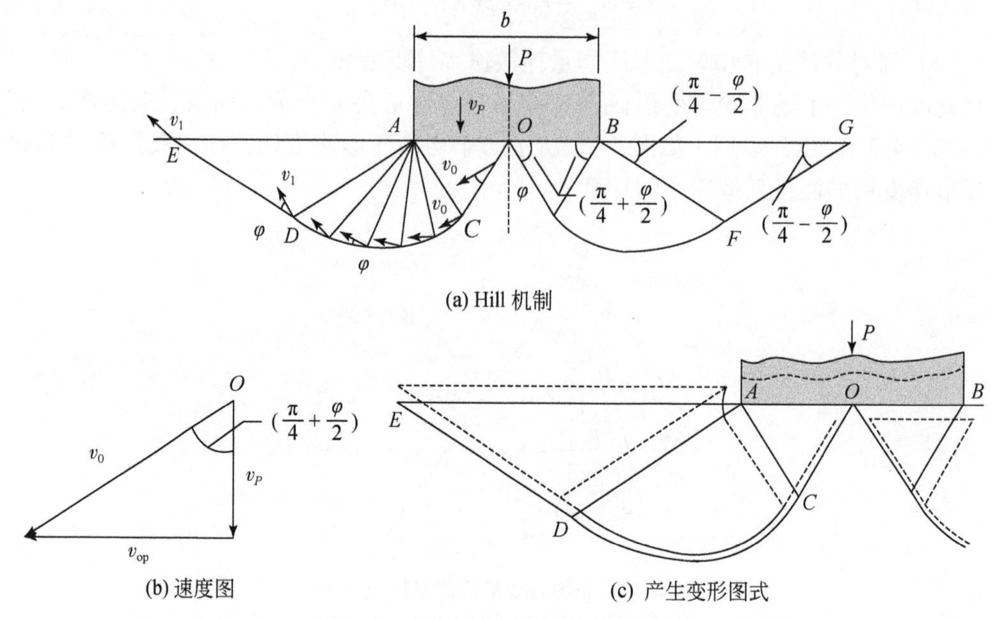

图 4.22　Hill 解的破坏机制及速度场

2）速度分布

设刚性基础的向下运动速度为 v_P，按图 4.22（b），其在 OC 线上的速度为 v_0：

$$v_0 = v_P \sec\left(45° + \frac{\varphi}{2}\right) \tag{4.74}$$

并且 v_0 的方向与 AC 垂直。

如以 v_1 表示 AD 线上的速度，按前述：

$$v_1 = v_0 \mathrm{e}^{\frac{\pi}{2}\tan\varphi} = v_P \sec\left(45° + \frac{\varphi}{2}\right)\mathrm{e}^{\frac{\pi}{2}\tan\varphi} \tag{4.75}$$

3）能量耗散速率

能量耗散速率包括如下两部分。

a. 沿速度间断线 $OCDE$ 滑动的能量耗散速率

该部分能量耗散包括沿间断线 OC、CD 和 DE 三段的能量耗散。按前述，OC 段的能量耗散速率为

$$cv_0\cos\varphi OC = cv_0\cos\varphi\frac{b}{4\cos\left(45° + \dfrac{\varphi}{2}\right)}$$

DE 段的能量耗散速率为

$$cv_1\cos\varphi DE = cv_0\cos\varphi\frac{b\mathrm{e}^{\frac{\pi}{2}\tan\varphi}}{4\cos\left(45° + \dfrac{\varphi}{2}\right)}$$

CD 段的能量耗散速率为

$$\int_0^{\frac{\pi}{2}} cv(\theta)\,\mathrm{d}s = \int_0^{\frac{\pi}{2}} cv_0 \mathrm{e}^{\theta\tan\varphi} r(\theta)\,\mathrm{d}s$$

将 v（θ）和 r（θ）表达式代入上式，得

$$\int_0^{\frac{\pi}{2}} cv_0 r_0 \mathrm{e}^{2\theta\tan\varphi}\mathrm{d}\theta$$

完成上式积分，并将 r_0 表达式代入，得

$$cv_0 r_0 \frac{1}{2\tan\varphi}(\mathrm{e}^{\pi\tan\varphi}-1)$$

将 r_0 以 b 的表达式代入上式，得

$$cv_0 \frac{b\cot\varphi}{8\cos\left(45°+\dfrac{\varphi}{2}\right)}(\mathrm{e}^{\pi\tan\varphi}-1)$$

b. 对数螺旋区 ACD 的能量耗散速率

将 r_0 以 b 的表达式代入式（4.72）中，则得对数螺旋区的能量耗散速率为

$$cv_0 \frac{b\cot\varphi}{8\cos\left(45°+\dfrac{\varphi}{2}\right)}(\mathrm{e}^{\pi\tan\varphi}-1)$$

其能量耗散速率与沿间断线 CD 的能量耗散速率相同。

应再次指出，$OCDE$ 以下的土体也应包括在计算体系中。但是因为这部分土体处于静止状态，则能量耗散速率为零。这整个土体的能量耗散速率 D 如下：

$$D = cv_0 \frac{b}{4\cos\left(45°+\dfrac{\varphi}{2}\right)}[\cos\varphi+\cos\varphi\mathrm{e}^{\pi\tan\varphi}+\cot\varphi(\mathrm{e}^{\pi\tan\varphi}-1)] \tag{4.76}$$

4）外力做的功及极限荷载

由于忽略了土体的自重，外力做的功只有竖向荷载 P 所做的功，其数值为$\frac{1}{2}Pv_P$。按图4.22（b），可将 v_P 的值用 v_0 表示，则得

$$\frac{1}{2}Pv_P = \frac{1}{2}Pv_0\cos\left(45°+\frac{\varphi}{2}\right) \tag{4.77}$$

按上限解的求解方法，令式（4.77）与式（4.76）相等，则得

$$\frac{1}{2}Pv_0\cos\left(45°+\frac{\varphi}{2}\right) = cv_0 \frac{b}{4\cos\left(45°+\dfrac{\varphi}{2}\right)}[\cos\varphi+\cos\varphi\mathrm{e}^{\pi\tan\varphi}+\cot\varphi(\mathrm{e}^{\pi\tan\varphi}-1)]$$

$$\frac{1}{2}P = cb\frac{1}{4\cos^2\left(45°+\dfrac{\varphi}{2}\right)}[\cos\varphi-\cot\varphi+\mathrm{e}^{\pi\tan\varphi}(\cos\varphi+\cot\varphi)]$$

改写上式，得

$$P = cb\frac{\cot\varphi-\cos\varphi}{2\cos^2\left(45°+\dfrac{\varphi}{2}\right)}\left[\mathrm{e}^{\pi\tan\varphi}\frac{\cos\varphi+\cot\varphi}{\cot\varphi-\cos\varphi}-1\right]$$

由于

$$\frac{\cos\varphi+\cot\varphi}{\cot\varphi-\cos\varphi}=\frac{1+\sin\varphi}{1-\sin\varphi}=\tan^2\left(45°+\frac{\varphi}{2}\right)$$

$$\cos^2\left(45°+\frac{\varphi}{2}\right)=\frac{1}{2}(1-\sin\varphi)$$

$$\cot\varphi-\cos\varphi=\cot\varphi(1-\sin\varphi)$$

将这三式代入 P 的表达式中，则得

$$P_u=cb\cot\varphi\left[\tan^2\left(45°+\frac{\varphi}{2}\right)e^{\pi\tan\varphi}-1\right] \tag{4.78}$$

在此应指出，式（4.78）给出的极限荷载 P_u 与塑性静定分析所给出的解答是一致的。这表明，对这个问题，塑性静定分析的解是一个上限解。

2. Prandtl 解

Prandtl 解的破坏机制如图 4.23 所示。与 Hill 解的破坏机制相比，其运动场也由两个刚性运动区，即 ABC 区和 ADE 区及一个非均匀变形的过渡区 ACD 组成。$BCDE$ 为速度间断线，下部土体处于静止状态。但是，与图 4.22 所示的 Hill 解的破坏区相比，Prandtl 破坏区则明显大。

按前述 Hill 解的相似求解方法，可得 Prandtl 解相应的极限荷载，并可发现其极限荷载的表达式与 Hill 解的极限荷载的表达式完全相同。这表明，虽然这两种破坏机制不同，但相应的破坏荷载是相同的。

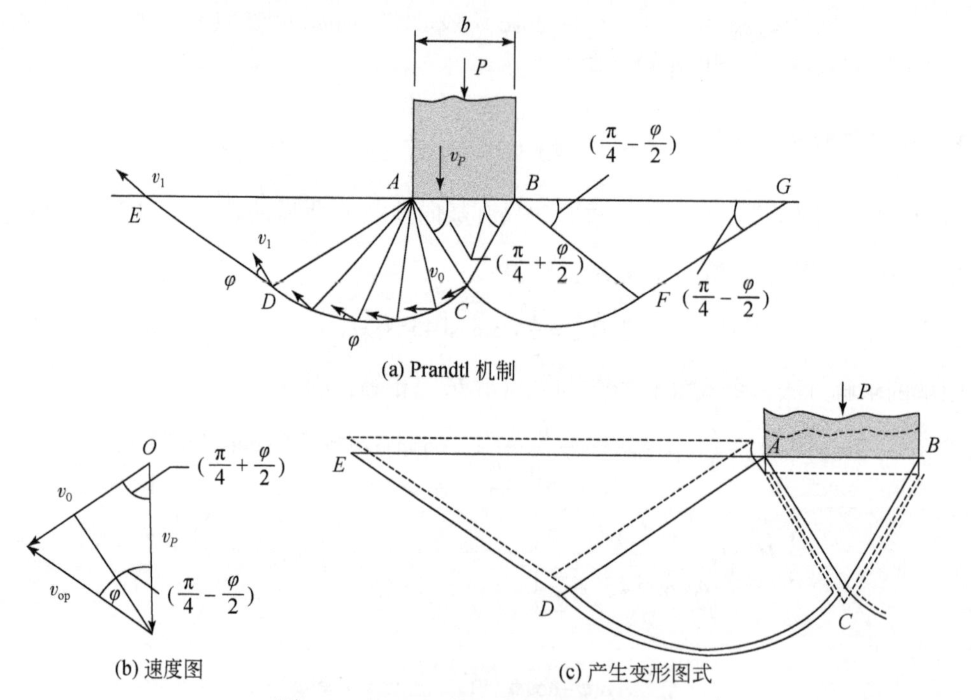

图 4.23 Prandtl 解的破坏机制及速度场

3. Hill 解和 Pandtl 解的比较

上文给出的结果表明，Hill 解和 Prandtl 解所给出的地基极限承载力的数值是相等的。但是，由于假定的破坏机制不同，这两种破坏机制相应的速度场也是有一定差别的，主要差别表现在如下两点。

（1）比较图 4.22（b）和图 4.23（b）可见，在 Hill 解的破坏机制下，基础下的土体 *OAC* 不仅发生竖向刚体运动，还相对于基础发生水平运动，即沿基础地面发生水平运动，但是在计算能量耗散速率时，没有包括沿基础底面运动所耗散的能量，这相当于假定基础底面是完全光滑的。在 Prandtl 解的破坏机制下，基础下的土体 *ABC* 与基础一起发生竖向刚体运动，即两者沿基础底面没有相对运动，这相当于基础底面是绝对粗糙的。由于基础与 *ABC* 土体完全结合在一起，则其运动时基础底面也没有能量耗散。

根据上述可知式（4.78）所给出的地基极限承载力既适用于基础底面完全光滑的情况，也适用于基础底面绝对粗糙的情况。

（2）比较图 4.22（b）和图 4.23（b）可见，在 Hill 解的破坏机制下，v_0 与 v_P 的关系如式（4.74）所示。但是，在 Prandtl 解的破坏机制下，由图 4.23（b）则得

$$v_0=\frac{1}{2}v_P\sec\left(45°+\frac{\varphi}{2}\right) \tag{4.79}$$

4. $\varphi=0$ 情况

对于饱和黏性土，在不排水剪切情况下，$\varphi=0$。在这种情况下，极限承载力式（4.78）可以进一步简化。改写式（4.78）得

$$P_u=cb\,\frac{1}{\tan\varphi}\left[\mathrm{e}^{\pi\tan\varphi}\tan^2\left(45°+\frac{\varphi}{2}\right)-1\right]$$

当 $\varphi\to0$ 时，上式右端变成 $cb\,\frac{0}{0}$，应按洛必达法则求共极限。由此，得

$$P_u=cb\lim_{\varphi\to0}\frac{\left[\mathrm{e}^{\pi\tan\varphi}\tan^2\left(45°+\frac{\varphi}{2}\right)-1\right]'}{\tan\varphi'} \tag{4.80}$$

由于

$$\tan\varphi'=\frac{1}{\cos^2\varphi}$$

$$\left[\mathrm{e}^{\pi\tan\varphi}\tan^2\left(45°+\frac{\varphi}{2}\right)-1\right]'$$
$$=\left[\mathrm{e}^{\pi\tan\varphi}\pi\,\frac{1}{\cos^2\varphi}\tan^2\left(45°+\frac{\varphi}{2}\right)+\mathrm{e}^{\pi\tan\varphi}\tan\left(45°+\frac{\varphi}{2}\right)\frac{1}{\cos^2\left(45°+\frac{\varphi}{2}\right)}\right]$$

将以上两式代入式（4.80）中，则得 $\varphi\to0$ 时 P_u 表达式如下：

$$P_u=cb(\pi+2) \tag{4.81}$$

5. $c=0$ 情况

对于砂，$c=0$。将 $c=0$ 代入式（4.78）中，得

$$P_u=0 \tag{4.82}$$

式（4.82）表明，当地基土为砂时，地基承载力等于0。实际上，当地基土为砂时，地基承载力不会为0。式（4.82）中的地基承载力为0是因为忽略了土的自重影响。

4.5.2 考虑土自重情况下条形基础地基承载力的确定

为了简化，上面的分析忽略了土的重量。实际上，许多实际应用中土的自重起重要作用。下面以确定放置在非黏性土（$c=0$）上的光滑底面的基础下的地基承载力为例，说明在上限解分析中如何将土自重的影响考虑进去。

1. Hill 解

假定仍采用图4.22所示的破坏机制，并按此破坏机制相应的位移速度场计算能量耗散速率及外力做功的速率。

1）能量耗散速率

由于地基土为非黏性土，$c=0$，按前述，能量耗散速率 $D=0$。

2）外力做功的速率

外力做功的速率包括如下两部分。

A. 土自重做功的速率

土自重做功的速率由如下三部分组成。

a. 楔体 OAC 自重做功的速率

该部分功的速率为 W_0v_P，其中 W_0 为楔体 OAC 的自重：

$$W_0=\gamma\frac{\gamma_0^2}{2}\cos\varphi$$

式中，γ_0 为 AC 的长度。将 W_0 及 v_P 的 v_0 表达式代入 W_0v_P 中，得

$$W_0v_P=\gamma\frac{\gamma_0^2}{2}\cos\varphi\left[v_0\cos\left(45^\circ+\frac{\varphi}{2}\right)\right]$$

b. 楔体 ADE 自重做功的速率

该部分功的速率为 W_1v_1，其中 W_1 为楔体 ADE 的自重：

$$W_1=\gamma\frac{\gamma_1^2}{2}\cos\varphi$$

式中，$\gamma_1=\gamma_0\mathrm{e}^{\frac{1}{2}\pi\tan\varphi}$，将 γ_1 及 v_1 的 v_0 表达式代入 W_1v_1 中，得

$$W_1v_1=-\gamma\left(\frac{\gamma_1^2}{2}\cos\varphi\mathrm{e}^{\pi\tan\varphi}\right)\left[v_0\cos\left(45^\circ-\frac{\varphi}{2}\right)\mathrm{e}^{\frac{\pi}{2}\tan\varphi}\right]$$

c. 过渡区 ACD 自重做功的速率

首先，夹角为 $\mathrm{d}\theta$ 的扇形区自重做功的速率为

$$-\gamma\frac{1}{2}\gamma^2(\theta)v(\theta)\cos\left(\frac{3\pi}{4}-\frac{\varphi}{2}-\theta\right)\mathrm{d}\theta$$

式中，$\gamma(\theta)$ 为夹角为 θ 时的径向距离；$v(\theta)$ 为夹角为 θ 时的位移速度。将 $\gamma(\theta)$ 的 γ_0 表达式及 $v(\theta)$ 的 v_0 表达式代入上式中，得夹角为 $d\theta$ 的扇形区自重做功的速率为

$$\frac{1}{2}\gamma \cdot \gamma_0^2 v_0 e^{3\theta\tan\varphi}\sin\left(45°-\frac{\varphi}{2}-\theta\right)d\theta$$

由此，得整个过渡区 ABD 自重做功的速率为

$$\frac{1}{2}\gamma \cdot \gamma_0^2 v_0 \int_0^{\frac{\pi}{2}} e^{3\theta\tan\varphi}\sin\left(45° - \frac{\varphi}{2} - \theta\right)d\theta$$

完成积分运算，得过渡区 ACD 的能量耗散速率为

$$-\frac{\gamma_0^2 v_0}{2(1+q\tan^2\varphi)}\left[3\tan\varphi\sin\left(45°+\frac{\varphi}{2}\right)-\cos\left(45°+\frac{\varphi}{2}\right)e^{\frac{3\pi}{2}\tan\varphi}\right.$$
$$\left.+3\tan\varphi\cos\left(45°+\frac{\varphi}{2}\right)+\sin\left(45°+\frac{\varphi}{2}\right)\right]$$

B. 外力 P 做功的速率

按前述，外力 P 做功的速率为

$$\frac{1}{2}Pv_0\cos\left(45°+\frac{\varphi}{2}\right)$$

由于能量耗散速率等于 0，根据上限解求解方程，则土体自重及外荷载 P 做功的速率为 0。由此条件得考虑自重影响时的极限荷载如下：

$$P_u=\frac{1}{2}\gamma b^2 N_\gamma \tag{4.83}$$

其中，

$$N_\gamma=\frac{1}{4}\tan\left(45°+\frac{\varphi}{2}\right)\left[\tan\left(45°+\frac{\varphi}{2}\right)e^{\frac{3\pi}{2}\tan\varphi}-1\right]+\frac{3\sin\varphi}{1+8\sin^2\varphi}$$
$$\left\{\left[\tan\left(45°+\frac{\varphi}{2}\right)-\frac{\cot\varphi}{3}\right]e^{\frac{3}{2}\pi\tan\varphi}+\tan\left(45°+\frac{\varphi}{2}\right)\frac{\cot\varphi}{3}+1\right\} \tag{4.84}$$

根据式（4.84）可确定 N_γ 与 φ 的数值关系，如表 4.1 所示。

表 4.1　N_γ 与 φ 的数值关系（Hill 破坏机制）

φ/(°)	0	10	20	30	40
N_γ	0	0.72	3.45	15.20	81.79

从表 4.1 可见，随 φ 的增大，N_γ 明显增大，极限承载力明显增大。

2. Prandtl 解

假定仍采用图 4.23 所示的破坏机制，可采用与 Hill 解相似的方法确定考虑土自重时的极限荷载，细节在此省略。但应指出，在考虑自重的情况下，由图 4.23 所示的 Prandtl 机制所获得的极限荷载是由图 4.22 所示的 Hill 机制所获得的极限荷载的两倍。

此外，在图 4.23 所示的 Prandtl 机制中，假定 AC、AD 与水平线夹角分别为$45°+\frac{\varphi}{2}$和

$45°-\frac{\varphi}{2}$。假定这两个角度是变化的，则可改进 N_γ，使其进一步减小。如这两个角度分别以 α_1、α_2 表示，则 N_γ 取最小值条件如下：

$$\frac{\partial N_\gamma}{\partial \alpha_1}=0 \quad \frac{\partial N_\gamma}{\partial \alpha_2}=0 \tag{4.85}$$

4.6 下限解的求解方法

前文曾指出，下限极限分析方法要采用平衡方程和屈服条件，而上限极限分析方法则要采用功方程式和破坏机制。由上文表述的上限极限分析方法可以看出，由假定的破坏机制建立功方程式是清楚和较容易的。然而，建立塑性平衡应力场却很困难，因为它与物理上的直观观察没有关系。另外，缺少一个改进应力场的有效方法，从而难以确定一个接近极限荷载（崩塌荷载）的解答。

在此应特别指出，采用下限极限分析方法时通常假定土的自重影响是不重要的。然而，由上一节的表述可以看出，自重的影响是多么重要。遗憾地，考虑自重影响的下限极限分析一般方法还没有建立。

4.6.1 应力间断

在下限解的求解方法中，应力间断及间断应力场是非常重要的概念，其重要性与速度间断线和间断速度场在上限极限分析中的重要性一样。

1. 应力间断概念

在构建不违反屈服准则的平衡应力场时，将土体划分成一系列应力区可能是便利的。假定每一个区都是一个等应力场并满足平衡方程和不违反屈服条件，然而，在两个相邻区域的边界上，两侧应力状态可能是不同的。这样，边界处两个相邻单元的应力将可能发生间断。

首先，考虑边界两侧的应力系统不同的可能性。图 4.24 给出了处于区域 1 和区域 2 之间的一个边界。边界两侧很窄的单元与边界相切和相垂直的应力分别以 τ 和 σ_n 表示。由于正应力和剪应力必须是连续的，则

$$\sigma_{n,1}=\sigma_{n,2}=\sigma_n \quad \tau_1=\tau_2=\tau \tag{4.86}$$

式中，下标“1”和“2”分别表示两侧区域。然而，平衡条件并不限制跨越边界时应力 σ_t 发生变化。这样，在跨越边界时，只有 σ_t 应力分量发生间断，而其他应力分量 σ_n、τ 则必须是连续的。

跨越边界时的应力间断可用图 4.25 所示的区域 1 和区域 2 的应力莫尔圆来说明。区域 1 和区域 2 的应力莫尔圆分别以应力圆 1 和应力圆 2 表示。图中的 A 点对应边界面，其正应力和剪应力分别为 σ_n 和 τ。过 A 点可以画出很多应力圆，图 4.25 只给出其中一组应力圆 1 和应力圆 2。按式（4.86），应力圆 1 和应力圆 2 上 A 点对应的面上的法向应力等于

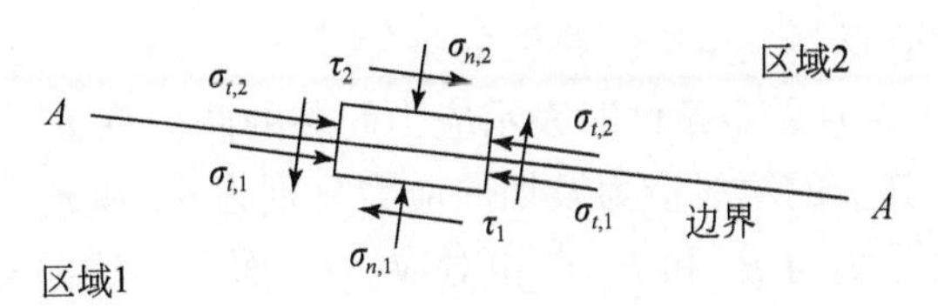

图4.24　跨越边界的应力间断

σ_n，而应力圆1和应力圆2上A点对应的面上的剪应力为τ。但是与A点对应的面相垂直的面在应力圆1和应力圆2上分别为B_1点和B_2点，其上的正应力分别为$\sigma_{t,1}$和$\sigma_{t,2}$。由于跨越了应力间断线，σ_t发生了变化，则$\sigma_{t,1} \neq \sigma_{t,2}$，按图4.25，$\sigma_{t,1} < \sigma_{t,2}$。

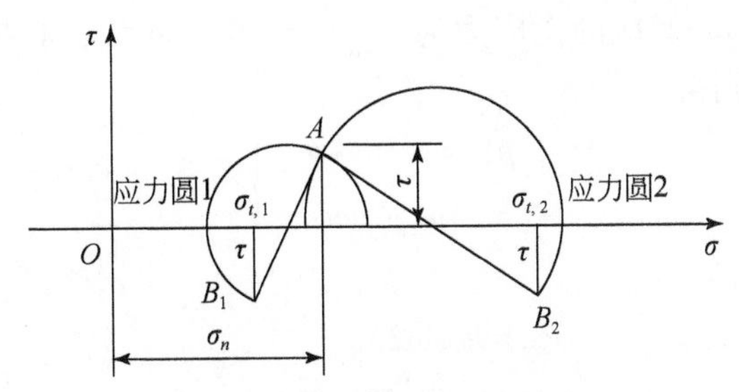

图4.25　应力间断及莫尔圆

上文曾指出，过σ_n、τ相应的点A可以画出许多应力圆，为了说明应力间断概念，图4.25只给出其中两个任意莫尔圆。如果限制所画出的应力圆要与库仑破坏线相切，即满足库仑屈服条件，则过点A只能画出两个应力莫尔圆，如图4.26所示。按第3章所述，这两个应力莫尔圆分别对应主动极限平衡状态和被动极限平衡状态，如以$\sigma_{t,\mathrm{a}}$和$\sigma_{t,\mathrm{p}}$分别表示主动极限平衡状态和被动极限平衡状态与间断线方向平行的面上的正应力，则$\sigma_{t,\mathrm{p}} > \sigma_{t,\mathrm{a}}$。因此，这样的应力间断线将相邻的主动极限区与被动极限区直接连接了起来。

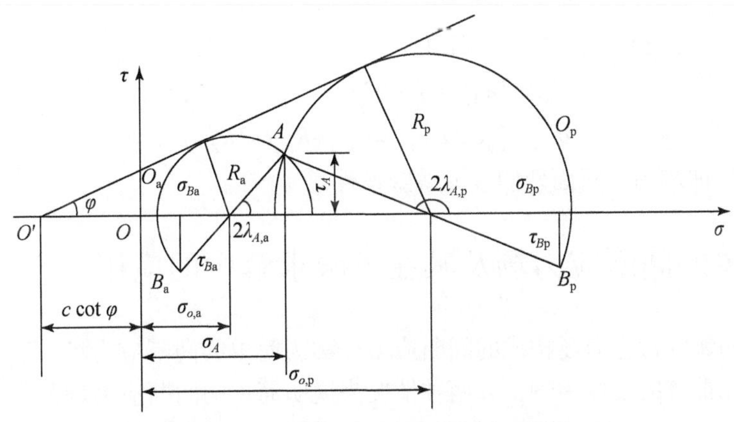

图4.26　满足屈服条件时的应力间断

2. 应力跳跃条件

上述表明，当跨越间断线时，与间断线平行的正应力σ_t突然发生了变化，即发生了应力跳跃。下面讨论库仑材料发生应力跳跃的条件。

图 4. 26 给出了满足库仑屈服条件时表示应力间断的两个莫尔圆 O_a 和 O_p。两个莫尔圆的交点 A 表示间断面，其上的法线应力及切向应力分别为 σ_A 和 τ_A。在莫尔圆 O_a 和 O_p 上，与应力间断面垂直的面分别与 B_a 和 B_p 点相对应。B_a 面上的法向应力和切向应力分别为 σ_{Ba}、τ_{Ba}，B_p 面上的法向应力和切向应力分别为 σ_{Bp}、τ_{Bp}。由上述应力间断概念：

$$\left.\begin{aligned}\sigma_{Bp}>\sigma_A>\sigma_{Ba}\\ \tau_{Bp}=\tau_{Ba}=\tau_A\end{aligned}\right\} \tag{4.87}$$

在此应指出，O_a 圆上的点 B_a 与 O_p 圆上的点 B_p 对应的面是同一个面，即与应力间断面垂直的面。

下面设莫尔圆 O_a 圆心对应的正应力为 $\sigma_{o,a}$，其半径为 R_a，A 点对应的面与其最大主应力面的夹角为 $\lambda_{A,a}$，则得

$$\left.\begin{aligned}p_{o,a}=c\cot\varphi+\sigma_{o,a}\\ R_a=p_{o,a}\sin\varphi\end{aligned}\right\} \tag{4.88}$$

进而，由几何关系得

$$\left.\begin{aligned}\tau_A=R_a\sin2\lambda_{A,a}\\ \sigma_A=\sigma_{o,a}+R_a\cos2\lambda_{A,a}\end{aligned}\right\} \tag{4.89}$$

相似地，如设莫尔圆 O_p 圆心对应的正应力为 $\sigma_{o,p}$，其半径为 R_p，A 点对应的面与其最大主应力面的夹角为 $\lambda_{A,a}$，则得

$$\left.\begin{aligned}p_{o,p}=c\cot\varphi+\sigma_{o,p}\\ R_p=p_{o,p}\sin\varphi\end{aligned}\right\} \tag{4.90}$$

进而，由几何关系得

$$\left.\begin{aligned}\tau_A=R_p\sin2\lambda_{A,p}\\ \sigma_A=\sigma_{o,p}+R_p\cos\lambda_{A,p}\end{aligned}\right\} \tag{4.91}$$

比较式（4. 89）和式（4. 92），则得

$$\left.\begin{aligned}R_a\sin2\lambda_{A,a}=R_p\sin2\lambda_{A,p}\\ \sigma_{o,a}+R_a\cos2\lambda_{A,a}=\sigma_{o,p}+R_a\cos2\lambda_{A,p}\end{aligned}\right\} \tag{4.92}$$

式（4. 92）即应力间断面两侧应力跳跃条件。

4. 6. 2 简单的间断应力场及其在下限求解中的应用

在此，将相邻的常应力场构成的间断应力场称为简单的间断应力场。下文以侧面受法向荷载作用的无重量的楔体为例，分两种情况来说明简单的间断应力场及其在下限求解中的应用。

1. 单面受侧向压力的三角楔

如图 4. 27 所示，设向下无限延伸的楔体 ABD 的顶角为 β，β 小于 $\frac{\pi}{2}$，AB 面受均匀的

压应力 Q 作用，并认为在 Q 作用下，楔体土体处于理想的塑性应力状态。由于忽略重力作用，可认为楔体包含两个常应力区，即 ABC 区和 BCD 区，下面分别以（Ⅰ）和（Ⅱ）表示。根据边界条件，（Ⅱ）区 BCD 处于单轴压缩状态，（Ⅰ）区 ABC 处于双轴压缩状态。这两个常应力区由应力间断线 BC 连接，设其与 AB 面的夹角为 γ。另外，AC 和 CD 分别为（Ⅰ）区和（Ⅱ）区的两条滑移线。由于处于（Ⅰ）区 AB 最大主应力面，则 AC 与 AB 的夹角为 $\frac{\pi}{4}+\frac{\varphi}{2}$；相似地，$CD$ 与 CB 面的夹角为 $\frac{\pi}{4}-\frac{\varphi}{2}$。

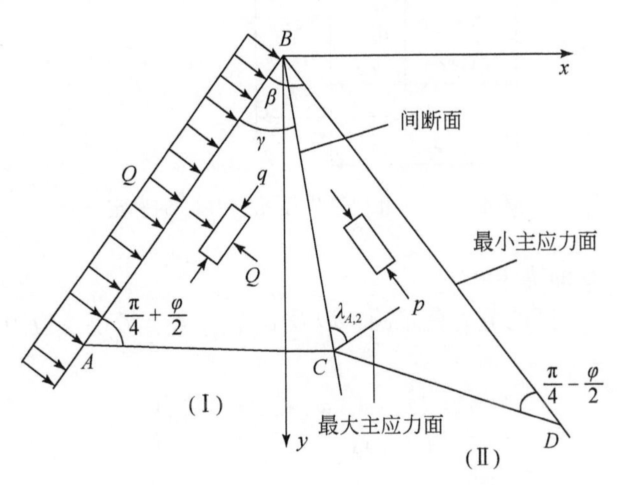

图4.27　单面受侧压的楔体的间断应力场

按上述，这个问题所要求的未知量如下：①应力间断线的位置，即 γ 角；②使楔体处于理想塑性应力状态在 AB 面上应作用的压应力 Q。这两个量可根据边界条件、（Ⅰ）区和（Ⅱ）区处于理想塑性状态及间断面应力跳跃条件来确定。下面具体表述利用这些条件确定这两个量的方法。

（a）确定处于单轴压缩状态下（Ⅱ）区达到屈服条件时的 $p_{o,2}$ 值。（Ⅱ）区的应力莫尔圆如图4.28所示，由该图得

$$\left.\begin{aligned}&\sigma_{o,2}=\frac{c\cos\varphi}{1-\sin\varphi}\\&R_2=\sigma_{o,2}\\&p_{o,2}=2\sigma_{o,2}\\&p_2=c\cot\varphi+\sigma_{o,2}=\frac{c\cot\varphi}{1-\sin\varphi}\end{aligned}\right\}\tag{4.93}$$

设在图4.28中，A 点对应的面为应力间断面。由图4.28得，其上的正应力 σ_A 和剪应力 τ_A 分别如下：

$$\left.\begin{aligned}&\sigma_A=\sigma_{o,2}(1+\cos2\lambda_{A,2})\\&\tau_A=\sigma_{o,2}\sin2\lambda_{A,2}\end{aligned}\right\}\tag{4.94}$$

式中，

$$\lambda_{A,2}=\frac{\pi}{2}-(\beta-\gamma)。\tag{4.95}$$

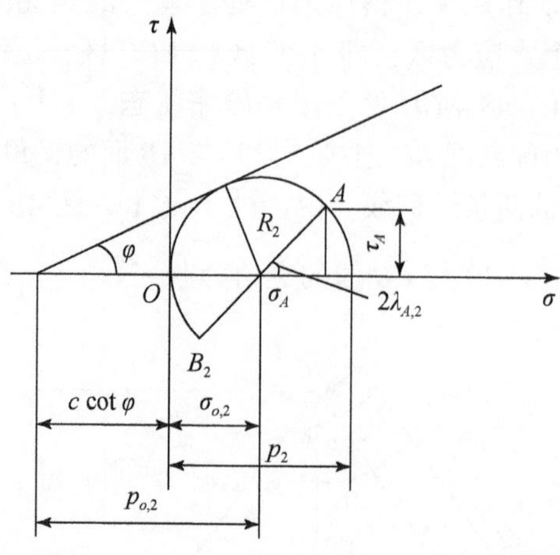

图 4.28　（Ⅱ）区中压缩应力 p_2 的确定

（b）（Ⅰ）区中 Q 的确定：

图 4.29 给出（Ⅰ）区的应力莫尔圆，以及 $\sigma_{o,1}$、$p_{o,1}$、最小主应力 q 和最大主应力 Q 的关系。由图 4.29 得

$$\left.\begin{aligned}\sigma_A&=(p_1-c\cot\varphi)+R_1\cos2\lambda_{A,1}\\\tau_A&=R_1\sin2\lambda_{A,1}\end{aligned}\right\}\tag{4.96}$$

式中，

$$\left.\begin{aligned}R_1&=p_{o,1}\sin\varphi\\\lambda_{A,1}&=\gamma\end{aligned}\right\}\tag{4.97}$$

由式（4.91）的第一式得

$$\sigma_{o,2}\sin2\lambda_{A,2}=R_1\sin2\lambda_{A,2}$$

将 $\sigma_{o,2}$、R_1 的表达式代入上式，得

$$p_{o,1}=\sigma_{o,2}\frac{\sin2\lambda_{A,2}}{\sin2\lambda_{A,1}\sin\varphi}\tag{4.98}$$

式中，$\lambda_{A,1}$、$\lambda_{A,2}$中包括γ角，γ仍为未知，如γ已知，则

$$\left.\begin{aligned}Q&=(1+\sin\varphi)p_{o,1}-c\cot\varphi\\q&=Q-2p_{o,1}\sin\varphi\end{aligned}\right\}\tag{4.99}$$

下面确定γ角。由式（4.92）第二式得

$$\sigma_{o,2}(1+\cos2\lambda_{A,2})=(p_1-c\cot\varphi)+R_1\cos2\lambda_{A,1}$$

将 $\sigma_{o,2}$、R_1、$\alpha_{2,\min}$、$\alpha_{1,\max}$及 p_1 代入上式，简化后得

$$\sin(\beta-2\gamma)+\sin\varphi\sin\beta=0$$

令

$$\sin\mu=\sin\varphi\sin\beta\tag{4.100}$$

得

$$\left.\begin{aligned}\sin(\beta-2\gamma)&=-\sin\mu\\ \gamma&=\frac{1}{2}(\beta+\mu)\end{aligned}\right\}\tag{4.101}$$

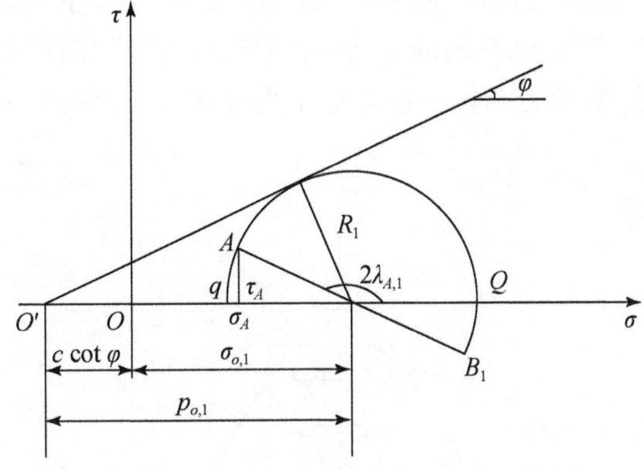

图 4.29　（Ⅰ）区的 p_1、$\sigma_{o,1}$ 及其与 Q、q 的关系

由 Q、q 表达式可见，Q 值与土的黏结力 c 成正比，并且 Q/c 的值是摩擦角 φ、楔体顶角 β 的函数。图 4.30 给出了在给定的摩擦角之下 Q/c 与楔体顶角 β 的关系线及与正确解的比较。由图 4.30 可见，当 β 角增大时，Q/c 也随之增大。还可以看出，随 β 角增大，间断应力场的解与正确解的差别也会增大。但是，在 $\beta\leqslant100°$ 范围内，间断应力场的解与正确解的差别可以忽视，且无论 φ 值为多少。

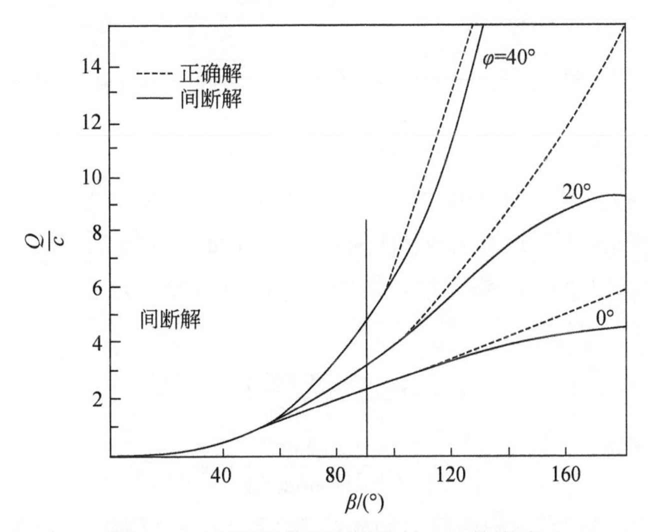

图 4.30　楔体顶角和摩擦角对 Q/c 的影响

2. 顶面和底面受荷的梯形体

如图 4.31 所示，等腰梯形体 $ABCD$ 的顶面和底面分别受竖向均布荷载 Q 和 Q' 作用处于塑性应力状态。设侧边 AD 与 BC 的夹角为 2α，O 为梯形中心线上的一点，AO、BO、

CO 和 DO 将梯形体 *ABCD* 分成 *ABO*、*BCO*、*DCO* 和 *ADO* 四个区，分别以（Ⅰ）（Ⅱ）（Ⅲ）和（Ⅳ）来表示。每个区都是一个常应力区，其中 *ABO* 和 *DCO* 分别为双轴压缩区和双轴压缩-拉伸区；*BCO* 和 *ADO* 为单轴压缩区，并且关于等腰梯形中心线是对称的。因此，*AO*、*BO*、*CO* 和 *DO* 是应力间断线。下面设 *AO* 和 *DO* 与等腰梯形中心线的夹角分别为 γ 和 δ，设单轴压缩区 *BCO* 和 *ADO* 的应力为 p，双轴压缩区 *ABO* 的应力分别为 Q、q，双轴压缩-拉伸区 *DCO* 的压缩应力和拉伸应力分别为 Q' 和 q'，则 γ、δ、p、Q、q、Q'、q' 为待求的未知量。

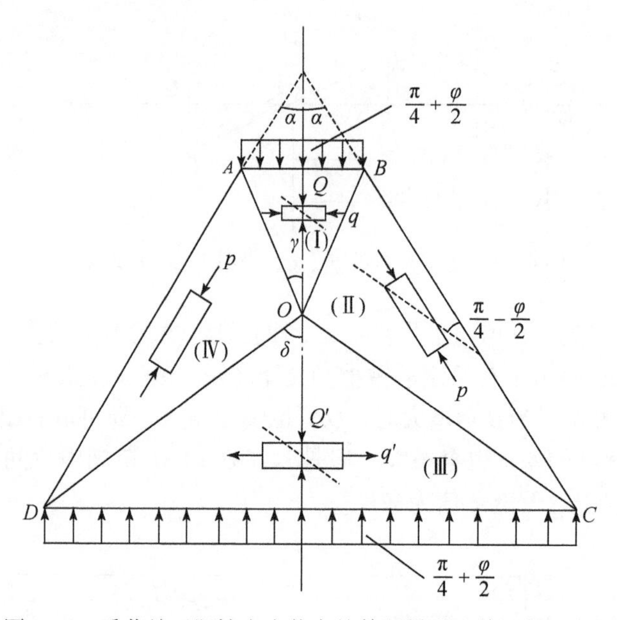

图 4.31　受荷处于塑性应力状态的等腰梯形及其间断应力场

求解上述各未知量的方法与上述楔体求解未知量的方法相似。首先求处于单轴压缩应力状态的（Ⅱ）区和（Ⅳ）区的应力 p，然后从（Ⅱ）区和（Ⅳ）区分别根据跨越应力间断线应力跳跃条件求（Ⅰ）区的 γ、Q、q，以及（Ⅲ）区的 δ、Q'、q'。

根据式（4.92），（Ⅱ）区和（Ⅳ）区的 $\sigma_{0,2,4}$ 和 $p_{2,4}$ 分别为

$$\left.\begin{aligned}\sigma_{0,2,4}&=\frac{c\cos\varphi}{1-\sin\varphi}\\ p_{2,4}&=\frac{c\cot\varphi}{1-\sin\varphi}\end{aligned}\right\}\tag{4.102}$$

与上述土楔的求解方法相同，利用应力间断线 *BO* 和 *CO* 的应力跳跃条件可得

$$\left.\begin{aligned}\cos(2\gamma+\alpha)&=\sin\varphi\cos\alpha\\ \cos(2\delta-\alpha)&=\sin\varphi\cos\alpha\end{aligned}\right\}\tag{4.103}$$

令

$$\left.\begin{aligned}&\cos\gamma=\sin\varphi\cos\alpha\\ &0\leqslant\gamma\leqslant\frac{\pi}{2}\end{aligned}\right\}\tag{4.104}$$

则得

$$\left.\begin{aligned}\gamma&=\frac{\gamma}{2}-\frac{\alpha}{2}\\ \delta&=\frac{\gamma}{2}+\frac{\alpha}{2}\end{aligned}\right\}\tag{4.105}$$

进而，可分别求得（Ⅰ）区和（Ⅲ）区的 p_1、p_3，以及 Q、q、Q'、q'，具体在此从略。

在此应指出，在几何上，所求的载荷 Q 和 Q' 只与等腰梯形的 α 角有关。但是：

$$\alpha=\frac{B-A}{2}\frac{1}{H}\tag{4.106}$$

式中，B、A 分别为等腰梯形的底和顶的宽度；H 为其高度。因此，Q、Q' 与等腰梯形的底宽、顶宽和高度有关。

4.7　应力腿及其在下限求解中的应用

4.7.1　应力腿概念

应力腿是一个受力水平不违反屈服准则的轴向受压的土条或土柱，如图4.32所示，其轴向区压力为 p，侧向应力应为0。按前述，对于库仑材料，当其受力水平达到屈服准则时，其轴向压应力 p 如下：

$$p=\frac{2c\cos\varphi}{1-\sin\varphi}\tag{4.107}$$

但是，应力腿的受力水平并不一定要达到屈服准则。应指出，应力腿是一个常应力场。

应力腿的几何特性可由应力腿的断面 s、长度 l，以及其轴线与竖直线的夹角 α 表示，如图4.32所示。通常，应力腿在轴向无限伸长，有时也可以为有限的长度 l。

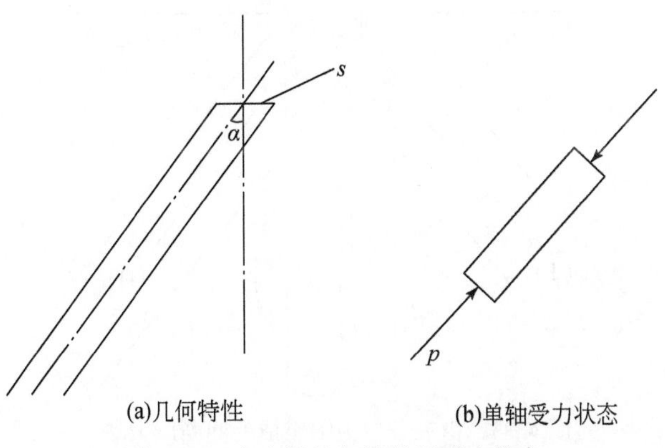

(a)几何特性　　(b)单轴受力状态

图4.32　应力腿几何特性及受力状态

4.7.2　由应力腿组成的间断应力场

1. 应力腿体系

施加于土体上的荷载可认为是由许多应力腿支撑的。这样就可以支撑荷载的应力腿体系代替土体。构建一个适当的应力腿体系包括如下问题。

1）应力腿的数量

应力腿的数量决定利用应力腿体系求解下限解的精度。一般说，体系中应力腿的数量越多，下限解越精确；但是，增加了计算的工作量及增大了难度。

2）应力腿部位

应力腿体系中各应力腿的相对位置称为应力腿部位。在应力腿体系中，每根应力腿所起的支撑作用是不同的，其部位是影响因素之一。

3）应力腿的角度

如前所述，应力腿的角度是其轴线与竖直线之间的角度，应力腿的角度也是影响应力腿在应力腿体系中的作用因素之一。

2. 由应力腿组成的间断应力场的分区

为简明起见，以图 4.33 所示的由三条应力腿组成的间断应力场为例来说明。由图 4.33 可见，由应力腿组成的间断应力场包括如下三部分。

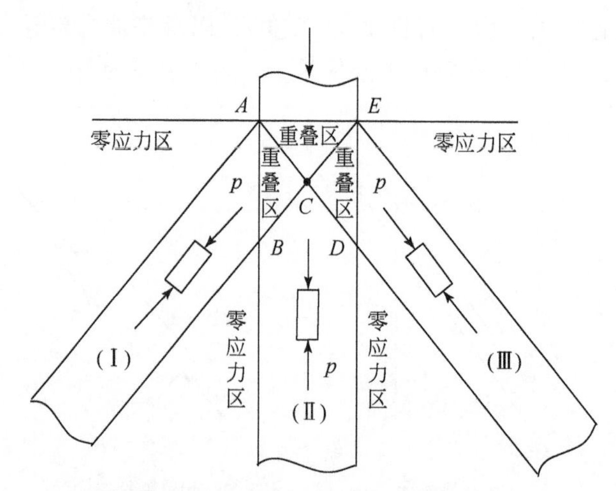

图 4.33　由三条应力腿组成的间断应力场

（1）由单根应力腿组成的常应力场。这些应力腿处于单轴压缩状态，如果受力水平达到屈服条件，其轴向压应力 p 可由式（4.107）确定，因此其受力也是清楚的。

（2）各单根应力腿之间的零应力场。显然，其受力也是清楚的。

（3）应力腿重叠的常应力场。

由于应力腿体系是由若干条应力腿组成的，各应力腿在荷载面之下将发生重叠。以图4.33为例，*ABC*区是两个应力腿，即应力腿（Ⅰ）与应力腿（Ⅱ）的重叠区；*CDE*区也是两个应力腿，即应力腿（Ⅱ）与应力腿（Ⅲ）的重叠区；而*ACE*区则是三个应力腿，即应力腿（Ⅰ）、（Ⅱ）、（Ⅲ）的重叠区。这样，应力腿重叠区包括三个常应力场，即*ABC*区、*CDE*区和*ACE*区。从应力腿支撑力的传递路径而言，应力腿（Ⅰ）、（Ⅱ）的力传给*ABC*区，应力腿（Ⅱ）、（Ⅲ）的力传给*CDE*区，然后由*ABC*区和*CDE*区将应力腿的支撑力传给*ACE*区。因此，各应力腿重叠区的受力确定之后，就可确定破坏荷载。

应力腿重叠区的受力应满足如下要求：①每个重叠区应处于力的平衡状态下；②每个重叠区的应力水平应不违反库仑材料的屈服准则。

3. 应力腿体系的比拟——铰接的桁架体系

显然，应力腿可视为轴向受压的杆件。因此，在力学上可用铰接的桁架体系比拟应力腿体系。但是，应力腿体系中的应力腿与一般铰接的桁架中的杆件有所不同：

如果应力腿受力水平达到屈服状态，则其受力是已知的，而铰接的桁架体系中的杆件的受力是未知的。但是，当应力腿受力水平没达到屈服状态时，其受力也是未知的。

如果将应力腿体系比拟成铰接的桁架体系，则应将应力腿的重叠部分视为连接相应杆件的一个构件。这构件的受力水平应不违反屈服准则，即等于或低于屈服准则的受力水平。下面以一个例子说明应力腿的角度和个数对下限解的影响。

设地基中的土体用应力腿体系代替，求地基承载力的下限解。

（1）以对称设置的两条应力腿（Ⅰ）和（Ⅱ）代替地基土体，应力腿与竖直线的夹角为β，如图4.34所示。*ABC*区是两应力腿的重叠区，即连接相应两个杆件的构件。由图4.34可确定应力腿的宽度b_1如下：

$$b_1 = AB\cos\beta \tag{4.108}$$

设应力腿受力水平达到屈服准则，应力腿承受的轴向压应力p可由式（4.107）确定，应力腿的轴向压力P为

$$\left.\begin{aligned} & P_1 = p \cdot AB\cos\beta \\ \text{或}\quad & P_1 = 2p \cdot AD\cos\beta \end{aligned}\right\} \tag{4.109}$$

应力腿（Ⅰ）的轴向压力通过*AC*面作用连接构件*ABC*。由于应力腿（Ⅰ）和应力腿（Ⅱ）是对称布置的，则应力腿（Ⅰ）的轴向压力P_1可认为是由*ACD*区承受的，而*AD*、*CD*是两个受力面，设其上的压力分别为Q、R。根据*ACD*区的力的平衡条件可分别求得

$$\left.\begin{aligned} R &= P_1\cos\beta \\ Q &= P_1\sin\beta \end{aligned}\right\} \tag{4.110}$$

另外，由图4.34可得

$$DC = AD\cot\beta \tag{4.111}$$

设*ABC*区的最大主应力和最小主应力分区为σ_1和σ_3，则

$$\sigma_1 = R/AD$$

$$\sigma_3 = Q/CD$$

将式（4.110）和式（4.111）代入，得

$$\left.\begin{aligned}\sigma_1 &= 2p\cos^2\beta \\ \sigma_3 &= 2p\sin^2\beta\end{aligned}\right\} \tag{4.112}$$

式（4.112）的第一式给出了由两个应力腿体系求得的地基极限承载力的一个下限解。

下面来表述 ABC 区所处的力学状态及应力腿设置的角度 β 对由应力腿体系确定的地基极限力下限解的影响。为了简单性，假定 $\varphi=0$，则

$$p = 2c \tag{4.113}$$

将其代入式（4.112）中，得

$$\left.\begin{aligned}\sigma_1 &= 4c\cos^2\beta \\ \sigma_3 &= 4c\sin^2\beta\end{aligned}\right\} \tag{4.114}$$

在此，设 $\beta=90°$、$60°$、$45°$、$30°$、$0°$，并将其代入式（4.114）中，求得的 σ_1、σ_3 的值如表 4.2 所示。由表 4.2 可见，极限承载力的下限解随 β 减小而增大。另外，ADC 区的应力不应违反屈服准则，对于 $\varphi=0$ 情况，如图 4.35 所示，不违反纯黏性材料的屈服准则如下：

$$\frac{|\sigma_1 - \sigma_3|}{c} \leqslant 2 \tag{4.115}$$

按此准则，当 $\beta=0°$ 和 $\beta=90°$ 时，应力腿重叠区的受力水平均违反 $\varphi=0$ 材料的屈服准则，因此不能取其为下限解；当 $\beta=60°$ 和 $\beta=30°$ 时，应力腿重叠区的受力水平正好满足屈服准则；当 $\beta=45°$ 时，应力腿重叠区处于均等受压状态，不违反屈服准则，但低于屈服准则所要求的受力水平。虽然 $\beta=60°$ 和 $\beta=30°$ 均正好满足破坏准则，但 $\beta=30°$ 时的 σ_1 大于 $\beta=60°$ 时的 σ_1，则极限承载力下限解应取 $\beta=30°$ 时的 σ_1 值，即 $\sigma_1=3c$。

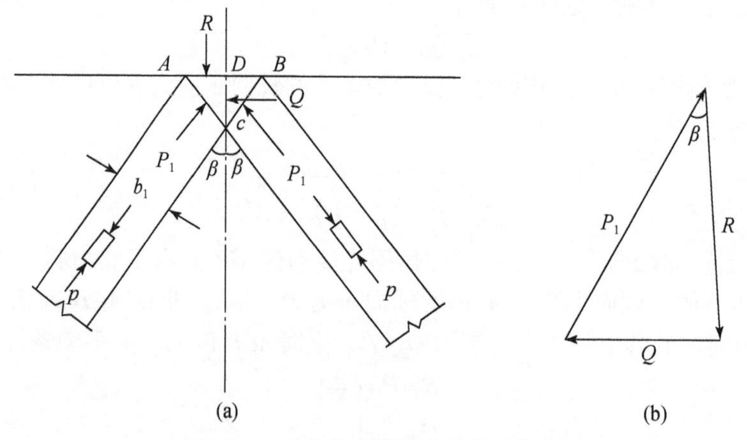

图 4.34　两条应力腿体系及其下限解

表4.2　β角对下限解及应力腿重叠区受力状态的影响

项目	90°	60°	45°	30°	0°
σ_1（c）	0	1	2	3	4
σ_3（c）	4	3	2	1	0
$\dfrac{\lvert\sigma_1-\sigma_3\rvert}{c}$	4	2	0	2	4
受力状态	违反 $\sigma_1<\sigma_3$	极限状态 $\sigma_1<\sigma_3$	均等受压 $\sigma_1=\sigma_3$	极限状态 $\sigma_1>\sigma_3$	违反 $\sigma_1>\sigma_3$

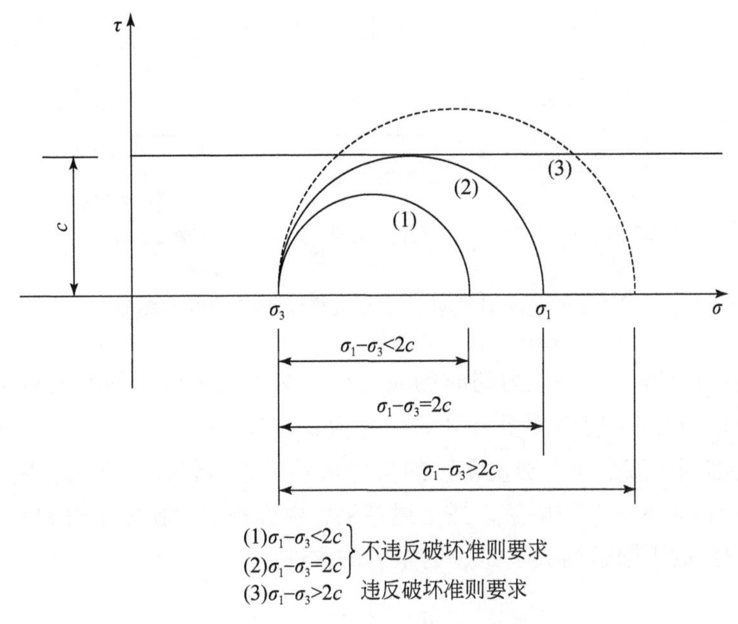

图4.35　$\varphi=c$ 纯黏性材料的破坏准则

（2）应力腿条数对下限解的影响。

由上述两条应力腿的下限解可以看出，如果应力腿的夹角 β 取30°，则地基承载力的一个下限解为 $3c$。由于只以两条应力腿体系代替实际地基的土体，这个下限解低估了地基承载力值。为了改进这个下限解，最直观的改进方法是设置竖向应力腿，构成如图4.36（a）所示的应力腿体系。由图4.36（a）可见，ABC 区是三个应力腿的重叠区。按上述，当 $\beta=30°$ 时，在应力腿（Ⅰ）和应力腿（Ⅱ）共同作用下，ABC 区的 $\sigma_1=3c$，$\sigma_3=c$，且 σ_1 和 σ_3 的作用方向分别为竖向和水平向。当设置竖向应力腿（Ⅲ）后，应考虑竖向应力腿（Ⅲ）对 ABC 区应力的影响。由于竖向应力腿（Ⅲ）的应力 $\sigma_1=2c$，$\sigma_3=0$，且 σ_1 和 σ_3 的作用方向也分别为竖向和水平向，则 ABC 区的应力应为 $\sigma_1=5c$，$\sigma_3=c$，如图4.36（b）所示。但是，这时 $\lvert\sigma_1-\sigma_3\rvert/c=4$，按式（4.115）的准则，$ABC$ 区的受力水平违反了 $\varphi=0$ 材料的破坏准则。由此，$\sigma_1=5c$，$\sigma_3=c$ 不是一个下限解。

上述三条应力腿重叠区 ABC 中的受力水平违反 $\varphi=0$ 材料的破坏准则是因为 σ_3 的数值较低，如果增加 σ_3 的数值并使 ABC 区的受力水平不违反 $\varphi=0$ 材料的破坏准则，最简单的方法是增加两条水平应力腿，如图4.37（a）所示构成一个五条应力腿的体系。这样，五条应

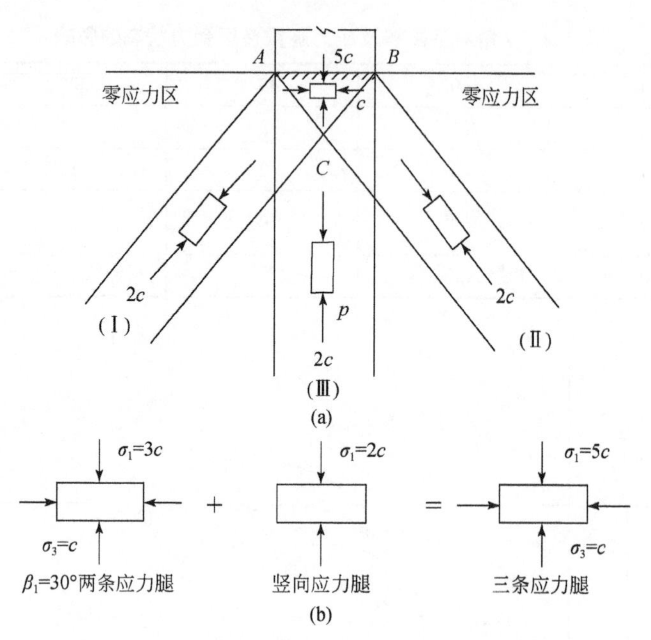

图 4.36　三条应力腿体系及重叠区 *ABC* 的应力叠加

力腿重叠区的应力应等于三条应力腿时的应力加上两条水平应力腿时的应力，如图 4.37（b）所示。由此，得五个应力腿重叠区的应力为 $\sigma_1=5c$，$\sigma_3=3c$。且 $|\sigma_1-\sigma_3|/c=2$，按式（4.115）的准则，五个应力腿重叠区的受力水平正好达到破坏准则，则 $\sigma_1=5c$，$\sigma_3=3c$ 是五条应力腿体系的一个下限解。按上述结果，由五条应力腿体系得到的下限解比由三条应力腿体系得到的下限解增大了 $2c$，有很大的改进。

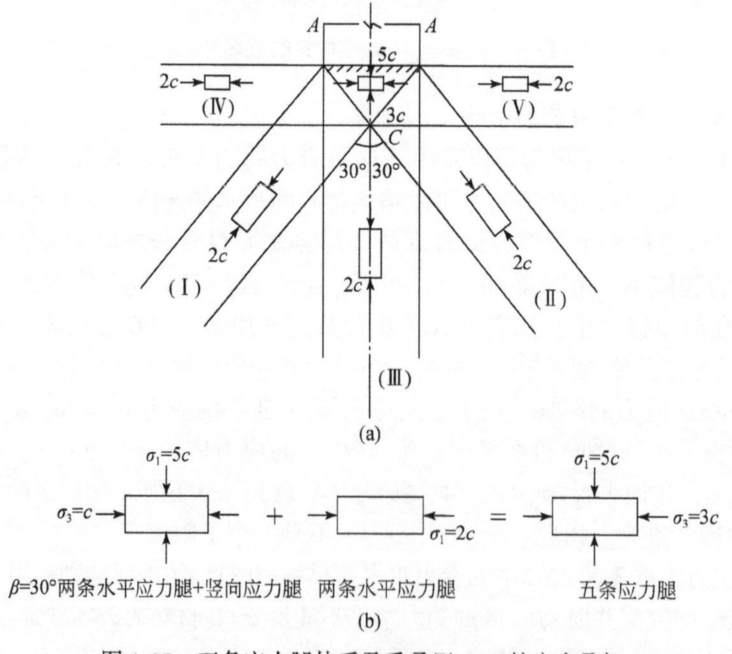

图 4.37　五条应力腿体系及重叠区 *ABC* 的应力叠加

4.8　求解重叠间断应力场问题的图解和解析联合求解法

4.8.1　图解和解析联合求解法的原理

1. 一点应力状态及过该点一个面上的应力分量表示方法

如图 4.38 所示，一点的应力状态可用应力莫尔圆表示。应力莫尔圆有两个参量，即圆心的坐标 σ 及半径 R。按图 4.38，圆心的坐标 σ 和半径 R 分别如下：

$$\left.\begin{aligned}\sigma&=\frac{\sigma_1+\sigma_3}{2}\\R=s&=\frac{\sigma_1-\sigma_3}{2}\end{aligned}\right\}\tag{4.116}$$

设位于应力莫尔圆上的一点，与该点相应的面与最小主应力面的夹角为 α，则该面上的正应力 σ_α 和剪应力 τ_α 分别如下：

$$\left.\begin{aligned}\sigma_\alpha&=\sigma-R\cos2\alpha\\\tau_\alpha&=R\sin2\alpha\end{aligned}\right\}\tag{4.117}$$

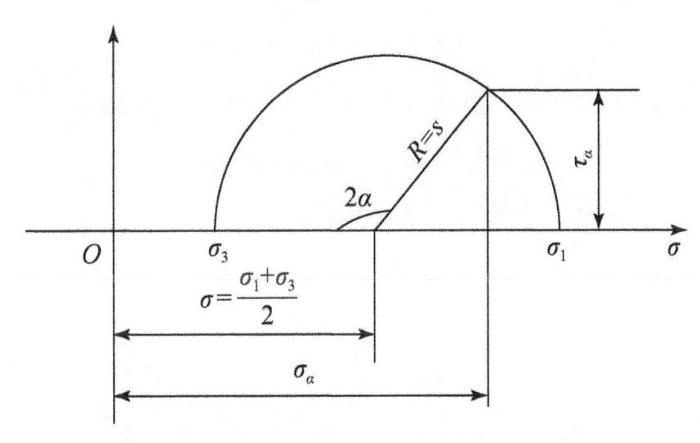

图 4.38　一点应力状态及过该点一个面上的应力分量表示方法

2. 处于库仑屈服准则的应力状态的 σ 和 R 关系

图 4.39 给出了满足库仑屈服准则的一点的应力莫尔圆。由图 4.39 可得到 R 和 σ 的关系如下：

$$R=c\cos\varphi+\sigma\sin\varphi\tag{4.118}$$

设该点的应力发生变化，但仍满足库仑屈服准则，如平均应力 σ 增加了 $\Delta\sigma$，则可由式（4.118）确定相应的 R 增量 ΔR 如下：

$$\Delta R=\Delta s=\Delta\sigma\sin\varphi\tag{4.119}$$

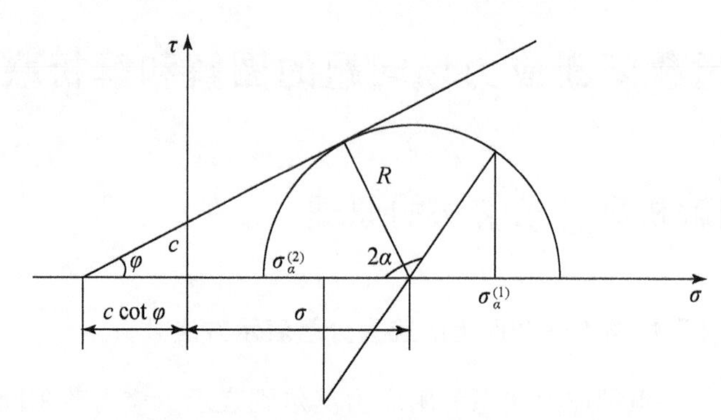

图 4.39　满足库仑屈服准则的应力莫尔圆

3. 叠加单轴压缩应力 p 后的合成应力状态

设在 σ、s 作用下应力状态服从库仑屈服条件，在其上叠加一单轴压缩应力 p，该单轴压缩应力 p 叠加在应力莫尔圆 A 点相应的平面上，并使叠加后的合成应力状态仍服从库仑屈服条件，如图 4.40 所示，现在来确定合成应力状态的 σ、s。

设在单轴压缩应力 p 作用前，A 点相应的面与最小主应力作用面成 α 角，该面上的正应力和剪应力分别以 $\sigma_\alpha^{(1)}$ 和 τ_α 表示，并将与该面成 90°的面上的正应力和剪应力分别用 $\sigma_\alpha^{(2)}$ 和 τ_α 表示，则在单轴压缩应力 p 作用前平均应力 σ 为

$$\sigma=(\sigma_\alpha^{(1)}+\sigma_\alpha^{(2)})/2$$

在单轴压缩应力 p 作用后，A 点相应的面上的正应力 $\sigma'^{(1)}_\alpha$ 和剪应力 τ'_α 为

$$\sigma'^{(1)}_\alpha=\sigma_\alpha^{(1)}+p,\tau'_\alpha=\tau_\alpha$$

则合成应力平均应力 σ' 及平均应力增量 $\Delta\sigma$ 如下：

$$\left.\begin{aligned}\sigma'&=\sigma+\frac{p}{2}\\ \Delta\sigma&=\frac{p}{2}\end{aligned}\right\}\tag{4.120}$$

应指出，图 4.40 中合成应力圆上的 A' 对应的面与单轴压缩应力作用前应力圆上 A 对应的面是同一个面。

设 s' 为合成应力状态的差应力，则由图 4.40 可得

$$\Delta s=\Delta\sigma\sin\varphi=\frac{p}{2}\sin\varphi$$

即上面给出的式（4.119）。

下面来确定合成应力状态的差应力 s' 的值。由图 4.40 可得

$$s'=s+\Delta s$$

将式（4.119）代入上式，得

$$s'=s+\frac{p}{2}\sin\varphi\tag{4.121}$$

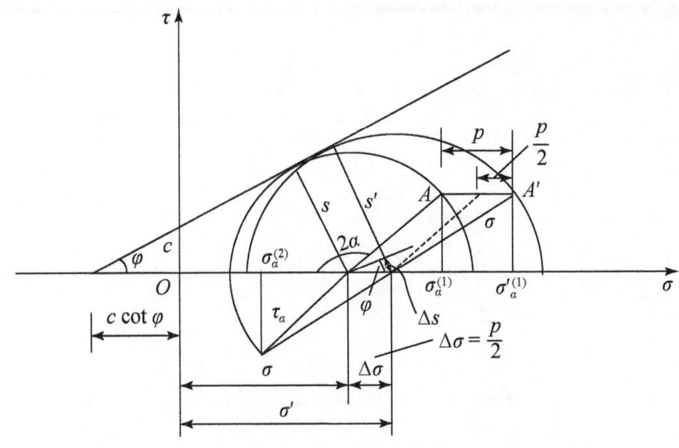

图4.40　叠加单轴压缩应力 p 后的合成应力状态

4. 单轴压缩应力 p 的确定

按 s'定义，得

$$s'^2=\left(\frac{\sigma'^{(1)}_\alpha-\sigma'^{(2)}_\alpha}{2}\right)^2+\tau_\alpha^2$$

将 $\sigma'^{(1)}_\alpha$ 和 $\sigma'^{(2)}_\alpha$ 表达式代入上式得

$$s'^2=\left[\frac{\sigma_\alpha^{(1)}-\sigma_\alpha^{(2)}}{2}+\frac{p}{2}\right]^2+\tau_\alpha^2$$

由上式进一步可得

$$s'^2=s^2+\left(\frac{p}{2}\right)^2+2\left(\frac{p}{2}\right)\left(\frac{\sigma_\alpha^{(1)}-\sigma_\alpha^{(2)}}{2}\right)$$

注意式（4.117）第一式，上式可写成如下形式：

$$s'^2=s^2+\left(\frac{p}{2}\right)^2-2\left(\frac{p}{2}\right)s\cos2\alpha \tag{4.122}$$

该式表明，s'、s^2 和$\frac{p}{2}$之间满足余弦定理，其中$\frac{p}{2}$与 s 之间的夹角为 2α，如图4.41所示。

由式（4.122）得

$$s'^2-s^2=\frac{p}{2}\left(\frac{p}{2}-2s\cos2\alpha\right) \tag{4.123}$$

则由于 $s'^2-s^2=(s'-s)(s'+s)$

$$s'^2-s^2=\Delta s(2s+\Delta s)$$

将式（4.119）代入，得

$$s'^2-s^2=\frac{p}{2}\sin\varphi\left(2s+\frac{p}{2}\sin\varphi\right)$$

这样，式（4.123）可写成如下形式

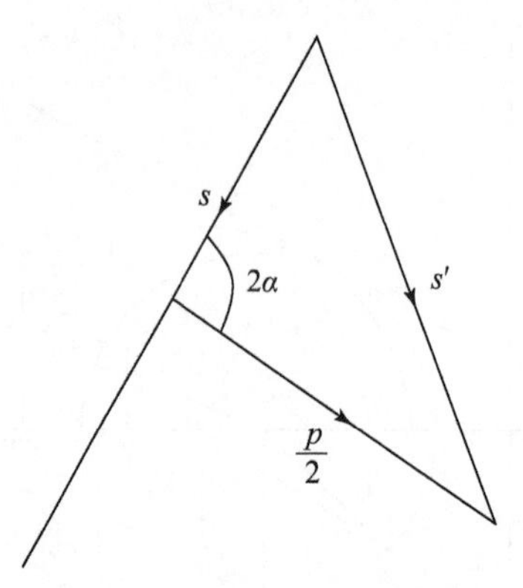

图 4.41　s、$p/2$、s'之间的关系

$$\sin\varphi\left(2s+\frac{p}{2}\sin\varphi\right)=\frac{p}{2}-2s\cos2\alpha$$

由上式，可求得单轴压应力 p 如下：

$$p=\frac{4s(\sin\varphi+\cos2\alpha)}{\cos^2\varphi}\tag{4.124}$$

由式（4.124）可见，欲施加的单轴压应力的值与如下两个量有关。①叠加之前 A 点应力状态的差应力 s；②单轴压应力的作用面，即式（4.124）中的 α 角。这表明，单轴压应力 p 的数值可以低于其屈服条件的要求值，即式（4.93）第四式确定的值。

4.8.2　图解和解析联合求解方法之例举一

下面以三个应力腿求解压板稳定问题为例来说明图解和解析联合求解方法，如图 4.42 所示。由图 4.42 可见，应力腿 2 为竖向布置的应力腿，应力腿 1、3 为与应力腿 2 对称布置的斜应力腿。其中应力腿 1、3 与竖直线的夹角为 α。这三条应力腿的应力叠加作用于压板之下的无重量的土体上。另外，假定压板之下应力腿 2 土体的应力状态为单轴压缩应力状态，且受力水平达到库仑屈服准则。图 4.42 有四个区域：①压板下无重量土体，即 $ABCD$ 区之下的区域，称为区（1）；②压板下无重量土体与应力腿 1 的叠加区，即 $EBCGF$ 区，称为区（2）；③压板下无重量土体与应力腿 1、2 的叠加区，即 $GBCH$ 区，称为区（3）；④压板下无重量土体与应力腿 1、2、3 的叠加区，即 BCH 区，称为区（4）。要求解的未知量为每个区的应力状态、压板承受的极限荷载的下限解，以及应力腿 1、3 的轴线与竖向线的夹角 α。

1. （1）区的应力状态

按上述，（1）区处于单轴压缩应力状态，且满足库仑屈服准则。应注意，（1）区的单轴压缩方向为水平向。设其应力状态相应的差应力为 s_1，平均应力为 $\sigma_{0,1}$。由满足库仑屈服条件，如图 4.43 所示，可得水平向压缩荷载 R 如下：

$$R=\frac{2c\cos\varphi}{1-\sin\varphi}=2c\tan\left(\frac{\pi}{4}+\frac{\varphi}{2}\right)\tag{4.125}$$

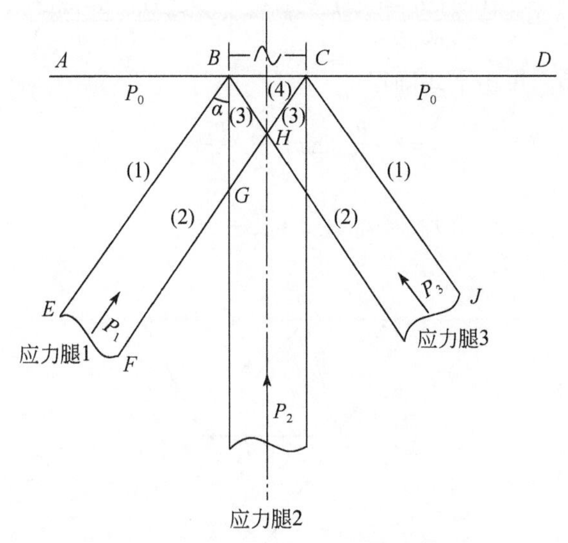

图 4. 42　压板下三条应力腿及其叠加区

s_1 和 $\sigma_{0,1}$ 分别如下：

$$\left.\begin{aligned} s_1 &= \frac{R}{2} \\ \sigma_{0,1} &= \frac{R}{2} \end{aligned}\right\} \tag{4.126}$$

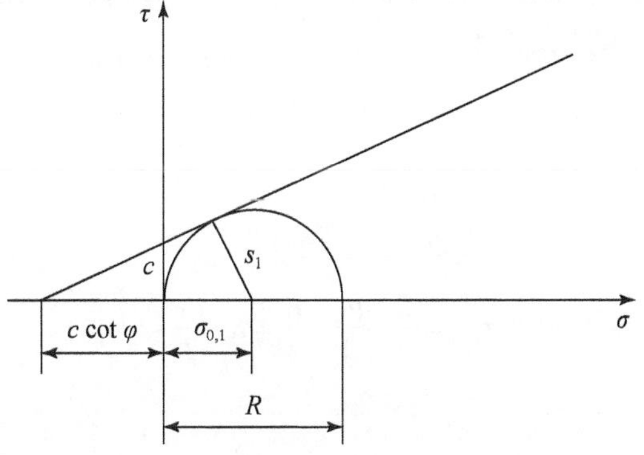

图 4. 43　满足库仑屈服准则处于单轴压缩的应力状态

2. 叠加区（2）的应力状态

（2）区的应力状态是在（1）区的应力状态之上叠加应力腿 1 的应力状态而成的。设（2）区的差应力为 s_2，平均应力为 $\sigma_{0,2}$。如图 4. 42 所示，应力腿 1 的轴向压应力作用方向与竖向成 α 角，则应力腿 1 的轴向压应力作用面与（1）区的最小主应力作用面成 α 角。这样，按前述，s_1 与 $\frac{p_1}{2}$ 的夹角为 2α，如图 4. 44 所示。图 4. 45 中的 p_1 可由式（4. 124）确定，如下式所示：

$$p_1=\frac{2R(\cos2\alpha+\sin\varphi)}{\cos^2\varphi} \quad 或 \quad p_1=\frac{4c(\cos2\alpha+\sin\varphi)}{\cos\varphi(1-\sin\varphi)} \tag{4.127}$$

p_1 确定后，s_2 和 $\sigma_{0,2}$ 可由下式确定：

$$\left.\begin{aligned}s_2&=s_1+\frac{p_1}{2}\sin\varphi=\frac{R}{2}+\frac{p_1}{2}\sin\varphi\\ \sigma_{0,2}&=\sigma_{0,1}+\frac{p_1}{2}=\frac{R}{2}+\frac{p_1}{2}\end{aligned}\right\} \tag{4.128}$$

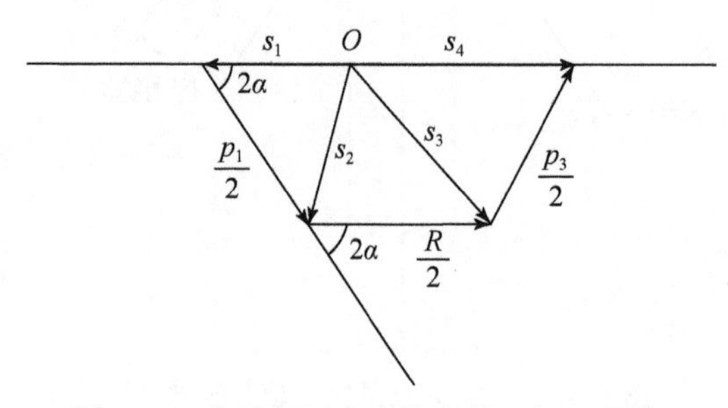

图 4.44 各叠加区应力状态的 s 和 σ_0 图解

3. 叠加区（3）的应力状态

（3）区的应力状态是在（2）区应力状态之上叠加应力腿 2 的应力状态而成的。应力腿 2 的轴向压应力作用方向与应力腿 1 的轴向压应力作用方向成 α 角。因此，在图 4.44 中两者的夹角应为 2α，其作用方向为水平向。为尽量地发挥应力腿 2 的支撑作用，应力腿 2 应满足库仑屈服准则，由此条件得

$$p_2=R \tag{4.129}$$

及

$$\left.\begin{aligned}s_3&=\frac{R}{2}+\left(\frac{p_1}{2}+\frac{R}{2}\right)\sin\varphi\\ \sigma_{0,3}&=\frac{R}{2}+\frac{p_1}{2}+\frac{R}{2}=R+\frac{p_1}{2}\end{aligned}\right\} \tag{4.130}$$

4. α 角的确定

叠加区（3）的应力是由（1）区的应力与应力腿 1 和应力腿 2 的应力叠加而成的。（1）区的应力与应力腿 2 的应力叠加成各项均等应力，再与应力腿 1 的应力叠加，成为沿应力腿 1 轴向和与其垂直方向的双向受压应力状态，即叠加区（3）的应力状态，沿其轴向作用的压应力为 $R+p_1$，沿与其垂直的方向作用的压应力为 R，如图 4.45（a）所示。叠加区（3）的应力状态应该满足库仑屈服准则，其应力莫尔圆如图 4.45（b）所示。由图 4.45（b）可以确定如下关系式：

$$\left(c\cot\varphi+\frac{p_1}{2}+R\right)\sin\varphi=\frac{p_1}{2}$$

将式中 c 值以 R 代替，简化后由上式得

$$p_1=\frac{R(1+\sin\varphi)}{1-\sin\varphi} \tag{4.131}$$

令式（4.131）右端与式（4.127）右端相等，得

$$\cos2\alpha=\frac{1}{2}(1+\sin^2\varphi)$$

改写上式得

$$1-\cos2\alpha=\frac{\cos^2\varphi}{2}$$

求解上式得

$$\sin\alpha=\frac{\cos\varphi}{2} \tag{4.132}$$

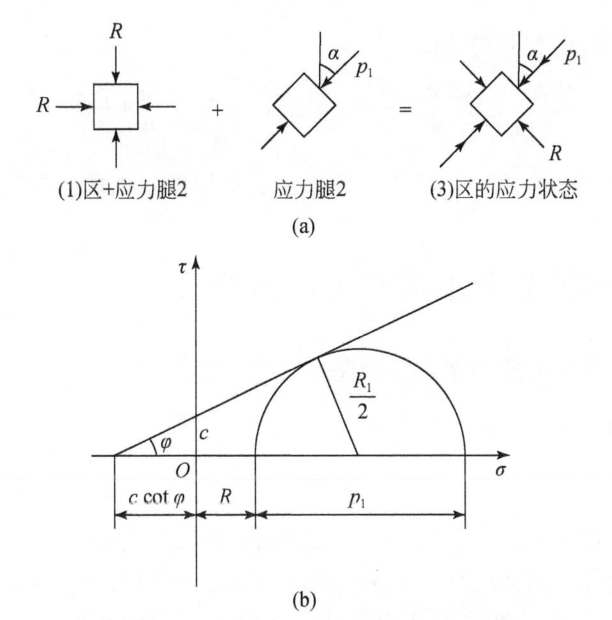

图4.45　（3）区的应力状态及 α 角的确定

5. 叠加区（4）的应力状态

叠加区（4）的应力状态是在（3）区的应力状态之上叠加应力腿3的应力而成的。由问题的对称性可知，应力腿3的轴向压应力 p_3 的数值等于应力腿1的轴向压应力 p_1 的数值。这样，叠加区（4）的应力状态 $\sigma_{0,4}$ 如下：

$$\sigma_{0,4}=\frac{R}{2}+\frac{p_1}{2}+\frac{R}{2}+\frac{p_1}{2}=R+p_1 \tag{4.133}$$

而由图4.45可知 s_4 如下：

$$s_4=\left(\frac{p_1}{2}\cos 2\alpha+\frac{R}{2}+\frac{p_1}{2}\cos 2\alpha\right)-\frac{R}{2}$$

简化后得

$$s_4=p_1\cos 2\alpha \tag{4.134}$$

6. 下限竖向承载力 q_1 的确定

根据问题的对称性及在压板下只作用竖向压力，则叠加区（4）处于竖向和水平向双向受压状态，竖向压应力和水平向压应力分别为最大压应力和最小压应力。因此，竖向压应力即下限竖向承载力 q_1。竖向最大压应力可由叠加区（4）的 $\sigma_{0,4}$ 及 s_4 计算出来，则得

$$q_1=\sigma_{0,4}+s_4=(R+p_1)+p_1\cos 2\alpha$$

改写上式得

$$q_1=\left[\left(1+\frac{1}{2}\sin^2\varphi\right)\right]p_1+R$$

将 p_1、R 与 c 的关系式代入上式，得

$$\frac{q_1}{c}=\tan^3\left(\frac{\pi}{4}+\frac{\varphi}{2}\right)(3+\sin^2\varphi)+2\tan\left(\frac{\pi}{4}+\frac{\varphi}{2}\right) \tag{4.135}$$

由上式可见，$\frac{q_1}{c}$的比值随摩擦角 φ 的增大而增大。如果取 $\varphi=20°$，则得 $q_1=11.9c$。

4.8.3 图解和解析联合求解方法之例举二

下面表述应用多条应力腿求半无限地基稳定性问题。

1. 应力腿的布置

图 4.46 中，AO 面上作用 q，DA 为自由表面，设 q 的下限解为 q_1。按受力机制，图 4.47 所示的土体可分为主动区 BAO、过渡区 CAB 和被动区 DAC。主动区处于双向受压应力状态，竖向和水平向分别为最大主应力 q 和最小主应力 h 的作用方向，主动区 BAO 的夹角为 $\pi/4+\varphi/2$。被动区 DAC 处于单轴压缩应力状态，轴向压应力作用方向为水平向。过渡区 CAB 是一个以 A 为中心的扇形，其中心角 CAB 为 $\pi/2$。设在中心角 CAB 范围内设置 N 条应力腿，如图 4.47 所示。第一条应力腿的左边与 CA 重合，第二条应力腿的左边与第一条应力腿的左边的夹角为 $\Delta\theta$。如此，第 N 条应力腿左边与 BA 线重合，其与第 $N-1$ 条应力腿左边的夹角也为 $\Delta\theta$。这样，如果相邻应力腿左边的夹角相等，则夹角增量 $\Delta\theta$ 如下：

$$\Delta\theta=\frac{\pi}{2(N-1)} \tag{4.136}$$

在此应指出，这里所研究的问题是半无限基础问题，荷载 q 的作用面 AO 向右是无限延长的，因此不像有限宽度基础情况那样，每条应力腿的宽度是有限的，而是其右边向右是无限延伸的，以第一条应力腿和第 N 条应力腿为例，则如图 4.48 所示，第一条应力腿是 CAO 扇形区，该扇形区处于单轴压缩应力状态，轴向压应力 p_1 的作用方向与 AC 边一致，第 N 条应力腿是 BAO 扇形区，该区域也处于单轴压缩应力状态，轴向压应力 p_N 的作

用方向与 BA 边一致。扇形 BAO 铺叠在扇形 CAO 之上。按上述，BAO 区是 N 条应力腿的重叠区。

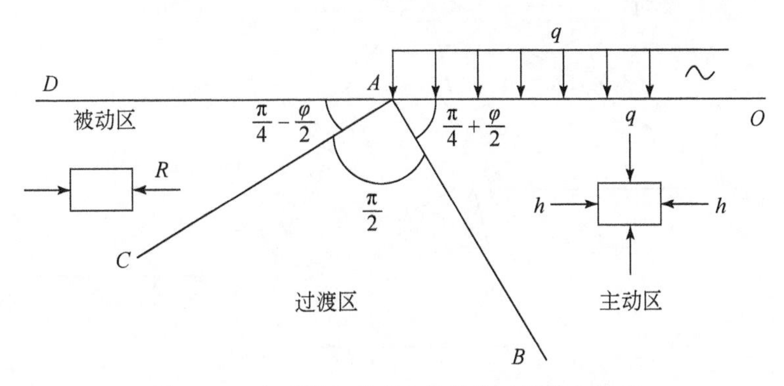

图4.46　半无限基础下土体的分区及受力状态

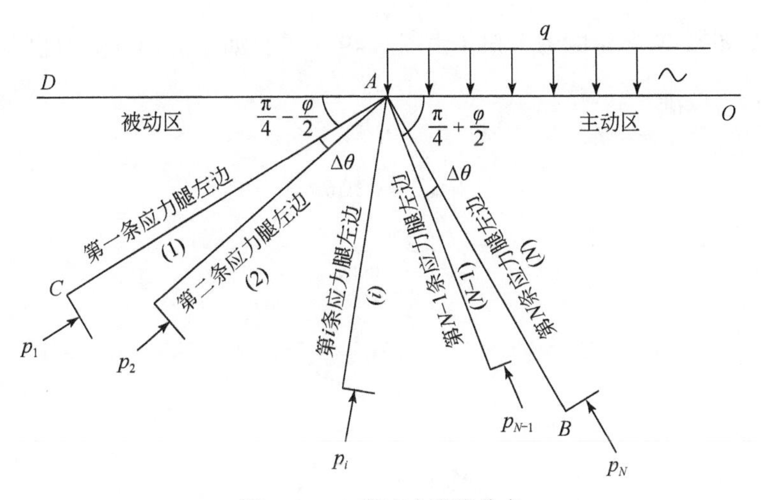

图4.47　N 条应力腿及分布

2. 各应力腿的轴向压应力及各叠加压应力状态的确定

1）确定方法

设 s_i 为被动区与前 i 条应力腿的叠加区的差应力，$\sigma_{0,i}$ 为相应的平均正应力，它们是已知的。下面确定叠加第 i+1 条应力腿后，叠加区的差应力 s_{i+1}、$\sigma_{0,i+1}$，以及第 i 条应力腿的轴向压应力 p_i，如图4.49所示。确定 s_{i+1}、$\sigma_{0,i+1}$ 及 p_i 的条件是叠加后的应力满足库仑屈服条件，即式（4.121）。该式可改写如下：

$$\Delta s_{i+1}=\frac{p_{i+1}}{2}\sin\varphi \tag{4.137}$$

按前述，s_{i+1} 与 s_i 之间的夹角为 $\Delta 2\theta$，第 $i+1$ 条应力腿的轴向压应力 p_{i+1} 作用后，s_i、

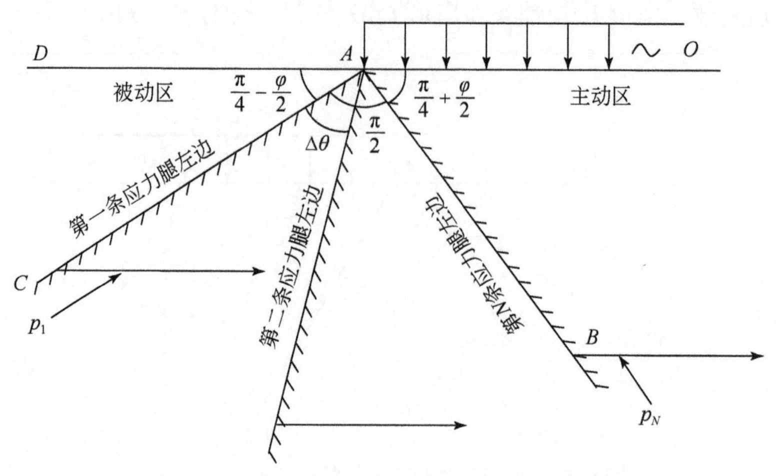

图 4.48　应力腿对应的扇形区域及应力腿区域的铺叠

s_{i+1}及$\frac{p_{i+1}}{2}$组成如图 4.49 所示的力三角。由图 4.49 可见，如令 s_i 与 p_{i+1}之间的夹角为$\frac{\pi}{2}+\varphi$，则式（4.137）得以满足。

另外，由图 4.49 还可得

$$\Delta T_i = s_i 2\Delta\theta$$

$$\frac{p_{i+1}}{2}=\frac{\Delta T_i}{\cos\varphi}$$

由这两式得

$$p_{i+1}=\frac{2s_i}{\cos\varphi}2\Delta\theta \tag{4.138}$$

再将此式代入 Δs_{i+1}表达式中，得

$$\Delta s_{i+1}=s_i\tan\varphi 2\Delta\theta \tag{4.139}$$

进一步可得

$$s_{i+1}=s_i(1+\tan\varphi 2\Delta\theta) \qquad \sigma_{0,c+1}=\sigma_{0,i}+\frac{s_i}{\cos\varphi}2\Delta\theta \tag{4.140}$$

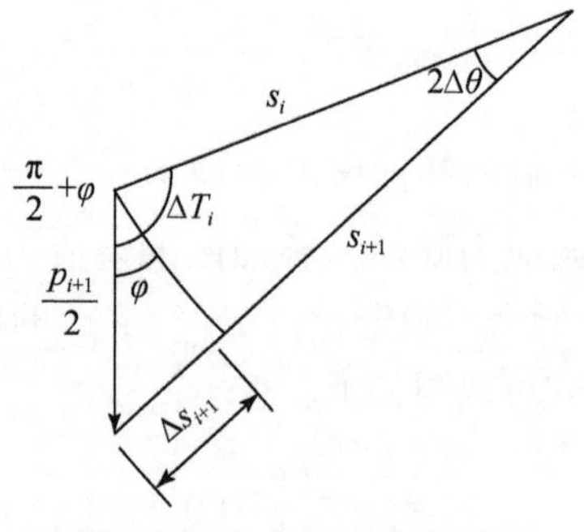

图 4.49　s_i、s_{i+1}及 p_{i+1}的关系

2）各应力腿的轴向压应力及各叠加区的应力状态

a. 被动区的应力状态

在逐一确定各应力腿的轴向压应力及各叠加区的应力状态之前，必须明确被动区的应力状态。按前述，被动区处于单轴压缩应力状态，并满足库仑屈服条件。设其差应力及平均正应力分别为 s_0 及 $\sigma_{0,0}$，根据式（4.126）：

$$s_0=\frac{R}{2}\qquad \sigma_{0,0}=\frac{R}{2}$$

式中，R 按式（4.125）确定。

以下来逐一确定图 4.47 中所示的各叠加区的应力状态及相应的各应力腿的轴向压应力。

b. 叠加区（2）至叠加区（N）的应力状态及相应轴向压应力 p_2，…，p_N 的确定

假定叠加区（2）应力状态的 s_1 及 $\sigma_{0,1}$ 确定为已知量，按前述：

$$\left.\begin{aligned} s_2&=s_1(1+\tan\varphi 2\Delta\theta)\\ s_3&=s_1(1+\tan\varphi 2\Delta\theta)^2\\ &\vdots\\ s_N&=s_1(1+\tan\varphi 2\Delta\theta)^{N-1}\end{aligned}\right\}\tag{4.141}$$

及

$$\left.\begin{aligned} \sigma_{0,2}&=\sigma_{0,1}+\frac{2\Delta\theta}{\cos\varphi}s_1\\ \sigma_{0,3}&=\sigma_{0,1}+\frac{2\Delta\theta}{\cos\varphi}(s_1+s_2)\\ &\vdots\\ \sigma_{0,N}&=\sigma_{0,1}+\frac{2\Delta\theta}{\cos\varphi}(s_1+s_2+\cdots+s_{N-1})\end{aligned}\right\}\tag{4.142}$$

将式（4.141）中的 s_2，…，s_N 的表达式代入式（4.142）$\sigma_{0,N}$的表达式中，得

$$\sigma_{0,N}=\sigma_{0,i}+\frac{s_1 2\Delta\theta}{\cos\varphi}\left[1+(1+\tan\varphi 2\Delta\theta)+(1+\tan\varphi 2\Delta\theta)^2+\cdots+(1+\tan\varphi 2\Delta\theta)^{N-2}\right]$$

上式可进一步改写成如下形式：

$$\sigma_{0,N}=\sigma_{0,1}+\frac{s_1 2\Delta\theta}{\cos\varphi}\left[\frac{1-(1+\tan\varphi 2\Delta\theta)^{N-1}}{1-(1+\tan\varphi 2\Delta\theta)}\right]$$

简化上式可得

$$\sigma_{0,N}=\sigma_{0,1}-s_1\csc\varphi+s_1\csc\varphi\,(1+\tan\varphi 2\Delta\theta)^{N-1}\tag{4.143}$$

c. 叠加区（1）应力状态的 s_1、$\sigma_{0,1}$的确定

按前述：

$$s_1=s_0+\frac{p_1}{2}\sin\varphi=\frac{R}{2}+\frac{p_1}{2}\sin\varphi$$

$$\sigma_{0,1}=\sigma_{0,0}+\frac{p_1}{2}=\frac{R}{2}+\frac{p_1}{2}$$

式中，p_1 按式（4.127）确定，但其中的 α 应按下式取值：

$$\alpha=\frac{\pi}{4}+\frac{\varphi}{2}$$

将上式代入式（4.127）中得

$$p_1=0$$

将上式代入 s_1、$\sigma_{0,1}$表达式中得

$$\left.\begin{aligned}s_1=s_0=\frac{R}{2}\\ \sigma_{0,1}=\sigma_{0,0}=\frac{R}{2}\end{aligned}\right\}\tag{4.144}$$

d. q 的下限解 q_1

将 s_1、$\sigma_{0,1}$的表达式分别代入 s_N 和 $\sigma_{0,N}$表达式中，得

$$s_N=\frac{R}{2}(1+\tan\varphi 2\Delta\theta)^{N-1}$$

$$\sigma_{0,N}=\frac{R}{2}[1-\csc\varphi+\csc\varphi\ (1+\tan\varphi 2\Delta\theta)^{N-1}]$$

再将式（4.136）代入 s_N、$\sigma_{0,N}$表达式中，得

$$\left.\begin{aligned}s_N=\frac{R}{2}\left(1+\frac{\pi}{N-1}\tan\varphi\right)^{N-1}\\ \sigma_{0,N}=\frac{R}{2}\left[1-\csc\varphi+\csc\varphi\left(1+\frac{\pi}{N-1}\tan\varphi\right)^{N-1}\right]\end{aligned}\right\}\tag{4.145}$$

由于第 N 个叠加区处于双向受压应力状态，竖向及水平向分别为压应力作用方向，由此得下限解 q_1 如下：

$$q_1=\sigma_{0,N}+s_N\tag{4.146}$$

将式（4.145）代入上式就可求出 q_1。

e. 当 N 趋于无穷大时的解答

设 $M=N-1$，当 $N\to\infty$ 时，$M\to\infty$。这样，当 N 趋于无穷大时，s_N 的表达式如下：

$$s_{N\to\infty}=\lim_{M\to\infty}\frac{R}{2}\left(1+\frac{\pi\tan\varphi}{M}\right)^M$$

对上式右端求极限，得

$$s_{N\to\infty}=\frac{1}{2}R\cdot e^{\pi\tan\varphi}\tag{4.147}$$

而

$$\sigma_{0,N\to\infty}=\frac{1}{2}R\left[1-\csc\varphi+\csc\varphi\left(1+\frac{\pi\tan\varphi}{M}\right)^M\right]$$

对上式右端求极限，得

$$\sigma_{0,N\to\infty}=\frac{1}{2}\frac{R}{\sin\varphi}(e^{\pi\tan\varphi}+\sin\varphi-1)\tag{4.148}$$

将式（4.148）和式（4.149）代入式（4.146）中，再将 R 的表达式代入，简化后，得

$$q_1=c\tan\varphi\left[e^{\pi\tan\varphi}\tan\left(\frac{\pi}{4}+\frac{\varphi}{2}\right)-1\right]\tag{4.149}$$

关于下限解式（4.149）应指出如下两点：

（a）按前述上限解的求解方法，可求得与式（4.149）一致的解答。因此，式（4.149）给出的是一个正确解。

（b）采用上述下限解的求解方法求解有限基础问题，可以得到与式（4.149）相同的解答。因此也是一个正确的解答。

4.9 关于土体极限分析的简要评述

（1）土体极限分析提供了一个确定土体稳定性问题的途径。这个途径是以上限定理和下限定理为基础建立的，它具有如下两个特点。

（a）虽然与其他一些土体稳定性分析方法一样，土体极限分析给出的也是土体极限荷载的一个近似值，但是还可以判定所给出的近似值是低于还是高于正确值。由下限求解方法给出的下限解低于正确值，而由上限求解方法给出的上限解高于正确值。

（b）同其他土体稳定性分析方法不同，土体极限分析可以确定土体极限荷载的一个数值范围，极限荷载的正确值一定处于这数值范围之内。

（2）在土体极限分析中，间断的速度场和间断的应力场具有重要意义。对于一个具体求解问题，可利用间断的速度场构建一个与问题对应的运动相容的速度场，并确定一个相应的上限解；同样，可利用间断的应力场构建一个与问题对应的受力相容的应力场，并确定一个相应的下限解。

（3）完善和优化所构建的运动相容的速度场和受力相容的应力场，可提高上限解和下限解的近似程度，以缩小土体极限荷载的数值范围。因此，完善和优化运动相容的速度场和受力相容的应力场是土体极限分析的一个重要步骤，也是一个重要的技巧。

（4）比较而言，上限分析相对于下限分析具有如下两个优点。

（a）上限分析所需要的运动相容的速度场比下限分析所需要的受力相容的应力场更容易构建。

（b）上限分析可以考虑土体的自重作用，而下限分析至今还不能考虑土体的自重作用。对于土体稳定性问题来说，这一点特别重要，因为土体的自重是主要荷载之一和不可忽视的影响因素。

综上两个优点，上限分析比下限分析更具有实际应用价值。

参考文献

[1] Drucker D C, Prager W, Greenberg H J. Extended limit design theorems for continuous media. Quart Appl Math, 1952, 9 (4): 381-389.

[2] Drucker D C, Pager W. Soil mechnics and plastic analysis or limit design. Quart Appl Math, 1952, 10 (2): 157.

[3] Haythornthwaite R M. Method of plasticity in land locomotion studies, Proc 1st Intern Conf Mech Soil-Vehicle Systems, Turin, 1961.

[4] Chen W F. Limit Analysis And Soil Plasticity. Amsterdam: Elsevier Scientific Publishing Company, 1995.

[5] Shield F T. Mixed boundary value problems in soil mechanics. Quart Appl Math, 1953, 11: 61.

第5章　土体非线性数值模拟分析

5.1　概　　述

5.1.1　非线性分析

1. 土体的力学非线性

在土体的力学性能分析中，需要土的应力-应变关系。最初假定土体应力-应变关系是线弹性的。这样，可用弹性力学方法确定土体中的应力、应变及位移。如果假定土是线性弹性的，则可用广义胡克定律表示其应力-应变关系，其中的杨氏模量、剪切模量、泊松比等参数为常数，并且体应变只与平均正应力有关，偏应变只与偏应力有关。将土视为线性材料是一种理想化的处理，实际上，土体的应力-应变关系并不是线性的。如果仍借助广义胡克定律表示土体的应力-应变关系，其中的杨氏模量、剪切模量、泊松比等参数则不是常数，而是其所受的应力或应变水平的函数。如果在形式上仍以广义胡克定律表示土体的应力-应变关系，则将土视为非线性弹性介质。如第2章所述，在实际应用中，非线性弹性应力-应变关系有如下两种形式：①全量形式。全量形式的广义胡克定律中的力学参数为割线模量。②增量形式。增量形式的广义胡克定律中的力学参数为切线模量。

上述非线性弹性应力-应变关系有如下两个主要缺点。

（1）全量形式的非线性弹性应力-应变关系不能考虑加载过程或应力途径的影响；

（2）不论哪种形式的非线性弹性应力-应变关系都不能考虑偏应力作用对体积变形的影响，即所谓的剪胀性。

如果将土理想化为弹塑性力学介质，则土的非线性可用弹塑性应力-应变关系表示。土的弹塑性应力-应变关系是以增量形式表示的。原则上，土的弹塑性应力-应变关系为如下两种类型。

（1）由线弹性-理想塑性模型建立的弹塑性应力-应变关系；

（2）由线弹性-应变硬化模型建立的弹塑性应力-应变关系。

第2章对非线性弹性及弹塑性应力-应变关系已做了详细的表述，此处不再赘述。这里所要说明的是采用非线性应力-应变关系的必要性。下面以地基压载试验测得的荷载-沉降曲线来说明这个问题。由地基压载试验测得的荷载-沉降关系线如图5.1所示。由图5.1可见，试验测得的荷载-沉降关系线是一条曲线。如果土体的应力-应变关系是线性的，则测得的荷载-沉降关系线也应是条直线。因此，采用线性的应力-应变关系不能很好地描述土的实际性能。若使分析方法获得的荷载-沉降关系线与实测的曲线相符则应采用非线性的应力-应变关系。但是，由图 5.1 还可见，当所加的荷载较低时，测得的荷载-沉降关系线近似直线，在这种情况下，采用线性应力-应变关系可以获得较好的结果。因此，如果设计只限于线性工作阶段，则采用线性应力-应变关系是可以的，这是线性分析的意义。

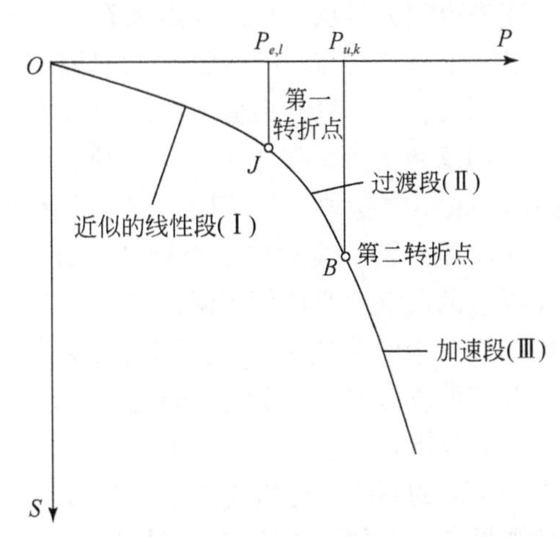

图 5.1　地基压载试验测得的荷载-沉降关系线

2. 土体的几何非线性

在通常的分析中，求解方程式都是相对于初始坐标建立的，例如在分级加载的分析中，土体中一点的坐标为（X_0，Y_0，Z_0）。当分析第一级荷载作用时可得到由第一级荷载引起的位移，设为 Δu_1，Δv_1，Δw_1。这时该点的坐标发生变化，设其为 $X_1=X_0+\Delta u_1$，$Y_1=Y_0+\Delta v_1$，$Z_1=Z_0+\Delta w_1$，即该点的坐标应该更新。但是，在通常的分析中，不考虑由第一级荷载引起的坐标更新，在分析后续各级荷载作用时求解方程仍是相对于初始坐标建立的。众所周知，土是一种变形大、强度低的材料，每级荷载作用引起的位移增量可能是较大的，特别是荷载增大到一定数值之后。相应地，更新后的坐标与初始坐标相差很大，即土体的形状发生显著变化。为了考虑这种土体形状变化的影响，求解后续各级荷载作用时的方程式应相对于更新的坐标来建立。关于如何根据更新的坐标建立后续各级荷载作用方程式将在第 5.7 节表述。

按上述，土体的非线性分析应包括如上两种非线性。相应地，土体的非线性分析也应按如下两种情况进行。

（1）只考虑土的力学非线性分析；

（2）同时考虑土的力学和几何两种非线性分析。

应指出，在大多数情况下，只考虑土的力学非线性来进行分析。如果同时考虑力学非线性和几何非线性，则分析会变得更复杂，计算量也会变大。

5.1.2　变形和承载力作为一个统一的问题分析

如第 1 章所述，通常将土体的变形和承载力作为两个独立问题分别进行求解。实际上，这是为了求解方便所做的简化。采用这种简化，土体的应力和变形可采用线弹性模型求解，而土体的承载力可按刚塑性模型求解。显然，按线弹性模型求解的变形只适用于图 5.1 所示的近似直线工作段的变形。由图 5.1 可见，土体的变形随荷载的增大而增大，并且荷载越大时，变形的增大速率也越大。从工程的观点来看，当变形增大到一定值或变形速率达到一定数值时，就认为土体发生了破坏，相应的荷载称为极限荷载或承载力。因此，土体的变形和承载力是互相关联的。只有根据土体的变形随荷载的发展关系曲线才能恰当地确定土体的极限荷载，即承载力。由图 5.1 可见，荷载-沉降关系线可分为如下三段：①近似线性阶段；②过渡段；③加速段。第一段对应于土体处于线性工作阶段，第二段对应于土体处于弹塑性工作阶段，第三段对应于土体处于破坏或流动工作阶段。这样，第一段与第二段的连接点 A 对应的荷载称为比例界限荷载，在工程上将其定义为允许承载力，第二段与第三段的连接点 B 对应的荷载在工程上称为极限荷载。由于变形与承载力有着密切的关系，应将土体变形与承载力作为一个统一问题加以研究。这就要求一种能够给出土体的非线性荷载变形曲线的分析方法。按前述，土体的非线性分析则能给出这样的非线性关系曲线。因此，可借助土体的非线性分析将土体的变形与承载力作为一个统一问题加以研究。根据这样的分析结果，可以判别在给定荷载作用下土体处于哪个工作阶段。

5.1.3　非线性数值模拟分析

5.2 节将建立土体非线性分析的求解方程式。在此应指出，很难由这些求解方程式获得解析解答。但是 20 世纪 70 年代后，计算机的应用和数值计算方法的发展为进行土体非线性数值分析提供了可能。现在，采用计算机数值求解土体非线性问题的方法已日益完善，并成为一种较普遍的应用方法。采用计算机数值求解土体非线性问题应包括如下三方面工作：①确定分析计算的方法；②确定分析所要模拟的功能和模拟方法；③采用计算机语言将上述两方面的内容写成文件，即编程，以便计算机执行，完成非线性分析，给出所要求的结果。本章将着重表述前两项工作。现在已开发出一些适用于土体非线性分析的商业程序。毫无问题，任何一个商业程序都应包括上述三方面内容。此处应指出一点，在一个商业程序中，其采用的分析方法和计算步骤是确定的，使用者几乎没有什么选择余地。但是，在一个商业程序中所要模拟的功能及其模拟方法则有较大的选择余地。因此，不同的使用者使用同一个程序可获得不同的分析结果。这一点是使用者采用商业程序进行数值分析时应注意的问题。

5.2　考虑力学非线性的基本方法

下面分别按非线性弹性模型和弹塑性模型来表述考虑土的力学非线性的基本方法。

5.2.1　非线性弹性模型

按非线性弹性模型考虑土的力学非线性可分为如下两种方法。

1. 全量分析方法

1）全量线性化及割线模量

全量分析方法将附加荷载一次施加于土体上求解土体中的位移、应变及应力。如果以差应力（$\sigma_1-\sigma_3$）表示土体受力水平，则土的非线性应力-应变曲线如图 5.2 所示。设土体中一点 A，其差应力为$(\sigma_1-\sigma_3)_A$，与非线性应力-应变曲线上的一点 A'对应，如图 5.2 所示。由图 5.2 可见，从原点可沿非线性曲线达到 A'点，也可沿直线 OA'到达 A'点，虽然途径不同，但都可以到达同一点 A'。下面将从原点沿直线代替实际曲线到达 A'点的处理方法称为全量线性化，并将该直线的斜率称为割线模量，以 $E_{\mathrm{S},A}$表示。但应指出，土体中 A 点的受力水平$(\sigma_1-\sigma_3)_A$ 是一个待求的未知量。这是全量分析方法所要解决的一个重要问题。

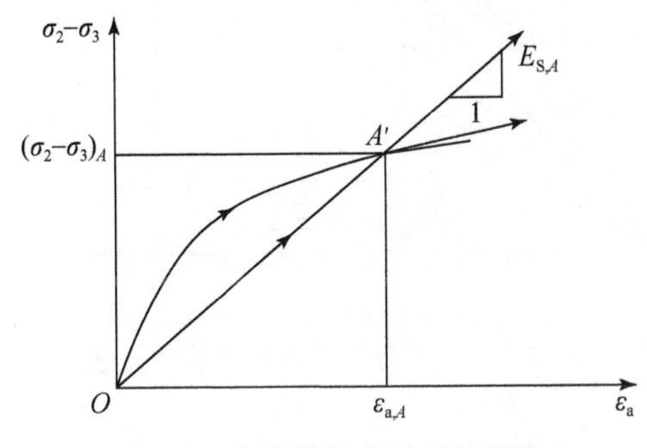

图 5.2　全量线性化及割线模量

2）用迭代方法确定与土受力水平相协调的割线模量

按上述，在全量分析中应采用与土受力水平相协调的割线模量 E_{S}，但是土的受力水平，例如（$\sigma_1-\sigma_3$）是未知的。为了解决这个问题可采用迭代方法，具体步骤如下。

（a）假定一个初始受力水平，以$(\sigma_1-\sigma_3)^{(0)}$表示。

（b）按选用的非线性弹性应力-应变关系确定与初始受力水平$(\sigma_1-\sigma_3)^{(0)}$相协调的割线模量，令以 $E_{\mathrm{S}}^{(1)}$ 表示。

（c）采用割线模量 $E_{\mathrm{S}}^{(1)}$ 进行第一次全量分析，并确定新的受力水平及相应的割线模量，令以 $E_{\mathrm{S}}^{(2)}$ 表示。

（d）采用割线模量 $E_{\mathrm{S}}^{(2)}$ 进行第二次全量分析，并确定新的受力水平及相应的割线模量，令以 $E_{\mathrm{S}}^{(3)}$ 表示。

（e）重复（d）步骤进行下一次全量分析，直至相邻两次的割线模量误差达到允许值为止。

上述迭代过程如图 5.3 所示。设在荷载作用下土的实际受力水平为（$\sigma_1-\sigma_3$），与其相协调的实际割线模量为 E_{S}。如果假定的初始受力水平$(\sigma_1-\sigma_3)^{(0)}$低于（$\sigma_1-\sigma_3$），则与其相应的 $E_{\mathrm{S}}^{(1)}$将大于实际割线模量 E_{S}。由于 $E_{\mathrm{S}}^{(1)}>E_{\mathrm{S}}$，则由 $E_{\mathrm{S}}^{(1)}$进行全量分析得到的受力

水平 $(\sigma_1-\sigma_3)^{(3)}>(\sigma_1-\sigma_3)$，而相应的应变 $\varepsilon_a^{(1)}<\varepsilon_a$。由受力水平 $(\sigma_1-\sigma_3)^{(1)}$ 确定出与其相应的割线模量 $E_S^{(2)}$，由于 $E_S^{(2)}<E_S$，则由 $E_S^{(2)}$ 进行全量分析得到的受力水平 $(\sigma_1-\sigma)^{(2)}<(\sigma_1-\sigma_3)$，相应的应变 $\varepsilon_a^{(2)}>\varepsilon_a$。然后由受力水平 $(\sigma_1-\sigma_3)^{(2)}$ 确定出与其相应的模线模量 $E_S^{(3)}$，则与受力水平 $(\sigma_1-\sigma_3)^{(2)}$ 相协调的割线模量 $E_S^{(2)}>E_S$。这样，在迭代过程中反复调整割线模量，并逐渐接近其实际割线模量 E_S 的取值。

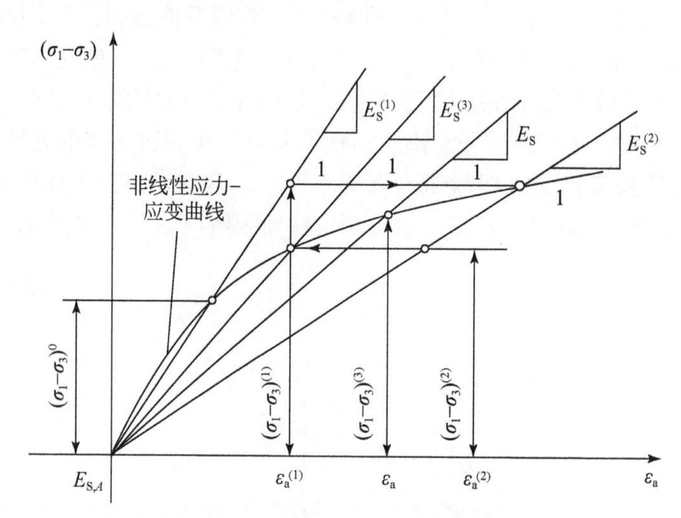

图 5.3　全量分析的迭代和收敛过程

3）以 $(\sigma_1-\sigma_3)$ 作为受力水平确定割线模量可能出现的问题

如图 5.4 所示，设非线性应力-应变关系曲线之上的 A_f 点表示破坏点，相应的受力水平以 $(\sigma_1-\sigma_3)_f$ 表示。如果非线性应力-应变关系有水平渐近线，其渐近值以 $(\sigma_1-\sigma_3)_{ult}$ 表示。设第 i 次迭代求得的受力水平以 $(\sigma_2-\sigma_3)^{(i)}$ 表示，由于采用的割线模量 $E_S^{(i)}>E_S$，则不仅 $(\sigma_1-\sigma_3)^{(i)}>(\sigma_1-\sigma_3)$，还可能大于 $(\sigma_1-\sigma_3)_f$，甚至大于 $(\sigma_1-\sigma_3)_{ult}$。在这种情况下，就可能不能确定与 $(\sigma_1-\sigma_3)^{(i)}$ 受力水平相应的割线模量。为了避免以 $(\sigma_1-\sigma_3)$ 作为受力水平确定割线模量出现的这个问题，可以 ε_a 代替 $(\sigma_1-\sigma_3)$ 作为受力水平。与 $(\sigma_1-\sigma_3)^{(i)}$ 相应的 $\varepsilon_a^{(i)}$ 可按下式确定：

$$\varepsilon_a^{(i)}=\frac{(\sigma_1-\sigma_3)^{(i)}}{E_S^{(i)}} \tag{5.1}$$

这样，在非线性应力-应变曲线上找到应变等于 $\varepsilon_a^{(i)}$ 的一点，并由原点与该点连线的斜率确定 $E_S^{(i+1)}$，如图 5.4 所示。由图 5.4 可见，以应变 ε_a 做受力水平总能在非线性应力-应变曲线上找到相应的点及确定相协调的割线模量。然后，采用 $E_S^{(i+1)}$ 进行下次全量分析。

2. 增量分析方法

1）增量线性化及切线模量

增量分析是将附加荷载分成若干份施加于土体上，并作为线性问题求解每份荷载增量

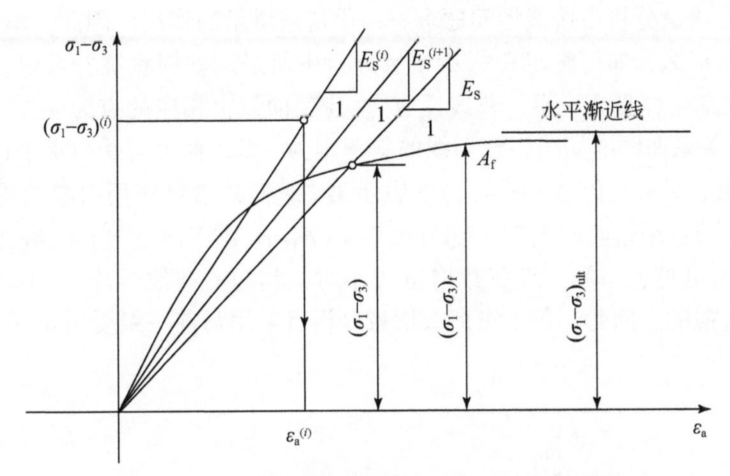

图 5.4　以应变做受力水平确定相协调的割线模量

在土体中引起的位移增量 Δu、Δv、Δw，应力增量 $\Delta\sigma_x$、$\Delta\sigma_y$、$\Delta\sigma_z$、$\Delta\tau_{xy}$、$\Delta\tau_{yz}$、$\Delta\tau_{zx}$，以及应变增量 $\Delta\varepsilon_x$、$\Delta\varepsilon_y$、$\Delta\varepsilon_z$、$\Delta\gamma_{xy}$、$\Delta\gamma_{yz}$、$\Delta\gamma_{zx}$。如果将荷载分成 N 份施加，则总的荷载作用引起的位移按下式确定：

$$\left.\begin{aligned} u &= \sum_{i=1}^{N} \Delta u_i \\ v &= \sum_{i=1}^{N} \Delta v_i \\ w &= \sum_{i=1}^{N} \Delta w_i \end{aligned}\right\} \tag{5.2}$$

引起的应力按下式确定：

$$\left.\begin{aligned} \sigma_x &= \sum_{i=1}^{N} \Delta\sigma_{x,i} \quad \tau_{xy} = \sum_{i=1}^{N} \Delta\tau_{xy,i} \\ \sigma_y &= \sum_{i=1}^{N} \Delta\sigma_{y,i} \quad \tau_{yz} = \sum_{i=1}^{N} \Delta\tau_{yz,i} \\ \sigma_z &= \sum_{i=1}^{N} \Delta\sigma_{y,i} \quad \tau_{zx} = \sum_{i=1}^{N} \Delta\tau_{zx,i} \end{aligned}\right\} \tag{5.3}$$

引起的应变按下式确定：

$$\left.\begin{aligned} \varepsilon_x &= \sum_{i=1}^{N} \Delta\varepsilon_{x,i} \quad \gamma_{xy} = \sum_{i=1}^{N} \Delta\gamma_{xy,i} \\ \varepsilon_y &= \sum_{i=1}^{N} \Delta\varepsilon_{y,i} \quad \gamma_{yz} = \sum_{i=1}^{N} \Delta\gamma_{yz,i} \\ \varepsilon_z &= \sum_{i=1}^{N} \Delta\varepsilon_{y,i} \quad \gamma_{zx} = \sum_{i=1}^{N} \Delta\gamma_{zx,i} \end{aligned}\right\} \tag{5.4}$$

按上述，在增量分析中按线性问题求解每份荷载增量的作用。因此，增量分析实质是按增量线性化。那么，如何确定在每步增量分析中所采用的模量呢？设以$(\sigma_1-\sigma_3)^{(i-1)}$代表第$i$步分析之前土体受力水平，非线性应力-应变曲线上相应的点为$A^{(i-1)}$。由该点引非线性应力-应变关系曲线的切线，该切线的斜率则为$E_{\mathrm{t}}^{(i)}$，称为与受力水平$(\sigma_1-\sigma_3)^{(i-1)}$相协调的切线模量。另外，以$\Delta(\sigma_1-\sigma_3)^{(i)}$表示第$i$级荷载增量作用引起的受力水平增量。这样，在第$i$级荷载增量的作用下，受力水平从$(\sigma_1-\sigma_3)^{(i-1)}$增加到$(\sigma_1-\sigma_3)^{(i)}$，如图5.5所示。由图5.5可见，当第$i$级荷载增量较小时，其与沿非线性应力-应变曲线增加到$(\sigma_1-\sigma_3)^{(i)}$是近似的。因此，每一级荷载增量分析可采用与前一级受力水平相协调的切线模量。

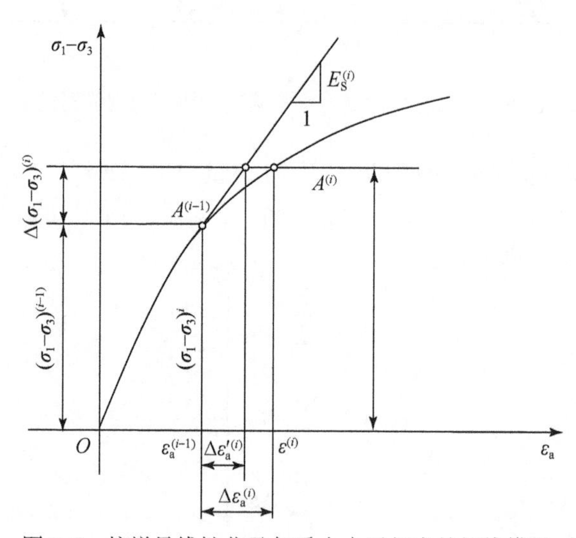

图5.5　按增量线性化及与受力水平相应的切线模量

2）应力-应变关系曲线的漂移及处理

由图5.5可见，当受力水平沿$(\sigma_1-\sigma_3)^{(i-1)}$点的切线由$(\sigma_1-\sigma_3)^{(i-1)}$增加到$(\sigma_1-\sigma_3)^{(i)}$时，应变增量为$\Delta\varepsilon'^{(i)}_{\mathrm{a}}$，而沿非线性应力-应变关系线时，应变增量为$\Delta\varepsilon_{\mathrm{a}}^{(i)}$，两者之差为$\Delta\varepsilon_{\mathrm{a}}^{(i)}-\Delta\varepsilon'^{(i)}_{\mathrm{a}}$。显然，从第一级增量分析开始就存在这个误差，并逐级积累。当完成第i级增量分析时，与$(\sigma_1-\sigma_3)^{(i)}$相应的$\varepsilon_{\mathrm{a}}^{(i)}$的误差为$\sum_{j=1}^{i}(\Delta\varepsilon_{\mathrm{a}}^{(i)}-\Delta\varepsilon'^{(i)}_{\mathrm{a}})$。这样，采用切线模量的增量分析得到的应力-应变关系线相对于实际的非线性应力-应变关系线发生了漂移。由于逐级积累，与受力水平$(\sigma_1-\sigma_3)^{(i)}$对应的应变$\varepsilon_{\mathrm{a}}^{(i)}$的误差可能很大，对采用切线模量的增量分析结果精度将可能产生较大影响。可采用如下两种方法改进切线模量的增量分析结果。

（a）两次分析方法。两次分析方法是对每一级荷载增量进行两次增量分析。第一次如图5.6（a）所示。分析时仅施加$\frac{1}{2}$荷载增量，其模量采用与受力水平$(\sigma_1-\sigma_3)^{(i-1)}$相应的模量，以$(\sigma_1-\sigma_3)^{(i-\frac{1}{2})}$表示分析得到相应的受力水平。第二次分析施加全部第 i 荷载增量 Δp_i，采用与受力水平$(\sigma_1-\sigma_3)^{(i-\frac{1}{2})}$相协调的切线模量，如图 5.6（b）所示，以$E_{\mathrm{t}}^{(i)}$表示。

（b）采用增量割线模量进行增量分析。以受力水平$(\sigma_1-\sigma_3)^{(i-1)}$为起始点确定与受力水平$(\sigma_1-\sigma_3)^{(i)}$相协调的割线模量，与确定全量分析的割线模量相似，可以采用迭代法，此处不再赘述。

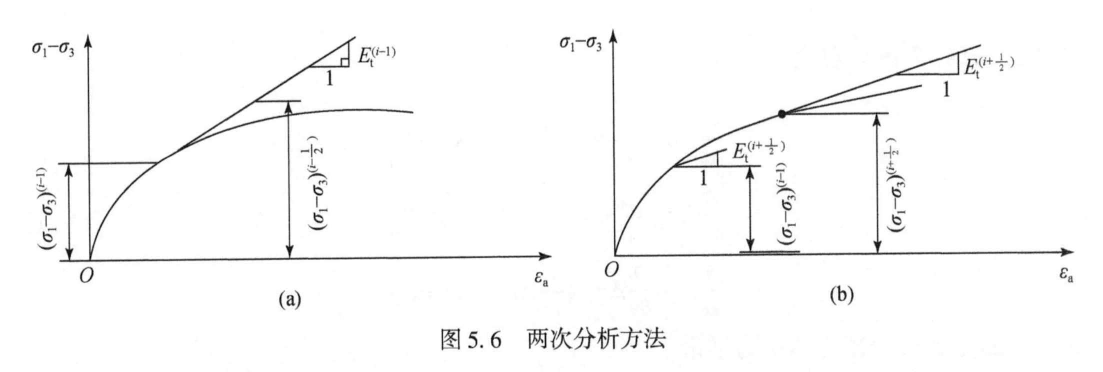

图 5.6　两次分析方法

应指出，上述改进是以增加计算量为代价换取的。显然，增量割线模量法比两次分析方法的效果好些，但计算量也大些。

5.2.2　弹塑性模型

按弹塑性模型考虑土的力学非线性，可采用弹塑性增量分析方法，该方法与非线性弹性模型增量分析方法相似。弹塑性增量分析的关键是确定与受力水平相应的增量形式的弹塑性应力-应变关系矩阵 $[D]_{\mathrm{ep}}$。增量形式的弹塑性应力-应变关系矩阵 $[D]_{\mathrm{ep}}$与所选用的弹塑性模型有关。按第 2 章所述，弹塑性模型可分为如下两大类：①线弹性理想弹塑性模型；②线弹性塑性应变硬化模型。第 2 章较详细地表述了确定这两类弹塑性模型增量形式的应力-应变关系矩阵 $[D]_{\mathrm{ep}}$的方法，此处不再赘述。

5.3　求解基本方程式及其矩阵形式

按上节所述，无论是采用非线性弹性模型还是弹塑性模型，均可采用增量分析方法考虑土的力学非线性。因此，增量分析方法是考虑土力学非线性的基本分析方法。下面以增量分析为例，给出求解方程式及其矩阵形式。全量分析的求解方程式与其相似，此处略。

非线性问题求解方程式与线性问题一样，也包括如下三组方程式：①力的平衡方程式；②变形协调方程式；③应力-应变关系方程式。

岩土工程问题通常属于三维问题。但许多岩土工程问题简化后可处理为平面应变问题或轴对称问题。下面分别针对这三种情况给出其求解方程式及其矩阵形式。

5.3.1　三维问题

三维向量共有 u、v、w、ε_x、ε_y、ε_z、γ_{xy}、γ_{yz}、γ_{zx}、σ_x、σ_y、σ_z、τ_{xy}、τ_{yz}、τ_{zx} 15 个未知量，因此，需要 15 个方程式来确定。

1. 基本方程

1）力的平衡方程式

$$\left.\begin{aligned}\frac{\partial}{\partial x}\Delta\sigma_x+\frac{\partial}{\partial y}\Delta\tau_{xy}+\frac{\partial}{\partial z}\tau_{zx}+\Delta X=0\\ \frac{\partial}{\partial x}\Delta\tau_{xy}+\frac{\partial}{\partial y}\Delta\sigma_y+\frac{\partial}{\partial z}\tau_{yz}+\Delta Y=0\\ \frac{\partial}{\partial x}\tau_{zx}+\frac{\partial}{\partial y}\Delta\tau_{yz}+\frac{\partial}{\partial z}\Delta\sigma_z+\Delta Z=0\end{aligned}\right\}\tag{5.5}$$

式中，ΔX、ΔY、ΔZ 为体积力增量。

2）变形协调方程式

$$\left.\begin{aligned}\Delta\varepsilon_x=\frac{\partial}{\partial x}\Delta u\quad \Delta\gamma_{xy}=\frac{\partial}{\partial y}\Delta u+\frac{\partial}{\partial x}\Delta v\\ \Delta\varepsilon_y=\frac{\partial}{\partial y}\Delta v\quad \Delta\gamma_{yz}=\frac{\partial}{\partial z}\Delta v+\frac{\partial}{\partial y}\Delta w\\ \Delta\varepsilon_z=\frac{\partial}{\partial z}\Delta w\quad \Delta\gamma_{xz}=\frac{\partial}{\partial x}\Delta w+\frac{\partial}{\partial z}\Delta u\end{aligned}\right\}\tag{5.6}$$

3）应力-应变关系方程式

增量形式的应力-应变关系方程式可写成如下矩阵形式：

$$\{\Delta\sigma\}=[D]_{\mathrm{NL}}\{\Delta\varepsilon\}\tag{5.7}$$

式中，

$$\left.\begin{aligned}\{\Delta\sigma\}=\{\Delta\sigma_x,\Delta\sigma_y,\Delta\sigma_z,\Delta\tau_{xy},\Delta\tau_{yz},\Delta\tau_{zx}\}^{\mathrm{T}}\\ \{\Delta\varepsilon\}=\{\Delta\varepsilon_x,\Delta\varepsilon_y,\Delta\varepsilon_z,\Delta\gamma_{xy},\Delta\gamma_{yz},\Delta\gamma_{zx}\}^{\mathrm{T}}\end{aligned}\right\}\tag{5.8}$$

$[D]_{\mathrm{NL}}$为增量形式的应力-应变关系矩阵。当采用非线性弹性力学模型时：

$$[D]_{\mathrm{NL}}=[D]_{\mathrm{Ne}}\tag{5.9}$$

当采用弹塑性力学模型时，

$$[D]_{\mathrm{NL}}=[D]_{\mathrm{ep}}\tag{5.10}$$

式中，$[D]_{\mathrm{Ne}}$和 $[D]_{\mathrm{ep}}$分别为增量形式的非线性弹性和弹塑性应力-应变关系矩阵，它们可按第 2 章所述的方法确定。

4）以位移增量为未知量的求解方程

如果采用非线性弹性模型，其增量形式的应力-应变关系可写成如下形式：

$$\left.\begin{aligned}\Delta\sigma_x=\lambda\Delta e+2G_{\mathrm{t}}\Delta\varepsilon_x \quad \Delta\tau_{xy}=G_{\mathrm{t}}\Delta\gamma_{xy}\\ \Delta\sigma_y=\lambda\Delta e+2G_{\mathrm{t}}\Delta\varepsilon_y \quad \Delta\tau_{yz}=G_{\mathrm{t}}\Delta\gamma_{yz}\\ \Delta\sigma_z=\lambda\Delta e+2G_{\mathrm{t}}\Delta\varepsilon_z \quad \Delta\tau_{zx}=G_{\mathrm{t}}\Delta\gamma_{zx}\end{aligned}\right\} \tag{5.11}$$

式中，

$$\lambda=\frac{\mu E_{\mathrm{t}}}{(1+2\mu)(1-2\mu)}$$

$$\Delta e=\Delta\varepsilon_x+\Delta\varepsilon_y+\Delta\varepsilon_z$$

将式（5.6）代入式（5.11）中，再将式（5.11）代入式（5.5）中，就可得到以位移增量为未知量的求解方程式：

$$\left.\begin{aligned}(\lambda+G_{\mathrm{t}})\frac{\partial\Delta e}{\partial x}+G_{\mathrm{t}}\nabla^2(\Delta u)+\Delta X=0\\ (\lambda+G_{\mathrm{t}})\frac{\partial\Delta e}{\partial y}+G_{\mathrm{t}}\nabla^2(\Delta v)+\Delta Y=0\\ (\lambda+G_{\mathrm{t}})\frac{\partial\Delta e}{\partial z}+G_{\mathrm{t}}\nabla^2(\Delta\omega)+\Delta Z=0\end{aligned}\right\} \tag{5.12}$$

式中，$\nabla^2=\frac{\partial^2}{\partial x^2}+\frac{\partial^2}{\partial y^2}+\frac{\partial^2}{\partial z^2}$。

2. 矩阵形式

1）力平衡方程的矩阵形式

令

$$[\partial]=\begin{pmatrix}\frac{\partial}{\partial x} & 0 & 0 & \frac{\partial}{\partial y} & 0 & \frac{\partial}{\partial z}\\ 0 & \frac{\partial}{\partial y} & 0 & \frac{\partial}{\partial x} & \frac{\partial}{\partial z} & 0\\ 0 & 0 & \frac{\partial}{\partial z} & 0 & \frac{\partial}{\partial y} & \frac{\partial}{\partial x}\end{pmatrix} \tag{5.13}$$

注意式（5.13），由力平衡方程式（5.5）得出其矩阵形式如下：

$$[\partial]\{\Delta\sigma\}+\{\Delta f\}=0 \tag{5.14}$$

式中，$\{\Delta f\}$ 为体积力增量向量。

$$\{\Delta f\}=\{\Delta X,\Delta Y,\Delta Z\}^{\mathrm{T}} \tag{5.15}$$

2）变形协调方程的矩阵形式

由式（5.13）得 $[\partial]$ 矩阵的转置$[\partial]^{\mathrm{T}}$如下：

$$[\partial]^{\mathrm{T}}=\begin{pmatrix}\frac{\partial}{\partial x} & 0 & 0\\ 0 & \frac{\partial}{\partial y} & 0\\ 0 & 0 & \frac{\partial}{\partial z}\\ \frac{\partial}{\partial y} & \frac{\partial}{\partial x} & 0\\ 0 & \frac{\partial}{\partial z} & \frac{\partial}{\partial y}\\ \frac{\partial}{\partial z} & 0 & \frac{\partial}{\partial x}\end{pmatrix} \tag{5.16}$$

注意式（5.16），由式（5.6）得矩阵形式的变形协调方程式如下：

$$\{\Delta\varepsilon\}=[\partial]^{\mathrm{T}}\{\Delta\gamma\} \tag{5.17}$$

式中，

$$\{\Delta\gamma\}=\{\Delta u \quad \Delta v \quad \Delta w\}^{\mathrm{T}} \tag{5.18}$$

3）增量非线性应力-应变关系的矩阵形式

增量非线性应力-应变关系的矩阵形式如式（5.7）所示，此处不再重复给出。

4）以位移增量为未知量的求解方程式的矩阵形式

将式（5.16）代入式（5.7）中，再将式（5.7）代入式（5.14）中，得求解方程式的矩阵形式如下：

$$[\partial][D]_{\mathrm{NL}}[\partial]^{\mathrm{T}}\{\Delta r\}+\{\Delta f\}=0 \tag{5.19}$$

在此应指出，求解方程式（5.12）仅对非线性弹性模型成立，而矩阵形式的求解方程式（5.19）对非线性弹性模型和弹塑性模型均成立。

5.3.2　平面应变问题

如果变形只在一个平面，例如 xy 平面内发生，并且：①xy 平面为主应力面，即 σ_z 主应力的作用面，$\tau_{yz}=\tau_{zx}=0$，$\gamma_{yz}=\gamma_{zx}=0$；②$z$ 方向的正应变 $\varepsilon_z=0$，z 方向的位移 $w=0$。则把处于这种应力-应变状态的问题称为平面应变问题。

岩土工程中有许多问题可以简化成平面应变问题，例如土坝、整治后的斜坡、挡土墙等。

按上述，xy 平面内的位移为沿 x 轴方向的位移 u 和沿 y 轴方向的位移 v，xy 平面内的应力为 σ_x、σ_y、τ_{xy}，xy 平面内的应变为 ε_x、ε_y、γ_{xy}。沿 z 轴方向的正应力可由 $\varepsilon_x=0$ 确定。这样，平面应变问题只有 u、v、σ_x、σ_y、τ_{xy}、ε_x、ε_y、γ_{xy} 8 个未知量待求，如图 5.7 所示。求解这 8 个未知量的方程式如下：

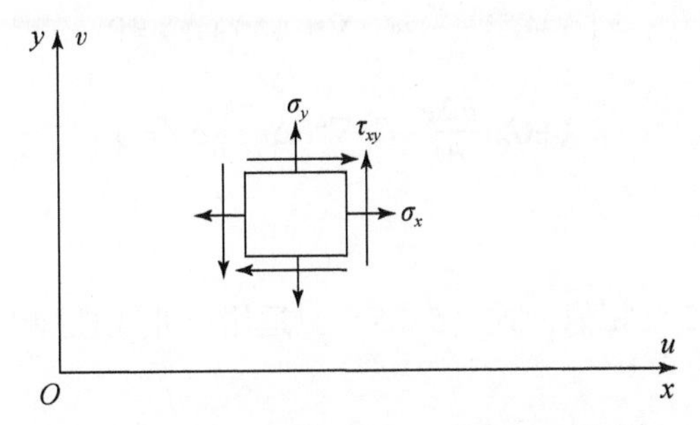

图 5.7　平面应变问题在 XY 平面内的位移和应力

1. 基本方程

1）平衡方程式

$$\left.\begin{aligned}\frac{\partial}{\partial x}\Delta\sigma_x+\frac{\partial}{\partial y}\Delta\tau_{xy}+\Delta X=0\\ \frac{\partial}{\partial x}\Delta\tau_{xy}+\frac{\partial}{\partial y}\Delta\sigma_y+\Delta Y=0\end{aligned}\right\} \tag{5.20}$$

2）变形协调方程式

$$\left.\begin{aligned}&\Delta\varepsilon_x=\frac{\partial}{\partial x}\Delta u\quad \gamma_{xy}=\frac{\partial}{\partial y}\Delta u+\frac{\partial}{\partial x}\Delta v\\ &\Delta\varepsilon_y=\frac{\partial}{\partial y}\Delta v\end{aligned}\right\} \tag{5.21}$$

3）增量形式的非线性应力–应变关系方程式

在平面应变问题中，增量形式的非线性应力–应变关系方程式仍为式（5.7），但是

$$\{\Delta\sigma\}=\{\Delta\sigma_x\quad \Delta\sigma_y\quad \Delta\tau_{xy}\}^{\mathrm{T}} \tag{5.22}$$

$$\{\Delta\varepsilon\}=\{\Delta\varepsilon_x\quad \Delta\varepsilon_y\quad \Delta\gamma_{xy}\}^{\mathrm{T}} \tag{5.23}$$

4）以位移增量为未知数的求解方程

如果采用非线性弹性模型，增量形式的非线性应力–应变关系式如下：

$$\left.\begin{aligned}\Delta\sigma_x&=\lambda\Delta e+2G_{\mathrm{t}}\Delta\varepsilon_x\\ \Delta\sigma_y&=\lambda\Delta e+2G_{\mathrm{t}}\Delta\varepsilon_y\\ \Delta\tau_{xy}&=G_{\mathrm{t}}\Delta\gamma_{xy}\end{aligned}\right\} \tag{5.24}$$

式中，$\Delta e=\Delta\varepsilon_x+\Delta\varepsilon_y$。

将式（5.21）代入式（5.24）中，再将式（5.24）代入式（5.20）中，则得平面应变问题的求解方程式如下：

$$
\begin{aligned}
&(\lambda+G_{\mathrm{t}})\frac{\partial\Delta e}{\partial x}+G_{\mathrm{t}}\ \nabla^2(\Delta u)+\Delta X=0\\
&(\lambda+G_{\mathrm{t}})\frac{\partial\Delta e}{\partial y}+G_{\mathrm{t}}\ \nabla^2(\Delta v)+\Delta Y=0
\end{aligned}
\tag{5.25}
$$

式中，$\nabla^2=\frac{\partial^2}{\partial x^2}+\frac{\partial^2}{\partial y^2}$。

应指出，与式（5.12）相似，式（5.25）只适用于非线性弹性模型。

2. 矩阵形式

1）平衡方程式

平衡方程式的矩阵形式与式（5.14）相同。但是，按式（5.20），矩阵［∂］的形式如下：

$$
[\partial]=\begin{bmatrix}\frac{\partial}{\partial x} & 0 & \frac{\partial}{\partial y}\\ 0 & \frac{\partial}{\partial y} & \frac{\partial}{\partial x}\end{bmatrix}
\tag{5.26}
$$

$$
\{\Delta f\}=\{\Delta X\quad \Delta Y\}^{\mathrm{T}}
\tag{5.27}
$$

2）变形协调方程式

变形协调方程式的规律形式与式（5.17）相同。但是，按式（5.21），规律$[\partial]^{\mathrm{T}}$的形式如下：

$$
[\partial]^{\mathrm{T}}=\begin{bmatrix}\frac{\partial}{\partial x} & 0\\ 0 & \frac{\partial}{\partial y}\\ \frac{\partial}{\partial y} & \frac{\partial}{\partial x}\end{bmatrix}
\tag{5.28}
$$

$$
\{\Delta r\}=\{\Delta u\quad \Delta v\}^{\mathrm{T}}
\tag{5.29}
$$

3）矩阵形式的非线性应力–应变关系

非线性应力–应变关系规律与式（5.7）相同。但是，式中的$\{\Delta\sigma\}$和$\{\Delta\varepsilon\}$分别按式（5.22）和式（5.23）确定。

4）矩阵形式的求解方程式

矩阵形式的以位移增量为未知量的求解方程式与式（5.19）相同，其中矩阵［∂］和$[\partial]^{\mathrm{T}}$分别按式（5.26）和式（5.28）确定，$\{\Delta\gamma\}$按式（5.29）确定，$\{\Delta f\}$按式（5.27）确定。

5.3.3　轴对称问题

图5.8给出了柱坐标体系，由图5.8可见，柱坐标包括三个坐标分量，径向坐标、z坐标，以及径向坐标与x轴的夹角θ。如果位移、应变和应力满足如下条件，则称为轴对称问题：①位移、应变、应力发生径向平面rz内，与θ角无关，并且环向正应力和正应变为主应力和主应变；②位移、应变、应力关于z轴是对称的；③切向，或称环向位移$v_\theta=0$。

一些岩土工程问题可以简化为轴对称问题，例如圆形断面的单桩、竖向均匀受压的圆形基础等。

在轴对称情况下，位移增量为Δu、Δv，应力增量为$\Delta\sigma_r$、$\Delta\sigma_z$、$\Delta\sigma_\theta$、$\Delta\tau_{rz}$，应变增量为$\Delta\varepsilon_r$、$\Delta\varepsilon_z$、$\Delta\varepsilon_\theta$、$\Delta\gamma_{rz}$。按上述，虽然切向或环向位移增量$\Delta v_\theta=0$，但可以证明，环向正应变增量不为零，可按下式确定：

$$\Delta\varepsilon_\theta=\frac{\Delta u}{r} \tag{5.30}$$

在轴对称条件下，rz平面内的应力分量如图5.9所示。

下面，令

$$\{\Delta\gamma\}=\{\Delta u \quad \Delta w\}^{\mathrm{T}} \tag{5.31}$$

$$\{\Delta\sigma\}=\{\Delta\sigma_r \quad \Delta\sigma_z \quad \Delta\sigma_\theta \quad \Delta\tau_{rz}\}^{\mathrm{T}} \tag{5.32}$$

$$\{\Delta\varepsilon\}=\{\Delta\varepsilon_r \quad \Delta\varepsilon_z \quad \Delta\varepsilon_\theta \quad \Delta\gamma_{rz}\}^{\mathrm{T}} \tag{5.33}$$

这样，轴对称问题共有10个未知量待求，与前述平面应变问题相比多了两个未知量。

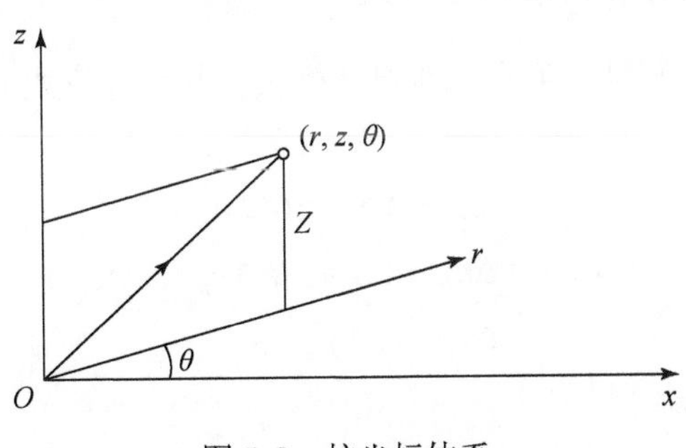

图5.8　柱坐标体系

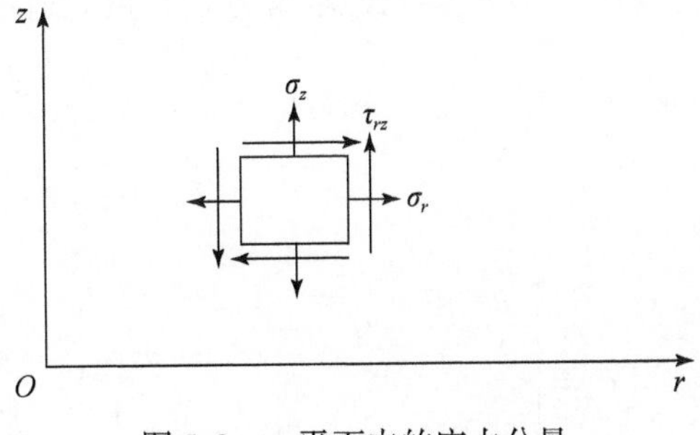

图5.9　rz平面内的应力分量

1. 增量形式的基本方程式

1）力的平衡方程式

$$\left.\begin{aligned}&\frac{\partial\Delta\sigma_r}{\partial r}+\frac{\partial\Delta\tau_{ry}}{\partial z}+\frac{\Delta\sigma_r-\Delta\sigma_\theta}{r}+\Delta R=0\\&\frac{\partial\Delta\tau_{rz}}{\partial r}+\frac{\partial\Delta\sigma_z}{\partial z}+\frac{\Delta\tau_{rz}}{r}+\Delta Z=0\end{aligned}\right\}\tag{5.34}$$

式中，ΔR、ΔZ 为径向和 Z 方向体积力增量。

2）变形协调方程

$$\left.\begin{aligned}&\Delta\varepsilon_r=\frac{\partial}{\partial r}\Delta u\quad\ \Delta\gamma_{rz}=\frac{\partial}{\partial z}\Delta u+\frac{\partial}{\partial r}\Delta w\\&\Delta\varepsilon_z=\frac{\partial}{\partial z}\Delta w\\&\Delta\varepsilon_\theta=\frac{\Delta u}{r}\end{aligned}\right\}\tag{5.35}$$

3）非线性应力–应变关系方程式

在轴对称情况下，非线性应力–应变关系方程的形式与式（5.7）相同，其中 $\{\Delta\sigma\}$ 和 $\{\Delta\varepsilon\}$ 分别如式（5.32）和式（5.33）定义。

4）以位移增量为未知量的求解方程式

与前两种情况相似，如果采用非线性弹性模量，其增量形式的应力–应变关系式如下：

$$\begin{aligned}&\Delta\sigma_r=\lambda\Delta e+2G_t\Delta\varepsilon_r\\&\Delta\sigma_z=\lambda\Delta e+2G_t\Delta\varepsilon_z\\&\Delta\sigma_\theta=\lambda\Delta e+2G_t\Delta\varepsilon_\theta\\&\Delta\tau_{rz}=G_t\Delta\gamma_{rz}\end{aligned}\tag{5.36}$$

式中，$\Delta e=\Delta\varepsilon_x+\Delta\varepsilon_z+\Delta\varepsilon_\theta$。

将式（5.35）代入式（5.36）中，然后再将式（5.36）代入式（5.34）中，就可得到求解 Δu、Δw 的方程式。当然，这样得到的求解方程式也只适用于非线性弹性模型。

2. 矩阵形式

1）力的平衡方程式

令

$$[\partial]=\begin{bmatrix}\frac{\partial}{\partial r}+\frac{1}{r}&0&-\frac{1}{r}&\frac{\partial}{\partial z}\\0&\frac{\partial}{\partial z}&0&\frac{\partial}{\partial r}+\frac{1}{r}\end{bmatrix}\tag{5.37}$$

注意式（5.37），由式（5.34）可得矩阵形式的力平衡方程式，其形式与式（5.14）相同，其中 $\{\Delta\sigma\}$ 按式（5.32）确定，$\{\Delta f\}$ 按下式确定：

$$\{\Delta f\} = \{\Delta R \quad \Delta Z\}^{\mathrm{T}} \tag{5.38}$$

2）变形协调方程

$$[\underset{-}{\partial}] = \begin{bmatrix} \frac{\partial}{\partial r} & 0 \\ 0 & \frac{\partial}{\partial z} \\ \frac{1}{r} & 0 \\ \frac{\partial}{\partial z} & \frac{\partial}{\partial r} \end{bmatrix} \tag{5.39}$$

注意式（5.39），由式（5.35）可得矩阵形式的变形协调方程如下：

$$\{\Delta\varepsilon\} = [\underset{-}{\partial}]\{\Delta r\} \tag{5.40}$$

式中，$\{\Delta r\}$ 和 $\{\Delta\varepsilon\}$ 分别按式（5.31）和式（5.33）确定。

3）应力-应变关系方程式

上文已表述了矩阵形式的应力-应变关系方程式，其形式与式（5.7）相同。

4）矩阵形式的求解方程式

将式（5.40）代入轴对称情况下的式（5.7）中，然后将其代入轴对称情况下的式（5.14）中，就可得轴对称情况下规律形式的求解方程式：

$$[\partial][D]_{\mathrm{NL}}[\underset{-}{\partial}]\{\Delta\gamma\} + \{\Delta f\} = 0 \tag{5.41}$$

显然，无论是非线性弹性模型还是弹塑性模型，式（5.41）都是通用的。

5.4　数值分析方法

以下各节主要表述非线性问题的数值分析方法。主要的参考文献为文献［1］的第18、19、20章，以及参考文献［2］。

按5.2节所述，土体非线性分析可通过线性化方法转化成线性问题求解。因此为了简便，本节以线性问题为例，来表述土体的数值分析方法。

5.4.1　数值分析方法及其离散

首先指出，由于求解的未知量较少，数值分析方法通常采用位移法，即由平衡方程式建立求土体位移的方程式。另外，因为分析要求将土体划分成一定的网格，求得的结果是网格结点上位移的具体数值，所以称其为数值分析。任何数值分析方法通常都包括一个离散过程。离散是将土体划分成网格，并根据网格建立有限形式的求解方程。当数值分析采用位移法求解时，有限形式的求解方程则以网格结点上的位移为未知量。

按网格划分的目的及建立有限形式的求解方程的方法，可将数值分析的离散分为如下两种类型。

1. 数学离散

数学离散划分网格的目的是按网格计算差商，以各位移分量的差商代替求解方程式中的微商，建立有限形式的求解方程。由这种离散途径建立的数值求解方法即差分方法。

2. 物理离散

物理离散划分网格的目的是将土体划分成许多有限单元，即将土体视为有限单元集合体，然后按单元分区定义位移分量的分布函数，以代替整个土体中位移分量的分布函数。如果单元的位移分量的分布函数确定了，则可确定出单元的应变及应力分量。这样，就可由网格中各结点的力的平衡条件建立有限形式的求解方程。由这种离散途径建立的数值求解方法即有限元方法。

显然，数值分析的结果是近似的。采用差分法数值分析的近似性源于以差商代替微商。根据差商定义，网格的尺寸越小，差商值越接近微商值，差分法数值分析给出的结果则越精确。采用有限元法数值分析的近似性来源于按单元分区定义位移分量的分布代替土体中实际位移分量的分布。如果网格的尺寸越小，这两者就越接近，有限元法数值分析给出的结果则越精确。因此，无论采用哪种数值分析方法，网格尺寸是决定其结果精度的关键因素。

5.4.2 有限元法概要

如果对有限差分法和有限元法有一定的了解，一定会认为有限元法比有限差分法更具有灵活性，在处理土体不均质性和边界条件等方面更方便。因此，数值求解岩土工程问题时常采用有限元法。现在一些通用的商业计算软件大多也是采用有限元法编写的。假定读者对有限元法有所了解，在此只对有限元法做一概要表述，其目的在于说明采用有限元法进行数值分析是如何实现的，具有哪些功能，以及这些功能是如何模拟的。

有限元数值求解方法的主要步骤如下。

1. 单元类型的选择

对于土体，单元的类型可根据问题的受力状态按下述原则选取。

1）三维问题

如果所要求解的问题是三维问题，通常选取如下四种类型单元。

(a) 四面体单元；

(b) 正立方体单元；

(c) 长立方体单元；
(d) 等参六面体单元。

2) 平面应变问题

如果所要求解的问题是二维平面应变问题，通常选取如下四种类型单元。
(a) 三角形单元；
(b) 正方形单元；
(c) 长方形单元；
(d) 等参四边形单元。

3) 轴对称问题

如果所要求解的问题是轴对称问题，通常选取如下四种类型单元。
(a) 在 rz 平面内截面为三角形的环单元；
(b) 在 rz 平面内截面为正方形的环单元；
(c) 在 zr 平面内截面为长方形的环单元；
(d) 在 zr 平面内截面为等参四边形的环单元。

2. 计算域的截取

在实际问题中，土体及其下的岩层向下及向两侧通常是无限延伸的。但在数值分析中，总是截取有限的区域进行计算。实际上，表面荷载在土体中引起的应力，随着向下和向两侧扩展，其数值越来越小，当扩展到一定程度时其数值可以忽略不计。因此，可以将向下一定深度、向两侧一定宽度内的土体作为参与计算的土体。

在实际问题中，可分如下两种情况来截取计算域。

(1) 土层之下一定深度内存在下卧的岩层，以地基土体为例，如图 5.10 (a) 所示。在这种情况下，可将土层与岩层的界面取为计算域的下边界。设荷载作用面宽度为 B，计算域的两侧边界可取至荷载宽度的 2 ~ 3 倍，即 (2 ~ 3) B。

(2) 土层之下很深的范围内也不存在下卧岩层，以地基土土体为例，如图 5.10 (b) 所示。设荷载作用面的宽度为 B，则截取的土体下边界在荷载作用面之下的深度 D 可取为 (3 ~ 4) B，计算域的两侧边界可取为 (2 ~ 3) B。

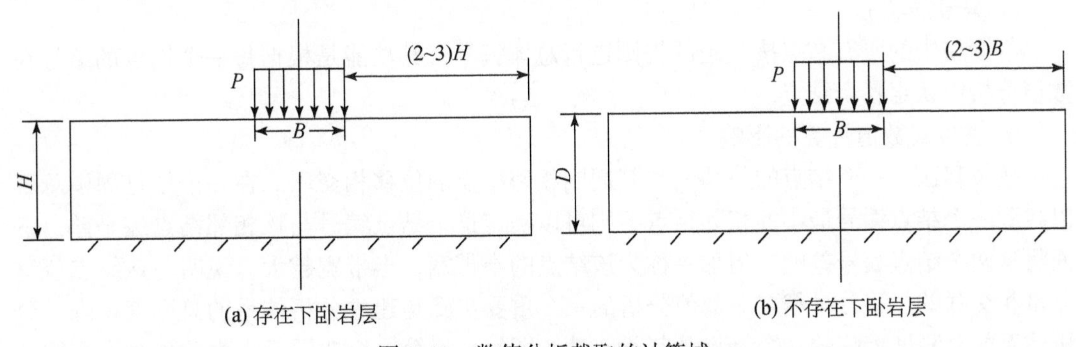

图 5.10　数值分析截取的计算域

3. 计算域内的单元划分

计算域内的单元划分也就是网格划分。计算域内的单元划分考虑如下四个主要因素。

（1）计算域的几何特征，例如几何形状，内部是否存在洞及其尺寸等；

（2）边界条件，例如集中荷载作用点、分布荷载的作用部位等；

（3）计算域土层种类和分布，以及地下水位；

（4）选取的单元类型。单元划分决定了单元的尺寸或网格的尺寸。划分出来的单元数量越多，单元的尺寸越小，其计算结果就越精确。但是网格中的结点数量也越大，其计算工作量也越大。因此，单元划分应在结果的精度和计算工作量之间取得平衡。

实际上，单元划分一般是凭借经验进行的。但是，在划分时还应遵守如下基本原则。

（1）在与集中荷载作用点、分布荷载作用部位相邻的区域，单元应划分得小一些，相应的网格应密一些。

（2）当计算区域内存在孔洞时，在与孔洞相邻的区域，单元应划分得小一些，相应的网格应密一些。

（3）在与计算域边界相邻的区域，单元可划分得大一些，相应的网格可以疏一些。

（4）由于应力在土体中是逐渐扩散的，则网格从密到疏也应是逐渐变化的。

（5）网格线应与土层分界线地下水位线一致，这样可保证一个单元只含一种类型的土。

（6）划分出来的单元形状应比较正常。因此应限定单元的最大边长与最小边长的比值，例如长方形单元，其长宽比一般不要大于3。

4. 建立单元划分的网格信息

单元划分的网格信息包括网格结点总体编号和相应的坐标，以及单元编号和单元结点的局部编号。

1）网格结点总体编号和相应的坐标

建立网格结点总体编号及确定结点的坐标是为了对计算域在几何上进行数值模拟。

A. 网格结点的总体编号

a. 编号的功能

将网格中的所有结点按一定的规则进行总体编号，其功能是根据每一个结点的编号在数值分析中认定各个结点。

b. 编号对数值计算的影响

按位移法，一个结点的位移只与其周围相邻结点的位移相交联。在一个结点周围总可以找到一个结点编号最小的相邻结点，则可以确定这个结点编号与该相邻结点编号差。下面将这两个结点编号差的二倍加一称为该结点的半带宽。半带宽越大，说明与该结点位移分量相交联的位移分量越多。数值分析的一个重要步骤是建立分析体系的总刚度矩阵。分析体系的总刚度矩阵的一个特点是其稀疏性，即每一行第一个非零元素之前包含许多零元素。对于第 i 个结点，可以在总刚度矩阵中找到与第 i 个结点第一个位移分量相应的那一行。可以发现，从该行的第一个非零元素至对角线元素的个数等于第 i 个结点的半带宽，如图 5.11 所示。这样，半带宽越宽，则数值分析存储总刚度矩阵所要求的空间就越大，即要求的内存越大。另外，半带宽越大，数值求解所要求的计算量也越大。因为半带宽取决于网格结点的总体编号，所以网格的总体编号对数值分析所要求的存储量及计算工作量有重要的影响。

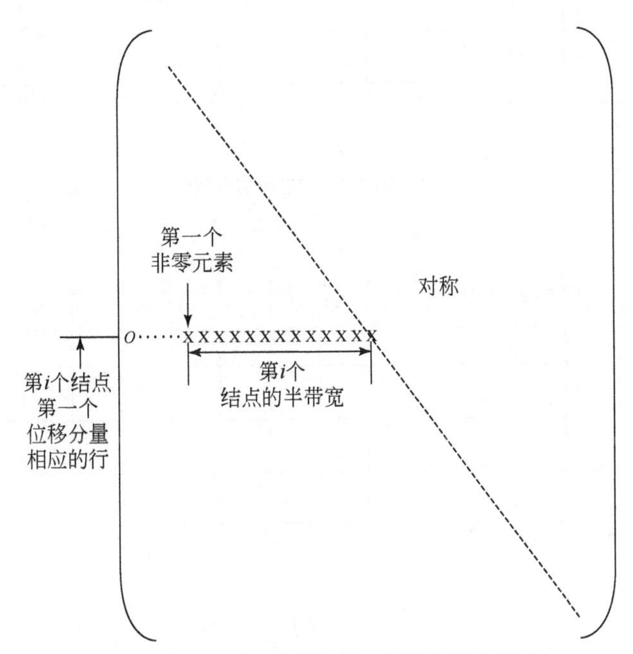

图 5.11　总刚度矩阵与第 i 个结点的半带宽

c. 总体结点编号的原则

总体结点编号的原则是使每一个结点的半带宽最小。这个原则说起来简单，但严格执行却很困难。因此，总体结点编号通常是考虑这个原则凭经验来进行的。实际上，在单元网格划分时，尽量使结点按行或列规矩地排列，以地基土体为例，如图 5.12 所示。在这种情况下，如果按行的次序进行总体结点编号，则半带宽等于相邻两行第一个结点的编号差的二倍加一；如果按列的次序进行总体结点编号，则半带宽等于相邻两列第一个结点的编号差的二倍加一。考虑半带宽最小的原则，如果按行进行编号的半带宽小于按列进行编号的半带宽，则应按行的次序进行结点编号；否则，应按列的次序进行结点编号。图 5.12（a）和图 5.12（b）给出了按行和列进行结点编号的比较。由图 5.12 可见，每一行包括 17 个结点，按行进行结点编号的半带宽等于 35；而每一列只有 6 个结点，按列进行结点编号的半带宽等于 13。显然，在这种情况下，应按列进行总体结点编号。为便于说明，这里举了一个简单的例子，实际问题要比这个例子复杂，但这个例子表述的进行总体结点编号的途径仍是有效的。

B. 网格结点的坐标

网格结点编号完成后，就可按总体结点编号的次序逐个确定在选定的坐标体系中结点

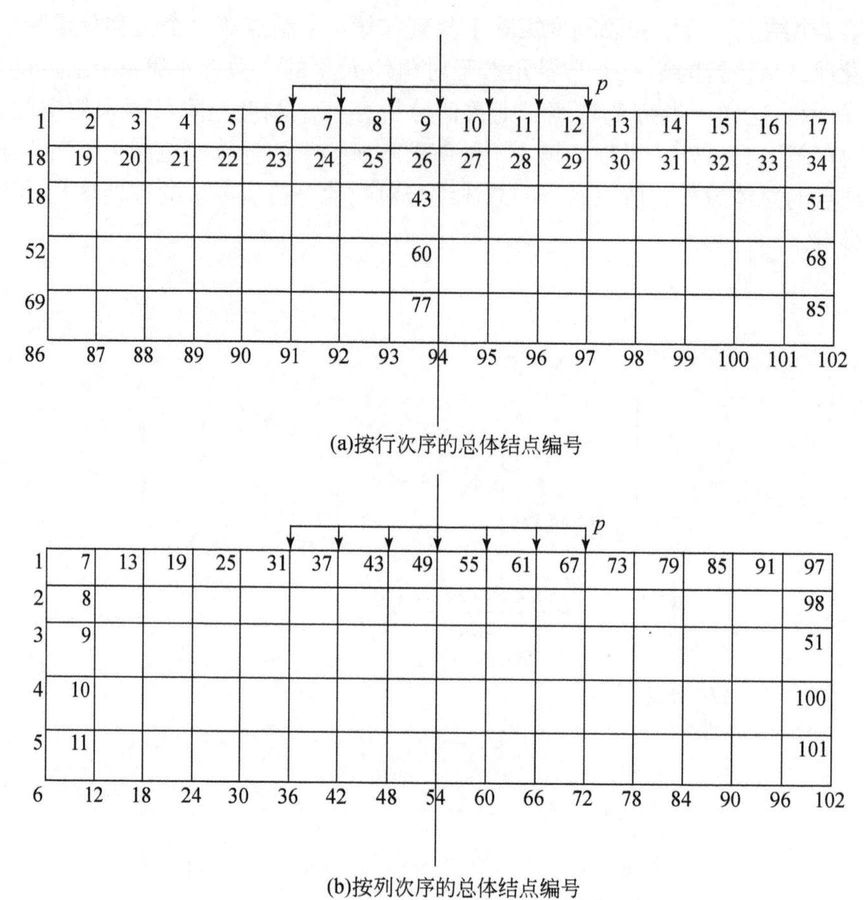

(a)按行次序的总体结点编号

(b)按列次序的总体结点编号

图 5.12　按行和列进行总体结点编号的比较

的坐标。原则上，坐标原点可选择任意点，但为了方便通常选在参与分析的土体的几何对称轴上。另外，坐标体系一般应符合右手螺旋法则。确定网格结点坐标的目的是在几何上模拟参与分析的土体。根据网格结点的坐标可以计算各单元的边长、面积或体积。

2）单元编号和单元结点的局部编号

网格划分后，应对划分出的单元进行编号。根据每个单元编号可以在数值分析中确认各个单元。原则上，单元编号可以是任意的。但是，在参与分析的土体中，单元基本上也是按行或列编号的。因此，单元也可以像结点那样按行或列次序进行编号。但是，在某些情况下，按行或列的次序进行单元编号可能不确定，即一个单元编号可以赋予几个相邻的单元。在这种情况下，应确定每个单元的最小结点编号并进行比较，然后将该单元编号赋予结点编号最小的那个单元。

单元编号确定以后，应对每个单元的结点进行局部编号，以四边形单元为例，一个单元的局部结点编号为 i、j、k、l 或 1、2、3、4，如图 5.13 所示。一个单元的局部结点编号方法如下。

（a）将该单元各结点的总体编号找出来；

(b) 比较各结点总体编号的大小；

(c) 将总体编号最小的结点作为局部编号的 i 或 1 结点；

(d) 从局部编号为 i 或 1 的结点开始，如果坐标体系用右手螺旋法则，则应按逆时针旋转次序确定局部编号为 j、k、l 或 2、3、4 的结点。

各单元的局部结点编号确定后，应按单元编号的次序确定与各单元局部结点编号相应的总体结点编号。这样就可进一步确定各单元结点的坐标，以及计算单元尺寸、面积或体积。

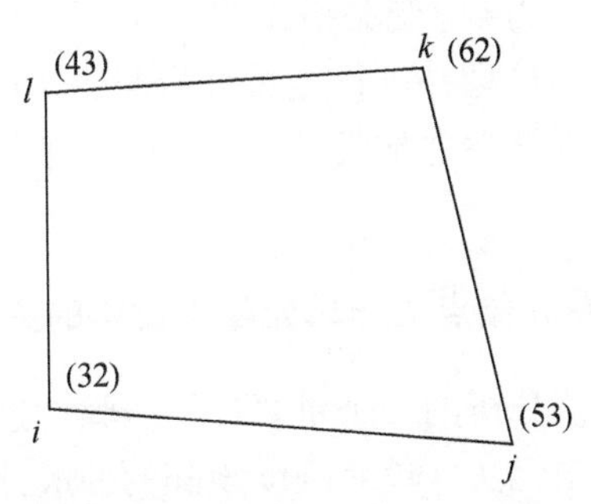

图 5.13　四边形单元结点的局部编号及相应的总体结点编号（图中括号中的数字为结点的总体编号，其中 32 最小，则将该结点的局部编号设为 i 或 1）

5. 建立单元的材料类型信息

通常参与分析的土体是由不同类型的土层组成的。类型不同的土，其物理力学性质及相应的指标不同。在数值分析中，必须认定每个单元土的类型。因此，必须建立单元的材料类型信息。建立单元的材料类型信息包括如下两项工作。

(1) 确定参与分析的土体包括哪些类型的土及个数，并对每种类型的土进行编号。原则上，土的类型编号是任意的，对于天然土层，习惯上按从上至下的顺序进行编号。应指出，对于地下水位所在的土层，虽然是同一种土，但在地下水位上下，其物理力学性质及指标是不同的，因此应按地下水位将其划分成两种类型的土。

(2) 按土单元编号的次序给出各个单元土的类型编号。

6. 建立材料物理力学指标信息

在数值分析中，各单元的物理力学指标必须按各单元土的类型选取。因此，必须按土的类型给出各类土的物理力学指标，建立材料物理力学指标信息也包括以下两项工作。

(1) 由试验确定数值分析所包括的每种土的物理指标、每种土的力学模型及相应的参数。

(2) 按土类型编号的次序给出各种土的物理力学指标及力学模型参数。

7. 建立荷载的作用信息

建立荷载的作用信息包括如下两方面。

(1) 集中荷载的作用部位，以及分布荷载作用的部位和范围。

（2）集中荷载的数值，以及分布荷载的分布形式和数值。

8. 建立渗透力的作用信息

如果在数值分析中要考虑渗透力的作用，则应根据渗流分析的结果按单元编号的次序确定每个单元中心点处的水力坡降的分量。

9. 确定与受力水平相应的应力-应变关系矩阵

与各单元受力水平相应的应力-应变关系矩阵 $[D]$ 可根据所采用的非线性力学模型来确定。当采用非线性弹性力学模型并进行全量分析时，矩阵 $[D]$ 应采用与受力水平相应的割线模量来计算。当采用弹塑性力学模型时，$[D]$ 应为与受力水平相应的弹塑性应力-应变关系矩阵 $[D]_{\mathrm{ep}}$。

10. 建立单元刚度矩阵即单元结点力与单元结点位移的关系

计算单元刚度是有限元数值分析的一个重要计算步骤。这一步骤是按单元编号的次序逐个计算单元刚度矩阵。按有限元法，单元刚度矩阵的一般计算公式如下：

$$[k]_{\mathrm{e}}=\int_V [B]^{\mathrm{T}}[D][B]\mathrm{d}V \tag{5.42a}$$

式中，$[k]_{\mathrm{e}}$为单元刚度矩阵；$[B]$ 和 $[B]^{\mathrm{T}}$分别为应变矩阵及其转置；V 为单元体积，对于平面应变问题，式（5.42）中对单元体积 V 的积分则应改为对单元面积 S 的积分。

根据有限元法：

$$\{F\}_{\mathrm{e}}=\{K\}_{\mathrm{e}}\{r\}_{\mathrm{e}} \tag{5.42b}$$

式中，$\{F\}_{\mathrm{e}}$、$\{r\}_{\mathrm{e}}$ 分别为单元结点力向量和单元结点位移向量。由此，式（5.42b）借助单元刚度矩阵建立了单元结点力和单元结点位移之间的关系。

11. 形成总刚度矩阵

总刚度矩阵可以采用直接刚度法形成，即由单元刚度矩阵直接叠加来形成。这样，在按单元编号次序逐个计算出单元刚度矩阵后，就可将其中的每个元素叠加到总刚度矩阵中。因此，总刚度矩阵是伴随单元刚度矩阵的计算同时完成的。单元刚度矩阵中的元素叠加到总刚度矩阵的方法与总刚度矩阵的存储方式有关，此处不做进一步说明。

1）总刚度矩阵的特点

应指出，总刚度矩阵就是按位移法数值求解方程式的系数矩阵。总刚度矩阵具有如下两个特点。

（a）根据互等定理，总刚度矩阵是关于对角线对称的矩阵；

（b）按位移法，一个结点的位移分量只与其相邻点的位移分量相交联。因此，总刚度矩阵每一行的第一个非零元素之前有大量的非零元素，而从第一个非零元素到对角线元素之间也存在许多非零元素，即总刚度矩阵是一个稀疏的矩阵，如图 5.11 所示。

2）总刚度矩阵的存储方式

如果参与分析的土体的结点有很多时，存储总刚度矩阵需要很大的存储空间。利用总刚度矩阵的对称性和稀疏性采取压缩存储形式可有效减小存储空间。总刚度矩阵常采用的一种压缩存储形式是变带宽一维数组存储。这种存储方式是按行的次序将总刚度矩阵中每一行从第一个非零元素到对角线元素编成一维数组存储起来。为了从这个一维数组中认定总刚度矩阵中的各行元素，需要建立一个指示向量。指示向量是按总刚度矩阵行的次序将各行对角元素在这个一维数组的序号排列起来形成的一个数组。如果以 Mp 表示指示向量，则总刚度矩阵第 i 行的元素在这个一维数组中相应的元素为从 $\mathrm{Mp}(i-1)+1$ 的元素至 $\mathrm{Mp}(i)$ 的元素，其中 $\mathrm{Mp}(i-1)$ 和 $\mathrm{Mp}(i)$ 分别为指示向量中第 $i-1$ 个元素和第 i 个元素。

12. 形成荷载向量

以 $\{R\}$ 表示荷载向量，是按结点编号的次序将作用于各结点上力的分量排列成的一个向量。在确定作用于各结点力的分量时，对于静力问题，通常考虑如下三种作用。

(a) 边界荷载，包括集中荷载和分布荷载；

(b) 土的自重；

(c) 其他体积力，例如渗透力。

关于荷载向量的形成方法此处不进一步说明。但应指出，当只考虑边界荷载作用时，荷载向量中只有与边界荷载作用的结点相应的元素不为0，其他元素均为0。当考虑土的自重和渗透力作用时，荷载向量的所有元素均不为0。

13. 根据结点力平衡建立求解方程式

按前述，有限元法是以有限形式的结点力的平衡方程代替无限形式的微元体力的平衡方程。由结点力的平衡可建立有限元法数值分析的求解方程式。对于全量分析，求解方程式如下：

$$[K]_s\{r\}=\{R\} \tag{5.43}$$

式中，$[K]_s$为与受力水平相应的全量分析总刚度矩阵，其下标 s 表示其形成 $[K]_s$时采用割线模量；$\{r\}$ 为待求的结点位移向量；$\{R\}$ 为荷载向量。对于增量分析，求解方程式如下：

$$[K]_t\{\Delta r\}=\{\Delta R\} \tag{5.44}$$

式中，$[K]_t$为与受力水平相应的增量分析总刚度矩阵，其下标 t 表示形成 $[K]_t$时采用切线模量；$\{\Delta r\}$ 为待求的结点位移增量向量；$\{\Delta R\}$ 为荷载增量向量。

14. 考虑边界位移条件

1）边界位移条件的类型

这里所说的边界位移条件是指参与分析的土体边界的位移条件，包括两侧边界的位移条件和下部边界的位移条件，以参与分析的地基土体为例，如图5.14所示。

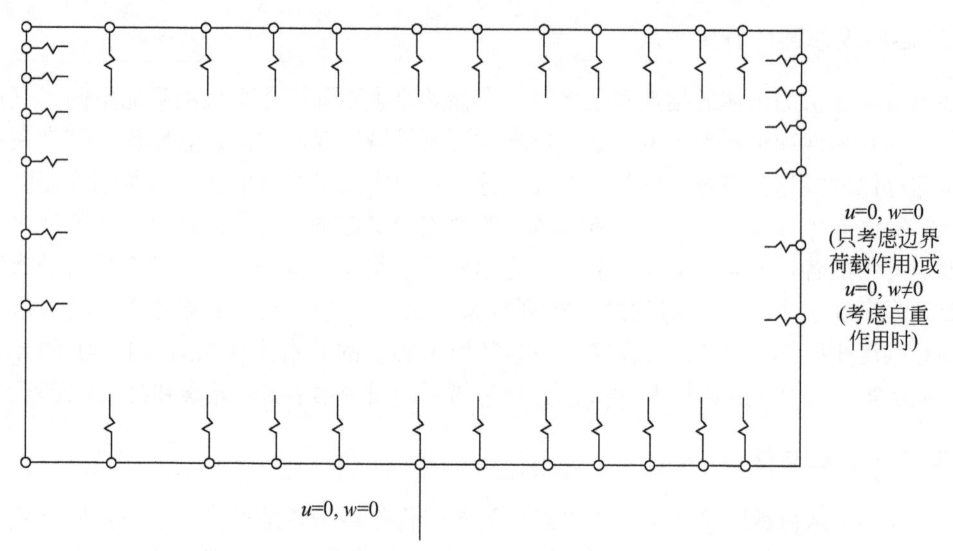

图 5. 14　参与分析土体两侧边界及下部边界上结点的位移边界条件

a. 两侧边界的位移条件

通常，截取参与分析土体的两侧边界离荷载作用边界足够远。因此，当分析只考虑边界荷载作用时，可将两侧边界上的结点视为固定结点，即其位移分量为零。但是，当分析还考虑自重作用时，两侧边界上的结点在水平方向上应是固结的，即水平位移分量取为零，而在竖向上其位移是自由的。

b. 下部边界的位移条件

截取参与计算的土体下部边界可能是土层与岩层的界面，且要离荷载作用边界足够远。因此，在分析中通常将下部边界上的结点视为固定结点，即其位移分量为零。

综上所述，边界结点的位移条件可分为如下两种。

（a）结点的位移分量是自由的，这里的位移分量是自由的是指与参与分析土体相邻的外部土体对结点的位移分量没有约束作用，该位移分量只取决于参与分析土体的作用。因此，该位移分量可由求解方程式（5. 43）或式（5. 44）求解。

（b）结点在指定的位移分量方向上是固定的。

按前述，结点在指定的位移分量方向上是固定的，是指参与分析土体相邻的外部土体在指定位移分量方向上将结点固定，即结点在该方向上的位移分量为零。

2）固定边界条件的处理

求解方程式（5. 43）和式（5. 44）可得结点位移向量，其中包括参与分析土体边界上结点的位移分量。但是，当存在固定边界条件时，必须满足这些结点在指定方向上的位移分量为零的条件。满足这个条件的最简单的方法，是在总刚度矩阵中找出与这些结点指定方向位移分量相应的那一行，然后将其对角线元素乘以一个很大的数，例如 10^{10}。

15. 求解位移向量或位移增量向量

解矩阵方程式（5.43）或式（5.44）就可得到位移向量或位移增量向量。解矩阵方程式的方法有很多，对于系数矩阵具有对称性和稀疏性并采用一维数组存储方式的矩阵方程式，采用三角分解法求解比通常采用的高斯消元法不仅计算量小且精度也高。

对于增量分析，结点位移向量可根据计算出的结点位移增量向量按下式计算：

$$\{r\} = \sum_{i} \{\Delta r\}_{i} \tag{5.45}$$

式中，下标 i 表示第 i 次增量分析。

16. 计算单元的应变和应力

当确定位移向量或位移增量向量之后，就可按单元编号的次序计算各单元的应变和应力或应变增量和应力增量。对于增量分析，各单元的应变向量和应力向量可根据计算出来的应变增量向量和应力增量向量按下式确定：

$$\left.\begin{aligned} \{\varepsilon\}_{\mathrm{e}} &= \sum_{i} \{\Delta\varepsilon\}_{\mathrm{e},i} \\ \{\sigma\}_{\mathrm{e}} &= \sum_{i} \{\Delta\sigma\}_{\mathrm{e},i} \end{aligned}\right\} \tag{5.46}$$

式中，$\{\varepsilon\}_{\mathrm{e}}$、$\{\sigma\}_{\mathrm{e}}$分别为单元的应变向量和应力向量；$\{\Delta\varepsilon\}_{\mathrm{e},i}$、$\{\Delta\sigma\}_{\mathrm{e},i}$分别表示第 i 次增量分析得到的单元应变增量向量和应力增量向量；下标 i 表示第 i 次增量分析。

17. 考虑土的非线性力学性能

对于线性问题的数值分析，完成上述 16 个步骤后将所要求的结果输出就可结束了。但对于非线性问题的数值分析，还应考虑土的非线性力学性能。按前述，土的非线性力学性能在全量分析中可采用迭代法，在增量分析中可采用逐次叠加法。无论采用哪种方法，其本质都是线性化的途径，其关键是确定与土的受力水平相应的应力-应变关系矩阵 $[D]$。只要确定各单元与其受力水平相应的应力-应变关系矩阵，以后的各计算步骤是相同的。这样，在数值分析中为考虑土的非线性力学性能，只需要从上述第 9 ~ 16 步进行反复计算。

5.5　数值分析计算程序的模拟功能

由上述可见，数值分析结果的可信程度不仅取决于分析所采用的计算方法，更取决于在如下诸方面的模拟是否适当。一个实用的数值分析计算程序必须具有较强的模拟功能。

5.5.1　参与分析土体体系的模拟及实现

在有限元数值分析中，将参与分析土体体系模拟成有限元集合体。在此应指出，将参与分析土体体系模拟成有限元集合体，实际上则是完成对分析体系的几何模拟和传力机制的模拟。其中，几何模拟是通过建立网格结点坐标实现的，而传力机制的模拟是由相邻单元之间的相互作用实现的，具体来说是由相邻单元的结点力在结点相互传递时实现的。因此，参与分析土体的网格划分，即单元类型、单元尺寸对参与分析土体体系的模拟有重要影响。单元类型、网格结点编号及坐标、单元的编号及其结点局部编号是模拟参与分析土体体系必需的且有重要影响的信息，也是有限元法数值分析的基础资料。如果这些基础资料出现错误，例如一个结点的编号或坐标出现错误，都会使数值分析中出现错误结果，甚至无法完成。

5.5.2 参与分析土体体系的非均质性的模拟及实现

前文曾指出，参与分析的土体通常是由非均质的成层土层组成的。在数值分析时应对参与分析土体的非均质性进行模拟。按上述，非均质性的模拟通常是在单元划分时完成的。模拟参与分析土体的非均质性的必要信息是土类类型编号及按单元编号次序建立的土类型编号向量。

5.5.3 参与分析土体物理力学性能的模拟及实现

不同种类的土具有不同的物理力学性能。土的非均质性对数值分析结果的定量影响主要体现在不同种类的土物理力学指标的影响上。在数值分析中，土的物理力学性能模拟的主要信息如下。

（1）按单元编号次序给出的土类型编号向量；

（2）按土类型编号次序给出的土物理力学性能指标向量。

应指出，应给出的土的物理指标至少应包括土的重力密度，力学指标应包括所采用的力学模型的参数，例如非线弹性邓肯-张模型的参数k、n、c、φ、R_f、μ。因此，按土类型编号次序给出的土物理力学性指标向量是一个多维向量，其维数取决于应给出的物理力学性能指标的个数。

5.5.4 荷载作用的模拟及实现

按前述，作用于参与分析土体上的荷载包括在边界上作用的集中荷载、分布荷载，以及作用于土体内部的体积力，例如渗透力。由前述可见，求解方程式右端的荷载向量或荷载增量向量就是根据这三种荷载作用确定的。在数值分析中，模拟荷载作用的信息如下。

1. 集中荷载作用信息

集中荷载作用信息包括集中荷载作用的结点号、集中荷载分量的数值。因此，集中荷载作用信息是一个多维向量，对于平面应变问题和轴对称问题是一个三维向量，对于一般问题是一个四维向量。

2. 分布荷载作用信息

分布荷载作用信息包括分布荷载作用的结点号、在结点上作用的荷载强度分量数值。和集中荷载作用信息一样，分布荷载作用信息是一个多维向量。但应指出，对于集中荷载作用给出的是在结点上作用的荷载分量的数值，而对于分布荷载作用给出的是荷载强度分量的数值。在数值分析中，通常认为在相邻的两个结点间，荷载强度分量数值是线性分布的。

3. 作用于土体内部的体积力信息

除重力外，在土体数值分析中通常考虑的体积力是渗透力。以渗透力作用为例，渗透力作用信息包括单元编号、在单元中心点的水力坡降分量的数值。同样，渗透力作用信息也是一个多维数组。前文曾指出，单元中心点的水力坡降分量的数值可由渗透分析确定。

5.5.5 荷载施加过程的模拟及实现

应指出，实际工程问题中其荷载是逐渐施加的，例如地基压载试验，荷载就是分级施加的。实际工程问题的加载过程是很复杂的，在数值分析中通常以分级加载来近似地模拟实际的加载过程，其中的荷载级数、每一级荷载的大小则根据实际的加载过程确定。

分级加载的数值分析通常采用增量叠加法进行，每一级荷载的求解方程式为（5.44），根据式（5.44），第 i 级荷载增量的求解方程式如下：

$$[K]_i\{\Delta r\}_i=\{\Delta R\}_i \tag{5.47}$$

式中，$\{\Delta R\}_i$为与第 i 荷载增量相应的荷载增量向量；$\{\Delta r\}_i$为第 i 级荷载增量作用引起的位移增量向量；$[K]_i$为第 i 级荷载增量数值分析时的总刚度矩阵。确定第 i 级荷载增量向量所需要的信息包括第 i 级集中荷载增量作用信息、第 i 级分布荷载增量作用信息及第 i 级体积力增量作用信息。此外，由于荷载逐级增加，土体的受力水平也在逐级提高，$[K]_i$要根据第 i 级荷载增量作用时土体所达到的受力水平来确定，而第 i 级荷载增量作用时土体所达到的受力水平则可根据前 $i-1$ 级荷载增量的分析结果确定。

5.5.6 土体施工过程的模拟及实现

土体的施工包括填筑和开挖两种情况，填筑使土体断面增大，开挖使土体断面减小。显然，土体施工过程就是土断面变化过程。因此，可以用土体断面变化过程来模拟土体施工过程。

土体的实际施工过程可能比较复杂，但在数值分析中通常将其分成若干个施工阶段，在每一个施工阶段土体的断面要增大或减小一部分。无论是填筑还是开挖情况，都是从初始断面开始的。对于填筑情况，土体断面从初始断面开始逐阶段增大，在填筑完成时土体断面达到最大，即最终断面。对于开挖情况，土体断面从初始断面开始逐阶段减小，开挖完成时土体断面达到最小，即最终断面，其初始断面为最大断面。在此应指出，无论是填筑还是开挖情况，在数值分析中各施工阶段土体断面的网格划分应与其最大断面的网格划分一致。这样，就可容易地根据最大土体断面的网格划分和各施工阶段填筑或开挖的土体部位和范围，确定指定施工阶段的土体断面及相应的网格划分。认定各施工阶段填筑或开挖土体的部位和范围需要一定的信息，这些必要的信息为各施工阶段被填筑或开挖的土体所包括的单元在最大土体断面网格划分中的单元编号。根据这些信息可进一步确定被填筑或挖除土体所包括的结点的编号及坐标。

按上述方法确定各施工阶段参与分析的土体断面后，就可按施工阶段的次序逐阶段进行数值分析。由于每个施工阶段参与分析的土体是变化的，则模拟土体施工过程的数值分析是变体系的分析。显然，这种变体系的数值分析应采用增量叠加法进行分析，每一施工阶段的求解方程式为式（5.47），但是式中的下标 i 在此则表示施工阶段次序的编号。

关于变体系数值分析的若干问题将在下一节进一步表述。

由上述可以看出，在数值分析中数值计算是在一系列模拟的基础上进行的。数值计算方法只影响数值分析的工作量和计算结果的精度，而数值分析中的模拟则会从根本上影响数值分析结果。从这个意义上讲，数值模拟分析的关键是模拟，对此应给予更多的关注。

5.6　变体系的数值分析

5.6.1　变体系分析基本概念

1. 变体系数值分析

当采用增量叠加法进行数值分析时，如果每一个分析阶段参与分析的体系发生变化，则将这样的数值分析称为变体系数值分析。前文表述的模拟土体施工过程的数值分析就属于变体系数值分析。

2. 参与分析体系的变化及影响

参与分析体系的变化是指参与分析体系随分析阶段增大或减小，对土体数值分析而言，以平面问题为例，就是分析土体断面的增大或减小。参与分析体系的变化将产生如下两方面影响。

（1）由于参与分析体系的增大或减小，参与分析体系的几何特征将发生变化。对于土体数值分析而言，以平面问题为例，参与分析体系断面的几何体形状和大小将随分析阶段发生变化。根据结构力学知识，土断面形状和大小变化将使参与分析土体的刚度随分析阶段发生变化。

（2）由于参与分析体系的增大或减小，参与分析体系的自重荷载的作用部位和范围将发生变化。对于土体数值分析而言，以平面问题为例，则是参与分析土体的自重的作用部位和范围将随分析阶段发生变化。

3. 工程情况

许多工程问题要求进行变体系数值分析，大致可分为如下两种情况。

（1）模拟施工过程要求进行变体系数值分析。按前述，可将模拟施工过程分为若干个阶段，然后按每个阶段的体系进行数值分析。由于自重作用，考虑施工过程进行变体系分析与不考虑施工过程而只对最终体系进行数值分析，其结果有明显的不同。

（2）已建工程的扩建或部分拆除，例如已建成的土堤加高或削坡。由于工程的扩建或部分拆除，扩建与拆除后的体系与原体系相比发生了变化。相对于原体系而言，扩建与拆除体系的数值分析是变体系数值分析。

5.6.2　变体系数值分析途径

按上述，变体系是由初始体系开始分阶段变化到最终体系。因此，变体系数值分析应从初始体系的数值分析开始，然后按其后各阶段相应的体系进行数值分析，其中包括最终体系的数值分析。

1. 初始体系的数值分析

应指出，初始体系的数值分析结果是变体系数值分析结果的基准，变体系数值分析结果是相对于初始体系的数值分析结果而言的。初始体系的数值分析是对初始体系和相应的荷载进行的数值分析，其求解方程式如下：

$$[K]_0\{r\}_0=\{R\}_0 \tag{5.48}$$

式中，$[K]_0$为初始体系的总刚度规律；$\{R\}_0$为初始体系分析的荷载向量，根据作用于初始体系上的荷载形成，在一般情况下，初始体系的数值分析的主要荷载为初始体系的自重荷载；$\{r\}_0$为初始体系的数值分析求解的位移向量，下面将其称为初位移向量。根据初始位移向量可确定初始体系中各单元的应变向量，以$\{\varepsilon\}_{e,0}$表示，以及应力向量，以$\{\sigma\}_{e,0}$表示。下面分别将$\{\varepsilon\}_{e,0}$和$\{\sigma\}_{e,0}$称为单元初始应变向量和应力向量。

2. 各阶段体系的数值分析

各阶段体系的数值分析是求解由相邻两个阶段体系变化和荷载变化引起的位移增量向量、各单元应变增量及应力增量向量。各阶段体系的数值分析的求解方程式为式（5.47）。如前所述，式中下标i为划分的阶段的次序编导；$[K]_i$为第i阶段体系的总刚度矩阵，由第i阶段参与分析体系的单元刚度矩阵叠加而成，其中单元刚度矩阵计算公式中的应力-应变关系矩阵应与在第i阶段各单元达到的应力水平相协调；$\{\Delta R\}_i$为第i阶段分析的荷载增量向量，一般是由相邻两个阶段体系自重变化引起的；$\{\Delta r\}_i$为由相邻两个阶段体系变化引起的位移增量向量，下面将其称为第i阶段体系变化引起的附加位移。根据求解出的位移增量向量可以确定第i阶段体系中各单元的应变增量向量$\{\Delta\varepsilon\}_{e,i}$和应力增量向量$\{\Delta\sigma\}_{e,i}$，下面将其称为第$i$阶段的各单元的附加应变和附加应力。

3. 第 i 阶段的位移、应变及应力

按前述，变体系数值分析是采用增量叠加法进行的。求解式（5.47）只能获得第 i 阶段的位移增量、应变增量和应力增量。第 i 阶段所达到的附加变形、应变和应力可按下式确定：

$$\left.\begin{aligned}\{r\}_{\mathrm{ad},i} &= \sum_{j=1}^{i}\{\Delta r\}_j\\ \{\varepsilon\}_{\mathrm{e,ad},i} &= \sum_{j=1}^{i}\{\varepsilon\}_{\mathrm{e},j}\\ \{\sigma\}_{\mathrm{e,ad},i} &= \sum_{j=1}^{i}\{\sigma\}_{\mathrm{e},j}\end{aligned}\right\} \tag{5.49}$$

式中，$\{r\}_{\mathrm{ad},i}$、$\{\varepsilon\}_{\mathrm{e,ad},i}$和$\{\sigma\}_{\mathrm{e,ad},i}$分别为第 i 阶段所达到的附加的结点位移向量、附加的单元应变向量和附加的单元应力向量。第 i 阶段总的应力应按下式确定：

$$\{\sigma\}_{\mathrm{e},i} = \{\sigma\}_{\mathrm{e},0} + \{\sigma\}_{\mathrm{e,ad},i} \tag{5.50}$$

式中，$\{\sigma\}_{\mathrm{e},i}$为第 i 阶段单元总的应力向量。根据单元总的应力向量可确定第 i 阶段单元的受力水平，并在第 i+1 阶段的数值分析中用来确定与其相应的应力-应变关系矩阵。

下面以土堤填筑和路堑开挖为例，进一步表述土体变体系数值分析。

5.6.3 考虑土堤填筑过程的变体系分析

1. 初始断面和最终断面

设土堤填筑在深度为 D，表面水平的土层之上，土堤的高度为 H，堤顶宽度为 B，左右两侧面的坡度比均为 1∶m。由此，土堤的底面宽度为 $B+2mH$。在分析中截取的参与分析的土层宽度为 $B+2mH+4D$。按上述，变体系数值分析的初始断面和最终断面分别如图 5.15（a）和图 5.15（b）所示。

2. 填筑阶段及单元网格划分

为表示方便，假定从初始断面到最终断面分三个填筑阶段，从下到上三个阶段填筑的土层厚度分别为 h_1、h_2、h_3。如图 5.15（b）所示，最终断面就是最大断面，图 5.15（b）给出了单元网格的划分，如虚线所示，以及初始断面和各阶段填筑的土层内所包括的土单元编号。由图 5.15 可见，初始断面包括的土单元为（1）~（42）号单元，第一阶段、第二阶段和第三阶段填筑的土层包括的土单元分别为（43）~（54）号单元、（55）~（66）号单元、（67）~（78）号单元。

3. 初始断面的数值分析

初始断面的数值分析中，参与分析的体系为初始断面所包括的单元集合体，即图 5.15

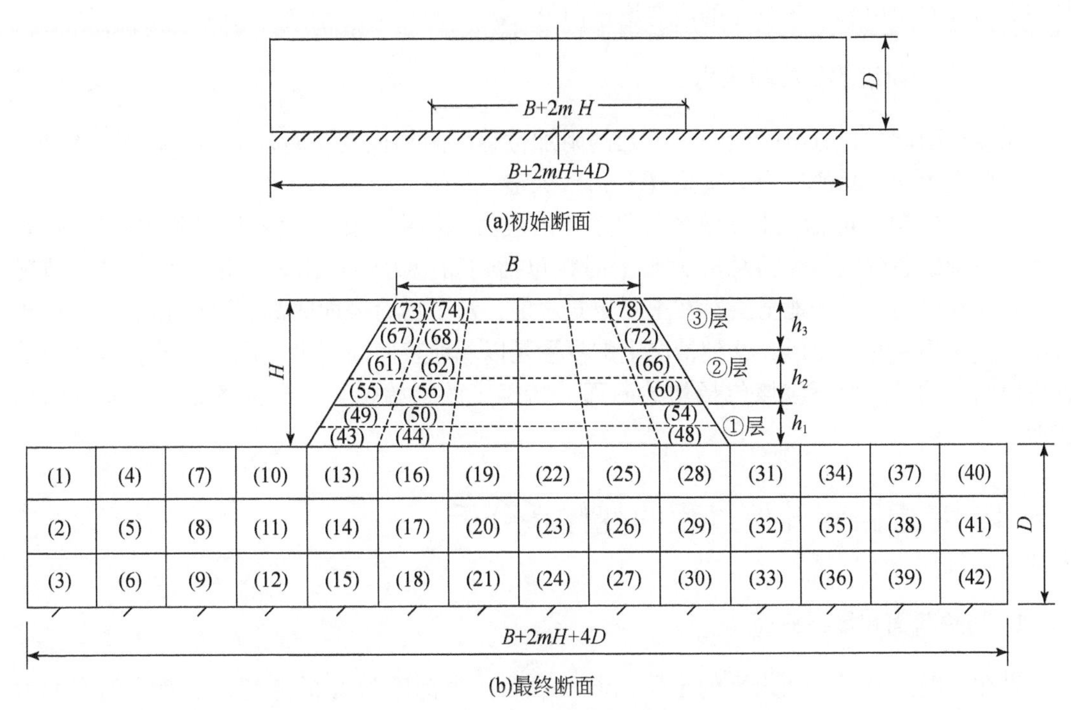

图 5.15　土堤填筑的初始断面和最终断面及填筑阶段

(b) 所示的从 (1) 号单元至 (42) 号单元所组成的土单元集合体。初始断面的数值分析求解方程式 (5.48) 中的总刚度矩阵 $[K]_0$ 由该单元集合体中的各单元刚度矩阵 $[k]_{e,0}$ 叠加形成，而 $[k]_{e,0}$ 应与各单元的受力水平协调。式 (5.48) 中的荷载向量 $\{R\}_0$ 由该单元集合体中的各单元自重形成。求解方程式 (5.48) 就可得到初始断面的数值分析的位移向量 $\{r\}_0$，进而可求得各单元的应变向量 $\{\varepsilon\}_{e,0}$ 及应力向量 $\{\sigma\}_{e,0}$。

但是，在许多情况下，初始断面为表面水平的成层土层，如图 5.15 (a) 所示。在这种情况下，可不进行初始断面的数值分析，可按土自重应力公式确定各单元中心点的各应力分量，以平面向量为例：

$$\sigma_{z,0}=\gamma h \quad \sigma_{x,0}=\xi\sigma_{z,0} \quad \tau_{xy,0}=0 \tag{5.51}$$

式中，h、γ 分别为土单元中心点在地表面以下的深度和土的重力密度；ξ 为土的静止土侧压力系数。

4. 各填筑阶段断面的数值分析

下面以图 5.15 (b) 所示的第二阶段断面的数值分析为例来说明。第二阶段断面的数值分析的体系为如图 5.15 (b) 所示的 (1) 号单元至 (66) 号单元组成的单元集合体。式 (5.47) 中的 $[K]_2$ 由该单元集合体的各单元刚度矩阵 $[k]_{e,2}$ 叠加而成，而各单元刚度矩阵应该与其受力水平协调。式 (5.47) 中的荷载增量向量只由填筑的第二层土所包括的单元，即 (55) 号单元至 (66) 号单元的土自重来形成。求解式 (5.47) 可得由填筑的第二层土引起的位移增量向量 $\{\Delta r\}_2$。由位移增量向量 $\{\Delta r\}_2$ 可求得由填筑的第二层土在参与分析体系中引起的各单元的应变增量向量$\{\Delta\varepsilon\}_{e,i}$及应力增量向量$\{\Delta\sigma\}_{e,i}$。

5. 各分析阶段的位移和应力

由填筑引起的各分析阶段的土单元的附加位移、附加应变、附加应力可按式（5.49）确定，而土单元的总的应力应按式（5.50）确定。

由式（5.50）可见，土填筑各阶段单元的应力包括由初始断面分析得到的初始应力。因此，在确定各阶段单元的总应力水平时，包括初始应力的作用。但是，在大多数情况下，初始断面为水平场地土层。在土层填筑之前，水平场地表面的高程已包括了土层形成时由自重作用引起的变形。这种情况下的变形是以现地表面高程为基准计量的，因此填筑各阶段结点的总变形不应该包括初始断面分析确定的初始位移，应为各结点的总的附加变形。

5.6.4　考虑路堑开挖过程的变体系分析

1. 初始断面和最终断面

设在厚度为D的表面水平的土层内开挖成为一个深度为H的路堑，路堑底面宽度为B，两侧坡面的坡度比均为1∶m。由此，路堑的顶宽为$B+2mH$。分析中截取的参与分析的土层宽度为$B+2mH+4H$，厚度为$4H$，如图5.16（b）所示。按上述，变体系数值分析的初始断面和最终断面分别如图5.16（a）和图5.16（b）所示。显然，图5.16（a）所示的初始断面为最大断面，而图5.16（b）所示的最小断面为最终断面。可以看出，随着开挖过程的进行，参与分析的断面越来越小。

2. 开挖阶段及单元网格划分

为了表述方便，将初始断面到最终断面从上到下分成三个开挖阶段，每个开挖阶段挖除的土层厚分别为h_1、h_2和h_3，如图5.16（a）所示，图5.16（a）所示的断面就是最大断面，图中给出了单元网格划分，以及初始断面和各阶段挖除土层所包括的单元编号。由图5.16（a）可见，初始断面包括的土单元为（1）~（176）号单元，第一阶段、第二阶段和第三阶段挖出的土层包括的土单元分别为（165）~（176）号单元、（153）~（164）号单元和（141）~（152）号单元，最终断面包括的土单元为（1）~（140）号单元。

3. 初始断面的数值分析

初始断面分析所参与分析的体系为初始断面所包括的单元组成的单元集合体，即（1）~（176）号单元所组成的单元集合体。式（5.48）中的总刚度矩阵$[K]_0$由该单元集合体中各单元的单元刚度矩阵$\{k\}_{e,0}$叠加而成。各单元刚度矩阵应与其受力水平协调。式（5.48）中的荷载向量$\{R\}_0$由该单元集合体中各单元的自重荷载形成。求解方程式（5.48）则可得到初始位移向量$\{r\}_0$。由初始位移向量$\{r\}_0$可进一步确定各单元的初始应

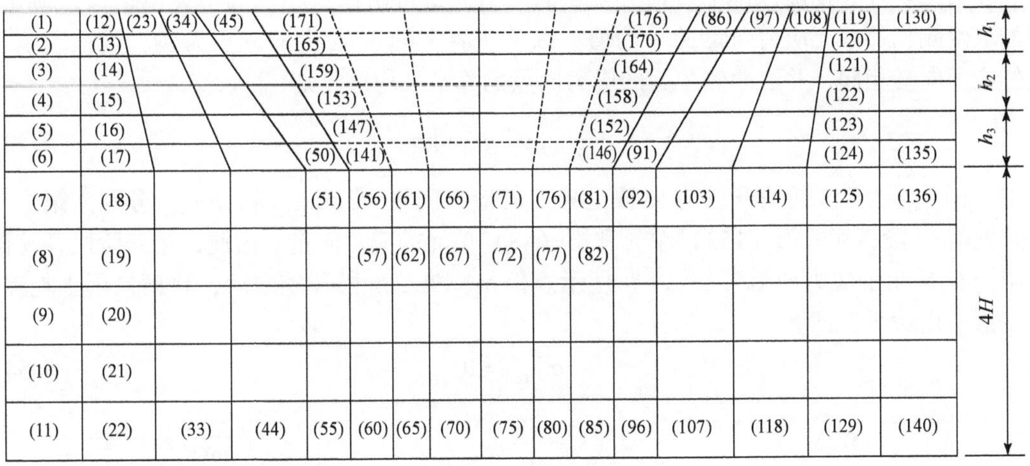

(a)初始断面(最大断面)

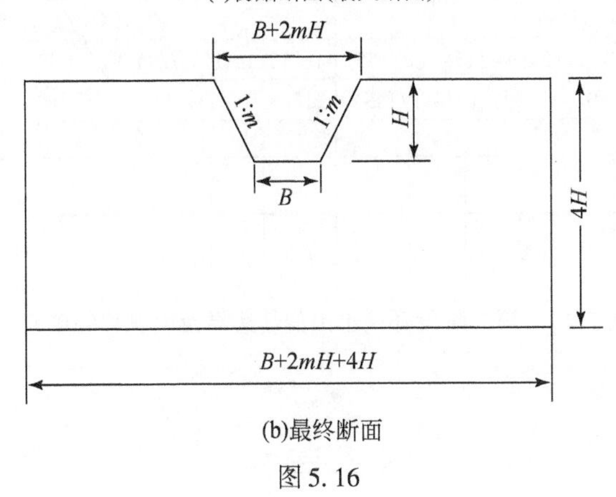

(b)最终断面

图 5.16

变向量 $\{\varepsilon\}_{e,0}$ 及初始应力向量 $\{\sigma\}_{e,0}$。

同样，如果初始断面是由地表面水平的天然土层组成的，可不进行初始断面的数值分析，其初始应力可按式（5.51）来确定。

4. 开挖各阶段的数值分析

下面以第二阶段开挖为例来说明开挖各阶段的数值分析。参与第二阶段开挖数值分析的体系为（1）～（152）号单元组成的有限单元体系。总刚度矩阵 $[K]_2$ 由该体系的各单元刚度矩阵 $\{k\}_{e,2}$ 叠加而成，而各单元的刚度矩阵应与其受力水平协调。荷载向量 $\{R\}_2$ 则由第二阶段开挖出来的新边界上的应力释放形成。下面表述由应力释放形成荷载向量 $\{R\}_2$ 的方法。由图 5.16（a）可确定第二阶段开挖出来的新边界，如图 5.17 中的 a、b、c、d、e、f、g、h、i、k、l 所示。图 5.17 还给出了这个新边界两侧与其相邻的单元及编号。在第二阶段开挖前，这个边界两侧的土单元所受的应力可按下式确定：

$$\{\sigma\}_{e,1}=\{\sigma\}_{e,0}+\{\sigma\}_{e,ad,1} \tag{5.52}$$

这样，由式（5.52）可确定第二阶段开挖前这个边界两侧与其相邻所有单元的应力向量。在第二阶段开挖前，这个边界上一点的应力向量可由该点相邻的单元应力向量确定，例如取两侧相邻单元应力向量的平均值。以该边界上的 bc 段上的一点为例，设该段上各点的应力向量相同，并取两侧单元的应力向量的算术平均值，则

$$\{\sigma\}_{bc,1}=\frac{1}{2}[\{\sigma\}_{153,1}+\{\sigma\}_{48,1}] \tag{5.53}$$

式中，$\{\sigma\}_{bc,1}$为第二阶段开挖前 bc 段上各点的应力向量；$\{\sigma\}_{153,1}$和$\{\sigma\}_{48,1}$分别为第二阶段开挖前 bc 段相邻的第（153）单元和第（48）单元的应力向量。由此，第二阶段开挖前作用于 bc 段上的应力如图 5.18（a）所示。但是，第二阶段开挖之后，将第二层土挖除，bc 变成自由边界，即

$$\{\sigma\}_{bc,2}=0 \tag{5.54}$$

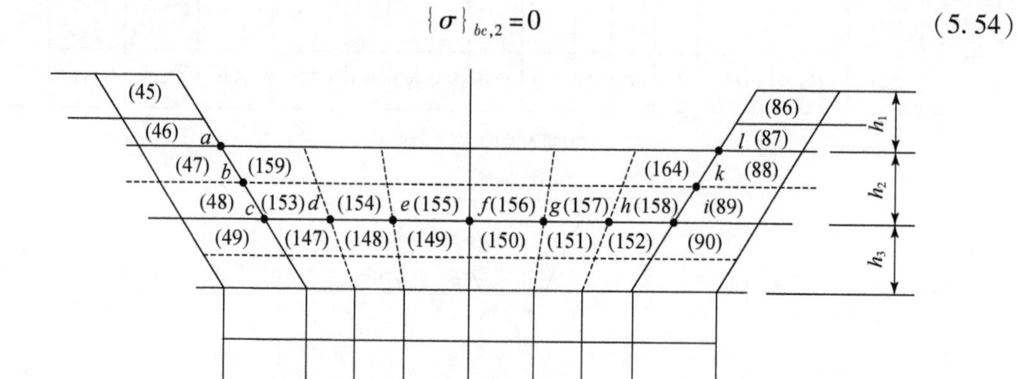

图 5.17　第二阶段开挖出来的新边界及两侧相邻单元

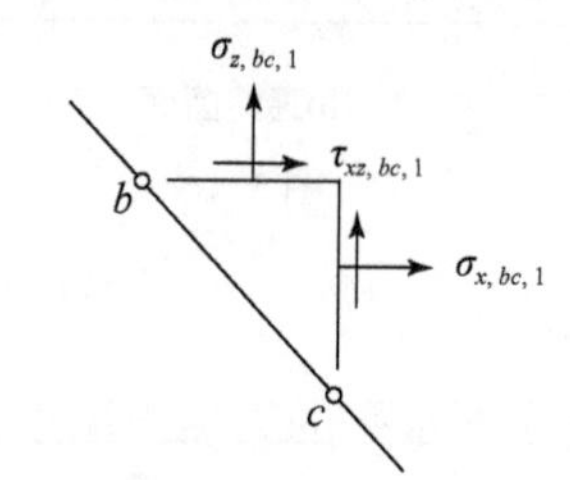

(a) 第二阶段开挖前作用于边界bc段上的应力

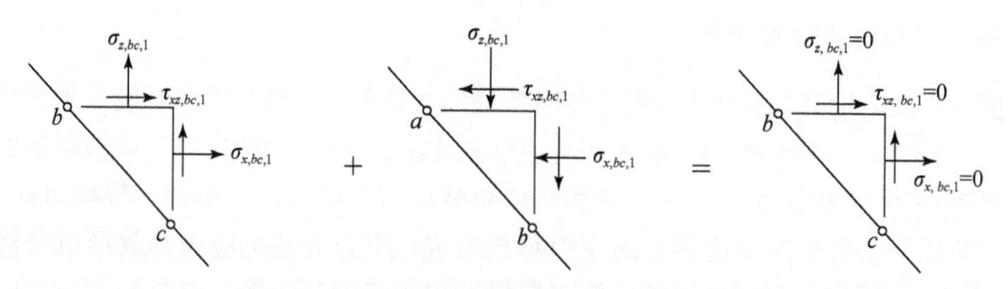

(b) 第二阶段开挖在边界bc段上的应力释放及作用的分布荷载

图 5.18　开挖作用的模拟

这就要求将作用于 bc 段上的应力向量$\{\sigma\}_{bc,1}$解除。显然，如果在 bc 段施加一个相反的应力向量，即$-\{\sigma\}_{bc,1}$，就可将$\{\sigma\}_{bc,1}$解除，如图 5.18（b）所示。因此，第二阶段开

挖对 bc 段的作用可用在 bc 段施加相反的应力向量来模拟，并且将 $-\{\sigma\}_{bc,1}$ 作为第二阶段数值分析时作用于 bc 段上的分布荷载。按相同的方法可以确定第二阶段数值分析时作用于边界 a、b、c、d、e、f、g、h、i 各段上的分布荷载，进而可确定荷载向量 $\{R\}_2$。

求解开挖第二阶段的数值分析方程式，可得到由挖除第二层土所引起的位移增量 $\{\Delta r\}_2$、参与分析体系中各单元的应变增量向量 $\{\Delta\varepsilon\}_{e,2}$ 及应力增量向量 $\{\Delta\sigma\}_{e,2}$。进而，可按下式确定参与分析体系中各单元在第二开挖阶段完成时的应力向量：

$$\{\sigma\}_{e,2}=\{\sigma\}_{e,0}+\{\Delta\sigma\}_{e,1}+\{\Delta\sigma\}_{e,2} \tag{5.55}$$

按相似的方法可完成开挖过程中任何一个阶段的数值分析，确定各阶段断面的位移、应变和应力随开挖过程的变化，以及各单元的受力水平随开挖阶段逐渐提高的过程。

5.6.5　外荷作用的考虑

无论是土体的填筑还是开挖，填筑或开挖完成后土体达到最终断面。由上述可见，最后分析阶段参与分析的断面为最终断面。通常填筑或开挖完成后，会有外荷载作用于最终断面的表面，以开挖为例，如图 5.19 所示。因此，在完成最后分析阶段的数值分析之后，还应考虑外荷作用进行一次数值分析。显然，在考虑外荷数值分析时，参与分析的断面应是最终断面，与最后分析阶段参与分析断面相同。这样，考虑外荷作用时可采用下述两种方法之一。

（1）最后阶段的数值分析完成后，在只考虑外荷载作用的情况下再进行一次数值分析。

（2）在最后阶段的数值分析中，也将外荷载作用于最终断面的表面，在最终阶段的数值分析中同时考虑最后一层土的挖除作用和外荷载作用。

如果采用第二种方法，则减少一个数值分析步骤，但使最后阶段数值分析的荷载增量加大，对数值分析结果的精度有一定的影响。

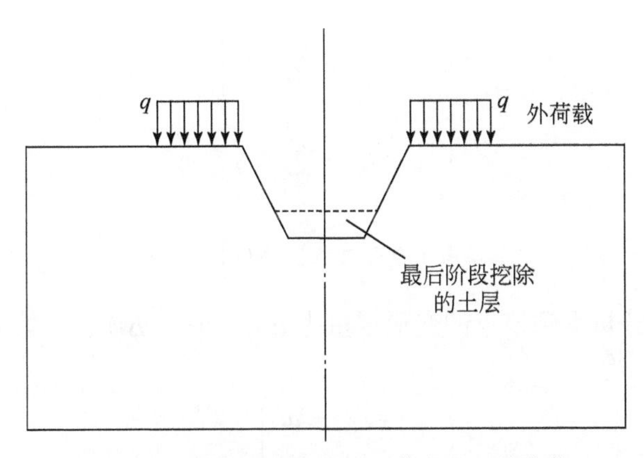

图 5.19　最终断面及作用于其表面上的荷载

5.7　几何非线性考虑

前文曾指出，土是一种强度低、变形大的力学介质，当其受力水平较高时，特别是软土，会发生很大的变形，几何非线性就是考虑这种大变形所产生的影响。

按前述，在数值分析中考虑几何非线性包括如下三个方面：①坐标的更新；②大应变计算公式；③有限元法数值分析中几何非线性的实现。

下文分别表述这三个问题。

5.7.1　坐标的更新

设一点在变形之前的坐标为 x_0、y_0、z_0，由于变形该点在 x、y、z 方向的位移分别为 u、v、w，则变形后该点的坐标 x、y、z 应按式（5.56）确定，如图 5.20 所示。

$$\left.\begin{aligned} x &= x_0 + u \\ y &= y_0 + v \\ z &= z_0 + w \end{aligned}\right\} \tag{5.56}$$

在以前的分析中，求解方程式都是根据变形之前的坐标（x_0，y_0，z_0）建立的，没有考虑变形对坐标的影响。如果考虑变形对求解方程式的影响，则求解方程式应根据变形之后的坐标，即（x，y，z）来建立。这样就要按式（5.56）来更新坐标。

下面以考虑加载过程的阶段数值分析为例来说明。设一点的初始坐标为（x_0，y_0，z_0），当第 $i \sim l$ 阶段数值分析完成后，由于变形，该点的坐标分别为（$x_0 + \sum_{j=1}^{i-1} u_j$，$y_0 + \sum_{j=1}^{i-1} v_j$，$z_0 + \sum_{j=1}^{i-1} w_j$）。因此，如果以（$x_{i-1}$，$y_{i-1}$，$z_{i-1}$）表示第 i 阶段开始时该点的坐标，则

$$\left.\begin{aligned} x_{i-1} &= x_0 + \sum_{j=1}^{i-1} \Delta u_j \\ y_{i-1} &= y_0 + \sum_{j=1}^{i-1} \Delta v_j \\ z_{i-1} &= z_0 + \sum_{j=1}^{i-1} \Delta w_j \end{aligned}\right\} \tag{5.57}$$

如果在第 i 阶段分析得到该点的变形增量为 Δu_i、Δv_i、Δw_i，则第 i 阶段分析完成后该点的坐标（x，y，z）为

$$\left.\begin{aligned} x &= x_{i-1} + \Delta u_i \\ y &= y_{i-1} + \Delta v_i \\ z &= z_{i-1} + \Delta w_i \end{aligned}\right\} \tag{5.58}$$

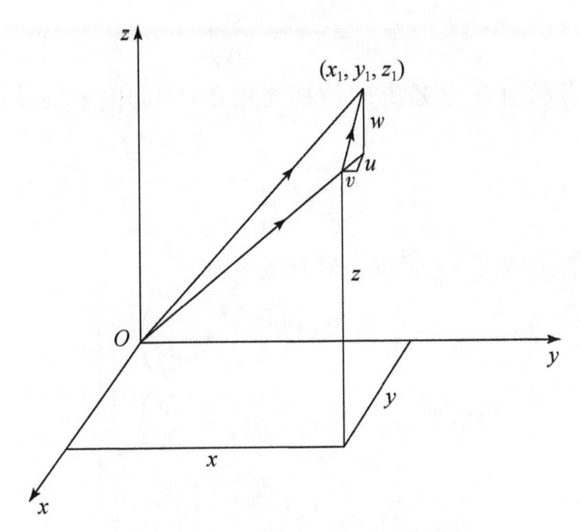

图5.20　变形对一点坐标的影响

5.7.2　大应变计算公式

1. 计算公式

在小应变情况下，应变按下式计算

$$
\left.\begin{aligned}
\varepsilon_x &= \frac{\partial u}{\partial x} \quad \gamma_{xy} = \frac{\partial u}{\partial y} + \frac{\partial v}{\partial x} \\
\varepsilon_y &= \frac{\partial v}{\partial y} \quad \gamma_{yz} = \frac{\partial v}{\partial z} + \frac{\partial w}{\partial y} \\
\varepsilon_z &= \frac{\partial w}{\partial z} \quad \gamma_{zx} = \frac{\partial w}{\partial x} + \frac{\partial u}{\partial z}
\end{aligned}\right\} \tag{5.59}
$$

由式（5.59）可见，应变与位移的一阶导数呈线性关系。但是，在大应变情况下，应变的计算公式将包括位移一阶导数的二次项或乘积项的影响。下面以 ε_x 为例来说明。设 x 轴上两点 A、B，其长度为 $\mathrm{d}x$，B 点相对于 A 点在 x 轴和 y 轴方向上的位移增量分别为 $\mathrm{d}u$、$\mathrm{d}v$，如图5.21所示，按式（5.59），则 $\varepsilon_x = \frac{\partial u}{\partial x}$。但是，由图5.21可见，由于 y 轴方向的位移增量 $\mathrm{d}v$，x 轴发生了转动，其转角为 α。转动之前，$\mathrm{d}v$ 与 x 轴垂直，其在 x 轴上的位移分量为零；转动之后，$\mathrm{d}v$ 与 x 轴的夹角为 α，其在 x 轴上的分量不再为零，如以 $\mathrm{d}u_\alpha$ 表示，则 $\mathrm{d}u_\alpha$ 可按下式确定：

$$
\mathrm{d}u_\alpha = \sin\alpha \mathrm{d}v
$$

由图5.21可见，$\sin\alpha = \frac{\partial v}{\partial x}$，将其代入上式，得

$$
\mathrm{d}u_\alpha = \frac{\partial v}{\partial x}\mathrm{d}v
$$

令以 $\varepsilon_{x,\alpha}$ 表示由于 $\mathrm{d}u_\alpha$ 而产生 x 轴方向的附加应变，则

$$\varepsilon_{x,\alpha}=\frac{\partial u_{\alpha}}{\partial x}=\left(\frac{\partial v}{\partial x}\right)^2 \tag{5.60}$$

相似地，如令$\varepsilon_{x,\beta}$表示由B点Z方向位移增量$\mathrm{d}w$引起的x轴转动β角而产生的x轴方向的附加应变，则

$$\varepsilon_{x,\beta}=\left(\frac{\partial w}{\partial x}\right)^2 \tag{5.61}$$

这样，x轴方向总的正应变ε_x应按下式确定：

$$\left.\begin{aligned}\varepsilon_x&=\frac{\partial u}{\partial x}+\left[\left(\frac{\partial v}{\partial x}\right)^2+\left(\frac{\partial w}{\partial x}\right)^2\right]\\ \text{相似地},\varepsilon_y&=\frac{\partial v}{\partial y}+\left[\left(\frac{\partial w}{\partial y}\right)^2+\left(\frac{\partial u}{\partial y}\right)^2\right]\\ \varepsilon_z&=\frac{\partial w}{\partial z}+\left[\left(\frac{\partial u}{\partial z}\right)^2+\left(\frac{\partial v}{\partial z}\right)^2\right]\end{aligned}\right\} \tag{5.62a}$$

采用相似的方法可确定由变形引起的坐标轴转动而产生的附加剪切应变，则总的剪应变的计算公式如下：

$$\left.\begin{aligned}\gamma_{xy}&=\left(\frac{\partial u}{\partial y}+\frac{\partial v}{\partial x}\right)+\left(\frac{\partial v}{\partial x}\frac{\partial v}{\partial y}+2\,\frac{\partial w}{\partial x}\frac{\partial w}{\partial y}+\frac{\partial u}{\partial y}\frac{\partial u}{\partial x}\right)\\ \gamma_{yz}&=\left(\frac{\partial v}{\partial z}+\frac{\partial w}{\partial y}\right)+\left(\frac{\partial w}{\partial y}\frac{\partial w}{\partial z}+2\,\frac{\partial u}{\partial y}\frac{\partial u}{\partial z}+\frac{\partial v}{\partial z}\frac{\partial v}{\partial y}\right)\\ \gamma_{zx}&=\left(\frac{\partial w}{\partial x}+\frac{\partial u}{\partial z}\right)+\left(\frac{\partial u}{\partial z}\frac{\partial u}{\partial x}+2\,\frac{\partial v}{\partial z}\frac{\partial v}{\partial x}+\frac{\partial w}{\partial x}\frac{\partial w}{\partial z}\right)\end{aligned}\right\} \tag{5.62b}$$

式（5.62）即大应变计算公式。由式（5.62）可见，该公式的右端是由两部分组成的，第一个圆括号中的项为第一部分，与式（5.59）相同，即小应变部分，以$\{\varepsilon\}_s$表示。第二个圆括号中的项为第二部分，对应于附加的大应变部分，用与其对应的应变向量$\{\varepsilon\}_1$表示。这样，总应变向量$\{\varepsilon\}$可表示如下

$$\{\varepsilon\}=\{\varepsilon\}_s+\{\varepsilon\}_1 \tag{5.63}$$

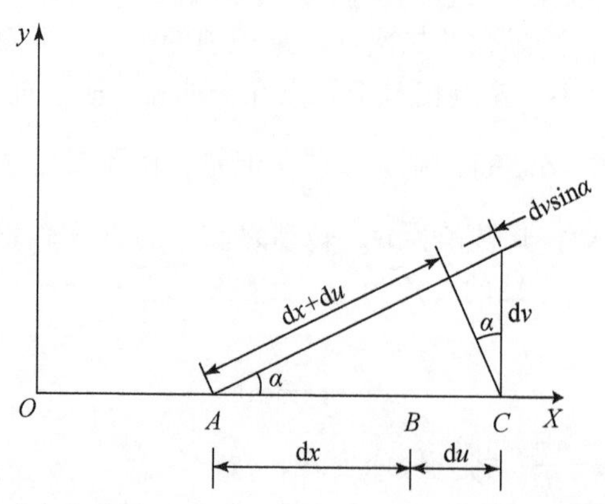

图5.21　y方向位移增量引起的$\mathrm{d}x$的转动及x轴方向的附加位移增量

2. 矩阵形式公式

1）计算$\{\varepsilon\}_l$的矩阵形式公式

按式（5.17）计算$\{\varepsilon\}_s$的矩阵形式如下：

$$\{\varepsilon\}_s=[\partial]^T\{r\} \tag{5.64}$$

下面将$\{\varepsilon\}_l$也写成矩阵形式，将$\frac{\partial u}{\partial x}$、$\frac{\partial u}{\partial y}$、$\frac{\partial u}{\partial z}$、$\frac{\partial v}{\partial x}$、$\frac{\partial v}{\partial y}$、$\frac{\partial v}{\partial z}$、$\frac{\partial w}{\partial x}$、$\frac{\partial w}{\partial y}$、$\frac{\partial w}{\partial z}$排列成一个向量，以$\{\partial\}_r$表示，则

$$\{\partial\}_r=\left\{\frac{\partial u}{\partial x}\ \frac{\partial u}{\partial y}\ \frac{\partial u}{\partial z}\ \frac{\partial v}{\partial x}\ \frac{\partial v}{\partial y}\ \frac{\partial v}{\partial z}\ \frac{\partial w}{\partial x}\ \frac{\partial w}{\partial y}\ \frac{\partial w}{\partial z}\right\}^T \tag{5.65}$$

如令

$$[\partial]_{xyz}=\begin{pmatrix} \frac{\partial}{\partial x} & 0 & 0 \\ \frac{\partial}{\partial y} & 0 & 0 \\ \frac{\partial}{\partial z} & 0 & 0 \\ 0 & \frac{\partial}{\partial x} & 0 \\ 0 & \frac{\partial}{\partial y} & 0 \\ 0 & \frac{\partial}{\partial z} & 0 \\ 0 & 0 & \frac{\partial}{\partial x} \\ 0 & 0 & \frac{\partial}{\partial y} \\ 0 & 0 & \frac{\partial}{\partial z} \end{pmatrix} \tag{5.66}$$

则向量$\{\partial\}_r$可写成如下矩阵形式

$$\{\partial\}_r=[\partial]_{xyz}\{r\} \tag{5.67}$$

如令

$$
[\partial]_{\varepsilon_1}=\begin{pmatrix}
0 & 0 & 0 & \frac{\partial v}{\partial x} & 0 & 0 & \frac{\partial w}{\partial x} & 0 & 0 \\
0 & \frac{\partial u}{\partial y} & 0 & 0 & 0 & 0 & 0 & \frac{\partial w}{\partial y} & 0 \\
0 & 0 & \frac{\partial u}{\partial z} & 0 & 0 & \frac{\partial v}{\partial z} & 0 & 0 & 0 \\
\frac{\partial u}{\partial y} & 0 & 0 & \frac{\partial v}{\partial y} & 0 & 0 & 2\frac{\partial w}{\partial y} & 0 & 0 \\
0 & 2\frac{\partial u}{\partial z} & 0 & 0 & \frac{\partial v}{\partial z} & 0 & 0 & \frac{\partial w}{\partial z} & 0 \\
0 & 0 & \frac{\partial u}{\partial x} & 0 & 0 & 2\frac{\partial v}{\partial x} & 0 & 0 & \frac{\partial w}{\partial x}
\end{pmatrix} \tag{5.68}
$$

则

$$\{\varepsilon\}_1=[\partial]_{\varepsilon_1}[\partial]_r \tag{5.69}$$

将式（5.67）代入上式，得

$$\{\varepsilon\}_1=[\partial]_{\varepsilon_1}[\partial]_{xyz}\{r\} \tag{5.70}$$

2）计算 $\{\varepsilon\}$ 的矩阵形式公式

将式（5.64）及式（5.70）代入式（5.63）中，得计算 $\{\varepsilon\}$ 的矩阵形式公式如下：

$$\{\varepsilon\}=([\partial]^{\mathrm{T}}+[\partial]_{\varepsilon_1}[\partial]_{xyz})\{r\}_{\mathrm{e}} \tag{5.71}$$

5.7.3 有限元法数值分析中几何非线性的实现

在数值分析中考虑几何非线性应采用增量分析方法。这样，几何非线性可以与力学非线性一起在数值分析中考虑。按前述，在有限元法数值分析中，为考虑力学性能非线性，则应在每一次增量分析中确定与单元受力水平相协调的应力-应变关系矩阵 $[D]$。如果在有限元数值分析中还要同时考虑几何非线性，则应进一步完成如下两件工作：①在每一次增量分析中，应按式（5.57）更新坐标，并按更新的坐标进行计算，例如第 i 次增量分析所采用的坐标值应为 x_{i-1}、y_{i-1}、z_{i-1}。这项工作比较简单，不需要多讲。②按大应变公式计算单元应变和单元刚度矩阵。

1. 单元应变计算

根据式（5.71），单元应变 $\{\varepsilon\}_{\mathrm{e}}$ 的矩阵计算公式如下：

$$\{\varepsilon\}_{\mathrm{e}}=([\partial]^{\mathrm{T}}+[\partial]_{\varepsilon_1}[\partial]_{xyz})\{r\}_{\mathrm{e}} \tag{5.72}$$

式中，$\{r\}_{\mathrm{e}}$ 为单元内任一点的位移向量。根据有限元法，单元内任一点的位移可按下式计算：

$$\{r\}_{\mathrm{e}}=[N]\{r\}_{\mathrm{e,n}} \tag{5.73}$$

式中，$\{r\}_{\mathrm{e,n}}$ 为单元结点位移排列成的向量，以四结点单元为例，其形式如下：

$$\{r\}_{\mathrm{e,n}}=\{u_i \quad v_i \quad w_i \quad u_j \quad v_j \quad w_j \quad u_k \quad v_k \quad w_k \quad u_l \quad v_l \quad w_l\}^{\mathrm{T}} \tag{5.74}$$

式中，下标 i、j、k、l 为单元结点局部编号。将式（5.74）代入式（5.72）中，得

$$\{\varepsilon\}_e=([\partial]^T+[\partial]_{\varepsilon_1}[\partial]_{xyz})[N]\{r\}_{e,n} \tag{5.75}$$

式中，$[N]$ 为形函数矩阵。

如令：

$$\left.\begin{aligned}[B]_s&=[\partial]^T[N]\\ [B]_1&=[\partial]_{\varepsilon_1}[\partial]_{xyz}[N]\\ [B]&=[B]_s+[B]_1\end{aligned}\right\} \tag{5.76}$$

式中，$[B]$ 为单元应变矩阵；$[B]_s$和 $[B]_1$分别为小应变相应的单元应变矩阵和大应变相应的附加单元应变矩阵。将式（5.76）代入式（5.75）中，则得单元应变矩阵计算公式如下：

$$\{\varepsilon\}_e=[B]\{r\}_{e,o} \tag{5.77}$$

2. 单元刚度计算

按有限元法，单元刚度规律 $[K]_e$的计算公式如下：

$$[k]_e=\int_v[B]^T[D][B]\mathrm{d}v$$

将式（5.76）第三式代上式得

$$[k]_e=\int_v([B]_s^T+[B]_1^T)[D]([B]_s+[B]_1)\mathrm{d}v$$

由上式得：

$$[k]_e=\int_v[B]_s^T[D][B]_s\mathrm{d}v+\int_v[B]_s^T[D][B]_e\mathrm{d}v+\int_v[B]_1^T[D][B]\mathrm{d}v$$

令

$$\left.\begin{aligned}[k]_{e,s}&=\int_v[B]_s^T[D][B]_s\mathrm{d}v\\ [k]_{e,1}&=\int_v[B]_s^T[D][B]_1\mathrm{d}v+\int_v[B]_1^T[D][B]\mathrm{d}v\end{aligned}\right\} \tag{5.78}$$

式中，$[k]_{e,s}$为按小应变计算的单元刚度矩阵；$[k]_{e,1}$为考虑大应变附加的单元刚度矩阵，则按大应变计算的单元刚度矩阵 $[k]_e$可用下式表示：

$$[k]_e=[k]_{e,s}+[k]_{e,1}$$

考虑大应变按式（5.78）确定单元刚度之后，就可采用刚度叠加法确定分析体系的总刚度规律，以及建立求解方程式，确定分析体系的结点位移。

3. 矩阵$[\partial]_{\varepsilon_1}$中的元素的确定

由上述可见，考虑大应变计算单元的应变和刚度矩阵，都需要先确定矩阵$[\partial]_{\varepsilon_1}$。由式（5.68）可见，矩阵$[\partial]_{\varepsilon_1}$中的非零元素都是位移分量对 x、y、z 的导数。但是，这些导数仍是未知的，即$[\partial]_{\varepsilon_1}$中的非零元素是未知的。为了解决这个困难，在数值分析时可采用如下迭代方法，即在每步分级分析中只进行两次迭代计算。以第 i 步增量分析为例，第一

次计算时，$[\partial]_{\varepsilon_1}$中的非零元素的初值取第 $i-1$ 次增量分析求得的数值，并完成第一次计算。第二次计算时，$[\partial]_{\varepsilon_1}$中的非零元素数值取第一次计算求得的数值，并完成第二次计算，如果需要可按相同的方法进行第三次或更多次计算。

由上述可见，当考虑大应变时，在每步增量分析中为了确定矩阵$[\partial]_{\varepsilon_1}$，还要包括一个迭代过程。这样，考虑几何非线性增加了数值分析的计算工作量。

参 考 文 献

[1] Zienkiewicz O C. The Finite Element Method in Engineering Science. London：McGraw-Hill Publishing Company Limited，1971.

[2] Chen W F，Mizuno E. Nonlinear Analysis in Soil Mechanics，Theory and Implementation. New York：Elsevier science publishers B V，1990.

第6章　可压缩土体中孔隙水的运动及水-土耦合作用

6.1　基本概念

6.1.1　土骨架及孔隙水体系

众所周知，土是由土颗粒、孔隙中的水和气体组成的。孔隙中的水称为自由水。如果孔隙被水充满，这种土称为饱和土。本章所研究的对象就是这种饱和土。在此应指出，土中的土颗粒并不是以分散的形式存在的，而是以按一定方式排列形成的土骨架存在的。因此，饱和土不是由土颗粒和孔隙水组成的两相混合体。实际上，饱和土中存在着由土颗粒形成的土骨架和孔隙水两个传力和变形的体系，并且它们之间存在相互作用。从力学观点而言，应将饱和土视为由土骨架和孔隙水构成的一种特殊的复合体。

6.1.2　有效应力原理概要

基于对土中存在着土骨架和孔隙水两个传力和变形体系的认识，太沙基建立了有效应力原理。在土力学发展过程中，有效应力原理的建立是土力学成为一门独立学科的重要标志。最初，有效应力原理是针对饱和土提出的，20 世纪 60 年代以后又将其引申到非饱和土。但是，非饱和土的有效应力原理比较复杂，鉴于本章的目的，在此只表述饱和土的有效应力原理。

概括而言，与饱和土的有效应力原理有关的基本概念如下。

(1) 土是由土骨架和充满孔隙的水组成的。

(2) 土的孔隙是相互连通或部分相互连通的，孔隙水可以在土中流动或排出，其流动或排出的速率取决于土的渗流性能。土的渗透系数越小，孔隙水在土中流动或排出越困难。

(3) 孔隙水的压缩性与土骨架的压缩性相比是非常低的，在某些情况下甚至可假定孔隙水是不可压缩的。

(4) 对于一维问题，土骨架、孔隙和孔隙水可用图 6.1 所示的模型来说明，容器中的弹簧表示土骨架，弹簧的刚度 k 表示土骨架的压缩性，容器中的水表示孔隙水，是可压缩或不可压缩的，放置在弹簧和水上面的具有许多小孔的盖板表示土的孔隙，容器中的水从盖板上的小孔排出表示孔隙水在孔隙中流动。

(5) 由图 6.1 可见，弹簧与孔隙水是并联的，如果在盖板上施加一个竖向荷载 p，则

应由弹簧与孔隙水共同承担。设 σ_v 为竖向荷载 p 作用在盖板上产生的竖向应力，则

$$\sigma_v = \sigma'_v + p_u \tag{6.1}$$

式中，σ'_v 为弹簧（即土骨架）承受的压应力；p_u 为孔隙水承受的压应力。在土力学中，将土骨架承受的压应力 σ'_v 称为有效应力。

（6）认为土的力学性能取决于所承受的有效应力，例如土的抗剪强度可表示成如下形式：

$$\tau = c' + \sigma' \tan\varphi'$$

式中，τ 为土的抗剪强度；σ' 为破坏面上的有效正应力；c'、φ' 分别为有效应力抗剪强度指标，即黏结力和摩擦角。

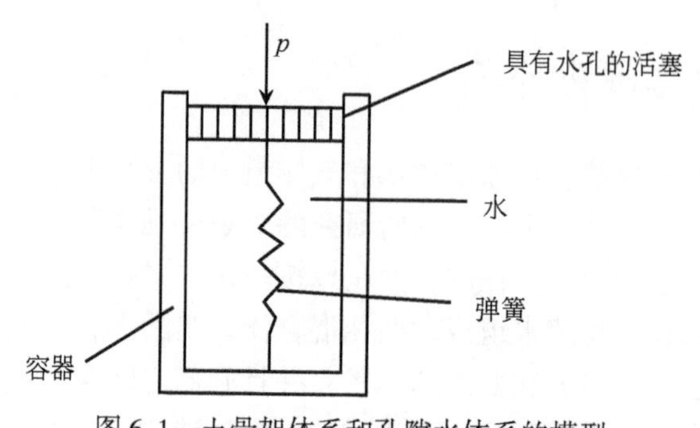

图 6.1　土骨架体系和孔隙水体系的模型

6.1.3　孔隙水相对土骨架的运动——渗透

土骨架和孔隙水在各自承受的力的作用下将发生运动。由于它们属于两个体系，其运动速度是不同的。设土中的一点在 l 方向土骨架的运动速度为 $v_{s,l}$，孔隙水的运动速度为 $v_{w,l}$，则孔隙水相对于土骨架在 l 方向的运动速度 $v_{sw,l}$ 如下：

$$v_{sw,l} = v_{w,l} - v_{s,l} \tag{6.2}$$

相似地，孔隙水相对于土骨架运动速度在 x、y、z 方向的分量 $v_{sw,x}$、$v_{sw,y}$、$v_{sw,z}$ 分别为

$$\left.\begin{aligned} v_{sw,x} &= v_{w,x} - v_{s,x} \\ v_{sw,y} &= v_{w,y} - v_{s,y} \\ v_{sw,z} &= v_{w,z} - v_{s,z} \end{aligned}\right\} \tag{6.3}$$

式中，$v_{w,x}$、$v_{w,y}$、$v_{w,z}$ 分别为孔隙水在 x、y、z 轴方向的运动速度分量；$v_{s,x}$、$v_{s,y}$、$v_{s,z}$ 分别为土骨架在 x、y、z 轴方向的运动速度分量。

孔隙水在压力作用下相对于土骨架的运动称为渗透。因此，式（6.2）和式（6.3）左端项 $v_{sw,l}$ 和 $v_{sw,x}$、$v_{sw,y}$、$v_{sw,z}$ 分别称为孔隙水在 l 方向和 x、y、z 轴方向的渗透速度。渗透速度可由渗透试验测定。由渗透试验可测出在单位时间内通过指定面积为 A 的孔隙水流量 Q，则渗透速度 v_{sw} 可由下式确定：

$$v_{sw} = \frac{Q}{A} \tag{6.4}$$

由式（6.4）可见，渗透速度 v_{sw} 是按全断面面积计算的。实际上，孔隙水通过的面积为孔隙面积 nA，其中 n 为孔隙度。如果将按孔隙面积计算的渗流速度称为真渗透速度，以 $\bar{v}_{sw}$ 表示，则

$$\bar{v}_{sw}=\frac{Q}{nA}=\frac{1}{n}v_{sw} \tag{6.5}$$

6.1.4　渗透定律——达西定律

渗透定律是关于渗透速度 v_{sw} 与孔隙水压力 p_u 之间关系的定律。达西首先研究了这两者之间的关系，给出了相应的数学表达式，并称之为达西定律。达西定律的表达式如下：

$$v_{sw,l}=kj_l \tag{6.6}$$

式中，j_l 为 l 方向的水力坡降，如图6.2所示，按下式定义：

$$j_l=\frac{h_A-h_B}{L} \tag{6.7}$$

式中，h_A、h_B 分别为 A 断面和 B 断面的水头；L 为沿 l 方向从 A 断面到 B 断面的长度。由图6.2可见，水头 h 包括相对基准面 O-O 的位置水头 z 和压力水头 h_p，压力水头 h_p 按下式确定：

$$h_p=\frac{p_A}{\gamma_w}$$

由此，得

$$\left.\begin{aligned}h_A&=Z_A+\frac{p_A}{\gamma_w}\\h_B&=Z_B+\frac{p_B}{\gamma_w}\end{aligned}\right\} \tag{6.8}$$

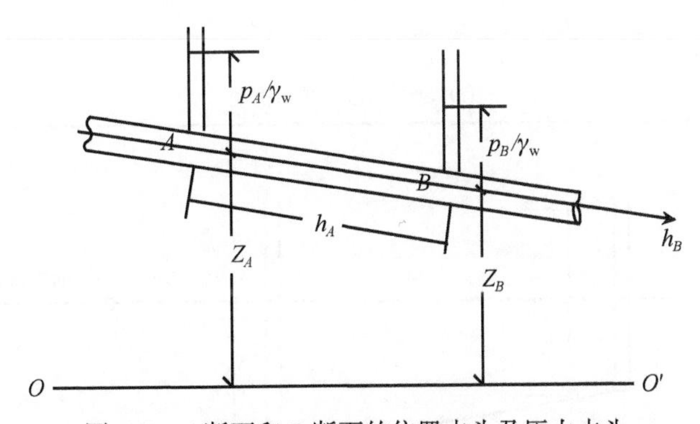

图6.2　A 断面和 B 断面的位置水头及压力水头

在此应指出，对于实际工程问题，土体中存在地下水位线。在这种情况下，水压力 p 由静水压力 p_s 和超静水压力 p_u 组成，相应地，压力水头 h 由静水压力水头 h_{p_s} 和超静水压力水头 h_{p_u} 组成，如图6.3（a）所示。前面关于有效应力的原理中，由荷载作用引起的孔隙水压力 p_u 就是超孔隙水压力。在这种情况下，总水头 h 按下式确定：

$$h=Z+h_{p_s}+h_{p_u} \tag{6.9}$$

式中，

$$\left.\begin{aligned} h_{p_s} &= \frac{p_s}{\gamma_w} \\ h_{p_u} &= \frac{p_u}{\gamma_w} \end{aligned}\right\} \tag{6.10}$$

在这种情况下，按式（6.7）和式（6.9），A、B 两点在 l 方向的水头坡降 j_l 应按下式确定：

$$j_l = \frac{[(Z_A + h_{p_s,A} + h_{p_u,A}) - (Z_B + h_{p_s,B} + h_{p_u,B})]}{L} \tag{6.11}$$

式中，$h_{p_s,A}$、$h_{p_u,A}$ 和 $h_{p_s,B}$、$h_{p_u,B}$ 分别为 A、B 的静水压力水头和超静水压力水头，按式（6.10）确定。

如果地下水位线是水平的，像通常假定的那样，如图 6.3（b）所示，则

$$Z_A + h_{p_s,A} = Z_B + h_{p_s,B} \tag{6.12}$$

$$j_l = \frac{(h_{p_u,A} - h_{p_u,B})}{L} \tag{6.13}$$

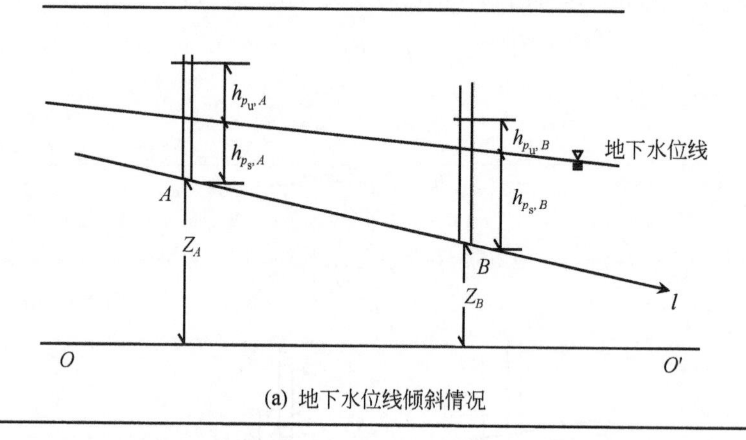

(a) 地下水位线倾斜情况

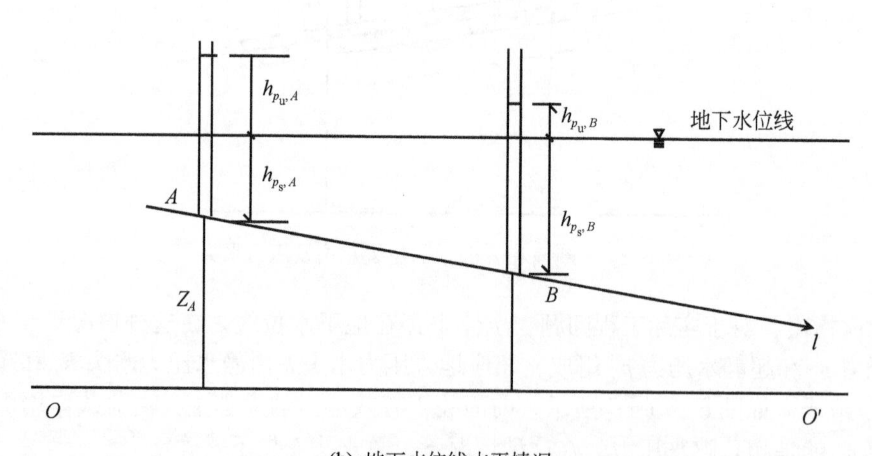

(b) 地下水位线水平情况

图 6.3　实际土体中静水压力水头和超静水压力水头

前文给出了 $A\sim B$ 的平均水力坡降计算公式。如果确定一点在 l 方向的水力坡降，类似式（6.7），其计算公式如下：

$$j_l=-\frac{\mathrm{d}h}{\mathrm{d}l} \tag{6.14}$$

而一点 x、y、z 轴方向的水力坡降应按下式计算：

$$\left.\begin{aligned}j_x&=-\frac{\mathrm{d}h}{\mathrm{d}x}\\j_y&=-\frac{\mathrm{d}h}{\mathrm{d}y}\\j_z&=-\frac{\mathrm{d}h}{\mathrm{d}z}\end{aligned}\right\} \tag{6.15}$$

前文认为土骨架是运动的。但在通常的渗透分析中，一般假定土骨架是固定的，即不发生运动，则

$$v_{\mathrm{s}}=0,\quad v_{\mathrm{sw}}=v_{\mathrm{w}} \tag{6.16}$$

由于土骨架是固定的，则土骨架是不压缩的刚性骨架。

6.1.5　土骨架与孔隙水的相互作用——渗透力

前文曾指出，土骨架与孔隙水是两个传力和变形体系，但这两个体系并不是互不关联的独立体系。由于孔隙水相对于土骨架发生运动，即渗流，这两个体系之间将发生相互作用。实际上，当孔隙水相对于土骨架发生运动时，土骨架对孔隙水作用一个后拖力，阻止孔隙水运动，同时孔隙水又对土骨架作用一个推力，试图推动土骨架运动。下面将渗透过程中孔隙水作用于土骨架上的推力称为渗透力，而将土骨架作用于孔隙水的后拖力称为摩阻力，并将其视为体积力。如以 f 表示作用于单位土体土骨架的渗透力，则 l 方向的渗透力为 f_l。显然，渗透力与摩阻力是一对作用力与反作用力。

从土体中沿孔隙水流动方向 l 取出一个长度为 L 的单位面积土柱，如图 6.4 所示。由图 6.4 可知，该土柱的体积为 L。设在土柱的左端，其孔隙水压力为 p_A，作用方向与 l 方向相同，相应的超静水压力水头为 $p_{\mathrm{u},A}/\gamma_{\mathrm{w}}$，其右端的孔隙水压力为 p_B，作用方向与 l 方向相反，相应的超静水压力水头为 $p_{\mathrm{u},B}/\gamma_{\mathrm{w}}$。在渗透过程中，土骨架作用于孔隙水的摩阻力为 f_l，其方向与 l 方向相反。由土体 L 中的孔隙水在 l 方向力的平衡条件可得如下关系式：

$$p_A-p_B=f_lL \tag{6.17}$$

式中，

$$\left.\begin{aligned}p_A&=(Z_A+h_{p_{\mathrm{s}},A})\gamma_{\mathrm{w}}+h_{p_{\mathrm{u}},A}\gamma_{\mathrm{w}}\\p_B&=(Z_B+h_{p_{\mathrm{s}},B})\gamma_{\mathrm{w}}+h_{p_{\mathrm{u}},B}\gamma_{\mathrm{w}}\end{aligned}\right\}$$

将 p_A、p_B 表达式代入式（6.17）中，并注意，通常假定地下水位是水平的：

$$Z_A+h_{p_{\mathrm{s}},A}=Z_B+h_{p_{\mathrm{s}},B}$$

则得

$$(h_{p_{\mathrm{u}},A}-h_{p_{\mathrm{u}},B})\gamma_{\mathrm{w}}=f_lL$$

再注意式（6.13），由上式则得

$$f_l = j_l \gamma_w \tag{6.18}$$

同样，可以得到渗透力在 x、y、z 方向的分量 f_x、f_y、f_z 如下：

$$\left.\begin{aligned} f_x &= j_x \gamma_w \\ f_y &= j_y \gamma_w \\ f_z &= j_z \gamma_w \end{aligned}\right\} \tag{6.19}$$

在此应指出，图 6.4 中标出的 f_l 作用方向与 l 轴方向相反，是土骨架对孔隙水的后拖力作用方向，而孔隙水对土骨架推力的作用方向则应与 l 轴方向相同。

应指出，在上面的推导中，与孔隙水流速相似，孔隙水压力 p 也是按全面积计算的，不是按孔隙面积计算的。

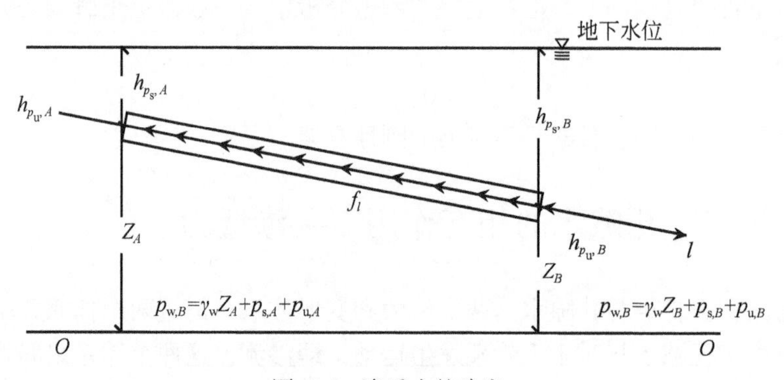

图 6.4　渗透力的确定

6.1.6　饱和土体土骨架与孔隙水体积变化协调条件

前文表述了土骨架与孔隙水这两个体系之间力的相互作用。除此之外，这两个体系在变形方面则应满足变形协调条件。由图 6.1 可见，土骨架与孔隙水是两个并联体系，则这两个体系的体积变形应该相等。假定在力 p 的作用下容器中水的体积变化为 ΔV_w，则 ΔV_w 应由如下两部分组成。

（1）从活塞小孔流出的水体积 $\Delta V_{w,f}$；

（2）容器中水体积的压缩量 $\Delta V_{w,c}$。

由此，得

$$\Delta V_w = \Delta V_{w,f} + \Delta V_{w,c} \tag{6.20}$$

设在力 p 作用下，土骨架体积的变化为 ΔV_s，根据前述的两个体系体积变形协调条件，则

$$\Delta V_s = \Delta V_w \tag{6.21}$$

将式（6.20）代入式（6.21）中得

$$\Delta V_s = \Delta V_{w,f} + \Delta V_{w,c} \tag{6.22}$$

式（6.22）即饱和土体土骨架与孔隙水体积变化协调条件。如果孔隙水是不可压缩的，则

$$\left.\begin{aligned}\Delta V_{w,c}&=0\\ \Delta V_s&=\Delta V_{w,f}\end{aligned}\right\} \tag{6.23}$$

如果土处于不排水状态，则

$$\left.\begin{aligned}\Delta V_{w,f}&=0\\ \Delta V_s&=\Delta V_{w,c}\end{aligned}\right\} \tag{6.24}$$

此处应指出，这里所说的土骨架的体积压缩就是土孔隙的减小，对于饱和土，则是孔隙水的排出和压缩。这个物理机制的数学表达式则是式（6.22）。在饱和土孔隙水压力研究中，式（6.22）、式（6.23）及式（6.24）是非常有用的。

6.1.7 饱和土的固结过程及影响因素

根据式（6.22）可以讨论一下土骨架变形的过程。首先应指出，式（6.22）右端的第二项孔隙水压缩变形 $\Delta V_{w,c}$ 通常认为是瞬时发生的弹性变形，其值取决于孔隙水变形系数和孔隙水压力 p_u，而第一项孔隙水排出引起的体积变化 $\Delta V_{w,f}$ 则是随时间 t 变化的，并与土的渗透系数和排水途径有关。因此，根据式（6.22），土骨架的变形也应包括瞬时变形和随时间增长的变形两部分，其瞬时变形应等于孔隙水压缩变形 $\Delta V_{w,c}$，其随时间增长的变形应等于孔隙水排出引起的体积变化 $\Delta V_{w,f}$。显然，$\Delta V_{w,f}$ 是渗透系数 k、渗透途径 s 及时间 t 的函数。设施加压力 p 的时刻为零时刻，当 $t=0$ 时，则

$$\Delta V_{w,f}=0,\quad \Delta V_w=\Delta V_{w,c},\quad \Delta V_s=\Delta V_{w,c} \tag{6.25}$$

设 $p_{s,0}$、$p_{u,0}$ 分别为 $t=0$ 时土骨架和孔隙水承受的压力，则

$$p_{s,0}=k_{v,s}\Delta V_{w,c},\quad p_{u,0}=p-k_{v,s}\Delta V_{w,c}$$

式中，$k_{v,s}$ 为土骨架体积压缩模量。如果假定水是不可压缩的，在这种情况下，$\Delta V_{w,c}=0$，$\Delta V_s=0$，则

$$p_{s,0}=0,\quad p_{u,0}=p \tag{6.26}$$

对于 t 时刻：

$$\Delta V_s=\Delta V_w=\Delta V_{w,c}+\Delta V_{w,f}(k,s,t)$$

此时土骨架承受的力 p_s（t）如下：

$$\left.\begin{aligned}p_s(t)&=k_{v,s}[\Delta V_{w,c}+\Delta V_{w,f}(k,s,t)]\\ p_u(t)&=p-p_s(t)\end{aligned}\right\} \tag{6.27}$$

如果假定水是不可压缩的，则

$$p_s(t)=k_{v,s}\Delta V_{w,f}(k,s,t) \tag{6.28}$$

由式（6.27）和式（6.28）可见，土骨架承受 p_s 的力随土骨架的变形而增大。显然，土骨架的最大变形 $\Delta V_{s,max}$ 如下：

$$\Delta V_{s,max}=\frac{p}{k_{v,s}} \tag{6.29}$$

此时，

$$\left.\begin{aligned}p_s&=p\\ p_u&=0\end{aligned}\right\} \tag{6.30}$$

及

$$\Delta V_s = \Delta V_w = \Delta V_{s,max} \tag{6.31}$$

下面，将施加力 p 后土骨架的变形和承受的力分别从 $\Delta V_{w,c}$ 和 $p_{s,0}$ 随时间逐渐增大最终达到最大值 $\Delta V_{s,max}$ 和 p 的过程称为固结过程，在这个过程中，土逐渐发生压密，同时还伴随着孔隙水压力从 $p_{u,0}$ 变化到零。在这个过程中，孔隙水压力 p_u 逐渐消散，并转移成为土骨架承受的力 p_s，因此又把这个过程称为孔隙水压力消散过程。

由上述可见，固结过程或孔隙水压力消散过程的主要影响因素包括土的渗透系数 k 和排水途径 s。由前述的达西定律可知，渗透系数越小，从孔隙中排出孔隙水所需要的时间越长。相应地，固结过程和孔隙水压力消散过程就越长。另外，排水途径越长，固结过程和孔隙水压力消散过程也越长。

6.2　太沙基固结理论的概要

6.2.1　太沙基一维固结理论

1. 太沙基一维固结理论方程式

太沙基首先建立了一维固结理论[1]。一维固结问题如图 6.5 所示。在图 6.5 中，荷载 p 均匀地作用在土体的水平表面上，地下水位在水平地表面之下的深度为 D_w，则地下水位之下的土体为饱和土体。Z 轴的原点设在地下水位面上。下面，以 σ_z、σ'_z 和 p_u 分别表示荷载 p 作用在水平面下深度为 z 的一点引起的竖向总应力、有效应力及超孔隙水，其中 $\sigma_z=p$，σ'_z 和 p_u 是荷载 p 施加后随时间 t 而变化的未知量。

显然，这个问题可以简化成一维问题。

太沙基一维固结理论可以确定在荷载 p 作用下，地下水位深度为 z 的一点的超孔隙水压力 p_u。太沙基一维固结理论是基于土骨架和孔隙水两个体系体积变形协调条件建立的。从图 6.5 中取出一个单位面积土柱和其中的一段微元体 dz。下面考虑在 dt 时段内，微元体 dz 中土骨架的体积变化 dV_s 和孔隙水体积变化 dV_w。

1）dV_s 的确定

设 dt 时段内作用于土骨架的有效应力增量为 $d\sigma'_z$，在 K_0 受力状态下土骨架体积压缩系数为 $C_{s,z}$，则 dt 时段内微元体 dz 的土骨架体积压缩增量 dV_s 如下：

$$dV_s = C_{s,z} d\sigma'_z dz = C_{s,z} \frac{\partial \sigma'_z}{\partial t} dt dz \tag{6.32}$$

2）dV_w 的确定

a. $dV_{w,c}$ 的确定

设 dt 时段内超孔隙水压力增量为 dp_u，孔隙水的压缩系数为 C_w。在微元体 dz 中孔隙

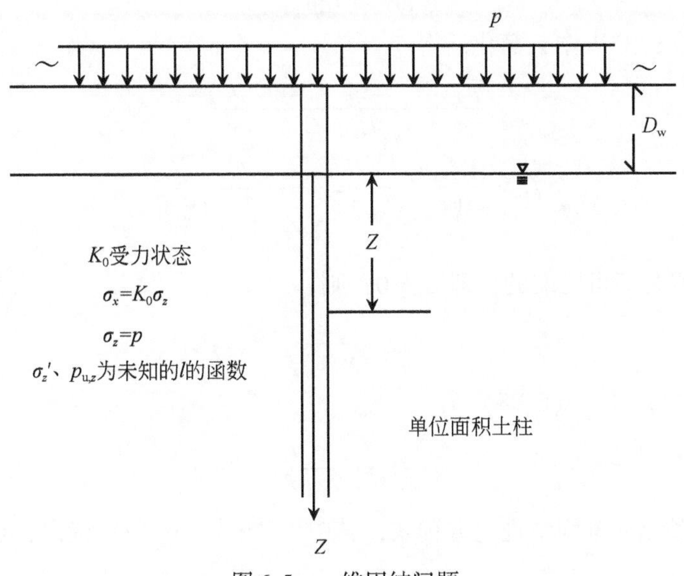

图 6.5　一维固结问题

水体积为 $n\mathrm{d}z$，按孔隙断面计算超孔隙水压力增量为$\frac{1}{n}\mathrm{d}p_{u,z}$，则在 $\mathrm{d}t$ 时段内，微元 $\mathrm{d}z$ 的孔隙水体积压缩增量 $\mathrm{d}V_{w,c}$如下：

$$\mathrm{d}V_{w,c}=C_w\mathrm{d}p_{u,z}\mathrm{d}z=C_w\frac{\partial p_{u,z}}{\partial t}\mathrm{d}t\mathrm{d}z \tag{6.33}$$

b. $\mathrm{d}V_{w,f}$的确定

设 $\mathrm{d}v_z$ 为从 z 到 $z+\mathrm{d}z$ 点的孔隙水运动速度的增量，则在 $\mathrm{d}t$ 时段内从 z 单位断面流入微元体的水量与从 $z+\mathrm{d}z$ 单位断面流出微元体的水量差 $\mathrm{d}V_{w,f}$如下：

$$\mathrm{d}V_{w,f}=\mathrm{d}v_z\mathrm{d}t$$

按达西定律：

$$\mathrm{d}v_z=k\mathrm{d}j_z=k\frac{\partial j_z}{\partial z}\mathrm{d}z=-\frac{k}{\gamma_w}\frac{\partial^2 p_{u,z}}{\partial z^2}\mathrm{d}z$$

将其代入 $\mathrm{d}V_{w,f}$表达式中，得

$$\mathrm{d}V_{w,f}=-\frac{k}{\gamma_w}\frac{\partial^2 p_{u,z}}{\partial z^2}\mathrm{d}z\mathrm{d}t \tag{6.34}$$

将式（6.32）、式（6.33）、式（6.34）代入式（6.22）中，简化后得

$$C_{s,z}\frac{\partial \sigma_z'}{\partial t}=C_w\frac{\partial p_{u,z}}{\partial t}-\frac{k}{\gamma_w}\frac{\partial^2 p_{u,z}}{\partial z^2} \tag{6.35}$$

另外，由于

$$\sigma_z'+p_{u,z}=\sigma_z=p$$

p 为常数，不随时间变化，则

$$\mathrm{d}(\sigma_z'+p_u)=\mathrm{d}p=\mathrm{d}\sigma_z=0 \tag{6.36}$$

由式（6.36）得

$$d\sigma_z' = -dp_{u,z} \tag{6.37}$$

将其代入式（6.35）中，简化后得

$$\frac{\partial p_{u,z}}{\partial t} = \frac{k}{\gamma_w(C_{s,z}+C_w)}\frac{\partial^2 p_{u,z}}{\partial z^2} \tag{6.38}$$

令

$$C_v = \frac{k}{\gamma_w(C_{s,z}+C_w)} = \frac{k}{\gamma_w C_{s,z}\left(1+\dfrac{C_w}{C_{s,z}}\right)} \tag{6.39}$$

如认为孔隙水是不可压缩的，即 $C_w=0$，则

$$C_v = \frac{k}{\gamma_w C_{s,z}} \tag{6.40}$$

C_v 为固结系数，则式（6.38）为

$$\frac{\partial p_{u,z}}{\partial t} = C_v\frac{\partial^2 p_{u,z}}{\partial z^2} \tag{6.41}$$

式（6.41）为太沙基一维固结理论方程式，其中 C_v 按式（6.40）确定，认为孔隙水是不可压缩的。

从上面的推导可看出，只有当总应力 σ_z 不随时间变化，为常数时，式（6.37）才成立，才能由式（6.35）得太沙基一维固结方程式（6.41）。

2. 土骨架体积压缩系数 $C_{s,z}$ 的确定及式（3.41）的非线性

按前述，在一维固结问题中，土体处于 K_0 受力状态，在这种受力状态下，土骨架的体积变形系数 $C_{s,z}$ 应由单轴压缩试验确定。单轴压缩试验结果如图 6.6 所示。图 6.6 给出了孔隙比 e 与竖向压应力 p 之间的关系线。根据 e-p 关系线可确定土骨架压缩性系数 $a_{p_1-p_2}$，如图 6.6 所示：

$$a_{p_1-p_2} = \frac{e_1-e_2}{p_2-p_1} \tag{6.42}$$

由图 6.6 可见，e-p 关系线是非线性的，则土骨架压缩系数 $a_{p_1-p_2}$ 不是常数，取决于 p_1。根据压缩系数 $a_{p_1-p_2}$ 可确定相应的压缩模量 E_{c,p_1-p_2}。

因为

$$C_{s,z,p_1-p_2} = \frac{1}{E_{c,p_1-p_2}} \tag{6.43}$$

则相应的 C_{s,z,p_1-p_2} 也取决于 p_1。由上述可知，在一维固结问题中，有效应力 σ_z' 对应单轴压缩试验的竖向压应力 p，则 $C_{s,z}$ 不是常数，而取决于 σ_z'。这样，由式（6.40）和式（6.41）可知，太沙基一维固结理论的求解方程式是一个非线性方程式。但在土力学教本中，认为压缩性系数为常数，将式（6.41）简化成线性方程式求解。如果实际问题荷载的变化范围较大时，在求解式（6.41）时应考虑 $C_{s,z}$ 的非线性。

3. 太沙基一维固结理论的适用性

由上述可见，采用太沙基一维固结理论应符合如下条件。

（1）土体处于 K_0 受力状态；

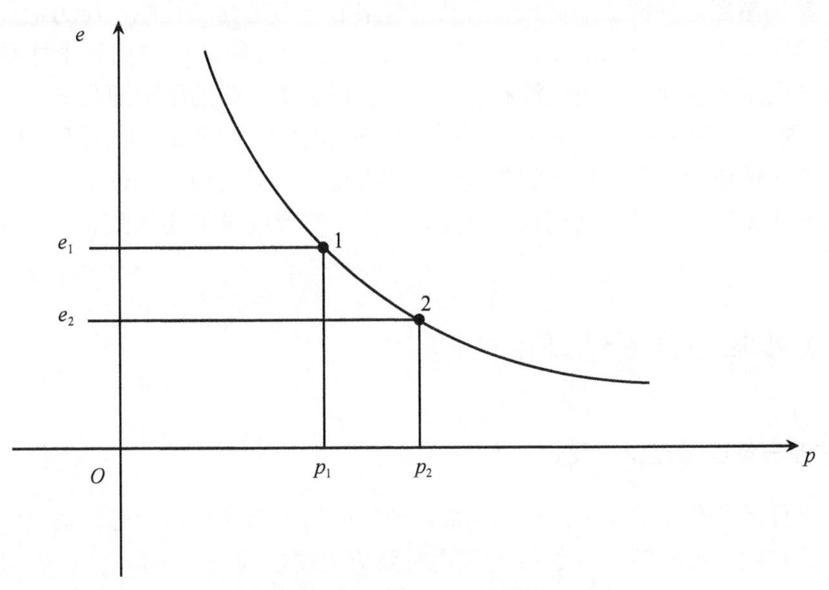

图6.6　单轴压缩试验曲线及压缩性系数 $a_{p_1-p_2}$

（2）土体中每一点只发生单轴压缩变形；

（3）孔隙水只能沿单轴压缩方向排出。

毫无疑问，这三个条件是很严格的，除图6.5所示的情况以外，大多数工程问题很难满足这三个条件。虽然如此，但许多实际工程问题简化后则可采用太沙基一维固结理论解决问题，例如在土体表面宽度为 B 的范围内作用竖向均布荷载，如图6.7所示。在这种情况下，土体中位于中心线的单位面积土柱近似满足太沙基一维固结理论要求的条件。可采

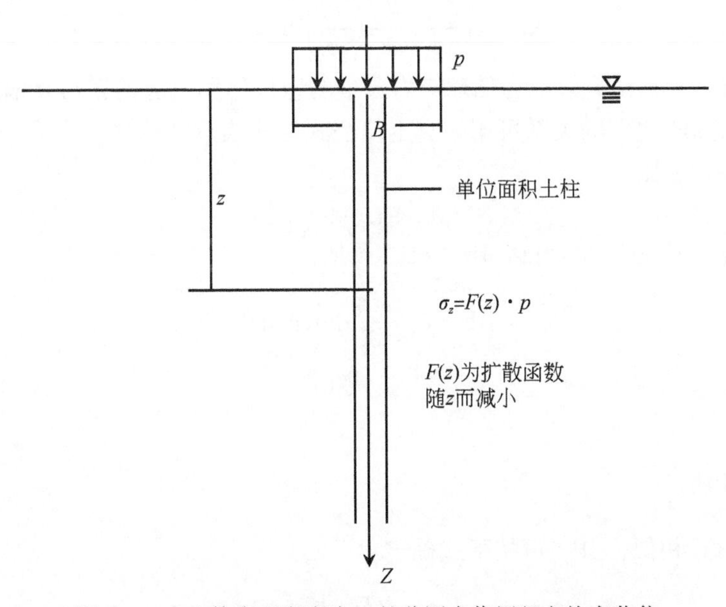

图6.7　在土体表面宽度为 B 的范围内作用竖向均布荷载

用太沙基一维固结理论分析施加荷载 p 后其土骨架的压缩过程和孔隙水压力消散过程，但是应指出在图 6.7 与图 6.5 所示的两种情况下，位于中心线的单位面积土柱受力是不同的。在图 6.5 所示的情况下，由于没有应力扩散，位于中心线的单位面积土柱上的各点竖向应力 σ_z 不随深度而变化，即 $\sigma_z=p$，为常数。但在图 6.7 所示的情况下，由于应力扩散，位于中心线的单位面积土柱上的各点竖向应力将随深度的增加而逐渐减小。虽然这两种情况都可采用太沙基一维固结理论，但图 6.7 所示情况的求解要比图 6.5 所示情况的求解困难些。

6.2.2 太沙基一维固结理论的推广

1. 太沙基三维固结理论方程式

将土骨架体系和孔隙水体系体积变形协调条件应用于三维受力状态，就可将太沙基一维固结理论推广到三维问题中。令 $\mathrm{d}t$ 时段内有效应力增量为 $\mathrm{d}\sigma'_x$、$\mathrm{d}\sigma'_y$、$\mathrm{d}\sigma'_z$、$\mathrm{d}\tau_{xy}$、$\mathrm{d}\tau_{yz}$、$\mathrm{d}\tau_{zx}$，超孔隙水压力增量为 $\mathrm{d}p_{\mathrm{u}}$。下面分别确定式（6.22）中微元土体 $\mathrm{d}x\mathrm{d}y\mathrm{d}z$ 的 ΔV_{s}、$\Delta V_{\mathrm{w,c}}$、$\Delta V_{\mathrm{w,f}}$。

设 $\mathrm{d}\varepsilon_{\mathrm{v}}$ 为有效应力增量作用在 $\mathrm{d}t$ 时段内引起的体应变增量，则

$$\Delta V_{\mathrm{s}}=\mathrm{d}\varepsilon_{\mathrm{v}}\mathrm{d}x\mathrm{d}y\mathrm{d}z=\frac{\partial\varepsilon_{\mathrm{v}}}{\partial t}\mathrm{d}t\mathrm{d}x\mathrm{d}y\mathrm{d}z \tag{6.44}$$

由于

$$\mathrm{d}\varepsilon_{\mathrm{v}}=\mathrm{d}\varepsilon_x+\mathrm{d}\varepsilon_y+\mathrm{d}\varepsilon_z$$

则

$$\Delta V_{\mathrm{s}}=\left(\frac{\partial\varepsilon_x}{\partial t}+\frac{\partial\varepsilon_y}{\partial t}+\frac{\partial\varepsilon_z}{\partial t}\right)\mathrm{d}t\mathrm{d}x\mathrm{d}y\mathrm{d}z \tag{6.45}$$

如果假定 $\mathrm{d}\varepsilon_{\mathrm{v}}$ 只是由有效应力的球应力分量的增量作用引起的，与其偏应力增量分量无关，则 $\mathrm{d}\varepsilon_{\mathrm{v}}$ 与 $\mathrm{d}\sigma'_0$ 之间的关系可用胡克定律公式形式表示。这样，令 $C_{\mathrm{s,v}}$ 为三维情况下的土骨架压缩系数，则

$$\mathrm{d}\varepsilon_{\mathrm{v}}=C_{\mathrm{s,v}}\mathrm{d}\sigma'_0 \tag{6.46}$$

将式（6.46）代入式（6.44）中，得

$$\mathrm{d}V_{\mathrm{s}}=C_{\mathrm{s,v}}\frac{\partial\sigma'_0}{\partial t}\mathrm{d}t\mathrm{d}x\mathrm{d}y\mathrm{d}z \tag{6.47}$$

2. ΔV_{w} 的确定

1）$\Delta V_{\mathrm{w,c}}$ 的确定

与式（6.33）相似，$\mathrm{d}V_{\mathrm{w,c}}$ 可按下式确定：

$$\mathrm{d}V_{\mathrm{w,c}}=C_{\mathrm{w}}\frac{\partial p_{\mathrm{u}}}{\partial t}\mathrm{d}t\mathrm{d}x\mathrm{d}y\mathrm{d}z \tag{6.48}$$

2）$\Delta V_{w,f}$的确定

在一维情况下，只沿荷载p作用方向排水。在三维情况下，沿x、y、z三个作用方向排水，则

$$\Delta V_{w,f}=\Delta V_{w,f,x}+\Delta V_{w,f,y}+\Delta V_{w,f,z}$$

上式中每一个分量均可按类似于式（6.34）的公式确定。这样，三维情况下的$\Delta V_{w,f}$可按下式确定：

$$dV_{w,f}=-\frac{k}{\gamma_w}\left(\frac{\partial^2 p_u}{\partial x^2}+\frac{\partial^2 p_u}{\partial y^2}+\frac{\partial^2 p_u}{\partial z^2}\right)dxdydzdt \tag{6.49}$$

将式（6.47）、式（6.48）和式（6.49）代入式（6.22）中得

$$C_{s,v}\frac{\partial\sigma_0'}{\partial t}=C_w\frac{\partial p_u}{\partial t}-\frac{k}{\gamma_w}\left(\frac{\partial^2 p_u}{\partial x^2}+\frac{\partial^2 p_u}{\partial y^2}+\frac{\partial^2 p_u}{\partial z^2}\right) \tag{6.50}$$

与一维情况相似，在三维情况下：

$$\sigma_0'+p_u=\sigma_0$$

假定土体中各点σ_0不随时间变化，而为常数，即$d\sigma_0=0$，则

$$d\sigma_0'=-dp_u \tag{6.51}$$

将式（6.51）代入式（6.50）中，简化后得

$$\frac{\partial p_u}{\partial t}=\frac{k}{\gamma_w C_{s,v}\left(1+\frac{C_w}{C_{s,v}}\right)}\left(\frac{\partial^2 p_u}{\partial x^2}+\frac{\partial^2 p_u}{\partial y^2}+\frac{\partial^2 p_u}{\partial z^2}\right) \tag{6.52}$$

如果孔隙水是不可压缩的，即$C_w=0$，则得

$$\frac{\partial p_u}{\partial t}=\frac{k}{C_{s,v}\gamma_w}\left(\frac{\partial^2 p_u}{\partial x^2}+\frac{\partial^2 p_u}{\partial y^2}+\frac{\partial^2 p_u}{\partial z^2}\right) \tag{6.53}$$

式（6.52）和式（6.53）分别为考虑孔隙水压缩性和不考虑孔隙水压缩性的太沙基三维固结理论方程。

3. 太沙基三维固结理论方程的适用条件

在此应指出，太沙基三维固结理论方程式（6.52）和式（6.53）仅在下列条件下才成立。

（1）土骨架体积变形仅与有效球应力分量有关；

（2）土骨架体积变形与有效球应力分量之间的关系可用弹性力学公式的形式表示；

（3）土体中各点的总球应力分量σ_0不随时间变化，为常数。

（4）$C_{s,v}$的确定及方程式（6.53）的非线性。

在三维情况下，$C_{s,v}$应根据三轴排水压缩试验资料确定。由三轴排水压缩试验可测得轴应变ε_a与$\sigma_1-\sigma_3$的关系线，如图6.8所示。由于在试验中，σ_3为常数，则

$$d\sigma_1=d(\sigma_1-\sigma_3)$$

而

$$E=\frac{d\sigma_1}{d\varepsilon_a} \tag{6.54}$$

这样，由图6.8所示的（$\sigma_1-\sigma_3$）-ε_a关系线可确定弹性模量E。根据胡克定律，体积变形模量k_v与弹性模量E的关系如下：

$$k_v=\frac{E}{3(1-2\mu)} \tag{6.55}$$

由于

$$C_{s,v}=\frac{1}{k_v}$$

则

$$C_{s,v}=\frac{3(1-2\mu)}{E} \tag{6.56}$$

式中，μ为泊松比。由排水试验可测得体积应力增量。在三轴受力状态下，$\varepsilon_v=\varepsilon_a+2\varepsilon_r=\varepsilon_a+2\mu\varepsilon_a=\varepsilon_a(1+2\mu)$。式中，$\varepsilon_r$为侧向正应变。由于$\varepsilon_v$、$\varepsilon_a$可由三轴试验测得，则泊松比可由$\varepsilon_v$-$\varepsilon_a$关系式确定。由图6.8可见，（$\sigma_1-\sigma_3$）-$\varepsilon_a$关系线是非线性关系曲线，则由式（6.54）确定的$E$不是常数。相应地，由式（6.56）确定的$C_{s,v}$也不是常数，则方程式（6.53）是非线性的。但是在土力学中，通常将$C_{s,v}$视为常数，将方程式（6.53）作为线性方程式求解。如果荷载的数值范围较大，则应将方程式（6.53）作为非线性方程求解。

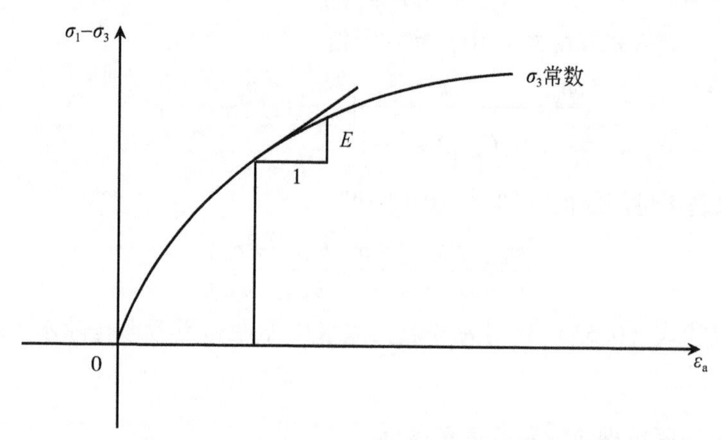

图6.8　三轴排水压缩试验测得的（$\sigma_1-\sigma_3$）-ε_a关系线及弹性模量E

6.2.3　平面应变情况下的固结理论

在平面应变情况下，与三维情况相似，其固结方程式如下：

$$\frac{\partial p_u}{\partial t}=\frac{k}{\gamma_w C_{s,p}\left(1+\frac{C_w}{C_{s,p}}\right)}\left(\frac{\partial^2 p_u}{\partial x^2}+\frac{\partial^2 p_u}{\partial z^2}\right) \tag{6.57a}$$

如假定孔隙水是不可压缩的，即$C_w=0$，则得

$$\frac{\partial p_u}{\partial t}=\frac{k}{C_{s,p}\gamma_w}\left(\frac{\partial^2 p_u}{\partial x^2}+\frac{\partial^2 p_u}{\partial z^2}\right) \tag{6.57b}$$

式中，$C_{s,p}$为平面应变情况下土骨架体积压缩系数。在平面应变情况下：

$$\left.\begin{aligned}&\varepsilon_y = 0\\&\sigma'_y = \mu(\sigma'_x + \sigma'_z)\end{aligned}\right\} \tag{6.58}$$

则

$$\varepsilon_v = \varepsilon_x + \varepsilon_z \tag{6.59}$$

根据胡克定律

$$\varepsilon_v = \varepsilon_x + \varepsilon_z = \frac{1-\mu-\mu^2}{E}(\sigma'_x + \sigma'_z) \tag{6.60}$$

令

$$\left.\begin{aligned}&\sigma_0 = \frac{\sigma'_x + \sigma'_z}{2}\\&C_{s,p} = \frac{\varepsilon_v}{\sigma_0}\end{aligned}\right\} \tag{6.61}$$

则

$$C_{s,p} = \frac{2(1-\mu-\mu^2)}{E} \tag{6.62}$$

与三维情况相似，由于E不是常数，则$C_{s,p}$也不是常数。这样，平面应变情况下的固结方程式（6.57）也是非线性方程式。如果荷载数值范围较小，则将其视为线性方程式。

6.2.4　初始孔隙水压力的确定

前文按太沙基固结理论建立了一维问题、平面应变问题及三维问题的孔隙水压力求解方程式。显然，根据这些方程式求解孔隙水压力是一个初值问题。因此，必须确定初始孔隙水压力在土体中的分布，即$t=0$时土体中孔隙水压力的分布。通常将施加荷载的时刻作为零时刻。

1. 确定初始孔隙水压力的方法

1）假定初始孔隙水压力只是由附加荷载作用产生的球应力引起的

设$t=0$时，由于附加荷载作用引起的总球应力为$\sigma_{0,0}$，有效球应力为$\sigma'_{0,0}$，孔隙水压力等于$p_{u,0}$，则相应的单位体积土体中孔隙水的体积力压缩量为$C_w p_{u,0}$，$\sigma'_{0,0} = \varepsilon_{v,0}/C_s$，其中$\varepsilon_{v,0}$为$t=0$时单位体积土体的土骨架体积压缩量。由于$t=0$时，没有发生孔隙水的流动，即不排水，则

$$\varepsilon_{v,0} = C_w p_{u,0} \tag{6.63}$$

根据总应力、有效应力与孔隙水压力的关系，则得

$$\sigma_{0,0} = \sigma'_{0,0} + p_{u,0} = \frac{C_w}{C_s} p_{u,0} + p_{u,0}$$

$$p_{u,0}=\frac{\sigma_{0,0}}{1+\dfrac{C_w}{C_s}} \tag{6.64}$$

当孔隙水为不可压缩时，$C_w=0$，则

$$p_{u,0}=\sigma_{0,0} \tag{6.65}$$

在一般情况下，由于 $C_w \ll C_s$，则$\dfrac{C_w}{C_s}\approx 0$，因此，通常按式（6.65）确定初始孔隙水压力。

按前述，在一维情况下，$\sigma_{0,0}=\dfrac{1}{3}\ (1+2\xi)\ \sigma_{z,0}$，式中 ξ 为侧压力系数，在不排水条件下 $\xi=1$，则得

$$\sigma_{0,0}=\sigma_{z,0} \tag{6.66}$$

式中，$\sigma_{z,0}$为附加荷载作用引起的 σ_z 值。在平面应变情况下：

$$\sigma_{0,0}=\frac{(1+\mu)\sigma_{x,0}+\sigma_{y,0}(\sigma_{x,0}+\sigma_{z,0})}{3} \tag{6.67}$$

式中，$\sigma_{x,0}$、$\sigma_{z,0}$分别为附加荷载作用引起的 σ_x、σ_z 值，μ 为泊松比，在不排水条件下取 0.5。在三维情况下：

$$\sigma_{0,0}=\frac{\sigma_{x,0}+\sigma_{y,0}+\sigma_{z,0}}{3} \tag{6.68}$$

式中，$\sigma_{x,0}$、$\sigma_{y,0}$、$\sigma_{z,0}$分别为附加荷载作用引起的 σ_x、σ_y、σ_z 值。

2）*考虑偏应力分量作用对初始孔隙水压力的影响*

试验研究表明，在不排水条件下，不仅球应力分量作用会引起孔隙水压力，偏应力分量作用也会引起孔隙水压力。根据不排水三轴压缩试验结果，侧向固结压力 σ_3 和差应力（$\sigma_1-\sigma_3$）共同作用引起的超孔隙水压力 $p_{u,0}$ 可按下式确定：

$$p_{u,0}=B[\sigma_3+A(\sigma_1-\sigma_3)] \tag{6.69}$$

式中，B、A 称为斯肯普顿（Skempton）孔隙水压力系数[2]。对于饱和土

$$\left.\begin{aligned} &B=1\\ &A=A(\sigma_3,(\sigma_1-\sigma_3)) \end{aligned}\right\} \tag{6.70}$$

式（6.70）第三式表明，A 是固结压力 σ_3 和差应力（$\sigma_1-\sigma_3$）的函数，由试验确定，与土的类型、密度、固结状态有关。

式（6.69）适用于轴对称应力状态，如将其用于一般应力状态，应考虑应力状态的影响。

设

$$\left.\begin{aligned} &\sigma_0=\frac{\sigma_1+\sigma_2+\sigma_3}{3}\\ &T=\sqrt{(\sigma_1-\sigma_2)^2+(\sigma_2-\sigma_3)^2+(\sigma_3-\sigma_1)^2} \end{aligned}\right\} \tag{6.71}$$

在轴对称应力状态下：

$$\sigma_0=\frac{\sigma_1+2\sigma_3}{3}=\sigma_3+\frac{\sigma_1-\sigma_3}{3}$$

$$T=\sqrt{(\sigma_1-\sigma_3)^2+(\sigma_3-\sigma_1)^2}=\sqrt{2}(\sigma_1-\sigma_3)$$

由上两式得

$$\sigma_3=\sigma_0-\frac{T}{3\sqrt{2}}$$

$$\sigma_1-\sigma_3=\frac{1}{\sqrt{2}}T$$

将上两式代入式（6.69）中，得

$$p_{\mathrm{u},0}=B\left[\left(\sigma_0-\frac{T}{3\sqrt{2}}\right)+A\frac{1}{\sqrt{2}}T\right]$$

令

$$\left.\begin{aligned}&\beta=B\\&\alpha=B\left(\frac{1}{\sqrt{2}}A-\frac{1}{3\sqrt{2}}\right)\end{aligned}\right\}\tag{6.72}$$

得

$$p_{\mathrm{u},0}=\beta\sigma_0+\alpha T\tag{6.73}$$

如果取 $T=0$，即不考虑偏应力作用的影响，且取 $\beta=1$，式（6.73）即式（6.65）。

通常，将 β、α 称为 Henkel 孔隙水压力系数。这样，将 $\sigma_{0,0}$、T_0 代入式（6.73）中就可确定初始孔隙水压力 $p_{\mathrm{u},0}$。

2. 初始应力的确定

由上述可见，当按式（6.65）或式（6.73）确定初始孔隙水压力时，必须知道附加荷载作用引起的应力 $\sigma_{0,0}$和 T_0。为此，要进行一次土体应力分析。

在此要强调一点，由于 $t=0$ 时土体不能发生排水，为此进行的初始应力分析应在不排水条件下完成。相应地，分析所采用的力学模型的参数，则应由不排水条件下的试验测定。

6.2.5　固结方程的矩阵形式

1. 一维情况

令

$$\left.\begin{aligned}&[\partial]_t=\left[\frac{\partial}{\partial t}\right]\\&C_{\mathrm{v}}=\frac{k}{C_{\mathrm{s},z}\gamma_{\mathrm{w}}}\\&[\partial]_{p_{\mathrm{u}}}=\left[\frac{\partial^2}{\partial z^2}\right]\\&\{I\}=\{1\}^{\mathrm{T}}\end{aligned}\right\}\tag{6.74}$$

则一维固结方程式可写成如下矩阵形式：

$$[\partial]_t p_u - C_v [\partial]_{p_u} \{I\} p_u = 0 \tag{6.75}$$

2. 平面应变情况

令

$$\left.\begin{aligned} &[\partial]_{p_u} = \left[\frac{\partial^2}{\partial x^2} \ \frac{\partial^2}{\partial y^2}\right] \\ &C_v = \frac{k}{C_{s,p}\gamma_w} \\ &\{I\} = \{1 \quad 1\}^T \end{aligned}\right\} \tag{6.76}$$

则平面应变情况下的固结方程式可写成与式（6.75）相同的矩阵形式方程式。

3. 三维情况

令

$$\left.\begin{aligned} &[\partial]_{p_u} = \left[\frac{\partial^2}{\partial x^2} \ \frac{\partial^2}{\partial y^2} \ \frac{\partial^2}{\partial z^2}\right] \\ &C_v = \frac{k}{C_{s,v}\gamma_w} \\ &\{I\} = \{1 \quad 1 \quad 1\}^T \end{aligned}\right\} \tag{6.77}$$

则三维情况下的固结方程式可写成与式（6.75）相同的矩阵形式方程式。

6.2.6　土骨架不可压缩情况

对于土骨架不可压缩情况，即 $C_s=0$ 的情况，则一维固结方程式（6.41）中的 C_v，平面固结方程式（6.57）中的$\frac{k}{C_{s,p}\gamma_w}$，三维固结方程式（6.53）中的$\frac{k}{C_{s,v}\gamma_w}$都为无穷大。这样，一维情况下的方程式（6.41）、平面应变情况下的方程式（6.57）、三维情况下的方程式（6.53）分别变成如下形式：

一维情况下：

$$\frac{\partial^2 p_{u,z}}{\partial z^2} = 0 \tag{6.78a}$$

平面应变情况下：

$$\frac{\partial^2 p_u}{\partial x^2} + \frac{\partial^2 p_u}{\partial z^2} = 0 \tag{6.78b}$$

三维情况下：

$$\frac{\partial^2 p_u}{\partial x^2} + \frac{\partial^2 p_u}{\partial y^2} + \frac{\partial^2 p_u}{\partial z^2} = 0 \tag{6.78c}$$

式（6.78a）、式（6.78b）和式（6.78c）分别为一维情况下、平面应变情况下和三维情况下的拉普拉斯方程式。它们分别为一维情况下、平面应变情况下和三维情况下渗流问题的求解方程式。在渗流分析中假定土骨架是刚性的。

6.3 荷载作用引起的源压力及带源头的太沙基固结方程式

6.3.1 荷载作用引起的源压力

设作用在土体上的荷载随时间按一定规律增加，则在其作用下土体中的应力也随时间增大。相应地，土体中每一点由于应力作用而产生的孔隙水压力也随时间按一定规律增大。下面将由荷载作用产生的随时间增加的孔隙水压力称为源压力。

设以 $p_{u,g}(t)$ 表示土体中一点的源压力随时间增大的规律，则在 dt 时段内源压力的增量 $dp_{u,g}(t)$ 如下

$$dp_{u,g}(t)=\frac{\partial p_{u,g}(t)}{\partial t}dt \tag{6.79}$$

另外，由于排水，在 dt 时段内孔隙水压力要消散。下面以 $dp_{u,d}$ 表示由消散引起的孔隙水压力变化。这样，由于孔隙水压力的增长和消散，在 dt 时段内产生的孔隙水压力增量 dp_u 可表示如下：

$$dp_u=dp_{u,g}+dp_{u,d} \tag{6.80}$$

由此，得

$$dp_{u,d}=dp_u-dp_{u,g} \tag{6.81}$$

由式（6.80）可见，如果没有源压力，则

$$dp_u=dp_{u,d} \tag{6.82}$$

即上一节表述的没有源压力的情况。

在此应指出，在超孔隙水压力增量 dp_u 中，源压力增量 $dp_{u,g}$ 部分是孔隙水承受的，而消散引起的增量 $dp_{u,d}$ 部分将转化成由土骨架承受的有效球压力。因此，在 dt 时段内土骨架承受的有效球应力增量 $d\sigma'_0$ 如下：

$$d\sigma'_0=-dp_{u,d}$$

将式（6.80）代入，得

$$d\sigma'_0=-(dp_u-dp_{u,g}) \tag{6.83}$$

相应地，dt 时段内土骨架承受的有效正应力的增量 $d\sigma'_x$、$d\sigma'_y$、$d\sigma'_z$ 如下：

$$\left.\begin{aligned}d\sigma'_x&=-(dp_u-dp_{u,g})\\d\sigma'_y&=-(dp_u-dp_{u,g})\\d\sigma'_z&=-(dp_u-dp_{u,g})\end{aligned}\right\} \tag{6.84}$$

6.3.2 带源头的太沙基固结理论方程式

按前述，超孔隙水压力 p_u 是在由源压力引起的超孔隙水压增大和由消散引起的超孔

隙水压力减小两种效应下产生的综合结果。下面考虑这种机制来建立求解带源头的超孔隙水压力 p_{u} 的方程式。

与不带源头的情况相似，带源头的太沙基固结理论方程式也可以由土骨架体系与孔隙水体系体积变形协调条件建立。

1. dt 时段内土骨架体系的体积变形增量 ΔV_{s}

按前述，$\mathrm{d}p_{\mathrm{u}}=\mathrm{d}p_{\mathrm{u,g}}+\mathrm{d}p_{\mathrm{u,d}}$，则 $\mathrm{d}p_{\mathrm{u,d}}=\mathrm{d}p_{\mathrm{u}}-\mathrm{d}p_{\mathrm{u,g}}$，由于消散作用 $\mathrm{d}p_{\mathrm{u,d}}$转变为有效应力，则引起的 d$t$ 时段内土微元体 dxdydz 土骨架的体积变形 dV_{s} 如下：

$$\mathrm{d}V_{\mathrm{s}}=-C_{\mathrm{s,v}}(\mathrm{d}p_{\mathrm{u}}-\mathrm{d}p_{\mathrm{u,g}})\mathrm{d}x\mathrm{d}y\mathrm{d}z$$

2. dt 时段内孔隙水体系的体积变形增量 $\Delta V_{\mathrm{w,c}}$

式（6.48）给出了 dt 时段内微元体 dxdydz 中的孔隙水体系的体积变形增量 d$V_{\mathrm{w,c}}$，现重写如下：

$$\mathrm{d}V_{\mathrm{w,c}}=C_{\mathrm{w}}\frac{\partial p_{\mathrm{u}}}{\partial t}\mathrm{d}t\mathrm{d}x\mathrm{d}y\mathrm{d}z$$

3. dt 时段内孔隙水从微元体流出的孔隙水体积 $\Delta V_{\mathrm{w,f}}$

现根据式（6.49），dt 时段内孔隙水从微元体流出的孔隙水体积 $\Delta V_{\mathrm{w,f}}$如下

$$\mathrm{d}V_{\mathrm{w,f}}=-\frac{k}{\gamma_{\mathrm{w}}}\left(\frac{\partial^2 p_{\mathrm{u}}}{\partial x}+\frac{\partial^2 p_{\mathrm{u}}}{\partial y}+\frac{\partial^2 p_{\mathrm{u}}}{\partial z}\right)$$

将以上三式代入土骨架体系和水孔隙体系体积变形协调条件中，则得

$$-C_{\mathrm{s,v}}\left(\frac{\partial^2 p_{\mathrm{u}}}{\partial t}-\frac{\partial^2 p_{\mathrm{u,g}}}{\partial t}\right)=C_{\mathrm{w}}\frac{\partial p_{\mathrm{u}}}{\partial t}-\frac{k}{\gamma_{\mathrm{w}}}\left(\frac{\partial^2 p_{\mathrm{u}}}{\partial x^2}+\frac{\partial^2 p_{\mathrm{u}}}{\partial y^2}+\frac{\partial^2 p_{\mathrm{u}}}{\partial z^2}\right) \tag{6.85}$$

改写上式，得

$$-C_{\mathrm{s,v}}\frac{\partial p_{\mathrm{u}}}{\partial t}+C_{\mathrm{s,v}}\frac{\partial p_{\mathrm{u,g}}}{\partial t}=C_{\mathrm{w}}\frac{\partial p_{\mathrm{u}}}{\partial t}-\frac{k}{\gamma_{\mathrm{w}}}\left(\frac{\partial^2 p_{\mathrm{u}}}{\partial x^2}+\frac{\partial^2 p_{\mathrm{u}}}{\partial y^2}+\frac{\partial^2 p_{\mathrm{u}}}{\partial z^2}\right) \tag{6.86}$$

整理后得

$$(C_{\mathrm{s,v}}+C_{\mathrm{w}})\frac{\partial p_{\mathrm{u}}}{\partial t}-\frac{k}{\gamma_{\mathrm{w}}}\left(\frac{\partial^2 p_{\mathrm{u}}}{\partial x^2}+\frac{\partial^2 p_{\mathrm{u}}}{\partial y^2}+\frac{\partial^2 p_{\mathrm{u}}}{\partial z^2}\right)=C_{\mathrm{s,v}}\frac{\partial p_{\mathrm{u,g}}}{\partial t} \tag{6.87}$$

简化后，得

$$\frac{\partial p_{\mathrm{u}}}{\partial t}-\frac{k}{C_{\mathrm{s,v}}\left(1+\frac{C_{\mathrm{w}}}{C_{\mathrm{s,v}}}\right)\gamma_{\mathrm{w}}}\left(\frac{\partial^2 p_{\mathrm{u}}}{\partial x^2}+\frac{\partial^2 p_{\mathrm{u}}}{\partial y^2}+\frac{\partial^2 p_{\mathrm{u}}}{\partial z}\right)=\frac{C_{\mathrm{s,v}}}{C_{\mathrm{s,v}}\left(1+\frac{C_{\mathrm{w}}}{C_{\mathrm{s,v}}}\right)}\frac{\partial p_{\mathrm{u,g}}}{\partial t} \tag{6.88}$$

如假定孔隙水是不可压缩的，由于 $C_{\mathrm{w}}=0$，$C_{\mathrm{w}}/C_{\mathrm{s,v}}=0$，则式（6.88）可写成如下形式：

$$\frac{\partial p_{\mathrm{u}}}{\partial t}-\frac{k}{C_{\mathrm{s,v}}\gamma_{\mathrm{w}}}\left(\frac{\partial^2 p_{\mathrm{u}}}{\partial x}+\frac{\partial^2 p_{\mathrm{u}}}{\partial y}+\frac{\partial^2 p_{\mathrm{u}}}{\partial z}\right)=\frac{\partial p_{\mathrm{u,g}}}{\partial t} \tag{6.89}$$

式（6.89）即带源头的太沙基固结理论方程式。由式（6.89）可见，在不排水条件下，

渗透系数 $k=0$，则得

$$\frac{\partial p_{\mathrm{u}}}{\partial t}=\frac{\partial p_{\mathrm{u,g}}}{\partial t} \tag{6.90}$$

在零初始条件下，由式（6.90）得

$$p_{\mathrm{u}}=p_{\mathrm{u,g}} \tag{6.91}$$

6.3.3 孔隙水压力的增长和消散过程

前文曾指出，孔隙水源压力 $p_{\mathrm{u,g}}$是由附加荷载作用引起的。附加荷载的施加有一个时间过程，例如在 $t=0\sim T$ 时段内完成，则在 $t=0\sim T$ 时段内，土体中将产生源压力增量 $\mathrm{d}p_{\mathrm{u,g}}$，$t>T$ 之后，则不会产生源压力，即 $\mathrm{d}p_{\mathrm{u,g}}=0$。因此，只在 $t=0\sim T$ 时段孔隙水压力服从式（6.89），$t>T$ 之后，由于 $p_{\mathrm{u,g}}=0$，则孔隙水压力服从式（6.52）或式（6.53）。这样，可将孔隙水压力随时间的变化分为如图 6.9 所示的两个阶段。

1. $t=0\sim T$ 阶段

如前所述，在这个阶段，孔隙水压力服从式（6.89）。式（6.89）左端的第二项表明由排水引起的孔隙水压力消散作用，而式（6.89）右端项表示由于源压力而产生的孔隙水的增长作用。因此，在 $t=0\sim T$ 时段，孔隙水压力随时间的变化取决于排水消散和源压力增长两种相反作用。通常，在此阶段源压力增长作用大于排水消散作用，则孔隙水压力 p_{u} 将随时间 t 增大，如图 6.9 所示。

2. $t>T$ 阶段

如前所述，在这一阶段孔隙水压力服从式（6.52）或式（6.53）。由这两个方程式可见，在程式中仅存在表示排水消散作用的项，而表示源压力增长作用的项不存在了。因此，在 $t>T$ 阶段，只有排水消散作用，则孔隙水压力 p_{u} 将随时间 t 减小，如图 6.9 所示。

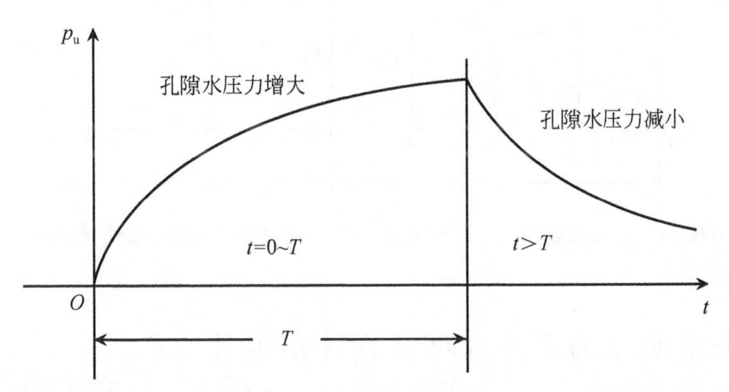

图 6.9　荷载施加阶段 $t=0\sim T$ 和之后 $t>T$ 阶段孔隙水压力随时间的变化

6.3.4 分级加载情况

$t=0\sim T$ 时段荷载的施加过程有很大的不确定性。相应地，此时段源压力随时间的增长速率也有很大的不确定性。因此，在实际工程问题中，常把荷载简化为分级瞬时施加的荷载。设在 $t=t_i$ 时刻施加一级荷载增量，该级荷载增量作用在土体中引起的源压力为 $\Delta p_{\mathrm{u,g},t_i}$，如图 6.10 所示。

如果以 $p_{\mathrm{u},t_i}^{(-)}$ 表示 $t=t_i$ 时刻该级荷载施加前的孔隙水压力，以 $p_{\mathrm{u},t_i}^{(+)}$ 表示 $t=t_i$ 时刻施加该级荷载后的孔隙水压力，则

$$p_{\mathrm{u},t_i}^{(+)}=p_{\mathrm{u},t_i}^{(-)}+\Delta p_{\mathrm{u,g},t_i} \tag{6.92}$$

设 $t=t_{i+1}$ 时刻施加下级荷载，则 $t_i\sim t_{i+1}$ 时段荷载不发生变化，相应的源压力速率 $\frac{\partial p_{\mathrm{u,g}}}{\partial t}=0$，孔隙水压力应服从式（6.52）或式（6.53）。但是，$t=t_i$ 时刻的孔隙水压力应取 $p_{\mathrm{u},t_i}^{(+)}$ 值，即

$$p_{\mathrm{u},t_i}=p_{\mathrm{u},t_i}^{(+)} \tag{6.93}$$

这样，$t=t_i$ 时刻的孔隙水压力值发生突变，如图 6.10 所示。由于 $t=t_i-t_{i+1}$ 时段孔隙水服从式（6.53），这一时段只有排水消散作用，则孔隙水压力将减小。按上述，在按式（6.53）分析 $t=t_i\sim t_{i+1}$ 时段的孔隙水压力时，取 $p_{\mathrm{u},t_i}=p_{\mathrm{u},t_i}^{(+)}$ 为该时段的孔隙水压力初值。按相似的方法可以确定 $t=0\sim T$ 时段内各级荷载作用引起的孔隙水压力。同样，$t>T$ 时孔隙水力只有不断地减小。图 6.10 给出了多级荷载情况下 $t=0\sim T$ 时段和 $t>T$ 以后的孔隙水压力的变化过程。

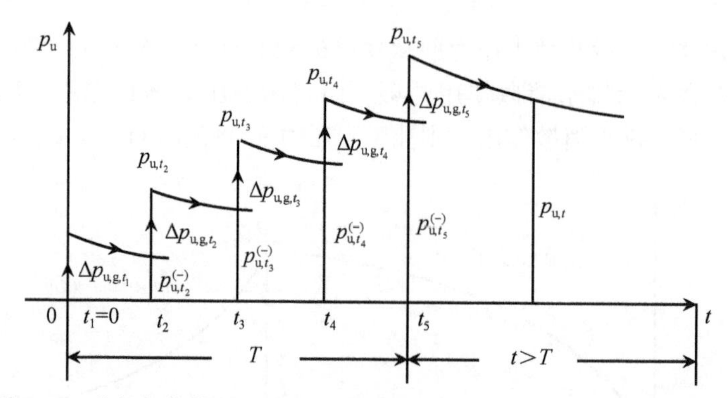

图 6.10　分级加载情况下孔隙水压力的变化过程（以分五级加载为例）

6.3.5 孔隙水源压力增量及增长速率的确定

按前述，当考虑孔隙水源压力求解超孔隙水压力时，需要确定孔隙水源压力增量 $\Delta p_{\mathrm{u,g}}$ 或增长速率 $\frac{\partial p_{\mathrm{u,g}}}{\partial t}$。假定在不排水情况下，荷载在土体中引起的附加应力已知，则可根

据前述的孔隙水压力系数确定孔隙水源压力。下面以孔隙水压力系数β、α为例来说明。根据式（6.73），可得

$$\mathrm{d}p_{\mathrm{u,g}}=\beta\mathrm{d}\sigma_0+\left(T\frac{\partial\alpha}{\partial T}\mathrm{d}T+\alpha\mathrm{d}T\right)$$

简化后，得

$$\mathrm{d}p_{\mathrm{u,g}}=\beta\mathrm{d}\sigma_0+\left(T\frac{\partial\alpha}{\partial T}+\alpha\right)\mathrm{d}T \tag{6.94}$$

将上式写成有限形式，得

$$\Delta p_{\mathrm{u,g}}=\beta\Delta\sigma_0+\left(T\frac{\partial\alpha}{\partial T}+\alpha\right)\Delta T \tag{6.95}$$

式中，$\Delta\sigma_0$、ΔT分别为$t_i\sim t_{i+1}$时段内荷载作用增量引起的球应力增量和偏应力增量。

进而，由式（6.94）可得

$$\frac{\partial p_{\mathrm{u,g}}}{\partial t}=\beta\frac{\partial\sigma_0}{\partial t}+\left(T\frac{\partial\alpha}{\partial T}+\alpha\right)\frac{\partial T}{\partial t} \tag{6.96}$$

式中，$\frac{\partial\sigma_0}{\partial t}$、$\frac{\partial T}{\partial t}$分别为球应力增加速率和偏应力增加速率，按前述应是已知的。这样，就可按式（6.95）和式（6.96）确定孔隙水源压力增量和孔隙水源压力增长速率。

6.4　太沙基固结方程式的数值求解

按上述，如果土骨架的体积压缩系数为常数，太沙基固结方程式为线性方程式。实际上，而土骨架的体积压缩系数与其受力水平有关，不为常数，太沙基固结方程式则为非线性方程式。另外，求解土体中的超孔隙水压力时不仅要满足太沙基固结方程式，还要满足一定的边界条件和初始条件。在此应指出，实际工程问题的边界条件和初始条件是比较复杂的，即使按线性方程式求解，也很难得到解析解答。如果按非线性方程式求解，则更困难。因此，求解太沙基固结方程式通常采用数值求解方法。与其他岩土工程问题一样，采用有限元数值方法对太沙基固结方程式求解较方便。

对于太沙基固结理论，式（6.89）更具有一般性。下面以式（6.89）为例来表述其有限元数值求解方法。数值求解方法的关键是将无限形式的求解方程式转化成有限形式的求解方程式。将求解方程式从无限形式转化成有限形式可以采用离散的方法来完成。由式（6.89）可见，将其转化成有限形式应包括如下两方面离散。

（1）关于几何坐标x、y、z的离散；

（2）关于时间坐标t的离散。

下面将分别表述这两方面的离散方法。为了方便，在表述离散方法之前，先将式（6.89）改写成如下矩阵形式：

$$[\partial]_t p_{\mathrm{u}}-C_{\mathrm{v}}[\partial]_{p_{\mathrm{u}}}\{I\}p_{\mathrm{u}}=[\partial]_t p_{\mathrm{u,g}} \tag{6.97}$$

式中，$[\partial]_t$、$[\partial]_{p_{\mathrm{u}}}$和$\{I\}$如前述。

6.4.1 关于几何坐标的离散

1. 伽辽金法的概要

下面采用伽辽金法对式（6.97）进行几何离散。在此，首先按文献［3］概述伽辽金法。设函数 y 的求解方程式为 $Ly=0$，其中 L 为 y 的求解方程式形式。函数 y 除应满足方程式 L 外，还应满足指定的边界条件。

如果 y^* 是准确解，则 $Ly^*=0$。现在取一完备的函数族 $\varphi_k(x)$，$k=1$，2，3，…，其中 $\varphi_k(x)$ 每一个函数均满足指定的边界条件。按伽辽金法，函数 y 的近似解 $\bar{y}$ 取如下形式：

$$\bar{y}_n = \sum_{k=1}^{n} a_k \varphi_k(x) \tag{6.98}$$

由于函数族 $\varphi_k(x)$ 是先验决定的，只要确定 a_k，则近似解就得到了。

如果 $\bar{y}_n$ 是 y 的准确解，则

$$L\bar{y}_n = 0 \tag{6.99}$$

由此得

$$\int_{x_1}^{x_2} \varphi_k L \bar{y}_n \mathrm{d}x = 0 \tag{6.100}$$

式中，x_1、x_2定义了 x 的变化范围，将式（6.98）代入式（6.100）中得

$$\int_{x_1}^{x_2} \varphi_k L\left(\sum_{l=1}^{n} a_l \varphi_l(x)\right)\mathrm{d}x = 0 \quad k = 1,2,3,\cdots,n \tag{6.101}$$

对每一个 k 完成式（6.101）的积分运算，则得一个关于系数 a_l 的方程式。这样，由式（6.101）可得到一个关于求解系数 a_l 的方程式组，共包括 n 个方程式。求解该方程组可确定系数 a_l，共 n 个，则

$$\bar{y}_n = \sum_{l=1}^{n} a_l \varphi_l(x) \tag{6.102}$$

下面以一个具体的例子进一步说明伽辽金法。

设方程式 $Ly=0$ 的形式如下：

$$y''+y+x=0 \tag{6.103}$$

其边界条件如下：

$$y(0)=y(1)=0 \tag{6.104}$$

首先，取函数族 $\varphi_k(x)$ 的形式如下：

$$\varphi_k(x)=(1-x)x^k \tag{6.105}$$

由式（6.105）可见，φ_k（x）满足边界条件式（6.104）。下面取 $n=2$，则得

$$\bar{y}_2=a_1(1-x)x+a_2(1-x)x^2 \tag{6.106}$$

将式（6.106）代入 y 的求解方程式（6.103）中，得

$$L\bar{y}_2=-2a_1-a_2(2-6x)+x(1-x)(a_1+a_2x)+x \tag{6.107}$$

另外，将式（6.106）代入式（6.101）中，得

$$\left.\begin{aligned}\int_0^1 a_1(1-x)xL\bar{y}_2\mathrm{d}x=0\\ \int_0^1 a_2(1-x)x^2L\bar{y}_2\mathrm{d}x=0\end{aligned}\right\}\tag{6.108}$$

再将式（6.107）代入式（6.108）中，并完成积分运算简化后得

$$\frac{3}{10}a_1+\frac{3}{20}a_2=\frac{1}{12}$$

$$\frac{3}{20}a_1+\frac{13}{105}a_2=\frac{1}{20}$$

求解上式得

$$a_1=\frac{71}{369}$$

$$a_2=\frac{7}{41}$$

将 a_1、a_2值代入式（6.106）中，简化后得

$$\bar{y}_2=x(1-x)\left(\frac{71}{369}+\frac{7}{41}x\right)\tag{6.109}$$

另外，式（6.103）的准确解为

$$y^*=\frac{\sin x}{\sin 1}-x\tag{6.110}$$

为了解 $\bar{y}_2$ 的精度，令 $x=1/4$、$1/2$、$3/4$，分别按式（6.109）和式（6.110）计算 $\bar{y}_2$ 和 y^*的值，如表6.1所示。由表6.1可见，$\bar{y}_2$ 是相当精确的。

由上述可见，伽辽金法的关键在于先验地确定满足边界条件的函数族 $\varphi_k(x)$。

表6.1　$\bar{y}_2$ 与 y^* 的比较

变量	1/4	1/2	3/4
y^*	0.044	0.070	0.060
$\bar{y}_2$	0.044	0.069	0.060

2. 按单元对式（6.97）几何离散

文献［4］表述了伽辽金法在有限元法中的应用。前文表述时曾指出，伽辽金法的关键是选取满足边界条件的函数族 $\varphi_k(x)$。

首先指出，式（6.97）对整个土体都是成立的，因此对土体中任何一个单元也都是成立的。前文曾指出，有限元法是以按单元分区定义的未知函数代替整个土体中定义的未知函数。因此，只需要按单元分区选择函数族 $\varphi_k(x)$，这就简单多了。根据有限元法，单元内一点的孔隙水压力可表示为如下形式：

$$p_{\mathrm{u}}=[N]\{p_{\mathrm{u}}\}_{\mathrm{e,n}}\tag{6.111}$$

式中，［N］为超孔隙水压力型函数矩阵，一行 m 列，其中 m 为单元结点数目，其中每个元素为 x、y、z 的函数，$\{p_{\mathrm{u}}\}_{\mathrm{e,n}}$为单元结点超孔隙水压力向量。以平面四边形单元为例，

$m=4$：

$$\left.\begin{array}{l}[N]=[N_1 \quad N_2 \quad N_3 \quad N_4] \\ \{p_{\mathrm{u}}\}_{\mathrm{e,n}}=\{p_{\mathrm{u},1} \quad p_{\mathrm{u},2} \quad p_{\mathrm{u},3} \quad p_{\mathrm{u},4}\}^{\mathrm{T}}\end{array}\right\} \tag{6.112}$$

式中，N_1、N_2、N_3、N_4为四边形单元超孔隙水压力型函数矩阵［N］的元素。$p_{\mathrm{u},1}$、$p_{\mathrm{u},2}$、$p_{\mathrm{u},3}$、$p_{\mathrm{u},4}$为单元四个节点的超孔隙水压力。阿拉伯数字下标为单元结点局部编号。将式（6.111)写成和的形式，则单元内一点的超孔隙水压力为

$$p_{\mathrm{u}} = \sum_{i=1}^{4} N_i p_{\mathrm{u},i} \tag{6.113}$$

与前述伽辽金法中的式（6.98）进行比较可见，N_i相当于函数族φ_k，$p_{\mathrm{u},i}$相当于系数a_k。因此，只要单元结点的孔隙水压力$p_{\mathrm{u},i}$确定，就可按式（6.113）确定单元中任何一点的孔隙水压力p_{u}。

将式（6.111）代入矩阵形式的式（6.75）中，得

$$[N][\partial]_t\{p\}_{\mathrm{e,n}}-C_{\mathrm{v}}[\partial]_{p_{\mathrm{u}}}\{I\}[N]\{p\}_{\mathrm{e,n}}=[N][\partial]_t\{p_{\mathrm{u,g}}\}_{\mathrm{e,n}} \tag{6.114}$$

式中，$\{p_{\mathrm{u,g}}\}_{\mathrm{e,n}}$为单元结点源压力向量。按伽辽金法，将$N_i$乘以式（6.114)，再对单元积分得

$$\int_v N_i\{[N][\partial]_t\{p_{\mathrm{u}}\}_{\mathrm{e,n}} - C_{\mathrm{v}}[\partial]_{p_{\mathrm{u}}}\{I\}[N]\{p_{\mathrm{u}}\}_{\mathrm{e,n}}\}\mathrm{d}v$$

$$= \int_v N_i[N][\partial]_t\{p_{\mathrm{u,g}}\}_{\mathrm{e,n}}\mathrm{d}v \quad i = 1,2,\cdots,m \tag{6.115}$$

可以看出，式（6.115）共有m个方程式，将其写成矩阵形式，得

$$\int_v [N]^{\mathrm{T}}[N][\partial]_t\{p_{\mathrm{u}}\}_{\mathrm{e,n}}\mathrm{d}v - \int_v [N]^{\mathrm{T}}[\partial]_{p_{\mathrm{u}}}\{I\}[N]\{p_{\mathrm{u}}\}_{\mathrm{e,n}}\mathrm{d}v$$

$$= \int_v [N]^{\mathrm{T}}[N][\partial]_t\{p_{\mathrm{u,g}}\}_{\mathrm{e,n}}\mathrm{d}v \tag{6.116}$$

令

$$[G]_{\mathrm{e}} = \int_v [N]^{\mathrm{T}}[N]\mathrm{d}v \tag{6.117}$$

$$[H]_{\mathrm{e}} = C_{\mathrm{v}}\int_v [N]^{\mathrm{T}}[\partial]_{p_{\mathrm{u}}}\{I\}[N]\mathrm{d}v \tag{6.118}$$

将式（6.117）和式（6.118）代入式（6.116）中，得

$$[G]_{\mathrm{e}}[\partial]_t\{p_{\mathrm{u}}\}_{\mathrm{e,n}}-[H]_{\mathrm{e}}\{p_{\mathrm{u}}\}_{\mathrm{e,n}}=[G]_{\mathrm{e}}[\partial]_t\{p_{\mathrm{u,g}}\}_{\mathrm{e,n}} \tag{6.119}$$

由式（6.116）和式（6.117）可知，单元的矩阵$[G]_{\mathrm{e}}$和$[H]_{\mathrm{e}}$都是$m\times m$阶矩阵。式(6.119）即几何离散后的矩阵形式的单元求解方程式。

在此应指出，式（6.119）包括m个方程式，有m个未知量，但不能由一个单元的方程式求该单元结点的超孔隙水压力。因为一个单元结点要与周围几个单元相连，其超孔隙水压力应与周围所有单元结点的超孔隙水压力有关，而不是只与其中一个单元有关。

3. 按整体对式（6.97）几何离散

上文曾指出，一个结点的超孔隙水压力与和其相邻的所有单元结点的超孔隙水压力相互关联。这样，就必须建立整个域的几何离散方程式。第5章表述了土体在荷载作用下的

有限元数值分析方法，整个域的总刚度矩阵 $[K]$ 是由单元刚度矩阵$[k]_e$叠加成的。与此相似，求解超孔隙水压力，整个域的总矩阵 $[G]$ 和总矩阵 $[H]$ 也可采用相同的叠加方法分别由单元矩阵$[G]_e$和单元矩阵$[H]_e$建立。

设按总体结点编号次序排列的结点超孔隙水压力向量及源压力向量分别为$\{p\}_n$和$\{p_{u,g}\}_n$，由单元矩阵$[G]_e$和单元矩阵$[H]_e$叠加而形成的总矩阵分别为 $[G]$ 和 $[H]$，则整个域的超孔隙水压力几何离散后的求解方程式的矩阵形式如下：

$$[G][\partial]_t\{p_u\}_n-[H]\{p_u\}_n=[G][\partial]_t\{p_{u,g}\}_n \tag{6.120}$$

式中，$[G]$、$[H]$ 为 $L\times L$ 阶矩阵；向量$\{p_u\}_n$、$\{p_{u,g}\}_n$为含有 L 个元素的向量；L 为整个域内结点的总数。

6.4.2　关于时间的离散

由式（6.120）可见，该式是关于时间 t 的微分方程式。为数值求解，还必须将该式对时间进行离散。设 t 时刻超孔隙水压力向量已知，以 $\{p_u\}_{n,t}$表示，现在要求 $t+\Delta t$ 时间的超孔隙水压力向量 $\{p_u\}_{n,t+\Delta t}$。将式（6.120）两边对 $t\sim t+\Delta t$ 时段积分，得

$$\begin{aligned}[G](\{p_u\}_{n,t+\Delta t}-\{p_u\}_{n,t})-[H]\int_t^{t+\Delta t}\{p_u\}_n\mathrm{d}t\\=[G](\{p_{u,g}\}_{n,t+\Delta t}-\{p_{u,g}\}_{n,t})\end{aligned}$$

令

$$\left.\begin{aligned}\Delta\{p_u\}_n&=\{p_u\}_{n,t+\Delta t}-\{p_u\}_{n,t}\\\Delta\{p_{u,g}\}_n&=\{p_{u,g}\}_{n,t+\Delta t}-\{p_{u,g}\}_{n,t}\end{aligned}\right\} \tag{6.121}$$

则得

$$[G]\Delta\{p_u\}_n-[H]\int_t^{t+\Delta t}\{p_u\}_n\mathrm{d}t=[G]\Delta\{p_{u,g}\}_n$$

根据中值定理：

$$\int_t^{t+\Delta t}\{p_u\}_n\mathrm{d}t=\{\bar{p}_u\}_n\Delta t$$

式中，$\{\bar{p}_u\}_n$为 $t\sim t+\Delta t$ 时段内的中值向量。将该式代入上式得

$$[G]\Delta\{p_u\}-[H]\{\bar{p}_u\}\Delta t=[G]\Delta\{p_{u,g}\} \tag{6.122}$$

令 $t\sim t+\Delta t$ 时段内 $\{p_u\}$ 按线性变化，如图 6.11 所示，则$\{p_u\}_{t+\theta\Delta t}$的值可按下式确定：

$$\left.\begin{aligned}&\{p_u\}_{n,t+\theta\Delta t}=\{p_u\}_{n,t}+\theta\Delta\{p_u\}_n\\&0\leqslant\theta\leqslant1\end{aligned}\right\} \tag{6.123}$$

如取

$$\{\bar{p}_u\}=\{p_u\}_{t+\theta\Delta t} \tag{6.124}$$

则式（6.122）可写成如下形式：

$$[G]\Delta\{p_u\}_n-[H](\{p_u\}_{n,t}+\theta\Delta\{p_u\}_n)\Delta t=[G]\Delta\{p_{u,g}\}_n \tag{6.125}$$

下面，令

$$\left.\begin{aligned}&[\bar{G}]=[G]-\theta[H]\Delta t\\&[G]\Delta\{p_{u,g}\}_n+[H]\{p_u\}_{n,t}=\Delta\{R\}\end{aligned}\right\} \tag{6.126}$$

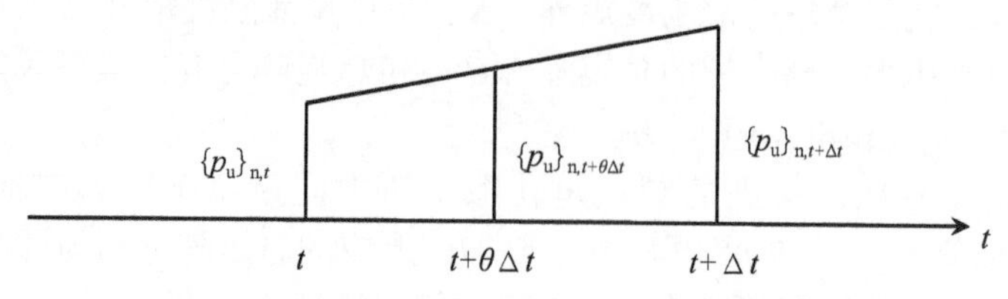

图 6.11　$t\sim t+\Delta t$ 时段内 $\{p_u\}_n$ 的变化及其中值

则式（6.125）可写成如下形式：

$$[\underline{G}]\Delta\{p_u\}_n=\Delta\{R\} \tag{6.127}$$

由于 $\{p_u\}_{n,t}$ 和 $\Delta\{p_{u,g}\}_n$ 是已知的，则 $\Delta\{R\}$ 是已知的。这样，求解矩阵形式的式（6.127）就可得到超孔隙水压力增量 $\Delta\{p_u\}$。然后，由式（6.121）第一式就可求得 $t+\Delta t$ 时刻的超孔隙水压力向量。

如果想直接求出 $t+\Delta t$ 时刻的超孔隙水压力向量，则可将式（6.127）改写成如下形式：

$$[\underline{G}]\{p_u\}_{n,t+\Delta t}=\Delta\{R\}+[\underline{G}]\{p_u\}_{n,t}$$

$$\{R_1\}=\Delta\{R\}+[\underline{G}]\{p_u\}_t \tag{6.128}$$

则得

$$[\underline{G}]\{p_u\}_{n,t+\Delta t}=\{R_1\} \tag{6.129}$$

这样，由式（6.129）就可求得 $t+\Delta t$ 时刻的超孔隙水压力向量。

由式（6.123）和式（6.124）可见，推导中选取的中值向量取决于 θ 值。式（6.123）第二式给出了 θ 的变化范围，但并没指定具体数值。而在按式（6.127）或式（6.129）求解时，必须指定具体数值。在实际问题中，可取 $\theta=1/2$。如果取 $\theta=1/2$，则相当于在 $t\sim t+\Delta t$ 时段内 $\{p_u\}_n$ 为常值，且等于 $(\{p_u\}_{n,t}+\{p_u\}_{n,t+\Delta t})/2$，通常称其为矩形积分法。

6.5　比奥固结理论及求解方程式

6.3 节根据土骨架体系和孔隙水体系体积变形协调条件建立了太沙基固结理论及求解方程式，并给出了由此建立的太沙基固结理论及求解方程式所要求的三个必要条件。

（1）土骨架体积变形只是由有效球应力分量作用引起的；

（2）土骨架体积应变与有效球应力分量的关系可用胡克定律关系式表示；

（3）固结期间土的总应力保持不变。

在此应指出，前两个条件只有当土的力学模型采用弹性模型时才成立。土力学性能试验表明，不仅有效球应力作用能引起土骨架体积变形，偏应力作用也能引起其体积变形。这意味着，太沙基固结理论只适用于土的力学模型采用弹性模型的情况，当然可以是非线性弹性模型。关于第三个条件，可以指出，只有在一维情况下，总应力才能在固结期间保持不变，一般情况下总应力在固结期间要发生调整而不保持为常数。

按上述分析，太沙基固结理论在实际问题中的应用会受这些条件的限制。因此，建立一个适用于一般情况的固结理论，特别是不受采用的力学模型限制的固结理论很有必要。

比奥所建立的固结理论就是这样的一个固结理论[5]。虽然，比奥固结理论最初也是按弹性力学模型建立的，但是，比奥固结理论并不受土的力学模型限制。选用适当的力学模型，按比奥固结理论则可以考虑由偏应力分量作用引起的土骨架体积变形及超孔隙水压力。

6.5.1 按弹性力学模型建立的比奥固结理论及求解方程式

下面讲述土骨架体系与孔隙水体系体积变形协调条件方程式的一般形式。

将微元体土骨架体积变形公式（6.45）、孔隙水体积变形公式（6.48），以及孔隙水运动引起的孔隙水体积的变化式（6.49）代入这两个体系体积变形协调条件式中，得

$$\frac{\partial\varepsilon_x}{\partial t}+\frac{\partial\varepsilon_y}{\partial t}+\frac{\partial\varepsilon_z}{\partial t}=C_{\mathrm{w}}\frac{\partial p_{\mathrm{u}}}{\partial t}-\frac{k}{\gamma_{\mathrm{w}}}\left(\frac{\partial^2 p_{\mathrm{u}}}{\partial x^2}+\frac{\partial^2 p_{\mathrm{u}}}{\partial y^2}+\frac{\partial^2 p_{\mathrm{u}}}{\partial z^2}\right) \tag{6.130}$$

根据土骨架体系体积变形协调条件得

$$\partial\varepsilon_x=\frac{\partial u}{\partial x},\quad \partial\varepsilon_y=\frac{\partial v}{\partial y},\quad \partial\varepsilon_z=\frac{\partial w}{\partial z}$$

将上式代入式（6.130）中，可写成如下形式：

$$\frac{\partial\dot{u}}{\partial x}+\frac{\partial\dot{v}}{\partial y}+\frac{\partial\dot{w}}{\partial z}=C_{\mathrm{w}}\frac{\partial p_{\mathrm{u}}}{\partial t}-\frac{k}{\gamma_{\mathrm{w}}}\left(\frac{\partial^2 p_{\mathrm{u}}}{\partial x^2}+\frac{\partial^2 p_{\mathrm{u}}}{\partial y^2}+\frac{\partial^2 p_{\mathrm{u}}}{\partial z^2}\right) \tag{6.131}$$

式中，$\dot{u}$、$\dot{v}$、$\dot{w}$ 为土骨架体系在 x、y、z 方向的位移速度。式（6.131）即两个体系体积变形协调条件方程式的一般形式。由式（6.131）可见：

（1）式（6.131）与所采用的力学模型无关，适用于任何力学模型；

（2）式（6.131）中，超孔隙水压力与土骨架体系位移速度 $\dot{u}$、$\dot{v}$、$\dot{w}$ 相关联。因此，欲求解超孔隙水压力 p_{u}，还需要其他补充条件。

如果采用位移法求解，则一点包括四个未知量，u、v、w 和 p_{u}。这样，求解这四个未知量，除式（6.131）外，还需补充三个方程式。这三个方程式应为 x、y、z 三个方向土骨架的应力平衡方程式。但是，在建立这三个应力平衡方程式时，应考虑如下两点。

（1）由于建立的是土骨架的应力平衡方程式，则应采用有效应力来建立；

（2）土骨架应力平衡方程式应考虑孔隙水对土骨架的作用。

按前述，孔隙水对土骨架的作用力为渗透力，并且渗透力是以体积力形式作用于土骨架上的。

单位土体土骨架所受的力包括有效应力分量及渗透力，即孔隙水在孔隙中的运动对单位土体土骨架的拖拉力。由此，得 x、y、z 三个方向单位土体土骨架的力平衡方程式如下：

$$\left.\begin{aligned}
&\frac{\partial\sigma_x}{\partial x}+\frac{\partial\tau_{xy}}{\partial y}+\frac{\partial\tau_{zx}}{\partial z}+X=0\\
&\frac{\partial\tau_{xy}}{\partial x}+\frac{\partial\sigma_y}{\partial y}+\frac{\partial\tau_{yz}}{\partial z}+Y=0\\
&\frac{\partial\tau_{zx}}{\partial x}+\frac{\partial\tau_{yz}}{\partial y}+\frac{\partial\sigma_z}{\partial z}+Z=0
\end{aligned}\right\} \tag{6.132}$$

式中，X、Y、Z 为土骨架承受的单位体积力，在这里为渗透力在 x、y、z 三个方向的分量，即

$$X=-f_x,\quad Y=-f_y,\quad Z=-f_z \tag{6.133}$$

另外，注意式（6.19），由 x、y、z 三个方向孔隙水压力平衡得

$$\frac{\partial p_{\mathrm{u}}}{\partial x}=-f_x,\quad \frac{\partial p_{\mathrm{u}}}{\partial y}=-f_y,\quad \frac{\partial p_{\mathrm{u}}}{\partial z}=-f_z \tag{6.134}$$

将式（6.134）代入式（6.133）中，再代入（6.132）中，得

$$\left.\begin{aligned}&\frac{\partial\sigma_x}{\partial x}+\frac{\partial\tau_{xy}}{\partial y}+\frac{\partial\tau_{zx}}{\partial z}+\frac{\partial p_{\mathrm{u}}}{\partial x}=0\\&\frac{\partial\tau_{xy}}{\partial x}+\frac{\partial\sigma_y}{\partial y}+\frac{\partial\tau_{yz}}{\partial z}+\frac{\partial p_{\mathrm{u}}}{\partial y}=0\\&\frac{\partial\tau_{zx}}{\partial x}+\frac{\partial\tau_{yz}}{\partial y}+\frac{\partial\sigma_z}{\partial z}+\frac{\partial p_{\mathrm{u}}}{\partial z}=0\end{aligned}\right\} \tag{6.135}$$

由式（6.135）可见，该式将土骨架承受的应力与超孔隙水压力 p_{u} 联系起来，并且与所采用的力学模型无关，即对任何力学模型都是成立的。另外，根据前面的推导可得出，式（6.135）是土骨架体系的应力平衡方程式，但由于代入了式（6.133）和式（6.134）中，则式（6.135）包括土骨架与孔隙水的相互作用，以及孔隙水的超孔隙水压力平衡条件。

如果将式（6.135）和式（6.131）联立起来，则可求解四个未知量 u、v、w 和 p_{u}。显然，这四个联立方程式对任何土力学模型都是成立的。

如果力学模型采用弹性力学模型，根据第 2 章，其应力-应变关系如下：

$$\left.\begin{aligned}&\sigma_x=2G\varepsilon_x+\lambda\varepsilon_{\mathrm{v}}\quad \tau_{xy}=G\gamma_{xy}\\&\sigma_y=2G\varepsilon_y+\lambda\varepsilon_{\mathrm{v}}\quad \tau_{yz}=G\gamma_{yz}\\&\sigma_z=2G\varepsilon_z+\lambda\varepsilon_{\mathrm{v}}\quad \tau_{zx}=G\gamma_{zx}\end{aligned}\right\} \tag{6.136}$$

式中，

$$\varepsilon_{\mathrm{v}}=\varepsilon_x+\varepsilon_y+\varepsilon_z \tag{6.137}$$

而根据土骨架体系和孔隙水体系体积变形协调条件，应变与位移的关系如下：

$$\left.\begin{aligned}&\varepsilon_x=\frac{\partial u}{\partial x}\quad \gamma_{xy}=\frac{\partial v}{\partial x}+\frac{\partial u}{\partial y}\\&\varepsilon_y=\frac{\partial v}{\partial y}\quad \gamma_{yz}=\frac{\partial w}{\partial y}+\frac{\partial v}{\partial z}\\&\varepsilon_z=\frac{\partial w}{\partial z}\quad \gamma_{zx}=\frac{\partial w}{\partial x}+\frac{\partial u}{\partial z}\end{aligned}\right\} \tag{6.138}$$

在此应指出，式（6.136）只对弹性力学模型成立，而式（6.137）和式（6.138）对任何力学模型都成立。将式（6.138）代入式（6.136）中，再代入式（6.135）中，得

$$\left.\begin{aligned}(\lambda+G)\frac{\partial}{\partial x}\left(\frac{\partial u}{\partial x}+\frac{\partial v}{\partial y}+\frac{\partial w}{\partial z}\right)+G\nabla^2 u+\frac{\partial p_{\mathrm{u}}}{\partial x}=0\\(\lambda+G)\frac{\partial}{\partial y}\left(\frac{\partial u}{\partial x}+\frac{\partial v}{\partial y}+\frac{\partial w}{\partial z}\right)+G\nabla^2 v+\frac{\partial p_{\mathrm{u}}}{\partial y}=0\\(\lambda+G)\frac{\partial}{\partial z}\left(\frac{\partial u}{\partial x}+\frac{\partial v}{\partial y}+\frac{\partial w}{\partial z}\right)+G\nabla^2 w+\frac{\partial p_{\mathrm{u}}}{\partial z}=0\end{aligned}\right\}\tag{6.139}$$

式中，

$$\nabla^2=\frac{\partial^2}{\partial x^2}+\frac{\partial^2}{\partial y^2}+\frac{\partial^2}{\partial z^2}\tag{6.140}$$

由式（6.139）和式（6.131）可见，这四个方程共含有四个未知量，即土骨架体系的位移分量 u、v、w 和孔隙水体系的孔隙水压力 p_{u}。这样，将这四个方程联立起来就是弹性力学模型情况下的比奥固结理论求解方程式。

6.5.2　适用于任何力学模型的比奥固结理论及求解方程式

为表述方便，下面按矩阵形式建立适用于任何力学模型的比奥固结理论及求解方程式。

1. 土骨架体系的平衡方程

无论采用哪种力学模型，都可将应力-应变关系写成如下形式：

$$\{\sigma\}=[D]\{\varepsilon\}\tag{6.141}$$

式中，$\{\sigma\}$ 和 $\{\varepsilon\}$ 分别为一点应力分量向量和应变分量向量；$[D]$ 为应力-应变关系矩阵，取决于所采用的力学模型，如第 2 章所述。如一点的应力分量排成一个向量，以 $\{\sigma\}$ 表示，则

$$\{\sigma\}=\{\sigma_x\quad\sigma_y\quad\sigma_z\quad\tau_{xy}\quad\tau_{yz}\quad\tau_{zx}\}^{\mathrm{T}}\tag{6.142}$$

令

$$[\partial]_\sigma=\begin{bmatrix}\frac{\partial}{\partial x}&0&0&\frac{\partial}{\partial y}&0&\frac{\partial}{\partial z}\\0&\frac{\partial}{\partial y}&0&\frac{\partial}{\partial x}&\frac{\partial}{\partial z}&0\\0&0&\frac{\partial}{\partial z}&0&\frac{\partial}{\partial y}&\frac{\partial}{\partial x}\end{bmatrix}\tag{6.143}$$

$$[\underline{\partial}]_{p_{\mathrm{u}}}=\left[\frac{\partial}{\partial x}\ \frac{\partial}{\partial y}\ \frac{\partial}{\partial z}\right]^{\mathrm{T}}\tag{6.144}$$

则土骨架体系的力平衡方程式可写成如下形式：

$$[\partial]_\sigma\{\sigma\}+[\underline{\partial}]_{p_{\mathrm{u}}}p_{\mathrm{u}}=0\tag{6.145}$$

将应力-应变关系式（6.141）代入，得

$$[\partial]_\sigma[D]\{\varepsilon\}+[\underline{\partial}]_{p_{\mathrm{u}}}p_{\mathrm{u}}=0\tag{6.146}$$

式中应变向量如下：

$$\{\varepsilon\}=\{\varepsilon_x\quad\varepsilon_y\quad\varepsilon_z\quad\gamma_{xy}\quad\gamma_{yz}\quad\gamma_{zx}\}^{\mathrm{T}}$$

如令

$$[\partial]_{\varepsilon}=\begin{bmatrix}\frac{\partial}{\partial x} & 0 & 0\\ 0 & \frac{\partial}{\partial y} & 0\\ 0 & 0 & \frac{\partial}{\partial z}\\ \frac{\partial}{\partial y} & \frac{\partial}{\partial x} & 0\\ 0 & \frac{\partial}{\partial z} & \frac{\partial}{\partial y}\\ \frac{\partial}{\partial z} & 0 & \frac{\partial}{\partial x}\end{bmatrix}=[\partial]_{\sigma}^{\mathrm{T}} \tag{6.147}$$

$$\{r\}=\{u \quad v \quad w\}^{\mathrm{T}} \tag{6.148}$$

$$\{\varepsilon\}=[\partial]_{\varepsilon}\{r\} \tag{6.149}$$

将式（6.149）代入式（6.146）中，则平衡方程式可写成如下形式：

$$[\partial]_{\sigma}[D][\partial]_{\varepsilon}\{r\}+[\underline{\partial}]_{p_{\mathrm{u}}}p_{\mathrm{u}}=0 \tag{6.150}$$

式（6.150）就是土骨架体系矩阵形式的力平衡方程式，其适用于任何力学模型，只需要根据力学模型采用相应的应力-应变关系矩阵［D］。

2. 土骨架体系及孔隙水体系体积变形协调方程式

像通常那样，假定孔隙水是不可压缩的，则协调方程式（6.131）可写成如下形式：

$$\frac{\partial}{\partial t}\left(\frac{\partial u}{\partial x}+\frac{\partial v}{\partial y}+\frac{\partial w}{\partial z}\right)+\frac{k}{\gamma_{\mathrm{w}}}\left(\frac{\partial^2}{\partial x^2}+\frac{\partial^2}{\partial y^2}+\frac{\partial^2}{\partial z^2}\right)p_{\mathrm{u}}=0 \tag{6.151}$$

注意式（6.74）、式（6.144）和式（6.76），则上式可写成如下矩阵形式：

$$[\partial]_t[\underline{\partial}]_{p_{\mathrm{u}}}^{\mathrm{T}}\{r\}+\frac{k}{\gamma_{\mathrm{w}}}[\partial]_{p_{\mathrm{u}}}\{I\}p_{\mathrm{u}}=0 \tag{6.152}$$

3. 比奥固结理论矩阵形式的求解方程式

式（6.152）即体积变形协调方程式的矩阵形式。

式（6.150）与式（6.152）联立即适用于任何应力-应变关系的比奥固结理论的求解方程式。为了方便，下面将这两式一起写成如下形式：

$$\left.\begin{aligned}&[\partial]_{\sigma}[D][\partial]_{\varepsilon}\{r\}+[\underline{\partial}]_{p_{\mathrm{u}}}p_{\mathrm{u}}=0\\&[\partial]_t[\underline{\partial}]_{p_{\mathrm{u}}}^{\mathrm{T}}\{r\}+\frac{k}{\gamma_{\mathrm{w}}}[\partial]_{p_{\mathrm{u}}}\{I\}p_{\mathrm{u}}=0\end{aligned}\right\} \tag{6.153}$$

后文中式（6.153）的增量形式更有用。

令

$$\Delta\{r\}=\{\Delta u \quad \Delta v \quad \Delta w\} \tag{6.154}$$

将式（6.154）代入式（6.153）中，则得增量形式的求解方程式如下：

$$\left.\begin{aligned}&[\partial]_{\sigma}[D][\partial]_{\varepsilon}\Delta\{r\}+[\underline{\partial}]_{p_u}\Delta p_u=0\\&[\partial]_t[\underline{\partial}]_{p_u}^{\mathrm{T}}\Delta\{r\}+\frac{k}{\gamma_w}[\partial]_{p_u}\Delta p_u=0\end{aligned}\right\}\tag{6.155}$$

式（6.155）即不带源头的比奥固结理论增量形式的矩阵方程式。

4. 带源头的比奥固结理论及求解方程式

下面建立带源头的比奥固结理论求解方程式。按前述，孔隙水压力增量 $\mathrm{d}p_u$、消散的孔隙水压力增量 $\mathrm{d}p_{u,d}$ 和源压力增量 $\mathrm{d}p_{u,g}$ 的关系如下：

$$\mathrm{d}p_u=\mathrm{d}p_{u,d}+\mathrm{d}p_{u,g}\tag{6.156}$$

因此，孔隙水压力增量 $\mathrm{d}p_u$ 引起的土体积变形 $\mathrm{d}\varepsilon_{v,s}$ 等于 $\mathrm{d}p_{u,d}$ 引起的土体积变形 $\mathrm{d}\varepsilon_{v,s,1}$ 及 $\mathrm{d}p_{u,g}$ 引起的土体积变形 $\mathrm{d}\varepsilon_{v,s,2}$ 之和。由于 $\mathrm{d}p_{u,d}$ 要转变成有效应力，引起土体积应变增量，则

$$\mathrm{d}\varepsilon_{v,s,1}=\mathrm{d}\varepsilon_x+\mathrm{d}\varepsilon_y+\mathrm{d}\varepsilon_z\tag{6.157}$$

而 $\mathrm{d}p_{u,g}$ 使土骨架承受的有效应力减小，则引起的土体积应变增量如下：

$$\mathrm{d}\varepsilon_{v,s,2}=-C_{s,v}p_{u,g}\tag{6.158}$$

由于

$$\mathrm{d}\varepsilon_{v,s}=\mathrm{d}\varepsilon_{v,s,1}+\mathrm{d}\varepsilon_{v,s,z}\tag{6.159}$$

则

$$\mathrm{d}\varepsilon_{v,s}=\mathrm{d}\varepsilon_x+\mathrm{d}\varepsilon_y+\mathrm{d}\varepsilon_z-C_{s,v}\mathrm{d}p_{u,g}\tag{6.160}$$

通常忽略孔隙水的压缩性，则得

$$\frac{\partial}{\partial t}(\varepsilon_x+\varepsilon_y+\varepsilon_z)+\frac{k}{\gamma_w}\left(\frac{\partial^2 p_u}{\partial x^2}+\frac{\partial^2 p_u}{\partial y^2}+\frac{\partial^2 p_u}{\partial z^2}\right)=C_{s,v}\frac{\partial p_{u,g}}{\partial t}\tag{6.161}$$

由于

$$\varepsilon_x=\frac{\partial u}{\partial x}\quad\varepsilon_y=\frac{\partial u}{\partial y}\quad\varepsilon_z=\frac{\partial u}{\partial z}\tag{6.162}$$

将其代入式（6.161）中，得

$$\frac{\partial}{\partial t}\left(\frac{\partial u}{\partial x}+\frac{\partial v}{\partial y}+\frac{\partial w}{\partial z}\right)+\frac{k}{\gamma_w}\left(\frac{\partial^2 p_u}{\partial x^2}+\frac{\partial^2 p_u}{\partial y^2}+\frac{\partial^2 p_u}{\partial z^2}\right)=C_{s,v}\frac{\partial p_{u,g}}{\partial t}\tag{6.163}$$

式（6.163）即带源头的土骨架体系和孔隙水体系体积变形协调条件方程式，其矩阵形式为

$$[\partial]_t[\underline{\partial}]_{p_u}^{\mathrm{T}}\{r\}+\frac{k}{\gamma_w}[\partial]_{p_u}\{I\}p_u=C_{s,v}\frac{\partial p_{u,g}}{\partial t}\tag{6.164}$$

将式（6.150）与式（6.164）联立，就是带源头的比奥固结理论的矩阵形式的求解方程式。

6.6　比奥固结理论方程式的有限元数值求解方法

比较太沙基固结理论方程式与比奥固结理论方程式可以发现，求解比奥固结理论方程

式更困难。20 世纪 70 年代之前，比奥固结理论只有重要的理论价值，只有在计算技术发展和电子计算机在工程计算中的应用之后，比奥理论才成为一种解决工程问题的实用手段。现在，实际应用中几乎都采用数值方法求解比奥固结理论方程式。

与数值求解太沙基固结理论方程式的方法相似，采用有限元法数值求解比奥固结理论方程式的途径包括如下四个步骤：按单元对几何坐标离散求解方程式；建立单元的刚度矩阵、土骨架与孔隙水相互作用矩阵及渗流矩阵；根据单元的刚度矩阵、土骨架与孔隙水相互作用矩阵及渗流矩阵，采用叠加法形成对几何坐标离散的整体有限形式的求解方程式；对时间坐标离散的整体有限形式的求解方程式，得到增量形式的整体有限形式的求解方程式；求解增量形式的整体有限形式的求解方程式。下面按上述步骤来表述比奥固结理论方程式的数值求解方程。

6.6.1　按单元对几何坐标离散求解方程式

不言而喻，在任何一个单元内比奥固结理论方程式都是成立的。如果将单元内任一点的位移分量和超孔隙水压力排列成一个向量，并以$\{r,\ p_{\mathrm{u}}\}_{\mathrm{e}}^{\mathrm{T}}$表示，则

$$\begin{Bmatrix} r \\ p_{\mathrm{u}} \end{Bmatrix}_{\mathrm{e}} = \{u \quad v \quad w \quad p_{\mathrm{u}}\}_{\mathrm{e}}^{\mathrm{T}} \tag{6.165}$$

另外，如果将单元结点的位移分量和超孔隙水压力排列成一个向量，并以$\{r,\ p_{\mathrm{u}}\}_{\mathrm{e,n}}^{\mathrm{T}}$表示，以四点单元为例，则

$$\begin{Bmatrix} r \\ p_{\mathrm{u}} \end{Bmatrix}_{\mathrm{e,n}} = \{r_1 \quad r_2 \quad r_3 \quad r_4 \quad p_{\mathrm{u},1} \quad p_{\mathrm{u},2} \quad p_{\mathrm{u},3} \quad p_{\mathrm{u},4}\}^{\mathrm{T}} \tag{6.166}$$

令

$$\left.\begin{aligned} [N]_r &= [N_{r,1} \quad N_{r,2} \quad N_{r,3} \quad N_{r,4}] \\ [N]_{p_{\mathrm{u}}} &= [N_1 \quad N_2 \quad N_3 \quad N_4] \end{aligned}\right\} \tag{6.167}$$

根据有限元法：

$$\begin{Bmatrix} r \\ p_{\mathrm{u}} \end{Bmatrix}_{\mathrm{e}} = \begin{bmatrix} N_r & 0 \\ 0 & N_{p_{\mathrm{u}}} \end{bmatrix} \begin{Bmatrix} r \\ p_{\mathrm{u}} \end{Bmatrix}_{\mathrm{e,n}} \tag{6.168}$$

式中，

$$[N]_{r,i} = \begin{bmatrix} N_i & 0 & 0 \\ 0 & N_i & 0 \\ 0 & 0 & N_i \end{bmatrix} \tag{6.169}$$

式中，N_i为与单元局部结点编号第 i 结点对应的形函数。

下面在一个单元内采用伽辽金法将比奥固结理论方程式对几何坐标进行离散。为了推导方便，下面以无压力源头的比奥固结理论求解方程式（6.153）为例来说明。一个单元内的求解方程式可写成如下矩阵形式：

$$\begin{bmatrix} [\partial]_\sigma [D] [\partial]_\varepsilon & [\underline{\partial}]_{p_u} \\ [\partial]_t [\underline{\partial}]_{p_u}^{T} & \dfrac{k}{\gamma_w} [\partial]_{p_u} \{I\} \end{bmatrix} \begin{Bmatrix} r \\ p_u \end{Bmatrix}_e = 0 \tag{6.170}$$

按伽辽金法，将式（6.170）左边乘以式（6.167）右端的矩阵的转置，然后对单元区域进行积分就可将其对几何坐标进行离散，即

$$\int_v \begin{bmatrix} [N]_r^{T} & 0 \\ 0 & [N]_{p_u}^{T} \end{bmatrix} \begin{bmatrix} [\partial]_\sigma [D] [\partial]_\varepsilon & [\underline{\partial}]_{p_u} \\ [\partial]_t [\underline{\partial}]_{p_u}^{T} & \dfrac{k}{\gamma_w} [\partial]_{p_u} \{I\} \end{bmatrix} \begin{Bmatrix} r \\ p_u \end{Bmatrix}_e \mathrm{d}v = 0 \tag{6.171}$$

完成积分号中的矩阵乘法运算，得

$$\int_v \begin{bmatrix} [N]_r^{T} [\partial]_\sigma [D] [\partial]_\varepsilon & [N]_r^{T} [\underline{\partial}]_{p_u} \\ [\partial]_t [N]_{p_u}^{T} [\underline{\partial}]_{p_u}^{T} & \dfrac{k}{\gamma_w} [N]_{p_u}^{T} [\partial]_{p_u} \{I\} \end{bmatrix} \begin{Bmatrix} r \\ p_u \end{Bmatrix}_e \mathrm{d}v = 0 \tag{6.172}$$

将式（6.168）代入式（6.172）中，又由于

$$\begin{aligned} &\begin{bmatrix} [N]_r^{T} [\partial]_\sigma [D] [\partial]_\varepsilon & [N]_r^{T} [\underline{\partial}]_{p_u} \\ [\partial]_t [N]_{p_u}^{T} [\underline{\partial}]_{p_u}^{T} & \dfrac{k}{\gamma_w} [N]_{p_u}^{T} [\partial]_{p_u} \{I\} \end{bmatrix} \begin{bmatrix} N_r & 0 \\ 0 & N_{p_u} \end{bmatrix} \\ &= \begin{bmatrix} [N]_r^{T} [\partial]_\sigma [D] [\partial]_\varepsilon [N]_r & [N]_r^{T} [\underline{\partial}]_{p_u} [N]_{p_u} \\ [\partial]_t [N]_{p_u}^{T} [\underline{\partial}]_{p_u}^{T} [N]_r & \dfrac{k}{\gamma_w} [N]_{p_u}^{T} [\partial]_{p_u} \{I\} [N]_{p_u} \end{bmatrix} \end{aligned} \tag{6.173}$$

则式（6.172）写成

$$\int_v \begin{bmatrix} [N]_r^{T} [\partial]_\sigma [D] [\partial]_\varepsilon [N]_r & [N]_r^{T} [\underline{\partial}]_{p_u} [N]_{p_u} \\ [\partial]_t [N]_{p_u}^{T} [\underline{\partial}]_{p_u}^{T} [N]_r & \dfrac{k}{\gamma_w} [N]_{p_u}^{T} [\partial]_{p_u} \{I\} [N]_{p_u} \end{bmatrix} \begin{Bmatrix} \gamma \\ p_u \end{Bmatrix}_{e,n} \mathrm{d}v = 0 \tag{6.174}$$

令

$$[k]_e = \int_v [N]_r^{T} [\partial]_\sigma [D] [\partial]_\varepsilon [N]_r \mathrm{d}v \tag{6.175}$$

$$[Q]_e = \int_v [N]_r^{T} [\underline{\partial}]_{p_u} [N]_{p_u} \mathrm{d}v \tag{6.176}$$

$$[H]_e = \frac{k}{\gamma_w} \int_v [N]_{p_u}^{T} [\partial]_{p_u} \{I\} [N]_{p_u} \mathrm{d}v \tag{6.177}$$

这样，式（6.174）可写成如下形式：

$$\left.\begin{aligned} [K]_e \{r\}_{e,n} + [Q]_e \{p_u\}_{e,n} = 0 \\ [Q]_e^{T} \frac{\partial}{t} \{r\}_{e,n} + [H]_e \{p_u\}_{e,n} = 0 \end{aligned}\right\} \tag{6.178}$$

式（6.178）即在一个单元内对几何坐标离散的比奥固结理论求解方程式。其中，$[k]_e$ 为第5章中的单元刚度矩阵；$[Q]_e$ 为单元土骨架与孔隙水相互作用矩阵；$[H]_e$ 为单元渗流矩阵。

与太沙基固结理论的情况相似，一个结点周围有几个结点，其位移与超孔隙水压力值

应与周围所有结点的位移和孔隙水压力值有关。因此，不能由式（6.178）求单元结点的位移和孔隙水压力。

6.6.2　对几何坐标离散的整体有限形式求解方程式

前文已指出，一个结点的位移和超孔隙水压力取决于与其相邻的所有单元上的结点的位移和超孔隙水压力，为了考虑与其相邻的所有单元的影响，应将与其相邻的所有单元的影响叠加起来。叠加之后所形成的方程即整体的对几何坐标离散的比奥固结理论方程式。设 $\{r\}$ 为按整体结点编号排列的结点位移分量向量，即

$$\{r\} = \{u_1 v_1 w_1 \cdots u_i v_i w_i \cdots u_L v_L w_L\}^{\mathrm{T}} \tag{6.179}$$

式中，L 为整个土体的结点数目；$\{p_{\mathrm{u}}\}$ 为按整体结点编号排列的超孔隙水压力向量，即

$$\{p_{\mathrm{u}}\} = \{p_{\mathrm{u},1} \cdots p_{\mathrm{u},i} \cdots p_{\mathrm{u},L}\}^{\mathrm{T}} \tag{6.180}$$

则整体的对几何坐标离散的比奥固结理论方程式如下：

$$\left.\begin{aligned} &[K]\{r\} + [Q]\{p_{\mathrm{u}}\} = 0 \\ &[Q]^{\mathrm{T}} \frac{\partial}{t}\{\gamma\} + [H]\{p_{\mathrm{u}}\} = 0 \end{aligned}\right\} \tag{6.181}$$

式中，$[K]$ 为整体的刚度矩阵，由单元刚度$[k]_{\mathrm{e}}$叠加形成；$[Q]$ 为整体的土骨架与孔隙水相互作用矩阵，由单元相互作用矩阵$[Q]_{\mathrm{e}}$叠加形成；$[H]$ 为整体的渗流矩阵，由单元渗流矩阵$[H]_{\mathrm{e}}$叠加形成。由单元的$[Q]_{\mathrm{e}}$和$[H]_{\mathrm{e}}$叠加形成整体的 $[Q]$ 和 $[H]$ 方法与由单元的$[k]_{\mathrm{e}}$形成整体的 $[K]$ 方法相同。由单元的$[k]_{\mathrm{e}}$形成整体 $[K]$ 的方法可参考有限元法的教科书，此处不做进一步表述。

6.6.3　对时间坐标离散的整体有限形式求解方程式

由式（6.181）可见，其中第二式左端第一项为对时间坐标 t 的微分。为数值求解应将该式对时间离散。将该式在 $t \sim t+\Delta t$ 时段积分，则得

$$[Q]^{\mathrm{T}}\Delta\{r\} + [H]\int_t^{t+\Delta t}\{p_{\mathrm{u}}\}\,\mathrm{d}t = 0 \tag{6.182}$$

令

$$\int_t^{t+\Delta t}\{p_{\mathrm{u}}\}\,\mathrm{d}t = \{\bar{p}_{\mathrm{u}}\}\Delta t$$

及

$$\{\bar{p}_{\mathrm{u}}\} = \{p_{\mathrm{u}}\} + \theta\Delta\{p_{\mathrm{u}}\}$$

式中，θ 通常取 1/2。

将其代入式（6.182）中得

$$[Q]^{\mathrm{T}}\Delta\{r\} + \Delta t[H]\{p_{\mathrm{u}}\}_t + \theta\Delta t[H]\Delta\{p_{\mathrm{u}}\} = 0$$

令

$$\Delta\{R\} = -\Delta t[H]\{p_{\mathrm{u}}\}_t \tag{6.183}$$

将其代入上式，得

$$[Q]^{\mathrm{T}}\Delta\{r\} + \theta\Delta t[H]\Delta\{p_{\mathrm{u}}\} = \Delta\{R\} \tag{6.184}$$

式（6.184）是以结点位移分量增量及超孔隙水压力增量为未知量的方程式。相应地，式（6.181）的第一式也应改写成如下增量形式：

$$[K]\Delta\{r\}+[Q]\Delta\{p_u\}=0 \tag{6.185}$$

将式（6.185）与式（6.184）联立即整体的比奥固结理论有限形式的求解方程式：

$$\left.\begin{aligned}&[K]\Delta\{r\}+[Q]\Delta\{p_u\}=0\\&[Q]^T\Delta\{r\}+\theta\Delta t[H]\Delta\{p_u\}=\Delta\{R\}\end{aligned}\right\} \tag{6.186}$$

6.6.4　求解方程式（6.186）

式（6.186）是以结点位移分量增量和超孔隙水压力增量为未知量的代数方程组。采用适当的方法，例如高斯消元法、三角分解法，可由该式求出结点的位移增量向量和超孔隙水压力增量向量。

由式（6.183）可知，式（6.186）的第二式右端项$\Delta\{R\}$应由t时刻的结点超孔隙水压力确定。求解式（6.186）可得到$t\sim t+\Delta t$时段的结点位移分量增量及孔隙水压力增量。因此，在求解式（6.186）时，t时刻结点孔隙水压力是已知的。由式（6.186）求解出结点的超孔隙水压力增量后，$t+\Delta t$时刻结点超孔隙水压力向量$\{p_u\}_{t+\Delta t}$如下：

$$\{p_u\}_{t+\Delta t}=\{p_u\}_t+\Delta\{p_u\} \tag{6.187}$$

同样，$t+\Delta t$时刻的结点位移分量向量$\{r\}_{t+\Delta t}$如下：

$$\{r\}_{t+\Delta t}=\{r\}_t+\Delta\{r\} \tag{6.188}$$

6.6.5　求解方程式（6.190）的初始条件及边界条件

1. 初始条件

由式（6.183）、式（6.187）和式（6.188）可知，欲求各时刻结点的位移分量及孔隙水压力分量，必须知道$t=0$时刻结点的位移分量和孔隙水压力的数值，即位移的初始条件及孔隙水压力的初始条件。

1）位移初始条件

在此应指出，在荷载作用下土体的变形包括如下三种变形：瞬时变形、由孔隙水压力消散引起的随时间增长的变形，以及蠕变引起的随时间增长的变形。由太沙基固结理论和比奥固结理论求解的变形是第二种变形。在$t=0$时刻，这种变形为零。因此，问题的位移初始条件是零初始条件，即

$$t=0,\quad \{r\}=0 \tag{6.189}$$

2）孔隙水压力初始条件

在求解式（6.186）时，$t=0$时取为荷载作用开始时刻。因此，初始超孔隙水压力为$t=0$时由荷载作用引起的超孔隙水压力。由于施加荷载的时间非常短，可认为在这个时段

土体处于不排水状态。如果已知在这个时刻所施加的荷载的土体的应力，则可按前述的孔隙水压力系数来确定这个时刻的超孔隙水压力。设按这样的方法确定超孔隙水压力以$\{p_u\}_{t=0}$表示，则超孔隙水压力初始条件如下：

$$t=0,\quad \{p_u\}=\{p_u\}_{t=0} \tag{6.190}$$

按上述，为按孔隙水压力系数确定$t=0$时的超孔隙水压力，应进行一次不排水状态下的土体静力分析，以求$t=0$时土体中的应力。在此应指出，除此之外，进行这样一次静力分析还可以确定由荷载作用引起的土体瞬时变形。

2. 边界条件

边界条件是指参与分析土体的边界上各点的位移和孔隙水压力值，可根据边界上的物理力学条件确定，此处不详述。

6.6.6 土的非线性考虑

土的非线性表现在其应力-应变关系中的参数取决于其受力水平。在比奥固结理论分析中，土的应力-应变关系即土骨架的应力-应变关系。因此，其应力-应变关系的参数取决于其所受的有效应力水平。

应指出，土骨架所受的应力水平在固结过程中是随时间而改变的。固结过程中任一时刻土骨架所受的应力水平可由比奥固结理论分析求得。但应指出，固结过程中土的受力水平随时间提高可能在荷载作用不变的情况下发生。在这种情况下，土骨架受力水平的提高则是由固结过程中不断消散的超孔隙水压力转变成土骨架承受的有效应力引起的。

在比奥固结理论有限元数值分析中，为考虑土的非线性，必须按增量形式的方程式（6.186）求解。在建立式（6.186）时，计算单元刚度矩阵时采用的应力-应变关系矩阵应与其受力水平协调，例如当按式（6.186）求解$t_i \sim t_{i+1}$时段的位移分量增量与超孔隙水压力增量时，土的应力-应变关系矩阵应与t_i时刻土骨架的受力水平协调。

6.7 荷载作用下t时刻的应力及超孔隙水压力

首先应明确，例如按比奥固结理论所求得的土的位移、应力是由消散的超孔隙水压力转变为土骨架承受的有效应力引起的。由式（6.186）可以得到每个时段的位移增量、应力增量和超孔隙水压力增量，根据这些结果可以确定固结过程中的位移、应力和超孔隙水压力。

6.7.1 $t=0$时的位移、应力和孔隙水压力

如前所述，将施加荷载时刻取为$t=0$时刻，假设土体处于不排水时刻，进行一次静力分析，可求出在荷载作用下土体任一结点的位移、应力，以及根据孔隙水压力系数确定的超孔隙水压力，如果分别以$\{r_0\}$、$\{\sigma_0\}$和$\{p_{u,0}\}$表示，则$t=0$时刻的一点位移分量向量$\{r\}_{t=0}$、应力向量$\{\sigma\}_{t=0}$及超孔隙水压力$\{p_u\}_{t=0}$如下：

$$\left.\begin{aligned}&\{r\}_{t=0}=\{r_0\}\qquad \{r_0\}=\{u_0\quad v_0\quad w_0\}\\&\{\sigma\}_{t=0}=\{\sigma_0\}\qquad \{\sigma_0\}=\{\sigma_{x,0}\quad \sigma_{y,0}\quad \sigma_{z,0}\quad \tau_{xy,0}\quad \tau_{yz,0}\quad \tau_{zx,0}\}^{\mathrm{T}}\\&p_{\mathrm{u},t=0}=p_{\mathrm{u},0}\end{aligned}\right\}\tag{6.191}$$

显然，式（6.191）中的 $\{\sigma_0\}$ 为总应力分量。如以 $\{\sigma'_0\}_{t=0}$ 表示 $t=0$ 时的有效应力向量，则

$$\{\sigma'\}_{t=0}=\{\sigma'_{x,0}\quad \sigma'_{y,0}\quad \sigma'_{z,0}\quad \tau'_{xy,0}\quad \tau'_{yz,0}\quad \tau'_{zx,0}\}^{\mathrm{T}}\tag{6.192}$$

其中，

$$\left.\begin{aligned}\sigma'_{x,0}&=\sigma_{x,0}-p_{\mathrm{u},0}\\\sigma'_{y,0}&=\sigma_{y,0}-p_{\mathrm{u},0}\\\sigma'_{z,0}&=\sigma_{z,0}-p_{\mathrm{u},0}\end{aligned}\right\}\tag{6.193}$$

式中，$\sigma'_{x,0}$，$\sigma'_{y,0}$，$\sigma'_{z,0}$分别为 $t=0$ 时一点的有效正应力分量。

6.7.2 固结过程中 t 时刻的位移、应力和孔隙水压力的变化

前文曾指出，由式（6.155）可求出一点在固结过程中各时段的孔隙水压力增量，以及由孔隙水压力消散转化成有效应力引起的土骨架的位移增量、应力增量。如果分别以 $\Delta\gamma_i$、$\Delta\sigma_i$ 及 $\Delta p_{\mathrm{u},i}$表示，则

$$\left.\begin{aligned}\gamma_i&=\sum_{j=1}^{i}\Delta\gamma_j\\\sigma_i&=\sum_{j=1}^{i}\Delta\sigma_j\\p_{\mathrm{u},i}&=\sum_{j=1}^{i}\Delta p_{\mathrm{u},j}\end{aligned}\right\}\tag{6.194}$$

式中，$\Delta\gamma_j$、$\Delta\sigma_i$ 和 $p_{\mathrm{u},i}$分别为一点在固结过程中 j 时段由孔隙水压力消散产生的位移增量、应力增量及孔隙压力增量。

6.7.3 荷载作用下 t 时刻的位移、应力和孔隙水压力

在此应指出，由式（6.194）确立的 γ_i、σ_i 和 $p_{\mathrm{u},i}$只是从荷载作用时刻开始至固结过程中 i 时段结点累积的位移增量、累积的应力增量和累积的孔隙水压力增量的变化部分，并不是由于荷载作用而在 i 阶段结束时刻的结点位移、有效应力和孔隙水压力。如果以$\bar{\gamma}_i$、$\bar{\sigma}'_i$ 和$\bar{p}_{\mathrm{u},i}$表示由于荷载作用而在 i 时刻所产生的一点位移向量、有效应力向量和孔隙水压力，则

$$\left.\begin{aligned}\bar{\gamma}_i&=\gamma_{t=0}+\gamma_i\\\bar{\sigma}'_i&=\sigma'_{t=0}+\sigma'_i\\\bar{p}_{\mathrm{u},i}&=p_{\mathrm{u},t=0}+p_{\mathrm{u},i}\end{aligned}\right\}\tag{6.195}$$

注意，对于式（6.194）的第三式，由于$\Delta p_{u,j}$是负值，则$p_{u,i}$也为负值，$\bar{p}_{u,i}$应随时间t逐渐减小，即孔隙水压力发生了消散。

6.8 简要评述

（1）在考虑水土耦合作用孔隙水在可压缩土体中运动的理论中，认为土是由土骨架和孔隙水相互关联的两个体系组成的。该理论的基本方程式应由土骨架体系力的平衡方程式及土骨架体系及孔隙水体系体积变形协调方程式组成。土骨架体系与孔隙水体系之间耦合的作用力是渗透力。在土骨架体系力的平衡方程式中将渗透力作为体积力作用于土骨架体系上。土骨架体系的压缩性则是在土骨架体系与孔隙水体系体积变形协调方程式中考虑的。由于渗透力是由孔隙水的力平衡方程式确定的，并将其作为体积力考虑在土骨架力的平衡方程式中，则在该理论中自然地考虑了孔隙水的受力平衡。

（2）在土骨架体系与孔隙水体系体积变形协调方程式中，超孔隙水压力与土骨架的变形是交联的。如果假定土骨架体积变形只与有效平均正应力σ_0'有关，并且在固结过程中总应力保持常数，则$d\sigma_0' = -dp_u$。这样，孔隙水压力与土骨架体系的体积变形解耦。解耦后的体积变形协调方程式即太沙基固结理论方程式。由于该方程式中只含有超孔隙水压力一个未知量，求解该方程式就可得到超孔隙水压力。

（3）在建立太沙基固结理论方程式时，假定土骨架体系体积变形只与平均有效正应力有关。显然，这个假定只有线性或非线性弹性力学模型才能满足。因此，太沙基固结理论方程式只适用于土骨架体系采用弹性力学模型情况。

（4）在一般情况下，土骨架体系的体积变形不仅是由平均有效正应力作用引起的，也可能是由偏应力作用引起的，而且在固结期间一点的平均总应力σ_0也不为常数。因此，孔隙水压力与土骨架的变形不能解耦，应采用比奥固结理论方程式联立求解。

（5）前文曾指出，太沙基固结理论只适用于土骨架体系采用线性或非线性弹性力学模型的情况，但是比奥固结理论方程式适用于更广泛的力学模型。与太沙基固结理论相比，比奥固结理论一个最大的优点是可以考虑偏应力作用引起的体积变形和超孔隙水压力。

（6）由于数学上的困难，无论是太沙基固结理论方程，还是比奥固结理论方程，一般的求解方法是数值方法。通常，按一定的时间步长逐步求出土骨架体系的位移增量和超孔隙水压力增量。因此，在数值求解时，求解方程式通常采用增量形式的方程式。

（7）由于采用的是增量形式的求解方程式，因此在数值求解中可以考虑土骨架体系非线性力学性能，也可以考虑施工过程和加荷过程。

（8）影响数值分析结果的主要因素是土骨架体系的力学模型及参数，以及土的渗透系数。因此，在实际问题中，应恰当地选择土骨架体系的力学模型，以及有根据地确定力学模型中的参数及土的渗透系数。

参考文献

[1] Terzaghi K. Principle of soil mechanics. Ⅲ. Determination of permeability of clay，eng. News Record，1925，95：832.

[2] Skempton A W. The pore pressue coefficients A and B. Geotechchnique, 1954, 4: 148.
[3] 北京大学、吉林大学、南京大学计算数学教研室．计算方法．北京：人民教育出版社，1962.
[4] Zienkiewicz O C. The Finite Element Method in Engineering Science. London: McGRAW-HILL Publishing Company Limited, 1971.
[5] Biot M A. General theory of three-dimensional consolidation. Journal of Applied Physics, 1941, 12 (2): 155.

第7章　土体-结构相互作用

7.1　概　　述

7.1.1　土体-结构体系及其相互作用

在实际岩土工程中，土体通常以某种形式与某种结构相连接组成一个体系。概括地说，土体与结构之间的连接有如下三种情况。

（1）结构位于土体之上，例如建筑物与其地基土体之间的连接，如图7.1（a）所示。在这种情况下，地基土体起着支撑建筑物保持其稳定的作用，而建筑物则通过其与地基土体的接触面将上部荷载传递给地基土体。

（2）结构物位于土体的侧面，例如板桩墙与其后土体之间的连接，如图7.1（b）所示。在这种情况下，板桩墙起着支撑其后土体保持其稳定的作用，而墙后土体则通过接触面将侧压力作用于板桩墙上。

（3）结构位于土体中，例如地铁隧洞与周围土体之间的连接，如图7.1（c）所示。在这种情况下，则是隧洞支撑其周围土体保持其稳定的作用，而周围土体通过接触面将压力传递给隧洞。

由上述可见，在一些情况下，例如图7.1（a）所示的情况，土体约束结构运动支撑结构保持其稳定性，在土体-结构相互作用中，结构处于主动状态，而土体处于被动状态。但是，在另外一些情况下，例如图7.1（b）和（c）所示的情况，则是结构约束土体运动保持其稳定性，在土体-结构相互作用中，土体处于主动状态，而结构处于被动状态。

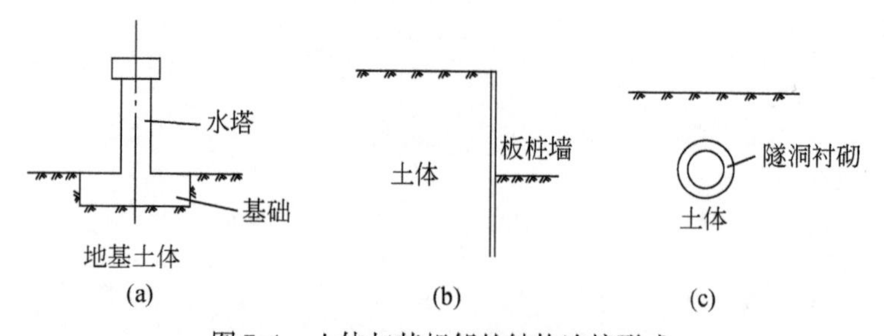

图7.1　土体与其相邻的结构连接形式

无论土体与结构以哪种形式相连接，它们之间都要通过接触面发生相互作用。土体与结构之间的相互作用可概括成如下两点。

（1）如上所述，土体-结构体系可分成主动和被动两部分，主动部分要推动被动部分发生位移，而被动部分要约束主动部分发生位移，相互作用的结果是结构和土体的位移相协调。虽然，接触面两侧结构刚度与土体刚度不同，但相互作用将使结构在接触面的变形与土体在接触面的变形相协调。

（2）荷载通过主动部分作用于被动部分，而被动部分对主动部分有一个反作用力，而且作用力应与反作用力相等。但是，土体与结构之间的作用力取决于土体的位移，而土体与结构之间的作用力在接触面上的分布则取决于接触面变形的分布。

土体-结构相互作用的基本原因，在力学上可归结为结构与土体刚度的不同，更具体说是由于结构的传力机制、位移和变形形态与土体不同。但结构与土体在同一个体系中，两者之间的作用力和在接触面上的应力分布应与协调的位移和变形对应。显然，结构与土体之间的刚度相差越大，两者之间的相互作用就越大。按上述，可将土体-结构相互作用表述如下：在土体-结构体系中，处于主动的部分要推动被动部分发生变形，处于被动的部分要制约处于主动的部分发生变形，最后两部分变形达到协调，并在接触面传递相互作用力。考虑土体-结构体系相互作用的分析称为土体-结构相互作用分析。

7.1.2 影响土体-结构体系相互作用的因素

相互作用体系包括土体和结构两部分，下面分别就这两部分表述影响相互作用的因素。

1. 土体

就土体而言，影响相互作用的因素如下。

1）土体的组成

天然土体包括组成土体的各土层的层位、厚度、土的类型。填筑土体包括填筑土体的填筑部位、填筑断面、土的类型。

2）土体的外几何边界

土体的外几何边界主要是指土体表面是水平的，还是有斜坡或带有契口。如果土体具有斜坡，则是指坡度和坡高；如果土体具有契口，则是指开口的部位、开口的几何尺寸。

3）土体的内部边界

土体的内部边界主要是指土体内部是否具有空洞。如果具有空洞，则是指空洞在土体中的部位、空洞的几何尺寸。

4）每种土的物理状态

物理力学指标，特别是土力学模型及参数。

2. 结构

在土体-结构相互作用分析中，把所有的结构构件，不论是地面部分、土体部分，还是土体侧面部分，都归属为结构部分，例如桩承建筑物，结构部分不仅包括上部结构，还包括桩基承台和桩。

就结构而言，影响相互作用的因素如下。

（1）结构类型，例如砖混结构、钢结构等，主要指结构的材料。

（2）结构体系类型，例如砖墙承重结构、框架结构等。不同的结构体系，其力的传递方式和变形形态不同。

（3）结构的几何特性，例如层数、层高、平面尺寸等。

（4）组成结构体系的构件类型，例如杆、梁、板、刚块等，以及几何尺寸。

（5）连接结构构件的结点类型，例如铰接结点、刚性结点等。

3. 土体与结构的接触面

前文曾指出，土体–结构相互作用都是通过两者的接触面发生的。通过接触面土体与结构之间传递法向力和切向力，并在接触面上土体和结构变形相协调。因此，除了土体和结构自身之外，接触面的形式、性质对土体–结构的相互作用也有重要的影响。

7.1.3 相互作用对土体和结构的影响

相互作用对土体和结构的影响可分为如下两种情况。

（1）相互作用不影响主动部分与被动部分之间的作用力大小，只影响接触面上力的分布情况。浅基础建筑物，包括基础，与地基土体之间的相互作用就是这种情况的典型例子。在这种情况下，上部结构部分是相互作用体系中的主动部分，地基土体是被动部分。建筑物上部结构对地基土体的作用力大小只取决于上部分结构的自重和在其上作用的荷载。根据上部结构的静力平衡则可得到这个结论。在这种情况下，结构与土体相互作用的影响主要表现在如下方面。

（a）影响上部结构对地基土体的作用力在接触面上的分布。

（b）影响接触面的变形形态。

（c）由于影响相互作用力在接触面上的分布，则影响相互作用力在土体中的应力分布，特别是影响与接触面相邻部分土体中的应力分布。

（d）相互作用对土体的变形分布有一定的影响，特别是影响与接触面相邻部分土体中的变形。

（e）结构要顺从土体发生变形，则将在结构中引起附加内力。显然，在结构中引起的附加内力有时可引起结构的破坏。常见的由不均匀沉降引起的墙体裂缝就属于这种情况。

（2）相互作用影响主动部分与被动部分之间的作用大小的情况。

图 7.1（b）所示的板桩墙与其后土体的相互作用就是这种情况的典型例子。在这种情况下，土体是相互作用体系中的主动部分，而板桩墙是被动部分。土体对板桩墙的作用力随板桩墙的水平变形增大而减小，如图 7.2 所示。处于主动状态的土体，在自重作用下要发生侧向变形，而处于被动状态的板桩墙约束土体的侧向变形。除了板桩墙的约束作用之外，变形土体还有一个自身约束作用，并且随变形增大，自身约束作用也增大。相应

地，土体对板桩墙的作用力随之减小。由于板桩墙的水平变形是相互作用的结果，则土体对板桩墙的作用力反过来又取决于相互作用。按上述，在这种情况下，相互作用影响应表现在如下两方面。

(a) 影响土体与结构之间的作用力，由图7.2可见，土体对板桩墙的压力随板桩墙与土体调协的水平位移增大而减小。

(b) 影响结构与土体之间的作用力的大小和分布。这种影响将进而影响土中的应力和变形，以及影响结构的内力和变形。

对于土体-结构相互作用的影响，有的人侧重于关注相互作用对结构的影响，例如从事结构研究和设计的人员；有的人同时关注相互作用对土体和结构的影响，但更侧重于关注对土体的影响，例如从事岩土工程研究和设计的人员。

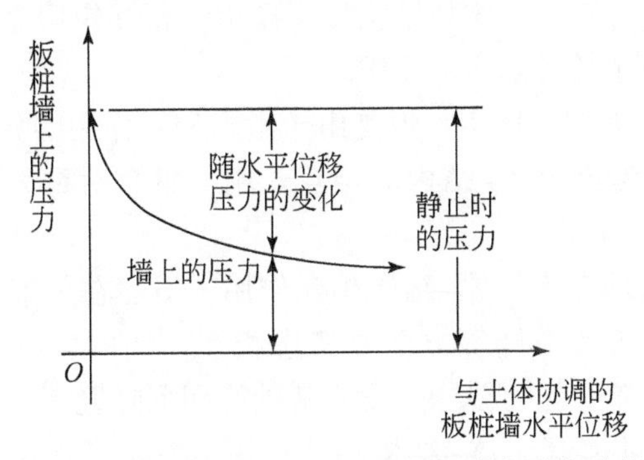

图7.2　作用于板桩墙上的压力与板桩墙水平位移的关系

7.1.4　关于常规分析方法的评述

下面以浅基础建筑物地基土体与上部结构为例，从相互作用的观点对常规分析方法做一述评。

常规分析方法包括如下分析步骤。

(1) 假定结构设置在刚度地基上，将上部结构进行简化，建立计算简图；

(2) 确定结构各部件的刚度等参数；

(3) 确定作用于结构的荷载，包括自重；

(4) 按计算简图进行力学分析，确定荷载作用下结构各部件的内力，以及结构的变形；

(5) 根据求得的内力对结构进行强度校核；

(6) 根据求得的变形对结构进行变形校核；

(7) 由结构的静力平衡确定作用于地基上的荷载；

(8) 通常按材料力学偏心受压公式确定作用力在接触面上的分布；

(9) 计算荷载作用下地基土体中的应力；

(10) 计算荷载作用下地基的沉降；

(11) 确定地基承载力，校核荷载作用下的地基稳定性；

（12）根据地基沉降进行变形校核。

在上述分析步骤中，（1）~（6）步属于上部结构分析，（7）~（12）步属于地基土体分析。可以看出，结构分析与地基土体分析之间只有荷载的传递，并且是在第（7）步完成的。由相互作用观点可见，常规方法存在如下不足。

（1）建筑物的沉降只是由地基土体沉降确定的，没有考虑土体与结构位移的协调。

（2）地基土体承受的作用力在接触面上的分布是按材料力学偏心受压公式确定的，没有考虑接触面两侧结构与土体变形的协调。

（3）在计算结构各部件内力时假定地基是刚性的，没有考虑地基变形在结构中引起的附加内力。

显然，从相互作用对结构的影响而言，上述第三点是最重要的。

在此应指出，不管是否考虑土体与结构相互作用，相互作用是客观存在的。在实际工程设计中，采用如下两种途径考虑相互作用。

（1）在计算分析中考虑相互作用。但是由于考虑相互作用的分析方法较繁杂，因此在一般工程的分析计算中不考虑土体-结构的相互作用，只有对重大工程进行分析时才考虑相互作用。

（2）在工程措施等方面考虑土体-结构相互作用。虽然在一般工程的分析计算中不考虑相互作用的影响，但在工程措施等方面要考虑相互作用的影响，例如为了调节地基沉降，避免或限制不均匀沉降引起的裂缝，设置基础梁和沉降缝等。

因此，在分析计算中不考虑土体-结构相互作用，并不意味着在工程设计中完全没考虑相互作用影响。

7.2 土体-结构相互作用体系的简化

为了进行土体-结构相互作用分析，应对土体-结构体系进行简化，建立相互作用体系分析模型。如前所述，土体-结构体系包括三个组成部分，即结构、土体和两者之间的接触面。因此，土体-结构体系的简化即对这三个组成部分的简化。

7.2.1 结构的简化

1. 基本构件

一般说，结构是一个空间体系，但在结构是由一榀一榀框架或桁架组成的情况下，可将结构简化成平面框架或桁架体系。但是，无论是将结构作为空间体系还是平面体系，结构都是由基本构件组成的。这些基本构件包括以下几种类型。

1）杆

杆可以承受拉、压作用或剪切作用。对于承受拉压作用的杆，其中心线上一点具有一个自由度，即轴向位移。相应地，作用于杆断面上的内力为轴向压力或拉力。对于承受剪切作用的杆，其中心线上的一点也具有一个自由度，即与剪切方向一致的切向位移。相应地，作用在杆断面上的内力为切向力。

2）梁

梁可以承受弯曲作用。在弯曲作用下，梁的中心线上一点有两个自由度，即在中心线垂直方向的位移，以及由弯曲引起的转角。相应地，弯曲作用在中性线上一点有两个力，即切向力和弯矩。

梁既可以发生单向弯曲，也可以发生双向弯曲，如图7.3所示。梁中心线在 zx 平面的弯曲与中心线上各点在 z 方向的位移 w 沿 x 轴分布有关，而其在 xy 平面的弯曲与 y 方向的位移 v 沿 x 轴分布有关。但应指出，当梁发生双向弯曲时，其在 zx 平面内的弯曲与在 xy 平面内的弯曲是相互独立的。一般来说，梁在平面结构中发生单向弯曲；在空间结构中，梁才能发生双向弯曲。

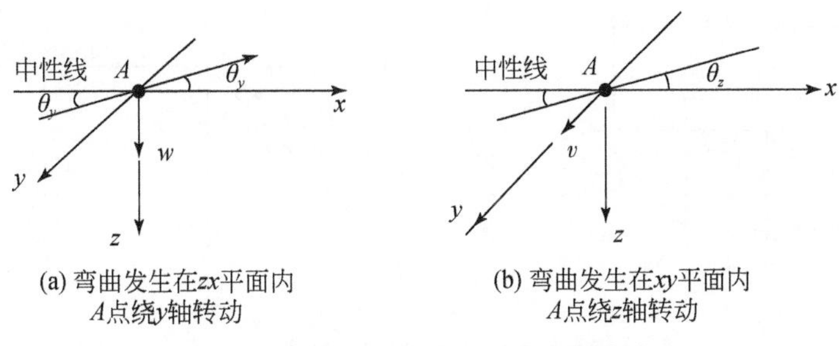

图7.3　梁在 zx 平面和 xy 平面的弯曲

3）板

在一般情况下，板可以承受双向弯曲作用，即在 zx 平面和 yz 平面同时发生弯曲。板中性面上的一点具有三个自由度。设板的中性面位于 xy 面，则三个自由度分别为 z 方向的位移 w，以及绕 x 轴的转角 θ_x 和绕 y 轴的转角 θ_y，如图7.4（a）所示。由图7.4（a）可见，发生在 zx 平面内的弯曲和发生在 yz 平面内的弯曲都是由 z 方向的位移 w 引起的，即在这两个平面内发生的弯曲都与 z 方向的位移在 xy 平面内的分布有关。相应地，弯曲时作用于中性面上一点的力包括切向力 F_z，以及绕 x 轴和 y 轴转动的力矩 M_x 和 M_y，如图7.4（b）所示。

4）刚块

结构中整体刚度比较大的构件，例如箱型基础、桩的承台等，可以简化成刚块。刚块具有六个自由度，如以刚块质心的运动分量表示，六个自由度为沿 x、y、z 轴方向的三个位移分量 u、v、w，绕 x、y 轴转动的分量 θ_x、θ_y，以及绕 z 轴的扭转的分量 θ_z，如图7.5（a）所示。相应地，有三个力分量，即沿 x、y、z 轴方向作用的三个力分量 F_x、F_y、F_z，以及三个力矩分量，即绕 x、y 轴转动的两个力矩分量 M_x、M_y 和绕 z 轴旋转的力矩分量 M_z，如图7.5（b）所示。

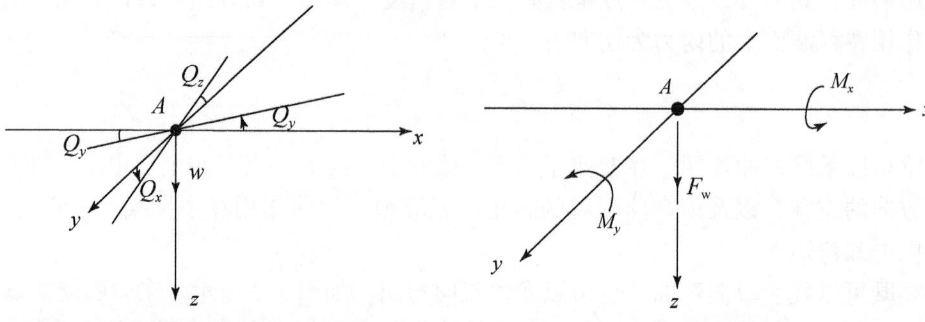

(a) 板中性面上一点在z轴方向的位移，以及由发生在zx平面内的弯曲引起的绕y轴的转动和由发生在yz平面内的弯曲引起的绕x轴的转动

(b) 板中性面上一点的切向力F_w，以及绕x轴和y轴旋转的力矩M_x和M_y

图 7.4　板中性面上一点的自由度及相应的作用力

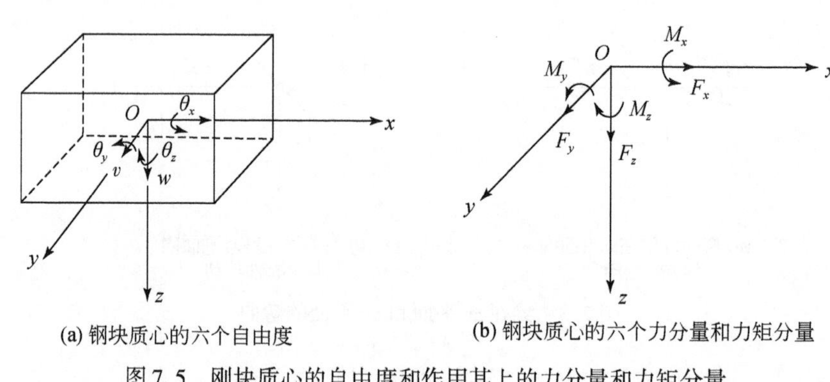

(a) 钢块质心的六个自由度

(b) 钢块质心的六个力分量和力矩分量

图 7.5　刚块质心的自由度和作用其上的力分量和力矩分量

5）其他构件

结构还可能包括其他构件，例如壳、膜等，但是相对较少。

2. 构件连接的结点

结点在结构中具有重要的作用，它将不同类型的构件或方向不同的同类构件连接起来。从力学上讲，结点的功能是在构件之间传递力。根据传递力的功能，可知有如下两种结点。

1）铰接结点

铰接结点只能传递力，因为铰接的两个构件可以发生相对转动，则不能传递力矩。拉压杆与其他构件的连接就采用铰接结点。此外，简支梁的支座也采用铰接结点，其一端是固定的铰接结点，另一端则是活动的铰接结点。

2）刚性结点

刚性结点不仅能传递力，因为刚性连接的两个构件在结点处不能发生相对转动，则还能够传递力矩。刚架的立柱与横梁的连接就采用刚性结点连接。此外，悬臂梁的嵌固端是刚性结点，两端嵌固梁的结点也是刚性结点。

结点对结构的内力和变形形态有重要的影响。图7.6（a）、图7.6（b）、图7.6（c）分别给出简支梁、悬臂梁和两端嵌固梁在竖向均布荷载作用下的变形形态。由图7.6可见，简支梁最大挠度和最大弯矩均在中间部位，且底面受拉；悬臂梁最大挠度在端部，最大弯矩在根部，且上表面受拉；两端嵌固梁最大挠度在中间部位，但其数值小于简支梁，表面受拉的最大弯矩发生在两端根部，而底面受拉的最大弯矩在中间部位。同样一根梁，支座的结点不同，其受力和变形形态会有很大的不同。因此，在结构简化中应对结点予以足够的关注。

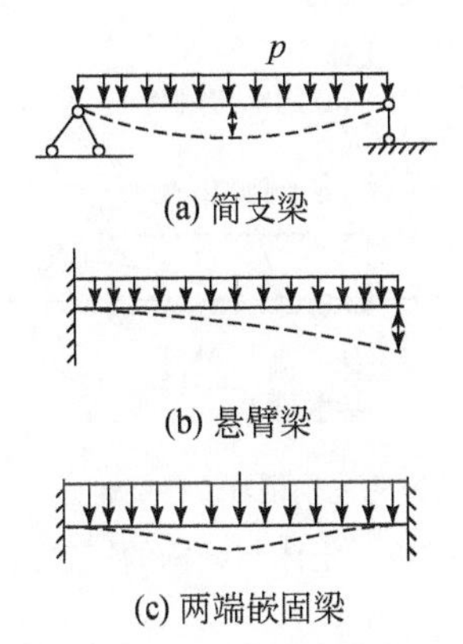

图7.6　竖向均布荷载作用下简支梁、悬臂梁和两端嵌固梁的变形形态

7.2.2　土体的简化

在土体-结构相互作用分析中，必须将土体视为变形体。概括地说，土体可简化成如下三种模型。

（1）将土体简化成由相互无关联的弹簧组成的弹床。按这种假定进行的相互作用分析称为弹床系数法。

（2）将土体简化成弹性半平面或半空间无限体。按这种假定进行的相互作用分析称为弹性半无限体法。

（3）将土体简化成有限元集合体。按这种假定进行的相互作用分析称为有限元分析方法。

本章下面几节将较详细地介绍按上述三种土体简化模型进行的相互作用分析方法。

7.2.3　土体-结构接触面的简化

接触面将土体与结构连接起来。根据接触面两侧的土体与结构是否发生相对变形将接触面分为如下两种类型。

（1）固定接触面，即两侧的土体和结构不能发生相对变形的接触面，如图7.7（a）

所示。这种接触面将土体和结构固定其上。在这种类型的接触面上，土体和结构自然满足位移协调条件。

(2) 相对变形接触面，即两侧的土体和结构能发生相对变形的接触面，如图 7.7 (b) 所示。如果接触面两侧的土体和结构发生相对变形，则接触面本身必须能发生变形。

当假定接触面为相对变形接触面时，则必须将接触面视为土体-结构相互作用体系中的一个独立部分。本章的 7.7 节将详细表述相对变形接触面的简化。

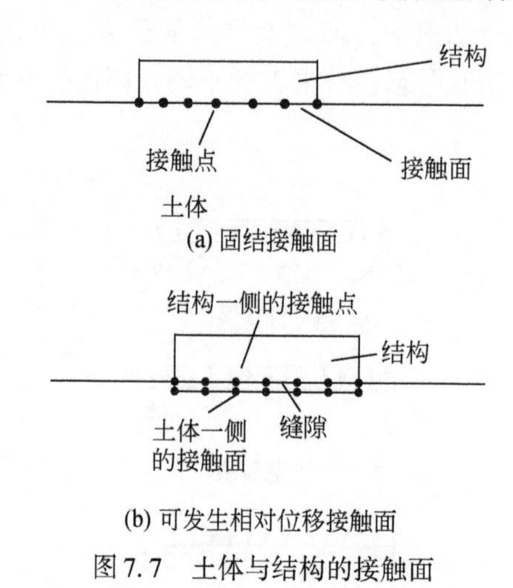

图 7.7　土体与结构的接触面

7.3　土体-结构相互作用分析途径及求解方程式

概括地说，土体-结构相互作用分析可分为如下两种途径：子结构分析和整体分析。

7.3.1　子结构分析

1. 基本概念及分析步骤

1) 基本概念

下面以建筑物的地基土体与上部结构相互作用为例来说明子结构分析。如前所述，地基土体通过接触面对上部结构具有反作用力，并且这个反作用力与土体在接触面上各点的变形有关。如果能确定土体在接触面上各点的力与其变形的关系，然后将其赋予接触面，并在上部结构分析中以这个关系代替土体在接触面上对结构的作用，这样就可以实现地基土体与上部结构的相互作用。显然，这样的上部结构分析就考虑了接触面上土体与结构的变形协调条件，而由分析确定的结构内力也包括了由地基土体变形引起的附加内力。显然，在这种分析途径中，实际的土体没有包括在上部结构分析中，但其作用则以土体在接触面上各点的力与其变形的关系代替了。

由上述可见，这种相互作用分析途径是以结构部分的分析为主体，而土体的作用是以其在接触面上的力与变形关系考虑的。因此，在这种分析途径中，将相互作用体系中的结构部分称为主结构，而将土体部分称为子结构，并将这种分析途径称为子结构分析途径。

2）分析步骤

根据上述子结构分析的概念，子结构分析应包括如下两个步骤。

a. 确定土体在接触面上各点的力与位移的关系

如果结构部分的分析采用力法，则应确定土体在接触面上各点的位移与力的关系；如果结构部分的分析采用位移法，则应确定土体在接触面上各点的力与位移的关系。确定土体在接触面上各点的位移与力的关系称为土体的柔度分析，而确定土体在接触面上各点的力与位移的关系称为土体的刚度分析。土体的柔度分析给出的是接触面的柔度矩阵，而土体的刚度分析给出的是接触面的刚度矩阵。根据力学知识，接触面上的柔度矩阵和刚度矩阵互为逆矩阵。

在此应指出，接触面上一点的位移不仅与作用于该点上的力有关，还与作用于接触面上其他点的力有关。同样地，接触面上一点的力不仅与该点的位移有关，还与接触面上其他点的位移有关。也就是说，接触上的各点是交联的。

确定土体在接触面上各点的力与位移关系的方法主要有以下两种。

（a）按文克尔（Winkler）假定确定。按文克尔假定，接触面上一点的力只与该点的位移有关，并且力与位移之间的关系是线性的。其中，比例系数称为文克尔弹簧系数，通常由试验或经验确定。后文在表述弹床系数法时将对其做详细的说明。应指出，按文克尔假定，接触面上各点是不交联的。

（b）由土体的柔度分析或土体的刚度分析确定。土体的柔度分析通常采用弹性半空间理论进行，具体的分析方法将在后文表述弹性半空间理论时做详细的说明。土体的刚度分析通常采用有限元法进行，具体的分析方法将在后文表述有限元法时做详细的说明。

b. 考虑接触面力与位移的关系进行上部结构分析

这一步的主要工作是在建立上部结构分析方程式时考虑接触面力与位移关系，以及求解所建立的方程式。

2. 分析的方程式及求解

子结构分析方程式应根据如下两点建立。

（1）土体与结构接触面的力与位移关系；

（2）将接触面的力与位移关系纳入结构分析体系中。

土体-结构相互作用分析通常采用位移法，如采用位移法，子结构分析方程式建立的步骤和应考虑的问题如下。

（1）根据结构体系的分析计算模型对每个结点进行编号，并确定其自由度个数。

（2）确定子结构分析方程式的个数，它应等于结构体系所有结点自由度之和。

（3）按结构体系结点编号次序逐一建立结点的力的平衡方程式，每个结点的方程式个数与其自由度个数相等。这样，整个结构体系建立的方程式个数正好等于其所有结点自由度之和，即结构体系的未知数个数。

（4）有的结点不仅是一个构件的端点，而且位于刚性块的表面上，例如刚架立柱与其刚块基础的连接点，如图 7.8 所示。在这种情况下，这个结点的位移可以刚块的位移来表示。以平面问题为例，设该结点的水平位移、竖向位移和绕 z 轴的转角分别为 u、v、θ，刚块质心的坐标为 x_f、y_f，其水平位移、竖向位移和绕 z 轴的转角分别为 u_f、v_f、θ_f，则该结点的坐标为（x，y），转角以逆时针转动为正，则该结点的 u、v、θ 可由 u_f、v_f、θ_f 和 x_f、y_f、x、y 按下式确定：

$$\left.\begin{aligned} u &= u_f - \theta_f(y - y_f) \\ v &= v_f - \theta_f(x - x_f) \\ \theta &= \theta_f \end{aligned}\right\} \tag{7.1}$$

在这种情况下，只要刚块的 u_f、v_f、θ_f 已知，就可由式（7.1）确定该点的 u、v、θ 值。由于这些结点附属在某一个构件之上，下面把这样的结点称为附从结点。这样，式（7.1）代替了这些点的力的平衡方程式，不再需要建立其力的平衡方程式。

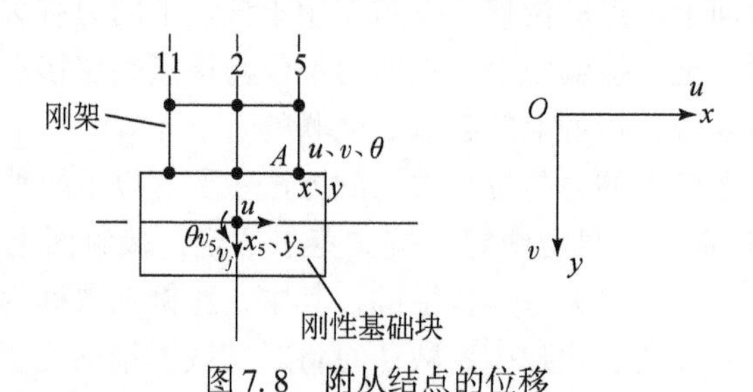

图 7.8　附从结点的位移

（5）位于土体与结构接触面上的点，在建立其力的平衡方程式时要考虑土体对该结点的作用力。土体对该结点的作用力可由土体在接触面上各点的力与位移关系确定。在考虑土体的作用时可分为如图 7.9 所示的两种情况。

（a）固定接触面情况。在这种情况下，土体的反作用力直接作用于接触面的结点上，如图 7.9（a）所示。

（b）相对变形接触面情况。在这种情况下，土体的反作用力作用于接触面土体一侧的结点上，再通过接触面作用于接触面结构一侧的结点上，如图 7.9（b）所示。

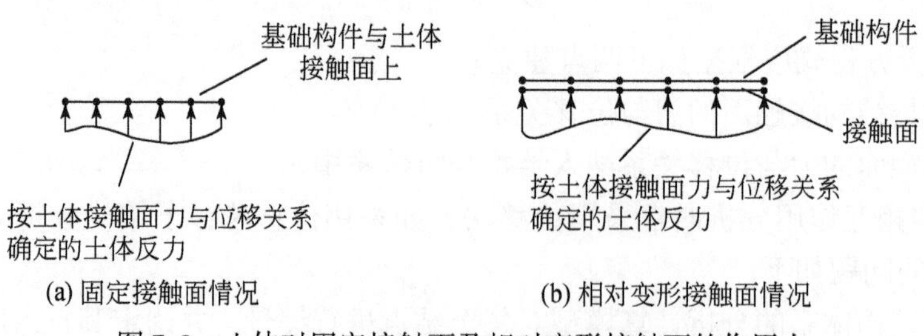

图 7.9　土体对固定接触面及相对变形接触面的作用力

（6）如果假定连接土体与上部结构的基础是刚块，以平面问题为例，在这种情况下，刚块有三个自由度，由刚块质心的水平力平衡、竖向力平衡及力矩平衡共得三个力的平衡方程式。但在建立这三个力平衡方程式时，应考虑附着在刚块表面上的结点对刚块的作用力，其中与土体连接的结点对刚块的作用力应按土体接触面的力与位移关系确定，而附着在刚块表面上的结点位移还应根据式（7.1）确定。这样，刚块不仅满足了力的平衡条件，还满足了刚块变形与周围土体变形的协调条件。

按上述方法建立的子结构求解方程式是一组线性代数方程组。假定相互作用体系总的自由度为 N，则所建立的线性代数方程组则为 N 阶方程组。一般来说，由于自由度 N 很大，求解 N 阶线性方程组必须使用计算机。

3. 子结构分析方法的评述

（1）由上述可见，子结构分析方法包括两个分析步骤：第一步只分析土体，确定土体接触面的力与位移关系；第二步考虑土体接触面的力与位移关系分析结构体系。由于这两步的分析体系均比总的土体-结构体系小，因此完成每步分析的计算量较小，相应的耗时也较小。

（2）如果采用试验或经验方法及弹性半空间方法确定土体接触面的力与位移关系，则采用子结构分析方法不能考虑土体的非均质性。如果采用有限元数值方法确定土体接触面的力与位移关系，则子结构分析方法可以考虑土体的非均质性。

（3）由确定土体接触面的力与位移关系的方法可见，子结构分析方法只适用于线弹性分析，不能考虑土的非线性力学性能。

（4）由于以土体接触面的力与位移关系代替土体的作用，真实的土体在子结构分析的第二步中并未出现，则子结构分析结果只能给出相互作用对结构的影响，不能给出对土体的影响。因此，子结构分析方法通常只适用于研究相互作用对结构的影响。欲了解相互作用对土体的影响，则应采用整体分析法。

7.3.2　整体分析

顾名思义，整体分析是将土体、结构，包括基础及土体与结构的接触面，作为一个体系进行分析。与前述子结构分析相比，子结构分析需要进行两次分析，而整体分析只需要进行一次分析。与子结构分析相似，通常采用位移法进行整体分析，其分析步骤如下。

（1）对土体-结构体系进行简化，建立土体-结构体系的分析计算模型。将分析计算模型的结点按一定次序进行编号，并确定每一个结点的自由度。

（2）确定土体-结构相互作用整体分析所需要的方程式个数，其个数应等于所建立的分析计算模型中所有结点的自由度数。

（3）按分析计算模型的结点编号次序逐个建立其力的平衡方程式。每个结点的力平衡方程式的个数等于其自由度个数。这样，所建立的方程式个数正好等于体系所有结点的自由度个数之和。

（4）如果结点位于接触面之上，建立该结点的平衡方程式时，应按固定接触面或相对变形接触面两种情况分别考虑。

（5）对于刚性块构件，应对其质心建立力的平衡方程式，以及将附着在其表面上结点的位移以刚块质心的位移表示。这样，对质心建立的力的平衡方程式满足刚块的力的平衡方程条件，而对附着刚块表面上结点建立的位移关系式满足刚块的位移与相邻结构和土体位移的协调条件。

（6）求解相互作用整体分析的求解方程式也是线性代数方程组，可以确定结构各部分的内力及土体各单元的应力。因此，相互作用整体分析结果不仅可以给出相互作用对结构的影响，也可以给出相互作用对土体的影响。

7.3.3 两种相互作用分析途径的比较

下面对两种相互作用分析途径做比较，并借此对整体分析做一评述。

（1）按前述，子结构分析法要进行两次分析，而整体分析法只进行一次分析。虽然整体分析法的分析体系比子结构分析法的两次分析的体系都大，但两种分析总的计算量相差并不大。

（2）如果采用数值分析，从方法的程序化而言，整体分析法更简便。

（3）无论是子结构分析法还是整体分析法，其求解方程式都是由如下三部分组成的。

（a）结构部分的方程式；

（b）土体部分的方程式；

（c）连接部分的方程式。

按上述，连接部分是指将土体与结构连接起来的构件，例如建筑物的基础。以上述刚性基础块为例，连接部分的方程式应包括如下两组方程式。

（a）由力平衡条件建立的方程式；

（b）由变形协调条件建立的方程式。

（4）除土体接触面的力与位移关系是采用有限元数值分析确定的以外，子结构分析法不能考虑土体的非均质性。但是，整体分析通常采用有限元数值分析法，则可以考虑土体的非均质性。

（5）在子结构分析法的第二步分析中，土体的作用以土体在接触面各点的力与位移关系表示，实际土体并不出现在分析体系中，因此不能考虑受力水平对上体的力学性能的影响，即土的非线性影响。但是，在整体分析法中实际土体出现在分析体系中，因而可以考虑受力水平对土体的力学性能的影响，即土的非线性影响。

（6）子结构分析的结果只能给出相互作用对结构的影响，而整体分析的结果不仅能给出相互作用对结构的影响，还能给出相互作用对土体的影响。

7.4 土体–结构相互作用分析的弹床系数法

7.4.1 基本概念

弹床系数法的基本概念是文克尔假定。文克尔假定，土体与结构接触面上的一点，单位面积上土的反力与该点的变形成正比。以竖向反力为例，作用在单位面积上的竖向反力 p 与竖向变形 w 之间的关系可用下式表示：

$$p=C_{u}w \tag{7.2}$$

式中，C_u 称为均匀压缩弹簧系数。在此应指出，如果一根弹簧的弹簧系数为 C_u，则弹簧反力与变形之间的关系与式（7.2）相同。因此，土体对单位接触面的作用可用一根系数为 C_u 的弹簧来模拟。那么，土体对整个接触面的作用则可用一系列相互无关联的弹簧组成的弹床来模拟。在此应注意，按文克尔假定，这里的相互无关联的弹簧是指一根弹簧的反力只取决于该弹簧的变形，而与相邻的弹簧变形无关。或者说，作用于一根弹簧上的力只引起该弹簧的变形，而不会引起相邻弹簧的变形。由于弹床是由相互无关联的弹簧组成的，以在竖向荷载作用下的刚性基础地基土体为例，则只有基础之下的土体发生压缩变形，而基础两侧土体表面上的点不发生压缩变形，如图 7.10（a）所示。然而，实际上作用于接触面上一点的力不仅会引起该点的变形，也会使接触面上其他点发生变形。这样，基础两侧土体表面上的点也会发生压缩变形，如图 7.10（b）所示。这就是基于文克尔假定的弹床系数法的缺点。但是，由于该法简单而弹簧系数又容易确定，在土体-结构相互作用分析中最早被采用，至今仍是一个被广泛采用的方法。

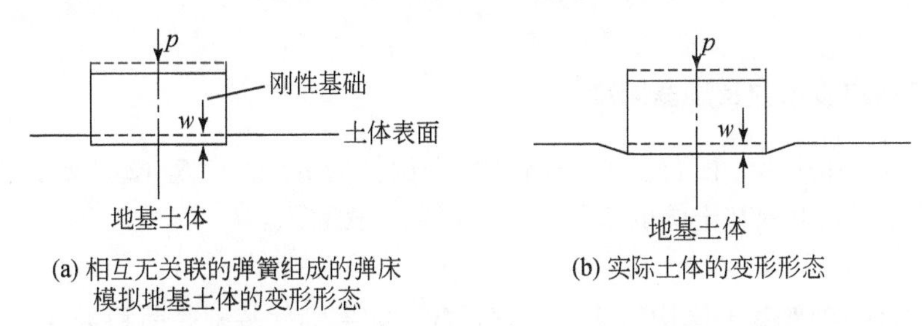

图 7.10　以弹床模拟地基土体的变形形态与实际土体的变形形态的比较

7.4.2　接触面位于土体表面时弹簧系数

下面以刚性基础与地基土体接触面为例，来说明在这种情况下土体的弹簧系数及地基的刚度。在力的作用下，刚性基础可能发生如下几种位移。

（1）均匀的竖向位移；

（2）均匀的水平位移；

（3）绕水平轴 x 或 y 转动；

（4）绕竖轴 z 转动。

与此相应，刚性基础的地基土体也有如下几种弹簧系数及地基刚度。

1. 均匀压缩弹簧系数及地基刚度

设在竖向中心荷载作用下，刚性基础底面的均匀压缩位移为 w，如图 7.11 所示。按文克尔假定，作用于单位底面积上的地基土体反力 p 可用式（7.2）表示，即

$$p=C_{u}w$$

如前述，C_u 为地基土体均匀压缩弹簧系数。设刚性基础的底面积为 A，则土体作用于其底面上总的反力 P 可由下式确定：

$$P = Ap = C_u A w$$

令

$$K_z = C_u A \tag{7.3}$$

则

$$P = K_z w \tag{7.4}$$

式中，K_z 为刚性基础地基土体均匀压缩刚度。

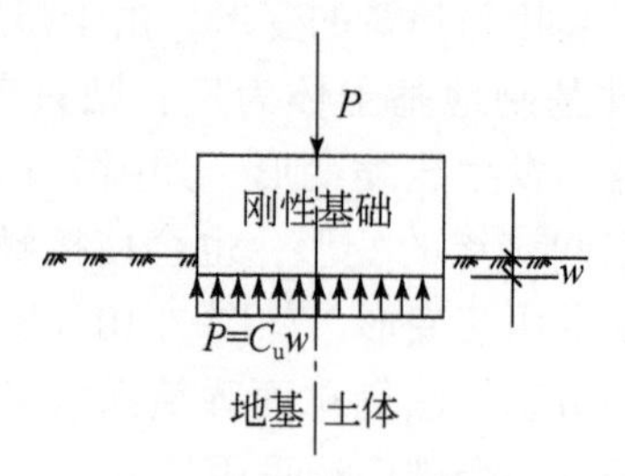

图 7.11　均匀压缩弹簧系数及地基刚度

2. 均匀剪切弹簧系数及地基刚度

设在水平荷载作用下，刚性基础底面的水平位移为 u，如图 7.12 所示，按文克尔假定，作用于单位底面上地基土体的水平反力 q 可用下式表示：

$$q = C_\tau u \tag{7.5}$$

式中，C_τ 为刚性基础地基土体均匀剪切弹簧系数。如果刚性基础底面积为 A，则土体作用在其底面上总的水平反力 Q 可由下式确定：

$$Q = AC_\tau u$$

令

$$K_x = AC_\tau \tag{7.6}$$

则

$$Q = K_x u \tag{7.7}$$

式中，K_x 为刚性基础地基土体的均匀剪切刚度。

在此应指出，图 7.12 中所示的刚性基础底面的水平位移应是基础与其地基土体在接触面上一起的水平位移，并不是基础沿基础面相对于地基土体的滑动水平位移。

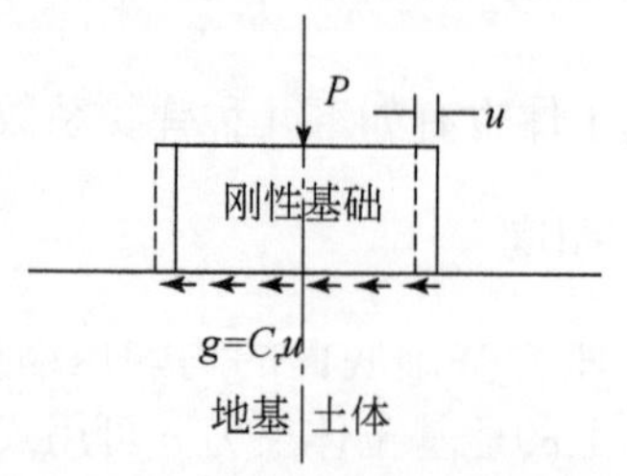

图 7.12　均匀剪切弹簧系数及地基刚度

3. 非均匀压缩弹簧系数及地基刚度

刚性基础地基土体的非均匀压缩是刚性基础绕水平轴转动而发生的，以绕水平轴 y 的转动为例，如图7.13所示。由图7.13可见，不均匀压缩在底面上的分布关于过底面中心的 y 轴是反对称的。设 w_1 为距离底面中心水平距离为 x 一点的非均匀压缩位移，则

$$w_1 = x\varphi \tag{7.8}$$

式中，φ 为刚性基础绕 y 转动的转角。按文克尔假定，作用于距离底面中心为 x 的一点单位面积上的竖向力 p_1 可表示成如下形式：

$$p_1 = C_\varphi x\varphi \tag{7.9}$$

式中，C_φ 为刚性基础地基土体的非均匀压缩弹簧系数。按式（7.8），由非均匀压缩产生的地基土体反力 p_1 在底面上的分布与 w_1 的相同。由图7.13可见，刚性基础底面上 p_1 的合力应等于零。

另外，与转动轴相距为 x 的一点面积为 $\mathrm{d}A$ 的土体反力为 $p_1\mathrm{d}A$，则相对转动轴的力矩 $\mathrm{d}M_\varphi$ 如下：

$$\mathrm{d}M_\varphi = xp_1\mathrm{d}A$$

由此，整个底面上土体不均匀压缩反力相对于转动轴的力矩 M_φ 如下：

$$M_\varphi = \int_A xp_1\mathrm{d}A$$

将式（7.9）代入上式中，得

$$M_\varphi = \int_A xC_\varphi\varphi\mathrm{d}A = C_\varphi\varphi\int_A x^2\mathrm{d}A$$

令

$$I = \int_A x^2\mathrm{d}A \tag{7.10}$$

由式（7.10）可见，I 为底面相对转动轴 y 的面积矩。将式（7.10）代入上面 M_φ 的表达式中，得

$$M_\varphi = C_\varphi I\varphi \tag{7.11}$$

令

$$K_\varphi = C_\varphi I \tag{7.12}$$

将上式代入式（7.11）中，得

$$M_\varphi = K_\varphi\varphi \tag{7.13}$$

式中，K_φ 为刚性基础地基土体的转动刚度。

4. 非均匀剪切弹簧系数及地基刚度

刚性基础地基土体非均匀剪切位移是由刚性基础绕竖直轴 z 旋转而产生的，在底面上的分布如图7.14所示。由图7.14可见，非均匀剪切位移在底面上的分布关于 z 轴是反对称的。设底面上一点与扭转中心的径向距离为 r，则该点的非均匀剪切位移 u_1 如下：

$$u_1 = r\theta \tag{7.14}$$

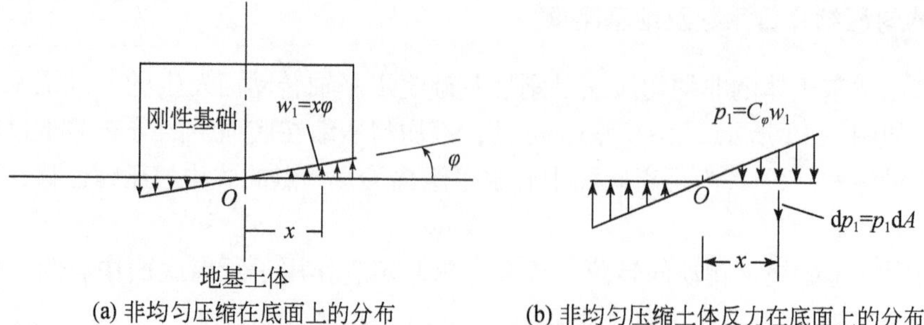

(a) 非均匀压缩在底面上的分布　　(b) 非均匀压缩土体反力在底面上的分布

图 7.13　非均匀压缩底面位移及土体反力分布

式中，θ 为刚性基础绕 z 轴的扭转角。按文克尔假定，作用于该点单位面积上的切向力 q_1 可表示成如下形式：

$$q_1 = C_\theta u_1 = C_\theta r\theta \tag{7.15}$$

式中，C_θ 为刚性基础地基土体的非均匀剪切弹簧系数。按式（7.15），由非均匀剪切产生的地基土体反力 q_1 在底面上的分布应与 u_1 相同。

另外，与扭转中心相距为 r 的一点面积为 dA 的土体反力为 $q_1 dA$，相对扭转中心的力矩 dM_θ 如下：

$$dM_\theta = rq_1 dA$$

由此，整个底面上土体不均匀剪切反力相对于扭转中心的力矩 M_θ 如下：

$$M_\theta = \int_A rq_1 dA$$

将式（7.15）代入上式中得

$$M_\theta = \int_A r^2 C_\theta \theta dA = C_\theta \theta \int_A r^2 dA$$

令

$$J = \int_A r^2 dA \tag{7.16}$$

由式（7.16）可见，J 为底面相对扭转中心的极面积矩。将式（7.16）代入 M_θ 表达式中，得

$$M_\theta = C_\theta J\theta \tag{7.17}$$

令

$$K_\theta = C_\theta J \tag{7.18}$$

则得

$$M_\theta = K_\theta \theta \tag{7.19}$$

式中，K_θ 为刚性基础地基土体的扭转刚度。

在此应指出，图 7.14 中所示的刚性基础底面上的非均匀切向水平位移应是基础与其地基土体在接触面上一起的切向水平位移，并不是基础沿接触面相对于地基土体的滑动切向水平位移。

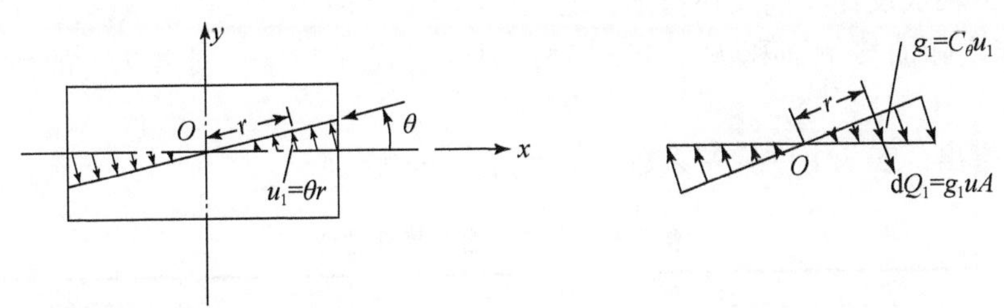

(a) 刚性基础扭转产生的非均匀剪切水平位移　　(b) 刚性基础扭转产生的非均匀剪切力分布

图 7.14　刚性基础扭转产生的非均匀剪切水平位移及剪切力分布

5. 弹簧系数之间的关系及确定

1）弹簧系数之间的关系

由上述可见，在相互作用弹簧系数法分析中，确定弹簧系数是一个重要问题。上文表述了均匀压缩弹簧系数 C_u 和均匀剪切弹簧系数。相比较而言，C_u 类似于土的杨氏模量 E，C_τ 类似于土的剪切模量 G。因此，巴尔坎认为，C_u 与 C_τ 之间存在类似于 E 与 G 的关系，并建议 C_u 与 C_τ 的关系如下[1]：

$$C_\tau=\frac{1}{2}C_u \tag{7.20}$$

而普拉卡什建议，C_u 与 C_τ 的关系如式（7.21）所示，并且该关系为印度所采用[2]。

$$C_\tau=\frac{1}{1.73}C_u \tag{7.21}$$

此外，巴尔坎还建议非均匀压缩弹簧系数 C_φ 与均匀压缩弹簧系数关系为

$$C_\varphi=2C_u \tag{7.22}$$

非均匀剪切弹簧系数 C_θ 与均匀压缩弹簧系数 C_u 的关系为

$$C_\theta=1.5C_u \tag{7.23}$$

由上述可见，在上述几个弹簧系数中，均匀压缩弹簧系数 C_u 是基本的，只要确定均匀压缩弹簧系数就可按上述公式确定其他三个弹簧系数。

2）C_u 的确定及影响因素

确定 C_u 的基本方法是进行压载板试验。巴尔坎根据静力反复压载板试验结果给出了不同类型土的 C_u，如表 7.1 所示。在此应指出，压载板试验所采用的压载板面积为 $10m^2$。除此之外，C_u 还可在有关的设计规范中查得。

此外，根据布西内斯克（Boussinesq）解，均匀压缩弹簧系数可由土的杨氏模量 E 和泊松比 μ 按下式计算：

$$C_u=\frac{1.13E}{(1-\mu^2)\sqrt{A}} \tag{7.24}$$

式中，A 为接触面积。式（7.24）表明，由压载板试验确定的均匀压缩弹簧系数与接触面

的面积的平方根成反比，前文还指出，表 7.1 给出的均匀压缩弹簧系数对应的压载板面积为 $10m^2$。当实际的接触面积大于 $10m^2$ 时，则应按式（7.24）对表 7.1 的数值进行面积修正。

在此应指出，表 7.1 中弹簧系数的量纲为力/长度^3。

表 7.1　均匀压缩弹簧系数值

土类	土的名称及状态	静力允许承载力 /(kg/cm^2)	C_u /(kg/cm^3)
Ⅰ	软弱土，包括处于塑性状态的黏土、含砂的粉质黏土，以及黏质和粉质砂土，还有Ⅱ、Ⅲ类中含有原生的粉质和泥灰薄层的土	<1.5	<3
Ⅱ	中等强度的土，包括接近塑限的黏土和含砂的粉质土、砂	1.5～3.5	3～5
Ⅲ	硬土，包括坚硬状态的黏土、含砂的黏土、砾石、砾砂、黄土和黄土质的土	3.5～5.0	5～10
Ⅳ	岩石	>5.0	>10

7.4.3　接触面位于土体内部时的弹簧系数

在实际工程问题中，有许多情况土体和结构的接触面位于土体中，桩-土接触面就是一个最有代表性的例子，如图 7.15 所示。在这种情况下，以桩的挠度 y 代表接触面上一点土的变形，作用于单位桩长上的土反力 p 与挠度 y 的关系如下：

$$p=ky \tag{7.25}$$

式中，k 为土的反力系数，其量纲为力/长度^2。应指出，由式（7.25）确定的土反力 p 是作用于桩整个宽度上的土反力，其量纲为力/长度。土反力系数 k 应随地面之下的深度 z 而增大，可表示成如下形式[3]：

$$k=k_h\left(\frac{z}{L_p}\right)^n \tag{7.26}$$

式中，k_h 为桩尖处的 k 值；L_p 为桩长；n 为等于、大于或小于 1.0 系数，与土类有关，砂性土近似取 1.0，黏性土近似取 0。当 n 取 1.0 时，式（7.26）可改写成如下形式：

$$k=\frac{k_h}{L_p}z$$

令

$$n_h=\frac{k_h}{L_p} \tag{7.27}$$

则

$$k=n_h z \tag{7.28}$$

表 7.2 给出了 k 与 n_h 的建议值[4]。

式（7.28）与实际工程中采用的所谓的 M 法相似。在 M 法中：

$$k=Mz \tag{7.29}$$

式中，k 为单位挠度时作用于桩单位面积上的土反力，其量纲为力/长度^3；M 为深度影响

系数，其量纲为力/长度[4]。注意式（7.28）和式（7.29）中土反力系数 k 的定义差别，则得

$$M=\frac{n_h}{b_p} \tag{7.30}$$

式中，b_p 为桩的宽度。

土反力系数 k 随深度 z 增大的原因有如下两点。

（1）上覆压力随深度增大；

（2）通常桩的挠度 y 随深度减小，由于土反力与挠度之间的非线性关系，则土反力系数 k 随深度 z 的增大而增大。

另外，在此应指出，式（7.28）和式（7.29）中的 z 是由地面算起的深度，而不是从所在的那层土的顶面算起的，如图7.15所示。以式（7.29）为例，单位面积土反力随深度的增量 dp 应按下式确定

$$\mathrm{d}p=y\frac{\mathrm{d}k}{\mathrm{d}z}\mathrm{d}k+k\frac{\mathrm{d}y}{\mathrm{d}z}\mathrm{d}z=\left(My+Mz\frac{\mathrm{d}y}{\mathrm{d}z}\right)\mathrm{d}z \tag{7.31}$$

式中，

$$\mathrm{d}z=\mathrm{d}z_i \tag{7.32}$$

其中，z_i 为从所在土层顶面算起的深度，如图7.15所示。

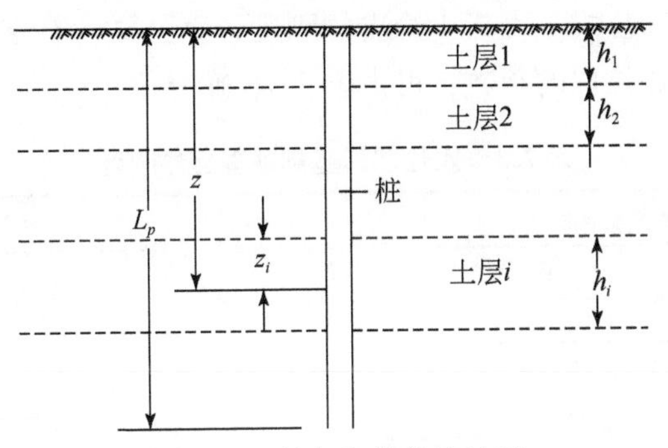

图7.15　桩与土体的接触面

表7.2　式（7.28）的 k 值和 n_h 值

土类	k 值或 n_h 值
颗粒状土	n_h 为1.5～100b/in^3，通常为10～100b/in^3，并随相对密度按正比例变化
正常固结有机质粉土	n_h 为0.4～3.0b/in^3
泥炭土	n_h 约为0.2b/in^3
黏性	k 约为67C_u（C_u 为土的不排水剪切强度）

注：1lb/in^3＝27.68g/cm^3

7.5　土体-结构相互作用分析的弹性半空间无限体法

土体-结构相互作用分析的弹性半空间无限体法的关键，是采用弹性半空间理论确定

接触面的变形与土体作用于接触面上的力的关系。如前所述，确定这个关系的分析称为柔度分析。如果采用位移分析方法，则需要将这个关系转变成土体作用于接触面上的力与接触面的位移关系。下面，按如下三种情况分别进行表述。

（1）刚性基础与地基土体的接触面；

（2）柔性基础与地基土体的接触面；

（3）位于土体内部的结构与土体的接触面。

7.5.1　刚性基础下地基土体的刚度

1. 刚性基础运动形式及相应的地基土体的刚度

前文曾指出，设置在半无限空间体表面上的刚性基础可能发生如下几种形式的变形：竖向位移、水平位移、转动和扭转。下面将刚性基础发生单位竖向位移、水平位移、单位转角和扭转角时地基土体对刚性基底作用的竖向反力、水平反力、抗转动力矩和抗扭转力矩分别定义为地基土体的竖向变形刚度 K_z、水平变形刚度 K_x、转动刚度 K_φ 和扭转刚度 K_θ。这里的刚度系数可用半空间无限体理论确定。表 7.3 给出了按半空间无限体理论确定的底面为圆形的刚性基础情况下的计算刚度的公式[5]。表 7.4 给出了底面为矩形的刚性基础情况下这些刚度的计算公式。表 7.4 给出的刚度计算公式含有三个系数 β_z、β_x、β_φ，这三个系数是矩形底面的宽长比的函数，可由图 7.16 确定[10]。

表 7.3　刚性圆形基础地基土体刚度

<table>
<tr><th>运动形式</th><th>地基土体刚度</th><th>注</th></tr>
<tr><td>竖向</td><td>$K_z=\frac{4Gr_0}{1-\mu}$ [6]</td><td rowspan="4">$G=\frac{E}{2（1+\mu）}$；
r_0 为圆形基础半径；μ 为泊松比</td></tr>
<tr><td>水平</td><td>$K_x=\frac{32（1-\mu）Gr_0}{7-8\mu}$ [7]</td></tr>
<tr><td>转动</td><td>$K_\varphi=\frac{8Gr_0^3}{3（1-\mu）}$ [8]</td></tr>
<tr><td>扭转</td><td>$K_\theta=\frac{16}{3}Gr_0^3$ [9]</td></tr>
</table>

表 7.4　刚性矩形基础地基土体刚度

<table>
<tr><th>运动形式</th><th>地基土体刚度</th><th>注</th></tr>
<tr><td>竖向</td><td>$K_z=\frac{G}{1-\mu}\beta_z\sqrt{BL}$ [1]</td><td rowspan="3">B、L 分别为$\frac{1}{2}$宽度和长度；
β_z、β_x、β_φ 为三个系数，由图 7.16 确定</td></tr>
<tr><td>水平</td><td>$K_x=4（1+\mu）G\beta_x\sqrt{BL}$ [1]</td></tr>
<tr><td>转动</td><td>$K_\varphi=\frac{G}{1-\mu}\beta_\varphi 8\sqrt{BL}$ [10]</td></tr>
</table>

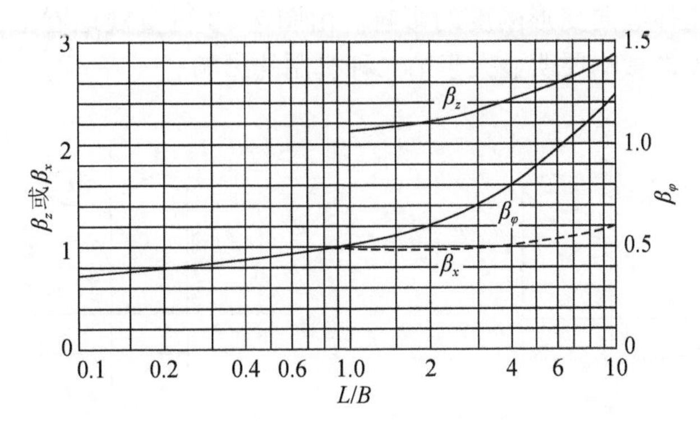

图7.16　系数β_z、β_x、β_φ与底面宽长比的关系[10]

2. 基础埋深和地基土层厚度对基础土体刚度的影响

表7.3和表7.4给出的圆形和矩形底面刚性基础下地基土体的刚度是基于弹性半空间无限体理论确定的。在这种情况下，刚性基础设置在半空间无限体表面，地基土体向下和两侧是无限延伸的。但是，在实际工程问题中，基础总是有一定埋深的，并不是设置在半空间无限体表面。另外，地基土体之下可能存在下卧岩层。下面表述基础埋深和地基土层厚度这两种因素对地基土体刚度的影响。

1）基础埋深的影响

对于有一定埋深的基础情况，由于两侧土体对基础的变形有一定的约束作用，则其地基土体刚度应比没埋深情况大。从力学上分析，埋深对地基土体刚度的影响有如下两点。

（a）通过与土体接触的两侧面，基础将作用其上的力传递给两侧土体，减小了其在底面上作用于土体的力。相应地，减少了地基土体的变形。

（b）即使基础与两侧土体不相接触，即基础不能通过其侧面将作用其上的力传给两侧土体，在基础底面以上两侧的土体也要顺从其下土体而发生变形，消耗一定的能量。相应地，也会减少地基土体的变形。

为显现这两种机制的影响，令刚性基础侧面与土体是连接一起的，如图7.17（a）所示。这种情况包括上述两种机制的影响。此外，令刚性基础在侧面与土体是分离的，即不能传力，如图7.17（b）所示。在这种情况下，只包括上述第二种机制的影响。图7.17中，基础的埋深以H表示，如令$K_{z,H}$表示埋深为H时刚性地基基础土体的竖向变形的刚度，K_z为刚性基础埋深$H=0$，即刚性基础设置在地基土体表面时的竖向变形刚度，由试验测得$\frac{K_{z,H}}{K_z}$与埋深比$\frac{H}{r_0}$之间的关系如图7.18所示。图7.18中，图7.18（a）曲线对应于图7.17（a）所示的情况，图7.18（b）曲线对应于图7.17（b）所示的情况。比较这两种情况下的$\frac{K_{z,H}}{K_z}$-$\frac{H}{r_0}$曲线可见，图7.17（a）中的情况包括两种机制的影响，其埋深的影响大于图7.17（b）中的情况，只包括一种机制的影响。将两种情况下的曲线相减，则可得第一种机制对地基土体竖向变形刚度的影响。由图 7. 18 可直观地看出，第一种机制对地基土体竖向变形刚度的影响要明显大于第二种机制的影响。

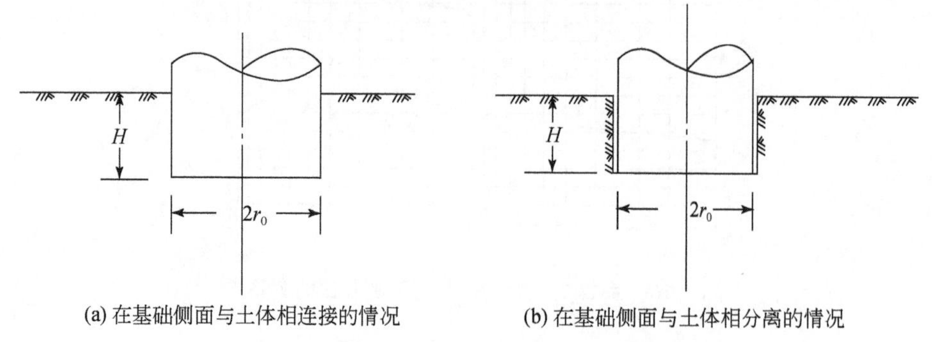

图 7. 17　侧面与土体相连接和不相连接的刚性基础

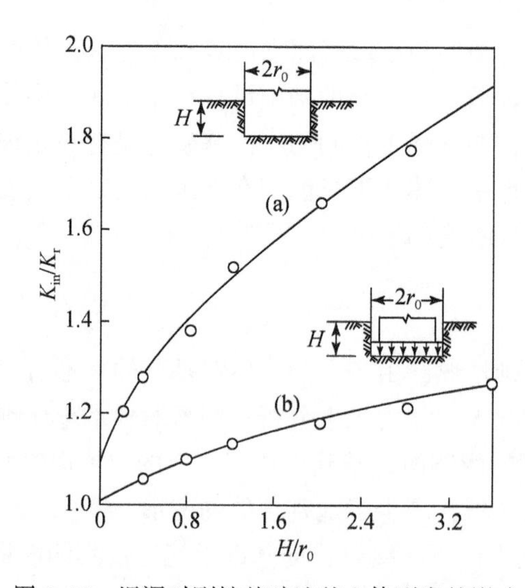

图 7. 18　埋深对刚性基础地基土体刚度的影响

由图 7. 18 所示的结果可以看出，埋深明显地使刚性基础地基土体的刚度增大。在实际工程问题中，基础总有一定的埋深，如果不考虑埋深对地基土体刚度的影响，则会低估地基刚度。相应地，如果采用不考虑埋深影响确定的刚度进行分析，将高估刚性基础的变形。对工程设计而言，则是偏于保守的。

在此应指出，上文只给出了埋深对刚性基础地基土体的竖向变形刚度的影响。关于埋深对刚性基础地基土体的水平变形、转动变形和扭转变形的刚度影响还缺少研究。但是，埋深对这些刚度的影响可能比对竖向变形刚度的影响更大，特别是对转动变形刚度的影响。

2）地基土层有限厚度的影响

在实际工程问题中，在许多情况下，地基土层厚度是有限的，而不是无限向下延伸的，如图7.19（a）所示。图7.19（a）中，地基土层的厚度为D，令$\frac{D}{r_0}$为土层厚度比，r_0为圆形刚性基层的半径。如令W_D和$K_{z,D}$分别为土层厚度为D时刚度基础的竖向变形和地基土体竖向变形刚度。W和K_z分别为地基土层无限向下延伸时刚性基础的竖向变形和地基土体竖向变形刚度。由试验结果得到的$\frac{W_D}{W}$-$\frac{D}{r_0}$关系和$\frac{K_{z,D}}{K_z}$-$\frac{D}{r_0}$关系如图7.19（b）所示[11]。由图7.19（b）可见，随土层厚度D的增大，$\frac{W_D}{W}$逐渐趋于1.0，即$W_D \to W$，而$\frac{K_{z,D}}{K_z}$也逐渐趋于1.0，即$K_{z,D} \to K_z$。当$D=0$时，$W_D=0$，而$K_{z,D}$要比K_z高出近一个数量级。但是，当$\frac{D}{r_0}$在0～z范围内时，$\frac{K_{z,D}}{K_z}$迅速降低，当$\frac{D}{r_0}>2$以后，$\frac{K_{z,D}}{K_z}$已小于2，并且$K_{z,D}$逐渐接近K_z。

由上述结果可见，在土层厚度有限的情况下，刚性基础地基土体变形刚度增大，土层厚度越小，其刚度增大得越大。在实际工程问题中，地基土层厚度总是有限的。因此，不考虑地基土层厚度影响，将会低估地基土体刚度值。相应地，采用不考虑地基土层厚度影响确定的刚度进行分析，将会高估刚性基础变形。对于工程设计而言，其分析结果也将是偏于保守的。

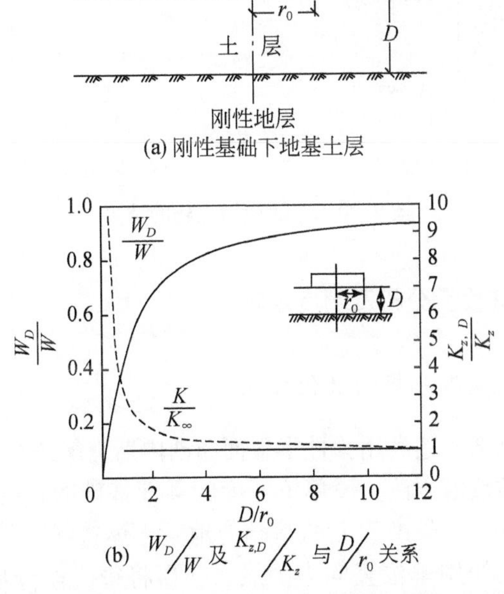

(a) 刚性基础下地基土层

(b) W_D/W及$K_{z,D}/K_z$与D/r_0关系

图7.19　地基土层厚度对刚性基础地基土体竖向变形刚度$K_{z,D}$的影响

7.5.2　放置在地表面上的柔性基础的地基土体的刚度

1. 布西内斯克解

假定柔性基础下的地基土体为各向同性均质弹性半空间体，则放置在地面上的柔性基础的地基土体的刚度可以根据布西内斯克解进行柔度分析建立柔度矩阵，再将其求逆而确定。

布西内斯克解在弹性力学教科书中可以找到。如图 7.20（a）所示，假定在坐标原点作用一集中竖向荷载 P，布西内斯克解给出了在竖向荷载 P 作用下，土体中任何一点（x，y，z）的位移 u、v、w，以及应力 σ_x、σ_y、σ_z、τ_{xy}、τ_{yz}、τ_{zx}。相似地，当在坐标原点作用一集中水平荷载 Q 时，如图 7.20（b）所示，则给出了在其作用下土体中任何一点（x，y，z）的位移 u、v、w，以及应力 σ_x、σ_y、σ_z、τ_{xy}、τ_{yz}、τ_{zx}。当然，任何一点也包括土体表面上一点，在这种情况下 $z=0$。在表述柔性基础地基土体的柔度分析时，只需要利用布西内斯克解的基本概念，其具体的计算公式在此从略。

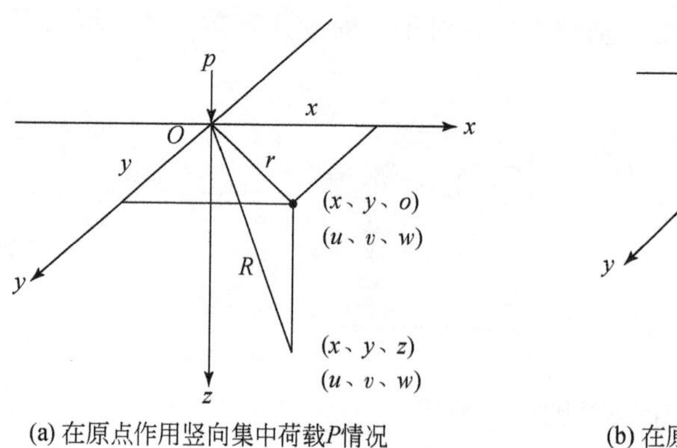

(a) 在原点作用竖向集中荷载P情况　　(b) 在原点作用水平集中荷载Q_x或Q_y情况

图 7.20　布西内斯克解的情况

2. 柔性基础地基土体柔度分析及刚度矩阵

1）竖向荷载作用下柔度分析的数值方法

下面以平面问题为例来表述利用弹性半平面布西内斯克解进行柔性基础地基土体在竖向荷载作用下柔度分析的数值方法。设单位宽度的柔性基础的长度为 L，如图 7.21 所示。为进行数值柔度分析，首先将长度为 L 的基础与地基土体接触面等分成 N 段，共 $N+1$ 个结点，并在每一个结点上作用单位竖向力。然后，再将每一段分成 n 等份，并取 n 为偶数，将作用于各结点的单位力转化成均布力。由图 7.22 可见，第一个结点的单位力转化成第一段前$\frac{n}{2}$子段上的分布力，其数值等于$\frac{2}{n}$，第 $N+1$ 个结点的单位力转化成第 N 段后

$\frac{n}{2}$子段上的分布力，其数值等于$\frac{2}{n}$；其他各结点上的单位力，例如第 i 结点上的单位力转化成第 i-1 段后$\frac{n}{2}$子段和第 i 段前$\frac{n}{2}$子段上的分布力，数值等于$\frac{1}{n}$。这样，第一个结点单位力的作用范围为第一段前$\frac{n}{2}$子段，第 N+1 个结点单位力的作用范围为第 N 段后$\frac{n}{2}$子段，设每个子段的长度为 ΔL，则每个子段上的竖向作用力为$\frac{2}{n}\Delta L$；在其他各结点单位力的作用范围内，以第 i 个结点为例，第 i 结点单位力的作用范围为第 i-1 段后$\frac{n}{2}$子段和第 i 段前$\frac{n}{2}$子段，而每个子段上的竖向力为$\frac{1}{n}\Delta L$。

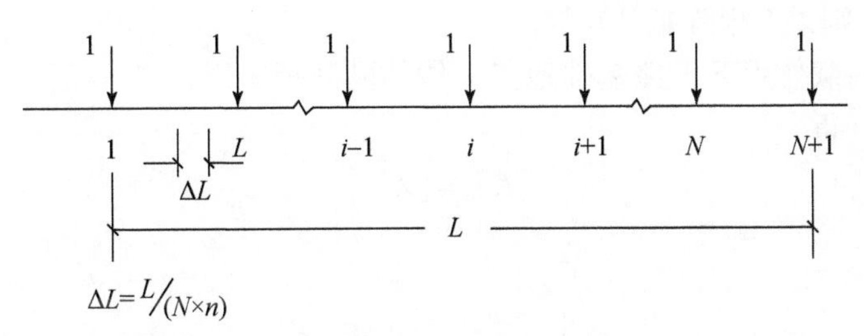

图 7.21　基础与地基土体接触面的剖面及作用于结点上的单位力

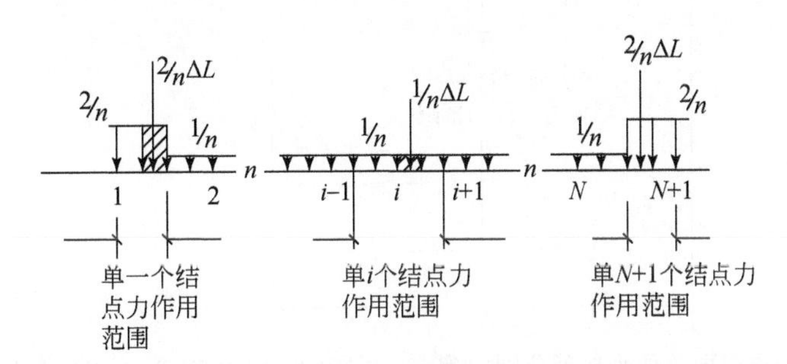

图 7.22　作用于每个子段上的均布竖向力及相应的竖向集中力

下面表述竖向荷载作用下柔度分析步骤。

(a) 设第 j 个结点单位力范围内的第 k 个子段中心上作用的竖向集中力为 $p_{j,k}$，按布西内斯克解可确定在竖向集中力 $p_{j,k}$作用下第 i 个结点的竖向变形，并以 $\Delta W_{i,j,k}$表示，如图 7.23 所示。图 7.23 中的 $x_{j,k}$和 x_i 分别为第 k 个子段中心的 x 坐标和第 i 个结点的 x 坐标。

(b) 设第 j 个结点单位集中力作用下第 i 个结点的竖向变形为 $\lambda_{i,j}$，根据叠加原理得

$$\lambda_{z,i,j} = \sum_{k=1}^{n} \Delta W_{i,j,k} \tag{7.33}$$

式中，n 为第 j 个结点单位集中力作用范围内子段的段数。

(c) 如果在第 j 个结点上作用的竖向集中力为 P_j，设在 P_j 作用下第 i 个结点的竖向变

形为 $W_{i,j}$，则

$$W_{i,j}=\lambda_{z,i,j}P_j \tag{7.34}$$

（d）考虑接触面上所有结点作用力对第 i 个结点竖向位移 W_i 的影响，根据叠加原理得

$$W_i=\sum_{j=1}^{N+1}\lambda_{z,i,j}P_j \tag{7.35}$$

（e）如将接触面上所有结点的位移排列成一个向量，将作用于所有结点上的竖向集中力排列成一个向量，分别以 $\{W\}$ 和 $\{P\}$ 表示，则式（7.35）可写成如下矩阵形式：

$$\{W\}=[\lambda]_z\{P\} \tag{7.36}$$

式中，$[\lambda]_z$ 为由式（7.35）中的 $\lambda_{z,i,j}$ 排列成的矩阵。根据柔度矩阵的定义，由式（7.36）可见，矩阵 $[\lambda]_z$ 即竖向荷载作用下柔性基础地基土体的柔度矩阵，其中的元素 $\lambda_{z,i,j}$ 可由式（7.33）确定，则柔度矩阵是已知的。

（f）设竖向荷载作用下柔性基础地基土体的刚度矩阵以 $[K]_z$ 表示，根据刚度矩阵与柔性矩阵的关系，得

$$[K]_z=[\lambda]_z^{-1} \tag{7.37}$$

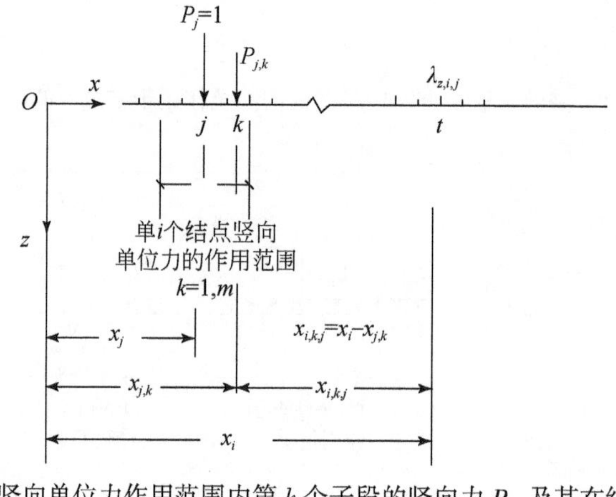

图 7.23　第 j 个结点竖向单位力作用范围内第 k 个子段的竖向力 $P_{j,k}$ 及其在结点 i 引起的竖向变形

2）水平荷载作用下柔度分析的数值方法

与竖向荷载作用下的柔度分析相似，令在每一个结点上作用单位水平力，然后将其转化成水平均布力，并确定各结点单位力的作用范围，以及其中每一个子段中心的水平作用力 $Q_{j,k}$，如图 7.24 所示。然后，就可按上述竖向荷载作用下柔度分析的步骤进行水平荷载作用下的柔度分析，确定其柔度矩阵 $[\lambda]_x$ 及相应刚度矩阵 $[K]_x=[\lambda]_x^{-1}$。

3）竖向及水平荷载同时作用下柔度分析的数值方法

在实际工程问题中，柔性基础不仅受竖向荷载作用还受水平荷载作用。在这种情况下，在 j 结点作用的竖向单位力不仅会在 i 结点引起竖向变形，还会在 i 结点引起水平变形，而在 j 结点作用的水平单位力不仅会在 i 结点引起水平变形，还会在 i 结点引起竖向变

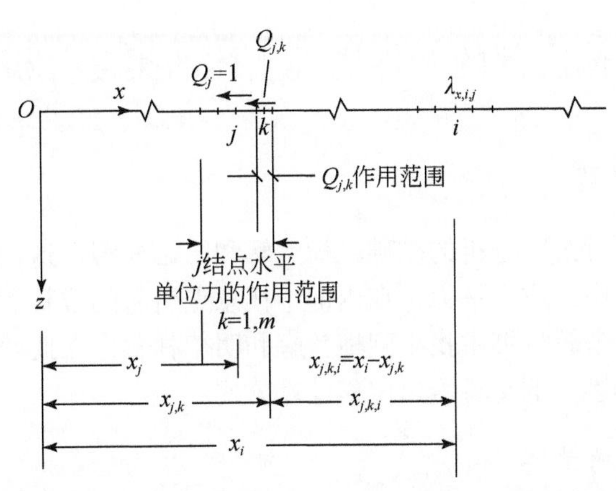

图7.24　第j个结点水平单位力作用范围内第k个子段的水平力$Q_{j,k}$及其在结点i引起的水平变形

形。考虑竖向荷载和水平荷载同时作用，采用布西内斯克解进行柔度分析并不困难，只要在j结点上同时作用单位竖向和单位水平力，并将它们转化为分布的竖向力和水平力，然后确定在第j结点单位力作用范围内的第k个子段上作用的竖向力$P_{j,k}$和$Q_{j,k}$，如图7.25所示。这样，就可以利用布西内斯克解确定竖向力$P_{j,k}$下i结点上引起的竖向变形和水平变形，以及在水平力$Q_{j,k}$下i结点引起的水平变形和竖向变形。此后，柔度分析的具体步骤如前述，此处不做进一步表述。

如以$[\lambda]_{zx}$表示其柔度矩阵，则刚度矩阵$[K]_{zx}=[\lambda]_{zx}^{-1}$。

图7.25中，$\lambda_{z,i,j}^{z}$和$\lambda_{x,i,j}^{z}$分别表示在j结点作用的单位竖向力在i结点引起的竖向变形和水平变形，$\lambda_{x,i,j}^{x}$和$\lambda_{z,i,j}^{x}$分别表示在j结点作用的单位水平力在i结点引起的水平变形和竖向变形。

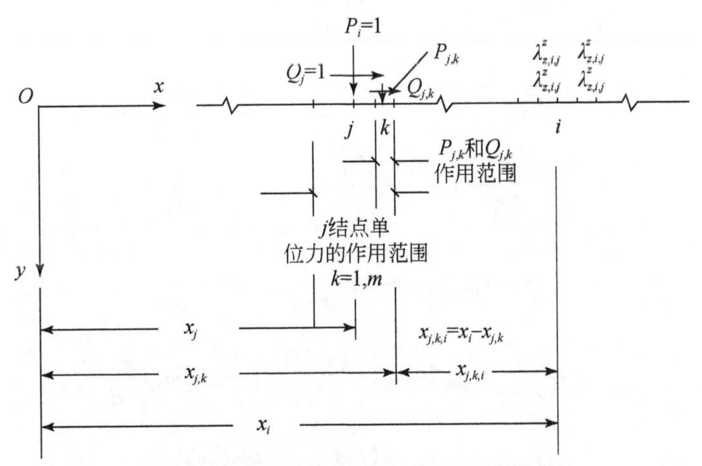

图7.25　竖向力和水平力共同作用下第k子段的竖向力$P_{j,k}$和水平力$Q_{j,k}$及在i结点引起的竖向和水平向变形

7.5.3　设置在土体内部的构件周围土体的柔度分析及刚度矩阵

1. 梅兰解和明德林解

在这种情况下，进行柔度分析的基础是梅兰解和明德林解。这两个解给出了在土体内部一点作用一个竖向集中力或水平力，在内部中任意点引起的位移和应力。与布西内斯克解不同，在通常弹性力学教材书中找不到梅兰解和明德林解，在此给出这两个解答。由于柔度分析只利用位移解答，下文只给出位移计算公式。

1）对平面问题的梅兰解

梅兰解给出了在 z 轴上的一点作用一个竖向集中力或水平集中力在半平面内任意点引起的位移和应力。

A. 竖向集中力作用情况

设在 z 轴上一点作用一个竖向集中力 P，其在水平面下的深度为 d，如图 7.26（a）所示，则在平面内坐标为（x，z）的一点引起的水平位移 u 和竖向位移 w 如下：

$$
\begin{aligned}
u=\frac{P}{\pi E_1}\Bigg\{&\frac{1}{2}(1+\mu_1)\left[\frac{x^2}{2r_1^2}+\ln(r_1r_2)+\frac{x^2-4dz-2d^2}{2r_2^2}+\frac{2dzx^2}{r_z^4}\right]\\
&+\frac{1}{4}(1-\mu_1)\left[\ln r_1+3\ln r_2+\frac{2(x^2+dz+d^2)}{r_2^2}\right]\\
&+\frac{\mu_1}{2}(1+\mu_1)\left[\frac{x^2}{2r_1^2}+\frac{x^2+2d^2}{2r_2^2}+\frac{2dzx^2}{r_2^4}\right]\\
&-\frac{\mu_1}{4}(1-\mu_1)\left[\ln\frac{r_2}{r_1}-2\,\frac{d(z+d)+x^2}{r_z^2}\right]
\end{aligned}
\tag{7.38}
$$

$$
\begin{aligned}
w=\frac{P}{\pi E_1}\Bigg\{&\frac{1}{2}(1+\mu_1)\Bigg[-\frac{x(x-d)}{2r_1^2}+\frac{1}{2}\arctan\frac{x}{z-d}\\
&-\frac{x(z-d)}{2r_2^2}+dx\,\frac{d^2-z^2+x^2}{r_2^4}+\frac{1}{2}\arctan\frac{x}{z+d}\Bigg]\\
&+\frac{1}{4}(1-\mu_1)\Bigg[-\arctan\frac{x}{z-d}+3\arctan\frac{x}{z+d}\\
&-\frac{2zx}{r_2^2}\Bigg]-\frac{\mu_1}{2}(1+\mu_1)\Bigg[\frac{(z-d)x}{2r_1^2}+\frac{1}{2}\arctan\frac{x}{z-d}\\
&+\frac{1}{2}\arctan\frac{x}{z+d}+\frac{x(z+d)}{2r_2^2}+\frac{2(z+d)dzx}{r_2^4}\Bigg]\\
&-\frac{\mu_1(1-\mu_1)}{4}\left[\arctan\frac{x}{z-d}+\arctan\frac{x}{z+d}+\frac{2zx}{r_2^2}\right]
\end{aligned}
\tag{7.39}
$$

式中，

$$\left.\begin{aligned} E_1 &= \frac{E}{1-\mu^2} \\ \mu_1 &= \frac{\mu}{1-\mu} \end{aligned}\right\} \tag{7.40}$$

B. 水平集中力作用情况

设在 z 轴上一点作用一个水平集中力 Q，其在水平面下的深度为 d，如图 7.26（b）所示，则平面内坐标为（x，z）的一点引起的水平位移 u 和竖向位移 w 如下：

$$\begin{aligned} u = \frac{Q}{\pi E_1}\Bigg\{ & \frac{1}{2}(1+\mu_1)\left[-\frac{x(z-d)}{2r_2^2}+\frac{1}{2}\arctan\frac{z-d}{x}+\frac{4dx}{r_2^2}\right. \\ & \left.-\frac{(z+d)x}{2r_2^2}+\frac{1}{2}\arctan\frac{z+d}{x}-2dx\,\frac{(z+d)d+x^2}{r_2^4}\right] \\ & -\frac{1-\mu_1}{4}\left[\arctan\frac{z-d}{x}-3\arctan\frac{z+d}{x}+2\,\frac{zx}{r_2^2}\right] \\ & -\frac{\mu_1}{4}(1+\mu_1)\left[\frac{x(z-d)}{2r_1^2}+\frac{1}{2}\arctan\frac{z-d}{x}+\frac{1}{2}\arctan\frac{z+d}{x}\right. \\ & \left.+\frac{x(z+d)}{2r_2^2}-2dzx\,\frac{z+d}{r_2^4}\right]-\frac{\mu_1}{4}(1-\mu_1)\left[\arctan\frac{z-d}{x}\right. \\ & \left.\left.+\arctan\frac{z+d}{x}+2\,\frac{zx}{r_2^2}\right]\right\} \end{aligned} \tag{7.41}$$

$$\begin{aligned} w = \frac{Q}{\pi E_1}\Bigg\{ & \frac{1}{2}(1+\mu_1)\left[\frac{(z-d)^2}{2r_1^2}+\frac{1}{2}\ln\left[(z-d)^2+x^2\right]\left[(z+d)^2+x^2\right]\right. \\ & \left.+\frac{z^2+6dz+3d^2}{2r_2^2}-\frac{2dz\,(d+z)^2}{r_2^4}\right]+\frac{1-\mu_1}{4}\left[\frac{1}{2}\ln\left[(z-d)^2+x^2\right]\right. \\ & \left.+\frac{3}{2}\ln\left[(z+d)^2+x^2\right]+2z\,\frac{d+z}{r_2^2}\right]-\frac{\mu_1(1+\mu_1)}{2}\left[-\frac{(z-d)^2}{2r_1^2}\right. \\ & \left.+\frac{d^2-z^2-2dz}{2r_2^2}+2dz\,\frac{(z+d)^2}{r_2^4}\right]+\frac{\mu_1(1+\mu_1)}{4}\left[\frac{1}{2}\ln\left[(z-d)^2+x^2\right]\right. \\ & \left.\left.-\frac{1}{2}\ln\left[(z+d)^2+x^2\right]+2z\,\frac{d+z}{r_2^2}\right]\right\} \end{aligned} \tag{7.42}$$

2）对空间问题的明德林解

明德林解给出了在半空间中一点作用一个竖向集中力或水平集中力在半空间中任意点引起的位移和应力。下面只给出确定位移的公式。

A. 竖向集中力作用情况

设在 z 轴上一点作用一竖向集中力 P，其在水平面下的深度为 c，如图 7.27（a）所示，则在半空间内部一点（x，y，z）处引起的位移分量 u、v、w 的计算公式如下：

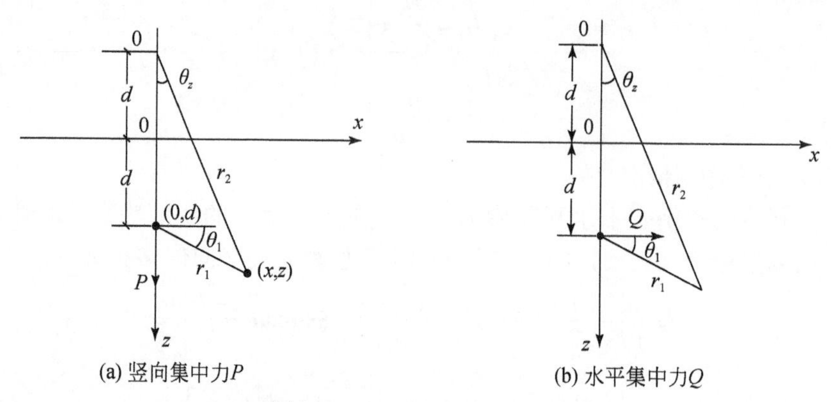

图 7.26　平面问题的梅兰解

$$
\left.\begin{aligned}
u&=u_r\frac{x}{r}\\
v&=u_r\frac{y}{r}\\
w&=\frac{P}{16\pi G(1-\mu)}\left[\frac{3-4\mu}{R_1}+\frac{8(1-\mu)^2-(3-4\mu)}{R_2}+\frac{(z-c)^2}{R_1^3}\right.\\
&\quad\left.+\frac{(3-4\mu)(z+c)^2-2cz}{R_2^3}+\frac{6cz(z+c)^2}{R_2^5}\right]
\end{aligned}\right\}\tag{7.43}
$$

式中，u_r 为沿径向 r 的水平位移，按下式确定：

$$
u_r=\frac{Pr}{16\pi G(1-\mu)}\left[\frac{z-c}{R_1^3}+\frac{(3-4\mu)(z-c)}{R_2^3}-\frac{4(1-\mu)(1-2\mu)}{R_2(R_2+z+c)}+\frac{6cz(z+c)}{R_2^5}\right]\tag{7.44}
$$

B. 水平集中力 Q 沿 x 轴方向作用情况

设在 z 轴上的一点沿 x 轴方向作用一水平集中力 Q，其在水平面下的深度为 c，如图 7.27（b）所示，则在半空间中任意点（x，y，z）引起的位移分量 u、v、w 的计算公式如下：

$$
\left.\begin{aligned}
u&=\frac{Q}{16\pi G(1-\mu)}\left[\frac{(3-4\mu)}{R_1}+\frac{1}{R_2}+\frac{x^2}{R_1^3}+\frac{(3-4\mu)x^2}{R_2^3}\right.\\
&\quad\left.+\frac{2cz}{R_2^3}\left(1-\frac{3x^2}{R_2^3}\right)+\frac{4(1-\mu)(1-2\mu)}{R_2+z+c}\left(1-\frac{x^2}{R_2(R_2+z+c)}\right)\right]\\
v&=\frac{Qxy}{16\pi G(1-\mu)}\left[\frac{1}{R_1^3}+\frac{3-4\mu}{R_2^3}-\frac{6cz}{R_2^5}-\frac{4(1-\mu)(1-2\mu)}{R_2(R_2+z+c)^2}\right]\\
w&=\frac{Qx}{16\pi G(1-\mu)}\left[\frac{z-c}{R_1^3}+\frac{(3-4\mu)(z-c)}{R_2^3}-\frac{6cz(z+c)}{R_2^5}+\frac{4(1-\mu)(1-2\mu)}{R_2(R_2+z+c)}\right]
\end{aligned}\right\}\tag{7.45}
$$

如果水平集中力是沿 y 轴方向作用的，则将式（7.45）中的 u 换成 v，v 换成 u，x 换成 y，y 换成 x 即可。

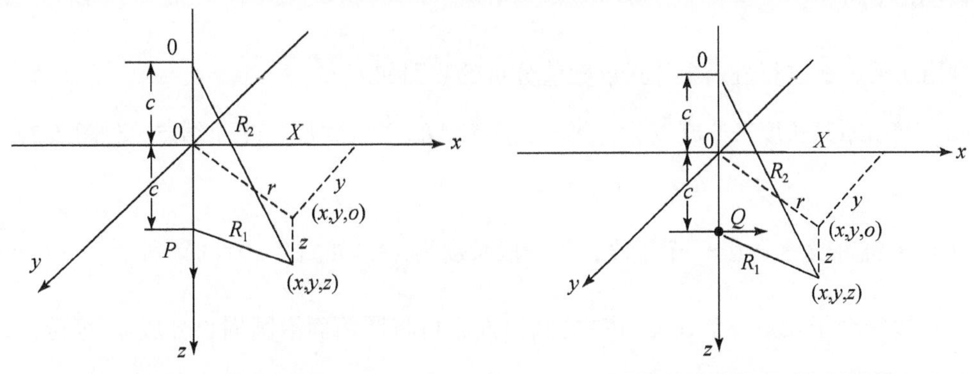

(a) 竖向集中力P作用情况　　(b) 沿x轴方向作用的水平集中力Q情况

图 7.27　竖向集中力和水平集中力作用的明德林解

2. 竖向荷载作用下桩周土体的柔度分析及刚度矩阵

下面以竖向荷载作用下桩周土体的柔度分析方法为例来说明如何利用明德林解进行柔度分析。

设长度为 L、半径为 r_{p} 的圆形断面桩。桩与土的接触面由侧接触面和底接触面组成，侧接触面为圆筒面，底接触面为一个圆。由于桩-土相互作用，在侧接触面和在底面上桩对土作用有竖向分布力，如图 7.28 所示。根据图 7.28，在竖向荷载作用下桩周土体的柔度分析应包括如下三个方面。

（a）侧接触面的柔度分析。

（b）侧接触面与底面相互关联的柔度分析。

（c）底面的柔度分析。

下面分别表述这三个方面的柔度分析方法。

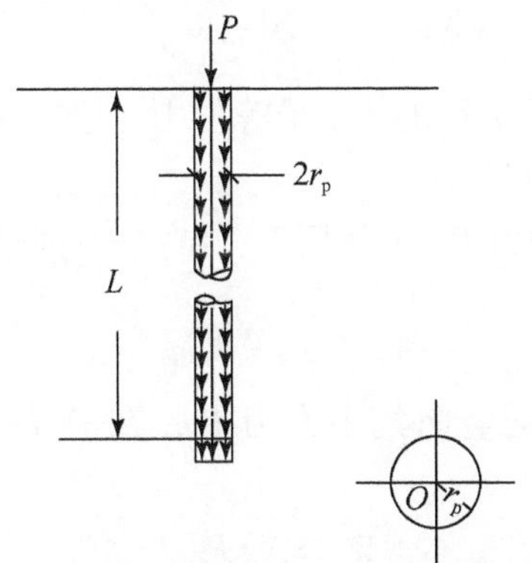

(a) 桩土的作用力　(b) 桩底接触面

图 7.28　在竖向荷载作用下桩在侧接触面和底接触面上对土体的作用力

1）侧接触面的柔度分析

利用明德林解进行桩周土体柔度数值分析的步骤如下。

（a）将桩沿其长度等分成 N 段，每段长度为 $\Delta L=\frac{L}{N}$，并得 $N+1$ 个结点，如图 7.29（a）所示。

（b）再将每段等分成 n_L 个子段，每子段长度为$\frac{\Delta L}{n_L}$，如图 7.29（a）所示。

（c）每一个子段是一个长度为$\frac{\Delta L}{n_L}$的圆筒面，再将圆筒面沿圆周长分成 n_s 等份，并将每等分段称为环向子等分段，如图 7.29（b）所示。

（d）沿桩长在每一个结点上和底面中心点上作用一个竖向单位力。

（e）确定每个结点力的作用范围，第一个结点作用力的范围为其下的$\frac{n_L}{2}$子段，第 $N+1$个结点作用力的范围为其上的$\frac{n_L}{2}$子段，其他结点作用力的范围为其上下的各$\frac{n_L}{2}$子段，如图 7.29（b）所示。

（f）将作用于每个结点上的竖向单位力分配到作用范围内的各子段上。这样，在第一个结点力的作用范围内和第 $N+1$ 个结点力的作用范围内，每个子段的竖向作用力为 $P_{j,k}=\frac{2}{n_L}$。其他结点作用力的范围的每个子段上的竖向作用力为 $P_{j,k}=\frac{1}{n_L}$。

（g）将作用于每个子段上的 $P_{j,k}$ 再分成 n_s 等份，作用于每子等份的中心，其数值为 $P_{j,k,l}$，并确定每子等份中心的坐标。

（h）设在结点 j 范围内第 k 段的竖向集中力 $P_{j,k}$ 作用下，在 i 结点引起的竖向变形为 $\lambda_{i,j,k}$，则

$$\Delta W_{i,j,k}=\sum_{l=1}^{n_s}\Delta W_{i,j,k,l} \tag{7.46}$$

式中，$\Delta W_{i,j,k,l}$为结点 j 范围内第 k 段的第 l 子等份中心竖向集中力 $P_{j,k,l}$的作用在结点 i 引起的竖向位移，可按明德林解计算。

（i）设在结点 j 的竖向集中力 $P_j=1$ 作用下，结点 i 的竖向位移为 $\lambda_{i,j}$，则

$$\lambda_{i,j}=\sum_{k=1}^{m}\Delta W_{i,j,k} \tag{7.47}$$

（j）如果在 j 结点上作用的竖向集中力为 P_j，在 P_j 的作用下第 i 结点竖向位移为 $W_{i,j}$，则

$$W_{i,j}=\lambda_{i,j}P_j \tag{7.48}$$

（k）考虑侧接触面上所有结点竖向作用力对第 i 结点竖向位移 W_j 的影响，根据叠加原理得

$$W_i=\sum_{j=1}^{N+1}\lambda_{i,j}P_j \tag{7.49}$$

如果将侧接触面上所有结点的竖向位移排成一个向量，将所有结点的竖向集中力排成一个向量，分别以 $\{W\}$ 和 $\{P\}$ 表示，则式（7.49）可写成如下矩阵形式：

$$\{W\} = [\lambda]_l \{P\} \tag{7.50}$$

式中，$[\lambda]_l$ 为由式（7.49）中 $\lambda_{i,j}$ 排列成的矩阵。下面将 $[\lambda]_l$ 称为土体侧接触面柔度矩阵。

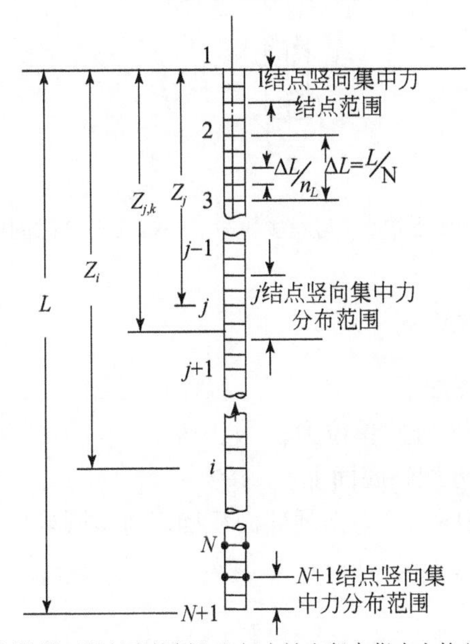

(a) 侧接触面沿长度的剖分和每个结点竖向集中力的分配范围

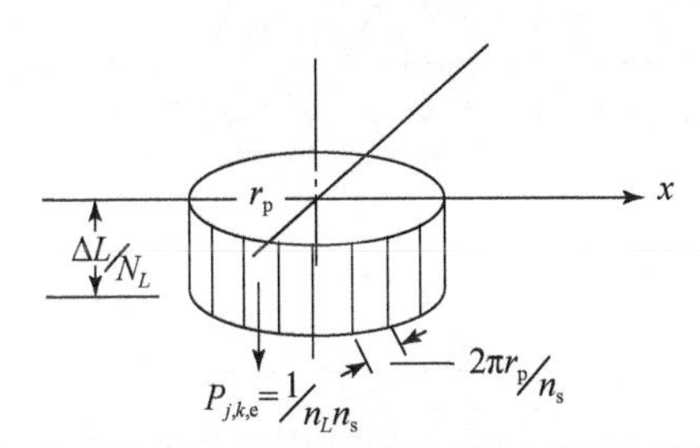

(b) 将子段k侧面沿环向分成n_s等份及其上的竖向集中力

图 7.29　结点 j 竖向单位集中力作用在结点 i 引起的竖向位移计算简图

2）侧接触面与底接触面相关联的柔度分析

下面取底接触面的中心点为该面的结点，其结点编号为 $N+2$。设侧接触面上各结点，例如 j 结点上的单位竖向力在第 $N+2$ 结点引起的竖向位移为 $\lambda_{N+2,j}$，其数值可按前述相似方法确定。如果将 $\lambda_{N+2,j}$ 排列成一个矩阵，令以 $[\lambda]_{b,c}$ 表示，则

$$[\lambda]_{b,c} = [\lambda_{N+2,1} \quad \lambda_{N+2,2} \quad \cdots \quad \lambda_{N+2,N+1}] \tag{7.51}$$

下面将 $[\lambda]_{b,c}$ 称为侧接触面与底接触面相关联的柔度矩阵。另外，如果以 $\lambda_{j,N+2}$ 表示第 $N+2$ 结点上单位竖向力作用在侧接触面上第 j 个结点上引起的竖向位移（图 7.30），则

$$\lambda_{j,N+2} = \lambda_{N+2,j} \tag{7.52}$$

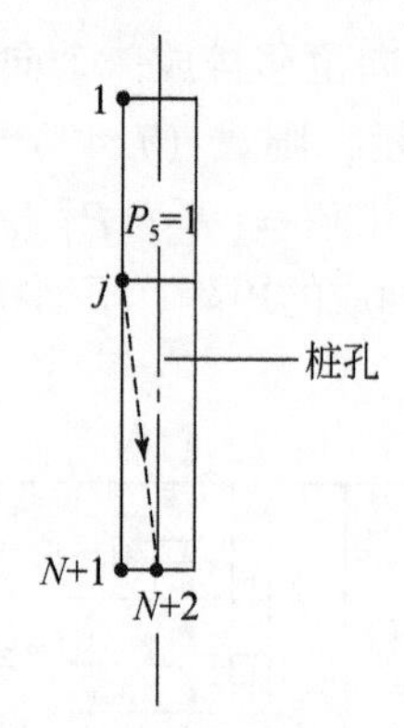

图 7.30　侧接触面上结点 j 与底接触面上的结点 N+2 之间的相互影响

3）土体底接触面的柔度分析

底接触面柔度分析的步骤如下。

（a）在结点 N+2 施加一个竖向单位力；

（b）将竖向单位力平均分配到底面上；

（c）将底面分成 n_b 个圆环，并根据圆环面积确定每个圆环所分担的竖向力 $P_{b,q}$，q 为圆环的序号，如图 7.31 所示。

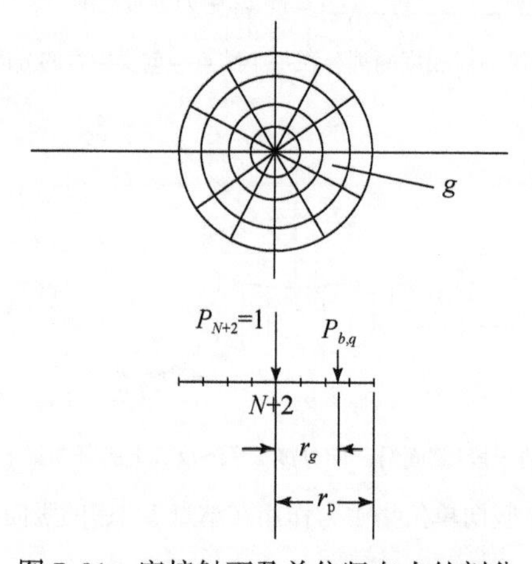

图 7.31　底接触面及单位竖向力的剖分

（d）确定每个圆环的半径，然后以第 q 圆环为例，确定在竖向力 $P_{b,q}$ 作用下结点 N+2 的位移，令以 $\Delta W_{N+2,N+2,q}$ 表示，则结点 N+2 上的单位力作用在 N+2 结点上引起的位移 $\lambda_{N+2,N+2}$ 可按下式确定：

$$\lambda_{N+2,N+2}=\sum_{q=1}^{n_b}\Delta W_{N+2,N+2,q} \tag{7.53}$$

这样，整个桩土接触面，包括侧接触面、底接触面的柔度矩阵 [λ] 如下：

$$[\lambda]=\begin{bmatrix}\lambda_L & \lambda_{b,l}^T\\ \lambda_{b,l} & \lambda_{N+2,N+2}\end{bmatrix} \tag{7.54}$$

式中，柔度矩阵［λ］的阶数为（N+2）×（N+2）。

根据互逆关系，整个桩土接触面的刚度矩阵［K］如下：

$$[K]=[\lambda]^{\mathrm{T}}$$

3. 利用明德林解确定水平荷载作用下土体的等价弹簧系数

下面以桩周土体为例来表述如何利用明德林解确定水平荷载作用下土体的等价弹簧系数[12]。首先定义土体的等价弹簧系数。令沿桩轴线作用一均匀分布的水平线荷载 q，并假定已确定出在其作用下土体沿桩周平均水平变形 $\bar{u}(r_{\mathrm{p}},z)$ 沿深度的分布。将在深度 z 处土体的水平等价弹簧系数 $k(z)$ 定义为

$$k(z)=\frac{q}{\bar{u}(r_{\mathrm{p}},z)} \tag{7.55}$$

式中，k（z）的量纲为力/长度^2。假如 k（z）已确定，则在水平荷载作用下，桩土体系可简化成如图 7.32 所示的体系，图 7.32 中的 K_i 为第 i 个结点的等价弹簧条数，则可按下式确定：

$$K_i=k(z_i)2\Delta\bar{h} \tag{7.56}$$

式中，$\Delta\bar{h}$ 为桩段的$\frac{1}{2}$长度；z_i 为第 i 桩段中心至地面的距离。

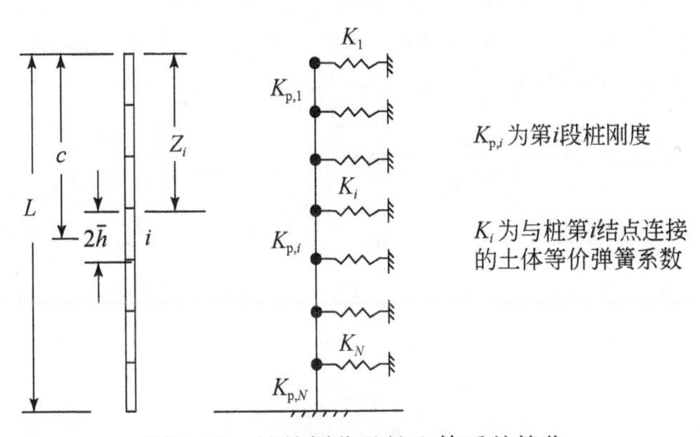

图 7.32　桩的剖分及桩土体系的简化

下面表述利用明德林解确定土体等价弹簧系数 k（z）的方法。

（a）沿桩长 L 作用一均布水平力 q，在 c 点作用的水平集中力 dQ=qdc，如图 7.33 所示。

（b）根据明德林解，如在 c 点作用一水平集中力 Q，则在半空间任一点产生的水平位移 u 可按下式确定：

$$u(x,y,z)=\frac{Q(o,o,c)}{16\pi(1-\mu)G}\left\{\frac{3-4\mu}{R_1}+\frac{1}{R_2}+\frac{2cz}{R_2^3}+\frac{4(1-\mu)(1-2\mu)}{R_2^2+z+c}+x^2\left[\left(\frac{1}{R_1^3}+\frac{3-4\mu}{R_2^3}-\frac{6cz}{R_2^5}-\frac{4(1-\mu)(1-2\mu)}{R_2\ (R_2+c+z)^2}\right]\right\} \tag{7.57}$$

式中，

$$\left.\begin{aligned}R_1^2&=x^2+y^2+(z-c)^2\\R_2^2&=x^2+y^2+(z+c)^2\end{aligned}\right\} \tag{7.58}$$

假定泊松比$\mu=\frac{1}{2}$，则式（7.57）简化成如下形式：

$$u(x,y,z)=\frac{3Q(o,o,c)}{8\pi E}\left[\frac{1}{R_1}+\frac{1}{R_2}+\frac{2cz}{R_2^3}+x^2\left(\frac{1}{R_1^3}+\frac{1}{R_2^3}-\frac{6cz}{R_2^5}\right)\right]$$

上式可改写成如下圆柱坐标的形式：

$$u(x,y,z)=\frac{3Q(o,o,c)}{8\pi E}\left\{\frac{1}{[r^2+(z-c)^2]^{\frac{1}{2}}}+\frac{1}{[r^2+(z+c)^2]^{\frac{1}{2}}}+\frac{2cz}{[r^2+(z+c)^2]^{\frac{3}{2}}}\right.$$
$$\left.+r^2\cos^2\theta\left[\frac{1}{[r^2+(z-c)^2]^{\frac{3}{2}}}+\frac{1}{[r^2+(z+c)^2]^{\frac{3}{2}}}-\frac{6cz}{[r^2+(z+c)^2]^{\frac{5}{2}}}\right]\right\} \tag{7.59}$$

式中，

$$r^2=x^2+y^2 \tag{7.60}$$

由上式可见，当z为一定值时，u随θ角的变化而变化，而沿桩周的平均值可按下式确定：

$$\bar{u}(r_p,z)=\frac{1}{r}\int_0^{r_p}u(r_p,\theta,z)\mathrm{d}y=\int_0^{\frac{\pi}{2}}u(r_p,\theta,z)\cos\theta\mathrm{d}\theta$$

将式（7.59）代入上式，完成积分得

$$\bar{u}(r_p,z)=\frac{3Q(o,o,c)}{8\pi E}\left[\frac{1}{R_1}+\frac{1}{R_2}+\frac{2cz}{R_2^3}+\frac{2}{3}r^2\left(\frac{1}{R_1^3}+\frac{1}{R_2^3}-\frac{6cz}{R_2^5}\right)\right] \tag{7.61}$$

（c）将式（7.61）中的Q以$\mathrm{d}Q$代替，按式（7.61）计算在地面之下深度c处作用水平力$\mathrm{d}Q$在桩周边所引起的平均水平位移，令以$\mathrm{d}\bar{u}(r_p, z)$表示，则得

$$\mathrm{d}\,\bar{u}(r_p,z)=\frac{3q\mathrm{d}c}{8\pi E}\left[\frac{1}{R_1}+\frac{1}{R_2}+\frac{2cz}{R_2^3}+\frac{2}{3}r^2\left(\frac{1}{R_1^3}+\frac{1}{R_2^3}-\frac{6cz}{R_2^5}\right)\right] \tag{7.62}$$

（d）令$\bar{c}$为均布水平荷载中心在水平面下的深度，$\bar{h}$为均布水平荷载作用范围的一半。这样，在作用范围为$2\bar{h}$中心点深度为$\bar{c}$的均布荷载作用下桩周的平均水平位移应是式（7.62）的积分，如果以$\bar{u}$（r_p，z）表示，则

$$\bar{u}(r_p,z)=\int_{\bar{h}-c}^{\bar{h}+c}\mathrm{d}\bar{u}(r_p,z) \tag{7.63}$$

将式（7.62）代入式（7.63）中，则得

$$\bar{u}(r_p,z)=\frac{3q}{8\pi E}\left\{\sinh^{-1}\frac{\bar{c}+\bar{h}-z}{r_p}-\sinh^{-1}\frac{\bar{c}-\bar{h}-z}{r_p}+\sinh^{-1}\frac{\bar{c}+\bar{h}+z}{r_p}-\sinh^{-1}\frac{\bar{c}-\bar{h}+z}{r_p}\right.$$
$$+\frac{2}{3r_p}\left[\frac{r_p^2(\bar{c}+\bar{h})-2r_p z+(\bar{c}+\bar{h})z^2+z^3}{[r_p^2+(\bar{c}+\bar{h}+z)^2]^{\frac{1}{2}}}-\frac{r_p^2(\bar{c}-\bar{h})-2r_p z+(\bar{c}-\bar{h})z^2+z^3}{[r_p^2+(\bar{c}-\bar{h}+z)^2]^{\frac{1}{2}}}\right]$$
$$-\frac{2}{3}\left[\frac{z-(\bar{c}+\bar{h})}{[r_p^2+(\bar{c}+\bar{h}+z)^2]^{\frac{1}{2}}}-\frac{z-(\bar{c}-\bar{h})}{[r_p^2+(\bar{c}-\bar{h}+z)^2]^{\frac{1}{2}}}\right]$$
$$\left.+\frac{4}{3}\left[\frac{r_p^2 z+(\bar{c}+\bar{h})z^2+z^3}{[r_p^2+(\bar{c}+\bar{h}+z)^2]^{\frac{3}{2}}}-\frac{r_p^2 z+(\bar{c}-\bar{h})z^2+z^3}{[r_p^2+(\bar{c}-\bar{h}+z)^2]^{\frac{3}{2}}}\right]\right\} \tag{7.64}$$

在沿桩长作用均布荷载 q 情况下，$\bar{h}=\dfrac{L}{2}$，$\bar{c}=\bar{h}$。另外，由式（7.64）可见，$\bar{u}\ (r_{\mathrm{p}},\ z)$ 的值是$\bar{h}/r_{\mathrm{p}}$ 的函数，如令 $r_{\mathrm{p}}=\dfrac{\bar{h}}{30}$，则由式（7.64）确定出的桩周平均相对水平位移沿深度的分布如图7.34所示。由图7.34可见，除桩顶和桩端附近之外，桩周平均相对水平位移沿深度方向的分布是均匀的。

（e）根据式（7.56）关于土体等价弹簧系数 $k(z)$ 的定义，则得

$$k(z)=\frac{8\pi E}{3}\left\{\text{同式(7.64)大括号内的表达式,其中}\ \bar{c}=\bar{h}=\frac{L}{2}\right\}^{-1} \tag{7.65}$$

由于桩周平均水平位移沿深度的分布是均匀的，则按式（7.65）确定的土体等价弹簧系数 $k(z)$ 沿深度的分布也应是均匀的。

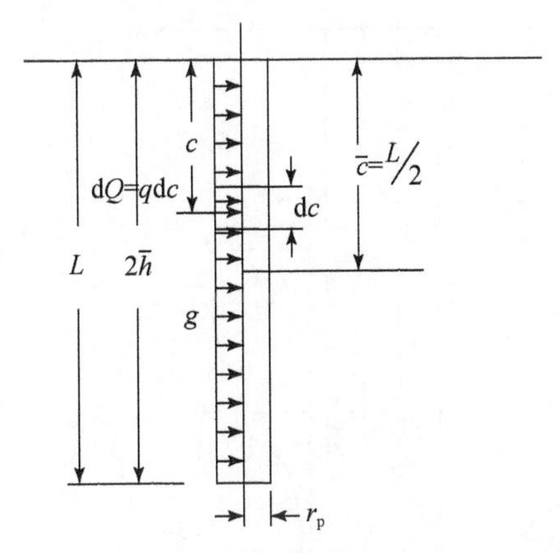

图7.33　沿桩轴线作用均布水平荷载 q 及 $\mathrm{d}Q$ 的确定

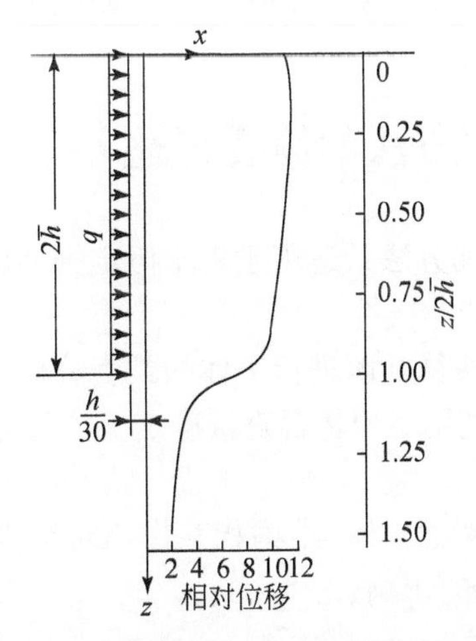

图7.34　桩周平均相对水平位移沿深度的分布

下面对土体水平等价弹簧系数 $k(z)$ 的定义公式（7.65）做如下两点说明。

（a）式（7.64）中桩周平均水平位移 $\bar{u}(z)$ 应是由 z 点附近的均布水平力作用引起

的。为论证这一点，令在 $c=\bar{c}\pm\bar{h}$ 范围施加均布水平力 q，如图 7.35 所示。如取 $\bar{h}=0.08\bar{c}$，$L=1.4\bar{c}$，将其代入式（7.64）中，可确定在其作用下桩周平均相对水平位移的分布，如图 7.35 所示。由图 7.35 可见，$z=\bar{c}$ 点相对水平位移最大，而在均布水平力作用范围内相对水平位移也很大，但在其作用范围之外，相对水平位移迅速减小。由此，可认为一点的桩周平均相对水平位移主要是由与该点紧邻区域内的均布水平力作用引起的。

（b）式（7.55）中 $\bar{u}(r_p, z)$ 是按式（7.64）计算的。这样按式（7.64）确定的 $\bar{u}(r_p, z)$ 包括与 z 点紧邻区之外作用的水平均布力 q 所引起的水平变形。因此，按式（7.65）确定的土体水平弹簧系数 $k(z)$ 计入了与 z 点紧邻区作用的水平分布 q 所引起的水平变形。从这一点而言，才将按式（7.65）所确定的土体水平弹簧系数称为等价的水平弹簧系数。

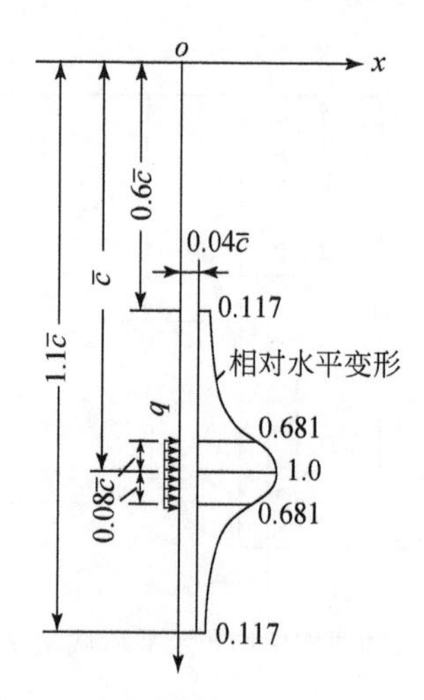

图 7.35　$\bar{h}/\bar{c}=0.08$ 时相对平均水平位移沿深度的分布

7.5.4　关于弹性半空间方法的简要评述

（1）如前所述，弹性半空间方法只适用于将土假定为均质线弹性体情况。因此，不能考虑土的不均质性及力学性能的非线性。

（2）弹性半空间方法利用明德林解进行土体的柔度分析，建立土体的柔度矩阵，然后求逆确定土体的刚度矩阵，或利用明德林解直接确定土体的等价弹簧系数。因此，弹性半空间方法只适用于子结构分析。

（3）子结构分析只适用于考虑土体-结构相互作用对结构体系性能的影响，不能考虑土体-结构相互作用对土体性能的影响。

7.6　土体-结构相互作用有限元分析方法

土体-结构相互作用有限元分析方法可弥补弹性半空间方法的缺点，可以考虑土的不均质性和力学性能的非线性，不仅适用于子结构分析，也适用于整体分析，不仅可以考虑相互作用对结构的性能影响，也可以考虑相互作用对土体的性能影响。

下面分别按子结构分析法和整体分析法来表述土体-结构相互作用有限元分析方法。

7.6.1　土体-结构相互作用子结构分析的有限元法

按前述，子结构分析方法要求确定土体在接触面上的结点位移与结点力之间的关系。下面以图7.36为例来说明如何采用有限元法确定土体在接触面上的结点位移与结点力之间的关系。

（1）考虑边界距离的影响，截取一定的土体参与分析。

（2）将参与分析的土体进行单元剖分。

（3）对剖分出来的结点进行整体编号，为了便于分析，在进行整体编号时，先将接触面上的结点编号，其他结点接续接触面上的结点编号。设接触面上共有n_1个结点，以平面问题为例，则接触面上的结点共有$2n_2$个自由度。

（4）对各单元进行单元刚度分析，确定出单元的刚度矩阵，然后再采用叠加法形成分析土体的总刚度矩阵。

（5）将接触面上的结点力按整体结点编号次序排列成一个向量，令以$\{F\}_I$表示，则

$$\{F\}_I=\{F_{x,1}\quad F_{z,1}\quad F_{x,2}\quad F_{z,2}\cdots F_{x,i}\quad F_{z,i}\cdots F_{x,n_1}\quad F_{z,n_1}\}^{\mathrm{T}} \tag{7.66}$$

相似地，将接触面上结点位移按整体编号次序排列成一个向量，令以$\{r\}_1$表示，则

$$\{r\}_1=\{u_{1,I}\quad w_{1,1}\quad u_{2,I}\quad w_{2,1}\cdots u_{i,I}\quad w_{i,1}\cdots u_{n_1,I}\quad w_{n_1,1}\}^{\mathrm{T}} \tag{7.67}$$

（6）建立参与分析土体的结点力平衡方程式，并将其写成分块形式，得

$$\begin{bmatrix} K_{11} & K_{12} \\ K_{21} & K_{22} \end{bmatrix}\begin{Bmatrix} r_1 \\ r_2 \end{Bmatrix}=\begin{Bmatrix} F_1 \\ 0 \end{Bmatrix} \tag{7.68}$$

式中，r_2为接触面之外的所有结点的位移向量。由于这些结点在土体内部，其上的结点力为零。

（7）按矩阵乘法，由式（7.68）得

$$\left.\begin{array}{l}[K_{11}]\{r_1\}+[K_{12}]\{r_2\}=\{F_1\} \\ [K_{21}]\{r_1\}+[K_{22}]\{r_2\}=0\end{array}\right\} \tag{7.69}$$

由式（7.69）第二式得

$$\{r\}_2=-[K_{22}]^{-1}[K_{21}]\{r_1\} \tag{7.70}$$

将该式代入式（7.69）第一式得

$$[K_{11}-K_{22}^{-1}K_{21}]\{r_1\}=\{F_1\}$$

令

$$[K]_{In}=[K_{11}-K_{22}^{-1}K_{21}] \tag{7.71}$$

则得

$$[K]_{In}\{r_1\}=\{F_1\} \tag{7.72}$$

式（7.72）给出了土体接触面上结点力与位移的关系。根据刚度矩阵定义，$[K]_{In}$即

土体接触面刚度矩阵。式（7.68）~式（7.72）这个推演过程通常称为静力凝缩。

应指出，由有限元法可知，图7.36所示的与接触面相邻的“×”结点的位移对接触面上的结点力有直接影响，但式（7.70）将这些结点的位移影响合并到接触面结点上去了。因此，$[K]_{In}$中并不直接包括“×”结点的位移影响。

如果接触面是土体与刚性块的接触面，则接触面上的结点附着于刚块周边。前文曾给出刚块周边上结点的位移分量与刚块质心的位移分量的关系，根据这个关系可以得到

$$\{r_1\}=[T]_{Tr}\{r_{\mathrm{f}}\} \tag{7.73}$$

式中，$[T]_{Tr}$为转换矩阵；$\{r_{\mathrm{f}}\}$为刚块质心位移分量的向量。将式（7.73）代入式（7.72）中得

$$[K]_{In}[T]_{Tr}\{r_{\mathrm{f}}\}=\{F_1\} \tag{7.74}$$

由上式及刚度矩阵定义得

$$[K]_{In,\mathrm{f}}=[K]_{In}[T]_{Tr} \tag{7.75}$$

式中，$[K]_{In,\mathrm{f}}$为土体与刚性块接触面的刚度矩阵。

按上述方法确定出土体接触面刚度矩阵后，将其与上部结构结合起来就可以进行子结构的第二步分析。关于第二步分析，在此从略。

根据上述可知，采用有限元方法确定土体接触面的刚度矩阵可以考虑土体的非均质性。但是在第二步分析中真实土体并不在分析体系中出现，则仍不能考虑土的非线性力学性能。

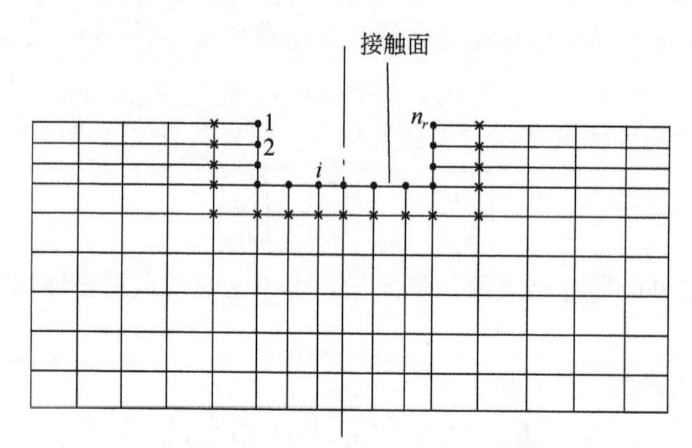

图7.36 土体与结构接触面及其上的结点

7.6.2 土体-结构相互作用整体分析的有限元法

按前述，相互作用整体分析的有限元法可分为如下三个步骤。

（1）将土体-结构体系简化为有限元集合体；

（2）确定有限元集合体求解方程式数目及建立相应的求解方程式；

（3）求解所建立的方程式。

前文已对第一步和第三步做了足够的表述。在此，拟以两个例子对第二步做具体说明。

1. 建筑物与其地基土体的相互作用分析

设土体-结构体系理想化后的有限元集合体如图 7.37 所示。根据图 7.37 所示的体系，可以确定求解相互作用所需的方程式数目并建立相应的求解方程式。为了说明方便，以平面问题为例来表述。

1）体系中的单元类型及数目

体系中共包括如下三种类型单元。

a. 刚块单元

体系中的刚块单元又分以下两种。

（a）模拟现浇楼板的刚块单元，设其数目为 n 个，其质心坐标为（$x_{o,k}$，$y_{o,k}$），质量为 M_k，对于质心的面积矩 I_k，$k=1\sim n$。

（b）模拟基础的刚块单元，数目为 1 个，其质心坐标为（$x_{o,f}$，$y_{o,f}$），质量为 M_f，对于质心的面积矩为 I_f。前文曾指出，当基础为箱型基础时，就可以刚块单元来模拟。

b. 梁单元

梁单元模拟层间的连接构件，其数目为 n 个。按受力构件，梁单元应承受轴向力、水平力和弯矩。相应地，每个梁单元刚度 K_k 包括抗压、抗剪和抗弯三个元素，$k=1\sim n$。

c. 四边形等参单元

四边形等参单元模拟地基土体，其可分为如下两种情况。

（a）与模拟基础的刚块单元相邻的四边形等参单元，设其数目为 m_1 个。这些单元的结点与接触刚块单元直接发生作用。

（b）不与模拟基础的刚块单元相邻的四边形等参单元，设其数目为 m_2 个。这些单元的结点不与基础的刚块单元直接发生作用。

这样，模拟地基土体的四边形等参单元总数目 $m=m_1+m_2$。

2）体系的结点类型及自由度数目

由图 7.37 所示的有限元集合体可见，体系中包括如下三类结点。

（a）附着于各刚块上下表面和两侧面上的结点。这样的结点总数为 $1+2(n-1)+(1+n_{s,f})$，其中 $n_{s,f}$ 为附着于基础刚块表面上的结点。

（b）地基土体中的内结点，即不包括土体与基础刚块接触面上的结点，以及土体底面及两侧面上的结点，设这类结点的总数为 n_s。

（c）位于参与分析土体底面边界和两侧边界上的结点，令位于底面边界上的结点数目和两侧边界上的结点数目分别为 n_b 和 n_l。但通常认为，这些结点的位移是已知的，例如等于零。

根据上述各类结点的数目可确定体系的自由度数目。

（a）附着于各刚块上下表面和两侧面上的结点自由度，以平面问题为例，每个结点有三个自由度，即竖向位移、水平位移和转角。这样，这类结点相应的自由度数目为 $3[1+2(n-1)+(1+n_{s,f})]$。

（b）地基土体中的结点不包括土体与基础刚块接触面上的结点，以平面问题为例，每个结点两个自由度，即竖向位移和水平位移。按前述这类结点的总数，这类结点相应的自由度数目为 $2n_s$。

（c）各刚块，包括基础刚块，各质心的自由度数目为 $3\ (n+1)$。

这样体系中未知的自由度总数为 $3\ [1+2\ (n-1)\ +\ (1+n_{s,f})]\ +2n_s+3\ (n+1)$。

3）求解方程式的数目及建立条件

由于求解方程式的数目应该等于位移为未知的自由度数目。这些方程式的组成如下。

（a）附着于各刚块，包括基础刚块上的各结点的位移，可以相应刚块的质心位移表示。由此条件可建立 $3\ [1+2\ (n-1)\ +\ (1+n_{s,f})]$ 个方程式。

（b）根据竖向力、水平力和力矩平衡，对于每个刚块可建立三个平衡方程式，则由模拟上部结构的 n 个刚块可建立 $3n$ 个方程式。

（c）相似地，由基础刚块力的平衡可建立 3 个方程式。

（d）根据竖向力、水平力的平衡，对于土体中的每个结点可建立 2 个方程式，则可建立 $2n_s$ 个方程式。

按这些条件建立的总的方程式数目正好等于前面确定的体系中位移未知的自由度数目。

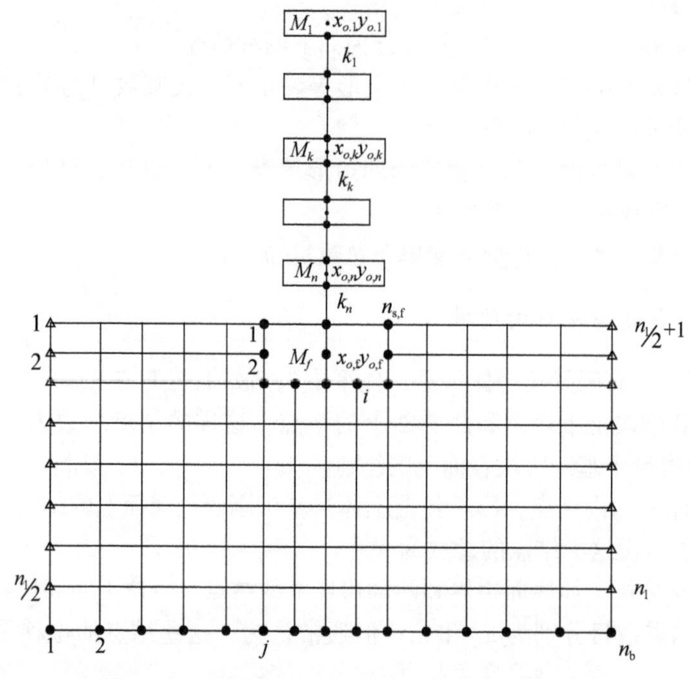

图 7.37　上部结构与地基土体的有限元集合体系

2. 方形隧洞衬砌与周围土体相互作用

在该例中，结构为隧洞的衬砌，它与周围土体构成相互作用体系。简化后，相应的有限元集合体如图 7.38 所示。

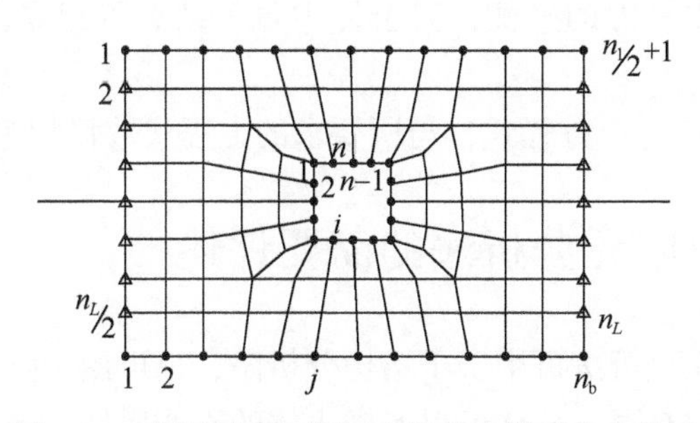

图7.38　隧洞衬砌与周围土体的有限元集合体系

1）体系中单元类型及数目

由图 7.38 可见，体系中包括如下两类单元。

a. 梁单元及数目

梁单元模拟隧洞的衬砌，可以承受轴向力、切向力和弯矩。设隧洞的衬砌剖分后共有 n 个梁单元。

b. 四边形等参单元及数目

四边形等参单元模拟隧洞周围的土体。设将参与分析的隧洞周围土体剖分后有 m 个单元。

2）体系中结点及自由度数目

体系中共包括如下两类结点。

a. 梁单元的结点

如图 7.38 所示，由于隧洞衬砌是闭合的，n 个梁单元相应有 n 个梁单元结点，每个单元结点有 3 个自由度，即轴向位移、切向位移及转角。这样，n 个梁单元结点共有 $3n$ 个自由度。

b. 等参多边形单元的结点

设接触面两侧的土体与衬砌不发生相对变形，则附着在衬砌之上的四边形等参单元的结点与梁单元的结点为同一个结点。因此，在确定四边形等参单元结点数目时应将其除掉。设在图 7.38 中，土体内结点，即不包括附着于衬砌上的结点和参与分析的土体底面和两侧面上的结点，四边形等参单元结点数目为 n_s。图 7.38 中 n_L 为两侧边上的土结点数，n_b 为底面上结点数。通常，认为土体两侧面和底面上的结点的位移是已知的，例如等于零。四边形等参单元结点有两个自由度，即竖向位移、水平位移，则 n_s 个结点共有 $2n_s$ 个自由度。

这样，图 7.38 所示体系共有 $3n+2n_s$ 个未知的自由度。

3）求解方程式数目及建立条件

求解方程式数目应等于体系未知的自由度数目。求解方程式的组成如下。

(a) 根据轴向力、切向力和力矩平衡，对于每个梁单元结点可建立 3 个方程式，则对

于 n 个梁单元结点可建立 $3n$ 个方程式。

（b）根据竖向力、水平力的平衡，对土体中每个结点可建立两个方程式，则可建立 $2n_s$ 个方程式。

这样，共可建立 $3n+2n_s$ 个方程式，与所要求的方程式数目相等。

7.6.3 相互作用有限元分析法的简要评述

（1）相互作用有限元分析法可用于子结构分析法，也可用于整体分析法。

（2）相互作用子结构有限元分析可以考虑土体的不均质性，但不能考虑土的力学非线性性能，并且只适用于研究相互作用对结构工作状态的影响，不能研究相互作用对土体工作状态的影响。

（3）相互作用整体有限元分析既可以考虑土体的不均质性，也可以考虑土的力学非线性性能，并且不仅适用于研究相互作用对结构工作状态的影响，也适用于研究相互作用对土体工作状态的影响。由本章所述可知，也只有整体有限元分析才能考虑土的力学非线性性能及研究相互作用对土体工作状态的影响。

（4）相互作用整体有限元分析，通常都是分析附加荷载作用下的土体-结构相互作用，即在相互作用分析中不考虑土体的自重。假定土体在自重下的应力和变形在相互作用分析之前已确定。在相互作用分析之前土体的初始应力状态及相应的初始受力水平可由土体性能分析确定，然后在相互作用分析中就可考虑土体初始受力水平的影响。

7.7 土体-结构接触面单元及两侧相对变形

7.7.1 接触面相对变形机制

1. 接触面及相邻土体的变形和受力特点

只要在一个体系中同时存在土体和结构，就一定会存在土体与结构的接触面。在某些情况下，沿接触面土体与结构可能发生相对变形，例如沿界面土体与结构发生相对滑动或沿界面法线方向土体与结构发生脱离。实际上，由于界面两侧的刚度相差悬殊，土体一侧与界面相邻的薄层内的应力和应变的分布是很复杂的。一般来说，具有如下特点。

（1）沿界面方向的位移在界面法线方向上的变化梯度很大，即在这个薄层内沿界面的剪应变值很大。

（2）由于沿界面方向的剪应变值很大，界面附近土的力学性能将呈现明显的非线性。

（3）由于与结构接触，受结构材料的影响，这个薄层内土的物理力学性质，例如含水量和密度与薄层外的土显著不同。薄层内土的物理力学性质很难测定。

（4）与界面接触的土薄层的厚度难以界定，甚至缺少确定土薄层厚度的准则。

（5）接触面的破坏或表现为接触面两侧土体与结构的不连续变形过大，即破坏发生于接触面上，或表现为土体一侧的薄层内发生剪切破坏，即破坏发生在土薄层中。一般来说，当土比较密实且黏结力较低时可能呈第一种破坏形式，当土比较软弱而黏结力较大时可能呈第二种破坏形式。

2. 接触面两侧相对变形的机制及类型

综上所述，接触面两侧相对变形可归纳为如下三种机制和类型。

（1）沿接触面土体和结构发生切向滑动变形和法向压入或脱离变形，这种变形是不连续的。

（2）在土体一侧与接触面相邻的薄层内发生剪切变形或拉压变形，这种变形在接触面法向的梯度非常大，但仍是连续的。

（3）由上述两种相对变形组合而成的变形类型。

7.7.2　古德曼（Goodman）单元

按上述，测试和模拟土体与结构界面的力学性能是很困难的。现在，为大多数研究人员认同并在实际中得到广泛应用的接触面单元为 Goodman 单元[13]。

1. 接触面的理想化

按 Goodman 单元，将土体与结构的界面视为一条无厚度的缝隙，土体与结构沿缝隙可以发生相对滑动。这样，把界面上的一个结点以界面两侧相对的两个结点表示。相对的两个结点可以发生相对滑动和脱离，其相对滑动和脱离的数值与界面的力学性能有关。但应指出，这两个相对的结点具有相同的坐标，即为相应界面上的结点的坐标。这样，Goodman 单元可以模拟上述第一类相对变形。

2. 接触面单元及其刚度矩阵

1）接触面的剖分

以平面问题为例，如图 7.39（a）所示，AB 为土与结构的一个接触面。现将其剖分成 N 段，则得到 N 个接触面单元。从其中取出一个单元，如图 7.39（b）所示。

2）接触面单元的位移函数及相对位移

下面在接触面单元局部坐标中推导接触面单元的刚度矩阵。以平面问题为例，接触面单元有四个结点。土体一侧的两个结点的局部编号为 1、4，结构一侧的两个结点的局部编号为 2、3。局部坐标 l 方向取沿接触面方向，局部坐标 n 方向取接触面法线方向，局部坐标原点取局部编号为 1 或 2 的点。从 l 到 n 符合右手螺旋法则。设 l 方向与水平线的夹角为 α。按前述，结点 1 与结点 2 的坐标相同，结点 3 与结点 4 的坐标相同。

令四个结点在局部坐标 l 方向的位移为 u，在 n 方向的位移为 v，则可将四个结点在 l 方向和 n 方向的位移排列成一个向量如下：

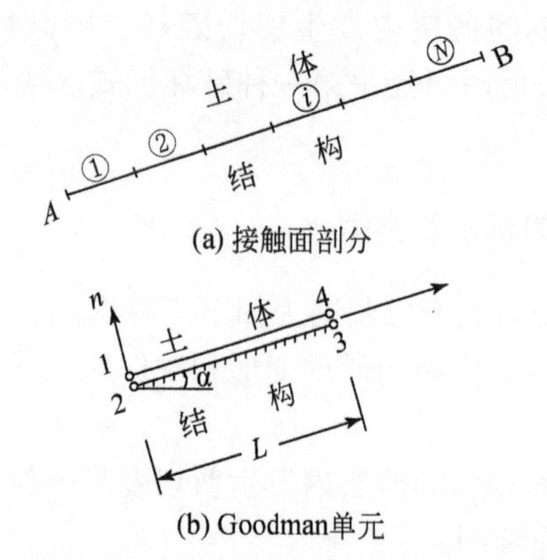

(a) 接触面剖分

(b) Goodman单元

图 7.39　接触面剖分及接触面单元局部坐标

$$\{r\}_e=\{u_1,v_1,u_2,v_2,u_3,v_3,u_4,v_4\}^{T} \tag{7.76}$$

设在结构一侧 l 方向的位移函数如下：

$$u=a+bl$$

将结点 2 和结点 3 的局部坐标代入上式得

$$u_2=a$$

$$u_3=a+bl$$

由此得

$$u=u_2+\frac{u_3-u_2}{L}l$$

改写后得

$$u=\left(1-\frac{l}{L}\right)u_2+\frac{l}{L}u_3 \tag{7.77}$$

同理，可得土体一侧的 l 方向的位移表达式：

$$u=\left(1-\frac{l}{L}\right)u_1+\frac{l}{L}u_4 \tag{7.78}$$

由式（7.77）和式（7.78）得 l 方向土体相对于结构的位移 Δu 如下：

$$\Delta u=\left(1-\frac{l}{L}\right)u_1-\left(1-\frac{l}{L}\right)u_2-\frac{l}{L}u_3+\frac{l}{L}u_4$$

同理，可得 n 方向土体相对于结构的位移 Δv 如下：

$$\Delta v=\left(1-\frac{l}{L}\right)v_1-\left(1-\frac{l}{L}\right)v_2-\frac{l}{L}v_3+\frac{l}{L}v_4$$

令

$$\left.\begin{aligned}N_1&=1-\frac{l}{L}\\N_2&=\frac{l}{L}\end{aligned}\right\} \tag{7.79}$$

$$[N]=\begin{bmatrix}N_1&0&-N_1&0&-N_2&0&N_2&0\\0&N_1&0&-N_1&0&-N_2&0&N_2\end{bmatrix} \tag{7.80}$$

式中，[N] 为相对位移型函数矩阵。由此得

$$\begin{Bmatrix}\Delta u\\ \Delta v\end{Bmatrix}=[N]\{r\}_{e,n} \tag{7.81}$$

3）接触面的应力与相对位移的关系

设接触面的应力与相对位移不发生耦联，即剪应力只与沿接触面切向的相对位移有关，而与沿接触面法向的相对位移无关；正应力则只与沿接触面法向的相对位移有关，而与沿接触面切向的相对位移无关。因此，接触面上的应力与相对位移的关系可用下式表示：

$$\begin{Bmatrix}\tau\\ \sigma\end{Bmatrix}=\begin{bmatrix}k_\tau & 0\\ 0 & k_\sigma\end{bmatrix}\begin{Bmatrix}\Delta u\\ \Delta v\end{Bmatrix} \tag{7.82}$$

式中，k_τ 和 k_σ 分别为接触面剪切变形刚度系数和压缩变形刚度系数。

4）Goodman 单元的刚度矩阵

如图 7.40 所示，$F_{l,i}$和 $F_{n,i}$（$i=1\sim4$）分别表示作用于 Goodman 单元结点上的 l 方向和 n 方向的结点力，而 u_i 和 v_i（$i=1\sim4$）分别表示 Goodman 单元结点在 l 方向和 n 方向的位移。将 $F_{l,i}$、$F_{n,i}$（$i=1\sim4$）排列成一个向量，以 $\{F\}$ 表示，则

$$\{F\}=\{F_{l,1}\quad F_{n,1}\quad F_{l,2}\quad F_{n,2}\quad F_{l,3}\quad F_{n,3}\quad F_{l,4}\quad F_{n,4}\} \tag{7.83}$$

利用虚位原理可得

$$\{F\}=[K]_e\{r\}_{e,n} \tag{7.84}$$

$$[K]_e=\int_0^L[N]^{\mathrm T}\begin{bmatrix}k_\tau & 0\\ 0 & k_\sigma\end{bmatrix}[N]\,\mathrm{d}l \tag{7.85}$$

根据单元刚度矩阵定义，式（7.81）定义的 $[K]_e$ 即局部坐标下的 Goodman 单元刚度矩阵。

在实际问题中，要建立总坐标下的求解方程式。因此，必须将局部坐标下定义的刚度矩阵转换成总坐标下的刚度矩阵。这只需要引进坐标转换矩阵就可完成，不需要进一步表述。

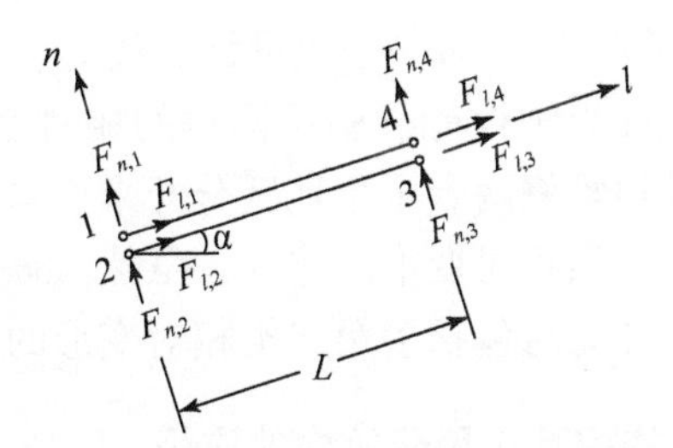

图 7.40　作用于 Goodman 单元上的结点力

5）接触面剪切变形刚度系数

前文引进了两个接触面剪切变形和法向变形刚度系数 k_τ 和 k_σ。这两个刚度系数应由

试验来确定。下面分别对 k_τ 和 k_σ 的确定做一简要的表述。

a. k_τ 的确定

测定 k_τ 的试验分为两种类型，即拉拔试验和沿接触面的直剪试验。

由试验可测得剪应力 τ 与相对变形 Δu 之间的关系线，如图 7.41 的曲线所示。由图 7.41 可见，割线变形刚度系数随相对变形 Δu 的增大而减小。与土的应力–应变关系曲线相似，τ-Δu 关系线可近似地用双曲线拟合：

$$\tau=\frac{\Delta u}{a+b\Delta u} \tag{7.86}$$

则 k_τ 如下：

$$k_\tau=\frac{\tau}{\Delta u}=\frac{1}{a+b\Delta u}$$

进而，可得

$$k_\tau=k_{\tau,\max}\frac{1}{1+\dfrac{\Delta u}{\Delta u_{\mathrm{r}}}} \tag{7.87}$$

式中，$k_{\tau,\max}$ 为最大刚度系数；Δu_{r} 为参考相对变形，分别如图 7.41 所示。这两个参数均可由试验确定，不需要赘述。

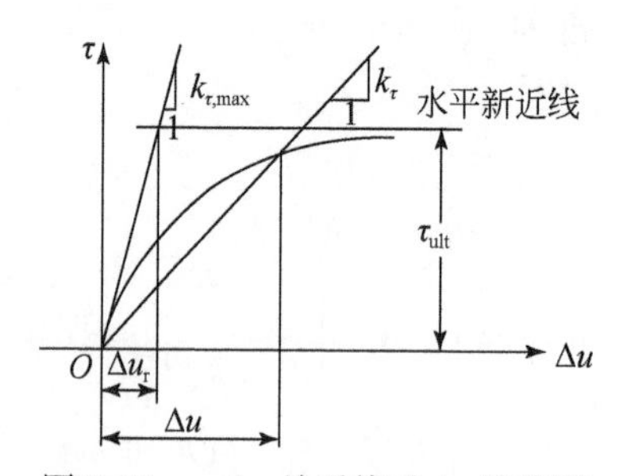

图 7.41　τ-Δu 关系线及 k_τ 的确定

b. k_σ 的确定

上文曾指出，Goodman 单元是一个无厚度的单元，为避免在接触面发生压入现象，应将 k_σ 取一个很大的数值，通常取比 k_τ 大一个数量级的数值。

在此应指出一点，由接触面力学性能试验所测得的相对变形既包括第一类相对变形，也包括第二类相对变形，并且很难将两者定量地区分开来。当采用 Goodman 单元时，则将试验测得的相对变形均视为第一类相对变形。这样，虽然 Goodman 单元只能模拟第一类相对变形，但在确定接触面力学性能时包括了第二类相对变形的影响。

3. 接触面单元在土体–结构相互作用分析中的应用

下面以在桩顶竖向荷载作用下桩与周围土体的相互作用分析为例，说明接触面单元的应用。设桩断面为圆形，半径为 r_{p}，桩体为均质材料，土层为水平成层的均质材料。按上述情况，在桩顶竖向荷载作用下，桩与周围土体的力学分析可简化成轴对称问题。假如采用有限元法进行分析，则可将桩体和土体剖分成空心圆柱单元。为考虑沿接触面桩土可能发生相对变形，在接触面设置 Goodman 接触单元。设 r 为径向，z 为竖向，则在 rz 平面内剖分的网格如图 7.42 所示。

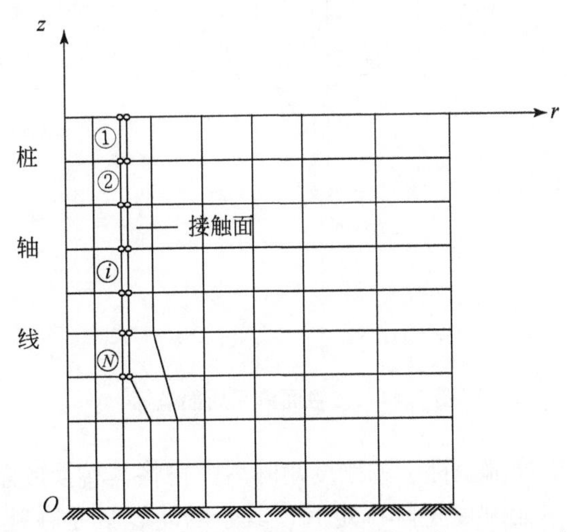

图 7.42　rz 平面内剖分的网格及接触面上的 Goodman 单元

图 7.42 中，接触面左侧为桩体及其剖分的网格，接触面右侧为土体及其剖分的网格。设将接触面从上到下剖分成 N 段，则得到 N 个半径为 r_p 的圆筒形 Goodman 单元，其内侧与桩体连接，外侧与土体连接，如图 7.43 所示。

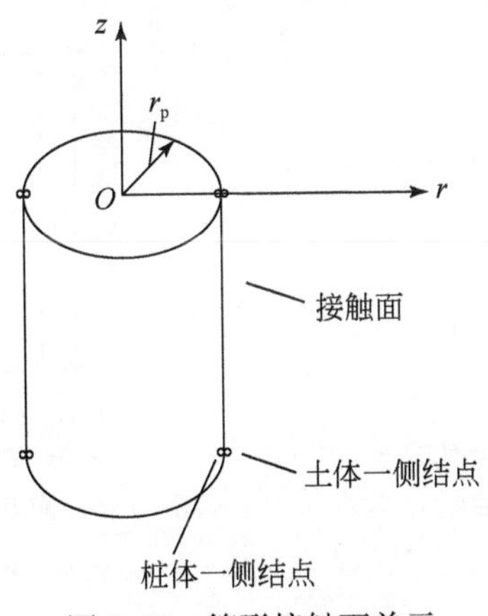

图 7.43　筒形接触面单元

按前述规定，接触面单元的局部坐标 l 取竖直向下，n 坐标取水平向右，则 α 角等于 $-90°$，如图 7.44 所示。设在局部坐标 l 方向的位移为 u，在坐标 n 方向的位移为 v，相对位移为 Δu 和 Δv，可由式（7.81）确定。利用虚位移原理可求接触单元刚度矩阵，式（7.85）的积分应改为对半径为 r_p 的圆筒面积进行积分，即

$$[K]_e = r_0\int_0^{2\pi}\int_0^{l}[N]^{T}\begin{bmatrix} k_\tau & 0 \\ 0 & k_\sigma \end{bmatrix}[N]\,\mathrm{d}l\mathrm{d}\theta \tag{7.88}$$

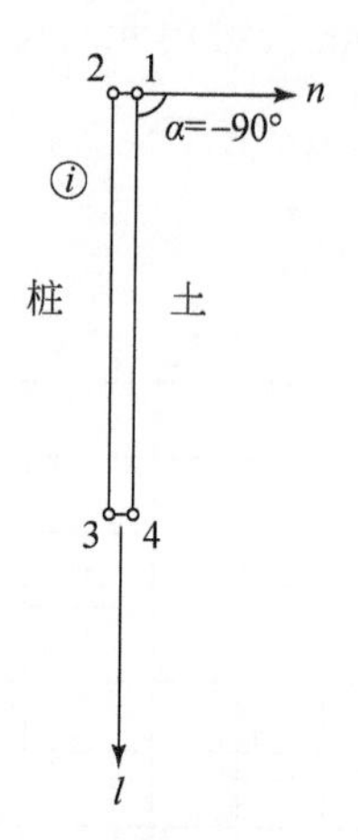

图 7.44　接触面单元局部坐标

按式（7.88）计算出局部坐标下的刚度矩阵后，再将其转换成总坐标下的刚度矩阵。

总坐标下的接触面单元刚度矩阵确定后，其余的问题只是在建立求解方程时考虑接触面的影响。具体地说，在建立位于接触面单元上桩体一侧结点的力平衡方程式时除要考虑与其相连接的桩单元结点的作用，还要考虑与其相连的接触面单元结点的作用，如图 7.45（a）所示；同样，在建立位于接触面单元上土体一侧结点的力平衡方程时，除要考虑与其相连的土单元作用以外，还要考虑与其相连的接触面单元结点的作用，如图 7.45（b）所示。

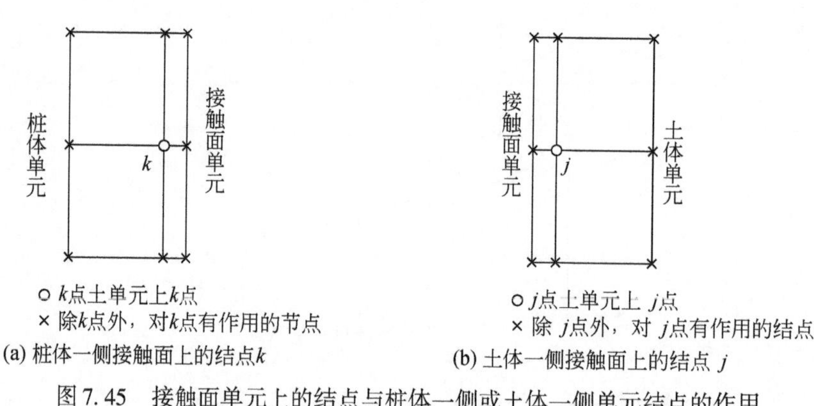

图 7.45　接触面单元上的结点与桩体一侧或土体一侧单元结点的作用

4. 薄层单元

薄层单元是由 Deisai 等提出的，可以模拟上述第二类相对变形[14]。采用薄层单元确定模型接触面的相对变形时，必须确定如下两个问题：①在土体中与接触面相邻的薄层的厚度；②测定薄层中土的力学性能。

显然，第一个问题具有很大的不确定性，第二个问题在技术上有很大困难。由于上述原因，相对于 Goodman 单元，则较少采用薄层单元。在此不做进一步表述。

参考文献

[1] BarKan D D. Dynamics of Bases and Foundations (Translated from the Russian) . New York：MecGraw-Hill Book CO，1962.

[2] 普拉卡什 S. 土动力学．徐攸在，等译．北京：水利电力出版社，1984.

[3] Palmer L A，Thomson J B. The Earth Pressure and Deflection Along the Embedded Lengths of Piles Subjected to Lateral Thrust. Proceedings of 2nd International Conference Soil Mechanics and Foundation Engineering, Rotterdam，1948：156-161.

[4] Terzaghi K. Evaluation of coefficients of subgrade reaction. Goetechnique，1955，5：297-326.

[5] Witman R V，Jr Richart F E. Design procedures for dynamically loaded foundations. Journal of Soil Mechanic and Foundation Engineering Division ASCE，1967，93（SM6）：169-193.

[6] Timoshenko S P，Goodier J N. Theory of Elasticity. New York：McGraw-Hill CO.，1951.

[7] Bycroft G N. Forced vibration of a rigid circular plate on a simi-ifinite elastic space and on an elastic stratum. Philosophical Transactions of the Royal Society of London，1956，268：327-368.

[8] Borowika H. Uber ausmitting belaste starre platten auf elastischisotropem undergrund. Ingenieur-Archiv，1943，I：1-8.

[9] Reissner E，Sagoci H F. Forced torsinal oscillation of an elastic half-Space. Journal of Applied Physics，1944，15：652-662.

[10] Gorbunov-Possadov M I，Serebrajanyi R V. Design of Structures upon Elastic Foundations. Paris：Proceedings of the 5th International Conference on Soil Mechanics and Foundation Engineering，1961.

[11] Kaldjian M J. Discussion of design procedures for dynamically loaded foundations. Journal of Soil Mechanic and Foundation Engineering Division ASCE，1969，95（SM1）：364-366.

[12] Penzien J，Scheffey C G，Parmelee R A. Seismic analysis of bridges on long piles. Journal of Engineering Mechanics Division，1964，90（3）：223-254.

[13] Goodman R E，Taylor R L. A model of the mechanics of jointed rock. Journal of Soil Mechanics and Foundations，1968，94（3）：637-659.

[14] Deisai C S，Zamman M M，Lightner G，et al. Thin layer element for interface an joints. International Journal of Numerical and Analytical Methods in Geomechanics，1984，8（1）：19-43.

第 8 章　岩土工程工作状态全过程的模拟分析

8.1　概　　述

8.1.1　岩土工程工作状态及破坏过程

岩土工程通常是以土为主体的工程，例如建筑物的地基、天然斜坡、堤坝等。因此，岩土工程的工作状态及破坏过程与相应的土体的工作状态及破坏过程有密切关系。土作为一种工程材料，其工作状态及破坏过程可通过试验来研究。在试验研究中，认为土试样所受的应力是均匀的，即各点的受力水平是一样的。根据土的力学试验，例如三轴试验，可确定其应力-应变关系，如图 8.1 所示。由图 8.1 所示的应力-应变关系可以发现，作为一种工程材料，土的工作状态及破坏过程分为以下三个阶段。

（1）线性工作阶段，即图 8.1 中 0 ~ 1 点阶段，以 E 表示；

（2）非线性工作状态，即图 8.1 中 1 ~ 2 点阶段，以 EP 表示；

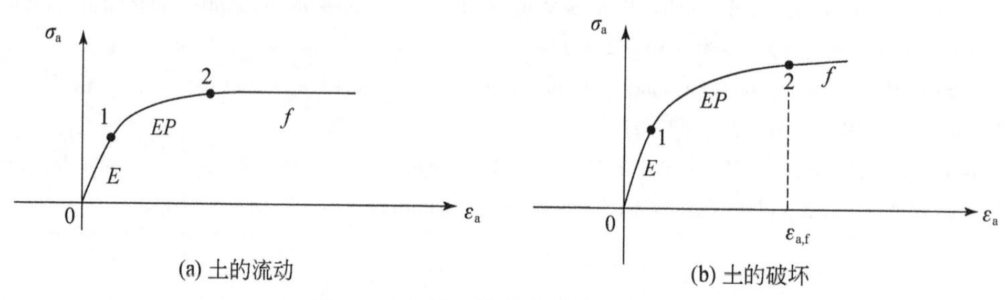

图 8.1　土的工作状态及破坏或流动

（3）流动或破坏阶段，即图 8.1 中的 2 点以后的阶段，以 f 表示。如果 2 点以后，应力-应变关系曲线为水平的，则称为流动，如图 8.1（a）所示。如果 2 点以后，应力-应变关系仍然缓慢上升，但在 2 点应变已达到指定的破坏值 $\varepsilon_{a,f}$，如图 8.1（b）所示，则认为土发生了破坏。由图 8.1 可见，土要发生流动或破坏必须要经历线性工作阶段 E 和非线性工作阶段 EP。

土体是由土组成的，土体的工作状态及破坏过程应与一个土样类似。但有一点有很大的不同。在指定的荷载作用下，土体中的应力分布是不均匀的，其受力水平是不一样的。这样，在指定的荷载作用下土体中各部位土可能处于不同的工作阶段。因此，土体的工作状态应取决于处于不同工作阶段的区域在土体中的分布，即部位和范围。关于土体的工作状态，以地基土体为例，可由现场载荷试验确定。通过载荷试验可以得到荷载–沉降曲线，如图 8.2 所示。由图 8.2 可见，土体的工作状态及破坏过程也可分为三个阶段。

（1）线性工作阶段，即图 8.2 中 0 ~ 1 点阶段，以 E 表示；

（2）非线性工作阶段，即图 8.2 中 1 ~ 2 点阶段，以 EP 表示；

（3）破坏阶段，即图 8.2 中 2 点以后的阶段。

但是，按非线性工作阶段的沉降变化速率，荷载–沉降曲线可分为以下两种类型。

1）陡降型

陡降型的荷载–沉降曲线如图 8.2（a）所示。这种类型的曲线有以下两个特点。

（a）整个曲线存在两个明显的转折点，即 1 点和 2 点。通常将 2 点所对应的荷载取为破坏荷载 P_f。

（b）EP 阶段位移变化率很大，并在 2 点以后保持常数。

2）缓降型

缓降型的荷载–沉降曲线如图 8.2（b）所示。这种类型曲线的特点如下。

（a）整个曲线存在一个明显的转折点，即 1 点，不存在明显的第二个转折点。对于这种类型的曲线，2 点为沉降达到指定的破坏值 S_f 的点，相应的荷载取为破坏荷载 P_f。

（b）EP 阶段位移变化率较小，并在 2 点以后逐渐减小。

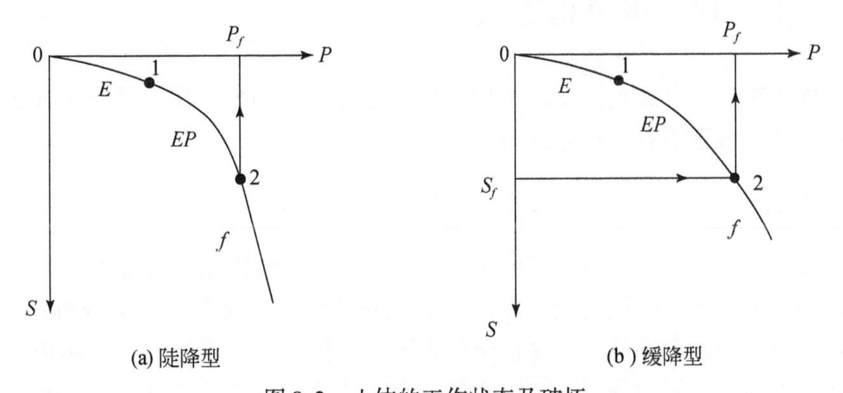

图 8.2　土体的工作状态及破坏

由图 8.2 可见，土体要发生破坏也要经历线性工作阶段 E 和非线性工作阶段 EP。以地基土体为例，在线性工作阶段，土体中几乎不存在处于 EP 工作阶段的土的区域；在非线性工作阶段，则土体中存在较大的处于 EP 工作阶段的土的区域，并随荷载的增大，处于 EP 工作阶段的土的区域不断扩展，如图 8.3（a）所示。在非线性工作阶段，土承受的荷载能不断提高，一方面是由于处于 EP 工作阶段的区域中土发生塑性硬化，应力水平提高，另一方面还由于处于 EP 工作阶段的区域发生了扩展。当土体处于破坏工作状态时，在土体中存在的 EP 工作阶段的区域几乎连成一片，如图 8.3（b）所示。因此，虽然随变形的增大，荷载还会有所增大，但是增大的数值不大了，如图 8.2 所示。因此，可以将图 8.2 所示的 2 点相应的荷载定义为破坏荷载。

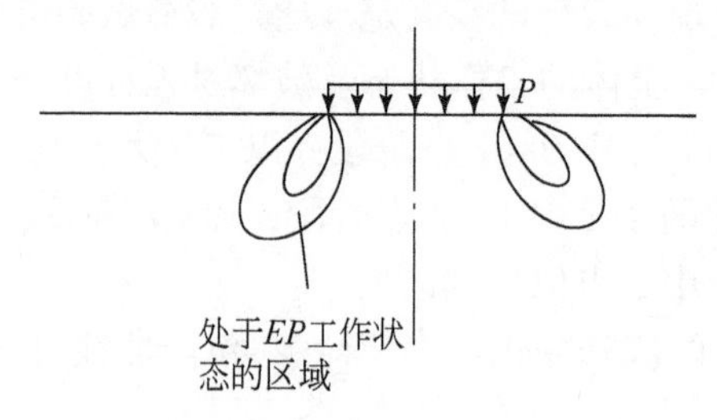

(a) EP工作阶段土体中处于EP工作状态的区域的分布

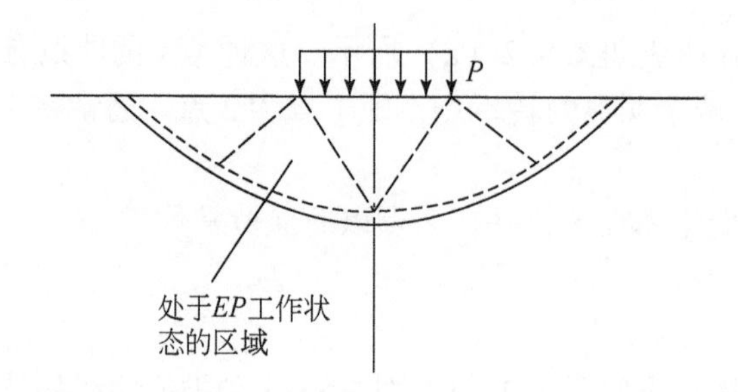

(b) f工作阶段土体中处于EP工作状态的区域的分布

图 8.3　土体在不同工作阶段时土体中处于 EP 工作状态的区域的分布

8.1.2　岩土工程常规分析方法

岩土工程常规分析方法包括变形分析和稳定性分析两部分。在常规分析方法中，这两种分析是在不同的假定下各自独立进行的。

1. 变形分析

岩土工程变形分析的目标是确定岩土在实际承受的荷载作用下可能发生的变形，以建筑物地基为例，则是确定建筑基础可能发生的沉降和倾斜。通常，变形分析是在如图 8.4 所示的线弹性模型假定下进行的。在这个假定下，土体在实际承受的荷载作用下的变形可根据线弹性理论确定，例如分析地基沉降的综合分层法。该方法包含以下两个分析步骤。

（1）在如图 8.4 所示的线弹性模型的假定下，按线弹性理论确定土体在实际承受的荷载作用下各点的应力。

（2）根据单轴压缩试验得到的土的压应力与压缩应变关系，确定与土的压应力相应的压缩变形，然后按层将其叠加起来计算出地基沉降，即使土的压缩曲线是非线性的。

按上述变形分析方法，在确定土体中各点应力时不能考虑土体的非均质性，不能很好地考虑土的非线性力学特性，也不能考虑土体-结构相互作用。

2. 稳定性分析

岩土工程稳定性分析的目标是确定其土体的破坏荷载。稳定性分析是在图 8.5 所示的刚塑性模型假定下进行的。在分析中不考虑塑性应力-应变关系，只考虑塑性屈服条件。

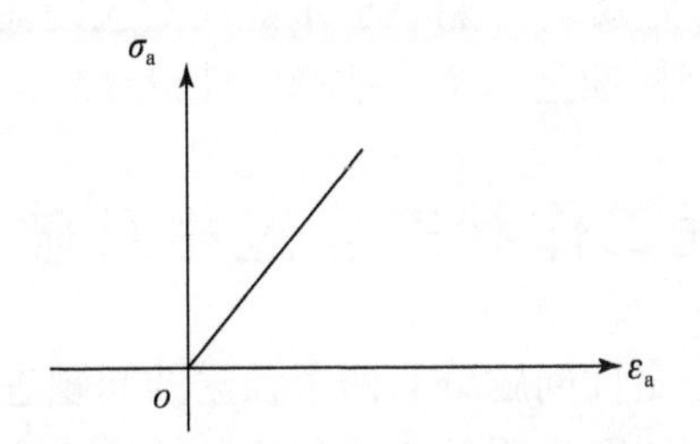

图 8.4　变形分析采用的线弹性模型

这类分析方法包括广泛采用的极限平衡法，以及前述的塑性静定分析方法等。建筑工程中采用的更为广泛的方法则是根据土的类别、状态、埋深等参数确定其承载力的经验方法。

按上述，稳定性分析只能确定破坏荷载，不能确定与破坏荷载相应的变形。因为破坏荷载是按图 8.5 所示的刚塑性模型确定的，实际上认为在破坏荷载作用下相应的变形是无穷大的。

图 8.5　稳定性分析中土采用的刚塑性模型

按上述，常规分析方法是将变形和稳定性作为两个独立问题进行分析的。与此相应，对于变形分析有一个变形控制标准，即允许变形；对于稳定性分析有一个荷载控制标准，即设计荷载。这样就可能出现两个设计标准不协调的问题。以建筑物地基为例，图 8.6 为基础荷载-沉降曲线，由允许沉降值 S_p 可在该曲线上确定与其相应的点 A_1 及荷载 P_s，而由设计荷载值 P_d 也可在该曲线上确定与其相应的 A_2 及变形 S_d。通常，在荷载-沉降曲线上，这两个点的位置是不相同的。如果在荷载-沉降曲线上与实际荷载 P 相应的点为 A，相应的变形为 S，当 A 位于 A_1 和 A_2 两点之间时，则按变形标准不满足设计要求，而按照稳定性标准则满足设计要求。这样就出现了两个设计标准不协调的现象。在许多情况下，在

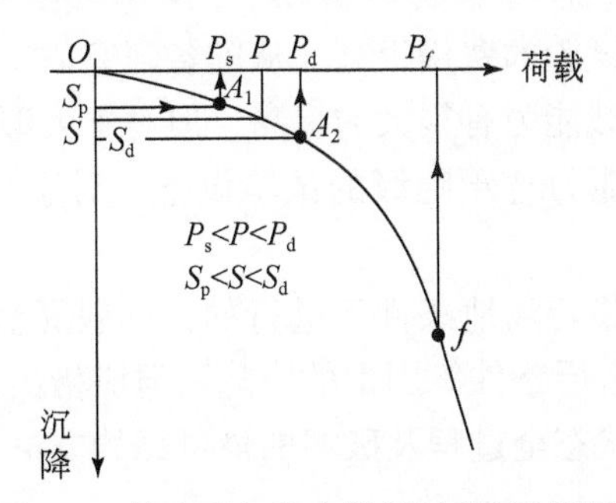

图 8.6　按变形与稳定性设计的控制标准

荷载–沉降曲线上A_1所对应的荷载P_s可能小于A_2点所对应的荷载P_d，如图8.6所示。在这种情况下，按变形设计的控制标准是一个比按稳定性设计更高的控制标准。

8.2 岩土工程工作状态全过程及破坏的研究方法

常规分析方法将变形和稳定性问题分为两个独立的问题进行分析，并采取各自的控制标准进行设计，这样的设计方法会出现的矛盾现象。如果改变这种状况，则必须将变形和稳定性作为一个统一的问题进行分析，由这样的分析确定岩土工程工作状态的全过程，给出描述其工作状态全过程的结果，例如荷载–沉降曲线等。但是，以前由于土力学分析能力的限制，做不到这一点。应指出，上述常规分析方法是与以前的土力学的发展水平相应的。

自20世纪50年代以来，土力学在各方面取得了重大进展，现已有能力将变形与稳定性作为一个统一的问题来分析岩土工程工作状态全过程及破坏。概括而言，研究岩土工程工作状态全过程的方法有三种。

8.2.1 现场试验方法

现场试验是一个早就存在的研究岩土工程工作状态全过程及破坏的方法，例如地基压载试验、单桩压载试验等。由这些现场压载试验获得的完整的荷载–沉降曲线可描述地基与单桩工作状态及破坏过程。但是，过去这类试验由于加载设备能力的限制或其他原因，一些试验给出的不是一条完整的荷载–沉降曲线，例如刚进入*EP*工作状态就结束了，这就大大降低了试验结果的价值。应指出，现场荷载试验现在仍是研究岩土工程工作状态全过程的一个主要手段。但是，现在的现场荷载试验与以前相比在以下方面有很大的进步。

（1）试验设备的加载能力有很大的提高，可达千吨级。

（2）测试系统实现了自动化与数字化。

（3）分析试验资料的方法有了很大的进步，可以获取更多信息，大大提高了试验资料的利用价值。

尽管现场压载试验取得了很大的进步，但是在工程实践中的应用仍受到很大限制，主要原因如下。

（1）进行一次现场压载试验的费用很高，从准备到完成历时也很长。

（2）尽管试验设备的加载能力有很大的提高，但对于大型的岩土工程项目仍存在加载能力不足的问题，例如加载能力达千吨级的试验设备，对于直径为2m长百米以上的桩，其加载能力仍显不足。

（3）现场压载试验是在指定场地条件下进行的，一般无法改变场地土层条件。因此，现场压载试验不适用于研究土层条件等因素的影响。但应指出，压载试验方法是目前唯一一个能够获得岩土工程工作状态全过程及破坏的最可靠的方法，其结果是评估其他方法所测得的结果的可靠性的依据。

8.2.2　数值模拟的分析方法

岩土工程工作状态全过程及破坏还可以采用数值模拟方法进行研究。岩土工程工作状态全过程及破坏模拟分析可综合利用第 2 章所述的土的非线性等力学模型、第 5 章所述的土体非线性分析及数值求解方法、第 7 章所述的土体-结构相互作用的知识来完成。本章从 8.3 节开始将对岩土工程工作状态全过程及破坏的数值模拟分析做详细的表述。在此只拟对该方法的优缺点和适用性做如下几点说明。

（1）数值模拟分析方法可以程序化，数值模拟分析方法与压载试验方法相比费用低、耗时少。

（2）同样，由于程序化容易改变分析各条件，因此适用于影响因素研究。

（3）由于试验设备的限制，压载试验方法只适用于研究较简单的地基、单桩及锚杆等工作状态的全过程及破坏。但数值模拟分析具有更广泛的适用性，可以用来研究很复杂的岩土工程，例如土体-结构相互作用体系的工作状态全过程及破坏。

（4）数值模拟分析方法的关键在于体系的模拟和材料力学模型及参数的选取。如果能够对体系进行恰当的模拟和正确地选取材料的力学模型及参数，则数值模拟的分析方法能够提供较好的结果；否则，数值模拟分析方法提供的结果是没有价值的。

8.2.3　离心机模型试验方法

与通常的室内模型试验相比，离心机模型可完全按模型相似率进行设计。因此，离心机模型试验结果可按模型相似率定量地转移到原型上去，成为一个研究岩土工程工作状态全过程及破坏的方法。关于离心机模型试验的具体方法在此不做进一步表述，只对其优缺点和适用性进行以下说明。

（1）与数值模拟分析方法相似，离心机模型试验方法具有广泛的适用性，可以用来研究一些复杂的岩土工程工作状态全过程及破坏。

（2）离心机模型试验模型中的土体是由重新制备的土制作的。如果岩土工程中的土体是由填筑的土（例如土坝等）组成的，则离心机试验结果在定量上是有价值的；如果岩土工程中的土体是由原状土（例如建筑物地基土体）组成的，则离心机的试验结果在定量上价值不大，主要是定性的。

（3）相对于数值模拟分析方法而言，离心机模型试验方法的费用较高、耗时也较多。

在此应指出，在一些情况下，例如大直径长桩，研究其工作状态全过程及破坏可采用压载试验与数值模拟相结合的方法。这种相结合的方法的步骤如下。

（a）精心地设计并进行少量的压载试验。由试验测得的荷载-沉降曲线等资料不仅用于实际工程设计或为实际工程设计参考，更主要是用来确定土的力学参数。

（b）对压载试验的体系进行数值模拟分析，以试验测得的荷载-沉降曲线等资料为拟合目标，通过调整土的力学参数方法，使数值模拟分析结果与试验测得的荷载-沉降曲线等资料相结合，确定土的力学参数。

（c）采用上述方法确定的力学参数进行更详尽的数值模拟分析，为实际工程设计提供更多的依据。

虽然采用这样的方法费用要高些，耗时也更多些，但将这两种分析方法结合起来，不仅充分地发挥了两种方法的优点，而且还提高了压载试验资料的应用价值。

8.3 岩土工程工作状态全过程及破坏的数值模拟分析方法

前文表述了岩土工程工作状态全过程及破坏研究的各种方法。其中，数值模拟分析方法的优势相对明显，成为现在研究工程工作状态全过程及破坏的主要方法，特别是对于复杂大型岩土工程。实际上，在许多情况下，数值模拟分析方法是研究岩土工程工作状态全过程及破坏的唯一可行的方法。

前文曾指出，岩土工程工作状态全过程及破坏的数值模拟分析可综合利用土的非线性力学模型、土体非线性分析及土体-结构相互作用的知识来实现。数值模拟分析的步骤与第 5 章所述的土体非线性分析的步骤基本相同，但仍有必要对岩土工程工作状态全过程及破坏数值分析方法的分析步骤、必要的工作及结果的分析和表达方法做一概述。这一概述是综合参考文献［1］和［2］的有关内容做出的。

在表述岩土工程工作状态全过程及破坏数值模拟分析之前，必须明确岩土工程工作状态全过程及破坏是伴随如下两个过程发生的。

（1）荷载作用过程，例如地基土体的工作状态全过程及破坏就是伴随加载作用过程发生的。在这种情况下，首先应恰当地模拟加载过程。如第 5 章所述，通常用分级加荷的方式模拟加载过程。因此，在进行分析之前必须确定加载级数及每级荷载增量。

（2）施工过程，例如基坑工程的工作状态全过程及破坏就是伴随施工过程发生的。在这种情况下，首先应恰当地模拟施工过程。按第 5 章所述，通常用分阶段施工方式模拟施工过程。在进行分析之前，必须将整个施工过程分成几个阶段，确定每个阶段参与分析的体系及相应的荷载增量。

8.3.1 分析步骤

（1）岩土工程体系中材料力学模型的选取。

岩土工程体系的材料包括结构材料和土体材料。其中，结构材料的力学模型可以是线性或者非线性的，但是土的力学模型则必须选择非线性的。第 2 章对土的非线性力学模型做了详细的表述，在此不再赘述。在此应指出，土的力学模型包括模型参数的确定，而模型参数则应由土的力学试验确定。由于土的力学非线性，土的力学模型中的许多参数与土的受力水平有关。

（2）岩土工程体系的模拟及分析模型。

以有限元数值分析方法为例，这一步的主要工作是将实际的岩土工程体系理想化成有限单元集合体，其中有关的具体问题已经在第 5 章表述过了，不再赘述。在此应指出，如果在岩土工程工作状态全过程及破坏分析中考虑施工过程，则所分析的体系应随施工阶段而变化，即体系的刚度和质量分布是随施工阶段而变化的。在这种情况下，必须将每一个施工阶段相应的体系理想化成有限单元集合体。

（3）荷载的模拟。

应指出，如果在岩土工程工作状态全过程及破坏分析中考虑加荷过程，则如前所述，荷载的模拟归结为确定荷载级数及每级荷载的增量的数值。如果每级荷载的作用位置不同，还包括确定每级荷载的作用位置。如果在岩土工程工作状态全过程及破坏分析中考虑施工过程，则应确定每个施工阶段荷载的增量，其中包括由填方引起的土体自重荷载增量及由挖方引起的应力解除作用。第 5 章已经对如何处理这两个问题进行了详细表述，在此不再赘述。

（4）根据各单元的初始应力和已达到的受力水平确定材料力学模型参数。

（5）按体系的单元编号次序建立单元刚度矩阵 $[k]_e$，并叠加出体系总刚度矩阵 $[K]$。

（6）按体系结点编号次序形成荷载增量向量 $[\Delta R]$。

（7）求解第 i 级荷载作用或第 i 施工阶段引起的位移增量向量$\{\Delta r\}_i$，其求解方程式为

$$[K]_i\ \{\Delta r\}_i = \{\Delta R\}_i \tag{8.1}$$

然后根据位移增量 $\{\Delta r\}_i$确定相应的各单元的应变增量 $\{\Delta\varepsilon\}_i$和应力增量向量 $\{\Delta\sigma\}_i$。

（8）考虑材料的力学非线性，特别是土的力学非线性。返回（4），重复(4)～(8)，逐级或逐阶段完成相应的分析。

（9）按体系结点编号次序确定各结点的总的位移向量 $\{r\}_i$，以及按体系单元编号次序确定各单元的总的应变向量 $\{\varepsilon\}_i$ 和总的应力向量 $\{\sigma\}_i$。

$$\{r\}_i = \sum_{j=1}^{i}\ \{\Delta r\}_j \quad \{\varepsilon\}_i = \sum_{j=1}^{i}\ \{\Delta\varepsilon\}_j \quad \{\sigma\}_i = \sum_{j=1}^{i}\ \{\Delta\sigma\}_j \tag{8.2}$$

（10）输出所要求的分析结果。

按上述，岩土工程工作状态全过程及破坏分析可分如下两种情况：①常体系变荷载情况；②变体系变荷载情况。

图 8.7 分别对这两种情况给出其工作状态全过程及破坏的数值模拟分析的流程。

8.3.2　必要的工作内容

由图 8.7 所示的分析流程可见，岩土工程工作状态全过程及破坏的数值模拟分析包括如下两个部分主要工作。

1. 体系的模拟

体系的模拟包括体系传力和变形机制的模拟，以及体系材料力学性能的模拟。体系传力和变形机制的模拟是由将实际体系理想化成有限元集合体来实现的，而体系材料力学性能的模拟则是由选取这些材料的适当力学模型和参数实现的。第 5 章已对体系的模拟做了表述，稍后对其做一下补充说明。

2. 分析计算

以有限元法为例，分析计算由两部分组成。第一部分为与有限元本身有关的分析计

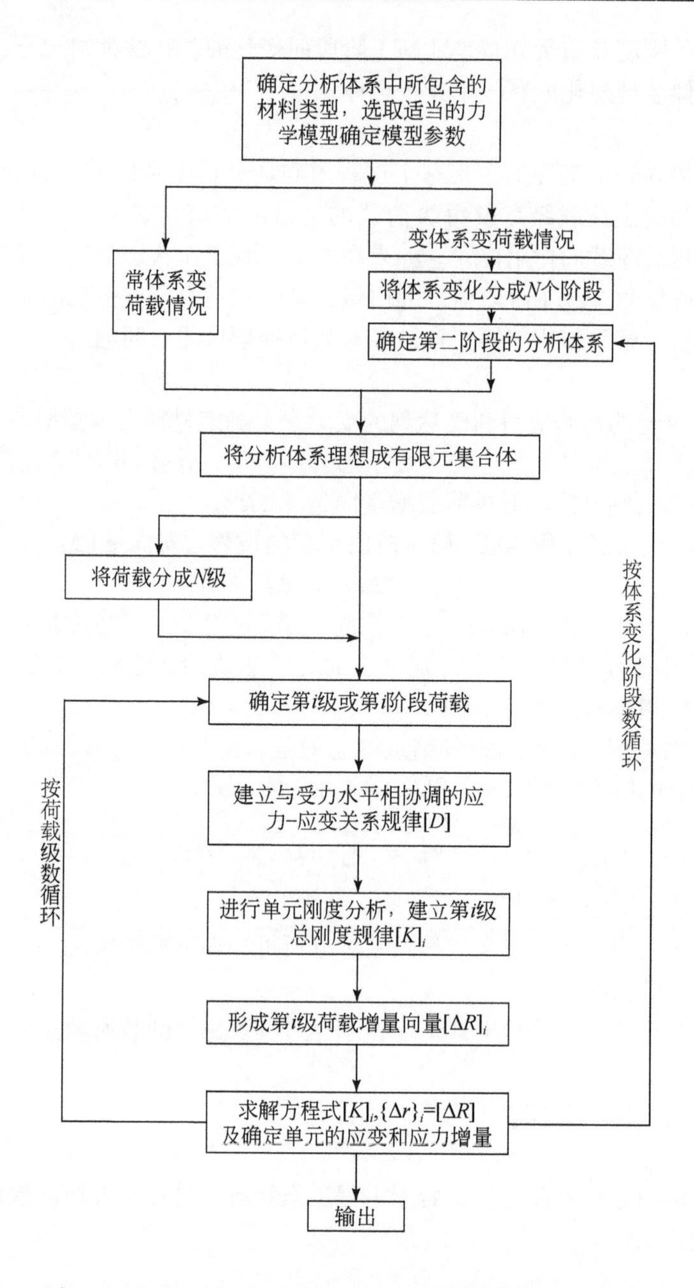

图 8.7　岩土工程工作状态全过程及破坏数值模拟分析流程

算，包括单元的刚度分析、形成总刚度矩阵、荷载向量的确定，以及由单元结点的位移计算单元的应变与应力等。第二部分为与有限元本身无关的分析计算，例如求解矩阵方程式 $[K]_i\{\Delta r\}_i=\{\Delta R\}_i$。关于分析计算工作，已在有限元法与数值分析课程中学过了，在此不再赘述。但应指出，岩土工程工作状态全过程及破坏分析是非线性分析。由图 8.7 可见，材料的非线性力学性能是采用增量分析方法予以考虑的。求解方程式 $[K]_i\{\Delta r\}_i=\{\Delta R\}_i$ 得到的是与第 i 级或第 i 阶段荷载增量作用相应的结点位移增量 $\{\Delta r\}_i$，以及各单元的应变

增量 $\{\Delta\varepsilon\}_i$和应力增量 $\{\Delta\sigma\}_i$。在此应指出，由于非线性力学特性，材料的应力-应变关系矩阵取决于第 i 级或第 i 阶段分析时单元的受力水平，而单元的受力水平取决于由式（8.2）确定的单元的应力向量 $\{\sigma\}_i$。

8.3.3　体系模拟的进一步补充

（1）体系的模拟是一种技巧，只有综合地应用好基本力学概念和自身的经验才能实现恰当的模拟。现在有许多通用软件可以用来分析岩土工程工作状态全过程和破坏。但是，不同的使用者利用同一软件分析可能会得到不同的结果。那么，如何判别哪一个分析结果更好呢？显然，体系模拟得恰当与否就是一个重要判据。因此，必须将体系模拟视为岩土工程工作状态全过程及破坏分析方法的一个重要组成部分。在实际工程问题的分析中应予以特别的重视。

（2）必须做好所分析的岩土工程体系的基础资料工作。很难想象对所模拟的对象缺乏足够的了解还能对其进行恰当的模拟。前文曾指出，实际岩土工程体系由三部分组成，即结构部分、土体部分及结构与土体的接触面部分。因此，实际岩土工程体系的基础资料应由与这三个组成部分有关的资料组成。

有关实际岩土工程体系的基础资料，大部分可以从如下文件中获得。

（a）结构部分的设计文件，特别是图纸和说明书；

（b）场地勘察报告；

（c）材料的物理力学试验报告，包括室内试验和现场试验。

现对结构、土体、接触面模拟所必需的基础资料表述如下。

a. 结构部分模拟所必需的基础资料

（a）结构的类型，这里指按承受荷载作用而分的结构类型。在此应指出，结构类型决定了结构所包括的主要构件及结点的类型；

（b）结构体系所包括的各种构件的类型及数目；

（c）结构体系所包括的各种结点的类型与数目；

（d）各种构件及结点的分布及组合；

（e）各种结点的分布，即坐标；

（f）各种构件长度和断面尺寸；

（g）各种构件的材料；

（h）各种材料的标号；

（i）各种材料的物理力学试验资料。

b. 土体部分模拟所必需的基础资料

（a）场地中各层土的类别及物理力学参数；

（b）各层土的层位；

（c）各土层的界面几何分布，包括场地表面；

（d）场地土层的典型柱状图及剖面图，包括现场标准贯入指标、地下水位等资料；

（e）各种土的室内物理力学试验资料，其中简常规试验指标是必不可少的。

c. 接触面模拟所需要的资料

（a）接触面两侧的材料的类型；

（b）与接触面相邻的土的物理力学资料；

（c）接触面的部位；

（d）接触面的长度；

（e）接触面的方位；

（f）接触面力学特性试验资料。

（3）必须补充的试验工作。

前文曾指出，有关实际岩土工程体系模拟的基础资料大部分可以从结构部分的设计文件、场地勘察报告及材料的物理力学试验报告获取，但是有些资料则不能从上述三个文件中获取。这部分资料主要是有关土的力学性能和接触面力学性能的资料。因为在勘察阶段所进行的土力学性能试验主要是为岩土工程常规分析进行的，通常没有考虑其工作状态全过程及破坏分析的要求。因此，为满足其工作状态全过程和破坏分析要求，必须进行一些补充试验工作。

A. 土的力学试验

a. 三轴剪切试验

很多土的非线性力学模型参数包括土的抗剪强度指标、黏聚力 c 和内摩擦角 φ。但为常规分析所提供的 c、φ 值通常是由直剪试验测得的。直剪试验不能控制剪切时土的排水状态。另外，还不能测得土的应力-应变关系曲线。众所周知，如果采用非线性弹性力学模型，土的应力-应变曲线是确定模型参数的必不可少的资料。因此，由直剪试验所提供的土的抗剪强度资料不能满足岩土工程工作状态全过程及破坏分析要求，必须补充做三轴剪切试验。

第 3 章曾指出，按剪切时土样是否排水，三轴剪切试验分为固结不排水剪切试验和排水剪切试验两种。那么，岩土工程工作状态全过程及破坏分析应选择哪种试验主要取决于荷载的施加速率和施工进度、土的渗透性能及渗透途径的长短。荷载的施加速率和施工速率越快，土的渗透系数越小、渗透途径越长，则土体越接近于不排水状态，则应进行三轴固结不排水试验，并将由试验测得的总应力抗剪强度指标 c、φ 用于试验分析。反之，土体越接近于排水状态，则应进行三轴排水试验，并将由试验测得的排水剪切强度指标 $\bar{c}$、$\bar{\varphi}$ 用于试验分析。

显然上述两种处理方法都与实际情况有很大差别，最好的方法是按照第 6 章所述的方法进行有效应力分析。在分析中，采用由固结不排水剪切试验测得的有效应力抗剪强度指标 c' 和 φ'，并认为土的工作性能取决于土所受的有效应力水平。

b. 其他试验

有些土力学模型参数不能由常规土力学试验仪器，例如三轴试验仪等测定，而是必须采用专门的试验仪器测定。这里所说的其他试验就是指这类试验。因此，这类试验取决于所选用的土力学模型，很难做一般的表述。但是，由于这类试验必须使用专门仪器，因此应尽量避免进行这类试验，也就是模拟分析中选用的土力学模型参数最好能用常规土工试验仪器测定。

B. 接触面力学性能试验

接触面力学性能可由图8.8（a）和图8.8（b）所示的直剪试验或拉拔试验确定。作用于接触面上的力包括法向应力 σ_n 和切向应力 τ。在切向应力 τ 作用下，接触面两侧沿接触面方向发生相对切向位移 Δu，接触面力学性能试验就是研究 σ_n、τ 和 Δu 之间的关系。由接触面力学试验可测得在指定的 σ_n 作用下 τ 与 Δu 的关系线，如图8.9所示。由图8.9可见，τ 随 Δu 的增大而增大，即接触面对剪切的抵抗随相对切向位移而逐渐发挥出来。

图8.9所示的 τ-Δu 关系线通常可用双曲线来拟合，则得到：

$$\tau = \frac{\Delta u}{a+b\Delta u} \tag{8.3}$$

如令

$$k_\tau = \frac{\tau}{\Delta u} \tag{8.4}$$

式中，k_τ 为切向刚度系数。式（8.3）可改写为如下形式：

$$\frac{1}{k_\tau} = a+b\Delta u \tag{8.5}$$

由图8.9所示的资料可绘制 $\frac{1}{k_\tau}$-Δu 关系线，如图8.10所示。由图8.10所示的关系线可见

$$\left.\begin{aligned} a &= \frac{1}{k_{\tau,\max}} \\ b &= \frac{1}{\tau_{\text{ult}}} \end{aligned}\right\} \tag{8.6}$$

式中，$k_{\tau,\max}$ 为 k_τ 的最大值，即 $\Delta u=0$ 时的 k_τ 值。如令

$$\Delta u_{\text{r}} = \frac{a}{b} = \frac{\tau_{\text{ult}}}{k_{\tau,\max}} \tag{8.7}$$

式中，Δu_{r} 为相对参考位移。则式（8.3）可写成如下形式：

$$\tau = k_{\tau,\max}\frac{\Delta u}{1+\frac{\Delta u}{\Delta u_{\text{r}}}} \tag{8.8}$$

式（8.8）即在指定的 σ_n 作用下 τ-Δu 关系式，其中包括两个参数——$k_{\tau,\max}$ 和 Δu_{r}，或 $k_{\tau,\max}$ 和 τ_{ult}。显然它们应该是接触面上 σ_n 的函数。指定一系列 σ_n 进行试验，可确定 $k_{\tau,\max}$-σ_n、Δu_{r}-σ_n 关系线。这两条关系线通常可用下列公式拟合：

$$\left.\begin{aligned} k_{\tau,\max} &= AP_{\text{a}}\left(\frac{\sigma_n}{P_{\text{a}}}\right)^{n_k} \\ \Delta u_{\text{r}} &= B\left(\frac{\sigma_n}{P_{\text{a}}}\right)^{n_{\text{r}}} \end{aligned}\right\} \tag{8.9}$$

式中，P_{a} 为大气压力，参数 A、B、n_{r} 可由拟合的 $k_{\tau,\max}$-σ_n，Δu_{r}-σ_n 关系线确定。

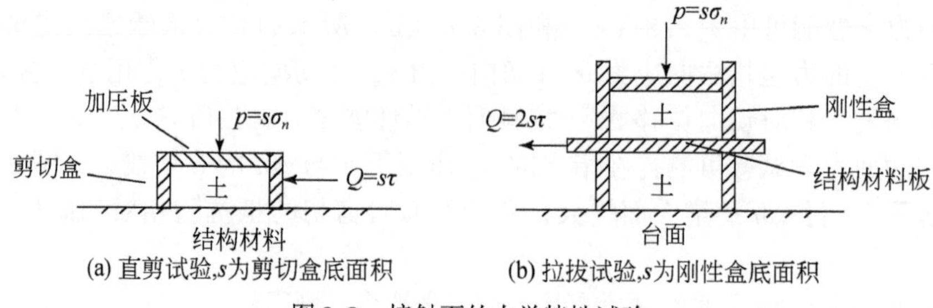

(a) 直剪试验，s为剪切盒底面积　(b) 拉拔试验，s为刚性盒底面积

图 8.8　接触面的力学特性试验

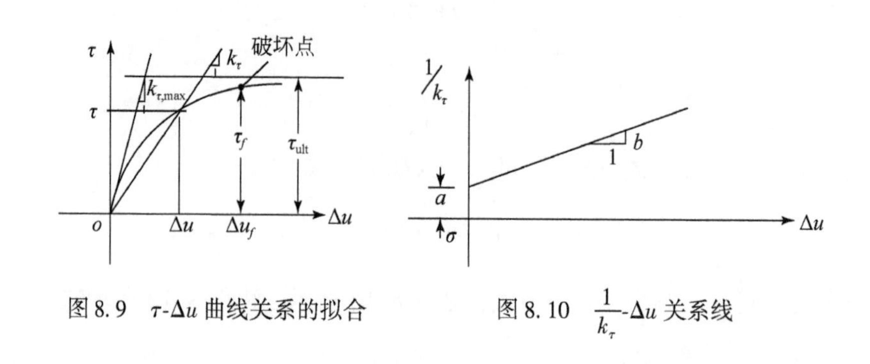

图 8.9　τ-Δu 曲线关系的拟合　　图 8.10　$\frac{1}{k_\tau}$-Δu 关系线

8.3.4　岩土工程工作状态全过程及破坏分析结果的表达方法

首先应指出，任何分析都是确定效应与作用之间的关系，例如荷载是一种作用，在荷载作用下土体中的应变和应力及位移等是相应的效应。但是，常规分析方法给出的是在一个指定的荷载作用下，体系中的应变、应力及位移等，而岩土工程工作状态全过程及破坏分析则是给出在各级或各阶段荷载作用下，体系中的应变、应力及位移等的发展过程。这样，其工作状态全过程及破坏分析可以提供岩土工程性能的更加丰富的资料。但是，人们所关心的是那些能够综合地表示岩土工程所处工作状态的部位的效应及其在各级或各阶段荷载作用下的变化过程。

应指出，一些较简单的岩土工程问题，这些部位及其效应容易确定，例如地基压载模拟分析、单桩压载模拟分析等，这样的部位及效应就是压载板或桩顶竖向变形 S，并根据图 8.2 所示的 P-S 曲线可判别地基和单桩在指定荷载 P 作用下的工作状态。但是，对于一些较复杂的岩土工程问题，则不能如此简单地确定这些部位。这里主要涉及以下两个问题：①选取哪个效应；②选取哪个部位。

1. 选取哪个效应

选取哪个效应来综合表示其所处的工作状态，通常倾向于选取位移。这是因为位移取决于应变及其在体系中的分布，是一个综合指标。另外，位移是一个最容易观测的量，便于将分析结果与实测结果进行比较。

2. 选取哪个部位

对于一个复杂的岩土工程体系，能够综合表示其工作状态的部位可能不止一个，并且应分别确定其中的结构部分和土体部分。

1）结构部分

以建筑物上部结构为例，可选取各层的层间位移和转角作为表示其工作状态的综合指标，因为这两个量决定了层间立柱的内力。

2）土体部分

根据土体中位移的分布，可选取位移相对较大的部位作为综合表示其工作状态的部位。但应注意以下两点。

（a）土体中位移相对较大的部分往往可能不止一处。这样，则应选择两处或两处以上部位作为综合表示其工作状态的部位。

（b）土体中位移相对较大的部位可能随荷载级数或施工阶段而变化。

8.4　圆形截面单桩在竖向荷载作用下工作状态全过程及破坏的数值模拟分析

8.4.1　数值模拟分析方法

本节将表述圆形截面单桩在竖向荷载作用下工作状态全过程及破坏的数值模拟分析，其内容取自参考文献［3］。单桩在竖向荷载作用下工作状态全过程及破坏的数值模拟分析是典型的体系不变而荷载逐级增大的情况，其数值模拟分析流程图如图 8.7 所示。下面按图 8.7 所示流程逐一来表示其数值模拟分析方法。

1. 选取体系中所包括材料的力学模型及参数

1）桩体材料

现在大直径桩普遍采用的是钢筋混凝土灌注桩。钢筋混凝土灌注桩具有很大的抗压强度，通常可以认为在轴向压力的作用下处于线弹性工作状态。在这种假定下，桩体材料的力学参数是钢筋混凝土的弹性模量 E 及抗压强度 f_c。因此，桩-土体系的非线性性能与桩体材料的力学性能无关。

2）土体

桩-土体系的非线性性能的主要来源之一是土的非线性力学性能。因此，土的力学模型必须选取某种非线性力学模型。文献［3］中选用的非线性力学模型为邓肯-张非线性弹性力学模型。按第 2 章所述，该模型的参数如下：k、n、c、φ、R_f及μ，其中参数k、n用于确定最大杨氏模量$E_{\max}$：

$$E_{\max}=kP_{a}\left(\frac{\sigma_3}{P_{a}}\right)^{n} \tag{8.10}$$

参数c、φ分别为土的抗剪强度指标黏结力和摩擦角；R_f为破坏比；μ为泊松比。这些参数可以由三轴试验确定。对于饱和土，当加荷速率较快时，认为土处于不排水工作状态，取泊松比μ等于 0.5。关于邓肯-张模型的更多的知识可参考本书第 2 章，在此不再赘述。

3）桩-土接触面

桩-土接触面的非线性力学性能也是桩-土体系非线性的另一个重要来源。按上节所述，桩-土接触面的非线性力学性能可用式（8.3）及式（8.6）表示。将式（8.6）代入式（8.3）中得

$$\tau=k_{\tau,\max}\frac{\Delta u}{1+\dfrac{k_{\tau,\max}}{\tau_{\mathrm{ult}}}\Delta u} \tag{8.11}$$

令

$$\tau_{\mathrm{ult}}=\frac{\tau_f}{R_f} \tag{8.12}$$

式中，τ_f为桩的极限侧摩阻力；R_f为破坏比。将式（8.12）代入式（8.11）中，得

$$\tau=k_{\tau,\max}\frac{\Delta u}{1+\dfrac{k_{\tau,\max}R_f}{\tau_f}\Delta u} \tag{8.13}$$

2. 确定桩-土分析体系的有限元集合体

1）截取参与分析的土体

因为桩的断面是圆形的，作用的荷载为竖向中心荷载，则可将桩-土体系作为轴对称问题进行分析。在桩尖高程以上，参与分析的土体为内径等于桩直径的空心圆柱体；其下为实心圆柱体，参与分析的土体外径应取 15～20 倍桩径；其底边界与桩尖的距离应不小于桩径的 5 倍。

2）桩与土的单元类型

由于是轴对称问题，桩和土的单元类型均选取截面为四边形的环形单元，如图 8.11 所示。在rz平面内，由桩-土单元集合体组成的网格如图 8.12 所示。桩、土单元及网格剖分的原则已经在第 5 章中表述过了，在此不再重复。

对于轴对称问题，每个节点有两个自由度，即沿r轴的水平位移和沿z轴的竖向位移。

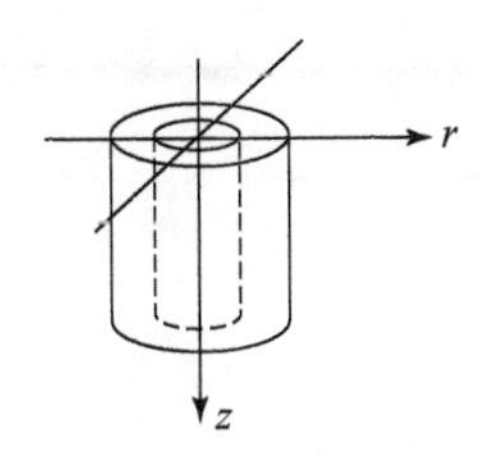

图 8.11　轴对称问题中的环形单元

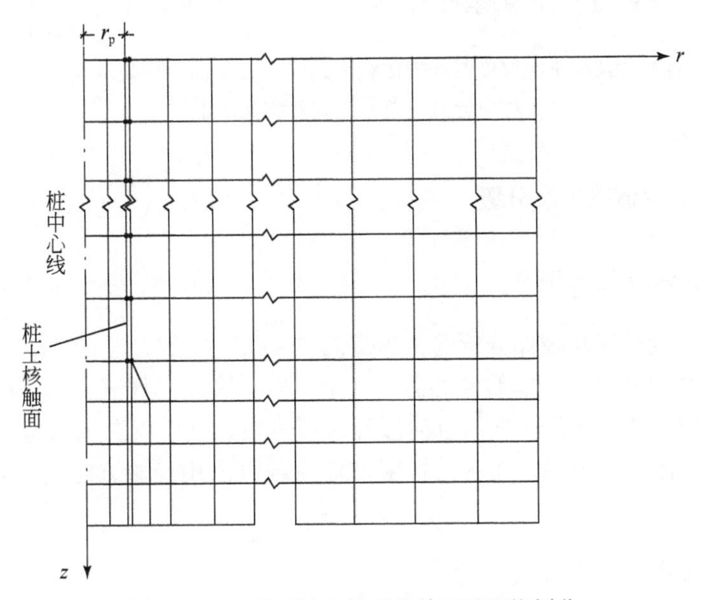

图 8.12　rz 平面桩土体系的单元及网格剖分

3）桩-土接触面的单元类型

此处以 Goodman 单元来模拟接触面。按照前述，Goodman 单元是一个无厚度的缝，对于桩土接触面，缝的一侧为桩，另一侧为土。图 8.12 给出了模拟桩土接触面的 Goodman 单元的分布。

对于轴对称问题，Goodman 单元是一个无厚度的圆筒形柱面，在 rz 平面则是一个无厚度的缝，分别如图 8.13（a）和图 8.13（b）所示。图 8.13（b）中Ⓒ单元为接触单元，i、j、k、l 为其四个结点，Ⓐ和Ⓑ分别为接触单元Ⓒ相邻的桩单元和土单元。按有限元法，接触单元Ⓒ与相邻的桩单元Ⓐ及相邻的土单元Ⓑ发生相互作用。显然，接触单元Ⓒ与相邻的桩单元Ⓐ之间的相互作用是通过其公共结点 i、j 实现的；相似地，接触单元Ⓒ与相邻的土单元Ⓑ之间的相互作用是通过公共结点 k、l 实现的；而 i、j、k、l 之间又通过接触单元发生相互作用。

应注意，由于 Goodman 单元是无厚度的，则桩一侧的结点 i、j 的坐标与土一侧的结点 k、l 的坐标相同。

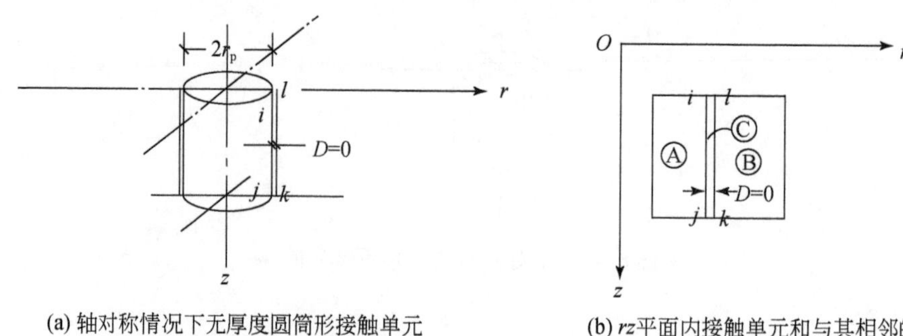

(a) 轴对称情况下无厚度圆筒形接触单元　(b) rz平面内接触单元和与其相邻的桩单元及相邻的土单元

图 8.13　轴对称情况下无厚度圆筒形接触单元以及 rz 平面内接触单元和与其相邻的桩单元及土单元之间的相互作用

3. 竖向荷载的取值范围及分级

1）竖向荷载的取值范围

单桩工作状态全过程及破坏分析的目标是确定一条完整的 P-S 曲线。上文曾指出，一条完整的 P-S 曲线包括线性、非线性和破坏三个阶段。因此，数值模拟分析所施加的竖向荷载必须使单桩的工作状态进入非线性阶段和破坏阶段。这样就要求所施加的竖向荷载最大值大于单桩的极限破坏荷载。单桩的极限破坏荷载可采用经验方法（例如静力平衡法）来初步估算。

2）竖向荷载的分级及荷载增量

完成一级荷载的计算，只能得到 P-S 曲线上的一个点，如前所述，将 P-S 曲线分成三段，如果每段要求有 3～4 个点，则至少应有 9～12 个点，即要求将荷载分成 9～12 级。前文已确定了所施加的荷载最大值，将其除以 9 或 12 则得到荷载增量 ΔP。

4. 确定各单元应力-应变关系矩阵

1）桩单元的应力-应变关系矩阵

前文曾假定，选取线弹性力学模型作为桩材料的力学模型，则桩单元的应力-应变关系矩阵可按第 2 章所述的线弹性力学模型来确定。

2）土单元的应力-应变关系矩阵

前文曾假定，选取邓肯-张非线性弹性力学模型作为土的力学模型，则土单元的应力-应变关系矩阵可按第 2 章所述的邓肯-张非线性弹性力学模型来确定。如前所述，工作状态全过程及破坏分析是按增量法进行的。因此，土单元的应力-应变关系矩阵［D］中的杨氏模量应采用切线模量。按第 2 章所述，切线模量应根据各单元的受力水平来确定，其具体做法不再赘述。

3）接触面单元的应力-位移差的关系矩阵

式（8.13）给出了接触面单元的应力-位移差的关系，按切线刚度系数$k_{\tau,t}$的定义：

$$k_{\tau,t}=\frac{\mathrm{d}\tau}{\mathrm{d}(\Delta u_{\tau})} \tag{8.14}$$

将式（8.13）代入式（8.14）中，则可确定$k_{\tau,t}$。显然，切线刚度系数是各接触单元切向位移差 Δu_{τ} 的函数。假定$k_{\tau,t}$已经确定，则接触面单元应力-位移差矩阵［D］如下：

$$[D]=\begin{bmatrix} k_{\tau,t} & 0 \\ 0 & k_{n,t} \end{bmatrix}\begin{Bmatrix} \Delta(\Delta u_{\tau}) \\ \Delta(\Delta w_{n}) \end{Bmatrix} \tag{8.15}$$

式中，$k_{n,t}$为接触面法向刚度系数，通常取10^{10}数量级的数值。$\Delta(\Delta u_{\tau})$及$\Delta(\Delta w_{n})$分别为切向相对位移量增量和法向相对位移量增量。式（8.15）表明，接触面的切向刚度与法向刚度之间是不交联的。

5. 进行各单元刚度分析建立总刚度矩阵$[\boldsymbol{K}]_i$

单元刚度分析及将其叠加建立总刚度矩阵的方法在有限元法的教材中都有表述，不再赘述。在此只指出以下两点。

（1）刚度分析所建立的单元刚度矩阵，应与增量形式的应力-应变关系矩阵［D］相应。单元刚度矩阵给出的是单元结点力增量与单元结点位移增量之间的关系。

（2）如前所述，在轴对称问题当中，桩单元和土单元均为空心环形单元。计算单元刚度矩阵公式包括积分运算。在此应指出，对于空心环形单元，其积分是对空心环形单元的体积进行积分。类似地，接触面单元刚度矩阵公式中的积分则是对筒形单元的面积进行积分。

6. 形成荷载增量向量

竖向荷载增量 ΔP 通过压载板作用于桩顶，桩顶面平均单位面积上的荷载增量 Δp 如下：

$$\Delta p=\frac{\Delta P}{\pi r_{\mathrm{p}}^{2}} \tag{8.16}$$

在桩顶，一个环单元顶面上的作用力 ΔP_{e} 如下：

$$\Delta P_{\mathrm{e}}=\Delta p\pi(r_2^2-r_1^2) \tag{8.17}$$

式中，r_1与r_2分别为环形单元的外径和内径，如图 8.14 所示。然后，可将 ΔP_{e} 按静力平衡的条件分配到桩顶面环单元的 1、4 两个结点上。注意，此处 1、4 是环形单元局部结点的编号。在形成荷载增量时还应注意，桩顶面上一个结点可能与两个环形单元相连接。这样作用于桩顶面结点的荷载增量应是与其相邻的两个环形单元分配在结点的力之和。

按上述，在荷载增量向量［ΔR］中，除与桩顶面上的结点相应的元素不为零之外，其他元素均为零。

7. 求解增量形式的方程式确定结点位移增量｛$\Delta\boldsymbol{r}$｝

确定结点位移增量｛Δr｝的方程式如下：

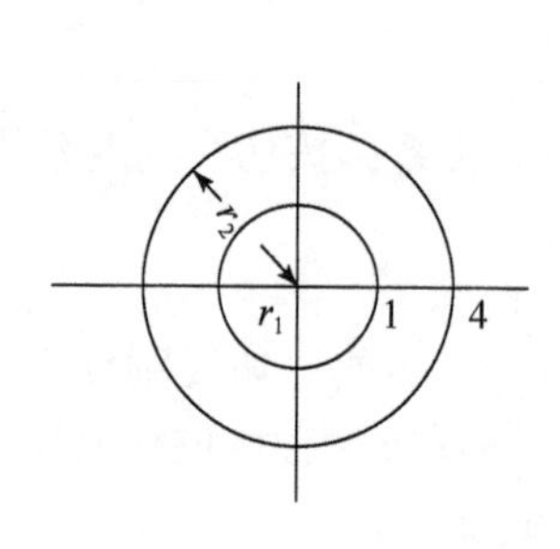

(a) 桩顶环形单元的顶面

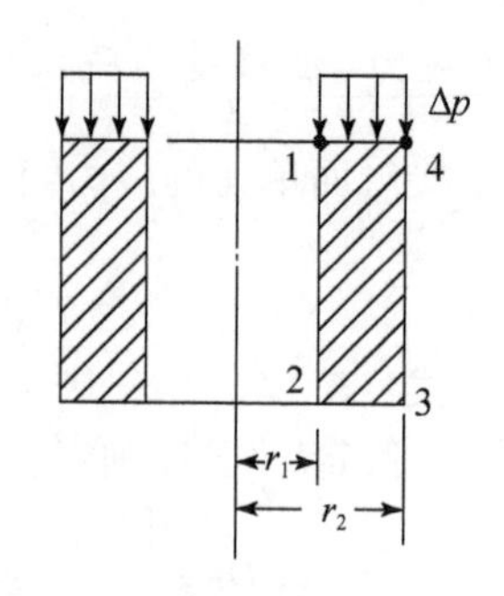

(b) 桩顶环形单元的剖面及作用其上的荷载强度增量Δp

图 8.14　作用于桩顶环形单元顶面上的竖向力及相应的结点力

$$[K]_i\{\Delta r\}_i=\{\Delta R\}_i \tag{8.18}$$

求解该方程式可求得在每级荷载增量作用下体系中结点产生的位移增量，以及各单元相应的应变和应力增量，进而可求得体系中结点的总位移，以及各单元相应的总应变和应力。这样，完成一级荷载的分析就可得 P-S 曲线上的一点。

8. 重复(3)～(7)步

完成全部 N 级荷载的分析，则可得 P-S 曲线上的 N 个点。然后绘制出 P-S 曲线。

如前所述，这条 P-S 曲线可综合地表示在竖向荷载作用下单桩所经历的全部工作状态。显然，这是一个将变形和承载力作为一个统一问题进行分析的典型结果。根据经验，可以在该曲线上确定一个允许工作状态的相应的点，同时还可以确定在该曲线上与实际荷载相应的工作状态点。这样，就可以综合地考虑变形和承载力要求，对桩在实际竖向荷载作用下的性能做出更全面的评估。

8.4.2　拟合压桩试验曲线及桩侧阻力的确定

1. 压桩试验及其要求

压桩试验可按有关规定进行，在此不做表述。压桩试验的目的通常为确定单桩极限承载力和检验在实际荷载作用下桩是否处于线性工作状态阶段。对于第二个目的，压桩试验的荷载只需加到稍大于单桩实际承受的荷载就可以了。由压桩试验测得的基本资料是 P-S 曲线。但是，在第一种目的情况下，测得的 P-S 曲线应是一条包括前述三个工作阶段的完整曲线；而在第二种目的情况下，测得的 P-S 曲线通常是一条只包括线性工作阶段的非完整曲线。

应指出，由压载试验仅能获得一条 P-S 曲线。这样，由压桩试验所获得的资料太少了。现在为充分地利用压桩试验测得的资料，有些重大工程的压桩试验除测量桩顶沉降之外，还测量桩的轴向力。这样，根据桩的轴向力测量资料可以研究土对桩的侧阻力。虽然测试桩的轴向力会增加一些费用，但大大地提高了压桩试验的价值，还是值得的。

作为研究桩在竖向荷载作用下性能的一种手段，压桩试验至少应提供如下资料：①完整的 P-S 曲线；②各级荷载作用下桩轴向力沿桩轴的分布。

常规压桩试验通常不包括桩轴向压力的测试。但桩轴向的测试为研究土对桩的侧阻力提供了可能。桩轴向力可用设置在桩身中的钢筋计或其他测量元件测量。测量桩轴向力的元件布置应满足如下要求。

1）测量断面沿桩轴的布置

根据场地土层柱状图沿桩轴布置一系列测量断面。由于每层土的侧阻力是不同的，则在每一个土层分界面处应布置一个测量断面。如果某一土层较厚，则应在该土层范围内按一定间隔再布置一定数量的断面，其间隔以 3m 左右为宜。

2）测量断面内测量元件的布置

测量桩轴向力的元件及通往桩顶的连线很容易在试验中损坏而失效，为保证每一个测量断面都能测得轴向力，在每个测量断面至少应布置两个以上测量元件。图 8.15 给出了在测量断面布置三个测量元件的布置方式，每个元件之间的夹角为 120°。

在设置测量元件前，要做好每个元件的标定工作，设置后要认真检查设置的每个元件是否能正常工作。

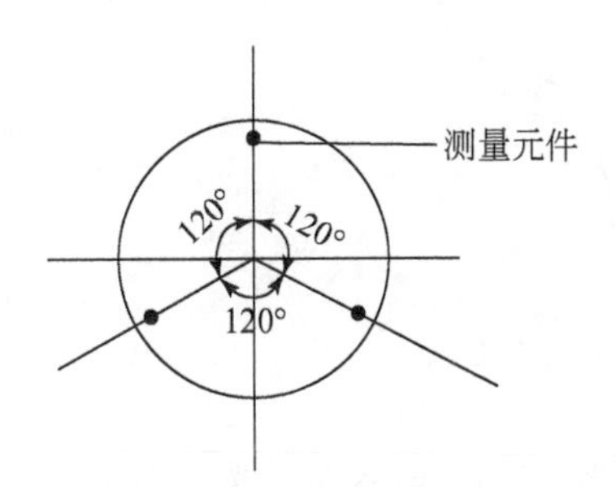

图 8.15 三个测量元件在测量断面内的布置

2. 桩侧阻力 f_l 与轴向力关系

如前述，压桩试验的基本结果是如图 8.3 所示的 P-S 曲线。P-S 曲线表示在竖向荷载作用下桩-土体系的工作状态全过程，并可借以判断在实际竖向荷载作用下桩-土体系所处的工作阶段。

如果压桩试验还包括轴向力的测量，则压桩试验可提供各级荷载下轴向力沿轴桩的分布，如图 8.16 所示。如前述，根据轴向力的测试资料可以研究土对桩的阻力。根据相邻两个测量断面间的桩段的静力平衡，如图 8.17 所示，得

$$P_{j,i}-P_{j+1,i}=f_{l,j,i}A_j \tag{8.19}$$

式中，$P_{j,i}$、$P_{j+1,i}$分别为第 i 级荷载时第 j 和第 j+1 测量断面的轴向力；$f_{l,i,j}$为第 i 级荷载时第 j 桩段的侧阻力；A_j 为第 j 桩段的侧面积，按下式计算：

$$A_j=2\pi r_p h_j$$

式中，h_j 为第 j 桩段的长度。将该式代入式（8.19）中得

$$f_{l,j,i}=\frac{P_{j,i}-P_{j+1,i}}{2\pi r_{\mathrm{p}}h_j} \tag{8.20}$$

由于轴向力沿桩轴的分布与土层的组成有关，力学性能较差的土，其侧阻力较小，则 $P_{j,i}$ 与 $P_{j+1,i}$ 较小，即 $j\sim j+1$ 段的轴向力变化较小；力学性能较好的土，则两者之差较大，即 $j\sim j+1$ 段的轴向力变化较大。就此而言，轴向力沿桩轴的变化从侧面反映了场地土的分层。总体上，轴向力沿桩轴的变化呈上大下小的规律，如图 8.16 所示。

对于指定的 $j\sim j+1$ 段，$f_{l,j,i}$ 随荷载级数 i 的增大而增大，即 $P_{j,i}$ 与 $P_{j+1,i}$ 之差随荷载级数的增大而增大。这就是说，土的侧阻力随荷载级数 i 的增大而逐步发挥出来，并且逐渐趋近于破坏时的侧阻力 $f_{l,f,j}$。另外，接触面两侧沿接触面方向的位移差 Δu 也随着荷载级数 i 的增大而增大。因此，土的侧阻力 f_l 也将随沿接触面方向的位移差 Δu 的增大而增大。式（8.13）为侧阻力 f_l 与位移差 Δu 之间的定量关系式。

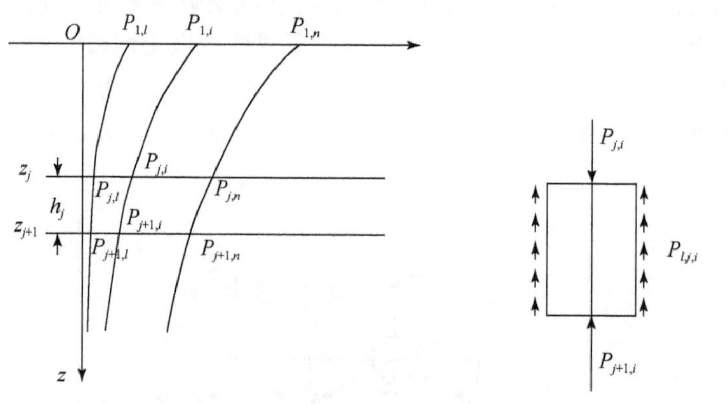

图 8.16　轴向力沿桩轴分布　　　图 8.17　第 j 段桩竖向力平衡

3. 压桩试验资料的拟合及接触面力学模型参数的确定

1）拟合分析及目的

桩-土体系工作状态全过程及破坏数值模拟分析要求恰当地确定体系中材料的力学模型参数。按前述，桩-土体系的非线性性能主要来自土体和桩土接触面非线性力学性能。土体中各层土的非线性力学模型参数可由原状土的室内力学试验，例如三轴试验来确定，并用于数值模拟分析中。但是，桩-土接触面非线性力学模型参数则很难由室内力学试验来测定。因此，桩-土接触面非线性力学模型参数的恰当确定成为桩-土体系数值模拟分析的一个关键。显然，由压桩试验测得的 P-S 曲线及各级荷载作用下的轴向力 P 沿桩轴的分布曲线含有各层土和桩接触面非线性力学性能的信息。如果能从压桩试验资料中将其中包括的桩-土接触面的非线性力学性能的信息提取出来，则就有可能确定桩-土接触面非线性力学模型参数。

前文表述了当桩-土体系中所包括的材料力学模型参数给定后，确定 P-S 曲线及轴向力 P 沿桩轴分布的数值模拟方法。与此相反，拟合分析则是采用数值模拟分析拟合由压桩

试验得到的 $P\text{-}S$ 曲线及轴向力 P_i 沿桩轴的分布，并确定材料力学模型参数。如果前者称为正分析，则后者称为反分析。

2）拟合目标

桩–土体系拟合分析的拟合目标是由压载试验获得 $P\text{-}S$ 曲线，以及在各级竖向力作用下轴向力沿桩轴的分布，即 $P_{j,i}\text{-}z$ 曲线。

在此，应指出如下两点。

（1）如果压载试验只测试 $P\text{-}S$ 曲线，则拟合目标只有 $P\text{-}S$ 曲线。在这种情况下，除土体只由一层土组成的情况以外，由于没有足够的约束条件，则不能获得唯一的拟合结果。在这种情况下，由于数值模拟分析得到的各土层接触面力学模型参数不只有一种组合，因此由拟合 $P\text{-}S$ 曲线确定一组接触面力学模型参数不一定是与实际相符合的那组模型参数。

（2）如果压桩试验不只测试 $P\text{-}S$ 曲线，还测试了在各级荷载 P_i 作用下轴向力沿桩轴的分布，即 $P_{j,i}$，则拟合目标除 $P\text{-}S$ 曲线外，还应包括 $P_{j,i}$。如果以 $P_{j,i}$ 为拟合目标，则拟合的不只是一条曲线，而是几条曲线，最多可以是 N 条曲线，N 为加载级数。这样，由拟合分析就可以确定唯一的与实际相符的各层接触面力学模型参数的组合，例如设接触面力学模型以式（8.13）表示，并假定参数破坏比 R_f 取一个定值，则只需由拟合分析确定的参数为 $k_{\tau,\max}$ 和 τ_f。假如与桩相接触的土层有 M 层，则共有 $2M$ 个参数需要由拟合分析确定。如果要确定这 $2M$ 个参数，则需要 $2M$ 个条件。这 $2M$ 个条件可按下述方法确定。

（a）从压桩试验测得的轴向力沿轴桩分布曲线中选取两条。其中一条 P_i 的数值最好处于线性工作阶段的后期，另一条 P_i 的数值应接近 R_f。

（b）在拟合分析中，将 $P_{j,i}$ 作为拟合的目标。这样，每条 $P_{j,i}$ 曲线有 M 个拟合点。那么，两条 $P_{j,i}$ 曲线共有 $2M$ 个拟合点。拟合这 $2M$ 个点就是确定 $2M$ 个参数的条件。

下面来论证这一点，在此，以第 j 层土接触面的力学模型参数为例来说明。设定一组初始的接触面模型参数，按上述方法完成各级荷载下的数值模拟分析。由分析结果可确定第 i 级荷载作用下第 j 层土接触面两侧的切向位移 $\Delta u_{j,i}$。另外，由压载试验可确定第 i 级荷载作用下第 j 层土的侧摩阻力 $f_{l,j,i}$。将式（8.13）改写成下式：

$$\frac{\Delta u}{\tau}=\frac{1}{k_{\tau,\max}}+\frac{R_f}{\tau_f}\Delta u \tag{8.21}$$

由式（8.21）可见，$\Delta u_{j,i}/f_{l,j,i}$ 与 $\Delta u_{j,i}$ 为直线关系，如图 8.18 所示。这样，由前面选择的两条实测的轴向力分布曲线就可得到 $\Delta u_{j,i}/f_{l,j,i}$ 与 $\Delta u_{j,i}$ 关系线上的两个点，如图 8.18 所示，过这两个点的直线的截距为 $k_{\tau,\max,j}$，斜率为 $R_f/\tau_{f,j}$，其中下标表示第 j 土层接触面的序号。这样，就唯一地确定了第 j 层土接触面模型参数。显然，从压桩试验测得的轴向力 $P_{j,i}$ 沿轴向分布关系线中取出两条以上关系线进行拟合则更好。

3）拟合分析方法

上文曾指出，拟合分析是反分析。但应指出，这只是从问题的提法而言的。实际上，拟合分析还是采用正分析方法完成的。也就是，通过逐次地修正参数进行正分析来拟合由压桩试验测得的曲线。这样，初始参数的设定和参数的逐次修正成为一个关键问题。

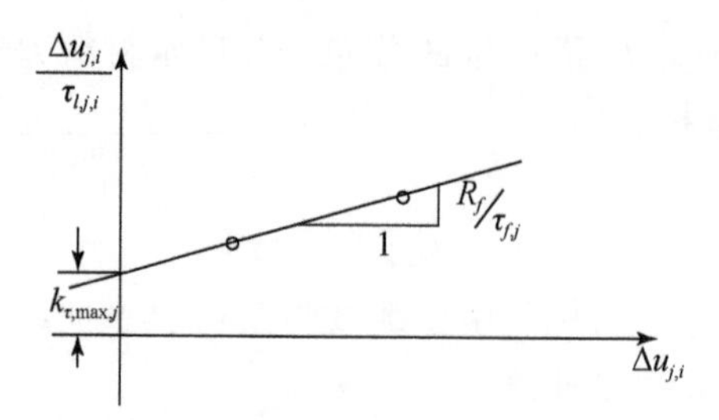

图 8.18　由拟合分析确定接触面模型参数 $k_{\tau,\max,j}$和 $\tau_{f,j}$

A. 初始参数的设定

式（8.13）中包括 $k_{\tau,\max}$和 τ_f 两个参数，因此要设定这两个参数的初始值。

（a）参数 τ_f 初始值的设定。

如前所述，参数 τ_f 就是通常所谓的土极限侧阻力。这样，参数 τ_f 的初值可根据土的类型、状态及桩的施工方法、桩的材料按有关规范的推荐值设定。

（b）参数 $k_{\tau,\max}$初值的设定。

关于参数 $k_{\tau,\max}$的数值的经验知识较少。但是 $k_{\tau,\max}$、τ_f 和 Δu 应满足式（8.13）所示的关系。如果设定了 τ_f 和 Δu 的初值，则相应的 $k_{\tau,\max}$的初值可由式（8.13）确定。由式（8.13）可得

$$k_{\tau,s}=\frac{\tau}{\Delta u}=k_{\tau,\max}\frac{1}{1+\frac{k_{\tau,\max}R_f}{\tau_f}\Delta u} \tag{8.22}$$

式中，$k_{\tau,s}$为接触面的割线切向刚度系数；τ 为按式（8.20）确定的 $f_{l,j,i}$，为已知的量；Δu 应为 $\Delta u_{j,i}$，即第 i 级荷载下第 j 段桩接触面两侧的切向位移差，是个未知的量。假定 $\Delta u_{j,i}$ 已知，则可按定义确定相应的割线刚度系数 $k_{\tau,s,j,i}$，即

$$k_{\tau,s,j,i}=\frac{f_{l,j,i}}{\Delta u_{j,i}} \tag{8.23}$$

改写式（8.22），简化后得 $k_{\tau,\max,j}$的表达式如下：

$$k_{\tau,\max,j}=\frac{k_{\tau,s,j,i}}{1-\frac{k_{\tau,s,j,i}R_f}{\tau_{f,j,i}}\Delta u_{j,i}} \tag{8.24}$$

这样，只要设定 $\Delta u_{j,i}$的初值就可由式（8.24）确定 $k_{\tau,\max,j,i}$的初值。与 $k_{\tau,\max,j}$相比，关于 $\Delta u_{j,i}$的数值范围的经验知识更多一些，可以在 $\Delta u_{j,i}$的取值范围内设定一个初值。

B. 参数的调整及拟合

a. 采用初始参数进行数值模拟分析的结果及与测试结果的比较

采用初始参数进行数值模拟分析可以获取如下结果：①一条完整的 P-S 曲线；②每级荷载下的轴向力沿桩轴分布的曲线，N 级荷载共 N 条。

显然，这些曲线与压桩试验的相应测试曲线不一致。如前所述，拟合目标是所选择的两条轴向力沿桩轴的分布曲线。因此，必须将由采用初始参数的数值模拟分析和由测试所获得的这两条轴向力沿桩轴的分布曲线进行比较。通过比较就可知道应如何调整接触面模型参数以拟合测试曲线。

设图8.19中的c曲线和m曲线分别是由数值模拟分析和测试得到的第i级荷载的轴向力沿桩轴的分布曲线。逐段比较这两条曲线，可有如下三种情况：

(a) 如第j段

$$(P_{j,i}-P_{j+1,i})^{(c)}/h_j>(P_{j,i}-P_{j+1,i})^{(m)}/h_j \tag{8.25}$$

注意式（8.20），由上式得

$$f_{l,j,i}^{(c)}>f_{l,j,i}^{(m)} \tag{8.26}$$

式中，$f_{l,j,i}^{(c)}$和$f_{l,j,i}^{(m)}$分别为由数值分析和测试得到的第i级荷载下第j段的侧摩阻力。再注意式（8.13），由式（8.26）可知，在数值分析时将参数$f_{f,j}$设置大了。为拟合$f_{l,j,i}^{(m)}$，应将参数$\tau_{f,j}$调小。

(b) 如第k段

$$(P_{k,i}-P_{k+1,i})^{(c)}/h_j<(P_{k,i}-P_{k+1,i})^{(m)}/h_j \tag{8.27}$$

即

$$f_{l,k,i}^{(c)}<f_{l,k,i}^{(m)} \tag{8.28}$$

则在数值分析中将参数$f_{f,k}$设置小了。为拟合$f_{l,k,i}^{(m)}$，应将参数$\tau_{f,k}$调大。

(c) 如第l段

$$(P_{l,i}-P_{l+1,i})^{(c)}/h_l\approx(P_{l,i}-P_{l+1,i})^{(m)}/h_l \tag{8.29}$$

即

$$f_{l,l,i}^{(c)}\approx f_{l,l,i}^{(m)} \tag{8.30}$$

则在数值分析中将$f_{f,l}$设置得较合适，在下一次数值模拟分析中可暂不调整。

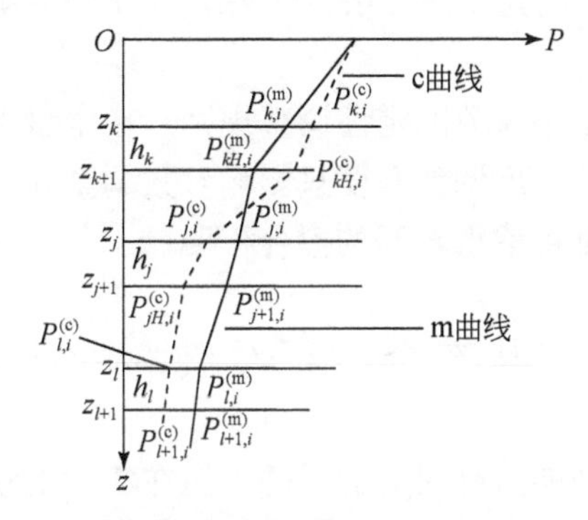

图8.19　数值模拟分析和测试获得的第i级荷载轴向力沿桩轴分布的比较

另外，如果将数值模拟分析和测试获得的第i级荷载轴向力沿桩轴分布的曲线逐点进行比较，则可发现如下两种情况。

ⅰ. $z=z_k$点：

$$P_{k,i}^{(c)}>P_{k,i}^{(m)} \tag{8.31}$$

由于

$$P_{k,i}=P_i-\sum_{q=1}^{k-1}f_{l,k,i}A_k$$

则式（8.31）表明：

$$\sum_{q=1}^{k-1}f_{l,k,i}A_k^{(c)}<\sum_{q=1}^{k-1}f_{l,k,i}A_k^{(m)} \tag{8.32}$$

因此，为了拟合 $P_{k,i}^{(m)}$，必须将 z_k 点以上 $f_{l,k,i}^{(c)}<f_{l,k,i}^{(m)}$ 各段的 $\tau_{f,k}$ 调大。

ⅱ. $z=z_j$ 点：

$$P_{j,i}^{(c)}<P_{j,i}^{(m)} \tag{8.33}$$

则

$$\sum_{q=1}^{j-1} f_{l,k,i}A_j^{(c)} > \sum_{q=1}^{j-1} f_{l,k,i}A_j^{(m)} \tag{8.34}$$

因此，为了拟合 $P_{j,i}^{(m)}$ 必须将 z_j 以上 $f_{l,j,i}^{(c)}>f_{l,j,i}^{(m)}$ 各段的 $\tau_{f,k}$ 调小。

b. 轴向力的拟合

（a）拟合的基本方法。拟合的基本方法是设定接触面模型初始参数进行数值模拟分析，将模拟分析结果与测试结果进行比较。根据比较的结果，按上述方法调整模型参数进行下一次数值模拟分析，逐次拟合所选择的两条轴向力沿桩轴的分布曲线。

（b）拟合的步序。由前述可见，如果从上至下，由数值模拟分析得到的每一段土接触面的侧摩阻力 $f_{e,j,i}^{(c)}$ 与测试资料确定的侧摩阻力 $f_{e,j,i}^{(m)}$ 相等，则由模拟分析得到的第 i 级轴向力沿桩轴的分布就与测试的结果相拟合了。因此，在拟合时也应从上至下逐段地满足 $f_{e,j,i}^{(c)}=f_{e,j,i}^{(m)}$ 的要求。

（c）参数调整原则。前文曾比较了由设定模型参数的数值模拟分析和由测试得到的轴向力沿轴的分布。根据比较结果，可得到如下两条参数调整原则：第一条，如果第 j 段的 $f_{e,j,i}^{(c)}<f_{e,j,i}^{(m)}$，则应将第 j 段的 $\tau_{f,j}$ 调大；第二条，如果 $P_{j,i}^{(c)}<P_{j,i}^{(m)}$，则应将前 $j-1$ 段中 $f_{e,k,i}^{(c)}<f_{e,k,i}^{(m)}$ 各段的 $\tau_{f,k}$ 调大。

这两条规则就是接触面模型参数的定性调整规则。在定量上，最初几次调整的幅度可大些，其后的调整幅度可小些。但调整幅度只影响参数调整和数值模拟分析的次数，即只影响拟合的工作量，但最终都可取得较好的拟合程度。

8.4.3 大直径长桩工作状态全过程及破坏的研究

虽然压桩试验设备的加载能力有很大的提高，但在实际工程中还会遇到现有压桩试验设备加载能力不足的情况，例如工程上采用的一柱一桩的大直桩就可能出现这种情况。在这种情况下，由于加载能力不足，因此不能由压载试验获得完整的压载曲线，不能了解桩的工作状态全过程和全面地评估桩的性能。

当现有的压桩设备的加载能力不足时，如何获得大直径长桩的完整压载曲线呢？在这种情况下，可采用压载试验与数值模拟分析相结合的方法。该方法的具体途径如下。

（1）根据经验预估桩的极限承载力，然后在中间某一个位置将桩分为上下段，使每段的极限承载力大约相等，如图 8.20 所示。在预估上段桩承载力时只计侧摩阻力；在预估下段承载力时不仅计侧摩阻力，还计端阻力。

（2）分别对上下两段桩进行压载实验。由于上下两段桩的极限承载力大约只是全桩的一半，因此可以获得这两段桩的整体压载曲线。在此应强调，在压载试验中必须测试每段桩在各级荷载下轴向力沿桩轴的分布。

（3）分别对各段桩进行拟合分析，拟合在各级荷载下桩轴向力沿桩轴线的分布。具体

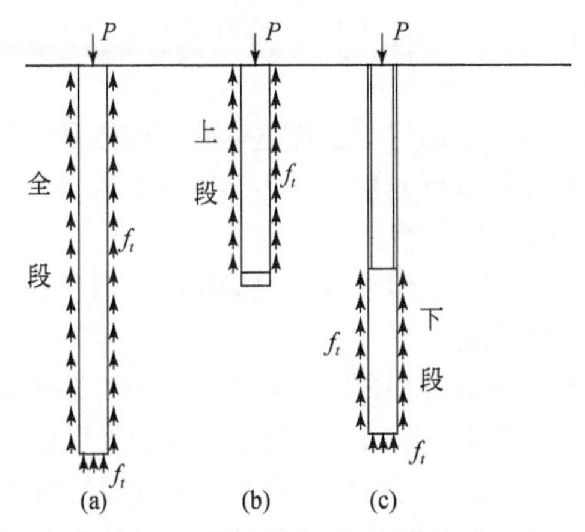

图 8.20　全桩及上下两段桩的受力

的拟合方法在前文已经表述，在此不再重复。

（4）由上下端桩的拟合分析可以分别得到上段桩范围内桩-土接触面力学模型参数、下段桩范围内桩-土接触面力学模型参数，以及桩底的力学模型参数。

（5）采用由上下桩段拟合分析所确定的桩-土接触面力学模型参数，以及桩底的力学模型参数，对全桩进行数值模拟分析。由全桩的数值模拟分析可以得到其完整的 *P*-*S* 曲线，以及在各级荷载下轴向力沿轴桩的分布。显然，这些结果可以代替全桩压载试验的测试结果。

由上述试验方法可以得出以下结论。

（1）分段压桩试验的主要目的不是分段确定其承载力，而是为分段拟合分析提供拟合目标，以便分段确定桩-土接触面力学模型参数。

（2）由压桩试验与数值模拟分析相结合的方法所给出的完整的 *P*-*S* 曲线是可靠的。因为一方面所采用的数值模拟方法是恰当的；另一方面数值模拟分析所采用的桩-土接触面力学模型参数是由拟合压桩试验测试资料得到的。

（3）压桩试验与数值模拟分析相结合消除了由于设备加载能力不足而不能采用压桩试验方法研究大直径长桩承载性能的限制，从而扩大了压桩试验的应用范围。

文献［3］曾采用上述压桩试验与数值模拟分析方法研究了松花江四方台公路桥的主塔桩基中单桩承载性能，给出了单桩的完整 *P*-*S* 曲线，为该桩基设计提供了重要依据。

8.5　基坑开挖土体与支护体系工作状态分析

8.5.1　基坑工程及分析方法

基坑开挖是一项临时工程，也是一项风险很高的工程。基坑设计不仅应保证土体与支护体系的自身安全，也要将基坑开挖对周围环境，包括对相邻建筑物的影响控制在允许范围内。频发的事故提醒人们，尽管基坑开挖是一项临时工程，也要对其予以足够的重视。为了保证土体与支护体系的自身安全及将基坑开挖对周围环境的影响控制在允许范围内，在基坑设计中应从多方面采取措施。

(1) 加强场地勘察工作，弄清场地土层（特别是软弱土层及部位）的组成，再进行土工试验，提供可靠的土的物理力学指标。

(2) 根据场地土层条件及基坑的尺寸选择适当的支护体系。

(3) 对选择的土体支护体系进行分析，预测土体支护体系的变形及支护体系构件的内力，判断土体支护体系所处的工作状态。

(4) 在开挖过程中，对土体支护体系进行现场监测，判断其工作状态是否正常，如果出现异常应立即根据预案采取措施。

(5) 做好事故处理预案，事故处理预案是基坑设计不可缺少的一部分内容。在这部分内容中要预测可能出现的异常现象、原因，以及应采取的工程措施。这样一旦在开挖过程中出现异常现象，能及时进行处理，可有效地避免事故或减轻事故损失。

通常基坑土体支护体系的分析是按基坑工程的有关设计规范所规定的方法进行。但应指出，几乎所有规范的方法都存在以下三个问题。

(1) 将土体对支护结构的作用以作用于支护结构上的土压力来表示。其中，土压力则按通常的土压力理论确定。但是，从相互作用观点看，土体对支护结构的作用力与支护结构的变形有关。

(2) 不能或不能很好地考虑开挖过程中土体支护体系变化对其工作状态的影响。

(3) 一般只能给出开挖在支护结构中引起的内力及相应的变形，不能给出土体的变形。但是，当评估基坑开挖对周围环境的影响时，开挖引起的土体变形是一个必需的指标。

由上述可见，在基坑设计中只按有关规范规定的方法进行分析是不够的，特别是大型基坑工程。为全面地评估土体支护体系在开挖过程中的工作状态，以及开挖对周围环境的影响，土体支护体系的分析必须考虑两者之间的相互作用和开挖过程中体系变化的影响。按前文所述，这样的分析只能采用数值模拟分析方法。

8.5.2 考虑开挖过程基坑土体与支护体系的数值模拟分析

基坑工程中的土体与支护体系有各种不同形式，这里不可能对每种形式的数值模拟分析具体方法都予以表述。但是，不论哪种土体与支护体系，它们都有一个共同的特点，即体系是随开挖过程变化的。具体地说，在开挖过程中土体从上至下逐渐减小，而支护结构构件则随之逐渐添加。因此，只要以其中一种土体与支护体系为例，将其数值模拟分析方法表述清楚，则其他形式体系的数值模拟分析原则上可采用相似的方法进行。

1. 逆作法施工的土体连续墙支护体系数值模拟分析途径

1) 逆作法施工的土体连续墙支护体系

(1) 土体连续墙支护体系。

土体连续墙支护体系包括如下三个组成部分。

a. 土体

土体是由水平成层的天然土层组成的。各层土的物理力学性质是不同的。不仅如此，当基坑的面积比较大时，同一土层沿基坑周边不同部位，其物理力学性质也可能有所差别。在场地勘察中，这些不同位置的差别必须查清，并由试验给出相应的物理力学指标，其中包括所采用的土力学模型参数。

b. 连续墙

连续墙是在土体开挖前沿基坑周边预先在土体中竖向设置的闭合墙体。墙体的材料多为钢筋混凝土。关于连续墙的施工方法在此不予表述。连续墙的设计包括如下参数。

（a）连续墙的长度。连续墙的长度 L 等于基坑的最大开挖深度 $D_{e,max}$ 加上其下的入土深度 D_{in}，即

$$L=D_{e,max}+D_{in} \tag{8.35}$$

（b）连续墙的断面尺寸。连续墙的断面尺寸以厚度 b 表示。

（c）连续墙的混凝土标号。

（d）钢筋的含量及型号。

（e）断面的配筋。

c. 横向支撑

深基坑的横向支撑是从上至下按一定的层距分层设置的，在同一层则按一定间距分道布置。支撑材料可为型钢，也可采用钢筋混凝土。横向支撑的布置参数如下。

（a）层数及层距。

（b）道数及间距。

此外，还有横向支撑的自身参数，例如断面、材料的型号或标号等。

（2）土体开挖横向支撑及地下结构的施工次序。通常，基坑的土体开挖是从上至下按指定层厚分层开挖，横向支撑则随开挖按指定的层距分层设置。待开挖到基坑底面，再从下至上逐层修建地下结构，例如地下室等。但是，逆作法地下结构的施工次序与通常的施工方法不同，现表述如下。

（a）基坑的土体开挖方法是相同的，都是从上至下按指定层厚逐层开挖。

（b）在逆作法中，以地下结构各层楼板代替横向支撑，这是两种方法的不同点之一。

（c）由于以地下结构各层楼板代替横向支撑，地下结构则应伴随土体开挖从上至下逐层施工，不像通常那样从下至上逐层施工，通常将这种施工方法称为逆作法。关于逆作法施工的许多技术问题，在此不进一步表述。

2）数值分析中基坑施工次序的模拟

第5章曾表述了在数值分析中模拟施工过程的方法。基坑施工次序的模拟可以按第5章所述的方法实现。这样，可根据指定的施工次序，将施工过程分成几个施工阶段，对每一个施工阶段，采用增量法进行一次数值分析。然后，将各阶段增量分析结果逐次叠加起来，就可以得到开挖过程中由开挖引起的应力位移等量。

按上述，如果按开挖次序确定的施工阶段越多，则所要进行的增量分析次数就越多。相应地，数值模拟分析工作量就越大。

2. 各施工阶段增量数值分析的若干问题

第5章已对各施工阶段增量数值分析的有关问题做了表述。下面，再结合基坑开挖问

题做一些具体说明。

1）基坑开挖前土体的初始应力

通常，基坑的场地是水平的，如不考虑相邻建筑物的影响，基坑开挖前土体中的应力则为自重应力，可按自重应力方法来确定，在此不多表述。下面，令土体的初始应力向量为$\{\sigma\}_0$，则

$$\{\sigma\}_0=\{\sigma_{x,0}\quad \sigma_{y,0}\quad \sigma_{z,0}\quad \tau_{xy,0}\quad \tau_{yz,0}\quad \tau_{zx,0}\}^{\mathrm{T}} \tag{8.36}$$

在水平场地情况下，如不考虑相邻建筑物的影响，则

$$\tau_{xy,0}=\tau_{yz,0}=\tau_{zx,0}=0 \tag{8.37}$$

2）各阶段参与分析的体系

前文曾指出，在基坑开挖过程中各阶段参与分析的体系是不同的。对此应指出如下三点：①连续墙及墙外土体在各阶段分析中是不变的；②随土体开挖基坑内参与分析的土体逐阶段减少，第i开挖阶段参与分析的土体为该阶段侧面之外及开挖底面之下的土体；③随土体开挖基坑内水平支撑的层数逐阶段增加，第i开挖阶段参与分析的水平支撑层数为$i-1$。这样，如果基坑内地下结构为N层，则可确定总的开挖阶段数及相应增量分析次序。

下面讲述开挖和支撑设置方案。基坑内土体开挖与横向支撑的设置有如下两种情况。

（1）开挖面与横向支撑不在同一高程上。通常，为施工方便，第i层楼板设置在第i层开挖底面之上，设两者的间距为Δh_1，如地下结构的层距为Δh，则$\Delta h>\Delta h_1$。由于第i层土开挖完成后才能设置第i层楼板，则在第i层开挖过程中第$i-1$层楼板将起支撑作用。按上述，可确定每次增量分析参与分析的体系及挖除的土层。以平面问题为例，各开挖阶段参与分析的体系表述如下。

a. 第一开挖阶段参与分析的体系

第一开挖阶段参与分析的体系如图8.21（a）所示。由图8.21（a）可见，第一开挖阶段是无横向支撑开挖，该开挖阶段的开挖深度为Δh_1。图8.21（a）中还标出了该开挖阶段要挖除的土体。

b. 第i开挖阶段参与分析的体系

第i开挖阶段参与分析的体系如图8.21（b）所示。由图8.21（b）可见，第i开挖阶段参与分析的体系中共有$i-1$层横向支撑，该阶段的开挖厚度为Δh。该开挖阶段的底面与第$i-1$层横向支撑的距离为$\Delta h_1+\Delta h$。图8.21（b）中还标出了该开挖阶段要挖除的土体。

c. 第N开挖阶段参与分析的体系

第N开挖阶段参与分析的体系如图8.21（c）所示。由图8.21（c）可见。第N开挖阶段参与分析的体系中共有$N-1$层横向支撑。该层的开挖深度为Δh，该开挖层底面与第$N-1$层横向支撑间的距离为$\Delta h_1+\Delta h$，而与基坑底面的距离为$\Delta h-\Delta h_1$。图8.21（c）中还标出了该开挖阶段要挖除的土体。

d. 第$N+1$开挖阶段参与分析的体系

第$N+1$开挖阶段是最后一个开挖阶段，其参与分析的体系如图8.21（d）所示。由

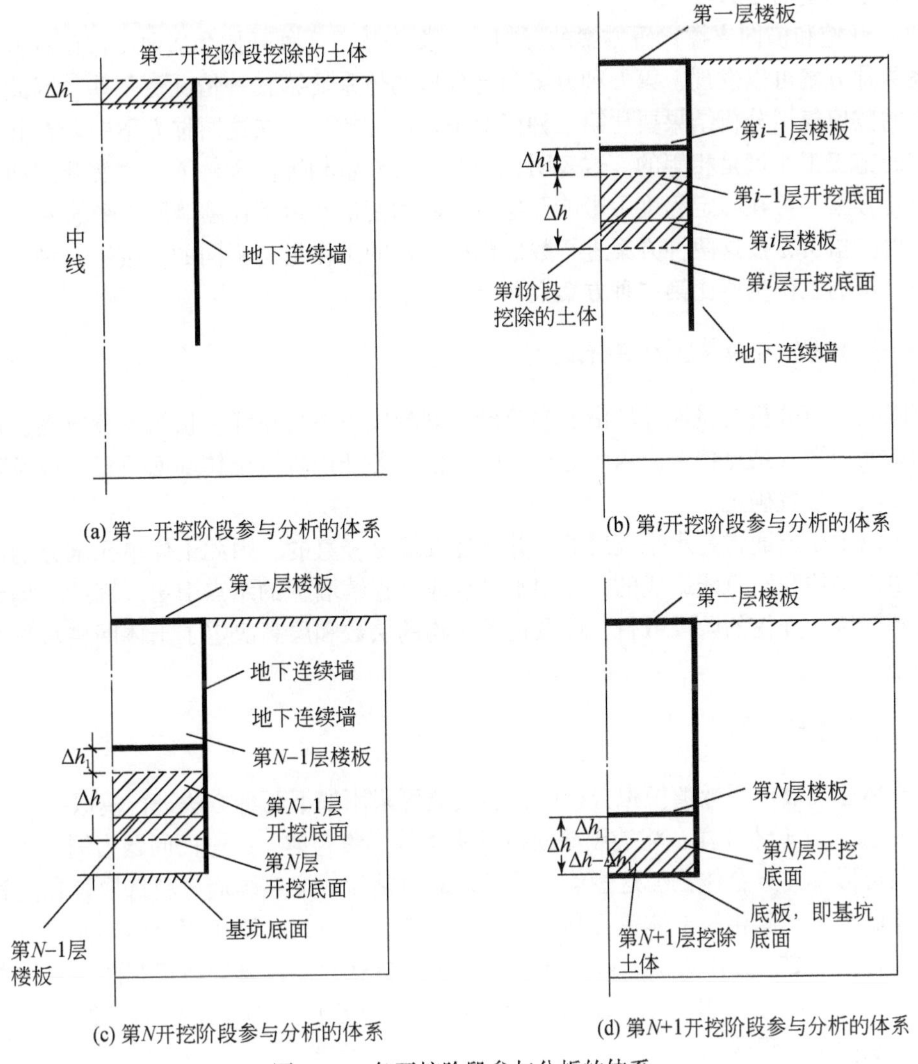

(a) 第一开挖阶段参与分析的体系　(b) 第i开挖阶段参与分析的体系

(c) 第N开挖阶段参与分析的体系　(d) 第N+1开挖阶段参与分析的体系

图 8.21　各开挖阶段参与分析的体系

图 8.21（d）可见，第 $N+1$ 层底面即基坑底面。在第 $N+1$ 开挖阶段参与分析的体系中共有 N 层横向支撑。该层的开挖厚度为 $\Delta h-\Delta h_1$。该层底面与第 N 层横向支撑间的距离为 Δh。图 8.21（d）中还标出了该开挖阶段的开挖厚度 $\Delta h-\Delta h_1$，以及要挖除的土体。

综上所述，在这种情况下，如果地下结构为 N 层，则应分成 $N+1$ 个开挖阶段，与此相应，为模拟开挖过程应进行 $N+1$ 次增量数值模拟分析。

（2）开挖面与横向支撑在同一高程上。在这种情况下，同样可确定为模拟开挖过程所需的开挖阶段数目，以及各开挖阶段参与分析的体系。以 N 层地下结构为例，其与前一种情况的异同如下：①模拟开挖过程所要求的开挖阶段数目为 N；②第一开挖阶段虽然也是无横向支撑，但其开挖深度为 $2\Delta h$；③第 i 开挖阶段参与分析的体系横向支撑数目也为 $i-1$，开挖深度也为 Δh，但是从第 i 层底面至第 $i-1$ 层支撑的距离为 $2\Delta h$；④最后开挖阶段为第 N 阶段，其参与分析的体系中横向支撑数目为 $N-1$ 个，其底面即基坑底面。该开挖

阶段的开挖厚度为 Δh。

（3）开挖和横向支撑设置方案的影响。上文表述了两种开挖和横向支撑设置方案。比较上述两种方案可以发现，第一种方案参与分析的体系比第二种情况更刚些。因此，第一种情况的数值模拟分析结果要比第二种情况小。但应指出，在这两种方案中开挖和设置横向支撑的施工工作量是相等的。这表明，在施工工作量相等的条件下，改变开挖和横向支撑的设置方案，可在一定程度上影响开挖所引起的变形和地下连续墙所承受的内力。

但也应指出，按这两种方案进行数值模拟分析的工作量是不同的。按第一种方案的数值模拟分析的工作量要比第二种方案大。

3）连续墙的分段及土体单元的剖分

有限元数值分析要将连续墙沿竖向分段，划分成一系列单元。按第 5 章所述，连续墙划分的单元个数及结点位置应由场地土层的层位、各开挖阶段土体底面位置，以及地下结构各层楼板的位置确定。

由于场地土层通常是水平成层的，并且连续墙是竖直的，因此土体单元剖分的网格线通常是由水平线和竖直线组成的，其中水平线应从连续墙上的结点引出。因此，场地土层的层数和厚度、开挖的阶段数目，以及地下结构的层数和层高决定了土体网格水平线的数目和间距。

4）连续墙的模拟

在土体连续墙体系数值模拟分析中，连续墙可采用如下两种方法进行模拟。

（1）像两侧土体一样，将连续墙模拟成实体单元集合体。以平面问题为例，则可模拟成实体四边形单元集合体，但这些单元的材料的力学参数按连续墙材料选取。在这种情况下，连续墙与其左侧相邻土体单元有一排公共结点，而与其右侧相邻土体单元也有一排公共结点，如图 8.22（a）所示。这些结点与土体的结点一样，每个结点有两个自由度，即水平位移和竖向位移。相应地，由每个结点的力平衡条件，即水平向力平衡和竖向力平衡，可建立两个方程式。

（2）如第 5 章所述，以平面问题为例，还可将连续墙模拟成梁单元集合体，即将其模拟成一段梁，并认为梁设置在连续墙的竖向中心线上。在这种情况下，梁单元与其左侧的相邻土单元和右侧的相邻土单元有一排公共结点，如图 8.22（b）所示。这些公共结点与土体内结点不同，每个结点有三个自由度，即除水平位移和竖向位移外，还有一个转角。相应地，由每个结点的力平衡条件，即水平力平衡、竖向力平衡，以及弯矩平衡可建立三个方程式。

比较上述两种模拟连续墙的方法可以看出：①以四边形实体单元集合体模拟连续墙，连续墙的单元类型与土体相同，在墙土接触面位移能完全满足位移连续性条件。以梁单元集合体模拟连续墙，连续墙单元类型与土体不同，在墙土接触面不能完全满足位移连续性条件，只在结点处满足位移连续性条件。②以四边形实体单元集合体模拟连续墙比以梁单元集合体模拟连续墙多了一排结点，如图 8.22 所示。但是，四边形实体单元结点的自由度为两个，而梁单元结点的自由度为三个。③采用四边形实体单元集合体模拟连续墙不便

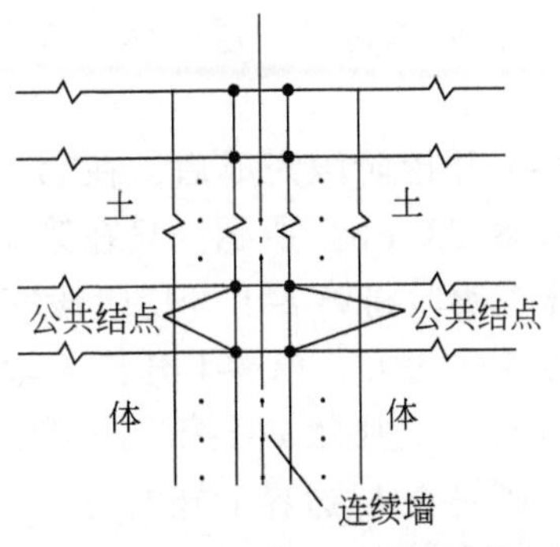

(a) 将连续墙模拟成四边形单元集合体

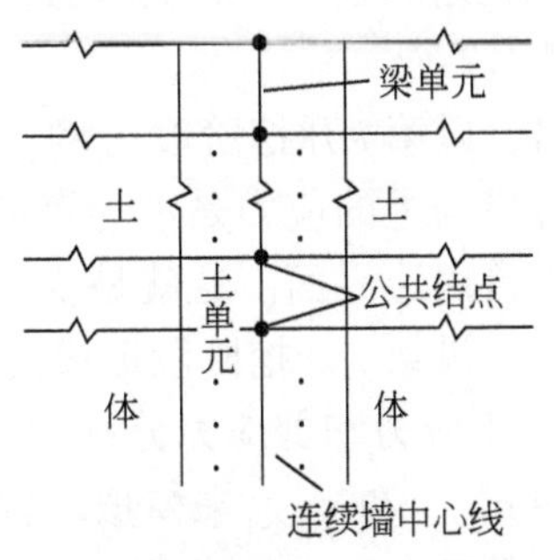

(b) 将连续墙模拟成梁单元集合体

图 8.22　连续墙的模拟

或不能直接确定连续墙所承受的弯矩。由于连续墙的变形以弯曲为主，其内力弯矩是其工作状态的重要定量指标。这一点则是以梁单元集合体模拟连续墙的一个重要优点。

5）楼板的模拟

按逆作法，在基坑土体支护体系中，从上到下的各层楼板起着水平支撑的作用。但是，与通常水平支撑相比，其刚度非常大。因此，通常假定楼板的水平压缩变形为零，即假定楼板为刚体。在这样的假定下，楼板可以在土体支撑体系中不出现，当设置第j层楼板后，其支撑作用可用如下变形约束条件来模拟：

$$\Delta u_{j,i}=0 \tag{8.38}$$

式中，j为从上到下楼板与连续墙连结点的序号；i为开挖阶段序号；$\Delta u_{j,i}$为第i开挖阶段在第j结点引起的水平位移增量。如果在第i阶段开挖前第j层楼板还没有设置，则不能施加约束条件式（8.38）。因此，只第i开挖阶段前已设置楼板时才能施加约束条件式（8.38）。下面以第i开挖阶段为例来说明这个问题。由图8.21（b）可见，在第i开挖阶段只设置了$i-1$层楼板，因此在第i开挖阶段数值模拟分析中，施加水平位移约束式（8.38）的结点数目为$i-1$个，这些结点为从上到下第一层至第$i-1$层楼板与连续墙的连结点。

6）土的力学计算模型

在基坑开挖数值模拟分析中，所采用的土力学模型必须是非线性力学模型。第2章曾表述了土的非线性力学模型及选取模型所应遵循的原则。在此不对这些做重复的表述，只想指出，在基坑开挖数值模拟分析中采用非线性弹性邓肯–张力学模型就能取得令人满意的结果。虽然该模型是一个非线性弹性力学模型，但该模型参数可以采用常规三轴试验较可靠地确定。此外，在确定该模型参数的试验中，还可以模拟基坑开挖过程中土体所处的排水条件。下面将在分析实例中具体说明这个问题。

7）土体开挖的模拟

由前述可见，每一个开挖阶段对参与分析的土体支护体系有如下两点影响，如图8.23（a）

所示：①在每个开挖阶段在基坑内自由边界面之下挖除指定的一层土体；②在基坑内形成一个新的土体自由界面。

在此应指出，以第 i 开挖阶段为例，在第 $i-1$ 开挖阶段完成后，在第 i 开挖阶段即将形成的自由边界面上的应力是不为零的，如图 8. 23（b）所示。只在第 i 开挖阶段完成之后才变成了自由边界面。这就是说，第 i 开挖阶段将第 $i-1$ 开挖阶段完成后该面上的应力给解除了。设第 i 开挖阶段形成的自由边界面为 L_i，第 $i-1$ 开挖阶段完成后在边界面 L_i 上作用的正应力和剪应力分别为 $\sigma_{L_i,i-1}$ 和 $\tau_{L_i,i-1}$，则第 i 开挖阶段可以用解除在 L_i 边界面上作用的 $\sigma_{L_i,i-1}$ 和 $\tau_{L_i,i-1}$ 来模拟。解除方法则是在 L_i 边界上施加与 $\sigma_{L_i,i-1}$ 和 $\tau_{L_i,i-1}$ 方向相反的应力。由图 8. 23 可见，第 i 开挖阶段形成的新自由边界 L_i 包括基底面 $L_{i,s}$ 和墙侧面 $L_{i,w}$。

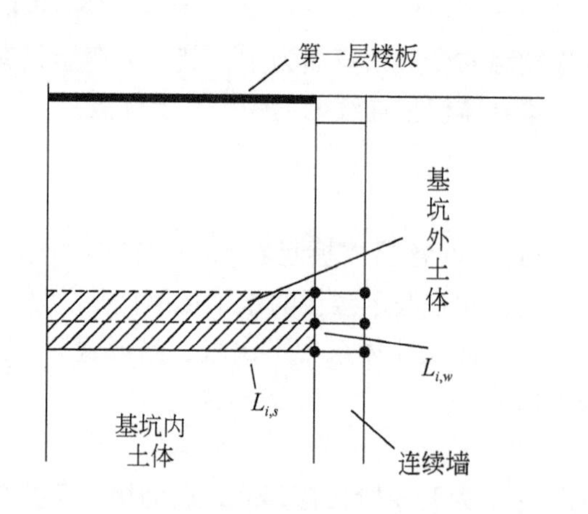

(a) 第i开挖阶段形成的新的自由边界面L_i

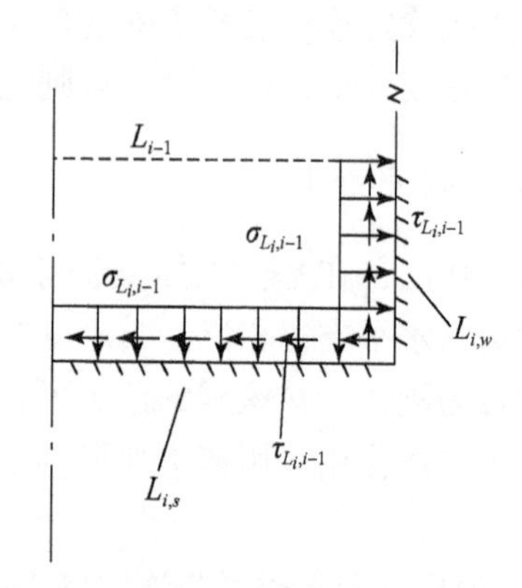

(b) 第$i-1$阶段开挖完成后作用在L_i边界面上的$\sigma_{L_i,i-1}$和$\tau_{L_i,i-1}$

图 8. 23　第 i 开挖阶段的模拟

8）各开挖阶段数值模拟分析的荷载增量向量的形成

上文表述了第 i 开挖阶段土体开挖的作用可用解除第 i 开挖阶段相应的新的边界面上的应力来模拟。显然，第 i 开挖阶段土体支护体系的位移、应变及应力等增量都是在边界 L_i 上施加的这组应力作用下发生的。因此，第 i 开挖阶段数值模拟分析的荷载增量向量 $\{\Delta R\}_i$ 应根据在边界面 L_i 上作用的（$-\sigma_{L_i,i-1}$）和（$-\tau_{L_i,i-1}$）来形成。由（$-\sigma_{L_i,i-1}$）和（$-\tau_{L_i,i-1}$）只作用在 L_i 边界面上，则在第 i 开挖阶段分析的荷载增量向量 $\{\Delta R\}_i$ 中，只有与边界面 L_i 上结点相应的元素不为零，其他元素均为零。

在此，只应指出如下两点，以平面问题为例：

（a）当采用四边形实体单元集合做模拟连续墙时，只需将 L_i 上作用的（$-\sigma_{L_i,i-1}$）和（$-\tau_{L_i,i-1}$）分配到 L_i 上各结点，就可得到 L_i 上各结点相应的结点水平力增量和竖向力增量。

（b）由图 8. 23 可见，L_i 分为 $L_{i,s}$ 和 $L_{i,w}$ 两部分。当以梁单元模拟连续墙时，作用于

$L_{i,w}$上的分布力 $\sigma_{L_i,i-1}$不在 $L_{i,w}$上结节产生水平向结点力增量，还要产生力矩增量。因此，相应的荷载增量也应包括由此产生的力矩增量分量。

8.5.3　逆作法施工基坑土体支护体系数值模拟分析实例

1. 工程概况

根据参考文献［4］，某基坑的平面图及监测围护墙变形的断面 I_1、I_2、I_3、I_4 和 I_5 的位置如图 8.24 所示。连续墙厚 110cm，入土深度为 42m，基坑深度为 20.3m，采用逆作法施工。基坑中的地下结构有六层。三个主断面按平面应变问题进行分析，犄角部分按三维问题进行分析。主断面部分和犄角部分的开挖和地下结构楼板修建的次序稍有不同。

犄角部分的施工次序如下。

第一阶段：开挖至地表下 1.6m；

第二阶段：在地表面修建第一层楼板，然后从 1.6m 挖至 5.4m；

第三阶段：在地表面下 3.8m 处修建第二层楼板，然后从 5.4m 挖至 8.55m；

第四阶段：在地表面下 6.95m 处修建第三层楼板，然后从 8.55m 挖至 11.7m；

第五阶段：在地表面下 10.10m 处修建第四层楼板，然后从 11.7m 挖至 14.6m；

第六阶段：在地表面下 13.25m 处修建第五层楼板，然后从 14.60m 挖至 17.90m；

第七阶段：在地表面下 16.40m 处修建第六层楼板，然后从 17.90m 挖至 20.30m。

主断面部分的施工次序如下。

第一阶段：开挖至地表面下 5.4m；

第二阶段：在地表面和地表面下 3.8m 处分别修建第一层楼板和第二层楼板，然后从 5.4m 挖至 8.55m；

第三阶段至第六阶段与犄角部分的第四阶段至第七阶段的开挖和修建楼板的次序相同。因此，主断面部分只有六个施工阶段。

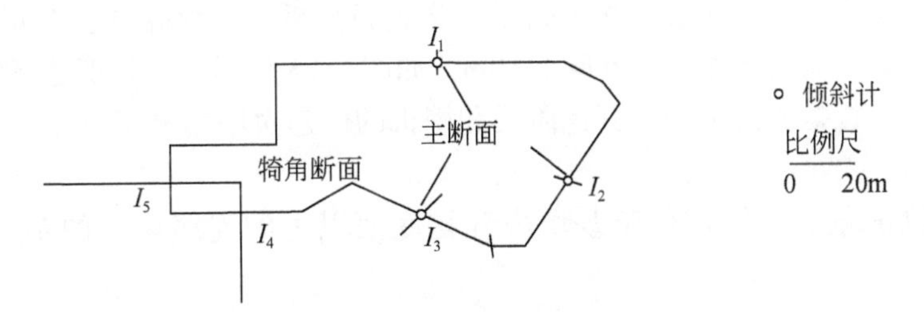

图 8.24　某基坑的平面图及监测断面的位置示意图

基坑场地土由粉质砂土和粉质黏土组成。从上到下各层土的名称及层底面在地表下的深度如表 8.1 所示。在数值模型分析中，土的力学模型采用非线性弹性邓肯–张模型。各层土的邓肯–张模型参数如表 8.1 所示。这些参数是由各层土的室内三轴试验确定的。由表 8.1 所示的力学参数可见，在数值模拟分析中，假定粉质砂土及砾石处于固结不排水工作状态，而假定粉质黏土处于不排水工作状态，其摩擦角 φ 及参数 n 等于零。因此，粉质砂土的力学模型参数是由三轴固结不排水剪切试验确定的，而粉质黏土的力学模型参数是由三轴不排水剪切试验确定的。

表 8.1　场地土层及其邓肯–张模型参数

土层	地面下深度/m	γ /(kN/m^3)	C /kPa	φ/(°)	n	R_f	μ		K	K_{ur}
							μ_i	μ_t		
粉质黏土	4.2	19.4	50.0	0.0	0.0	0.7	0.49	0.49	225	225
粉质砂土	10.5	20.1	6.0	35.8	0.5	0.9	0.3	0.49	650	650
粉质黏土	15.0	19.4	49.7	0.0	0.0	0.7	0.49	0.49	610	610
粉质黏土	24.0	19.4	72.0	0.0	0.0	0.7	0.49	0.49	560	560
粉质砂土	30.2	20.0	25.0	20.8	0.5	0.9	0.3	0.49	600	600
粉质黏土	37.8	19.8	121.0	0.0	0.0	0.7	0.49	0.49	680	680
砂质粉土	50.0	20.0	20.0	31.2	0.5	0.8	0.3	0.49	950	950
砾石	>50.0	21.6	0.0	45.0	0.5	0.9	0.3	0.49	2000	2000

根据第 2 章，邓肯–张模型的切线模量 E_t 的计算公式如下：

$$E_t = KP_a\left(\frac{\sigma_3}{P_a}\right)^n\left[1-\frac{R_f(1-\sin\varphi)(\sigma_1-\sigma_3)}{2(\cos\varphi+2\sigma_3\sin\varphi)}\right]^2$$

对于粉质黏土，$\varphi=0$、$n=0$，代入上式得不排水状态下粉质黏土的切线模量 E_t 计算公式如下：

$$E_t = KP_a\left[1-\frac{R_f(\sigma_1-\sigma_3)}{2c}\right]^2 \tag{8.39}$$

由式（8.39）可见，在不排水状态下粉质黏土的切线模量 E_t 与其开挖前所承受的最小应力 σ_3 无关。

2. 主断面按平面应变问题分析的结果及与实测资料比较

在主断面分析中，取宽 50m、深 70m 的土体进行分析，连续墙内土体宽度为 16m，墙外土体宽度为 34m，墙入土 42m，墙厚 1.10m，如图 8.25 所示。采用四边形实体单元集合体来模拟连续墙。根据土层分布、开挖阶段和楼板的修建次序划分了单元网格，其网格图从略。

由于楼板刚度很大，假定位于基坑内开挖底面以上的连续墙上的结点的边界条件如下：

$$\Delta u_{k,i}=0 \tag{8.40}$$

式中，k 为从上至下位于该边界的结点序号；i 为分析阶段序号；$\Delta u_{k,i}$ 为第 i 阶段分析在 k 结点上产生的水平位移增量。但是，第 i 阶段分析在 k 结点上产生的竖向位移增量不受约束。

另外，参与分析土体的侧向边界上的结点的边界条件如下：

$$\Delta u_{l,i}=0 \tag{8.41a}$$

式中，l 为从上至下位于该边界的结点序号，其他相同。同样，$\Delta v_{l,i}$ 不受约束。

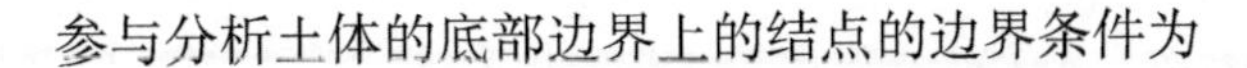
参与分析土体的底部边界上的结点的边界条件为

$$\Delta u = \Delta v = 0 \tag{8.41b}$$

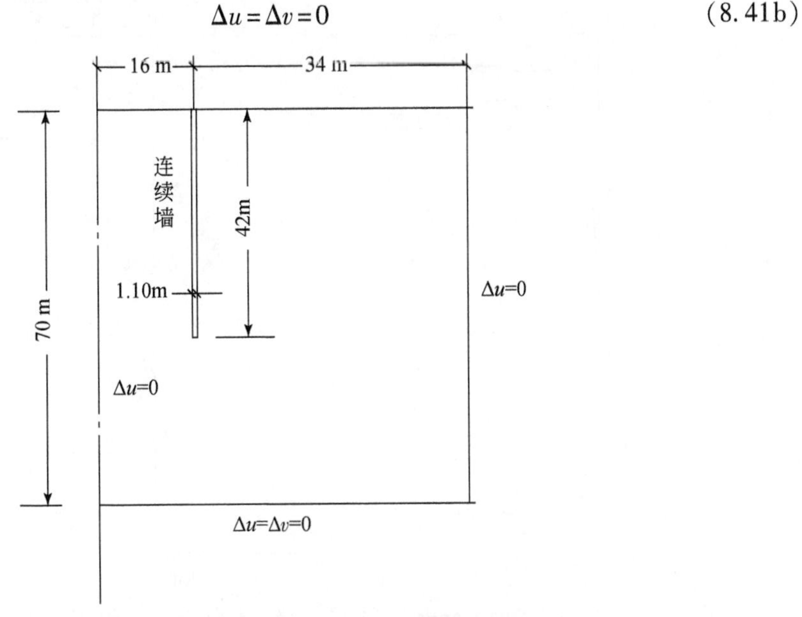

图 8.25　按平面应变问题主断面参与分析的初始体系

1）连续墙水平变形与实测资料的比较

由各开挖阶段的数值模拟分析可以得到在指定开挖阶段完成后连续墙体的水平变形。由数值模拟分析所得到的第二开挖阶段完成时连续墙水平变形沿墙高的分布、第五开挖阶段完成时连续墙水平变形沿墙高的分布，如图 8.26 中的虚线所示。相应开挖阶段完成后实测的连续墙水平变形沿墙高的分布如图 8.26 中的实线所示。比较数值模拟分析和实测结果可得到如下两点结论。

（1）无论在数值上还是沿连续墙高的分布形式上，数值模拟分析求得的连续墙水平位移与实测资料是相当一致的。这表明：①上述基坑开挖的数值模拟分析方法是适用的。②在离犄角较远的主断面，按平面应变问题进行数值模拟分析是可以取得满意结果的。

（2）由图 8.26 可见，在各开挖阶段完成后，相应的连续墙最大水平位移发生在该阶段开挖土层的底面附近。

2）连续墙的模拟对墙体水平变形的影响

下面表述连续墙的模拟对数值模拟分析结果的影响。如上所述，连续墙可采用四边形实体单元集合体或梁单元集合体来模拟。采用这两种模拟连续墙方法对上述实例主断面按平面应变问题进行了数值模拟分析。分析中采用七阶段开挖次序，即与前述的犄角区相同的开挖次序。图 8.27 给出了第六和第七开挖阶段完成后按两种模拟方法分析得到的连续墙水平位移沿墙高的分布，并给出了第六开挖阶段完成后实测的连续墙水平位移沿墙高的分布。比较图 8.27 所示的结果，从连续墙水平位移而言，采用四边形实体单元集合体和梁单元集合体模拟连续墙所得到的分析结果几乎是相同的，并且都与实测资料较一致。

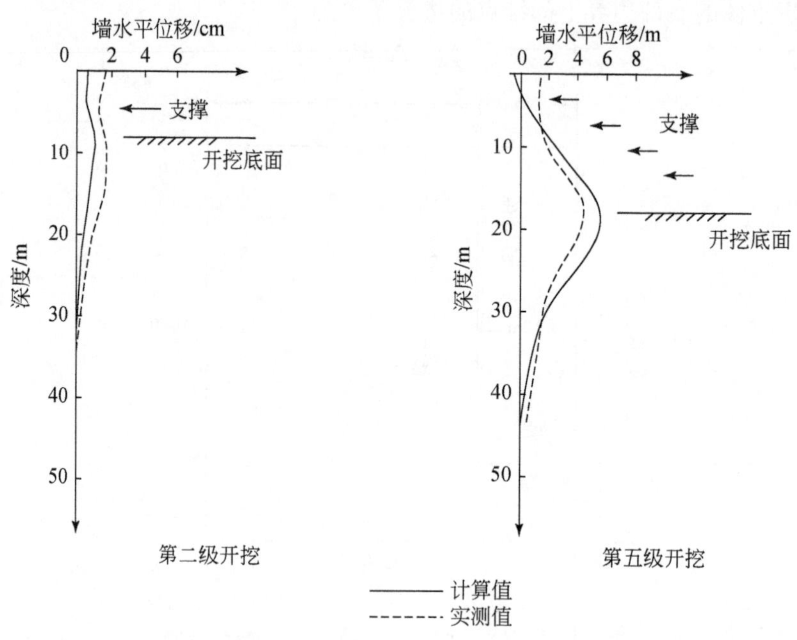

图 8.26　按平面应变问题分析主断面连续墙水平变形沿墙高的分布及与实测资料的比较

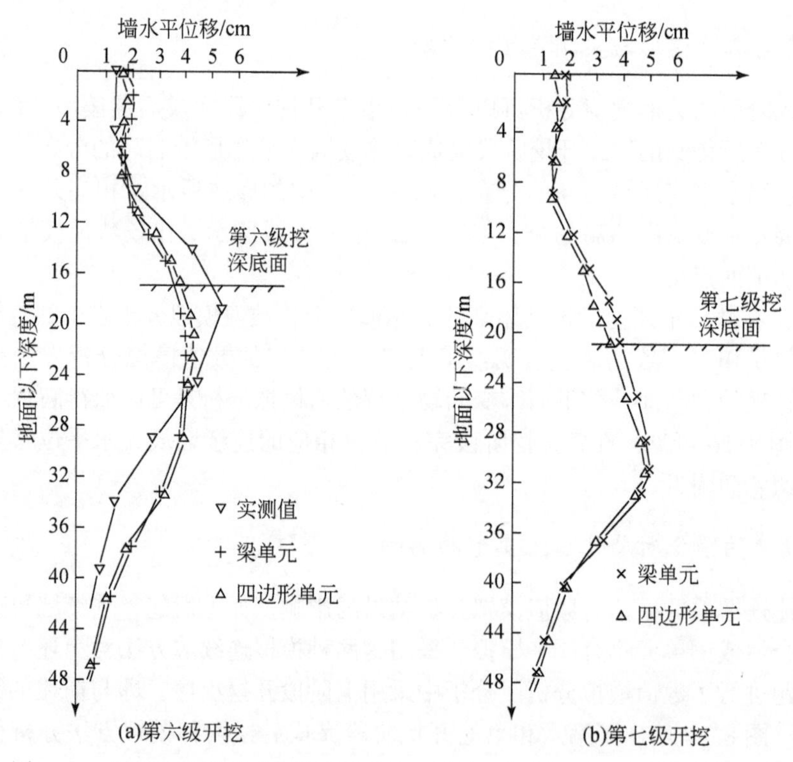

图 8.27　用连续墙模型对数值模拟对墙水平位移的影响及与实测资料的比较

3）基坑内开挖底面的抬高及墙外地面的沉降

a. 基坑内开挖底面的抬高

数值模拟分析结果表明，基坑底面的抬高量随从上至下的开挖阶段而增大，即随开挖深度而增大。第七开挖阶段完成时基坑底面的抬高及沿底面的分布如图 8. 28 所示。由图 8. 28 可见，在基坑底面，抬高量随与连续墙的水平距离增大而增大，而在底面与连续墙交点处抬高量为零。因为在模拟分析中假定墙与相邻土体不能发生相对滑动变形，以及底面以下连续墙的嵌固作用，则在底面与连续墙交点处的抬高量为零。

在此应指出，往往认为基坑底面的抬高量是由于解除了开挖土体的重量而发生的回弹变形。但是，这只是基坑底面抬高机制之一，底面抬高的另一个重要原因是墙体向基坑内的侧向挤压。由图 8. 27 可见，在开挖底面高程附近墙体向基坑的侧向挤压变形最大。因此，墙体向基坑内的侧向挤压引起的抬高量是不可忽略的部分。另外，墙体向基坑内的侧向挤压变形随从上至下的开挖阶段而增大，则由此引起的底面抬高量也将随之增大。

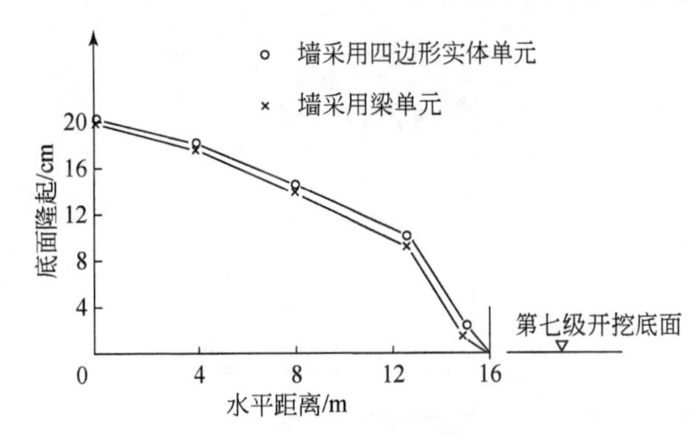

图 8. 28　开挖引起的底面抬高及沿底面分布（第七开挖阶段）

b. 墙外地面的沉降

数值模拟分析结果表明，随从上至下开挖阶段的增加，即开挖深度的增大，地表面的沉降量增加。第七开挖阶段完成时墙外地面的沉降沿地表面的分布如图 8. 29 所示。由图 8. 29 可得以下结论。

（a）在紧靠围护墙的地表面处沉降量很小，甚至还可能发生一些抬高。发生抬高的原因可能是墙内土体抬高，在墙土接触面上对墙有一个向上的作用力。

（b）随与墙的距离增加，地面沉降逐渐增加，但增加的速率逐渐减小。大约在距离等于开挖深度处，地面沉降达到最大值。

3. 犄角断面数值模拟分析结果及与实测资料比较

监测断面 I_4 和 I_5 离犄角较近，这两个监测断面墙体的侧向位移将受到墙犄角约束的影响。为了解墙犄角约束对墙侧向位移约束的影响，文献［4］进行了三维分析。但是，对整个土体支护体系进行三维分析，其分析工作量是非常大的。在此仅进行了局部三维分析。在局部三维分析中，参与分析的土体和围护墙如图 8. 30 所示。参与分析的土体的平

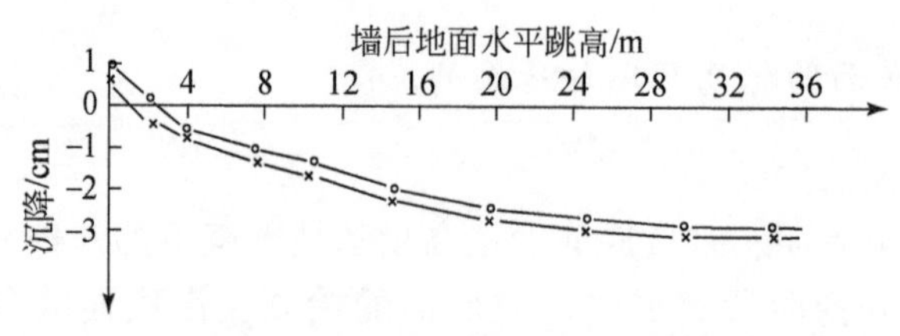

图 8.29　开挖引起的墙后地面沉降（第七级开挖）

面尺寸为 50m×40m，高度为 70m。参与分析的土体的正立面为 I_4 监测断面，其左侧立面为 I_5 监测断面。按前述的土层分布，开挖阶段和楼板的设置次序将参与分析的土体和围护墙进行了单元剖分，其剖分网格在此从略。按前述方法，从上至下逐阶段进行分析，可求得在各阶段开挖完成时 I_4 断面和 I_5 断面的墙体侧向变形沿墙高的分布。图 8.31 给出了 I_4 断面在第四、第六开挖阶段完成时分析得到的墙体侧向变形沿墙高的分布，以及 I_4 监测断面墙体侧向位移沿墙高分布的观测资料，以及主断面按平面应变问题求得的墙体侧向位移沿墙高的分布。由图 8.31 可得以下结论。

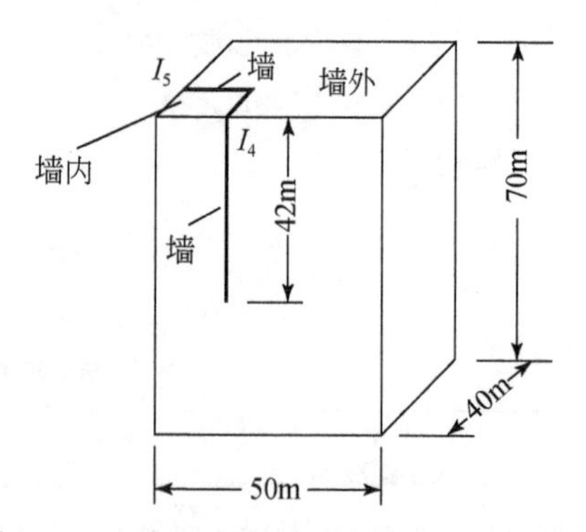

图 8.30　局部三维数值模拟参与分析的体系

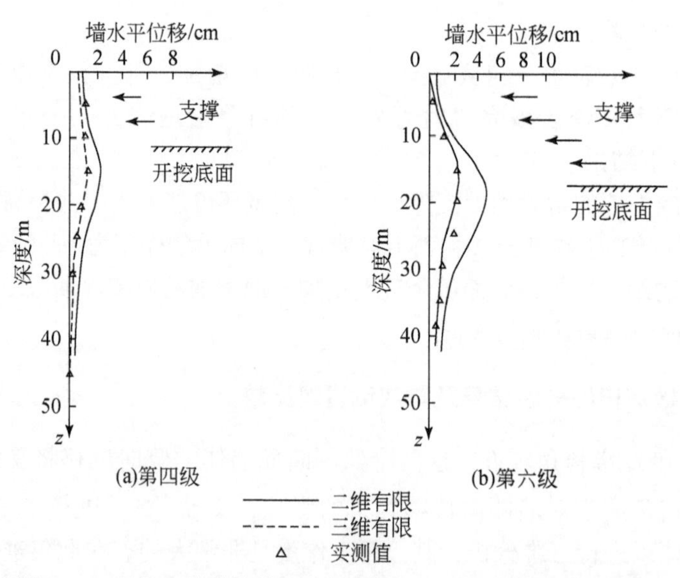

图 8.31　局部三维数值模拟分析求得的 I_4 断面墙体的侧向位移

（a）按三维问题由数值模拟分析求得的 I_4 和 I_5 监测断面墙体的侧向位移与实测资料相当一致。因此，邻近犄角的墙体侧向位移可由局部三维数值模拟分析确定。

（b）按三维问题由数值模拟分析求得的 I_4 和 I_5 监测断面墙体的侧向位移显著地小于按平面应变问题分析求得的墙体侧向位移。这表明，犄角对邻近墙体的侧向变形的约束作用是不可忽略的。

8.6　简要评述

（1）岩土工程工作状态全过程和破坏分析可以给出其从线性工作状态到破坏各阶段的变形、应力或内力的变化过程。这样，可将变形和稳定性作为一个统一问题来进行分析，并评价其性能。

（2）岩土工程工作状态全过程和破坏分析必须综合应用如下三方面知识。

（a）土体非线性力学性能及力学模型；

（b）土体非线性分析及数值求解方法；

（c）土体-结构相互作用。

（3）在岩土工程工作状态全过程和破坏分析中应注意如下两个关键问题。

（a）选择一个有效的实用的土力学模型并正确地确定模型参数，应恰当地确定土体所处的排水状态，其模型参数应由所处的排水状态下的试验来确定。

（b）恰当模拟荷载和施工过程。这是由于岩土工程的工作状态将随荷载阶段或施工阶段逐渐地从一种状态进入另一种状态。

（4）岩土工程类型是多种多样的。在此，为了说明问题，只列举了两个例子。其他问题不难按类似的方法进行其工作状态全过程及破坏分析。在此列举这两个例子，希望能起到举一反三的效果。

（5）在许多情况下，按三维问题进行数值模拟分析更合理。但鉴于三维问题的分析工作量非常大，因此将整个岩土工程体系按三维问题分析是不明智的。在这种情况下，可利用“三维影响是局部的”特点从整个岩土工程体系中取一部分进行局部三维问题分析。

参考文献

[1] Chen W F. Limit Analysis and Soil Plasticity. Amsterdam Oxford New York：Elsevier Scientific Publishing Company，1975.

[2] Chen W F，Mizuno E. Nonlinear Analysis in Soil Mechanics，Theory and Implementation. Amsterdam Oxford New York：Elsevier Scientific Publishing Company，1990.

[3] 胡庆立，张克绪．大直径桩的竖向承载力性能研究．土木工程学报，2007，24（4）：491-495.

[4] Ou C Y，Chiou D C，Wu T S. Three-dimensional finite element analysis of deep excavations. Journal of Geotechnical Engineering，1996，122（5）：337-345.

第9章 复合土结构的性能分析

9.1 概　　述

9.1.1 什么是复合土体

土作为一种工程材料，其力学性能的特点是变形大、强度低，以及几乎不能承受拉应力的作用。为了改善土的力学性能，减小土体的变形，提高土体的承载能力，可在土体中设置一定数量的加强体。在土体中设置一定数量的加强体，好比在混凝土中设置钢筋。设置钢筋的混凝土称为钢筋混凝土。相应地，设置加强体的土体称为复合土体。

这样，复合土体中存在两个传力和变形体系。一个是土体传力和变形体系，另一个是加强体传力和变形体系，这两个体系通过它们的接触面发生相互作用。因此，在力学上可以将复合土体视为土体-加强体相互作用的体系。

9.1.2 加强体

1. 材料的力学性能

在土体中设置的加强体有时还称为筋件。顾名思义，筋件应具有抗拉的性能。按上述，加强体或筋件是为了改善土体的力学性能而设置的。为了弥补土的力学性质的缺点，加强体或筋件的材料性能应满足如下要求。

（1）强度较高；

（2）变形较小；

（3）具有较高拉伸强度。

2. 筋件的材料和类型

能满足上述力学性能要求的材料都可作为筋件材料，因此有比较大的选择范围。通常所用的筋件主要材料和类型如下。

（1）铝合金片；

（2）铜片；

（3）不锈钢片；

（4）工程塑料板；

（5）加筋土工布；

(6) 土工格栅;

(7) 锚杆;

(8) 水泥土桩;

(9) 混凝土桩等。

此外，在复合地基中有时还采用砂砾石作为加强体。这种加强体是散体。实际上，砂砾石也是一种土，但相对于一般土而言，其变形较小、强度较高，但也不能承受拉力作用。

9.1.3 加强体的布置

1. 布置方向

加强体的布置方向主要取决于土体的受力方向、变形形态和破坏模式。通常，主要有水平和竖向两种布置方向。在斜坡土体中采用水平向布置，这样可有效地减小土体的侧向变形和增强抗滑能力。在地基土体中则采用竖向布置，这样可减小沉降，增大地基承载能力。此外，加固天然斜坡的土体时也可以采用竖向加强体，例如抗滑桩。

2. 水平加强体或筋件的设置次序和方法

筋件的设置次序和方法取决于土体的施工次序和方法，大致可分为如下几种。

a. 填筑斜坡的土体

人工填筑的土体是从下向上分层填筑的，因此其中的筋件也是从下向上分层铺设的，如图9.1所示。上下相邻两层筋件的距离称为层距，设以Δh表示。层距Δh是加筋土体的一个重要的设计参数。人工填筑土体中的筋件通常采用上述前六种筋件中的一种。

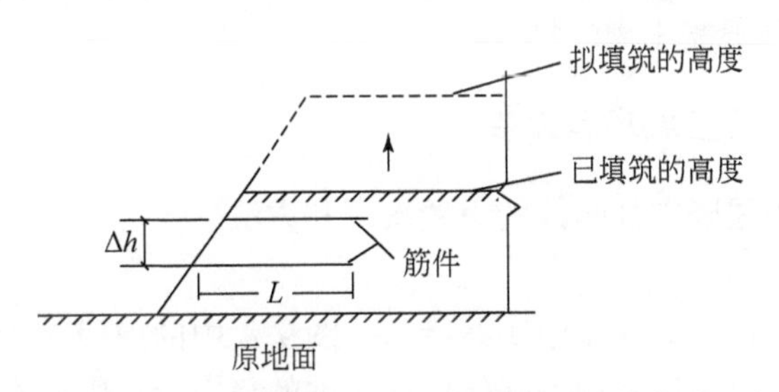

图9.1 人工填筑土体筋件的设置次序和方法

b. 人工开挖的斜坡土体

人工开挖斜坡是按从上向下的次序施工的，因此其筋件的施工次序也是从上向下分层设置的。由于人工开挖斜坡的土体是天然土体，其筋件的设置方法不能采用铺设方法，而是采用钻孔灌注方法，例如将灌浆锚杆作为筋件，如图9.2所示。相应地，上下相邻的两层锚杆的距离Δh称为层距。

c. 修整的斜坡土体

当为某种工程目的需要修整已有的天然土坡或人工填筑的土坡时，如在其中设置筋件也应采用钻孔灌注方法施工。其施工的次序也是从上向下逐层施工，如图 9.3 所示。

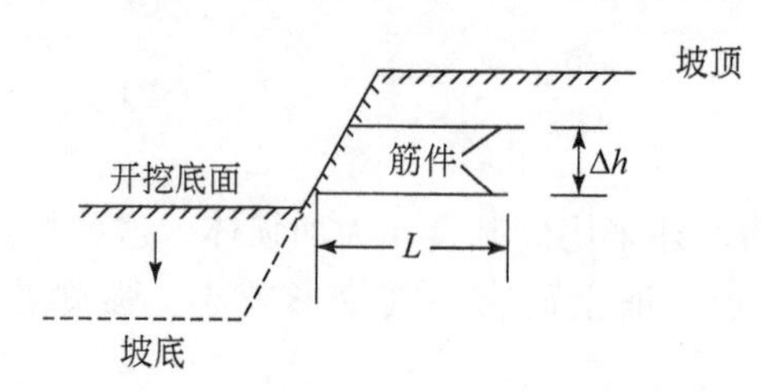

图 9.2　人工开挖斜坡土体筋件的施工次序和方法

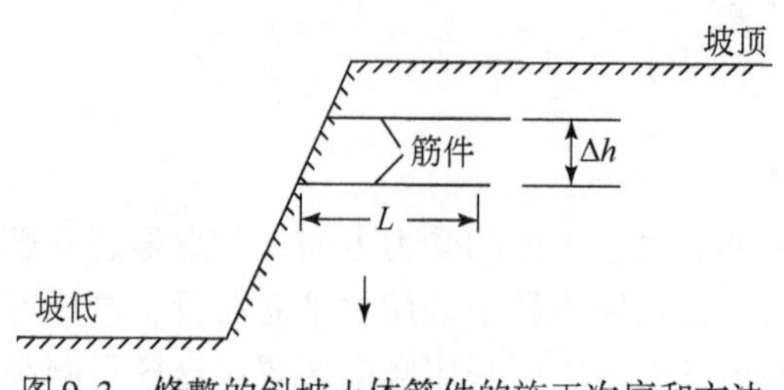

图 9.3　修整的斜坡土体筋件的施工次序和方法

3. 竖向加强体的类型及设置次序和方法

1）竖向加强体的类型

竖向加强体可按材料类型和压缩性分为如下三种类型。

(a) 散体桩，例如碎石桩；

(b) 柔性桩或半刚性桩，例如水泥土桩；

(c) 刚性桩，例如混凝土灌注桩。

2）竖向加强体的设置次序和方法

下面分两种情况表述竖向加强体的设置次序和方法。

a. 天然斜坡土体

设天然斜坡的原坡面如图 9.4 中实线所示。图 9.4 中的虚线是设计要求的坡面，但其下坡体是不稳定的。如果采用竖向加强体保证土坡的稳定性，则应在斜坡土体中设置混凝土桩或水泥土桩。在这种情况下，如果采用混凝土桩则采用钻孔灌注桩，如果采用水泥土桩则应采用水泥土搅拌桩或旋喷桩。设置的次序通常从坡顶向坡脚逐排进行。无论采用哪种加强体，其顶面应与设计所要求的坡面一致。待部分加强体或全部加强体设置完成后，再按设计所需要的断面将加强体以上的土体削掉。两排加强体之间的水平距离称为排距，以 b 表示，加强体的长度以 L 表示，各排的加强体长度一般不同，如图 9.4 所示。

b. 地基土体

如果在地基土体中设置加强体，例如钻孔灌注桩或水泥土桩，这种地基称为复合地基。众所周知，桩基具有一个承台，通常认为作用于承台之上的荷载完全是由其下的桩承

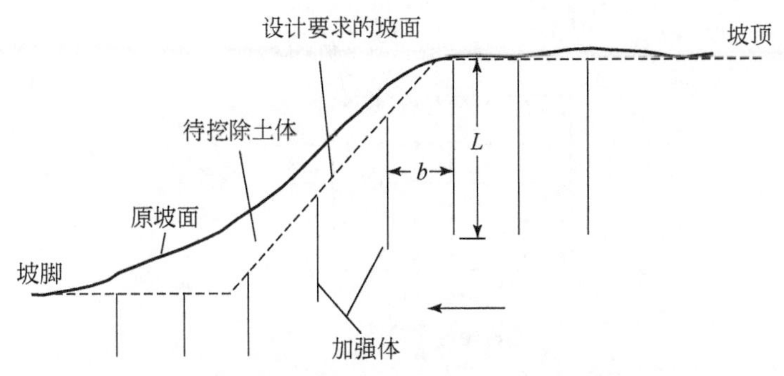

图 9.4　天然斜坡土体中的加强体的设置次序和方法

受的，其下的土是不承受的。与桩不同，在复合地基之上设有一个砂砾石垫层，承台设置在垫层之上。作用在承台之上的荷载通过垫层传递给其下的土体和加强体。因此，作用于垫层顶面上的荷载是由其下的土和加强体共同承受的。由于垫层的压缩性，在荷载作用下加强体的顶端可能刺入垫层中，如图 9.5 所示。

按上述，复合地基的加强体通常采用钻孔灌浆桩或水泥土桩。钻孔灌浆桩和水泥土桩在平面上可采用矩形布置或三角形布置方式，其行距以 b 表示，列距以 a 表示，如图 9.6 所示。在复合地基中，加强体的长度 L 一般取等长度，如图 9.5 所示。加强体的顶面应与复合地基砂砾石垫层底面一致。加强体可按排或列从中间向周边的次序设置，也可按排或列从周边向中间的次序设置。待全部或大部分加强体设置完成后，挖除其顶面以上的土体，再在其顶面之上铺筑砂砾石垫层及做承台。

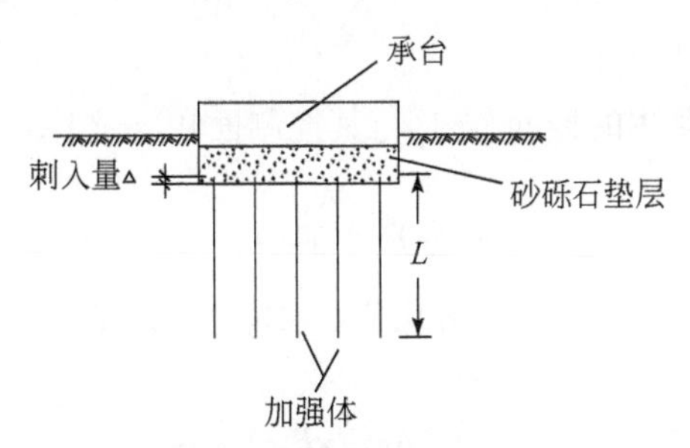

图 9.5　复合地基加强体在垫层中的刺入量

9.1.4　复合土体的基本参数

复合土体的基本参数对复合土体的性能具有决定性影响。按上述，复合土体的基本参数可分为下述三组。

1. 几何参数

1）加强体的几何参数

加强体的几何参数如下：①周边长度 S_F；②截面积 A_F；③长度 L。

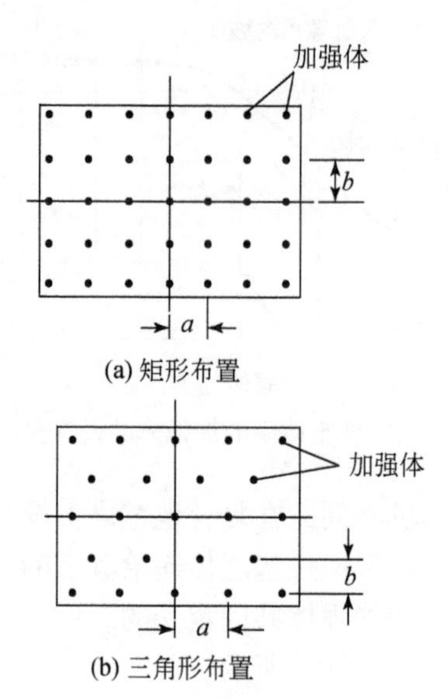

(a) 矩形布置

(b) 三角形布置

图 9.6　复合地基加强体平面布置

2）加强体的布置参数

对于水平布置的加强体，其布置参数如下：①层距 h；②同一层加强体的水平间距 b。对于竖向布置的加强体，其布置参数如下：①排距 b；②列距 a。

2. 置换率

置换率定义为一个加强体的截面积 A_F 与其控制面积 A 之比。设以 γ_A 表示置换率，则

$$\gamma_A = \frac{A_F}{A} \tag{9.1}$$

以地基土体中的加强体为例，如图 9.7 所示，一个加强体的控制面积 A 可按下式计算：

$$A = a \times b \tag{9.2}$$

在此应指出，只当加强体的截面积比较大，例如加强体为钻孔灌注桩或水泥土桩时，置换率才是一个重要参数。当以金属片等作为加强体时，加强体的截面积 A_F 很小，相应的置换率也很小。在这种情况下，一般不引用置换率这个参数。

3. 力学参数

1）加强体的力学参数

a. 金属片等加强体的力学参数

通常将金属片等加强体视为线弹性理想弹性体。在这样假定下，金属片等加强体的力学参数如下。

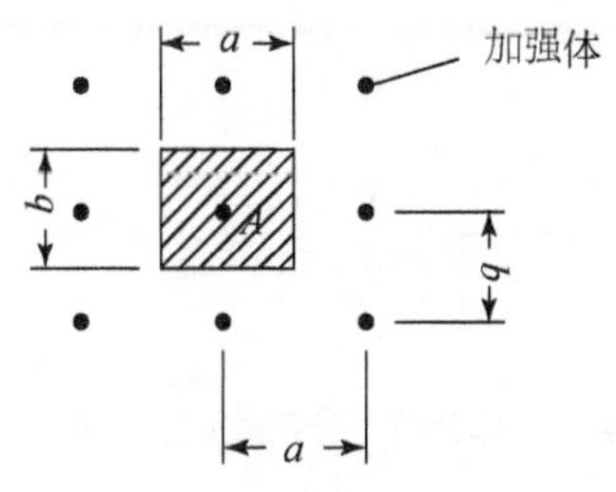

图9.7　一个加强体的控制面积A

(a) 杨氏模量E;

(b) 抗拉强度R_t。

b. 砂砾石桩或水泥土桩的力学参数

通常将砂砾石和水泥土视为非线性材料和服从库仑破坏准则的材料。在这样的假定下，其力学参数如下。

(a) 非线性应力-应变关系中的参数。如果假定砂砾石或水泥土是线弹性的，则只需要杨氏模量E和泊松比μ这两个参数。

(b) 抗剪强度参数，即黏结力c和摩擦角φ。

2) 土的力学参数

通常假定土为非线性材料和服从库仑破坏准则的材料。因此，其力学参数与前面的砂砾石和水泥土相同。

3) 土与加强体接触面的力学参数

土与加强体通过接触面发生相互作用。假定通过接触面作用的剪应力τ_F与沿接触面方向土和加强体之间的相对位移u_F的关系是非线性的，并服从库仑剪切破坏规律，则土与加强体接触面的力学参数如下。

(a) 剪应力τ_F与相对位移u_F的关系。

(b) 接触面剪切破坏强度指标，即黏结力c_F和摩擦角φ_F。

在此应指出，上述各种力学参数应通过相应的试验测得。只有合理地确定这些参数，才能恰当地描写复合土体的性能。

9.2　加强体与周围土体的相互作用及加筋效应

9.2.1　加强体与周围土体的相互作用

前文曾指出，加强体通过接触面与周围土体发生相互作用。下面以水平布置的筋带为例来说明两者的相互作用。设dl为筋带的一段微元体。如图9.8所示，作用于该段微元体上的应力如下：①作用于筋带表面的剪应力τ_F；②作用于筋带表面的正应力σ_F；③作用于筋带截面上的拉应力 σ_t。

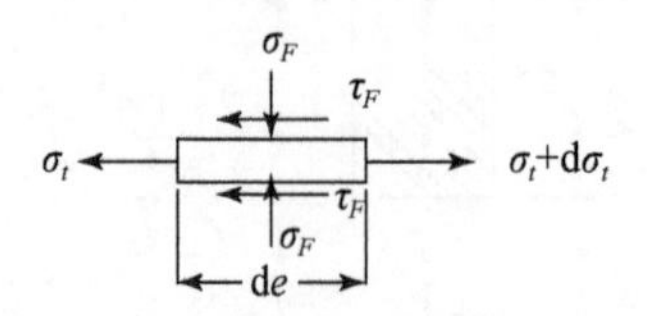

图 9. 8 作用于筋带微元体上的应力

由沿筋带方向的力的平衡条件可得

$$A_F d\sigma_t = S_F \tau_F dl$$

式中，S_F 为筋带微元体的上下表面面积。

改写上式，得

$$\frac{d\sigma_t}{dl}=\frac{S_F}{A_F}\tau_F \tag{9.3}$$

由式（9. 3）可得到如下结论。

（1）作用于接触面上的剪应力 τ_F 使筋带承受的拉应力 σ_t 沿筋带方向发生变化。

（2）当 $\frac{d\sigma_t}{dl}=0$ 时，筋带承受的拉应力 σ_t 值最大。由于此处 $\frac{d\sigma_t}{dl}=0$，则由式（9. 3）得，该处接触面上的剪应力 $\tau_F=0$。

（3）以 $\frac{d\sigma_t}{dt}=0$ 点为分界点，作用于接触面上的剪应力 τ_F 的作用方向发生改变，如图 9. 9（b）所示。

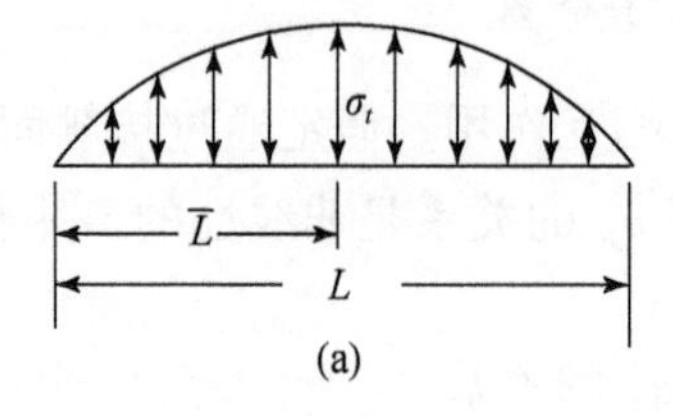

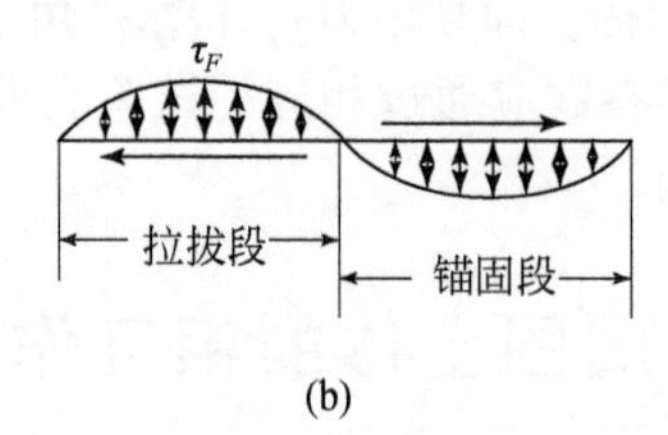

图 9. 9 作用于筋带截面上的拉应力 σ_t 和接触面上的剪应力 τ_F 沿筋带的分布（筋带两端为自由端）

（4）由于 $\frac{d\sigma_t}{dl}=0$ 点两侧的剪应力 τ_F 作用方向发生变化，该点两侧的土体对筋带的作用不同。其左段土体对筋带起拉拔作用，而其右段土体对筋带起锚固作用。下面分别将其称为拉拔段和锚固段。

(5) 由图9.9 (b) 可见，在拉拔段，筋带对其上下的土体作用有相反的剪切力 τ_F，约束土体的水平变形，使其处于稳定状态；而在锚固段，其上下土体抵抗筋带拔出。这样，由于相互作用，筋带与其上下土体构成了一个自稳定体系，这样筋带和土的力学性能得以有效发挥。

9.2.2　加筋的效应

上文分析了筋件与周围土体的相互作用，由两者的相互作用可知设置筋件的效应如下。

(1) 施加于复合土体上的荷载由土和筋件共同承受，这样减小了土体的受力水平。

(2) 相对而言，筋件材料比较刚，土比较柔。由于相互作用，筋件对周围土体的变形具有约束作用，减小了土的变形。

(3) 由于筋件对土变形的约束作用，加筋土体具有较好的整体性。

(4) 由于加筋土体具有较好的整体性，地基中的加筋土体具有垫层作用，可以调整其上下土体的应力分布和变形。

9.3　复合土体的常规设计要求及设计方法

9.3.1　复合土体的常规设计要求

根据加筋类型、设置方式及受力特点，复合土体的设计要求可分斜坡中的复合土体和地基中的复合土体两种情况来表述。

1. 斜坡中的复合土体的设计要求

斜坡中的复合土体设计应满足如下两方面要求。

1) 内部稳定性

如前所述，斜坡中复合土体的筋件处于受拉状态。斜坡中复合土体的内部稳定性包括如下两方面。

(a) 筋件不能从土体中被拔出来，即筋件与土体接触面不能发生破坏。筋件能否从土体中被拔出来取决于筋件所受的拉力和筋件与土体接触面破坏强度。

(b) 筋件不能被拉断。筋件能否被拉断取决于筋件承受的拉力和筋件的抗拉强度。

按上述，斜坡中复合土体的内部稳定性分析需要确定筋件承受的拉力、筋件与土体接触面破坏强度及筋件的抗拉强度。确定筋件承受的拉力需要进行必要的力学分析，确定筋件与土体接触面破坏强度和筋件的抗拉强度则需要进行必要的力学试验。

2) 外部稳定性

斜坡中复合土体的外部稳定性也称为整体稳定性。外部稳定性是指将复合土体视为重力挡土墙，挡土墙不能发生水平滑动、倾覆，以及地基丧失稳定性。

按上述，斜坡中复合土体的外部稳定性分析需要确定作用于墙体上的侧向土压力、基底面抗水平滑动的强度及挡土墙地基土的承载力。确定作用于墙体上的侧向土压力需要进行必要的力学分析，而基底面抗水平滑动的强度和挡土墙地基土的承载力应由必要的试验或根据经验来确定。

2. 地基中的复合土体的设计要求

由复合土体承受基础传递下来的荷载的地基称为复合地基，其设计应满足如下两方面要求。

（1）作用于复合地基上的荷载应小于复合地基承载力。通常作用于复合地基上的荷载是已知的，而复合地基承载力是一个需要确定的量。复合地基承载力可由现场试验确定或按经验公式确定。

（2）在指定荷载作用下，复合地基的沉降应小于允许值。为估算复合地基的沉降应确定在指定荷载作用下复合土体及其下土层的应力及其压缩模量。确定复合土体及其下土层的应力需要进行必要的力学分析，而其压缩模量则应由必要试验或根据经验确定。复合地基沉降的允许值取决于建筑物的等级、类型及土层等因素，这些因素可按有关规范确定。

9.3.2 复合土体的设计方法

和其他的设计一样，复合土体的设计也是校核性的，即首先根据经验设定基本设计参数，包括承受的荷载，然后验算是否满足需求，再根据验算结果确认或修改设计参数。这里只对复合土体常规设计中的关键问题做一些表述，具体问题请参考有关的规范或规程。

1. 斜坡中复合土体设计

1）内部稳定性分析

斜坡中复合土体内部稳定性分析的关键是确定筋件承受的最大拉力。根据作用力与反作用力相等，筋件作用于可能滑动土体上最大的力在数值上应等于筋件承受的最大拉力。如果在筋件的作用下可能滑动土体是稳定的，则筋件承受的最大拉力应等于相应位置的土压力。土压力可按下式确定：

$$p_a = k_a \gamma h \tag{9.4}$$

式中，k_a 为主动土压力系数，可按朗金土压力理论或库仑土压力理论确定；γ 为土的重力密度；h 为从坡顶面向下的深度。以直立坡水平地面为例，如图 9.10 所示，在坡顶下深度为 h 处第 i 层一根筋件所受的最大拉力 T_{max} 应按下式确定：

$$T_{max} = \Delta h b p_a \tag{9.5}$$

式中，b 为同一层中筋件的间距。将式（9.4）代入式（9.5）中得

$$T_{max} = \Delta h b (k_a \gamma h) \tag{9.6}$$

斜坡中复合土体内部稳定性分析的另一个关键问题是抗拔段的确定。应指出，这里所

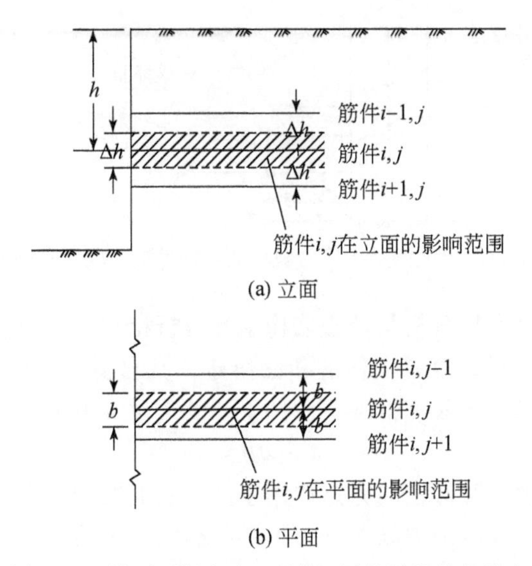

(a) 立面

(b) 平面

图 9.10　坡顶下深度为 h 处第 i 层筋件的最大拉力

说的抗拔段就是图 9. 9 所示的锚固段。抗拔段的确定包括如下两个问题：①抗拔段的开始点；②抗拔段的长度。

按前述，抗拔段的开始点应是筋件最大拉力作用断面的相应点。根据前述，可以判断筋件最大拉力的作用点，即抗拔段的开始点应是可能滑动土体破坏面与筋件的交点。通常假定可能滑动土体的破坏面为平面，以水平地面直立土坡为例，如图 9. 11 所示，破坏面与水平线的夹角为 $45°+\frac{\varphi}{2}$。根据几何关系，抗拔段的开始点可按下式确定：

$$\bar{L}=(H-h)\tan\left(45°-\frac{\varphi}{2}\right) \tag{9.7}$$

式中，$\bar{L}$ 为直立坡面至抗拔段开始点的距离；H 为直立坡的高度。由式（9. 7）可见，抗拔段的开始点随筋件至水平坡顶面的深度的增加而减小。当 $h=H$ 时，$\bar{L}$ 为零，则整个筋件都处于抗拔段范围内。

按上述复合土体内部稳定性要求，周围土作用于筋件抗拔段上的抗拔力应等于筋件承受的最大拉力 $T_{\max}$。根据这个要求条件，就可确定筋件抗拔段的长度，令以 L_u 表示。显然，由上述要求条件确定的每一层筋件抗拔段的长度 L_u 是不同的。按图 9. 11 所示，每层筋件的长度 L 应为

$$L=\bar{L}+L_u \tag{9.8}$$

因此，每层筋件的长度 L 也是不相等的。但是，在实际设计中，通常将各层的筋件取成相等的长度。

2）外部稳定性分析

如前所述，外部稳定性分析是将斜坡中的复合土体视为重力挡土墙，如图 9. 12 所示。

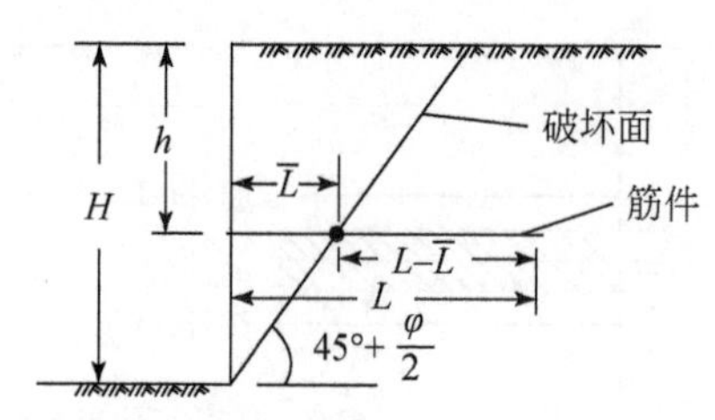

图 9.11　可能滑动土体的破坏面及筋件抗拔段的开始点

这样，斜坡中土体外部稳定性分析与挡土墙稳定性分析相同。重力挡土墙抵抗水平滑动和倾覆的力为自身的重力，只要复合土体的断面给定，其自身重力就确定了。在图 9.12 所示的水平地面直立墙等筋件的长度情况下，挡土墙的重量 W 可按下式计算：

$$W=\gamma HLb \tag{9.9}$$

使挡土墙发生水平滑动和倾覆的力是作用于挡土墙上的侧向土压力。因此，确定作用于挡土墙上的侧向土压力和其沿墙高的分布是外部稳定分析的关键。作用于挡土墙上的总压力 p_{a} 可按土压力理论确定，其计算公式如下：

$$p_{\mathrm{a}}=\frac{1}{2}k_{\mathrm{a}}\gamma H^{2}\cdot b \tag{9.10}$$

而土压力沿墙高的分布可由式（9.4）确定。

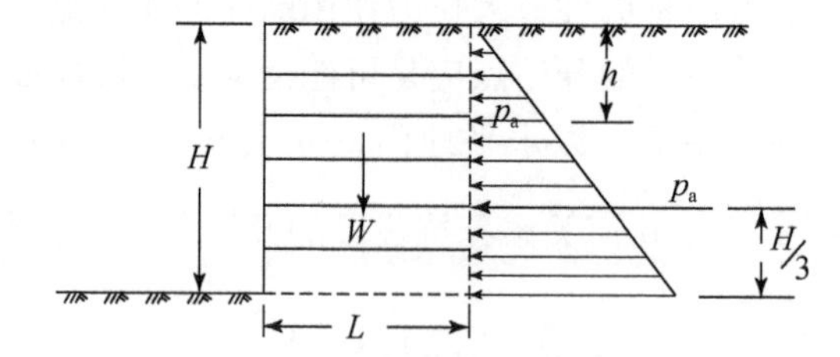

图 9.12　作用于斜坡中复合土体上的侧向土压力（水平地面直立坡等筋件长度）

2. 地基中复合土体设计

复合地基作为地基的一种类型，其设计也包括承载力和变形验算两个方面。

1）复合地基承载力的确定

地基中复合土体的加强体为桩。如前所述，根据桩体材料，复合土体的桩可分为刚性桩，例如钢筋混凝土桩、柔性桩或半刚性桩，例如水泥土桩、散体桩，例如碎石桩，其中后两者桩应用较多。在此应指出，桩的类型不同，其破坏形式、相应的承载力确定方法也不一样。下面分别以柔性桩或半刚性桩和散体桩两种情况来表述复合地基承载力问题。

a. 柔性桩或半刚性桩组成的复合地基承载力

以水泥土为材料的柔性桩或半刚性桩虽然会发生较大的压缩变形，但具有一定的刚度和整体性。因此，其破坏的基本形式与刚性桩相似，一般沿桩-土接触面发生破坏。因此，柔性桩或半刚性桩的承载力可按与刚性桩相似的方法确定，即承载力为侧摩阻力和端阻力之和。按这样的途径确定柔性桩或半刚性桩承载力的具体方法请参考相关规范或规程，在此不详述。

按前述，作用于复合地基上的荷载是由桩和桩间土共同承受的。因此，在确定复合地基承载力时必须考虑桩间土的贡献。考虑桩间土的贡献确定复合地基承载力的基本方法是按置换率将桩间土的承载力与柔性桩或半刚性桩承载力组合起来，其具体组合方法请参考相关规范或规程，在此不详述。

关于水泥土桩的承载力问题还应指出如下两点。

（a）刚性桩的承载力随桩长的增大而增高。但水泥土桩由于具有较大的压缩性，当桩长达到一定时，其承载力不再随桩长的增大而增高。通常把这个桩长称为水泥桩的临界长度。研究表明，工程常用的水泥土桩的临界长度为 6 ~ 9m。因此，从复合地基承载力而言，水泥土桩长度不应超过其临界长度。

（b）当水泥含量较低时，也可能先于桩-土接触面破坏而发生桩顶压碎破坏。在这种情况下，水泥土桩的承载力则是由桩顶压碎破坏决定的。因此，确定水泥土桩顶承受的压力及验算桩顶是否会发生压碎破坏是必要的。

b. 散体桩组成的复合地基承载力

碎石桩或砂砾石桩都属于散体桩。这类桩不仅压缩性较大，而且也会发生较大的侧向鼓胀。当其发生侧向鼓胀时，桩间土会约束其侧向变形。显然，桩间土性能越好，其约束作用越大，桩的侧向变形越小，桩可承受的荷载越大。因此，桩间土的性能对散体桩的承载力有重要的影响。

在荷载作用下，散体桩将在桩顶部位发生侧向鼓胀破坏。由这种破坏形式可以判断，这是一种剪切破坏形式。Brauns 根据这种破坏机制研究了碎石桩的承载力[1]。下面表述 Brauns 给出的碎石桩承载力的确定方法。

（a）基本假定：①不考虑桩和桩间土的自重；②桩与桩间土之间通过接触面发生相互作用，但只有法向相互作用力 $F_{ps,n}$；③桩为圆柱体，在桩顶应力 $\sigma_{p,f}$ 和桩周土表面荷载 σ_s 作用下，桩与桩周土处于轴对称应力状态；④在 $\sigma_{p,f}$ 和 σ_s 作用下，桩顶和桩周土处于极限平衡状态；⑤不计切向正应力 σ_θ 的影响。

（b）承载力的确定。在 Brauns 方法中，桩顶和桩周土的破坏形式如图 9.13 所示。考虑滑动体 $C'BA$ 的静力平衡则可确定使桩顶沿 $C'B$ 面和土体沿 BA 面破坏应在桩顶上作用的极限荷载。由图 9.13 可见，滑动体 $C'BA$ 由 $C'DC$、CDB 和 CBA 三块组成。其中，$C'DC$ 和 CDB 处于主动极限平衡状态，CBA 处于被动极限平衡状态。设桩的半径为 r_0，令 $CB=h$，则

$$CB=h=2r_0\tan\delta_p \tag{9.11}$$

$$\delta_p=45^\circ+\varphi_p/2 \tag{9.12}$$

式中，φ_p 为桩体材料的摩擦角。设滑动面 AB 与水平地表面的夹角为 δ，其值待定，则

$$\begin{cases} CA=CB\cot\delta \\ BA=CB/\sin\delta \end{cases} \tag{9.13}$$

下面考虑中心角 $d\theta$ 的微元滑动体，如图 9.14 所示。设桩顶面 $OC'C$ 的面积为 s_p，地表面 $C'AA'C$ 的面积为 s_s，桩和桩周土接触面 $C'CBB'$ 的面积为 s_{ps}，破坏面 $A'ABB'$ 的面积为

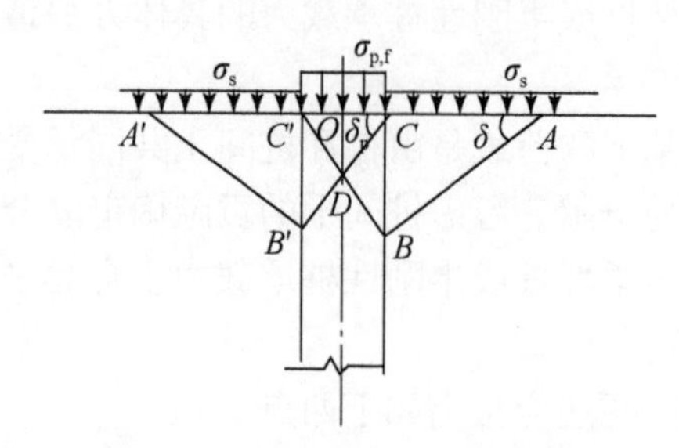

图 9.13　Brauns 方法的破坏形式

s_f。如图 9.15（a）所示，土表面上作用的荷载 P_s 如下：

$$P_s = s_s \sigma_s \tag{9.14}$$

此外，假定桩间土处于不排水剪切状态，其不排水抗剪强度为 c_u，则作用在破坏面上的切向力 $F_{f,t}$ 如下：

$$F_{f,t} = s_f c_u \tag{9.15}$$

按前述假定，$C'CBB'$ 面上只有法向力 $F_{ps,n}$ 作用，切向力 $F_{ps,t}$ 为零。

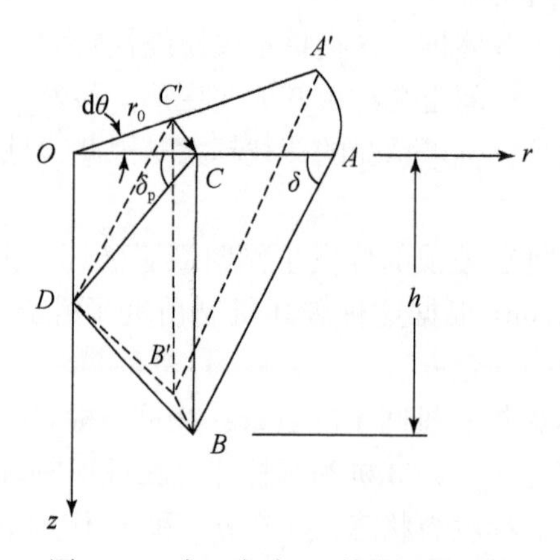

图 9.14　中心角为 dθ 的微元滑动体

令作用在破坏面 $DB'B$ 上的力为 F'_p，则 F'_p 的作用方向与 $DB'B$ 面法线方向成 φ_p 角。相似地，如令作用在破坏面 $DC'C$ 上的力为 F_p，则 F_p 的作用方向与 $DC'C$ 面法线方向也成 φ_p 角。

按图 9.15（a）可绘制微块 CBA 的力多边形，如图 9.16（a）所示，由竖向力和径向力的平衡可建立如下两个方程式

$$\begin{cases} F_{f,n}\cos\delta = F_{f,t}\sin\delta + P_s \\ F_{ps,n} = F_{f,n}\sin\delta + F_{f,t}\cos\delta \end{cases} \tag{9.16}$$

求解式（9.16）得

$$F_{ps,n} = F_{f,t}(\tan\delta\sin\delta + \cos\delta) + P_s\tan\delta \tag{9.17}$$

按图 9.15（b）可绘制微块 CDB 的力多边形，如图 9.16（b）所示。由图 9.16（b）得

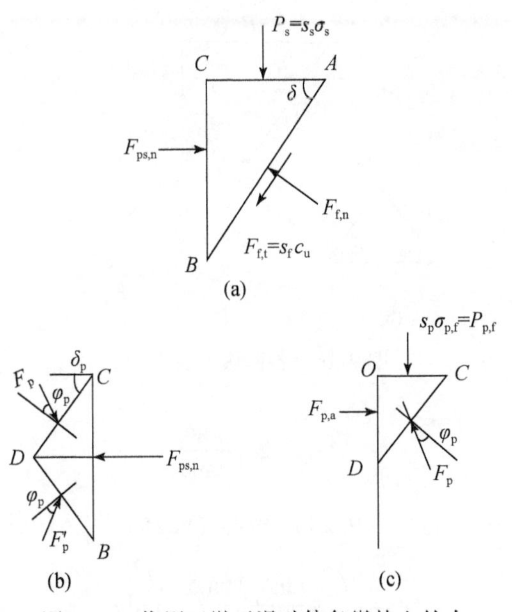

图9.15 作用于微元滑动体各微块上的力

$$F_p=\frac{F_{ps,n}}{2}\frac{1}{\cos\delta_p} \tag{9.18}$$

按图9.15（c）可绘制微块ODC的力多边形，如图9.16（c）所示。由图9.16（c）得微元滑动体桩顶面上的破坏荷载$P_{p,f}$如下：

$$P_{p,f}=F_p\sin\delta_p \tag{9.19}$$

将式（9.18）代入式（9.19）中，得

$$P_{p,f}=\frac{F_{ps,n}}{2}\tan\delta_p \tag{9.20}$$

再将式（9.17）代入式（9.20）中得

$$P_{p,f}=\frac{1}{2}[F_{f,t}(\tan\delta\sin\delta+\cos\delta)+P_s\tan\delta]\tan\delta_p \tag{9.21}$$

将图9.15中所示的$P_{p,f}$、$F_{f,t}$及P_s的表达式代入式（9.21）中，得

$$\sigma_{p,f}=\frac{1}{2}\left[\frac{s_f}{s_p}c_u(\tan\delta\sin\delta+\cos\delta)+\frac{s_s}{s_p}\sigma_s\tan\delta\right]\tan\delta_p \tag{9.22}$$

下面确定$\frac{s_f}{s_p}$和$\frac{s_s}{s_p}$，由图9.14可得

$$s_p=\frac{r_0^2}{2}\mathrm{d}\theta \tag{9.23}$$

如令

$$r_A=r_0+\Delta r_{CA} \tag{9.24}$$

式中，r_A为从O点到A点的半径；Δr_{CA}为从C点到A点的距离，由图9.14得$\Delta r_{CA}=h/\tan\delta$，将式（9.11）代入式（9.24）中，得

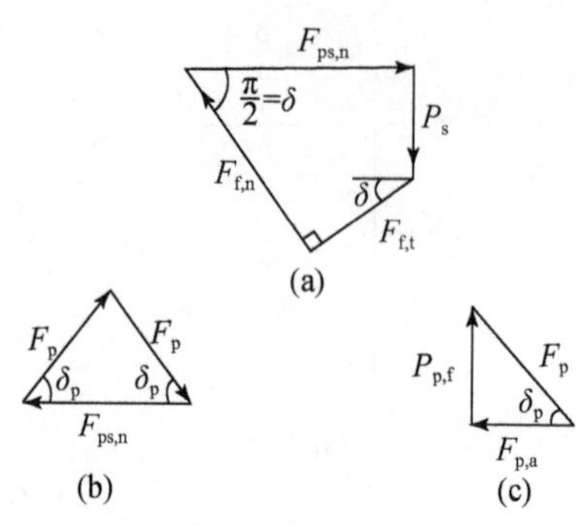

图 9.16　各微块力多边形

$$\Delta r_{CA}=2r_0\frac{\tan\delta_{\mathrm{p}}}{\tan\delta} \tag{9.25}$$

由于 $s_{\mathrm{s}}=\frac{1}{2}(r_0+r_A)\Delta r_{CA}\mathrm{d}\theta$，将式（9.24）和式（9.25）代入该式中，整理得到

$$s_{\mathrm{s}}=4\left(1+\frac{\tan\delta_{\mathrm{p}}}{\tan\delta}\right)\frac{\tan\delta_{\mathrm{p}}}{\tan\delta}\frac{r_0^2}{2}\mathrm{d}\theta$$

这样，由式（9.23）得

$$\frac{s_{\mathrm{s}}}{s_{\mathrm{p}}}=4\left(1+\frac{\tan\delta_{\mathrm{p}}}{\tan\delta}\right)\frac{\tan\delta_{\mathrm{p}}}{\tan\delta} \tag{9.26}$$

另外，由图 9.14 得

$$s_{\mathrm{f}}=\frac{s_{\mathrm{s}}}{\cos\delta} \tag{9.27}$$

将两边除以 s_{p}，再将式（9.26）代入其中，则得

$$\frac{s_{\mathrm{f}}}{s_{\mathrm{p}}}=4\left(1+\frac{\tan\delta_{\mathrm{p}}}{\tan\delta}\right)\frac{\tan\delta_{\mathrm{p}}}{\tan\delta}/\cos\delta \tag{9.28}$$

将式（9.27）和式（9.28）代入式（9.22）中，整理后得

$$\sigma_{\mathrm{p,f}}=\left(\sigma_{\mathrm{s}}+\frac{2c_{\mathrm{u}}}{\sin2\delta}\right)\left(1+\frac{\tan\delta_{\mathrm{p}}}{\tan\delta}\right)\tan^2\delta_{\mathrm{p}} \tag{9.29}$$

由式（9.29）可见，碎石桩的极限承载力 $\sigma_{\mathrm{p,f}}$ 随桩周土的破坏面与水平面的夹角 δ 而改变。前文曾指出，δ 角是一个待定的数值。显然，δ 的取值应满足如下条件：

$$\frac{\mathrm{d}\sigma_{\mathrm{p,f}}}{\mathrm{d}(\tan\delta)}=0 \tag{9.30}$$

将式（9.29）代入式（9.30）中，完成微分运算，由式（9.30）可得确定 δ 角的方程式如下：

$$\tan\delta(\tan^2\delta-1)=2\tan\delta_{\mathrm{p}} \tag{9.31}$$

式中，$\tan\delta_{\mathrm{p}}$ 按式（9.12）确定，是已知的。显然，由式（9.31）确定 $\tan\delta$ 需要迭代计算。

上文表述了用 Brauns 方法求解碎石桩复合地基承载力的过程。由上述可见，Brauns 方法符合散体桩地基的破坏机制和形式。但是，从 Brauns 方法的假定中可见，该方法存在如下两个问题：①在桩和桩周土界面上，只考虑了法向压应力的作用，忽略了切向剪应力的作用。实际上，该界面上是存在切向剪应力的。但是，根据宏观的观察，桩周土的破坏主要是由散体桩侧向鼓胀引起的。因此，虽然该界面上存在切向剪应力，但其与法向压应力相比是小的。虽然如此，关于该界面上切向剪应力的影响还是应该予以评估的，要查明其影响程度。②忽略了桩和土的自重影响。

2）复合地基沉降的确定

和天然地基桩基一样，确定复合地基沉降是复合地基设计中一项不可缺少的工作。根据前述复合地基的组成，复合地基沉降 s 应由如下两部分组成：

$$s=s_{ps}+s_s \tag{9.32}$$

式中，s_{ps}为复合土体的沉降；s_s 为其下土体的沉降。

复合土体的沉降 s_{ps} 和其下土体的沉降原则上可按综合分层法确定。具体方法可参考有关的规范和规程，在此不进一步详述。

下面仅表述用综合分层法确定复合土体的沉降时复合土体压缩模量的确定方法。确定复合土体压缩模量的基本条件如下。

(a) 复合土体承受的压力等于桩承受的压力与桩间土承受的压力之和，即力的平衡。

(b) 桩和桩间土在各自承受的压应力作用下产生的压缩应变应相等，并且等于复合土体的压缩应变，即变形的协调条件。

由第一个基本条件可得

$$A\sigma_{sp}=A_p\sigma_p+(1-A_p)\sigma_s \tag{9.33}$$

式中，σ_{sp}为将复合土体视为等价均质体的压应力；σ_p 和 σ_s 分别为桩和桩间土的实际压应力。式（9.33）可改为如下形式：$\sigma_{sp}=m\sigma_p+(1-m)\ \sigma_s$，如前所述，$m$ 为置换率。

由压应力、压缩模量和压缩应变等的关系，式（9.33）可进一步改成如下形式：

$$E_{sp}\varepsilon_{sp}=mE_p\varepsilon_p+(1-m)E_s\varepsilon_s \tag{9.34}$$

式中，E_{sp}、E_p 和 E_s 分别为等价均质体、桩和桩间土的压缩模量；ε_{sp}、ε_p 和 ε_s 分别为等价均质体、桩和桩间土在各自压应力 σ_{sp}、σ_p 和 σ_s 作用下的压缩应变。按上述第二个基本条件得

$$\varepsilon_{sp}=\varepsilon_p=\varepsilon_s \tag{9.35}$$

将其代入式（9.34）中，简化后得

$$E_{sp}=mE_p+(1-m)E_s \tag{9.36}$$

直观上，式（9.36）表明，复合土体的等价均质体的压缩模量 E_{sp} 等于桩的压缩模量 E_p 和桩间土的压缩模量 E_s 按面积比的组合。但应指出，式（9.36）在力学上满足前文表述的力的平衡和变形协调两个基本条件。

9.4　复合土体的数值模拟分析概述

上文表述了复合土体的常规设计方法的一些关键问题。可以看出，常规设计方法都是以简单的力学原理为基础建立的。这样的分析方法可能是保守的，也可能是危险的。从为设计提供更多和更可靠的依据而言，对复合土体进行更深入和更精细的分析是必要的。

由前述可见，由加强体和成层的土体组合而成的复合土体是典型的非均质体，不仅加强体与土体间存在相互作用，而土又是典型的非线性力学材料。这些决定了对复合土体进行深入和精细的分析必须采用数值模拟分析方法。现在有多种数值分析方法可供使用，但在实际中应用最广泛的还是有限元法。原则上，复合土体分析可按第 5 章所述的土体数值模拟分析方法和第 7 章所述的土体-结构相互作用分析方法进行。但是，分析的每一个步骤必须充分考虑复合土体的特点。下面按有限元分析步骤，表述复合土体数值模拟分析所应考虑的一些问题。

9.4.1 复合土体所处的应力状态

在进行数值模拟分析之前，应根据复合土体的几何特点、加强体的设置及荷载的分布确定复合土体所处的力学状态。按前述，复合土体实际上处于一般三维应力状态。但是，按一般三维应力状态分析，分析的体系规模很大，做起来很繁复，并不是最希望的。在实际分析中，通常假定复合土体处于如下三种力学状态。

1. 平面应变状态

通常斜坡是很长的，无论是水平加强体还是竖向加强体，都是按指定的间距 b 一排排布置的，其平面布置如图 9.17 所示。由图 9.17 可见，宽度为 b 的每一片复合土体的受力是相同的。因此，可以假定宽度为 b 的每一片复合土体处于平面应力状态。由于在斜坡的延伸方向上筋件通常不是连续设置的，在宽度 b 内应变和应力是不均匀的，则每一片复合土体并不严格处于平面应变状态。显然，由此得到的分析结果也是在宽度为 b 内的平均结果。但是，如果加强体在斜坡的延伸方向是连续设置的，例如以加筋土工布作为筋件，这种复合土体则严格地处于平面应变状态，其计算宽度则可取单元宽度。

2. 轴对称问题

为了给复合地基设计提供依据，通常进行单桩复合地基压载试验，而桩断面一般采用圆形。在这种情况下，单桩复合地基处于轴对称受力状态，如图 9.18（a）所示。然而，在实际复合地基中，当圆形断面的桩按等行距、列距排列时，则可假定其中一根桩的影响范围为半径为 R 的圆柱体，并认为半径为 R 的圆柱体处于轴对称应力状态，如图 9.18（b）所示。

在图 9.18（a）所示的情况中，参与分析的土体在径向是无限延伸的，理论上只有 r 无限大时，其径向位移才为零；而在图 9.18（b）所示的情况中，参与分析的土体在径向的延伸尺寸为 R，当 $r=R$ 时径向位移应为零。这表明，在实际复合地基中半径为 R 的复合土体所受到的侧向约束比单桩复合地基土体所受到的侧向约束大。虽然进行单桩复合地基压载试验的目的是为实际复合地基设计提供依据，但与复合地基中单核的实际情况存在差异。

3. 简化的三维受力状态分析

将整个复合土体结构体系作为一般三维问题分析是很繁复的。但是，根据复合土体结

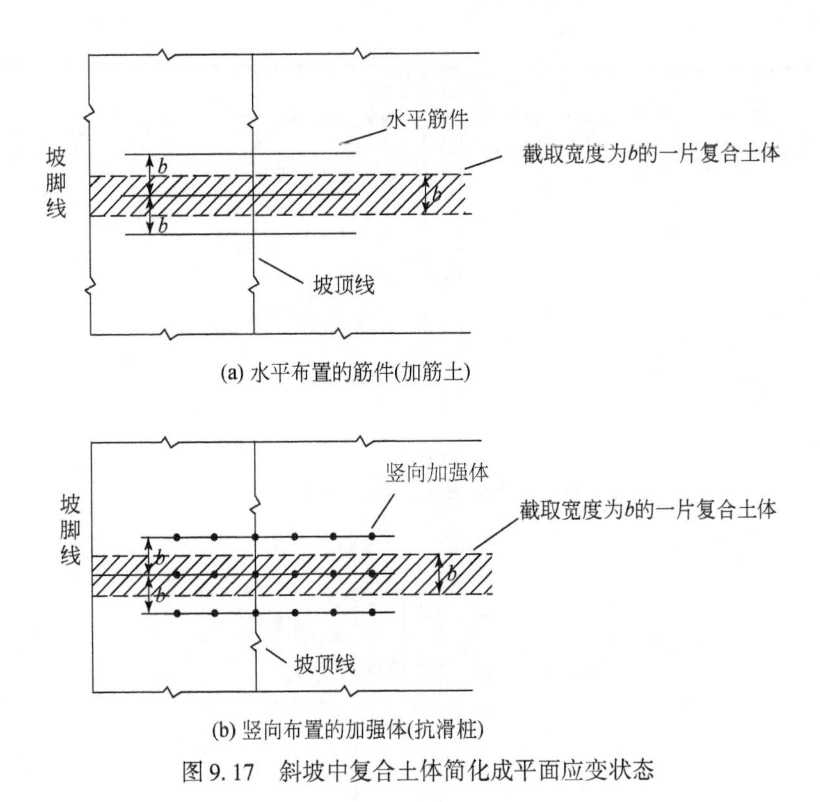

(a) 水平布置的筋件(加筋土)

(b) 竖向布置的加强体(抗滑桩)

图 9. 17　斜坡中复合土体简化成平面应变状态

构体系的受力特点，可从其中取出一部分按一般三维受力状态进行分析。

1）斜坡中复合土体简化的三维受力状态分析

按上述，当按平面应变问题分析斜坡中的复合土体时，是从其中取出一片宽度为 b、其中含有一根筋件的复合土体进行分析。由图 9. 17（a）可见，每一片相邻复合土体中的应力和应变是相同的。但是，前文曾指出，每一片复合土体中的应力和应变在宽度 b 范围内是变化的。为了解应力和应变在宽度 b 内的变化，可将宽度为 b 的一片复合土体按一般三维受力状态进行分析。这样的简化三维受力状态分析可以给出更接近实际的分析结果，但是分析结果却大为简化。

2）复合地基中单桩复合土体的简化三维受力状态分析

前文将地基中单桩复合体按轴对称受力状态进行分析，如图 9. 18（b）所示，并指出分析得到的结果是沿环向的平均结果。实际上，应力和应变是随中心角 θ 变化的。但是，如果将桩及桩周土构成的截面为四边形的柱状体分成八等份，如图 9. 19（a）所示，则每一份为中心角等于 45°、截面为三角形的柱状体。根据问题的对称性可知，每一个截面为三角形的柱状体的应力和应变是相同的，但在截面内应力和应变是变化的。为了解应力和应变在截面内的变化，可将中心角为 45°、断面为三角形的柱体按一般三维受力状态进行分析。显然，这样的简化三维受力状态分析可以给出更接近实际的结果，但分析工作却大为简化。

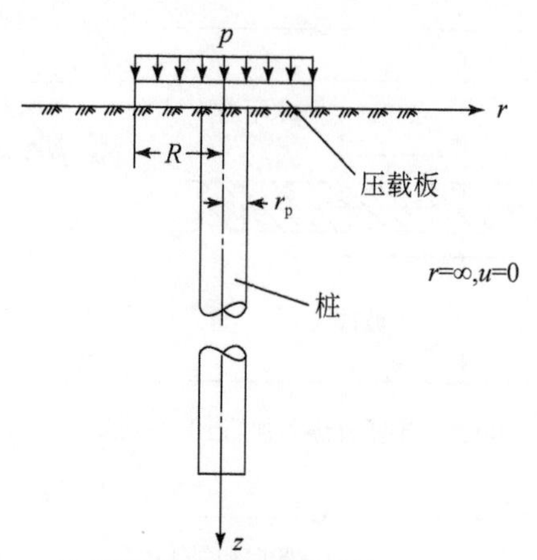

(a) 单桩复合地基压载试验体系

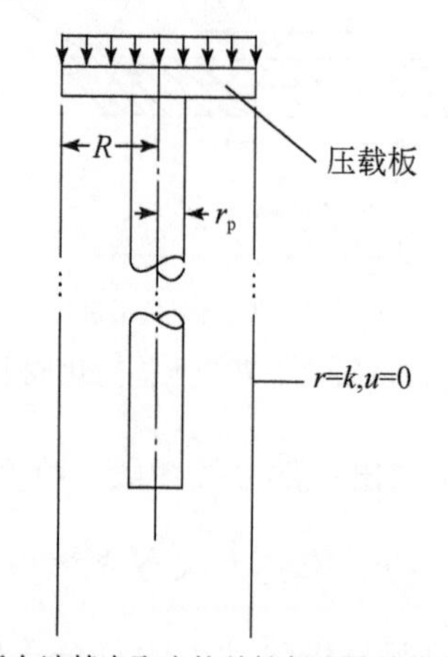

(b) 从实际复合地基中取出的单桩复合地基体系

图 9.18　作为轴对称受力状态的单桩复合地基体系

在此应指出，当桩按等间距布置时可将地基中单桩复合土体体系简化成轴对称问题进行分析，如图 9.18（b）所示。如果桩的行距与列距不等，则地基中单桩复合地基体系不能简化成轴对称问题进行分析。在这种情况下，应将桩及桩周土构成的截面为四边形的柱状体系分成四等份，取其中一份进行简化的三维受力状态分析。

9.4.2　复合土体结构体系的离散

斜坡和地基中的复合土体均可视为一种复合土体结构。当采用有限元法进行数值分析时，必须将复合土体结构进行物理离散。复合土体结构的离散包括如下三方面。

1. 截取有限土体参与分析

从几何上讲，通常可将土体视为半空间无限体，在侧面和向下是无限延伸的。在数值分析中，必须从土体中截取包含复合土体在内的有限部分，使其参与数值分析。截取的有

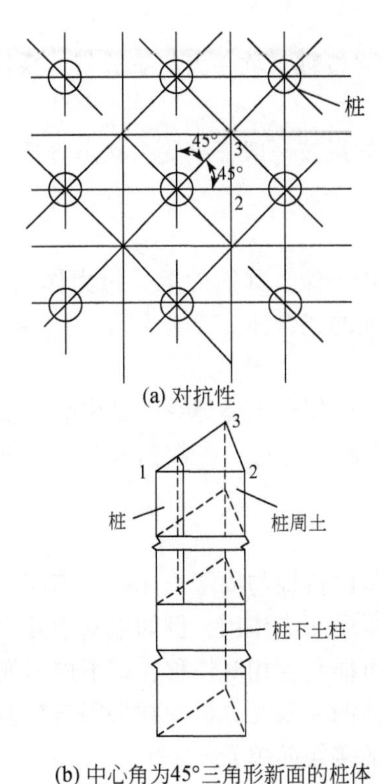

(a) 对抗性

(b) 中心角为45°三角形新面的桩体

图 9.19　地基中复合土体的简化三维受力状态分析

限部分边界取决于复合土体的尺寸及影响范围。复合土体的尺寸越大，其影响范围越大，截取的有限部分边界离复合土体边界应越远。截取的参与分析的有限土体的范围可参考第 5 章和第 7 章所述的原则确定，在此不再赘述。

2. 复合土体的有限元离散

当采用有限元进行数值分析时，要将复合土体体系离散成有限元体系。将复合土体体系离散成有限元体系时包括如下两方面。

1）单元类型

单元类型的选取取决于复合土体体系中每一个组成部分的受力特点及力的传递机制。如前所述，复合土体体系是由土体和加强体组成的。因此，其单元类型的选取应考虑土体、加强体的受力特点，以及两者的相互作用。基于这些考虑，离散的有限元体系应包括如下几种单元。

a. 实体单元

在有限元分析中，通常将土体视为实体单元的集合体。如果按轴对称问题进行分析，也可以把桩视为实体单元的集合体。

在复合土体体系有限元分析中，通常按受力状态采用如下三种实体单元。

(a) 平面应变受力状态。如果按平面应变受力状态分析，采用的实体单元通常为等参四边形单元。

(b) 轴对称受力状态。如果按轴对称受力状态分析，采用的实体单元通常为截面为四边形的环形单元。

(c) 一般三维受力状态。如果按一般三维受力状态分析，采用的实体单元为等参六面体单元。

b. 杆单元

前文曾指出，斜坡中的复合土体，其筋件承受拉力作用。因此，在数值模拟分析中，认为复合土体中的筋件是杆单元的集合体。

c. 梁单元

由抗滑桩和土体构成的斜坡的复合土体体系，其中竖向设置的抗滑桩要承受水平推力作用，处于弯曲和剪切受力状态。因此，在数值模拟分析时认为抗滑桩是梁单元的集合体。

d. 接触面单元

在复合土体中，加强体材料的特性与周围土体明显不同。加强体将承受拉力作用，例如斜坡中复合土体的筋件，或承受压力作用，例如地基中复合土体中的桩，因为相互作用的加强体与土体之间沿接触面可能发生相对位移，即不连续变形。为了模拟加强体与土体接触面的这种性能，在复合土体的有限元分析中常采用接触面单元。无厚度的 Goodman 接触面单元是有限元分析中常用的接触面单元。

上文表述了复合土体有限元数值分析中所采用的主要单元类型。单元刚度的确定是有限元求解方法的一个重要步骤。第 5 章和第 7 章给出了这几种类型单元刚度的确定方法，在此不再赘述。

2) 单元的剖分及尺寸

按第 5 章所述，单元的剖分及尺寸应考虑如下三个因素。

(a) 在分析体系中所在的部位，在应力集中区单元的尺寸要小一些，单元要划分得密一些。

(b) 土层的组成及地下水位，单元的边界应与土层的界面及地下水位线一致。

(c) 分析所要求的精度。

对于复合土体体系，单元的剖分及尺寸还应考虑如下两点。

(a) 加强体之间土体的尺寸，例如筋带的层距、桩的间距等。以加强体为筋带为例，为了解两层筋带之间土体中的应力和应变的变化，应将其间的土体划分成几层单元。

(b) 加强体的尺寸，例如当加强体为桩时，桩的半径大小。为了解应力和应变在桩断面内的变化，应沿径向将桩断面划分成数层单元。

9.4.3　复合土体材料的应力-应变关系

复合土体材料包括土、加强体材料，这些材料的应力-应变关系，包括其中的参数，是数值模拟分析所必需的。实际上，在数值模拟分析中，材料的力学性能的模拟就是由其应力-应变关系实现的。

1. 土的应力-应变关系

在复合土体体系数值模拟分析中，应把土视为非线性力学介质，按非线性弹性模型或弹塑性模型建立所需要的应力-应变关系，并进行必要的试验确定其中的参数。第 2 章已详细表述了这些内容，在此不再赘述。

2. 加强体材料应力-应变关系

按加强体的类型，其材料可分为如下两类。

1）筋件材料

前文已经给出了筋件的各种材料，可以看出，除加筋土工布以外，筋件材料的强度和变形模量均比土高得多。另外，复合土体中的筋件主要承受拉力作用。因此，在复合土体体系数值分析中，通常假定筋件为线弹性材料，分析所需要的力学参数为杨氏模量 E 和抗拉强度 f_t。

2）桩体材料

复合土体中桩体材料又可按桩的功能及受力特点分为复合地基中桩的材料和斜坡中抗滑桩的材料。

a. 复合地基中桩的材料

复合地基中桩主要承受压力作用，最典型的材料为水泥土。试验表明，虽然水泥土是一种比土的模量和强度高，但在力学性能上更像土的一种力学介质。由三轴试验测得的轴向应力和应变关系曲线如图 9. 20 所示。由图 9. 20 所示曲线可见，水泥土的轴向应力和应变关系是一条带有峰值的曲线。这条曲线的特点可由如下几个力学指标表示：①初始杨氏模量 E_i，定义如图 9. 20 所示；②割线杨氏模量 E_s，定义如图 9. 20 所示；③切线杨氏模量 E_t，定义如图 9. 20 所示；④峰值强度 $\sigma_{a,p}$，定义如图 9. 20 所示；⑤峰值强度 $\sigma_{a,p}$所对应的应变 $\varepsilon_{a,p}$，定义如图 9. 20 所示；⑥残余强度 $\sigma_{a,e}$，定义如图 9. 20 所示。

前文曾指出，水泥土在力学性能上更像土的力学性能，其原因如下。

（a）水泥土初始杨氏模量 E_i 与固结压力 σ_3 有关，并可以下式表示：

$$E_i = k_i p_a \left(\frac{\sigma_3}{p_a}\right)^{n_i} \tag{9.37}$$

式中，p_a 为大气压力；k_i、n_i 为两个参数。

（b）峰值强度 $\sigma_{a,p}$和残余强度 $\sigma_{a,e}$均与破坏面上的正应力 σ 有关，并可以库仑抗剪强度公式表示。以峰值抗剪强度 τ_p 为例，其表达式如下：

$$\tau_p = c_p + \sigma \tan\varphi_p \tag{9.38}$$

式中，c_p、φ_p 分别为峰值抗剪强度的黏聚力和摩擦角。

由图 9. 20 所示的轴向应力-应变关系曲线可见，水泥土的力学性能是非线性的，通常在数值分析中将其视为非线性弹性介质。根据试验资料可确定水泥土割线模量或切线模量与其受力水平的关系：

$$\begin{cases} E_s = E_i F_s(\sigma) \\ E_t = E_i F_t(\sigma) \end{cases} \tag{9.39}$$

式中，$F_s(\sigma)$ 和 $F_t(\sigma)$ 分别为与割线模量和切线模量相关的受力水平函数，其具体形式可由试验资料确定。

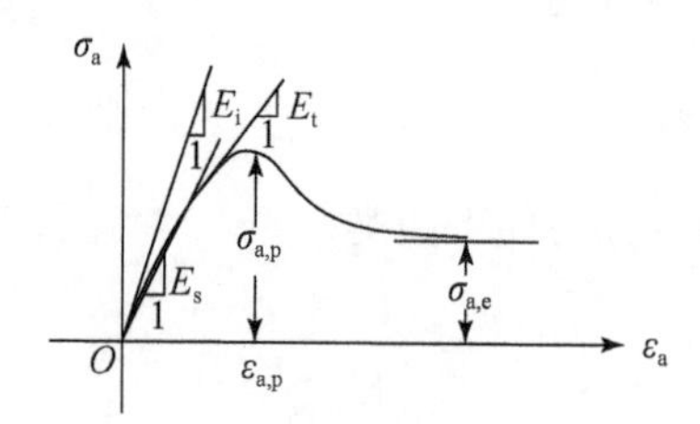

图 9.20　水泥土三轴试验测得的应力-应变关系曲线

b. 斜坡中抗滑桩材料

斜坡中抗滑桩承受弯曲和剪切作用，其材料通常为钢筋混凝土或钢。显然，抗滑桩的材料比桩间土要强得多。因此，斜坡中以抗滑桩为加强体的复合土体体系分析中，通常将抗滑桩材料视为线弹性材料。

3. 接触面应力-应变关系

接触面的应力-应变关系通常以接触面上剪应力 τ 与其两侧相对位移 δ_τ 的关系表示。进行拉拔试验或直剪试验可测得 τ 与 δ_τ 的关系，如图 9.21 所示。由图 9.21 可见，τ-δ_τ 关系曲线是非线性的，即接触面的力学性能是非线性的。图 9.21 所示的关系线可用如下力学指标表示：

（1）初始刚度系数 $k_{\tau,i}$，如图 9.21 所示；

（2）割线刚度系数 $k_{\tau,s}$，如图 9.21 所示；

（3）切线刚度系数 $k_{\tau,t}$，如图 9.21 所示；

（4）接触面剪切破坏强度 τ_f，如图 9.21 所示。

在复合土体体系分析中，将接触面的力学性质视为非线弹性的，并且其切线方向的性能与其法线方向的性能是各自独立的，不发生交联。

与土相似，上述四个参数均与固结时作用于接触面上的法向应力 σ_n 有关。初始刚度系数可以表示成如下形式：

$$k_{\tau,i} = A_\tau \left(\frac{\sigma_n}{p_a}\right)^{n_\tau} \tag{9.40}$$

式中，A_τ、n_τ 为两个参数，由试验确定。割线刚度系数 $k_{\tau,s}$ 和切线刚度系数 $k_{\tau,t}$ 可分别表示如下：

$$\begin{cases} k_{\tau,s} = k_{\tau,i} F_s(\tau) \\ k_{\tau,t} = k_{\tau,i} F_t(\tau) \end{cases} \tag{9.41}$$

式中，$F_s(\tau)$、$F_t(\tau)$ 分别为与 $k_{\tau,s}$ 和 $k_{\tau,t}$ 相应的受力水平函数。

接触面剪切破坏强度 τ_f 可表示如下：

$$\tau_f = c_\tau + \sigma_n \tan\varphi_\tau \tag{9.42}$$

式中，c_τ、φ_τ 分别为接触面的黏聚力和摩擦角，可由试验资料确定。

接触面法向的力学性能通常假定为线性的，令法向的刚度系数为 k_n，则 k_n 为常数。

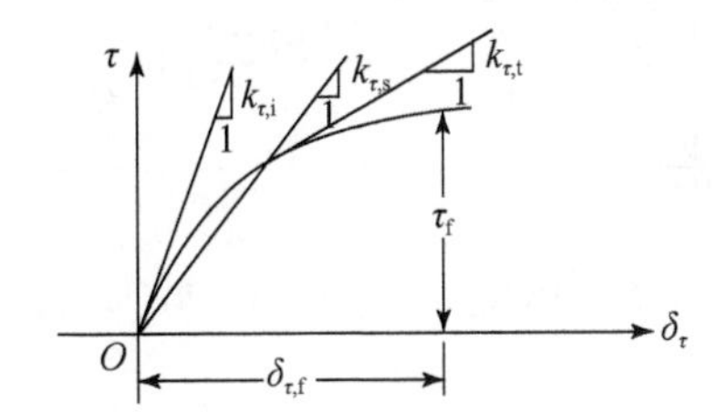

图 9.21　接触面剪应力 τ 与两侧相对位移 δ_τ 的关系曲线

9.4.4　复合土体体系非线性数值求解方法

土、水泥土和接触面的非线性力学性能决定了复合土体体系的数值模拟分析是非线性分析。非线性分析有如下两种求解方法。

（1）采用割线模量的全量法；

（2）采用切线模量的增量法。

无论是全量法还是增量法，其求解的本质都是将非线性问题线性化。相对而言，增量法的功能要强些，例如它可以考虑施工过程的影响、加载过程的影响等。但是，全量法在操作上更简捷。

由第 5 章可见，当采用全量法求解非线性问题时，需要一个迭代过程，迭代是为了寻求与受力水平相协调的割线模量；当采用增量法求解非线性问题时，需要一个叠加过程，叠加是为了由每一个增量分析结果确定全量结果。

前文曾指出，水泥土的应力–应变关系曲线是一条具有峰值的曲线。按第 2 章所述，峰值左侧的水泥土是一种稳定性材料，其切线模量为正值，而峰值右侧的水泥土是一种非稳定性材料，其切线模量为负值，如图 9.22（a）所示。这样，采用增量法进行分析时，当水泥土的工作状态处于峰值右侧时，由于其切线模量为负值，分析结果会发生不稳定现象。但是，如果采用全量法进行分析时，无论水泥土的工作状态是处于峰值的左侧还是右侧，其割线模量总是正值，如图 9.22（b）所示。图 9.23 给出了采用全量法割线模量的迭代过程。设图 9.23 中的 B 点，与其受力水平相协调的割线模量为 $E_{\mathrm{S},B}$。在迭代过程中，第一次分析采用的点 1 相应的割线模量为 $E_{\mathrm{S},B}^{(1)}$，其值大于 $E_{\mathrm{S},B}$，则由分析得到应力–应变点为点 1′，且要高于点 1。由实际应力–应变关系曲线可以确定出与 1′点的应变相等的点 2 及相应的割线模量 $E_{\mathrm{S},B}^{(2)}$，其值小于 $E_{\mathrm{S},B}$，令第二次分析采用点 2 相应的割线模量，则由分析得到应力–应变点为点 2′，且要低于点 2。同样，可由实际应力–应变曲线确定与点 2′的应变相等的点 3 及相应的割线模量 $E_{\mathrm{S},B}^{(3)}$，其值大于 $E_{\mathrm{S},B}$，并令第三次分析采用点 3 相应的割线模量。如此重复下去。但应注意，在迭代过程中必须以应变作为受力水平的定量指标。

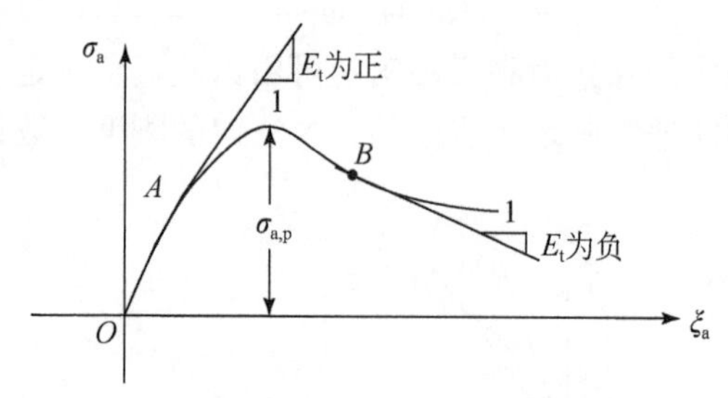

(a) 切线模量；A点E_t为正；B点E_t为负

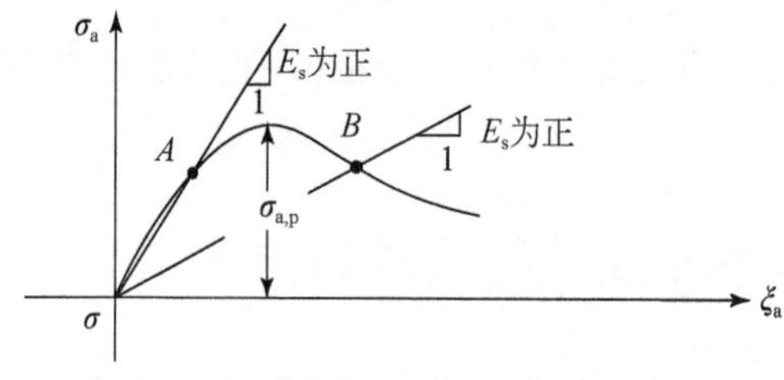

(b) 割线模量：A点E_s为正；B点E_s为正

图 9.22　水泥土应力-应变关系曲线峰值点两侧的切线模量 E_t 和割线模量 E_s

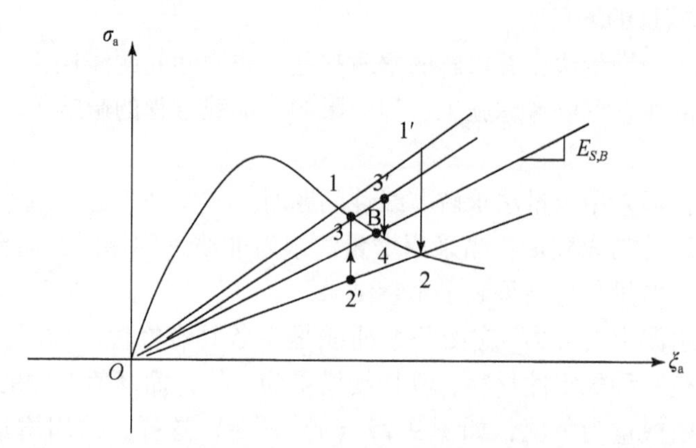

图 9.23　当受力状态处于应力-应变关系曲线右侧时全量迭代法割线模量的收敛

9.5　复合土体现场荷载试验模拟分析

众所周知，现场载荷试验，例如地基压载试验，是确定其承载力的基本方法。与复合土体有关的现场载荷试验有如下两种：①单桩复合地基现场压载试验；②锚杆拉拔现场试验。

现场载荷试验可以确定载荷-变形关系曲线，进而据此可确定极限承载力。由现场载荷试验确定的承载力不仅可为设计提供依据，也是检验按其他方法确定承载力的标准。对现场载荷试验进行模拟分析的目的有以下两个：①将模拟分析结果与试验结果进行对比，检验模拟分析方法的适用性。②调整模拟分析采用的参数，使其结果与试验结果拟合，确定加强体、桩间土，以及两者接触面的力学参数。

下面分别表述单桩复合地基现场压载试验及锚杆现场拉拔试验的模拟分析。

9.5.1 单桩复合地基现场压载试验模拟分析

1. 压载现场试验体系及模拟

按前述，压载现场试验体系包括圆形的压载板、砂砾石垫层、水泥土桩，以及侧向无限延伸的土体。设荷载均匀地作用于压载板上，则现场压载试验体系处于轴对称受力状态。模拟分析中将压载板视为截面为四边形的环形实体单元。为了考虑水泥土桩与周围土之间发生的相对滑动，在两者之间设立 Goodman 接触单元。这样，构成的压载试验体系的模拟分析体系如图 9.24 所示。关于图 9.24 所示的接触面单元应说明如下两点。

（a）为了实现接触面两侧可以发生相对滑动，必须把接触面上的一点设置成两点。由于 Goodman 单元是无厚度的，则这两个点的坐标应相同。

（b）因为水泥土桩端点也在接触面上，所以也必须将该点设置成两个点，使其与桩端之下和其侧面的土单元连接，如图 9.24 中阴影所示的单元。

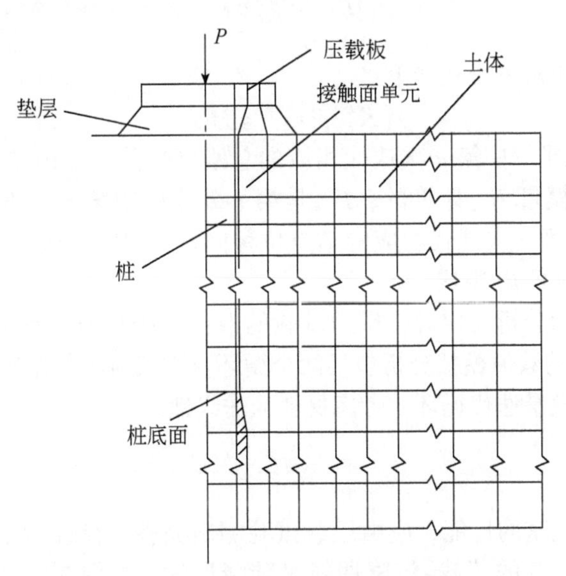

图 9.24 单桩复合地基压载试验的模拟分析体系

2. 材料的应力-应变关系

如前述，土、水泥土、接触面应采用非线性应力-应变关系。根据试验资料可确定应力-应变关系式及其所包括的参数。压载板材料通常为钢筋混凝土，可采用线弹性应力-应变关系。

3. 非线性数值模拟方法

前文曾指出，非线性分析方法可采用切线模量的增量叠加法，也可采用割线模量的全量迭代法。像水泥土这类具有峰值强度的材料，当采用切线模量的增量叠加法时会出现负模量。在这种情况下，采用割线模量的全量迭代法不会出现负模量，因此更为适当。

在压载试验中，荷载是分级施加的。因此，在压载试验数值模拟分析中，则应模拟压载试验的加载过程，按其加载次序逐级增加压载板上的荷载 P。

在此应指出，土、水泥土、接触面的非线性应力-应变关系所包括的参数与初始应力有关。为了考虑初始应力对这些参数的影响，应首先进行一次初始应力分析。在初始应力分析中只考虑自重作用，不包括荷载 P 的作用。

设压载试验的荷载 P 是分 N 次施加的，每次增加量为 ΔP_j。这样，为模拟这个过程应进行 N 级分析。如按割线模量的全量迭代法分析，第一级分析的荷载 P_1 如下：

$$P_1 = \Delta P_1 \tag{9.43a}$$

第 i 级迭代和第 N 级分析的荷载 P_i 和 P_N 分别如下：

$$\begin{cases} P_i = \sum_{j=1}^{i} \Delta P_j \\ P_N = \sum_{j=1}^{N} \Delta P_j \end{cases} \tag{9.43b}$$

对于每一次求解，其求解方程式如下：

$$[K]_{i,k}\{r\}_{i,k} = \{R\}_i \tag{9.44}$$

式中，$[K]_{i,k}$为第 i 级求解中第 k 次迭代相应的总刚度矩阵，是由单元刚度$[k]_{e,i,k}$叠加而成的，单元刚度是按模量 $E_{i,k}$ 计算的，$E_{i,k}$ 是第 i 级分析中第 k 次迭代相应的割线模量；$\{r\}_{i,k}$为第 i 级求解中第 k 次迭代相应的结点位移向量；$\{R\}_i$ 为第 i 级分析相应的荷载向量，由第 i 级分析的荷载 P_i 组成。

按上述，初始应力分析完成后，压载试验的数值模拟分析流程如图 9.25 所示。由图 9.25 可见，压载试验的数值模拟分析包括两个循环：①载荷次数循环，模拟压载试验的逐级加载过程；②割线模量迭代循环，考虑材料的非线性。

4. 压载试验结果

为了解单桩复合地基的性能，应由压载试验测出完整的荷载-沉降曲线。通常由压载试验测得的单桩复合地基的荷载-沉降曲线是陡降形的，如图 9.26 所示。根据测得的荷载-沉降关系曲线可以确定单桩复合地基的初始刚度 $K_{sp,i}$，第一弯曲点、第二弯曲点及与其相应的允许荷载 P_e 和破坏荷载 P_f。如果在压载试验中还在不同断面测量水泥土桩的轴向应力，则可得各级荷载下水泥土桩的轴向应力随深度的变化，如图 9.27 所示，其中横坐标 $P_{L,i}$为在 P_i 作用下水泥土桩 l 断面的轴向压力，$P_{t,i}$为在 P_i 作用下桩顶的轴向压力。

5. 数值模拟分析结果与压载试验测试结果对比及拟合

数值模拟分析结果应与压载试验结果相符。但是只有模拟分析所采用的力学模型参数

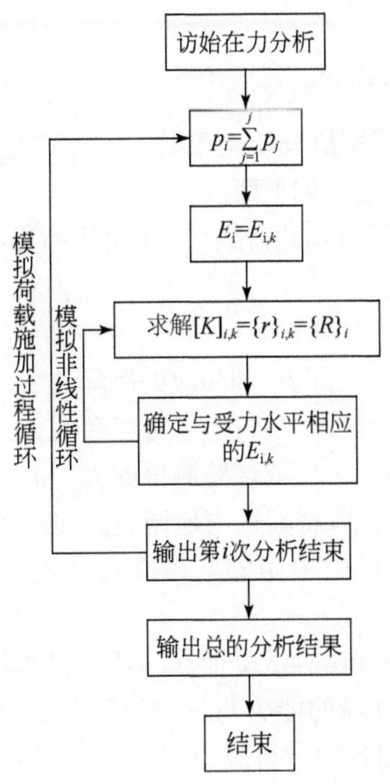

图9.25　单桩复合地基现场压载试验数值模拟分析流程图

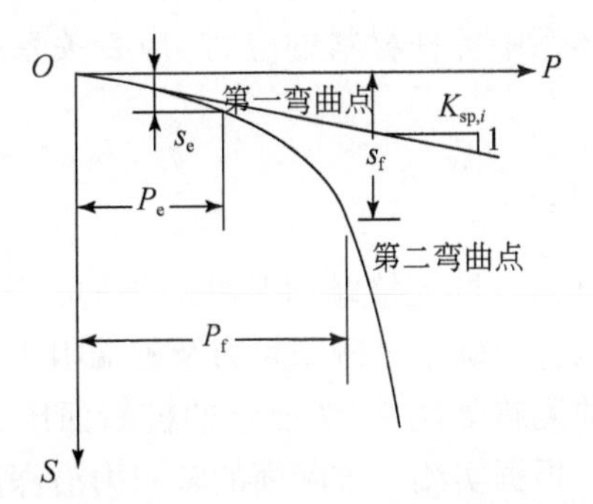

图9.26　单桩复合地基现场压载试验测得的荷载-沉降曲线

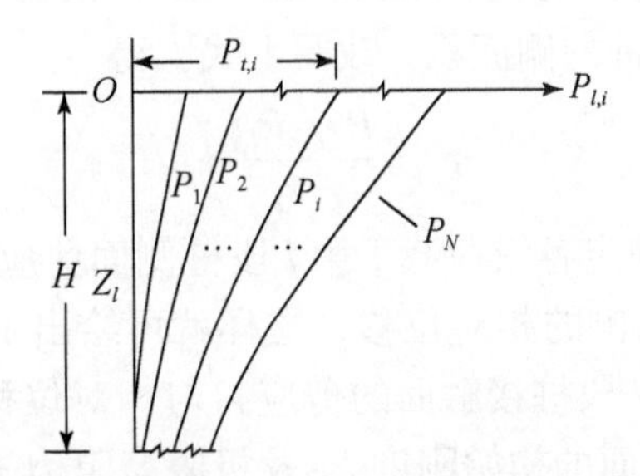

图9.27　在各级荷载作用下水泥土桩各断面压力随深度的变化

恰当时才会使两者相符。

1）荷载–沉降曲线对比及拟合

在分析压载试验测试和数值模拟分析结果时，首先应比较由它们获得的荷载–沉降曲线。关于荷载–沉降曲线的对比指出如下两点。

（1）比较由试验和数值分析得到的荷载–沉降曲线的形状。在荷载–沉降曲线对比中，应看如下三个指标的拟合程度。

（a）初始刚度 $K_{sp,i}$；

（b）第一个弯曲点的坐标值，即 P_e 和相应的沉降 S_e；

（c）第二个弯曲点的坐标值，即 P_f 和相应的沉降 S_f。

如果模拟分析得到的 $K_{sp,i}$ 值小于压载试验测得的 $K_{sp,i}$ 值，说明模拟分析中采用的应力–应变关系曲线的初始模量值低了，应将其适当地调高。如果模拟分析中得到的 P_f 值小于压载试验得到的 P_f，说明模拟分析中采用的与破坏应力有关的参数低了，应将其适当地调高。

（2）如果由数值分析得到的荷载–沉降曲线与压载试验测得的曲线拟合较好，只说明数值分析体系给出的总的抵抗沉降的能力与压载试验给出的总的抵抗沉降的能力是相同的，并不表明数值分析中所采用各种材料应力–应变关系中的参数值与实际体系的参数一致。因为实际体系是由成层的土层及相应的接触面组成的，这些土层及相应接触面应力–应变关系参数的不同组合都可得到相同的荷载–沉降曲线。因此，欲从数值分析与压载试验测试结果对比来获得实际体系中各种材料的应力–应变关系中的参数时，只对比拟合荷载–沉降曲线是不够的。

2）轴向压力的对比与拟合

由单桩承载力计算公式可知，桩土接触面及桩端土的力学性能是非常重要的。因此，如果能从单桩复合地基压载试验中确定桩侧摩阻力及桩端阻力则是所期望的。为此，在单桩复合地基压载试验中，必须测得如图 9.27 所示的桩断面压力沿深度分布曲线，并进行数值分析拟合压载试验结果。根据实测的桩断面的轴向力沿深度分布曲线，可确定作用于接触面上的剪应力。令 $P_{i,l}$ 和 $P_{i,l+1}$ 分别为由试验测得的第 i 级荷载作用于第 l 段桩上下面的压力，$\tau_{i,l}$ 为该桩段相应的剪应力，如图 9.28 所示，根据第 l 段桩力的平衡得：$P_{i,l}-P_{i,l+1}=\tau_{i,l}s_l$，式中 s_l 为第 l 段桩的侧面积。改写上式，得

$$\tau_{i,l}=\frac{P_{i,l}-P_{i,l+1}}{s_l} \tag{9.45}$$

这样按式（9.45）可以确定各级荷载下第 l 段桩侧面剪应力。另外，由模拟分析可得到各级荷载下各桩段接触面两侧的相对位移，这样就可绘出 τ_l-Δu_l 关系线，如图 9.29 所示。图 9.29 所示的曲线即第 l 段桩接触面的剪应力与相对位移的关系线。由图 9.29 所示的关系可以确定第 l 桩段接触面的初始刚度 $k_{i,l}$ 及极限摩阻力 $\tau_{f,l}$。采用同样的方法可绘制其他各段桩接触面的剪应力与相对位移关系，以及其初始刚度与极限摩阻力。

此外，利用压载试验测得的各级荷载作用下的桩端压力 P_{n+1} 与模拟分析拟合后得到的

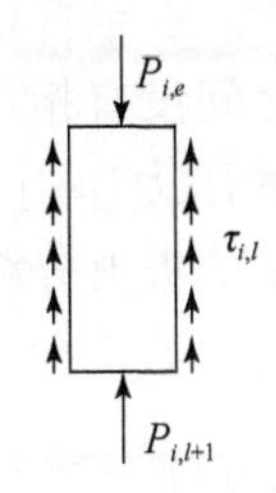

图9.28　第 i 级荷载作用下第 l 段桩力的平衡

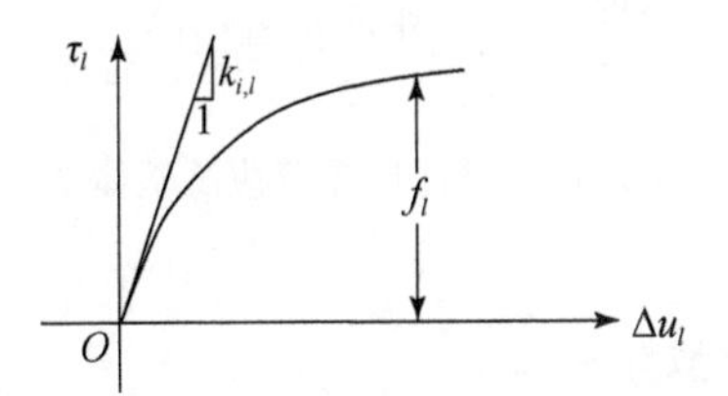

图9.29　第 l 段桩接触面的剪应力与相对位移的关系

各级荷载作用下的桩端位移 u_{n+1} 可绘制两者关系曲线。与桩侧接触面相似，由桩端压应力及位移 u_{n+1} 关系曲线，可确定桩端土体的初始刚度 $k_{i,n+1}$ 及破坏端阻力 $p_{f,n+1}$。

然后采用新确定的抗侧接触面模型参数和抗端模型参数再进行数值分析。重复上述步骤就可使数值分析与压载试验测试的结果拟合。

3）桩土应力比的确定

根据单桩复合地基现场压载试验测得的各级荷载作用下的桩顶压力可确定桩顶面上相应的压应力 $\sigma_{p,t,i}$。设载压板下相应土的平均压应力为 $\sigma_{s,t,i}$，则

$$\sigma_{s,t,i}=\frac{P_i-P_{p,t,i}}{S_s} \tag{9.46}$$

式中，$P_{p,t,i}$ 为第 i 级荷载下桩顶面压力；S_s 为压载板下土的面积。设 $R_{\sigma,i}$ 为第 i 级荷载下桩土应力比，根据其定义得

$$R_{\sigma,i}=\frac{\sigma_{p,t,i}}{\sigma_{s,t,i}} \tag{9.47}$$

试验表明，$R_{\sigma,i}$ 随 P_i 变化。根据试验资料可给出 R_σ 与 P_i 的关系曲线。另外，由压载试验可测得复合地基沉降 $S_{ps,i}$，这样也可绘制 R_σ 与 S_{ps} 的关系线。

9.5.2　锚杆现场拉拔试验模拟分析

1）现场拉拔试验体系

锚杆是设置在天然斜坡土体中的筋件。锚杆属于刚性加强体。锚杆的轴向与坡面的法向一致，或设计成与水平线成一个较小的夹角，如图9.30所示。

如前所述，锚杆分为自由段和抗拔段。在锚杆现场进行拉拔试验时，自由段还没有灌水泥砂浆，钻孔周围土体与钢索或钢杆之间没有相互作用。在拉拔试验中，拉拔力施加于钢索或钢杆的一端，而压板将同样大小的压力作用于其后的土坡表面。图 9.30 给出了锚杆现场拉拔试验体系。在试验中，应在压载板上分级施加压力。锚杆、压板与其周围土体构成一个自平衡体系，如图 9.30 所示。

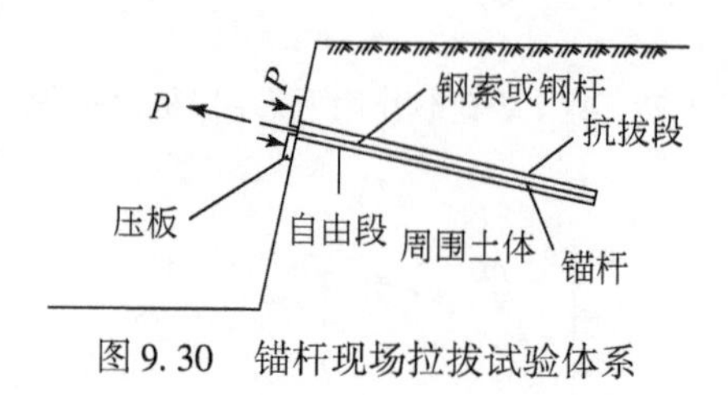

图 9.30　锚杆现场拉拔试验体系

2）现场拉拔试验数值模拟分析体系

单根锚杆及压板的影响区域较小，在分析中认为坡面与锚杆垂直。这样，将锚杆、压板及土体体系作为一个轴对称问题，从体系中截取一个圆柱体进行分析。圆柱体的半径大于单根锚杆的影响范围，如图 9.31 所示。

自由段的钢索或钢杆简化成受拉的杆单元集合体，但与周围土体不接触。拉拔段锚杆简化成断面为四边形的圆柱实体单元集合体。土体及压板则简化成断面为四边形的环形实体单元集合体。拉拔段锚杆与土体接触面简化成无厚度的 Goodman 环单元集合体。图 9.31 给出了现场拉拔试验模拟分析体系的网格划分。

由图 9.31 可见，锚杆的抗拔力只由抗拔段锚杆与土接触面的侧摩阻力平衡，锚杆的末端不能提供抗拔力。

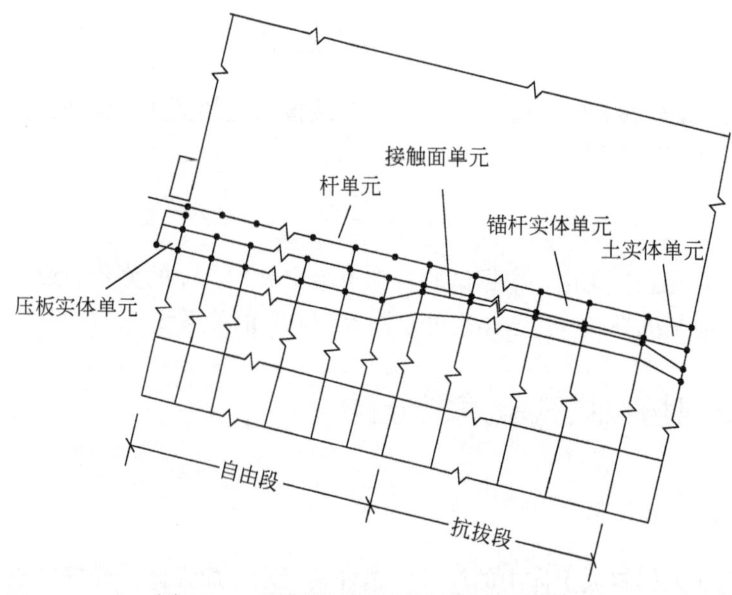

图 9.31　现场锚杆拉拔试验模拟分析体系

3）材料的应力–应变关系

按上述，锚杆拉拔试验模拟分析体系包括土体、钢索或钢杆、锚杆、压板及锚杆与土体的接触面。钢索或钢杆的材料为钢，在分析中可认为是线弹性材料，采用线性应力–应变关系。锚杆是由钢索或钢杆与水泥砂浆构成的，与周围土体相比，其模量也高得多，在分析中也可认为是线弹性材料，采用线性应力–应变关系。按前述，土及土与锚杆的接触面的应力–应变关系应采用非线性应力–应变关系，例如非线性弹性应力–应变关系。

4）锚杆现场拉拔试验模拟分析方法

按前述，锚杆现场拉拔试验模拟分析应是非线性分析，并应考虑分级加载过程。具体的求解方法与前述的单桩复合地基压载试验模拟分析相同，在此不再赘述。

5）模拟分析结果与现场试验测试结果的对比和拟合

锚杆现场拉拔试验可测得拉力 P 与拉伸位移 u 的关系曲线，也可测出抗拔段断面的拉力沿锚杆轴线的分布。因此，可将它们作为锚杆数值分析的拟合目标。具体的对比和拟合方法与前述单桩复合地基压载试验的拟合分析相似，在此不再赘述。

9.6 复合土结构的数值模拟分析

复合土结构大多用于边坡工程，主要包括如下三种类型：①填筑的加筋土结构；②多层锚杆土结构；③多层土钉墙。

这三种复合土结构的工作状态及功能基本相同，但是填筑的加筋土结构是填方工程，而多层锚杆土结构和多层土钉墙是挖方工程。由于这三种复合土结构的施工过程和方法不同，在数值模拟分析中应分别模拟他们各自的施工过程和方法。

9.6.1 填筑的加筋土结构

1. 数值模拟分析体系

设填筑的加筋土结构的筋件为加筋土工布，在平面中是连续铺设的。如前所述，可将填筑的加筋土结构作为一个平面应变问题进行分析。因此，可以取出单位宽度，两侧面受约束，沿其高度分层设置筋带的一片土板进行分析，如图9.32所示。图9.32的右侧边界根据加筋土体的影响范围按经验确定。

图9.32给出了填筑的加筋土结构数值模拟分析体系，该体系包括如下三种类型的单元：①模拟土的实体单元；②模拟筋件的杆单元；③模拟接触面的接触单元。

在此只对接触面单元的设置补充一点，筋件的上下面均与土接触，因此在筋件的上下两面均要设置接触单元。

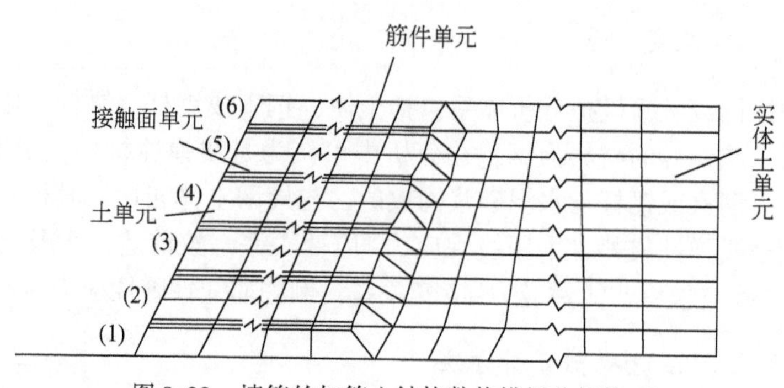

图 9. 32　填筑的加筋土结构数值模拟分析体系

2. 模拟施加过程的分析方法

填筑的加筋土结构是从下向上逐层施工的。在模拟分析时，首先应将分层填筑的次序或步骤划分出来，在此基础上再进行单元剖分。如图 9. 32 所示，该加筋土体施工分成如下六个步骤。

第一步：第一道筋件之下的土层；

第二步：设置第一道筋件及填筑第二道筋件之下的土层；

第三步：设置第二道筋件及填筑第三道筋件之下的土层；

第四步：设置第三道筋件及填筑第四道筋件之下的土层；

第五步：设置第四道筋件及填筑第五道筋件之下的土层；

第六步：设置第五道筋件及填筑其上的土层。

根据上述施工步骤进行模拟分析体系单元的划分，图 9. 32 所示与上述施工步骤相应，数值模拟分析也分六个相应步骤。由于土及接触面的应力–应变关系是非线性的，数值模拟分析应采用切线模量的增量法进行。每一步分析应采用与各单元受力水平相应的切线模量。每一步分析的荷载为该步填筑的土层自重，并由其本身及其下填筑的土体及筋件承受。以第三步分析为例，第三步分析的荷载为第二道与第三道筋件之间的土层自重。显然，这一步的荷载由该层土本身及其下的第一层土、第二层土及第一道筋件、第二道筋件承受。

由于采用的是增量分析方法，填筑加筋土结构施工完毕之后的应力、变形应是各分析步骤的应力和变形之和。每一步具体分析方法在此不再赘述。

3. 数值模拟分析结果与应用

数值模拟分析可以给出在每一个施工阶段及施工完毕时各筋件单元、各土体单元及各接触面单元的应力，以及体系中各节点的位移，即体系的变形。

根据模拟分析给出的应力，可以验算在每一个施工阶段及施工完毕时，各筋件单元、各土体单元及各接触面单元是否发生破坏，以及破坏的部位和范围。这些结果是常规设计强度验算的补充及完善，为设计提供更可靠的依据。

更为重要的是，模拟分析能够给出体系中各结点的位移。依据给出的体系中各结点的位移，可以评估每一步施工阶段和施工完毕时的体系的变形是否被允许。这是常规设计方法不能做的。

文献［2］采用上述方法，考虑施工过程分析了一个工程案例，给出了该复合土堤在自重作用下的变形。结果表明，筋带有效地约束了土堤的变形。

9.6.2　多层锚杆土结构及多层土钉墙

多层锚杆土结构及多层土钉墙与填筑的复合土结构不同，它们都属于挖方工程，其施工次序则是从上向下。下面以多层锚杆土结构在边坡整治中的应用来说明这两种土结构的数值模拟分析方法。

1. 多层锚杆土结构

设一个土坡的原断面如图9.33中的虚线所示。边坡整治后要求的断面如实线所示。由图9.33可见，虚线和实线之间的土体应挖除。由于整治后的坡面是直立的，为了保持直立边坡的稳定性，在其中设置多层锚杆。这样，在多层锚杆土结构施工中，应分层将土体挖除和分层设置相应的锚杆。

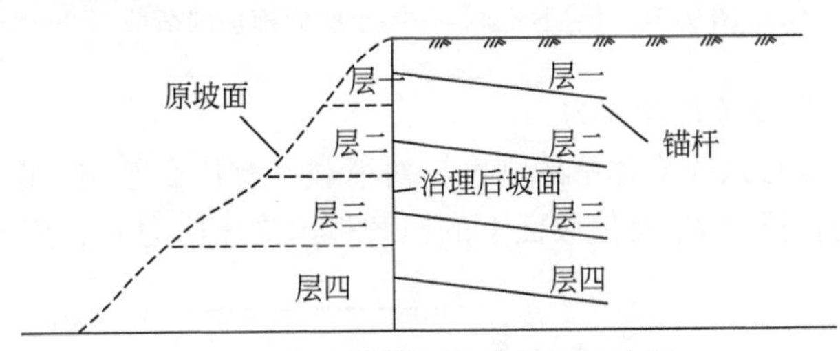

图9.33　多层锚杆土结构施工次序

在图9.33中，分如下四层开挖和设置相应的锚杆：

层一：挖除第一层土，设置第一层锚杆；

层二：挖除第二层土，设置第二层锚杆；

层三：挖除第三层土，设置第三层锚杆；

层四：挖除第四层土，设置第四层锚杆。

土体开挖和锚杆的设置次序确定后，则可根据每层开挖的土层界面及锚杆的设置位置进行单元剖分。然后，根据施工次序按相应的四个阶段采用切线模量增量法进行模拟分析。但是在进行模拟分析之前应对原来的土坡进行一次静力分析，求出自重作用下土体的初始应力分布，并以$\{\sigma_0\}$表示。土体中的初始应力在下面各阶段的模拟分析中具有重要作用。

采用增量法进行多层锚杆的模拟分析，在每一个分析阶段所施加的荷载应为该阶段挖除土体而解除的应力所产生的荷载。下面以第一阶段和第二阶段分析为例，说明在每个分析阶段施加的荷载。

1）第一分析阶段施加的荷载

按前述，与第一分析阶段相应的施工工作有如下两项。

a. 挖除第一层土体

挖除第一层土体后，其底面和侧面成为自由面。在力学上，将第一层土体挖除等价于将底面和侧面上作用的初始应力 $\{\sigma_0\}$ 解除。令挖除之前，在底面上作用的正应力和剪应力为 $\sigma_{0,b}$ 和 $\tau_{0,b}$，在侧面上作用的正应力和剪应力分别为 $\sigma_{0,l}$ 和 $\tau_{0,l}$。挖除之后，在底面和侧面上作用的应力消失。因此，应在底面和侧面上分别施加与 $\sigma_{0,b}$、$\tau_{0,b}$、$\sigma_{0,l}$、$\tau_{0,l}$ 数值相等方向相反的应力，如图 9.34（a）和图 9.34（b）所示。由图 9.34 可见，将图 9.34（a）和图 9.34（b）叠加起来，则底面及侧面成为自由面。

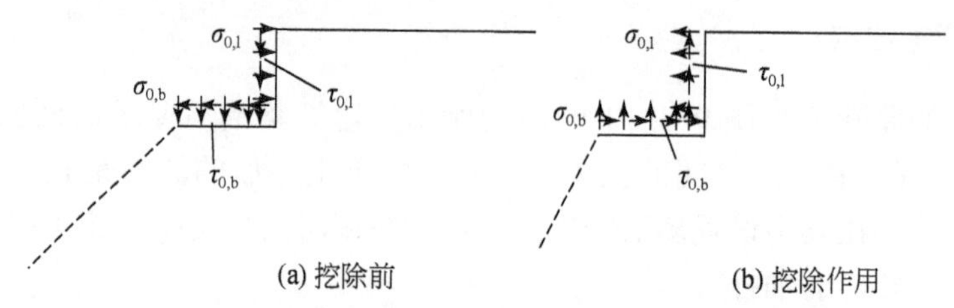

图 9.34　模型挖除第一层土所应施加的荷载

b. 设置第一层锚杆及施加预应力

设置第一层锚杆本身只改变体系的刚度，对荷载没有什么影响。但是给锚杆施加预应力等价于使锚杆承受拉拔力 P_1 及使坡面上的压载板承受压应力 p_1，如图 9.35 所示。

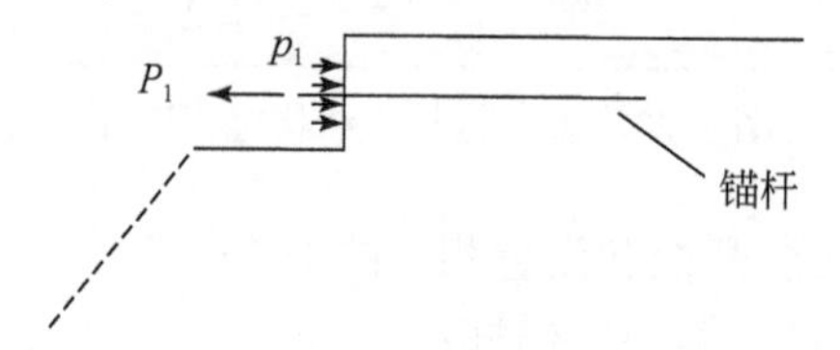

图 9.35　给锚杆施加预应力引起的荷载

这样，在第一阶段模拟分析所应施加的荷载为图 9.34（b）所示的荷载与图 9.35 所示的荷载之和。完成第一阶段的分析后，可以得到在其所施加的荷载作用下体系中各单元的应力增量 $\Delta\sigma_1$。因此，第一阶段施工完成后，体系中各单元的应力 $\{\sigma_1\}$ 如下：

$$\{\sigma_1\} = \{\sigma_0\} + \{\Delta\sigma_1\} \tag{9.48}$$

2）第二分析阶段施加的荷载

第二分析阶段施加的荷载与第一阶段相似，只是在第二阶段的底面和侧面上施加的应力分别为 $\sigma_{1,b}$、$\tau_{1,b}$ 和 $\sigma_{1,l}$、$\tau_{1,l}$，以及在第二层锚杆施加的拉拔力为 P_2，在压板上施加的压力为 p_2。完成第二阶段的分析后，可以得到在所施加的荷载作用下体系中各单元的应力增量 $\Delta\sigma_2$。由此，第二阶段施工完成后，体系各单元的总应力 $\{\sigma_2\}$ 为

$$\{\sigma_2\} = \{\sigma_1\} + \{\Delta\sigma_2\} \tag{9.49}$$

第三分析阶段所施加的荷载可按与上述相同的方法确定，在此不再赘述。

2. 多层土钉墙

假如将图9.33所示的多层锚杆改为土钉，则也可按四层开挖和设置相应的土钉。这样，多层土钉墙的模拟也可按相应的四个分析阶段进行。但是，由于土钉不施加预应力，则在每阶段只分别施加由开挖引起的荷载，其数值可按与上述相同的方法确定。

9.7 简要评述

（1）复合土体是由土和加强体构成的。加强体可视为一种构件，因此复合土体是一种特殊的土-结构相互作用体系。在复合土体分析中，加强体与周围土的相互作用是其核心问题。

（2）加强体的类型及受力状态与加强体的布置形式有关。水平布置时，加强体通常承受拉力作用；竖向布置时，加强体通常承受压力作用。

（3）在复合土体中，加强体与周围土体可能发生相对位移。因此，在复合土体模拟分析中，通常应在加强体和周围土体之间设置接触面单元，以模拟两者之间可能发生的相对位移。

（4）在复合土体模拟分析中，必须模拟复合土体的施工过程和加载过程，而复合土体的施工过程和加载过程与复合土体的类型有关。

（5）由于土及接触面的应力-应变关系的非线性，复合土的数值模拟分析是非线性分析。由于在分析中要模拟施工过程或加载过程，则应采用切线模量的增量分析法。

参考文献

[1] Brauns J. Die Anfangstraglast von schottersaulen im bindigen untergrund. Die Bautechnik, 1978, 55 (8): 263-271.

[2] 严志刚，王德军，张克绪，等. 加筋土工布为筋件的结构变形分析. 哈尔滨工业大学学报，2003，35（5）：576-580.

第10章　土状态改变引起的土体变形及其影响

10.1　概　　述

10.1.1　环境及其对土的状态影响

土是天然生成的物质，是在一定的环境下存在的。土的生成和所处的环境条件包括很多方面，其中有些环境条件对土的状态有重要影响，例如温度、降雨、地震等。这里所要讨论的是温度、降雨及其他与水有关的环境条件，地震将在第12章作为一种荷载条件来表述。

我国有大片领土处于温带及高寒地区。这些地区每年都会经历一次负温和正温的交替过程。相应地，这些地区地表之下一定深度的土每年都要经历一次冻融循环过程。另外，降水使地表之下一定深度土的含水量增加，其他一些与水有关的环境条件变化，例如局部漏水，也会使周围土的含水量增加。根据土力学知识，土的含水量是决定土的物理状态的一个重要的定量指标。显然，环境条件变化得越大，土的状态改变得就越显著。

10.1.2　土的状态改变对土的物理力学性能的影响

环境条件变化使土的状态发生改变只是一种物理现象，其重要性则在于土的状态改变对土的力学性能的影响，以及其对工程结构产生的危害。

1. 湿度变化引起的土状态改变及影响

土的湿度通常以含水量为定量指标表示。由土力学可知，土有三个界限含水量：收缩限、塑限和流限。根据土的实际含水量，土可能处于固态、半固态、塑性状态和流塑状态。因此，含水量被视为一个影响土力学性能的重要物理指标，特别是对黏性土。土力学试验表明，黏性土的变形模量及抗剪强度随其含水量的增加而降低。这方面的知识是众所周知的，不是这里所要讨论的问题。这里所要表述的是由土的湿度变化引起土的状态改变所产生的两种特殊的力学现象。

1）膨胀土遇水发生的体积膨胀

通常土的含水量增加认为是土孔隙中所含的水量增加，当孔隙充满水时，土的含水量称为饱和含水量。显然，土的孔隙度越大，其饱和含水量也越高。但是，如果土颗粒的矿物成分含有蒙脱石、伊利石时，遇水后土颗粒则会大量吸水，本身体积发生膨胀。下面将由土颗粒吸水引起土体积膨胀的土称为膨胀土。显然，膨胀土是一种特殊的土，应将其遇水发生体积膨胀作为其一个特殊的力学问题加以研究。另外，由于遇水时膨胀土吸收了大量的水，土颗粒之间的连接变弱，土骨架发生软化，其抗剪强度也将显著降低，超出一般土含水量增加对抗剪强度的影响程度。

膨胀土遇水产生的体积膨胀及抗剪强度的显著降低必将对建在其内和其上的工程结构产生影响。其主要影响表现在如下四个方面。

(a) 使埋设在其内的建筑管道发生抬高，如果抬高量不均匀还可使管道发生破裂。

(b) 使设置在其内的桩承受上拔力，可将桩顶和承台抬高。

(c) 使建筑在其上的建筑物抬高，如果基底面上的抬高量不均匀，则使建筑物承受附加内力作用，并可能导致建筑物破坏。

(d) 在膨胀土中开挖的边坡，由于膨胀土遇水膨胀后抗剪强度显著降低，边坡可能发生不稳定现象，严重的可能产生滑坡。

2) 湿陷性土遇水发生的湿陷

黄土是最典型的湿陷土，其主要特点如下。

(a) 黄土主要由粉土颗粒组成；

(b) 其生成时形成了特殊的结构，特别是管状结构；

(c) 孔隙很大；

(d) 在天然状态下含水量很低；

(e) 在天然状态下黄土呈现很硬的状态。

但是，由于黄土孔隙很大，土颗粒之间的连接很弱，遇水时土骨架发生软化，甚至土的结构发生破坏，使变形模量和抗剪强度显著降低。当黄土的结构破坏时，其孔隙体积的减小量是非常大的。如下两个主要因素会影响黄土湿陷。

(a) 遇水湿陷前的孔隙度越大，其湿陷量就越大。

(b) 以 k_0 状态为例，黄土承受的竖向压应力 p_v 越大，则由湿陷引起的相应的竖向压缩变形就越大。

除了上述典型的黄土之外，还有一种类黄土。这种类黄土遇水后土骨架也会发生软化，其变形模量和抗剪强度会有一定程度的减小。虽然不像黄土那样显著，但类黄土也会呈现一定的湿陷性。

黄土和类黄土遇水后土骨架发生软化对工程结构的影响是不言而喻的。湿陷引起的土体附加变形将使建筑在其上的工程结构产生附加内力，并可能使结构发生裂缝和破坏。此外，由土骨架软化引起的抗剪强度降低也会降低地基和边坡的稳定性。

2. 冻融引起的土状态改变及影响

按前述，在季节冻土区由于温度变化所发生的冻结和融解就是土状态改变的典型例子。这里所关注的不仅是土状态的改变，更重要的是伴随土状态改变而发生的力学现象及其影响。

直观上就可以看出，冻结使土变硬，而融解使土变软。因此，伴随土冻结和融解所发生的力学现象及其影响是不同的。

1）冻结的影响

试验室研究和现场观测表明，土冻结后将发生体积膨胀，且冻结的土更硬，具有更高的抗剪强度。因此，从力学而言，冻结的影响只是一个变形问题，并不存在强度问题。伴随冻结而产生的土体积膨胀对工程结构的影响与膨胀土遇水发生的体积膨胀相似，但是不存在土体稳定性问题。

2）融解的影响

试验室研究和现场观测表明，伴随融解土将发生融沉。由于冻结时水分的迁移，冻土的含水量比冻结前土的含水量要高。如果融解过程中排水途径不畅，融解时土中的水不能及时排出，在这种情况下融解后的土的抗剪强度比冻结前的土还要低。但应指出，融解过程中排水途径是否顺畅取决于冻土的融解次序。如果冻土上部先融解，下部后融解，则上部土融解的水无法向下排出。相反，如果冻土下部先融解，则上部土融解的水可向下排出。在融解过程中水不能顺畅排出的情况下，应认为在融解时土处于不排水状态。

按上述，融解产生的融沉在力学上是一个变形问题，融沉对工程结构的影响可归纳为如下三点：

（a）使埋设在其内的管道发生下沉，如果下沉量不均匀还可使管道发生破裂。

（b）使建筑在其内的桩承受向下的拉力，可使桩顶和承台下沉。

（c）使建筑在其上的建筑物下沉，如果基底面上的下沉量不均匀，则使建筑物承受附加内力作用，并可能导致建筑物破坏。

应指出，冻土融解不仅是一个变形问题，融解所引起的抗剪强度降低也会使土体稳定性降低。

10.1.3　膨胀土的膨胀机制及影响因素

按前述，膨胀土的膨胀机制是其遇水时含有蒙脱石和伊利石矿物成分的土颗粒大量吸水，土颗粒发生体积膨胀。因此，并不是所有的土都是膨胀土，判别一种土是否属于膨胀土的标准是土颗粒所含有的蒙脱石和伊利石矿物成分的多少，以及吸水膨胀量的大小。按这种机制，影响膨胀土膨胀的主要物理因素如下。

1. 土颗粒的矿物成分

只有含有蒙脱石和伊利石矿物成分的土颗粒才会在遇水时大量吸水，使土颗粒体积发生膨胀。

2. 蒙脱石和伊利石矿物成分的含量

由于蒙脱石和伊利石具有很强的吸水能力，因此将这类矿物称为亲水矿物。单位土体中的亲水矿物含量越多，则总的吸水能力越大，土体积的膨胀就越大。

3. 遇水膨胀前土的孔隙度或干密度

遇水膨胀前土的孔隙度越小或干密度越大，则单位土体中所含的土颗粒质量就越大，单位土体中亲水矿物的含量越多，土体积的膨胀量就越大。因此，土的孔隙度或干密度是影响膨胀土膨胀的一个重要因素。在此应指出，由于非饱和土的含水量与孔隙度和干密度没有直接关系，因此遇水膨胀前土的含水量不是影响膨胀土膨胀的重要因素。

4. 初始应力

试验和现场观察表明，在遇水膨胀过程中膨胀土所承受的初始应力是影响膨胀土膨胀的一个重要因素。以处于 k_0应力状态的膨胀土为例，在这种情况下膨胀土只能在竖向发生膨胀，设膨胀土所受的初始竖向压力为 p_v，如图 10.1 所示，则膨胀土吸水所发生的竖向膨胀量 Δh_e随 p_v 的增大而减少，甚至当 p_v 大到一定数值时，稳定的竖向膨胀量 Δh_e减小到零。

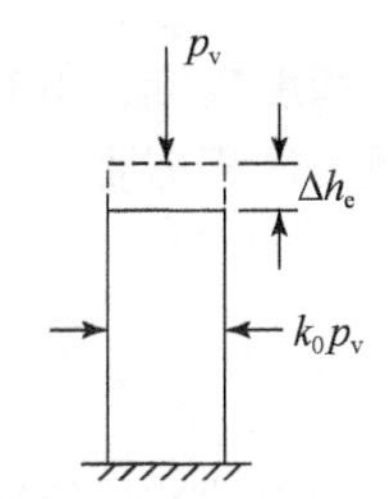

图 10.1　k_0应力状态下 p_v 及 Δh_e

10.1.4　冻土的冻胀和融沉机制及其影响因素

1. 冻土的冻胀机制及其影响因素

按前述，冻土的冻胀是冻结过程中水分从非冻结区不断地向冻结区迁移并冻结成冰，使冻土的空隙体积增大而引起的。因此，冻土的冻胀是冻结过程中土的孔隙体积增大，而不像膨胀土那样，是由于吸水土颗粒的体积增大。在此应指出，水分迁移与渗流不同，渗流是水在重力作用下在土孔隙中流动，而水分迁移是未冻结的水在土内部引力作用下非常缓慢地移动。土冻结过程中的水分迁移现象只在一定类型的土中才会明显地发生，因此只有一定类型的土才能发生冻胀。下面将这类土称为冻胀土。按上述冻膨机制，影响土冻胀的物理因素如下。

1）土的类型

土是按其颗粒的组成及黏土矿物含量分类的。由粗颗粒组成的土及不含黏土矿物的土在冻结时不会发生水分迁移，因此这类土不会发生冻胀，则将这类土称为非冻胀土。显然，非黏性土应属于非冻胀土。实验表明，粉质黏土的冻胀性最明显，也就是说，粉质黏性土的水分迁移更显著。水分迁移的能力取决于内部的吸力和土断面的过水能力。粉质黏土由于含有一定的黏土矿物而具有较大的吸力，同时与黏土相比，土断面又有较强的过水能力。因此，粉质黏土的冻胀性最显著。

2）土的密度

密实的土孔隙度小，其过水能力较小，则从非冻结区向冻结区水迁移的速度低，相应的迁移水量较小，则冻胀量较小。

3）补水条件

如果在冻结过程中非冻结区不能提供充足的水量，则从非冻结区向冻结区的水分迁移不能充分进行。在这种情况下，土的冻胀量较小。下面将不能向冻结区提供补水的情况称为封闭系统，而将能充分向冻结区提供补水的情况称为开敞系统。

4）冻结前土的含水量及饱和度

按上述，如果土的含水量低，其饱和度越低，由非冻结区向冻结区迁移的水分将有很大一部分用来填充土中的孔隙，从而减小体积冻胀量。实验表明，当土的含水量接近塑限含水量时冻胀量较小。

5）初始应力

与膨胀土体积膨胀相似，冻胀土所承受的初始应力也是影响冻胀的一个重要因素。初始应力对冻胀的影响也可用图 10.1 所示的 k_0 情况来说明。在这种情况下，Δh_e 随 p_v 的增大而减小。同样，当 p_v 达到一定数值时，稳定的竖向膨胀量可减小到零。

2. 冻土的融沉机制及其影响因素

冻土的融沉是指土融解后发生的沉降。融沉是从冻土冻胀后的位置向下算起的，如图 10.2 所示的 Δh_s。由于冻土融解后的孔隙度和含水量均比土冻结前高，其土颗粒的连接也更弱。因此，融解后土的变形模量及抗剪强度可能比土冻结前低。

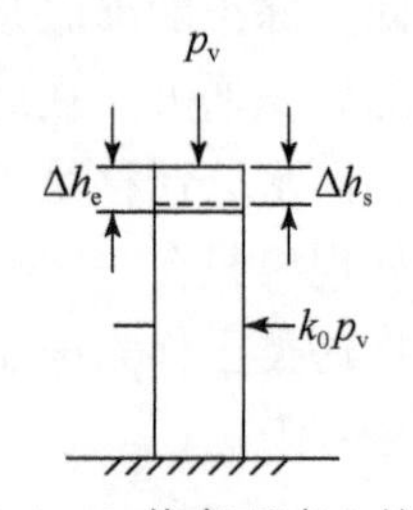

图 10.2 k_0 状态下冻土的融沉

冻土融沉表明，融解使土骨架发生了软化。融解产生的土骨架软化不仅因为从冻结到融解，土的存在状态发生了变化，还应与土冻结时发生的冻胀量有关。这样，凡是影响土冻胀的物理因素均对融沉有一定的影响，在此不再赘述。

毫无疑问，土所承受的初始应力对冻土的融沉也有重要影响。对此，应指出如下两点。

（1）以 k_0受力状态为例，p_v 越大，Δh_s也越大。因此，p_v 对 Δh_s的影响正好与前述的 p_v 对膨胀土的膨胀与冻土的冻胀量影响相反。

（2）当所承担的初始应力包括偏应力分量时，由于冻土融解土骨架软化引起变形模量降低，则在偏应力分量的作用下将产生偏应变。因此，建筑物的融沉不仅是土体积变形，还包含偏斜变形。

按上述，土状态改变对土体力学性能的影响，以及对工程的危害是一个很大的问题，本章只表述与膨胀土的膨胀和冻土的冻胀有关的问题。

10.2　膨胀土膨胀试验及基本结果

文献［1］对膨胀土的有关问题做较全面的介绍。这里只对膨胀土膨胀变形做一些必要的表述。

从力学上而言，膨胀土的膨胀性能是最重要的。膨胀土的膨胀性能可由膨胀试验测定。膨胀土的膨胀试验可在单轴压缩仪上或三轴压缩仪上进行。

10.2.1　单轴压缩仪膨胀试验

众所周知，土试样在单轴压缩仪中处于 k_0状态，不允许土样发生侧向变形。因此，在遇水膨胀时土试样的上抬变形就可以表示土的膨胀性。

如果在单轴膨胀试验时不施加竖向压应力 p_v，即 $p_v=0$，则称为单轴自由膨胀试验；如果施加 p_v，即 $p_v>0$，则称为单轴非自由膨胀试验。一个土试样的单轴膨胀试验的步骤如下。

（1）制备土试样。对于实际工程，应该用原状土制备土试样。在制备之前要测定土的重力密度和含水量。对于研究目的，可以用重塑土制备土试样，但其重力密度和含水量应该等于指定的数值。

（2）安装土试样。

（3）安装和调试竖向变形测量仪表，例如千分表。

（4）施加指定的初始竖向压应力 p_v。如果试验是自由膨胀试验，则不需要这个步骤。

（5）测量在 p_v 作用下土试样的竖向压缩变形及其随时间的发展过程和稳定的压缩量。

（6）当在 p_v 作用下土试样压缩变形达到稳定时，将竖向变形测量仪重新调零，然后向单轴压缩仪注水，使土试样膨胀，并测量竖向膨胀变形及其随时间的发展过程，如图 10.3 所示。

（7）直至竖向膨胀变形达到稳定，并记取稳定的膨胀变形量，然后结束试验。

如前所述，p_v 是影响膨胀土膨胀量的一个重要因素，为了解 p_v 的影响，应指定一系列初始竖向压力进行试验。由每一个指定的 p_v 试验可以得到一条如图 10.3 所示的

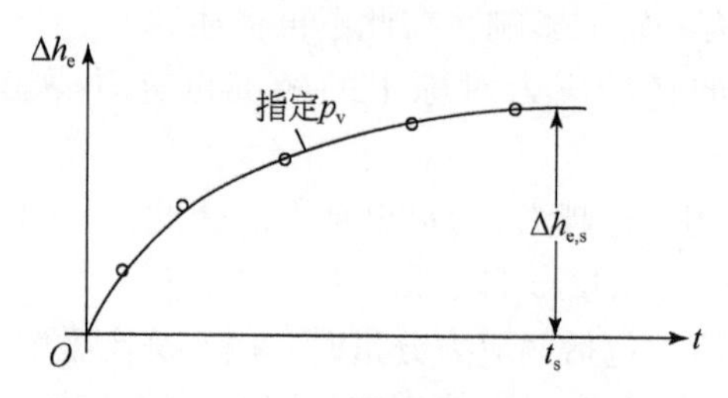

图 10.3　指定 p_v 下的膨胀变形与时间关系

Δh_e-t 关系线，以及 $\Delta h_{e,s}$。这样，根据指定的一组 p_v 的试验结果可绘出 $\Delta h_{e,s}$-p_v关系曲线，如图 10.4 所示。由图 10.4 可见，当 $p_v=0$ 时，稳定的膨胀量最大，以 $\Delta h_{e,s,f}$表示，随 p_v 的增大，稳定的膨胀量逐渐减小，当初始竖向压力达到一定值时，稳定的膨胀量为零。下面将 $\Delta h_{e,s}=0$ 时的初始竖向压力称为最大膨胀压力，用 $p_{v,m}$表示。

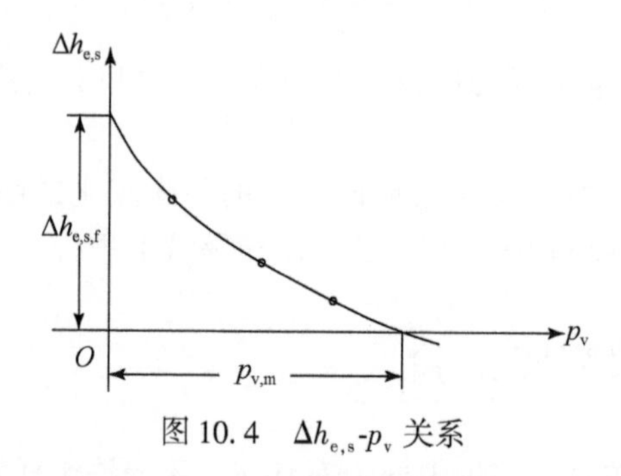

图 10.4　$\Delta h_{e,s}$-p_v 关系

由试验量测的资料可确定试样膨胀前的高度 h_1 如下：

$$h_1=h_0-\Delta h_c \tag{10.1}$$

式中，h_0为试样成型高度；Δh_c为注水前土试样在 p_v 作用下的稳定压缩变形。由此得膨胀应变 ε_e 如下：

$$\varepsilon_e=\frac{\Delta h_e}{h_1} \tag{10.2}$$

确定 ε_e 后，就可绘制 ε_e-t 关系线和 $\varepsilon_{e,s}$-p_v 关系线，其中 $\varepsilon_{e,s}$为在指定 p_v 作用下稳定的膨胀应变。

10.2.2　三轴压缩仪膨胀试验

三轴压缩仪膨胀试验的方法和步骤与前述单轴压缩仪膨胀试验的方法与步骤相似。只是有如下两点不同：①所加的初始应力为各向均等压力 σ_0；②测得的在初始应力 σ_0 作用下的压缩变形为体积变形 ΔV_c，而测得的遇水的膨胀变形也为体积变形 ΔV_e。

由三轴压缩仪膨胀试验可测得如下结果：①ΔV_e-t 关系线及 $\varepsilon_{v,e}$-t 关系线。这里，$\varepsilon_{v,e}$为体积膨胀应变。②$\Delta V_{e,s}$-σ_0关系线及 $\varepsilon_{v,e,s}$-σ_0关系线。这里 $\Delta V_{e,s}$和 $\varepsilon_{v,e,s}$分别为 σ_0作用下稳定的膨胀体积和稳定的膨胀体积应变。

10.3　膨胀变形模型

10.3.1　k_0状态下的模型

从膨胀的影响而言，稳定的膨胀量应是最受关注的量。下面根据单轴压缩仪膨胀试验资料来建立 k_0状态下计算稳定膨胀变形的力学模型。按前述，由单轴压缩仪膨胀试验可以获得 $\varepsilon_{e,s}$-p_v 关系线，如图 10.5 所示。由图 10.5 可见，自由膨胀试验，即 $p_v=0$ 时的稳定膨胀应变 $\varepsilon_{e,s}$最大，下面以 $\varepsilon_{e,s,f}$表示。还可以看出，随 p_v 的增大稳定膨胀应变 $\varepsilon_{e,s}$逐渐减小，当 p_v 达到某一数值时，稳定膨胀应变为零，下面以 p_e 表示，则 $p_e=p_{v,m}$。

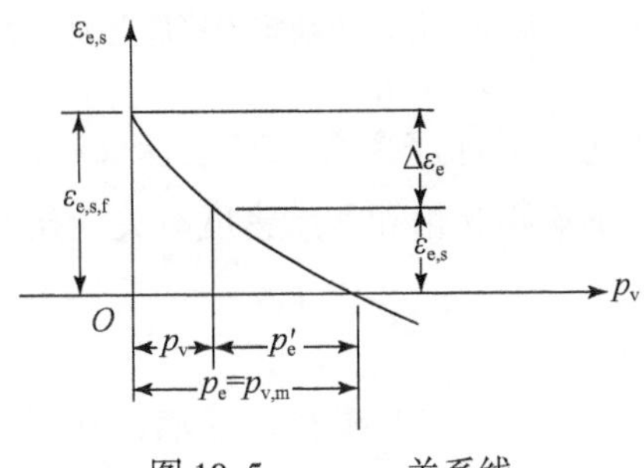

图 10.5　$\varepsilon_{e,s}$-p_v 关系线

从力学的观点来看，土发生膨胀变形是由于内部有一个膨胀力，当这个膨胀力能完全释放时，即 $p_v=0$ 时，土的膨胀变形最大，即 $\varepsilon_{e,s}=\varepsilon_{e,s,f}$；当这个膨胀力完全不能释放时，即 $p_v=p_e$ 时，土的膨胀变形为零，即 $\varepsilon_{e,s}=0$。如图 10.5 所示，令

$$p'_e=p_e-p_v \tag{10.3}$$

式中，p'_e 为有效膨胀压力。当 $p_v=0$ 时，p'_e 最大：

$$p'_e=p_e=p_{v,m} \tag{10.4}$$

下面建立一个描写 $\varepsilon_{e,s}$与 p_e、p_v 关系的力学模型[2]。按式（10.3），可将有效膨胀压力进行分解，如图 10.6（a）所示。当图 10.6（a）右侧的 p_v 完全释放时，土试样将发生最大的稳定膨胀应变 $\varepsilon_{e,s,f}$，而在持续的 p_v 作用下土试样将发生附加压应变 $\Delta\varepsilon_c$，如图 10.6（b）所示。关于在 p_v 作用下的 $\Delta\varepsilon_c$的机制应做如下说明。首先，在遇水膨胀之前，土样在 p_v 作用下的 ε_c已完成。这里的 $\Delta\varepsilon_c$则是相对于遇水膨胀之前 p_v 作用下的 ε_c而言的。那么，为什么遇水后在 p_v 作用下会发生附加压应变呢？如前所述，这是因为土遇水膨胀后土骨架发生了软化，其变形模量降低。相应地，p'_e 作用引起的稳定膨胀应变则分解为图 10.6（b）所示的两部分，并得到如下关系：

$$\varepsilon_{e,s}=\varepsilon_{e,s,f}-\Delta\varepsilon_c \tag{10.5}$$

如令

$$\varepsilon_{e,s,f}=\frac{p_e}{E_{e,f}^{(k_0)}} \tag{10.6}$$

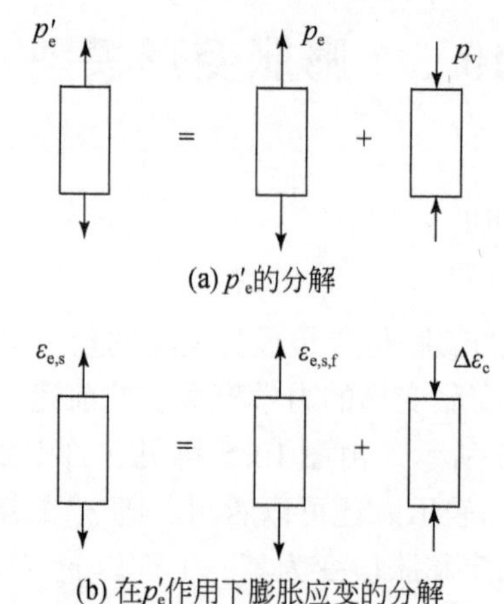

图 10.6　p'_e 及在 p_v 作用下稳定膨胀应变 $\varepsilon_{e,s}$ 的分解

式中，$E_{e,f}^{(k_0)}$ 为稳定的自由膨胀应变的膨胀模量，其上标（k_0）表示土处于 k_0 状态下。按前述，$E_{e,f}^{(k_0)}$ 的数值应与土颗粒的矿物含量和初始密度有关，显然与 p_v 无关。相似地，令

$$\Delta\varepsilon_c = \frac{p_v}{E_{c,ad}^{(k_0)}} \tag{10.7}$$

式中，$E_{c,ad}^{(k_0)}$ 为 p_v 作用下稳定的附加压应变模量。显然，在指定的土和初始密度情况下，$E_{c,ad}^{(k_0)}$ 与 p_v 有关。将式（10.6）和式（10.7）代入式（10.5）中，得

$$\varepsilon_{e,s} = \frac{p_e}{E_{e,f}^{(k_0)}} - \frac{p_v}{E_{c,ad}^{(k_0)}} \tag{10.8}$$

令

$$E'^{(k_0)}_{e,s} = \frac{p'_e}{\varepsilon_{e,s}} \tag{10.9}$$

式中，$E'^{(k_0)}_{e,s}$为与有效膨胀力有关的膨胀变形模量。将式（10.8）代入式（10.9）中，得

$$E'^{(k_0)}_{e,s} = \frac{p'_e}{\dfrac{p_e}{E_{e,f}^{(k_0)}} - \dfrac{p_v}{E_{c,ad}^{(k_0)}}} \tag{10.10}$$

将式中的 p'_e 以 p_e 和 p_v 表示，则得

$$E'^{(k_0)}_{e,s} = \frac{1}{\dfrac{1}{E_{e,f}^{(k_0)}}\dfrac{p_e}{p_e - p_v} - \dfrac{1}{E_{c,ad}^{(k_0)}}\dfrac{p_v}{p_e - p_v}}$$

简化后，得

$$E'^{(k_0)}_{e,s} = \frac{1}{\dfrac{1}{E_{e,f}^{(k_0)}}\dfrac{1}{1 - \dfrac{p_v}{p_e}} - \dfrac{1}{E_{c,ad}^{(k_0)}}\dfrac{\dfrac{p_v}{p_e}}{1 - \dfrac{p_v}{p_e}}} \tag{10.11}$$

式（10.11）表明，$E'^{(k_0)}_{e,s}$与参数$E^{(k_0)}_{e,f}$、$E^{(k_0)}_{c,ad}$和$\frac{p_v}{p_e}$有关。按前述，指定的膨胀土$E^{(k_0)}_{e,f}$为常数，而$E^{(k_0)}_{c,ad}$则随p_v而变化。

下面确定$E^{(k_0)}_{c,ad}$与p_v的关系。根据试验资料，可确定与p_v相应的$\Delta\varepsilon_c$，按图 10.5：

$$\Delta\varepsilon_c=\varepsilon_{e,s,f}-\varepsilon_{e,s} \tag{10.12}$$

这样，可绘制$\Delta\varepsilon_c$-p_v关系线，如图 10.7 所示。$\Delta\varepsilon_c$-p_v可用双曲线拟合，则得

$$\Delta\varepsilon_c=\frac{p_v}{a+bp_v} \tag{10.13}$$

根据式（10.7），由式（10.13）得

$$E^{(k_0)}_{c,ad}=a+bp_v \tag{10.14}$$

根据试验资料，可以确定与p_v相应的$E^{(k_0)}_{c,ad}$值。按式（10.14），$E^{(k_0)}_{c,ad}$与p_v应为直线关系，a为该直线的截距，b为该直线的斜率，如图 10.8 所示。由式（10.14）可见，a为$p_v=0$时$E^{(k_0)}_{c,ad}$的值，下面以$E^{(k_0)}_{c,ad,0}$表示。这样，由式（10.14）可得

$$E^{(k_0)}_{c,ad}=E^{(k_0)}_{c,ad,0}+bp_v \tag{10.15}$$

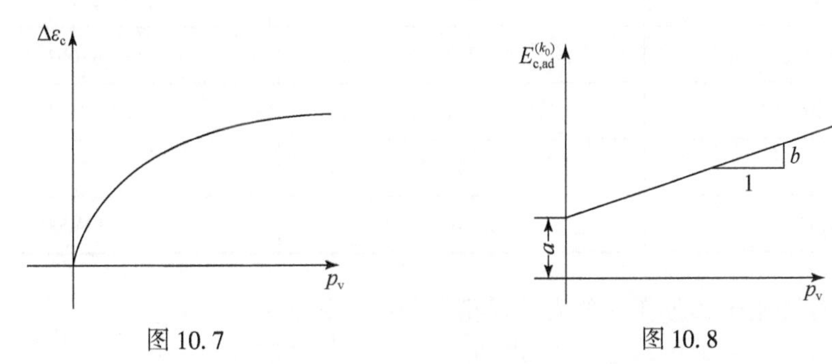

图 10.7　　图 10.8

文献［2］给出了单轴仪膨胀试验资料分析结果。试验的膨胀土的基本物理指标如表 10.1所示。单轴仪压缩试验测得的与p_v相应的稳定膨胀应变见表 10.2。

表 10.1　试验的膨胀土物理指标

液限/%	塑限/%	最优含水量/%	比重	密度
44.0	24.4	19.5	2.67	108.4

注：原资料采用英制单位，因此没有转换成公制单位。

表 10.2　单轴仪膨胀试验结果

p_v/psf①	$\varepsilon_{e,s}$
1000	5.9
2000	3.9
3000	2.8
5000	1.6
7000	1

① 1psf=47.8803Pa。

首先，根据表10.2的资料绘制如图10.7所示的$\varepsilon_{e,s}$-p_v关系线。将图10.7所示的$\varepsilon_{e,s}$-p_v外延，根据与$\varepsilon_{e,s}$轴的交点可确定$\varepsilon_{e,s,f}$，根据与p_v轴的交点可确定p_e，数值分别如下：

$$\varepsilon_{e,s,f}=10\% \quad p_e=12400\text{psf}$$

$\varepsilon_{e,s,f}$、p_e确定后，就可确定与p_v相应的$\Delta\varepsilon_c$和$E_{c,ad}^{(k_0)}$，如表10.3所示。根据表10.3所示的资料，可绘制如图10.8所示的$E_{c,ad}^{(k_0)}$-p_v关系线。由图10.8可确定：

$$E_{c,ad,0}^{(k_0)}=a=15437\text{psf}$$

$$b=8.8$$

将这两个参数值代入式（10.15）中，则得试验的膨胀土的$E_{c,ad}^{(k_0)}$-p_v关系式如下：

$$E_{c,ad}^{(k_0)}=15437+8.8p_v \tag{10.16}$$

表10.3 $\Delta\varepsilon_c$及附加压缩模量$E_{c,ad}^{(k_0)}$

p_v/psf	$\Delta\varepsilon_c$/%	$E_{c,ad}^{(k_0)}$/psf
1000	4.1	23987
2000	6.1	32787
3000	7.2	41667
5000	8.4	59524
7000	9	77778
12400	10	124000

综上，计算膨胀土膨胀变形的力学模型可归纳为如下五个公式：

$$\left.\begin{aligned}
&\varepsilon_{e,s}=\frac{p_e'}{E_{e,s}^{(k_0)}}\\
&p_e'=p_e-p_v\\
&E_{e,s}^{(k_0)}=\frac{1}{\dfrac{1}{E_{e,f}^{(k_0)}}\dfrac{1}{1-\dfrac{p_v}{p_e}}-\dfrac{1}{E_{c,ad}^{(k_0)}}\dfrac{\dfrac{p_v}{p_e}}{1-\dfrac{p_v}{p_e}}}\\
&E_{e,f}^{(k_0)}=\frac{p_e}{\varepsilon_{e,s,m}}\\
&E_{c,ad}^{(k_0)}=E_{c,ad,0}^{(k_0)}+bp_v
\end{aligned}\right\} \tag{10.17}$$

由上述推导可知，该模型考虑了膨胀土在p_e作用下的自由膨胀变量，以及由于土骨架软化，在p_v作用下发生的附加压缩。下面将该力学模型称为膨胀软化压缩模型。

10.3.2 均等应力状态下膨胀变形的力学模型

根据三轴压缩仪膨胀试验资料可以建立在均等应力状态下计算膨胀变形的力学模型。

在三轴压缩仪膨胀试验中，初始压应力为均等压力 σ_0，土试样是在静水压力状态下膨胀的。在均等应力状态下，试验测得的膨胀量为体应变 $\varepsilon_{v,e}$，测得的膨胀压力为 $\sigma_{0,e}$，有效的膨胀压力 $\sigma'_{0,e}$为

$$\sigma'_{0,e}=\sigma_{0,e}-\sigma_0$$

按相似的方法可建立均等应力状态下膨胀体积应变的计算公式如下：

$$\left.\begin{aligned}
&\varepsilon_{v,e,s}=\frac{\sigma'_{0,e}}{k_{e,s}^{(p)}}\\
&\sigma'_{0,e}=\sigma_{0,e}-\sigma_0\\
&k_{e,s}^{(p)}=\cfrac{1}{\cfrac{1}{k_{e,f}^{(p)}}\cfrac{1}{1-\cfrac{\sigma_0}{\sigma_{0,e}}}-\cfrac{1}{k_{c,ad}^{(p)}}\cfrac{\cfrac{\sigma_0}{\sigma_{0,e}}}{1-\cfrac{\sigma_0}{\sigma_{0,e}}}}\\
&k_{e,f}^{(p)}=\frac{\sigma_{0,e}}{\varepsilon_{v,e,s,f}}\\
&k_{c,ad}^{(p)}=k_{c,ad,0}^{(p)}+b_v\sigma_0
\end{aligned}\right\}\tag{10.18}$$

式中，$k_{e,s}^{(p)}$ 为在均等应力状态下与 $\sigma'_{0,e}$有关的体积膨胀模量；$k_{e,f}^{(p)}$ 为在均等应力状态下稳定的自由体积膨胀模量；$\varepsilon_{v,e,s,f}$为在均等初始压应力 $\sigma_0=0$ 情况下稳定的体积膨胀应变；$k_{c,ad}^{(p)}$ 和 $k_{c,ad,0}^{(p)}$分别为初始均等压应力σ_0不为零和为零时的附加的压缩体积模量。

10.3.3　k_0 状态下与均等应力状态下的膨胀软化压缩模型参数关系

下面，如果将 k_0状态下膨胀软化压缩模型公式（10.17）转变成均等压力状态下的公式（10.18)就可确定在这两种状态下膨胀软化压缩模型参数的关系。在 k_0 状态下，σ_0 如下：

$$\sigma_0=\frac{1+2k_0}{3}p_v \text{ 或 } p_v=\frac{3}{1+2k_0}\sigma_0 \tag{10.19}$$

其稳定的体积膨胀应变 $\varepsilon_{v,e,s}$如下：

$$\varepsilon_{v,e,s}=\varepsilon_{e,s} \tag{10.20}$$

将式（10.19）和式（10.20）代入式（10.17）的第一式中：

$$\varepsilon_{v,e,s}=\frac{3}{E_{e,s}^{(k_0)}(1+2k_0)}(\sigma_{0,e}-\sigma_0)$$

改写该式，得

$$\varepsilon_{v,e,s}=\frac{3}{(1+2k_0)E_{e,s}^{(k_0)}}\sigma'_{0,e}$$

与式（10.18）第一式进行比较，则得

$$k_{e,s}^{(p)}=\frac{1+2k_0}{3}E_{e,s}^{(k_0)} \tag{10.21}$$

相似地，将式（10.19）和式（10.20）分别代入式（10.17）第四式和式（10.17）第五式中，得

$$k_{\mathrm{e,f}}^{(p)}=\frac{1+2k_0}{3}E_{\mathrm{e,f}}^{(k_0)} \tag{10.22}$$

$$\left.\begin{aligned}k_{\mathrm{c,ad}}^{(p)}&=\frac{1+2k_0}{3}E_{\mathrm{c,ad}}^{(k_0)}\\k_{\mathrm{c,ad,0}}^{(p)}&=\frac{1+2k_0}{3}E_{\mathrm{c,ad,0}}^{(k_0)}\\b_{\mathrm{v}}&=\frac{1+2k_0}{3}b\end{aligned}\right\} \tag{10.23}$$

另外，由式（10.19）得

$$\sigma_{0,\mathrm{e}}=\frac{1+2k_0}{3}p_{\mathrm{e}} \tag{10.24}$$

10.3.4 在一般应力状态下稳定膨胀应变与膨胀力和初始压应力的关系

设土的膨胀压力$\sigma_{0,\mathrm{e}}$在各方向是均等的，土体中一点的三个初始正应力分量分别为$\sigma_{x,0}$、$\sigma_{y,0}$、$\sigma_{z,0}$，则在x、y、z方向有效膨胀力分别为$\sigma_{0,\mathrm{e}}-\sigma_{x,0}$，$\sigma_{0,\mathrm{e}}-\sigma_{y,0}$，$\sigma_{0,\mathrm{e}}-\sigma_{z,0}$，与有效膨胀力相应的膨胀变形模量为$E_{\mathrm{e,s}}$，泊松比为$\mu_{\mathrm{e}}$。利用胡克定律，由于有效膨胀力作用而在$x$、$y$、$z$方向产生的稳定膨胀应变$\varepsilon_{\mathrm{e,s},x}$、$\varepsilon_{\mathrm{e,s},y}$、$\varepsilon_{\mathrm{e,s},z}$分别如下：

$$\left.\begin{aligned}\varepsilon_{\mathrm{e,s},x}&=\frac{1}{E_{\mathrm{e,s}}}\{(\sigma_{0,\mathrm{e}}-\sigma_{x,0})-\mu_{\mathrm{e}}[(\sigma_{0,\mathrm{e}}-\sigma_{y,0})+(\sigma_{0,\mathrm{e}}-\sigma_{z,0})]\}\\\varepsilon_{\mathrm{e,s},y}&=\frac{1}{E_{\mathrm{e,s}}}\{(\sigma_{0,\mathrm{e}}-\sigma_{y,0})-\mu_{\mathrm{e}}[(\sigma_{0,\mathrm{e}}-\sigma_{z,0})+(\sigma_{0,\mathrm{e}}-\sigma_{x,0})]\}\\\varepsilon_{\mathrm{e,s},z}&=\frac{1}{E_{\mathrm{e,s}}}\{(\sigma_{0,\mathrm{e}}-\sigma_{z,0})-\mu_{\mathrm{e}}[(\sigma_{0,\mathrm{e}}-\sigma_{x,0})+(\sigma_{0,\mathrm{e}}-\sigma_{y,0})]\}\end{aligned}\right\} \tag{10.25}$$

由式（10.25）可见，如果按式（10.25）计算土在x、y、z方向的膨胀应变，则应确定膨胀压力$\sigma_{0,\mathrm{e}}$、稳定膨胀变形模量$E_{\mathrm{e,s}}$和膨胀的泊松比μ_{e}。其中，$\sigma_{0,\mathrm{e}}$可由三轴仪均等膨胀试验确定，也可由单轴仪膨胀试验确定p_{e}后，再按式（10.24）转换成$\sigma_{0,\mathrm{e}}$。下面表述用由膨胀试验确定的$E_{\mathrm{e,s}}^{(k_0)}$和$E_{\mathrm{e,s}}^{(p)}$来确定$E_{\mathrm{e,s}}$和μ_{e}的方法。将k_0状态下的应力代入式（10.25）中，得

$$\left.\begin{aligned}E_{\mathrm{e,s}}^{(k_0)}&=\frac{E_{\mathrm{e,s}}}{1-2\mu_{\mathrm{e}}k_0}\\k_0&=\frac{\mu_{\mathrm{e}}}{1-\mu_{\mathrm{e}}}\end{aligned}\right\} \tag{10.26}$$

将均等应力状态代入式（10.25）中，得

$$E_{\mathrm{e,s}}^{(p)}=\frac{E_{\mathrm{e,s}}}{3(1-2\mu_{\mathrm{e}})} \tag{10.27}$$

这样，只要由单轴仪膨胀试验和三轴仪膨胀试验资料确定$E_{\mathrm{e,s}}^{(k_0)}$和$E_{\mathrm{e,s}}^{(p)}$，就可根据式

(10.26) 和式 (10.27) 确定稳定膨胀变形模量 $E_{e,s}$ 和泊松比 μ_e。通常，进行单轴仪膨胀试验不一定同时进行三轴仪膨胀试验。在这种情况下，则需根据经验假定泊松比 μ_e 的值，再按式 (10.26) 确定 $E_{e,s}$ 的值。

10.4　水平膨胀土场地地面抬高量及场地评估

在水平场地情况下，假定土层是水平成层的，土处于 k_0 状态。因此，在这种状态下可采用上述 k_0 状态下的膨胀软化压缩模型来计算膨胀场地地面抬高量。

10.4.1　计算方法

水平成层的膨胀土场地地面抬高量可以采用综合分层法来计算。按综合分层法，计算公式如下：

$$S_e = \sum_{i=1}^{n} \varepsilon_{e,s,i} \Delta Z_i \tag{10.28}$$

式中，S_e 为场地地面稳定抬高量；$\varepsilon_{e,s,i}$ 为第 i 层中心点的稳定膨胀应变，按式 (10.17) 的第一式确定；ΔZ_i 为第 i 层的厚度；n 为按综合分层法计算地面抬高量时将发生膨胀的土层划分的层数，如图 10.9 所示。

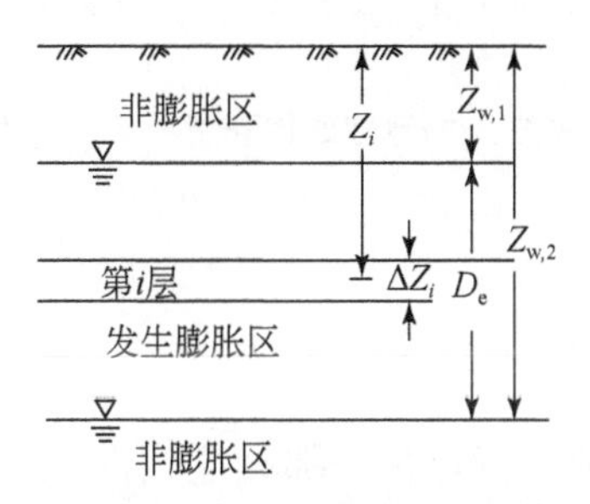

图 10.9　发生膨胀的土层厚度

10.4.2　发生膨胀的土层厚度的确定

膨胀土场地地面沉降一般是由地下水位随季节波动引起的。地下水位在膨胀土层中的波动范围即发生膨胀的土层厚度 D_e，如图 10.9 所示。图 10.9 中，$Z_{w,1}$、$Z_{w,2}$ 分别为地下水最小深度和最大深度。当地下水位从 $Z_{w,2}$ 升至 $Z_{w,1}$ 时，位于 $Z_{w,1}$ 和 $Z_{w,2}$ 之间的膨胀土层将发生膨胀。由图 10.9 可见，发生膨胀的土层厚度为 D_e，由式 (10.17) 可见，在计算 $\varepsilon_{e,s,i}$ 时需要第 i 层中点的初始竖向压应力 $p_{v,i}$，该值可根据该点的埋深 Z_i 及土的重力密度来确定。

10.4.3　算例[2]

设 $Z_{w,1}$ 的变化范围为 0～3.5m，D_e 的变化范围为 0.5～4.0m。由单轴仪膨胀试验确定的 $\varepsilon_{e,s,f}=10\%$，$p_e=12400\text{psf}$，$E_{c,ad,0}=15437\text{psf}$，$b=8.8$，土的重力密度 $\gamma=17.5\text{kN/m}^3$。

为了说明 $Z_{w,1}$ 和 D_e 的影响，分别设定：

$Z_{w,1}$ = 0m、0.5m、1.0m、1.5m、2.0m、2.5m、3.0m、3.5m

D_e = 0.5m、1.0m、1.5m、2.0m、2.5m、3.0m、3.5m、4.0m

这样，组合出 64 个计算情况。对每个计算情况按式（10.28）计算相应的场地地面抬高量。其中，D_e = 2.0m、D_e = 2.5m 两种情况的 S_e-$Z_{w,1}$ 关系线如图 10.10 所示。由图 10.10 可见，场地地面抬高量随 $Z_{w,1}$ 的增大而减小，而随 D_e 的增大而增大。

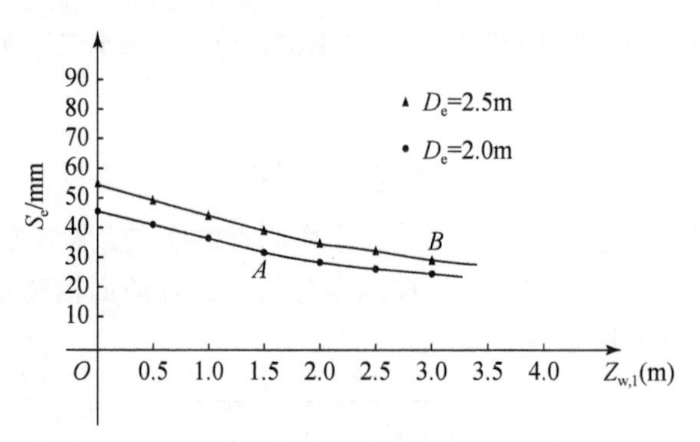

图 10.10　膨胀土场地地面抬高量及 $Z_{w,1}$ 和 D_e 的影响

10.4.4　膨胀土场地评估

工程设计要求对膨胀土场地进行评估。那么应根据什么来评估膨胀土场地呢？显然，应根据其对地面建筑的影响来评估。无论是理论判断还是宏观观察，膨胀土场地的抬高量越大，则其对其上建筑物的影响也就越大。因此，可将抬高量作为评估膨胀土场地的一个定量指标。

由图 10.10 可见，对指定膨胀土，膨胀土场地地面抬高量受 $Z_{w,1}$ 和 D_e 的影响。实际上，$Z_{w,1}$ 代表发生膨胀的土层在地面下的部位，而 D_e 代表发生膨胀的土层的厚度。因此，除膨胀土的膨胀性大小之外，地面抬高量还受发生膨胀的土层在地面下的部位和厚度的影响。按图 10.10 所显示的规律，发生膨胀的土层越靠近地表面，地面抬高量也越大；发生膨胀的土层越厚，地面抬高量也越大。这样，图 10.10 中的 A 点对应于地表面下 1.5m，膨胀土层厚度为 2.0m，而 B 点对应于地面下 2.8m，膨胀土层厚度为 2.5m，它们相应的地表面的抬高量是相等的。因此，虽然 A 点相应的发生膨胀土层的厚度比 B 点小，但由于其更靠近地面，因此它们对地面上工程的危害是相同的。

按上述，在膨胀土场地评估中应考虑如下三个主要因素：①膨胀土的膨胀性强弱；

②发生膨胀的土层在地表面下的位置；③发生膨胀的土层的厚度。

因此，不能只用膨胀土的膨胀性强弱来评估膨胀土场地。如图10.10所示，地表面抬高量可以综合反映上述三个因素的影响，将其作为评估膨胀土场地的一个综合定量指标是恰当的。

10.5　一般情况下膨胀土膨胀变形分析

按前述，可认为在膨胀土中任意点作用一组有效的膨胀压应力，x、y、z 方向上的分量分别为 $\sigma_{0,e}-\sigma_{x,0}$、$\sigma_{0,e}-\sigma_{y,0}$、$\sigma_{0,e}-\sigma_{z,0}$，其中 $\sigma_{x,0}$、$\sigma_{y,0}$、$\sigma_{z,0}$ 分别为 x、y、z 方向的初始正应力，膨胀变形是在这组有效膨胀压应力下产生的。设由于释放有效膨胀压应力，土体中发生的稳定膨胀位移为 $u_{e,s}$、$v_{e,s}$、$w_{e,s}$，应变为 $\varepsilon_{x,e,s}$、$\varepsilon_{y,e,s}$、$\varepsilon_{z,e,s}$、$\gamma_{xy,e,s}$、$\gamma_{yz,e,s}$、$\gamma_{zx,e,s}$，应力为 $\sigma_{x,e,s}$、$\sigma_{y,e,s}$、$\sigma_{z,e,s}$、$\tau_{xy,e,s}$、$\tau_{yz,e,s}$、$\tau_{zx,e,s}$。在一般情况下，膨胀土变形分析的目标是求解上述位移、应变和应力。

10.5.1　求解方程式

上述15个未知量可由平衡方程、变形协调方程、应力–应变关系方程式求解。

1. 平衡方程

设由于有效膨胀压应力 $\sigma_{0,e}-\sigma_{x,0}$、$\sigma_{0,e}-\sigma_{y,0}$、$\sigma_{0,e}-\sigma_{z,0}$ 释放，其在土体中引起的应力为 $\sigma_{x,e,s}$、$\sigma_{y,e,s}$、$\sigma_{z,e,s}$、$\tau_{xy,e,s}$、$\tau_{yz,s}$、$\tau_{zx,s}$。两者之差为土体膨胀后的应力变化，下面以 $\Delta\sigma_x$、$\Delta\sigma_y$、$\Delta\sigma_z$、$\Delta\tau_{xy}$、$\Delta\tau_{yz}$、$\Delta\tau_{zx}$ 表示，则

$$\left.\begin{aligned}\Delta\sigma_x&=\sigma_{x,e,s}-(\sigma_{0,e}-\sigma_{x,0})\\\Delta\sigma_y&=\sigma_{y,e,s}-(\sigma_{0,e}-\sigma_{y,0})\\\Delta\sigma_z&=\sigma_{y,e,s}-(\sigma_{0,e}-\sigma_{z,0})\\\Delta\tau_{xy}&=\tau_{xy,e,s}\\\Delta\tau_{yz}&=\tau_{yz,e,s}\\\Delta\tau_{zx}&=\tau_{zx,e,s}\end{aligned}\right\}\tag{10.29}$$

由有效膨胀压力释放在膨胀土中引起的应力 $\sigma_{x,e,s}$、$\sigma_{y,e,s}$、$\sigma_{z,e,s}$、$\tau_{xy,e,s}$、$\tau_{yz,e,s}$、$\tau_{zx,e,s}$ 应满足力的平衡条件：

$$\left.\begin{aligned}\frac{\partial}{\partial x}\sigma_{x,e,s}+\frac{\partial}{\partial y}\tau_{xy,e,s}+\frac{\partial}{\partial z}\tau_{xz,e,s}=0\\\frac{\partial}{\partial x}\tau_{xy,e,s}+\frac{\partial}{\partial y}\sigma_{y,e,s}+\frac{\partial}{\partial z}\tau_{yz,e,s}=0\\\frac{\partial}{\partial x}\tau_{zx,e,s}+\frac{\partial}{\partial y}\tau_{yz,e,s}+\frac{\partial}{\partial z}\sigma_{z,e,s}=0\end{aligned}\right\}\tag{10.30}$$

2. 变形协调方程

$$
\left.\begin{aligned}
\varepsilon_{x,\mathrm{e,s}}&=\frac{\partial u_{\mathrm{e,s}}}{\partial x} & \gamma_{xy,\mathrm{e,s}}&=\frac{\partial}{\partial x}v_{\mathrm{e,s}}+\frac{\partial}{\partial y}u_{\mathrm{e,s}}\\
\varepsilon_{y,\mathrm{e,s}}&=\frac{\partial v_{\mathrm{e,s}}}{\partial y} & \gamma_{yz,\mathrm{e,s}}&=\frac{\partial}{\partial y}w_{\mathrm{e,s}}+\frac{\partial}{\partial z}v_{\mathrm{e,s}}\\
\varepsilon_{z,\mathrm{e,s}}&=\frac{\partial w_{\mathrm{e,s}}}{\partial z} & \gamma_{zx,\mathrm{e,s}}&=\frac{\partial}{\partial z}u_{\mathrm{e,s}}+\frac{\partial}{\partial x}w_{\mathrm{e,s}}
\end{aligned}\right\}\tag{10.31}
$$

3. 应力–应变关系

由有效膨胀压力释放引起的应力和应变之间的关系采用线性关系，并表示成广义胡克定律形式。按前面的研究，关系式中的参数为 $E_{\mathrm{e,s}}$、$G_{\mathrm{e,s}}$ 和 μ_{e}。这样，应力和应变之间的关系如下：

$$
\left.\begin{aligned}
\varepsilon_{x,\mathrm{e,s}}&=\frac{\sigma_{x,\mathrm{e,s}}}{E'_{\mathrm{e,s}}}-\frac{\mu_{\mathrm{e}}}{E'_{\mathrm{e,s}}}(\sigma_{y,\mathrm{e,s}}+\sigma_{z,\mathrm{e,s}})\\
\varepsilon_{y,\mathrm{e,s}}&=\frac{\sigma_{y,\mathrm{e,s}}}{E'_{\mathrm{e,s}}}-\frac{\mu_{\mathrm{e}}}{E'_{\mathrm{e,s}}}(\sigma_{z,\mathrm{e,s}}+\sigma_{x,\mathrm{e,s}})\\
\varepsilon_{z,\mathrm{e,s}}&=\frac{\sigma_{z,\mathrm{e,s}}}{E'_{\mathrm{e,s}}}-\frac{\mu_{\mathrm{e}}}{E'_{\mathrm{e,s}}}(\sigma_{x,\mathrm{e,s}}+\sigma_{y,\mathrm{e,s}})\\
\gamma_{xy,\mathrm{e,s}}&=\frac{\tau_{xy,\mathrm{e,s}}}{G'_{\mathrm{e,s}}}\\
\gamma_{yz,\mathrm{e,s}}&=\frac{\tau_{yz,\mathrm{e,s}}}{G'_{\mathrm{e,s}}}\\
\gamma_{zx,\mathrm{e,s}}&=\frac{\tau_{zx,\mathrm{e,s}}}{G'_{\mathrm{e,s}}}
\end{aligned}\right\}\tag{10.32}
$$

按上述，式中的 $E_{\mathrm{e,s}}$ 和 μ_{e} 可根据单轴仪膨胀试验测得的 $E_{\mathrm{e,s}}^{(k_0)}$ 或根据三轴仪膨胀试验测得的 $k_{\mathrm{e,s}}^{(p)}$ 按式（10.26）或式（10.27）确定。因为 $E_{\mathrm{e,s}}^{(k_0)}$ 和 $k_{\mathrm{e,s}}^{(p)}$ 分别取决于初始应力 p_{v} 和 σ_0，则 $E_{\mathrm{e,s}}$、$G_{\mathrm{e,s}}$ 和 μ_{e} 取决于初始应力 $\sigma_{x,0}$、$\sigma_{y,0}$、$\sigma_{z,0}$。

联立求解这三组方程式，就可求解满足适当边界条件的解答。但是，除少数简单的问题以外，通常采用数值方法求解。

10.5.2　数值求解

虽然按式（10.30）、式（10.31）、式（10.32）方程组求解满足指定边界条件的解析解是困难的，但数值求解是可能的。

宏观现象表明，膨胀土层中桩基上拔是膨胀土膨胀的危害之一。由膨胀土膨胀产生的单桩上拔量可采用数值方法求解，如图 10.11 所示。与岩土工程其他问题相似，膨胀土膨胀变形数值分析通常采用有限元数值分析方法。有限元数值分析方法的主要步骤如下。

(1) 建立土体-结构体系的有限元分析模型；

(2) 对有限元分析模型中的每个单元进行单元刚度分析，确定单元刚度矩阵；

(3) 采用刚度叠加法形成总刚度规律；

(4) 建立荷载向量；

(5) 建立以位移向量为未知量的矩阵形式的方程式；

(6) 求解矩阵形式的方程式，确定位移向量；

(7) 根据位移向量确定应变及应力。

第 5 章已对上述求解步骤做了详细表述，下面只对采用有限元数值分析方法分析膨胀土膨胀变形需要考虑的特殊问题做如下必要说明。

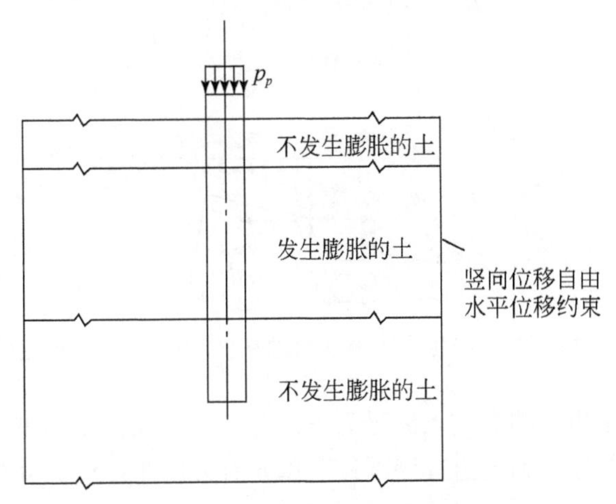

图 10.11　膨胀土中单桩上拔量的分析

1. 土体-结构体系的有限元分析体系模型

建立土体-结构体系的有限元分析体系模型包括单元、结点类型的选择和单元的划分。因此，有限元分析体系模型模拟了土体-结构体系力的传递机制及材料的组成和分布。对于膨胀土膨胀变形分析，在建立其有限元分析体系模型时应首先确定发生膨胀土的部位和范围，如图 10.11 所示，然后再进行土体的有限元划分。

2. 单元刚度分析

计算单元刚度需要应力-应变关系矩阵 $[D]$，$[D]$ 包括变形模量、泊松比这些力学参数。这里应指出，对于发生膨胀的土层，应采用 $E_{e,s}$、$G_{e,s}$ 和 μ_e，对于不发生膨胀的土层应采用与初始应力水平相应的切线变形模型。

3. 载荷向量

平衡方程式 (10.30) 表明，膨胀变形分析的荷载是由于释放有效膨胀压应力 $\sigma_{0,e}$ -

$\sigma_{x,0}$、$\sigma_{0,e}-\sigma_{y,0}$和$\sigma_{0,e}-\sigma_{z,0}$而产生的。因此，荷载向量中与发生膨胀的土的单元结点相应的元素不为零。此外，在结构上有作用力作用的情况下，如图 10.11 所示，桩顶作用竖向荷载时，荷载作用面上的结点相应的单元不为零，其他结点相应的元素均为零。除此之外，荷载向量中与其他结点相应的元素应为零。

下面确定由于释放有效压应力而在膨胀土的结点上产生的结点力。设 i 为平面任意四边形单元 m 上的一个结点，该单元的膨胀力 $\sigma_{0,e}$ 为常数，其中心点的初始正应力分别为 $\sigma_{x,0}$、$\sigma_{y,0}$和$\sigma_{z,0}$，则在 x、y、z 方向释放的有效膨胀压应力 $\sigma_{0,e}-\sigma_{x,0}$、$\sigma_{0,e}-\sigma_{y,0}$和$\sigma_{0,e}-\sigma_{z,0}$分别为常数，如图 10.12 所示，其中以拉应力为正。由图 10.12 可见，由 m 单元有效膨胀压应力释放在该单元结点 i 上产生的 x、z 方向的结点力 $R_{i,x,m}$ 和 $R_{i,z,m}$ 可按下式计算，其中结点力以与坐标轴方向一致为正。

$$\left.\begin{aligned} R_{i,x,m} &= (z_l-z_j)(\sigma_{0,e}-\sigma_{x,0}) \\ R_{i,z,m} &= (x_l-x_j)(\sigma_{0,e}-\sigma_{z,0}) \end{aligned}\right\} \tag{10.33}$$

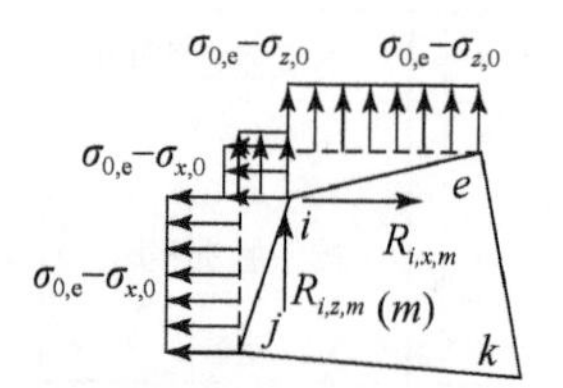

图 10.12　由 m 单元有效膨胀压应力释放在该单元结点 i 上产生的结点力

设 m 单元的结点 i 相应的总结点编号为 P，则 P 点不仅位于 m 单元上，通常还位于其他单元上。按相同的方法可确定由其周围每个单元有效膨胀压应力释放在 P 点产生的结点力，然后叠加就可得到作用于结点 P 上的总结点力。

4. 膨胀后土体中的应力

设膨胀土的初始应力为 $\sigma_{x,0}$、$\sigma_{y,0}$、$\sigma_{z,0}$、$\tau_{xy,0}$、$\tau_{yz,0}$和$\tau_{zx,0}$，以压应力为正。膨胀土遇水后会产生一个有效的膨胀力 $\sigma_{0,e}$。如果使膨胀土遇水发生膨胀变形，则必须将有效膨胀压力释放。但释放有效膨胀压力将在膨胀土中产生应力，即 $\sigma_{x,e,s}$、$\sigma_{y,e,s}$、$\sigma_{z,e,s}$、$\tau_{xy,e,s}$、$\tau_{yz,e,s}$和$\tau_{zx,e,s}$。式（10.29）给出了在这个过程中膨胀土中的应力变化。这样，遇水膨胀后，膨胀土体应力为

$$\left.\begin{aligned} \sigma_x &= \sigma_{x,0}-(\sigma_{0,e}-\sigma_{x,0})+\sigma_{x,e,s} \\ \sigma_y &= \sigma_{y,0}-(\sigma_{0,e}-\sigma_{y,0})+\sigma_{y,e,s} \\ \sigma_z &= \sigma_{z,0}-(\sigma_{0,e}-\sigma_{z,0})+\sigma_{z,e,s} \\ \tau_{xy} &= \tau_{xy,0}+\tau_{xy,e,s} \\ \tau_{yz} &= \tau_{yz,0}+\tau_{yz,e,s} \\ \tau_{zx} &= \tau_{zx,0}+\tau_{zx,e,s} \end{aligned}\right\} \tag{10.34}$$

10.6　土冻胀变形试验研究

下面几节表述与冻土膨胀有关的问题。首先，从土冻胀变形试验研究开始。

10.6.1　冻胀试验设备

土的冻胀性能可由单向冻胀仪试验测定。单向冻胀仪由如下几部分组成：①土试样底座；②侧壁绝热的刚性圆筒；③土试样顶帽；④温控系统；⑤无压补水系统；⑥温度测量系统；⑦竖向荷载系统；⑧土样竖向变形测量系统。

单向冻胀试验的土试样是高度为H、半径为R的圆柱形土柱。土试样安装在底座上，两者之间放置透水石。沿土试样高度按一定间隔设置测温计。侧壁绝热的刚性圆筒套置在土试样的外面。无压补水系统与土试样底座连接。竖向荷载系统与土试样顶帽连接，通过顶帽给土试样施加竖向压应力σ_v。温控系统与土试样底座和顶帽连接，分别使底座和顶帽保持指定的正温和负温。

10.6.2　冻胀试验方法

1. 试验情况

1）竖向压力σ_v的选择

为了研究初始压应力对土冻胀性能的影响，应在选定的不同竖向压应力σ_v下进行土试样试验。通常，σ_v可选定如下数值：0kPa、50kPa、100kPa、150kPa、200kPa。

2）冷端温度

如前所述，在冻胀试验中，土试样的顶端要施加指定的负温。为了解所施加的负温对冻胀变形的影响，应在土试样顶端逐级施加指定的负温。通常，选定的负温值如下：0℃、-5℃、-10℃、-15℃、-20℃。

这样，在土冻胀试验中，对于指定的竖向压应力σ_v作用下的一个土试样，在其顶端应逐级施加所选定的负温。如选定的竖向压应力为N个，则冻胀试验需要N个土试样。如选定的负温为m级，则应对每个土试样顶端施加m级负温。

2. 试验方法

对于一个土试样，冻胀试验方法如下。

（1）连接好冻胀试验设备的各组成部分，并调试好测量系统。

（2）安装土试样。

（3）沿土试样高度安装好测温计。

（4）在土试样顶端施加指定的竖向压力 σ_v，并使土试样在 σ_v 作用下的竖向变形达到稳定。

（5）在土试样的底面施加指定的正温，例如3℃。

（6）在土试样顶面逐级施加指定的负温。使土试样在补水的状态下冻结，并测量在每一级负温下土试样顶端的冻胀变形，以及温度随土试样高度的分布。

（7）每一级负温持续的时间取决于冻胀变形达到稳定和温度随试样高度分布达到稳定所需要的时间。待冻胀变形和温度随试样高度分布稳定后，再施加下一级负温。

（8）换一个土试样，重复上述试验步骤进行试验。

10.6.3 冻胀试验测试的基本资料

由一个指定竖向压应力 σ_v 作用下的土样冻胀试验可测得的基本资料如下。

（1）各级负温下冻结土试样产生的冻胀变形随时间发展的曲线，如图 10.13 所示。对于 N 个土试样及相应的指定竖向压应力 σ_v，则得到 N 条曲线。

（2）在指定的各级负温下，沿土试样高度布置的各测点的温度随时间的变化曲线。图 10.14给出其中一个测点在各级负温下的温度随时间的变化过程曲线，如沿试样高度布置 P 个测点，则可得到 P 条这样的曲线。

如果将一个土试样及相应指定的竖向压力下的冻胀试验的测试基本资料算为一组，则冻胀试验可得 N 组这样的基本资料。

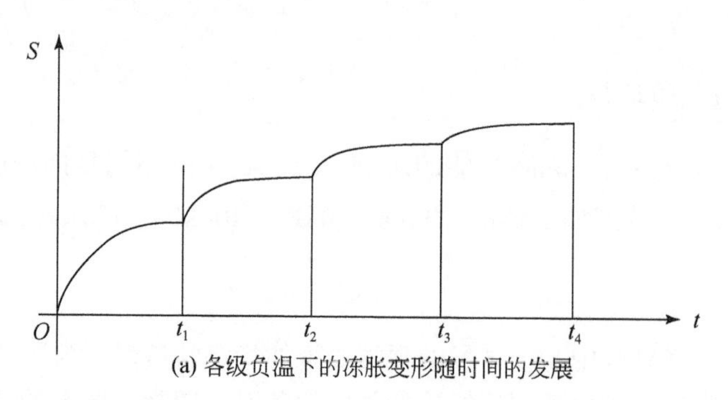

(a) 各级负温下的冻胀变形随时间的发展

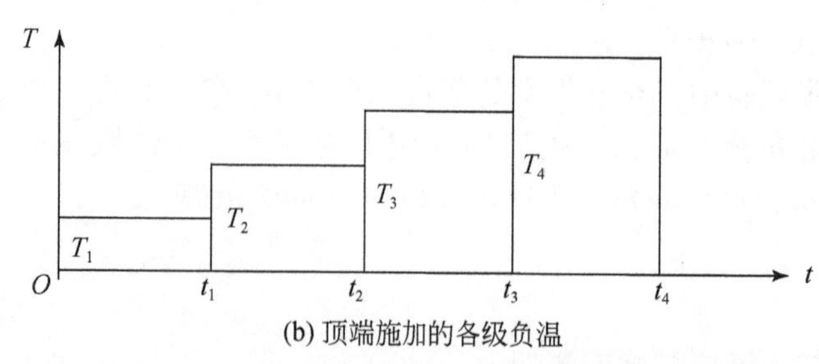

(b) 顶端施加的各级负温

图 10.13 一个土试样在各级负温下冻胀变形随时间的发展

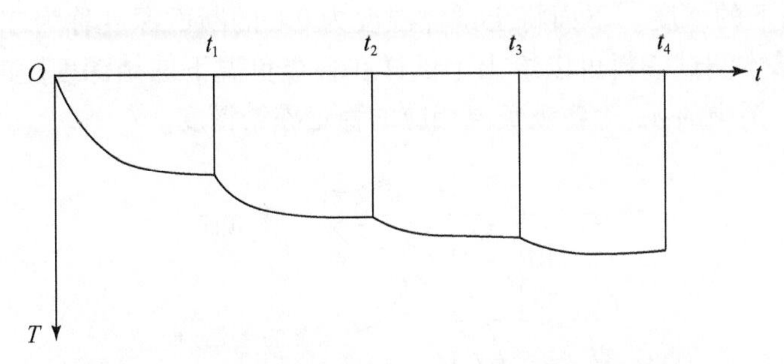

图 10.14　在各级负温下一个测点的温度随时间的变化

10.6.4　在单向冻胀试验中土试样的受力状态及温度场

1. 土试样的受力状态

按前述，冻胀试验的土试样是圆柱形的，试验时只在竖向施加 σ_v，并且土试样放置在侧壁为刚性的圆筒中，不能发生侧向变形。根据这些条件判断土试样不仅处于轴对称应力状态而且处于 k_0变形状态。土试样所受的应力如图 10.15 所示。

在此应指出，由于在单向冻胀试验中土试样处于轴对称应力状态和 k_0变形状态，则由单向冻胀试验所得到的结果只能直接适用于这种应力状态。如果引用到其他应力状态，则应考虑应力状态的影响。

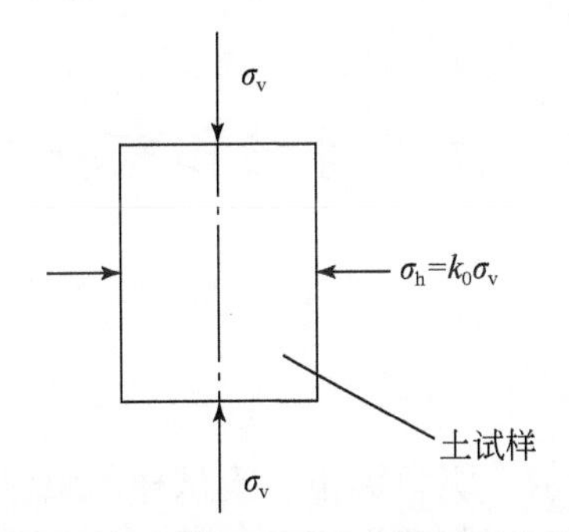

图 10.15　冻胀试验中土试样的受力状态

2. 土试样的温度场

在每级负温下，土试样两端的温度保持不变，而且侧面土试样处于绝热状态。这样的边界条件决定了土试样的温度场是沿竖向变化的一维温度场。在每级负温施加于顶端之后，土试样的负温区从端顶逐渐向下发展，即土试样中的温度场是随时间变化的，直到土试样的温度场达到稳定。以第一级负温为例，令土试样底面的温度为 3℃，顶面温度为 -5℃，土试样中温度场随时间的变化如图 10.16 所示。相应地，土试样中负温区也随时间逐渐向下扩展，直到达到稳定。应指出，这里所说的负温区的深度是指土试样中温度为

0℃的断面在顶面下的深度。下面将土试样温度为0℃的断面深度称为冻结深度，以 h_f 表示。根据前面的基本测试资料可以绘出土试样在各级负温下冻结深度随时间的变化曲线，如图10.17所示。图中的 $h_{f,s}$ 为各级负温相应的稳定冻结深度。

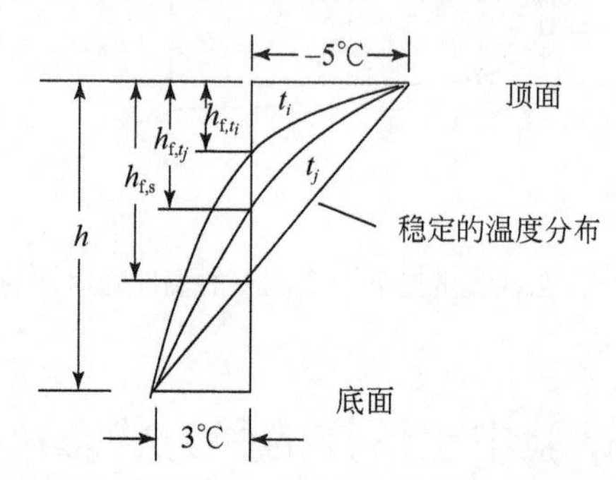

图10.16　在第一级负温下不同时刻土试样温度沿深度分布的曲线及稳定的分布曲线

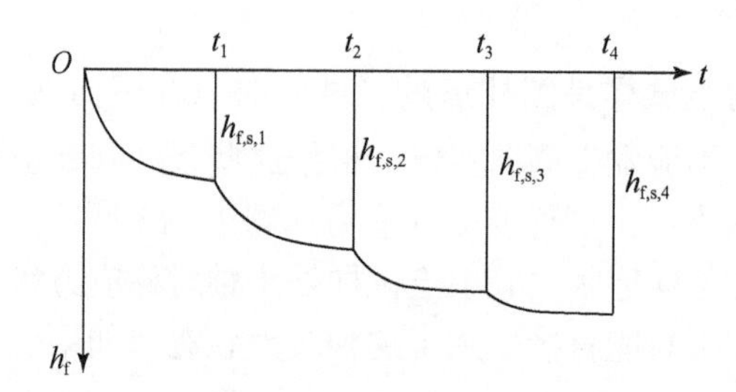

图10.17　一个土试样在各级负温下冻结深度随时间的变化及相应的稳定冻结深度

10.7　土的冻结和冻胀过程

10.7.1　冻结过程

由图10.17可见，在指定的一级负温下，土试样的负温区在随时间逐渐扩展，最后达到稳定。相应的冻结深度也随时间逐渐增加，最后达到稳定的冻结深度。下面将土体中负温区（即冻结区）的范围随时间逐渐扩展，最后达到稳定的过程称为冻结过程。对于单向冻胀试验，土试样的冻胀过程可以用如图10.17所示的冻结深度随时间的变化曲线表示。

下面以冻结深度的变化率表示单向冻胀试验的冻结过程的特点，并将冻结深度变化速率称为冻结速率，以 R_{h_f} 表示。按定义，冻结速率 R_{h_f} 的表达式如下：

$$R_{h_f}=\frac{dh_f}{dt} \tag{10.35}$$

式中，dh_f 为从 t 时刻到 $t+dt$ 时刻冻结深度增量。

图 10.18 给出了在单向冻胀试验中，土试样在 t 时刻和 $t+\Delta t$ 时刻的温度 T_t 和 $T_{t+\Delta t}$ 沿 z 轴的分布曲线及相应的冻结深度。

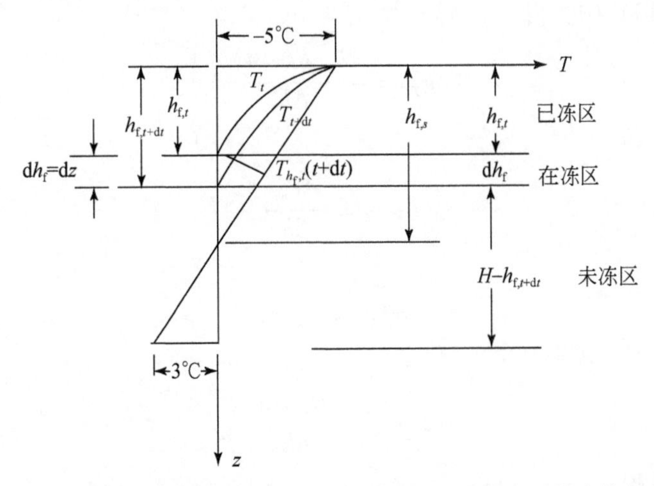

图 10.18　冻结过程中冻结深度 h_f 的变化及随土试验高度土的冻结状态划分

另外，在单向冻胀试验中，土试样的温度随时间的变化也是一个过程。下面将冻深 $h_{f,t}$ 处从 t 时刻到 $t+dt$ 时刻的温度变化率定义为冻结过程中该处的温度变化速率，如以 $R_{h_f,T}$ 表示，按定义可得

$$R_{h_f,T}=\frac{dT_{h_{f,t}}}{dt} \tag{10.36}$$

式中，

$$dT_{h_{f,t}}=T_{h_{f,t}}(t+\Delta t)-T_{h_{f,t}}(t) \tag{10.37}$$

其中，$T_{h_{f,t}}(t+\Delta t)$、$T_{h_{f,t}}(t)$ 分别为冻深 $h_{f,t}$ 处 $t+dt$ 和 t 时刻土试样的温度，如图 10.18 所示。由图 10.18 可见：

$$\left.\begin{aligned}&T_{h_{f,t}}(t)=0\\&\Delta T_{h_{f,t}}=T_{h_{f,t}}(t+\Delta t)\end{aligned}\right\} \tag{10.38}$$

则

$$R_{h_f,T}=\frac{T_{h_{f,t}}(t+\Delta t)}{\Delta t} \tag{10.39}$$

如果令 $t+\Delta t$ 时刻 $h_{f,t+\Delta t}$ 处与 $h_{f,t}$ 处的温度差以 dT_{h_f}（$t+\Delta t$）表示，根据温度梯度定义，则 $h_{f,t}\sim h_{f,t+\Delta t}$ 层的温度梯度 g_{T,h_f} 为

$$g_{T,h_f}=\frac{dT_{h_f}(t+\Delta t)}{dh_f} \tag{10.40}$$

由图 10.18 可见：

$$\Delta T_{h_f}(t+\Delta t)=T_{h_{f,t+\Delta t}}(t+\Delta t)-T_{h_{f,t}}(t+\Delta t)$$

其中，

$$T_{h_{f,t+\Delta t}}(t+\Delta t)=0$$

则

$$\Delta T_{h_f}(t+\Delta t)=-T_{h_{f,t}}(t+\Delta t)$$

将其代入式（10.40）中，得

$$g_{T,h_f}=-\frac{T_{h_{f,t}}(t+\Delta t)}{\Delta h_f} \tag{10.41}$$

注意式（10.37），得

$$g_{T,h_f}=-\frac{\mathrm{d}T_{h_{f,t}}}{\mathrm{d}h_f} \tag{10.42}$$

由式（10.36）得

$$\mathrm{d}T_{h_{f,t}}=R_{h_f,T}\mathrm{d}t$$

将其代入式（10.42）中得

$$g_{T,h_f}=-\frac{R_{h_f,T}\mathrm{d}t}{\mathrm{d}h_f}$$

注意式（10.35），得

$$g_{T,h_f}=-\frac{R_{h_f,T}}{R_{h_f}} \tag{10.43}$$

改写得

$$R_{h_f,T}=-g_{T,h_f}R_{h_f}$$

由图 10.18 可见，在指定一级负温下，$t+\Delta t$ 时刻土试样的冻结状态可分为如下三种。

（1）已冻结状态，即在冻深 $h_{f,t}$ 以上的土体；

（2）在冻结状态，即在土层 $\mathrm{d}h_f$ 之内的土，在冻结土是一薄层；

（3）未冻结状态，即在冻结层之下的土体。

按上述，在单向冻胀试验中，冻结过程则是在冻结层随时间逐渐向下移动，已冻结区逐渐扩展，未冻结区逐渐减小的过程。当土样的温度场达到稳定时，冻结深度达到稳定值 $h_{f,s}$，土试样只有已冻结区和未冻结区。

前文曾定义了三个量，即在冻结层的冻结速率 R_{h_f}、在冻结层的温度变化速率 $R_{h_f,T}$ 及在冻结层的温度梯度 g_{T,h_f}。显然，这三个概念均是针对在冻结土层建立的。下面将这三个概念引申到已冻结土层。仍以顶端为−5℃这一级冻结温度为例，图 10.19 给出了在这一级冻结温度下 $t+\Delta t$ 时刻的已冻结层、在冻结层和未冻结层的分布，以及 t 时刻和 $t+\Delta t$ 时刻的温度分布。设 Δz_j 是已冻结层内的一个子层，该子层顶的深度为 z_j，其层底深度为 $z_j+\Delta z_j$，由 t 时刻及 $t+\Delta t$ 时刻的温度分布曲线可确定 z_j 处在 t 时刻和 $t+\Delta t$ 时刻的温度 $T_{z_j}(t)$ 和 $T_{z_j}(t+\Delta t)$，以及 $z_j+\Delta z_j$ 处在 $t+\Delta t$ 时刻的温度 $T_{z_j+\Delta z_j}(t+\Delta t)$，并且

$$T_{z_j}(t)=T_{z_j+\Delta z_j}(t+\Delta t) \tag{10.44}$$

如令

$$\Delta T_{z_j}=T_{z_j}(t+\Delta t)-T_{z_j}(t) \tag{10.45}$$

则 Δz_j 已冻结子层将在温差 ΔT_{z_j} 下继续冻结。相应地，子层 Δz_j 内的温度变化速率 $R_{z_j,T}$ 为

$$R_{z_j,T}=\frac{\Delta T_{z_j}}{\Delta t} \tag{10.46}$$

子层 Δz_j 内的温度梯度 g_{T,z_j}：

$$g_{T,z_j}=\frac{-\Delta T_{z_j}}{\Delta z_j} \tag{10.47}$$

如令 R_{z_j} 表示子层 Δz_j 继续冻结的冻结速率，则

$$R_{z_j}=\frac{\Delta z_j}{\Delta t} \tag{10.48}$$

与前述在冻结层情况相似：

$$g_{T,z_j}=-\frac{R_{z_j,T}}{R_{z_j}} \tag{10.49}$$

变形得

$$R_{z_j,T}=-g_{T,z_j}R_{z_j}$$

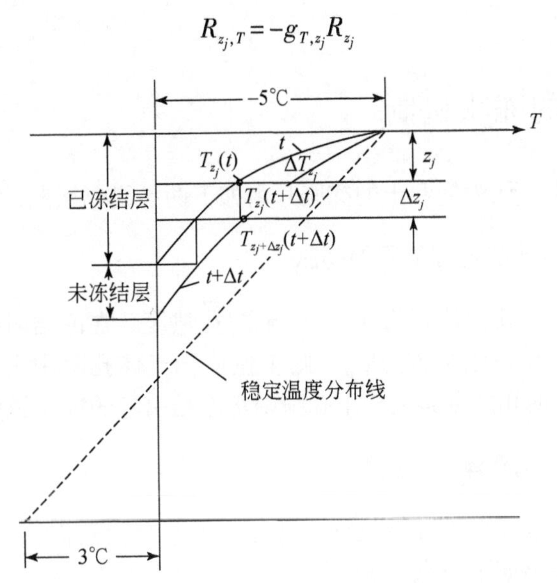

图 10.19　$t\sim t+\Delta t$ 时段内已冻结层内温度的变化

10.7.2　冻结引起的冻胀变形的组成

图 10.13 给出了在各级负温下土试样顶面冻胀变形随时间的变化。因此，土试样顶面冻胀变形也是一个时间过程。由图 10.13 可见，在指定的一级负温下，土试样顶面冻胀变形随时间逐渐增大，但其变形速率逐渐减小并趋于零，最终达到一个稳定的数值。在指定的一级负温下，t 时刻土试样顶面冻胀变形速率 $R_{s,f}$ 定义如下

$$R_{s,f}=\frac{\Delta s}{\Delta t} \tag{10.50}$$

另外，将图 10.13 与图 10.17 进行比较可发现，在各级负温下土试样顶面冻胀变形 s 随时间发展的过程与土试样冻结深度 h_f 随时间发展的过程相似。这个现象提示，土试样顶

面冻胀变形 s 与土试样冻结深度 h_f 之间存在一定的联系。

在此应指出，在指定一级负温下，由 t 时刻温度场变化到 $t+\Delta t$ 时刻温度场，土试样顶面的冻胀变形增量 Δs_t 应为该时段已冻结土层的冻胀变形增量 $\Delta s_{t,2}$ 和在冻结土层的冻胀变形增量 $\Delta s_{t,1}$ 之和，即

$$\Delta s_t = \Delta s_{t,1} + \Delta s_{t,2} \tag{10.51}$$

10.8　土冻胀变形模型

文献［3］采用单向冻胀仪按上述方法进行了冻胀试验，给出单向冻胀试验的测试结果，并首次考虑冻胀过程研究了土的冻胀变形模型及土体冻胀变形分析方法。

冻胀变形模型是指冻胀变形与其各个主要影响因素之间的关系及相应的数学表达式。土的冻胀变形模型应以土冻胀机制和试验资料为基础来建立。下面以饱和土冻胀变形为例来表述这个问题。

10.8.1　饱和土的冻胀机制

在土力学教科书中，认为饱和土的冻胀是由如下两种机制引起的。

1. 孔隙中水冻结引起的孔隙体积的膨胀

单位饱和土体积中，孔隙体积为 n，n 为土的孔隙度。在冻结时孔隙水结冰发生体积膨胀。设水结冰时的体积膨胀系数为 α_w，则单位体积土体孔隙中水结成冰后的体积膨胀为 $\alpha_w n$。由此可见，土的孔隙度越大，由孔隙中水冻结引起的冻胀越大。

2. 水分迁移引起的孔隙体积的膨胀

冻土中的水分迁移是指在土冻结过程中孔隙中的水分由高温区向低温区迁移的现象。关于水分迁移现象应指出如下三点。

（1）只有当土体中的温度场发生变化时水分迁移现象才发生。当温度场达到稳定时，水分迁移就停止了。

（2）饱和土体中在冻结土层与未冻结土层之间存在一个界面，即冻结锋面。未冻结土中的孔隙水通过锋面迁移到在冻结土层。这样，在冻结过程中，在冻结土层中水体积增加量等于从未冻结土层通过冻结锋面迁移到在冻结土层的水的体积，并且这部分水还要冻结成冰。因此，Δt 时段内通过单位面积的冻结锋面进入在冻结土层的水分的体积 S_{v,h_f} 为

$$S_{v,h_f} = V_{w,h_f}\Delta t \tag{10.52}$$

式中，V_{w,h_f} 为由冻结锋面进入在冻结土层中的水分的迁移速度。

（3）饱和的已冻结土层中，虽然孔隙中的水已冻结成冰，但其中仍然存在非冻结水。因此，在已冻结的饱和土中非冻结水也存在迁移现象。冻结温度越低，已冻结土层中的非冻结水含量也越低，水分迁移也越困难。设 V_w 表示已冻结土层中水分的迁移速度，则在 Δt 时段内通过单位面积进入已冻结土层中的水分的体积 S_v 为

$$S_{\mathrm{v}}=V_{\mathrm{w}}\Delta t \tag{10.53}$$

10.8.2　水分迁移速度

水分迁移速度定义为土中的水分在单位时间内由高温区向低温区通过单位面积迁移的水的体积。前文曾指出，在冻结土层中的水分迁移和已冻结土层子层中的水分迁移有所不同，下面分别针对在冻结土层和已冻结土层子层来讨论冻土中的水分迁移速度。

1. 由冻结锋面进入在冻结土层的水分迁移速度 $V_{\mathrm{w},h_{\mathrm{f}}}$

进入在冻结土层的水分迁移速度是未冻结土层孔隙中的水分通过冻结锋面向在冻结土层的迁移速度。该迁移速度应与在冻结土层的温度梯度有关，梯度越大，则迁移速度也越大。因此在冻结土层中的水分迁移速度 $V_{\mathrm{w},h_{\mathrm{f}}}$ 可表示成如下形式：

$$V_{\mathrm{w},h_{\mathrm{f}}}=k_{\mathrm{w},h_{\mathrm{f}}}g_{T,h_{\mathrm{f}}} \tag{10.54}$$

式中，$g_{T,h_{\mathrm{f}}}$ 为在冻结土层的温度梯度；参数 $k_{\mathrm{w},h_{\mathrm{f}}}$ 为冻结锋面处的水分迁移系数。

2. 已冻结土层子层的水分迁移速度 V_{w,z_k}

设通过已冻结土层子层界面的水分迁移速度为 V_{w,z_k}，则 V_{w,z_k} 可写成如下形式：

$$V_{\mathrm{w},z_k}=k_{\mathrm{w},z_k}\frac{g_{T,z_k}+g_{T,z_{k-1}}}{2} \tag{10.55}$$

式中，g_{T,z_k} 和 $g_{T,z_{k-1}}$ 分别为界面之下和界面之上两子层的温度梯度；参数 k_{w,z_k} 为相邻两子层界面处的水分迁移系数。

水分迁移系数 k_{w} 应是上覆压力 σ_{v} 和温度 T 的函数，其中 $k_{\mathrm{w},h_{\mathrm{f}}}$ 相应于 $T=0$℃时的水分迁移系数，只是上覆压力 σ_{v} 的函数。

10.8.3　$t\sim t+\Delta t$ 时段的冻胀率及冻胀率速率

1. 冻胀率

在单轴冻胀试验条件下，$t\sim t+\Delta t$ 时段内在冻结土层或已冻结土层子层的冻胀率定义为由冻胀引起的膨胀量的增量除以在冻结土层的厚度 Δh_{f} 或已冻结土层子层的厚度 Δz_k。Δh_{f} 及 Δz_k 可由 t 时刻和 $t+\Delta t$ 时刻的温度随深度的分布来确定，如图 10.19 所示。

1）在冻结土层的冻胀率

由于水分迁移，在冻结土层中水的体积在 $t\rightarrow t+\Delta t$ 时段的增量 $\Delta S_{\mathrm{v},h_{\mathrm{f}}}$ 为

$$\Delta S_{\mathrm{v},h_{\mathrm{f}}}=S_{\mathrm{v},h_{\mathrm{f}}}-S_{\mathrm{v},z_n}$$

式中，$S_{\mathrm{v},h_{\mathrm{f}}}$ 为通过冻结锋面进入在冻结土层中的水分体积；S_{v,z_n} 为通过在冻结土层与已冻结土层界面进入已冻结土层子层 n 的水分体积，其中子层 n 与在冻结土层相邻。将 $S_{\mathrm{v},h_{\mathrm{f}}}$ 和 S_{v,z_n} 的表达式代入上式，得

$$\Delta S_{\mathrm{v},h_\mathrm{f}}=(V_{\mathrm{w},h_\mathrm{f}}-V_{\mathrm{w},z_n})\Delta t$$

将 $V_{\mathrm{w},h_\mathrm{f}}$、$V_{\mathrm{w},z_n}$ 代入上式，并取在冻结土层与已冻结土层界面处的温度梯度等于 $\frac{1}{2}(g_{T,h_\mathrm{f}}+g_{T,z_n})$，得

$$\Delta S_{\mathrm{v},h_\mathrm{f}}=\left[k_{\mathrm{w},h_\mathrm{f}}g_{T,h_\mathrm{f}}-\frac{k_{\mathrm{w},z_n}}{2}(g_{T,h_\mathrm{f}}+g_{T,z_n})\right]\Delta t$$

另外，在冻结土层中原有的孔隙水在 $t\sim t+\Delta t$ 时段将冻结成冰，并发生体积膨胀。因此，在这个时间段内在冻结土层的体积增量 $\Delta S'_{\mathrm{v},h_\mathrm{f}}$ 为

$$\Delta S'_{\mathrm{v},h_\mathrm{f}}=\alpha_\mathrm{w}n\Delta h_\mathrm{f}+(1+\alpha_\mathrm{w})\left[k_{\mathrm{w},h_\mathrm{f}}g_{T,h_\mathrm{f}}-\frac{k_{\mathrm{w},z_n}}{2}(g_{T,h_\mathrm{f}}+g_{T,z_n})\right]\Delta t$$

按前述在冻结土层的冻胀率定义，得 $t\sim t+\Delta t$ 时段在冻结土层的冻胀率 $\varepsilon_{e,h_\mathrm{f}}$ 为

$$\varepsilon_{e,h_\mathrm{f}}=\frac{\Delta S'_{\mathrm{v},h_\mathrm{f}}}{\Delta h_\mathrm{f}}$$

将 $\Delta S'_{\mathrm{v},h_\mathrm{f}}$ 的表达式代入上式，得

$$\varepsilon_{e,h_\mathrm{f}}=\alpha_\mathrm{w}n+(1+\alpha_\mathrm{w})\left[k_{\mathrm{w},h_\mathrm{f}}g_{T,h_\mathrm{f}}-\frac{k_{\mathrm{w},z_n}}{2}(g_{T,h_\mathrm{f}}+g_{T,z_n})\right]\frac{\Delta t}{\Delta h_\mathrm{f}} \tag{10.56}$$

由于 $\Delta h_\mathrm{f}=R_{h_\mathrm{f}}\Delta t$，将该式代入上式得

$$\varepsilon_{e,h_\mathrm{f}}=\alpha_\mathrm{w}n+(1+\alpha_\mathrm{w})\left[k_{\mathrm{w},h_\mathrm{f}}g_{T,h_\mathrm{f}}-\frac{k_{\mathrm{w},z_n}}{2}(g_{T,h_\mathrm{f}}+g_{T,z_n})\right]\frac{1}{R_{h_\mathrm{f}}} \tag{10.57}$$

2）已冻结土层子层的冻胀率

采用相似的方法可确定已冻结土层子层的冻胀率。但是已冻结土层子层中原孔隙中的水已冻结成冰并发生了冻胀。因此，其冻胀率的计算公式中，应没有式（10.56）的第一项。这样，已冻结土层子层的冻胀率 ε_{e,z_k} 的计算公式如下：

$$\varepsilon_{e,z_k}=(1+\alpha_\mathrm{w})\frac{1}{2}[k_{\mathrm{w},z_k}(g_{T,z_{k+1}}+g_{T,z_k})-k_{\mathrm{w},z_{k-1}}(g_{T,z_k}+g_{T,z_{k-1}})]\frac{\Delta t}{\Delta z_k}$$

或 $$\varepsilon_{e,z_k}=(1+\alpha_\mathrm{w})\frac{1}{2}[k_{\mathrm{w},z_k}(g_{T,z_{k+1}}+g_{T,z_k})-k_{\mathrm{w},z_{k-1}}(g_{T,z_k}+g_{T,z_{k-1}})]\frac{1}{R_{z_k}} \tag{10.58}$$

在此应指出，由上述冻胀率计算公式可见，在冻结土层的冻胀率和已冻结土层子层的冻胀率分别与冻结速率 R_{h_f} 和 R_{z_k} 有关。按前述：

$$R_{h_\mathrm{f}}=\frac{R_{h_\mathrm{f},T}}{g_{T,h_\mathrm{f}}},\quad R_{z_k}=\frac{R_{z_k,T}}{g_{T,z_k}}$$

将以上两式代入式（10.57）和式（10.58）中得

$$\left.\begin{aligned}&\varepsilon_{e,h_\mathrm{f}}=\alpha_\mathrm{w}n+(1+\alpha_\mathrm{w})\left[k_{\mathrm{w},h_\mathrm{f}}g_{T,h_\mathrm{f}}-\frac{k_{\mathrm{w},z_n}}{2}(g_{T,h_\mathrm{f}}+g_{T,z_n})\right]\frac{g_{T,h_\mathrm{f}}}{R_{h_\mathrm{f},T}}\\&\varepsilon_{e,z_k}=(1+\alpha_\mathrm{w})\frac{1}{2}[k_{\mathrm{w},z_k}(g_{T,z_{k+1}}+g_{T,z_k})-k_{\mathrm{w},z_{k-1}}(g_{T,z_k}+g_{T,z_{k-1}})]\frac{g_{T,z_j}}{R_{z_j,T}}\end{aligned}\right\} \tag{10.59}$$

2. 冻胀率速率

在冻结土层的冻胀率ε_{e,h_f}及已冻土层子层的冻胀率ε_{e,z_k}是在$t\sim t+\Delta t$时段内发生的。使式（10.56）及式（10.58）第一式两边均除以Δt，则得$t\sim t+\Delta t$时段内在冻结土层和已冻结土层子层的冻胀率速率，具体公式从略。

根据上述饱和土的冻胀可得如下结论。

（1）当温度场发生变化时，在冻结土层的体积冻胀率可按式（10.56）或式（10.57）确定。这两式右端第一项为孔隙水冻结引起的冻胀率，只与土的孔隙度有关，孔隙度n越大，相应的冻胀率越大；第二项为由水分迁移引起的冻胀率。已冻结土层子层的冻胀率只包括由水分迁移引起的冻胀，可按式（10.58）确定。

（2）由水分迁移引起的冻胀率与温度梯度和$t\sim t+\Delta t$时段温度变化速率有关。温度梯度越大，其相应的冻胀率越大；而温度变化速率越大，其相应的冻胀率则越小。

10.8.4　冻胀试验资料及分析

单轴冻胀试验的目的在于确定土的冻胀性能。如果以土的冻胀率表示土的冻胀性能，按上面建立的土冻胀变形模型，则土的冻胀性能取决于冻土中水分迁移速度v_w，而水分迁移速度又取决于水分迁移系数k_w及温度梯度g_T，其中水分迁移系数k_w又是冻土温度T和上覆压力σ_v的函数。因此，由单轴冻胀试验资料确定水分迁移系数k_w及其与冻土温度T和上覆压力σ_v的关系是分析单轴冻胀试验资料的一项主要工作。

1. k_w与T的关系

设$T=0$时，冻土水分迁移系数为$k_{w,0}$，当$T\to$绝对温度$\bar{T}$时冻土水分迁移系数$k_{w,\bar{T}}=0$。当T从0变化到$\bar{T}$时，k_w从$k_{w,0}$减小到零，如图10.20所示。如令

$$k_{w,T}=k_{w,0}\mathrm{e}^{b\frac{T}{\bar{T}-T}} \tag{10.60}$$

由上式可见：

$$当\ T=0\ 时，k_{w,T}=k_{w,0}$$

$$当\ T=\bar{T}\ 时，k_{w,T}=0$$

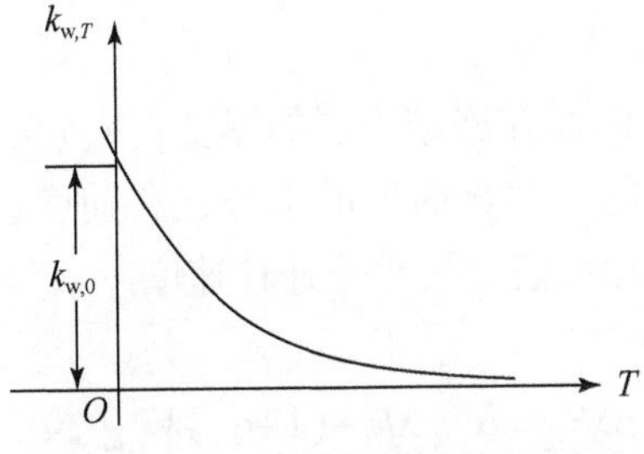

图10.20　水分迁移系数随T的变化

因此，式（10.60）可满足上述 $k_{w,T}$随 T 的变化趋势。式（10.60）中的参数 $k_{w,0}$、b 与上覆压力有关。因此，式（10.60）考虑了温度和上覆压力这两个因素对水分迁移系数的影响。

由上述可见，只要由单轴冻胀试验资料确定出参数 $k_{w,0}$ 及 b 就可由式（10.60）确定水分迁移系数。

2. 参数 $k_{w,0}$的确定

为确定参数 $k_{w,0}$，首先应根据单轴冻胀试验获取如下数据。

（1）各级负温及其各时段的土试样冻胀变形增量，如 i 级负温第 j 时段的土试样膨胀变形增量为 $\Delta S_{i,j}$，则

$$\Delta S_{i,j}=S_i(t_{j+1})-S_i(t_j) \tag{10.61}$$

式中，$S_i(t_j)$和 $S_i(t_{j+1})$分别为 i 级负温下 t_j和 t_{j+1}时刻土试样的冻胀变形量。

（2）各级负温下各时段的在冻结土层和已冻结土层各子层的厚度、温度及温度梯度，图 10.21 给出了在第二级负温下第一个时段的在冻结土层的厚度、已冻结土层各子层的厚度，以及温度分布。

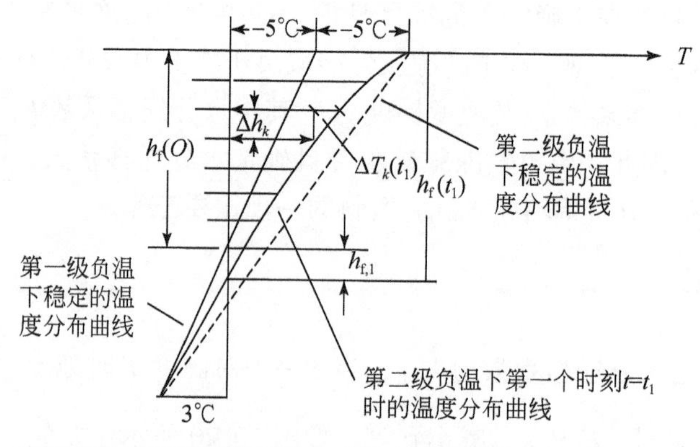

图 10.21　在指定负温下及指定时段在冻结土层和已冻结土层各子层厚度的确定

根据上述土发生冻胀的水分迁移机制，第 i 级负温下第 j 时段的土试样的冻胀变形 $\Delta S_{i,j}$还可以写成如下形式：

$$\Delta S_{i,j}=\alpha_w n\Delta h_f+(1+\alpha_w)(V_{w,h_f}-V_{w,z_n})\Delta t+\sum_{k=1}^{n_j}(1+\alpha_w)(V_{w,z_k}-V_{w,z_{k-1}})\Delta t \tag{10.62}$$

式中，Δh_f为第 i 级负温下第 j 时段在冻结土层的厚度；V_{w,h_f}为冻结锋面处的水分迁移速度；V_{w,z_n}为在冻结土层与其上已冻结土层界面处的水分迁移速度；V_{w,z_k}、$V_{w,z_{k-1}}$分别为第 i 级负温下第 j 时段第 k 子层的底面和顶面处的水分迁移速度。

式（10.62）简化后得

$$\Delta S_{i,j}=\alpha_w n\Delta h_f+(1+\alpha_w)V_{w,h_{f,j}}\Delta t \tag{10.63}$$

注意式（10.60），由于 $T_{h_f}=0$，则

$$\Delta S_{i,j}=\alpha_{w}n\Delta h_{f}+(1+\alpha_{w})k_{w,0}g_{T,h_{f,j}}\Delta t \tag{10.64}$$

设 ΔS_i 为第 i 级负温下总的冻胀变形增量，则

$$\Delta S_i = \sum_{j=1}^{l_i} \Delta S_{i,j}$$

式中，l_i 为第 i 级负温下划分的时间段数。将式（10.64）代入上式中，得

$$\Delta S_i = \alpha_w n \sum_{j=1}^{l_i} \Delta h_{f,j} + \left[(1+\alpha_w)\Delta t \sum_{j=1}^{l_i} g_{T,h_{f,j}}\right] k_{w,0} \tag{10.65}$$

式中，$\Delta h_{f,j}$ 为第 i 级负温下第 j 时段在冻结土层的增量；$g_{T,h_{f,j}}$ 为第 i 级负温下第 j 时段在冻结土层的温度梯度。令

$$\left.\begin{aligned} y_i &= \Delta S_i - \alpha_w n \sum_{j=1}^{l_i} \Delta h_{f,j} \\ x_i &= (1+\alpha_w)\Delta t \sum_{j=1}^{l_i} g_{T,h_{f,j}} \end{aligned}\right\} \tag{10.66}$$

则得

$$y_i = k_{w,0} x_i \tag{10.67}$$

设在指定的 σ_v 下共进行 m 级负温试验，则由试验结果可得 m 个 x_i、y_i 值。按式（10.67），在 x、y 坐标中，x_i、y_i 应为一条直线，其斜率则为参数 $k_{w,0}$。

由式（10.63）、式（10.64）和式（10.65）可得如下认识。

（1）饱和土第 i 级负温下总冻胀变形及其中第 j 时段的冻胀变形只取决于从非冻结土层通过冻结锋面迁移到在冻结土层中的水的体积，而与已冻结土层中的水分迁移无关。

（2）已冻结土层中的水分迁移只影响迁移水分和冻胀变形在冻土中的分布。

3. 参数 $k_{w,0}$ 与上覆压力 σ_v 的关系

根据指定的一个 σ_v 下的冻胀试验资料，按上述方法可确定一个相应的 $k_{w,0}$ 值。冻胀试验资料表明，当 $\sigma_v=0$ 时，在指定的一级负温下的冻胀变形最大，而当 σ_v 达到某个数值 $\sigma_{v,max}$ 时冻胀变形成为零。按上述水分迁移概念，当 $\sigma_v=0$ 时，$k_{w,0}$ 应为最大，而当 $\sigma_v=\sigma_{v,max}$ 时，$k_{w,0}=0$。下面将 $\sigma_v=0$ 的 $k_{w,0}$ 值以 $k_{w,0,f}$ 表示，而将 $k_{w,0}=0$ 时的 $\sigma_{v,max}$ 以 p_e 表示，并将 p_e 称为冻胀压力。

按上述，由试验资料按上述方法确定的参数 $k_{w,0}$ 应随 σ_v 的增大而减小，如图 10.22 所示。通过图 10.22 所示的散点可勾画出 $k_{w,0}$-σ_v 曲线。这条曲线与 $k_{w,0}$ 轴的交点即 $k_{w,0,f}$，而与 σ_v 轴的交点即冻胀压力 p_e。按冻结水分迁移的概念，当 $k_{w,T}=0$ 时，就不会发生水分迁移，因而也不会发生由水分迁移引起的冻胀。另外，$k_{w,0,f}$ 值相当于 $\sigma_v=0$ 时的 $k_{w,0}$ 值，下面将其称为温度 $T=0$ 时的自由水分迁移系数。按式（10.60），与温度 T 相应的自由水分迁移系数 $k_{w,T,f}$ 可按下式确定：

$$k_{w,T,f}=k_{w,0,f}e^{b\frac{T}{\bar{T}-T}} \tag{10.68}$$

下面拟合 $k_{w,0}$-σ_v 关系线。设 $k_{w,0}$ 与 σ_v 的关系线符合双曲线关系，则

$$k_{w,0,f}-k_{w,0}=\frac{\sigma_v}{a_1+a_2\sigma_v} \tag{10.69}$$

$$\frac{\sigma_v}{k_{w,0,f}-k_{w,0}}=a_1+a_2\sigma_v \tag{10.70}$$

根据试验数据，确定式（10.70）左端项的数值，并绘制其与 σ_v 的关系线。按式（10.70），应得一直线，其截距和斜率分别为 a_1 和 a_2。

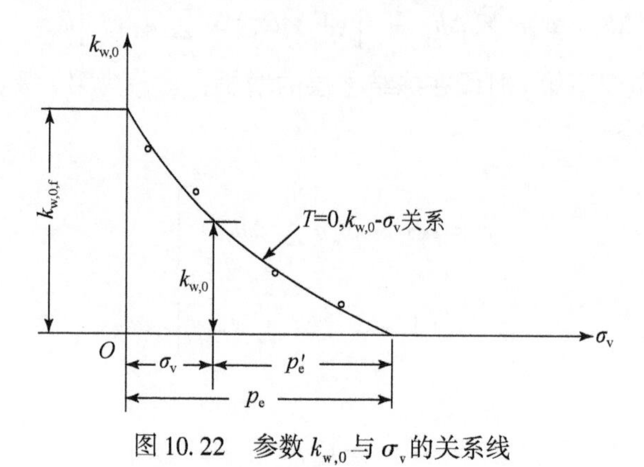

图 10.22　参数 $k_{w,0}$ 与 σ_v 的关系线

由图 10.22 可见，由于 σ_v 的作用，$k_{w,0}$ 减小了，式（10.70）给出了 $k_{w,0}$ 与 σ_v 的关系。下面将 $k_{w,0}$ 与 σ_v 的关系转变成 $k_{w,0}$ 与 p'_e 的关系。按前述，p'_e 为有效冻胀压力，即

$$p'_e=p_e-\sigma_v \tag{10.71}$$

$$k_{w,0}=D_k p'_e \tag{10.72}$$

这样，由式（10.69）得

$$k_{w,0,f}-\frac{\sigma_v}{a_1+a_2\sigma_v}=D_k p'_e$$

则 $D_k=\dfrac{k_{w,0,f}-\dfrac{\sigma_v}{a_1+a_2\sigma_v}}{p'_e}$

令

$$D_k=\frac{k_{w,0,f}}{p_e\left(1-\dfrac{\sigma_v}{p_e}\right)}-\frac{1}{p_e\left(1-\dfrac{\sigma_v}{p_e}\right)}\frac{\sigma_v}{a_1+a_2\sigma_v}$$

令

$$D_0=\frac{k_{w,0,f}}{p_e} \tag{10.73}$$

则得

$$D_k=\frac{1}{1-\dfrac{\sigma_v}{p_e}}\left(D_0-\frac{\sigma_v}{p_e}\frac{1}{a_1+a_2\sigma_v}\right) \tag{10.74}$$

4. 参数 b 的确定

按式（10.60），参数 b 是描写冻结土中水分迁移系数随温度变化的一个参数。b 值越大，水分迁移系数 $k_{w,T}$ 随温度降低得越快。按前述，在第 i 级负温下第 j 时段，由于水分迁移通过单位面积进入在冻结土层的水体积 $\Delta w_{h_{f,j}}$ 和从在冻结土层中迁出的水体积 $\Delta w_{z_{n,j}}$ 分别为

$$\left.\begin{aligned}\Delta w_{h_{f,j}}&=v_{w,h_{f,j}}\Delta t\\ \Delta w_{z_{n,j}}&=v_{w,z_{n,j}}\Delta t\end{aligned}\right\} \tag{10.75}$$

设在 i 级负温下第 j 时段在冻结土层底面的冻胀变形为 $\Delta s_{h_{f,j}}$，顶面的冻胀变形为 $\Delta s_{z_{n,j}}$，则

$$\Delta w_{h_{f,j}}-\Delta w_{z_{n,j}}=\Delta s_{z_{n,j}}-\Delta s_{h_{f,j}} \tag{10.76}$$

将式（10.76）代入式（10.75）中得

$$\Delta s_{z_{n,j}}-\Delta s_{h_{f,j}}=(v_{w,h_{f,j}}-v_{w,z_{n,j}})\Delta t \tag{10.77}$$

由上式可进一步得

$$\Delta v_{w,h_{f,j}}=\frac{1}{2}k_{w,0}[2g_{T,h_f}+e^{bT_{z_n}}(g_{T,h_f}+g_{T,z_{n,j}})]\Delta t$$

改写上式，得

$$(\Delta s_{z_{n,j}}-\Delta s_{h_{f,j}})-k_{w,0}g_{T,h_{f,j}}=\frac{1}{2}k_{w,0}e^{b\frac{T_{z_n}}{\bar{T}-T_{z_n}}}(g_{T,h_f}+g_{T,z_{n,j}})$$

令

$$\beta_{h_{f,j}}=\frac{(\Delta s_{z_{n,j}}-\Delta s_{h_{f,j}})-k_{w,0}g_{T,h_f}\Delta t}{\frac{1}{2}k_{w,0}(g_{T,h_f}+g_{T,z_{n,j}})\Delta t} \tag{10.78}$$

则得 $b\dfrac{T_{z_n}}{\bar{T}-T_{z_n}}=\ln\beta_{h_{f,j}}$

由此得

$$b=\ln\beta_{h_{f,j}}\frac{\bar{T}-T_{z_n}}{T_{z_n}} \tag{10.79}$$

由上述可见，为了确定参数 b，在单轴冻胀试验中必须测量在各级负温下各时段的冻胀变形沿试样高度的分布。此外，在按式（10.79）和式（10.78）确定参数 b 时，为了获得比较可靠的数据，最好采用第一级负温第二个时段的测试资料，即在这两式中取 $i=1$、$j=2$。

10.9　土冻胀的力学计算模型

10.9.1　模型的建立

土冻胀的力学计算模型是指在冻结土层和已冻结土层各子层的冻胀率与上覆压力的关

系。根据土单轴冻胀试验资料可建立 k_0 状态下土的冻胀力学模型。

1. 在冻结土层的模型

1）第一级负温第一个时段在冻结土层

由式（10.56）得第一级负温第一个时段，即 $i=1$、$j=1$ 时在冻结土层的冻胀率 $\Delta\varepsilon_{e,h_f}$ 如下：

$$\Delta\varepsilon_{e,h_f}=\alpha_w n+(1+\alpha_w)k_{w,0}g_{T,h_f}\frac{\Delta t}{\Delta h_f}$$

将式（10.72）$k_{w,0}$ 的表达式代入上式中，得

$$\Delta\varepsilon_{e,h_f}=\alpha_w n+(1+\alpha_w)D_k g_{T,h_f}\frac{\Delta t}{\Delta h_f}p'_e$$

改写上式，得

$$\Delta\varepsilon_{e,h_f}=\left[\frac{\alpha_w n}{p'_e}+(1+\alpha_w)D_k g_{T,h_f}\frac{\Delta t}{\Delta h_f}\right]p'_e$$

令

$$E_{e,h_f}=\frac{1}{\dfrac{\alpha_w n}{p'_e}+(1+\alpha_w)D_k g_{T,h_f}\dfrac{\Delta t}{\Delta h_f}} \tag{10.80}$$

则得

$$\Delta\varepsilon_{e,h_f}=\frac{p'_e}{E_{e,h_f}} \tag{10.81}$$

式中，E_{e,h_f} 为在冻结土层的冻胀变形模量。在此应注意，E_{e,h_f} 是 k_0 状态下冻胀引起的体积应变率。

2）除第一级负温第一个时段外在冻结土层

由式（10.56）得在冻结土层的冻胀率 $\Delta\varepsilon_{e,h_f}$ 如下：

$$\Delta\varepsilon_{e,h_f}=\alpha_w n+(1+\alpha_w)k_{w,0}\left[g_{T,h_f}-\frac{1}{2}e^{b\frac{T_{z_n}}{T-T_{z_n}}}(g_{T,h_f}+g_{T,z_n})\right]\frac{\Delta t}{\Delta h_f}$$

将 $k_{w,0}$ 的表达式（10.72）代入上式，得

$$\Delta\varepsilon_{e,h_f}=\left\{\frac{\alpha_w n}{p'_e}+(1+\alpha_w)D_k\left[g_{T,h_f}-\frac{1}{2}e^{b\frac{T_{z_n}}{T-T_{z_n}}}(g_{T,h_f}+g_{T,z_n})\right]\frac{\Delta t}{\Delta h_f}\right\}p'_e \tag{10.82}$$

如令

$$E_{e,h_f}=\frac{1}{\dfrac{\alpha_w n}{p'_e}+(1+\alpha_w)D_k\left[g_{T,h_f}-\dfrac{1}{2}e^{b\frac{T_{z_n}}{T-T_{z_n}}}(g_{T,h_f}+g_{T,z_n})\right]\dfrac{\Delta t}{\Delta h_f}} \tag{10.83}$$

则得式（10.87），在此不再重写。

2. 已冻结土层子层的模型

根据式（10.58），第 i 级负温下第 j 个时段第 k 个子层的冻胀率 $\Delta\varepsilon_{e,k}$ 如下：

$$\Delta\varepsilon_{e,k}=(1+\alpha_w)\frac{1}{2}k_{w,0}\left[e^{b\frac{T_{z_k}}{T-T_{z_k}}}(g_{T,z_{k+1}}+g_{T,z_k})-e^{b\frac{T_{z_k}}{T-T_{z_k}}}(g_{T,z_k}-g_{T,z_{k-1}})\right]\frac{\Delta t}{\Delta z_k}$$

将 $k_{w,0}$ 的表达式（10.72）代入，得

$$\Delta\varepsilon_{e,k}=\frac{1}{2}(1+\alpha_w)D_k\left[e^{b\frac{T_{z_k}}{T-T_{z_k}}}(g_{T,z_{k+1}}+g_{T,z_k})-e^{b\frac{T_{z_k}}{T-T_{z_k}}}(g_{T,z_k}-g_{T,z_{k-1}})\right]\frac{\Delta t}{\Delta z_k}p'_e \tag{10.84}$$

如令

$$E_{e,k}=\frac{1}{\frac{1}{2}(1+\alpha_w)D_k\left[e^{b\frac{T_{z_k}}{T-T_{z_k}}}(g_{T,z_{k+1}}+g_{T,z_k})-e^{b\frac{T_{z_k}}{T-T_{z_k}}}(g_{T,z_k}-g_{T,z_{k-1}})\right]\frac{\Delta t}{\Delta z_k}} \tag{10.85}$$

则得式（10.81），在此不再重写。

10.9.2　k_0状态下土冻胀的应力-应变关系

前文曾指出，单轴冻胀试验土试样处于 k_0 状态。因此，根据单轴冻胀试验结果，k_0 状态下土冻胀的应力-应变关系如下：

$$\Delta\varepsilon_e^{(k_0)}=\frac{p'_e}{E_e^{(k_0)}},p'_e=p_e-\sigma_v \tag{10.86}$$

式中，$\Delta\varepsilon_e^{(k_0)}$ 为解除有效冻胀压力 p'_e 在 Δt 时段由温度变化引起的冻胀率增量；$E_e^{(k_0)}$ 为 k_0 状态下的冻胀变形模量，对在冻结土层和已冻结土层子层分别按式（10.80）、式（10.83）和式（10.85）确定。按前述，p'_e 不随时段而改变；$E_e^{(k_0)}$ 取决于温度场，不仅随时段改变，还随各点改变。

10.9.3　一般应力状态下的冻胀力学模型及参数

1. 应力-应变关系式

假定冻胀力是各向均等的，令以 $\sigma_{0,e}$ 表示，引用广义的胡克定律，则一般应力状态下的冻胀力学计算模型可写成如下形式：

$$\left.\begin{aligned}
\Delta\varepsilon_{x,e}&=\frac{1}{E_{e,y}}[\sigma'_{e,x}-\mu_e(\sigma'_{e,y}+\sigma'_{e,z})],\Delta\gamma_{xy,e}=\frac{\tau_{xy,e}}{G_e}\\
\Delta\varepsilon_{y,e}&=\frac{1}{E_{e,y}}[\sigma'_{e,y}-\mu_e(\sigma'_{e,z}+\sigma'_{e,x})],\Delta\gamma_{yz,e}=\frac{\tau_{yz,e}}{G_e}\\
\Delta\varepsilon_{z,e}&=\frac{1}{E_{e,y}}[\sigma'_{e,z}-\mu_e(\sigma'_{e,x}+\sigma'_{e,y})],\Delta\gamma_{zx,e}=\frac{\tau_{zx,e}}{G_e}
\end{aligned}\right\} \tag{10.87}$$

$$\sigma'_{e,x}=(\sigma_{0,e}-\sigma_{x,0})\quad\sigma'_{e,y}=(\sigma_{0,e}-\sigma_{y,0})\quad\sigma'_{e,z}=(\sigma_{0,e}-\sigma_{z,0}) \tag{10.88}$$

式（10.87）中，$\Delta\varepsilon_{x,e}$、$\Delta\varepsilon_{y,e}$、$\Delta\varepsilon_{z,e}$分别为解除 x、y、z 方向的有效冻胀压力 $\sigma'_{e,x}$、$\sigma'_{e,y}$、$\sigma'_{e,z}$ 在 Δt 时段内在 x、y、z 方向引起的冻胀应变增量；$\sigma_{x,0}$、$\sigma_{y,0}$、$\sigma_{z,0}$ 分别为 x、y、z 方向的初始正应力；μ_e 为冻胀变形泊松比；$E_{e,y}$ 为冻胀变形的杨氏模量。

由式（10.87）可见，如按式（10.87）确定一般应力状态下 x、y、z 方向的冻胀应变增量，必须知道各向均等的冻膨压力 $\sigma_{0,e}$ 和冻胀变形的杨氏模量 $E_{e,y}$。下面分别表述这两个量的确定方法。

2. $\sigma_{0,e}$的确定

由式（10.87）可见，当按该式确定 x、y、z 方向的冻胀应变增量时，应首先确定 $\sigma_{0,e}$。在一般应力状态下平均有效冻胀压力为

$$\frac{1}{3}[(\sigma_{0,e}-\sigma_{x,0})+(\sigma_{0,e}-\sigma_{y,0})+(\sigma_{0,e}-\sigma_{z,0})]$$

在 k_0状态下：

$$(\sigma_{0,e}-\sigma_{x,0})+(\sigma_{0,e}-\sigma_{y,0})+(\sigma_{0,e}-\sigma_{z,0})=(1+2k_0)(p_e-\sigma_v) \tag{10.89}$$

由于 $\sigma_{x,0}+\sigma_{y,0}+\sigma_{z,0}=3\sigma_{0,e}$，得

$$3\sigma_{0,e}-3\sigma_{0,0}=(1+2k_0)(p_e-\sigma_v)$$

又由于在 k_0状态下，$3\sigma_{0,0}=(1+2k_0)\sigma_v$，则得

$$\sigma_{0,e}=\frac{1+2k_0}{3}p_e \tag{10.90}$$

3. 某些相关量的确定

前文曾表述了根据单轴冻胀试验资料确定 k_0状态下冻胀应变率的方法。在单轴冻胀试验条件下只在轴向发生水分迁移。然而，在一般应力状态下，x、y、z 三个方向将发生水分迁移。因此，确定 Δt 时段内温度变化引起的冻胀体积应变增量时应考虑三个方向发生水分迁移的影响。为简便，下面以两方向水分迁移的平面问题为例来说明冻胀变形的杨氏模量的确定方向。

1）冻胀体应变模量的确定

下面分别针对在冻结土层单元和已冻结土层单元来确定单元的冻胀体应变模量 E_e。

a. 在冻结土层单元

在双向水分迁移条件下，参考式（10.56），Δt 时段内由于温度的变化在冻结土层单元的冻胀率增量 $\Delta\varepsilon_{x,h_f}$如下：

$$\Delta\varepsilon_{e,h_f}=\alpha_w n+(1+\alpha_w)k_{w,0}$$

$$\left\{(g_{T,h_f,x}\Delta l_x+g_{T,h_f,z}\Delta l_z)-\frac{1}{2}\left[e^{b\frac{T_{h_f,N,x}}{T-T_{h_f,N,x}}}(g_{T,h_f,x}+g_{T,N,x})\Delta l_x+e^{b\frac{T_{h_f,N,z}}{T-T_{h_f,N,z}}}(g_{T,h_f,z}+g_{T,N,z})\Delta l_z\right]\right\}\frac{\Delta t}{\Delta S_f} \tag{10.91}$$

式中，$g_{T,h_f,x}$、$g_{T,h_f,z}$分别为在冻结土层单元温度梯度在 x 方向分量和 z 方向分量；$g_{T,N,x}$、$T_{h_f,N,x}$分别为沿 x 轴方向与在冻结土层单元相邻的土单元的温度梯度水平分量和在冻结土层单元与该单元分界面处的温度；$g_{T,N,z}$、$T_{h_f,N,z}$分别为沿 z 轴方向与在冻结土层单元相邻的土单元的温度梯度水平分量和在冻结土层单元与该单元分界面处的温度；ΔS_f 为在冻结土

层单元的面积；Δl_x、Δl_z 分别为在冻结土层单元在 x 方向和 z 方向的边长。将 $k_{w,0}$ 的表达式代入上式中，则得在冻结土层单元的冻胀体应变模量 E_{e,h_f} 如下：

$$E_{e,h_f}=\frac{1}{\frac{\alpha_w n}{\sigma'_{0,e}}+(1+\alpha)D_k\left\{(g_{T,h_f,x}\Delta l_x+g_{T,h_f,z}\Delta l_z)-\frac{1}{2}\left[e^{b\frac{T_{h_f,N,x}}{T-T_{h_f,N,x}}}(g_{T,h_f,x}+g_{T,N,x})\Delta l_x+e^{b\frac{T_{h_f,N,z}}{T-T_{h_f,N,z}}}(g_{T,h_f,z}+g_{T,N,z})\Delta l_z\right]\right\}\frac{\Delta t}{\Delta S_f}} \tag{10.92}$$

式中，$\sigma'_{0,e}=\sigma_{0,e}-\sigma_{0,0}$。

b. 已冻结土层单元

下面考虑已冻结土层单元 A 在 Δt 时段的冻胀率。考虑双向排水后，已冻结土层单元 A 的冻胀率为

$$\Delta\varepsilon_{e,A}=(1+\alpha_w)\frac{1}{2}k_{w,0}\left\{\Delta l_x\left[e^{b\frac{T_{A,N_x,1}}{T-T_{A,N_x,1}}}(g_{T,N_x,1}+g_{T,A,x})-e^{b\frac{T_{A,N_x,2}}{T-T_{A,N_x,2}}}(g_{T,N_x,2}+g_{T,A,x})\right]+\Delta l_z\left[e^{b\frac{T_{A,N_z,1}}{T-T_{A,N_z,1}}}(g_{T,N_z,1}+g_{T,A,z})-e^{b\frac{T_{A,N_z,2}}{T-T_{A,N_z,2}}}(g_{T,N_z,2}+g_{T,A,z})\right]\right\}\frac{\Delta t}{\Delta S_A}$$

式中，$g_{T,A,x}$、$g_{T,A,z}$ 分别为 A 单元温度梯度在 x 方向和 z 方向分量；$g_{T,N_x,1}$、$g_{T,N_x,2}$ 分别为沿 x 轴水分迁移相反和相同方向与 A 单元相邻单元的温度梯度在 x 方向的分量；$T_{A,N_x,1}$、$T_{A,N_x,2}$ 分别为 A 单元与这两个单元分界面处的温度；$g_{T,N_z,1}$、$g_{T,N_z,2}$ 分别为沿 z 轴水份迁移相反和相同方向与 A 单元相邻单元的温度梯度在 z 方向的分量；$T_{A,N_z,1}$、$T_{A,N_z,2}$ 分别为 A 单元与这两个单元分界面处的温度；ΔS_A、Δl_x、Δl_z 分别为 A 单元的面积和其在 x、z 方向的边长。将 $k_{w,0}$ 表达式代入上式，则得 A 单元的冻胀模量 $E_{e,A}$ 如下：

$$E_{e,A}=\frac{1}{\frac{1}{2}(1+\alpha_w)D_k\left\{\Delta l_x\left[e^{b\frac{T_{A,N_x,1}}{T-T_{A,N_x,1}}}(g_{T,N_x,1}+g_{T,A,x})-e^{b\frac{T_{A,N_x,2}}{T-T_{A,N_x,2}}}(g_{T,N_x,2}+g_{T,A,x})\right]+\Delta l_z\left[e^{b\frac{T_{A,N_z,1}}{T-T_{A,N_z,1}}}(g_{T,N_z,1}+g_{T,A,z})-e^{b\frac{T_{A,N_z,2}}{T-T_{A,N_z,2}}}(g_{T,N_z,2}+g_{T,A,z})\right]\right\}\frac{\Delta t}{\Delta S_A}} \tag{10.93}$$

2）$E_{e,y}$ 的确定

由式（10.87），得

$$\Delta\varepsilon_{x,e}+\Delta\varepsilon_{y,e}+\Delta\varepsilon_{z,e}=\frac{3(1-2\mu_e)}{E_{e,y}}(\sigma_{0,e}-\sigma_{0,0})$$

由于

$$\Delta\varepsilon_{x,e}+\Delta\varepsilon_{y,e}+\Delta\varepsilon_{z,e}=\frac{\sigma_{0,e}-\sigma_{0,0}}{E_e}$$

则得

$$E_{e,y}=3(1-2\mu_e)E_e \tag{10.94}$$

10.10 饱和土体冻胀变形分析

10.10.1 求解基本方程式

式（10.87）给出了 Δt 时段 x、y、z 方向释放的有效冻胀力 $\sigma'_{x,e}$、$\sigma'_{y,e}$和 $\sigma'_{z,e}$，以及 x、y、z 方向土单元所产生的冻胀应变 $\Delta\varepsilon_{x,e}$、$\Delta\varepsilon_{y,e}$、$\Delta\varepsilon_{z,e}$。理论上对 $\Delta\varepsilon_{x,e}$、$\Delta\varepsilon_{y,e}$、$\Delta\varepsilon_{z,e}$积分则可求得相应的土体冻胀变形增量。但是应指出，式（10.87）给出的 $\Delta\varepsilon_{x,e}$、$\Delta\varepsilon_{y,e}$、$\Delta\varepsilon_{z,e}$ 不满足变形协调的条件，而释放的有效冻胀力也不满足应力平衡条件。因此，不能由直接积分式（10.87）的冻胀应变增量来确定土体的冻胀变形增量。

设由于在 Δt 时段 x、y、z 方向释放的有效冻胀力在土体中所产生的位移分量增量为 Δu_e、Δv_e、Δw_e，相应的应变分量为 $\Delta\varepsilon_{x,e}$、$\Delta\varepsilon_{y,e}$、$\Delta\varepsilon_{z,e}$、$\Delta\gamma_{xy,e}$、$\Delta\gamma_{yz,e}$和 $\Delta\gamma_{zx,e}$，相应的应力分量为 $\Delta\sigma_{x,e}$、$\Delta\sigma_{y,e}$、$\Delta\sigma_{z,e}$、$\Delta\tau_{xy,e}$、$\Delta\tau_{yz,e}$和 $\Delta\tau_{zx,e}$。这些量应满足如下方程式。

1. 平衡方程式

$$\left.\begin{aligned}
&\frac{\partial}{\partial x}(\Delta\sigma_{x,e})+\frac{\partial}{\partial y}(\Delta\tau_{xy,e})+\frac{\partial}{\partial z}(\Delta\tau_{zx,e})=0\\
&\frac{\partial}{\partial x}(\Delta\tau_{xy,e})+\frac{\partial}{\partial y}(\Delta\sigma_{y,e})+\frac{\partial}{\partial z}(\Delta\tau_{yz,e})=0\\
&\frac{\partial}{\partial x}(\Delta\tau_{xz,e})+\frac{\partial}{\partial y}(\Delta\tau_{yz,e})+\frac{\partial}{\partial z}(\Delta\sigma_{z,e})=0
\end{aligned}\right\}\tag{10.95}$$

2. 变形协调方程式

$$\left.\begin{aligned}
&\Delta\varepsilon_{x,e}=\frac{\partial}{\partial x}(\Delta u_e)\quad \Delta\gamma_{xy,e}=\frac{\partial}{\partial y}(\Delta u_e)+\frac{\partial}{\partial x}(\Delta v_e)\\
&\Delta\varepsilon_{y,e}=\frac{\partial}{\partial y}(\Delta v_e)\quad \Delta\gamma_{yz,e}=\frac{\partial}{\partial z}(\Delta v_e)+\frac{\partial}{\partial y}(\Delta w_e)\\
&\Delta\varepsilon_{z,e}=\frac{\partial}{\partial z}(\Delta w_e)\quad \Delta\gamma_{zx,e}=\frac{\partial}{\partial x}(\Delta w_e)+\frac{\partial}{\partial z}(\Delta u_e)
\end{aligned}\right\}\tag{10.96}$$

3. 应力-应变关系方程式

在饱和土体冻胀变形分析中，土的应力-应变关系应按在冻结区、已冻结区和未冻结区分别确定。

1）*在冻结区和已冻结区*

在冻结区和已冻结区中的土的应力-应变关系形式与式（10.87）相同，在此不再重写。

2）未冻结区

未冻结区的应力-应变关系形式也与式（10.87）相同。但是，该区中的土处于非冻结状态，式（10.87）中的杨氏模量、泊松比及剪切模量应采用非冻结土与初始应力水平相应的切线杨氏模量、泊松比和剪切模量的值。这些力学参数可由非冻结土三轴试验确定。

10.10.2　荷载

按前述，土体冻胀变形分析的荷载是由释放有效冻胀力产生的。释放有效冻胀力，在 x、y、z 方向上分别施加 $-(\sigma_{0,e}-\sigma_{x,0})$、$-(\sigma_{0,e}-\sigma_{y,0})$、$-(\sigma_{0,e}-\sigma_{z,0})$，其中“-”号表示拉应力。

10.10.3　冻结过程的考虑

应指出，t 时刻土体的冻胀变形是 t 时刻之前各冻结时段所产生的冻胀结果。因此，在计算土体冻胀变形时必须考虑土体的冻结过程。为此，应将从 $t=0$ 到 $t=t_f$ 的整个冻结过程分成许多时段。假设分成 m_f 个时段，其中第 i 时段引起的冻胀变形增量以 $\Delta u_{e,i}$、$\Delta v_{e,i}$、$\Delta w_{e,i}$ 表示，如 $t=t_f$ 时刻的冻胀变形以 u_{e,t_f}、v_{e,t_f}、w_{e,t_f} 表示，则

$$\left.\begin{aligned} u_{e,t_f} &= \sum_{i=1}^{m_f} \Delta u_{e,i} \\ v_{e,t_f} &= \sum_{i=1}^{m_f} \Delta v_{e,i} \\ w_{e,t_f} &= \sum_{i=1}^{m_f} \Delta w_{e,i} \end{aligned}\right\} \tag{10.97}$$

因此，如果 $t=0$ 到 $t=t_f$ 的每一个时段的冻胀变形分析都完成了，然后按式（10.97）将每一个时段的分析得到的冻胀变形增量叠加起来，则就考虑了冻结过程。

10.10.4　指定时段的冻胀变形分析

每一个时段的冻胀变形分析的方法是相同的。但必须明确在各时段的冻胀变形分析中哪些参数是不随时段改变的，哪些是随时段改变的。

1. 不随时段改变的参数

（1）同一种土水分迁移系数 $k_{w,0}$ 与初始压应力 σ_v 或 $\sigma_{0,0}$ 之间的关系是不随时段变化的。因此，参数 $k_{w,0,f}$、p_e 或 $\sigma_{0,0}$ 是不随时段变化的。

（2）同一种土中指定土单元的有效冻胀压力不随时段改变，但由于不同位置的土所受

的初始应力不同，则有效冻胀压力随土体中位置的改变而改变。

（3）确定水分迁移系数的参数 b 是不随时段改变的。

2. 随时段改变的参数

（1）土体中的温度场是随时段变化的。因此，土体中的温度分布是随时段变化的。

（2）土体中各点的水分迁移系数 $k_{w,T}$ 是随时段改变的。

（3）土体中各点的温度梯度是随时段改变的。

（4）土体中各点的冻胀体的应变模量 E_e 和杨氏模量 $E_{e,y}$ 是随时段改变的。

（5）随温度降低，冻结锋面在随时间不断地扩展。相应地，在冻结土层和已冻结土层也随之扩展。因此，在每一个时段参与冻胀分析的在冻结土层和已冻结土层及相应的未冻结土层是随时间变化的。

指定时段的冻胀变形分析通常是采用数值分析方法完成的，具体的分析方法将在下文表述。

10.10.5 冻胀变形数值分析方法

第 5 章曾较详细地表述了岩土工程数值模拟分析方法，所表述的方法原则上对冻胀变形分析也是适用的。因此，这里只表述土冻胀变形分析中所要考虑的一些特殊问题。

（1）降温过程的确定及分析时段的划分：土体冻结是由降温引起的。因此，土体的冻胀过程取决于大气降温过程，在进行土体冻胀变形分析时，必须首先确定所在地区相应的大气降温过程，并将其划分成一系列时段。

（2）根据所确定的大气降温过程及划分的时段，在土体边界上分级施加负温，并求解各时刻土体的温度场，给出各时刻土体中的温度分布及冻结锋面。

（3）根据土体温度场的分析结果，确定各分析时段土体中的在冻结土层、已冻结土层和未冻结土层。

（4）根据各分析时段参与分析的在冻结土层、已冻结土层和未冻结土层的分布，将土体进行有限元剖分。

（5）根据初始应力分析结果，确定土体中各单元的初始平均应力 $\sigma_{0,0}$。完成这些步骤之后，就可从第一时段开始逐时段进行冻胀数值分析。然后，将每个时段的分析结果叠加起来，就可得整个冻胀过程的冻胀变形及其他随要求的结果。

（6）一个指定时段的冻胀变形数值分析步骤。

（a）设所分析的时段是 $t_i \sim t_i+\Delta t$ 时段。根据 t_i 和 $t_i+\Delta t$ 时刻的温度场确定在冻结土层单元和已冻结土层单元的温度梯度及各单元分界面处的温度。

（b）按土单元所处的冻结状态分别确定土单元变形的杨氏模量。对于处于在冻结状态的土单元和已冻结状态的土单元，可按前述方法确定；对于处于未冻结状态的土单元，应按第 5 章所述方法确定。应指出，在冻结过程中，同一土单元可能经历三种冻结状态，例如在第 i 时段处于在冻结状态的土单元，在第 i-1 时段则处于未冻结状态，而在第 i+1 时段则处于已冻结状态。

（c）按单元逐个进行刚度分析，建立单元刚度矩阵。

（d）采用直接刚度法，建立分析体系的总刚度矩阵。

（e）根据初始应力及冻胀力确定处于在冻结状态和已冻结状态的各单元的有效冻胀压力分量 $\sigma_{0,e}-\sigma_{x,0}$、$\sigma_{0,e}-\sigma_{y,0}$及 $\sigma_{0,e}-\sigma_{z,0}$。

（f）将处于在冻结状态和已冻结状态的土单元有效冻胀压力释放，转换成单元结点力，然后再叠加形成该时段冻胀变形分析的荷载增量向量$\{\Delta R\}_i$。应指出，只有处于在冻结状态和已冻结状态的土单元才释放有效冻胀压力，在荷载增量向量$\{\Delta R\}_i$中，只有处于这两种冻结状态的土单元结点相应的元素不为零。

（g）建立该时段冻胀变形分析方程式：

$$[k]_i\{\Delta r\}_i=\{\Delta R\}_i \tag{10.98}$$

式中，$\{\Delta r\}_i$为该时段冻胀变形增量。

（h）求解矩阵形式的代数方程组式（10.98），确定该时段冻胀变形增量向量$\{\Delta r\}_i$。

（i）按有限元方法由单元结点冻胀变形增量确定该时段相应的单元应力增量 $\Delta\sigma_{x,e}$、$\Delta\sigma_{y,e}$、$\Delta\sigma_{z,e}$、$\Delta\tau_{xy,e}$、$\Delta\tau_{yz,e}$和 $\Delta\tau_{zx,e}$。

10.11　简要评述

（1）膨胀土的膨胀变形、冻土的冻胀变形都是由环境条件变化引起的。由于环境条件的变化具有很大的不确定性，因此，由环境条件变化引起的土体变形的分析结果也具有很大的不确定性。如果分析所采用的环境条件变化是多年观测资料的平均数值，则应将分析所得到的土体变形视为一种多年平均值。

（2）前文只表述了饱和土冻胀试验研究的结果。非饱和土与饱和土相比，虽然冻胀机制是相同的，但是由于如下两个方面非饱和土的冻胀更为复杂。

（a）迁移到在冻结土层土中的水分的一部分将充填非饱和土的孔隙。

（b）如果已冻结的非饱和土的孔隙还没被迁移的水分所充满，则已冻结的非饱和土中的水分迁移比饱和土更通畅。这样，在冻结土层中的水分会更通畅地迁移到已冻结土层中。

由上述可见，从未冻结土层迁移到在冻结土层中的水分不会像饱和土那样全部贡献于土体的冻胀变形，只有其中一部分贡献于土体的冻胀变形。因此，由单向冻胀试验测得的土试样顶端在某个时段的冻胀变形增量 ΔS 不等于从未冻结土层中迁移到在冻结土层中的水的体积。这样将给分析非饱和土单向冻胀试验资料带来很大的困难。因此，建立非饱和土的单向冻胀试验资料的分析方法和建立相应的冻胀变形模型是应进一步研究的问题。

（3）土体冻胀变形对与其相邻的结构所产生的影响。一方面，相邻结构的存在会影响土体中的初始应力，并且对土体的冻胀有相当的约束作用，使土的冻胀变形不能充分发展，在土体与结构界面上产生附加的冻胀力。另一方面，土体的冻胀变形将使相邻的结构产生相应的变形。如果这种变形是不均匀的，结构中还会产生附加的内力。土体冻胀对相邻结构的影响是一个土体-结构相互作用问题。如果在土体冻胀变形分析中，将土体与其相邻的结构作为一个体系进行分析，就可得到土体冻胀在结构中产生的附加变形及内力，并以此评估土体冻胀对相邻结构的影响。土体冻胀对土体-结构相互作用的影响的分析方法可按第 7 章所述方法进行，只是所考虑的荷载为释放有效冻胀压力所产生的荷载。

（4）本章只表述了由于土的状态改变膨胀土的膨胀性能和饱和冻土的冻胀性能，以及相应的土体变形分析的方法。除此之外，还应对如下两个问题予以研究。

（a）膨胀土遇水膨胀后，会发生软化及相应的强度降低。这个问题涉及如下三个方面：①膨胀土软化后其应力-应变关系及抗剪强度特性；②由于膨胀土软化所产生的附加变形；③膨胀土软化后膨胀土体的稳定性。

（b）冻土融解后的变形和强度问题。由于冻结时水分迁移，融解后土的含水量比冻结前要高。另外，在冻胀融解过程中土的结构也会受到一定的破坏。因此融解后的土与未冻结的土相比发生了软化。这样，冻土融解软化将存在与膨胀土遇水软化类似的问题，需要对此进行研究。

参考文献

[1] Chen F H. Foundations on Expansive Soils. New York：American Elsevier Science Pub，1988.

[2] Omer E M. Fadol，Research on Some Geotechnical Engineering Problems with Regard to Expansive Soils. Harbin：Harbin Institute of Technology University，2004.

[3] 耿琳．土的冻胀力学模型及冻胀变形数值模拟．哈尔滨：哈尔滨工业大学，2016.

第 11 章　土的流变学基础

11.1　概　　述

11.1.1　常应力作用下土的变形随时间的发展

本科土力学中曾表述过常应力作用下土的体积变形和偏斜变形与时间的关系。下面分别按非饱和土和饱和土对这个问题做进一步说明。

1. 非饱和土

1）体积变形

a. 瞬时体积变形

瞬间体积变形是施加应力后在很短的时间内就完成的体积变形。在试验中，认为其变形速率低于所规定的数值时，瞬时体积变形就完成了。瞬时体积变形只随应力的增大而增大，与时间无关。

b. 长期体积变形

长期体积变形是在常应力作用下随时间持续发展的体积变形。它是在常应力作用下土结构持续调整而发生的体积变形，而不是由于应力增大而产生的体积变形，通常称其为次体积压缩。

如果忽略瞬时体积变形所需的时间，非饱和土的长期体积变形随时间的发展如图 11.1 所示，长期体积变形随时间逐渐增大，但其速率逐渐减小趋于零。

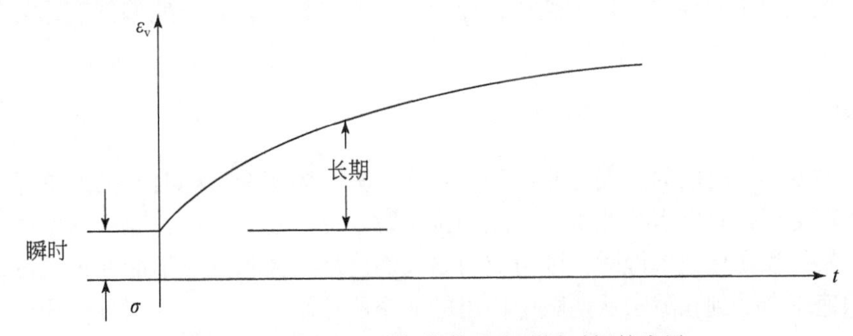

图 11.1　非饱和土的长期体积变形随时间的发展

2）偏斜变形

a. 瞬时偏斜变形

瞬时偏斜变形是施加应力后在很短时间内完成的偏斜变形。同样，在试验中，认为变形速率低于所规定的数值时，瞬时偏斜变形就完成了。瞬时偏斜变形也是只随应力的增大而增大，与时间无关。

b. 长期偏斜变形

长期偏斜变形同样是在常应力作用下土结构持续调整而发生的偏斜变形，而不是由于应力增大而产生的偏斜变形。

如果忽略瞬时偏斜变形所需的时间，非饱和土的偏斜变形随时间的发展如图 11.2 所示。由图 11.2 可见，当应力水平较低时，长期偏斜变形随时间逐渐增大，但变形速率逐渐减小趋于零，如图 11.2 中（Ⅰ）所示。当应力水平相当高时，长期偏斜变形随时间的发展可分为三个阶段，如图 11.2 中（Ⅱ）所示：①变形随时间逐渐增大，但其速率逐渐减小阶段；②变形以一定的速率发生流动阶段；③变形速率加速阶段，最后发生破坏。

由图 11.2 可见，当应力水平较低时，长期偏斜变形将趋于稳定，不会导致剪切破坏，但是当应力水平较高时，长期偏斜变形可进入流动阶段，最后将导致破坏。

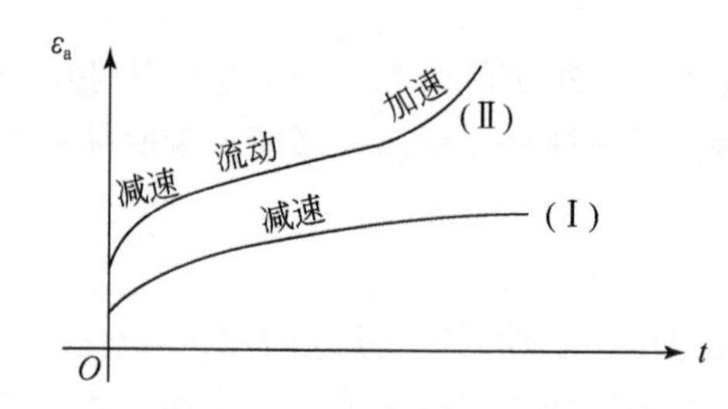

图 11.2　非饱和土长期偏斜变形随时间的发展

按上述，长期体积变形和长期偏斜变形都是在常应力作用下由于土结构调整而产生的变形，但是比较土长期体积变形随时间发展的曲线与长期偏斜变形随时间发展的曲线可见，长期体积变形不会导致土发生破坏，而当应力水平较高时，长期偏斜变形可导致土发生破坏。

2. 饱和土

饱和土的变形随时间的发展与非饱和土相比，只有体积变形随时间的发展不同。对于饱和土的体积变形，只有当孔隙水从空隙中排出时才可能发生。当孔隙水从空隙中排出的速率比土骨架体积变形速率慢时，则由应力增大而产生的体积变形不能在很短的时间内完成，其体积速率会受到孔隙水从空隙中排出的速率所控制。因此，这部分体积变形将发生迟滞现象，如图 11.3 所示。这部分体积变形即所谓的渗透固结变形。因此，伴随渗透固结变形而发生的体积变形也是随时间增大的。但是，饱和土的长期体积变形是指在常应力作用下由土结构调整而产生的体积变形。长期体积变形速率低于孔隙水排出速率，其变形速率只取决于常应力作用下土结构调整的速率，不会受孔隙水从孔隙中排出速率的影响。为与渗透固结引起的体积变形相区别，将这部分随时间发展的体积变形称为次固结变形。由上述可见，渗透固结变形与次固结变形虽然都是随时间逐渐发展的体积变形，但其变形机制及随时间发展的规律是不同的。

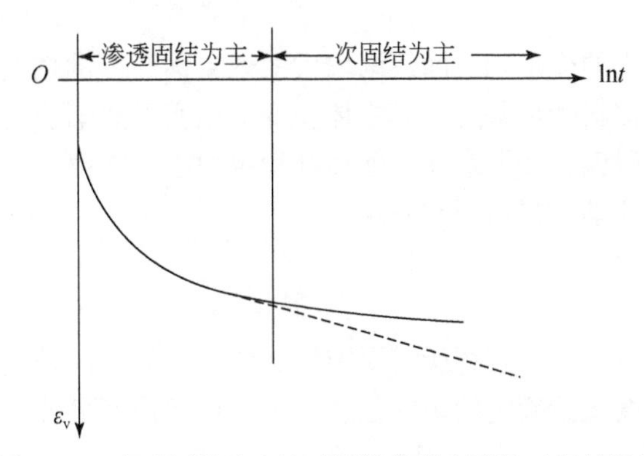

图 11.3　渗透固结及次渗透固结体积变形随时间的发展

11.1.2　常应变作用下土的应力随时间的变化

为简明起见，以单轴压缩为例来说明这个问题。对一个土试样施加一个轴向应变，然后保持常值不变，测量其承受的轴向应力可发现，随轴向应变的施加，应力随之增大，当应变达到指定值时，应力也很快达到最大值，然后在常应变下应力逐渐减小，并且其降低速率也逐渐减小。如果忽略应力达到最大所需的时间，则在常应变下应力随时间的变化如图 11.4 所示。图 11.4 中，应力的瞬间增大是由施加的应变引起的，而在常应变下应力随时间的减小是由土结构的调整应力释放引起的。常应变下应力随时间的减小与常应力下应变随时间的增大都是土的一种长期效应。这种长期效应是土的重要力学特性之一。

本科土力学只初步涉及了次固结。本章将对土的长期效应做一全面表述。

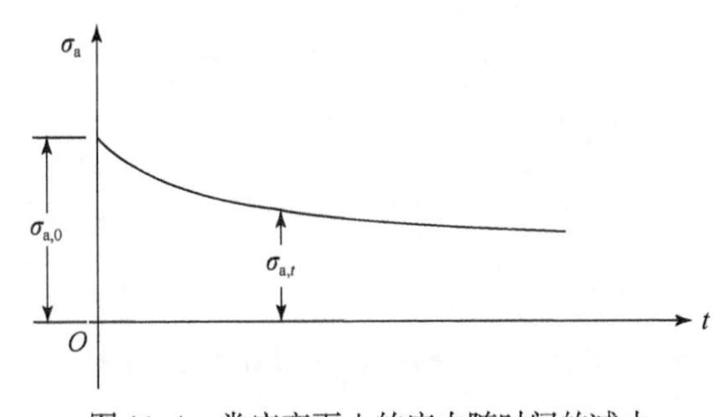

图 11.4　常应变下土的应力随时间的减小

11.1.3　土的流变性能

1. 土的蠕变性能

在常应力作用下，土的变形随时间逐渐增大的现象称为土的蠕变。按前述，土的蠕变可分为体积变形蠕变和偏斜变形蠕变，其中体积变形蠕变可逐渐稳定而趋于常值，但是只有当应力低于一定数值时偏斜变形蠕变才能逐渐稳定而趋于常值，而当应力高于一定数值时，偏斜变形则会发生流动，最后导致破坏。

2. 长期强度

由偏斜变形蠕变导致土发生破坏所需要施加的应力称为土的长期强度。显然，长期强度要低于由常规抗剪强度试验确定的土的强度。土的长期强度可分为第一长期强度和第二长期强度，其定义如下。

1）第一长期强度

按前述，只有当受力水平高于一定数值时，土才会发生流动。下面把与该受力水平相应的应力称为土的第一长期强度或者长期屈服强度。

2）第二长期强度

前文曾指出，当土的受力水平高于第一长期强度相应的受力水平时，土将发生流动而导致破坏，并且土的受力水平越高，其流动速率越大，加速变形开始的时间越早。下面把偏斜变形蠕变加速的开始点定义为破坏点，与其受力水平相应的应力称为第二长期强度或长期破坏强度，如图 11.5 所示。按第二长期强度的定义，第二长期强度应是随流动速率或破坏所要求的持续作用时间而变化的量，流动速率越大，破坏所要求的持续作用时间越短，相应的第二长期强度越高。

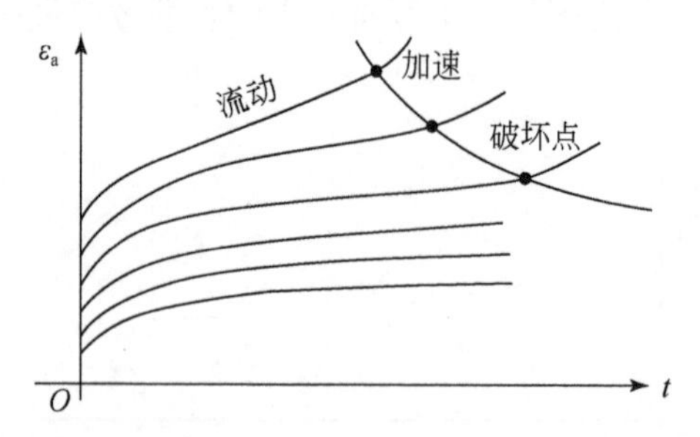

图 11.5　土的第二长期强度与流动速率和破坏所要求的持续时间的关系

3. 土的应力松弛性能

前文曾指出，在常应变作用下，土的应力随作用时间而逐渐减小，下面将这个现象称为土的应力松弛。

综上，土的蠕变、长期强度和应力松弛并称为土的流变性能。Geuze 和 Tan 首先发表了关于土的流变性能的研究文章[1]，引起了学术和工程界的关注，并成为 20 世纪 50 ~ 60 年代土力学的热门研究课题。

11.1.4　土的流变机制及影响因素

1. 土的流变机制

土的流变机制是土在应力长期作用下，土的结构不断发生调整。土的结构调整是指土颗粒排列方式的变化，具体表现在土颗粒逐渐按某个方向排列，即土颗粒排列的取向。土颗粒的排列方式随时间的变化使土随时间发生缓慢的体积变形和偏斜变形。显然，土的体积变形和偏斜变形的发展速率与土的结构调整速率有关，而土的结构调整速率与土所受的应力水平有关。在此应指出，土的受力水平与土的结构调整速率及相应的变形发展速率之间的关系通常是非线性的。

2. 影响因素

根据上述土的流变机制，结构容易受到破坏的土，即通常所说的结构弱的土将具有明显的流变性能。按这种认识，影响土的流变性能的主要因素如下。

1）土的类型

在诸多土类中，淤泥及淤泥质等软黏土将表现出较高的流变性能。

2）土的沉积环境

在各种沉积环境中，海滨、湖滨等海相、湖相沉积土将表现出较高的流变性能。特别是海相沉积土，由于其孔隙水中多含钠离子，其薄膜水层较厚，因此其流变性能尤为明显。

3）土的颗粒形状

按上述，土的结构调整是指土颗粒的定向排列。如果土颗粒是板片状和针状的，则更容易沿某个方向发生定向排列。因此，板片状和针状的土会表现出较强的流变性能。

3. 土的状态

如果土处于软塑和流塑状态，土将表现出很强的流变性能。根据土力学知识，处于软塑和流塑状态的土通常是孔隙大、含水量高的土。这种土颗粒的接触点少，接触点的连接也比较弱，其结构容易发生变化。

4. 生成年代

生成年代越近的土，其结构越不稳定，将表现出较强的流变性能。

下节将具体表述土的流变试验、流变模型及流变分析方法等有关主要问题，主要参考文献为文献［2］的第八章。

11.2　土的流变性能试验

11.2.1　土的流变试验目的

土的流变试验目的可以概括为如下三个方面。

（1）建立与其相应的土的流变力学模型。

（2）确定所选定的流变力学模型的参数，以及研究影响因素和影响规律。

（3）确定土的长期强度，即长期屈服强度和长期破坏强度，以及研究影响因素和影响规律。

11.2.2　土的流变试验的要求

这里所说的土的流变试验的要求是指与常规土力学试验不同的要求，概括起来有如下三方面要求。

（1）常温环境。上文表述了影响土的流变性能的因素，主要是从土本身而言的。除此之外，在环境方面，温度是一个影响土的流变性能的主要因素。温度越高，土的流变现象越明显。因此，土的流变性能试验应在指定的常温度环境下进行。

（2）长期稳定的恒值加荷系统。因为土的流变试验是常应力或常应变长期作用下的试验，因此要求土的流变试验设备的加荷系统能施加长期、稳定的恒值荷载。这样，加荷系统中应设置一个自动补偿的稳压装置。

（3）长期稳定的自动测量系统。现在采用计算机控制的电测系统进行自动测量没什么困难。土的流变试验的测量要求是这个自动测量系统应具有长期稳定性。长期稳定是对自动测量系统中传感器元件的特殊要求。

11.2.3　土的流变试验类型、方法及测试基本结果

1. 土体积变形的流变试验

土体积变形的流变试验可在单轴压缩流变仪或三轴压缩流变仪上进行。如果用单轴压缩流变仪进行试验，土试样处于 k_0应力状态；如果用三轴压缩流变仪进行试验，土试样处于各向均等压力状态，即球应力状态，分别如图 11.6（a）、图 11.6（b）所示。

下面以三轴压缩流变仪的土体积流变试验为例来说明土体积流变试验。

1）三轴压缩流变仪及试验方法

三轴压缩流变仪的组成与常规三轴压缩流变仪基本相同，但它是应力式的，并应满足

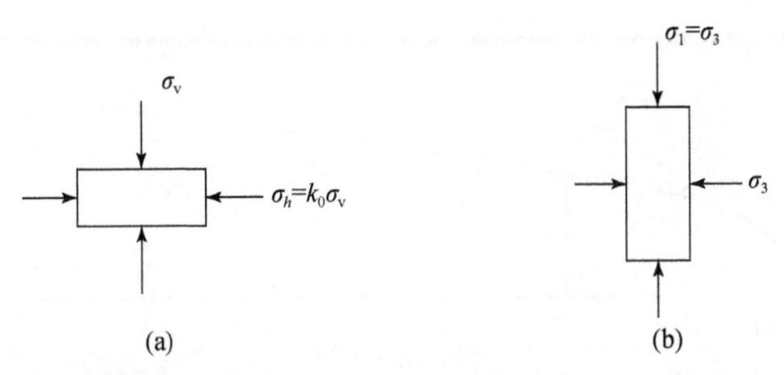

图 11.6　在单轴压缩流变仪和三轴压缩流变仪试验中土试样的受力状态

上述三个要求，在此不再赘述。

土体积变形三轴流变试验的方法如下。

（a）调试好试验设备，使其处于正常工作状态；

（b）安装好土试样，使土试样的一端与排水管相接，另一端与孔隙水压力测量系统相接。

（c）关闭排水阀门，在不排水状态下，对土试样施加指定的各向均等的应力，即 $\sigma_0=\sigma_3$，σ_3 为指定的数值。

（d）保持指定的各向均等应力为恒定的数值。

（e）打开排水阀门，使土试样处于排水状态，同时开始测量土试样的轴向变形，以及排水量和孔隙水压力。如果是饱和土，测量的排水量即土试样的体积变形。

2）土体积变形三轴流变试验的基本结果

土体积变形三轴流变试验的基本结果为如下两条曲线。

a. 土体积应变与时间的关系线

首先应根据测试资料确定土试样各时刻的体积应变。对于饱和土，土的体积应变可按下式确定：

$$\varepsilon_v=\frac{\Delta V}{V_0} \tag{11.1}$$

式中，ΔV 为土的体积变化量，可由排水测出；V_0 为土试样的初始体积。对于非饱和土，土的体积应变可按下式确定：

$$\left.\begin{aligned}\varepsilon_v&=3\varepsilon_a\\ \varepsilon_a&=\frac{\Delta h}{h_0}\end{aligned}\right\} \tag{11.2}$$

式中，ε_a 为土试样的轴向应变；Δh 为土试样的轴向变形；h_0 为土试样的初始应变。

按上式确定土试样各时刻的体积应变之后，就可绘制在指定 σ_0 作用下土试样体积应变 ε_v 与应力作用持续时间 t 的关系线。因为流变试验的加载持续时间很长，通常取时间 t 的对数为横坐标，t 的单位取分。这样，体积应变与时间的关系线为 ε_v-lg$t$ 关系线，如图 11.7（a）所示。

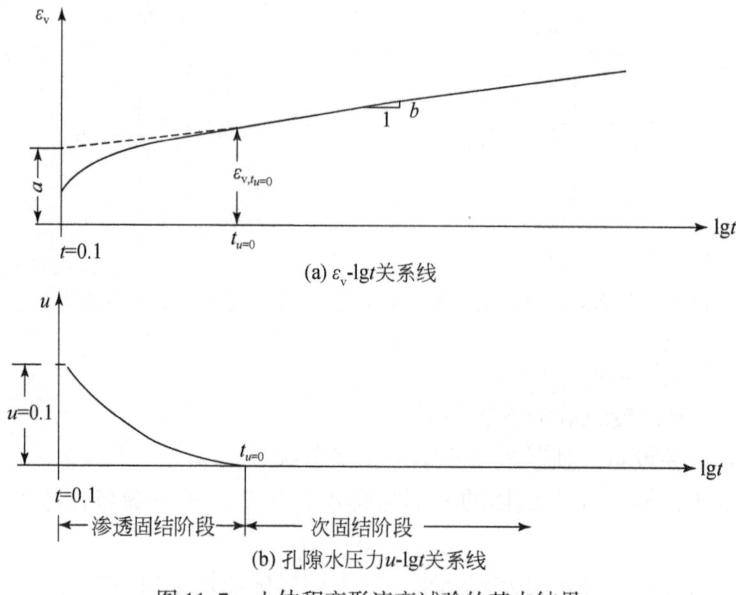

图 11.7　土体积变形流变试验的基本结果

b. 孔隙水压力与时间的关系线

与土试样一端相连接的孔隙水压力测量系统可以测得饱和土试样在指定的各向均等的压力作用下各时刻的孔隙水压力。根据所测得的结果可绘制孔隙水压力 u 与均等压力持续作用时间对数 lg$t$ 的关系线，如图 11.7（b）所示。

图 11.7 给出的是在一个指定的各向均等压力作用下的试验结果。同样，可选择几个各向均等压力按上述相同的方法进行试验。根据这些试验结果可绘制一簇 ε_v-lg$t$ 和 u-lg$t$ 曲线，利用这两簇关系线可研究各向均等压力下土体积变形流变性能。

3）土体积变形流变试验结果的分析

根据图 11.7（b）所示的结果可确定渗透固结完成的时间 $t_{u=0}$，从 $t_{u=0}$开始，所施加的各向均等压力完全由土骨架承受，土体积变形完全是由蠕变引起的。由图 11.7（a）所示的结果可以看出，当 $t \geqslant t_{u=0}$时，ε_v 与 lg$t$ 呈线性关系。如果把这条关系延长至 $t=0$，如图 11.7（a)所示，则 ε_v 与 lg$t$ 之间的关系可以表示成如下直线关系：

$$\varepsilon_v = a + b\lg t \tag{11.3}$$

式中，a、b 分别为 ε_v-lg$t$ 直线的截距和斜率。图 11.7（a）给出了 $t_{u=0}$时刻的体积应变 $\varepsilon_{v,t_{u=0}}$。显然 $\varepsilon_{v,t_{u=0}}$包括渗透固结产生的体积应变和从 0 到 $t_{u=0}$时段蠕变产生的体积应变两部分。但是，应指出，在这个时段内，所施加的各向均等压力并没有完全作用于土骨架上，只当 $t=t_{u=0}$时各向均等压力才完全作用在土骨架上。因此，在这个时段内，土的体积蠕变是在小于所施加的各向均等压力作用下发生的。前文曾指出，体积变形流变试验要在指定的几个各向均等压力下进行，可获得一簇 ε_v-lg$t$ 关系线。由这一簇 ε_v-lg$t$ 关系线可以得到一组 a、b 参数。这样，可以进一步绘制 a-σ_0 和 b-σ_0 关系线。然后，采用曲线拟合方法确定 a-σ_0 关系式和 b-σ_0 关系式：

$$a=a(\sigma_0)\quad b=b(\sigma_0) \tag{11.4}$$

2. 土的偏斜变形流变试验

1）试验仪器及试验方法

土的偏斜变形流变试验是在三轴流变仪或扭剪流变仪上完成的。由于土的偏斜变形是由偏应力作用引起的，则在一组偏斜变形的流变试验中，应在保持各向均等压力不变条件下施加持续作用的偏应力。以三轴试验为例，设一组试验指定的各向均等压力为 $\sigma_0^{(1)}$，如在该组试验中指定一个轴向压力为 $\sigma_1^{(1)}$，其相应的侧向压力 $\sigma_3^{(1)}$ 应按下式确定：

$$\left.\begin{aligned}\sigma_1^{(1)}&=\sigma_0^{(1)}+\Delta\sigma_1^{(1)}\\ \sigma_3^{(1)}&=\sigma_0^{(1)}+\Delta\sigma_3^{(1)}\\ \Delta\sigma_3^{(1)}&=-\frac{1}{2}\Delta\sigma_1^{(1)}\end{aligned}\right\} \tag{11.5}$$

式中，$\Delta\sigma_1^{(1)}$ 为在 $\sigma_0^{(1)}$ 基础上施加的轴向应力增量；$\Delta\sigma_3^{(1)}$ 为在 $\sigma_0^{(1)}$ 基础上施加的侧向应力增量。由于在三轴试验中，土试样处于轴对称应力状态，则 $\sigma_2^{(1)}=\sigma_3^{(1)}$，可验证 $\frac{1}{3}(\sigma_1^{(1)}+\sigma_2^{(1)}+\sigma_3^{(1)})=\sigma_0^{(1)}$。

土的偏斜变形流变试验步骤如下。

（a）调试好试验设备，使其处于正常工作状态；

（b）安装好土试样，将其一端与排水系统相连接，另一端与孔隙水压力系统相连接；

（c）在不排水条件下施加指定的各向均等压力 $\sigma_0^{(1)}$，并测量孔隙水压力 u_0；

（d）打开水阀门，使土试样排水固结，并测量体积变形和孔隙水压力；

（e）当孔隙水压力 u 为 0 时，在不排水状态下，同时分别在轴向和侧向施加 $\Delta\sigma_1^{(1)}$ 和 $-\frac{1}{2}\Delta\sigma_1^{(1)}$；

（f）打开或不打开排水阀门，使土试样在排水或不排水状态下受到 $\Delta\sigma_1^{(1)}$ 和 $-\frac{1}{2}\Delta\sigma_1^{(1)}$ 的持续作用，并在此期间测量土试样的轴向变形和体积变形。

2）土的偏斜变形流变试验的基本结果

根据土的偏斜变形流变试验的测试资料，可以绘制如下三条基本关系曲线。

（a）u-lg$t$ 关系线，如图 11.8（a）所示。

（b）排水条件下 ε_v-lg$t$ 关系线，如图 11.8（b）所示；不排水条件下 u-lg$t$ 关系线。

（c）ε_a-lg$t$ 关系线，如图 11.8（c）所示。

在指定的 σ_0 的一组试验中，要进行几个偏应力试验。这样，由一组指定的 σ_0 的试验结果，可分别绘出一簇 u-lg$t$ 关系线、ε_v-lg$t$ 关系线，以及 ε_a-lg$t$ 关系线。根据这些关系线可研究偏应力作用下偏斜变形的流变性能。另外，还要指定不同的各向均等压力 σ_0 进行几组试验，根据这些试验资料可绘出相应的 u-lg$t$ 关系线、ε_v-lg$t$ 关系线，以及 ε_a-lg$t$ 关系线。利用这些试验结果可研究各向均等压力对偏斜变形的流变性能的影响。

3）偏斜变形流变试验结果分析

由图 11.8 可见，在 $t \leqslant t_{u=0}$ 时段，土试样只受各向均等压力 $\sigma_0=\sigma_0^{(1)}$ 的作用。因此，图 11.8（b）所示的 ε_v 值，当 $t<t_{u=0}$ 时，是在 $\sigma_0=\sigma_0^{(1)}$ 作用下产生渗透固结变形的结果，而当 $t \geqslant t_{u=0}$ 时，主要是 $\sigma_0=\sigma_0^{(1)}$ 作用下的体积流变及偏应力 $\Delta\sigma_1^{(1)}$ 和 $\Delta\sigma_3^{(1)}$ 作用下的体积剪膨变形的共同结果。相似地，图 11.8（c）所示的 ε_a 值，当 $t<t_{u=0}$ 时，主要是在 $\sigma_0=\sigma_0^{(1)}$ 作用下渗透固结变形的结果，而当 $t \geqslant t_{u=0}$ 时，是 $\sigma_0=\sigma_0^{(1)}$ 作用下的体积流变及偏应力 $\Delta\sigma_1^{(1)}$ 和 $\Delta\sigma_3^{(1)}$ 作用下的体积剪膨变形和偏斜变形的共同结果。由图 11.8（b）和图 11.8（c）可以得出 $t>t_{u=0}$ 时，由偏应力作用引起的偏应变轴向分量为 $\left(\varepsilon_a-\frac{1}{3}\varepsilon_v\right)$，并且可绘出 $t>t_{u=0}$ 时 $\left(\varepsilon_a-\frac{1}{3}\varepsilon_v\right)$ 与 lg（$t-t_{u=0}$）的关系线，如图 11.9 所示。

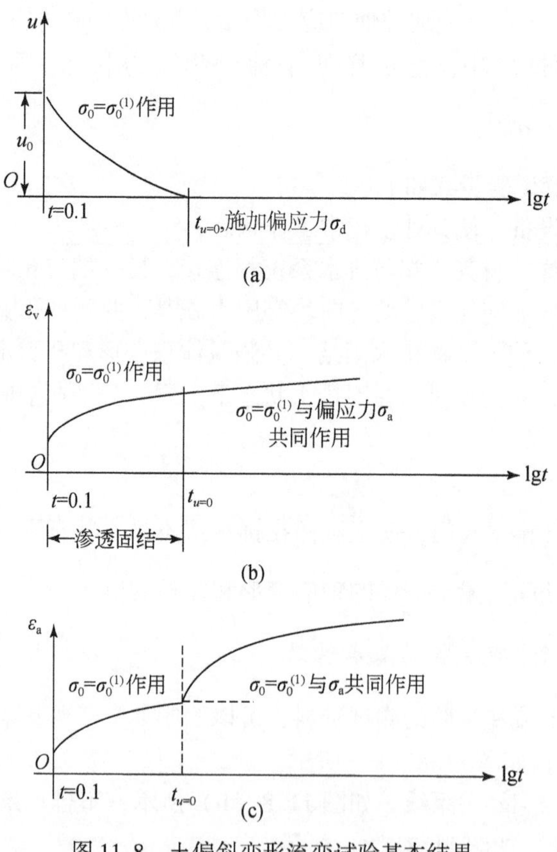

图 11.8　土偏斜变形流变试验基本结果

对于指定 σ_0 值的一组试验，可以给出一簇 $\left(\varepsilon_a-\frac{1}{3}\varepsilon_v\right)$-lg（$t-t_{u=0}$）曲线，其中每条曲线与一个偏应力 $\Delta\sigma_1^{(1)}$ 和 $\Delta\sigma_3^{(1)}$ 组合相对应。采用曲线拟合方法可以确定曲线的数学方程

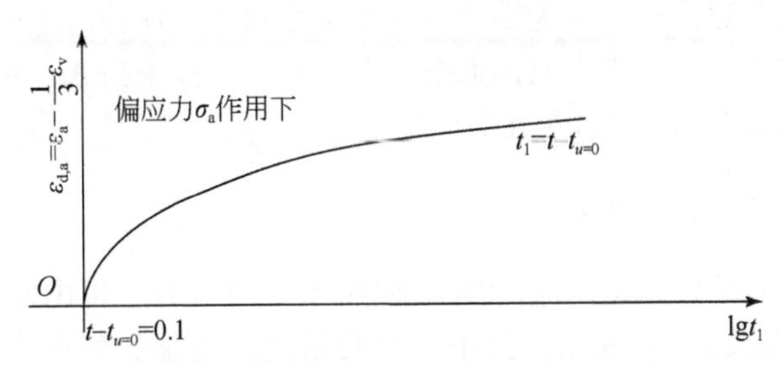

图 11.9　在偏应力 $\Delta\sigma_1^{(1)}$ 和 $\Delta\sigma_3^{(1)}$ 作用下偏斜流变变形在轴向的分量$\left(\varepsilon_a-\frac{1}{3}\varepsilon_v\right)$与 lg（$t-t_{u=0}$）的关系

式，如令 $\varepsilon_{a,d}=\varepsilon_a-\frac{1}{3}\varepsilon_v$，$t_1=t-t_{u=0}$，则得

$$\varepsilon_{a,d}=\varepsilon_d(t_1) \tag{11.6}$$

显然，函数 $\varepsilon_{a,d}(t_1)$ 中的参数应是偏应力的函数。

此外，当指定的 σ_0 值不同时，每一簇 $\varepsilon_{a,d}$-lgt_1 曲线也不一样。因此，$\varepsilon_{a,d}(t_1)$ 中的参数还应是 σ_0 的参数。

3. 土的长期强度试验

进行土的长期强度试验的目的是确定第一长期强度，即屈服长期强度，以及第二长期强度，即破坏长期强度。

土的长期强度试验可在不排水条件下或排水条件下进行，应根据具体问题而定。如果土的渗透性很小，排水途径又很长，可在不排水条件下进行；否则，应在排水条件下进行。在许多实际问题中，由于土的渗透系数很低，其排水途径又长，往往在不排水条件下进行土的长期强度试验。应指出，不排水条件下的土的长期强度试验结果要低于排水条件下。因此，不排水条件下测得的土的长期强度是偏于安全方面的。

土的长期强度试验通常在三轴流变仪上进行。下面分别表述试验分组、加荷方式、试验步骤、试验的基本结果，以及试验结果分析等。

1）试验的分组及加荷方式

由土的常规强度试验结果可知，固结压力是影响土的强度的一个重要因素。因此，在长期强度试验中，应将固结压力相同的试验作为一组。为了解固结压力对长期强度的影响，应至少指定三个固结压力进行试验，即至少要进行三组试验。

在指定的固结压力下的同一组试验中，固结完成后应对每一个土试样施加不同数值的持续作用的轴向应力 σ_a，以了解破坏时间对土的长期强度的影响。这样，指定固结压力 σ_3 下的同一组试验中，至少应包括 4 ~ 6 个土试样的试验，每个土试样承受不同的指定数值的 σ_a。

2）长期强度试验的步骤

长期强度试验的步骤的前四步与偏斜变形流变试验相同，从第五步开始有所不同，第五步具体操作为：当孔隙水压力 u 为零时，在不排水状态下在轴向施加 $\Delta\sigma_a$；

第六步具体操作为：在不排水或排水条件下，使土试样受到 $\Delta\sigma_a$ 的持续作用，并在此期间测量土试样的轴向变形和体积变形。

3）长期强度试验的基本结果

对于一个指定的固结压力和一个指定的轴向压应力试验，可由测得的资料绘出 u-lg$t$ 曲线、ε_v-lg$t$ 曲线，以及 ε_a-lg$t$ 曲线。其中，前两条曲线与偏斜变形流变试验相似，ε_a-lg$t$ 曲线如图 11.10 所示。

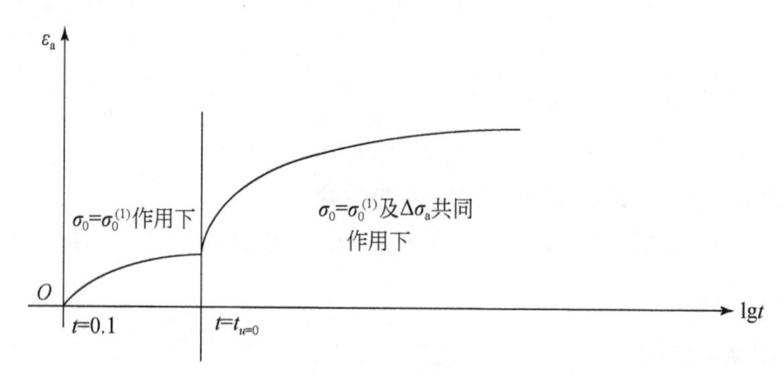

图 11.10　长期强度试验测得的 ε_a-lg$t$ 曲线

对于指定的固结压力 σ_0 的一组长期强度试验，则可测得一簇如图 11.10 所示的 ε_a-lg$t$ 曲线。

4）长期强度试验结果分析

在三轴长期强度试验中，差应力为 $\sigma_d=\sigma_1-\sigma_3$。由试验可测得在 σ_d 持续作用下，轴向应变随时间 t 的发展，并可绘制 ε_a-lg$t$ 关系线。对指定 σ_0 的一组试验，可得一簇 ε_a-lgt_1 关系线，如图 11.11 所示。

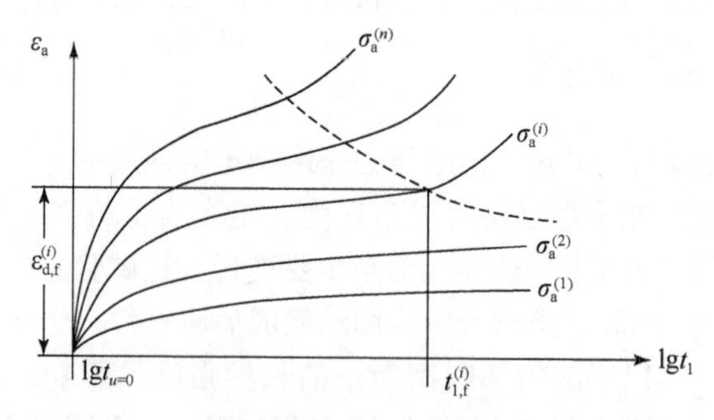

图 11.11　指定 σ_0 的一组试验的 ε_a-lgt_1 关系线

下面根据图 11.11 所示的试验资料来确定土的长期强度。

a. 长期破坏强度

根据破坏定义，例如以应变开始加速发展作为破坏标准，可在图 11.11 所示的曲线上确定破坏点。可以发现，所施加的差应力 σ_d 越大，破坏时的差应变速率 $\dot{\varepsilon}_{a,f}$ 越大，相应的差应变 $\varepsilon_{d,f}$ 也越大，而破坏时差应力作用的时间 $t_{1,f}$ 则越短。根据资料，对指定的 σ_0 的一组长期强度试验，可绘制 σ_d-$\varepsilon_{a,f}$ 和 σ_d-lg$t_{1,f}$ 关系线。由指定的不同的 σ_0 值的长期强度试验则可绘制出一簇 σ_d-$\varepsilon_{d,f}$ 和 σ_d-lg$t_{1,f}$ 关系线，分别如图 11. 12（a）和图 11. 12（b）所示。

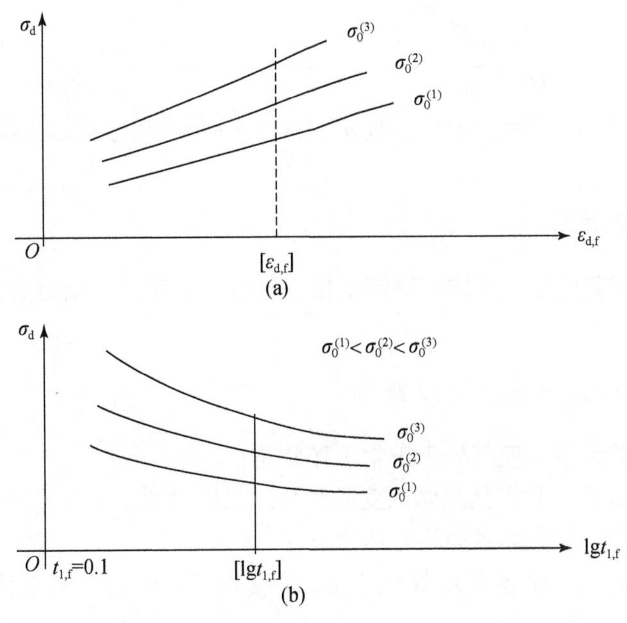

图 11. 12　长期强度的 σ_d-$\varepsilon_{d,f}$、σ_d-lg$t_{1,f}$ 关系线

b. 长期屈服强度

由图 11. 11 所示的破坏点可确定土发生长期破坏时的差应变速率 $\dot{\varepsilon}_{a,f}$。这样，对指定 σ_0 的一组试验，就可绘出 $\dot{\varepsilon}_{a,f}$ 与破坏差应力 $\sigma_{a,f}$ 之间的关系线，如图 11. 13 所示。延伸这条曲线，可确定它在 $\sigma_{a,f}$ 轴上的截距，其相应的差应力以 $\sigma_{d,y}$ 表示。因此，与 $\sigma_{d,y}$ 相应的 $\dot{\varepsilon}_{a,f}=0$。由于 $\dot{\varepsilon}_{a,f}=0$，则变形将会稳定下来，不会导致破坏。按前述的长期屈服强度的定义，则 $\sigma_{d,y}$ 即 σ_0 作用下的长期屈服强度。另外，由指定的不同的 σ_0 的各组试验资料可求出与指定的不同的 σ_0 对应的 $\sigma_{d,y}$，根据这组 $\sigma_{d,y}$、σ_0 资料，可绘制 $\sigma_{d,y}$-σ_0 关系线，如图 11. 4所示，即土的长期屈服强度 $\sigma_{d,y}$ 与初始各向均等压力 σ_0 的关系线。

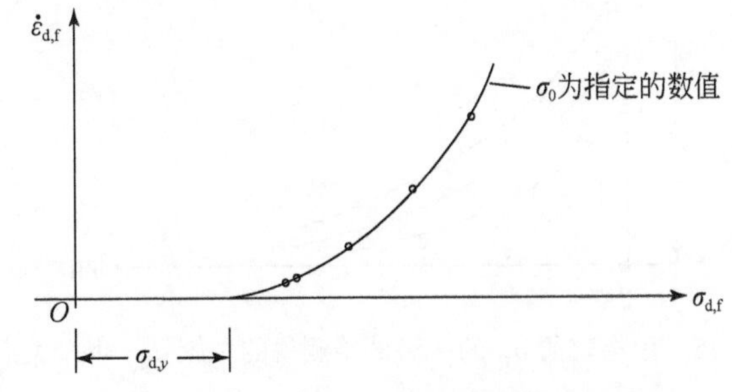

图 11. 13　与指定的 σ_0 相应的土的长期屈服强度 $\sigma_{d,y}$ 的确定

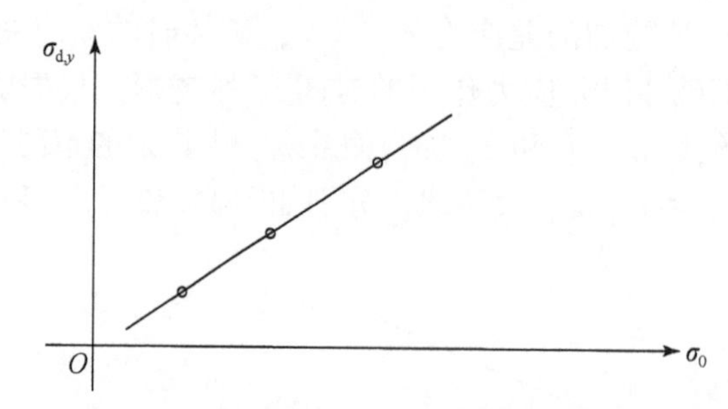

图 11.14 土的长期屈服强度 $\sigma_{d,y}$ 与初始各向均等压力 σ_0 的关系线

4. 土的应力松弛试验

土的应力松弛试验应在应变式三轴流变仪上进行。应变式三轴流变仪与常规应变式三轴流变仪基本相同。

1）土的应力松弛试验方法与步骤

（a）调试好试验设备，使其处于正常工作状态；

（b）安装好土试样，并将其与体积变形和孔隙水压力测量系统连接好。

（c）在不排水条件下施加各向均等压力 σ_0；

（d）打开排水阀门，使各向均等压力 σ_0 持续作用。同时，测量体积变形和孔隙水压力。

（e）当孔隙水压力 $u=0$ 或体积变形稳定时，在排水或不排水条件下对土试样施加一个指定的轴向应变 ε_a 并使其保持不变。测量施加指定的 ε_a 时的轴向应力，以 $\sigma_{a,0}$ 表示，以及以后各时刻的轴向应力，以 σ_{a,t_1} 表示。

2）土的应力松弛试验的基本结果

对于指定的 σ_0 和一个指定的 ε_a，根据应力松弛试验结果可以绘出轴向应力 σ_{a,t_1} 与时间 $t_1=t-t_{u=0}$ 的关系线。可以发现，σ_{a,t_1} 随时间 t_1 的增大而不断减小。对于指定的 σ_0 的一组试验，则可得到如图 11.15 所示的一簇 σ_{a,t_1}-$\lg t_1$ 关系曲线。

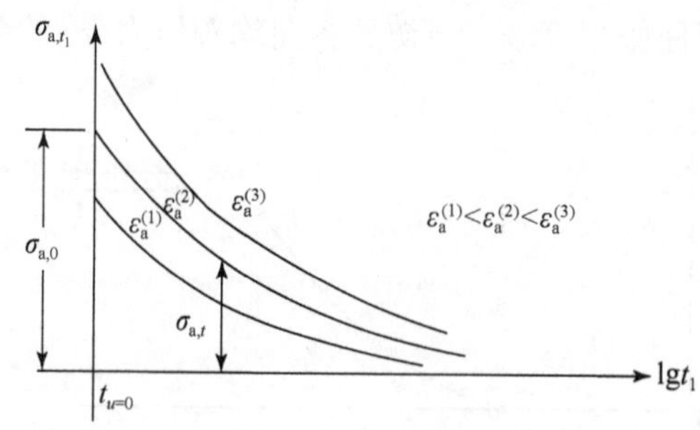

图 11.15 由指定的 σ_0 的一组试验测得的一簇 σ_{a,t_1}-$\lg t_1$ 关系线

另外，由指定的不同 σ_0 的试验资料可以得到与每一个指定的 σ_0 相应的 σ_{a,t_1}-lgt_1 关系曲线。

下面，令

$$\alpha_\sigma = \frac{\sigma_{a,t_1}}{\sigma_{a,0}} \tag{11.7}$$

式中，α_σ 为应力松弛比，则可将图 11.15 所示的 σ_{a,t_1}-lgt_1 关系线转换成 α_σ 与时间 lgt_1 的关系线。

11.3　力学元件及其基本组合

11.3.1　力学元件

1. 力学元件的定义

力学元件为表示土的基本力学性能的机械元件。

2. 土的基本力学性能及相应的力学元件

由土的力学性能试验研究可以发现土具有如下三种基本力学性能：①弹性性能；②黏性性能；③塑性性能。

与这三种基本力学性能相应的三种力学元件为：①弹性元件；②黏性元件；③塑性屈服元件。

3. 力学元件的性能及力学参数

1）弹性元件

弹性元件以弹簧表示，如图 11.16（a）所示。按胡克定律，应力与应变的关系如下：

$$\sigma = E\varepsilon \quad \tau = G\gamma \tag{11.8}$$

式中，σ 和 τ 分别为正应力和剪应力；ε 和 γ 分别为正应变和剪应变；E 和 G 分别为杨氏模量和剪切模量。因此，E 和 G 为弹性元件力学参数。

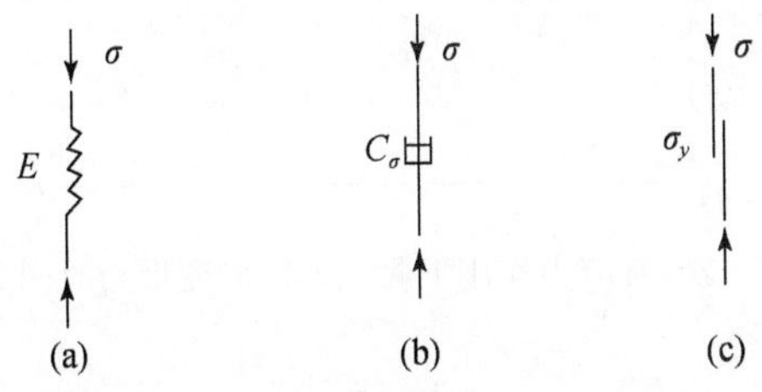

图 11.16　力学元件，以正应力作用为例

按弹性的力学概念，弹性元件的变形在应力施加后即刻完成，而应力解除后变形即刻恢复。因此，弹性元件的变形与时间无关，不能表示流变性能，但是可以表示土的瞬时变形性能。

与理想的弹性材料不同，土的弹性元件的力学参数不是常数。式（11.8）中的杨氏模量 E 和剪切模量 G 应与土的受力水平有关，即土的弹性元件是非线性弹性的。

2）黏性元件

黏性元件以黏滞壶表示，如图 11.16（b）所示。根据牛顿定律，应力与应变速率的关系如下：

$$\sigma = C_\sigma \dot{\varepsilon} \quad \tau = C_\tau \dot{\gamma} \tag{11.9}$$

式中，$\dot{\varepsilon}$ 和 $\dot{\gamma}$ 分别为正应变速率和剪应变速率；C_σ 和 C_τ 分别为正应变黏性系数和剪应变黏性系数。

由下面的推导可看出，如果将指定的常应力施加于黏性元件之上，其应变将随时间而逐渐增大。现以正应力为例，按式（11.9）第一式，则得

$$\dot{\varepsilon} = \frac{\sigma}{C_\sigma} \tag{11.10}$$

将两边积分，当初始应变 $\varepsilon=0$ 时，则

$$\varepsilon = \frac{\sigma}{C_\sigma} t \tag{11.11}$$

式（11.11）表明，在指定的常应力 σ 作用下，应变以常速率$\frac{\sigma}{C_\sigma}$随时间增大，如图 11.17所示。相似地，由式（11.9）第二式得

$$\gamma = \frac{\tau}{C_\tau} t \tag{11.12}$$

式（11.12）和式（11.12）表明，黏性元件可以表示土的流动性能，其流动速率为$\frac{\sigma}{C_\sigma}$或$\frac{\tau}{C_\tau}$。

同样，与理想黏性材料不同，土的黏性元件的力学参数不是常数。式（11.9）中的黏性系数 C_σ 和 C_τ 应与土的受力水平有关，即土的黏性元件是非线性黏性的。

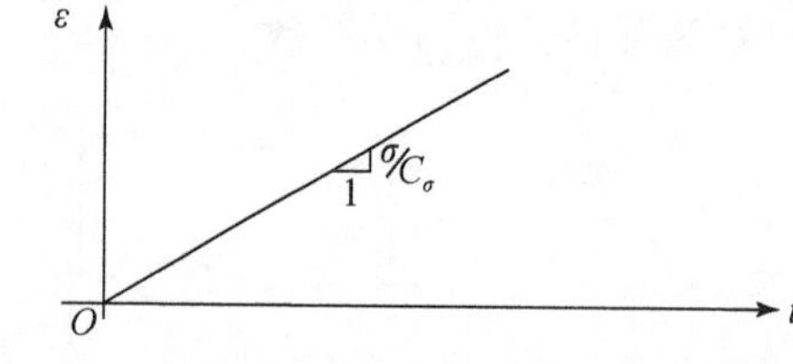

图 11.17　常应力作用下黏性元件的变形与时间关系

3）塑性屈服元件

塑性屈服元件以摩擦板表示，如图11.16（c）所示。根据塑性屈服概念，塑性屈服元件性能如下：

$$\left.\begin{aligned}\sigma<\sigma_y,\varepsilon=0\\ \sigma=\sigma_y,\varepsilon=\infty\end{aligned}\right\},\quad \left.\begin{aligned}\tau<\tau_y,\gamma=0\\ \tau=\tau_y,\gamma=\infty\end{aligned}\right\} \tag{11.13}$$

式中，σ_y 和 τ_y 分别为塑性屈服元件的力学参数。

式（11.13）表明，当应力小于塑性屈服应力时，其应变等于零；而当应力等于塑性屈服应力时，应变瞬间发生，并达到无穷大数值，而且是不可恢复的。因此，塑性屈服元件可表示土的屈服性能。

11.3.2　力学元件的基本组合

如上所述，一种力学元件只能表示一种力学性能。如果将它们组合起来，则其可表示复杂一些的力学性能。下面将两种力学元件组合在一起，将其称为力学元件的基本组合。将两个力学元件组合在一起有如下两种方式。

（1）串联。将两个力学元件串联起来构成一个单元。串联的条件如下：①两个元件所受的应力相等；②两个元件串联起来构成的单元应变等于两个元件的应变之和。

（2）并联。将两个力学元件并联起来构成一个单元。并联的条件如下：①两个元件的应变相等；②两个单元并联起来构成的单元应力等于两个元件的应力之和。

下面表述几种典型的基本组合。

1. 弹性元件与黏性元件串联的组合及其性能

弹性元件与黏性元件串联的组合如图11.18所示。这种组合相应的力学模型称为麦克斯韦（Maxwell）模型。按前述串联条件，以正应力作用为例，可得到如下基本关系式：

$$\left.\begin{aligned}\sigma_e=\sigma_c=\sigma\\ \dot{\varepsilon}=\dot{\varepsilon}_e+\dot{\varepsilon}_c\end{aligned}\right\} \tag{11.14}$$

式中，σ_e、σ_c 分别为弹性元件和黏性元件承受的应力；$\dot{\varepsilon}_e$、$\dot{\varepsilon}_c$ 分别为弹性元件和黏件元件的应变速率；σ、$\dot{\varepsilon}$ 分别为组合单元的承受的应力和应变速率。其中，

$$\dot{\varepsilon}_e=\frac{\dot{\sigma}}{E}$$

$$\dot{\varepsilon}_c=\frac{\sigma}{C_\sigma}$$

将其代入式（11.14）第二式中，得

$$\dot{\varepsilon}=\frac{\dot{\sigma}}{E}+\frac{\sigma}{C_\sigma} \tag{11.15}$$

下面讨论麦克斯韦模型的性能。

1）蠕变性能

按蠕变的定义，σ 应为持续作用的常值应力，则 $\dot{\sigma}=0$，式（11.15）可简化为

$$\dot{\varepsilon}=\frac{\sigma}{C_\sigma}$$

$$\varepsilon=\frac{\sigma}{C_\sigma}t+C$$

由于当 $t=0$ 时，$\varepsilon=\varepsilon_e=\frac{\sigma}{E}$，则得

$$\varepsilon=\frac{\sigma}{E}+\frac{\sigma}{C_\sigma}t \tag{11.16}$$

由式（11.16）可见，ε-t 是线性关系，如图 11.19 所示，其截距$\frac{\sigma}{E}$为在 σ 作用下弹性元件产生的瞬间变形，其斜率为黏性元件的应变速率。显然，麦克斯韦模型可以表示由蠕变产生的流动性能。

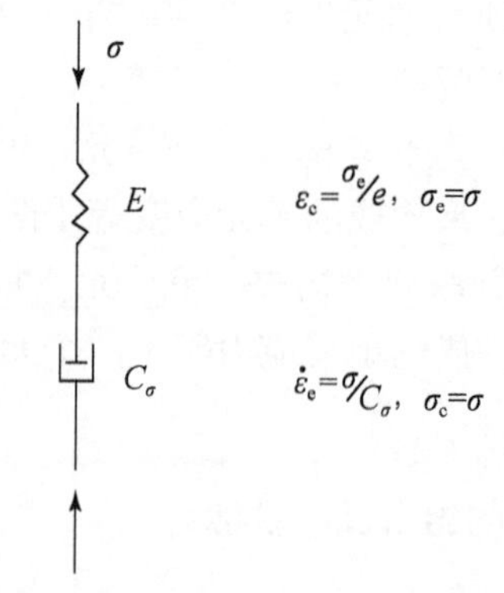

图 11.18　弹性元件与黏性元件串联（麦克斯韦模型）

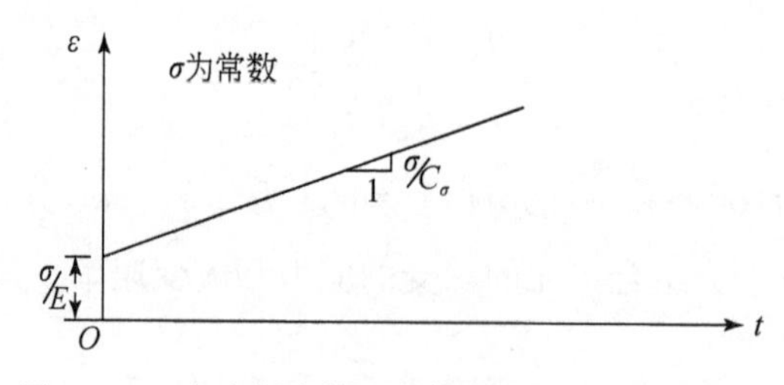

图 11.19　麦克斯韦模型的蠕变性能——蠕变流动

2）应力松弛性能

按应力松弛定义，ε 为常数，则 $\dot{\varepsilon}=0$，将其代入式（11.15）中则得

$$\dot{\sigma}+\frac{E}{C_\sigma}\sigma=0$$

改写上式，得

$$\frac{\mathrm{d}\sigma}{\sigma}=-\frac{E}{C_\sigma}\mathrm{d}t$$

将上式两边积分，得

$$\ln\sigma=-\frac{E}{C_\sigma}t+C$$

由此，得

$$\sigma=C_0\mathrm{e}^{-\frac{E}{C_\sigma}t}$$

当 $t=0$ 时，

$$C_0=\sigma_0=E\varepsilon$$

式中，ε 为持续作用的常应变。由此，得

$$\sigma=\sigma_0\mathrm{e}^{-\frac{E}{C_\sigma}t} \text{或} \sigma=E\varepsilon\mathrm{e}^{-\frac{E}{C_\sigma}t} \tag{11.17}$$

式（11.17）表明，在持续作用的常应变下，应力随时间逐渐减小，如图11.20所示。这表明，麦克斯韦模型可以表示土的应力松弛性能。

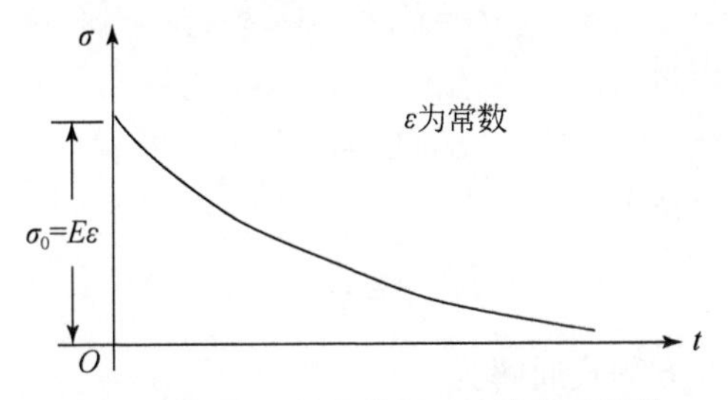

图11.20　麦克斯韦模型的应力松弛性能

3）麦克斯韦模型的变形系数及模量

式（11.16）可以写成如下形式

$$\varepsilon=\left(\frac{1}{E}+\frac{t}{C_\sigma}\right)\sigma$$

令

$$\lambda_{\mathrm{m}}=\left(\frac{1}{E}+\frac{t}{C_\sigma}\right)=\frac{C_\sigma+Et}{EC_\sigma} \tag{11.18}$$

则

$$\varepsilon=\lambda_{\mathrm{m}}\sigma \tag{11.19}$$

式中，λ_{m} 为变形系数。由式（11.18）可见，麦克斯韦模型的变形系数随时间的推移而增大。改写式（11.19），得

$$\sigma=\frac{1}{\lambda_{\mathrm{m}}}\varepsilon \tag{11.20}$$

令

$$\left.\begin{aligned}E_{\mathrm{m}}&=\frac{1}{\lambda_{\mathrm{m}}}=\frac{EC_{\sigma}}{C_{\sigma}+Et}\\\sigma&=E_{\mathrm{m}}\varepsilon\end{aligned}\right\}\tag{11.21}$$

式中，E_{m} 为麦克斯韦模型的变形模量。由式（11.21）可见，麦克斯韦模型的变形模量随时间而减小。

2. 弹性元件与黏性元件并联的组合及性能

1）变形与时间的关系

弹性元件与黏性元件并联的组合如图 11.21 所示。这种组合相应的力学模型称为开尔文（Kelvin）模型。按前述并联条件，以正应力为例，可得到如下基本关系式：

$$\left.\begin{aligned}\dot{\varepsilon}_{\mathrm{e}}&=\dot{\varepsilon}_{\mathrm{c}}=\dot{\varepsilon}\\\sigma&=\sigma_{\mathrm{e}}+\sigma_{\mathrm{c}}\end{aligned}\right\}\tag{11.22}$$

将

$$\sigma_{\mathrm{e}}=E\varepsilon_{\mathrm{e}}=E\varepsilon$$

$$\sigma_{\mathrm{c}}=C_{\sigma}\dot{\varepsilon}_{\mathrm{c}}=C_{\sigma}\dot{\varepsilon}$$

代入式（11.22）的第二式得

$$\sigma=E\varepsilon+C_{\sigma}\dot{\varepsilon}\tag{11.23}$$

首先，式（11.23）的一个特解为

$$\varepsilon=\frac{\sigma}{E}$$

令式（11.23）相应的齐次方程式通解为

$$\varepsilon=a\mathrm{e}^{bt}$$

将其代入齐次方程式中，得

$$a(E+C_{\sigma}b)\mathrm{e}^{bt}=0$$

由此：

$$E+C_{\sigma}b=0$$

得

$$b=-\frac{E}{C_{\sigma}}$$

由此，式（11.23）的通解为

$$\varepsilon=\frac{\sigma}{E}+a\mathrm{e}^{-\frac{E}{C_{\sigma}}t}$$

由初始条件

$$t=0,\varepsilon=0$$

得

$$\left.\begin{aligned}a&=-\frac{\sigma}{E}\\\varepsilon&=\frac{\sigma}{E}\left(1-\mathrm{e}^{-\frac{E}{C_{\sigma}}t}\right)\end{aligned}\right\}\tag{11.24}$$

式（11.24）中$\frac{\sigma}{E}$为弹性元件在 σ 作用下的弹性变形，应在 σ 作用下瞬时完成。但是，黏性元件与其并联，两者的变形应协调一致，而黏性元件的变形不能瞬时发生。这样，弹性元件应变发生滞后，这种现象称为弹性后效。由式（11.24）可绘出常应力作用下开尔文模型的变形 ε 与时间 t 的关系，如图 11.22 所示。

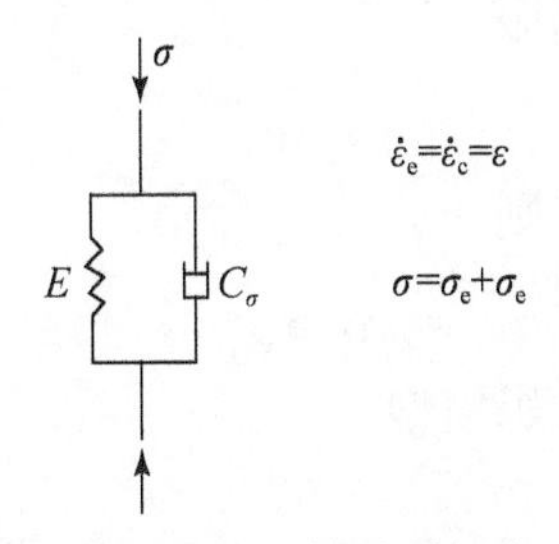

图 11.21　弹性元件与黏性元件并联组合——开尔文模型

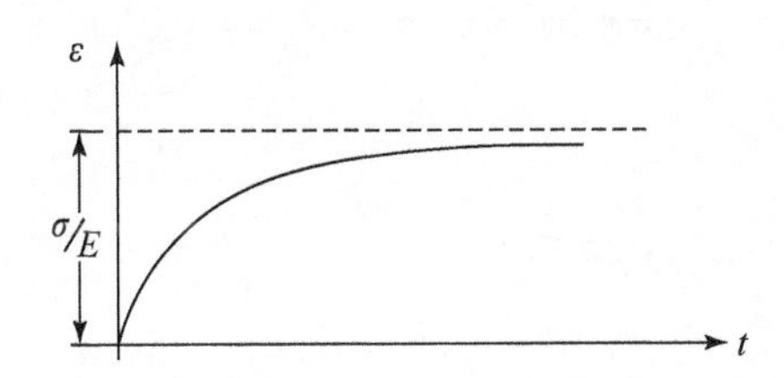

图 11.22　常应力作用下开尔文模型的变形与时间关系

2）变形系数与模量

如令

$$\lambda_k=\frac{1}{E}(1-e^{-\frac{E}{C_0}t}) \tag{11.25}$$

则得

$$\varepsilon=\lambda_k\sigma \tag{11.26}$$

式中，λ_k 为变形系数，随时间 t 而增大。如令

$$E_k=\frac{1}{\lambda_k}=\frac{E}{(1-e^{-\frac{E}{C_\sigma}})} \tag{11.27}$$

则得

$$\sigma=E_k\varepsilon \tag{11.28}$$

式中，E_k 为开尔文模型变形模量，随时间 t 而减小。

3. 黏性元件与塑性屈服元件并联的组合及其性能

1）变形与时间关系

黏性元件与塑性屈服元件并联的组合如图 11.23 所示。这种组合相应的力学模型称为宾汉姆（Bingham）模型。按前述并联条件，以正应力为例，可得如下基本关系式：

$$\left.\begin{aligned}\dot{\varepsilon}_y=\dot{\varepsilon}_c=\dot{\varepsilon}\\ \sigma=\sigma_y+\sigma_c\end{aligned}\right\}\tag{11.29}$$

式中，σ_y 和 $\dot{\varepsilon}_y$ 为塑性元件承受的力和应变速率。图 11.24 中的$\bar{\sigma}_y$ 为塑性屈服元件的屈服应力。如果塑性屈服元件没发生屈服，则

$$\sigma<\bar{\sigma}_y$$

如果塑性屈服元件发生屈服，则

$$\sigma\geqslant\bar{\sigma}_y$$

以下按上述两种情况表述宾汉姆模型。

a. 在 $\sigma<\bar{\sigma}_y$ 情况下：

$$\left.\begin{aligned}&\sigma_y=\sigma,\sigma_c=0\\ &\varepsilon_y=\varepsilon_c=\varepsilon=0,\dot{\varepsilon}_y=\dot{\varepsilon}_c=\dot{\varepsilon}=0\end{aligned}\right\}\tag{11.30}$$

b. 在 $\sigma\geqslant\bar{\sigma}_y$ 情况下：

$$\left.\begin{aligned}&\sigma_y=\bar{\sigma}_y\\ &\sigma_c=\sigma-\bar{\sigma}_y,\sigma_c=C_\sigma\dot{\varepsilon}_c\\ &\dot{\varepsilon}_y=\dot{\varepsilon}_c=\dot{\varepsilon}=\frac{\sigma_c}{C_\sigma}=\frac{\sigma-\bar{\sigma}_y}{C_\sigma}\end{aligned}\right\}\tag{11.31}$$

由式（11.31）的第三式得

$$\varepsilon=\frac{\sigma-\bar{\sigma}_y}{C_\sigma}t$$

改写上式，得

$$\varepsilon=\frac{\left(1-\dfrac{\bar{\sigma}_y}{\sigma}\right)}{C_\sigma}\sigma t\tag{11.32}$$

2）变形系数与模量

在 $\sigma\geqslant\bar{\sigma}_y$ 情况下，令

$$\lambda_b=\frac{\left(1-\dfrac{\bar{\sigma}_y}{\sigma}\right)t}{C_\sigma}\tag{11.33}$$

则得

$$\varepsilon=\lambda_b\sigma\tag{11.34}$$

式中，λ_b 为 $\sigma\geqslant\bar{\sigma}_y$ 时宾汉姆模型的变形系数。令

$$E_b = \frac{1}{\lambda_b} = \frac{C_\sigma}{\left(1 - \frac{\bar{\sigma}_y}{\sigma}\right)t} \tag{11.35}$$

则得

$$\sigma = E_b \varepsilon \tag{11.36}$$

式中，E_b 为 $\sigma \geqslant \bar{\sigma}_y$ 时宾汉姆模型的变形模量。

由上述可见，宾汉姆模型能够描述土的屈服性能，以及屈服后流动变形性能。屈服后，土的流动变形如图 11.24 所示。

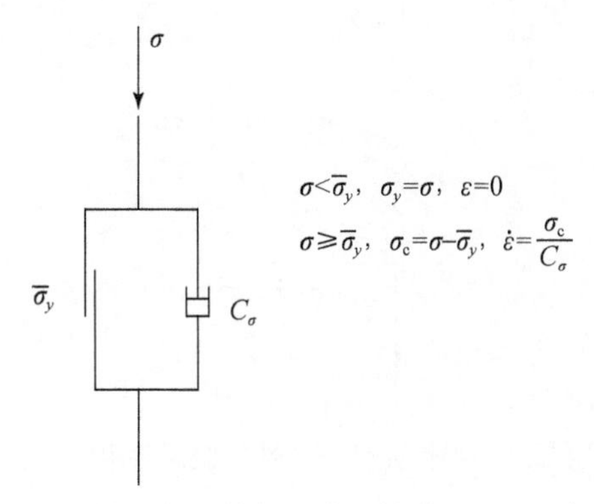

图 11.23　塑性屈服元件与黏性元件并联——开尔文模型

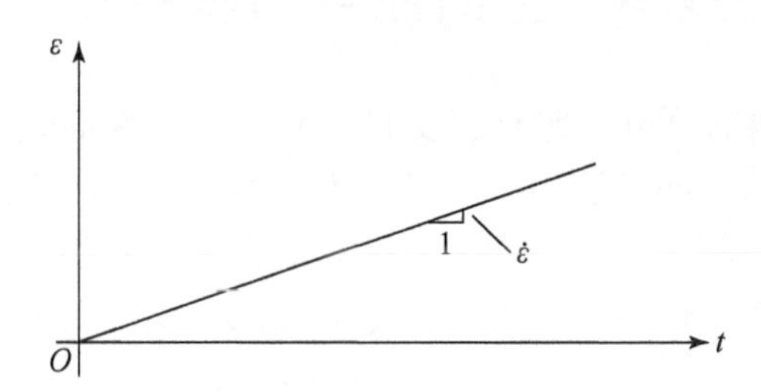

图 11.24　当 $\sigma \geqslant \bar{\sigma}_y$ 时由开尔文模型确定的土的流动变形

4. 弹性元件与塑性屈服元件串联组合

弹性元件与塑性屈服元件串联如图 11.25 所示。按前述的串联条件可得如下基本关系式：

$$\left.\begin{aligned} \sigma_e &= \sigma_y = \sigma \\ \varepsilon &= \varepsilon_y + \varepsilon_e \end{aligned}\right\} \tag{11.37}$$

但是，σ 必须满足如下条件：

$$\sigma \leqslant \bar{\sigma}_y \tag{11.38}$$

下面，按如下两种情况建立该模型的应力-应变关系：

当 $\sigma < \bar{\sigma}_y$ 时：

$$\left.\begin{aligned}&\varepsilon_e=\frac{1}{E}\sigma,\varepsilon_y=0\\&\varepsilon=\varepsilon_e\end{aligned}\right\}\tag{11.39}$$

当 $\sigma=\bar{\sigma}_y$ 时：

$$\left.\begin{aligned}&\varepsilon_e=\frac{1}{E}\bar{\sigma}_y,\varepsilon_y=\infty\\&\varepsilon=\infty\end{aligned}\right\}\tag{11.40}$$

按上述，弹性元件与塑性屈服元件组合可以表示土的弹性性能和屈服性能。

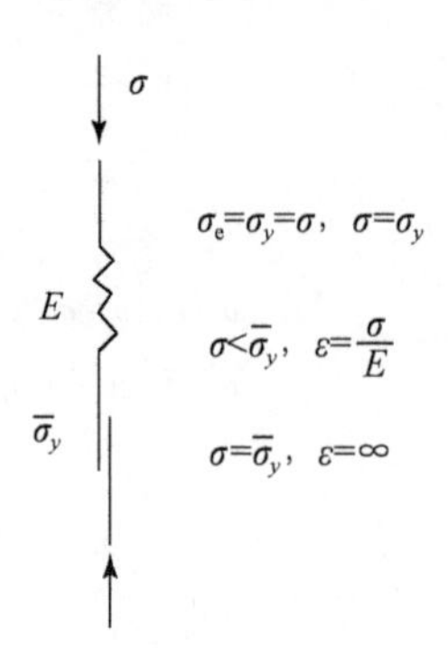

图 11.25　弹性元件与塑性屈服元件串联组合

11.4　土的流变力学模型

土的实际力学性能既有弹性、塑性，又具有黏性，其变形既包括瞬时变形，又包括随时间发展的变形，而随时间发展的变形又分为能稳定发展的变形和不能稳定发展的流动变形。因此，任何一个基本力学元件或其基本组合都不能很好地描述土的实际流变性能。如果将这些简单力学元件和基本组合再组合起来，就可以更好地描述土的实际流变性能。

如前述试验资料所示，土的体积变形会随时间的发展稳定下来。但只当受力水平低于屈服强度时，土的偏斜变形才会随时间的发展稳定下来，但高于屈服强度时则会发生流动。因此，应区分土体积变形或偏斜变形建立相应的流变力学模型。

11.4.1　土体积变形的流变模型

如前述，土体积变形包括瞬时变形和随时间稳定发展的变形。因此，将弹性元件与开尔文模型串联起来更适于描写土体积变形性能。弹性元件与开尔文模型串联起来如图 11.26所示。根据串联条件可得如下基本关系：

$$\left.\begin{aligned}&\sigma_e=\sigma_k=\sigma\\&\varepsilon=\varepsilon_e+\varepsilon_k\end{aligned}\right\}\tag{11.41}$$

由图 11.26 可见，该流变模型包括三个力学参数，即串联的弹性模量 E_1、开尔文模型

中的弹簧模量 E_2 和黏性元件的黏性系数 C_σ。

式中，σ_k、ε_k 分别为开尔文模型承受的应力和应变；ε_e 为串联弹簧的变形，$\varepsilon_e=\frac{\sigma}{E_1}$。式（11.27）给出了开尔文模型的应力与应变关系。将式（11.27）中的 E 以 E_2 代替，式（11.8）中的 E 以 E_1 代替，则得

$$\left.\begin{aligned}\varepsilon_k&=\frac{\sigma}{E_k}\\E_k&=\frac{E_2}{(1-e^{-\frac{E_2}{C_\sigma}t})}\end{aligned}\right\}\tag{11.42}$$

将这些关系式代入式（11.41）第二式中，则得

$$\varepsilon=\frac{\sigma}{E_1}+\frac{\sigma}{E_k}=\frac{E_k+E_1}{E_1E_k}\sigma\tag{11.43}$$

令

$$\lambda_{e,k}=\frac{E_k+E_1}{E_1E_k}\tag{11.44}$$

则

$$\varepsilon=\lambda_{e,k}\sigma\tag{11.45}$$

式中，$\lambda_{e,k}$称为该模型的变形系数。

改写式（11.43），得

$$\sigma=\frac{E_1E_k}{E_k+E_1}\varepsilon$$

令

$$E_{e,k}=\frac{E_1E_k}{E_1+E_k}=\frac{1}{\lambda_{e,k}}\tag{11.46}$$

式中，$E_{e,k}$表示该模型的变形模量，则

$$\sigma=E_{e,k}\varepsilon\tag{11.47}$$

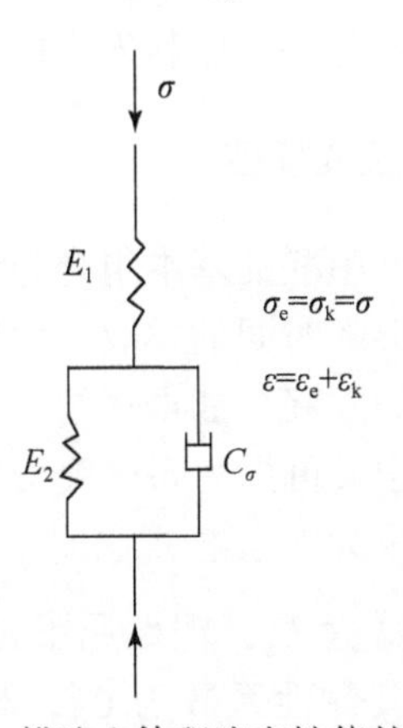

图 11.26　描述土体积流变性能的流变模型

由于开尔文模型的模量 E_k 随时间变化，则该流变模型的模量 $E_{e,k}$ 也随时间变化。

按式（11.43）可以确定在常应力 σ 作用下，该流变模型的应变随时间的发展，如图 11.27 所示。由图 11.27 可见，应变包括瞬时应变 ε_e 和随时间稳定发展的应变。

前文曾指出，该流变模型包括三个参数，E_1、E_2、C_σ。这三个参数应由土体积变形流变试验确定。由试验确定的是土体积变形模量 k 和黏性系数 C_v。因此，应将上述诸式中的 E 和 C_σ 分别以 k 和 C_v 代替。

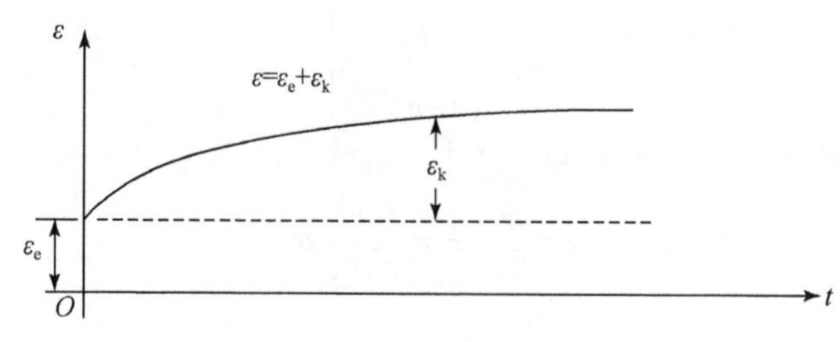

图 11.27　常应力作用下土体积变形随时间的稳定发展

11.4.2　土偏斜变形的流变模型

1. 土偏斜变形随时间发展的特点

前文曾表述了由试验测得的土偏斜变形随时间的发展过程。可以看出，土偏斜变形随时间的发展与土体积变形有如下两点不同。

（1）当土的受力水平高于屈服强度时，其变形随时间的发展由两个阶段组成：①稳定发展阶段；②流动阶段。

（2）从稳定发展阶段过渡到流动阶段时，土在此刻发生了屈服。这个屈服是在变形发展过程中的某一时刻发生的，而不是在一开始就发生的。因此，土的流动变形也是在变形发展过程中的某一时刻发生的，也不是一开始就发生的。

2. 考虑变形过程中发生屈服的流变模型

如果将弹性元件与塑性屈服元件串联的基本组合与黏性元件并联起来，则该组合可实现在变形过程中发生屈服，并将变形随时间的发展分为稳定变形和流动变形两个阶段，这样就能较好地描写偏斜变形随时间的发展。如再将这个组合与弹性元件串联起来组合成一个模型，如图 11.28 所示，则该模型又可描写瞬时变形性能。由图 11.28 可见，该模型由三部分组成：①弹性元件，设其模量为 E_1，模拟瞬时变形；②弹性元件及塑性屈服元件串联的基本组合，设其中弹性元件模量为 E_2，塑性屈服元件的屈服应力为 $\bar{\sigma}_y$，模拟在变形过程中发生屈服；③黏性元件，设其黏性系数为 C_σ，与第二组成部分并联，模拟屈服后发生流动。

这样，该模型共包含四个参数，E_1、E_2、$\bar{\sigma}_y$、C_σ。这四个参数可由试验确定。

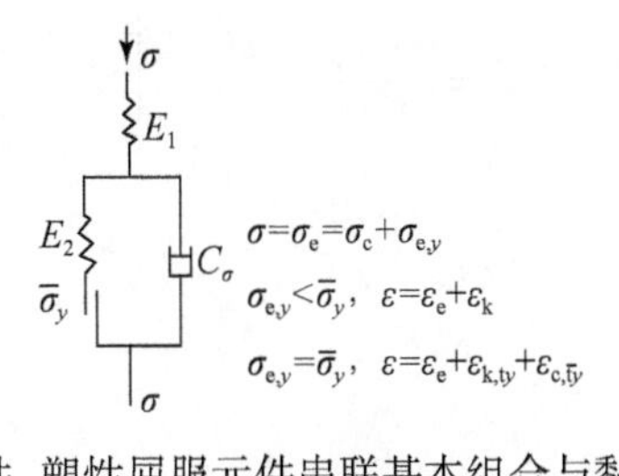

图 11.28　弹性元件-塑性屈服元件串联基本组合与黏性元件并联的模型

下面分析常应力 σ 作用下该模型应变随时间的发展：

1）$t=0$

$$\varepsilon=\varepsilon_{\mathrm{e}}=\frac{\sigma}{E_1} \tag{11.48}$$

2）$t>0$

a. 塑性元件屈服之前

设由弹性元件和塑性屈服元件串联的基本组合承受的应力为 $\sigma_{\mathrm{e},y}$，则塑性元件屈服之前，$\sigma_{\mathrm{e},y}<\bar{\sigma}_y$。在该情况下，应力由它和与其并联的黏性元件共同承受，设黏性元件承受的应力为 σ_{c}，则

$$\sigma=\sigma_{\mathrm{e},y}+\sigma_{\mathrm{c}} \tag{11.49}$$

另外，由于 $\sigma_{\mathrm{e},y}<\bar{\sigma}_y$，塑性屈服元件不发生变形，则由弹性元件与塑性屈服元件串联所构成的基本组合与黏性元件并联的模型与开尔文模型相同。这样，在塑性元件屈服之前有

$$\varepsilon=\varepsilon_{\mathrm{e}}+\varepsilon_{\mathrm{k}} \tag{11.50}$$

式中，ε_{k} 为由 E_2、C_σ 组成的开尔文模型的变形。

按前述：

$$\varepsilon_{\mathrm{k}}=\frac{\sigma}{E_{\mathrm{k}}} \tag{11.51}$$

b. 塑性元件屈服之后

塑性元件屈服之后，由弹性元件与塑性屈服元件串联构成的基本组合所承受的应力不变且等于$\bar{\sigma}_y$。这样，由弹性元件与塑性屈服元件串联基本组合与黏性元件并联的模型与宾汉姆模型相同。这样，塑性元件屈服后有

$$\varepsilon=\varepsilon_{\mathrm{e}}+\varepsilon_{\mathrm{k},t_y}+\varepsilon_{\mathrm{b},t-t_y} \tag{11.52}$$

式中，$\varepsilon_{\mathrm{k},t_y}$为塑性元件发生屈服时开尔文模型的变形，其下标 t_y 表示塑性元件发生屈服时刻；$\varepsilon_{\mathrm{b},t-t_y}$表示塑性元件屈服后宾汉姆模型的变形。在塑性元件屈服后：

$$\sigma_{\mathrm{c}}=\sigma-\bar{\sigma}_y$$

相应的变形速率 $\dot{\varepsilon}$ 如下

$$\left.\begin{aligned}\dot{\varepsilon}&=\frac{\sigma-\bar{\sigma}_y}{C_\sigma}\\ \varepsilon_{t-t_y}&=\frac{\sigma-\bar{\sigma}_y}{C_\sigma}(t-t_y)\end{aligned}\right\}\tag{11.53}$$

塑性屈服元件的屈服条件：

$$\sigma_{e,y}=\bar{\sigma}_y\tag{11.54}$$

式中，$\sigma_{e,y}$ 为塑性元件屈服时弹性元件 E_2 承受的应力：

$$\sigma_{e,y}=E_2\varepsilon_{k,t_y}$$

由此，得

$$\varepsilon_{k,t_y}=\frac{\bar{\sigma}_y}{E_2}$$

这样，塑性元件屈服时开尔文模型的应变 ε_{k,t_y} 如下：

$$\varepsilon_{k,t_y}=\frac{\bar{\sigma}_y}{E_2}\tag{11.55}$$

式（11.55）即塑性元件屈服条件。根据式（11.55）确定的 ε_{k,t_y} 可确定开尔文模型变形达到 ε_{k,t_y} 时相应的时间 t_y。

按上述分析，在常应力 σ 作用下，图 11.28 所示的模型的变形随时间的发展如图 11.29 所示。

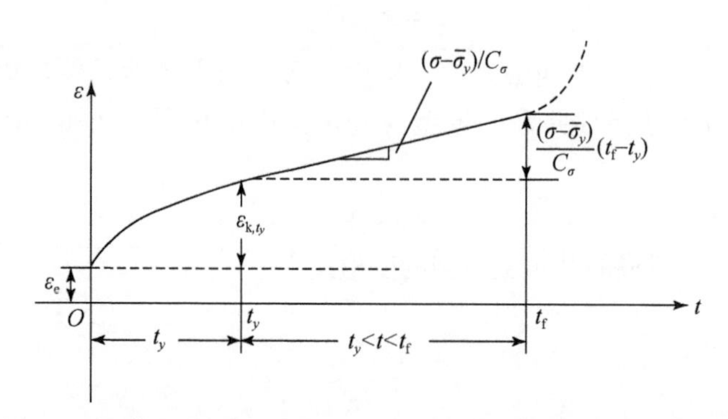

图 11.29　常应力作用下图 11.28 所示模型的变形随时间的发展

与前述在常应力作用下土变形随时间发展的测试曲线相比，图 11.29 所示的曲线在形态上是一致的。测试曲线在流动变形之后还有一个加速变形阶段，如图 11.29 中的最上方的虚线所示。设 t_f 为加速变形阶段的开始时刻，则该时刻就是在常应力 σ 作用下发生破坏的时刻。因此，所施加的常应力 σ 就是在 t_y 时刻发生屈服的长期屈服强度，同时也是在 t_f 时刻发生破坏的长期破坏强度。

11.5　土的一般蠕变函数

11.5.1　基本概念

在常应力作用下，土的流变变形可视作一个变形速率随时间的变化过程。因此，这个过程可用应变速率和时间的关系表示。这个关系被称为蠕变速率函数。只要根据试验资料确定蠕变速率函数，就可以进一步确定应力-应变-时间的关系，即蠕变函数。下面表述 Singh 和 Mitchell 采用这种方法建立的土的一般应力-应变-时间函数[3]。

11.5.2　蠕变速率函数

设常应力 σ 作用下的蠕变变形与时间的关系线已由蠕变试验测得。由该曲线可确定 t 时刻的应变速率 $\dot{\varepsilon}(t)$，以及 t 等于引用时间 t_1 时刻的应变速率 $\dot{\varepsilon}(t_1)$。下面将 t 时刻及相应的应变速率 $\dot{\varepsilon}(t)$ 分别对 t_1 时刻及其应变速率 $\dot{\varepsilon}(t_1)$ 无量纲化，则得无量纲参数 $\frac{t}{t_1}$ 及 $\frac{\dot{\varepsilon}(t)}{\dot{\varepsilon}(t_1)}$。这样，根据试验资料可在双对数坐标中绘出 $\frac{\dot{\varepsilon}(t)}{\dot{\varepsilon}(t_1)}$ 及 $\frac{t}{t_1}$ 关系线。参考文献［3］指出，在双对数坐标中，这两个无量纲参数是直线关系，如图 11.30 所示。由此，得

$$\ln\left[\frac{\dot{\varepsilon}(t)}{\dot{\varepsilon}(t_1)}\right] = -m\ln\left[\frac{t}{t_1}\right] \tag{11.56}$$

式中，$-m$ 为图 11.30 所示的直线斜率。由于 $\frac{\dot{\varepsilon}(t)}{\dot{\varepsilon}(t_1)}$ 随 $\frac{t}{t_1}$ 的增大而减小，则图 11.30所示的直线斜率为负值，则 m 为正值。

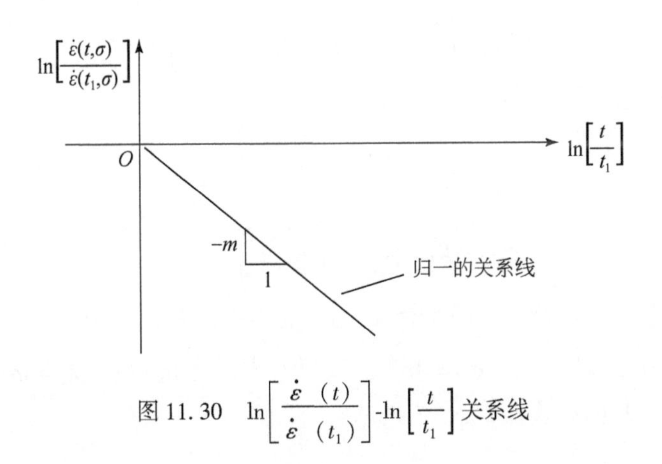

图 11.30　$\ln\left[\frac{\dot{\varepsilon}(t)}{\dot{\varepsilon}(t_1)}\right]$-$\ln\left[\frac{t}{t_1}\right]$ 关系线

试验资料进一步表明，图 11.30 所示的直线不随所施加的常应力 σ 的变化而变化，即

在不同常应力 σ 作用下，$\ln\left[\frac{\dot{\varepsilon}(t)}{\dot{\varepsilon}(t_1)}\right]$-$\ln\left[\frac{t}{t_1}\right]$的关系线都可归一成图 11.30 所示的同一条直线。因此，参数 m 的值不随所施加的常应力 σ 的改变而改变。

改写式（11.56），得

$$\ln\dot{\varepsilon}(t,\sigma)=\ln\dot{\varepsilon}(t_1,\sigma)-m\ln\left(\frac{t}{t_1}\right) \tag{11.57}$$

式（11.57）表明，在双对数坐标中，不同常应力 σ 下的 $\dot{\varepsilon}(t,\ \sigma)$ 与$\frac{t}{t_1}$的关系线也为直线，且其斜率均为$-m$，即它们是相互平行的直线。但是，$\dot{\varepsilon}(t_1,\ \sigma)$ 随所施加的常应力 σ 的增大而增大，则相应的直线在双对数坐标的位置随常应力 σ 的增大而向上平移。

式（11.57）中的 $\ln\dot{\varepsilon}(t_1,\ \sigma)$ 是一个要进一步确定的量。指定一个 σ_0 值可在半对数坐标中绘制$\frac{\dot{\varepsilon}(t,\ \sigma)}{\dot{\varepsilon}(t,\ \sigma_0)}$与 σ 的关系线，发现在半对数坐标中，两者的关系线是条直线，并且不论 t 取何值，在双对数坐标中，都可归一成同一直线。由此，得

$$\ln\left[\frac{\dot{\varepsilon}(t,\sigma)}{\dot{\varepsilon}(t,\sigma_0)}\right]=\alpha(\sigma-\sigma_0) \tag{11.58}$$

改写上式，得

$$\ln\dot{\varepsilon}(t,\sigma)=\ln\dot{\varepsilon}(t,\sigma_0)+\alpha(\sigma-\sigma_0)$$

如取 $\sigma_0=0$，$t=t_1$，则得

$$\ln\dot{\varepsilon}(t_1,\sigma)=\ln\dot{\varepsilon}(t,\sigma_0=0)+\alpha\sigma \tag{11.59}$$

在半对坐标中绘制 $\ln\dot{\varepsilon}(t_1,\ \sigma)$ 与 σ 的关系线，则可得 $\ln\dot{\varepsilon}(t_1,\ \sigma_0=0)$ 值，如图 11.31 所示。将式（11.59）代入（11.57）中，得

$$\ln\dot{\varepsilon}(t,\sigma)=\ln\dot{\varepsilon}(t_1,\sigma_0=0)+\alpha\sigma-m\ln\left[\frac{t}{t_1}\right] \tag{11.60}$$

改写上式，得

$$\dot{\varepsilon}(t,\sigma)=\dot{\varepsilon}(t_1,\sigma_0=0)\mathrm{e}^{\alpha\sigma}\left(\frac{t_1}{t}\right)^m$$

令

$$A=\dot{\varepsilon}(t_1,\sigma_0=0) \tag{11.61}$$

则得

$$\dot{\varepsilon}(t,\sigma)=A\mathrm{e}^{\alpha\sigma}\left(\frac{t_1}{t}\right)^m \tag{11.62}$$

式（11.62）即蠕变速率函数，其中包含 A、α、m 三个参数。按上述，这三个参数可由试验资料确定。令 $t=t_1$，则 $\dot{\varepsilon}(t_1,\ \sigma)=A\mathrm{e}^{\alpha\sigma}$，改写上式，得 $\ln\dot{\varepsilon}(t,\ \sigma)=\ln A+\alpha\sigma$。由试验资料可绘出图 11.31，并确定 A 的值。

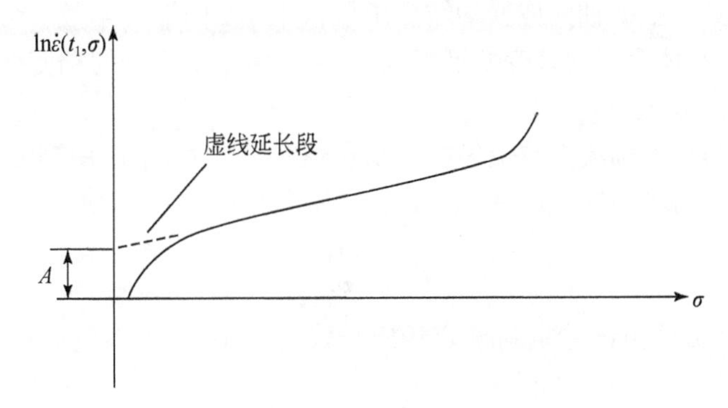

图11.31　$\ln\dot{\varepsilon}(t_1,\ \sigma)$-$\sigma$关系线

11.5.3　蠕变函数

将式（11.62）对时间积分，就可得到蠕变应变与应力和时间的关系，即蠕变函数，其形式如下。

当$m\neq1$时：

$$\varepsilon(t,\sigma)=Ae^{\alpha\sigma}(t_1)^m\left(\frac{1}{1-m}\right)t^{1-m}+c \tag{11.63a}$$

当$m=1$时：

$$\varepsilon(t,\sigma)=Ae^{\alpha\sigma}t_1\ln t+c \tag{11.63b}$$

式（11.63）中的c可由某一指定时间的已知蠕变应变确定。由式（11.63）可见，只有当$m=1$时，蠕变应变才随时间对数呈线性变化。试验研究表明，m的范围为0.75～1.0，很少出现大于1.0的情况。

对于$m\neq1$的情况，可取$t=0$，$\varepsilon(t,\ \sigma)=0$，则得

$$c=0$$

式（11.63b）简化成

$$\varepsilon(t,\sigma)=Ae^{\alpha\sigma}t_1^m\left(\frac{1}{1-m}\right)t^{1-m} \tag{11.64a}$$

对于$m=1$的情况，可取$t=t_1$，则得

$$c=\varepsilon(t_1,\sigma)$$

式（11.63a）成为如下形式：

$$\varepsilon(t,\sigma)=Ae^{\alpha\sigma}t_1\ln t+\varepsilon(t_1,\sigma) \tag{11.64b}$$

11.5.4　蠕变变形模量

式（11.64）表明，蠕变应变与应力和时间的关系是非线性的。因此，蠕变变形模量与应力和时间的关系也是非线性的，根据式（11.64）可以确定蠕变变形模量。

假如蠕变试验是在三轴流变仪上做的，则可按上述方法确定蠕变引起的轴向应变和体

应变相应的蠕变函数。根据轴向应变的蠕变函数和体应变的蠕变函数，可分别确定线应变的蠕变变形模量 E_{cr} 和体应变的蠕变变形模量 K_{cr}。下面以线应变的蠕变变形模量为例说明蠕变变形模量的确定方法。

如果蠕变试验是在三轴流变仪上做的，则在轴向常应力 σ_1 作用期间，侧向常应力 σ_3 保持不变。因此，可将轴向蠕变应变 $\varepsilon_{1,cr}$ 表示成如下形式：

$$\varepsilon_{1,cr}=\frac{\sigma_1}{E_{cr}} \tag{11.65}$$

式中，$\varepsilon_{1,cr}$ 可按上述方法由试验资料确定相应于式（11.64）的表达式；E_{cr} 为蠕变线应变的变形模量。改写式（11.65），得

$$E_{cr}=\frac{\sigma_1}{\varepsilon_{1,cr}} \tag{11.66}$$

将式（11.64）代入上式中，得

当 $m<1$ 时：

$$E_{cr}=\frac{\sigma_1}{A\mathrm{e}^{\alpha\sigma_1}t_1^m\left(\frac{1}{1-m}\right)t^{1-m}} \tag{11.67a}$$

当 $m=1$ 时：

$$E_{cr}=\frac{\sigma_1}{A\mathrm{e}^{\alpha\sigma_1}t_1\ln t+\varepsilon_{1,cr}(t_1,\sigma_1)} \tag{11.67b}$$

由式（11.67）可见，当常应力 σ_1 指定时，蠕变变形模量随时间 t 而减小。这样，在常应力 σ_1 作用下，蠕变引起的应变则将随时间而增大。

采用相似的方法，可根据试验结果确定 K_{cr}。

11.6 一般应力状态下土的流变应力–应变关系矩阵

前文表述了在简单应力状态下，即一维应力或各向均等应力作用下土流变的应力–应变关系。但是，在实际的土体中，土处于二维或三维应力状态，在分析土体的流变性能时，则需要建立一般应力状态下土流变的应力–应变关系。在此应指出，尽管这个问题非常重要，但对这个问题的研究则很少。

11.6.1 应力–应变矩阵

一般应力状态下，土流变的应力–应变关系可在前述的简单应力状态下土流变应力–应变关系的基础上建立。为此，应对作为力学介质的土做以下必要假设。

（1）前文根据简单应力状态下的试验结果确定了 E_{cr} 和 K_{cr}，并且这些模量随持续作用时间而逐渐降低。因此，可将具有流变性能的土视为一种随时间逐渐软化的介质，其软化特性可用其线应变模量和体应变模量随作用时间的衰减来描述。

（2）假定流变应力–应变关系可用广义的胡克定律来表示。按这一假定，可得如下

结果。

（a）蠕变引起的线应变应只与正应力作用有关，而剪应变只与剪力作用有关。

（b）蠕变引起的 E_{cr} 和相应的 K_{cr} 关系如下：

$$K_{cr}=\frac{E_{cr}}{3(1-2\mu_{cr})} \tag{11.68}$$

由此，得

$$\mu_{cr}=\frac{1}{2}\left(1-\frac{E_{cr}}{3K_{cr}}\right) \tag{11.69}$$

式中，μ_{cr} 为与 E_{cr} 和 K_{cr} 相应的蠕变变形泊松比，由式（11.69）可见，μ_{cr} 也是随应力作用的持续时间而变化的。

（c）E_{cr} 与相应的蠕变剪切变形模量 G_{cr} 的关系如下：

$$G_{cr}=\frac{E_{cr}}{2(1+\mu_{cr})} \tag{11.70}$$

这样，根据简单应力状态下试验资料确定出来的 E_{cr} 和 K_{cr} 就可确定相应的 μ_{cr} 和 G_{cr}。

按前述的第二点假设，蠕变的应力-应变关系可写成如下形式：

$$\{\sigma\}=\{D\}_{cr}\{\varepsilon_{cr}\} \tag{11.71}$$

式中，$\{\sigma\}$ 为应力向量：

$$\{\sigma\}=\{\sigma_x,\sigma_y,\sigma_z,\tau_{xy},\tau_{yz},\tau_{zx}\}^{T} \tag{11.72}$$

$\{\sigma_{cr}\}$ 为蠕变应变向量：

$$\{\sigma_{cr}\}=\{\varepsilon_{x,cr},\varepsilon_{y,cr},\varepsilon_{z,cr},\gamma_{xy,cr},\gamma_{yz,cr},\gamma_{zx,cr}\}^{T} \tag{11.73}$$

$\{D\}_{cr}$ 为流变的应力-应变关系矩阵，其形式如下：

$$\{D\}_{cr}=\begin{bmatrix} \lambda_{cr}+2G_{cr} & \lambda_{cr} & \lambda_{cr} & 0 & 0 & 0 \\ \lambda_{cr} & \lambda_{cr}+2G_{cr} & \lambda_{cr} & 0 & 0 & 0 \\ \lambda_{cr} & \lambda_{cr} & \lambda_{cr}+2G_{cr} & 0 & 0 & 0 \\ 0 & 0 & 0 & G_{cr} & 0 & 0 \\ 0 & 0 & 0 & 0 & G_{cr} & 0 \\ 0 & 0 & 0 & 0 & 0 & G_{cr} \end{bmatrix} \tag{11.74}$$

其中，λ_{cr} 按下式确定：

$$\lambda_{cr}=\frac{\mu_{cr}E_{cr}}{(1+\mu_{cr})(1-2\mu_{cr})} \tag{11.75}$$

由式（11.74）可见，流变的应力-应变关系矩阵也是随时间改变的，其中每个非零元素随应力作用的持续时间而减小。

11.6.2　应力水平对 E_{cr}、K_{cr} 的影响

按上述，蠕变的应力-应变关系矩阵中的每一个非零元素的数值都取决于 E_{cr} 和 K_{cr}。这两个模量除随时间变化以外，还取决于受力水平。E_{cr} 是由三轴流变试验资料确定的，受力水平以轴向差应力 $\Delta\sigma_1$ 表示，即关于 E_{cr} 的公式中的 σ 应以 $\Delta\sigma_1$ 代替。当将 E_{cr} 用于一般

应力状态时，其受力水平可用应力强度增量 ΔT 表示，应力强度 T 按下式确定：

$$T=\sqrt{(\sigma_1-\sigma_2)^2+(\sigma_2-\sigma_3)^2+(\sigma_3-\sigma_1)^2} \tag{11.76}$$

设土体中一点初始应力的主应力分别为 $\sigma_{1,i}$、$\sigma_{2,i}$、$\sigma_{3,i}$，则初始应力的应力强度 T_i 如下：

$$T_i=\sqrt{(\sigma_{1,i}-\sigma_{2,i})^2+(\sigma_{2,i}-\sigma_{3,i})^2+(\sigma_{3,i}-\sigma_{1,i})^2} \tag{11.77}$$

土体在附加应力作用下发生流变变形。设该点的附加应力与初始应力合应力的主应力分别为 σ_1、σ_2、σ_3，则与合应力相应的应力强度为 T，可按式（11.76）确定。这样，由附加应力作用可知，该点的应力强度增量 ΔT 如下：

$$\Delta T=T-T_i \tag{11.78}$$

另外，在三轴流变试验中，初始应力为各向均布压力 σ_3，按式（11.77），初始应力强度 $T_i=0$。附加应力为 $\Delta\sigma_1=\sigma$，$\Delta\sigma_2=\Delta\sigma_3=0$，初始应力与附加应力合应力的应力强度如下：

$$T=\sqrt{(\sigma_3+\Delta\sigma_1-\sigma_3)^2+(\sigma_3-\sigma_3)^2+(\sigma_3-\sigma_3-\Delta\sigma_1)^2}=\sqrt{2}\Delta\sigma_1$$

按式（11.77），得

$$\Delta T=\sqrt{2}\Delta\sigma_1$$

或

$$\Delta\sigma_1=\frac{1}{\sqrt{2}}\Delta T \tag{11.79}$$

因此，当将由三轴流变试验确定的 E_{cr} 用于一般应力状态时，应以 $\frac{1}{\sqrt{2}}\Delta T$ 作为受力水平代替 E_{cr} 公式中的 σ。

相似地，当将由三轴流变试验确定的 K_{cr} 用于一般应力状态时，则应将 K_{cr} 的公式中的受力水平以一般应力状态的平均正应力增量 $\Delta\sigma_0$ 来表示。设 $\sigma_{0,i}$ 表示土体一点的初始应力的平均正应力，则 $\sigma_{0,i}$ 如下：

$$\sigma_{0,i}=\frac{1}{3}(\sigma_{1,i}+\sigma_{2,i}+\sigma_{3,i})\sigma_{0,i}=\frac{1}{3}(\sigma_{1,i}+\sigma_{2,i}+\sigma_{3,i}) \tag{11.80}$$

则该点初始应力与附加应力合应力的平均正应力 σ_0 如下：

$$\sigma_0=\frac{1}{3}(\sigma_1+\sigma_2+\sigma_3) \tag{11.81}$$

由于

$$\Delta\sigma_0=\sigma_0-\sigma_{0,i}$$

得

$$\Delta\sigma_0=\frac{1}{3}(\sigma_1+\sigma_2+\sigma_3)-\frac{1}{3}(\sigma_{1,i}+\sigma_{2,i}+\sigma_{3,i}) \tag{11.82}$$

如前所述，三轴流变试验中，初始应力的平均正应力 $\sigma_{0,i}$ 如下：

$$\sigma_{0,i}=\sigma_3$$

附加应力为各向均布施加的 $\Delta\sigma$，即 K_{cr} 中的 σ 应由 $\Delta\sigma$ 代替，则合应力的平均应力 σ_0 如下：

$$\sigma_0=\frac{1}{3}\{3(\sigma_3+\Delta\sigma)\}=\sigma_3+\Delta\sigma \tag{11.83}$$

相应的 $\Delta\sigma_0$ 如下：

$$\Delta\sigma_0=\sigma_0-\sigma_{0,i}=\Delta\sigma \tag{11.84}$$

当将由三轴流变试验确定的 K_{cr}用于一般应力状态时，应以 $\Delta\sigma_0$ 作为受力水平代替 K_{cr} 公式中的 σ。

11.7　土体流变变形的数值分析

11.7.1　基本假定

如前所述，土的流变性可认为是由土的变形模量随时间不断地衰减产生的。也就是说，土随应力作用持续时间发生软化。按这种软化假定，只要能建立起土的模量与应力作用持续时间的关系，就可按一般力学方法分析土体流变变形。

上一节建立了一般应力状态下的流变的应力-应变关系矩阵。在流变矩阵中每个非零元素的数值均随应力作用的持续时间而减小。因此，当按一般力学方法分析土体流变变形时，可用上节所建立的一般应力状态下的流变的应力-应变关系矩阵作为所需要的物理关系。

按一般力学方法分析土体的流变变形，需要如下三组方程式：①力的平衡方程式；②变形协调方程式；③物理方程式，或蠕变的应力-应变关系方程式。

11.7.2　土体流变变形分析基本方程式及求解方法

上文曾指出，土体流变变形分析需要三组方程式，下面给出这三组方程式的具体形式。

1. 力的平衡方程式

$$\left.\begin{aligned}&\frac{\partial\sigma_x}{\partial x}+\frac{\partial\tau_{xy}}{\partial y}+\frac{\partial\tau_{zx}}{\partial z}+X=0\\&\frac{\partial\tau_{xy}}{\partial x}+\frac{\partial\tau_{y}}{\partial y}+\frac{\partial\tau_{yz}}{\partial z}+Y=0\\&\frac{\partial\sigma_{zx}}{\partial x}+\frac{\partial\tau_{yz}}{\partial y}+\frac{\partial\tau_{z}}{\partial z}+Z=0\end{aligned}\right\} \tag{11.85}$$

式中，X、Y、Z 分别为 x、y、z 方向的体积力。

2. 变形协调方程

$$\left.\begin{array}{ll}\varepsilon_{x,\mathrm{cr}}=\dfrac{\partial u_{\mathrm{cr}}}{\partial x} & r_{xy,\mathrm{cr}}=\dfrac{\partial v_{\mathrm{cr}}}{\partial x}+\dfrac{\partial u_{\mathrm{cr}}}{\partial y}\\ \varepsilon_{y,\mathrm{cr}}=\dfrac{\partial v_{\mathrm{cr}}}{\partial y} & r_{yz,\mathrm{cr}}=\dfrac{\partial w_{\mathrm{cr}}}{\partial y}+\dfrac{\partial v_{\mathrm{cr}}}{\partial z}\\ \varepsilon_{z,\mathrm{cr}}=\dfrac{\partial w_{\mathrm{cr}}}{\partial z} & r_{zx,\mathrm{cr}}=\dfrac{\partial u_{\mathrm{cr}}}{\partial z}+\dfrac{\partial w_{\mathrm{cr}}}{\partial x}\end{array}\right\}\tag{11.86}$$

式中，$\varepsilon_{x,\mathrm{cr}}$、$\varepsilon_{y,\mathrm{cr}}$、$\varepsilon_{z,\mathrm{cr}}$分别为在 x、y、z 方向蠕变引起的正应变；$r_{xy,\mathrm{cr}}$、$r_{yz,\mathrm{cr}}$、$r_{xy,\mathrm{cr}}$分别为在 xy、yz、zx 平面内蠕变引起的剪应变；u_{cr}、v_{cr}、w_{cr}分别为在 x、y、z 方向蠕变引起的位移。

3. 蠕变的应变–应力关系方程式

蠕变的应变–应力关系矩阵如式（11.74）所示。将该矩阵展开，得到如下关系式：

$$\left.\begin{array}{ll}\sigma_x=\lambda_{\mathrm{cr}}\varepsilon_{\mathrm{cr}}+2G_{\mathrm{cr}}\varepsilon_{x,\mathrm{cr}} & \tau_{xy}=G_{\mathrm{cr}}r_{xy,\mathrm{cr}}\\ \sigma_y=\lambda_{\mathrm{cr}}\varepsilon_{\mathrm{cr}}+2G_{\mathrm{cr}}\varepsilon_{y,\mathrm{cr}} & \tau_{yz}=G_{\mathrm{cr}}r_{yz,\mathrm{cr}}\\ \sigma_z=\lambda_{\mathrm{cr}}\varepsilon_{\mathrm{cr}}+2G_{\mathrm{cr}}\varepsilon_{z,\mathrm{cr}} & \tau_{zx}=G_{\mathrm{cr}}r_{zx,\mathrm{cr}}\end{array}\right\}\tag{11.87}$$

式中，

$$\varepsilon_{\mathrm{cr}}=\varepsilon_{x,\mathrm{cr}}+\varepsilon_{y,\mathrm{cr}}+\varepsilon_{z,\mathrm{cr}}\tag{11.88}$$

在一般应力状态下，通常采用位移法求解基本方程式。将式（11.86）代入式（11.87）中，再将式（11.87）代入式（11.85）中，则得以 u_{cr}、v_{cr}、w_{cr}为未知数的求解方程式，其形式如下：

$$\left.\begin{array}{l}(\lambda_{\mathrm{cr}}+G_{\mathrm{cr}})\dfrac{\partial\varepsilon_{\mathrm{cr}}}{\partial x}+G_{\mathrm{cr}}\nabla^2u_{\mathrm{cr}}+X=0\\ (\lambda_{\mathrm{cr}}+G_{\mathrm{cr}})\dfrac{\partial\varepsilon_{\mathrm{cr}}}{\partial y}+G_{\mathrm{cr}}\nabla^2v_{\mathrm{cr}}+Y=0\\ (\lambda_{\mathrm{cr}}+G_{\mathrm{cr}})\dfrac{\partial\varepsilon_{\mathrm{cr}}}{\partial z}+G_{\mathrm{cr}}\nabla^2w_{\mathrm{cr}}+Z=0\end{array}\right\}\tag{11.89}$$

式中，

$$\nabla^2=\frac{\partial^2}{\partial x^2}+\frac{\partial^2}{\partial y^2}+\frac{\partial^2}{\partial z^2}\tag{11.90}$$

前文曾指出，λ_{cr}、G_{cr}不仅取决于时间，还取决于受力水平。因此，式（11.89）是一组非线性方程式。

11.7.3　土体流变变形的数值分析方法

土体流变变形的数值分析可采用有限元法进行。数值分析方法通常截取有限土体进行分析，并将土体视为有限单元集合体。因此，分析前必须根据附加荷载的分布对土体进行剖分。假定这些工作已经完成，并且将施加附加荷载的时刻取为 t 等于零时刻，下面表述在指定的 t 时刻土体流变变形的确定方法及步骤。

（1）确定附加荷载作用之前土体中的初始应力，并假定初始荷载作用下土体的变形已稳定，即初始荷载作用不引起土体流变变形。试验研究表明，土的流变模型参数不仅取决于附加应力的作用水平，还取决于土所受的初始应力。因此，必须进行一次初始荷载作用下的初始应力分析。下面假定土体初始应力已经由初始应力分析确定。

（2）进行一次附加荷载作用下的静力分析，确定 $t=0$ 时在附加荷载作用下土体中引起的应力及变形。

（3）设定时间间隔 Δt，将时间 t 按时间间隔划分，得到时间结点 t_1，$t_2\cdots$，其中，$t_i=i\Delta t$。

（4）按时间结点 t_i 逐个分析各时刻的土体流变变形。因此，在分析 t_i 时刻的土体变形时，已完成了 t_{i-1} 时刻土体流变变形的分析，并设由 t_{i-1} 时刻土体流变变形分析所得到的土单元应力以 $\{\sigma\}_{i-1}$ 表示。

（5）由于不同时刻土体的流变变形模量的分布不同，虽然附加荷载不变，但土体中的应力分布仍能得到一定的调整，即同一个单元的应力在 $t_{i-1}\sim t_i$ 时段将有一定的变化。但在 t_i 时刻土体流变变形分析中，假定土单元的应力是不变的，并等于 t_{i-1} 时刻的应力。

（6）按前述方法，根据 t_{i-1} 时刻的应力可计算土体各单元 t_i 时刻的流变应变模量 E_{cr,t_i} 和 K_{cr,t_i}，以及相应的流变变形的应力-应变关系矩阵 $\{D\}_{\mathrm{cr},t_i}$。

（7）按有限元法计算 t_i 时刻各单元的流变变形的刚度矩阵 $\{k\}_{\mathrm{e},t_i}$，公式如下：

$$\{k\}_{\mathrm{e},t_i}=\int_V\{B\}^{\mathrm{T}}\{D\}_{t_i}\{B\}\mathrm{d}v \tag{11.91}$$

式中，$\{B\}$ 及 $\{B\}^{\mathrm{T}}$ 分别为应变矩阵及其转置。

（8）按直接刚度法，根据 t 时刻土体各单元的刚度矩阵合成土体的总刚度矩阵 $\{K\}_{t_i}$。

（9）根据 t_i 时刻土体各结点的力平衡，建立土体体系的流变变形分析方程式，其形式如下：

$$\{K\}_{t_i}\{r\}_{t_i}=\{R\} \tag{11.92}$$

式中，$\{r\}_{t_i}$ 为 t_i 时刻土体各结点的流变变形向量，其形式如下：

$$\{r\}_{t_i}=\{u_{1,t_i},v_{1,t_i},w_{1,t_i},\cdots,u_{i,t_i},v_{i,t_i},w_{i,t_i},\cdots,u_{N,t_i},v_{N,t_i},w_{N,t_i}\}^{\mathrm{T}} \tag{11.93}$$

其中，u_{i,t_i}、v_{i,t_i}、w_{i,t_i} 为单个结点在 t_i 时刻在 x、y、z 方向由于流变发生的位移。式（11.92）中 $\{R\}$ 为由持续作用的附加荷载形成的荷载向量，在整个流变变形分析中是不变的。

（10）求解矩阵方程式（11.92），则可得 t_i 时刻由流变引起的土体变形。

相似地，可求解 t_{i+1} 时刻土体体系的流变变形应变和应力。

综上所述，指定 t_i 时刻土体的流变变形分析流程如图 11.32 所示。

（11）根据 $\{r\}_{t_i}$ 计算 t_i 时刻土体各单元的应变 $\{\varepsilon\}_{\mathrm{e},t_i}$。

（12）根据 $\{D\}_{\mathrm{cr},t_i}$ 及 $\{\varepsilon\}_{\mathrm{e},t_i}$ 计算 t_i 时刻土体各单元的应力 $\{\sigma\}_{\mathrm{e},t_i}$。

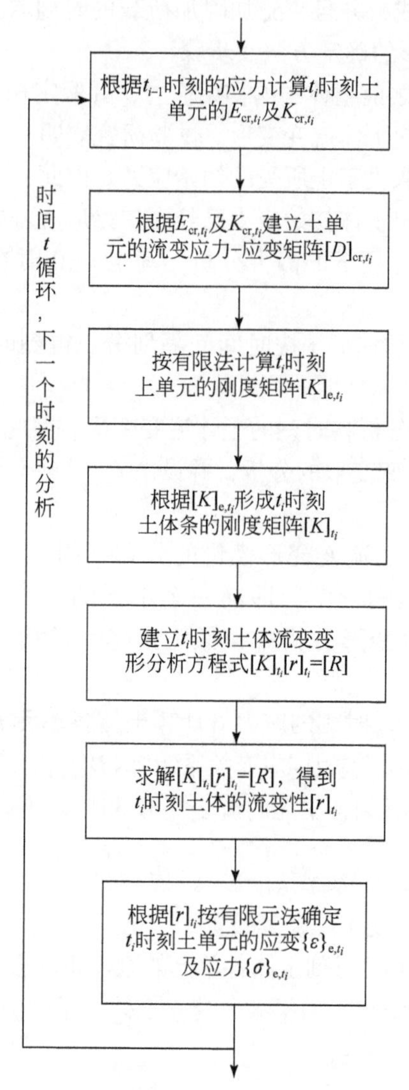

图 11.32　t_i 时刻土体流变变形分析流程

11.8　简要评述

（1）20 世纪 50 ~ 60 年代，土流变学研究是土力学领域的一个热门课题。由于土的流变学是当时提出来的一个新课题，都希望对这一新课题做一些探索。但是 20 世纪 70 年代以后关于土流变学的研究冷了下来，原因可能有如下三点。①土的蠕变性能及长期强度只对某些土类，例如淤泥质软黏土和淤泥更具有实际意义。②对土的蠕变性能的试验研究是一件很费时的工作，不能在短期内取得有价值的成果。③缺少土体流变变形和长期稳定性分析的有效方法，在实际工程问题分析中很难考虑土的流变性能影响。

（2）至今为止，关于土流变学的研究仍然主要限于土的流变性能的试验研究，包括土流变力学模型及其参数确定。从这个意义上讲，现在的土流变学是不完整的。因此，今后不仅要进一步研究土的流变模型及参数确定，还要研究土体的流变变形和长期稳定的分析方法。

(3) 尽管如此，土的流变性能及长期强度应是实际工程问题中所要考虑的一个因素。在实际工程中，通常采用经验的简化方法考虑这个问题。①对实际工程进行变形现场观测，拟合实测的变形-时间关系曲线，采用外推的方法预测土体的蠕变变形。②以土的残余强度作为土的长期强度，采用常规方法分析土的长期稳定性。

显然，这样的经验简化方法有很大的局限性，不能代替理论性更强的土体流变变形和长期稳定性分析。

参考文献

[1] Geuze E C W A, Tan T K. The Mechanical Behavior of Clays. Proceedings of the 2nd International Conference on Rheology, 1954.

[2] Флорип В А. Основы Механики Грунтов, Том Ⅱ. Ленинград Москва: Государственное Издательстово Литературы по Строительству Архитектуре и Строительным Материалам, 1961.

[3] Singh A, Mitchell J K. General stress-strain-time function for soils. Journal of the Soil Mechanics & Foundations Division, 1969, 95: 406-415.

第12章　土动力学基础

12.1　概　　述

12.1.1　动荷载

1. 动荷载的特点

岩土工程除受静荷载作用以外，还会受到地震、爆炸、机械振动、风浪等动荷载作用，并且动荷载作用可能成为导致岩土工程破坏的因素。

众所周知，静力作用有数值大小、作用点、作用方向三个因素。动力作用除作用点和作用方向以外，还有如下三个因素：①最大幅值；②频率含量；③作用持续时间或作用次数。

2. 动荷载的类型

设 t 时刻动荷载的数值以 $p(t)$ 表示，则将 $p(t)$ 随时间 t 的变化称为动荷载的时程。如果 $p(t)$ 随时间 t 仅有数值大小的变化，而没有作用方向，即正负的改变，则称 $p(t)$ 为非往返动荷载，如果 $p(t)$ 随时间 t 不仅有数值大小的变化，还有作用方向，即正负的改变，则称 $p(t)$ 为往返荷载或循环荷载。

此外，根据动荷载的时程曲线可将其划分成如下类型。

1）一次冲击荷载

爆炸荷载就是一种典型的一次冲击荷载，其时程曲线如图 12.1 所示。由图 12.1 可见，一次冲击荷载只有数值大小的变化而没正负的改变，为非往返荷载。一次冲击荷载可分为如下两个阶段：①升压阶段，在该阶段，$p(t)$ 从零单调增大到最大值 p_{max}；②降压阶段，在该阶段，$p(t)$ 从 p_{max} 单调减小到零。

相对而言，在升压阶段，荷载的变化速率很大，而在降压阶段，荷载的变化速率较小。

2）无限多作用次数的常幅荷载

有些动荷载的幅值为常数，而且作用次数又非常大，例如机械运行由于质量分布不均匀而产生的动荷载。这种动荷载被称为无限多作用次数的等幅荷载，如图 12.2 所示。由图 12.2 可见，这种动荷载是一种最简单的动荷载，它的频率和幅值均不随作用次数而改

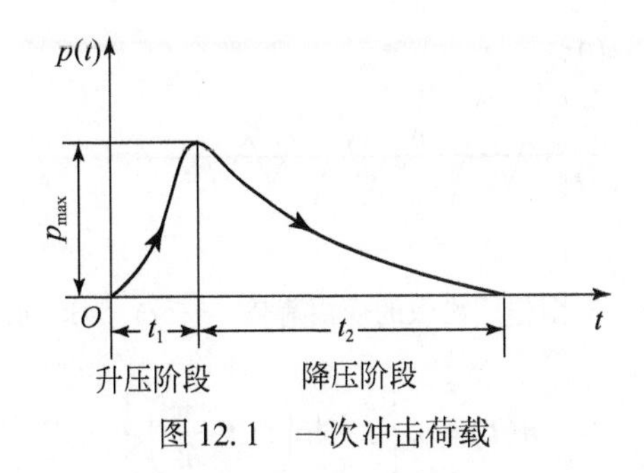

图 12.1　一次冲击荷载

变。这种动荷载可用如下简谐函数表示：

$$p(t)=p_0\sin\omega_{\mathrm{p}}t \tag{12.1}$$

式中，p_0 为幅值；ω_{p} 为圆频率。

$$\omega_{\mathrm{p}}=\frac{2\pi}{T} \tag{12.2}$$

式中，T 为周期。

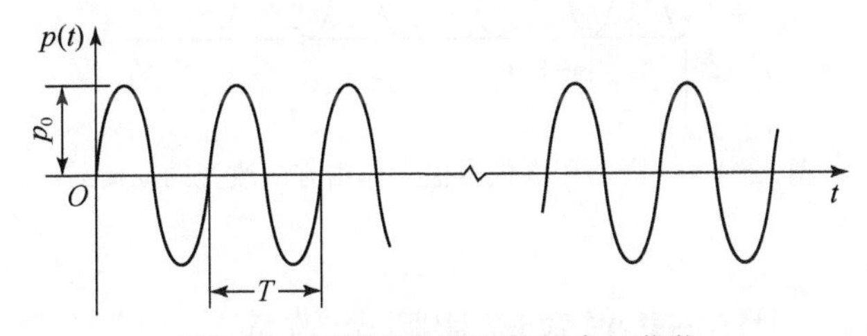

图 12.2　无限多作用次数的常幅荷载

3）有限作用次数的变幅荷载

这类动荷载的频率和幅值均随作用次数变化。如果频率和幅值随作用次数的变化是随机的，则称其为随机变化的动荷载。因为这类动荷载作用持续的时间是有限的，相应的作用次数也是有限的。在此指出，地震就是这类动荷载的典型，如图 12.3 所示。由地震学可知，一次地震所持续的时间一般从十几秒至几十秒，相应的作用次数则为十几次至几十次。在数学上可认为变幅荷载 $p(t)$ 是由一系列谐波函数叠加而成的，则

$$p(t)=\sum_{i=1}^{n}p_{0,i}\sin(\omega_i t+\delta_i) \tag{12.3}$$

式中，$p_{0,i}$、ω_i 及 δ_i 分别为第 i 个谐波的幅值、圆频率及相位角。

4）有限作用次数的常幅荷载

车辆行驶和波浪引起的动荷载通常被简化成有限作用次数的常幅荷载。其中，车辆行驶引起的动荷载仅随时间有数值大小的变化，没有方向，即正负的改变，如图 12.4 所示，是一种非往返动荷载。按图 12.4，在数学上，车辆行驶引起的常幅动荷载可表示为如下形式：

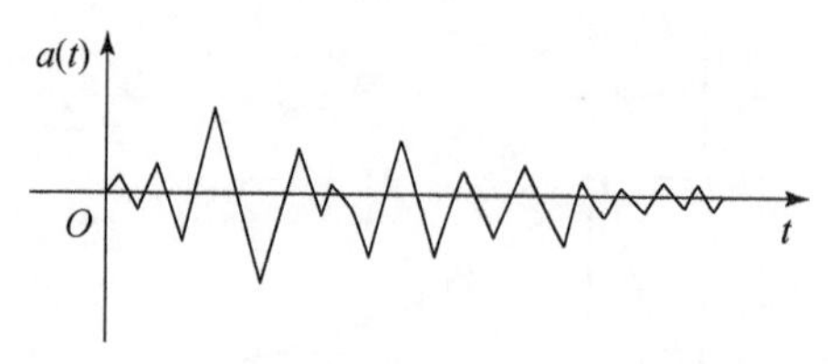

图 12.3　有限作用次数的变幅荷载，$a(t)$ 为运动加速度

$$p(t)=p_0\left[1+\sin\left(\omega_{\mathrm{p}}t-\frac{\pi}{2}\right)\right] \tag{12.4}$$

由式（12.4）可见，$p(t)$ 的取值总是正的。但是波浪荷载不仅随时间有数值大小的变化，还有方向，即正负的改变，如图 12.2 所示，并可以式（12.1）来表示，但是作用次数是有限的。

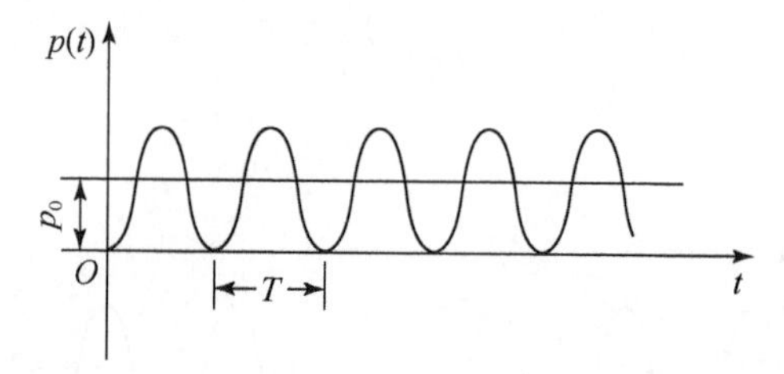

图 12.4　有限作用次数常值无作用方向改变的动荷载

12.1.2　动荷载作用的速率效应和疲劳效应

与静荷载作用相比，动荷载作用有如下三点不同：①动荷载的加荷速率，即 $\mathrm{d}p(t)/\mathrm{d}t$ 通常很高；②除一次性冲击荷载以外，动荷载作用过程中包括多次重复作用；③动荷载的数值不仅随时间变化，许多动荷载的作用方向，即正负也会发生改变。

试验资料显示，动荷载作用下的土的性能与静荷载作用有明显差别，并且还与土的类型、状态等有关，其根本原因就在于上述这三点不同。

1. 速率效应

试验资料表明，土的模量和强度随荷载速率的增高而增大。下面把这种现象称为速率效应。那么，土为什么会具有速率效应呢？这与土的组成和变形机制有关。众所周知，土是由按一定方式排列的土颗粒组成的，土颗粒之间在接触点存在一定的物理或化学连接，但是这种连接是较弱的。在力的作用下，土的变形是伴随土颗粒排列方式调整而发生的。当荷载速率高时，在施加荷载 Δp 的时段 Δt 内，土颗粒排列方式调整不能充分完成，相应的变形不能充分发展。因此，在同样的 Δp 作用下，荷载速率大时，其引起的变形则较小。根据模量的定义，则荷载速率高时，其模量则高。另外，土的强度通常定义为达到指定的破坏应变所要求施加的力。因为荷载速率高时，应力作用引起的应变小，要达到指定的破坏应变数值则必须施加更大的应力。这样，土的强度也将随荷载速率的增高而增大。

2. 疲劳效应

试验研究发现，土的模量和强度随动荷载作用次数的增多而减小。下面把这种现象称为疲劳效应。疲劳效应与土的结构随荷载逐次作用发生破坏有关。实际上，动荷载每作用一次，土的结构都将发生一定的破坏，因此随作用次数的增多，土的结构破坏逐次累积。因此，土对变形的抵抗能力也随之逐次降低，则土的模量和强度随作用次数的增多而降低。

在此应指出，土的速率效应和疲劳效应与土的类型和状态有关。如果土处于较密实状态，土颗粒之间连接较强，当受到力的作用时土颗粒排列的调整就不能充分完成，则会表现出较明显的速率效应。如果土处于较疏松的状态，土颗粒之间的连接较弱，每一次荷载作用对土结构的破坏较大，则会表现出较明显的疲劳效应。

12.1.3　动荷载作用下两大类土及划分

由于土的类型和状态不同，动荷载作用下土的动力性能也不同。因此，可以根据动荷载作用下土的动力性能对土进行大的分类。如果在动荷载作用下，土会发生显著的孔隙水压力升高，土的抗剪强度大部分丧失或完全丧失或土发生大的永久变形，则将这些土类称为对动力作用敏感的土；除此之外，其他土类称为对动力作用不敏感的土。

将土划分为对动力作用敏感和不敏感类型的主要根据如下。

（1）如前所述，在动荷载作用下，任何一种土都会表现出速率效应和疲劳效应。但是，这两种效应对土的动力性能的影响是相反的。土实际表现出来的动力性能是这两种效应的综合影响结果。由于这两种效应取决于土的类型和状态，可以想象，有些土类的疲劳效应会明显大于速率效应，则可能显现出对动力作用敏感土类的动力性能；另一些土类的速率效应会明显大于疲劳效应，则可能显现出对动力作用不敏感土类的动力性能。但是，哪些土类属于对动力作用敏感的土，哪些土类属于对动力作用不敏感的土，则应根据宏观现场调查资料和试验室试验资料来确定。

（2）宏观现场调查资料。这里的宏观现场调查资料主要是指地震震害宏观现场调查资料。国内外历次大地震的震害宏观现场调查资料显示，凡是发生严重地面破坏，例如喷砂冒水、地面开裂、下沉等现象的场地，发生显著下沉或失效的建筑物地基，以及发生严重的滑裂或滑坡的堤坝等，其土体中一定会包含有饱和的松至中下密状态的砂土、软黏土，特别是淤泥质黏土和淤泥，含砾量小于 70% 左右的饱和砂砾石。除此之外，场地地面、建筑物地基、堤坝等很少发生明显的震害。

（3）试验室试验资料。土的动力性能试验，例如动三轴试验表明，如果试验的土样是由饱和的松至中下密砂制备的，则会测得显著的孔隙水压力升高，并使其对剪切变形的抵抗能力大部分丧失或完全丧失；如果试验的土样是由软黏土，特别是由淤泥质软黏土和淤泥制备的，则会测得明显的永久变形，并可达到指定的破坏变形数值；如果土样是由含砾量小于 70% 左右的砂砾石制备的，则可测得与饱和松至中下密状态的砂土相似的结果。但是，如果土样是由干砂、密实的饱和砂土制备的，则不会出现对剪切变形的抵抗能力大部分丧失的现象；如果土样是由压密的饱和黏性土制备的，虽然可能产生一定的永久变形，但通常不可能导致破坏。

综合所述，文献［1］认为饱和的松至中下密状态的砂土、软黏土，包括淤泥质土和淤泥、含砾量小于7%左右的饱和砂砾石，属于对动力作用敏感的土；而认为干砂、饱和的密实砂土、压密的饱和黏性土、含砾量大于70%的饱和砂砾石属于对动力作用不敏感的土。

根据上述可判断，如果岩土工程的土体中不包含对动力作用敏感的土，则在地震作用下岩土工程通常只会发生一些较轻的震害；而如果岩土工程的土体中包含对动力作用敏感的土，则在地震作用下岩土工程则可能发生破坏性的震害。对这种情况应予以特别关注，对其进行详细研究。

12.1.4　土动力学的主要研究课题及本章所讲述的内容

自20世纪60年代以来，土动力学研究取得了长足的发展。土动力学是专门研究在各种动荷载作用下土的动力性能及土体的变形和稳定性的一门学科。土动力学的主要研究课题如下。

（1）土动力性能试验，包括实验室和现场试验的设备和试验方法。

（2）土动力性能试验研究，包括土的变形性能、强度特性、孔隙水压力特性及耗能特性。在动荷载作用下，土的耗能特性是非常重要的。

（3）土动力学模型及其本构关系。该研究课题的重要性在于，根据土动力学模型及本构关系建立土的动力应力-应变关系，是土体动力反应分析所必需的。

（4）土体动力反应分析。这里的土体动力反应分析是狭义上的土体动力反应分析，通常是指采用分析方法确定指定动荷载作用下的土体中的位移、速度、加速度，以及动应力的分布及其随时间的变化。广义上，确定指定动荷载作用下的土体中的孔隙水压分布及其随时间的变化，土体的永久变形也应属于土体动力反应分析的内容。但是，确定动荷载作用下土体中的孔隙水压及永久变形更复杂，通常将其作为独立问题进行研究。

（5）动荷载作用下土体中的孔隙水压力。

（6）动荷载作用下土体的永久变形。

（7）地震作用引起的饱和砂土液化，包括液化机制、液化判别、液化危害评估等。

（8）动荷载作用下土体-结构相互作用。

（9）土动力学在岩土地震工程和工程震动中的应用。

由上述可见，土动力学有一个独立的完整体系。因此，仅以一章的篇幅容纳土动力学的全部内容是不可能的。在此，本章只能将土动力学最基本的部分纳入，故称土动力学基础。如果想了解更多的土动力学内容，请查阅文献［2］~［5］。

由于篇幅所限，本章仅表达如下土动力学内容。

（1）土动力性能的试验研究；

（2）土动力学模型；

（3）土体运动微分方程；

(4) 求解土体动力反应的逐步积分法；
(5) 场地土层地震反应及简化法；
(6) 水平成层场地液化判别。

12.2　土动力性能的试验研究

12.2.1　概述

1. 试验目的及测试内容

作为一种力学介质和工程材料，土在动荷载作用下会发生变形，甚至可能破坏。为了解土在动荷载作用下的变形和强度等性能必须进行动力试验，由土动力试验测得的资料是定性和定量描写土动力性能的基础。

和其他力学介质与工程材料一样，土动力性能主要包括：①变形特性；②强度特性；③耗能特性。

除此之外，与其他力学介质和工程材料不同，土在动荷载作用下可能会发生孔隙水压力升高。孔隙水压力升高对土的变形和强度特性具有重要的影响。因此，土动力性能还应包括孔隙水压力特性。

由于土的特殊结构，土是一种变形大、强度低的力学介质和工程材料。土的动力性能试验必须在特制的土动力试验设备上进行。

2. 试验应考虑的主要影响因素

与其他力学介质和工程材料相比，影响土动力性能的因素较多，土动力性能也更复杂。为定性和定量了解这些因素对土动力性能的影响，土动力试验设备应满足一些特殊要求。另外，由于影响因素较多，动力试验的组合较多，相应的试验工作量较大。

根据经验，除了土类之外，影响土动力性能的主要因素如下。

1) 土的状态

这里的土的状态，砂性土是指密实程度，通常以孔隙比、相对密度等指标表示；黏性土指软硬程度，通常以含水量或液性指数表示。对于同一种土，土的状态是影响土动力性能的重要因素。特别应指出，对于实际工程问题，试验的土的状态必须与其天然埋藏密度或填筑所控制的密度相同。

2) 初始静应力

在受动荷载作用之前，土体就已受到静荷载作用。在土动力学研究中，通常把土所受的静应力称为初始静应力，并认为土体在静荷载作用下变形已经完成，任何一点土所受的静应力已完全由土骨架承受，应视为有效应力。任何一点的静应力可以分解为球应力和偏应力。根据土力学常识可判断，土所受到的静有效球应力越高，其动力性能越好。另外，土的静偏应力对土动力性能也有重要影响。

3）动荷载特性

前文曾指出，动荷载的特性应包括幅值、频率成分及作用时间或作用次数。动荷载幅值决定土所受到的动力作用水平，而动力作用水平又决定土的工作状态，处于不同工作状态的土的动力性能是不一样的。因此，动荷载幅值是必须要考虑的一个重要因素。从土动力试验而言，施加的动荷载频率主要影响加荷速率。这样由于速率效应，加荷速率将对土动力性能产生一定的影响。动荷载作用时间或次数对土动力性能的影响主要是由疲劳效应引起的。特别地，对于有限作用次数类型的动荷载，作用次数是影响土动力性能的重要因素，在动力试验中必须予以考虑。

4）排水条件

土动力试验的排水条件是指在施加动荷载过程中是否允许土试样排水。如果允许土试样排水称为排水条件下的试验；否则，称为不排水条件下的试验。排水条件对饱和土动力性能的影响特别大。在排水条件下试验，在动荷载作用过程中土试样会发生压密，减少了土试样的变形及孔隙水压力，与不排水条件下的试验结果相比，土会呈现出较好的动力性能。

3. 土动力性能试验所获得的基本资料

在土动力试验中，施加给土试样的动荷载是一个时间过程。相应地，在动荷载作用下，土试样产生的变形、孔隙水压力等也是一个时间过程。土动力试验中必须测试的主要资料如下：①土试样的动应力与时间关系线；②土试样的变形与时间关系线；③土试样产生的孔隙水压力与时间关系线。

通常土动力试验设备为应力式的，土试样所受的动荷载是预定指定的。相应的动应力是已知的，但还必须测定土试样实际所受的动应力。如果土动力试验设备是应变式的，土试样所受的动变形是预先指定的，相应的动应变是已知的，则土试样实际的动应变必须测定。

一般来说，只有饱和土动力试验中才测孔隙水压力，特别是饱和砂土。在此应指出，由于黏性土测量的孔隙水压力具有滞后效应，由动力试验测得的黏性土孔隙水压力与时间的关系线是不准确的，甚至没有价值。

由试验测得的上述三条过程线是土动力性能试验最基本的试验资料。根据这三条过程线可研究土的动力应力-应变关系、土的动强度特性、耗能特性及孔隙水压力特性。由于这三条过程线对研究土动力性能很重要，土动力试验设备必须保证所测得的这三条过程线具有足够的精确性。

12.2.2　土动力试验设备的组成及要求

1. 土动力试验应模拟的条件

根据 12.2.1 节表述的影响土动力性能的因素，在土动力性能试验中应恰当地模拟如下条件：①土的密度状态；②土的饱和度或含水量；③土的结构；④土所受的初始静应力状态及数值；⑤土所受的动应力状态及数值；⑥动荷载作用过程中土的排水条件。

前三个模拟条件可由土试样的制取来实现。在此应指出，为获得原状土试样，在取样、运输、制样过程中应尽量避免扰动，一旦土的结构受到破坏，则在短期内将难以恢复。由于土结构的影响，重新制备土样的动力试验结果不能代表密度状态、含水量相同的原状土的动力试验结果。为了从土层中取出原状土样，有时必须采取特殊的方法，例如冻结法等。

后三个条件的模拟必须依靠动力试验设备来实现。毫无疑问，土所受的静应力状态和数值的模拟，以及动应力状态和数值的模拟，应分别依靠动力试验设备的静力荷载系统和动力荷载系统来实现。动荷载作用过程中排水条件的模拟应依靠动力试验设备的排水控制系统来实现。在此应指出如下几点。

(1) 现存的不同类型的土动力试验设备，通常只能使土试样受到特定的一种静应力状态和动应力状态，其试验结果是土在特定的静应力状态和动应力状态下呈现出动力性能。如果要了解静应力状态和动应力状态对土动力性能的影响，必须比较由不同类型的土动力试验设备试验所获得的结果。

(2) 前文已经指出，土所受的初始静应力包括球应力和偏应力两部分。为能考虑这两部分初始静应力对土动力性能的影响，静荷载系统施加于土试样的球应力及偏应力必须能够在一定范围变化。

(3) 由于技术上的原因，动荷载系统施加给土试样的动力作用水平只能在一定范围内变化，例如从小变形到中等变形范围内或从中等变形到大变形范围内变化。因此，每种土动力实验设备通常只适用于研究一定动力作用水平下的土动力性能。

(4) 土的动力试验是在排水条件或不排水条件下进行的，主要取决于动荷载作用的持续时间或作用次数。如果动荷载作用的持续时间很短或作用次数很少，在动荷载作用时段内土来不及排水，则动力试验应在不排水条件下进行。因此，像爆炸、地震等动荷载，土动力试验在不排水条件下进行是适宜的。

2. 土动力试验设备组成

从功能而言，无论哪种土动力试验设备必须包括如下几部分。

1) 土试样盒或土试样室

土试样盒或土试样室的功能是安置土试样，同时往往也是给土试样施加静荷载或者动荷载不可缺少的部分。

2）静荷载系统

静荷载系统的功能是给土试样施加静荷载，使土试样在受动荷载之前就承受静应力作用。为了使土试样承受的静球应力分量和偏应力能够变化，静荷载系统通常包括侧向静荷载和竖向静荷载两部分，它们分别在侧向和竖向给土试样施加静荷载。在侧向和竖向静荷载作用下，土试样分别承受侧向应力和竖向应力，通常以 σ_3 和 σ_1 表示。如前所述，认为土所受的初始静应力是有效应力，土试样必须在侧向应力和竖向应力作用下完成固结，因此把 σ_3 和 σ_1 称为固结应力。如令

$$K_c = \frac{\sigma_1}{\sigma_3} \tag{12.5}$$

则称 K_c 为固结比。当 $K_c = 1$，$\sigma_1 = \sigma_3$ 时，在这种条件下固结称为各向均等固结；当 $K_c > 1$，$\sigma_1 > \sigma_3$ 时，在这种条件下固结称为非均等固结。由上述可见，均等固结时，土试样只承受静球应力作用；非均等固结时，土试样不仅承受球应力作用，还承受偏应力作用。当侧向应力保持不变时，土试样所承受的偏应力随固结比 K_c 的增大而增大。这样，借助静荷载系统改变所施加的侧向静荷载和竖向静荷载，就可以改变其所受的静球应力和静偏应力数值。

另外，有的动力试验仪器的土试样盒侧壁为刚性的，静荷载在竖向施加于放置盒中的土试样。在竖向施加的静荷载作用下，土试样承受静竖向应力 σ_v。由于试样盒的侧壁是刚性的，土试样在竖向荷载作用下不能发生侧向变形，土试样承受的静水平应力 σ_h 应为

$$\sigma_h = K_0 \sigma_v \tag{12.6}$$

式中，K_0 为静止土压力系数。如果土试样处于这样的静力条件下，则称为 K_0 条件。显然，土试样在这样的条件下应属于非均等固结，其固结比 K_c 为

$$K_c = \frac{1}{K_0} \tag{12.7}$$

3）动荷载系统

动荷载系统给土试样施加一个动荷载，土试样在动荷载作用下承受动应力。大多数动力试验设备是应力式的，施加给土试样的是个动力时程。但是，也有的动力试验设备是应变式的，施加给土试样的是动变形时程。另外，有的动力试验设备将动荷载沿土试样轴向方向施加于土试样，在土试样中产生轴向动应力；有的动力试验设备将动荷载沿水平方向施加于土试样，在土试样中产生水平的动剪应力。

为了考虑动荷载特性对土动力性能的影响，动荷载系统应具备如下功能。

（a）动荷载的幅值是可调的；

（b）动荷载的频率是可调的；

（c）至少能产生等幅正弦波形的动荷载，如还能产生变幅随机荷载则更好；

（d）作用的持续时间或作用次数是可控的。

动荷载系统是动力试验设备的关键组成部分。由于篇幅的限制，在此不对动荷载系统做具体的介绍。

4）测试及记录系统

土动力试验的测试及记录系统功能是将试验过程中土试样所受的动应力、动变形及孔隙水压力随时间的变化测量、记录并显示出来。测试及记录系统的组成部分如下。

a. 测量部分

测量部分的功能是将动应力、变形及孔隙水压力测出来。测量部分的关键部件是传感器，测动应力的传感器称为应力传感器，测变形的传感器称为位移传感器，测孔隙水压力的传感器称为孔隙水压力传感器，它们分别将动应力、变形及孔隙水压力等物理量转变成相应的模拟电量进行输出。在布置上，应力传感器应与土试样串联，位移传感器应与土试样并联，孔隙水压力传感器应经管路与土试样中的孔隙水相通。

b. 放大器

由传感器输出的模拟电信号非常微弱，放大器将输入的微弱的电信号放大，然后再输出。

c. 记录和显示部分

记录和显示部分的功能是将放大后的电信号记录和显示出来。现在这部分是由计算机控制的数字采集装置及绘图仪或打印机组成的。数字采集装置接收由放大器输出的电信号，并把接收到的连续电信号按一定的采样频率或时间间隔采集下来，把它变成数字信号输入在计算机中存储起来。绘图仪或打印机是显示装置，也是由计算机控制工作的。计算机把存储器存储的数字信号调出来输入到绘图仪或打印机中，并以图形的形式显示出来或按采集的时间间隔打印出来。

5）排水控制及孔隙水压力测量系统

这个系统是由排水阀门、与土试样孔隙相通的管路及量水管组成的。此外，在连接排水阀门与土试样的管路上设置孔隙水压力传感器及一个控制阀门，如图12.5所示。

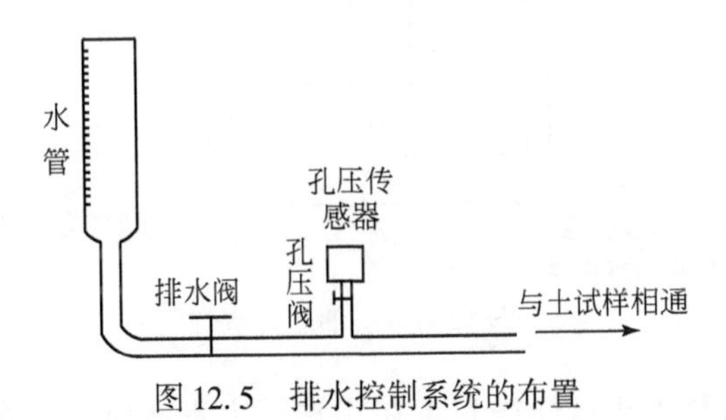

图12.5　排水控制系统的布置

排水控制及孔隙水压力测量系统的功能如下。

(a) 施加静荷载后，打开排水阀门，土试样可以排水完成固结，将作用于土试样上的静应力完全转变成有效应力。

(b) 施加动荷载后，如果打开排水阀门，则土试样在动荷载作用过程中可以排水，动力试验在排水条件下进行；如果关闭排水阀门，则土试样在动荷载作用过程中不能排水，动力试验在不排水条件下进行。

(c) 施加动荷载后关闭排水阀，打开孔压阀门则可测量动荷载作用在土试样中引起的孔隙水压力。

12.2.3 土动力三轴试验仪

1. 三轴压力室的组成

土动力三轴试验（简称动三轴试验）是在土动力三轴试验仪上完成的。土动力三轴试验仪在20世纪60年代就被研发出来了，是最早被开发出来的土动力试验设备，现已作为一种常规土动力试验仪器被装备在岩土工程试验室中。

土动力三轴试验仪作为一种土动力试验仪器，和其他土动力试验设备一样，也是由上述几个部分组成的。为了说明土动力三轴试验的特点，下面只对三轴压力室及土试样等做必要的表述。

三轴压力室由底座、顶盖及有机玻璃筒组成，如图12.6所示，其主要功能如下：①安置土试样；②配合静荷载系统给土试样施加静荷载；③配合动荷载系统给土试样施加动荷载；④配合排水系统控制排水条件；⑤配合孔隙水压测试系统测试土试样的孔隙水压力。

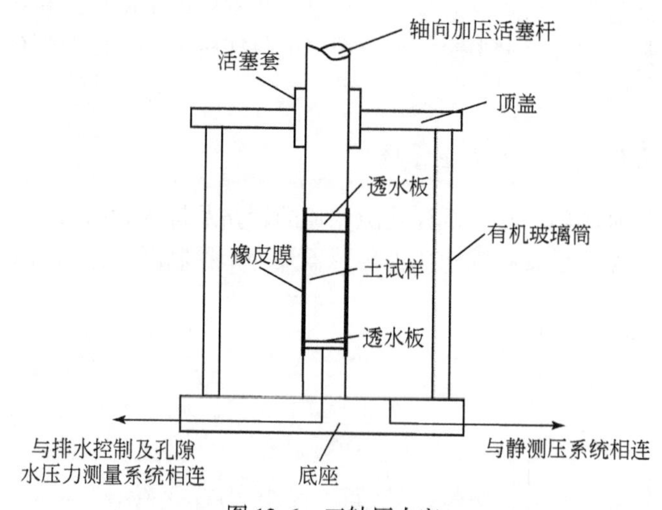

图12.6　三轴压力室

由图12.6可见，圆柱形土试样被安置在三轴压力室底座上，在土试样与底座之间放置透水板，便于土试样排水。土试样的上端与轴向加压活塞杆相连。土试样外包橡皮膜，使土试样与三轴压力室内的流体隔绝。

三轴压力室底座上开有两个孔道。一个孔道与静测压系统相连，通过这个孔道将压力流体注入三轴压力室中，使土试样承受静侧压力 σ_3 作用。另一个孔道与如图12.5所示的排水控制及孔隙水压力测量系统相连。这样可控制土试样在试验时所处的排水条件，并为测量土试样中的孔隙水压力提供了可能。

由于土试样上端与轴向加压活塞杆相连，轴向静荷载系统及轴向动荷载系统可通过轴向加压杆施加于土试样上，使土试样承受轴向静压力 σ_1 和轴向动应力 σ_{ad} 作用。

在三轴压力室顶盖上有一个活塞套，一方面，它要与轴向加压活塞杆相匹配以减少两者之间的摩擦，使施加于轴向加压活塞杆上的轴向静荷载和动荷载有效地作用于土试样上；另一方面，可减少三轴压力室中受压的流体从两者缝隙之间的渗出量，以保证三轴压力室内压力的稳定。

2. 土动三轴试验土试样的受力特点

按上述，在动三轴试验中，土试样承受的静应力和动应力状态均为轴对称应力状态，如图 12.7 所示。图 12.7（a）所示的是静应力状态，图 12.7（b）所示的是动应力状态，图 12.7（c）所示的是静动合成应力状态。

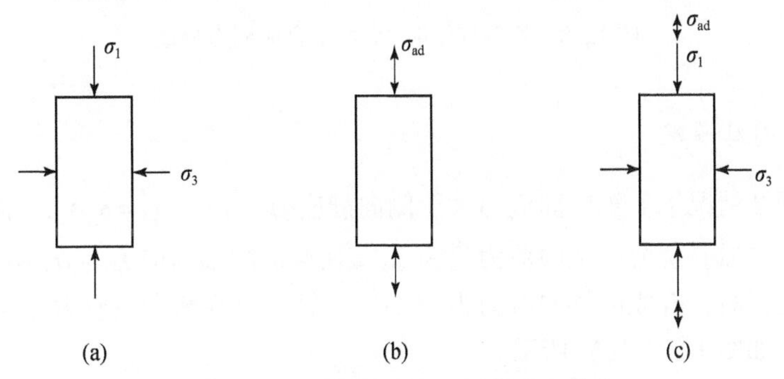

图 12.7　动三轴试验土试样的受力状态

在动三轴试验中，均等固结和非均等固结两种情况下土试样的受力特点如下。

1）均等固结情况

在均匀固结情况下，轴向静应力 σ_1 等于侧向静应力 σ_3。轴向动应力叠加在轴向静应力上之后，合成的侧向应力仍为 σ_3，而合成的轴向应力为 $\sigma_1 \pm \sigma_{ad}$。如果以压应力为正，当轴向动应力为正时，合成的轴向应力为 $\sigma_1+\sigma_{ad}$，大于 σ_3。这表明，轴向为合成应力的最大主应力方向，侧向为合成应力的最小主应力方向。当轴向动应力为负时，合成的轴向应力为 $\sigma_1-\sigma_{ad}$，小于 σ_3。这表明，轴向为合成应力的最小主应力方向，侧向为合成应力的最大主应力方向。因此，当轴向动应力发生正负转变时，土试样的主应力方向突然发生 90°转动。

这个特点可用土试样 45°面上的应力分量的变化进一步说明，如图 12.8 所示。在均等固结情况下，45°面上的静正应力等于 σ_3，静剪应力为零。轴向动应力叠加之后，当轴向动应力为正时，45°面上的合成正应力为 $\sigma_3+\frac{\sigma_{ad}}{2}$，剪应力为 $+\frac{\sigma_{ad}}{2}$，“+”表示沿 45°面向下作用；当轴向动应力为负时，45°面上的合成正应力 $\sigma_3-\frac{\sigma_{ad}}{2}$，剪应力为 $-\frac{\sigma_{ad}}{2}$，“-”表示沿 45°面向上作用。这表明，当轴向动应力发生正负转变时，土试样 45°面上的合成剪应力作用方向将发生突然转变。因此，在均等固结情况下，在轴向动荷载作用时，土试样 45°面上的合成剪应力不仅有大小的变化，还有方向上的突然变化。另外，当轴向动应力为负时，合成应力的最小主应力为 $\sigma_3-\sigma_{ad}$。由于合成应力的最小主应力不能为负，因此 σ_{ad} 不能大于 σ_3，如果 σ_{ad} 大于 σ_3，则部分 $\sigma_3-\sigma_{ad}$ 不能施加于土试样上。

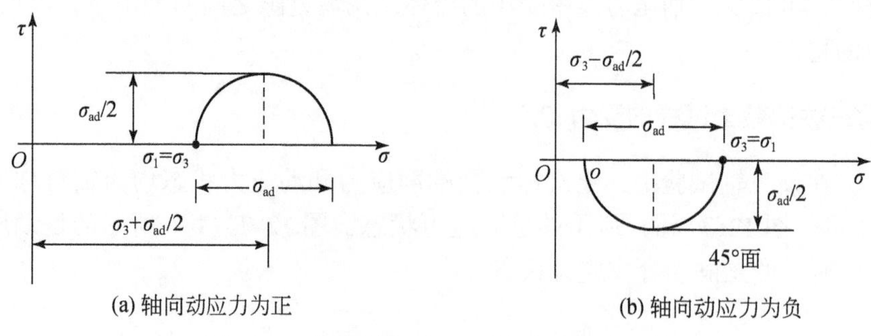

(a) 轴向动应力为正　　(b) 轴向动应力为负

图 12.8　均等固结时 45°面上合成应力分量

2）非均等固结情况

在非均等固结情况下，轴向静应力大于侧向静应力，并且 $\sigma_1=K_c\sigma_3$。轴向动应力叠加在轴向静应力上之后，合成的侧向应力仍为 σ_3，而合成的轴向应力为 $\sigma_1\pm\sigma_{ad}$ 或 $K_c\sigma_3\pm\sigma_{ad}$。当轴向动应力为正时，合成的轴向应力为 $\sigma_1+\sigma_{ad}$，轴向仍为最大主应力方向，侧向仍为最小主应力方向，如图 12.9（a）所示。

当轴向动应力为负时，合成的轴向应力为 $\sigma_1-\sigma_{ad}$，这时可能有如下两种情况。

（a）当 $\sigma_1-\sigma_{ad}>\sigma_3$ 或 $\sigma_{ad}<\sigma_1-\sigma_3$，即 $\sigma_{ad}<(K_c-1)\sigma_3$ 时，合成的轴向应力仍大于 σ_3，轴向仍为最大主应力方向，侧向仍为最小主应力方向，如图 12.9（b）所示。

（b）当 $\sigma_1-\sigma_{ad}<\sigma_3$ 或 $\sigma_{ad}>\sigma_1-\sigma_3$，即 $\sigma_{ad}>(K_c-1)\sigma_3$ 时，合成的轴向应力则小于 σ_3，轴向变成最小主应力方向，侧向变成最大主应力方向，如图 12.9（c）所示。这样，当从 $\sigma_1-\sigma_{ad}>\sigma_3$ 变成 $\sigma_1-\sigma_{ad}<\sigma_3$ 时，土试样的主应力方向突然发生 90°转动。

由图 12.9 还可以看出，在非均等固结情况下，当 $\sigma_1-\sigma_{ad}>\sigma_3$ 时，施加轴向动应力不会使 45°面上动剪应力的方向发生改变；而当 $\sigma_1-\sigma_{ad}<\sigma_3$ 时，施加轴向动应力将使 45°面上动剪应力的方向发生改变。

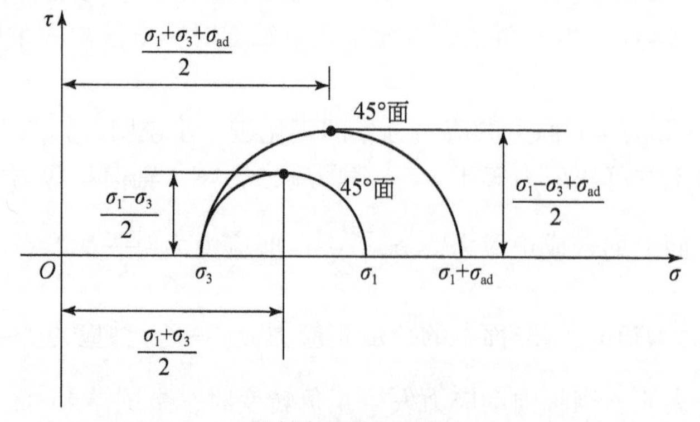

(a) 轴向动应力为正时

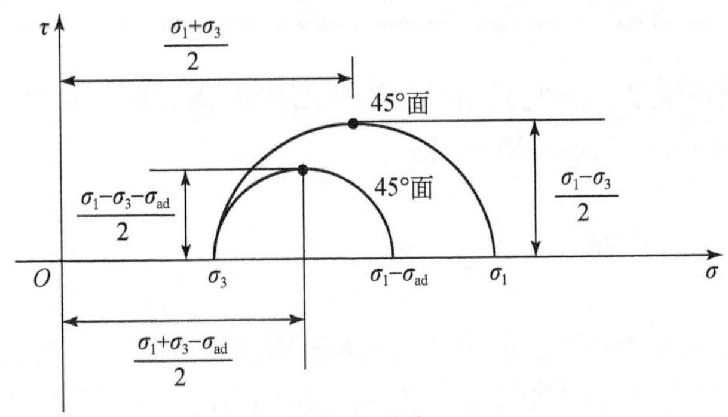

(b) 轴向动应力为负，$\sigma_{ad}<\sigma_1-\sigma_3$

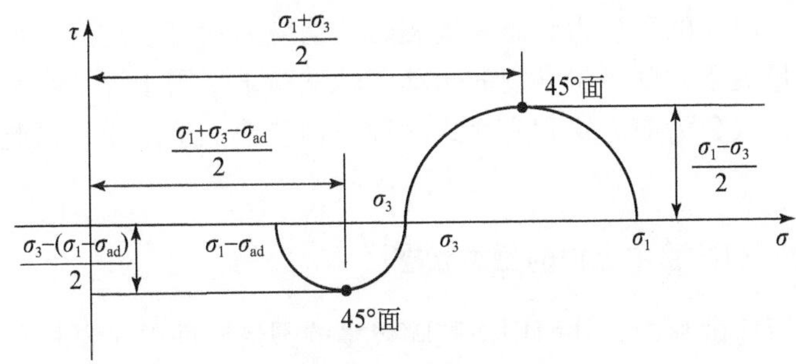

(c) 轴向动应力为负，$\sigma_{ad}>\sigma_1-\sigma_3$

图 12.9　非均等固结时 45°面上应力分量

综上所述，在均等固结情况下，施加的轴向动荷载不仅使土试样剪应力发生大小的变化，还使土试样剪应力的作用方向发生突然变化。在非均等固结情况下，当 $\sigma_{ad}<\sigma_1-\sigma_3$ 时，施加的轴向动荷载仅使土试样的剪应力发生大小的变化；当 $\sigma_{ad}>\sigma_1-\sigma_3$ 时，施加的轴向动荷载还会使土试样剪应力作用方向发生突然变化。在均等固结和非均等固结情况下，同一种土的土动力三轴试验结果不同，原因与上述土试样的受力特点有关。

3. 动三轴试验土试样的受力水平

前文已指出，由于技术上的原因，每种土动力试验设备只能使土试样所受的动力作用水平处于某一定范围内。在动三轴试验中，土试样所受的动力作用水平通常在剪应变幅值 $10^{-5}\sim10^{-2}$。在这样的动力作用水平下，土处于中等变形至大变形阶段。因此，动三轴试验适用于研究处于中等变形至大变形阶段的土动力性能。如欲研究小变形阶段的土动力性能，不宜采用动三轴试验。

4. 动三轴试验测试项目

动三轴试验可测试如下项目。

（1）土的动强度性能，包括饱和砂土抗液化的性能。

（2）动力作用水平大于屈服剪应变时土的变形特性。关于屈服剪应变的概念将在后面进行说明。

（3）当动力作用水平大于屈服剪应变时，饱和土，特别是饱和砂土的孔隙水压力性能。

（4）测试土的屈服应变。在此只指出，当土所受的动力作用水平高于屈服剪应变时，作用次数对土动力性能的影响不可以忽略。

12.2.4 土动简切试验

土动简切试验是在动简切仪上进行的。土动简切仪的研制开发晚于土动三轴仪。虽然土动简切仪还不是一种土动力试验的常规仪器，但是它在土动力学发展中起重要作用。在土动简切仪中，土试样所受的静应力和动应力状态不同于在土动三轴仪中，但是很接近在水平自由场地下土层所受的静应力状态和地震时的动应力状态。这样，如果能在这两种试验结果之间建立定量关系，就可将常规的土动三轴试验结果用于评估水平自由场地下的土动力性能。土动简切仪分为应力式和应变式两种，相应地，土动简切试验也分为应力式和应变式两种。

1. 应力式土动简切试验中土样的受力状态

在应力式土动简切试验中，外面用橡胶膜包裹的圆形断面的土试样放置在一个特制的侧壁为刚性的土试样盒中。土试样顶端放置一个底面粗糙的加载板。土试样盒的底座有通道与排水系统及孔隙水压力测量系统相连接。静荷载系统将竖向荷载施加于加载板上，在土试样中产生竖向应力 σ_v。由于土试样盒侧壁是刚性的，在竖向荷载作用下土试样不能发生侧向变形，则土试样承受的水平向静应力 σ_h 等于静止土压力，即

$$\sigma_h = K_0\sigma_v \tag{12.8}$$

因此，土动简切试验中土试样的静应力状态为 K_0状态，如图 12.10（a）所示，并在所承受的静应力下固结。动荷载系统将一个动水平荷载作用于土试样顶端的加载板上，并靠加载板底面与土试样顶面之间的摩擦力将其作用于土试样上。在动水平荷载作用下，土试样在水平方向上受剪切作用，并在水平面上产生动水平剪应力 $\tau_{hv,d}$。这样，在土动简切试验中土试样的动应力状态为简切应力状态，如图 12.10（b）所示。在土动简切试验中，土试样所受的静动合成应力状态如图 12.10（c）所示。

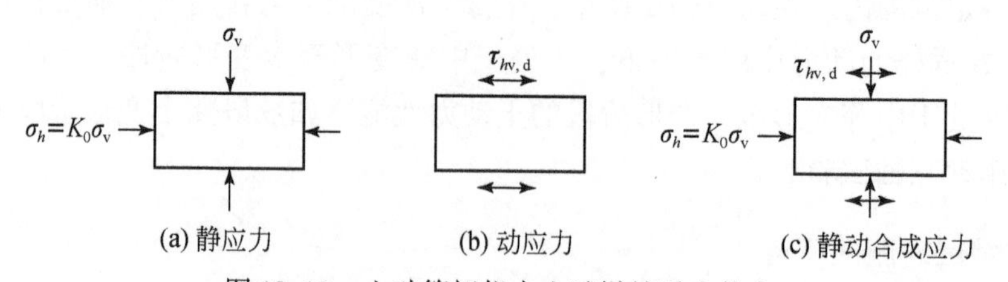

图 12.10 土动简切仪中土试样的受力状态

由上述可见，在土动简切试验中，只在水平面上施加动水平荷载，因此称之为简切，虽然沿竖向面也会伴有动剪应力作用，但并不像纯剪那样与水平面上的动剪应力相等。

在土动简切试验中，一般不在水平面上施加静水平荷载。因此，水平面上的静剪应力

为零，水平面和侧面分别为静应力的最大主应力面和最小主应力面，静应力莫尔圆如图 12. 11（a）所示。

施加动荷载后，当水平面上的动剪应力为正时，合成应力莫尔圆如图 12. 11（b）所示。由图 12. 11（b）可见，合成应力的最大主应力方向相对于静力最大主应力方向顺时针转动了 α 角；当水平面上的动剪应力为负时，合成应力莫尔圆如图 12. 11（c）所示，合成应力的最大主应力方向相对于静力最大主应力方向逆时针转动了 α 角。设 $\tau_{hv,d}$ 为水平面上动剪应力的最大值，α 为主应力的最大转动角，由图 12. 7 可得

$$\tan 2\alpha = \frac{2\tau_{hv,d}}{(1-K_0)\sigma_c} \tag{12.9}$$

综上所述，在土动简切试验中，施加水平动荷载使土试样的主应力方向在 $\pm\alpha$ 之间连续变化。

由于在应力式土动简切试验中施加的动荷载是已知的，试验要测量的量是土试样顶面的位移。如果假定水平剪切应变是均匀的，则动剪应变可按下式确定：

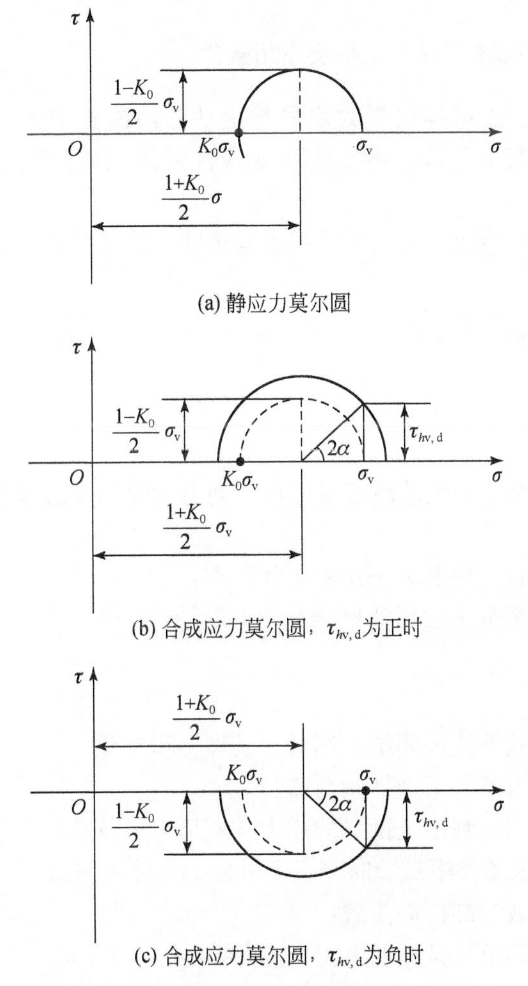

图 12. 11　土动简切试验土试样的应力莫尔圆

$$\gamma_d = \frac{u}{H} \tag{12.10}$$

式中，u 为试样顶面的水平位移；H 为土试样高度。此外，如果需要的话，还要测量非饱和土试样的竖向变形，即体积变形，或饱和土的孔隙水压力。

2. 应变式土动筒切试验中土样的受力状态

应变式土动筒切试验也是将外面包裹橡皮膜的土试样放置于特制的侧壁为刚性的土试样盒内。与应力式土动筒切仪的不同之处为，应变式土动筒切仪的动荷载系统使土试样盒的两侧壁按指定形式发生转动。这样，放置在土试样盒中的土试样按指定形式产生剪应变，并且是已知的。在应变式土动筒切试验中，要测试的量是土试样承受的水平动剪应力，必要时，还要测量非饱和土试样的竖向变形，即体积变形，或饱和土试样的孔隙水压力。

在应变式土动筒切试验中，土试样的静应力状态、动应力状态及静动合成应力状态与应力式土动筒切试验中的相同。

3. 土动筒切试验土试样的受力水平及适用条件

在土动筒切试验中，土试样的受力水平与土动三轴试验中土试样的受力水平大致相同，处于中等变形和大变形阶段，将呈现出非线性弹性或弹塑性性能，甚至发生流动或破坏。

按上述，土动筒切试验所适用的测试项目与土动三轴试验基本相同。

12.2.5　土动力试验方法

1. 土动力试验步骤

无论采用土动三轴仪还是土动筒切仪进行土动力试验，其试验步骤基本相同，都包括如下几个步骤。

（1）调试好试验设备，使其处于正常工作状态；

（2）制备土试样，测量土试样的尺寸及重力密度；

（3）安装土试样；

（4）施加静荷载；

（5）土试样在静荷载下完成固结，测量土试样体积变化；

（6）在排水或不排水条件下施加动荷载；

（7）测量动荷载作用过程中土试样的应力、变形，以及在排水条件下试验时测量土试样的体积变形或在不排水条件下试验时测量土试样的孔隙水压力；

（8）停止施加动荷载、卸掉静荷载；

（9）卸下土试样，测量土试样的重力密度。

2. 静荷载的施加方式

如果土试样在均等压力状态或K_0状态下固结，可将静荷载一次施加于土试样上。在这种情况下，在静荷载作用下，土试样只发生压密变形，而不产生剪切变形。如果土试样在不均等压力下固结，那么首先应施加与侧向压力相等的各向均等压力，待土试样在各向均等压力下固结完成后，再分级增加轴向静应力，使其达到指定的轴向静应力的数值。分级增加轴向静应力时，应待土试样在上一级轴向应力作用下完成固结后再增加下一级轴向应力。采取这样的加载方式可避免土试样在非均等固结期间产生过大的剪切变形。

3. 动荷载的施加方式

在土动力试验中，动荷载施加方式与动力试验要测试的项目有关。常规动力试验的测试项目为动模量阻尼和动强度。下面按这两种试验分别表述其动荷载施加方式。

1）动模量阻尼试验的动荷载施加方式

动模量阻尼试验采用逐级施加动荷载的方式，即按动荷载幅值由小至大分几级施加给土试样，每级的作用次数是指定的，并测量在每级动荷载作用下土的变形及孔隙水压力。这样，在施加动荷载时需要确定如下三个参数。

a. 施加的动荷载级数

通常施加的动荷载级数为 8 ~ 10 级。级数太少，不能获得足够数量的试验资料；级数太多，不仅试验工作量增加，而且前后两级荷载不易拉开档次。

b. 荷载的级差

级数确定后，级差原则上取决于土承受动荷载的能力。进一步说，比较密实的土或比较硬的土级差可大些。但是，级差的具体数值往往根据经验确定，如果缺乏经验则应由预先试验来确定。

c. 每级荷载下的作用次数

每级荷载下的作用次数由动荷载的类型确定。对于地震这种有限次数的动荷载，通常取作用次数为 20 次。

在此指出，采用逐级施加动荷载的方式会存在一个问题，就是前几级施加的动荷载对在本级动荷载作用下土动力性能的影响问题。虽然指定了每级动荷载的作用次数，但由于前几级动荷载作用的影响，土所受的作用次数并不只是那一级荷载的作用次数。根据疲劳效应，前几级动荷载作用会对本级动荷载作用的土动力性能有一定影响。但是，如果土所受的动力作用水平低于其屈服剪应变，则作用次数对土的动力性能没有显著影响，在这种情况下可忽略前几级动荷载作用的影响。因此，逐级施加动荷载方式对于研究动力作用水平低于屈服剪应变时的土动力性能是适宜的。如果在某一级荷载作用下土发生了明显的累积变形或累积孔隙水压力，则应停止施加下一级动荷载而结束试验。

如果采用逐级施加动荷载方式，则土动力试验可在一个土试样上完成。这样，不仅可减少土动力试验所需的土试样个数，还可减小由土试样之间的不均匀性引起的试验结果的离散。

2）动强度试验的动荷载施加方式

动强度试验采用的加载方式是将指定幅值的动荷载施加于土试样上，直到土试样发生破坏为止，并记录下土试样发生破坏时动荷载的作用次数，以 N_f 表示。对这种加荷方式有如下三个问题需要确定。

a. 土试样破坏标准

通常，土试样的破坏按如下两种标准确定。

（a）如果土动力试验能够正确地测定孔隙水压，例如饱和砂土动力试验，则认为在土动力三轴试验中当动荷载作用所引起的孔隙水压力升高到侧向固结压力时土试样发生了破坏，而在动简切试验中当孔隙水压力升高到竖向固结压力时土试样发生了破坏。但是，试验资料表明，此时土试样的变形较小，通常仅为1%～2%。

（b）更为一般的破坏标准，认为动荷载作用引起的土试样变形达到指定数值时土试样则发生了破坏，通常取最大应变达到5%。

由上述可见，无论采用哪种标准，都必须根据土动力试验的测试资料来确定土试样何时发生破坏。实际上，土试样的破坏是一个发展过程，因此不同的破坏标准对应不同的破坏程度。

b. 选择动荷载幅值的个数

选择的动荷载幅值个数不应少于 5 个，但不宜大于 10 个。如果个数太少，则试验资料不充足；如果太多，则试验的工作量太大。

c. 幅值的范围和分布

幅值的范围取决于土类及土的密实或软硬程度。但是，具体的幅值范围往往根据经验确定。如果缺乏经验，则可由预先试验来确定。

12.3　土的动模量阻尼试验结果

12.3.1　动模量

由动模量阻尼试验，以动三轴试验为例，可以测得在每级等幅轴向动应力 σ_{d} 作用下土样产生的轴向动应变 ε_{d}。当 σ_{d} 的幅值 $\bar{\sigma}_{\mathrm{d}}$ 小于某个数值时，所测得的轴向动应变的幅值 $\bar{\varepsilon}_{\mathrm{d}}$ 为常数，即不随轴向动应力作用次数的增多而增大。这样，由动模量阻尼试验可以获得一组与施加的动应力幅值 $\bar{\sigma}_{\mathrm{d},i}$ 相应的动应变幅值 $\bar{\varepsilon}_{\mathrm{d},i}$。由 $\bar{\sigma}_{\mathrm{d},i}$、$\bar{\varepsilon}_{\mathrm{d},i}$ 可绘出如图 12.12 所示的关系线。该关系线通常可用如下双曲线方程式来拟合[6]：

$$\bar{\sigma}_{\mathrm{d}}=\frac{\bar{\varepsilon}_{\mathrm{d}}}{a+b\,\bar{\varepsilon}_{\mathrm{d}}} \tag{12.11}$$

式中，a、b 为双曲线方程式的两个参数。令

$$E_{d,s}=\frac{\bar{\sigma}_d}{\bar{\varepsilon}_d} \tag{12.12}$$

式中，$E_{d,s}$为动割线模量，如图12.12所示。由式（12.7）和式（12.8）得

$$1/E_{d,s}=a+b\,\bar{\varepsilon}_d \tag{12.13}$$

根据试验资料可绘出$1/E_{d,s}$-$\bar{\varepsilon}_d$关系线，如图12.13所示。由图12.13可见，$1/E_{d,s}$-$\bar{\varepsilon}_d$关系线为直线，a、b分别为其截距和斜率。下面来说明a、b的力学意义。令$\bar{\varepsilon}_d=0$，由式（12.13）得

$$a=1/E_{d,s}$$

由图12.12可见，当$\bar{\varepsilon}_d=0$时，$E_{d,s}$最大，称为初始模量，以$E_{d,max}$表示，则

$$E_{d,max}=1/a \tag{12.14}$$

令$\bar{\varepsilon}_d\to\infty$，由式（12.11）得

$$b=1/\bar{\sigma}_d$$

由图12.12可见，当$\bar{\varepsilon}_d\to\infty$时，$\bar{\sigma}_d$最大，称为最终强度，以$\bar{\sigma}_{d,ult}$表示，则

$$\bar{\sigma}_{d,ult}=1/b \tag{12.15}$$

将式（12.14）和式（12.15）代入式（12.11）中，得

$$\bar{\sigma}_d=E_{d,max}\frac{\bar{\varepsilon}_d}{\left(1+\dfrac{E_{d,max}}{\bar{\sigma}_{d,ult}}\bar{\varepsilon}_a\right)}$$

令

$$\bar{\varepsilon}_{d,r}=\frac{\bar{\sigma}_{d,ult}}{E_{d,max}} \tag{12.16}$$

将式（12.16）代入上式，得

$$\bar{\sigma}_d=E_{d,max}\frac{\bar{\varepsilon}_a}{(1+\bar{\varepsilon}_a/\bar{\varepsilon}_{d,r})} \tag{12.17}$$

式中，$\bar{\varepsilon}_{d,r}$为参考应变，其意义如图12.12所示。将式（12.12）代入式（12.17）中，得

$$E_{d,s}=E_{d,max}\frac{1}{1+\bar{\varepsilon}_a/\bar{\varepsilon}_{d,r}} \tag{12.18}$$

改写得

$$E_{d,s}/E_{d,max}=\frac{1}{1+\bar{\varepsilon}_a/\bar{\varepsilon}_{d,r}} \tag{12.19}$$

在此指出，下一节将表述的土滞回曲线形式的动弹塑性模型中，式（12.17）所示的关系线称为骨架曲线。

在此应指出，由图12.13确定的参数$E_{d,max}$和$\bar{\varepsilon}_{d,r}$是与指定的固结压力σ_3相应的。如果指定另一个固结压力σ_3，按上述同样方法可确定另一组与其相应的$E_{d,max}$和$\bar{\varepsilon}_{d,r}$。为了

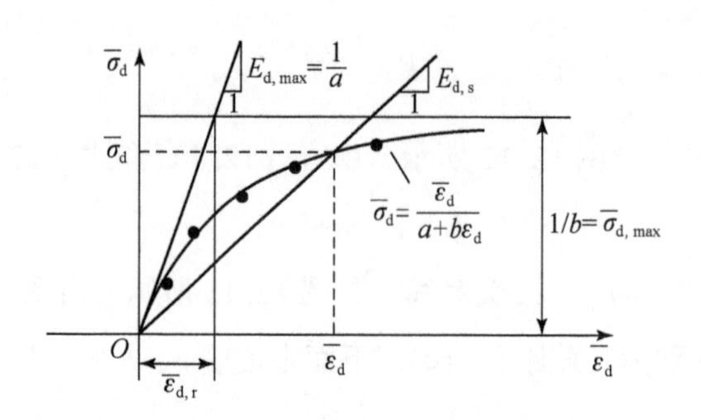

图 12.12　$\bar{\sigma}_d$-$\bar{\varepsilon}_d$ 关系线及双曲线方程式，σ_3一定

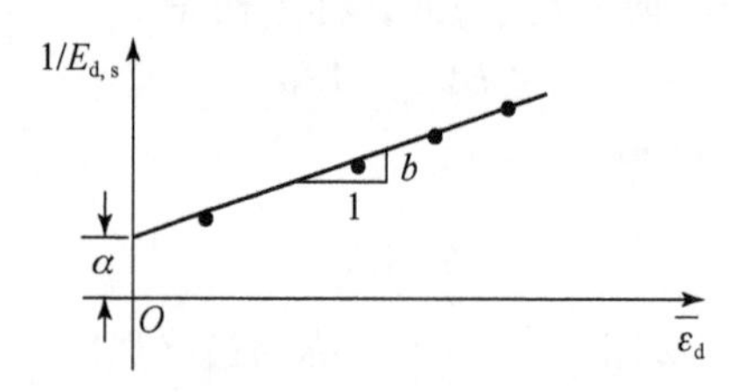

图 12.13　$1/E_{d,s}$-$\bar{\varepsilon}_d$ 关系线

确定参数 $E_{d,max}$、$\bar{\varepsilon}_{d,r}$与固结压力 σ_3 的关系，至少应指定三个固结压力 σ_3 值进行试验，并确定相应的 $E_{d,max}$和 $\bar{\varepsilon}_{d,r}$值。这样，就可绘出 $E_{d,max}$-σ_3 关系线及 $\bar{\varepsilon}_{d,r}$-σ_3 关系线，并对这两条关系线进行拟合。通常，用以下两式分别拟合这两条关系线：

$$E_{d,max}=K_e p_a\left(\frac{\sigma_3}{p_a}\right)^{n_e} \tag{12.20}$$

$$\bar{\varepsilon}_{d,r}=K_\varepsilon\left(\frac{\sigma_3}{p_a}\right)^{n_\varepsilon} \tag{12.21}$$

式中，K_e、n_e为 $E_{d,max}$表达式的两个参数；K_ε、n_ε 为 $\bar{\varepsilon}_{d,r}$表达式的两个参数；p_a为大气压力。按式（12.16），将试验确定的与指定 σ_3 相应的 $E_{d,max}$绘于双对数坐标 $\lg(E_{d,max}/p_a)$-$\lg(\sigma_3/p_a)$中，则得如图 12.14 所示的直线，并可按图 12.14 确定 $\lg K_e$ 及 n_e。同样，按式（12.17），将试验确定的与指定 σ_3 相应的 $\bar{\varepsilon}_{d,r}$绘于双对数坐标 $\lg(\bar{\varepsilon}_{d,r})$-$\lg(\sigma_3/p_a)$ 中，则得如图 12.15 所示的直线，并可按图 12.15 确定 $\lg(K_\varepsilon)$ 及 n_ε。

12.3.2　能量耗损及阻尼比

从指定的 σ_3 下的模量阻尼试验测得的第 i 级荷载下的应力时程和应变时程曲线中，可将第 j 次作用时段的应力 $\sigma_d(t)$ 和应变 $\varepsilon_d(t)$ 截取出来，则可绘出如图 12.16 所示的曲线。图 12.16 中，点 1、3、5、7、9 分别为一个周期内应力 $\sigma_d(t)$ 为零值点、峰值点、零值点、负峰值点、零值点。将应力 $\sigma_d(t)$ 的零值点和峰值点相应的时间与应变 $\varepsilon_d(t)$ 的进行比较，发现应变 $\varepsilon_d(t)$ 滞后了 Δt 时段，即应力 $\sigma_d(t)$ 的零值点、峰值点与应变 $\varepsilon_d(t)$

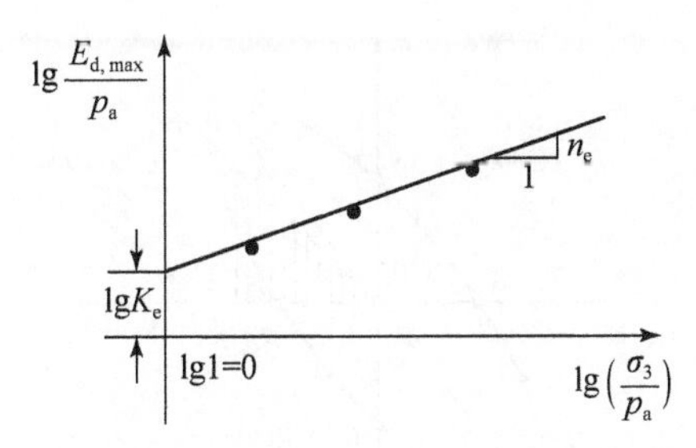

图 12.14　$\lg(E_{d,max}/p_a)$-$\lg(\sigma_3/p_a)$ 关系线

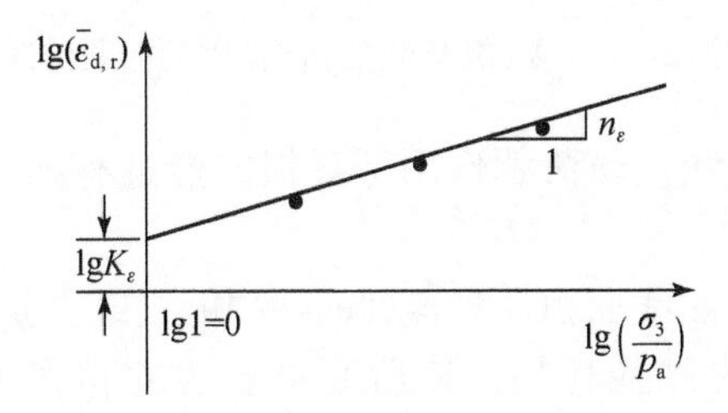

图 12.15　$\lg(\bar{\varepsilon}_{d,r})$-$\lg(\sigma_3/p_a)$ 关系线

的不发生在相同时刻，如图 12.16 所示。如果绘制第 j 次作用时段内的应力–应变关系线，则为一闭合的环形曲线，如图 12.17 所示。下面将这条闭合的环形曲线称为滞回曲线。在此应指出，如前所述，在第 i 级荷载作用期间，动应力幅值、动应变幅值、周期 T 及波形不变，因此其中任何一次作用的滞回曲线均相同，即第 $j+1$ 次作用的滞回曲线与第 j 次完全重合。

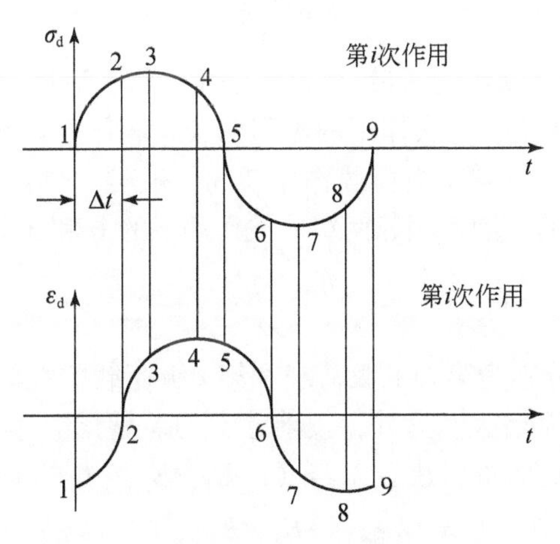

图 12.16　第 i 级荷载第 j 次作用的 σ_d-t 和 ε_d-t 关系线

根据变形能的知识，滞回曲线所围成的面积等于第 j 次荷载作用所耗损的能量，用 ΔW 表示，则

$$\Delta W = \oint_L \sigma_d \mathrm{d}\varepsilon_d \tag{12.22}$$

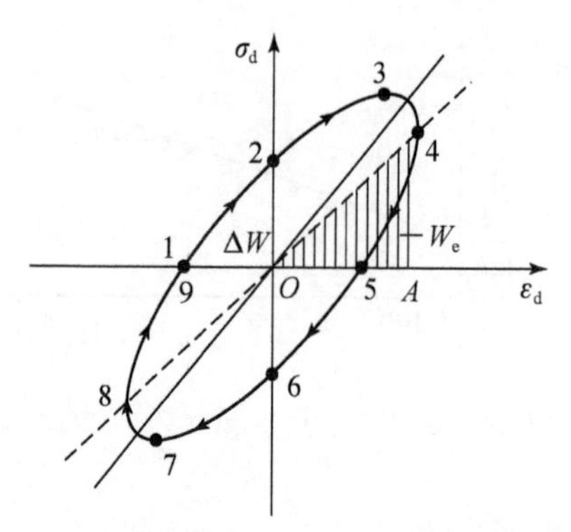

图 12.17　第 i 级荷载第 j 次作用的滞回曲线

式中，L 代表闭合的滞回曲线。动荷载作用下耗损的能量有如下两种机制：①黏性耗损；②塑性耗损。

实际上，由实测的滞回曲线面积计算得到的耗损能量既包括黏性耗损，又包括塑性耗损。但是如果认为其全部为黏性耗损，按后面将表述的黏弹模型，阻尼比 λ 可按下式计算：

$$\lambda = \frac{1}{4\pi}\frac{\Delta W}{W_e} \tag{12.23}$$

式中，W_e 为最大弹性应变能，如图 12.17 所示的 $\Delta OA4$ 的面积。如令

$$\eta = \frac{\Delta W}{W_e} \tag{12.24}$$

式中，η 为耗能系数，则

$$\lambda = \frac{1}{4\pi}\eta \tag{12.25}$$

关于阻尼比 λ 的概念，以及式（12.23）的来源，将在后面表述。

由于在第 i 级荷载作用下，每次作用的滞回曲线均相同，则每一次作用的耗能系数 η 及阻尼比 λ 均相同。这样，在第 i 级荷载作用期间，η、λ 保持不变。但是，不同级荷载作用下的滞回曲线是不同的，因此相邻两级荷载作用下的 η 和 λ 是不同的，并且

$$\eta_{i+1} > \eta_i$$
$$\lambda_{i+1} > \lambda_i$$

式中，η_{i+1}、η_i、λ_{i+1}、λ_i 分别为第 i+1 级荷载和第 i 级荷载的耗能系数和阻尼比。上式表明，λ 随受力水平的提高而增大。另外，按前述，动模量比 $E_{d,s}/E_{d,max}$ 则随受力水平的提高而减小。因此，可根据试验资料建立 λ 与（$1-E_{d,s}/E_{d,max}$）的关系线，其关系式如下：

$$\lambda = \lambda_{max}(1-E_{d,s}/E_{d,max})^{n_\lambda} \tag{12.26}$$

式中，λ_{max} 为最大阻尼比；n_λ 为一个参数。由式（12.26）可见，当受力水平非常低时，$E_{d,s} \to E_{d,max}$，则 $\lambda = 0$；当受力水平非常高时，则 $\lambda \to \lambda_{max}$。按式（12.26），在双对数坐标中两者应为直线关系，如图 12.18 所示。由式（12.26）得

$$\lg\lambda = \lg\lambda_{max} + n_\lambda \lg(1-E_{d,s}/E_{d,max}) \tag{12.27}$$

则由图 12.18 可确定 $\lg\lambda_{max}$ 及 n_λ。

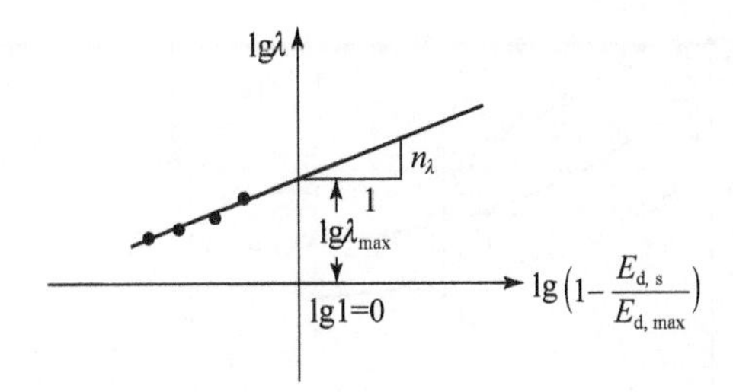

图 12.18　式（12.26）中参数 λ_{max}、n_λ 的确定

根据上述结果，在此应指出如下几点。

（1）如土黏弹性动力学模型所强调的，$E_{d,s}$和 λ 这两个概念只适用于土黏弹性动力学模型。

（2）当土的受力水平低于某一限度，例如屈服应变时，在每级荷载作用期间，$E_{d,s}$和 λ 为常数，不随作用次数而变化。但是 $E_{d,s}$和 λ 随加载级数而变化。

（3）确定土的动模量和阻尼比，必须至少在三个指定的固结压力 σ_3 下进行试验。在每个指定的固结压力 σ_3 下，逐级加载试验的加载级数应不少于 8～10 级。

12.4　土的动三轴强度试验结果

12.4.1　动三轴强度试验结果

1. 动三轴强度试验的基本资料

动三轴强度试验通常要指定三个固结比 K_c，每个固结比下指定三个固结压力 σ_3，每个固结压力下指定 8～10 个轴向动应力 $\sigma_{a,d}$进行试验。在试验中，测量在 $\sigma_{a,d}$作用下的轴向变形，对于饱和砂土还应测量孔隙水压力。由于在动三轴强度试验中所施加的轴向动应力幅值 $\bar{\sigma}_{a,d}$比较大，所测得的轴向变形和孔隙水压力随轴向动应力 $\sigma_{a,d}$作用次数的增多而增大。这样，可以根据前述破坏标准，确定达到破坏标准时相应的作用次数，下面以 N_f表示。由一个指定的固结比 K_c和一个指定的固结压力 σ_3 下的动三轴强度试验可以获得一条 $\sigma_{a,d}$-N_f 关系线。由一个指定的固结比 K_c 的动三轴强度试验结果，可绘制与三个指定的固结压力 σ_3 相应的 $\sigma_{a,d}$-N_f 关系线，如图 12.19 所示。由三个指定的固结比 K_c 的动三轴强度试验，可绘出三组如图 12.19 所示的结果。这三组图就是动三轴强度试验的基本资料。

2. 动抗剪强度及指标

由上述动三轴强度试验得到的基本资料可进一步确定土的抗剪强度及指标。根据土的抗剪强度定义，土动抗剪强度定义如下：土在动附加应力作用下达到破坏时，破坏面上承受的动剪应力 $\tau_{d,f}$或静剪应力与动剪应力之和（$\tau_s+\tau_d$）$_f$。由图 12.19 可见，在指定固结比

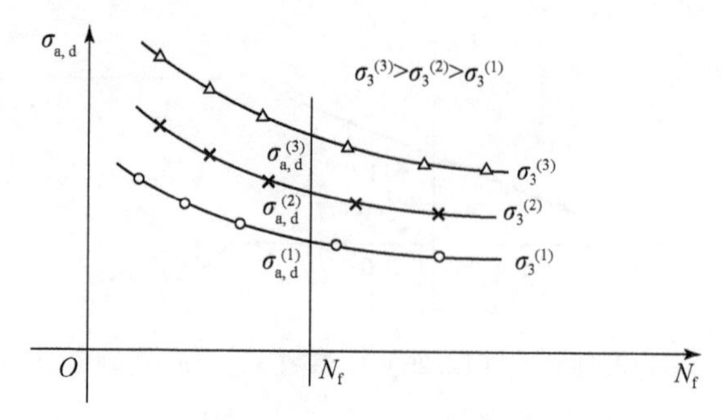

图 12.19　指定固结比 K_c 下的动三轴强度试验基本资料

K_c 和指固结压力 σ_3 下，使土样破坏的轴向动应力 $\sigma_{a,d}$ 随破坏次数的增多而降低。因此，动抗剪强度也应随破坏次数的增多而降低。下面确定与指定作用次数 N_f 相应的动剪切强度及其指标。按前述土动抗剪强度定义，当根据动三轴强度试验基本资料确定土的动强度及指标时，必须先确定动三轴试验土样破坏时破坏面的位置及其上的静应力和动应力分量。根据文献[7]，可按下述方法确定土样破坏面位置及其上的应力分量。

（1）根据指定的固结比 K_c 和指定的固结压力 σ_3，确定土样承受的静应力 σ_3 及 $\sigma_1=K_c\sigma_3$。

（2）根据 σ_3、σ_1 绘制土样承受的静应力莫尔圆，以指定的 $\sigma_3^{(1)}$ 为例，$\sigma_3=\sigma_3^{(1)}$，$\sigma_1=K_c\sigma_3^{(1)}$，如图 12.20 所示。

（3）根据指定的破坏作用次数 N_f，从图 12.19 中截取相应的轴向动应力 $\sigma_{a,d}^{(1)}$、$\sigma_{a,d}^{(2)}$、$\sigma_{a,d}^{(3)}$。

（4）以 $\sigma_3^{(1)}$ 相应的 $\sigma_{a,d}^{(1)}$ 为例，将 $\sigma_{a,d}^{(1)}$ 叠加在 $\sigma_1=K_c\sigma_3^{(1)}$ 之上，绘制出土样的静动应力合成莫尔圆，如图 12.20 所示。由图 12.20 可见，合成的静动应力方向与静应力的主应力方向相同，即在动三轴试验中，动应力的附加作用没有使主应力方向发生转动。

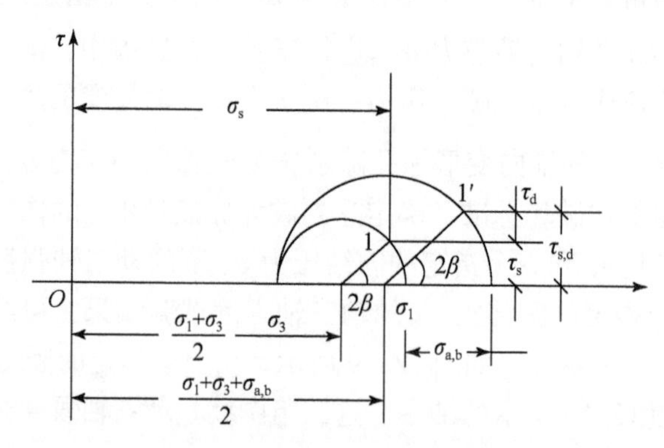

图 12.20　动三轴试验土样的静应力莫尔圆和静动合成应力莫尔圆

（5）设点 1 为静应力莫尔圆上一点，其相应的面与静最大主应力 σ_1 的作用面夹角为 β。叠加上轴向动应力 $\sigma_{a,d}$后，点 1′为静动合成应力莫尔圆上的与静应力莫尔圆上的点 1 相应的点。由于叠加上轴向动应力 $\sigma_{a,d}$后主应力方向不发生变化，则点 1′相应的面与合成

应力的最大主应力 $\sigma_1+\sigma_{a,d}$ 的作用面夹角也应为 β，如图 12.20 所示。

（6）按上述，静应力莫尔圆上的点 1 与静动合成应力莫尔圆上的点 1′对应同一个面，如图 12.20 所示。该面上的静正应力 σ_s、静剪应力 τ_s、静动合成剪应力 $\tau_{s,d}$ 及动剪应力 τ_d 分别如下：

$$\left.\begin{aligned}
\sigma_s&=\frac{\sigma_3+\sigma_1}{2}+\frac{\sigma_1-\sigma_3}{2}\cos2\beta\\
\tau_s&=\frac{\sigma_1-\sigma_3}{2}\sin2\beta\\
\tau_{s,d}&=\left(\frac{\sigma_1-\sigma_3}{2}+\frac{\sigma_{a,d}}{2}\right)\sin2\beta\\
\tau_d&=\tau_{s,d}-\tau_s=\frac{\sigma_{a,d}}{2}\sin2\beta
\end{aligned}\right\}\tag{12.28}$$

令

$$\alpha_d=\tau_d/\sigma_s\tag{12.29}$$

式中，α_d 为动剪应力比，则

$$\alpha_d=\frac{\sigma_{a,d}\sin2\beta}{(\sigma_1+\sigma_3)+(\sigma_1-\sigma_3)\cos2\beta}\tag{12.30}$$

由式（12.30）可见，α_d 随 β 角变化。当

$$\frac{d(\alpha_d)}{d\beta}=0\tag{12.31}$$

时，α_d 最大。下面将 α_d 值最大的面称为最大动剪切作用面。显然，在动附加应力 $\alpha_{a,d}$ 作用下，该面应首先发生破坏，则最大动剪切作用面为破坏面。由式（12.31）的条件可以确定最大动剪切作用面相应的 β 角。将式（12.30）代入式（12.31）中，可求得 β 值：

$$\cos2\beta=-\frac{\sigma_1-\sigma_3}{\sigma_1+\sigma_3}=-\frac{K_c-1}{K_c+1}\tag{12.32}$$

将式（12.32）代入式（12.28）中，得最大动剪切作用面上的静正应力 σ_s、静剪应力 τ_s、静动合成剪应力 $\tau_{s,d}$ 及动剪应力 τ_d 如下：

$$\left.\begin{aligned}
\sigma_s&=\frac{2\sigma_1\sigma_3}{\sigma_1+\sigma_3}\\
\tau_s&=\frac{\sigma_1-\sigma_3}{\sigma_1+\sigma_3}\sqrt{\sigma_1\sigma_3}\\
\tau_{s,d}&=\frac{(\sigma_1-\sigma_3)+\sigma_{a,d}}{\sigma_1+\sigma_3}\sqrt{\sigma_1\sigma_3}\\
\tau_d&=\frac{\sigma_{a,d}}{\sigma_1+\sigma_3}\sqrt{\sigma_1\sigma_3}
\end{aligned}\right\}\tag{12.33}$$

令

$$\alpha_s=\frac{\tau_s}{\sigma_s}\tag{12.34}$$

式中，α_s 为静剪应力比。由式（12.33）得最大动剪切作用面上的静剪应力比 α_s、静剪应

力 τ_s，以及动剪应力比 α_d、动剪应力 τ_d 如下：

$$\left.\begin{aligned}
\alpha_s &= \frac{\sigma_1-\sigma_3}{2\sqrt{\sigma_1\sigma_3}} = \frac{K_c-1}{2\sqrt{K_c}} \\
\tau_s &= \frac{\sigma_1-\sigma_3}{K_c+1}\sqrt{K_c} \\
\alpha_d &= \frac{\sigma_{a,d}}{\sqrt{2\sigma_1\sigma_3}} = \frac{\sigma_{a,d}}{2\sigma_3\sqrt{K_c}} \\
\tau_d &= \frac{\sigma_{a,d}}{K_c+1}\sqrt{K_c}
\end{aligned}\right\} \tag{12.35}$$

当固结比 $K_c=1$ 时：

$$\left.\begin{aligned}
\alpha_s &= 0 \\
\tau_s &= 0 \\
\alpha_d &= \frac{\sigma_{a,d}}{2\sigma_3} \\
\tau_d &= \frac{\sigma_{a,d}}{2}
\end{aligned}\right\} \tag{12.36}$$

由式（12.32）可见，在动三轴试验土样的应力状态下，最大动剪切作用面，即破坏面的位置与 $\sigma_{a,d}$ 无关，只取决于 K_c。同时，由式（12.35）第一式可见，破坏面上的 α_s 也只取决于固结比，而与固结应力无关。

根据式（12.32），可按图 12.21 所示的方法确定破坏面及其上的静正应力 σ_s、静剪应力 τ_s、静动合成剪应力 $\tau_{s,d}$ 和动剪应力 τ_d。绘出静应力莫尔圆 O_s 和合成应力莫尔圆 $O_{s,d}$ 后，由坐标原点引静应力莫尔圆 O_s 的切线，其切点即破坏面在静应力莫尔圆上的位置。将（σ_3，0）点与切点相连，该线与合成应力莫尔圆 $O_{s,d}$ 的交点则为破坏面在合成应力莫尔圆上的位置。这样，就可由图 12.21 确定破坏面的 σ_s、τ_s、$\tau_{s,d}$ 和 τ_d。

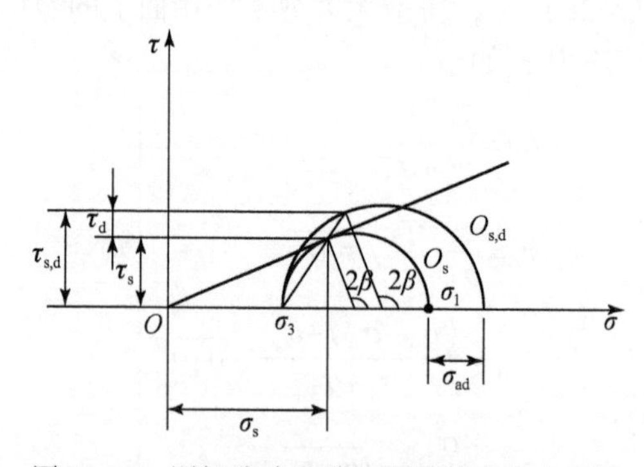

图 12.21　图解法确定破坏面及其上应力分量

（7）动抗剪强度及其指标。按上述方法，由 K_c 可按式（12.34）确定一个相应的破坏面上的静剪应力比 α_s，而由其下的三个指定固结应力 σ_3，则可确定相应破坏面上的三组 σ_s、τ_d、$\tau_s+\tau_d$ 的数值。然后，可绘制 τ_d-σ_s 和（$\tau_s+\tau_d$）-σ_s 关系式，如图 12.22 所示。

按前述，图 12.22 是根据一个指定的 K_c 的试验结果绘制的，其破坏面上的 α_s 是一定的。图 12.22（a）和图 12.22（b）分别给出了在指定的作用次数 N_f 下，土发生破坏时作用于破坏面上的 τ_d 和 $\tau_s+\tau_d$ 与破坏面上静正应力的关系线。试验发现，这两条线类似于库仑关系线，可用直线表示。与库仑抗剪强度公式相似，将这两条直线的截距和倾角分别定义为 c_d、$c_{s,d}$ 和 φ_d、$\varphi_{s,d}$，如图 12.22 所示。显然，由图 12.22 求得的 c_d、$c_{s,d}$ 和 φ_d、$\varphi_{s,d}$ 值是与 α_s 或 K_c 对应的。

按前述，动三轴强度试验通常应在三个指定的 K_c 下进行。三个指定的 K_c 取值通常为 1.0、1.5 和 2.0。因此，按上述方法可确定三组 α_s、c_d 和 $c_{s,d}$ 及 φ_d 和 $\varphi_{s,d}$。

图 12.22 给出的动三轴强度试验结果是与一个指定的破坏作用次数 N_f 相应的。如果指定另一个破坏作用次数 N_f，则按上述方法可确定与该破坏作用次数对应的动强度结果。通常指它两个破坏作用次数，分别选取 $N_f=10$ 和 30。

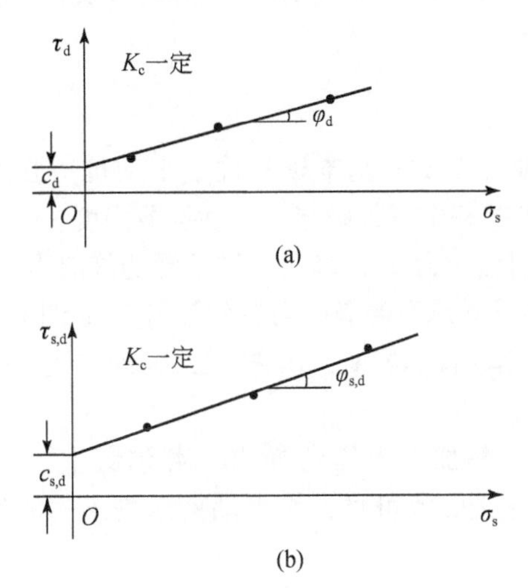

图 12.22　由动三轴强度试验确定的 τ_d-σ_s 及 $\tau_{s,d}$-σ_s 关系式

12.4.2　动简切强度试验结果

1. 动简切强度试验资料

如前所述，动简切试验土试样是在 K_0 状态下固结的，固结完成后将水平动剪应力 $\tau_{hv,d}$ 施加于土样上，并测量土样发生的水平变形 u 或孔隙水压力 p。相应的剪应变 γ 可按下式确定：

$$\gamma=\frac{u}{H} \tag{12.37}$$

由于施加的水平动剪应力比较大，剪应变 γ 及孔隙水压力随水平动剪应力作用次数的增多而增大。当作用次数达到一定时，剪应变或孔隙水压力将达到破坏标准相应的数值。如前述，这个作用次数称为破坏作用次数，以 N_f 表示。动简切强度试验通常要指定三个竖

向固结压力 σ_v，在每个竖向固结压力下指定 8～10 个动水平剪应力 $\tau_{hv,d}$。这样，由一个指定的竖向固结压力 σ_v 的试验结果可绘制一条 $\tau_{hv,d}$-N_f 关系线，而由三个指定的竖向固结压力 σ_v 的试验结果则可绘制三条 $\tau_{hv,d}$-N_f 关系线，如图 12.23 所示。

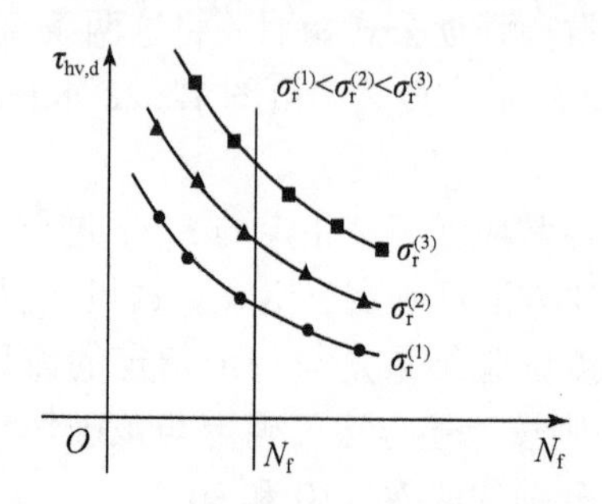

图 12.23　动简切强度试验的基本资料

2. 动抗剪强度

前文表述了根据动三轴强度试验基本资料确定土动抗剪强度的方法。采用相似的方法，可根据动简切强度试验的基本资料确定土的动抗剪强度：

（1）根据指定的竖向固结压力 σ_v，确定土样承受的静应力 $\sigma_1=\sigma_v$，$\sigma_3=K_0\sigma_v$。

（2）根据 σ_1、σ_3 绘制土样承受的静应力莫尔圆 O_s，如图 12.24 所示。

（3）根据指定的破坏作用次数 N_f，由图 12.23 确定与指定的破坏作用次数相应的 $\tau_{hv,d}$。

（4）将确定出来的 $\tau_{hv,d}$ 叠加于土样的静应力莫尔圆上，绘制静动合成应力莫尔圆 $O_{s,d}$，如图 12.24 所示。由图 12.24 可见，水平动剪应力 $\tau_{hv,d}$ 的作用使静应力的主应力方向转动了±α 角：

$$\tan^{-1}2\alpha=\frac{2\tau_{hv,d}}{(1-K_0)\sigma_v} \tag{12.38}$$

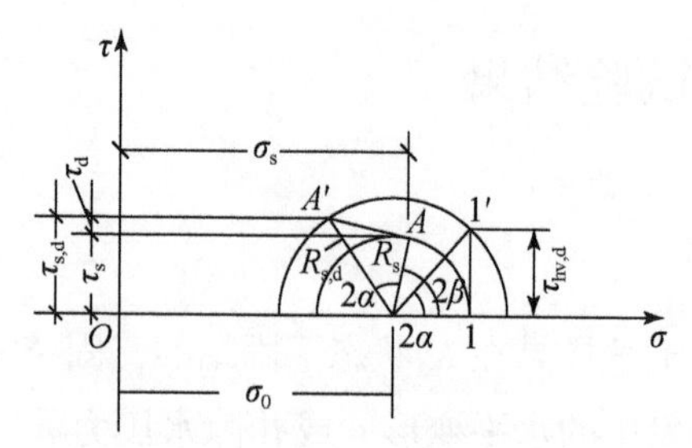

图 12.24　动简切试验土样的静应力莫尔圆和静动合成应力莫尔圆

（5）在图 12.24 中，点 1 和点 1′分别相应于竖向应力 σ_v 的作用面在静应力莫尔圆上和合成应力摩尔圆上的位置。设点 A 和点 A'分别代表与竖向应力作用面成 β 角的面在静应力莫尔圆上和在合成应力莫尔圆上的位置。由图 12.24 可分别确定出与点 A 和点 A'相应的面上的 σ_s、τ_s、$\tau_{s,d}$及 τ_d，其表达式如下：

$$\left.\begin{aligned}&\sigma_s=\sigma_0+R_s\cos2\beta\\&\tau_s=R_s\sin2\beta\\&\tau_{s,d}=R_{s,d}\sin2(\alpha+\beta)\\&\tau_d=\tau_{s,d}-\tau_s=R_{s,d}\sin2(\alpha+\beta)-R_s\sin2\beta\end{aligned}\right\}\tag{12.39}$$

式中，R_s、$R_{s,d}$分别为静应力莫尔圆和合成应力莫尔圆的半径；σ_0 为静平均正应力，可按下式确定：

$$\sigma_0=\frac{1+K_0}{2}\sigma_v\tag{12.40}$$

由式（12.39）得该面上 α_d如下：

$$\alpha_d=\frac{R_{s,d}\sin2(\alpha+\beta)-R_s\sin2\beta}{\sigma_0+R_s\cos2\beta}\tag{12.41}$$

将式（12.41）代入确定破坏面的条件，$\frac{d\alpha_d}{d\beta}=0$，则得

$$\frac{\partial}{\partial\beta}=\left[\frac{R_{s,d}\sin2(\alpha+\beta)-R_s\sin2\beta}{\sigma_0+R_s\cos2\beta}\right]=0\tag{12.42}$$

完成式（12.42）的运算得

$$\sigma_0[R_{s,d}\cos2(\alpha+\beta)-R_s\cos2\beta]+R_sR_{s,d}\cos2\alpha-R_s^2=0$$

由于 $R_sR_{s,d}\cos2\alpha-R_s^2=0$

则得

$$R_{s,d}\cos2(\alpha+\beta)-R_s\cos2\beta=0\tag{12.43}$$

又由于

$$R_{s,d}\cos2(\alpha+\beta)=\frac{1-K_0}{2}\sigma_v\cos2\beta-\tau_{hv,d}\sin2\beta$$

$$R_s\cos2\beta=\frac{1-K_0}{2}\sigma_v\cos2\beta$$

将以上两式代入式（12.43）中得

$$\left.\begin{aligned}&\sin2\beta=0\\&\cos2\beta=-1\end{aligned}\right\}\tag{12.44}$$

式（12.44）表示，$2\beta=\pi$，则破坏面与竖向应力 α_v 作用面成 90°，即破坏面为土样的侧面。将式（12.44）代入式（12.39）中，得破坏面上的 σ_s、α_s、α_d 及 τ_d 如下：

$$\left.\begin{aligned}&\sigma_s=K_0\sigma_v\\&\alpha_s=0\\&\alpha_d=\frac{\tau_{hv,d}}{K_0\sigma_v}\\&\tau_d=\tau_{hv,d}\end{aligned}\right\}\tag{12.45}$$

式（12.45）给出了动简切试验土样破坏时破坏面上的应力条件。

12.4.3　动简切试验和动三轴试验的土样破坏面应力条件比较

按前述，动简切试验和动三轴试验的土样所处的应力状态是不同的。那么，如何比较由这两种不同应力状态试验所确定的动强度呢？按前述确定破坏面的方法，可认为不管土样处于哪种应力状态，只要其破坏面上的静剪应力比和动剪应力比相同，则这两个破坏面上的应力就是可比的。由式（12.45），动简切试验土样破坏面上的 α_s 等于0。按破坏面上 α_s 相等的条件，动三轴试验的土样破坏面上的 α_s 也应等于零。由式（12.36）可知，只有当 $K_c=1$ 时，动三轴试验的土样破坏面上的 $\alpha_s=0$。因此，$K_c=1$ 时动三轴试验土样破坏面上的应力条件与动简切试验是可比的。按破坏面上 α_d 相等的条件，由式（12.36）和式（12.45）的第三式得

$$\frac{\tau_{hv,d}}{K_0\sigma_v}=\frac{\sigma_{a,d}}{2\sigma_3}\text{或}\quad \frac{\tau_{hv,d}}{\sigma_v}=K_0\frac{\sigma_{a,d}}{2\sigma_3} \tag{12.46}$$

式（12.46）第一式给出了动简切试验和 $K_c=1$ 时动三轴试验的土样破坏面上动剪应力比的关系。

在此应指出，在实际问题中，通常采用 $\tau_{hv,d}/\sigma_v$ 作为动简切试验的破坏动应力比。实际上 $\tau_{hv,d}/\sigma_v$ 是土样破坏时水平面上 $\tau_{hv,d}$ 与该面上 σ_v 之比。按前述，水平面不是动简切试验土样的破坏面。虽然水平面不是破坏面，但是将其上的 $\tau_{hv,d}/\sigma_v$ 作为动剪切破坏的动剪应力比更直观，因此将式（12.46）第一式改写成第二式。

在此应指出，动简切试验仪不是常规的土动力试验设备。通常，不具备由动简切试验直接测试破坏动应力比 $\tau_{hv,d}/\sigma_v$ 的条件。但是，动三轴仪是常规的动力试验设备。由动三轴试验可以直接测试 $K_c=1$ 时的破坏应力比 $\sigma_{a,d}/2\sigma_3$。这样动简切试验的破坏应力比 $\tau_{hv,d}/\sigma_v$ 则可由 $K_c=1$ 时的动三轴试验的破坏应力比 $\sigma_{a,d}/2\sigma_v$ 按式（12.46）确定。

12.5　动偏应力 $\sigma_{d,d}$ 作用引起的孔隙水压力及饱和砂土液化

地震现场宏观现象及室内动力试验都表明，在动荷载作用下，饱和土，特别是饱和砂土将产生超孔隙水压力。动荷载作用在土体中引起的动应力 σ_d 可分解为球应力分量 $\sigma_{o,d}$ 和偏应力分量 $\sigma_{d,d}$。因此，σ_d 作用引起的孔隙水压力也应分解为由 $\sigma_{o,d}$ 的作用引起的孔隙水压力 $p_{o,d}$ 和由 $\sigma_{d,d}$ 的作用引起的孔隙水压力 $p_{d,d}$ 两部分。在不排水条件下，由 $\sigma_{o,d}$ 的作用引起的 $p_{o,d}$ 由孔隙水承受，并与 $\sigma_{o,d}$ 相平衡，对初始有效正应力没有影响。但是，由 $\sigma_{d,d}$ 作用引起的 $p_{d,d}$ 则只能由初始有效平均应力 $\sigma_{o,o}$ 相应降低来平衡，使初始有效正应力 $\sigma'_{x,0}$、$\sigma'_{y,0}$ 和 $\sigma'_{z,0}$ 发生相应的降低。上述表明，在不排水条件下，只有由 $\sigma_{d,d}$ 作用引起的 $p_{d,d}$ 才影响饱和土对剪切作用的抵抗性能。可以断言，当 $p_{d,d}$ 达到一定数值时会使饱和砂土完全丧失对剪切的抵抗作用，像液体那样不再能承受剪切作用，这就是所谓的液化。

通常，饱和砂土液化定义为，在某种动荷载，例如地震、爆炸、波浪等的触发下，其由初始的固体状态转变成液体状态，完全丧失对剪切作用抵抗能力的一种物理力学现象。液化的重要性在于它对工程的危害。1964年日本新潟地震液化使许多建筑物地基失效，建筑物发生倾斜或倒覆。1964年美国阿拉斯加州地震，液化引起了一系列滑坡。1975年我国海城地震和1976年我国唐山地震液化使许多桥梁桩基础发生破坏。按前述，在不排水条件下，液化使饱和砂土丧失对剪切作用的抵抗能力的原因是偏应力作用引起了超孔隙水压力$p_{d,d}$。因此，把这种机制的液化称为剪切液化。

在水平场地条件下，水平剪切作用引起的$p_{d,d}$可由动简切试验来测试。在动简切试验中，所施加的动应力只有动偏应力，即$\tau_{hv,d}$。由试验测得的孔隙水压力则完全是由动偏应力作用引起的。显然，当测得的孔隙水压力等于竖向固结压力σ_v时，土样则丧失对剪切作用的抵抗能力，即发生了液化。设此时的作用次数为N_1，如果以u表示作用次数为N时的孔隙水压力，并令

$$\left.\begin{aligned}\alpha_u&=u/\sigma_v\\ \alpha_n&=N/N_1\end{aligned}\right\}\tag{12.47}$$

式中，α_u、α_n分别为孔隙水压力比和作用次数比。这样，根据动剪切试验结果可绘出α_u、α_n的散点图。大量的动剪切试验结果表明，各种饱和砂土的α_u、α_n散点图都集中在如图12.25所示的较窄的条带内。如果以该条带内的平均线作为α_u-α_n关系，则可用下式来拟合[8]：

$$\alpha_u=\frac{1}{2}+\frac{1}{\pi}\sin^{-1}(2\alpha_n^{\frac{1}{a}}-1)\tag{12.48}$$

式中，a为参数，可取0.7。

应指出一点，图12.25及式（12.48）只适用于动简切应力条件。

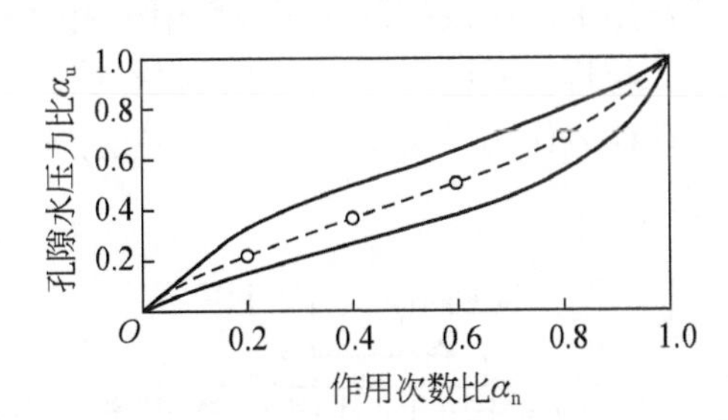

图12.25　动简切应力条件下孔隙水压力比与作用次数比的关系

12.6　土共振柱试验

12.6.1　土共振柱试验仪

土共振柱试验是在土共振柱试验仪上完成的。现在土共振柱试验仪也作为一种常规的

土动力试验仪器装备在岩土工程试验室中。

同样，土共振柱试验仪也是由上述几个部分组成的，下面只对土共振柱试验仪的压力室、土试样及扭转振动驱动器做必要表述。

土共振柱试验仪的压力室与动三轴压力室几乎相同，也是由底座、顶盖及有机玻璃筒组成的，不同之处如下。

（1）由于压力室内要放置扭转振动驱动器，土共振柱试验仪的压力室尺寸比较大。

（2）由于扭转振动驱动器在压力室内部，并放置在土试样的顶端，直接将扭矩施加于土试样上，因此压力室顶盖是一块完整的钢板，其上没有活塞套。但是，为了将按指定波形变化的电流输送给设置在压力室中的驱动器线圈，以及将设置在压力室内的振动传感器测得的扭转振动信号从压力室中输送出来，压力室顶盖设有密封的导线孔。

（3）在压力室内对称地设置两个扭转振动驱动器的线圈支架。支架一般是用有机玻璃制作的，其底固定在压力室底座上。

共振柱试验所用的土试样与动三轴试验的土试样相同，也是圆柱形的，放置在底座上并用橡皮包裹起来，不同之处如下。

（1）在放置土试样的底座上设置许多尖齿，刺入土试样的底面，以保证在扭矩作用下将试样固定在底座上。

（2）土试样的顶端放置扭转振动驱动器。在驱动器底面上也设置许多尖齿，刺入土试样的顶面，以保证驱动器将扭矩有效地作用于土试样上。

扭转振动驱动器是一个电磁式装置，驱动器设置在土试样顶部，如图 12.26 所示。这个电磁装置有两块磁铁，固定在土样帽上，每块磁铁外套两个线圈。线圈通入按指定波形变化的电流，可使两块磁铁发生运动，并将扭矩施加于土试样顶端。磁铁外的线圈固定在压力室中的线圈支架上。

为了使土试样在静荷载作用下固结及控制动荷载作用过程中土试样的排水条件，在压力室底座上也设置排水通道，与排水系统相连。由于共振柱试验中土试样所受的动力作用水平通常低于屈服剪应变，动荷载作用不会使土样产生超孔隙水压力。因此，土共振柱试验仪一般不测量孔隙水压力。

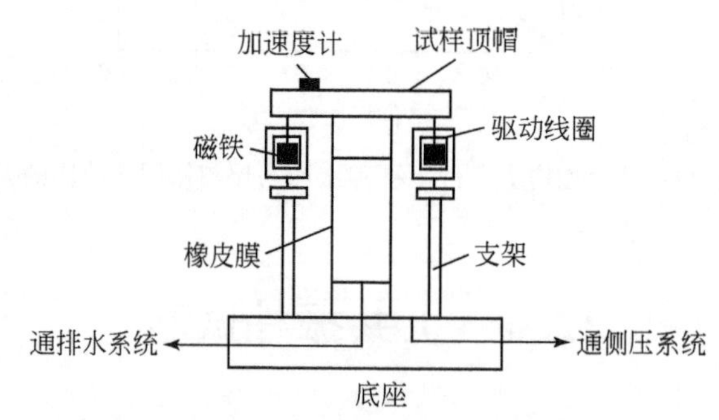

图 12.26　土共振柱试验仪驱动器及试样

12.6.2　土共振柱试验土试样的受力状态及受力水平

土共振柱试验仪一般没有单独的轴向静力加载系统，因此土试样承受的轴向静应力与侧向静应力相等，即 $\sigma_1=\sigma_3$，$K_c=1$。这样，土共振柱试验一般只能在均等固结条件下进行，固结时土试样只受静球应力分量作用，静偏应力等于零，如图 12.27（a）所示。图 12.27 为从圆柱形土样中取出的一个微元体。当动扭矩作用于土试样时，只在试样的水平面上和以切向为法向的侧面上产生动剪应力，如图 12.27（b）所示。图 12.27（b）中，$\tau_{hv,d}$表示作用于水平面和以切向为法向的侧面上的动剪应力。由图 12.27 可见，在动荷载作用下土试样处于纯剪应力状态。

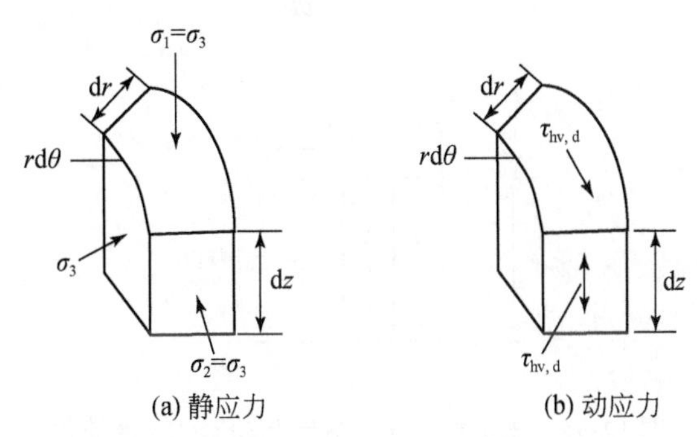

图 12.27　共振柱试验土试样的受力状态

共振柱试验土试样的受力水平通常在剪应变幅值 $10^{-6}\sim10^{-4}$ 范围内，小于土的屈服剪应变，土处于小变形至中等变形开始阶段，土呈现线性弹性性能和一定的非线性弹性性能。虽然土可能处于非线性弹性状态，但是由于土的变形幅值小于屈服剪应变，其剪应变幅值不随作用次数的增多而增大，也不会产生残余孔隙水压力。

12.6.3　共振柱试验原理

如果将土视为非线性黏弹性介质，共振柱试验主要用来研究在剪应变幅值 $10^{-6}\sim10^{-4}$ 范围内，随剪应变幅值增大，土的动剪切模量 G 减小及阻尼比 λ 增大的规律。土共振柱试验原理以圆柱形土柱扭转振动为基础[9,10]。圆柱形土柱的扭转振动方程如下：

$$\frac{\partial^2\theta}{\partial t^2}=V_s^2\frac{\partial^2\theta}{\partial z^2} \tag{12.49}$$

式中，θ 为断面绕 Z 轴的旋转角，随高度而变化；V_s为土的剪切波速。下面确定圆柱形土柱扭转振动的边界条件：

1）底端固定

$$z=0,\quad \theta=0 \tag{12.50a}$$

2）顶端

在共振柱试验中土试样的顶端设置一个扭转振动驱动器。相对于土试样而言，扭转振动驱动器的刚度很大，可假定为一个刚体，如图 12.28 所示。令其质量极惯性矩为 I_0，为已知。放置于土试样顶端的刚块也要发生扭转振动，并且由于它与土试样顶面之间有尖齿嵌固，可认为刚块的扭转振动角与土试样顶面的相等。刚块的扭转振动产生一个惯性扭转力矩作用于刚块上，另外在扭转振动过程中土试样顶面也对刚块作用一个相反扭转力矩 M_L。由刚块的动力平衡得土试样顶端的边界条件如下：

$$z=L$$

$$M_L=-I_0\frac{\partial^2\theta}{\partial t^2} \tag{12.50b}$$

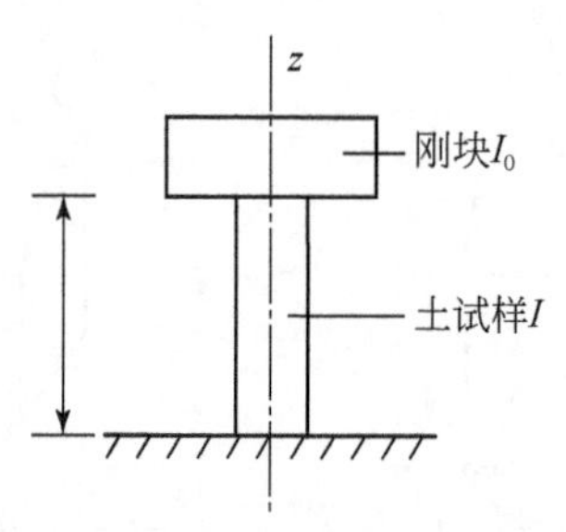

图 12.28 土试样与扭转振动驱动器体系的简化

下面采用分离变量法来解扭转振动方程式（12.49）

令

$$\theta(z,t)=Z(z)T(t) \tag{12.51}$$

式中，Z、T 分别仅为坐标 z 和时间 t 的函数。将式（12.51）代入式（12.49）中得

$$\left.\begin{aligned}\ddot{Z}+A^2Z=0\\ \ddot{T}+A^2V_s^2T=0\end{aligned}\right\} \tag{12.52}$$

式（12.52）第一式的解为

$$Z=a\sin AZ+b\cos AZ$$

由底端边界条件式（12.50a），得

$$b=0$$

则

$$Z=a\sin AZ \tag{12.53}$$

式中，A 为待定的参数。式（12.52）第二式的解为

$$T=c\sin(\omega t+\delta) \tag{12.54}$$

式中，c 为待定的参数；δ 为相位差；ω 为圆柱形土试样与刚块体系的无阻尼扭转振动的自振圆频率，为待定的参数，并且

$$\omega = AV_s \tag{12.55}$$

这样，由式（12.51）得

$$\theta = d\sin\frac{\omega}{V_s}Z\sin(\omega t+\delta) \tag{12.56}$$

式中，d 为待定的参数。将式（12.56）代入顶端边界条件式（12.50b）中，经过推导及简化得

$$\frac{I}{I_0} = \frac{\omega L}{V_s}\tan\frac{\omega L}{V_s} \tag{12.57}$$

式中，I 为圆柱形土试样对 Z 轴转动的质量极惯性矩，为已知。

令

$$\beta = \frac{\omega L}{V_s} \tag{12.58}$$

则得

$$\frac{I}{I_0} = \beta\tan\beta \tag{12.59}$$

式（12.59）中，$\frac{I}{I_0}$为已知，由此式可以确定待求参数 β 的值。式（12.59）是一个超越方程，可用迭代法求解。根据迭代法求得的β-$\frac{I}{I_0}$关系线如图 12.29 所示。

β 求解出来之后，将 $V_s = \sqrt{\frac{G}{\rho}}$ 代入式（12.58）中则得

$$G = \rho\left(\frac{\omega L}{\beta}\right)^2 \tag{12.60}$$

由于 $\omega = 2\pi f$，式中，f 为土试样与刚块体系的自振频率，则得

$$G = \rho\left(\frac{2\pi fL}{\beta}\right) \tag{12.61}$$

由于土的质量密度 ρ、土试样长度 L、参数 β 值均为已知，只要由共振柱试验测出土试样与刚块体系的自振频率 f 或自振周期 T，就可由式（12.61）确定土的动剪切模量。

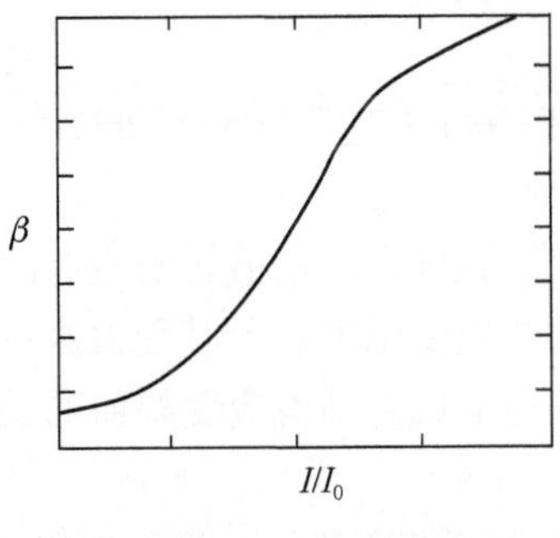

图 12.29　β-$\frac{I}{I_0}$关系线

12.6.4　测试土试样与刚块体系自振频率或周期的方法

在土共振柱试验中，在驱动器上设置一个加速度传感器来测量该点的加速度，如图12.26所示。由于该点与中心轴的距离是已知的，则测得的加速度除以该点与中心轴的距离即可求得相应的角加速度，并且等于土试样顶面的角加速度。

由土共振柱试验确定土试样与刚块体系的自振频率可采用强迫振动和自由振动两种方法。由于自由振动方法较简便，现通常采用自由振动方法。下面仅表述自由振动方法。

自由振动方法是由驱动器给土试样施加一个扭矩，然后突然释放，使土试样及刚块体系产生自由振动。设置在驱动器上的加速度传感器可以测量体系的自由振动过程，如图12.30所示。这样，由图12.30就可确定自由振动的周期及相应的频率，将其代入式（12.60）中就可确定土的动剪切模量 G。此外，还可由图12.30确定同一侧相邻的两个幅值的比值，并按下式计算土的阻尼比 λ：

$$\lambda = \frac{1}{2\pi}\ln\frac{A_i}{A_{i+1}} \tag{12.62}$$

式中，A_i 及 A_{i+1} 分别为第 i 个波与第 $i+1$ 个波在同一侧的幅值。$\ln\frac{A_i}{A_{i+1}}$ 称为对数衰减率，通常以 Δ 表示。关于式（12.62）的建立将在后文给出。

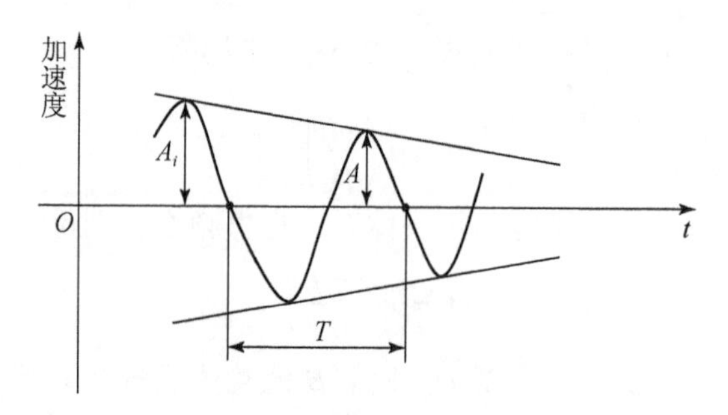

图12.30　土试样及刚块体系的自由振动曲线

12.6.5　土试样所受到的剪应变幅值的确定

由于非线性性能，由共振柱试验确定的动剪切模量和阻尼比均取决于土试样所受的动力作用水平。下面以土试样的动剪应变幅值表示其受力水平。为了建立在小到中等变形开始阶段范围内土的动剪切模量和阻尼比与动剪应变幅值的关系，必须确定土试样所受到的动剪应变幅值。

圆柱形土试样一点在扭转振动时的剪应变与坐标 Z 和坐标 r 有关系。因此，土试样中每一点的剪应变是不同的。这样，只能用土试样所承受的平均剪应变作为土试样所受的剪应变的代表值。确定土试样平均剪应变幅值的方法和步骤如下。

（1）沿土试样高度从上到下均等地选择 n 个断面，一般可取 $n=5$。

（2）由测得的顶面加速度时程确定顶面扭转角幅值。

（3）假定每个断面的扭转角幅值与该断面的坐标 Z 成正比。确定每个断面的扭转角幅值。

（4）对每个断面从土试样轴线向外沿径向均等地选择 m 个坐标点，按下式计算相应的剪应变 γ 幅值：

$$\gamma = r_i \frac{\Delta\theta}{\Delta Z}$$

式中，r_i 为第 i 个坐标点的半径。

（5）对每个断面求其平均剪应变幅值。

（6）最后，由 n 个断面的平均剪应变幅值再求出整个土试样的平均剪应变幅值。

按上述方法确定整个土试样的平均剪应变时会遇到一个问题。由于土的阻尼作用，试验测得的加速度幅值随作用次数的增多逐次减小，那么应采用哪一次振动加速度幅值来确定土试样的平均剪应变幅值呢？通常的做法是采用第一次记录到的幅值来计算。这是因为如果没有阻尼作用，土试样的振动幅值应保持第一次记录到的幅值。

12.7　土所受的动力作用水平及工作状态

动力作用水平指土所受到的动力作用的大小。由土力学可知，土是由土颗粒形成的骨架、骨架之间孔隙中的水和空气组成的。由于土颗粒之间的连接很弱，在动荷载作用下，土的结构容易受到某种程度的破坏，土颗粒会重新排列，使土骨架发生不可恢复的变形。在动力作用下，土在微观上发生结构破坏，而在宏观上则表现为发生塑性变形，甚至发生流动或破坏。显然土受到的动力作用水平越高，土的结构所受到的破坏程度越大，所引起的塑性变形也越大，当动力作用水平达到某种程度时，就发生流动或破坏。因此，动力作用水平是评估土在动荷载作用下土的结构破坏程度及动力特性的一个重要的指标，那么就有必要引进一个量并将其作为度量土所受到的动力作用水平的定量指标。土一般是在剪切作用下发生流动或破坏的，因此表示土的动力作用水平的定量指标应该是与剪切作用有关的指标。

通常，以动剪应变幅值或等价幅值作为动力作用水平的定量指标。在动剪应力作用下，土的动剪应变幅值与土的类型、状态和固结压力等因素有关，因此动剪应变幅值包括这些因素的影响。这样，采用剪应变幅值表示动力作用水平可以消除或部分消除土的类型、状态及固结压力的影响。

根据动剪应变幅值的大小，通常将土的变形划分成如下三个阶段：①小变形阶段；②中等变形阶段；③大变形阶段。

每个变形阶段对应一定的动剪应变幅值范围，如图12.31所示。由图12.31可见，如果动剪应变幅值小于或等于 10^{-5}，则土处于小变形阶段；如果动剪应变幅值大于 10^{-5}、小于或等于 10^{-3}，则土处于中等变形阶段；如果动剪应变幅值大于 10^{-3}，则土处于大变形阶段。由于土的结构破坏程度取决于动剪应变幅值的大小，那么处于不同变形阶段的土的结构破坏程度也不同。定性上讲，在小变形阶段，土的结构只发生轻微的破坏；在中等变形阶段，土的结构受到明显的破坏；而在大变形阶段，土的结构受到严重的破坏，甚至崩落。土的结构破坏将引起塑性变形，甚至流动或破坏。在小变形阶段，土的变形基本上是弹性的，土基本处于弹性工作状态；在中等变形阶段，土将发生明显的塑性变形，土处于非线性弹性或弹塑性工作状态；在大变形阶段，土将发生非常大的塑性变形，土处于流动或破坏工作状态。图 12. 31 给出了土的工作状态与动剪应变幅值或与其所处的变形阶段的对应关系。此外，还给出了在地震荷载作用下土所处的变形阶段及相应的工作状态[11]。由图 12. 31可见，在地震荷载作用下土处于中等变形或大变形阶段，其工作状态为弹塑性工作状态或流动或破坏工作状态。

这些划分对于评价动荷载作用下土的动力性能，建立或选用相应的动力学模型具有指导意义。

应指出，图 12. 31 给出的划分土变形阶段及工作状态界限的动剪应变幅值只是一个大约的数值。因此，在文献中可能发现所给出的界限值有所不同。

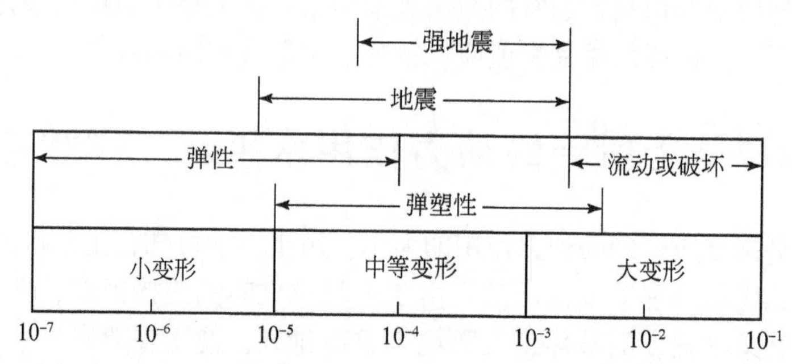

图 12. 31　土的变形阶段及所处工作状态与动剪应变幅值的关系

下面引进土的两个界限剪应变，这两个界限剪应变在评估土的动力性能中有重要的意义[12]。

12. 7. 1　弹性限 γ_e

动剪应变幅值小于弹性限时，则土不发生塑性变形，其变形是完全可恢复的弹性变形，土处于弹性工作状态，通常认为弹性限 γ_e 等于 10^{-6} 或 10^{-7}。与上述小变形阶段与中等变形阶段的界限剪应变幅值 10^{-5} 相比，弹性限更小。也就是说，当土所受的动剪应变幅值大于弹性限时，即使其处于小变形阶段也会有某些塑性变形发生。这就是前文只说在小变形阶段土基本处于弹性工作状态，而不说处于线弹性工作状态的原因。

12. 7. 2　屈服限 γ_y

动剪应变幅值小于屈服限 γ_y 时，土的结构没有受到显著的破坏，土不会在动荷载作用下发展到破坏。也就是说，当动剪应变幅值大于屈服限 γ_y 时，土在动荷载作用下才可能发展到破坏。但是，可能发展到破坏并不意味着一定发展到破坏，是否会发展到破坏还取决于作用次数。按上述，当动剪应变幅值大于屈服限 γ_y 时会发生如下现象。

（1）土将发生残余塑性变形，并随作用次数增多而增大；

（2）饱和土，特别是饱和砂土发生残余孔隙水压力，并随作用次数的增多而增大；

（3）在等幅动应力作用下，其动剪应变幅值随作用次数的增多而增大，不能再保持常数。

试验研究表明，不同类型土的屈服剪应变变化范围不大，大约在 $1\times10^{-4}\sim2.0\times10^{-4}$。由此可见，屈服剪应变大于小变形与中等变形的界限剪应变 10^{-5}。由上述可得如下结论。

（1）当土处于中等变形阶段时，虽然其处于弹塑性工作状态，但是只要其动剪应变幅值小于屈服限就不会发展到破坏。

（2）当土的受力水平处于弹性限和屈服限范围内时，可认为其工作状态是非线性弹性或弹塑性的，但是可不考虑作用次数的影响。

12.8 土动力学模型

12.8.1 土动力学模型基本概念

首先应了解什么是土的动力学模型。土动力学模型是根据土的动力试验所呈现出来的性能，将在动荷载作用下的土假定为某种理想的力学介质，建立相应的应力-应变关系，以及确定关系中所包含的参数，即模型参数。与土动力学模型有关的概念是土的动力本构关系。土的动力本构关系是指为建立某个动力学模型相应的应力-应变关系所必需的一组物理力学关系式。由土动力学模型建立的土动应力-应变关系是土体动力分析不可缺少的基本关系式。

按上述，关于土动力学模型可做以下进一步说明。

（1）建立土动力学模型必须以土的动力性能试验资料为依据。

（2）由于土的实际动力性能很复杂，因此必须对某些相对次要的影响因素进行简化，把土视为某种理想的力学介质，以建立一个确定土动应力-应变关系的理论框架。

（3）当按所建立的理论框架确定土动应力-应变关系时，必须与土动力试验所获得的结果相结合，以确定土动应力-应变关系式中的参数。

（4）建立土动力学模型应包括两项同等重要的工作，即恰当地确定土动应力-应变关系的数学表达式及正确地确定数学表达式中的参数。如上述，土动应力-应变关系中的参数应该根据土的动力试验资料确定，如果不能由土的动力试验资料适当确定这些参数，那么所建立的土动应力-应变关系则没有实际应用价值。

在此特别指出，土动力学模型必须包括动荷载作用下土的耗能性能。根据土动力试验资料可以确定同一时刻土试样的动应力和动应变。如果把一次往返荷载期间各时刻的动应力和动应变绘制在以动应力为纵坐标、动应变为横坐标的坐标系中，则得到前述的滞回曲线。根据应变能知识，滞回曲线所围成的面积就是在一次往返荷载作用期间单位土体所耗损的能量。

在土动力学模型中，如果假定土为黏弹性体，土的耗能是由土的黏性引起的；如果假定土为弹塑性体，土的耗能是由土的塑性变形引起的。

在此应指出，许多因素，例如土的类型、状态、所受到的静应力等，都会影响土动力性能。建立土动力学模型时应考虑这些因素的影响。一般来说，这些因素的影响表现在如下两方面：①影响根据动力学模型建立的土动应力-应变关系的数学表达式形式；②影响土动应力-应变关系的数学表达式中的参数值。

最后应指出，土动力学模型都是根据等幅动荷载的试验结果建立的。当把土动力学模型用于变幅动荷载作用下土体动力分析时，必须要做一些特殊的处理。这是有关土动力学模型应用的一个重要问题。

由于土动力分析的需要，从 20 世纪 70 年代开始土动力学模型就受到了人们的重视，人们在理论和试验方面对土动力学模型进行了深入的研究，建立了一些具有理论和工程应用价值的土动力学模型。这些模型可归纳为如下三种类型：①线性黏弹模型；②等效线性化模型；③弹塑性模型。

下面将分别表述这几种土动力学模型。

12.8.2　线性黏弹模型及适用条件

1. 基本概念及关系式

线性黏弹模型将在动力作用下的土视为线性弹性黏性体，由线性的弹性元件和黏性元件并联而成，如图 12.32 所示。弹性元件表示土对变形的抵抗，其参数为土的模量；黏性元件表示土对应变速率或变形速度的抵抗，其参数为土的黏性系数，两个元件并联表示土所受的应力由弹性恢复力和黏性阻力共同承受。下面以正应力 σ 为例来说明。由于土所受的正应力 σ 是由弹性恢复力 σ_e 和黏性阻力 σ_c 共同承受的，则

$$\sigma=\sigma_e+\sigma_c \tag{12.63}$$

设土的弹性模量为 E，黏性系数为 c，则

$$\left.\begin{aligned}\sigma_c&=E\varepsilon\\ \sigma_c&=c\dot{\varepsilon}\end{aligned}\right\} \tag{12.64}$$

式中，ε、$\dot{\varepsilon}$ 分别为土的应变和应变速率。将式（12.64）代入式（12.63）中得

$$\sigma=E\varepsilon+c\dot{\varepsilon} \tag{12.65}$$

设

$$\sigma=\bar{\sigma}\sin pt \tag{12.66}$$

由式（12.65）得

$$c\dot{\varepsilon}+E\varepsilon=\bar{\sigma}\sin pt \tag{12.67}$$

这是一个一阶常系数非齐次微分方程。其初始条件可取

$$t=0,\quad \varepsilon=0$$

由常微分方程式理论可知，满足初始条件微分方程式（12.67）的稳态解如下：

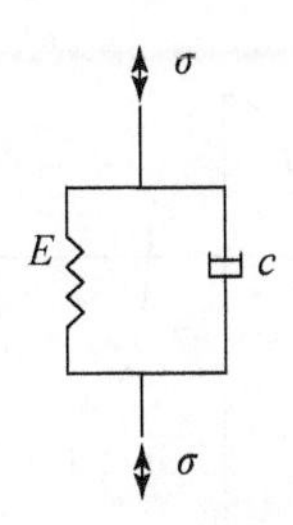

图 12.32　线性黏弹模型

$$\varepsilon=\frac{\bar{\sigma}}{(cp)^2+E^2}(E\sin pt-cp\cos pt) \tag{12.68}$$

改写上式得

$$\varepsilon=\frac{\bar{\sigma}}{\sqrt{(cp)^2+E^2}}\sin(pt-\delta) \tag{12.69}$$

式中，δ 为应变相对于应力的相角差，按下式确定：

$$\tan\delta=\frac{cp}{E} \tag{12.70}$$

由式（12.69）可知，应变的幅值 $\bar{\varepsilon}$ 为

$$\bar{\varepsilon}=\frac{\bar{\sigma}}{\sqrt{(cp)^2+E^2}} \tag{12.71}$$

将式（12.71）代入式（12.69）中得

$$\varepsilon=\bar{\varepsilon}\sin(pt-\delta) \tag{12.72}$$

由式（12.72）可绘制应变随时间的变化曲线，如图 12.33（a）所示。

由式（12.70）可见，δ 与土的黏性系数和弹性模量的比值有关，两者的比值越大，δ 越大。此外，δ 还与土承受的动荷载的圆频率 p 有关，圆频率越高，δ 也越大。

由式（12.66）和式（12.72）可得

$$\left(\frac{\sigma}{\bar{\sigma}}\right)^2+\left(\frac{\varepsilon}{\bar{\varepsilon}}\right)^2=\sin^2 pt+\sin^2(pt-\delta)$$

由于 $\sin^2 pt+\sin^2(pt-\delta)=\sin^2\delta+2\cos\delta\left(\frac{\sigma}{\bar{\sigma}}\right)\left(\frac{\varepsilon}{\bar{\varepsilon}}\right)$，则得

$$\left(\frac{\sigma}{\bar{\sigma}}\right)^2-2\cos\delta\left(\frac{\sigma}{\bar{\sigma}}\right)\left(\frac{\varepsilon}{\bar{\varepsilon}}\right)+\left(\frac{\varepsilon}{\bar{\varepsilon}}\right)^2=\sin^2\delta \tag{12.73}$$

由解析几何可知，式（12.73）在以 σ 为纵坐标、ε 为横坐标的坐标系中表示一个倾斜的椭圆，如图 12.33（b）所示。如果采用坐标转换

$$\varepsilon=\varepsilon'\cos\alpha-\sigma'\sin\alpha$$
$$\sigma=\varepsilon'\sin\alpha+\sigma'\cos\alpha$$

则在以 σ' 为纵坐标、ε' 为横坐标的坐标系中 σ'-ε' 关系线为一个正椭圆，如图 12.33（b）所示。

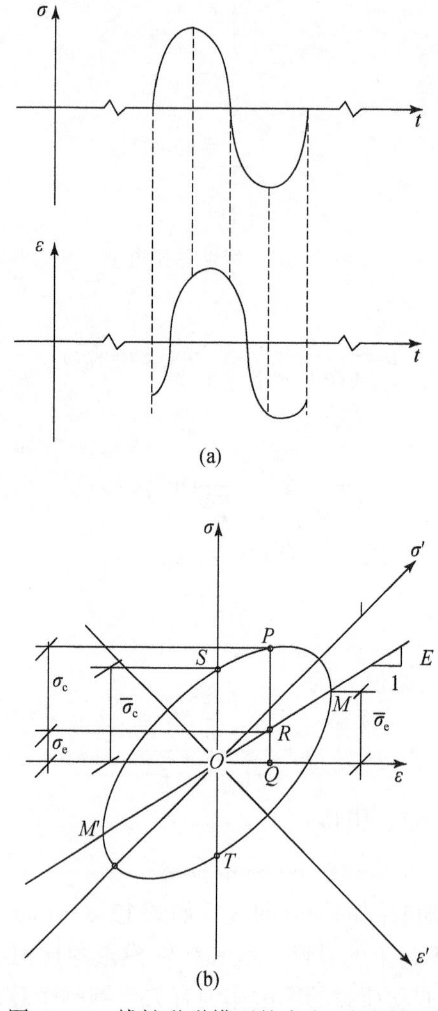

图 12. 33　线性黏弹模型的应力-应变轨迹

由图 12. 33（b）可得如下结果。

（1）在应力-应变轨迹上可找到应变绝对值最大的两个点 M 和 M'。由于这两个点的应变的绝对值最大，则应变速率为零。如图 12. 33（a）所示，相应的黏性元件承受的应力为零，即这两点的应力完全由弹性元件承受，并等于弹性元件承受的应力幅值 $\bar{\sigma}_e$。根据弹性模量的定义，MM'直线的斜率应等于弹性模量。

（2）应力-应变轨迹与纵坐标轴 σ 的交点 S 和 T 的应变为零，相应的弹性元件承受的应力为零，即这两点的应力完全由黏性元件承受。由式（12. 72）可知，这两点的应变速率最大，因此这两点的应力等于黏性元件承受的应力幅值 $\bar{\sigma}_c$。

（3）应力-应变轨迹线上任意一点 P 的应力 σ 由 σ_e 和 σ_c 共同承受，RP 表示黏性应力，RQ 表示弹性应力，R、Q 分别为由 P 点向下引的垂直线与 MM'线和横坐标轴 ε 的交点，如图 12. 33（b）所示。

2. 能量损耗系数

按上述，应力-应变轨迹线，即滞回曲线所围成的面积等于单位体积的线性黏弹性体在一周动荷载作用下的耗能，如以 ΔW 表示，则 ΔW 按下式计算：

$$\Delta W=\int_{\frac{\delta}{p}}^{\frac{\delta}{p}+\frac{2\pi}{p}}\sigma\mathrm{d}\varepsilon$$

将式（12.66）及式（12.69）代入上式中，完成积分得

$$\left.\begin{aligned}\Delta W&=\frac{\pi\bar{\sigma}^2}{\sqrt{(cp)^2+E^2}}\sin\delta\\ \text{或}\quad\Delta W&=\frac{\pi\bar{\sigma}^2}{\sqrt{(cp)^2+E^2}}cp\end{aligned}\right\}\tag{12.74}$$

另外，弹性能按下式计算

$$W=\int_{\frac{\delta}{p}}^{\frac{\delta}{p}+t}E\varepsilon\mathrm{d}\varepsilon$$

将式（12.69）代入上式中，完成积分得

$$W=\frac{1}{2}E\frac{\pi\bar{\sigma}^2}{\sqrt{(cp)^2+E^2}}\sin pt$$

由此得最大弹性能为

$$W=\frac{1}{2}E\frac{\pi\bar{\sigma}^2}{\sqrt{(cp)^2+E^2}}\tag{12.75}$$

下面引进一个概念。令一周往返荷载作用期间土的耗损能量 ΔW 与最大弹性能之比称为能量耗损系数，以 η 表示，则

$$\eta=\frac{\Delta W}{W}\tag{12.76}$$

将式（12.74）及式（12.75）代入上式中得

$$\eta=2\pi\frac{cp}{E}\text{或}\quad\eta=2\pi\tan\delta\tag{12.77}$$

能量耗损系数是线性黏弹模型的一个重要的概念，这个系数有很多应用。

3. 黏性应力的另一种表达形式

式（12.60）的第二式给出了黏性应力与应变速率的关系式。这种关系式一般应用于微元体的动力分析中。但是，在许多实际问题中要对有限体进行动力分析。如果对有限体进行动力分析，那么有限体单位截面上所受的黏性应力应与有限体的运动速度成正比：

$$\sigma_c=c\dot{u}\tag{12.78}$$

式中，$\dot{u}$ 为沿某个方向的运动速度；σ_c 为沿该方向所受的黏性应力；c 为黏性系数。但是应指出，式（12.78）中的黏性系数与式（12.64）中的黏性系数不一样。式（12.64）中的黏性系数的量纲为力秒/长度^2，而式（12.78）中的黏性系数的量纲为力秒/长度^3。

土体动力数值分析中一般采用式（12.78）来确定黏性应力。

4. 线性黏弹模型力学参数的确定

1）土试样及线性黏弹性单质点体系

由上述可知，土的线性黏弹模型包含两个参数，即 E 及 c。但是，c 将被 λ 代替，因此要测定的不是土的黏性系数而是土的阻尼比。

E 及 λ 这两个参数要由土动力学试验测定。设图 12.34（a）为一个圆柱形试样，其高度为 h，断面积为 s，动弹性模量为 E，黏性系数为 c，质量密度为 ρ。下面以一个线性黏弹性单质点体系来模拟这个土试样，如图 12.34（b）所示。土试样的刚度以体系中的弹簧系数 k 表示，按下式确定

$$k=\frac{s}{h}E \tag{12.79a}$$

土试样的黏性系数以体系中的黏性元件的黏性系数 c 表示，按下式确定

$$c=sc_s \tag{12.79b}$$

式中，c_s 为土的黏性系数。土试样的质量集中于体系中的质点 M 上，按下式确定其质量：

$$M=\rho sh \tag{12.79c}$$

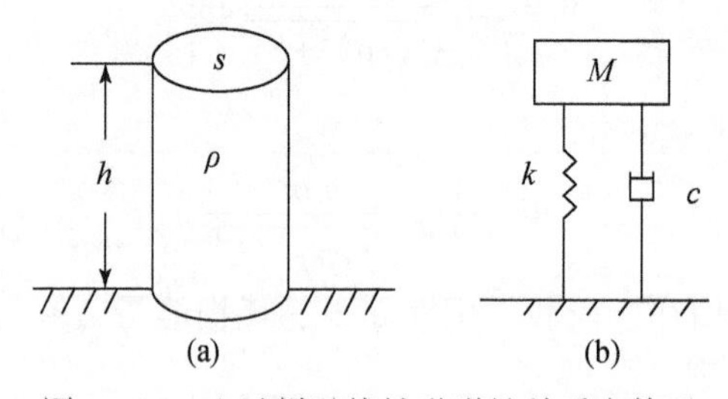

图 12.34　土试样及线性黏弹性单质点体系

令质点的位移、速度及加速度分别为 u、$\mathrm{d}u/\mathrm{d}t$ 及 $\mathrm{d}^2u/\mathrm{d}t^2$。在此，按式（12.78）计算黏性应力，则得线性黏弹性单质点体系的自由振动方程式为

$$M\frac{\mathrm{d}^2u}{\mathrm{d}t^2}+c\frac{\mathrm{d}u}{\mathrm{d}t}+ku=0 \tag{12.80}$$

令

$$\left.\begin{aligned}\omega^2&=k/M\\2\lambda\omega&=c/M\end{aligned}\right\} \tag{12.81}$$

则得

$$\frac{\mathrm{d}^2u}{\mathrm{d}t^2}+2\lambda\omega\frac{\mathrm{d}u}{\mathrm{d}t}+\omega^2u=0 \tag{12.82}$$

式（12.80）的解为

$$u=A\mathrm{e}^{-\lambda\omega t}\sin(\omega_1t+\delta) \tag{12.83}$$

式中，

$$\omega_1=\sqrt{1-\lambda^2}\,\omega \tag{12.84}$$

通常，λ 值较小，则有

$$\omega_1 \approx \omega \tag{12.85}$$

而 A、δ 为两个待定常数，取决于初始条件。由式（12.83）及式（12.84）可见，ω 为线性弹性单质点体系的自由振动圆频率，即无阻尼的自由振动圆频率；ω_1 为线性黏弹性单质点体系的自由振动圆频率，即有阻尼的自由振动圆频率。

2）阻尼比的意义

除 ω、ω_1 之外，式（12.82）和式（12.83）中还有一个参数 λ。下面表述参数 λ 的物理力学意义。

当 $\lambda=1$ 时，由式（12.84）得 $\omega_1=0$，将其代入式（12.83）中得

$$u=Ae^{-\lambda\omega t}\sin\delta \tag{12.86}$$

式（12.86）表明，在这种情况下，式（12.82）的解不再是周期变化的，而是单调递减的，如图12.35所示。将 $\lambda=1$ 代入式（12.81）中，则得

$$c_r=2\sqrt{kM} \tag{12.87}$$

及

$$\lambda=\frac{c}{2\sqrt{kM}}=\frac{c}{c_r} \tag{12.88}$$

式（12.87）定义的 c_r 为临界黏性系数，当黏性系数等于 c_r 时，体系不再发生周期性运动。由式（12.88）可见，λ 的物理意义是黏性系数与临界黏性系数之比，下面将其定义为体系阻尼比。

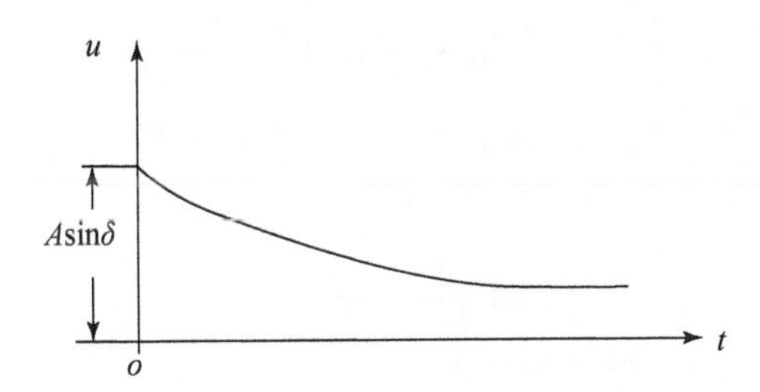

图12.35　$\lambda=1$ 时式（12.86）解的形式

将式（12.79）及式（12.81）代入式（12.87）中得

$$\left.\begin{aligned} c_r&=Sc_{r,s} \\ c_{r,s}&=2\sqrt{E\rho} \end{aligned}\right\} \tag{12.89}$$

式中，$c_{r,s}$ 为土的临界黏性系数，令土的阻尼比以 λ_s 表示，则

$$\lambda_s=\frac{c_s}{c_{r,s}}=\frac{c}{c_r}=\lambda \tag{12.90}$$

式（12.90）表明，体系的阻尼比 λ 与土的阻尼比 λ_s 相等，如果由试验测得土试样体系的阻尼比，其数值即土的阻尼比。

3）阻尼比的确定

由自由振动试验结果确定阻尼比

由式（12.83）可得同一侧相邻两个幅值的比如下：

$$\frac{\bar{u}_n}{\bar{u}_{n+1}}=\mathrm{e}^{\lambda\omega T} \tag{12.91}$$

式中，T 为自振周期；$\bar{u}_n$、$\bar{u}_{n+1}$分别为第 n 次和第 $n+1$ 次的振幅幅值。由于

$$T=\frac{2\pi}{\omega_1}$$

将其代入式（12.91）中，并注意 $\omega_1\approx\omega$，则得

$$\frac{\bar{u}_n}{\bar{u}_{n+1}}=\mathrm{e}^{2\pi\lambda}$$

两边取自然对数得

$$\lambda=\frac{1}{2\pi}\ln\frac{\bar{u}_n}{\bar{u}_{n+1}}$$

式中，$\ln\frac{\bar{u}_n}{\bar{u}_{n+1}}$为对数衰减率，以 Δ 表示，则得

$$\left.\begin{aligned}\Delta&=\ln\frac{\bar{u}_n}{\bar{u}_{n+1}}\\ \lambda&=\frac{1}{2\pi}\Delta\end{aligned}\right\} \tag{12.92}$$

另外，在自由振动过程中振幅逐渐衰减表示每振动一次就耗损了一部分应变能。这部分能量耗损用于克服黏性阻力做功。由此，得

$$\Delta W=\frac{k(\bar{u}_n^2-\bar{u}_{n+1}^2)}{2} \tag{12.93}$$

而弹性能 W 为

$$W=\frac{k\bar{u}_{n+1}^2}{2}$$

由此，能量耗损系数 η 为

$$\eta=\frac{\bar{u}_n^2-\bar{u}_{n+1}^2}{\bar{u}_{n+1}^2}$$

改写上式，得

$$\eta=\left(\frac{\bar{u}_n}{\bar{u}_{n+1}}-1\right)^2+2\left(\frac{\bar{u}_n}{\bar{u}_{n+1}}-1\right)$$

略去第一项，则得

$$\eta=-2\left(1-\frac{\bar{u}_n}{\bar{u}_{n+1}}\right) \tag{12.94}$$

由于近似式

$$x-1=\ln x$$

则式（12.94）可写成如下形式：

$$\eta=2\ln\frac{\bar{u}_n}{\bar{u}_{n+1}}=2\Delta \tag{12.95}$$

将式（12.95）代入式（12.92）中，得

$$\left.\begin{aligned}\lambda&=\frac{1}{4\pi}\eta\\ \lambda&=\frac{1}{4\pi}\frac{\Delta W}{W}\end{aligned}\right\} \tag{12.96}$$

4）静应力对土动模量的影响

按前述，静应力的影响应包括静应力球应力分量的影响及偏应力分量的影响。当动力作用水平低时，静应力偏量可能对土动模量没有明显影响。但是，关于静应力偏量对土动模量的影响的研究较少，实际问题中很少考虑。

大量的土动力试验表明，球应力分量对土动模量有重要的影响。文献［6］认为，对于很多非扰动的黏性土和砂，最大剪切模量 $G_{\max}$ 与静平均应力 σ_0 和超固结OCR的关系可用下式表示：

$$G_{\max}=1230\frac{(2.973-e)^2}{1+e}(\mathrm{OCR})^k\sigma_0^{\frac{1}{2}}$$

式中，e 为土的孔隙比；k 为与土塑性指数有关的参数，如表12.1所示；$G_{\max}$、σ_0 均按磅/英寸^2（lb/in^2）计。

表12.1　塑性指数PI与 k 的关系

PI	k
0	0
20	0.18
40	0.30
60	0.41
80	0.48
≥100	0.50

Seed教授提出用下式表示静球应力分量对土的动剪切模量的影响[11]：

$$G=1000k_2(\sigma_0)^{\frac{1}{2}} \tag{12.97}$$

式中，σ_0 单位为lb/in^{2}①；k_2 为试验参数。由式（12.97）可见，k_2 的取值与 σ_0 的单位有关。现在一般采用下式表示静应力球分量对土动模量的影响：

① 1lb/in^2=0.1786kg/cm^2。

$$E = kp_a \left(\frac{\sigma_0}{p_a}\right)^n \tag{12.98}$$

式中，p_a 为大气压力；k、n 分别为无量纲试验参数。如果土动模量为剪切模量，式(12.93)的形式也适用，只是参数 k 不同。

5. 线性黏弹模型的使用条件

前文曾指出，在动荷载作用下，如果土体所受的动力作用水平很低，土处于小变形阶段时将表现出线性性能。在这种情况下，可以采用线性黏弹模型进行土体的动力分析，例如动力机械基础下地基土体则可能属于这种情况。

另外，由线性黏弹模型研究所得到的一些基本概念具有重要的理论意义，可引申到非线性黏弹模型中。

但是，如果土体所受的动力作用水平较高，土处于中等到大变形阶段时，其将表现出明显的非线性性能，例如地震作用下的土体就不宜采用线性黏弹模型进行动力分析。在这种情况下，则应采用非线性黏弹模型或弹塑性模型进行土体动力分析。

12.8.3 等效线性化模型及适用条件

1. 试验依据及基本概念

上一节表述了线性黏弹模型。这种模型的参数，即动模量及阻尼比与土所受的动力作用水平无关，为常数。但是，试验资料显示并非如此。如果由小至大逐级施加等幅动荷载于土试样，可测得每级荷载下土试样所受的动应力幅值及相应的动应变幅值，以动三轴试验为例，如图 12.36 所示。图 12.36 给出了土试样所受的动力作用水平低于屈服剪应变时相邻两级动荷载试验结果。由于土试样所受的动力作用水平低于屈服剪应变，在每一级动荷载作用下测得的动应变幅值不随作用次数的增多而增大，如图 12.36 所示。这样，在每一级动荷载作用下，其动模量及阻尼比为常数。但是，比较前后两级荷载作用下的动模量及阻尼比可发现，前一级动荷载相应的动模量大于后一级动荷载相应的动模量，而前一级动荷载相应的阻尼比则小于后一级动荷载相应的阻尼比。如果以 $E^{(i-1)}$ 和 $E^{(i)}$、$\lambda^{(i-1)}$ 和 $\lambda^{(i)}$ 分别表示第 $i-1$ 级和第 i 级动荷载相应的动模量及阻尼比，则

$$E^{(i-1)} > E^{(i)}$$

$$\lambda^{(i-1)} < \lambda^{(i)}$$

如果把每级等幅荷载视为一个动力作用过程，则与每一个动力作用过程相应的动模量随土试样所受的动力作用水平的提高而减小，而相应的土的阻尼比随土试样所受的动力作用水平的提高而增大。由上述试验可得如下两点结论。

(1) 在每级动荷载下，也就是在每一个动力作用过程中，土的动模量和阻尼比为一常数，可将土视为线性黏弹性体。

(2) 每一级荷载下，也就是每一个动力作用过程相应的土的动模量和阻尼比分别随土所受的动力作用水平的提高而减小和增大。

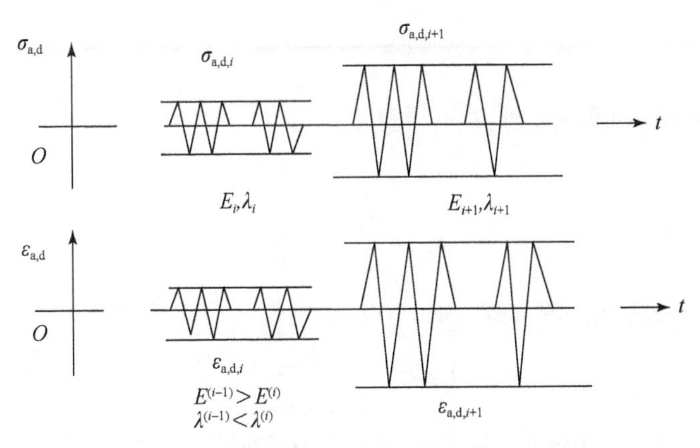

图 12.36　相邻两级动荷载下的动模量及阻尼比

第一点与上节所述线性黏弹模型相同，而第二点则与上节所述的线性黏弹模型不同，但更符合土的实际动力性能。将上述两点结合起来，就是本节所述的等效线性化模型。显然，等效线性化模型是一个近似的非线性黏弹模型。

等效线性化模型是 Seed 教授首先提出的。这里的等效应具有如下两个含义。

(1) 等效线性化模型是基于等幅荷载试验结果建立的，当将其用于变幅动荷载动力分析时，必须将土所受的变幅动力作用转化成与其等效的等幅动力作用。

(2) 由于土呈现出了动力非线性，因此发生了某种程度的塑形变形。因此，土的耗能实际上不仅是黏性的，还是塑性的。但在等效线性化模型中，认为土的全部耗能为黏性的，但其黏性耗能在数值上应与土实际耗能相等。

按上述建立土等效线性化模型应完成如下三项工作。

(1) 由试验资料确定土的动模量与其所受的动力作用水平之间的关系。

(2) 由试验资料确定土的阻尼比与其所受的动力作用水平之间的关系。

(3) 将土所受的变幅动力作用转变成等幅动力作用。

在等效线性化模型中，土所受的动力作用水平通常以其所受的等价剪应变幅值表示。在实际问题中，土的动模量和阻尼比与等价剪应变幅值的关系通常以解析式或插值曲线两种形式表示，下面分别按这两种形式进行表述。

2. 等效线性化模型的解析表示法

1) 模量的数学表达式

根据试验资料，Hardin 和 Drnevich 首先提出了剪应力幅值和剪应变幅值之间的关系可用双曲线表示[6]。根据双曲线关系，由动三轴试验测得的轴向应力幅值和轴向应变幅值之间的关系如下：

$$\bar{\sigma}_d=\frac{\bar{\varepsilon}_d}{a+b\,\bar{\varepsilon}_d} \tag{12.99}$$

由式（12.99）得

$$E=\frac{1}{a+b\,\bar{\varepsilon}_{\mathrm{d}}} \tag{12.100}$$

式中的系数及确定方法如前述，此处不再重复。

令

$$\bar{\varepsilon}_{\mathrm{d,r}}=\frac{\bar{\sigma}_{\mathrm{d,max}}}{E_{\max}}=\frac{a}{b} \tag{12.101}$$

式中，$\bar{\varepsilon}_{\mathrm{d,r}}$为轴向参考应变。改写式（12.100），则得

$$E=E_{\max}\frac{1}{1+\bar{\varepsilon}_{\mathrm{d}}/\bar{\varepsilon}_{\mathrm{d,r}}} \tag{12.102}$$

前文已经提过，通常以动剪应变幅值表示土所受的动力作用水平，因此要确定动杨氏模量 E 与动剪应变幅值的关系。在动三轴试验中，土的侧向动应变幅值为 $\mu\,\bar{\varepsilon}_{\mathrm{a,d}}$。这样，可绘出如图 12.37 所示的应变莫尔圆，并按下式确定相应的最大动剪应变幅值 $\bar{\gamma}$：

$$\bar{\gamma}=(1+\mu)\,\bar{\varepsilon}_{\mathrm{a,d}} \tag{12.103}$$

式中，μ 为泊松比，对饱和土取 0.5，其他土按经验选取。

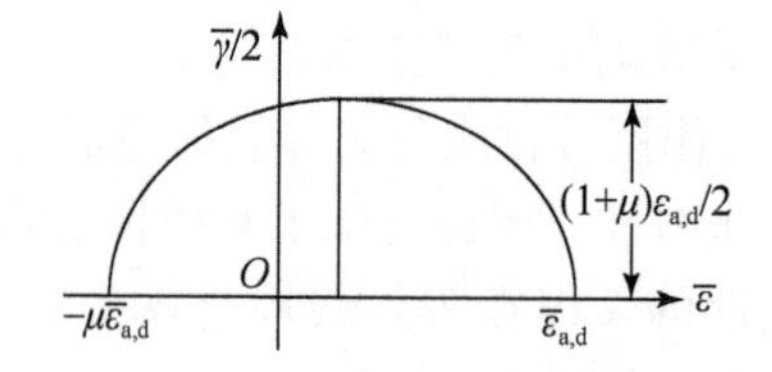

图 12.37　最大动剪应变幅值 $\bar{\gamma}$

由式（12.103）可得

$$\bar{\gamma}_{\mathrm{r}}=(1+\mu)\,\bar{\varepsilon}_{\mathrm{a,d,r}} \tag{12.104}$$

式中，$\bar{\gamma}_{\mathrm{r}}$ 为参数剪应变。将式（12.103）及式（12.104）代入式（12.102）中：

$$E=E_{\max}\frac{1}{1+\bar{\gamma}_{\mathrm{d}}/\bar{\gamma}_{\mathrm{r}}} \tag{12.105}$$

2）阻尼比的表达式

阻尼比的表达式如式（12.26）所示，现重写如下：

$$\lambda=\lambda_{\max}(1-E_{\mathrm{d}}/E_{\mathrm{d,max}})^{n_\lambda} \tag{12.106}$$

式中的参数及确定方法如前述，在此不再重复。

3. 等效线性化模型的插值点曲线表示法

1）插值公式

在实际土体动力分析中，等效线性化模型还经常采用插值点曲线表示方法，即给出与指定的一系列剪应变幅值相应的动模量和阻尼比。指定的剪应变幅值通常取10^{-7}、10^{-6}、10^{-5}、10^{-4}、10^{-3}、10^{-2}，如果需要的话，可在相邻的两个点之间再加上一个插值点。由于

指定的剪应变幅值的范围达几个数量级，通常取剪应变幅值的对数为横坐标。另外，为了消除静平均有效应力的影响，通常取动模量比 E/E_{max} 或 G/G_{max} 为纵坐标。如果给出了插值点，那么与剪应变幅值 $\bar{\gamma}$ 相应的动模量比和阻尼比可按下式确定：

$$\left.\begin{aligned} E/E_{max} &= (E/E_{max})_{i-1} + \frac{(E/E_{max})_i - (E/E_{max})_{i-1}}{\lg\bar{\gamma}_i - \lg\bar{\gamma}_{i-1}}(\lg\bar{\gamma} - \lg\bar{\gamma}_{i-1}) \\ \lambda &= \lambda_{i-1} + \frac{\lambda_i - \lambda_{i-1}}{\lg\bar{\gamma}_i - \lg\bar{\gamma}_{i-1}}(\lg\bar{\gamma} - \lg\bar{\gamma}_{i-1}) \end{aligned}\right\} \tag{12.107}$$

式中，$(E/E_{max})_i$、$(E/E_{max})_{i-1}$ 分别为 i 和 $i-1$ 插值点相应的动模量比；λ_i、λ_{i-1} 分别为 i 和 $i-1$ 插值点相应的阻尼比。

2）经验曲线

Seed 等收集了大量的试验资料，按砂土和黏性土分别研究了等效线性化模型的 E/E_{max}-$\bar{\gamma}$ 关系线及 λ-$\bar{\gamma}$ 关系线的变化范围，并分别确定了砂土和黏性土平均的 E/E_{max}-$\bar{\gamma}$ 关系线及 λ-$\bar{\gamma}$ 关系线，并将其做为它们的代表性关系线[11]。

a. 砂土

Seed 等给出的砂土 E/E_{max}-$\bar{\gamma}$ 关系线的变化范围如图 12.38 中的虚线部分所示，平均关系线如图 12.38 中的实线所示。

Seed 等收集的砂土阻尼比与剪应变幅值之间的关系资料如图 12.39 所示。图 12.39 中的虚线给出了砂土的 λ-$\bar{\gamma}$ 关系线的变化范围，其中实线为平均的关系线。相对而言，砂土的 λ-$\bar{\gamma}$ 关系线的变化范围要比 E/E_{max}-$\bar{\gamma}$ 关系线的变化范围大。但是，λ 随剪应变幅值的增大而增大的趋势是显著的。

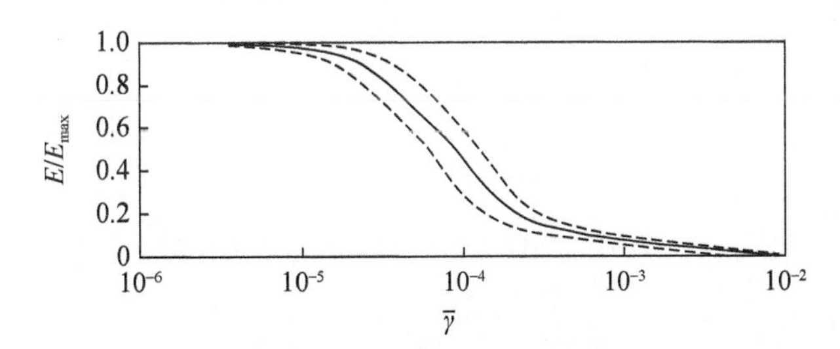

图 12.38　砂土的 E/E_{max}-$\bar{\gamma}$ 关系线范围及平均关系线

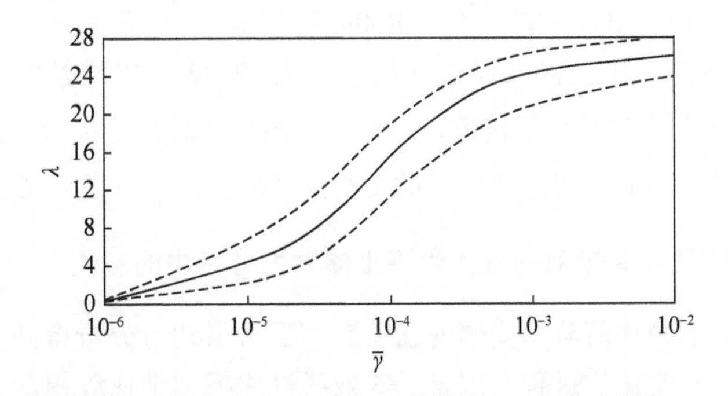

图 12.39　砂土的 λ-$\bar{\gamma}$ 关系线范围及平均关系线

b. 黏性土

Seed 等收集了黏性土动剪切模量 G 与其不排水剪切强度 s_u 之比 G/s_u 和剪应变幅值之间关系的资料，如图 12.40 所示。图 12.40 中的虚线给出了变化范围，实线给出了平均变化曲线。这样，将平均曲线的纵坐标除其最大值，则可得平均 G/G_{max}-$\bar{\gamma}$ 关系线，如图 12.41所示。由于 G/G_{max}等于 E/E_{max}，则该曲线即平均 E/E_{max}-$\bar{\gamma}$ 关系线。

Seed 等收集的黏性土的阻尼比与剪应变幅值之间关系的资料如图 12.42 所示。图 12.42中的虚线给出了黏性土 λ-$\bar{\gamma}$ 关系线的变化范围，实线给出了平均的关系线。与砂性土的 λ-$\bar{\gamma}$ 关系线的变化范围相比，黏性土的变化范围更大。

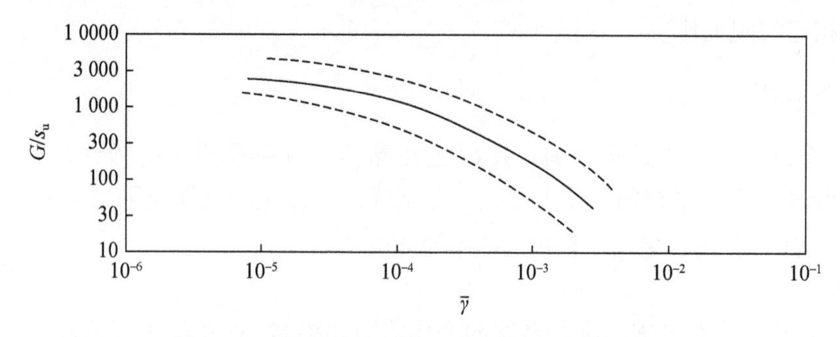

图 12.40　黏性土 G/s_u 与 $\bar{\gamma}$ 之间的关系试验资料

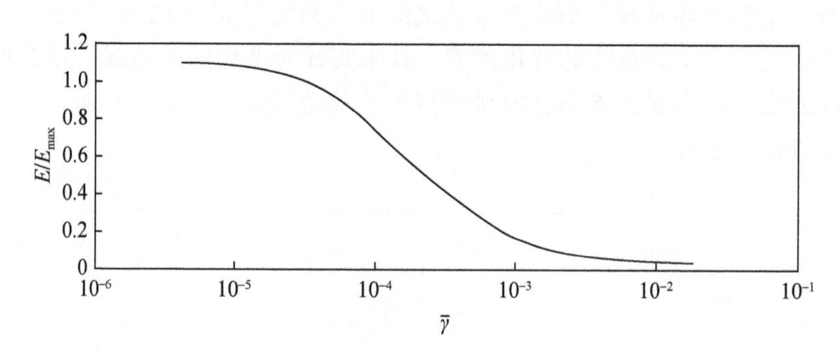

图 12.41　黏性土平均的 E/E_{max}-$\bar{\gamma}$ 关系线

c. 砂砾石

Seed 和 Idriss 总结了砂砾石的试验资料，指出其 E/E_{max}-$\bar{\gamma}$ 关系线与砂土非常相似，只是其平均曲线要比砂土低 10% ~30%[13]。Rollis 和 Evans 对砂砾石的试验资料做了进一步分析[14]，给出了 E/E_{max}-$\bar{\gamma}$ 的范围及最优曲线，如图 12.43 的虚线及实线所示，与前文给出的砂土的 E/E_{max}-$\bar{\gamma}$ 平均关系线很接近。另外，还给出了阻尼比的范围及最优的曲线，如图 12.44 的虚线及实线所示，明显地低于前文给出的砂土的 λ-$\bar{\gamma}$ 关系线。

4. 等效线性化模型在变幅动荷载作用下土体动力分析中的应用

如果作用于土体上的动荷载是变幅的动荷载，那么由动力分析得到土体中一点的剪应变也是一个幅值随时间变化的过程。但是，等效线性化模型是在等幅动荷载作用下的试验

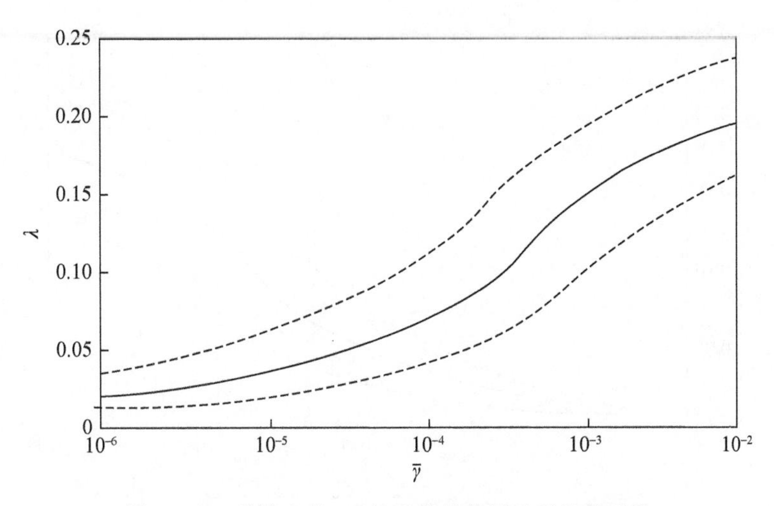

图 12.42　黏性土的 λ-$\bar{\gamma}$关系线的范围及平均关系线

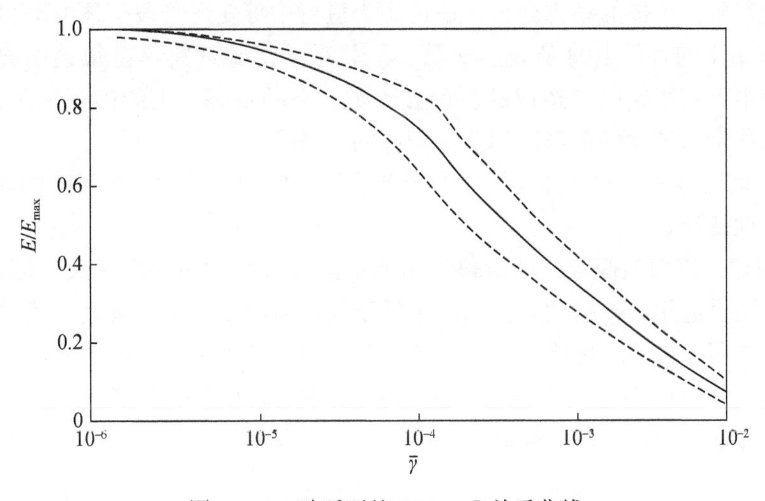

图 12.43　砂砾石的 E/E_{max}-$\bar{\gamma}$ 关系曲线

结果基础上建立的。因此，当将等效线性化模型用于变幅动荷载作用下的土体动力分析时，必须将分析得到的变幅剪应变时程转变成等幅值剪应变时程，并将等幅剪应变幅值称为等价的剪应变幅值。在实际土体动力分析中，按 Seed 的建议，等价的等幅剪应变幅值取变幅剪应变最大幅值的 0.65 倍，即

$$\bar{\gamma}_{eq}=0.65\bar{\gamma}_{max} \tag{12.108}$$

式中，$\bar{\gamma}_{max}$为变幅剪应变最大幅值；$\bar{\gamma}_{eq}$为与变幅剪应变时程相应的等价的等幅剪应变幅值。

5. 等效线性化模型的适用性

关于等效线性化模型的适用性可归纳为如下几点。

（1）与线性黏弹模型相比，等效线性化模型近似地考虑了土动力性能的非线性。它除

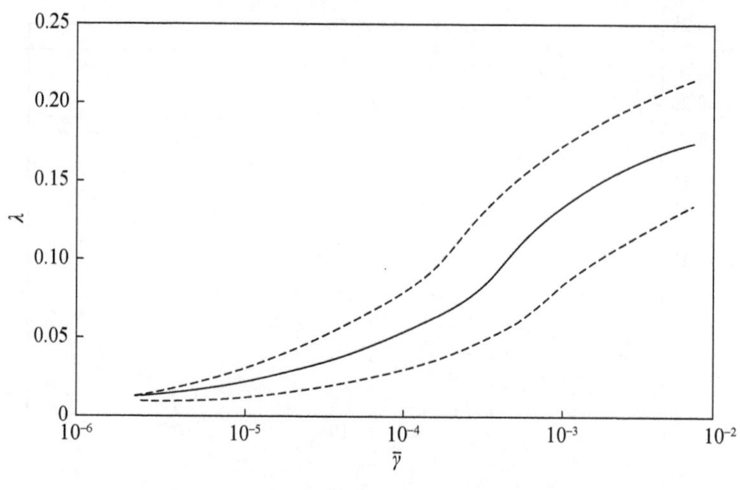

图 12.44　砂砾石的 λ-$\bar{\gamma}$ 关系线

了适用于小变形阶段土体的动力分析，还可用来进行中等变形阶段土体的动力分析。

（2）上述给出的各种土的 $E/E_{\max}$-$\bar{\gamma}$ 及 λ-$\bar{\gamma}$ 关系的试验资料具有很大的离散性。这些离散性主要是由下列影响因素造成的，例如土类、土的状态、土的静固结压力等。因此，如条件具备应尽量由试验确定与实际条件相应的关系线。

（3）由于该模型是一种黏弹性模型，因此采用该模型进行动力分析不能求得动荷载作用下土体的塑性变形。

（4）按前述，该模型假定在动荷载作用下土的变形与作用次数无关，因此严格地讲，等效线性化模型更适用于分析动力作用水平低于屈服剪应变时的土体动力性能。当把该模型延伸到动力作用水平高于屈服剪应变的情况时，由于忽视了作用次数对变形的影响，动力分析给出的土体变形将有较大误差。土体所受到的动力作用水平越高，这个误差就越大。因此，土体中动力作用水平越高的部位，这个误差就越大。

12.8.4　弹塑性模型

1. 基本概念

根据土动力试验可以测得等幅循环荷载作用下的滞回曲线。按前述，关于滞回曲线可以得到如下认识。

（1）滞回曲线所围成的面积表示土在一次循环荷载作用下所耗损的能量。对于动弹塑性模型而言，土耗损的能量是由于塑性变形使其加载的应力–应变途径与卸载的应力–应变途径不同产生的。这种耗能机制与前述的黏性耗能机制不同，称为塑性耗能或历程耗能。前文曾指出，由实测的滞回曲线所确定的耗能既包括塑性耗能，也包括黏性耗能，但在动弹塑性模型中将其完全视为塑性耗能。

（2）滞回曲线是由同一时刻的应力–应变绘制而成的，因此是在一次循环荷载作用下土的应力–应变关系曲线。设从零时刻开始，土承受循环剪切应力，如图 12.45（a）所示，其中 0～1 段为加荷，1～2 段为卸荷，2～3 段为反向加荷，3～4 段为反向卸荷，4～5 段为再次加荷。相应的滞回曲线如图 12.45（b）所示，其中 0～1′段相应于加荷段 0～1 的应力–应变关系线，称为初始加荷曲线，1′～2′段相应于卸荷段 1～2 的应力–应变关系线，2′～3′段相应于反向加荷段 2～3 的应力–应变关系线，3′～4′段相应于反向卸荷段 3～4 的应力–应变关系线，4′～5′段相应于再次加荷段 4～5 的应力–应变关系线。

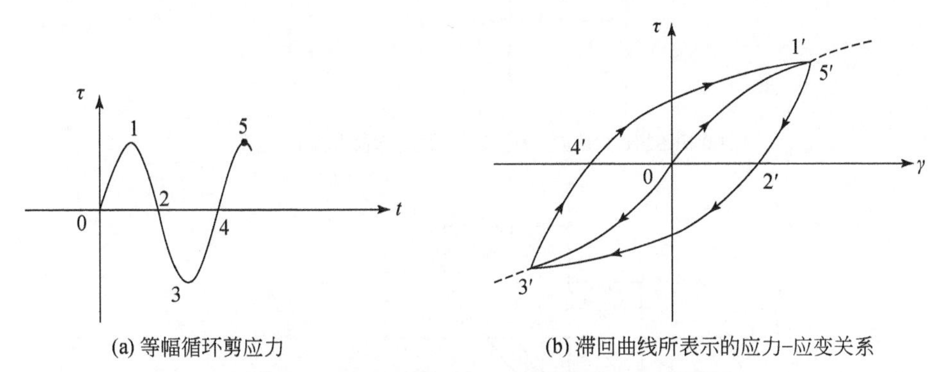

(a) 等幅循环剪应力　　(b) 滞回曲线所表示的应力–应变关系

图 12.45　等幅循环剪应力及相应的应力–应变关系

（3）设 A 点为应力–应变关系线上的一点，则 A 点的剪应变为 γ_A，应由弹性剪应变 $\gamma_{e,A}$ 和塑性剪应变 $\gamma_{p,A}$ 两部分组成，即

$$\gamma_A=\gamma_{e,A}+\gamma_{p,A} \tag{12.109}$$

图 12.46（a）为初始加荷阶段应力–应变关系线上一点 A 的剪应变 γ_A，以及相应的弹性剪应变 $\gamma_{e,A}$ 和塑性剪应变 $\gamma_{p,A}$。图 12.46（b）为卸荷和反向加荷阶段应力–应变关系线上一点 A 的剪应变 γ_A，以及相应的弹性剪应变 $\gamma_{e,A}$ 和塑性剪应变 $\gamma_{p,A}$。图 12.46（c）给出了反向卸荷再加荷阶段应力–应变关系线上一点 A 的剪应变 γ_A，以及相应的弹性剪应变 $\gamma_{e,A}$ 和塑性剪应变 $\gamma_{p,A}$。

（4）按上述，弹塑性模型的应力–应变关系线是由如下三条曲线构成的。

（a）初始荷载应力–应变关系曲线。初始荷载应力–应变关系曲线有两个分支，即图 12.45所示的 01′和 03′曲线，它们分别位于第一象限和第三象限，并且对各向同性材料关于 0 是对称的。

（b）后继荷载应力–应变关系曲线 1′2′3′。其走向与第三象限初始荷载应力–应变关系曲线 03′的走向相同。

（c）后继荷载应力–应变关系曲线 3′4′5′。其走向与第一象限初始荷载应力–应变关系曲线的走向相同。

下面把以滞回曲线为基础建立的弹塑性模型称为滞回曲线类型的弹塑性模型。按上述，建立这样的弹塑性模型包括如下两项基本工作：①根据土动力试验资料确定初始荷载应力–应变关系线，即 01′关系线和 03′关系线的数学表达式。②根据土动力试验资料及某些基本的动力学原则确定后继荷载应力–应变关系线，即 1′2′3′关系线和 3′4′5′关系线的数学表达式。

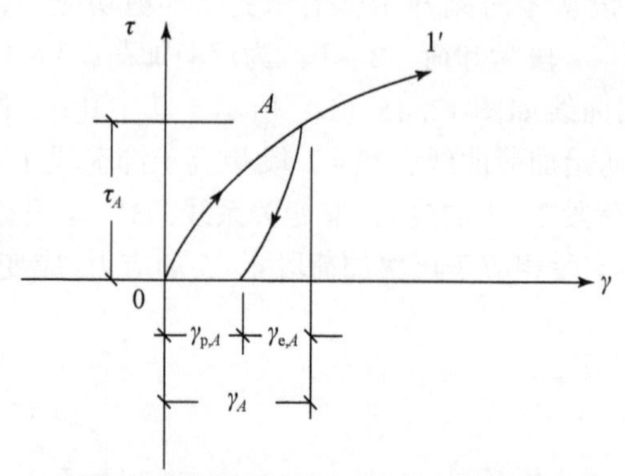

(a) 初始加荷阶段应力-应变关系线上卸荷点A的剪应变

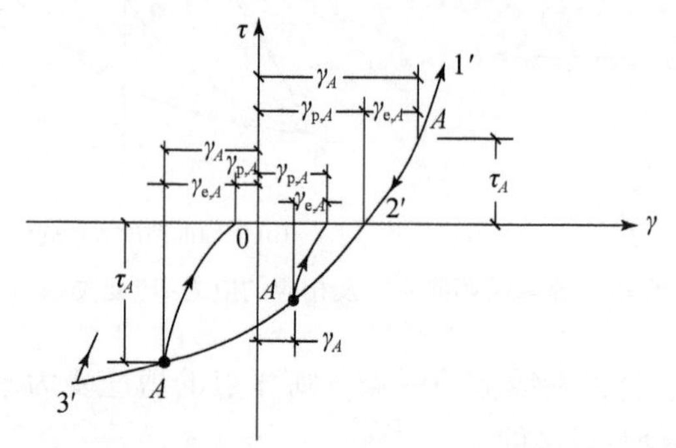

(b) 卸荷和反向加荷阶段应力-应变关系线上卸荷点A的剪应变

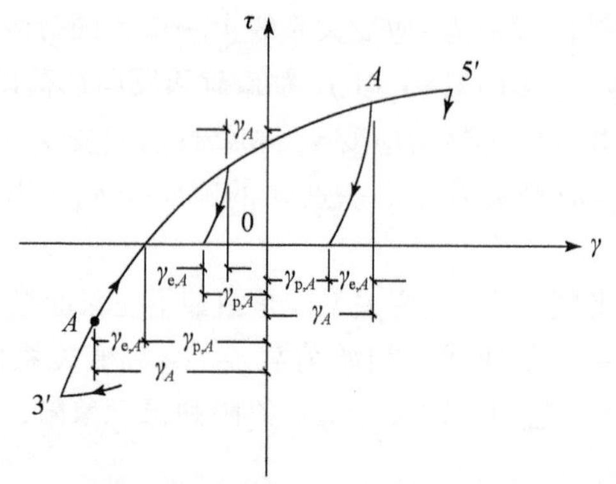

(c) 反向卸载再加荷阶段应力-应变关系线上卸荷点A的剪应变

图 12.46　应力-应变关系线上一点的剪应变、弹性剪应变和塑性剪应变

2. 初始荷载的应力-应变关系曲线的数学表达式

通常，将初始荷载的应力-应变关系线取为前述的骨架曲线。按前述，土的骨架曲线可以双曲线表示。对于剪应力和剪应变，双曲线公式如下：

$$\tau = G_{\max}\frac{\gamma}{1+\gamma/\gamma_{\mathrm{r}}} \tag{12.110}$$

式中，$G_{\max}$为最大动剪切模量；γ_{r} 为参数剪应变，令第一象限分支的 γ_{r} 为 $\gamma_{\mathrm{r}}^{(1)}$，则 $\gamma_{\mathrm{r}}^{(1)}$ 应

取正值，第三象限分支的 γ_r 为 $\gamma_r^{(3)}$，则 $\gamma_r^{(3)}$ 应取负值，如图 12.47 所示。由图 12.47 可见，第一象限和第三象限分支分别有一个最终强度 $\tau_{ult}^{(1)}$ 和 $\tau_{ult}^{(3)}$。由此：

$$\gamma_r^{(3)}=-\gamma_r^{(1)},\tau_{ult}^{(3)}=-\tau_{ult}^{(1)},\tau_{ult}^{(1)}=G_{max}\gamma_r^{(1)},\tau_{ult}^{(3)}=G_{max}\gamma_r^{(3)}$$

第一象限的 $\tau_{ult}^{(1)}$ 为正，第三象限的 $\tau_{ult}^{(3)}$ 为负。这样，初始加载曲线的两个分支各存在一条水平渐近线，不能无限上升或下降。

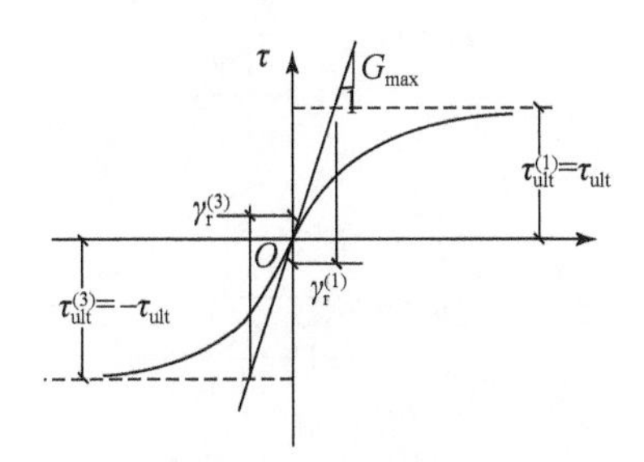

图 12.47　双曲线形式的初始荷载应力-应变关系曲线

3. 后继荷载应力-应变关系线数学表达式的确定

1) 确定的原则

通常，认为后继荷载应力-应变关系曲线是与其走向相同的初始荷载应力-应变关系曲线的平移和放大。这句话有如下三点含意：①后继荷载应力-应变关系曲线的函数形式与初始荷载应力-应变关系曲线的函数形式相同。②在确定后继荷载应力-应变关系曲线时，首先要将与其走向相同的初始荷载应力-应变关系曲线从原点平移到卸荷点。③将曲线平移到卸荷点后再将其放大，即后继荷载应力-应变关系曲线。因此，它和与其走向相同的初始荷载应力-应变关系曲线具有相同的函数形式，但其参数不同。

这样，后继荷载应力-应变关系曲线的数学表达式中的参数应按一定准则另外确定。下面表述后继荷载应力-应变关系数学表达式中参数的确定方法。

2) 按曼辛准则确定的数学表达式及参数

曼辛首先提出了将初始荷载应力-应变曲线放大的准则，通常称为曼辛准则。曼辛准则如图 12.48 所示，包括如下两点：①后继荷载曲线在卸荷点的斜率与初始荷载曲线在原点的斜率相同，即后继荷载曲线的最大动模量与初始荷载曲线的最大动模量相等。②在等幅动荷载作用下，后继荷载曲线和与其走向相同的初始荷载曲线的交点是卸荷点关于原点的对称点。

如图 12.48 所示，设卸荷点的坐标为（γ_0，τ_0）。以与第三象限初始荷载应力-应变关系线走向相同的后继荷载曲线为例，后继荷载应力-应变关系线的数学方程式可写成如下形式：

$$\tau-\tau_0=G_{max}\frac{\gamma-\gamma_0}{1+\dfrac{\gamma-\gamma_0}{\gamma'^{(3)}_r}} \tag{12.111}$$

式中，$\gamma'^{(3)}_r$ 为与第三象限初始荷载曲线走向相同的后继荷载应力-应变曲线的参考应变。

设 γ_1、τ_1 为卸荷点关于原点的对称点，由曼辛准则的第二点得

$$\tau_1-\tau_0=G_{\max}\frac{\gamma_1-\gamma_0}{1+\dfrac{\gamma_1-\gamma_0}{\gamma'^{(3)}_{\mathrm{r}}}}$$

由于 $\tau_1=-\tau_0$，$\gamma_1=-\gamma_0$，则得

$$\tau_0=G_{\max}\frac{\gamma_0}{1+\dfrac{-2\gamma_0}{\gamma'^{(3)}_{\mathrm{r}}}}$$

然而由主干线得

$$\tau_0=G_{\max}\frac{\gamma_0}{1+\dfrac{\gamma_0}{\gamma^{(1)}_{\mathrm{r}}}}$$

比较上述两式得

$$-\frac{2}{\gamma'^{(3)}_{\mathrm{r}}}=\frac{1}{\gamma^{(1)}_{\mathrm{r}}}$$

即

$$\gamma'^{(3)}_{\mathrm{r}}=-2\gamma^{(1)}_{\mathrm{r}}=2\gamma^{(3)}_{\mathrm{r}} \tag{12.112}$$

与此相似，与第一象限初始应力-应变关系线走向相同的后继荷载应力-应变关系线的数学表达式可写成如下形式：

$$\tau-\tau_1=G_{\max}\frac{\gamma-\gamma_0}{1+\dfrac{\gamma-\gamma_0}{\gamma'^{(1)}_{\mathrm{r}}}} \tag{12.113}$$

式中，$\gamma'^{(1)}_{\mathrm{r}}$ 为与第一象限初始荷载曲线走向相同的后继荷载应力-应变关系线的参考应变，采用与确定 $\gamma'^{(3)}_{\mathrm{r}}$ 相似的方法，得

$$\gamma'^{(1)}_{\mathrm{r}}=2\gamma^{(1)}_{\mathrm{r}} \tag{12.114}$$

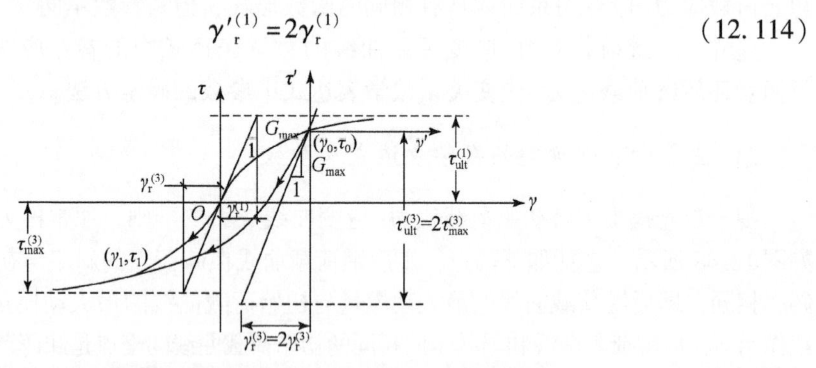

图 12.48　按曼辛准则确定后继荷载应力-应变关系线

4. 按曼辛准则建立的模型存在的问题

1）等幅荷载作用下的问题

如图 12.49（a）所示，在等幅荷载作用下，第一次卸荷的卸荷点位于初始荷载曲线

上，卸荷点的应力 τ_0 和应变 γ_0 分别为已达到最大动应力和最大动应变。按曼辛准则的第二点，从卸荷点（γ_0，τ_0）开始的后继荷载曲线和与其走向相同的初始荷载曲线的交点（γ_1，τ_1）是卸荷点（γ_0，τ_0）关于原点的对称点，其动应力和动应变分别为在相反方向达到的最大值。这样，这个点也位于初始荷载曲线上，又成为一个新的卸荷点。而按曼辛准则的第二点，从这个卸荷点开始的后继荷载曲线和与其走向相同的初始荷载曲线的交点正是前一个卸荷点（γ_0，τ_0）。因此，在等幅荷载作用下，只要幅值不变，应力-应变轨迹线将沿上述途径周而复始地变化，即不论作用多少次，应变幅值是不变的。

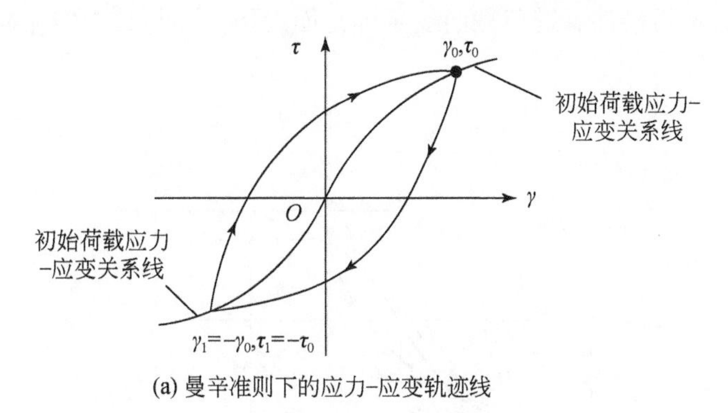

(a) 曼辛准则下的应力-应变轨迹线

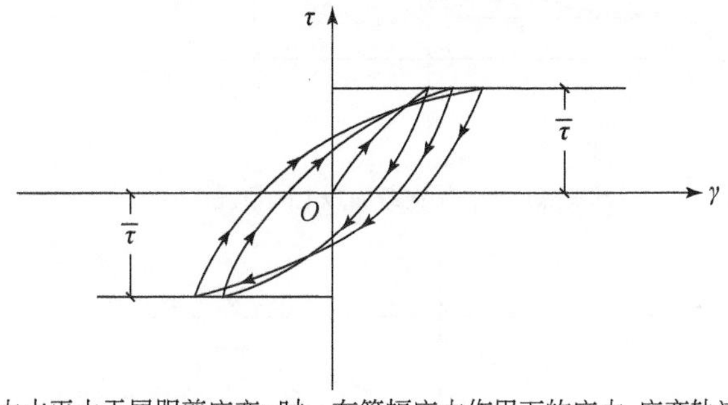

(b) 当受力水平大于屈服剪应变γ_y时，在等幅应力作用下的应力-应变轨迹线

图 12.49　等幅应力下应力-应变轨迹线

但是，试验表明，当受力水平超过屈服剪应变 γ_y 时，在应力作用下，其应变幅值则随作用次数的增多而增大。相应地，应力-应变关系如图 12.49（b）所示，其应力幅值不随作用次数的增多而改变，而应变幅值则随作用次数的增多而增大。因此，按曼辛准则建立的应力-应变关系曲线，不能描述当受力水平大于屈服剪应变 γ_y 时，在等幅应力作用下应变幅值随作用次数增大的现象。

2）*在变幅动荷载下的问题*

在变幅动荷载下，后继应力-应变关系线的开始点有如下两种情况。

（a）第一次卸荷时，后继应力-应变关系线的开始点位于初始荷载曲线上，如图 12.50（a）所示。设卸荷点为（τ_0，γ_0），按曼辛准则，后继应力-应变关系和与其走向相同的初始加荷曲线的交点为（τ_1，γ_1），该点应为卸荷点关于原点的对称点。如果实际的动应力继续增大，则将沿后继应力-应变关系线继续延伸，而逐渐接近其水平渐近线 τ-

$\tau_0=-2\tau_{ult}$，如图 12. 50（a）所示。这样，τ 值则可能大于 τ_{ult}，即土可能发生破坏，这是不允许的。为了避免这种情况，则规定后继荷载曲线如果和与其走向相同的初始荷载曲线相交后不再沿该后继荷载曲线延伸，而沿与其走向相同的初始荷载曲线延伸。

（b）在变幅动荷载下，除第一次卸荷外，后继应力-应变关系曲线上的开始点，即卸荷点，通常不在初始荷载曲线上，如图 12. 50（b）所示。在这种情况下，如果随动应力增大，应力-应变关系线继续沿后继应力-应变关系线延伸时，也会出现超过土的最终强度 τ_{ult} 的情况。为了避免这种情况，则规定后继荷载曲线和历史上与其走向相同的最大后继荷载曲线相交后，不再沿该后继荷载曲线延伸，而沿历史上与其走向相同的最大后继荷载曲线延伸。

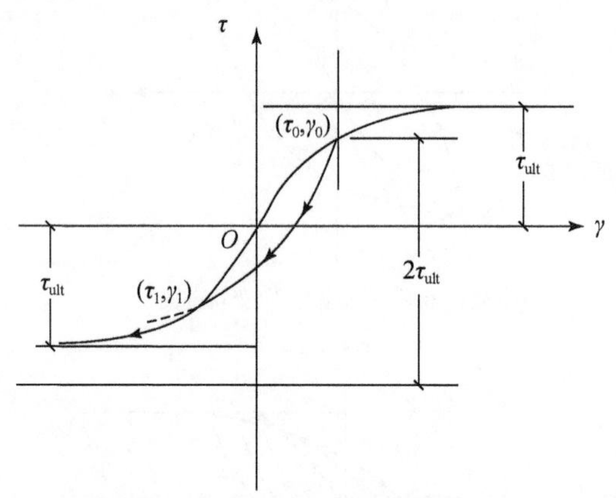

(a) 卸荷点位于初始荷载曲线上的情况

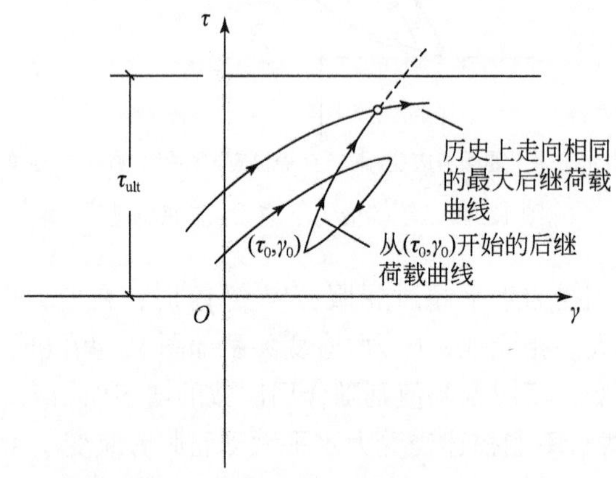

(b) 卸荷点不位于初始荷载曲线上的情况

图 12. 50　关于后继荷载曲线的附加规定

5. Pyke 提出的建立后继荷载曲线的方法

实践表明，上述附加规定不便于操作。鉴于此，Pyke 提出了另一种建立后继荷载曲线的方法[15]。该方法不仅限制后继荷载应力-应变关系线不能超过与其走向相同的初始荷载应力-应变关系线的最终强度，而且便于操作。

Pyke 提出，应按下述准则建立后继荷载应力–应变关系线：

（1）后继荷载曲线在卸荷点处的斜率等于初始载荷曲线在原点的斜率，这一点与曼辛准则相同。

（2）以初始荷载曲线为双曲线为例，后继荷载曲线的水平渐近线和与其走向相同的初始荷载曲线的水平渐近线为同一条水平线，如图 12.51 所示。假如后继载荷曲线与第三象限的初始荷载曲线走向相同，按第二点，当 $\gamma \to -\infty$ 时，$\tau \to \tau_{ult}^{(3)}$，由此可得

$$\gamma'^{(3)}_{r} = \frac{1}{G_{max}}(\tau_{ult}^{(3)} - \tau_0) \tag{12.115}$$

后继荷载应力–应变关系式为

$$\tau - \tau_0 = G_{max}\frac{\gamma - \gamma_0}{1 + \dfrac{\gamma - \gamma_0}{\gamma'^{(3)}_{r}}} \tag{12.116}$$

相似地，假如后继荷载曲线的走向与第一象限初始荷载曲线的走向相同，则 $\gamma \to \infty$ 时，$\tau \to \tau_{ult}^{(1)}$。由此可得

$$\gamma'^{(1)}_{r} = \frac{1}{G_{max}}(\tau_{ult}^{(1)} - \tau_1) \tag{12.117}$$

后继荷载应力–应变关系式为

$$\tau - \tau_1 = G_{max}\frac{\gamma - \gamma_0}{1 + \dfrac{\gamma - \gamma_0}{\gamma'^{(1)}_{r}}} \tag{12.118}$$

由式（12.115）和式（12.117）可见，Pyke 建立的后继荷载应力–应变关系式中的参考应变 $\gamma'^{(3)}_{r}$ 和 $\gamma'^{(1)}_{r}$ 与卸荷点的应力 τ_0 和 τ_1 有关，而不是常数。

在此应指出，如果卸荷点位于初始荷载曲线上，Pyke 建立的后继荷载曲线和与其走向相同的初始荷载曲线的交点不再是卸荷点关于原点的对称点。因此，如果动荷载是等幅循环荷载，还是采用按曼辛准则建立的后继荷载曲线较好。

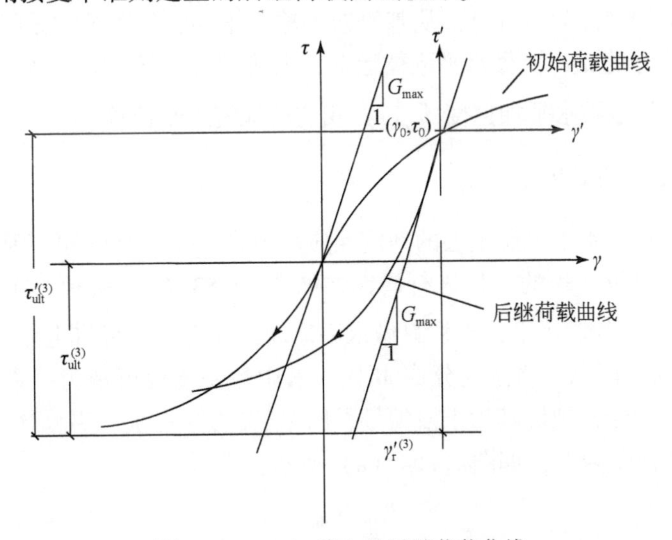

图 12.51　Pyke 建立的后继荷载曲线

12.9 土体动力反应分析

12.9.1 概述

土体在动荷载作用下将发生应变、应力，以及位移、速度和加速度。下面，将确定在动荷载下土体中的应变、应力，以及位移、速度和加速度的分析称为土体动力反应分析。如果动力作用是由地震引起的，则将其称为土体地震反应分析。

由于问题的复杂性，土体动力反应分析通常采用数值分析方法。土体动力反应数值分析的步骤如下。

（1）将土体简化成多质点体系。

（2）选择土动力学计算模型。

（3）根据质点的动力平衡建立土体动力反应分析方程式。在此应指出，土体动力反应分析方程式与所选择的土动力学计算模型有关。

（4）数值求解土体动力反应分析方程式。通常，采用逐步积分法来数值求解土体动力反应分析方程式。

（5）如果选择的土动力学模型是非线性的，则要考虑土的非线性对土体动力反应分析的影响。

下面，以水平成层土层的地震反应分析来说明上述土体动力反应数值分析的各个步骤。

12.9.2 水平土层地震反应的数值分析

假定覆盖在基岩之上水平成层的土层包括 N 个土层，其中第 i 个土层厚度为 h_i，总厚度 H。令地震水平加速度为 $\ddot{u}_g(t)$，从基岩向上输入土层，如图 12.52 所示。另外，假设基岩为刚体，按指定的 $u_g(t)$ 做水平刚体运动，则地震时土层与基岩接触面上各点水平运动相同，$u_g(t)$ 为与地震水平加速度 $\ddot{u}_g(t)$ 相应的地震水平位移。

1. 水平成层土层的简化

按图 12.52 所示，水平成层土层的地震反应可视作一个一维问题。因此，可从水平成层土层中取出一个单位面积的土柱进行研究，如图 12.53（a）所示。在从基底输入的地震水平加速度 $\ddot{u}_g(t)$ 的激震下，土柱只做水平运动，在力学上可将土柱视为一个剪切杆。

如图 12.53（a）所示，将土柱分成 M 段，其中每一土段可视为一个剪切杆单元。将这些土段从上至下编号，则称其为土段编号，以 1_b，2_b，…，j_b，…，M_b 表示。将其中第 j_b 土段取出，令其长度为 l_{j_b}，如图 12.54（a）所示，则

$$m_{j_b}=\rho_{j_b}l_{j_b} \tag{12.119}$$

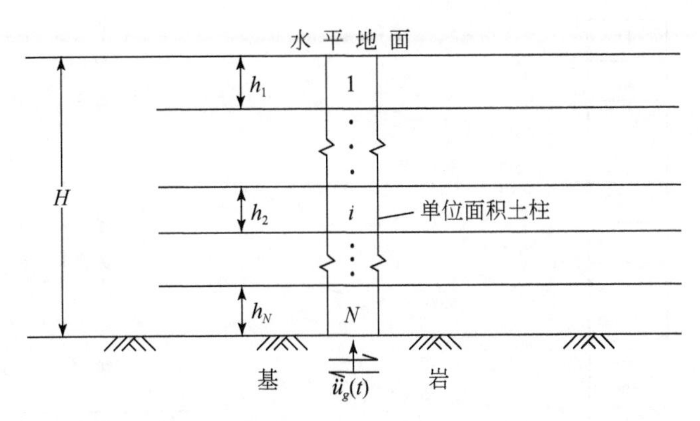

图12.52　水平成层土层及地震水平加速度 $\ddot{u}_g(t)$

式中，m_{j_b}为第 j_b 土段的质量；ρ_{j_b}为第 j_b 土段的质量密度。

另外，根据剪切刚度定义，则得

$$k_{j_b}=G_{j_b}/l_{j_b} \tag{12.120}$$

式中，k_{j_b}为第 j_b 段土柱的剪切刚度；G_{j_b}为第 j_b 段土柱的动剪切模量。

由图12.53（a）可见，将土柱分成 M 段后，包括顶面内共有 M 个界面。以1，2，3，…，j，…，M 表示这些界面从上至下的编号，则第 j_b 土段界面的编号分别为 j 和 $j+1$，而与第 j_b 土段相应的杆单元上下结点的编号也分别为 j 和 $j+1$，如图12.54（b）所示。为了考虑惯性力的影响，应将第 j_b 土段的质量平分给第 j_b 杆单元的上下两个结点，则得

$$\left.\begin{aligned} m_{j,j_b}&=m_{j_b/2}\\ m_{j+1,j_b}&=m_{j_b/2}\end{aligned}\right\} \tag{12.121}$$

式中，m_{j,j_b}和 m_{j+1,j_b}分别为第 j_b 土段分配给杆单元上下结点的质量。

这样，按有限元法，第 j_b 杆单元的刚度矩阵$[K]_{j_b}$如下：

$$[K]_{j_b}=\begin{pmatrix} k_{j_b} & -k_{j_b}\\ -k_{j_b} & k_{j_b}\end{pmatrix} \tag{12.122}$$

第 j_b 杆单元的质量矩阵$[M]_{j_b}$如下：

$$[M]_{j_b}=\begin{pmatrix} m_{j,j_b} & 0\\ 0 & m_{j+1,j_b}\end{pmatrix} \tag{12.123}$$

如果将各个杆单元从上至下连接起来，就得到与水平成层土层相应的多质点体系，如图12.53（b）所示。图中，第 j 结点的质量 m_j 如下：

$$m_j=m_{j,(j-1)_b}+m_{j,j_b} \tag{12.124}$$

式中，$m_{j,(j-1)_b}$和 m_{j,j_b}分别为与第 j 结点相邻的第$(j-1)_b$ 土段和第 j_b 土段分配给第 j 结点的质量。

2. 土的动力学模型

为表述方便，在此选择线性黏弹模型。关于土的动力非线性性能的考虑，后文将

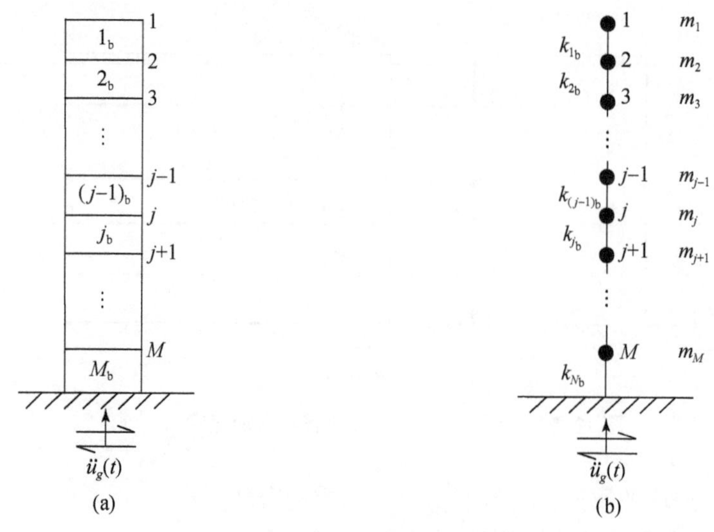

图 12.53　水平成层土层简化成多质点体系

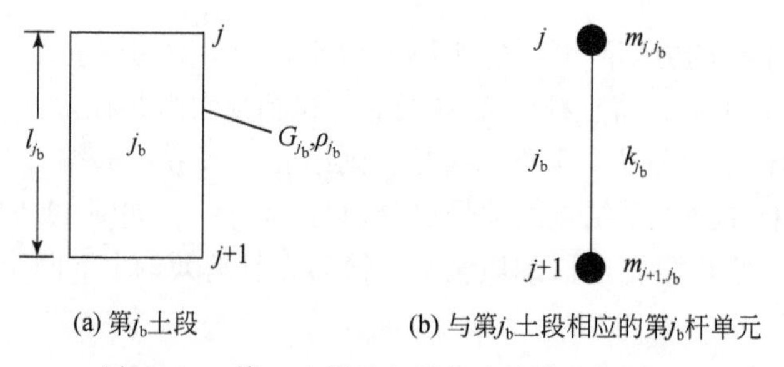

图 12.54　第 j_b 土段及与其相应的第 j_b 杆单元

给出。

由于选择的是线性黏弹模型，则该模型参数只有土的动剪切模量 G、阻尼比 λ 及质量密度 ρ。这三个参数只取决于土层。因此，第 j_b 土段的土的动剪切模量 G_{j_b}、阻尼比 λ_{j_b} 及质量密度 ρ_{j_b} 应取第 j_b 土段所在的土层的土的动剪切模量、阻尼比及质量密度。

3. 多质点体系地震反应分析方程式

首先，将地震作用下多质点体系中任何一个质点的水平位移分解成与基底一起运动的刚体位移 $\ddot{u}_g(t)$，以及相对基岩的相对水平位移 $u(t)$。因此，如图 12.55 所示。如以 $u_j^{\mathrm{T}}(t)$ 表示关于第 j 个质点的总水平位移，以 $u_j(t)$ 表示其相对基岩的相对水平位移，则

$$u_j^{\mathrm{T}}(t)=u_g(t)+u_j(t) \tag{12.125}$$

相似地，

$$\ddot{u}_j^{\mathrm{T}}(t)=\ddot{u}_g(t)+\ddot{u}_j(t) \tag{12.126}$$

式中，$\ddot{u}_j^{\mathrm{T}}(t)$、$\ddot{u}_j(t)$ 分别为第 j 质点总水平运动加速度和相对基岩的水平运动加速度。

下面考虑多质点体系中第 j 质点的动力平衡。第 j 质点与第 $(j-1)_b$ 杆单元和第 j_b 杆单元相连，与第 $(j-1)$ 质点和第 $(j+1)$ 质点相邻。如图 12.56 所示，作用于第 j 质点上的

力如下。

（1）第 $(j-1)_b$ 单元对其产生的作用力为 $F_{j,(j-1)_b}$，按下式计算：

$$F_{j,(j-1)_b}=k_{(j-1)_b}(u_{j-1}-u_j) \tag{12.127}$$

（2）第 j_b 单元对其产生的作用力为 F_{j,j_b}，按下式计算：

$$F_{j,j_b}=-k_{j_b}(u_j-u_{j+1}) \tag{12.128}$$

（3）作用于第 j 质点上的惯性力 F_{j,m_j}，按下式计算

$$F_{j,m_j}=m_j\left[\ddot{u}_g(t)+\ddot{u}_j(t)\right] \tag{12.129}$$

根据牛顿第二定律，则得

$$F_{j,m_j}=F_{j,(j-1)_b}+F_{j,j_b}$$

将式（12.127）、式（12.128）和式（12.129）代入上式，整理后得

$$m_j\ddot{u}_j(t)-k_{(j-1)_b}u_{j-1}+(k_{(j-1)_b}+k_{j_b})u_j-k_{j_b}u_{j+1}=-m_j\ddot{u}_g(t) \tag{12.130}$$

图12.53（b）所示的多质点体系共有 M 个结点，则可建立与方程式（12.130）相似的 M 个方程。如果将 M 个质点的相对运动加速度排列成一个向量，以 $\{\ddot{u}\}$ 表示，则

$$\{\ddot{u}\}^{\mathrm{T}}=\{\ddot{u}_1\quad \ddot{u}_2\quad \cdots\quad \ddot{u}_j\quad \cdots\quad \ddot{u}_M\} \tag{12.131}$$

将 M 个质点的相对位移也排列成一个向量，以 $\{u\}$ 表示，则

$$\{u\}^{\mathrm{T}}=\{u_1\quad u_2\quad \cdots\quad u_j\quad \cdots\quad u_M\} \tag{12.132}$$

如果将 M 个质点的动力平衡方程式中与相对运动加速度有关的系数排列成一个矩阵，以 $[M]$ 表示，则 $[M]$ 称为多质点体系的质量矩阵。将 M 个质点的动力平衡方程式中与相对运动位移有关的系数也排列成矩阵，以 $[K]$ 表示，则 $[K]$ 称为多质点体系的总刚度矩阵。这样，多质点体系的 M 个动力平衡方程式可写成如下矩阵形式：

$$[M]\{\ddot{u}\}+[K]\{u\}=-\{E\}_x\ddot{u}_g \tag{12.133}$$

式中，质量矩阵 $[M]$ 为对角矩阵，其形式如下：

$$[M]=\begin{bmatrix} m_1 & & & & & \\ & m_2 & & & 0 & \\ & & \ddots & & & \\ & & & m_j & & \\ & 0 & & & \ddots & \\ & & & & & m_M \end{bmatrix} \tag{12.134}$$

总刚度矩阵 $[K]$ 为三对角矩阵，其形式如下：

$$[K]=\begin{bmatrix} k_{1_b} & -k_{1_b} & & & & \\ -k_{1_b} & k_{1_b}+k_{2_b} & -k_{2_b} & & & \\ & \ddots & \ddots & \ddots & & \\ & & -k_{(j-1)_b} & k_{(j-1)_b}+k_{j_b} & -k_{j_b} & \\ & & & \ddots & \ddots & \ddots \\ & & & & -k_{(M-1)_b} & k_{(M-1)_b}+k_{M_b} \end{bmatrix} \tag{12.135}$$

应指出，在地震反应分析计算程序中，体系刚度矩阵是单元刚度矩阵叠加而形成的。具体叠加方法在此从略。

$\{E\}_x$ 为质量列阵，其形式如下：

$$\{E\}_x^{\mathrm{T}}=\{M_1 \quad M_2 \quad \cdots \quad M_j \quad \cdots \quad M_M\} \tag{12.136}$$

从上文表述中可见，在建立体系地震反应分析方程式（12.134）时，只考虑了作用质点的弹性恢复力和惯性力。当采用线性黏弹模型时，还有黏性阻力作用于质点上。因此，当考虑黏性阻力时，多质点体系地震反应分析方程式则为

$$[M]\{\ddot{u}\}+[C]\{\dot{u}\}+[K]\{u\}=-\{E\}_x\ddot{u}_g \tag{12.137}$$

式中，$\{\dot{u}\}$ 为相对运动速度向量，

$$\{\dot{u}\}^{\mathrm{T}}=\{\dot{u}_1 \quad \dot{u}_2 \quad \cdots \quad \dot{u}_j \quad \cdots \quad \dot{u}_M\} \tag{12.138}$$

$[C]$ 为体系的阻尼矩阵，可利用瑞利阻尼公式来建立，有以下两种建立方法。

（1）对整个体系采用瑞利阻尼公式。在这种情况下，体系的阻尼矩阵 $[C]$ 按下式确定：

$$[C]=\alpha[M]+\beta[K] \tag{12.139}$$

式中，参数 α、β 按下式确定：

$$\left.\begin{aligned}\alpha&=\omega\lambda\\ \beta&=\lambda/\omega\end{aligned}\right\} \tag{12.140}$$

式中，ω 为体系的自振圆频，通常取主振型相应的圆频率值；λ 为土的阻尼比，通常取体系中各层土的阻尼比平均值。因此，这种方法不能考虑体系中各层土阻尼比的不同。

（2）对各单元采用瑞利阻尼公式。在这种情况下，第 j_{b} 单元的阻尼规律 $[C]_{j_{\mathrm{b}}}$ 按下式确定：

$$[C]_{j_{\mathrm{b}}}=\alpha[M]_{j_{\mathrm{b}}}+\beta[K]_{j_{\mathrm{b}}} \tag{12.141}$$

当各单元的阻尼矩阵形成后，多点体系的阻尼矩阵可由各单元阻尼矩阵叠加形成。具体的叠加方法在此从略。这种方法可以考虑体系中各层土的阻尼比的不同，因此更可取。

4. 多质点体系地震反应分析方程式的数值求解

1）逐步积分法基本概念

多质点体系地震反应分析方程式（12.137）是一组二阶常微分方程式组，通常采用逐步积分法数值求解。逐步积分法的基本概念如下：假定 t 时刻的解已求得，即 $\{u\}_t$、$\{\dot{u}\}_t$及 $\{\ddot{u}\}_t$是已知的，按一定的方法将 $t+\Delta t$ 时刻的速度 $\{\dot{u}\}_{t+\Delta t}$和加速度 $\{\ddot{u}\}_{t+\Delta t}$以 t 时刻的位移 $\{u\}_t$、速度 $\{\dot{u}\}_t$、加速度 $\{\ddot{u}\}_t$和 $t+\Delta t$ 时刻的位移 $\{u\}_{t+\Delta t}$来表示，这样，将 $\{\dot{u}\}_{t+\Delta t}$和 $\{\ddot{u}\}_{t+\Delta t}$的表达式代入 $t+\Delta t$ 时刻的地震反应分析方程式中，则消去了未知的 $\{\dot{u}\}_{t+\Delta t}$和 $\{\ddot{u}\}_{t+\Delta t}$，微分方程式（12.137）变成了以向量 $\{u\}_{t+\Delta t}$为未知量的代数方程式。求解这个代数方程组就可求得向量 $\{u\}_{t+\Delta t}$。

在此应指出，为建立逐步积分法中的 $\{\dot{u}\}_{t+\Delta t}$和 $\{\ddot{u}\}_{t+\Delta t}$表达式，必须对 $t\rightarrow t+\Delta t$ 时段

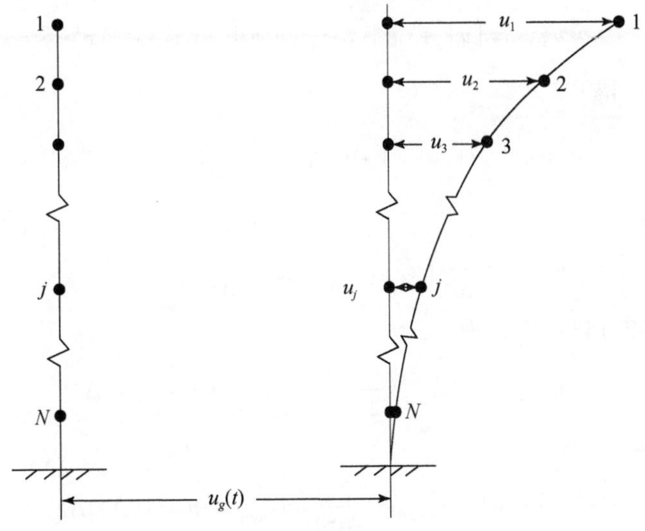

图12.55　在地震作用下体系运动的位移分解

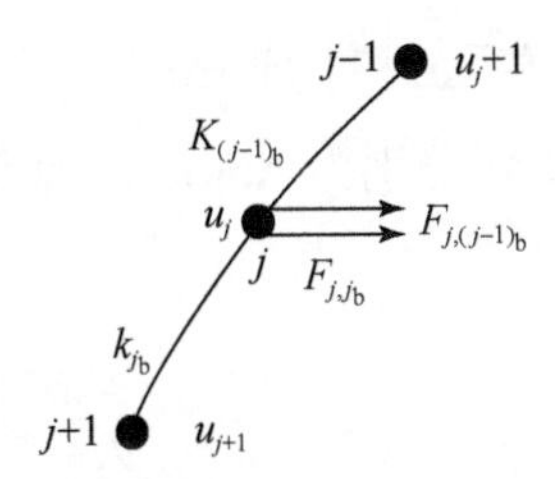

图12.56　地震运动时第 $(j-1)_b$ 单元和第 j_b 单元对第 j 质点的作用的弹性恢复力 $F_{j\cdot(j-1)_b}$ 和 $F_{j\cdot j_b}$

内加速度向量 $\{\ddot{u}\}_{t+\Delta t}$ 随时间的变化规律做出假定。基于不同的变化规律假定，则得到不同的逐步积分法。如果用某种逐步积分法求解方程式（12.137）时，所求得的解随时间 t 的变化是发散的，则该逐步积分法是不稳定的；如果所求得的解随时间 t 的变化不是发散的，则该逐步积分法是稳定的。显然，在数值求解式（12.137）时应采用稳定的逐步积分法。目前广泛采用的稳定的逐步积分法有 Newmark 常值加速度法[16] 和 Wilson-θ 值（$\theta \geqslant 1.4$）法[17]。下面，仅表述 Newmark 常值加速度法。

2）Newmark 常值加速度法

该法假定在 $t \sim t+\Delta t$ 时段内加速度为常数，并等于 t 时刻的加速度与 $t+\Delta t$ 时刻的加速度的平均值，如图12.57所示。根据这个假定：

$$\{\ddot{u}\}_{t+\tau} = \frac{1}{2}(\{\ddot{u}\}_t + \{\ddot{u}\}_{t+\Delta t}) \tag{12.142}$$

由该式得

$$\{\dot{u}\}_{t+\tau} = \{\dot{u}\}_t + \frac{1}{2}(\{\ddot{u}\}_t + \{\ddot{u}\}_{t+\Delta t})\tau \tag{12.143}$$

积分上式，得

$$\{u\}_{t+\tau}=\{u\}_t+\{\dot{u}\}_t\tau+\frac{1}{4}(\{\ddot{u}\}_t+\{\ddot{u}\}_{t+\Delta t})\tau^2$$

将 $\tau=\Delta t$ 代入上式，得

$$\{u\}_{t+\Delta t}=\{u\}_t+\{\dot{u}\}_t\Delta t+\frac{1}{4}(\{\ddot{u}\}_t+\{\ddot{u}\}_{t+\Delta t})\Delta t^2$$

改写上式，得

$$\{\ddot{u}\}_{t+\Delta t}=\frac{4}{\Delta t^2}\{u\}_{t+\Delta t}-\frac{4}{\Delta t^2}\{u\}_t-\frac{4}{\Delta t}\{\dot{u}\}_t-\{\ddot{u}\}_t \tag{12.144}$$

将 $\tau=\Delta t$ 代入式（12.143）中，得

$$\{\dot{u}\}_{t+\Delta t}=\{\dot{u}\}_t+\frac{1}{2}(\{\ddot{u}\}_t+\{\ddot{u}\}_{t+\Delta t})\Delta t \tag{12.145}$$

另外，由式（12.144）得

$$\frac{1}{2}(\{\ddot{u}\}_t+\{\ddot{u}\}_{t+\Delta t})=\frac{2}{\Delta t^2}(\{u\}_{t+\Delta t}-\{u\}_t-\{\dot{u}\}_t\Delta t)$$

将其代入式（12.145）中，得

$$\{\dot{u}\}_{t+\Delta t}=\frac{2}{\Delta t}\{u\}_{t+\Delta t}-\frac{2}{\Delta t}\{u\}_t-\{\dot{u}\}_t \tag{12.146}$$

显然，式（12.144）和式（12.146）分别为 Newmark 常值加速度法的 $\{\ddot{u}\}_{t+\Delta t}$ 和 $\{\dot{u}\}_{t+\Delta t}$ 的表达式。

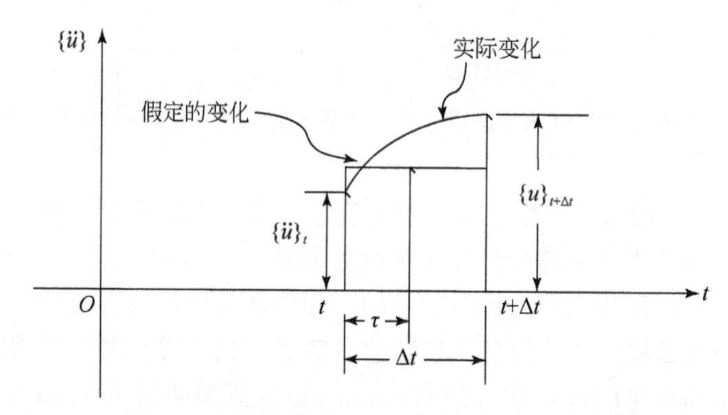

图 12.57　Newmark 常值加速度法假定在 Δt 时段内加速度的变化

3）应用 Newmark 常值加速度法数值求解地震反应分析方程式

假如多质点体系的阻尼矩阵是按式（12.138）确定的，则

$$[C]=\alpha[M]+\beta[K]$$

将其代入 $t+\Delta t$ 时刻的地震反应分析方程式中，则得

$$[M]\{\ddot{u}\}_{t+\Delta t}+(\alpha[M]+\beta[K])\{\dot{u}\}_{t+\Delta t}+[K]\{u\}_{t+\Delta t}=-[E]_x\ddot{u}_{g,t+\Delta t}$$

将 Newmark 常值逐步积分法中的 $\{\dot{u}\}_{t+\Delta t}$ 和 $\{\ddot{u}\}_{t+\Delta t}$ 的表达式，即式（12.146）和式（12.144）代入上式，整理后得

$$[\underline{K}]\{\underline{u}\}_{t+\Delta t}=\{\underline{P}\}_{t+\Delta t} \tag{12.147}$$

式中，

$$[\underline{K}]=a_0[M]+[K] \tag{12.148}$$

$$\{\underline{u}\}_{t+\Delta t}=a_1\ \{u\}_{t+\Delta t}-a_2\ \{u\}_t-\beta\{\dot{u}\}t \tag{12.149}$$

$$\{\underline{P}\}_{t+\Delta t}=-\{E\}_x\ \ddot{u}_{g,t+\Delta t}+[M]((a_3-a_4)\{u\}_t+(a_5-a_6)\{\dot{u}\}_t+\{\ddot{u}\}_t) \tag{12.150}$$

其中，

$$\left.\begin{aligned}a_0&=\frac{4+2\alpha\Delta t}{\Delta t+2\beta\Delta t}\\ a_1&=1+\frac{2\beta}{\Delta t}\\ a_2&=\frac{2\beta}{\Delta t}\\ a_3&=\frac{4+2\alpha\Delta t}{\Delta t^2}\\ a_4&=a_0a_2\\ a_5&=\frac{4+\alpha\Delta t}{\Delta t}\\ a_6&=\beta a_0\end{aligned}\right\} \tag{12.151}$$

由式（12.148）和式（12.150）可知，$[\underline{K}]$ 和$\{\underline{P}\}_{t+\Delta t}$是已知的，则式（12.147）是以$\{\underline{u}\}_{t+\Delta t}$为未知量的线性代数方程组。因此，由式（12.147）可求出$\{\underline{u}\}_{t+\Delta t}$。将求出的$\{\underline{u}\}_{t+\Delta t}$代入式（12.149）中，则可求出$\{u\}_{t+\Delta t}$。然后，可由$\{u\}_{t+\Delta t}$求出 $t+\Delta t$ 时刻各土段的剪应变和剪应力。以 j_b 段为例，其 $t+\Delta t$ 时刻的剪应变 $\gamma_{j_b,t+\Delta t}$可按下式确定：

$$\gamma_{j_b,t+\Delta t}=\frac{u_{j,t+\Delta t}-u_{j+1,t+\Delta t}}{l_{j_b}} \tag{12.152}$$

其 $t+\Delta t$ 时刻的剪应力 $\tau_{j_b,t+\Delta t}$可按下式确定：

$$\tau_{j_b,t+\Delta t}=G_{j_b}\gamma_{j_b,t+\Delta t} \tag{12.153}$$

另外，如以 $a_{t+\Delta t}$表示 $t+\Delta t$ 时刻地面加速度，则

$$a_{t+\Delta t}=\ddot{u}_{g,t+\Delta t}+\ddot{u}_{1,t+\Delta t} \tag{12.154}$$

当按上述方法对 $t+\Delta t$ 时刻求解完成之后，则可采用相同的方法，对下一个时刻 $t+2\Delta t$ 进行求解，直到地震运动结束。

由上述，当采用逐步积分法数值求解地震反应分析方程式时，必须选取时间间隔 Δt 的数值。在此应指出，时间间隔 Δt 越短，求解的精度越高；但是完成数值分析所需的计算量越大。因此，在选取 Δt 值时应综合考虑这两个方面。根据经验，在地震反应分析中 Δt 通常取 0.01 秒。

5. 土的动力非线性的考虑

土的动力非线性性能可借用前述的等价线性化模型或弹塑性模型予以考虑。在此，仅表述采用等价线性化模型多质点体系地震反应分析方法。

根据前述可知，等价线性化模型与线性黏弹模型的主要区别在于线性黏弹性模型土的动模量和阻尼比只与土的类型和状态有关，而等价线性化模型土的动模量不仅与土的类型和状态有关，还与土所受的动力作用水平有关。因此，当采用等价线性模型时，必须已知在地震作用下各土段的受力水平。但是，在进行土层地震反应分析之前各土段的受力水平是未知的。为解决这个困难，可采用迭代方法。

下面，以等价剪应变 γ_{eq} 表示土段的受力水平，γ_{eq} 按下式确定：

$$\gamma_{eq}=0.65\gamma_{max} \tag{12.155}$$

式中，γ_{max} 为地震过程中土段所受的最大剪应变。

采用等价线性化模型进行多质点体系地震反应分析，其迭代法的步骤如下。

（1）将预先指定的一个剪应变数值作为初值，赋予土段的等价剪应变向量 $\{\gamma\}_{eq}$。预先指定的剪应变数值通常取 10^{-4}。

（2）按等价线性化模型确定与各土段等价剪应变 γ_{eq} 相应的动剪切模量 G 和阻尼比 λ。

（3）将确定出来的动剪切模量和阻尼比视为线性黏弹性模型的剪切模量和阻尼比，按上述方法进行一次线性黏弹性地震反应分析。

（4）由所完成的地震反应分析确定出各土段在地震作用下的最大剪应变 γ_{max} 及相应的等价剪应变 γ_{eq}，形成新的等价剪应变向量 $\{\gamma\}_{eq}$。

（5）像第二章那样确定与各土段等价剪应变 γ_{eq} 相应的动剪切模量 G 和阻尼比 λ。

（6）以土段的动剪切模量做迭代分析的精度指标，如前后两次确定出来的动剪切模量的最大误差小于设定的允许值，则非线性迭代完成，否则，返回第三步，进行下一次迭代分析。

经验表明，一般只需要 3 ~ 4 次迭代就可达到所设定的精度要求。

12.10 水平场地液化判别简化方法

1. 概述

地震现场震害表明，地震作用使有些场地面发生喷砂、冒水、塌陷、裂缝等地面破坏现象。震后的震害调查发现，发生这些地面破坏现象的场地，其土层中通常含有松或中密饱和砂土层。普遍地认为，松或中密饱和砂土层液化是导致这些场地地面破坏的原因。对于工程设计而言，查明一个场地的土层是否含有松或中密饱和砂土层，判别所含有的松或中密饱和砂土层在设计地震作用下是否会发生液化是一项重要的工作。

查明一个场地的土层是否含有松或中密饱和砂土层是地质勘察的工作，在此不需要多谈。判别松或中密饱和砂土层是否会液化则是土动力学的一个研究课题。从 1964 年日本新潟地震之后，国内外众多学者从事饱和砂土液化判别研究，提出了很多饱和砂土液化判别方法。其中，最著名的液化判别方法是 Seed 简化液化判别方法和《建筑抗震设计规范（附条文说明）》（GB50011—2010）规定的液化判别方法。在此应指出，Seed 简化液化判别方法是国内外最早提出的一个液化判别方法，在国外被广泛应用，而且《建筑抗震设计规范（附条文说明）》（GB50011—2010）所规定的液化判别方法，在其最初建立时也引用了 Seed 简化液化判别方法中的一些成果。因此，下面只表述 Seed 简化液化判别方法。

2. 水平场地土层中土单元的受力特点

为了便于表述 Seed 简化液化判别方法，有必要先说明一下水平场地土层中土单元的受力特点。从水平场地土层中取出一个单元，在静力上，该单元的水平面和侧面分别作用竖向应力 σ_v 和水平向应力 σ_h，由于这两个面上没有静剪应力作用，即 $\tau_{hv}=0$ ，则 σ_v 和 σ_h 分别为最大静主应力和最小静主应力，如图 12.58（a）所示。由于土层中土单元处于 k_0状态，则

$$\sigma_h = K_0 \sigma_v \tag{12.156}$$

式中，K_0为静止土压力系数。根据土单元在土层中的埋藏条件，竖向压力 σ_v 可按下式确定：

$$\sigma_v = \sum_i \gamma'_i h_i \tag{12.157}$$

式中，γ_i'为土单元上第 i 土层的有效重力密度，地下水位以下的土层取浮重力密度，地下水位以上的土层取天然重力密度；h_i 为土单元上第 i 土层的厚度。如令

$$\alpha_s = \frac{\tau_{hv}}{\sigma_v} \tag{12.158}$$

式中，α_s 为土单元的静剪应力比。由于 $\tau_{hv}=0$，则水平场中土层中土单元的 α_s 为零。

在动力上，假定基岩只做水平运动，则水平场土层只能发生水平剪切运动，土单元的水平面和侧面只承受动水平剪应力 $\tau_{hv,d}$作用。令

$$\tau_{hv,eq} = 0.65\tau_{hv,max} \tag{12.159}$$

式中，$\tau_{hv,eq}$为土单元的等价水平剪应力；$\tau_{hv,max}$为土单元最大动水平剪应力。这样，将 $\tau_{hv,eq}$附加作用于土单元的静力上，则土单元的静动合成应力状态如图 12.58（b）所示。令

$$\alpha_d = \frac{\tau_{hv,eq}}{\sigma_v} \tag{12.160}$$

式中，α_d 为等价水平剪应力比。由式（12.160）可见，如果一个土单元的等价水平剪应力比值越大，则该单元所受的动力作用水平越大。因此，可将 α_d 值作为土单元所受的动力作用水平的一个定量指标。

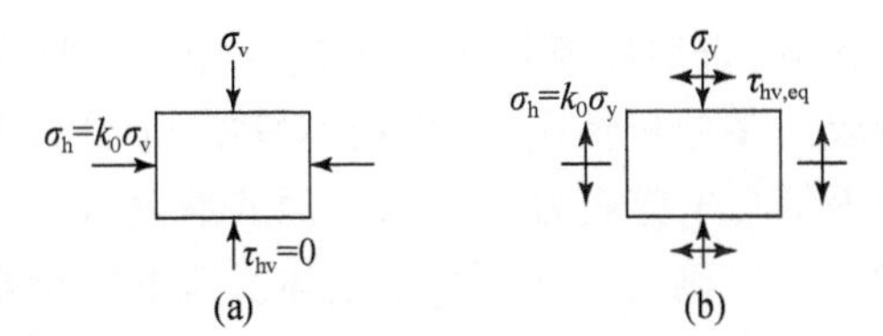

图 12.58　水平场地土层中土单元的受力状态

3. Seed 简化液化判别方法

按文献[18]，Seed 简化液化判别方法包括如下三方面内容。

(1) 确定地震时水平场地土层中土单元承受的等价水平剪应力 $\tau_{hv,eq}$ 及相应的动剪应力比 α_d；

(2) 确定使水平场土层中土单元发生液化的动剪应力比 $[\alpha_d]$；

(3) 根据 α_d 和 $[\alpha_d]$ 进行液化判别，并确定出液化区的部位和范围。

下面分别表述这三方面问题。

1) 确定土单元等价水平剪应力及动剪应力比的简化方法

毫无疑问，水平成层土层中土单元的等价水平剪应力可以用前述的水平成层土层的地震反应分析方法确定。但是，采用这种方法需要数值计算，不适用于工程设计。鉴于此，Seed 提出一个计算水平场地土层等价水平剪应力的简化方法。首先，Seed 假定水平场地土层为刚体，并且已知地面最大水平加速度 a_{max}，按刚体反应土层中土单元的等价水平剪应力可按下式确定：

$$\tau_{hv,eq,r} = 0.65\frac{a_{max}}{g}\sum_i \gamma_i h_i \tag{12.161}$$

式中，$\tau_{hv,eq,r}$ 为按刚体反应确定出的土单元等价水平剪应力。γ_i 为土单元以上各土层的重力密度，地下水位以下取土的饱和重力密度，以上取土的天然重力密度，注意 γ_i 与式 (12.157) 中 γ_i' 的区别。

在此应指出，基于下述两个原因，式 (12.157) 高估了土单元的等价水平剪应力值。

(a) 按刚体反应，土层各点的最大水平加速度均为 a_{max}。但是，土层是变形体，按变形体反应，土层各点的最大加速度值应随其深度逐渐减小。

(b) 按刚体反应，土层各点的最大水平加速度是同一时刻出现的，而按变形体反应，土层各点的最大加速不是同一时刻出现的。

如果以土层地震反应分析确定的等价水平剪应力 $\tau_{hv,eq}$ 比较为标准，令

$$\gamma_d = \frac{\tau_{hv,eq}}{\tau_{hv,eq,r}} \tag{12.162}$$

按上述，γ_d 的数值应随土单元深度的增加而减小。如果能适当地确定 γ_d 值，则土单元等价水平剪应力可按下式确定：

$$\tau_{hv,eq} = 0.65\gamma_d\frac{a_{max}}{g}\sum_i \gamma_i h_i \tag{12.163}$$

为了确定 γ_d 的数值，Seed 选取了不同的基岩运动加速度时程 $\ddot{u}_g(t)$、不同的土层组成、不同的地下水位组合成许多分析情况。然后，对每一个分析情况进行地震反应分析，确定不同深度处土单元的等价水平剪应力 $\tau_{hv,eq}$ 及地面的最大水平加速度 a_{max}。另外，再对每一个分析情况按式 (12.161) 确定不同深度处刚体反应的等价水平剪应力 $\tau_{hv,eq,r}$，但计算时地面最大水平加速度 a_{max} 采用土层地面反应分析的数值。这样，按式 (12.162) 可以确定许多 γ_d 值。根据这些 γ_d 值及相应的深度 z 值，可在 $\gamma_d z$ 坐标中作出相应的散点图。发现所有的点均落在图 12.59 所示的阴影区域内。图中的虚线是由阴影区确定的一条 γ_d 随 z 变化的平均关系线。由图 12.59 可见，在地面下 40ft 之内按这条平均关系线确定的 γ_d 值误差不超过±10%。这样，在地面下 40ft 之内，则可按图 12.59 中的虚线确定 γ_d 值，然

后将其代入式（12.163）就可确定出土单元的等价水平剪应力。

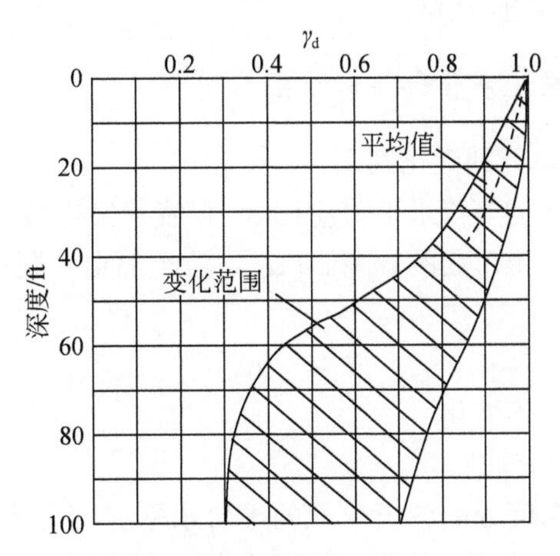

图12.59　系数 γ_d 随深度 z 的变化（1ft=0.3048m）

式（12.160）给出了土单元等价水平剪应力比的定义。将式（12.163）和式（12.157）代入式（12.160）中，则得确定土单元等价水平剪应力比 α_d 的公式如下：

$$\alpha_d = \frac{0.65\gamma_d \dfrac{a_{max}}{g}\sum_i \gamma_i h_i}{\sum_i \gamma'_i h_i} \tag{12.164}$$

2）确定引起土单元液化的动剪应力比［α_d］

前文表述了水平成层土层中土单元所受的静应力状态和动应力状态。可以看出，水平成层土层中土单元所受的应力状态与动简切试验中土试验所受的应力状态相同。因此，引起水平成层土层中土单元液化的动简应力比［α_d］可以由动简切试验来确定。但是，动简切试验仪并不是常规的土动力试验设备。因此，采用动简切试验来确定引起水平成层土层中土单元液化的应力比是不现实的。

式（12.46）的第二式给出了由动简切试验测得的土试样的液化动剪应比与由固结比 $k_c=1$ 的动三轴试验测得的土试样液化的动剪应力之间的关系。动三轴试验仪是一种常规的土动力试验设备。因此，可由固结比 $k_c=1$ 的动三轴试验测得土试样液化的动剪应力比，利用式（12.46）中的第二式将其转化成动简切试验土试样的液化动剪应力比。

在此还应指出，当用动力试验确定引起水平成层土层中土单元液化的动剪应力比时，必须使用原状土试样进行试验。但是，从饱和砂土层中取原状土试样是很困难的。实际上，除新填的土层外，很少用动力试验来确定引起水平成层土层中土单元液化的动剪应力比。

由于上述困难，人们将目光投向了地震现场液化调查资料，试图通过分析地震现场液化调查资料建立引起原状饱和砂土液化的动剪应力比［α_d］与标准贯入击数 N、剪切波速 v_s 等现场原位测试指标的定量关系。文献［19］全面地总结了2001年前这方面的研究结果，给出了根据标准贯入击数 N、剪切波速 v_s 等现场原位测试指标确定引起原状饱和砂土

液化的动剪应力比 [α_d] 的公式。这些公式的建立过程、具体形式，以及与实际应用有关的问题请查阅文献 [19]，在此从略。

3）液化判别及在土层中液化部位和范围

a. 水平成层土层中土单元的液化判别

水平成层土层中土单元的等价水平剪应比 α_d 和使其发生液化的动剪应力比 [α_d] 可按上述方法确定。假如一个土单元的 α_d 和 [α_d] 已经确定，则可按下式判别该土单元是否发生液化：

如果
$$\alpha_d \geqslant [\alpha_d] \tag{12.165}$$
则土单元液化，否则，不液化。

b. 土层中的液化部位和范围

水平成层土层中不同深度处的各土单元的等价水平剪应力比 α_d 和引起其液化的动剪应比 [α_d] 也可按上述方法确定。这样，就可绘出 α_d 随深度 z 变化的关系线，以及 [α_d] 随深度 z 变化的关系线。按式（12.165）的土单元液化判别标准，$\alpha_d \geqslant [\alpha_d]$ 的区域就是水平成层土层的液化区域。这样，水平成层土层的液化部位和区域也就确定出来了。

参考文献

[1] Makaisi F I, Seed H B. Simplified procedure for estimating dam and embenkent earthquake induced deformations. Journal Geotechnical Engineering Divisoio, 1978, 104 (7): 849-867.

[2] 谢定义. 土动力学. 西安：西安交通大学出版社，1988.

[3] 张克绪，谢君斐. 土动力学. 北京：地震出版社，1989.

[4] 陈国兴. 岩土地震工程. 北京：科学出版社，2009.

[5] 张克绪，凌贤长. 岩土地震工程及工程振动. 北京：科学出版社，2016.

[6] Harbin B O, Drnevich V P. Shear mudulus and damping in soils, design eguations and cuvers. Journal of the Soil Mechanics and Foundations Division, 1992, 98 (7): 667-692.

[7] 张克绪. 饱和砂土的液化应力条件. 地震工程和工程振动，1984，(1)：99-109.

[8] Seed H B, Martin G R, Lysmer P. Power- water pressure changes during soil liquefaction. Hournal of the Geotechnical Engineering Division, 1976, 102 (1): 323-346.

[9] 铁木辛克. 机械振动学. 北京：中国工业出版社，1958.

[10] 小理查德 F E，伍德 R D，小崔尔 J R. 土与基础的振动. 北京：中国建筑工业出版社，1976.

[11] Seed H B, Idriss I M. Soil moduli and damping factor for dynamic response analysis. Berkeley: Earthquake Engineering Research Center, University of California, 1970.

[12] Vucetic M. Cyclic threshold shear strains in soils. Journal of Geotechnical Engineering, 1986, 112 (11): 1016-1032.

[13] Seed H B, Wong R T, Idriss I M, et al. Moduli and damping factor for dynamic analysis of cohesionless soils. Journal of Geotechnical Engineering, 1986, 112 (11): 1016-1032.

[14] Rollis K, Evans M D. Relationship for gravels. Journal of Geotechnical and Geotechnical and Engineering, 1998, (5): 396-405.

[15] Pyke R M. Nonlinear soil modeles for Irregular cyclic loading. Journal of Geotechnical and Geoenvironmental Engineering, 1979, 105 (6): 1227-1282.

[16] Newmark N M. A method of computation for structual dynamic. Journal of the Engineering Mechanics Division, 1966, 85 (3): 67-94.

[17] Bathe K J, Wilson E L. Stability an accuracy of direct integration methods. Earthquake Engineering and Structural Dynamics, 1973, (3): 383-391.

[18] Seed H B, Idriss I M. Simpilfied procedure for evaluation soil liquefaction potential. Journal of the Soil Mechanics and Foundations Division, 1971, 97 (9): 1249-1273.

[19] Youd T L, Idriss I M, Arango I, et al. Liquefaction resistance of soils: summary report from the 1996 NCEER and 1998 NCEER/NSF workshop on evaluation of liquefaction resistance of soils. Journal of Geotechnical and Geoenvironmental Engineering, 2001, 127 (10): 817-833.